Peter Adam Höher

Grundlagen der digitalen Informationsübertragung

Peter Adam Höher

Grundlagen der digitalen Informationsübertragung

Von der Theorie zu Mobilfunkanwendungen

Mit 357 Abbildungen, 26 Tabellen und 196 Beispielen

STUDIUM

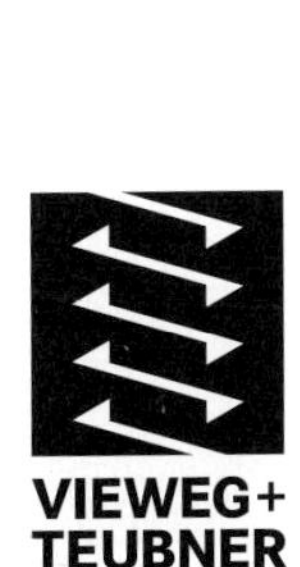

Bibliografische Information der Deutschen Nationalbibliothek
Die Deutsche Nationalbibliothek verzeichnet diese Publikation in der
Deutschen Nationalbibliografie; detaillierte bibliografische Daten sind im Internet über
<http://dnb.d-nb.de> abrufbar.

Höchste inhaltliche und technische Qualität unserer Produkte ist unser Ziel. Bei der Produktion und Auslieferung unserer Bücher wollen wir die Umwelt schonen: Dieses Buch ist auf säurefreiem und chlorfrei gebleichtem Papier gedruckt. Die Einschweißfolie besteht aus Polyäthylen und damit aus organischen Grundstoffen, die weder bei der Herstellung noch bei der Verbrennung Schadstoffe freisetzen.

1. Auflage 2011

Lektorat: Reinhard Dapper | Walburga Himmel

Vieweg+Teubner Verlag ist eine Marke von Springer Fachmedien.
Springer Fachmedien ist Teil der Fachverlagsgruppe Springer Science+Business Media.
www.viewegteubner.de

Umschlaggestaltung: KünkelLopka Medienentwicklung, Heidelberg
Technische Redaktion: FROMM MediaDesign, Selters/Ts.
Druck und buchbinderische Verarbeitung: STRAUSS GMBH, Mörlenbach
Gedruckt auf säurefreiem und chlorfrei gebleichtem Papier
Printed in Germany

ISBN 978-3-8348-0880-6

Vorwort

Die *Informations- und Kommunikationstechnik* hat in den letzten Jahrzehnten enorm an Bedeutung gewonnen. Besonders *Internet* und *Mobilfunk* haben von den Fortschritten der Digitaltechnik profitiert. Das Handy ist inzwischen zum *Multifunktionsterminal* („smart phone“) geworden – mobiles Telefon, Internet-Zugang, Zahlungsmittel, universelle Fernbedienung und viele integrierte Funktionalitäten mehr (wie Digitalkamera, Terminplaner, Navigationshilfen und Spiele) leisten heutzutage moderne Endgeräte. *Mobilität*, *Multifunktionalität* und *universelle Kompatibilität* sind wichtige Schlagworte, die für den Erfolg mit verantwortlich sind.

Die technische Revolution im Bereich des Mobilfunksektors kann man am besten anhand der Datenrate verdeutlichen: Während Anfang der neunziger Jahre Datenraten von etwa 10 kbit/s unterstützt wurden, sind nur zwanzig Jahre später Datenraten von etwa 10 Mbit/s und mehr Realität. Es ist zu erwarten, dass die Fortschritte der mobilen Informations- und Kommunikationstechnik Alltag und Berufswelt noch nachhaltiger verändern werden, als dies bisher geschehen ist. Drahtlose Informations- und Kommunikationssysteme werden beispielsweise in der häuslichen Umgebung („smart home“), am Arbeitsplatz („smart office“), in öffentlichen Einrichtungen, in Produktionsstätten („smart fab“) und im Transportwesen („smart car“) Einzug halten, aber auch in vielen anderen Anwendungsbereichen. Der Bedarf an drahtloser Kommunikation deckt somit neben den klassischen Anwendungsfeldern wie Rundfunk, Satellitenkommunikation und Mobilfunktelefonie viele weitere Gebiete ab.

In diesem Lehrbuch werden *Grundlagen der digitalen Informationsübertragung* vermittelt. Nach Einschätzung des Autors steht der Vermittlung von Grundlagenwissen eine große, vermutlich steigende Bedeutung zu. Aktuelle Forschungsgebiete wie Mehrantennensysteme (MIMO-Systeme) und Mehrnutzerkommunikation basieren auf informationstheoretischen Ansätzen, aber auch auf Kenntnissen der Codierungstheorie, der Übertragungstechnik und der Schätzverfahren. Im Vordergrund dieses Lehrbuchs stehen leistungsfähige *drahtlose Übertragungstechniken* unter besonderer Berücksichtigung des Mobilfunks. Die meisten Prinzipien und Verfahren sind aber auch in anderen Bereichen der digitalen Übertragungstechnik und zum Teil auch in der Speichertechnik anwendbar. Das Buch entstand aus dem Wunsch, Grundlagen der digitalen Informationsübertragung in einer verständlichen Form möglichst umfassend darzustellen, auch unter Würdigung neuer Verfahren.

Jegliche digitale Informationsübertragung kann in eine *software-orientierte Basisband-Signalverarbeitung* sowie eine *physikalisch-orientierte Übertragungseinrichtung* separiert werden. Die Übertragung selbst geschieht über ein Funkfeld (Mobilfunk, Satellitenkommunikation, Rundfunk), optisch (Lichtwellenleiter, Infrarot, Freiraum), akustisch (Unterwasserkommunikation) oder über ein Kabel. Dieses Buch ist der Basisband-Signalverarbeitung gewidmet. Die Schnittstelle zur physikalisch-orientierten Übertragungseinrichtung bildet der Digital-Analog-Wandler (im Sender) bzw. der Analog-Digital-Wandler (im Empfänger). Die physikalisch-orientierte Übertragungseinrichtung umfasst somit sämtliche hochfrequenten Bauelemente (wie Leistungsverstärker im Sender und rauscharmer Verstärker im Empfänger, Oszillatoren, Antennen, usw.). Effekte der physikalischen Übertragungsstrecke einschließlich der hochfrequenten Bauelemente können anhand von Kanalmodellen im Basisband berücksichtigt werden.

Die Basisband-Signalverarbeitung geschieht, wie bereits genannt, software-orientiert. Folglich sind sämtliche Basisband-Verfahren letztlich *Algorithmen*. Technologische Fortschritte der letzten Jahrzehnte führten zu einer rasch wachsenden Integrationsdichte in der digitalen Mikroelektronik und einer damit verbundenen Leistungssteigerung digitaler Schaltungen. Gleichzeitig wird der Bedarf an *bandbreiteneffizienten und gleichzeitig leistungseffizienten Übertragungsverfahren* stetig größer, beispielsweise um eine hohe örtliche Teilnehmerdichte kostengünstig anbieten zu können. Deshalb wird es immer wichtiger, die *informationstheoretischen Grenzen* zu kennen und technisch umzusetzen.

Dieses Lehrbuch ist in fünf abgeschlossene Teile gegliedert. Die Teile bauen einander auf, können aber auch einzeln erarbeitet werden.

Teil I behandelt „*Grundlagen der angewandten Informationstheorie*". Das Gebiet der Informations- und Codierungstheorie wurde 1948 in einer bahnbrechenden Arbeit von Claude E. Shannon etabliert. Seitdem hat sich speziell die Codierung von einer rein theoretischen Disziplin zu einer ausgedehnten anwendungsbezogenen Wissenschaft entwickelt. Nahezu alle fortschrittlichen digitalen Übertragungssysteme nutzen die Möglichkeiten der Codierung, sei es zur Datenreduktion (Quellencodierung), zur Datenverschlüsselung/Datensicherheit (Kryptographie) oder zur Fehlererkennung und Fehlerkorrektur (Kanalcodierung). Als Beispiele seien der Mobilfunk, das Internet, Datenmodems, die Satellitenkommunikation, der digitale Rundfunk und digitale Speichermedien genannt. In Teil I werden alle drei Teilgebiete, d. h. Quellencodierung, Kryptographie und Kanalcodierung, sowie die gemeinsame Quellen- und Kanalcodierung und die Mehrnutzer-Informationstheorie behandelt. Die Praxis zeigt, dass bei der Entwicklung von digitalen Übertragungsverfahren eine Kenntnis der fundamentalen Schranken der Informationsübertragung immer wichtiger wird („Theory comes first"). Das hierzu benötigte Grundwissen wird in Teil I vermittelt.

Teil II behandelt „*Grundlagen der Kanalcodierung*". Während die Informationstheorie bezüglich der Kanalcodierung mit Zufallscodes auskommt, werden in Teil II anwendungsorientierte Kanalcodes und Verfahren zu deren Decodierung behandelt. Es werden Blockcodes, Faltungscodes und verkettete Codierverfahren vorgestellt. Zu den neueren Techniken zählen Turbo-Codes und Blockcodes mit dünn besetzter Generatormatrix (LDPC-Codes), sowie Decodierverfahren mit Zuverlässigkeitsinformation am Ein- und Ausgang des Decodierers. Ohne Kanalcodierung wäre eine robuste Informationsübertragung nicht möglich.

Teil III ist „*Digitalen Modulations- und Übertragungsverfahren*" gewidmet. Digitale Übertragungssysteme besitzen typischerweise eine höhere *Leistungseffizienz* und eine höhere *Bandbreiteneffizienz* im Vergleich zu analogen Übertragungssystemen, wobei die Leistungseffizienz das benötigte Signal/Rauschleistungsverhältnis (in dB) bei gegebenem Gütekriterium und die Bandbreiteneffizienz die benötigte Bandbreite (in bit/s/Hz) bei gegebener Datenrate ist. Ferner bieten digitale Übertragungssysteme eine bessere subjektive Qualität und weisen eine höhere Flexibilität auf. Beispielsweise können per *Software-Defined Radio* verschiedene Standards auf nur einer Hardware-Plattform integriert werden. Daten können in digitalen Speichermedien beliebig lange sicher aufbewahrt werden. Letztendlich sind Multimedia-Dienste, charakterisiert durch eine Integration von Sprache, Musik, Bilder, Video, Texten usw., nur digital realisierbar. In Teil III werden lineare und nichtlineare digitale Modulationsverfahren, Einträger- und Mehrträgerverfahren, kombinierte Modulations- und Kanalcodierverfahren, Mehrfachzugriffstechniken und Methoden zur Entzerrung, Kanalschätzung und Synchronisation vorgestellt.

Teil IV stellt anspruchsvolle „*Konzepte der Mobilfunkkommunikation*" vor. Zu den Schwerpunkten zählen fortschrittliche Techniken wie Mehrantennensysteme (MIMO-Systeme) und Space-Time-Codes, Verfahren zur Mehrnutzerdetektion und Interferenzunterdrückung, sowie Methoden der senderseitigen Vorcodierung und der Strahlformung (Beamforming), aber auch Grundlagen hinsichtlich der Kanalmodellierung, einschließlich der MIMO-Kanalmodellierung.

Teil V stellt die für ein Verständnis wichtigsten „*Grundlagen der Wahrscheinlichkeitsrechnung, der Matrizenrechnung sowie der Signal- und Systemtheorie*" in Form von Anhängen bereit. Ein weiterer Anhang ist Simulationswerkzeugen und deren Prinzipien gewidmet, weil aufgrund der Komplexität anspruchsvoller Übertragungsverfahren Computersimulationen ein wichtiger Schritt auf dem Weg vom Entwurf über die Optimierung bis hin zur Realisierung ist.

Diese Abhandlung entstand auf der Basis von Lehrveranstaltungen zu den Themen „Angewandte Informationstheorie", „Kanalcodierung", „Digitale Modulationsverfahren", „Mobilfunkkommunikation I+II" und „Digitale Satellitenkommunikation", die an verschiedenen Universitäten und Hochschulen in Diplom-, Bachelor- und Masterstudiengängen sowie in außeruniversitären Fortbildungsveranstaltungen angeboten wurden bzw. werden.

Das Buch richtet sich an Studierende der Elektrotechnik und Informationstechnik, der Informatik und der Naturwissenschaften sowie an alle Ingenieure, Informatiker und Naturwissenschaftler aus Industrie, Forschungseinrichtungen und Behörden, die die Grundlagen der modernen Informationstechnik kennenlernen oder ihr Wissen auf diesem Gebiet auffrischen und ergänzen möchten.

Mein herzlicher Dank gilt Rebecca Adam, Christopher Knievel, Jan Mietzner, Ivor Nissen, Kathrin Schmeink, Christian Schröder und Monika Uhlhorn für die konstruktive Durchsicht des vorliegenden Manuskripts, Joachim Tischler für Beiträge zur Strahlformung, Torge Rabsch für LaTeX-spezifische Hilfestellungen sowie Herrn Reinhard Dapper und sein Team für die professionelle Betreuung seitens des Vieweg+Teubner-Verlags. Mein besonderer Dank gilt meiner Frau Sabah für die nötige Unterstützung und Geduld.

Kitzeberg, im Herbst 2010 Peter Adam Höher

Inhaltsverzeichnis

Teil I

Grundlagen der angewandten Informationstheorie

1 Einführung und Grundbegriffe

1.1 Was versteht man unter Informationstheorie?

Die Informationstheorie ist ein Zweig der angewandten Mathematik, Informatik und Ingenierswissenschaften, welcher sich mit der quantitativen Beschreibung von Information befasst. Die Informationstheorie definiert Information als eine quantitativ bestimmbare Wissenszunahme durch Übermittlung von Zeichen in einem Kommunikationssystem. Die klassische Informationstheorie wurde 1948 in einem bahnbrechenden Aufsatz mit dem Titel „A Mathematical Theory of Communication" von *Claude Elwood Shannon* begründet [C. E. Shannon, 1948]. Sie ist die wohl einzige wissenschaftliche Disziplin, die von einer einzigen Person in einer einzigen Abhandlung etabliert wurde. Bezeichnenderweise lautete sein 1949 erschienenes Buch zum gleichen Thema bereits „*The* Mathematical Theory of Communication" [C. E. Shannon & W. Weaver, 1949].

Die Informationstheorie bildet *die* mathematische Grundlage der analogen und digitalen Kommunikation. Shannon hat es verstanden, die bis dato ad-hoc und unabhängig behandelten Teilgebiete der *Quellencodierung* (verlustlose bzw. verlustbehaftete Datenkompression), *Kanalcodierung* (Datensicherung im Sinne von Fehlererkennung, -korrektur und -verschleierung) und *Kryptologie* (Datensicherung im Sinne von Verschlüsselung, Teilnehmer- und Nachrichtenauthentifizierung) mit den gleichen mathematischen Methoden zu beschreiben. Für jeden dieser drei Bereiche liefert uns die Informationstheorie fundamentale Schranken. Ein tiefes Verständnis dieser Schranken ist für den Ingenieur wichtig, um leistungsfähige Übertragungs- und Datenkompressionsverfahren (unter realistischen Randbedingungen wie Aufwand und Verzögerung) entwickeln und bewerten zu können.

Die Informationstheorie bildet jedoch nicht nur die mathematische Grundlage der Codierungstheorie, sondern stellt Lösungen für viele andere Wissenschaften bereit. Neben der Mathematik (Wahrscheinlichkeitsrechnung, Grenzwertsätze und Ungleichungen), Informatik (Kolmogoroff-Komplexität) und Nachrichtentechnik (Quellencodierung, Kanalcodierung und Kryptologie) werden Erkenntnisse aus der Informationstheorie in vielen anderen technischen und nichttechnischen Bereichen eingesetzt, oft in Form der Modellierung von Kommunikationssystemen. Beispiele umfassen

- die Mikrobiologie und Genetik (DNA und Proteinsequenzen)
- die Medizintechnik (Psychologie, Neurologie, Diagnoseverfahren)
- die Sprachwissenschaften (Sprachmodellierung und -verarbeitung)
- die Regelungstechnik (komplexe Regelungssysteme und Kybernetik)
- die Physik (Thermodynamik)
- die Statistik (Testverfahren und statistische Schlussfolgerungen)
- die Wirtschaftswissenschaften (Portfolio- und Spieltheorie)
- die Evolutionswissenschaften (Abstammung und Selektion)
- die Publizistik (Medienverhalten)

- die Informationswissenschaften (Wissen und Dokumentation)
- die Quanteninformationstheorie
- das Auffinden von Plagiaten

sowie weiteren Anwendungen in der Signal- und Datenverarbeitung. Um die wichtigsten Beiträge der Informationstheorie auf dem Gebiet der Kommunikationstechnik zu erläutern, betrachten wir zunächst das in Bild 1.1 dargestellte Blockdiagramm eines Kommunikationssystems.

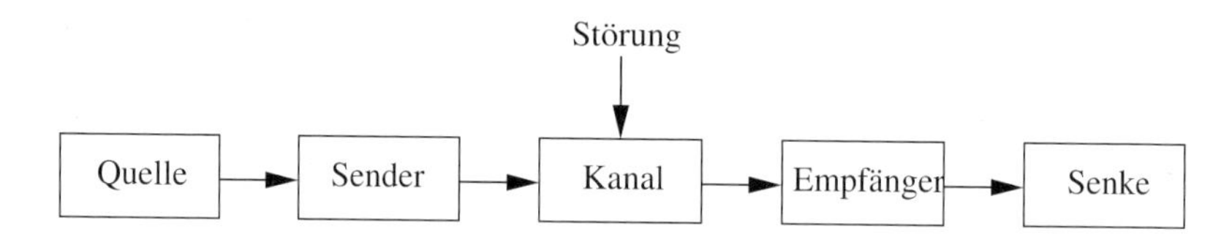

Bild 1.1: Blockdiagramm eines Kommunikationssystems

Bei dem skizzierten Kommunikationssystem kann es sich um ein Übertragungssystem oder um ein Speichersystem handeln. Die *Quelle* stellt zeitkontinuierliche Signale (z. B. Sprache, Musik, Videos, analoge Messgrößen) oder zeitdiskrete Signale (z. B. Buchstaben, Datensequenzen, abgetastete analoge Signale) zur Verfügung. Der *Sender* hat die Aufgabe, das Quellensignal in ein für die Übertragung oder Speicherung geeignetes Format umzuwandeln. Die Übertragung oder Speicherung ist im allgemeinen störbehaftet, charakterisiert durch einen (physikalischen) *Kanal*. Wir unterscheiden zwischen drahtlosen Kanälen (elektro-magnetisch, akustisch, Infrarot), drahtgebundenen Kanälen (Kabel oder Glasfaser) oder Speichermedien (wie CD/DVD/Blu-ray, Magnetbandaufzeichnung). Die Aufgabe des *Empfängers* besteht in einer möglichst genauen Reproduktion des Quellensignals. Das reproduzierte Quellensignal gelangt schließlich an die *Senke* (auch Sinke genannt). Im Folgenden gehen wir immer von Übertragungssystemen aus, falls nicht explizit anders gesagt, auch wenn viele Ergebnisse auf Speichersysteme übertragbar sind.

Im Sinne der Shannon'schen Informationstheorie ist *Information* über die Wahrscheinlichkeitstheorie als quantitativ bestimmbare Wissenszunahme definiert. Information ist etwas abstraktes („Wie groß ist die Änderung der Unsicherheit (Entropie)?"), in Abgrenzung zur subjektiven Information („Wie wichtig ist eine Nachricht für mich?"). Information wird durch *Nachrichten* übermittelt. Bei einer Nachricht kann es sich um *Sprache*, eine *Schrift* oder um *Daten* handeln. Nachrichten werden durch *Symbole* repräsentiert, deren *Alphabet* und Bedeutung unter den Kommunikationsteilnehmern vereinbart wurde. Statt von Symbolen spricht man oft auch von *Zeichen*. Beispiele umfassen Buchstaben, Zahlen und Binärzeichen (kurz: Bits). Eine Sequenz von Symbolen wird oft als *Wort* bezeichnet. Eine Nachricht ist somit eine Sequenz von Wörtern. Werden im Mittel mehr Symbole zur Repräsentation von Wörtern oder Nachrichten verwendet als für eine umkehrbar eindeutige (d. h. eineindeutige) Abbildung notwendig wären, so enthält die Nachricht neben dem Informationsgehalt noch *Redundanz* und/oder inhaltslose Aussagen. Durch Redundanz können Daten bezüglich Übertragungsfehlern gesichert werden, wie z. B. im Wort Informationsthiorie. Die Menge aller erlaubten (d. h. unter den Kommunikationsteilnehmern vereinbarten) Wörter nennt man einen *Code*. Beispiele umfassen die im Duden genannten Wörter, den ASCII-Code („American Standard Code for Information Interchange") und den genetischen Code. Ein *Codierer* ist eine technische Einrichtung zur Codierung.

Ein fundamentales Ergebnis der Shannon'schen Informationstheorie ist, dass Datenverarbeitung und Datenübertragung (theoretisch) ohne Qualitätsverlust in zwei Teilprobleme aufgeteilt werden *kann* [C. E. Shannon, 1948]:

- Einer Repräsentation der zeitkontinuierlichen oder zeitdiskreten Ausgangssignale der Quelle durch binäre Symbole (*Quellencodierung*)
- Einer Übertragung von redundanzbehafteten Zufallssequenzen über den Kanal (*Kanalcodierung*).

Dieses Ergebnis wird als *Separierungstheorem der Informationstheorie* bezeichnet. Das Separierungstheorem besagt nicht, dass die Aufteilung in eine Quellen- und Kanalcodierung erfolgen *muss*, um eine optimale Leistungsfähigkeit zu erhalten; die Separierung ist vielmehr eine (unter bestimmten Voraussetzungen verlustlose) Option, die von großem praktischen Interesse ist. Das Separierungstheorem wird durch die Erkenntnis motiviert, dass jede Kommunikation (d. h. Übertragung oder Speicherung) *digital* erfolgen kann.

Unter Quellencodierung versteht man im weiten Sinn jegliche *Maßnahmen zur Datenreduktion*. Bei analogen (d. h. zeit- und wertkontinuierlichen) Quellen kann der Analog-Digital-Wandler konzeptionell der Quelle *oder* dem Quellencodierer zugeordnet werden. Gleiches gilt für eine nichtlineare Kompandierungskennlinie (wie z. B. μ-law) vor dem Analog-Digital-Wandler. Unter Berücksichtigung des *Abtasttheorems* (siehe Abschnitt 3.2.5 und Abschnitt 12.4) ordnen wir in den folgenden Ausführungen den Analog-Digital-Wandler der Quelle zu. Eine analoge Quelle wird dadurch in eine zeit- und wertdiskrete Quelle transformiert. Aus diesem Grund können wir uns auf *diskrete Quellen* beschränken. Folglich sprechen wir im Weiteren von Quellensymbolen, unabhängig von der Natur der Quelle. Unter Quellencodierung verstehen wir im Folgenden im engeren Sinn jegliche *Maßnahmen zur Redundanz- und Irrelevanzreduktion*, die zu einer Reduzierung der Datenmenge führen.

Wir unterscheiden zwischen *verlustlosen Quellencodierern* und *verlustbehafteten Quellencodierern*. Bei verlustlosen Quellencodierern ist empfängerseitig eine perfekte Rekonstruktion der Quellensignale oder -symbole möglich. Bei der verlustlosen Quellencodierung tritt somit kein Informationsverlust auf. Verlustlose Quellencodierer werden beispielsweise zur Komprimierung von Texten eingesetzt (z. B. ACE, bzip2, gzip, RAR, zip). Bei verlustbehafteten Quellencodierern kann die Datenmenge weiter reduziert werden, jedoch auf Kosten einer Verzerrung zwischen dem Quellensignal und dessen Nachbildung. Verlustbehaftete Quellencodierer werden überwiegend dann eingesetzt, wenn Verzerrungen subjektiv akzeptabel sind (z. B. MPEG, JPEG).

Der Kanalcodierer fügt gezielt Redundanz hinzu. Insofern haben Quellencodierer und Kanalcodierer gegensätzliche Aufgaben. Die hinzugefügte Redundanz (und eventuell vorhandene Restredundanz) wird empfängerseitig genutzt, um bei der Übertragung oder Speicherung entstandene Fehler zu erkennen, korrigieren oder zu verschleiern. Je weniger Redundanz nach der Quellencodierung verbleibt, umso empfindlicher ist die komprimierte Datensequenz gegenüber Fehlern, d. h. umso wichtiger wird die Kanalcodierung.

Ein weiteres wichtiges Ergebnis der Shannon'schen Informationstheorie ist, dass die Datenverschlüsselung (*Chiffrierung*) ebenfalls separiert werden kann und zwischen der Quellen- und Kanalcodierung angeordnet werden sollte [C. E. Shannon, 1949]. Somit müssen Quellencodierung, Chiffrierung und Kanalcodierung nicht gemeinsam analysiert und ausgeführt werden. Mit diesen Erkenntnissen kann das Blockdiagramm gemäß Bild 1.2 präzisiert werden. Der *Modulator* hat die Aufgabe, die codierte Datensequenz in eine für die Übertragung oder Speicherung geeignete Signalform umzuwandeln. Der *Demodulator* rekonstruiert die codierte Datensequenz.

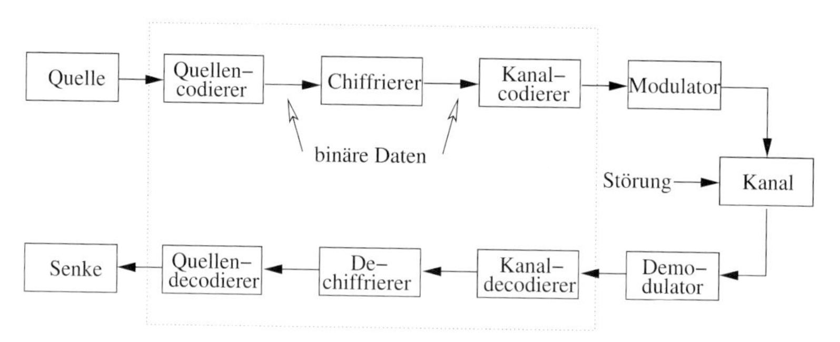

Bild 1.2: Blockdiagramm eines Kommunikationssystems mit Quellencodierung, Chiffrierung und Kanalcodierung

Ein einführendes Beispiel möge die prinzipielle Wirkungsweise von Quellencodierung, Chiffrierung und Kanalcodierung verdeutlichen.

(i) **Quellencodierung**:
Gegeben seien die 26 Großbuchstaben A bis Z. Jeder Großbuchstabe entspreche einem Quellensymbol. Ohne Datenkompression benötigt man $\lceil \log_2(26) \rceil = 5$ Bits/Buchstabe, um jedes Quellensymbol eindeutig durch eine Bitsequenz zu adressieren. Berücksichtigt man die unterschiedlichen Auftrittshäufigkeiten einzelner Buchstaben, so kann die *mittlere* Anzahl an Bits/Buchstabe reduziert werden. Ein klassisches Beispiel für die verlustlose Quellencodierung ist der bekannte Morse-Code, der häufigeren Buchstaben kürzere Bitsequenzen zuordnet als seltenen:

Ohne Datenkompression:		mit Datenkompression:	
A →	[00000]	A →	[01]
B →	[00001]	B →	[1000]
C →	[00010]	C →	[1010]
D →	[00011]	D →	[100]
E →	[00100]	E →	[0]
...		...	

Der Morse-Code ist über einem ternären Alphabet definiert: Dem Punkt, dem Strich und dem Leerzeichen. Die drei Symbole weisen unterschiedliche Dauern auf. Auf diese Details wird in unserem Beispiel bewusst verzichtet.

Der sog. Huffman-Algorithmus (siehe Abschnitt 2.1.5) arbeitet nach dem gleichen Prinzip wie der Morse-Code, ist jedoch optimal (im Sinne einer Minimierung der mittleren Codewortlänge), präfixfrei (d. h. kein kürzeres Codewort steht am Anfang eines längeren Codeworts) und kommafrei (d. h. es müssen keine Pausen oder Füllzeichen zwischen benachbarten Buchstaben gesendet werden). Der Morse-Code wurde hingegen intuitiv entwickelt, und ist weder präfixfrei noch kommafrei. Ein Gegenbeispiel für die Präfixfreiheit stellen die Codewörter für die Buchstaben „D“ und „B“ dar: Das Codewort [100] ist Präfix des Codeworts [1000]. Die fehlende Kommafreiheit wird z. B. durch einen Vergleich des Buchstabens „B“ mit der Buchstabenkombination „DE“ deutlich. Deshalb werden beim Morse-Code Leerzeichen verwendet.

(ii) **Chiffrierung**:
Die Chiffrierung kann beispielsweise so erfolgen, dass auf den Klartext ein Schlüsselwort modulo-2 addiert wird. Das Schlüsselwort sollte zufällig generiert werden, die gleiche Länge wie der Klartext besitzen und möglichst nur einmal verwendet werden. Für den Klartext [100] ($\doteq$ „D“) und das Schlüsselwort [101] (Zufallssequenz) ergibt sich der Geheimtext $[100] \oplus [101] = [001]$. Der autorisierte Empfänger muss das Schlüsselwort kennen. Durch eine modulo-2 Addition des Geheimtextes mit dem Schlüsselwort gewinnt man den Klartext zurück.

(iii) **Kanalcodierung**:
Ein Kanalcodierer fügt dem (möglichst langen) Infowort im einfachsten Fall ein sog. Prüfbit hinzu. Beispielsweise entsteht aus dem Infowort [001] das Codewort [0011], wobei das Prüfbit das Infowort auf gerade Parität ergänzt, d. h. die modulo-2 Addition über alle Codebits ist immer gleich null. Im gezeigten Beispiel kann ein Bitfehler sicher erkannt werden.

1.2 Fundamentale Fragen der Informationstheorie

Zwei fundamentale Fragen der Informationstheorie sowie deren Lösung sind wie folgt:

(i) Gegeben sei eine diskrete gedächtnisfreie Quelle. Bei einer diskreten gedächtnisfreien Quelle sind die Quellensymbole definitionsgemäß statistisch unabhängig. Wie groß ist die minimale mittlere Anzahl an Bits pro Quellensymbol, R, am Ausgang eines verlustlosen Quellencodierers?

- Die Antwort (Shannons Quellencodiertheorem) ist durch die *Entropie* H gegeben.
- Jedes Symbol einer zeitdiskreten Quelle kann im Mittel beliebig genau mit R Bits pro Quellensymbol dargestellt werden falls $R \geq H$ ist. Ist hingegen $R < H$, so tritt eine Verzerrung zwischen dem gesendeten Quellensymbol und dem empfängerseitig rekonstruierten Quellensymbol auf.

Shannons *Rate-Distortion-Theorem* beantwortet die Frage, wie groß die minimale mittlere Anzahl an Bits pro Quellensymbol, R, am Ausgang eines verlustbehafteten Quellencodierers bei gegebener mittlerer Verzerrung ist.

(ii) Gegeben sei ein zeitdiskreter, gedächtnisfreier Kanal. Wie groß ist die maximale mittlere Anzahl an Bits pro Kanalsymbol, R, am Ausgang eines Kanalcodierers?

- Die Antwort (Shannons Kanalcodiertheorem) ist durch die *Kanalkapazität* C gegeben.

- Es können im Mittel R zufällig gewählte Bits pro Kanalsymbol in codierter Form (d. h. mit Redundanz versehen) über einen gestörten Kanal mit beliebig hoher Zuverlässigkeit übertragen werden falls $R \leq C$. Falls $R > C$, so ist die Fehlerwahrscheinlichkeit größer als null.

Bemerkenswert ist, mit welchen vergleichsweise einfachen Mitteln die fundamentalen Fragen beantwortet werden können. Hierbei spielt der aus der Thermodynamik entnommene Begriff der Entropie eine zentrale Rolle.

Definition 1.2.1 (Entropie) *Die Entropie einer wertdiskreten Zufallsvariablen X ist gemäß*

$$H(X) := -\sum_{x^{(i)}} p_X(x^{(i)}) \cdot \log_2 p_X(x^{(i)}) \quad [\textit{bit/Quellensymbol}] \tag{1.1}$$

definiert, wobei $p_X(x^{(i)})$ die Wahrscheinlichkeitsfunktion des Ereignisses $\{X = x^{(i)}\}$ ist. Die Entropie kann als ein Maß für die Unsicherheit der Zufallsvariablen X interpretiert werden.

Ein Maß für die Unsicherheit der Zufallsvariablen X bei Kenntnis einer anderen Zufallsvariablen Y, $H(X|Y)$ (lies: X gegeben Y), kann entsprechend wie folgt definiert werden:

Definition 1.2.2 (Bedingte Entropie)

$$H(X|Y) := -\sum_{x^{(i)}} \sum_{y^{(j)}} p_{XY}(x^{(i)}, y^{(j)}) \cdot \log_2 p_{X|Y}(x^{(i)}|y^{(j)}) \quad [\textit{bit/Quellensymbol}], \tag{1.2}$$

wobei $p_{XY}(x^{(i)}, y^{(j)})$ eine Verbundwahrscheinlichkeitsfunktion und $p_{X|Y}(x^{(i)}|y^{(j)})$ eine bedingte Wahrscheinlichkeitsfunktion ist, siehe Anhang A.

Zur Berechnung der Kanalkapazität eines zeitdiskreten, gedächtnisfreien Kanals bezeichnen wir die Zufallsvariable am Kanaleingang mit X und die Zufallsvariable am Kanalausgang mit Y. (Aufgrund der Gedächtnisfreiheit beschränken wir uns auf einen beliebigen Zeitpunkt.) Y sei bekannt, z. B. aufgrund einer Beobachtung. Somit kann die Differenz $H(X) - H(X|Y)$ als der Informationsgewinn bzgl. X aufgrund der Beobachtung von Y interpretiert werden. Die Kanalkapazität, C, ist der maximale Informationsgewinn, wobei über alle möglichen Wahrscheinlichkeiten des Kanaleingangssymbols, $p_X(x^{(i)})$, zu maximieren ist:

Definition 1.2.3 (Kanalkapazität)

$$C := \max_{p_X(x^{(i)})} \big(H(X) - H(X|Y)\big) \quad [\textit{bit/Kanalsymbol}]. \tag{1.3}$$

Die Kanalkapazität ist die maximale mittlere Anzahl an Bits pro Kanalsymbol, mit der Daten quasi-fehlerfrei in codierter Form über den gestörten Kanal übertragen werden können.

Zwecks einer vertiefenden Darstellung sei auf die nachfolgenden Abschnitte verwiesen.

1.3 Shannons Informationsmaß

1.3.1 Mathematische Informationsmaße

In der Informationstheorie spielt der Begriff der *Information* eine fundamentale Rolle. Es gibt unterschiedliche Ansätze, Informationsmaße zu mathematisch zu definieren.

Das erste mathematische Informationsmaß wurde von R. V. L. Hartley publiziert [R. V. L. Hartley, 1928]. Hartley ging von einem Symbolalphabet mit L_x Symbolen und einer festen Wortlänge n aus. Somit umfasst der betrachtete Code L_x^n mögliche Wörter. Definiert man das Informationsmaß als Funktion der Mächtigkeit aller Codeworte, so ergibt sich formal

$$I(L_x^n) = f(L_x^n), \tag{1.4}$$

wobei $I(.)$ das Informationsmaß bezeichnet. Doch welche Funktion $f(.)$ ist sinnvoll? Hartley nahm intuitiv an, dass Wörter der Länge n die n-fache Information wie die eines einzigen Symbols ($n = 1$) beinhalten. Die Logarithmusfunktion $f(.) = \log_b(.)$ ist die einzige reelle Funktion mit der Eigenschaft $f(L_x^n) = n \cdot f(L_x)$, wobei die Basis b eine beliebige positive reelle Zahl $\neq 1$ ist. Diese Überlegungen sind konsistent mit folgender Definition:

Definition 1.3.1 (Informationsmaß nach R. V. L. Hartley, 1928) *Die Information pro Symbol ist gemäß*

$$I_H(L_x) := \log_b L_x = -\log_b 1/L_x \tag{1.5}$$

definiert.

Somit ergibt sich die Information für ein Wort der Länge n zu

$$I_H(L_x^n) = \log_b(L_x^n) = n \log_b L_x = -n \log_b 1/L_x. \tag{1.6}$$

Für die Basis b sind nur Werte $b > 1$ physikalisch sinnvoll, da in diesem Fall die Logarithmusfunktion monoton steigend ist: Nur für $b > 1$ führt eine Vergrößerung der Mächtigkeit L_x zu einer Vergrößerung der Information.

Hartleys Informationsmaß berücksichtigt nicht, ob die L_x^n möglichen Codewörter unterschiedliche a priori Wahrscheinlichkeiten aufweisen oder nicht. Intuitiv ist die Information über ein Ereignis umso größer, je seltener das Ereignis auftritt. Insbesondere beinhaltet ein sicheres Ereignis keine Information. C. E. Shannon löste 1948 diese Schwäche von Hartleys Informationsmaß, indem er folgendes Informationsmaß definierte:

Definition 1.3.2 (Informationsmaß nach C. E. Shannon, 1948) *Es sei X eine wertdiskrete Zufallsvariable und es bezeichne $p_X(x^{(i)}) := P(X = x^{(i)})$ die Wahrscheinlichkeitsfunktion eines Ereignisses $\{X = x^{(i)}\}$, $i \in \{1, 2, \ldots, L_x\}$. Bei wertdiskreten Zufallsvariablen stimmen Wahrscheinlichkeitsfunktion und Wahrscheinlichkeit überein, siehe Anhang A. Die Information über ein Ereignis $\{X = x^{(i)}\}$ ist gemäß*

$$I(X = x^{(i)}) := -\log_b p_X(x^{(i)}), \qquad i \in \{1, \ldots, L_x\}. \tag{1.7}$$

definiert.

$I(X = x^{(i)}) := -\log_b p_X(x^{(i)})$ wird auch *Eigeninformation* genannt. Je kleiner die Wahrscheinlichkeit des Ereignisses $\{X = x^{(i)}\}$ ist, umso größer ist die Eigeninformation. Es gilt wie bei Hartleys Informationsmaß die sinnvolle Eigenschaft, dass die Gesamtinformation additiv ist. Für den Spezialfall einer gleichverteilten Zufallsvariable X sind Hartleys und Shannons Informationsmaße identisch.

Auch bei Shannons Informationsmaß ist die Basis $b > 1$ prinzipiell frei wählbar. Da sich in Abhängigkeit von b unterschiedliche Zahlenwerte ergeben, verwendet man eine Pseudoeinheit. Für die Basis $b = 2$ wird die Informationseinheit mit *bit* (bzw. bit/Symbol) bezeichnet und für $b = e$ mit *nat* (bzw. nat/Symbol). Die Informationseinheit, bit oder nat, wird per Definition klein und im Singular geschrieben (Beispiel: $I(X = x^{(1)}) = 4.7$ bit). Wenn man von Binärzeichen („binary digits") oder Binärsequenzen spricht, schreibt man *Bit* bzw. *Bits* jedoch groß. Die Bedeutung von bit und Bit(s) ist streng zu trennen!

Im Folgenden betrachten wir ausschließlich Shannons Informationsmaß. In konkreten Zahlenbeispielen verwenden wir die Einheit bit.

Entsprechend zu Definition 1.3.2 definiert man die sog. *bedingte Information*, indem die Wahrscheinlichkeitsfunktion $p_X(x^{(i)})$ durch die bedingte Wahrscheinlichkeitsfunktion $p_{X|Y}(x^{(i)}|y^{(j)})$ substituiert wird:

Definition 1.3.3 (Bedingte Information) *Die bedingte Information über ein Ereignis $\{X = x^{(i)}\}$ bei gegebenem Ereignis $\{Y = y^{(j)}\}$ lautet*

$$I(X = x^{(i)}|Y = y^{(j)}) := -\log_b p_{X|Y}(x^{(i)}|y^{(j)}), \qquad i \in \{1, \ldots, L_x\},\ j \in \{1, \ldots, L_y\}. \tag{1.8}$$

$I(X = x^{(i)})$ kann als *a priori Information* und $I(X = x^{(i)}|Y = y^{(j)})$ als *a posteriori Information* interpretiert werden.

1.3.2 Wechselseitige Information

Die Informationstheorie handelt oft von Situationen, in denen Vorgänge beobachtet werden, um Schlüsse auf andere Situationen zu ziehen. Einige Beispiele sind wie folgt:

- Durch Beobachtung des Wetters an einem Ort A wollen wir auf das Wetter an einem Ort B schließen.
- Durch Beobachtung des Empfangssignals wollen wir auf die Datensequenz schließen.
- Durch Beobachtung einer chiffrierten Datensequenz wollen wir auf den Klartext schließen.
- Durch Beobachtung des Aktienmarktes wollen wir ein Portfolio optimieren.

Eine wichtige Frage in diesem Zusammenhang lautet: Welchen Informationsgewinn erhält man bezüglich eines Ereignisses $\{X = x^{(i)}\}$ durch Beobachtung eines anderen Ereignisses $\{Y = y^{(j)}\}$? Diese Frage kann wie folgt beantwortet werden:

Definition 1.3.4 (Wechselseitige Information) *Die wechselseitige Information, die man über das Ereignis $\{X = x^{(i)}\}$ erhält, indem man das Ereignis $\{Y = y^{(j)}\}$ beobachtet, wird mit $I(X =$*

$x^{(i)};Y=y^{(j)})$ *bezeichnet und ist gemäß*

$$I(X=x^{(i)};Y=y^{(j)}) := \log_b \frac{p_{X|Y}(x^{(i)}|y^{(j)})}{p_X(x^{(i)})} = \log_b \frac{p_{XY}(x^{(i)},y^{(j)})}{p_X(x^{(i)})\,p_Y(y^{(j)})} \tag{1.9}$$

definiert, wobei $i \in \{1,\dots,L_x\}$, $j \in \{1,\dots,L_y\}$, $p_X(x^{(i)}) > 0$ *und* $p_Y(y^{(j)}) > 0$.

Wegen

$$I(X=x^{(i)};Y=y^{(j)}) = \underbrace{-\log_b p_X(x^{(i)})}_{I(X=x^{(i)})} + \underbrace{\log_b p_{X|Y}(x^{(i)}|y^{(j)})}_{-I(X=x^{(i)}|Y=y^{(j)})} \tag{1.10}$$

kann die wechselseitige Information als der *Informationsgewinn* bezeichnet werden, den man bezüglich eines Ereignisses $\{X=x^{(i)}\}$ durch die Beobachtung des Ereignisses $\{Y=y^{(j)}\}$ erhält.

Für $b=2$ ist die Einheit der wechselseitigen Information *bit*, für $b=e$ ist sie *nat*. Wenn wir nicht an konkreten Zahlenwerten interessiert sind, lassen wir die Basis b im Folgenden meist weg.

Die wechselseitige Information $I(X=x^{(i)};Y=y^{(j)})$ besitzt folgende Eigenschaften:

- **Satz 1.3.1**

$$I(X=x^{(i)};Y=y^{(j)}) = I(Y=y^{(j)};X=x^{(i)}) \tag{1.11}$$

Es ist gleichgültig, ob wir durch Beobachtung von $\{X=x^{(i)}\}$ Information über $\{Y=y^{(j)}\}$ erhalten oder umgekehrt.

Beweis 1.3.1 Der Beweis folgt unmittelbar aus der Symmetrieeigenschaft der rechten Seite in (1.9). □

- **Satz 1.3.2**

$$-\infty \le I(X=x^{(i)};Y=y^{(j)}) \le -\log p_X(x^{(i)}) \tag{1.12}$$

mit Gleichheit auf der linken Seite falls $p_{X|Y}(x^{(i)}|y^{(j)}) = 0$ *und mit Gleichheit auf der rechten Seite falls* $p_{X|Y}(x^{(i)}|y^{(j)}) = 1$.

Beweis 1.3.2 Der Beweis folgt unmittelbar durch Einsetzen von $p_{X|Y}(x^{(i)}|y^{(j)}) = 0$ bzw. $p_{X|Y}(x^{(i)}|y^{(j)}) = 1$ in (1.9). □

Bemerkung 1.3.1 Man beachte, dass nur der Bereich $I(X=x^{(i)};Y=y^{(j)}) \ge 0$ anschaulich erklärbar ist.

- **Satz 1.3.3** *Sind X und Y statistisch unabhängig so folgt*

$$I(X=x^{(i)};Y=y^{(j)}) = 0 \quad \forall\, i,j. \tag{1.13}$$

Beweis 1.3.3 Wenn X und Y statistisch unabhängig sind, so gilt $p_{X|Y}(x^{(i)}|y^{(j)}) = p_X(x^{(i)})$ (siehe Anhang A). Setzt man diese Beziehung in die mittlere Gleichung in (1.9) ein, so folgt die Behauptung. □

Bemerkung 1.3.2 Sind zwei Zufallsvariablen X und Y statistisch unabhängig, so kann durch Beobachtung von $\{X = x^{(i)}\}$ keine Information über $\{Y = y^{(j)}\}$ erhalten werden und umgekehrt.

- **Satz 1.3.4** *Die Eigeninformation folgt aus*

$$I(X = x^{(i)}; X = x^{(i)}) := I(X = x^{(i)}) = -\log p_X(x^{(i)}). \tag{1.14}$$

Beweis 1.3.4 Der Beweis folgt unmittelbar durch Einsetzen. □

1.3.3 Entropie einer Zufallsvariablen

Ein in der Informationstheorie sehr wichtiges Konzept ist der aus der Thermodynamik stammende Begriff der Entropie:

Definition 1.3.5 (Entropie)

$$H(X) := E\left\{I(X = x^{(i)})\right\} = -\sum_{i=1}^{L_x} p_X(x^{(i)}) \log p_X(x^{(i)}) \tag{1.15}$$

wird Entropie der Zufallsvariablen X genannt.

Die Entropie entspricht somit dem Erwartungswert über alle möglichen Eigeninformationen. Einzelne Ereignisse $\{X = x^{(i)}\}$ bzw. deren Wahrscheinlichkeiten $p_X(x^{(i)})$ sind meist relativ unbedeutend. Wichtig ist oft vielmehr der Erwartungswert über alle Eigeninformationen.

Die Entropie kann als Maß für die Unsicherheit des Ausgangs eines Zufallsexperiments interpretiert werden. Gemäß Shannons Quellencodiertheorem (siehe Abschnitt 2.1.3) entspricht die Entropie der mittleren Anzahl an Bits/Quellensymbol die benötigt wird, um die Werte der diskreten Zufallsvariable X verlustlos (d. h. ohne Informationsverlust) zu codieren.

Beispiel 1.3.1 (Binäre Entropiefunktion) Es sei X eine binäre Zufallsvariable, d. h. $L_x = 2$. Die beiden möglichen Ereignisse werden mit $x^{(1)}$ und $x^{(2)}$ bezeichnet. Die zugehörigen Auftrittswahrscheinlichkeiten seien $p_X(x^{(1)}) := p$ und folglich $p_X(x^{(2)}) = 1 - p$. Durch Einsetzen in (1.15) folgt

$$H(X) = -p\log_2 p - (1-p)\log_2(1-p). \tag{1.16}$$

Weil dieser Ausdruck oft gebraucht wird, schreiben wir

$$h(p) := -p\log_2 p - (1-p)\log_2(1-p) \tag{1.17}$$

und nennen $h(p)$ die *binäre Entropiefunktion*. Es gilt die Symmetriebeziehung $h(p) = h(1-p)$.

Die binäre Entropiefunktion ist in Bild 1.3 illustriert. Man erkennt, dass für $p = 0$ (d. h. das Ereignis $x^{(2)}$ tritt mit Sicherheit ein) bzw. für $p = 1$ (d. h. das Ereignis $x^{(1)}$ tritt mit Sicherheit ein) die Unsicherheit jeweils null ist. Für $p = 0.5$ ist die Unsicherheit am größten: In diesem Fall ist die Entropie gleich 1 bit.

Ein interessanter Zusammenhang zwischen der binären Entropiefunktion und Binomialkoeffizienten lautet

$$h(p) \geq \frac{1}{n} \log_2 \left(\sum_{i=0}^{k} \binom{n}{i} \right), \tag{1.18}$$

wobei $p := k/n \in \mathbb{R}$, $i, n, k \in \mathbb{Z}$. Im Grenzübergang $\lim_{n\to\infty}$ ist die Abschätzung mit Gleichheit erfüllt. ◊

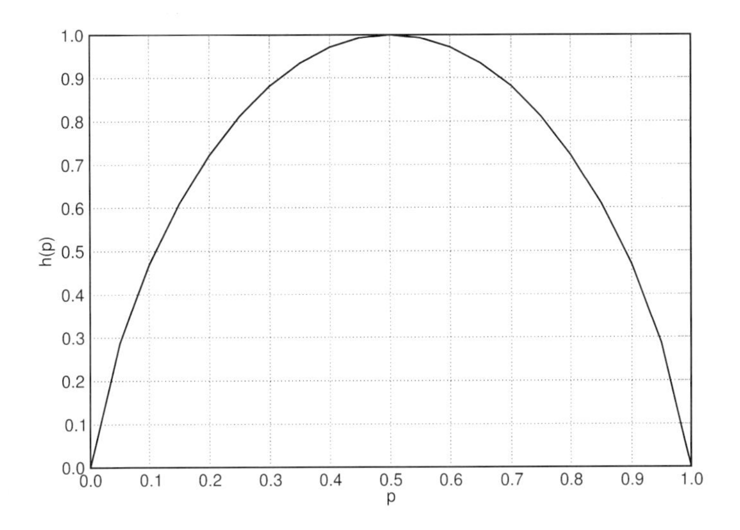

Bild 1.3: Binäre Entropiefunktion

Die folgenden drei Beispiele verdeutlichen den Entropiebegriff anhand von konkreten Zahlenwerten.

Beispiel 1.3.2 (Glücksspiel „6 aus 49") Beim Glücksspiel „6 aus 49" gibt es $L_x = \binom{49}{6}$ gleich wahrscheinliche Ereignisse, somit ist X *gleichverteilt*: $p_X(x^{(i)}) = 1/L_x \ \forall \ i$. Hieraus folgt die Entropie zu

$$H(X) = -\sum_{i=1}^{L_x} p_X(x^{(i)}) \log_2 p_X(x^{(i)}) = -\log_2 p_X(x^{(i)}) = \log_2 L_x \approx 24 \text{ bit.} \tag{1.19}$$

Die Signifikanz dieses Zahlenwertes wird anhand des nächsten Beispiels verdeutlicht. ◊

Beispiel 1.3.3 (Binäre symmetrische Quelle) Eine binäre symmetrische Quelle („Binary Symmetric Source (BSS)") generiert per Definition eine Sequenz von *statistisch unabhängigen, identisch verteilten binären Zufallsvariablen* $X_1, X_2, \ldots, X_j, \ldots, X_n$, d. h. $L_{X_j} = 2$ für $j \in \{1, 2, \ldots, n\}$ und $p_{X_j}(x^{(i)}) = 1/2 \ \forall \ i \in \{1, 2\}$. Hieraus folgt die Entropie pro Quellensymbol zu

$$H(X_j) = -\sum_{i=1}^{L_x} p_{X_j}(x^{(i)}) \log_2 p_{X_j}(x^{(i)}) = -\log_2 p_{X_j}(x^{(i)}) = \log_2 2 = 1 \text{ bit/Symbol,} \tag{1.20}$$

$j \in \{1,2,\ldots,n\}$. Die Entropie einer binären Zufallssequenz $\mathbf{X} = [X_1, X_2, \ldots, X_j, \ldots, X_n]$ mit statistisch unabhängigen Ereignissen beträgt somit

$$H(\mathbf{X}) = nH(X_j) = n \text{ bit}. \tag{1.21}$$

Insbesondere für $n = 24$ beträgt die Unsicherheit $H(\mathbf{X}) = 24$ bit. Die Wahrscheinlichkeit „6 Richtige" im Glücksspiel zu tippen ist also (fast) genauso groß wie die Wahrscheinlichkeit, eine Zufallssequenz bestehend aus 24 Binärzeichen vorherzusagen. ◊

Beispiel 1.3.4 (Pferderennen) An einem Pferderennen nehmen acht Pferde teil. Wieviele Binärzeichen (Bits) braucht man im Mittel um jemandem mitzuteilen, welches Pferd gewonnen hat?

Fall a) Die acht Pferde seien im Mittel gleich schnell. Somit ist X eine gleichverteilte Zufallsvariable und es folgt

$$H(X) = -8 \cdot \frac{1}{8} \log_2 \frac{1}{8} = \log_2 8 = 3 \text{ bit}. \tag{1.22}$$

Fall b) Das erste Pferd gewinnt im Mittel die Hälfte, das zweite Pferd ein Viertel, das dritte Pferd ein Achtel, das vierte Pferd ein Sechzehntel, und die übrigen vier Pferde ein Vierundsechzigstel aller Rennen. Somit:

$$H(X) = -\frac{1}{2} \log_2 \frac{1}{2} - \frac{1}{4} \log_2 \frac{1}{4} \cdots - \frac{1}{64} \log_2 \frac{1}{64} = 2 \text{ bit}. \tag{1.23}$$

Werden die unterschiedlichen Gewinnwahrscheinlichkeiten ausgenutzt, so müssen im betrachteten Zahlenbeispiel im Mittel nur 2 Bits aufgewendet werden. Dies geschieht dadurch, dass dem ersten Pferd die kürzeste und dem achten Pferd die längste Zahlensequenz zugeordnet wird. Ein Beispiel für die (Quellen-)Codierung lautet:

$$\mathscr{C} = \{0, 10, 110, 1110, 111100, 111101, 111110, 111111\}. \tag{1.24}$$

◊

Folgesatz 1.3.5 *Wenn X Werte aus dem Alphabet $\{x^{(1)}, x^{(2)}, \ldots, x^{(L_x)}\}$ annimmt, dann gilt*

$$0 \overset{a)}{\leq} H(X) \overset{b)}{\leq} \log L_x \tag{1.25}$$

mit Gleichheit auf der linken Seite, falls es ein i gibt, so dass $p_X(x^{(i)}) = 1$ und mit Gleichheit auf der rechten Seite, falls $p_X(x^{(i)}) = 1/L_x \;\; \forall\, i$ gilt.

Wenn X mit Sicherheit auf einen Wert festgelegt ist, so kann eine weitere Beobachtung keine zusätzliche Information über X liefern: Die Entropie $H(X)$ ist dann gleich null. Wenn dagegen X eine große Anzahl von Werten mit gleicher Wahrscheinlichkeit annimmt, dann ist die Entropie maximal.

Beweis 1.3.5 Ungleichung a):

$$-p_X(x^{(i)}) \log p_X(x^{(i)}) = p_X(x^{(i)}) \log \frac{1}{p_X(x^{(i)})} \begin{cases} = 0 & \text{für} \quad p_X(x^{(i)}) = 0 \\ > 0 & \text{für} \quad 0 < p_X(x^{(i)}) < 1 \\ = 0 & \text{für} \quad p_X(x^{(i)}) = 1. \end{cases} \tag{1.26}$$

Somit folgt

$$H(X) = -\sum_{i=1}^{L_x} p_X(x^{(i)}) \log p_X(x^{(i)}) \geq 0. \tag{1.27}$$

Ungleichung b):

$$\begin{aligned}
H(X) - \log L_x &= \left(-\sum_{i=1}^{L_x} p_X(x^{(i)}) \log p_X(x^{(i)} \right) - \log L_x \\
&= \sum_{i=1}^{L_x} p_X(x^{(i)}) \left(\log \frac{1}{p_X(x^{(i)})} - \log L_x \right) \\
&= \sum_{i=1}^{L_x} p_X(x^{(i)}) \log \frac{1}{L_x\, p_X(x^{(i)})} \\
&\leq \sum_{i=1}^{L_x} p_X(x^{(i)}) \left(\frac{1}{L_x\, p_X(x^{(i)})} - 1 \right) \log e \\
&= \left(\sum_{i=1}^{L_x} \frac{1}{L_x} - \sum_{i=1}^{L_x} p_X(x^{(i)}) \right) \log e \\
&= (1-1) \log e = 0.
\end{aligned} \tag{1.28}$$

□

Die Abschätzung in (1.28) folgt aus der sog. *Informationstheorie-Ungleichung*:

Satz 1.3.6 (Informationstheorie-Ungleichung) *Für jede reelle Basis $b > 1$ und jede positive reelle Zahl α gilt*

$$\log_b \alpha \leq (\alpha - 1) \log_b e \tag{1.29}$$

mit Gleichheit genau dann, wenn $\alpha = 1$ ist. Hierbei ist $e := \lim_{n\to\infty} (1 + 1/n)^n = 2.718\ldots$.

Beweis 1.3.6 Der Beweis der Informationstheorie-Ungleichung folgt aus der Eigenschaft, dass die Logarithmus-Funktion für $b > 1$ konvex ist, siehe Bild 1.4. □

1.3.4 Mittlere wechselseitige Information

Auf Basis der Erkenntnis, dass einzelne Ereignisse $\{X = x^{(i)}\}$ bzw. deren Wahrscheinlichkeiten $p_X(x^{(i)})$ meist relativ unbedeutend sind, wurde die Entropie in Definition 1.3.5 als Erwartungswert der Eigeninformation $I(X = x^{(i)})$ eingeführt. Bei der Quellencodierung ist es z. B. unbedeutend, mit wieviel Binärzeichen ein bestimmtes Quellensymbol repräsentiert werden kann. Die Entropie hingegen ist ein wichtiges Maß.

Gleiches gilt für Verbundereignisse $\{X = x^{(i)}, Y = y^{(j)}\}$ bzw. Verbundwahrscheinlichkeiten $p_{XY}(x^{(i)}, y^{(j)})$: Die wechselseitige Information $I(X = x^{(i)}; Y = y^{(j)})$ ist für spezielle Ereignisse folglich ebenfalls relativ unbedeutend. Der Erwartungswert über alle möglichen wechselseitigen Informationen ist hingegen bedeutsam.

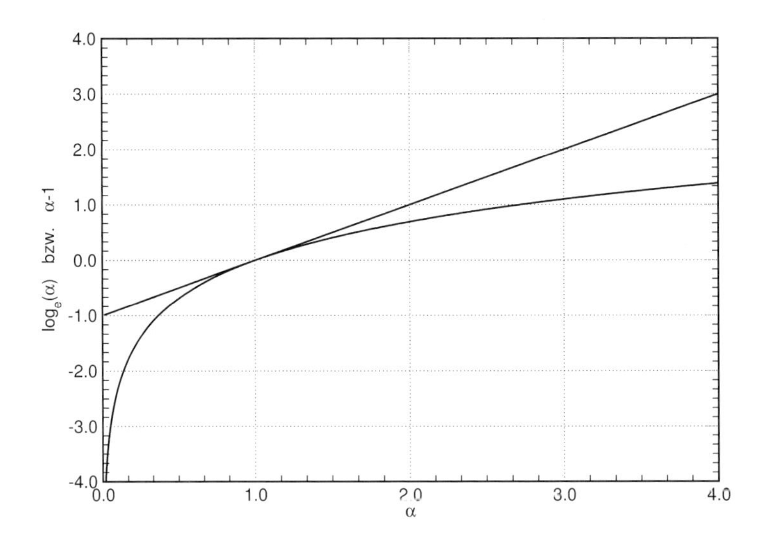

Bild 1.4: Graphische Darstellung der Informationstheorie-Ungleichung für $b = e$

Entsprechend dem Entropiebegriff definiert man den Erwartungswert der wechselseitigen Information zwischen Ereignissen, $I(X = x^{(i)}; Y = y^{(j)})$, wie folgt:

Definition 1.3.6 (Mittlere wechselseitige Information)

$$\begin{aligned}
I(X;Y) &:= E\left\{I(X = x^{(i)}; Y = y^{(j)})\right\}, \qquad p_X(x^{(i)}) > 0, \quad p_Y(y^{(j)}) > 0 \\
&= E\left\{\log \frac{p_{X|Y}(x^{(i)}|y^{(j)})}{p_X(x^{(i)})}\right\} = E\left\{\log \frac{p_{XY}(x^{(i)}, y^{(j)})}{p_X(x^{(i)})\, p_Y(y^{(j)})}\right\} \\
&= \sum_{i=1}^{L_x} \sum_{j=1}^{L_y} p_{XY}(x^{(i)}, y^{(j)}) \log \frac{p_{X|Y}(x^{(i)}|y^{(j)})}{p_X(x^{(i)})} \\
&= \sum_{i=1}^{L_x} \sum_{j=1}^{L_y} p_{XY}(x^{(i)}, y^{(j)}) \log \frac{p_{XY}(x^{(i)}, y^{(j)})}{p_X(x^{(i)})\, p_Y(y^{(j)})}
\end{aligned} \tag{1.30}$$

wird mittlere wechselseitige Information genannt.

Wenn keine Verwechselungsmöglichkeit besteht, wird $I(X;Y)$ kurz als *wechselseitige Information* bezeichnet.

Die folgenden Definitionen der Verbundentropie und der bedingten Entropie erklären sich analog:

Definition 1.3.7 (Verbundentropie)

$$\begin{aligned}
H(X,Y) &:= E\left\{-\log p_{XY}(x^{(i)}, y^{(j)})\right\} \\
&= -\sum_{i=1}^{L_x} \sum_{j=1}^{L_y} p_{XY}(x^{(i)}, y^{(j)}) \log p_{XY}(x^{(i)}, y^{(j)})
\end{aligned} \tag{1.31}$$

wird Verbundentropie der Zufallsvariablen X und Y genannt.

Folgesatz 1.3.7

$$H(X,Y) \leq H(X) + H(Y) \tag{1.32}$$

mit Gleichheit genau dann, falls X und Y statistisch unabhängig sind.

Beweis 1.3.7

$$\begin{aligned} H(X,Y) &= E\left\{-\log p_{XY}(x^{(i)},y^{(j)})\right\} \\ &\leq E\left\{-\log\left(p_X(x^{(i)})\cdot p_Y(y^{(j)})\right)\right\} \\ &= E\left\{-\log p_X(x^{(i)})\right\} + E\left\{-\log p_Y(y^{(j)})\right\} \\ &= H(X) + H(Y) \end{aligned} \tag{1.33}$$

□

Folgesatz 1.3.8 *Der Zusammenhang zwischen der mittleren wechselseitigen Information und der Entropie bzw. Verbundentropie ergibt sich zu*

$$I(X;Y) = H(X) + H(Y) - H(X,Y). \tag{1.34}$$

Beweis 1.3.8

$$\begin{aligned} I(X;Y) &= E\left\{I(X = x^{(i)}; Y = y^{(j)})\right\} \qquad (1.35) \\ &= E\left\{\log\frac{p_{XY}(x^{(i)},y^{(j)})}{p_X(x^{(i)})\,p_Y(y^{(j)})}\right\} \\ &= -E\left\{-\log p_{XY}(x^{(i)},y^{(j)})\right\} + E\left\{-\log p_X(x^{(i)})\right\} + E\left\{-\log p_Y(y^{(j)})\right\} \end{aligned}$$

□

Ein anschaulicher Zusammenhang zwischen mittlerer wechselseitiger Information, Entropie und Verbundentropie (sowie der als nächstes betrachteten bedingten Entropie) folgt in Kürze.

Definition 1.3.8 (Bedingte Entropie)

$$H(X|Y = y^{(j)}) := -\sum_{i=1}^{L_x} p_{X|Y}(x^{(i)}|y^{(j)})\ \log p_{X|Y}(x^{(i)}|y^{(j)}) \tag{1.36}$$

wird bedingte Entropie von X bei gegebenem Ereignis $\{Y = y^{(j)}\}$ *genannt.*

Folgesatz 1.3.9 *Wenn* $p_Y(y_i) > 0$ *ist (d. h. wenn* $p_{X|Y}(x^{(i)}|y^{(j)})$ *existiert), dann gilt*

$$\forall\, j: \quad 0 \leq H(X|Y = y^{(j)}) \leq \log L_x \tag{1.37}$$

mit Gleichheit auf der linken Seite, falls es ein i gibt, so dass $p_{X|Y}(x^{(i)}|y^{(j)}) = 1$ *und mit Gleichheit auf der rechten Seite, falls* $p_{X|Y}(x^{(i)}|y^{(j)}) = 1/L_x\ \forall\, i$ *gilt.*

Beweis 1.3.9 Der Beweis erfolgt analog zum Beweis von (1.25). □

Definition 1.3.9 (Bedingte Entropie)

$$\begin{aligned} H(X|Y) &:= E\left\{-\log p_{X|Y}(x^{(i)}|y^{(j)})\right\} \\ &= -\sum_{i=1}^{L_x}\sum_{j=1}^{L_y} p_{XY}(x^{(i)},y^{(j)}) \log p_{X|Y}(x^{(i)}|y^{(j)}) \end{aligned} \tag{1.38}$$

ist die bedingte Entropie von X gegeben Y. Diese Größe wird auch als Äquivokation bezeichnet.

Aus (1.36) und (1.38) folgt

$$H(X|Y) = \sum_{j=1}^{L_y} p_Y(y^{(j)}) H(X|Y = y^{(j)}). \tag{1.39}$$

Dies ist oft eine einfache Art, $H(X|Y)$ zu berechnen.

Folgesatz 1.3.10

$$0 \leq H(X|Y) \leq \log L_x \tag{1.40}$$

mit Gleichheit auf der linken Seite, falls es für jedes j mit $p_Y(y_i) > 0$ ein i gibt, so dass $p_{X|Y}(x^{(i)}|y^{(j)}) = 1$ ist und mit Gleichheit auf der rechten Seite, falls für jedes j mit $p_Y(y_i) > 0$ gilt, dass $p_{X|Y}(x^{(i)}|y^{(j)}) = 1/L_x \ \forall i$.

Beweis 1.3.10 Der Beweis erfolgt analog zum Beweis von (1.25). □

Folgesatz 1.3.11

$$I(X;Y) = H(X) - H(X|Y) = H(Y) - H(Y|X). \tag{1.41}$$

Die wechselseitige Information, $I(X = x^{(i)}; Y = y^{(j)})$, konnte als *Informationsgewinn* interpretiert werden. Analog dazu kann man die mittlere wechselseitige Information, $I(X;Y)$, als *mittleren Informationsgewinn* interpretieren.

Beweis 1.3.11 Gemäß (1.10) gilt $I(X = x^{(i)}; Y = y^{(j)}) = I(X = x^{(i)}) - I(X = x^{(i)}|Y = y^{(j)})$. Durch eine Erwartungswertbildung auf beiden Seiten folgt die erste Behauptung. Die zweite Behauptung folgt aus der Symmetrieeigenschaft in (1.9). □

Folgesatz 1.3.12

$$I(X;Y) \geq 0 \tag{1.42}$$

mit Gleichheit genau dann, wenn X und Y statistisch unabhängig sind.

Dieser Satz ist bemerkenswert, da die wechselseitige Information zwischen Ereignissen, $I(X = x^{(i)}; Y = y^{(j)})$, auch negativ sein kann.

Beweis 1.3.12

$$\begin{aligned}
I(X;Y) &= \sum_{i=1}^{L_x}\sum_{j=1}^{L_y} p_{XY}(x^{(i)},y^{(j)}) \log \frac{p_{XY}(x^{(i)},y^{(j)})}{p_X(x^{(i)})\,p_Y(y^{(j)})} \\
&= -\sum_{i=1}^{L_x}\sum_{j=1}^{L_y} p_{XY}(x^{(i)},y^{(j)}) \log \frac{p_X(x^{(i)})\,p_Y(y^{(j)})}{p_{XY}(x^{(i)},y^{(j)})} \\
&\geq -\sum_{i=1}^{L_x}\sum_{j=1}^{L_y} p_{XY}(x^{(i)},y^{(j)}) \left(\frac{p_X(x^{(i)})\,p_Y(y^{(j)})}{p_{XY}(x^{(i)},y^{(j)})}\right) \log e \\
&= -\sum_{i=1}^{L_x}\sum_{j=1}^{L_y} \left(p_X(x^{(i)})\,p_Y(y^{(j)}) - p_{XY}(x^{(i)},y^{(j)})\right) \log e \\
&= -(1-1)\log e = 0
\end{aligned} \tag{1.43}$$

Die Abschätzung in (1.43) folgt aus der Informationstheorie-Ungleichung (1.29). □

Folgesatz 1.3.13

$$H(X|Y) \leq H(X) \tag{1.44}$$

mit Gleichheit genau dann, wenn X und Y statistisch unabhängig sind.

Beweis 1.3.13

$$0 \leq I(X;Y) \leq H(X) - H(X|Y) \tag{1.45}$$

□

Bemerkung 1.3.3 (Heuristische Erklärung) Man kann $H(X)$, $H(Y)$, $H(X,Y)$, $I(X;Y)$, $H(X|Y)$ und $H(Y|X)$ als „Flächen" eines Venn-Diagramms definieren, siehe Bild 1.5. Wenn $I(X;Y) = 0$, so sind $H(X)$ und $H(Y)$ durch disjunkte Flächen darstellbar, weil bei statistischer Unabhängigkeit zweier Zufallsvariablen aus der Beobachtung eines Ereignisses nicht auf das andere Ereignis geschlossen werden kann. Bild 1.5 beweist insbesondere die Folgesätze (1.32), (1.34), (1.41), (1.42) und (1.44) graphisch.

Bemerkung 1.3.4 Gleichung (1.44) kann wie folgt verallgemeinert werden:

$$H(X|Y_1,Y_2,Y_3,\ldots) \leq H(X). \tag{1.46}$$

Eine zweite Verallgemeinerung lautet

$$H(X|Y_1,Y_2,Y_3,\ldots) \leq H(X|Y_2,Y_3,\ldots). \tag{1.47}$$

Eine dritte Verallgemeinerung lautet

$$H(X_1|Y) \leq H(X_1,X_2,X_3,\ldots|Y). \tag{1.48}$$

Diese Verallgemeinerungen können mit Hilfe des Venn-Diagramms einfach bewiesen werden.

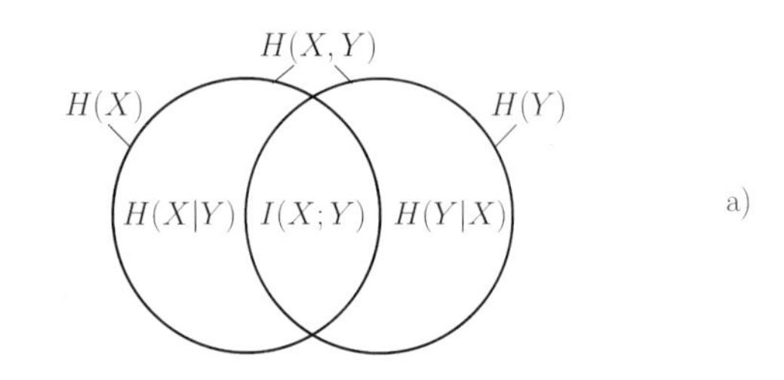

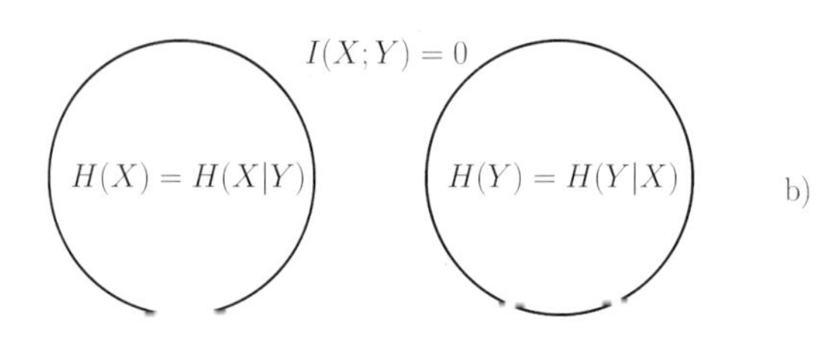

Bild 1.5: Zusammenhänge zwischen Entropie, bedingter Entropie, Verbundentropie und mittlerer wechselseitiger Information (Venn-Diagramm), wobei a) $I(X;Y) > 0$ und b) $I(X;Y) = 0$

1.3.5 Kettenregel der Entropie

Die *Kettenregel der Entropie* ist ein nützliches Hilfsmittel und lautet wie folgt:

Satz 1.3.14 (Kettenregel der Entropie)

$$\begin{aligned} &H(X_1, X_2, \ldots, X_n) \\ &\quad = H(X_1) + H(X_2|X_1) + H(X_3|X_1, X_2) + \cdots + H(X_n|X_1, X_2, \ldots, X_{n-1}). \end{aligned} \tag{1.49}$$

Beweis 1.3.14 Aus der Kettenregel der Wahrscheinlichkeitsrechnung (siehe Anhang A)

$$\begin{aligned} &p_{X_1 X_2 \ldots X_n}(x_1, x_2, \ldots, x_n) = \\ &\quad p_{X_1}(x_1) \cdot p_{X_2|X_1}(x_2|x_1) \cdot \ldots \cdot p_{X_n|X_1 X_2 \ldots X_{n-1}}(x_n|x_1, x_2, \ldots, x_{n-1}) \end{aligned} \tag{1.50}$$

folgt durch Logarithmieren

$$\begin{aligned} &-\log p_{X_1 X_2 \ldots X_n}(x_1, x_2, \ldots, x_n) = \\ &\quad -\log p_{X_1}(x_1) - \log p_{X_2|X_1}(x_2|x_1) - \ldots - \log p_{X_n|X_1 X_2 \ldots X_{n-1}}(x_n|x_1, x_2, \ldots, x_{n-1}) \end{aligned} \tag{1.51}$$

und anschließender Erwartungswertbildung die Behauptung. □

Bemerkung 1.3.5 Die Kettenregel der Entropie kann als „Lebensphilosophie" ausgenutzt werden. Wer immer auch vor einem schwierigen Problem steht, möge versuchen, dieses in sinnvolle Teilprobleme zu zerlegen und diese sequentiell bearbeiten, wobei jeweils das Wissen aus bereits bearbeiteten Teilproblemen genutzt werden sollte. Am Beispiel einer Abschlussarbeit sei diese Lebensphilosophie erläutert: Gemäß der Kettenregel der Entropie sollten Studierende niemals versuchen, ihre Abschlussarbeit als ganzes (Problem) zu sehen – die Unsicherheit ist sehr groß. Vielmehr sollten sich Studierende zunächst nur dem ersten Kapitel widmen – dies sollte machbar sein. Anschließend sollte das zweite Kapitel bearbeitet werden, wobei die erworbenen Erkenntnisse aus dem ersten Kapitel genutzt werden müssen – auch dies sollte machbar sein. Gemäß dem Prinzip der vollständigen Induktion kann somit die gesamte Abschlussarbeit erfolgreich bearbeitet werden. Die gesamte Information setzt sich additiv aus den Informationen der einzelnen Kapitel zusammen.

Folgesatz 1.3.15

$$\begin{aligned} &H(X_1,X_2,\ldots,X_n|Y) \\ &= H(X_1|Y)+H(X_2|X_1,Y)+H(X_3|X_1,X_2,Y)+\cdots+H(X_n|X_1,X_2,\ldots,X_{n-1},Y). \end{aligned} \tag{1.52}$$

Beweis 1.3.15 Der Beweis erfolgt analog zum Beweis von (1.49), indem Wahrscheinlichkeitsfunktionen durch bedingte Wahrscheinlichkeitsfunktionen ersetzt werden. □

1.3.6 Kullback-Leibler-Distanz

Eine Erweiterung der mittleren wechselseitigen Information ist die sog. *Kullback-Leibler-Distanz*, auch relative Entropie genannt.

Definition 1.3.10 (Kullback-Leibler-Distanz) *Die Kullback-Leibler-Distanz zwischen zwei Wahrscheinlichkeitsfunktionen $p_X(x^{(i)})$ und $q_X(x^{(i)})$ ist gemäß*

$$D(p \parallel q) := E_p\left\{\log \frac{p_X(x^{(i)})}{q_X(x^{(i)})}\right\} = \sum_{i=1}^{L_x} p_X(x^{(i)}) \log \frac{p_X(x^{(i)})}{q_X(x^{(i)})} \tag{1.53}$$

definiert.

Die Kullback-Leibler-Distanz ist nichtnegativ und gleich null, falls $p_X(x^{(i)}) = q_X(x^{(i)})$ für alle i. Die Bedeutung der Kullback-Leibler-Distanz sei an folgendem Beispiel erklärt:

Beispiel 1.3.5 Gegeben sei eine diskrete gedächtnisfreie Quelle, die eine Sequenz von statistisch unabhängigen Quellensymbolen $X_1, X_2, \ldots, X_n$ erzeugt. Jede Zufallsvariable habe die gleiche Wahrscheinlichkeitsfunktion $p_X(x^{(i)})$ und somit die gleiche Entropie $H(X)$. Kennt man die Wahrscheinlichkeitsfunktion $p_X(x^{(i)})$ für alle i, so werden gemäß Shannons Quellencodiertheorem (siehe Abschnitt 2.1.3) im Mittel mindestens $H(X)$ bit/Quellensymbol für eine verlustlose Quellencodierung benötigt. Wird hingegen die korrekte Wahrscheinlichkeitsfunktion $p_X(x^{(i)})$ durch $q_X(x^{(i)})$ approximiert, so werden im Mittel mindestens $H(X) + D(p \parallel q)$ bit/Quellensymbol für eine verlustlose Quellencodierung benötigt. ◇

1.3.7 Zusammenfassung der wichtigsten Definitionen und Sätze

Ein Erkennen des Zusammenhangs der wichtigsten Definitionen und Sätze aus Abschnitt 1.3 wird durch Tabelle 1.1 erleichtert.

Tabelle 1.1: Zusammenfassung wichtiger Definitionen und Sätze

Definitionen	Entropie	$H(X) := E\{-\log p_X(x^{(i)})\}$
		$= \sum_{i=1}^{L_x} p_X(x^{(i)})\,[-\log p_X(x^{(i)})]$
	Verbundentropie	$H(X,Y) := E\{-\log p_{XY}(x^{(i)},y^{(j)})\}$
		$= \sum_{i=1}^{L_x}\sum_{j=1}^{L_y} p_{XY}(x^{(i)},y^{(j)})\,[-\log p_{XY}(x^{(i)},y^{(j)})]$
	Bedingte Entropie	$H(X\|Y) := E\{-\log p_{X\|Y}(x^{(i)}\|y^{(j)})\}$
		$= \sum_{i=1}^{L_x}\sum_{j=1}^{L_y} p_{XY}(x^{(i)},y^{(j)})\,[-\log p_{X\|Y}(x^{(i)}\|y^{(j)})]$
	Wechsels. Information	$I(X;Y) := E\left\{\log \frac{p_{X\|Y}(x^{(i)}\|y^{(j)})}{p_X(x^{(i)})}\right\}$
		$= \sum_{i=1}^{L_x}\sum_{j=1}^{L_y} p_{XY}(x^{(i)},y^{(j)})\,\log \frac{p_{X\|Y}(x^{(i)}\|y^{(j)})}{p_X(x^{(i)})}$
Sätze		$0 \leq H(X) \leq \log L_x$
		$0 \leq H(X\|Y) \leq \log L_x$
		$H(X\|Y) \leq H(X)$ (Gleichheit, falls X und Y unabh.)
	Kettenregel der Entropie	$H(X_1,X_2) = H(X_1) + H(X_2\|X_1)$
		$H(X_1,X_2\|X_3) = H(X_1\|X_3) + H(X_2\|X_1,X_3)$
		$I(X;Y) \geq 0$ (Gleichheit, falls X und Y unabh.)
		$I(X;Y) = H(X) - H(X\|Y) = H(Y) - H(Y\|X)$
Beispiel	Binäre Entropiefunktion	$H(X) := h(p) = -p\log p - (1-p)\log(1-p)$

1.4 Fundamentale Sätze

Im Folgenden werden zwei fundamentale Sätze, die sog. *Fano-Ungleichung* sowie der *Hauptsatz der Datenverarbeitung*, vorgestellt und bewiesen. Mit Hilfe dieser beiden Sätze gelingt es in Abschnitt 3.1.7, Shannons Kanalcodiertheorem zu beweisen. Der pädagogische Hintergrund, die beiden Sätze bereits an dieser Stelle einzuführen, besteht in der Beweisführung beider Sätze, denn hierbei werden die bislang erworbenen Grundbegriffe trickreich angewendet.

1.4.1 Fano-Ungleichung

Wir stellen uns vor, dass wir eine Zufallsvariable Y kennen und den Wert einer korrelierten Zufallsvariablen X mit Werten aus dem gleichen Alphabet (folglich gilt $L_x = L_y := L$) vorhersagen möchten. Fanos Ungleichung stellt eine Beziehung zwischen der Wahrscheinlichkeit P_e, dass man beim Raten einen Fehler macht, und der bedingten Entropie (d. h. der Äquivokation) $H(X|Y)$ her.

Satz 1.4.1 (Fano-Ungleichung) *Es seien X und Y Zufallsvariablen mit Werten aus der gleichen Menge $\{x^{(1)}, x^{(2)}, \ldots, x^{(L)}\}$ und es sei $P_e := P(X \neq Y)$. Dann gilt*

$$H(X|Y) \leq h(P_e) + P_e \log_2(L-1). \tag{1.54}$$

Die Zufallsvariable X kann bei gegebener Zufallsvariable Y nur fehlerfrei vorhergesagt werden, wenn $H(X|Y) = 0$. Falls ein Fehler auftritt (d. h. falls $X \neq Y$), so gilt Gleichheit in Fanos Ungleichung, wenn alle $L-1$ verbliebenen Werte gleich wahrscheinlich sind.

Beweis 1.4.1 Wir führen den Fehlerindikator Z ein:

$$Z := \begin{cases} 0 & \text{falls } X = Y \\ 1 & \text{sonst.} \end{cases} \tag{1.55}$$

Somit gilt

$$H(Z) = h(P_e), \tag{1.56}$$

denn Z ist eine binäre Zufallsvariable. Gemäß dem Folgesatz der Kettenregel der Entropie, Gleichung (1.52), gilt

$$H(X,Z|Y) = H(X|Y) + H(Z|X,Y) = H(X|Y) + 0 = H(X|Y), \tag{1.57}$$

weil X und Y eindeutig Z bestimmen. Durch eine weitere Anwendung der Kettenregel folgt

$$H(X,Z|Y) = H(Z|Y) + H(X|Y,Z) = H(Z) + H(X|Y,Z), \tag{1.58}$$

weil durch eine Kenntnis von Y (ohne X) nicht auf Z geschlossen werden kann. Mit

$$H(X|Y,Z) = P(Z=0) \cdot H(X|Y,Z=0) + P(Z=1) \cdot H(X|Y,Z=1), \tag{1.59}$$

vgl. (1.39), sowie den Nebenrechnungen

$$\begin{aligned} H(X|Y,Z=0) &= H(X|X) = 0 \\ H(X|Y,Z=1) &\leq \log_2(L-1) \end{aligned} \tag{1.60}$$

folgt

$$H(X|Y,Z) \leq P(Z=1)\log_2(L-1) = P_e \log_2(L-1). \tag{1.61}$$

Es gilt Gleichheit in (1.60), falls im Fehlerfall ($Z=1$) alle anderen Ereignisse gleich wahrscheinlich sind. Durch Einsetzen von (1.61) in (1.58) sowie mit (1.56) und (1.57) erhält man Fanos Ungleichung. □

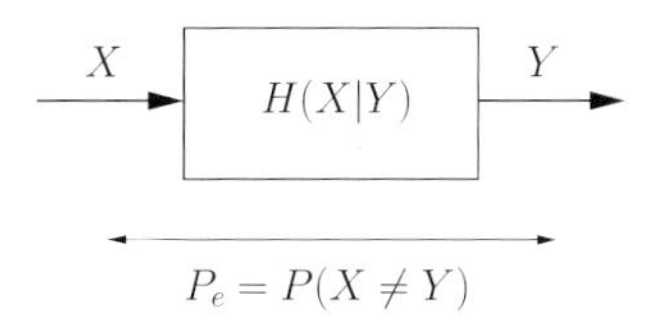

Bild 1.6: Szenario zu Fanos Ungleichung

Fanos Ungleichung findet beispielsweise in folgendem Szenario Anwendung: Ein zufälliges Datensymbol X wird über einen Kanal übertragen und dabei gestört. Der Empfänger beobachtet das Kanalausgangssymbol Y, siehe Bild 1.6. Mit der Wahrscheinlichkeit $P_e = P(X \neq Y)$ tritt ein Übertragungsfehler auf. Falls X richtig detektiert wird, so wird der Fehlerindikator auf $Z = 0$ gesetzt. Andernfalls wird der Fehlerindikator auf $Z = 1$ gesetzt. In diesem Fall verbleiben $L-1$ alternative Möglichkeiten.

In Bild 1.7 ist die rechte Seite von Fanos Ungleichung, $h(P_e) + P_e \log_2(L-1)$, über P_e für verschiedene Mächtigkeiten L aufgetragen. Die Summe $h(P_e) + P_e \log_2(L-1)$ ist für alle Fehlerwahrscheinlichkeiten P_e im Intervall $0 < P_e \leq 1$ positiv.

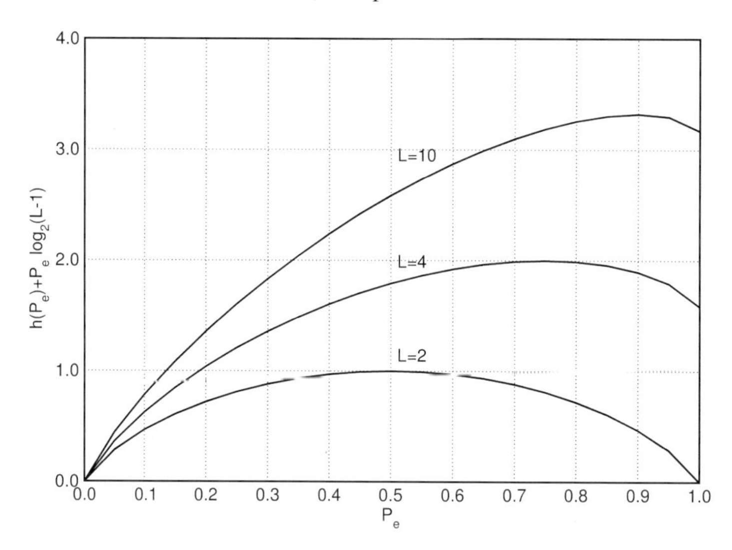

Bild 1.7: Graph der rechten Seite in Fanos Ungleichung

Durch Fanos Ungleichung erhält man untere und obere Schranken für die Fehlerwahrscheinlichkeit P_e bei gegebener Äquivokation $H(X|Y)$. Wir betrachten hierzu folgende Fälle:

a) $L = 2$: Für $L = 2$ folgt aus (1.54) unmittelbar

$$h(P_e) \geq H(X|Y). \tag{1.62}$$

Bei gegebener Äquivokation $H(X|Y)$ können aus der binären Entropiefunktion unmittelbar zwei nichttriviale Schranken für P_e abgelesen werden, vgl. Bild 1.3.

b) $L > 2$: Wir schätzen (1.54) gemäß

$$H(X|Y) \leq h(P_e) + 1 \cdot \log_2(L-1) \tag{1.63}$$

ab und erhalten

$$h(P_e) \geq H(X|Y) - \log_2(L-1), \qquad L > 2. \tag{1.64}$$

Hieraus ergeben sich eine untere sowie eine obere Schranke für P_e. Eine weitere untere Schranke folgt aus der Abschätzung

$$H(X|Y) \leq 1 + P_e \log_2(L-1). \tag{1.65}$$

Somit

$$P_e \geq \frac{H(X|Y) - 1}{\log_2(L-1)}, \qquad L > 2. \tag{1.66}$$

Fanos Ungleichung kann wie folgt verallgemeinert werden:

Satz 1.4.2 (Fanos Ungleichung in verallgemeinerter Form) *Es seien* $\mathbf{X}$ *und* $\mathbf{Y}$ *Zufallsvariablen mit Werten aus der gleichen Menge der Mächtigkeit L und es sei* $P_w := P(\mathbf{X} \neq \mathbf{Y})$. *Dann gilt*

$$H(\mathbf{X}|\mathbf{Y}) \leq h(P_w) + P_w \log_2(L-1). \tag{1.67}$$

Beweis 1.4.2 Der Beweis verläuft identisch. □

Wir werden auf Fanos Ungleichung im Zusammenhang mit dem Beweis von Shannons Kanalcodiertheorem in Abschnitt 3.1.7 zurückkommen.

1.4.2 Hauptsatz der Datenverarbeitung

Gegeben seien zwei seriell verkettete Kanäle und/oder Prozessoren gemäß Bild 1.8. Die Zufallsvariable Z kann von X nur indirekt über Y beeinflusst werden. Beispielsweise kann der erste Block in Bild 1.8 ein stochastisches Kanalmodell und der zweite Block ein Empfänger sein. In diesem Beispiel wäre X die Zufallsvariable des Kanaleingangs, Y die Zufallsvariable des Kanalausgangs und Z die Zufallsvariable des Empfängerausgangs.

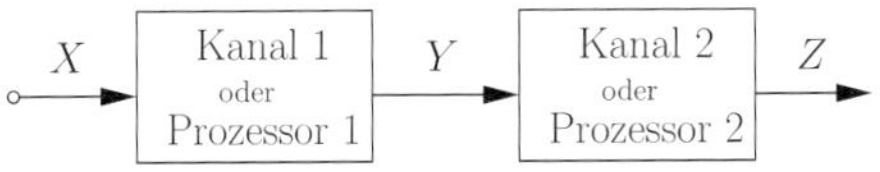

Bild 1.8: Sequentielle Datenübertragung/Datenverarbeitung

Satz 1.4.3 (Hauptsatz der Datenverarbeitung) *Für seriell verkettete Zufallszahlen X, Y und Z gemäß Bild 1.8 gilt*

$$I(X;Z) \leq I(X;Y) \quad \textit{und} \quad I(X;Z) \leq I(Y;Z). \tag{1.68}$$

Der Hauptsatz der Datenverarbeitung besagt, dass durch eine sequentielle Datenübertragung/Datenverarbeitung der Informationsgewinn nicht erhöht werden kann, vorausgesetzt, dass keine a priori Information in die Datenverarbeitung einfließt. Dagegen kann Information so umgeformt werden, dass sie besser zugänglich wird. Angewandt auf das Beispiel eines Empfängers bedeutet dies, dass die Information am Empfängereingang maximal ist.

Beweis 1.4.3 Wir beweisen zunächst die Behauptung $I(X;Z) \leq I(X;Y)$ und nutzen dabei die Ungleichung $H(X|Z) \geq H(X|Y,Z)$:

$$\begin{aligned} I(X;Z) &= H(X) - H(X|Z) \\ &\leq H(X) - H(X|Y,Z) \\ &= H(X) - H(X|Y) \\ &= I(X;Y) \end{aligned} \tag{1.69}$$

Abschließend erfolgt der Beweis für die Behauptung $I(X;Z) \leq I(Y;Z)$ unter Berücksichtigung von $H(Z|X) \geq H(Z|X,Y)$:

$$\begin{aligned} I(X;Z) &= H(Z) - H(Z|X) \\ &\leq H(Z) - H(Z|X,Y) \\ &= H(Z) - H(Z|Y) \\ &= I(Y;Z) \end{aligned} \tag{1.70}$$

Alternativ hätte man diesen zweiten Teil des Beweises durch Vertauschung von X und Z durchführen können. □

Beispiel 1.4.1 (Bewerbung um eine Stelle) Nach einer Stellenausschreibung geht im Personalbüro ein Stapel von Bewerbungsunterlagen ein. Dieser Stapel wird sequentiell durch das Sekretariat, den Personalleiter, die Fachabteilungen usw. bearbeitet. In jedem Verarbeitungsschritt wird Information über die BewerberInnen durch Herausfiltern von Merkmalen (z. B. durch Zeugnisvergleich) besser zugänglich gemacht. In keinem der Verarbeitungsschritte wird Information hinzugefügt. Durch das Filtern von bestimmten Merkmalen geht typischerweise jedoch Information verloren. ◊

Eine wichtige Variante des Hauptsatz der Datenverarbeitung lautet wie folgt:

Satz 1.4.4 (Variante des Hauptsatz der Datenverarbeitung) *Für seriell verkettete Zufallszahlen W, X, Y und Z gemäß Bild 1.9 gilt*

$$I(W;Z) \leq I(X;Y). \tag{1.71}$$

Der Beweis verläuft identisch zu Beweis 1.4.3.

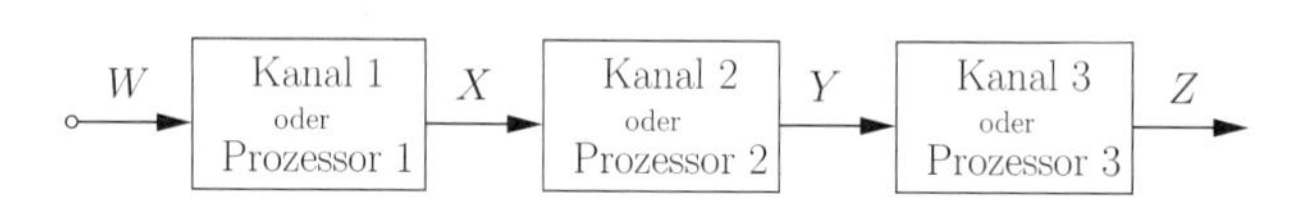

Bild 1.9: Sequentielle Datenübertragung/Datenverarbeitung

Der Hauptsatz der Datenverarbeitung kann wie folgt verallgemeinert werden:

Satz 1.4.5 (Hauptsatz der Datenverarbeitung in verallgemeinerter Form) *Für seriell verkettete Sequenzen von Zufallszahlen* **X**, **Y** *und* **Z** *gilt*

$$I(\mathbf{X};\mathbf{Z}) \leq I(\mathbf{X};\mathbf{Y}) \quad \textit{und} \quad I(\mathbf{X};\mathbf{Z}) \leq I(\mathbf{Y};\mathbf{Z}). \tag{1.72}$$

Die Variante des Hauptsatz der Datenverarbeitung kann wie folgt verallgemeinert werden:

Satz 1.4.6 (Variante des Hauptsatz der Datenverarbeitung in verallgemeinerter Form) *Für seriell verkettete Sequenzen von Zufallszahlen* **W**, **X**, **Y** *und* **Z** *gilt*

$$I(\mathbf{W};\mathbf{Z}) \leq I(\mathbf{X};\mathbf{Y}). \tag{1.73}$$

Die Beweise verlaufen identisch zu Beweis 1.4.3.

Wir kommen in Abschnitt 3.1.7 auf den Hauptsatz der Datenverarbeitung zurück, um das Kanalcodiertheorem zu beweisen.

2 Verlustlose Quellencodierung

Die Quellencodierung hat die Aufgabe, ein beliebiges (analoges oder zeitdiskretes) Quellensignal in einen binären Datenstrom mit möglichst geringer Rate zu überführen. Wir können uns ohne Beschränkung der Allgemeinheit auf *diskrete Datenquellen* beschränken, d. h. auf Datenquellen, welche eine Quellensymbolsequenz erzeugen, weil jedes bandbegrenzte Signal gemäß dem Abtasttheorem ohne jeglichen Informationsverlust durch eine Sequenz von Abtastwerten repräsentiert werden kann. Die Hauptaufgabe der Quellencodierung besteht im Sinne der Informationstheorie nicht in der Digitalisierung, sondern in einer Reduzierung der Datenmenge, d. h. einer *Datenkompression*.

Die Quellencodierung kann *verlustlos* oder *verlustbehaftet* sein. Man spricht von einer verlustlosen Quellencodierung, wenn die Wahrscheinlichkeit für eine perfekte Rekonstruktion der Quellensymbolsequenz gegen eins geht. Im Rahmen dieses Kapitels 2 werden ausschließlich verlustlose Quellencodierverfahren betrachtet, während die verlustbehaftete Quellencodierung in Kapitel 4 im Rahmen der sog. *Rate-Distortion-Theorie* behandelt wird.

2.1 Gedächtnisfreie Quellen

Eine diskrete Datenquelle wird als *gedächtnisfrei* bezeichnet, wenn deren Ausgangssymbole statistisch unabhängig sind. Andernfalls wird sie als *gedächtnisbehaftet* bezeichnet. Ein Beispiel einer gedächtnisfreien Quelle ist das mehrfache Werfen einer Münze: Jeder Münzwurf ist von vorausgegangenen Münzwürfen unabhängig, selbst wenn die Münze nicht fair ist. Beispiele für gedächtnisbehaftete Quellen sind Texte oder Bilder: Benachbarte Buchstaben oder Pixel sind typischerweise korreliert.

Es werden in diesem Abschnitt 2.1 zunächst gedächtnisfreie Quellen angenommen. Wir beschränken uns dabei auf Sequenzen von statistisch unabhängigen, identisch verteilten („independent identically distributed (i.i.d.)") Zufallsvariablen. Gedächtnisbehaftete Quellen werden im anschließenden Abschnitt 2.2 untersucht.

2.1.1 Typische Sequenzen und asymptotische Äquipartitionseigenschaft

Es sei X eine Zufallsvariable mit Werten über einem Alphabet $\mathcal{X}$ der Mächtigkeit $L = |\mathcal{X}|$. Die Entropie dieser Zufallsvariablen wird mit $H(X)$ bezeichnet. $X_1, X_2, \ldots, X_n$ sei eine Sequenz von statistisch unabhängigen, identisch verteilten Zufallsvariablen. (Man beachte die Verwechselungsmöglichkeit zwischen „identisch verteilten" Zufallsvariablen und „gleichverteilten" Zufallsvariablen: Bei einer Sequenz von „identisch verteilten" Zufallsvariablen besitzt jede Zufallsvariable die gleiche Statistik, während bei einer „gleichverteilten" Zufallsvariablen jedes Ereignis die gleiche Wahrscheinlichkeit besitzt.) Es gibt folglich L^n mögliche Sequenzen. Wir bezeichnen eine Realisierung mit $\mathbf{x} = [x_1, x_2, \ldots, x_n] \in \mathcal{X}^n$.

Beispiel 2.1.1 (Trickmünze) Wir betrachten eine binäre Zufallsvariable ($L = 2$), z. B. das Werfen einer Trickmünze. Die Wahrscheinlichkeit für „Kopf“ sei p, die Wahrscheinlichkeit für „Zahl“ sei $q = 1 - p$, wobei bei einer Trickmünze definitionsgemäß $p \neq 0.5$ gilt. Wir werfen die Trickmünze n mal. Die Erfahrung lehrt uns, dass wir ungefähr $n \cdot p$ mal „Kopf“ würfeln, falls n hinreichend groß ist. ◊

Man teilt deshalb die Gesamtmenge der L^n möglichen Sequenzen in zwei Teilmengen und lässt n gegen unendlich gehen:

1. Die erste Teilmenge umfasst alle sog. *typischen Sequenzen*. Für das Beispiel der Trickmünze umfasst die Menge der typischen Sequenzen alle n-Tupel, die „ungefähr“ $n \cdot p$ mal „Kopf“ aufweisen.

2. Die zweite Teilmenge umfasst alle restlichen n-Tupel. Dies ist die Menge der *atypischen Sequenzen*.

Bei diesem intuitiven Vorgehen ist die Menge der typischen Sequenzen mathematisch nicht exakt definiert. Um dieses Problem zu lösen, betrachten wir zunächst folgenden Satz:

Satz 2.1.1 *Für $n \longrightarrow \infty$ stimmen die Entropie $H(X)$ und der arithmetische Mittelwert der Eigeninformation, $\overline{I(X = x_i)}$, überein.*

Beweis 2.1.1 Das Gesetz der großen Zahlen besagt, dass für eine Sequenz von statistisch unabhängigen, identisch verteilten Zufallsvariablen $X_1, X_2, \ldots, X_n$ gilt:

$$E\{f(X)\} = \lim_{n\to\infty} \frac{1}{n} \sum_{i=1}^{n} f(x_i) = \overline{f(x_i)}, \tag{2.1}$$

Als direkte Konsequenz folgt

$$H(X) = E\{I(X = x)\} = \lim_{n\to\infty} \frac{1}{n} \sum_{i=1}^{n} I(X = x_i) = \overline{I(X = x_i)} \tag{2.2}$$

□

Dieser Satz motiviert folgende Definition:

Definition 2.1.1 *Ein Ereignis $\mathbf{x} = [x_1, x_2, \ldots, x_n]$ wird als* ε-typische Sequenz *bezeichnet, wenn sich der arithmetische Mittelwert der Eigeninformation betragsmäßig von der Entropie $H(X)$ maximal um eine beliebige Zahl $\varepsilon \in \mathbb{R}^+$ unterscheidet. Die Menge $\mathscr{A}_\varepsilon(\mathbf{X})$ der ε-typischen Sequenzen lautet somit:*

$$\mathscr{A}_\varepsilon(\mathbf{X}) = \left\{ \mathbf{x} : \left| \underbrace{-\frac{1}{n} \log_b p_{\mathbf{X}}(\mathbf{x})}_{\overline{I(X=x)}} - \underbrace{H(X)}_{E\{I(X=x)\}} \right| \leq \varepsilon \right\}. \tag{2.3}$$

Als Konsequenz dieser Definition ergibt sich die sog. *asymptotische Äquipartitionseigenschaft* (AEP):

Satz 2.1.2 (Asymptotische Äquipartitionseigenschaft) *Für jedes $\varepsilon > 0$ existiert eine ganze Zahl n, so dass $\mathscr{A}_\varepsilon(\mathbf{X})$ die folgenden Bedingungen erfüllt:*

$$
\begin{aligned}
&1.\ \mathbf{x} \in \mathscr{A}_\varepsilon(\mathbf{X}) \Rightarrow \left| -\tfrac{1}{n}\log_b p_{\mathbf{X}}(\mathbf{x}) - H(X) \right| \leq \varepsilon \\
&2.\ 1 \geq P(\mathbf{x} \in \mathscr{A}_\varepsilon(\mathbf{X})) \geq 1-\varepsilon, \quad d.\,h.\ 0 \leq P(\mathbf{x} \notin \mathscr{A}_\varepsilon(\mathbf{X})) < \varepsilon \\
&3.\ (1-\varepsilon) b^{n(H(X)-\varepsilon)} \leq |\mathscr{A}_\varepsilon(\mathbf{X})| \leq b^{n(H(X)+\varepsilon)},
\end{aligned}
\tag{2.4}
$$

wobei $|\mathscr{A}_\varepsilon(\mathbf{X})|$ die Anzahl der ε-typischen Sequenzen ist. (Der Begriff asymptotische Äquipartitionseigenschaft stammt ebenso wie die Entropie aus der Thermodynamik.)

Beweis 2.1.2

- Bedingung 1 folgt direkt aus der Definition von $\mathscr{A}_\varepsilon(\mathbf{X})$.
- Bedingung 2 folgt aus der Konvergenz von $-\frac{1}{n}\log_b p_{\mathbf{X}}(\mathbf{x})$ in der Definition von $\mathscr{A}_\varepsilon(\mathbf{X})$. Diese Bedingung besagt, dass die Wahrscheinlichkeit, dass ein Zufallsgenerator eine atypische Sequenz generiert, kleiner als ε (und folglich beliebig klein) ist.
- Bedingung 3 gibt eine Abschätzung über die Anzahl der ε-typischen Sequenzen und folgt aus

$$1 = \sum_{\mathbf{x}} p_{\mathbf{X}}(\mathbf{x}) \geq \sum_{\mathscr{A}_\varepsilon(\mathbf{X})} p_{\mathbf{X}}(\mathbf{x}) \geq \sum_{\mathscr{A}_\varepsilon(\mathbf{X})} b^{-n(H(X)+\varepsilon)} = |\mathscr{A}_\varepsilon(\mathbf{X})| b^{-n(H(X)+\varepsilon)} \tag{2.5}$$

und

$$1-\varepsilon \leq \sum_{\mathscr{A}_\varepsilon(\mathbf{X})} p_{\mathbf{X}}(\mathbf{x}) \leq \sum_{\mathscr{A}_\varepsilon(\mathbf{X})} b^{-n(H(X)-\varepsilon)} = |\mathscr{A}_\varepsilon(\mathbf{X})| b^{-n(H(X)-\varepsilon)}. \tag{2.6}$$

□

Folgesatz 2.1.3 *Für alle ε-typischen Sequenzen $\mathbf{x} \in \mathscr{A}_\varepsilon(\mathbf{X})$ gilt:*

$$b^{-n(H(X)+\varepsilon)} \leq p_{\mathbf{X}}(\mathbf{x}) \leq b^{-n(H(X)-\varepsilon)}. \tag{2.7}$$

Beweis 2.1.3 Der Folgesatz ergibt sich durch eine Fallunterscheidung unmittelbar aus der Bedingung 1 in (2.4). □

Der Folgesatz definiert die exakte Vorschrift um zu entscheiden, ob eine Sequenz $\mathbf{x}$ mit gegebener Wahrscheinlichkeit $p_{\mathbf{X}}(\mathbf{x})$ ein Kandidat für eine ε-typische Sequenz ist oder nicht. (Zusätzlich muss für ε-typische Sequenzen die Bedingung 2 der asymptotischen Äquipartitionseigenschaft erfüllt sein.)

Die *Eigenschaften von typischen Sequenzen* lassen sich am einfachsten diskutieren, wenn wir die Basis $b = 2$ annehmen und $\varepsilon \to 0$ gehen lassen:

- Alle ε-typischen Sequenzen haben gemäß (2.7) ungefähr die gleiche Wahrscheinlichkeit $p_{\mathbf{X}}(\mathbf{x}) \approx 2^{-nH(X)}$.
- Die Summe der Wahrscheinlichkeiten von ε-typischen Sequenzen ist gemäß Bedingung 2 in (2.4) nahezu gleich eins.

- Dennoch ist die Anzahl der ε-typischen Sequenzen, bezogen auf die Gesamtzahl aller möglichen Sequenzen, gemäß Bedingung 3 in (2.4) für $H(X) < \log_2 L$ sehr klein: $|\mathscr{A}_\varepsilon(\mathbf{X})| \approx 2^{nH(X)} \ll L^n$. Die Anzahl der ε-typischen Sequenzen ist umso kleiner, je kleiner die Entropie $H(X)$ ist. Obwohl es relativ wenige ε-typische Sequenzen gibt, tragen sie fast zur gesamten Wahrscheinlichkeit bei.
- In der Informationstheorie werden deshalb die atypischen Sequenzen vernachlässigt.
- Die ε-typischen Sequenzen sind jedoch nicht die wahrscheinlichsten Sequenzen! (Beispiel: Die Sequenz mit n mal „Zahl" ist für $p < 1/2$ wahrscheinlicher als jede typische Sequenz.)

Beispiel 2.1.2 Gegeben sei eine binäre Zufallsvariable X ($L = 2$) mit den Ereignissen $x^{(1)} =$ „Kopf" und $x^{(2)} =$ „Zahl", wobei $P(X = x^{(1)}) := p = 2/5$ und $P(X = x^{(2)}) = 1 - p := q = 3/5$. Aus der binären Entropiefunktion ergibt sich $H(X) = h(p = 2/5) = 0.971$ bit. Wir wählen zunächst $n = 5$ und $\varepsilon = 0.0971$ (10 % von $H(X)$). Aus dem Folgesatz (2.7) folgt, dass für ε-typische Sequenzen $\mathbf{x}$ die Ungleichung $0.0247 \leq p_{\mathbf{X}}(\mathbf{x}) \leq 0.0484$ erfüllt sein muss. In Tabelle 2.1 sind die $L^n = 2^5 = 32$ möglichen Sequenzen aufgelistet (K: „Kopf", Z: „Zahl"). Demnach sind von den 32 möglichen Sequenzen 10 n-Tupel Kandidaten für ε-typische Sequenzen. (Dies ist ein kombinatorisches Problem, kein statistisches.) Diese Kandidaten sind mit $\star$ markiert. Der Anteil von ε-typischen Sequenzen an der Gesamtwahrscheinlichkeit, $P(\mathbf{x} \in \mathscr{A}_\varepsilon(\mathbf{X}))$, beträgt allerdings (nur) 34.6 %, weil $n = 5$ sehr klein ist. Somit ist die Voraussetzung $P(\mathbf{x} \in \mathscr{A}_\varepsilon(\mathbf{X})) \geq 1 - \varepsilon$ gemäß der asymptotischen Äquipartitionseigenschaft, Gleichung (2.4), nicht erfüllt. Daher gibt es in diesem einführenden Beispiel keine ε-typische Sequenz, die alle drei Voraussetzungen der asymptotischen Äquipartitionseigenschaft erfüllen. Dies liegt insbesondere daran, dass $n = 5$ zu klein gewählt wurde. ◊

Beispiel 2.1.3 Für das gleiche Szenario wie im letzten Beispiel betrachten wir nun große Sequenzlängen n. Wir wählen $p = 0.11$ (somit ergibt sich $H(X) = h(p) = 0.5$ bit) und $\varepsilon = 0.05$ (10 % von $H(X)$). Die Ergebnisse sind in Tabelle 2.2 zusammengefasst. Man erkennt, dass ab etwa $n = 2000$ für die gegebenen Parameter ε-typische Sequenzen existieren.

Die Anzahl der ε-typischen Sequenzen der Länge $n = 10000$ beträgt nur $2^{5471.45}$. Der 10^{-1361}-te Teil aller Sequenzen hat dennoch einen Beitrag zur Gesamtwahrscheinlichkeit von praktisch 100 %. Die Datensequenz kann um fast 50 % komprimiert werden. ◊

2.1.2 Simultan Typische Sequenzen

Wir betrachten nun Zufallsvariablen X und Y mit der Verbundwahrscheinlichkeitsfunktion $p_{XY}(x,y)$ und bezeichnen mit $[(X_1,Y_1),(X_2,Y_2),\ldots,(X_n,Y_n)]$ eine Sequenz von Paaren (X_i,Y_i), wobei $i \in \{1,2,\ldots,n\}$ der Laufindex ist.

Beispiel 2.1.4 X_i ist das i-te Kanaleingangssymbol, Y_i ist das i-te Kanalausgangssymbol. ◊

Tabelle 2.1: Ergebnisse zu Beispiel 1 ($N = 5$, $p = 2/5$, $\varepsilon \approx 0.1$)

Sequenz ($n = 5$)	Wahrscheinlichkeit	ε-typ. Sequenz ?	Codierung
KKKKK	$p^5(1-p)^0 = 1.02 \cdot 10^{-2}$		
KKKKZ	$p^4(1-p)^1 = 1.54 \cdot 10^{-2}$		
KKKZK	$p^4(1-p)^1 = 1.54 \cdot 10^{-2}$		
KKKZZ	$p^3(1-p)^2 = 2.30 \cdot 10^{-2}$		
KKZKK	$p^4(1-p)^1 = 1.54 \cdot 10^{-2}$		
KKZKZ	$p^3(1-p)^2 = 2.30 \cdot 10^{-2}$		
KKZZK	$p^3(1-p)^2 = 2.30 \cdot 10^{-2}$		
KKZZZ	$p^2(1-p)^3 = 3.46 \cdot 10^{-2}$	$\star$	0000
KZKKK	$p^4(1-p)^1 = 1.54 \cdot 10^{-2}$		
KZKKZ	$p^3(1-p)^2 = 2.30 \cdot 10^{-2}$		
KZKZK	$p^3(1-p)^2 = 2.30 \cdot 10^{-2}$		
KZKZZ	$p^2(1-p)^3 = 3.46 \cdot 10^{-2}$	$\star$	0001
KZZKK	$p^3(1-p)^2 = 2.30 \cdot 10^{-2}$		
KZZKZ	$p^2(1-p)^3 = 3.46 \cdot 10^{-2}$	$\star$	0010
KZZZK	$p^2(1-p)^3 = 3.46 \cdot 10^{-2}$	$\star$	0011
KZZZZ	$p^1(1-p)^4 = 5.18 \cdot 10^{-2}$		
ZKKKK	$p^4(1-p)^1 = 1.54 \cdot 10^{-2}$		
ZKKKZ	$p^3(1-p)^2 = 2.30 \cdot 10^{-2}$		
ZKKZK	$p^3(1-p)^2 = 2.30 \cdot 10^{-2}$		
ZKKZZ	$p^2(1-p)^3 = 3.46 \cdot 10^{-2}$	$\star$	0100
ZKZKK	$p^3(1-p)^2 = 2.30 \cdot 10^{-2}$		
ZKZKZ	$p^2(1-p)^3 = 3.46 \cdot 10^{-2}$	$\star$	0101
ZKZZK	$p^2(1-p)^3 = 3.46 \cdot 10^{-2}$	$\star$	0110
ZKZZZ	$p^1(1-p)^4 = 5.18 \cdot 10^{-2}$		
ZZKKK	$p^3(1-p)^2 = 2.30 \cdot 10^{-2}$		
ZZKKZ	$p^2(1-p)^3 = 3.46 \cdot 10^{-2}$	$\star$	0111
ZZKZK	$p^2(1-p)^3 = 3.46 \cdot 10^{-2}$	$\star$	1000
ZZKZZ	$p^1(1-p)^4 = 5.18 \cdot 10^{-2}$		
ZZZKK	$p^2(1-p)^3 = 3.46 \cdot 10^{-2}$	$\star$	1001
ZZZKZ	$p^1(1-p)^4 = 5.18 \cdot 10^{-2}$		
ZZZZK	$p^1(1-p)^4 = 5.18 \cdot 10^{-2}$		
ZZZZZ	$p^0(1-p)^5 = 7.78 \cdot 10^{-2}$		
	$\Sigma = 1$	$\Sigma = 0.346$	

Tabelle 2.2: Ergebnisse zu Beispiel 2 ($p = 0.11$, $\varepsilon = 0.05$)

n	$(1-\varepsilon)2^{n(H(X)-\varepsilon)}$	$\lvert\mathscr{A}_\varepsilon(\mathbf{X})\rvert$	$2^{n(H(X)+\varepsilon)}$	$P(\mathbf{x} \in \mathscr{A}_\varepsilon(\mathbf{X})) \geq 1-\varepsilon$?
100	$2^{44.92}$	$2^{50.10}$	$2^{54.99}$	$0.3676 < 0.9500$
200	$2^{89.91}$	$2^{105.38}$	$2^{109.98}$	$0.5711 < 0.9500$
500	$2^{224.88}$	$2^{269.19}$	$2^{274.96}$	$0.7760 < 0.9500$
1000	$2^{449.84}$	$2^{541.87}$	$2^{549.92}$	$0.9049 < 0.9500$
2000	$2^{899.76}$	$2^{1090.53}$	$2^{1099.83}$	$0.9834 > 0.9500$
5000	$2^{2249.51}$	$2^{2731.75}$	$2^{2749.58}$	$0.9998 > 0.9500$
10000	$2^{4499.09}$	$2^{5471.45}$	$2^{5499.16}$	$1.0000 > 0.9500$
20000	$2^{8998.25}$	$2^{10951.35}$	$2^{10998.32}$	$1.0000 > 0.9500$
50000	$2^{22495.72}$	$2^{27389.08}$	$2^{27495.80}$	$1.0000 > 0.9500$
100000	$2^{44991.52}$	$2^{54787.76}$	$2^{54991.60}$	$1.0000 > 0.9500$

Definition 2.1.2 *Die Menge* $\mathscr{A}_\varepsilon(\mathbf{X},\mathbf{Y})$ *der* simultan ε-typischen Sequenzen $(\mathbf{x},\mathbf{y}) = [(x_1,y_1), (x_2,y_2), \ldots, (x_n,y_n)]$ *der Länge n wird wie folgt definiert:*

$$\mathscr{A}_\varepsilon(\mathbf{X},\mathbf{Y}) := \Big\{(\mathbf{x},\mathbf{y}) : \quad \left|-\frac{1}{n}\log_b p_{\mathbf{X}}(\mathbf{x}) - H(X)\right| \leq \varepsilon, \ \left|-\frac{1}{n}\log_b p_{\mathbf{Y}}(\mathbf{y}) - H(Y)\right| \leq \varepsilon,$$
$$\left|-\frac{1}{n}\log_b p_{\mathbf{XY}}(\mathbf{x},\mathbf{y}) - H(X,Y)\right| \leq \varepsilon\Big\}, \tag{2.8}$$

wobei $p_{\mathbf{XY}}(\mathbf{x},\mathbf{y}) = \prod_{i=1}^{n} p_{XY}(x_i,y_i)$.

Ein Paar von Sequenzen **x** und **y** ist demnach simultan ε-typisch, wenn **x**, **y** und $(\mathbf{x},\mathbf{y})$ ε-typisch sind.

Satz 2.1.4 (Asymptotische Äquipartitionseigenschaft (AEP)) *Für jedes* $\varepsilon > 0$ *existiert eine ganze Zahl n, so dass* $\mathscr{A}_\varepsilon(\mathbf{X},\mathbf{Y})$ *die folgenden Bedingungen erfüllt:*

$$\begin{aligned} &1.\ (\mathbf{x},\mathbf{y}) \in \mathscr{A}_\varepsilon(\mathbf{X},\mathbf{Y}) \Rightarrow \left|-\tfrac{1}{n}\log_b p_{\mathbf{XY}}(\mathbf{x},\mathbf{y}) - H(X,Y)\right| \leq \varepsilon \\ &2.\ 1 \geq P((\mathbf{x},\mathbf{y}) \in \mathscr{A}_\varepsilon(\mathbf{X},\mathbf{Y})) \geq 1-\varepsilon, \quad \text{d. h. } 0 \leq P((\mathbf{x},\mathbf{y}) \notin \mathscr{A}_\varepsilon(\mathbf{X},\mathbf{Y})) < \varepsilon \\ &3.\ (1-\varepsilon)b^{n(H(X,Y)-\varepsilon)} \leq |\mathscr{A}_\varepsilon(\mathbf{X},\mathbf{Y})| \leq b^{n(H(X,Y)+\varepsilon)}, \end{aligned} \tag{2.9}$$

wobei $|\mathscr{A}_\varepsilon(\mathbf{X},\mathbf{Y})|$ *die Anzahl der simultan* ε*-typischen Sequenzen ist.*

Diese Bedingungen erklären sich analog zu denen der ε-typischen Sequenzen.

Beweis 2.1.4 Die Beweisführung ist identisch wie bei ε-typischen Sequenzen, wobei X durch (X,Y) ersetzt wird. □

Folgesatz 2.1.5 *Für alle simultan* ε*-typischen Sequenzen* $(\mathbf{x},\mathbf{y}) \in \mathscr{A}_\varepsilon(\mathbf{X},\mathbf{Y})$ *gilt:*

$$b^{-n(H(X,Y)+\varepsilon)} \leq p_{\mathbf{XY}}(\mathbf{x},\mathbf{y}) \leq b^{-n(H(X,Y)-\varepsilon)}. \tag{2.10}$$

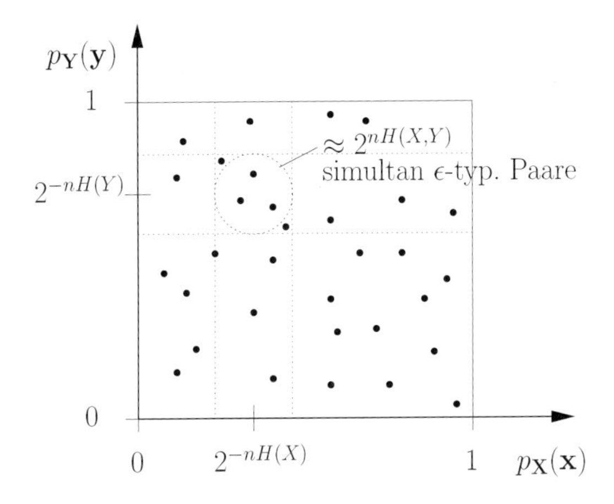

Bild 2.1: Simultan ε-typische Sequenzen

Beweis 2.1.5 Der Beweis folgt unmittelbar aus der ersten Bedingung in (2.9). □

Mit Hilfe des Folgesatzes gelingt es zu entscheiden, ob Sequenzen $(\mathbf{x},\mathbf{y})$ simultan ε-typisch sind oder nicht. Auf simultan ε-typische Sequenzen werden wir zwecks Beweis von Shannons Kanalcodiertheorem zurückkommen.

2.1.3 Shannons Quellencodiertheorem

Wir betrachten nun das Blockdiagramm eines Kommunikationssystems mit Quellen- und Kanalcodierung gemäß Bild 2.2. Die *diskrete, gedächtnisfreie Datenquelle* in Bild 2.2 erzeuge eine Sequenz von n Quellensymbolen $\mathbf{q} = [q_1, q_2, \ldots, q_n]$, wobei jedes Quellensymbol über einem endlichen Alphabet $\mathcal{Q}$ mit $L = |\mathcal{Q}|$ Elementen definiert ist, dem sog. Quellensymbolalphabet. Die Entropie pro Quellensymbol wird mit $H(Q)$ bezeichnet. Der Quellencodierer generiert aus der Quellensymbolsequenz eine Datensequenz $\mathbf{u}$, dessen Elemente wir als binär annehmen. (Eine Rechtfertigung dieser Annahme folgt umgehend aus Shannons Quellencodiertheorem.) Die Datenübertragung sei fehlerfrei, d. h. $\hat{\mathbf{u}} = \mathbf{u}$. (Eine Rechtfertigung dieser Annahme folgt später aus Shannons Kanalcodiertheorem.) Dem Quellendecodierer stehe somit die Datensequenz $\mathbf{u}$ zur Verfügung.

Eine fundamentale Frage ist: Wie groß ist die minimale Anzahl an Bits pro Quellensymbol, die der Quellencodierer im Mittel bereitstellen muss, damit aus der quellencodierten Datensequenz $\mathbf{u}$ die Quellensymbolsequenz $\mathbf{q}$ beliebig genau rekonstruiert werden kann? Diese fundamentale Frage wird durch *Shannons Quellencodiertheorem* wie folgt beantwortet:

Satz 2.1.6 (Shannons Quellencodiertheorem) *Gegeben sei eine diskrete, gedächtnisfreie Quelle. Für eine verlustlose Quellencodierung ist es notwendig und hinreichend, wenn für die Codierung im Mittel $H(Q)$ bit/Quellensymbol verwendet werden, vorausgesetzt, die Länge n der Quellensymbolsequenz geht gegen unendlich. Die Umkehrung besagt: Weniger als $H(Q)$ bit/Quellensymbol reichen für eine verlustlose Quellencodierung nicht aus.*

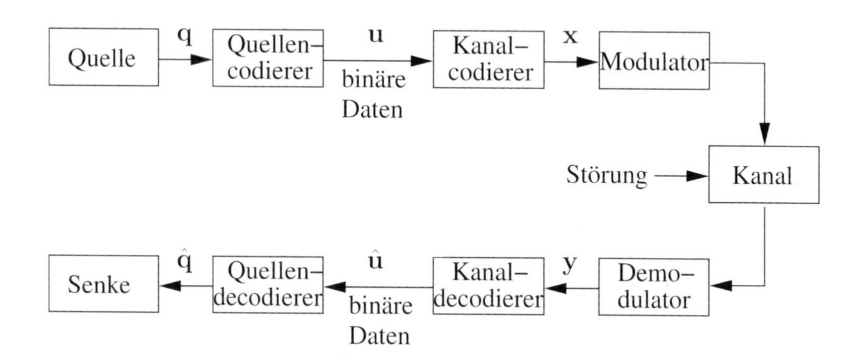

Bild 2.2: Blockdiagramm eines Kommunikationssystems mit Quellen- und Kanalcodierung

Verlustlose Verfahren zur Quellencodierung werden deshalb auch als *Entropiecodierung* bezeichnet.

Gemäß der asymptotischen Äquipartitionseigenschaft kann die Codierung beispielsweise derart erfolgen, dass jede ε-typische Sequenz $\mathbf{q} \in \mathscr{A}_\varepsilon(\mathbf{Q})$ mit $\lfloor n(H(Q)+\varepsilon) \rfloor$ Bits fortlaufend adressiert wird, wie in der rechten Spalte in Tabelle 2.1 illustriert wird. Bei dieser Art der Codierung wird immer eine binäre Datensequenz erzeugt. Die atypischen Sequenzen werden ignoriert. Weil atypische Sequenzen vernachlässigbar selten auftreten, spricht man dennoch von einer verlustlosen Quellencodierung.

Beweis 2.1.6 Für beliebige $\varepsilon > 0$ gibt es ein hinreichend großes n, so dass eine Quellensymbolsequenz $\mathbf{q} = [q_1, q_2, \ldots, q_n]$ mit $n(H(Q)+\varepsilon)$ bit auf eine eindeutige Weise codiert werden kann, abgesehen von einer Menge atypischer Quellensymbolsequenzen, deren Gesamtwahrscheinlichkeit insgesamt kleiner als ε ist. Das folgt aus der Existenz einer Menge $\mathscr{A}_\varepsilon(\mathbf{Q})$ von Sequenzen $\mathbf{q}$, welche die ersten beiden Bedingungen der AEP in Satz 2.1.2 erfüllen. Die rechte Ungleichung der dritten Bedingung ergibt, dass $n(H(Q)+\varepsilon)$ bit hinreichend sind, während die zweite Bedingung garantiert, dass $P(\mathbf{q} \notin \mathscr{A}_\varepsilon(\mathbf{Q})) < \varepsilon$ ist.

Wenn wir im Gegensatz dazu nur $n(H(Q)-2\varepsilon)$ bit verwenden, so reichen die Codeworte nur für einen verschwindend geringen Teil der typischen Sequenzen, was aus der linken Ungleichung der dritten Bedingung folgt. Deshalb sind $H(Q)$ bit/Quellensymbol nicht nur hinreichend, sondern für lange Sequenzen auch notwendig, wenn die Wahrscheinlichkeit für eine perfekte Rekonstruktion gegen eins gehen soll. □

2.1.4 Präfixfreie Quellencodierung

Gegeben sei eine diskrete Quelle. Die diskrete Quelle erzeuge eine Sequenz von n Zufallsvariablen $Q_1, Q_2, \ldots, Q_n$. Die Sequenz der n Quellensymbole werde mit $q_1, q_2, \ldots, q_n$ bezeichnet, die entsprechenden Entropien mit $H(Q_1), H(Q_2), \ldots, H(Q_n)$. Wir nehmen an, dass alle Quellensymbole über dem gleichen endlichen Alphabet $\mathscr{Q} = \{q^{(1)}, q^{(2)}, \ldots, q^{(L)}\}$ der Mächtigkeit L definiert sind. Ferner nehmen wir an, dass die Quellensymbole statistisch unabhängig seien, d. h. die Quelle sei gedächtnisfrei. Deshalb ist es völlig ausreichend, wenn wir uns auf ein einziges Quellensymbol beschränken. Wir lassen den Laufindex weg und bezeichnen das betrachtete Quellensymbol mit q und dessen Entropie mit $H(Q)$.

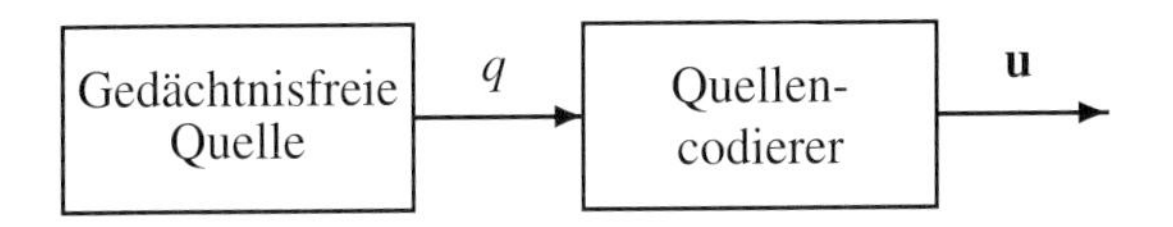

Bild 2.3: Diskrete gedächtnisfreie Quelle mit nachgeschalteter Quellencodierung

Der Quelle werde gemäß Bild 2.3 ein Quellencodierer nachgeschaltet. Der Quellencodierer sei verlustlos und erzeugt pro Quellensymbol q eine codierte Symbolsequenz $\mathbf{u}$, im Folgenden *Codewort* genannt. Dem i-ten Quellensymbol $q^{(i)}$ sei das Codewort $\mathbf{u}^{(i)}$ zugeordnet, $i \in \{1, \ldots, L\}$. Wir beschränken uns im Weiteren auf binäre Codewörter. Die Codewörter haben eine variable Länge. Sinnvollerweise werden häufig auftretenden Quellensymbolen kürzere Codeworte als unwahrscheinlichen Quellensymbolen zugeordnet. Alternativ ist es auch möglich, mehrere Quellensymbole auf Codewörter fester Länge abzubilden, d. h. eine variable Quellenwortlänge wird einer festen Codewortlänge zugeordnet. Informationstheoretisch betrachtet ergeben sich keine Unterschiede hinsichtlich der Effizienz. Deshalb wird diese Variante nicht weiter betrachtet.

Die Quellencodierung muss folgende Eigenschaften erfüllen:

1. Die Abbildung zwischen einem Quellensymbol $q^{(i)}$ und dem zugehörigen Codewort $\mathbf{u}^{(i)}$ muss eineindeutig sein, d. h. keine zwei Codeworte dürfen identisch sein: $\mathbf{u}^{(i)} \neq \mathbf{u}^{(j)}$ für alle $i \neq j$. Hieraus folgt, dass $H(Q) = H(\mathbf{U})$.

2. Kein Codewort darf *Präfix* eines längeren Codewortes sein. Somit kann ein Codewort erkannt werden, sobald dessen letztes Symbol empfangen wurde, auch bei einem kontinuierlich arbeitenden Quellencodierer.

Codes, die beide Bedingungen erfüllen, nennt man *präfixfrei.*

Beispiel 2.1.5 (Präfixfreier Code) Tabelle 2.3 zeigt zwei Codes mit jeweils drei Codewörtern. Der Code auf der linken Seite ist präfixfrei, während der Code auf der rechten Seite nicht präfixfrei ist, weil $\mathbf{u}^{(1)}$ Präfix von $\mathbf{u}^{(2)}$ ist. ◊

Tabelle 2.3: Präfixfreier Code (links) und nicht präfixfreier Code (rechts)

q	$\mathbf{u}$
$q^{(1)}$	$\mathbf{u}^{(1)} = [00]$
$q^{(2)}$	$\mathbf{u}^{(2)} = [01]$
$q^{(3)}$	$\mathbf{u}^{(3)} = [10]$

q	$\mathbf{u}$
$q^{(1)}$	$\mathbf{u}^{(1)} = [0]$
$q^{(2)}$	$\mathbf{u}^{(2)} = [01]$
$q^{(3)}$	$\mathbf{u}^{(3)} = [10]$

Präfixfreie Codes ermöglichen eine *kommafreie (und somit effiziente) Übertragung*, wenn keine Übertragungsfehler auftreten. Bereits ein einziger Übertragungsfehler kann jedoch bewirken, dass eine fehlerfreie Rekonstruktion der Quellensymbole nicht mehr möglich ist. Folglich sind präfixfreie Codes anfällig gegenüber Übertragungsfehlern. Diesbezüglich hilfreich ist die Kanalcodierung, denn gemäß Shannons Kanalcodiertheorem kann die Fehlerwahrscheinlichkeit durch Kanalcodierung beliebig klein gemacht werden, wie wir später beweisen werden.

Wir bezeichnen die Länge des i-ten Codeworts $\mathbf{u}^{(i)}$ mit $w^{(i)}$, $i \in \{1,\ldots,L\}$. Hieraus ergibt sich die *mittlere Codewortlänge pro Quellensymbol* zu

$$E\{W\} = \sum_{i=1}^{L} p_Q(q^{(i)})\, w^{(i)} \quad \text{[Bits/Quellensymbol]}. \tag{2.11}$$

Je kürzer die mittlere Codewortlänge, um so effizienter ist die Codierung.

Definition 2.1.3 (Optimaler Code) *Ein binärer präfixfreier Code wird optimal genannt, wenn es keinen anderen binären Code mit einer kleineren mittleren Codewortlänge $E\{W\}$ pro Quellensymbol gibt.*

Satz 2.1.7 *Für die mittlere Codewortlänge eines optimalen binären präfixfreien Codes einer Zufallsvariablen Q gilt:*

$$H(Q) \leq E\{W\} < H(Q) + 1. \tag{2.12}$$

Beweis 2.1.7 Die vordere Ungleichung entspricht der Kernaussage von Shannons Quellencodiertheorem. □

Bemerkung 2.1.1 Die vordere Ungleichung motiviert, dass die *Effizienz eines Quellencodierers* gemäß

$$\eta := \frac{H(Q)}{E\{W\}} \tag{2.13}$$

definiert wird, wobei $0 \leq \eta \leq 1$.

Bemerkung 2.1.2 Die hintere Ungleichung ist für optimale Codes notwendig, aber nicht hinreichend. Nicht jeder Code, für den $E\{W\} < H(Q) + 1$ gilt, ist ein optimaler Code. Ein Beispiel folgt unmittelbar.

In der Quellencodierung können Codewörter durch einen sog. *Codebaum* (kurz: Baum) illustriert werden. Ein Baum besteht aus Knoten, von denen Zweige ausgehen. Der Anfangsknoten wird Wurzel genannt. Jedem Endknoten wird genau ein diskretes Quellensymbol zugeordnet. Jeder Zweig entspricht einem Codesymbol. In einem binären Baum verlassen (bis zu) zwei Zweige einen Knoten. Adressiert man ohne Beschränkung der Allgemeinheit den oberen Zweig mit dem Codesymbol 0 und den unteren Zweig mit dem Codesymbol 1, so ist ein binärer präfixfreier Code garantiert.

Beispiel 2.1.6 (Codebaum I) Gegeben sei der Quellencode

q	$p_Q(q)$	$\mathbf{u}$
$q^{(1)}$	0.1	[0]
$q^{(2)}$	0.2	[10]
$q^{(3)}$	0.3	[110]
$q^{(4)}$	0.4	[111]

Dieser Code kann durch den in Bild 2.4 gezeigten binären Baum dargestellt werden. Die Entropie pro Quellensymbol berechnet sich zu

$$H(Q) = -\sum_{i=1}^{4} p_Q(q^{(i)}) \log_2 p_Q(q^{(i)}) = 1.846 \text{ bit/Quellensymbol} \tag{2.14}$$

und die mittlere Codewortlänge zu

$$E\{W\} = \sum_{i=1}^{4} p_Q(q^{(i)})\, w^{(i)} = 2.6 \text{ Bits/Quellensymbol.} \tag{2.15}$$

Somit ergibt sich eine Effizienz η von nur etwa 71 %. Man beachte, dass die Ungleichung $H(Q) \leq E\{W\} < H(Q) + 1$ erfüllt ist, obwohl der betrachtete Code offenbar nicht optimal sein kann, weil unwahrscheinlichen Quellensymbolen (wie $q^{(1)}$ und $q^{(2)}$) kurze Codewörter zugeordnet werden. ◇

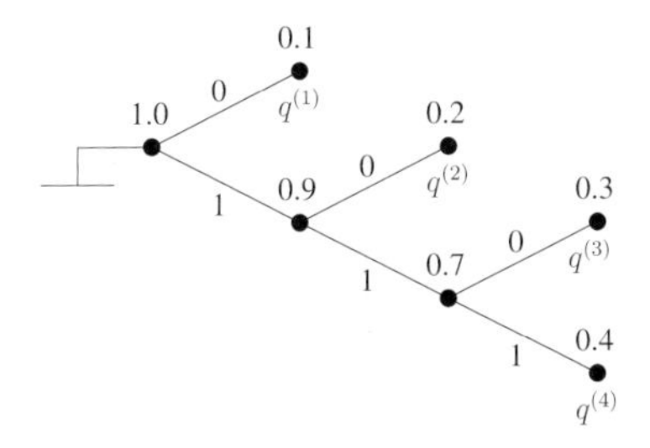

Bild 2.4: Codebaum für den in Beispiel 2.1.6 gegebenen Code

Beispiel 2.1.7 (Codebaum II) Deshalb betrachten wir nun den Quellencode

q	$p_Q(q)$	**u**
$q^{(1)}$	0.4	[0]
$q^{(2)}$	0.3	[10]
$q^{(3)}$	0.2	[110]
$q^{(4)}$	0.1	[111]

Dieser Code kann durch den in Bild 2.5 gezeigten Baum dargestellt werden. Es gilt nach wie vor

$$H(Q) = -\sum_{i=1}^{4} p_Q(q^{(i)}) \log_2 p_Q(q^{(i)}) = 1.846 \text{ bit/Quellensymbol,} \tag{2.16}$$

nun aber

$$E\{W\} = \sum_{i=1}^{4} p_Q(q^{(i)})\, w^{(i)} = 1.9 \text{ Bits/Quellensymbol.} \tag{2.17}$$

Somit ergibt sich eine Effizienz η von immerhin etwa 97 %. Dieser Quellencode weist eine wesentlich höhere Effizienz im Vergleich zum Code aus Beispiel 2.1.6 auf, da den wahrscheinlichsten Quellensymbolen kurze Codewörter zugeordnet sind. ◇

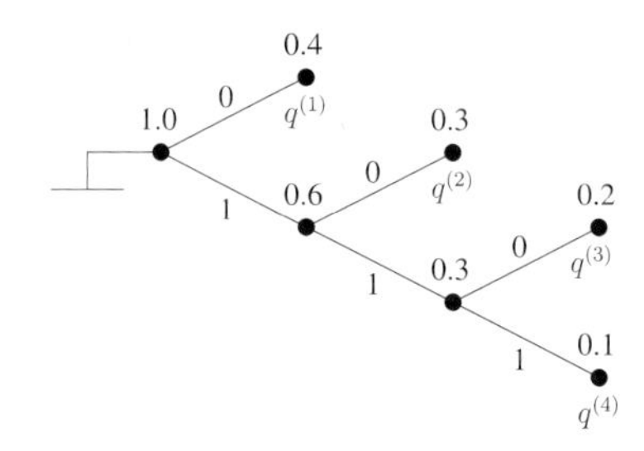

Bild 2.5: Codebaum für den in Beispiel 2.1.7 gegebenen Code

Satz 2.1.8 (Masseys Pfadlängen-Satz) *(ohne Beweis) In einem Codebaum ist die mittlere Codewortlänge gleich der Summe der Wahrscheinlichkeiten der inneren Knoten inklusive der Wurzel.*

Beispiel 2.1.8 Für den Code aus Beispiel 2.1.6 (Beispiel 2.1.7) erhielten wir auf konventionellem Wege $E\{W\} = \sum_{i=1}^{4} p_Q(q^{(i)})\, w^{(i)} = 2.6$ Bits/Quellensymbol (1.9 Bits/Quellensymbol). Mit Hilfe von Masseys Pfadlängen-Satz kann die mittlere Codewortlänge wesentlich einfacher berechnet werden: $E\{W\} = 1.0 + 0.9 + 0.7 = 2.6$ Bits/Quellensymbol $(1.0 + 0.6 + 0.3 = 1.9$ Bits/Quellensymbol). ◊

2.1.5 Huffman-Algorithmus

Bislang sind wir weder in der Lage zu entscheiden, ob ein gegebener Quellencode optimal ist oder nicht, noch können wir einen optimalen binären präfixfreien Quellencode systematisch entwerfen. Eine Antwort auf diese offenen Probleme liefert der sog. *Huffman-Algorithmus*. Wir wollen den Huffman-Algorithmus zunächst kennenlernen, bevor wir dessen Optimalität beweisen.

Der Huffman-Algorithmus erzeugt einen optimalen binären präfixfreien Code im Sinne der Entropiecodierung. Dabei wird vorausgesetzt, dass (i) die Wahrscheinlichkeit der Quellensymbole dem Quellencodierer bekannt ist und (ii) die Quellensymbole statistisch unabhängig sind. Sind die Quellensymbole statistisch abhängig, wie z. B. bei Texten, so werden diese statistischen Bindungen bei der Huffman-Codierung ignoriert. Der Huffman-Algorithmus bildet eine feste Quellenwortlänge auf eine variable Codewortlänge ab, d. h. er erzeugt binäre Codeworte variabler Länge. Übertragungsfehler sind aufgrund der Kommafreiheit nicht erlaubt.

Der *Huffman-Algorithmus* besteht aus den folgenden drei Schritten:

- **Schritt 0** (Initialisierung): Jedem der L diskreten Quellensymbole $q^{(i)}$ mit den zugehörigen Wahrscheinlichkeiten $p_Q(q^{(i)})$, $i \in \{1, 2, \ldots, L\}$, wird ein Endknoten zugeordnet. Alle Endknoten werden als „aktiv" erklärt.

- **Schritt 1**: Die beiden unwahrscheinlichsten „aktiven" Knoten werden vereinigt. Diese beiden Knoten werden als „passiv" erklärt, der neu geschaffene Knoten wird als „aktiv" erklärt. Dem neuen „aktiven" Knoten wird die Summe der Wahrscheinlichkeiten der beiden verbundenen Knoten zugewiesen.

- **Schritt 2** (Abbruchkriterium): Man stoppt, falls nur noch ein „aktiver“ Knoten übrig bleibt. In diesem Fall ist die Wurzel erreicht, d. h. die Summe der Wahrscheinlichkeiten ist gleich eins. Andernfalls fährt man mit Schritt 1 fort.

Beispiel 2.1.9 (Huffman-Algorithmus I) Als Anwendung für eine Huffman-Codierung betrachten wir zunächst das in Beispiel 1.3.4 eingeführte Pferderennen. Die acht Pferde haben folgende Gewinnwahrscheinlichkeiten:

q	$q^{(1)}$	$q^{(2)}$	$q^{(3)}$	$q^{(4)}$	$q^{(5)}$	$q^{(6)}$	$q^{(7)}$	$q^{(8)}$
$p_Q(q)$	1/2	1/4	1/8	1/16	1/64	1/64	1/64	1/64

Gesucht ist ein optimaler binärer präfixfreier Code.

Lösung: Wendet man den Huffman-Algorithmus schrittweise an, so erhält man den in Bild 2.6 dargestellten Baum, wobei vereinbarungsgemäß nach oben abgehende Zweige mit 0 und nach unten abgehende Zweige mit 1 adressiert sind. Die Entropie pro Quellensymbol berechnet sich zu $H(Q) = 2$ bit, die mittlere Codewortlänge ist ebenfalls gleich $E\{W\} = 2$ Bits/Quellensymbol. Folglich beträgt in diesem Beispiel die Effizienz $\eta = 100\ \%$. Dies erklärt sich durch die spezielle Wahl der angenommenen Gewinnwahrscheinlichkeiten. ◊

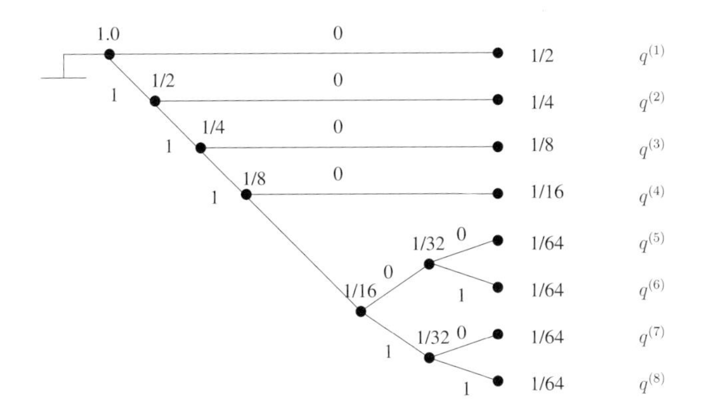

Bild 2.6: Huffman-Code für Beispiel 2.1.9

Obwohl der Huffman-Algorithmus einen optimalen Code generiert, ist die Effizienz meist kleiner als $\eta = 100\ \%$. Dies sei an folgendem Beispiel illustriert:

Beispiel 2.1.10 (Huffman-Algorithmus II) Entwerfe einen Huffman-Code für vier Quellensymbole mit folgenden Wahrscheinlichkeiten:

q	$q^{(1)}$	$q^{(2)}$	$q^{(3)}$	$q^{(4)}$
$p_Q(q)$	0.4	0.3	0.2	0.1

Lösung: Die schrittweise Vorgehensweise ist in Bild 2.7 von rechts nach links dargestellt. Der optimale Code und somit die Lösung lautet:

q	$q^{(1)}$	$q^{(2)}$	$q^{(3)}$	$q^{(4)}$
$\mathbf{u}$	[0]	[10]	[110]	[111]

Es stellt sich heraus, dass der Huffman-Code mit dem Code aus Beispiel 2.1.7 identisch ist. Die mittlere Codewortlänge beträgt $E\{W\} = 1.9$ Bits/Quellensymbol, die Effizienz $\eta = 97$ %. $\diamond$

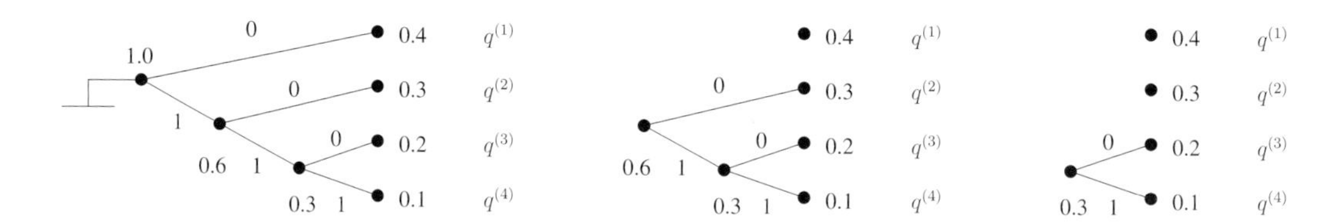

Bild 2.7: Huffman-Code zu Beispiel 2.1.10

Ist die Effizienz deutlich kleiner als 100 %, so kann diese typischerweise verbessert werden, indem mehrere Quellensymbole zu einem Supersymbol zusammengefasst werden.

Beispiel 2.1.11 (Huffman-Algorithmus III) Fasst man zwei Quellensymbole zu einem Supersymbol zusammen, so ergibt sich für die in Beispiel 2.1.10 gegebenen Parameter der in Bild 2.8 gezeigte Huffman-Code. Man beachte, dass die mittlere Codewortlänge nun von $E\{W\} = 1.9$ auf $E\{W\} = 1.865$ gesunken ist. Dies entspricht einer Effizienz von immerhin $\eta = 99$ %. Fasst man noch mehr Quellensymbole zusammen, so kann eine Effizienz von $\eta = 100$ % erreicht werden. $\diamond$

Sind die Quellensymbole statistisch abhängig, so können durch Verwendung von Supersymbolen die statistischen Bindungen berücksichtigt werden. Wie wir im nächsten Abschnitt lernen, ist bei gedächtnisbehafteten Quellen nicht nur die Entropie erreichbar, sondern die sog. Entropierate, die typischerweise kleiner als die Entropie ist. Allerdings wächst bei Verwendung des Huffman-Algorithmus die Komplexität erheblich und es muss die Wahrscheinlichkeit aller Supersymbole bekannt sein. Alternativen werden im nächsten Abschnitt aufgezeigt.

Für den interessierten Leser wollen wir nun die Optimalität der Huffman-Codierung beweisen. Hierzu wird der Begriff des *abgeleiteten Codes* benötigt:

Definition 2.1.4 (Abgeleiteter Code) *Sei $\{\mathbf{u}\}$ ein binärer präfixfreier Code. Man nennt den Code $\{\mathbf{u}'\}$ mit $\mathbf{u}'^{(1)} = \mathbf{u}^{(1)}$, $\mathbf{u}'^{(2)} = \mathbf{u}^{(2)}, \ldots, \mathbf{u}'^{(L-2)} = \mathbf{u}^{(L-2)}$, $\mathbf{u}'^{(L-1)}$ einen abgeleiteten Code, wenn $\mathbf{u}^{(L-1)} = \mathbf{u}'^{(L-1)}||0$ und $\mathbf{u}^{(L)} = \mathbf{u}'^{(L-1)}||1$ sowie*

$$p_{Q'}(q'^{(i)}) = \begin{cases} p_Q(q^{(i)}) & \textit{für} \quad i = 1, 2, \ldots, L-2 \\ p_Q(q^{(L-1)}) + p_Q(q^{(L)}) & \textit{für} \quad i = L-1. \end{cases} \tag{2.18}$$

Hierbei bezeichnet „||“ eine Verkettung von Zeichenketten. Durch Anwendung von Masseys Pfadlängen-Satz erhält man:

$$E\{W\} = E\{W'\} + p_Q(q^{(L-1)}) + p_Q(q^{(L)}). \tag{2.19}$$

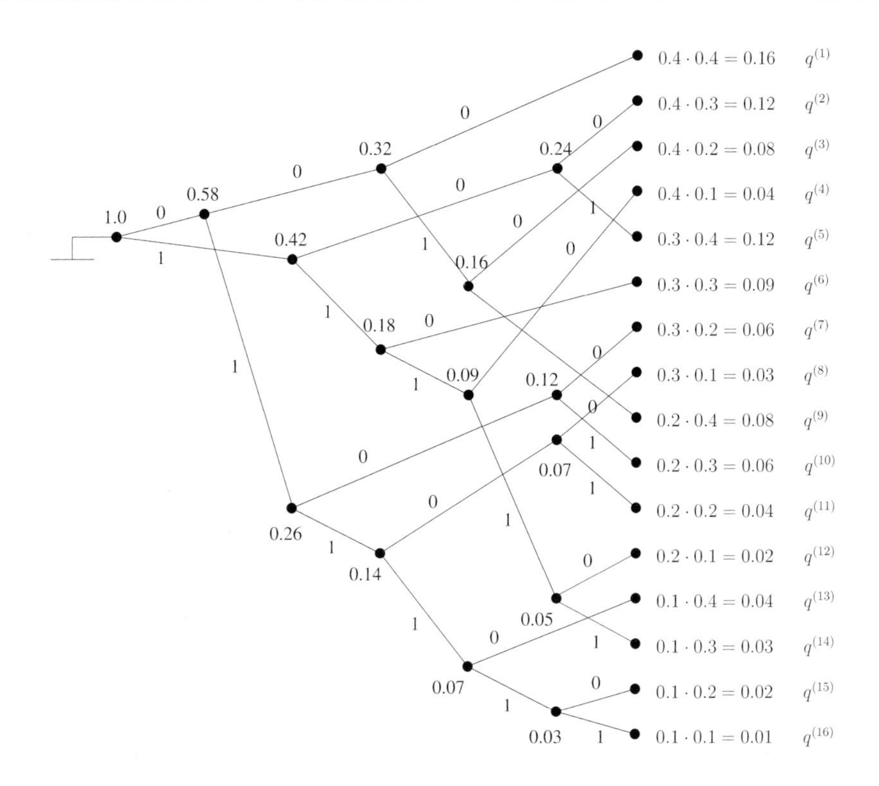

Bild 2.8: Huffman-Code zu Beispiel 2.1.11

Somit ist $E\{W\}$ genau dann minimal, wenn auch $E\{W'\}$ minimal ist. Wir haben folglich bewiesen, dass der binäre präfixfreie Code mit $\mathbf{u}^{(L-1)} = \mathbf{u}'^{(L-1)}||0$ und $\mathbf{u}^{(L)} = \mathbf{u}'^{(L-1)}||1$ genau dann optimal ist, wenn der abgeleitete Code optimal ist. Der Huffman-Algorithmus folgt durch Induktion.

Der Huffman-Algorithmus erfordert, wie erwähnt, die Kenntnis der Quellenstatistik. Wird diese vor der Codierung geschätzt, spricht man von einem *adaptiven Huffman-Algorithmus*. Es bezeichne $p_Q(q^{(i)})$ die wahre Wahrscheinlichkeitsfunktion und $q_Q(q^{(i)})$ die im Codierer angenommene Wahrscheinlichkeitsfunktion, $1 \leq i \leq L$. Stimmt die angenommene Quellenstatistik $q_Q(q^{(i)})$ nicht mit der wahren Quellenstatistik $p_Q(q^{(i)})$ überein, so ist der Huffman-Algorithmus naturgemäß nicht mehr optimal. Gemäß Beispiel 1.3.5 werden im Mittel mindestens $H(Q) + D(p \parallel q)$ bit/Quellensymbol für eine verlustlose Quellencodierung benötigt.

2.2 Gedächtnisbehaftete Quellen

2.2.1 Markoff-Quellen

Bislang wurden statistisch unabhängige Quellensymbole (d. h. gedächtnisfreie Quellen) vorausgesetzt. In der Praxis hat man es aber meist mit gedächtnisbehafteten Quellen zu tun. Bei statistisch abhängigen Quellensymbolen kann eine Quellencodierung wesentlich effizienter sein.

Wir betrachten nun das in Bild 2.9 gezeigte Szenario. Die diskrete Quelle erzeuge, wie in Abschnitt 2.1.4, eine Sequenz von n Zufallsvariablen $Q_1, Q_2, \ldots, Q_n$. Die Sequenz der n Quellensymbole werde mit $q_1, q_2, \ldots, q_n$ bezeichnet, die entsprechenden Entropien mit $H(Q_1), H(Q_2), \ldots, H(Q_n)$. Wir nehmen an, dass alle Quellensymbole über dem gleichen endlichen Alphabet $\mathcal{Q} = \{q^{(1)}, q^{(2)}, \ldots, q^{(L)}\}$ der Mächtigkeit L definiert sind. Im Unterschied zu Abschnitt 2.1.4 können wir uns nicht mehr auf ein einziges Quellensymbol beschränken. Der Quellencodierer sei erneut verlustlos. Er erzeugt pro Quellensymbol q_k ein Codewort $\mathbf{u}_k$, $k \in \{1, 2, \ldots, n\}$. Wir beschränken uns weiterhin auf binäre präfixfreie Codewörter variabler Länge.

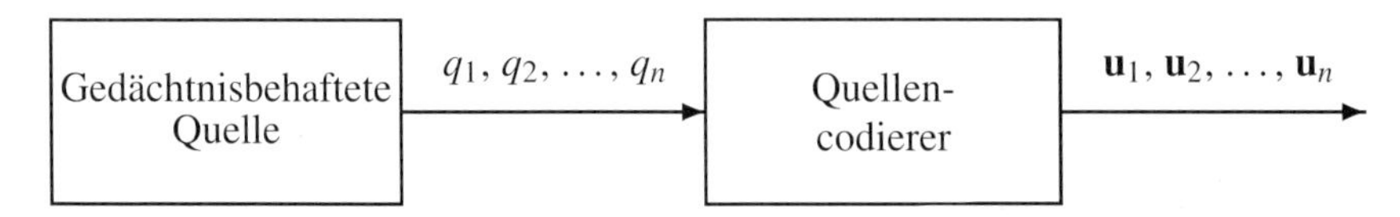

Bild 2.9: Diskrete gedächtnisbehaftete Quelle mit nachgeschalteter Quellencodierung

C. E. Shannon hat in seiner bahnbrechenden Arbeit aus dem Jahre 1948 ein didaktisch hervorragendes Experiment veröffentlicht, um die statistischen Bindungen zwischen Buchstaben in englischsprachigen Texten zu verdeutlichen. Dazu hat er die 26 Großbuchstaben und das Leerzeichen, also ein Alphabet bestehend aus $L = 27$ Quellensymbolen (Zeichen) betrachtet.

Im ersten Schritt hat er die Häufigkeitsverteilung der 27 betrachteten Quellensymbole durch eine Analyse englischsprachiger Texte ermittelt. Auf Basis dieser Statistik generierte ein Zufallsgenerator die folgende Quellensymbolsequenz:

```
OCRO HLI RGWR NMIELWIS EU LL NBNESEBYA
TH EEI ALHENHTTPA OOBTTVA NAH BRL
```

Man beachte, dass in diesem ersten Experiment die Quellensymbole statistisch unabhängig generiert wurden.

In einem zweiten Schritt hat Shannon jeweils zwei Quellensymbole zu einem Supersymbol zusammengefasst und die Häufigkeitsverteilung der 27^2 möglichen Supersymbole durch eine Textanalyse ermittelt. Auf Basis dieser Statistik generierte ein Zufallsgenerator die folgende Quellensymbolsequenz:

```
ON IE ANTSOUTINYS ARE T INCTORE ST BE S
DEAMY ACHIN D ILONASIVE TUCOOWE AT
TEASONARE FUSO TIZIN ANDY TOBE SEACE CTISBE
```

In einem dritten Schritt schließlich wurden jeweils drei Quellensymbole zu einem Supersymbol zusammengefasst, und die Häufigkeitsverteilung der 27^3 möglichen Supersymbole durch eine Textanalyse ermittelt. Auf Basis dieser Statistik generierte ein Zufallsgenerator die folgende Quellensymbolsequenz:

```
IN NO IST LAT WHEY CRATICT FROURE BIRS
GROCID PONDENOME OF DEMONSTRURES OF THE
REPTAGIN IS REGOACTIONA OF CRE
```

Die Ähnlichkeit mit englischen Texten ist verblüffend, auch wenn der Zufallsprozess keine inhaltlich Bedeutung besitzt. Für andere Sprachen sind vergleichbare Ergebnisse zu erzielen, ebenso für Wörter anstelle von Buchstaben.

Diskrete Zufallsprozesse kann man beispielsweise durch eine *Markoff-Quelle* modellieren. Eine Markoff-Quelle entsteht aus einer Markoff-Kette, indem jedem Zustand ein Quellensymbol zugeordnet wird.

Definition 2.2.1 (Markoff-Kette und Markoff-Quelle) *Eine* Markoff-Kette *ist gekennzeichnet durch eine endliche Zustandsmenge* $\mathscr{Z} = \{z^{(1)}, z^{(2)}, \ldots, z^{(L_z)}\}$ *der Mächtigkeit* $L_z = |\mathscr{Z}|$ *sowie einer Übergangsmatrix* $\mathbf{P} = [p_{i,j}]$. *Die Elemente der Übergangsmatrix,* $p_{i,j} = P(Z_k = z^{(j)}|Z_{k-1} = z^{(i)}) \in [0,1]$, *beschreiben die Wahrscheinlichkeit für einen Übergang von einem Zustand i (zum Zeitpunkt* $k-1$*) zu einem Folgezustand j (zum Zeitpunkt k), wobei* $i,j \in \{1,2,\ldots,L_z\}$. *Definitionsgemäß muss die Summe aller Wahrscheinlichkeiten, die von einem Zustand i ausgehen, eins ergeben:* $\sum_j p_{i,j} = 1\ \forall i$. *Falls* $p_{i,j} = 0$, *so existiert der entsprechende Übergang nicht. Es bezeichne* $[Z_1, Z_2, \ldots, Z_k, \ldots, Z_n]$ *eine Sequenz von Zuständen, wobei* $Z_k \in \mathscr{Z}$, $1 \le k \le n$. *Per Definition hängt bei einer Markoff-Kette die Wahrscheinlichkeit, dass man in einen Zustand* Z_k *übergeht, nur vom vorherigen Zustand* Z_{k-1} *ab, unabhängig von der restlichen Vergangenheit:*

$$P(Z_k|Z_1, Z_2, \ldots, Z_{k-1}) = P(Z_k|Z_{k-1}). \tag{2.20}$$

Der Anfangszustand Z_1 *wird in Übereinstimmung mit der stationären Verteilung* $\mathbf{p} = [p^{(1)}, p^{(2)}, \ldots, p^{(L_z)}]$ *ausgewürfelt, wobei* $p^{(i)} := P(Z_1 = z^{(i)})$ *für alle* $i \in \{1, \ldots, L_z\}$. *Die stationäre Verteilung ergibt sich aus der gegebenen Übergangsmatrix* $\mathbf{P}$ *durch Lösung des Gleichungssystems* $\mathbf{p} = \mathbf{p} \cdot \mathbf{P}$. *Die stationäre Verteilung ist unabhängig vom Anfangszustand.*

Eine Markoff-Quelle *ist eine Sequenz von Zufallsvariablen* $Q_1, Q_2, \ldots, Q_n$, *die dadurch gekennzeichnet ist, dass jedem Zustand* $z^{(1)}, z^{(2)}, \ldots, z^{(L_z)}$ *ein Quellensymbol* $q^{(1)}, q^{(2)}, \ldots, q^{(L_z)}$ *zugeordnet wird. Jede Zufallsvariable* Q_k *nimmt Werte aus einer endlichen Menge* $\mathscr{Q}$ *der Mächtigkeit* $L = |\mathscr{Q}|$ *an, wobei* $L \le L_z$. *Die Menge* $\mathscr{Q}$ *nennt man Symbolalphabet.*

Ist die Übergangsmatrix $\mathbf{P} = [p_{i,j}]$ konstant, so spricht man von einer *stationären Markoff-Quelle*. Die statistischen Eigenschaften ändern sich nicht über der Zeit. Erreicht man von jedem Zustand (zumindest nach einigen Zwischenschritten) jeden anderen Zustand, so spricht man von einer *ergodischen Markoff-Quelle*.

Beispiel 2.2.1 (Markoff-Kette und Markoff-Quelle) Gegeben sei die in Bild 2.10 skizzierte Markoff-Kette mit der Übergangsmatrix $\mathbf{P}$. Die Markoff-Kette besteht aus den $L_z = 4$ Zuständen $z^{(1)}, z^{(2)}, z^{(3)}, z^{(4)}$. Durch die Zuordnung von $L \le 4$ Quellensymbolen erhält man eine Markoff-Quelle, beispielsweise gelte $q^{(1)} = \text{A}$, $q^{(2)} = \text{B}$, $q^{(3)} = \text{C}$ und $q^{(4)} =$ Leerzeichen. Startet man von einem beliebigen Anfangszustand, so wird durch ein Durchlaufen der Zustände eine stationäre, ergodische Zufallssequenz generiert. ◊

Die entscheidende Frage lautet nun: Wieviel Bits pro Quellensymbol sind mindestens notwendig, um eine gedächtnisbehaftete, stationäre Quellensymbolsequenz zu codieren? Wir wissen, dass

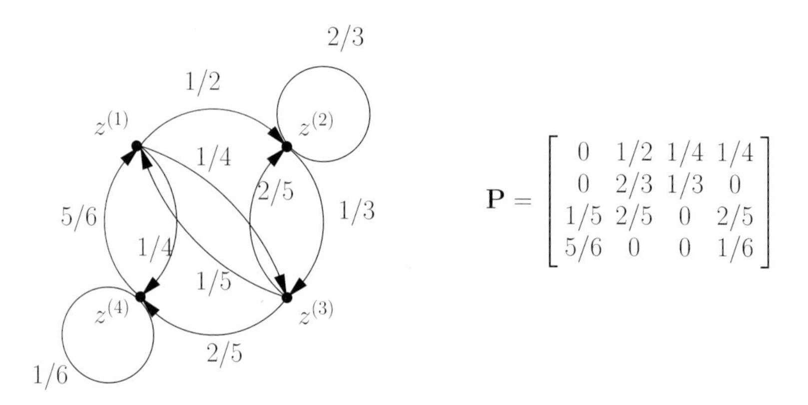

Bild 2.10: Zustandsdiagramm einer Markoff-Kette

die Verbundentropie $H(\mathbf{Q}) := H(Q_1, Q_2, \ldots, Q_n)$ durch die Kettenregel der Entropie wie folgt exakt beschrieben werden kann:

$$H(Q_1, Q_2, \ldots, Q_n) = H(Q_1) + H(Q_2|Q_1) + H(Q_3|Q_1, Q_2) + \cdots + H(Q_n|Q_1, Q_2, \ldots, Q_{n-1}). \tag{2.21}$$

$H(\mathbf{Q})$ ist bekanntlich die Unsicherheit der gesamten Quellensymbolsequenz $\mathbf{Q}$, unabhängig ob die Quelle gedächtnisfrei oder gedächtnisbehaftet ist. Bei gedächtnisbehafteten Quellen spielt es keine Rolle, ob eine Markoff-Quelle vorliegt oder nicht. Die Unsicherheit ist gemäß Shannons Quellencodiertheorem eine untere Schranke für die minimale Anzahl an Bits, die benötigt werden, um die Quellensymbolsequenz verlustlos zu repräsentieren.

Es sei

$$H_n(Q) := H(Q_n|Q_1, Q_2, \ldots, Q_{n-1}). \tag{2.22}$$

$H_n(Q)$ ist die Entropie für das Quellensymbol Q_n gegeben dessen Vergangenheit. Wie in (1.46) gezeigt, gilt

$$H_n(Q) \leq H(Q_n). \tag{2.23}$$

Beispiel 2.2.2 Wir betrachten erneut einen englischsprachigen Text bestehend aus 26 Großbuchstaben und dem Leerzeichen, d. h. $L = 27$. Gegeben sei die Quellensymbolsequenz $[Q_1, Q_2, \ldots, Q_7]$ = „INFORMA". Gesucht ist Q_8. Offenbar kommen für Q_8 nur wenige Symbole in Betracht wie z. B. „T", „L" oder „N". Kennt man die Quellensymbolsequenz $[Q_1, Q_2, \ldots, Q_7]$ hingegen nicht, so ist die Unsicherheit über Q_8 wesentlich größer, denn es kommen alle L Zeichen in Betracht. In diesem Beispiel gilt also offenbar $H(Q_8|Q_1, Q_2, \ldots, Q_7) \ll H(Q_8)$. ◊

Betrachtet man unendlich lange Sequenzen, so erhält man aus (2.22) die sog. *Entropierate*:

Definition 2.2.2 (Entropierate) *Die Entropierate der Sequenz $[Q_1, \ldots, Q_n]$ ist gemäß*

$$H_\infty(Q) := \lim_{n\to\infty} H(Q_n|Q_1, Q_2, \ldots, Q_{n-1}) = \lim_{n\to\infty} H_n(Q) \tag{2.24}$$

definiert.

Die Entropierate ist nichtnegativ. Sie repräsentiert die Unsicherheit eines Symbols gegeben dessen vollständige Vergangenheit. Man kann zeigen, dass

$$H_\infty(Q) = \lim_{n\to\infty} \frac{1}{n} H(Q_1, Q_2, \ldots, Q_n) = \lim_{n\to\infty} \frac{1}{n} H(\mathbf{Q}). \tag{2.25}$$

Der Ausdruck $H(Q_1, Q_2, \ldots, Q_n)/n$ wird *Nachrichtenrate* genannt. Für stationäre gedächtnisfreie Sequenzen ist die Nachrichtenrate mit der Entropie pro Quellensymbol, $H(Q)$, identisch.

Ein weiterer Spezialfall ist die sog. *Alphabetrate*:

Definition 2.2.3 (Alphabetrate) *Die Alphabetrate einer Zufallsvariable Q ist gleich dem Logarithmus der Mächtigkeit des Symbolalphabets:*

$$H_0(Q) := \log |\mathcal{Q}| = \log L. \tag{2.26}$$

Die Alphabetrate entspricht der maximal möglichen Unsicherheit pro Quellensymbol. Insgesamt folgt aus (2.22), (2.24) und (2.26):

$$\begin{aligned}
H_0(Q) &= \log L \\
H_1(Q) &= H(Q_1) \\
H_2(Q) &= H(Q_2|Q_1) \\
H_3(Q) &= H(Q_3|Q_1, Q_2) \\
&\cdots \\
H_{n-1}(Q) &= H(Q_{n-1}|Q_1, Q_2, \ldots, Q_{n-2}) \\
H_n(Q) &= H(Q_n|Q_1, Q_2, \ldots, Q_{n-1}) \\
H_\infty(Q) &= \lim_{n\to\infty} H(Q_n|Q_1, Q_2, \ldots, Q_{n-1})
\end{aligned} \tag{2.27}$$

Aus (1.47) folgt unmittelbar

$$H(Q_n|Q_1, Q_2, \ldots, Q_{n-1}) \leq H(Q_n|Q_2, Q_3, \ldots, Q_{n-1}). \tag{2.28}$$

Für stationäre Quellen kann die rechte Seite auch wie folgt geschrieben werden:

$$H(Q_n|Q_2, Q_3, \ldots, Q_{n-1}) = H(Q_{n-1}|Q_1, Q_2, \ldots, Q_{n-2}), \tag{2.29}$$

d. h. insgesamt

$$H(Q_n|Q_1, Q_2, \ldots, Q_{n-1}) \leq H(Q_{n-1}|Q_1, Q_2, \ldots, Q_{n-2}), \tag{2.30}$$

oder kürzer

$$H_n(Q) \leq H_{n-1}(Q). \tag{2.31}$$

Dies beweist folgenden wichtigen Satz:

Satz 2.2.1 *Für stationäre Quellen gilt*

$$H_\infty(Q) \leq H_n(Q) \leq H_{n-1}(Q) \leq \cdots \leq H_1(Q) \leq H_0(Q). \tag{2.32}$$

Bei gedächtnisfreien Quellen gilt (2.32) mit Gleichheit, bei gedächtnisbehafteten Quellen mit Ungleichheit.

Dieser Satz besagt, dass sich bei gedächtnisbehafteten Quellen mit zunehmender Berücksichtigung der Vergangenheit die Unsicherheit verringert. Da gemäß Shannons Quellencodiertheorem die mittlere Wortlänge bei verlustloser Quellencodierung durch die Entropie nach unten begrenzt ist, können bei gedächtnisbehafteten Quellen kürzere Wortlängen erreicht werden.

Beispiel 2.2.3 (Entropie englischsprachiger Texte) Bei englischsprachigen (und näherungsweise auch deutschen) Texten mit $L = 27$ Zeichen (26 Großbuchstaben plus Leerzeichen) gilt: $H_0(Q) = \log_2 27$ bit/Zeichen ≈ 4.75 bit/Zeichen, $H(Q) \approx 4.1$ bit/Zeichen und $H_\infty(Q) \approx 1.3$ bit/Zeichen. (Die Zahlenwerte für $H(Q)$ und $H_\infty(Q)$ hängen vom Textmaterial ab und variieren somit leicht in verschiedenen Publikationen. Der Zahlenwert von $H_\infty(Q) \approx 1.3$ bit/Zeichen wurde 1951 von Shannon genannt.) Dieses Beispiel verdeutlicht, dass durch eine Huffman-Codierung Texte (nur) um den Faktor $H_0(Q)/H(Q) \approx 1.16$ reduziert werden können, da die Huffman-Codierung statistische Bindungen ignoriert. Wenn die statistischen Bindungen vollständig genutzt würden, so wäre eine Reduktion (immerhin) um den Faktor $H_0(Q)/H_\infty(Q) \approx 3.65$ möglich. Bei englischsprachigen und deutschen Texten (ohne Bilder) kann die Datenmenge somit theoretisch ohne Informationsverlust auf etwa ein Drittel komprimiert werden. ◇

Definition 2.2.4 (Redundanz) *Gegeben sei eine gedächtnisbehaftete Quellensymbolsequenz* $\mathbf{Q}$ *der Länge* n. *Die Differenz zwischen der Alphabetrate,* $H_0(Q)$, *und der Nachrichtenrate,* $H(\mathbf{Q})/n$, *wird* Redundanz *genannt:*

$$D := H_0(Q) - H(\mathbf{Q})/n. \tag{2.33}$$

Die Redundanz gibt an, in welchem Maße eine gedächtnisbehaftete Quellensymbolsequenz der Länge n *(im Mittel) ohne Informationsverlust komprimiert werden kann. Für gedächtnisfreie stationäre Quellensymbolsequenzen gilt folglich* $D = H_0(Q) - H(Q)$. *Für den Grenzübergang* $n \longrightarrow \infty$ *definiert man entsprechend*

$$D_\infty := H_0(Q) - H_\infty(Q). \tag{2.34}$$

Eine lange gedächtnisbehaftete Quellensymbolsequenz kann somit (im Mittel) maximal um den Wert D_∞ *ohne Informationsverlust komprimiert werden.*

Bemerkung 2.2.1 Häufig wird die Redundanz in normierter Darstellung angegeben. Analog zu (2.33) und (2.34) definiert man

$$\tilde{D} := (H_0(Q) - H(\mathbf{Q})/n)/H_0(Q) = 1 - H(\mathbf{Q})/nH_0(Q) \tag{2.35}$$

und

$$\tilde{D}_\infty := (H_0(Q) - H_\infty(Q))/H_0(Q) = 1 - H_\infty(Q)/H_0(Q). \tag{2.36}$$

Beispiel 2.2.4 (Entropie englischsprachiger Texte, Fortsetzung) Für die in Beispiel 2.2.3 genannten Zahlenwerte ergibt sich $D_\infty \approx 4.75 - 1.3 = 3.45$ bit/Zeichen. Die Redundanz natürlicher Sprachen ist somit beträchtlich. ◇

Ein weiteres Beispiel möge diese Aussage kräftigen:

Beispiel 2.2.5 (Redundanz in deutschsprachigen Texten) Solange der erste und der letzte Buchstabe eines Wortes an der richtigen Stelle sind, kann man einen Text lesen, auch wenn die anderen Buchstaben vertauscht sind.

Sgonlae der estre und der lzette Butsahcbe enies Wteors an der rechiitgn Sletle snid, knan man eenin Txet leesn, auch wnen die aendern Basbuhcten vsuchratet snid. ◊

2.2.2 Willems-Algorithmus

Beim Huffman-Algorithmus muss die Häufigkeitsverteilung der Quellensymbole bekannt sein oder geschätzt werden. Wird eine falsche Quellenstatistik angenommen, so ist die Huffman-Codierung nicht mehr optimal. Die Huffman-Codierung ist sensitiv gegenüber der angenommenen Verteilung, außerdem ist sie für gedächtnisfreie Quellen konzipiert.

Definition 2.2.5 (Universelle Quellencodierung) *Wir nennen einen Algorithmus zur Quellencodierung universell, falls die Quellenstatistik vor der Codierung nicht bekannt sein muss.*

Eine wichtige Frage ist nun: Können universelle Quellencodierverfahren die Entropie $H(Q)$ oder sogar die Entropierate $H_\infty(Q)$ erreichen? Als Beispiel eines universellen Quellencodierverfahrens wollen wir nun den Willems-Algorithmus studieren. Dieser bildet eine feste Quellenwortlänge auf eine variable Codewortlänge ab.

Der Willems-Algorithmus kann auf beliebig lange Quellensymbolsequenzen mit endlichem Alphabet angewendet werden. Die Quellensymbolsequenz wird in Teilsequenzen konstanter Länge N unterteilt. Für jede Teilsequenz wird die Zeit bestimmt, wann die Teilsequenz zuletzt aufgetreten war. Die so bestimmte *Wiederholungszeit* t_r ist ein Maß für die Auftrittshäufigkeit der Teilsequenz. Das wesentliche Prinzip des Willems-Algorithmus besteht darin, kleinen Wiederholungszeiten t_r eine kurze Codewortlänge zuzuordnen. Die wesentlichen Schritte sind wie folgt:

- **Schritt 0** (Initialisierung): Es werden, wie nachfolgend beschrieben, eine Codierungstabelle und ein Puffer der Länge $2^N - 1$ angelegt. Der Puffer wird mit einer beliebigen Quellensymbolsequenz initialisiert, vorzugsweise mit einer wahrscheinlichen Quellensymbolsequenz. Der initiale Pufferinhalt muss dem Quellendecodierer bekannt sein.

- **Schritt 1**: Die Quellensymbolsequenz $\mathbf{q}$ der Länge n wird in $m = n/N$ Teilsequenzen $\mathbf{q}_1, \mathbf{q}_2, \ldots, \mathbf{q}_m$ der Länge N unterteilt, wobei $\mathbf{q} = [\mathbf{q}_1, \mathbf{q}_2, \ldots, \mathbf{q}_m]$.

- **Schritt 2**: Diese Teilsequenzen werden nacheinander von rechts in den Puffer der Länge $2^N - 1$ geschoben. Der Codierer bestimmt die Wiederholungszeit t_r der aktuellen Teilsequenz. Ist diese kleiner gleich der Pufferlänge (d. h. die Teilsequenz ist im Puffer enthalten), so liest man aus der Codierungstabelle ein Codewort aus, welches die Wiederholungszeit repräsentiert. Andernfalls wird die Teilsequenz mit einem Präfix versehen und zusammen mit diesem Präfix ausgegeben.

- **Schritt 3** (Abbruchkriterium): Der Pufferinhalt wird um N Schritte nach links verschoben. Man hört auf, wenn das Sequenzende erreicht ist. Sonst fährt man mit Schritt 2 fort.

Ein guter Entwurfsparameter ist $N = 2^p - 1$, wobei $p \geq 2$.

Die *Codetabelle* wird für ein gegebenes N wie folgt generiert: Es seien i und j zwei ganze Zahlen aus dem Bereich $0 \leq i, j \leq N$. Zu jeder Wiederholungszeit $t_r \in \{0, 1, \ldots, 2^N - 1\}$ wird genau ein Indexpaar (i, j) bestimmt, wobei

$$\begin{aligned} i &\leq \log_2 t_r < i+1 \\ j &= t_r - 2^i. \end{aligned} \tag{2.37}$$

Für Wiederholungszeiten $t_r \geq 2^N$ setzt man $i = N$, während j in diesem Fall entfällt.

Die Indizes i und j werden binär codiert. Der Index i bestimmt den ersten Teil des Codeworts („*Präfix*"), der Index j den zweiten Teil des Codeworts („*Suffix*"). Das Präfix wird mit $\lceil \log_2(N+1) \rceil$ Bits codiert. Falls $i < N$, so wird das Suffix mit i Bits codiert. Wenn $i = N$, dann wird die aktuelle Teilsequenz $\mathbf{q}_k$ (in binärer Form) als Suffix genommen.

Für $N = 3$ beispielsweise ergibt sich folgende Codierungstabelle:

t_r	i	j	Präfix	Suffix	Codewortlänge
1	0	0	[00]	–	2
2	1	0	[01]	[0]	3
3	1	1	[01]	[1]	3
4	2	0	[10]	[00]	4
5	2	1	[10]	[01]	4
6	2	2	[10]	[10]	4
7	2	3	[10]	[11]	4
≥ 8	3	–	[11]	$\mathbf{q}_k$	2+Suffixlänge

Beispiel 2.2.6 (Willems-Algorithmus) Gegeben sei folgendes Bild bestehend aus $3 \cdot 5 = 15$ Pixeln:

A	A	B	A	A
A	A	A	A	A
C	C	A	C	C

Jedes Pixel kann 4 mögliche Graustufen A = [00], B = [01], C = [10] und D = [11] annehmen. Ohne Quellencodierung würden demnach $15 \cdot 2 = 30$ Bits zur verlustlosen Repräsentation aller Pixel benötigt. Wir nehmen an, dass das Bild zeilenweise gelesen wird und erhalten die Quellensymbolsequenz $\mathbf{q}$ = [AAB AAA AAA ACC ACC] der Länge $n = 15$. Wir wählen $N = 3$ als Länge der Teilsequenzen und erhalten somit $m = n/N = 5$ gleichlange Teilsequenzen. Der Inhalt des Puffers der Länge $2^N - 1 = 7$ sei mit [AAAAAAA] initialisiert. Die Verarbeitungsschritte des Willems-Algorithmus sind wie folgt:

1. Teilsequenz: [AAAAAAA]AAB $\Rightarrow t_r \geq 8 \Rightarrow \mathbf{u}_1 = [11\ 000001]$
2. Teilsequenz: [AAAAAAB]AAA $\Rightarrow t_r = 4 \Rightarrow \mathbf{u}_2 = [10\ 00]$
3. Teilsequenz: [AAABAAA]AAA $\Rightarrow t_r = 1 \Rightarrow \mathbf{u}_3 = [00]$

4. Teilsequenz: [BAAAAAA]ACC $\Rightarrow t_r \geq 8 \Rightarrow \mathbf{u}_4 = [11\ 001010]$
5. Teilsequenz: [AAAAACC]ACC $\Rightarrow t_r = 3 \Rightarrow \mathbf{u}_5 = [01\ 1]$

Aufgrund der Willems-Codierung werden (nur) 25 Bits zur verlustlosen Quellencodierung benötigt. Durch eine Vergrößerung des Puffers kann die Effizienz weiter gesteigert werden. ◊

Wir erkennen, dass die Quellensymbolsequenz maximal um dem Faktor $\lceil \log_2(N+1) \rceil / N$ komprimiert wird (für $t_r = 1$) und höchstens um den Faktor $1 + \lceil \log_2(N+1) \rceil / N$ expandiert wird (für $t_r \geq 2^N$). Man kann für stationäre ergodische Sequenzen $\mathbf{q} = [\mathbf{q}_1, \mathbf{q}_2, \ldots, \mathbf{q}_m]$ zeigen, dass

$$\lim_{N \to \infty} E\{W\}/N = H_\infty(Q) \tag{2.38}$$

gilt. Der Willems-Algorithmus ist bei unendlich großer Pufferlänge $2^N - 1$ folglich optimal. Man kann also (auch) mit universellen Quellencodierverfahren die Entropierate erreichen.

Eine Alternative zum Willems-Algorithmus stellt der Lempel-Ziv-Algorithmus dar, der in mehreren Varianten auf vielen Computern zur Datenkomprimierung eingesetzt wird. Beim Lempel-Ziv-Algorithmus wird eine variable Quellenwortlänge auf eine feste Codewortlänge abgebildet. Auf eine detaillierte Darstellung wird hier bewusst verzichtet, da der Lempel-Ziv-Algorithmus didaktisch weniger lehrreich als der Willems-Algorithmus ist.

3 Kanalcodierung

Wie in Kapitel 2 dargestellt, kann davon ausgegangen werden, dass der Quellencodierer eine binäre Datensequenz ausgibt. Diese Datensequenz ist typischerweise umso empfindlicher bezüglich Übertragungsfehlern, je geringer die im Datenstrom verbliebene Redundanz ist. Folglich ist es insbesondere in quellencodierten Übertragungs- und Speichersystemen notwendig, die Daten durch eine *Kanalcodierung* gegen Übertragungsfehler zu schützen. Es wird im Folgenden gezeigt, dass durch Kanalcodierung theoretisch eine quasi-fehlerfreie Übertragung möglich ist, wenn gewisse Randbedingungen beachtet werden.

Um die eigentliche Übertragungsstrecke oder das Speichermedium möglichst einfach beschreiben zu können, verwendet man *Kanalmodelle*. Wir betrachten zunächst *wertdiskrete Kanalmodelle*, die dadurch gekennzeichnet sind, dass die Kanaleingangs- und Kanalausgangssymbole wertdiskret, d. h. über einem endlichen Alphabet definiert sind. Anschließend betrachten wir *wertkontinuierliche Kanalmodelle*, bei denen zumindest die Kanalausgangssymbole wertkontinuierlich sind.

3.1 Wertdiskrete Kanalmodelle

3.1.1 Übertragungssystem mit Kanalcodierung und -decodierung

Gegeben sei das in Bild 3.1 dargestellte Blockdiagramm eines Kommunikationssystems mit Quellen- und Kanalcodierung.

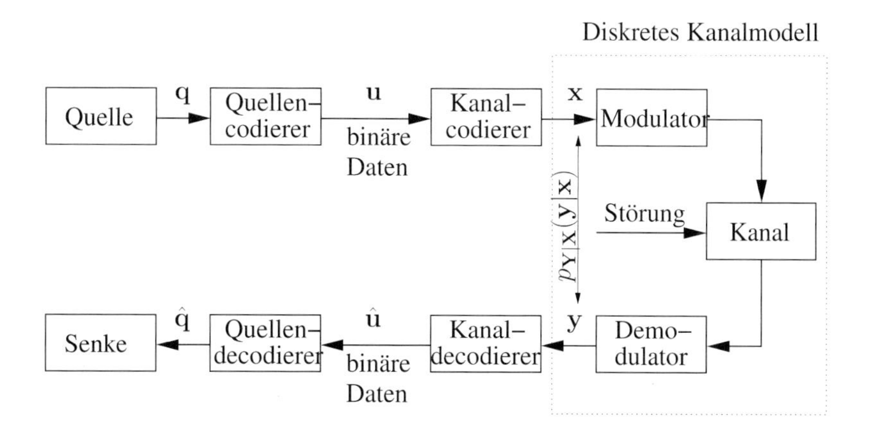

Bild 3.1: Blockdiagramm eines Kommunikationssystems mit Quellen- und Kanalcodierung

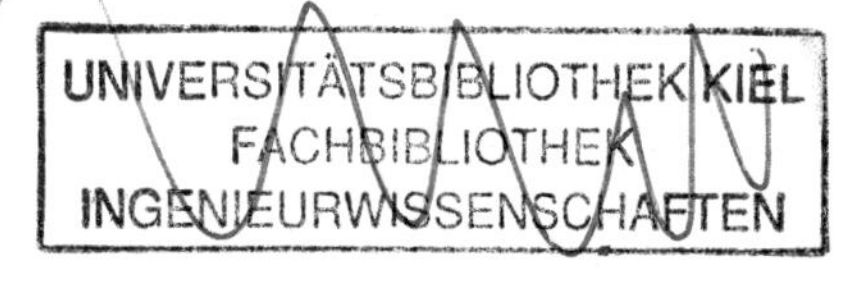

Die binäre Datenfolge, die der Quellencodierer (bzw. ein eventuell zusätzlich vorhandener Chiffrierer) liefert, werde in Sequenzen $[u_1, u_2, \ldots, u_k]$ zu je k Bit geteilt. Die Elemente u_i werden *Infobits* genannt, $1 \leq i \leq k$. Der *Kanalcodierer* ordnet jedem *Infowort* $\mathbf{u} := [u_1, u_2, \ldots, u_k]$ der Länge k ein *Codewort* $\mathbf{x} := [x_1, x_2, \ldots, x_n]$ der Länge n umkehrbar eindeutig zu. Bei der Zuordnung wird Redundanz hinzugefügt. Es gibt aufgrund der eineindeutigen Zuordnung folglich exakt 2^k verschiedene Codewörter, unabhängig vom Symbolalphabet der Codewörter und deren Länge n. Die Menge der codierten Symbolfolgen, d. h. die Menge der Codeworte, nennt man den *Code*. Man spricht von einem sog. (n,k)-*Blockcode*. Die Elemente x_i eines Codewortes, $1 \leq i \leq n$, seien nicht notwendigerweise binär; sie werden *Codesymbole* bzw. *Kanalsymbole* genannt. Die 2^k verschiedenen Codewörter seien nicht notwendigerweise gleichverteilt, d. h. die a priori Wahrscheinlichkeiten für die Codewörter können unterschiedlich sein. Wir nehmen an, dass *keine Rückkopplung* vom Decodierer auf den Codierer stattfindet. Diese Situation bezeichnet man als Vorwärtsfehlerkorrektur („Forward Error Correction (FEC)"). Des Weiteren nehmen wir an, dass dem Sender *keine Seiteninformation* über den Kanal zur Verfügung steht. Der Sender kenne folglich das Fehlermuster des Kanals nicht.

Definition 3.1.1 (Übertragungsrate) *Die Übertragungsrate, auch Informationsrate genannt, ist gleich $R := k/n$ bit/Kanalsymbol.*

Somit gibt es $2^k = 2^{nR}$ Codewörter. Man beachte, dass die Übertragungsrate R nicht notwendigerweise kleiner als eins sein muss, da die Kanalsymbole auch nichtbinär sein können.

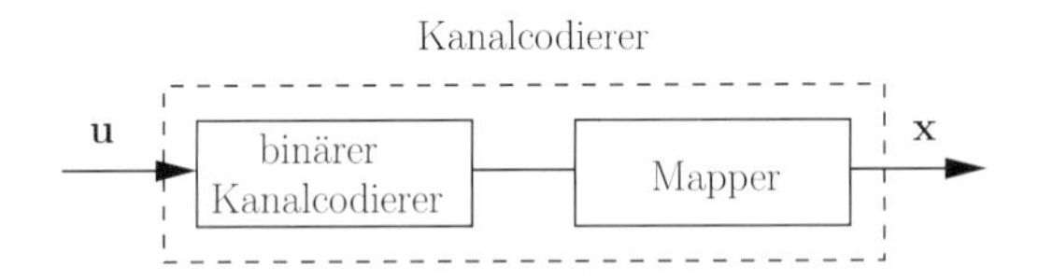

Bild 3.2: Partitionierung eines Kanalcodierers in einen binären Kanalcodierer und einen Mapper

Man kann sich vorstellen, dass sich der Kanalcodierer in einen *binären Kanalcodierer* der Rate $R_c < 1$ und einen nachgeschalteten *Mapper* der Rate $R_m \geq 1$ partitionieren lässt, siehe Bild 3.2, wobei

$$R := R_c \cdot R_m. \tag{3.1}$$

Der binäre Kanalcodierer fügt Redundanz hinzu, dessen Rate R_c ist somit immer kleiner als eins. R_c wird als *Coderate* bezeichnet. Der nachgeschaltete Mapper fasst mehrere Codebits zu einem Kanalsymbol zusammen. Auch wenn das Mapping in der Praxis meist Bestandteil des Modulators ist, ist es informationstheoretisch betrachtet vorteilhaft, die Rate R_m dem Kanalcodierer zuzuordnen.

Beispiel 3.1.1 (Übertragungsrate, Mapping) Wir betrachten einen binären Kanalcodierer der Rate $R_c = 1/2$ und einen nachgeschalteten Mapper der Rate $R_m = 3$ (gemäß Kapitel 13 z. B. 8-ASK, 8-PSK, usw.). Der Kanalcodierer erzeugt pro Infobit zwei Codebits. Der Mapper bildet drei aufeinanderfolgende Codebits eineindeutig auf ein Kanalalphabet der Mächtigkeit 2^3 ab. Die Übertragungsrate beträgt somit in diesem Beispiel $R = R_c \cdot R_m = 3/2$ bit/Kanalsymbol. Da $R = k/n$, ist in diesem Fall $k > n$. $\diamond$

Die Kanalsymbole werden anschließend moduliert. Der Modulator erzeugt eine Signalform, die für eine Übertragung über den physikalischen Kanal geeignet ist. Der Einfluss von Modulator, physikalischem Kanal (einschließlich Störungen) und Demodulator kann vollständig und ohne jegliche Näherungen durch ein sog. *(zeit- und wert)diskretes Kanalmodell* modelliert werden:

Definition 3.1.2 (Wertdiskretes Kanalmodell) *Es sei* $\mathbf{x}$ *eine Sequenz von (zeit- und wert)diskreten Kanaleingangssymbolen und* $\mathbf{y}$ *die zugehörige Sequenz von (zeit- und wert)diskreten Kanalausgangssymbolen (Empfangssymbolen) nach dem Demodulator. Ein Kanalmodell wird diskret genannt, wenn es sich statistisch vollständig durch die bedingte Verbundwahrscheinlichkeitsfunktion* $p_{\mathbf{Y}|\mathbf{X}}(\mathbf{y}|\mathbf{x})$ *beschreiben lässt.*

Hierbei ist es völlig irrelevant, ob der physikalische Kanal zeitkontinuierlich oder zeitdiskret ist. Das wertdiskrete Kanalmodell kann gedächtnisfrei (wie bei Einzelfehlern) oder gedächtnisbehaftet sein (wie beispielsweise bei Schwundeinbrüchen im Mobilfunk oder Kratzern bei der CD/DVD/Blu-ray). Wir nehmen an, dass die Sequenzen $\mathbf{x}$ und $\mathbf{y}$ die gleiche Länge n haben, d. h. bei der Übertragung gehen keine Kanalsymbole verloren und es werden keine zusätzlichen Kanalsymbole auf dem physikalischen Kanal generiert.

3.1.2 Fehlerwahrscheinlichkeiten

Als Qualitätskriterium für die Güte einer Datenübertragung wählt man oft die *Bitfehlerwahrscheinlichkeit* oder die *Symbolfehlerwahrscheinlichkeit*:

Definition 3.1.3 (Bitfehlerwahrscheinlichkeit, Symbolfehlerwahrscheinlichkeit) *Die Bitfehlerwahrscheinlichkeit (für Infoworte mit binären Elementen) ist gemäß*

$$P_b = \frac{1}{k}\sum_{j=1}^{k} P(\hat{u}_j \neq u_j) \tag{3.2}$$

definiert. Für Infoworte mit nichtbinären Elementen erhält man entsprechend die Symbolfehlerwahrscheinlichkeit P_s.

In codierten Übertragungssystemen ist eine exakte Berechnung der Bitfehlerwahrscheinlichkeit oftmals sehr schwierig. Eine Berechnung der sog. *Wortfehlerwahrscheinlichkeit* ist typischerweise einfacher:

Definition 3.1.4 (Wortfehlerwahrscheinlichkeit) *Die Wortfehlerwahrscheinlichkeit ist gemäß*

$$P_w = P(\hat{\mathbf{u}} \neq \mathbf{u}) \tag{3.3}$$

definiert.

Ein Wortfehler tritt immer dann auf, wenn mindestens ein decodiertes Infobit fehlerhaft ist. Dabei ist es irrelevant, wieviele Infobits in einem Infowort fehlerhaft sind. Bild 3.3 verdeutlicht das betrachtete codierte Übertragungssystem.

Bemerkung 3.1.1 Man beachte, dass die genannten Bit-, Symbol- und Wortfehlerwahrscheinlichkeiten für *einen vorgegebenen* Blockcode definiert sind.

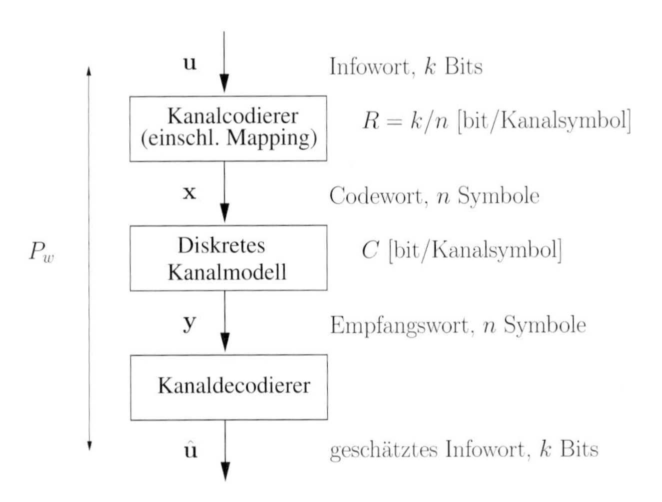

Bild 3.3: Codiertes Übertragungssystem

Der allgemeine Zusammenhang zwischen der Bitfehlerwahrscheinlichkeit und der Wortfehlerwahrscheinlichkeit lautet

$$P_b \leq P_w \leq k \cdot P_b \qquad \text{bzw.} \qquad P_w/k \leq P_b \leq P_w. \tag{3.4}$$

Bei bekannter Wortfehlerwahrscheinlichkeit können somit grobe Schranken für die Bitfehlerwahrscheinlichkeit angegeben werden. Die untere Schranke repräsentiert den Extremfall, dass nur ein Bitfehler pro Infowort auftritt, die obere Schranke den anderen Extremfall, dass alle Infobits falsch geschätzt werden.

Die allgemeine, exakte Berechnungsvorschrift für die Wortfehlerwahrscheinlichkeit kann wie folgt hergeleitet werden: Gemäß Definition 3.1.4 gilt

$$P_w = P(\hat{\mathbf{u}} \neq \mathbf{u}) = 1 - P(\hat{\mathbf{u}} = \mathbf{u}). \tag{3.5}$$

Der letzte Term kann gemäß

$$P(\hat{\mathbf{u}} = \mathbf{u}) = P(\hat{\mathbf{x}} = \mathbf{x}) = \sum_{\mathbf{y}} p_{\mathbf{YX}}(\mathbf{y}, \hat{\mathbf{x}}(\mathbf{y})) = \sum_{\mathbf{y}} p_{\mathbf{Y}|\mathbf{X}}(\mathbf{y}|\hat{\mathbf{x}}(\mathbf{y})) \cdot p_{\mathbf{X}}(\hat{\mathbf{x}}(\mathbf{y})) \tag{3.6}$$

dargestellt werden, wobei $\hat{\mathbf{x}}(\mathbf{y})$ das geschätzte Codewort für ein gegebenes Empfangswort $\mathbf{y}$ ist und somit die Decodierregel beschreibt, siehe Bild 3.4 und Abschnitt 3.1.3. Als Endergebnis folgt somit

$$P_w = 1 - \sum_{\mathbf{y}} p_{\mathbf{Y}|\mathbf{X}}(\mathbf{y}|\hat{\mathbf{x}}(\mathbf{y})) \cdot p_{\mathbf{X}}(\hat{\mathbf{x}}(\mathbf{y})). \tag{3.7}$$

Diese Formel gilt für Codewörter mit beliebiger Auftrittswahrscheinlichkeit, beliebige (gedächtnisfreie und gedächtnisbehaftete) diskrete Kanalmodelle, beliebige Decodierregeln und ist exakt. Zur Berechnung muss allerdings die Decodierregel für alle möglichen Empfangsworte berücksichtigt werden.

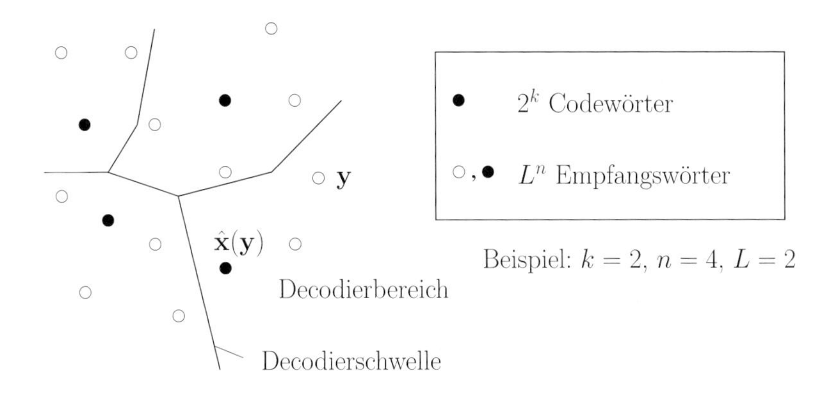

Bild 3.4: Zur Verdeutlichung von Decodierbereich, Decodierschwelle und Decodierregel

3.1.3 Decodierprinzipien

Es bezeichne $\mathbf{y}$ die Sequenz der n Empfangssymbole nach dem Demodulator, im Folgenden *Empfangswort* genannt. Aufgrund von Störungen durch den physikalischen Kanal (Rauschen, Interferenz, Signalschwund, Kratzer, usw.) aber auch aufgrund von verschiedenen Detektionsstrategien (harte Entscheidungen, weiche Entscheidungen, „erasures", usw.) müssen die Empfangssymbole nicht notwendigerweise über dem gleichen Alphabet wie die Kanaleingangssymbole definiert sein. Es sei L die Mächtigkeit des Empfangssymbolalphabets. Folglich gibt es L^n verschiedene Empfangswörter. Bei stark gestörten Kanälen wird ein Empfangswort somit oft von den 2^k möglichen Codewörtern abweichen.

Definition 3.1.5 (Decodierregel, Decodierbereich, Decodierschwelle) *Die* Decodierregel *ordnet jedem möglichen Empfangswort* $\mathbf{y}$ *ein erlaubtes Codewort* $\hat{\mathbf{x}}(\mathbf{y})$ *zu. Empfangsworte, die dem gleichen Codewort zugeordnet werden, liegen im gleichen* Decodierbereich. *Pro Codewort existiert somit genau ein Decodierbereich. Das Codewort liegt sinnvollerweise im zugehörigen Decodierbereich. Die Decodierbereiche werden durch* Decodierschwellen *voneinander getrennt.*

Es gibt eine Vielzahl von möglichen Decodierregeln, von denen hier nur drei Kriterien genannt seien: Die Maximum-A-Posteriori-Decodierung, die Maximum-Likelihood-Decodierung und die Decodierung basierend auf simultan typischen Sequenzen. Die beiden erstgenannten Decodierverfahren sowie weitere Decodierverfahren werden in Teil II *Kanalcodierung* vertiefend dargestellt. Es bezeichne $\tilde{\mathbf{x}}$ eine Hypothese (d. h. eine Annahme) über das gesendete Codewort $\mathbf{x}$.

3.1.3.1 Maximum-A-Posteriori-Decodierung

Bei der Maximum-A-Posteriori (MAP) Decodierung wird das wahrscheinlichste Codewort ermittelt:

$$\hat{\mathbf{x}}_{MAP} = \arg\max_{\tilde{\mathbf{x}}} p_{\mathbf{X}|\mathbf{Y}}(\tilde{\mathbf{x}}|\mathbf{y}). \tag{3.8}$$

Bei der MAP-Decodierung werden unterschiedliche a priori Wahrscheinlichkeiten für die Codewörter empfängerseitig berücksichtigt, wie in Kürze im Beweis zu Satz 3.1.1 gezeigt wird. Je wahrscheinlicher ein Codewort ist, um so größer ist der entsprechende Decodierbereich.

3.1.3.2 Maximum-Likelihood-Decodierung

Bei der Maximum-Likelihood (ML) Decodierung wird das Codewort mit dem kleinsten Abstand zum Empfangswort ermittelt:

$$\hat{\mathbf{x}}_{ML} = \arg\max_{\tilde{\mathbf{x}}} p_{\mathbf{Y}|\mathbf{X}}(\mathbf{y}|\tilde{\mathbf{x}}). \tag{3.9}$$

Bei der ML-Decodierung werden unterschiedliche a priori Wahrscheinlichkeiten für die Codewörter empfängerseitig *nicht* berücksichtigt. Die Decodierbereiche können vorausberechnet werden.

Satz 3.1.1 *MAP-Decodierung und ML-Decodierung sind identisch, wenn die Codewörter die gleiche a priori Wahrscheinlichkeit besitzen, also gleichwahrscheinlich sind.*

Beweis 3.1.1 Nach dem Satz von Bayes gilt $p_{\mathbf{X}|\mathbf{Y}}(\mathbf{x}|\mathbf{y}) = \frac{p_{\mathbf{Y}|\mathbf{X}}(\mathbf{y}|\mathbf{x}) \cdot p_{\mathbf{X}}(\mathbf{x})}{p_{\mathbf{Y}}(\mathbf{y})}$. Weil der Nennerterm $p_{\mathbf{Y}}(\mathbf{y})$ unabhängig von der Maximierung ist, gilt $\arg\max_{\mathbf{x}} p_{\mathbf{X}|\mathbf{Y}}(\mathbf{x}|\mathbf{y}) = \arg\max_{\mathbf{x}} p_{\mathbf{Y}|\mathbf{X}}(\mathbf{y}|\mathbf{x}) \cdot p_{\mathbf{X}}(\mathbf{x})$. Die linke Seite findet man bei der MAP-Decodierung, den ersten Term des Produkts auf der rechten Seite bei der ML-Decodierung. Der zweite Term des Produkts auf der rechten Seite, $p_{\mathbf{X}}(\mathbf{x})$, repräsentiert die a priori Wahrscheinlichkeit der 2^k Codewörter. Somit sind MAP-Decodierung und ML-Decodierung für gleich wahrscheinliche Codewörter, d. h. $p_{\mathbf{X}}(\mathbf{x}) = 2^{-k}\ \forall\ \mathbf{x}$, identisch. Falls jedoch $p_{\mathbf{X}}(\mathbf{x}) \neq 2^{-k}$ für mindestens ein Codewort $\mathbf{x}$, so kann durch die MAP-Decodierung konstruktionsbedingt eine niedrigere Fehlerwahrscheinlichkeit erreicht werden. □

3.1.3.3 Decodierung basierend auf simultan typischen Sequenzen

Bei der Decodierung basierend auf simultan typischen Sequenzen („typical set decoding") geschieht die Decodierung derart, dass für jedes Empfangswort $\mathbf{y}$ ein Codewort $\mathbf{x}$ so gewählt wird, dass $(\mathbf{x},\mathbf{y})$ ε-typisch ist, vorausgesetzt, dass ein solches Codewort existiert und eindeutig ist:

$$\hat{\mathbf{x}}_{typ} = \{\mathbf{x} : (\mathbf{x},\mathbf{y}) \in A_\varepsilon(X,Y)\}. \tag{3.10}$$

Dieses Decodierkriterium hat bislang keine praktische Bedeutung erlangt, wird aber in Abschnitt 3.1.7 für den Beweis von Shannons Kanalcodiertheorem verwendet.

3.1.4 Zufallscodes

Eine in der Informationstheorie sehr wichtige, in praktischen Systemen zur Zeit aber bedeutungslose Klasse von Blockcodes sind *Zufallscodes*.

Definition 3.1.6 (Zufallscode) *Ein (n,k)-Zufallscode der Rate $R = k/n$ besteht besteht aus 2^{nR} zufällig generierten Codewörtern $\mathbf{x}$ der Länge n derart, dass $\mathbf{x} \in A_\varepsilon(X)$. Die 2^{nR} Infowörter $\mathbf{u}$ werden den Codewörtern $\mathbf{x}$ zufällig, aber umkehrbar eindeutig zugeordnet.*

Beispiel 3.1.2 ($p = 2/5, n = 5, k = 3, \varepsilon \to 0$) Wir wollen einen binären Zufallscode der Rate $R = k/n = 3/5$ generieren. Die Menge aller ε-typischen Sequenzen umfasst $|A_\varepsilon(X)| = 10$ Sequenzen (siehe Tabelle 3.1). Aus der Menge der ε-typischen Sequenzen wählt man $2^{nR} = 8$ Sequenzen zufällig aus. Dies sind die 2^{nR} Codewörter. Die zugehörigen 2^{nR} Infowörter werden zufällig zugeordnet. ◇

Tabelle 3.1: $(5,3)$-Zufallscode. Beispielsweise gilt $\mathbf{u}^{(3)} = [011]$ und $\mathbf{x}^{(3)} = [00011]$

Codewort $\mathbf{x}$	Index i	Infowort $\mathbf{u}$
[00011]	3	[011]
[00101]	6	[110]
[00110]	–	—
[01001]	0	[000]
[01010]	2	[010]
[01100]	5	[101]
[10001]	–	—
[10010]	1	[001]
[10100]	7	[111]
[11000]	4	[100]

Die Bedeutung von Zufallscodes besteht in der Eigenschaft, dass man Daten (unter im Folgenden definierten Randbedingungen) quasi-fehlerfrei übertragen kann. C. E. Shannon hat mit Zufallscodes das Kanalcodiertheorem bewiesen.

Verwendet man mehrere Zufallscodes, z. B. indem man die Codewörter von Zeit zu Zeit neu generiert, so spricht man von einem *Ensemble von Zufallscodes*. Für ein großes Ensemble von Codes kann man analog zu (3.2) und (3.3) die *mittlere Bitfehlerwahrscheinlichkeit* $\overline{P_b}$ bzw. die *mittlere Wortfehlerwahrscheinlichkeit* $\overline{P_w}$ definieren, wobei die Mittelung über das Ensemble durchzuführen ist. Es muss mindestens einen Code geben, dessen Fehlerwahrscheinlichkeit kleiner als die mittlere Fehlerwahrscheinlichkeit ist.

3.1.5 Diskreter gedächtnisfreier Kanal (DMC)

Wir betrachten nun eine Teilmenge von diskreten Kanalmodellen. Gegeben sei eine Sequenz $\mathbf{x}$ von Kanaleingangssymbolen (Codesymbolen) $x \in \mathscr{X}$ und eine Sequenz $\mathbf{y}$ von Kanalausgangssymbolen (Empfangssymbolen) $y \in \mathscr{Y}$, wobei $\mathscr{X}$ das Eingangsalphabet und $\mathscr{Y}$ das Ausgangsalphabet ist. Es sei $L_x = |\mathscr{X}| \geq 2$ und $L_y = |\mathscr{Y}| \geq 2$.

Definition 3.1.7 (Diskreter gedächtnisfreier Kanal) *Ein Kanalmodell wird diskreter gedächtnisfreier Kanal („Discrete Memoryless Channel (DMC)") genannt, wenn sich die bedingte Verbundwahrscheinlichkeitsfunktion $p_{\mathbf{Y}|\mathbf{X}}(\mathbf{y}|\mathbf{x})$ faktorisieren lässt:*

$$p_{\mathbf{Y}|\mathbf{X}}(\mathbf{y}|\mathbf{x}) = p_{Y_1 \dots Y_n | X_1 \dots X_n}(y_1, \dots, y_n | x_1, \dots, x_n) = \prod_{i=1}^{n} p_{Y|X}(y_i|x_i). \tag{3.11}$$

Dies ist möglich, wenn die Übertragungsfehler statistisch unabhängig auftreten. Der diskrete gedächtnisfreie Kanal wird somit durch die bedingte Wahrscheinlichkeitsfunktion $p_{Y|X}(y|x)$ vollständig definiert. Dies motiviert folgende Interpretation: Unter der Randbedingung, dass das Symbol x gesendet wird, tritt das empfangene Symbol y mit der Wahrscheinlichkeit $p_{Y|X}(y|x)$ zufällig auf.

Beispiel 3.1.3 (Binärer symmetrischer Kanal) Beim in Bild 3.5 dargestellten binären symmetrischen Kanalmodell („Binary Symmetric Channel (BSC)") gilt definitionsgemäß $p_{Y|X}(1|0) = p_{Y|X}(0|1) = p$ und $p_{Y|X}(0|0) = p_{Y|X}(1|1) = 1 - p$, d. h. die Symbole „0" und „1" werden mit der Wahrscheinlichkeit p statistisch unabhängig verfälscht. ◊

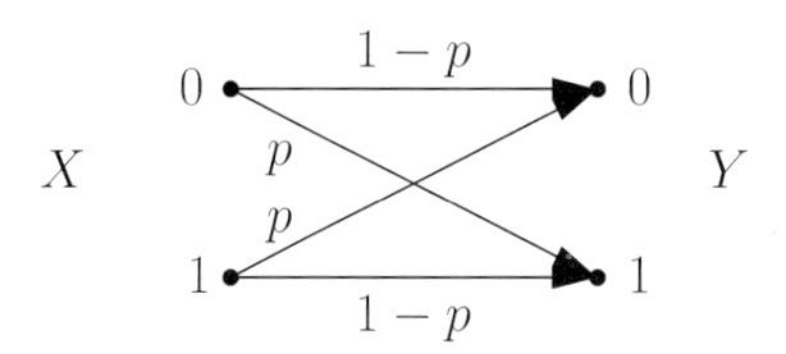

Bild 3.5: Binäres symmetrisches Kanalmodell

3.1.6 Kanalkapazität

Das Konzept der *Kanalkapazität*, d. h. der Existenz einer maximalen Datenrate, mit der codierte Daten quasi-fehlerfrei über einen gestörten Kanal übertragen werden können, war *die* Überraschung in C. E. Shannons fundamentalem Aufsatz, denn bis dato dachte man, dass die Fehlerwahrscheinlichkeit mit steigender Datenrate anwächst.

Zur Motivation und Veranschaulichung des abstrakten Begriffes der Kanalkapazität betrachten wir die *wechselseitige Information*

$$I(X;Y) \overset{(1.41)}{=} H(X) - H(X|Y) = H(Y) - H(Y|X), \tag{3.12}$$

die in diesem Zusammenhang als der mittlere Informationsgewinn bezüglich des Kanaleingangssymbols durch Beobachtung des Kanalausgangssymbols interpretiert werden kann. Statt wechselseitiger Information und bedingter Entropie verwendet man oft auch die Bezeichnungen *Transinformation* (ausgetauschte Information) für $I(X;Y)$, *Irrelevanz* (Fehlinformation, Streuentropie) für $H(Y|X)$, und *Äquivokation* (Verlustentropie, Rückschlussentropie) für $H(X|Y)$. Bild 3.6 verdeutlicht den Zusammenhang zwischen Transinformation, Irrelevanz und Äquivokation in einem Informationsflussdiagramm.

Bemerkung 3.1.2 Die wechselseitige Information, $I(X;Y)$, lässt sich anhand einer Rohrleitung (Pipeline) anschaulich erklären. Gegeben sei eine bestimmte Menge pro Zeiteinheit einer Flüssigkeit, in Bild 3.6 charakterisiert durch $H(X)$, die in die Rohrleitung gepumpt wird. Bei defekter Rohrleitung wird eine gewisse Flüssigkeitsmenge pro Zeiteinheit auslaufen, repräsentiert durch $H(X|Y)$. Die Flüssigkeitsmenge pro Zeiteinheit am Ausgang der Rohrleitung wird mit $H(Y)$ bezeichnet. Es kann sein, dass $H(Y)$ Anteile enthält, die nicht ursprünglich in die Rohrleitung gepumpt wurden, zum Beispiel Wasser, welches in die Rohrleitung eindringt. Diese Größe wird mit $H(Y|X)$ bezeichnet. Anschaulich ist aus Bild 3.6 klar, dass $I(X;Y)$ maximiert werden sollte.

C. E. Shannon hat die Kanalkapazität sinngemäß wie folgt definiert:

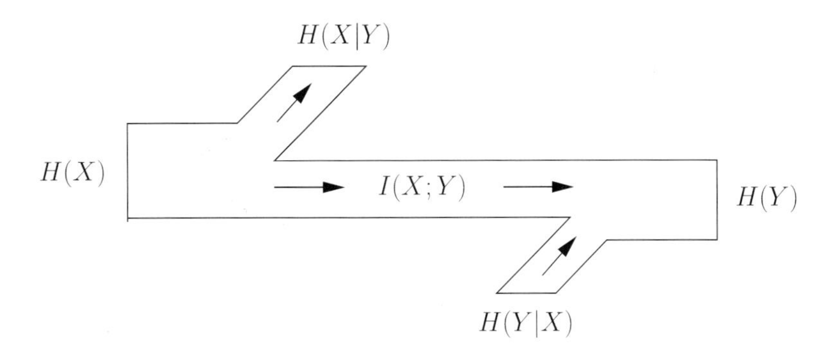

Bild 3.6: Informationsflussdiagramm zur Veranschaulichung von Transinformation $I(X;Y)$, Irrelevanz $H(Y|X)$ und Äquivokation $H(X|Y)$

Definition 3.1.8 (Kanalkapazität) *Eine Übertragungsrate $R = k/n$ wird erreichbar genannt, wenn für jedes beliebig kleine $\varepsilon > 0$ und alle hinreichend großen n ein (n,k)-Blockcode existiert, so dass $P_w < \varepsilon$. Die Kanalkapazität C eines diskreten gedächtnisfreien Kanals ist das Maximum aller erreichbaren Übertragungsraten R für $\varepsilon \to 0$.*

Diese Definition besagt, dass alle Übertragungsraten $R < C$ erreichbar sind, d. h. es existiert mindestens ein (n,k)-Blockcode, so dass $P_w \to 0$ wenn $n \to \infty$. Dieser Fall wird als *Erreichbarkeit* bezeichnet. Die Umkehrung dieser Definition besagt, dass für alle Übertragungsraten $R > C$ die Wortfehlerwahrscheinlichkeit endlich ist. In anderen Worten: Es gibt keinen einzigen Code mit einer Übertragungsrate $R > C$, so dass die Wortfehlerwahrscheinlichkeit beliebig klein ist. Für alle Übertragungsraten $R > C$ ist es somit unmöglich, Information zuverlässig über einen diskreten gedächtnisfreien Kanal zu übertragen. Dieser Fall wird als *Umkehrung* bezeichnet.

Die Kanalkapazität kann somit gemäß Bild 3.7 skizziert werden. Es ist intuitiv naheliegend, dass für niederratige Kanalcodes (d. h. kleine Übertragungsraten) die Redundanz ausreicht, um Übertragungsfehler empfängerseitig zu korrigieren. Ebenfalls ist intuitiv naheliegend, dass für uncodierte Übertragungssysteme eine quasi-fehlerfreie Datenübertragung über gestörte Kanäle nicht möglich ist.

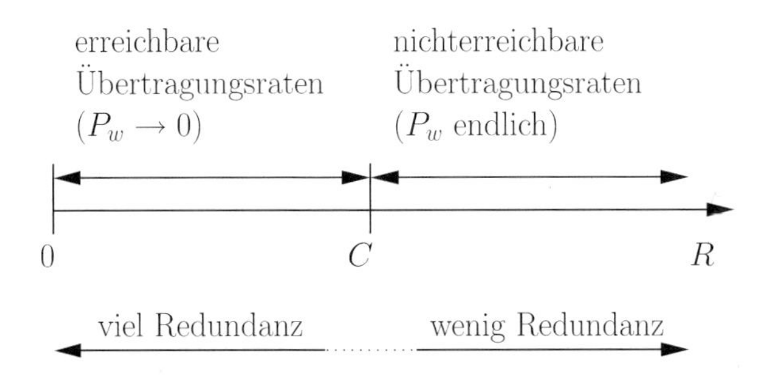

Bild 3.7: Veranschaulichung der Kanalkapazität

Im Folgenden werden wir die Kanalkapazität eines diskreten gedächtnisfreien Kanals erst allgemein und anschließend anhand von Beispielen berechnen. Vereinbarungsgemäß findet keine Rückkopplung vom Decodierer auf den Codierer statt und es sei senderseitig keine Seiteninformation verfügbar.

3.1.7 Shannons Kanalcodiertheorem

Satz 3.1.2 (Shannons Kanalcodiertheorem) *Die Kanalkapazität eines diskreten gedächtnisfreien Kanals (DMC) lautet*

$$C = \max_{p_X(x)} I(X;Y), \tag{3.13}$$

d. h. die Kanalkapazität ist gleich der maximalen wechselseitigen Information zwischen den Kanaleingangssymbolen (Codesymbolen), x, und den zugehörigen Kanalausgangssymbolen (Empfangssymbolen), y. Die Maximierung erfolgt über alle möglichen Wahrscheinlichkeitsfunktionen $p_X(x)$ *der Kanaleingangssymbole. Alle Übertragungsraten* $R < C$ *sind erreichbar, während für alle Übertragungsraten* $R > C$ *die Wortfehlerwahrscheinlichkeit endlich ist.*

Die Einheit der Kanalkapazität ist bit/Kanalsymbol (man sagt auch bit/Kanalbenutzung), wenn der Logarithmus zur Basis $b = 2$ verwendet wird und nat/Kanalsymbol (man sagt auch nat/Kanalbenutzung), wenn der Logarithmus zur Basis $b = e$ verwendet wird.

Bemerkung 3.1.3 Die Kanalkapazität ist sowohl eine Kanaleigenschaft als auch eine Eigenschaft der Wahrscheinlichkeit der Kanaleingangssymbole. Beim Analogon der Rohrleitung entspricht die wechselseitige Information, $I(X;Y)$, beispielsweise dem Durchmesser der Pipeline, während die Wahrscheinlichkeit der Kanaleingangssymbole, $p_X(x)$, beispielsweise der Viskosität der Flüssigkeit entspricht. Die Kanalkapazität kann somit als maximaler Durchfluss interpretiert werden.

Beweis 3.1.2 Der Beweis von Shannons Kanalcodiertheorem besteht aus zwei Schritten: Wir müssen die Erreichbarkeit und die Umkehrung beweisen.

Wir beweisen zuerst die *Erreichbarkeit*: Jede Rate $R < C$ ist erreichbar, d. h. es existiert mindestens ein (n,k)-Blockcode, so dass $P_w \to 0$ wenn $n \to \infty$. Shannon hat das Kanalcodiertheorem nicht für einen vorgegebenen Blockcode, sondern für ein großes *Ensemble von Zufallscodes* bewiesen. Ferner hat Shannon diesen fundamentalen Satz nicht für einen ML-Decodierer, sondern für eine *Decodierung basierend auf simultan typischen Sequenzen* bewiesen, weil eine ML-Decodierung den Beweis unnötig kompliziert machen würde.

Es sei $p_X^*(x)$ eine Wahrscheinlichkeitsfunktion, die Gleichheit in $C = \max_{p_X(x)} I(X;Y)$ ergibt. Verwendet man Zufallscodes, so sind die 2^{nR} Codewörter $\mathbf{x}$ unabhängige, identisch verteilte Zufallsfolgen. Jedes Codewort hat die Wahrscheinlichkeit $p_{\mathbf{X}}^*(\mathbf{x}) = \prod_{i=1}^n p_X^*(x)$.

Bei der Decodierung basierend auf simultan typischen Sequenzen geschieht die Decodierung derart, dass für jedes Empfangswort $\mathbf{y}$ ein Codewort $\hat{\mathbf{x}}$ so gewählt wird, dass $(\hat{\mathbf{x}},\mathbf{y}) \in A_\varepsilon(X,Y)$, vorausgesetzt, dass ein solches Codewort existiert und eindeutig ist. Der Decodierer entscheidet korrekt, falls ein ε-typisches Paar existiert und eindeutig ist.

Die mittlere Wortfehlerwahrscheinlichkeit $\overline{P_w}$ (für das Ensemble von Codes) setzt sich aus zwei unabhängigen Fehlerereignissen zusammen: (i) Ein solches ε-typisches Paar existiert nicht, oder (ii) das Paar ist nicht eindeutig.

(i) Gemäß der 1. Eigenschaft der asymptotischen Äquipartition (AEP) geht die Wahrscheinlichkeit dieses Fehlerereignisses gegen null, falls $n \longrightarrow \infty$.

(ii) Die Wahrscheinlichkeit dieses Fehlerereignisses ist kleiner gleich $2^{n(R-C)}$, d. h. sie geht ebenfalls gegen null, falls $R < C$ und $n \longrightarrow \infty$.

Aus (i) und (ii) folgt, dass mindestens ein Blockcode existiert, so dass die Wortfehlerwahrscheinlichkeit P_w (für diesen auserwählten Code) gegen null geht. Man beachte, dass es sich um einen *Existenzbeweis* handelt, jedoch nicht um eine Anleitung zur Konstruktion guter Blockcodes.

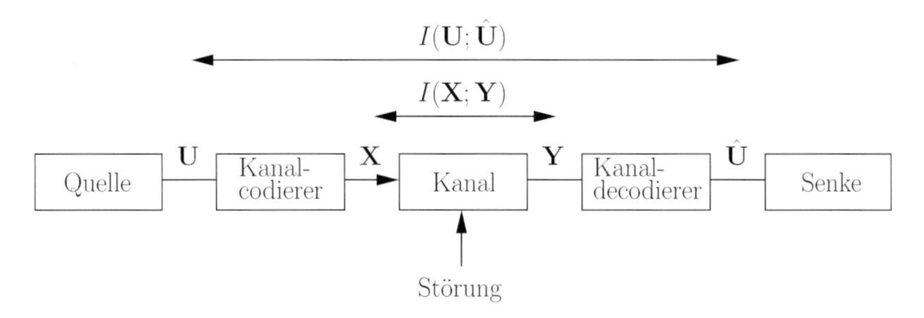

Bild 3.8: Szenario zum Beweis des Kanalcodiertheorems

Wir beweisen nun die *Umkehrung*, d. h. die Wortfehlerwahrscheinlichkeit P_w ist endlich, falls $R > C$. Dazu betrachten wir das in Bild 3.8 dargestellte Szenario. Die Sequenz der k Infobits, $\mathbf{U} = [U_1, U_2, \ldots, U_k]$, werde durch eine *binäre symmetrische Quelle* (BSS) generiert, d. h. $\mathbf{U}$ ist eine Sequenz von k unabhängigen, identisch verteilten binären Zufallsvariablen, wobei $p_U(U = 0) = p_U(U = 1) = 1/2$. Die Entropie der BSS beträgt gemäß (1.21) $H(U) = 1$ bit/Quellensymbol, somit ist $H(\mathbf{U}) = k$. Aus dem Zusammenhang zwischen Entropie und wechselseitiger Information, $I(\mathbf{U}; \hat{\mathbf{U}}) = H(\mathbf{U}) - H(\mathbf{U}|\hat{\mathbf{U}})$, folgt unmittelbar

$$H(\mathbf{U}|\hat{\mathbf{U}}) = H(\mathbf{U}) - I(\mathbf{U}; \hat{\mathbf{U}}). \tag{3.14}$$

Aufgrund des Hauptsatzes der Datenverarbeitung, Gleichung (1.73), gilt $I(\mathbf{U}; \hat{\mathbf{U}}) \leq I(\mathbf{X}; \mathbf{Y})$, somit folgt

$$H(\mathbf{U}|\hat{\mathbf{U}}) \geq H(\mathbf{U}) - I(\mathbf{X}; \mathbf{Y}), \tag{3.15}$$

wobei $\mathbf{X}$ die Sequenz der Kanaleingangssymbole und $\mathbf{Y}$ die zugehörige Sequenz der gestörten Kanalausgangssymbole ist. Die Sequenzen $\mathbf{X}$ und $\mathbf{Y}$ haben jeweils die Länge n. Mit der Definition der Kanalkapazität folgt für einen gedächtnisfreien Kanal

$$H(\mathbf{U}|\hat{\mathbf{U}}) \geq H(\mathbf{U}) - nC = k - nC. \tag{3.16}$$

Ferner gilt nach Fanos Ungleichung (1.67)

$$H(\mathbf{U}|\hat{\mathbf{U}}) \leq h(P_w) + P_w \log_2(L-1), \tag{3.17}$$

wobei $L = 2^k$ die Anzahl aller möglichen Infofolgen ist. Hierbei wird berücksichtigt, dass $\mathbf{U}$ und $\hat{\mathbf{U}}$ über dem gleichen Alphabet definiert sind und $P_w := P(\mathbf{U} \neq \hat{\mathbf{U}})$ die Wortfehlerwahrscheinlichkeit ist. Durch Kombination von (3.16) und (3.17) folgt schließlich

$$h(P_w) + P_w \log_2(2^k - 1) \geq k(1 - C/R), \tag{3.18}$$

wobei $R = k/n$. Somit gilt

$$P_w \geq \big(k(1-C/R) - h(P_w)\big) / \log_2(2^k - 1). \tag{3.19}$$

Diese Ungleichung kann weiter abgeschätzt werden:

$$P_w \geq \big(k(1-C/R) - 1\big)/k \approx 1 - C/R. \tag{3.20}$$

Folglich ist die Wortfehlerwahrscheinlichkeit P_w endlich, falls $R > C$. □

3.1.8 Beispiele zur Berechnung der Kanalkapazität

Die folgenden Zahlenbeispiele verdeutlichen den abstrakten Begriff der Kanalkapazität. In allen Zahlenbeispielen wird die Kanalkapazität in bit/Kanalbenutzung angegeben.

Beispiel 3.1.4 Zunächst betrachten wir den in Bild 3.9 skizzierten BSC mit der Übergangswahrscheinlichkeit $p = 0$. Da man bei gegebenem Kanalausgangssymbol eindeutig auf das gesendete Kanaleingangssymbol schließen kann und somit die Wortfehlerwahrscheinlichkeit gleich null ist ($P_w = 0$), beträgt die Kanalkapazität 1 bit/Kanalbenutzung. ◊

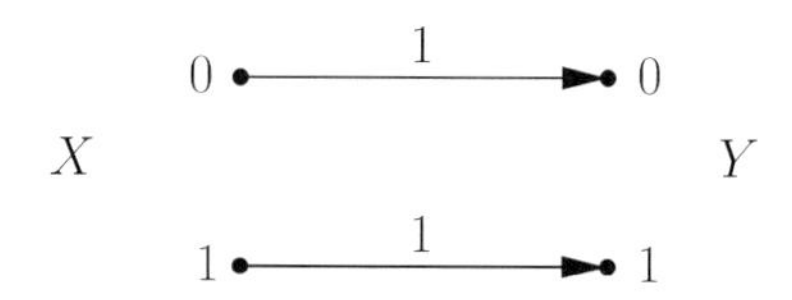

Bild 3.9: Kanalmodell zu Beispiel 3.1.4 (BSC mit $p = 0$)

Beispiel 3.1.5 Als nächstes Beispiel betrachten wir den in Bild 3.10 dargestellten BSC mit der Übergangswahrscheinlichkeit $p = 1$. Auch bei diesem binären Kanalmodell beträgt die Kanalkapazität exakt 1 bit/Kanalbenutzung, da man ebenfalls von beiden möglichen Kanalausgangssymbolen eindeutig auf das zugehörige Kanaleingangssymbol schließen kann ($P_w = 0$). Der für dieses Kanalmodell optimale Codierer invertiert das Infobit vor der Übertragung. Alternativ kann auch der Decodierer das beobachtete Kanalausgangssymbol invertieren. ◊

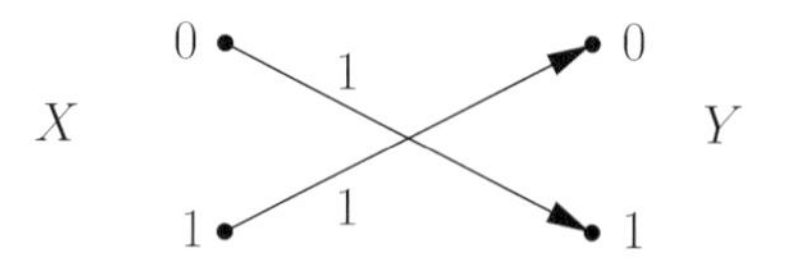

Bild 3.10: Kanalmodell zu Beispiel 3.1.5 (BSC mit $p = 1$)

Beispiel 3.1.6 Das in Bild 3.11 gezeigte quaternäre Kanalmodell unterscheidet sich vom binären Kanalmodell in Beispiel 3.1.4 durch die größere Anzahl der möglichen Kanaleingangs- und Kanalausgangssymbole. Jedes Kanalsymbol kann eindeutig durch zwei Binärzeichen repräsentiert werden. Somit können pro Kanalbenutzung zwei Bits fehlerfrei übertragen werden. Die Kanalkapazität beträgt somit 2 bit/Kanalbenutzung. ◊

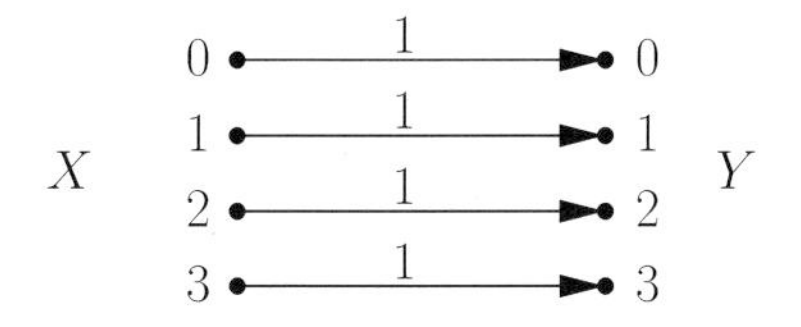

Bild 3.11: Kanalmodell zu Beispiel 3.1.6

Beispiel 3.1.7 Das in Bild 3.12 gezeigte ternäre Kanalmodell unterscheidet sich von Beispiel 3.1.4 nur dadurch, dass pro Kanalbenutzung drei Bits fehlerfrei übertragen werden können. Die Kanalkapazität beträgt somit $\log_2 3$ bit/Kanalbenutzung. $\diamond$

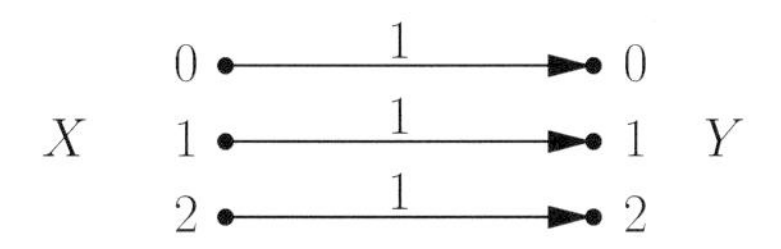

Bild 3.12: Kanalmodell zu Beispiel 3.1.7

Beispiel 3.1.8 Deutlich schwieriger wird die Berechnung der Kanalkapazität bei dem quaternären Kanalmodell in Bild 3.13.

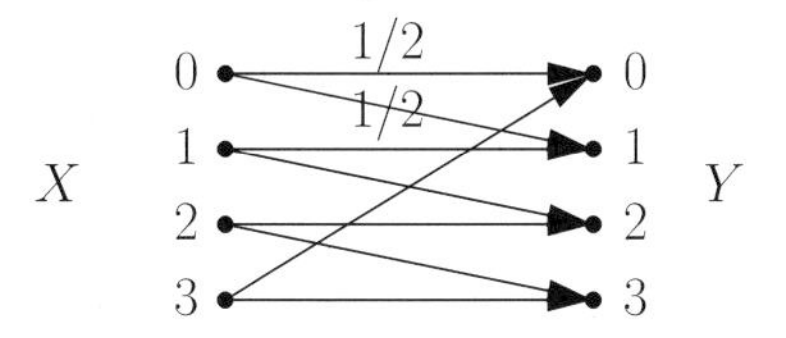

Bild 3.13: Kanalmodell zu Beispiel 3.1.8

Werden alle vier möglichen Kanaleingangssymbole gleich häufig genutzt, so kann durch Beobachtung der Kanalausgangssymbole nicht eindeutig auf das gesendete Kanaleingangssymbol geschlossen werden. Somit kann für $p_X(0) = p_X(1) = p_X(2) = p_X(3) = 0.25$ keine quasifehlerfreie Übertragung gewährleistet werden. Beschränkt man sich hingegen auf die Kanaleingangssymbole „0“ und „2“ (oder „1“ und „3“), so ist eine fehlerfreie Übertragung von einem Bit pro Kanalbenutzung möglich. Folglich beträgt die Kanalkapazität mindestens 1 bit/Kanalbenutzung, da eine noch effizientere Übertragung zunächst nicht ausgeschlossen werden kann. Eine detailliertere Analyse zeigt jedoch, dass die Kanalkapazität exakt 1 bit/Kanalbenutzung beträgt. Eine mögliche Wahrscheinlichkeitsfunktion der Kanaleingangssymbole zum Erreichen der Kanalkapazität lautet $p_X(0) = 0.5$, $p_X(1) = 0$, $p_X(2) = 0.5$ und $p_X(3) = 0$. $\diamond$

Beispiel 3.1.9 Als zunächst letztes Beispiel betrachten wir den in Bild 3.14 gezeigten BSC mit beliebigen Übergangswahrscheinlichkeiten p und $1 - p$ (wobei $0 \leq p \leq 1$).

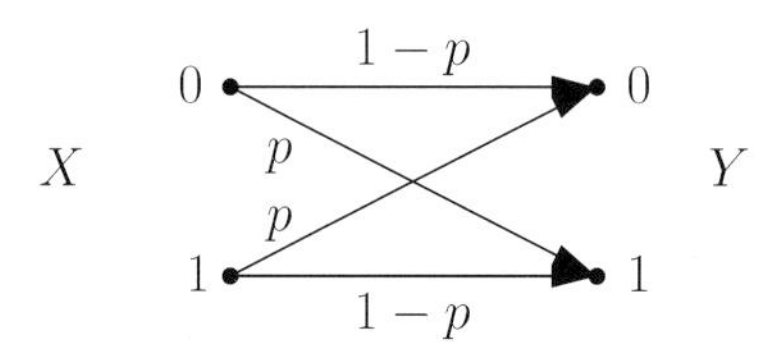

Bild 3.14: Kanalmodell zu Beispiel 3.1.9 (BSC)

Zur Berechnung der Kanalkapazität müssen wir (3.13) lösen:

$$C = \max_{p_X(x)} I(X;Y) \overset{(1.41)}{=} \max_{p_X(x)} \left(H(Y) - H(Y|X)\right). \tag{3.21}$$

Mit der Substitution $p_X(0) := q$ und $p_X(1) := 1-q$ folgt

$$C = \max_{q} \left(H(Y) - H(Y|X)\right). \tag{3.22}$$

Man beachte, dass p und q unabhängige Parameter sind. Die Maximierung muss bezüglich q erfolgen. Wir müssen hierzu $H(Y)$ und $H(Y|X)$ als Funktion von q darstellen. Beginnen wollen wir mit $H(Y)$:

$$H(Y) \overset{(1.15)}{=} -\sum_{j=1}^{2} p_Y(y^{(j)}) \log p_Y(y^{(j)}), \tag{3.23}$$

wobei

$$p_Y(y^{(j)}) \overset{(A.17)}{=} \sum_{i=1}^{2} p_{XY}(x^{(i)}, y^{(j)}) \overset{(A.14)}{=} \sum_{i=1}^{2} \underbrace{p_X(x^{(i)})}_{q \text{ oder } 1-q} \underbrace{p_{Y|X}(y^{(j)}|x^{(i)})}_{p \text{ oder } 1-p}. \tag{3.24}$$

Somit

$$\begin{aligned} H(Y) &= -(q(1-p) + (1-q)p) \log(q(1-p) + (1-q)p) \\ &\quad -(qp + (1-q)(1-p)) \log(qp + (1-q)(1-p)) =: f_1(q). \end{aligned} \tag{3.25}$$

Nun stellen wir $H(Y|X)$ als Funktion von q dar:

$$H(Y|X) \overset{(1.38)}{=} -\sum_{i=1}^{2} \sum_{j=1}^{2} p_{XY}(x^{(i)}, y^{(j)}) \log p_{Y|X}(y^{(j)}|x^{(i)}), \tag{3.26}$$

wobei

$$p_{XY}(x^{(i)}, y^{(j)}) \overset{(A.14)}{=} p_X(x^{(i)})\, p_{Y|X}(y^{(j)}|x^{(i)}). \tag{3.27}$$

Somit

$$\begin{aligned} H(Y|X) &= -\sum_{i=1}^{2} \sum_{j=1}^{2} \underbrace{p_X(x^{(i)})}_{q \text{ oder } 1-q} \underbrace{p_{Y|X}(y^{(j)}|x^{(i)})}_{p \text{ oder } 1-p} \log \underbrace{p_{Y|X}(y^{(j)}|x^{(i)})}_{p \text{ oder } 1-p} \\ &= -q(1-p)\log(1-p) - qp\log p - (1-q)p\log p - (1-q)(1-p)\log(1-p) \\ &=: f_2(q). \end{aligned} \tag{3.28}$$

Einsetzen von (3.25) und (3.28) in (3.22) ergibt

$$C = \max_q \left(f_1(q) - f_2(q)\right). \tag{3.29}$$

Durch Nullsetzen der partiellen Ableitung $df_1(q)/dq - df_2(q)/dq$ erhält man die optimale Eingangsverteilung zu $q = 1/2$. Setzt man dieses Ergebnis in (3.29) ein, so erhält man die Kanalkapazität des BSC als Funktion von p zu $C_{BSC} = 1 - h(p)$.

Es zeigt sich, dass sich die Berechnung der Kanalkapazität selbst bei diesem einfachen Kanalmodell als unerwartet aufwändig erweist. Dies gilt insbesondere für die Maximierung über die Verteilung der Kanaleingangssymbole. ◇

Zusammenfassend ist festzuhalten, dass die Kanalkapazität im allgemeinen Fall gemäß (3.13) zu berechnen ist. Diese Aufgabe kann sich selbst bei relativ einfachen Kanalmodellen als aufwändig erweisen. Vereinfacht wird die Berechnung allerdings, wenn das Kanalmodell gewisse Symmetrien aufweist. Wie wir nun zeigen werden, gestaltet sich die Berechnung der Kanalkapazität bei Ausnutzung von Symmetrieeigenschaften unter Umständen als sehr einfach.

3.1.8.1 Gleichförmig dispersiver DMC

Definition 3.1.9 (Gleichförmig dispersiver DMC) *Ein diskretes gedächtnisfreies Kanalmodell mit Eingangsalphabet $\mathcal{X}$ und Ausgangsalphabet $\mathcal{Y}$ wird gleichförmig dispersiv genannt, wenn die Wahrscheinlichkeiten für die $L_y = |\mathcal{Y}|$ Übergänge, die ein Kanaleingangssymbol* verlassen, *für jedes der $L_x = |\mathcal{X}|$ Kanaleingangssymbole dieselben Werte $p_1, p_2, \ldots, p_{|\mathcal{Y}|}$ annehmen. Es kommt nicht auf die Reihenfolge der Werte $p_1, p_2, \ldots, p_{|\mathcal{X}|}$ an. Gegebenenfalls sind einige Übergangswahrscheinlichkeiten gleich null, d. h. es fehlen Übergänge.*

Satz 3.1.3 *(ohne Beweis) Die Kanalkapazität eines gleichförmig dispersiven DMC ist durch*

$$C = \max_{p_X(x)} H(Y) + \sum_{j=1}^{|\mathcal{Y}|} p_j \log p_j \tag{3.30}$$

gegeben.

Beispiel 3.1.10 Die Kanalkapazität des BSC mit den Übergangswahrscheinlichkeiten p und $1 - p$ lautet

$$C_{BSC} = \max_{p_X(x)} H(Y) + \underbrace{p \log p + (1-p)\log(1-p)}_{-h(p)} = 1 - h(p). \tag{3.31}$$

Durch ein Ausnutzen der Symmetrieeigenschaften kann die Kanalkapazität des BSC somit wesentlich einfacher als bei der vollständigen Herleitung (siehe Beispiel 3.1.9) angegeben werden.

3.1.8.2 Gleichförmig fokussierender DMC

Definition 3.1.10 (Gleichförmig fokussierender DMC) *Ein diskretes gedächtnisfreies Kanalmodell mit Eingangsalphabet $\mathscr{X}$ und Ausgangsalphabet $\mathscr{Y}$ wird gleichförmig fokussierend genannt, wenn die Wahrscheinlichkeiten für die $L_x = |\mathscr{X}|$ Übergänge, die zu einem Kanalausgangssymbol gehen, für jedes der $L_y = |\mathscr{Y}|$ Kanalausgangssymbole dieselben Werte $p_1, p_2, \ldots, p_{|\mathscr{X}|}$ annehmen. Es kommt nicht auf die Reihenfolge der Werte $p_1, p_2, \ldots, p_{|\mathscr{X}|}$ an. Gegebenenfalls sind einige Übergangswahrscheinlichkeiten gleich null, d. h. es fehlen Übergänge.*

Satz 3.1.4 *(ohne Beweis) Für einen gleichförmig fokussierenden DMC gilt*

$$\max_{p_X(x)} H(Y) = \log|\mathscr{Y}|. \tag{3.32}$$

Beispiel 3.1.11 Der BSC ist gleichförmig fokussierend. ◇

3.1.8.3 Stark symmetrischer DMC

Definition 3.1.11 (Stark symmetrischer DMC) *Ein diskretes gedächtnisfreies Kanalmodell, welches sowohl gleichförmig dispersiv als auch gleichförmig fokussierend ist, wird stark symmetrisch genannt.*

Satz 3.1.5 *(ohne Beweis) Die Kanalkapazität eines stark symmetrischen DMC ist durch*

$$C = \log|\mathscr{Y}| + \sum_{j=1}^{|\mathscr{Y}|} p_j \log p_j \tag{3.33}$$

gegeben. Die Kanalkapazität wird für gleichverteilte Eingangssymbole erreicht, d. h. $p_X(x) = 1/|\mathscr{X}|$ für alle x.

Beispiel 3.1.12 Das ternäre gedächtnisfreie Kanalmodell in Bild 3.15 ist stark symmetrisch und hat die Kanalkapazität

$$C = \log_2(3) - h(p) \text{ bit/Kanalsymbol.} \tag{3.34}$$

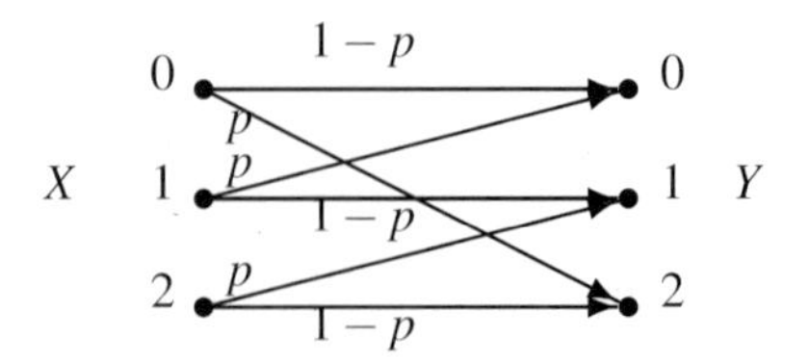

Bild 3.15: Ternäres gedächtnisfreies Kanalmodell

3.1.8.4 Symmetrischer DMC

Definition 3.1.12 (Symmetrischer DMC) *Ein diskretes gedächtnisfreies Kanalmodell mit Eingangsalphabet $\mathcal{X}$ und Ausgangsalphabet $\mathcal{Y}$ wird symmetrisch genannt, wenn es in m stark symmetrische* Komponentenkanäle *partitioniert werden kann (d. h. $\mathcal{Y}_i \cap \mathcal{Y}_j = \emptyset \;\; \forall\, i \neq j$, $\cup_{i=1}^{m} \mathcal{Y}_i = \mathcal{Y}$), wobei jeder Komponentenkanal $|\mathcal{X}|$ Eingänge und $|\mathcal{Y}_i|$ Ausgänge hat, $|\mathcal{Y}_i| < |\mathcal{Y}|$ und $i = 1, 2, \ldots, m$. Die Wahrscheinlichkeiten für die Komponentenkanäle werden mit q_i bezeichnet.*

Satz 3.1.6 *(ohne Beweis) Die Kanalkapazität eines symmetrischen DMC ist durch*

$$C_{sym} = \sum_{i=1}^{m} q_i C_i \tag{3.35}$$

gegeben, wobei q_i die Wahrscheinlichkeit und C_i die Kanalkapazität des i-ten stark symmetrischen Komponentenkanals ist.

Beispiel 3.1.13 (BEC) Der sog. *binäre Auslöschungskanal* („Binary Erasure Channel (BEC)“) modelliert ein Übertragungssystem, bei dem ein Kanalsymbol entweder korrekt übertragen wird (mit der Wahrscheinlichkeit $1-q$), oder keine Entscheidung getroffen werden kann (mit der Wahrscheinlichkeit q), wobei $0 \leq q \leq 1$. Dieses Kanalmodell ist symmetrisch und kann, wie in Bild 3.16 gezeigt, in zwei Komponentenkanäle partitioniert werden. Der erste Komponentenkanal hat die Kanalkapazität $C_1 = 1$ und tritt mit der Wahrscheinlichkeit $q_1 = 1-q$ auf. Der zweite Komponentenkanal hat die Kanalkapazität $C_2 = 0$ und tritt mit der Wahrscheinlichkeit $q_2 = q$ auf. Die Kanalkapazität des BEC lautet somit

$$C_{BEC} = (1-q) \cdot 1 + q \cdot 0 = 1 - q. \tag{3.36}$$

Es ist wichtig zu betonen, dass bei der Herleitung der Kanalkapazität keine senderseitige Seiteninformation angenommen wurde. Insbesondere weiß der Sender *nicht*, an welchen Stellen die Auslöschungen beim BEC-Kanalmodell auftreten.

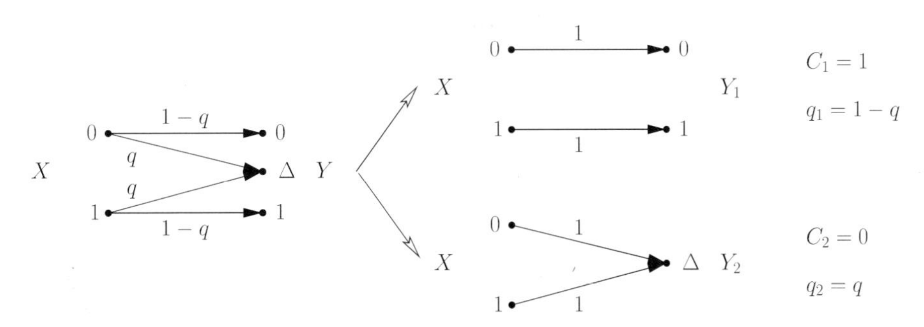

Bild 3.16: Binärer Auslöschungskanal (links) und Partitionierung desgleichen in zwei Komponentenkanäle (rechts)

Es ist interessant zu erkennen, dass die beste Sendestrategie eines Senders mit Seiteninformation diejenige ist, die Infobits nur an den Positionen ohne Auslöschung zu senden. An den Stellen mit Auslöschung würde der Sender nichts senden. Mit dieser Strategie könnte man ebenfalls (nur) $(1-q)n$ Infobits pro Codewort übertragen, würde also die gleiche Übertragungsrate wie in (3.36) erreichen. Es mag überraschend sein, dass man auch ohne senderseitige Kenntnis der Auslöschungspositionen $1-q$ bit/Kanalbenutzung quasi-fehlerfrei übertragen kann.

Das BEC-Kanalmodell ist das wohl einfachste nichttriviale Kanalmodell. Es wurde ursprünglich als Gedankenmodell entwickelt und erfreut sich aufgrund seiner Einfachheit großer Beliebtheit in mathematisch orientierten Abhandlungen. Mit der wachsenden Bedeutung von Datennetzen gewinnt das BEC-Kanalmodell (allerdings auf Paketebene anstelle von Bitebene) an praktischer Bedeutung: Beim Internet beispielsweise werden Datenpakete entweder korrekt übertragen (mit der Wahrscheinlichkeit $1-q$), oder sie gehen verloren (mit der Wahrscheinlichkeit q). ◊

Beispiel 3.1.14 (BSEC) Der sog. *binäre symmetrische Auslöschungskanal* („Binary Symmetric Erasure Channel (BSEC)") modelliert ein Übertragungssystem, bei dem ein Kanalsymbol entweder korrekt übertragen wird (mit der Wahrscheinlichkeit $1-p-q$), eine fehlerhafte Entscheidung getroffen wird (mit der Wahrscheinlichkeit p), oder keine Entscheidung getroffen werden kann (mit der Wahrscheinlichkeit q), wobei $0 \leq p \leq 1$ und $0 \leq q \leq 1$. Dieses Kanalmodell ist symmetrisch und kann, wie in Bild 3.17 gezeigt, in zwei Komponentenkanäle partitioniert werden. Der erste Komponentenkanal, ein BSC, hat die Kanalkapazität $C_1 = 1 - h(p)$ und tritt mit der Wahrscheinlichkeit $q_1 = 1-q$ auf. Der zweite Komponentenkanal hat die Kanalkapazität $C_2 = 0$ und tritt mit der Wahrscheinlichkeit $q_2 = q$ auf. Die Kanalkapazität des BSEC lautet somit

$$C_{BSEC} = (1-q)\cdot(1-h(p)) + q\cdot 0 = (1-q)\cdot(1-h(p)). \tag{3.37}$$

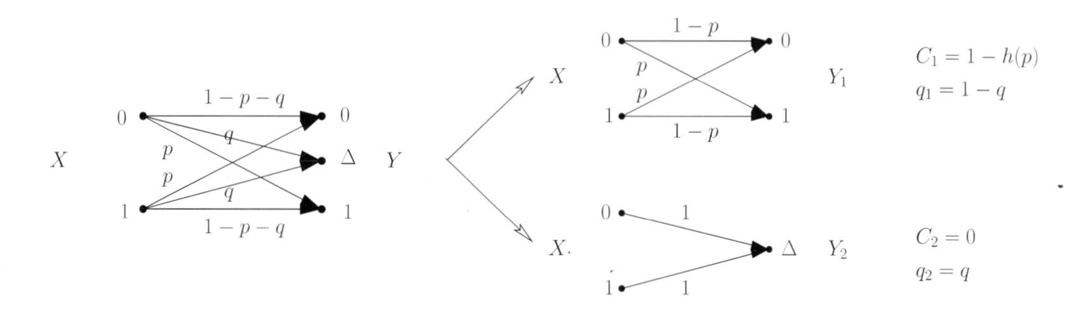

Bild 3.17: Binärer symmetrischer Auslöschungskanal (BSEC)

Das BSEC-Kanalmodell modelliert beispielsweise einen Demodulator, der meist richtig entscheidet (mit der Wahrscheinlichkeit $1-p-q$), manchmal fehlerhaft entscheidet (mit der Wahrscheinlichkeit p) und hin und wieder keine Entscheidung treffen möchte (mit der Wahrscheinlichkeit q), weil der Empfangswert zu nahe an der Entscheidungsschwelle liegt. ◊

3.1.8.5 Verkettete Kanäle

Gegeben seien zwei verkettete Kanäle gemäß Bild 3.18. Die Kanalkapazität der beiden gedächtnisfreien zeitdiskreten Teilkanäle sei $C_1 = \max_{p_X(x)} I(X;Y)$ und $C_2 = \max_{p_Y(y)} I(Y;Z)$. Gesucht ist die Gesamtkapazität $C = \max_{p_X(x)} I(X;Z)$. Leider ist keine allgemein gültige geschlossene Formel für C als Funktion von C_1 und C_2 bekannt. Aus dem Hauptsatz der Datenverarbeitung, Gleichung (1.68), folgt allerdings unmittelbar, dass

$$C \leq C_1 \qquad \text{und} \qquad C \leq C_2. \tag{3.38}$$

Die Gesamtkapazität C ist somit kleiner gleich der Kapazität der Teilkanäle.

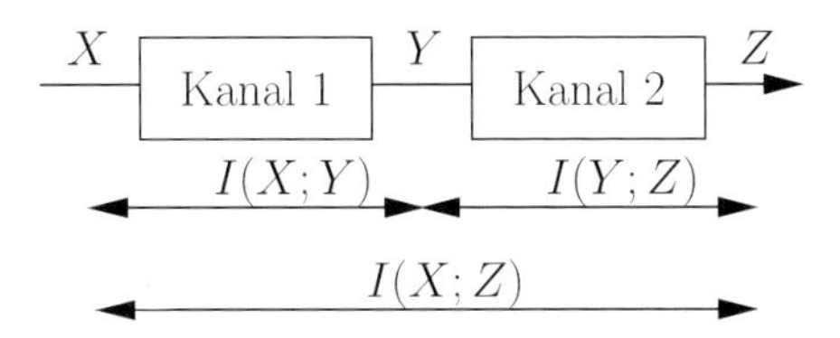

Bild 3.18: Verkettete Kanäle

Um die Gesamtkapazität C explizit zu berechnen, müssen die Übergangswahrscheinlichkeiten zwischen allen möglichen Eingangssymbolen und allen möglichen Ausgangssymbolen berechnet werden. Dies sei am folgenden Beispiel illustriert:

Beispiel 3.1.15 (Kanalverkettung) Kanal 1 sei ein BSC mit Fehlerwahrscheinlichkeit p, Kanal 2 ein BEC mit Auslöschungswahrscheinlichkeit q. Aus Bild 3.19 ist zu erkennen, dass der Gesamtkanal ein BSEC mit den Übergangswahrscheinlichkeiten $p_1 = (1-p)\cdot(1-q)$, $p_2 = (1-p)\cdot q + p \cdot q = q$ und $p_3 = p\cdot(1-q)$ ist. Die gesuchte Gesamtkapazität ergibt sich somit zu $C = (1-p_2)\cdot(1-h(p_3)) = (1-q)\cdot(1-h(p(1-q)))$. $\diamond$

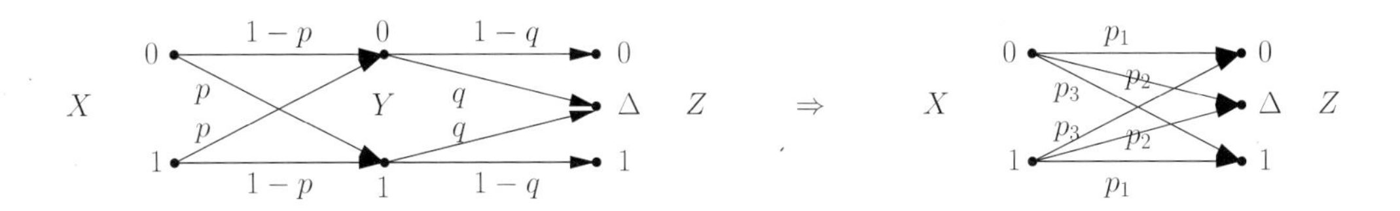

Bild 3.19: Verkettung von BSC und BEC

Eine andere Situation liegt vor, wenn zwischen erstem Teilkanal und zweitem Teilkanal ein Decodierer gefolgt von einem Codierer geschaltet wird. Der Decodierer ist in der Lage, alle Fehler des ersten Teilkanals zu beseitigen, solange die Übertragungsrate kleiner gleich C_1 ist. Der nachfolgende Codierer passt die Übertragung an den zweiten Teilkanal an. Ist die zugehörige Übertragungsrate kleiner gleich C_2, so kann quasi-fehlerfrei über den zweiten Teilkanal übertragen werden. Insgesamt kann somit die Kanalkapazität des Gesamtkanals wie folgt exakt angegeben werden:

$$C = \min\{C_1, C_2\}. \tag{3.39}$$

3.1.9 Bhattacharyya-Schranke

Die in Abschnitt 3.1.2 erfolgte exakte Berechnung der Wortfehlerwahrscheinlichkeit erweist sich als sehr aufwändig, weil L^n Terme zu addieren sind, wobei Decodierbereiche beachtet werden müssen. Für typische Blockcodes ($n \approx 100 \ldots 1000$) wäre dies nicht praktikabel. Dies motiviert uns, im Folgenden zwei obere *Schranken* für die Wortfehlerwahrscheinlichkeit herzuleiten.

Es bezeichnet $\mathbf{u}_i$ das i-te Infowort und $\mathbf{x}_i$ das zugehörige Codewort, $i \in \{1, 2, \ldots, 2^k\}$. Wir definieren den *Decodierbereich* gemäß

$$\mathscr{D}_i := \{\mathbf{y} : \hat{\mathbf{u}}(\mathbf{y}) = \mathbf{u}_i\} = \{\mathbf{y} : \hat{\mathbf{x}}(\mathbf{y}) = \mathbf{x}_i\}, \qquad i \in \{1, 2, \ldots, 2^k\}. \tag{3.40}$$

Ferner definieren wir die *bedingte Wortfehlerwahrscheinlichkeit*

$$P_{w|i} := P(\hat{\mathbf{u}} \neq \mathbf{u}_i \mid \mathbf{u}_i \text{ gesendet}) = P(\hat{\mathbf{x}} \neq \mathbf{x}_i \mid \mathbf{x}_i \text{ gesendet}). \tag{3.41}$$

Weil $p_{\mathbf{U}}(\mathbf{u}_i) = p_{\mathbf{X}}(\mathbf{x}_i)$, gilt somit für die Wortfehlerwahrscheinlichkeit

$$P_w = \sum_{i=1}^{2^k} p_{\mathbf{X}}(\mathbf{x}_i)\, P_{w|i}, \qquad k = nR, \tag{3.42}$$

wobei die Erwartungswertbildung für einen gegebenen Blockcode über alle 2^k Infowörter erfolgt.

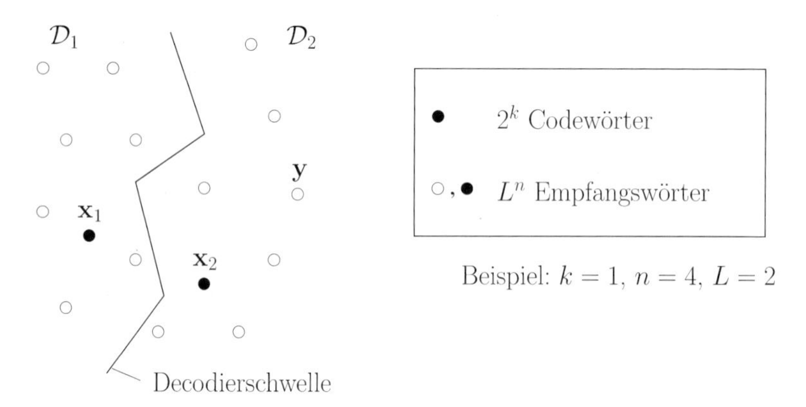

Bild 3.20: Zur Verdeutlichung der Decodierbereiche $\mathscr{D}_1$ und $\mathscr{D}_2$ für zwei Codewörter

Aus den beiden Definitionen folgt

$$P_{w|i} = P(\mathbf{y} \notin \mathscr{D}_i \mid \mathbf{u}_i \text{ gesendet}) = P(\mathbf{y} \notin \mathscr{D}_i \mid \mathbf{x}_i \text{ gesendet}). \tag{3.43}$$

Dies ist äquivalent zu

$$P_{w|i} = \sum_{\mathbf{y} \notin \mathscr{D}_i} p_{\mathbf{Y}|\mathbf{X}}(\mathbf{y}|\mathbf{x}_i). \tag{3.44}$$

Beispiel 3.1.16 (Blockcode mit nur zwei Codewörtern) Bei einem Blockcode mit nur zwei Codewörtern ($k = 1$) gilt

$$P_{w|1} = \sum_{\mathbf{y} \in \mathscr{D}_2} p_{\mathbf{Y}|\mathbf{X}}(\mathbf{y}|\mathbf{x}_1). \tag{3.45}$$

Im Falle der ML-Decodierung erhalten wir eine obere Schranke, indem jeder Term der Summe mit $\sqrt{p_{\mathbf{Y}|\mathbf{X}}(\mathbf{y}|\mathbf{x}_2)/p_{\mathbf{Y}|\mathbf{X}}(\mathbf{y}|\mathbf{x}_1)}$ multipliziert wird, weil die Quadratwurzel ≥ 1 ist falls $\mathbf{y} \in \mathscr{D}_2$ und ≤ 1 sonst:

$$P_{w|1} \leq \sum_{\mathbf{y}\in\mathscr{D}_2} p_{\mathbf{Y}|\mathbf{X}}(\mathbf{y}|\mathbf{x}_1) \cdot \sqrt{p_{\mathbf{Y}|\mathbf{X}}(\mathbf{y}|\mathbf{x}_2)/p_{\mathbf{Y}|\mathbf{X}}(\mathbf{y}|\mathbf{x}_1)} = \sum_{\mathbf{y}\in\mathscr{D}_2} \sqrt{p_{\mathbf{Y}|\mathbf{X}}(\mathbf{y}|\mathbf{x}_1)\, p_{\mathbf{Y}|\mathbf{X}}(\mathbf{y}|\mathbf{x}_2)}. \tag{3.46}$$

Die Abschätzung ist relativ gut, weil ein ML-Decodierer an der Grenze zwischen $\mathscr{D}_1$ und $\mathscr{D}_2$ am wahrscheinlichsten falsche Entscheidungen trifft: Für dieses Gebiet ist die Quadratwurzel nahe bei eins.

Die rechte Seite kann weiter abgeschätzt werden, wenn über alle Empfangsworte $\mathbf{y}$ summiert wird:

$$P_{w|1} \leq \sum_{\mathbf{y}} \sqrt{p_{\mathbf{Y}|\mathbf{X}}(\mathbf{y}|\mathbf{x}_1)\, p_{\mathbf{Y}|\mathbf{X}}(\mathbf{y}|\mathbf{x}_2)}. \tag{3.47}$$

Dies bedeutet eine entscheidende Aufwandsreduktion, da keine Decodierbereiche berechnet werden müssen. Entsprechend erhält man

$$P_{w|2} \leq \sum_{\mathbf{y}} \sqrt{p_{\mathbf{Y}|\mathbf{X}}(\mathbf{y}|\mathbf{x}_1)\, p_{\mathbf{Y}|\mathbf{X}}(\mathbf{y}|\mathbf{x}_2)}. \tag{3.48}$$

Die Schranke für $P_{w|1}$ und $P_{w|2}$ ist identisch. ◊

Eine Verallgemeinerung dieser Herleitung auf 2^k Codewörter beweist den folgenden Satz:

Satz 3.1.7 (Bhattacharyya-Schranke) *Für einen gegebenen Blockcode der Länge n mit Codewörtern* $\mathbf{x}_i$, $i \in \{1,2,\ldots,2^k\}$, *die mit beliebigen Wahrscheinlichkeiten* $p_{\mathbf{X}}(\mathbf{x}_i)$ *über einen beliebigen diskreten Kanal gesendet werden, kann die bedingte Wortfehlerwahrscheinlichkeit bei ML-Decodierung durch folgende obere Schranke abgeschätzt werden:*

$$P_{w|i} \leq \sum_{\mathbf{y}} \sqrt{p_{\mathbf{Y}|\mathbf{X}}(\mathbf{y}|\mathbf{x}_i)} \left(\sum_{\iota=1;\iota\neq i}^{2^k} \sqrt{p_{\mathbf{Y}|\mathbf{X}}(\mathbf{y}|\mathbf{x}_\iota)} \right). \tag{3.49}$$

Ein Spezialfall dieses Satzes lautet wie folgt:

Satz 3.1.8 (Bhattacharyya-Schranke für DMC) *Für einen gegebenen Blockcode der Länge n mit Codewörtern* $\mathbf{x}_i$, $i \in \{1,2,\ldots,2^k\}$, *die mit beliebigen Wahrscheinlichkeiten* $p_{\mathbf{X}}(\mathbf{x}_i)$ *über einen diskreten gedächtnisfreien Kanal gesendet werden, kann die bedingte Wortfehlerwahrscheinlichkeit bei ML-Decodierung durch folgende obere Schranke abgeschätzt werden:*

$$P_{w|i} \leq \sum_{\iota=1;\iota\neq i}^{2^k} \prod_{j=1}^{n} \sum_{y} \sqrt{p_{Y|X}(y|x_{ij})\, p_{Y|X}(y|x_{\iota j})}. \tag{3.50}$$

Die Bhattacharyya-Schranke ist vom Index i und damit auch von den a priori Wahrscheinlichkeiten $p_{\mathbf{X}}(\mathbf{x}_i)$ abhängig. Die Wortfehlerwahrscheinlichkeit $P_w = \sum_{i=1}^{2^k} p_{\mathbf{X}}(\mathbf{x}_i)\, P_{w|i}$ kann aber durch $P_w \leq \max_i P_{w|i}$ abgeschätzt werden. Die Bhattacharyya-Schranke ist für Blockcodes mit vielen Codewörtern im Allgemeinen nicht gut, da über viele Decodierbereiche addiert wird. Die im Folgenden hergeleitete Gallager-Schranke ist exakter.

3.1.10 Gallager-Schranke

Wie in (3.44) gezeigt, gilt

$$P_{w|i} = \sum_{\mathbf{y} \notin \mathscr{D}_i} p_{\mathbf{Y}|\mathbf{X}}(\mathbf{y}|\mathbf{x}_i), \tag{3.51}$$

und für ML-Decodierung gilt

$$\mathbf{y} \notin \mathscr{D}_i \Rightarrow p_{\mathbf{Y}|\mathbf{X}}(\mathbf{y}|\mathbf{x}_j) \geq p_{\mathbf{Y}|\mathbf{X}}(\mathbf{y}|\mathbf{x}_i) \qquad \text{für ein beliebiges } j \neq i. \tag{3.52}$$

Es seien ρ und s reelle Zahlen mit $0 \leq \rho \leq 1$ und $0 \leq s \leq 1$. Folglich gilt

$$\mathbf{y} \notin \mathscr{D}_i \Rightarrow \left(\sum_{j=1;j\neq i}^{2^k} \left(\frac{p_{\mathbf{Y}|\mathbf{X}}(\mathbf{y}|\mathbf{x}_j)}{p_{\mathbf{Y}|\mathbf{X}}(\mathbf{y}|\mathbf{x}_i)} \right)^s \right)^\rho \geq 1. \tag{3.53}$$

Wir multiplizieren nun jeden Term in (3.51) mit der linken Seite der Ungleichung (3.53) und erhalten

$$P_{w|i} \leq \sum_{\mathbf{y} \notin \mathscr{D}_i} \left(p_{\mathbf{Y}|\mathbf{X}}(\mathbf{y}|\mathbf{x}_i)\right)^{1-s\rho} \left(\sum_{j=1;j\neq i}^{2^k} \left(p_{\mathbf{Y}|\mathbf{X}}(\mathbf{y}|\mathbf{x}_j)\right)^s \right)^\rho. \tag{3.54}$$

Durch die von Gallager eingeführten Modifizierungen mit ρ und s wird die Bhattacharyya-Schranke verbessert. Wie Gallager wählen wir

$$s = \frac{1}{1+\rho} \qquad 0 \leq \rho \leq 1, \tag{3.55}$$

summieren über alle Empfangsworte $\mathbf{y}$ und erhalten schließlich:

Satz 3.1.9 (Gallager-Schranke) *Für einen gegebenen Blockcode der Länge n mit Codewörtern $\mathbf{x}_i$, $i \in \{1,2,\ldots,2^k\}$, die mit beliebigen Wahrscheinlichkeiten $p_{\mathbf{X}}(\mathbf{x}_i)$ über einen beliebigen diskreten Kanal gesendet werden, kann die bedingte Wortfehlerwahrscheinlichkeit bei ML-Decodierung durch folgende obere Schranke abgeschätzt werden:*

$$P_{w|i} \leq \sum_{\mathbf{y}} \left(p_{\mathbf{Y}|\mathbf{X}}(\mathbf{y}|\mathbf{x}_i)\right)^{\frac{1}{1+\rho}} \left(\sum_{\iota=1;\iota\neq i}^{2^k} \left(p_{\mathbf{Y}|\mathbf{X}}(\mathbf{y}|\mathbf{x}_\iota)\right)^{\frac{1}{1+\rho}} \right)^\rho, \qquad 0 \leq \rho \leq 1. \tag{3.56}$$

Ein Spezialfall dieses Satzes lautet wie folgt:

Satz 3.1.10 (Gallager-Schranke für DMC) *Für einen gegebenen Blockcode der Länge n mit Codewörtern $\mathbf{x}_i$, $i \in \{1,2,\ldots,2^k\}$, die mit beliebigen Wahrscheinlichkeiten $p_{\mathbf{X}}(\mathbf{x}_i)$ über einen diskreten gedächtnisfreien Kanal (DMC) gesendet werden, kann die bedingte Wortfehlerwahrscheinlichkeit bei ML-Decodierung durch folgende obere Schranke abgeschätzt werden:*

$$P_{w|i} \leq \prod_{j=1}^{n} \sum_{y} \left(p_{Y|X}(y|x_{ij})\right)^{\frac{1}{1+\rho}} \left(\sum_{\iota=1;\iota\neq i}^{2^k} \left(p_{Y|X}(y|x_{\iota j})\right)^{\frac{1}{1+\rho}} \right)^\rho, \qquad 0 \leq \rho \leq 1. \tag{3.57}$$

Für $\rho = 1$ geht die Gallager-Schranke in die Bhattacharyya-Schranke über. Für $\rho < 1$ ist die Gallager-Schranke enger als die Bhattacharyya-Schranke.

3.1.11 Gallager-Schranke für Zufallscodierung

Eine Berechnung der Bhattacharyya-Schranke oder der Gallager-Schranke ist für praktische Blockcodes immer noch zu komplex. Wie Shannon erkannte, ist es einfacher, Grenzen für die *mittlere Wortfehlerwahrscheinlichkeit* zu finden, wobei die Mittelung über ein Ensemble von Blockcodes durchzuführen ist.

Satz 3.1.11 *(ohne Beweis) Für zufällige Blockcodes der Länge n mit Codewörtern* $\mathbf{x}_i$, $i \in \{1,2,\ldots,2^k\}$, *die mit beliebigen Wahrscheinlichkeiten* $p_{\mathbf{X}}(\mathbf{x}_i)$ *über einen beliebigen diskreten Kanal gesendet werden, kann die mittlere Wortfehlerwahrscheinlichkeit* $\overline{P_w}$ *bei ML-Decodierung durch folgende obere Schranke abgeschätzt werden:*

$$\overline{P_w} \leq (2^k-1)^{\rho} \sum_{\mathbf{y}} \left(\sum_{\mathbf{x}} \left(p_{\mathbf{Y}|\mathbf{X}}(\mathbf{y}|\mathbf{x})\right)^{\frac{1}{1+\rho}} p_{\mathbf{X}}(\mathbf{x}) \right)^{1+\rho}, \qquad 0 \leq \rho \leq 1, \tag{3.58}$$

wobei die Mittelung über eine große Anzahl von zufällig gewählten Blockcodes zu bestimmen ist.

„Zufällig“ bedeutet hier, dass die Codewörter unabhängig gemäß einer gemeinsamen Wahrscheinlichkeitsfunktion $p_{\mathbf{X}}(\mathbf{x})$ gewählt werden. Für unabhängige Codesymbole mit derselben Wahrscheinlichkeitsfunktion $p_X(x)$, d. h.

$$p_{\mathbf{X}}(\mathbf{x}) = \prod_{j=1}^{n} p_X(x) \tag{3.59}$$

und für den Spezialfall des DMC folgt

$$\overline{P_w} \leq (2^k-1)^{\rho} \left(\sum_{y} \left(\sum_{x} \left(p_{Y|X}(y|x)\right)^{\frac{1}{1+\rho}} p_X(x) \right)^{1+\rho} \right)^{n}, \qquad 0 \leq \rho \leq 1. \tag{3.60}$$

Man definiert die sog. *Gallager-Funktion* zu

$$E_0(\rho, p_X) := -\log_2 \sum_{y} \left(\sum_{x} \left(p_{Y|X}(y|x)\right)^{\frac{1}{1+\rho}} p_X(x) \right)^{1+\rho}, \qquad 0 \leq \rho \leq 1 \tag{3.61}$$

und erhält

$$\overline{P_w} \leq (2^k-1)^{\rho} 2^{-nE_0(\rho, p_X)}, \qquad 0 \leq \rho \leq 1. \tag{3.62}$$

Mit $2^k - 1 < 2^k$ und $k = nR$ folgt vereinfachend

$$\overline{P_w} < 2^{-n(E_0(\rho, p_X) - \rho R)}, \qquad 0 \leq \rho \leq 1. \tag{3.63}$$

Dies beweist folgenden wichtigen Satz:

Satz 3.1.12 (Gallager-Schranke für Zufallscodierung) *Betrachte ein Ensemble von Blockcodes mit* $2^k = 2^{nR}$ *Codewörtern* $\mathbf{x}$ *der Länge n, wobei die Codewörter und die Codesymbole* x_i,

$i \in \{1,2,\ldots n\}$, jeweils statistisch unabhängig sind. Die Codesymbole seien gemäß einer gegebenen Wahrscheinlichkeitsverteilung $p_X(x)$ über dem Eingangsalphabet eines DMC verteilt. Der Mittelwert der Wortfehlerwahrscheinlichkeit kann bei einer ML-Decodierung durch

$$\overline{P_w} < 2^{-nE_G(R)} \tag{3.64}$$

abgeschätzt werden, wobei

$$E_G(R) := \max_{p_X(x)} \max_{0 \leq \rho \leq 1} \left(E_0(\rho, p_X(x)) - \rho R\right) \tag{3.65}$$

der sog. Gallager-Exponent *ist.*

Den Gallager-Exponenten an der Stelle null,

$$E_G(0) = \max_{p_X(x)} E_0(1, p_X(x)) := R_0, \tag{3.66}$$

nennt man *Cutoff-Rate* bzw. *R_0-Kriterium*. Der typische Verlauf des Gallager-Exponenten ist in Bild 3.21 illustriert. Da das Argument $E_0(\rho, p_X(x)) - \rho R$ in (3.65) eine Geradengleichung bzgl. R darstellt, ist der Gallager-Exponent $E_G(R)$ die Tangente aller möglichen Geradengleichungen. Man beachte, dass $E_G(R)$ für $R < C$ positiv ist.

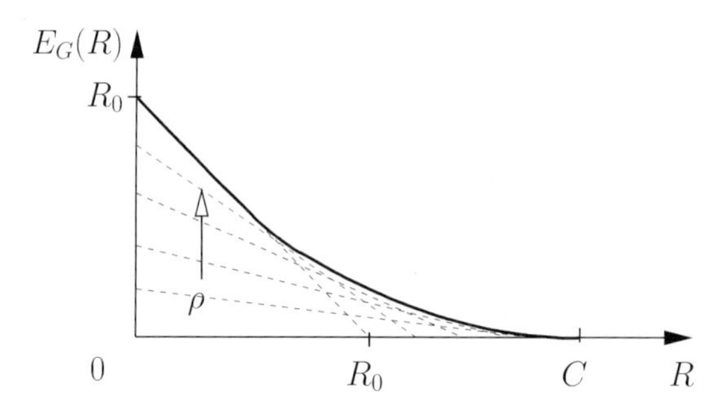

Bild 3.21: Typischer Verlauf des Gallager-Exponenten

Da der Gallager-Exponent $E_G(R)$ für eine feste Übertragungsrate $R < C$ positiv ist, geht die mittlere Wortfehlerwahrscheinlichkeit $\overline{P_w}$ exponentiell mit der Codewortlänge n gegen null. Es muss somit mindestens ein Blockcode mit der Codewortlänge $n \to \infty$ existieren, dessen Wortfehlerwahrscheinlichkeit kleiner als die mittlere Wortfehlerwahrscheinlichkeit von Zufallscodes gleicher Codewortlänge ist, welcher eine quasi-fehlerfreie Übertragung ermöglicht. Folglich beweist die Gallager-Schranke für Zufallscodierung Shannons Kanalcodiertheorem im Sinne eines Existenzbeweises.

$E_G(R_0)$ ist immer noch groß genug, so dass die mittlere Wortfehlerwahrscheinlichkeit $\overline{P_w}$ für $n = 100\ldots1000$ sehr klein ist. R_0 wurde deshalb früher als „praktische Schranke“ angesehen. Heutzutage sind Kanalcodes bekannt (Turbo-Codes und LDPC-Codes), die auch bei Raten zwischen R_0 und C quasi-fehlerfrei arbeiten, allerdings nur für $n > 1000$.

3.2 Wertkontinuierliche Kanalmodelle

Bei den bislang betrachteten (zeit- und) wertdiskreten Kanalmodellen sind die Kanaleingangs- *und* Kanalausgangssymbole über einem endlichen Alphabet definiert. Das (zeit- und) wertdiskrete Kanalmodell kann statistisch vollständig durch die Verbundwahrscheinlichkeitsfunktion $p_{\mathbf{Y}|\mathbf{X}}(\mathbf{y}|\mathbf{x})$ modelliert werden.

Oft hat man jedoch die Situation, dass der physikalische Kanal einen wertkontinuierlichen Zufallsprozess (wie z. B. Rauschen) erzeugt und der Demodulator zeitdiskrete, wertkontinuierliche Zufallsvariablen ausgibt. Diese Situation kann durch ein *wertkontinuierliches Kanalmodell* beschrieben werden. Eine wertkontinuierliche Kanalmodellierung ist ebenfalls notwendig, wenn die Kanaleingangswerte wertkontinuierlich sind. Ein wertkontinuierliches Kanalmodell kann wie folgt definiert werden:

Definition 3.2.1 (Wertkontinuierliches Kanalmodell) *Es sei* $\mathbf{x}$ *eine Sequenz von zeitdiskreten, wertdiskreten oder wertkontinuierlichen Kanaleingangswerten und* $\mathbf{y}$ *die zugehörige Sequenz von zeitdiskreten, wertkontinuierlichen Kanalausgangswerten nach dem Demodulator. Ein Kanalmodell wird kontinuierlich genannt, wenn es sich statistisch vollständig durch die bedingte Verbundwahrscheinlichkeitsdichtefunktion* $p_{\mathbf{Y}|\mathbf{X}}(\mathbf{y}|\mathbf{x})$ *beschreiben lässt.*

Im Unterschied zum wertdiskreten Kanalmodell (3.1.2) tritt die Wahrscheinlichkeits*dichte*funktion an die Stelle der Wahrscheinlichkeitsfunktion. Das wertkontinuierliche Kanalmodell kann gedächtnisfrei oder gedächtnisbehaftet sein. Wir nehmen erneut an, dass die Sequenzen $\mathbf{x}$ und $\mathbf{y}$ die gleiche Länge n haben.

Unser Ziel wird nun sein, auch für wertkontinuierliche Kanalmodelle die Kanalkapazität zu definieren und zu berechnen. Dazu müssen Größen wie Entropie und wechselseitige Information für kontinuierliche Zufallsvariablen (man spricht auch von stetigen Zufallsvariablen, siehe Anhang A) definiert werden.

3.2.1 Differentielle Entropie

Für die binäre Repräsentation reeller Zahlen werden unendlich viele Bits benötigt, d. h. die Eigeninformation und somit die Entropie sind unendlich groß. Dennoch definiert man folgenden Begriff:

Definition 3.2.2 (Differentielle Entropie) *Es sei* X *eine stetige Zufallsvariable mit der Wahrscheinlichkeitsdichtefunktion* $p_X(x)$. *Man nennt*

$$H(X) := -\int_{-\infty}^{\infty} p_X(x) \log_b p_X(x)\, dx \tag{3.67}$$

die differentielle Entropie *von* X.

Die Basis b des Logarithmus ist wie bei (wert-)diskreten Zufallsvariablen beliebig wählbar und wird deshalb im Folgenden weggelassen, solange keine Zahlenwerte genannt werden.

Im Unterschied zur Entropie einer (wert-)diskreten Zufallsvariable X hat die differentielle Entropie keine grundlegende Bedeutung und kann *nicht* als Unsicherheit einer Zufallsvariablen gedeutet werden. Insbesondere muss $H(X)$ nicht notwendigerweise größer gleich null sein. Eine differentielle Entropie kann somit nicht mehr als „Fläche" in einem Venn-Diagramm dargestellt werden.

Beispiel 3.2.1 (Gauß-Verteilung, Normalverteilung) Es sei X eine gaußverteilte Zufallsvariable mit Mittelwert μ und Varianz σ^2, d. h. die Wahrscheinlichkeitsdichtefunktion lautet

$$p_X(x) = \frac{1}{\sqrt{2\pi\sigma^2}} e^{-\frac{(x-\mu)^2}{2\sigma^2}}. \tag{3.68}$$

Eine Normalverteilung mit Mittelwert $\mu = 0$ und Varianz $\sigma^2 = 1$ wird Standardnormalverteilung genannt. Die differentielle Entropie von X ergibt sich zu

$$H(X) = \frac{1}{2} \log_2(2\pi e\sigma^2) \text{ bit.} \tag{3.69}$$

In Abhängigkeit von σ^2 kann $H(X)$ positiv, gleich null oder negativ sein. ◊

Die Gauß-Verteilung maximiert die differentielle Entropie über der Menge aller Wahrscheinlichkeitsdichtefunktionen mit gegebenem Mittelwert μ und gegebener Varianz σ^2. Von allen stetigen Zufallsvariablen mit festem Mittelwert und fester Varianz hat die Gauß'sche Zufallsvariable die größte differentielle Entropie.

Beispiel 3.2.2 (Gleichverteilung) Eine gleichverteilte stetige Zufallsvariable X mit Varianz σ^2 besitzt die differentielle Entropie

$$H(X) = 1 + \frac{1}{2} \log_2(3\sigma^2) \text{ bit.} \tag{3.70}$$

In Abhängigkeit von σ^2 kann $H(X)$ ebenfalls positiv, gleich null oder negativ sein. ◊

Beispiel 3.2.3 (Shaping-Gewinn) In der digitalen Übertragungstechnik ist man bestrebt, die mittlere Signalleistung bei gegebener Dienstgüte zu minimieren. Dies kann dadurch geschehen, dass ein normalverteiltes Sendesignal verwendet wird. Den Unterschied zwischen der benötigten mittleren Sendeleistung für ein gleichverteiltes Sendesignal und ein normalverteiltes Sendesignal bei gleicher differentieller Entropie bezeichnet man als *ultimativen Shaping-Gewinn* („ultimate shaping gain"). Er ist eine reine Signaleigenschaft.

Der ultimative Shaping-Gewinn berechnet sich wie folgt: Es sei X eine normalverteilte Zufallsvariable mit differentieller Entropie $H(X) = \frac{1}{2}\log_2(2\pi e\sigma_x^2)$ und Y eine gleichverteilte stetige Zufallsvariable mit differentieller Entropie $H(Y) = 1 + \frac{1}{2}\log_2(3\sigma_y^2)$. Für $H(X) \stackrel{!}{=} H(Y)$ folgt

$$10\log_{10}(\sigma_y^2) = 10\log_{10}(\sigma_x^2) + 10\log_{10}(\pi e/6). \tag{3.71}$$

Der ultimative Shaping-Gewinn beträgt somit $10\log_{10}(\pi e/6)$ dB $= 1.5329$ dB. ◊

Analog zur differentiellen Entropie ist die *bedingte differentielle Entropie* gemäß

$$H(X|Y) := -\int_{-\infty}^{\infty}\int_{-\infty}^{\infty} p_{XY}(x,y) \log p_{X|Y}(x|y)\, dx\, dy \tag{3.72}$$

definiert, wobei X und Y stetige Zufallsvariablen sind.

3.2.2 Wechselseitige Information

Definition 3.2.3 (Wechselseitige Information) *Die* wechselseitige Information *zwischen zwei stetigen Zufallsvariablen X und Y ist gemäß*

$$I(X;Y) := \int_{-\infty}^{\infty}\int_{-\infty}^{\infty} p_{XY}(x,y) \log \frac{p_{X|Y}(x|y)}{p_X(x)}\, dx\, dy = \int_{-\infty}^{\infty}\int_{-\infty}^{\infty} p_{XY}(x,y) \log \frac{p_{XY}(x,y)}{p_X(x)p_Y(y)}\, dx\, dy \tag{3.73}$$

definiert.

Wie bei (wert-)diskreten Zufallsvariablen gilt

$$I(X;Y) = H(X) - H(X|Y) \geq 0, \tag{3.74}$$

es gilt im allgemeinen jedoch *nicht* mehr, dass

$$I(X;Y) \leq H(X). \tag{3.75}$$

Satz 3.2.1 *Es sei $Y = X + Z$, wobei X und Z statistisch unabhängige, gaußverteilte Zufallsvariablen mit Varianz S bzw. N sind. X und/oder Z seien mittelwertfrei. Dann gilt*

$$I(X;Y) = \frac{1}{2}\log\left(1 + \frac{S}{N}\right). \tag{3.76}$$

Beweis 3.2.1 Weil X und Z gaußverteilt sind, ist auch $Y = X + Z$ gaußverteilt. Da X und Z statistisch unabhängig sind sowie X und/oder Z mittelwertfrei sind, addieren sich deren Varianzen:

$$\begin{aligned}
\sigma_y^2 &= E\{(y-\mu_y)^2\} = E\{((x-\mu_x)+(z-\mu_z))^2\} \\
&= E\{(x-\mu_x)^2\} + E\{(z-\mu_z)^2\} + E\{2(x-\mu_x)\cdot(z-\mu_z)\} \\
&= \sigma_x^2 + \sigma_z^2 + E\{2(x-\mu_x)\cdot(z-\mu_z)\}.
\end{aligned} \tag{3.77}$$

Der letzte Term ist gleich null, falls $\mu_x = 0$ und/oder $\mu_z = 0$. In diesem Fall gilt $\sigma_y^2 = \sigma_x^2 + \sigma_z^2 = S + N$. Y ist folglich gaußverteilt mit Varianz $S + N$. Mit $I(X;Y) = H(X) - H(X|Y) = H(Y) - H(Y|X) = H(Y) - H(Z)$ und dem Ergebnis aus obigem Beispiel folgt

$$I(X;Y) = \frac{1}{2}\log(2\pi e(S+N)) - \frac{1}{2}\log(2\pi e N) = \frac{1}{2}\log\left(1 + \frac{S}{N}\right). \tag{3.78}$$

□

3.2.3 Zeitdiskreter Gauß-Kanal

Definition 3.2.4 (Zeitdiskreter Gauß-Kanal) *Es seien X, Y und Z zeitdiskrete, stetige Zufallsvariablen mit $Y = X + Z$. Ein (reeller)* zeitdiskreter gedächtnisfreier Gauß-Kanal *ist durch die bedingte Wahrscheinlichkeitsfunktion*

$$p(y|x) = \frac{1}{\sqrt{2\pi\sigma_z^2}} e^{-\frac{(y-x)^2}{2\sigma_z^2}} \tag{3.79}$$

definiert. Die (Kanal-)Eingangswerte x genügen der Wahrscheinlichkeitsdichtefunktion $p_X(x)$. Die Rauschwerte z sind gaußverteilt mit Mittelwert $\mu_z = 0$ und Varianz $\sigma_z^2 = N$. Die zugehörigen (Kanal-)Ausgangswerte werden mit y bezeichnet. Die mittlere Leistung der Eingangswerte *sei auf P begrenzt:*

$$E\{X^2\} = \int_{-\infty}^{\infty} x^2 p_X(x)\, dx \leq P. \tag{3.80}$$

Die Rauschwerte z seien voneinander statistisch unabhängig. Ferner seien die Rauschwerte z statistisch unabhängig von den Eingangswerten x.

Der Gauß-Kanal wird oft AWGN-Kanal genannt (AWGN: „Additive White Gaussian Noise"). Beim Gauß-Kanal entspricht die Varianz N der *mittleren Rauschleistung*, weil die Rauschwerte mittelwertfrei sind: $N = \sigma_z^2 = E\{(z-\mu_z)^2\} = E\{z^2\}$.

Nach diesen einführenden Definitionen gelingt es nun, die Kanalkapazität für gedächtnisfreie, wertkontinuierliche Kanalmodelle zu definieren [C. E. Shannon, 1948]:

Definition 3.2.5 (Kanalkapazität) *Die Kanalkapazität eines reellen, zeitdiskreten, gedächtnisfreien Kanals mit durch P begrenzter mittlerer Leistung der Eingangswerte ist gemäß*

$$C := \max_{p_X(x):E\{X^2\}\leq P} I(X;Y) \tag{3.81}$$

definiert.

Wird bei der Berechnung von $I(X;Y)$ der Logarithmus Dualis verwendet ($b = 2$), so ist die Einheit bit/Kanalbenutzung, für den natürlichen Logarithmus ($b = e$) ist die Einheit nat/Kanalbenutzung. Man beachte, dass über alle möglichen Wahrscheinlichkeits*dichte*funktionen $p_X(x)$ der Eingangswerte zu maximieren ist, unter der Randbedingung der angenommenen Leistungsbegrenzung.

Satz 3.2.2 (Kanalkapazität des Gauß-Kanals) *Die Kanalkapazität eines reellen, zeitdiskreten, gedächtnisfreien Gauß-Kanals mit durch P begrenzter mittlerer Leistung der Eingangswerte und mittlerer Rauschleistung N lautet*

$$C = \frac{1}{2}\log_2\left(1 + \frac{P}{N}\right) \qquad [\textit{bit/Kanalbenutzung}] \tag{3.82}$$

und wird erreicht, falls die Eingangswerte gaußverteilt sind. Das Verhältnis P/N bezeichnet man als Signal/Rauschleistungsverhältnis.

Beweis 3.2.2 Es gilt $I(X;Y) = H(Y) - H(Z)$. Weil $H(Y)$ maximal ist falls Y gaußverteilt ist, muss nur noch eine Wahrscheinlichkeitsdichtefunktion $p_X(x)$ gefunden werden, die zu gaußverteilten Ausgangswerten führt. Da die Summe zweier gaußverteilter Zufallsvariablen erneut gaußverteilt ist, wird $I(X;Y)$ somit maximiert, falls X gaußverteilt mit Varianz P ist. □

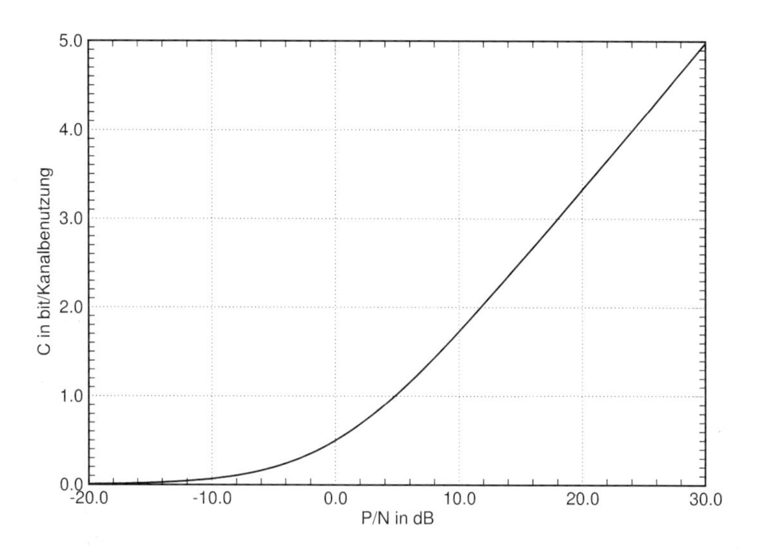

Bild 3.22: Kanalkapazität des zeitdiskreten Gauß-Kanals

Bild 3.22 illustriert die Kanalkapazität des zeitdiskreten Gauß-Kanals mit gaußverteilten Eingangswerten. In der Praxis verwendet man anstelle von gaußverteilten Eingangswerten oft andere Wahrscheinlichkeitsdichten.

Beispiel 3.2.4 (Kanalkapazität des Gauß-Kanals mit binären Eingangswerten) Die Kanalkapazität eines zeitdiskreten, gedächtnisfreien Gauß-Kanals mit binären Eingangswerten $x \in \{\pm\sqrt{P}\}$ berechnet sich wie folgt:

$$\begin{aligned} C = \max_{p_X(x):E\{X^2\}\leq P} I(X;Y) &= \max_{p_X(x)} \sum_{i=1}^{2} \int_{-\infty}^{\infty} p_{XY}(x_i,y) \cdot \log_2 \frac{p_{XY}(x_i,y)}{p_X(x_i)p_Y(y)}\, dy \\ &= \max_{p_X(x)} \sum_{i=1}^{2} \int_{-\infty}^{\infty} p_{Y|X}(y|x_i)\, p_X(x_i) \cdot \log_2 \frac{p_{Y|X}(y|x_i)}{p_Y(y)}\, dy. \end{aligned} \tag{3.83}$$

Aus Symmetriegründen wird das Maximum für $p_X(x_i) = 1/2\ \forall i$ angenommen, folglich gilt

$$C = \frac{1}{2} \sum_{i=1}^{2} \int_{-\infty}^{\infty} p_{Y|X}(y|x_i) \cdot \log_2 \frac{p_{Y|X}(y|x_i)}{p_Y(y)}\, dy \qquad \text{[bit/Kanalbenutzung]}, \tag{3.84}$$

wobei $p_{Y|X}(y|x_i) = 1/\sqrt{2\pi\sigma^2}\, e^{-\frac{(y-x_i)^2}{2\sigma^2}}$, $p_Y(y) = (p_{Y|X}(y|x_1) + p_{Y|X}(y|x_2))/2$, $\sigma^2 = N$, $x_1 = +\sqrt{P}$ und $x_2 = -\sqrt{P}$. Durch Umformung erhält man

$$C = 1 - \int_{-\infty}^{\infty} p_{Y|X}(y|x=+1) \cdot \log_2\left(1 + e^{-2y/\sigma^2}\right)\, dy \qquad \text{[bit/Kanalbenutzung]}. \tag{3.85}$$

Das Integral kann nicht weiter vereinfacht werden. Bild 3.23 zeigt das numerische Ergebnis. Man erkennt, dass für kleine Signal/Rauschleistungsverhältnisse P/N die Kanalkapazität wenig von der Wahrscheinlichkeitsdichtefunktion der Eingangswerte abhängt. In stark verrauschten Übertragungssystemen ist deshalb ein binäres Modulationsverfahren hinreichend. Für große Signal/Rauschleistungsverhältnisse P/N strebt die Kanalkapazität bei binärem Eingangsalphabet gegen eins. Verwendet man ein Eingangsalphabet der Mächtigkeit M, so erreicht die Kanalkapazität für große Signal/Rauschleistungsverhältnisse den Wert $\log_2(M)$. ◊

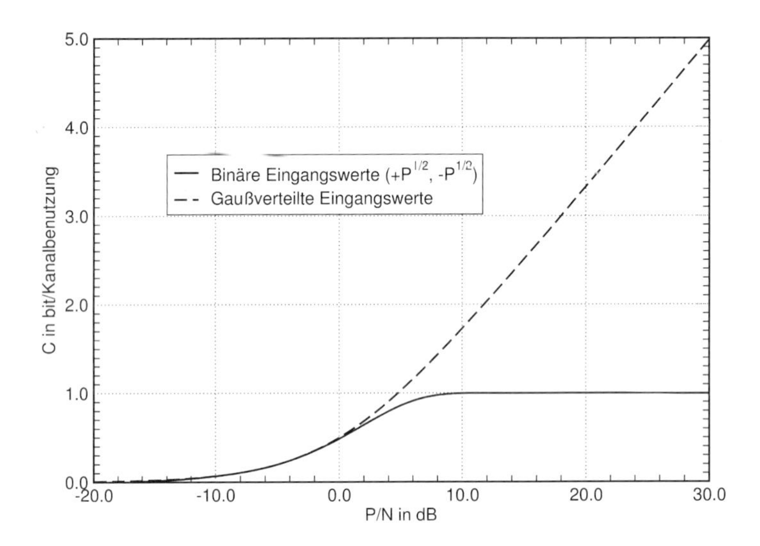

Bild 3.23: Kanalkapazität des zeitdiskreten Gauß-Kanals

Der Gauß-Kanal besitzt interessante Eigenschaften:

- Von allen Kanälen mit gaußverteilten Eingangswerten und additiven Rauschwerten hat der Kanal, dessen Rauschen mittelwertfrei und gaußverteilt ist, bei gleicher mittlerer Rauschleistung N die *niedrigste Kanalkapazität*. Mit anderen Worten: Der Gauß-Kanal ist der denkbar ungünstigste Übertragungskanal aus informationstheoretischer Sicht.

- Von allen möglichen Eingangsverteilungen führen beim zeitdiskreten Gauß-Kanal gaußverteilte Eingangswerte auf die *größte mögliche Kanalkapazität*. Mit anderen Worten: Eine Gauß-Verteilung ist beim Gauß-Kanal die denkbar günstigste Eingangsverteilung aus informationstheoretischer Sicht.

3.2.4 Water-Filling-Prinzip

Betrachtet man mehrere parallele, statistisch unabhängige, zeitdiskrete, gedächtnisfreie Gauß-Kanäle mit unterschiedlichen Varianzen, so stellt sich die Frage, wie die mittlere Gesamtsignalleistung optimal auf die parallelen Kanäle aufgeteilt wird. Die optimale Lösung im Sinne einer Maximierung der Kanalkapazität stellt das sog. *Water-Filling-Prinzip* bereit:

Satz 3.2.3 (Water-Filling-Prinzip) *(ohne Beweis) Gegeben seien n parallele, statistisch unabhängige, reelle, zeitdiskrete, gedächtnisfreie Gauß-Kanäle mit statistisch unabhängigen Rauschwerten der Varianzen N_i, $i \in \{1,2,\ldots,n\}$. Die mittlere Gesamtleistung der Eingangswerte sei auf P begrenzt, d. h. $\sum_{i=1}^{n} E\{X_i^2\} \leq P$. Die Kanalkapazität lautet*

$$C = \sum_{i=1}^{n} \frac{1}{2} \log_2\left(1 + \frac{S_i}{N_i}\right) \quad \left[\frac{bit}{(Gesamt\text{-})\ Kanalbenutzung}\right] \tag{3.86}$$

und wird erreicht, wenn die Eingangswerte statistisch unabhängige, gaußverteilte Zufallsvariablen mit Mittelwert null und Varianz S_i sind, $i \in \{1,2,\ldots,n\}$, wobei die Varianzen S_i folgende Bedingungen erfüllen:

$$\begin{aligned} S_i + N_i &= \Theta \quad \text{für } N_i < \Theta \\ S_i &= 0 \quad \text{für } N_i \geq \Theta \end{aligned} \tag{3.87}$$

und Θ derart gewählt wird, dass $\sum_{i=1}^{n} S_i = P$.

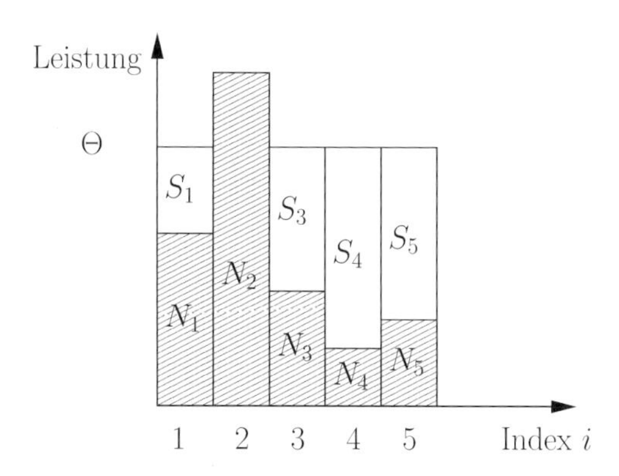

Bild 3.24: Leistungsverteilung nach dem Water-Filling-Prinzip

Die mittlere Gesamtsignalleistung kann als Wassermasse interpretiert werden, die über einem unregelmäßigen Boden aufgestaut wird, der die Rauschleistungen der einzelnen Kanäle repräsentiert, siehe Bild 3.24. Der Wasserpegel ist Θ. Die Rauschleistungen N_i müssen im Sender bekannt sein. Die größte Datenrate kann über den Kanal übertragen werden, dessen Rauschleistung am kleinsten ist. Kanäle, bei denen $N_i \geq \Theta$, werden nicht zur Datenübertragung genutzt. Das Water-Filling-Prinzip findet z. B. in Mehrträgersystemen Anwendung, bei denen die Signal/Rauschleistungsverhältnisse S_i/N_i aller Kanäle i senderseitig bekannt sind.

3.2.5 Bandbegrenzter Gauß-Kanal

Wir verlassen nun zeitdiskrete Übertragungskanäle und widmen uns zeitkontinuierlichen Übertragungskanälen, insbesondere dem bandbegrenzten Gauß-Kanal. Zeitkontinuierliche Übertragungskanäle sind durch *zeitkontinuierliche, stetige Zufallsvariablen* charakterisiert. Mit Hilfe des Abtasttheorems gelingt es, bandbegrenzte Signale ohne Informationsverlust durch Abtastwerte zu repräsentieren und zu rekonstruieren. Wir beschränken uns im Folgenden auf Signale mit einer reellen Signaldimension.

Satz 3.2.4 (Abtasttheorem) *(ohne Beweis) Es sei $x(t) \in \mathbb{R}$*

- *ein bandbegrenztes deterministisches Basisbandsignal und $X(f)$ dessen Spektrum, d. h. $X(f) = 0$ für $|f| > W$*
- *oder ein bandbegrenzter stochastischer Basisbandprozess und $R_{xx}(f)$ dessen Leistungsdichtespektrum (siehe Anhang C), d. h. $R_{xx}(f) = 0$ für $|f| > W$,*

wobei W die einseitige Bandbreite *ist. In beiden Fällen kann $x(t)$ mit der* Nyquist-Shannon-Interpolationsformel *aus äquidistanten Abtastwerten $x[k] := x\left(t = \frac{k}{2W}\right)$ rekonstruiert werden:*

$$x(t) = \sum_{k=-\infty}^{\infty} x[k] \, \frac{\sin \pi(t - k/(2W))}{\pi(t - k/(2W))}, \tag{3.88}$$

wobei mindestens $1/(2W)$ äquidistante Abtastwerte pro Sekunde (sog. Stützstellen) verwendet werden müssen. Die minimale Abtastrate $1/T_{abt} = 2W$ bezeichnet man als Nyquist-Rate.

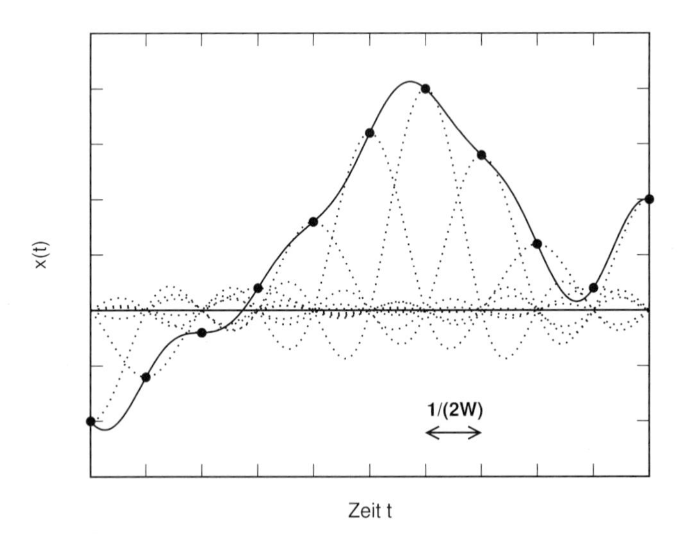

Bild 3.25: Zur Funktionsweise des Abtasttheorems

Bild 3.25 zeigt die Funktionsweise des Abtasttheorems anhand einer bandbegrenzten Musterfunktion $x(t)$. Die Stützstellen $x[k]$ sind durch Punkte markiert. Gemäß dem Abtasttheorem kann für beliebige Zeitpunkte t der zugehörige Wert $x(t)$ exakt berechnet werden.

Beispiel 3.2.5 (Thermisches Rauschen) Das Leistungsdichtespektrum eines Rauschprozesses $z(t) \in \mathbb{R}$, welcher durch eine ideale Tiefpassfilterung (Bandbreite W, Verstärkung eins im Durchlassbereich und null sonst) aus weißem Rauschen hervorgegangen ist, lautet

$$R_{zz}(f) = \begin{cases} N_0/2 & \text{für } |f| \leq W \\ 0 & \text{sonst,} \end{cases} \tag{3.89}$$

wobei N_0 die *einseitige Rauschleistungsdichte* ist. Die *mittlere Rauschleistung* ist somit $N = N_0 W$. Bei thermischem Rauschen ist N_0 proportional zur effektiven Rauschtemperatur, wobei die Proportionalitätskonstante die Boltzmann-Konstante ist. ◇

Definition 3.2.6 (Bandbegrenzter Gauß-Kanal) *Ein bandbegrenzter, zeitkontinuierlicher Kanal mit additivem, gaußverteiltem Rauschen mit rechteckförmigem Leistungsdichtespektrum der einseitigen Bandbreite W und der einseitigen Rauschleistungsdichte N_0 nennt man einen* bandbegrenzten Gauß-Kanal.

Aus der Signaltheorie wissen wir, dass die Abtastwerte eines bandbegrenzten Gauß-Prozesses mit rechteckförmigem Leistungsdichtespektrum *unabhängige*, gaußverteilte Zufallsvariablen der Varianz $\sigma_z^2 = N_0/2$ sind, wenn die Abtastrate $1/T_{abt}$ gleich der Nyquist-Rate $1/(2W)$ ist.

Wir beobachten nun einen reellen bandbegrenzten Gauß-Kanal über ein *Zeitintervall* von T Sekunden. Die abgetasteten Eingangswerte bezeichnen wir mit $x[k] = x(t = k/(2W))$ (wobei $E\{(x[k])^2\} \leq P$) und die abgetasteten Ausgangswerte mit $y[k] = y(t = k/(2W))$. Es liegen somit $n = 2WT$ Abtastwerte für jeden Prozess vor. Der reelle bandbegrenzte Gauß-Kanal ist folglich äquivalent mit $n = 2WT$ parallelen, reellen, zeitdiskreten Gauß-Kanälen. Jeder Komponentenkanal hat eine Kanalkapazität von

$$C_k = \frac{1}{2}\log_2\left(1 + \frac{P}{N}\right) \qquad [\text{bit/Abtastwert}]. \tag{3.90}$$

Mit $N = N_0 W$ folgt

$$C_k = \frac{1}{2}\log_2\left(1 + \frac{P}{N_0 W}\right) \qquad [\text{bit/Abtastwert}]. \tag{3.91}$$

Die Gesamtkanalkapazität für die n parallelen Kanäle lautet folglich

$$\sum_{k=1}^{n} C_k = WT\log_2\left(1 + \frac{P}{N_0 W}\right) \qquad [\text{bit/Menge der Abtastwerte}]. \tag{3.92}$$

Definition 3.2.7 (Kanalkapazität eines zeitkontinuierlichen Kanals) *Die Kanalkapazität für einen zeitkontinuierlichen Kanal lautet*

$$C^* = \lim_{T\to\infty} \frac{C_T}{T} \qquad [bit/s], \tag{3.93}$$

wobei C_T die maximale wechselseitige Information ist, die im Zeitintervall T übertragen werden kann.

Die Einheit ist bit/s, wenn der Logarithmus Dualis verwendet wird und nat/s, wenn der natürliche Logarithmus verwendet wird. Somit ist folgender Satz bewiesen:

Satz 3.2.5 (Kanalkapazität des bandbegrenzten Gauß-Kanals) *Die Kanalkapazität für den reellen bandbegrenzten Gauß-Kanal mit einseitiger Bandbreite W und einseitiger Rauschleistungsdichte N_0 berechnet sich zu*

$$C^* = W \log_2 \left(1 + \frac{P}{N_0 W}\right) = W \log_2 \left(1 + \frac{P}{N}\right) \qquad [bit/s]. \tag{3.94}$$

Diese Beziehung ist in Bild 3.26 in normierter Form dargestellt. Die Kanalkapazität C^* wächst linear mit der Bandbreite W und asymptotisch logarithmisch mit dem Signal/Rauschleistungsverhältnis P/N. Man beachte, dass $N = N_0 W$ (und somit P/N) von der Bandbreite W abhängt. Tastet man mit der Nyquist-Rate $1/T_{abt} = 2W$ ab, so ist $C^* T_{abt}$ gleich der Kanalkapazität C des zeitdiskreten Gauß-Kanals, vgl. Gleichung (3.82). Aufgrund der Normierung $C^*/2W$ sind die Kurven in Bild 3.26 und Bild 3.22 identisch.

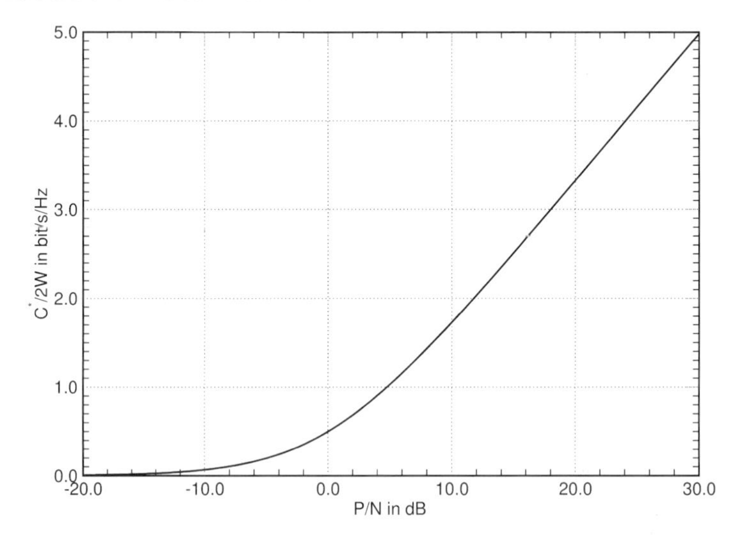

Bild 3.26: Kanalkapazität des bandbegrenzten Gauß-Kanals

Beispiel 3.2.6 (Analoger Telefonkanal) Ein typischer analoger Telefonkanal ohne digitale Vermittlungseinrichtung hat eine Bandbreite von etwa $W = 3$ kHz und ein Signal/Rauschleistungsverhältnis von etwa $P/N = P/(N_0 W) = 30$ dB. Dies ergibt eine Kanalkapazität von etwa $C^* = 30$ kbit/s. Mit Telefonmodems nach dem V.34-Standard können unter diesen Voraussetzungen Datenraten von bis zu 28.8 kbit/s erreicht werden. $\diamond$

Weil P/N von der Bandbreite W abhängt ist die Frage interessant, welche Kanalkapazität sich für eine unendlich große Bandbreite ergibt. Bei fester Signalleistung P steigern wir nun die Kanalkapazität durch Erhöhen der Bandbreite W. In der Praxis erzielt man hohe Bandbreiten durch niederratige Codes. In Spreizbandverfahren können hohe Bandbreiten auch durch hohe Spreizfaktoren erzielt werden. Wir bezeichnen den Grenzwert der Kanalkapazität mit C^*_∞ und erhalten

$$C^*_\infty := \lim_{W \to \infty} W \log_2 \left(1 + \frac{P}{N_0 W}\right) = \frac{P}{N_0 \log_e 2} \qquad [\text{bit/s}]. \tag{3.95}$$

Die Signalenergie pro Beobachtungsintervall T ist gleich $E_t = PT$, folglich ist die *Signalenergie pro Infobit* gleich $E_b = PT/k$, wobei k die Anzahl der Infobits pro Beobachtungsintervall T ist. Bei einer *Datenrate* (in bit/s) von $R^* = k/T$ bit/s folgt $E_b = P/R^*$. Durch Substitution erhält man schließlich

$$\frac{C_\infty^*}{R^*} = \frac{E_b}{N_0} \frac{1}{\log_e 2}. \tag{3.96}$$

Eine zuverlässige Kommunikation erfordert

$$R^* < C_\infty^*, \tag{3.97}$$

somit folgt

$$\frac{E_b}{N_0} > \log_e 2 \approx 0.6931 \approx -1.59 \text{ dB}. \tag{3.98}$$

Dies ist die sog. *Shannon-Grenze* (Shannon-Limit). Eine quasi-fehlerfreie Übertragung auf dem Gauß-Kanal ist somit für $E_b/N_0 < 1.59$ dB unmöglich, egal welches Modulations- und Kanalcodierverfahren Anwendung findet. E_b/N_0 bezeichnet man als *Signal/Rauschleistungsverhältnis pro Infobit*.

In digitalen Übertragungssystemen werden Datensymbole üblicherweise äquidistant gesendet. Es bezeichne T die Symbolperiode, d. h. $1/T$ ist die Symbolrate. Von großer praktischer Bedeutung ist die mittlere Signalenergie pro Symbolperiode, $E_s = PT$, auch *mittlere Symbolenergie* genannt. Bei einem Matched-Filter-Empfänger (siehe Abschnitt 13.2) tritt kein Informationsverlust auf, wenn das analoge Matched-Filter-Ausgangssignal einmal pro Symbolperiode T abgetastet wird. Es ergibt sich bei Matched-Filter-Empfang für $T_{abt} = T$ folgender wichtiger Zusammenhang zwischen P/N und E_s/N_0:

$$\frac{P}{N} = \frac{E_s/T}{N_0 W} = \frac{E_s}{N_0} \frac{1}{T} \frac{1}{W} \overset{1/T_{abt}=2W}{=} \frac{E_s}{N_0} \frac{1}{T} 2T_{abt} \overset{T_{abt}=T}{=} \frac{2E_s}{N_0}. \tag{3.99}$$

E_s/N_0 bezeichnet man als *Signal/Rauschleistungsverhältnis pro Datensymbol*. Falls empfängerseitig kein Matched-Filter verwendet wird, ist $P/N < 2E_s/N_0$. Die genannten Formeln haben nur für reellwertige Signale Gültigkeit. Für komplexe Signale und weitere Details siehe Abschnitt 13.2.

Abschließend widmen wir uns nun wieder Kanälen endlicher Bandbreite. Wir erhalten aus

$$C^* = W \log_2 \left(1 + \frac{P}{N}\right) \qquad [\text{bit/s}] \tag{3.100}$$

die Beziehung

$$C^*/2W = \frac{1}{2} \log_2 \left(1 + \frac{E_b R^*}{N_0 W}\right) \qquad [\text{bit/s/Hz}]. \tag{3.101}$$

Da R^* die Datenrate ist, kann das Verhältnis $R^*/(2W)$ als *normierte Datenrate* interpretiert werden. Die normierte Datenrate entspricht der Übertragungsrate. Im Grenzübergang für $R^* \to C^*$ ergibt sich

$$C^*/2W = \frac{1}{2} \log_2 \left(1 + \frac{E_b C^*}{N_0 W}\right) \qquad [\text{bit/s/Hz}]. \tag{3.102}$$

Durch Auflösen nach E_b/N_0 erhält man

$$\frac{E_b}{N_0} = \frac{2^{C^*/W} - 1}{C^*/W} = \frac{2^{2(C^*/2W)} - 1}{2(C^*/2W)}. \tag{3.103}$$

Diese Beziehung ist in Bild 3.27 illustriert. Man findet insbesondere die Shannon-Grenze wieder. Es ist wichtig zu erkennen, dass mit steigender Übertragungsrate C^* (bei gleicher Bandbreite W) oder geringer werdender Bandbreite W (bei gleicher Übertragungsrate C^*) ein größeres Signal/Rauschleistungsverhältnis pro Infobit benötigt wird, um Daten quasi-fehlerfrei übertragen zu können.

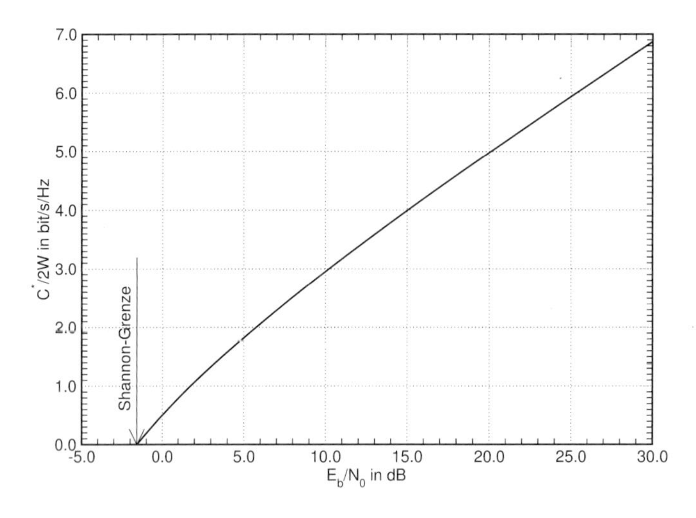

Bild 3.27: Kanalkapazität des bandbegrenzten Gauß-Kanals

Tabelle 3.2 zeigt das minimal erforderliche E_b/N_0 für ausgewählte normierte Übertragungsraten. Die Tabelleneinträge wurden gemäß (3.103) berechnet und können Bild 3.27 entnommen werden.

Tabelle 3.2: Minimal erforderliches E_b/N_0 für eine quasi-fehlerfreie Übertragung als Funktion der Übertragungsrate $C^*/2W$

$C^*/2W$	E_b/N_0
0	-1.59 dB
0.5	0.00 dB
1	1.76 dB
2	5.74 dB
3	10.35 dB
4	15.03 dB

Für endliche Bandbreiten wird ein größeres E_b/N_0 im Vergleich zur Shannon-Grenze benötigt.

4 Verlustbehaftete Quellencodierung und gemeinsame Quellen- & Kanalcodierung

4.1 Rate-Distortion-Theorie

In Kapitel 2 haben wir die *verlustlose Quellencodierung* für gedächtnisfreie und gedächtnisbehaftete diskrete Quellen betrachtet. Shannons Quellencodiertheorem besagt, dass eine Sequenz von n Quellensymbolen einer gedächtnisfreien Quelle durch einen Quellendecodierer quasiverzerrungsfrei rekonstruiert werden kann, wenn die quellencodierte Bitsequenz im Mittel aus mindestens $nH(Q)$ Binärzeichen besteht, wobei $H(Q)$ die Entropie pro Quellensymbol ist. Entsprechendes gilt für gedächtnisbehaftete Quellen, wenn die quellencodierte Bitsequenz im Mittel mindestens $nH_\infty(Q)$ Binärzeichen umfasst, wobei $H_\infty(Q)$ die Entropierate ist.

Doch was passiert, wenn weniger als $H(Q)$ bzw. weniger als $H_\infty(Q)$ Binärzeichen pro Quellensymbol verwendet werden? In diesem Fall ist eine verzerrungsfreie Rekonstruktion der Quellensymbole nicht mehr möglich, man spricht von einer *verlustbehafteten Quellencodierung*. Je größer die zulässigen Verzerrungen sind, umso stärker kann ein Quellencodierer die Quellensymbolsequenz komprimieren. Die Effizienz eines verlustbehafteten Quellencodierers wächst mit der zulässigen mittleren Verzerrung. Verlustbehaftete Verfahren zur Quellencodierung finden deshalb bevorzugt in Gebieten Anwendung, bei denen der subjektive Eindruck entscheidend ist, wie zum Beispiel bei der Codierung von Festbildern (JPEG), Bewegtbildern (MPEG) und in der Audiocodierung. Verlustlose Verfahren zur Quellencodierung hingegen werden zum Beispiel zur Textkompression eingesetzt, da in diesem Bereich eine verzerrungsfreie Rekonstruktion gewünscht ist.

Die fundamentale Frage der *Rate-Distortion-Theorie* lautet: Wie groß ist, im statistischen Mittel, die minimale Anzahl an Bits/Quellensymbol am Ausgang eines verlustbehafteten Quellencodierers, um die Sequenz der Quellensymbole mit einer gegebenen mittleren Verzerrung zu rekonstruieren? Bevor wir diese Frage beantworten wollen, müssen wir den Begriff der Verzerrung definieren und geeignete mathematische Verzerrungsmaße finden.

4.1.1 Verzerrung und Verzerrungsmaße

Aus didaktischen Gründen wollen wir uns auf diskrete, gedächtnisfreie Quellen beschränken. Somit ist es hinreichend, aus einer langen Quellensymbolsequenz $\mathbf{q}$ ein Quellensymbol $q \in \mathcal{Q}$ isoliert zu betrachten. Das betrachtete Quellensymbol q sei über dem Alphabet $\mathcal{Q}$ definiert und habe die Entropie $H(Q)$. Es sei $\hat{q} \in \hat{\mathcal{Q}}$ das zugehörige rekonstruierte Quellensymbol, vgl. Bild 4.1. Die Alphabete $\mathcal{Q}$ und $\hat{\mathcal{Q}}$ müssen nicht notwendigerweise übereinstimmen. Die Datenübertragung wird (motiviert durch Shannons Kanalcodiertheorem) zwecks Herleitung des sog. Rate-Distortion-Theorems als fehlerfrei angenommen, d. h. $\hat{\mathbf{u}} = \mathbf{u}$.

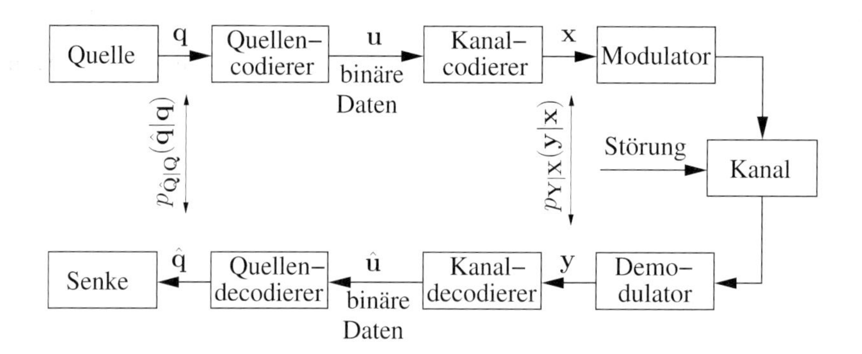

Bild 4.1: Blockdiagramm eines Kommunikationssystems mit Quellen- und Kanalcodierung

Für jedes Paar $(q,\hat{q})$ definieren wir eine nichtnegative *Verzerrung* („distortion")

$$d(q,\hat{q}) \geq 0. \tag{4.1}$$

Die Verzerrung ist ein Maß für die Abweichung zwischen dem Quellensymbol q und dem zugehörigen rekonstruierten Quellensymbol $\hat{q}$. Per Definition entspricht $d(q,\hat{q}) = 0$ einer verlustlosen Quellencodierung. Zwei wichtige Verzerrungsmaße sind wie folgt definiert:

Definition 4.1.1 (Hamming-Verzerrung)

$$d(q,\hat{q}) := \begin{cases} 0 & \text{falls } q = \hat{q} \\ 1 & \text{sonst.} \end{cases} \tag{4.2}$$

Man beachte, dass $E\{d(q,\hat{q})\} = P(q \neq \hat{q})$. Aus diesem Grund werden wir von der Hamming-Verzerrung im Folgenden Gebrauch machen.

Definition 4.1.2 (Quadratische-Fehler-Verzerrung)

$$d(q,\hat{q}) := (q-\hat{q})^2. \tag{4.3}$$

Die Quadratische-Fehler-Verzerrung ist in vielen Anwendungen beliebt, speziell in Anwendungen mit kontinuierlichen Alphabeten.

4.1.2 Shannons Rate-Distortion-Theorem

Wir bezeichnen die Wahrscheinlichkeitsfunktion der Quellensymbole q mit $p_Q(q)$, die Verbundwahrscheinlichkeitsfunktion von q und $\hat{q}$ mit $p_{Q\hat{Q}}(q,\hat{q})$ und die bedingte Wahrscheinlichkeitsfunktion der rekonstruierten Symbole $\hat{q}$ gegeben q mit $p_{\hat{Q}|Q}(\hat{q}|q)$. In Analogie zum diskreten gedächtnisfreien Kanalmodell zwischen X und Y kann $p_{\hat{Q}|Q}(\hat{q}|q)$ als Übergangswahrscheinlichkeit eines diskreten gedächtnisfreien Kanalmodells zwischen Q und $\hat{Q}$ interpretiert werden: Unter der Randbedingung, dass das Quellensymbol q gesendet wird, tritt das geschätzte Symbol $\hat{q}$ mit der Wahrscheinlichkeit $p_{\hat{Q}|Q}(\hat{q}|q)$ zufällig auf, vergleiche Bild 4.1.

Von größerer Bedeutung als die Verzerrung $d(q,\hat{q})$ ist in der Informationstheorie die *mittlere Verzerrung*. Die mittlere Verzerrung pro Quellensymbol kann wie folgt berechnet werden:

$$E\{d(q,\hat{q})\} = \sum_q \sum_{\hat{q}} p_{Q\hat{Q}}(q,\hat{q}) \cdot d(q,\hat{q}) = \sum_q p_Q(q) \sum_{\hat{q}} p_{\hat{Q}|Q}(\hat{q}|q) \cdot d(q,\hat{q}), \tag{4.4}$$

wobei die rechte Seite aus dem Satz von Bayes folgt:

$$p_{Q\hat{Q}}(q,\hat{q}) = p_Q(q) \cdot p_{\hat{Q}|Q}(\hat{q}|q). \tag{4.5}$$

Interessant sind alle diskreten gedächtnisfreien Kanalmodelle zwischen Q und $\hat{Q}$, bei denen die mittlere Verzerrung $E\{d(q,\hat{q})\}$ (bezogen auf ein Quellensymbol) höchstens gleich D ist, wobei $D \geq 0$. Für diese Teilmenge von Kanalmodellen ist die *mittlere Gesamtverzerrung* (bezogen auf n Quellensymbole) kleiner gleich nD. Dies soll anhand zweier Beispiele verdeutlicht werden:

Beispiel 4.1.1 (Keine Datenkompression) Bei dem in Bild 4.2 gezeigten Kanalmodell ist die wechselseitige Information maximal, d. h. $I(Q;\hat{Q}) = H(Q)$. Dies entspricht einer verzerrungsfreien Rekonstruktion, aber es findet keine Datenkompression statt. ◊

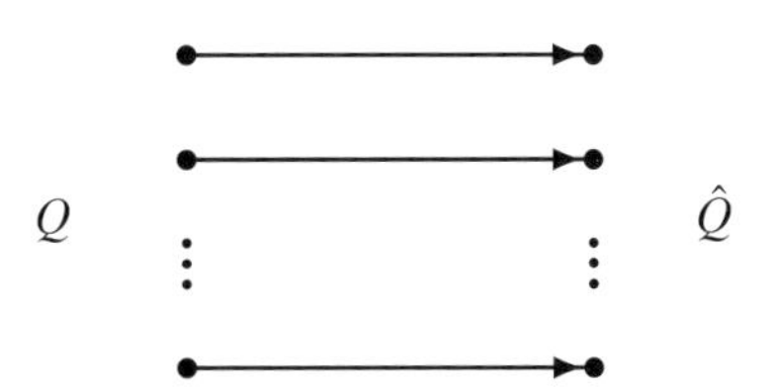

Bild 4.2: Kanalmodell ohne Datenkompression

Beispiel 4.1.2 (Maximale Datenkompression) Bei dem in Bild 4.3 gezeigten Kanalmodell ist die wechselseitige Information gleich null, d. h. $I(Q;\hat{Q}) = 0$. Die Datenkompression ist maximal, aber es ist keine Rekonstruktion möglich. ◊

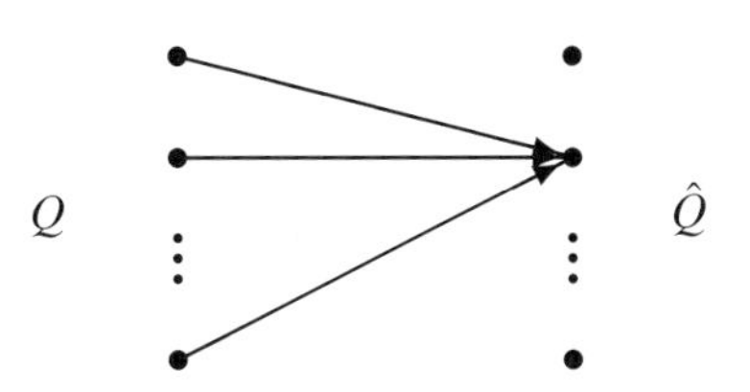

Bild 4.3: Kanalmodell mit maximaler Datenkompression

Die beiden Beispiele motivieren folgende Aussage: Relevant sind alle diskreten Kanalmodelle zwischen Q und $\hat{Q}$, die eine *minimale* (!) wechselseitige Information $I(Q;\hat{Q})$ aufweisen, gleichzeitig aber eine *akzeptable mittlere Verzerrung* $E\{d(q,\hat{q})\}$ kleiner gleich D bewirken. Somit definiert man:

Definition 4.1.3 (Rate-Distortion-Funktion) *Die* Rate-Distortion-Funktion *lautet*

$$R(D) := \min_{p_{\hat{Q}|Q}(\hat{q}|q):E\{d(q,\hat{q})\}\leq D} I(Q;\hat{Q}). \tag{4.6}$$

Die Rate-Distortion-Funktion $R(D)$ ist somit die kleinste wechselseitige Information $I(Q;\hat{Q})$, bei der die mittlere Verzerrung pro Quellensymbol kleiner gleich D ist. Man kann zeigen, dass $R(D) < H(Q)$ falls $D > 0$ und $R(0) = H(Q)$. Die Rate-Distortion-Funktion $R(D)$ besitzt bzgl. der verlustbehafteten Quellencodierung die gleiche Bedeutung wie die Entropie $H(Q)$ bei der verlustlosen Quellencodierung:

Satz 4.1.1 (Shannons Rate-Distortion-Theorem) *Gegeben sei eine diskrete, gedächtnisfreie Quelle. Für eine verlustbehaftete Quellencodierung ist es notwendig und hinreichend, wenn für die Codierung im Mittel $R(D)$ bit/Quellensymbol verwendet werden, vorausgesetzt, die Länge n der Quellensymbolsequenz geht gegen unendlich. Aus diesen codierten Bits können die n Quellensymbole mit einer mittleren Gesamtverzerrung kleiner gleich nD rekonstruiert werden. Die Umkehrung besagt: Weniger als $R(D)$ bit/Quellensymbol reichen nicht aus, wenn eine mittlere Gesamtverzerrung kleiner gleich nD erreicht werden soll.*

Für einen Beweis von Shannons Rate-Distortion-Theorem siehe beispielsweise [T. M. Cover & J. A. Thomas, 2006]. Das Rate-Distortion-Theorem, das Quellencodiertheorem und das Kanalcodiertheorem sind die wichtigsten Shannon'schen Kommunikationssätze.

4.2 Gemeinsame Quellen- und Kanalcodierung

Mit den erarbeiteten Werkzeugen gelingt es nun, Quellen- und Kanalcodierung gemeinsam zu betrachten. Eine kombinierte Quellen- und Kanalcodierung hat nicht nur eine gewisse praktische Bedeutung, sondern ermöglicht auch eine Herleitung weiterer fundamentaler Schranken.

4.2.1 Herleitung der Rate-Distortion-Schranke

Gemäß Shannons Rate-Distortion-Theorem kann eine Sequenz von k Symbolen einer diskreten gedächtnisfreien Quelle mit einer mittleren Gesamtverzerrung kD rekonstruiert werden, wenn man die Quellensymbole mit $kR(D)$ bit codiert und fehlerfrei überträgt.

Wir schützen nun die quellencodierten Bits durch einen Kanalcode der Übertragungsrate R, wobei $R = R_c \cdot R_m$ Kanalcodierung und Mapping umfasst. Die Gesamtrate (Quellencodierung plus Kanalcodierung) sei $R_{ges} = k/n$. Somit berechnet sich die Übertragungsrate zu

$$R = kR(D)/n = R_{ges} \cdot R(D), \tag{4.7}$$

siehe Bild 4.4.

Gemäß Shannons Kanalcodiertheorem können die $kR(D)$ quellencodierten Bits quasi-fehlerfrei über einen diskreten gedächtnisfreien Kanal (DMC) übertragen werden wenn $R \leq C$, wobei C die Kanalkapazität des DMC ist. Insgesamt ergibt sich

$$R_{ges} \cdot R(D) \leq C. \tag{4.8}$$

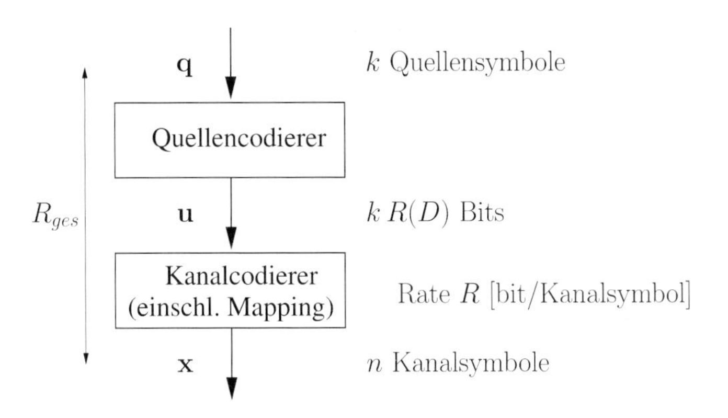

Bild 4.4: Gemeinsame Quellen- und Kanalcodierung

Die kleinste erreichbare Verzerrung, die sog. *Rate-Distortion-Schranke*, erhält man durch Gleichsetzen von linker und rechter Seite und Auflösen nach D:

$$D = R^{-1}(C/R_{ges}). \tag{4.9}$$

4.2.2 Informationstheoretische Grenzen für eine fehlerbehaftete Übertragung

Gemäß Shannons Kanalcodiertheorem ist unter gewissen Voraussetzungen eine quasi-fehlerfreie Datenübertragung über einen DMC möglich. Beim bandbegrenzten Gauß-Kanal beispielsweise ist für $W \to \infty$ (d. h. $R \to 0$) bekanntermaßen ein Signal/Rauschleistungsverhältnis pro Infobit, E_b/N_0, von mindestens -1.59 dB notwendig. Für endliche Bandbreiten kann das minimal erforderliche E_b/N_0 aus (3.103) berechnet werden.

Weniger bekannt ist das minimal erforderliche E_b/N_0 für eine *fehlerbehaftete Übertragung*. Für eine gegebene Übertragungsrate $R_{ges} = k/n$ und eine gewünschte Bitfehlerwahrscheinlichkeit P_b wollen wir nun das minimal erforderliche E_b/N_0 berechnen.

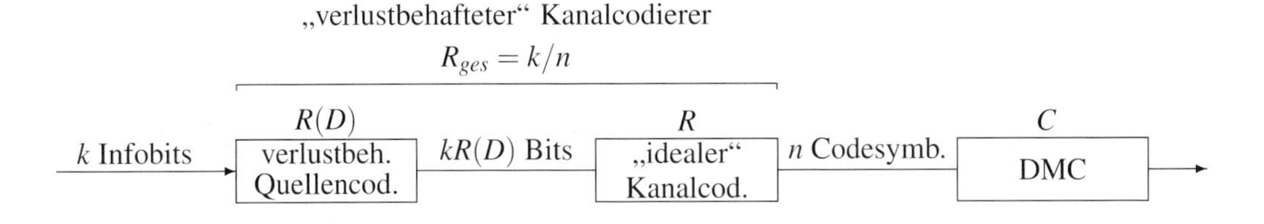

Bild 4.5: Partitionierung eines „verlustbehafteten“ Kanalcodierers in einen verlustbehafteten Quellencodierer und einen „idealen“ Kanalcodierer

Der Trick besteht darin, den Kanalcodierer gedanklich in einen verlustbehafteten Quellencodierer und einen „idealen“ Kanalcodierer zu partitionieren, siehe Bild 4.5. Wir nennen diesen abstrakten Kanalcodierer einen „verlustbehafteten“ Kanalcodierer. Der verlustbehaftete Quellencodierer sorgt für die gewünschte Bitfehlerwahrscheinlichkeit, der „ideale“ Kanalcodierer für eine fehlerfreie Übertragung.

Da die k Infobits des „verlustbehafteten“ Kanalcodierers mit den Quellensymbolen des verlustbehafteten Quellencodierers identisch sind, benötigen wir einen binären Quellencodierer. Folglich sei $q \in \{0,1\}$ und $\hat{q} \in \{0,1\}$. Demzufolge entspricht $P(q \neq \hat{q})$ der gewünschten Bitfehlerwahrscheinlichkeit P_b. Verwendet man als Verzerrungsmaß die Hamming-Verzerrung, so gilt bekanntlich $E\{d(q,\hat{q})\} = P(q \neq \hat{q})$. Lässt man eine mittlere Verzerrung pro Infobit von $E\{d(q,\hat{q})\} = D$ zu, so folgt unmittelbar

$$D = P_b \tag{4.10}$$

und daraus

$$R(D) = 1 - h(P_b). \tag{4.11}$$

Definitionsgemäß gilt (siehe (4.7))

$$R = kR(D)/n = R_{ges} \cdot R(D). \tag{4.12}$$

Da wir eine fehlerfreie Übertragung annehmen (Bitfehler entstehen nur aufgrund der verlustbehafteten Quellencodierung, nicht durch den Kanal!), kann die Rate-Distortion-Schranke (4.8) verwendet werden:

$$R_{ges} \cdot R(D) \leq C. \tag{4.13}$$

Für $R_{ges} \cdot R(D) = C$ erhält man schließlich exemplarisch für einen zeitdiskreten Gauß-Kanal der Kapazität $C = \frac{1}{2}\log_2(1 + \frac{P}{N})$ den Zusammenhang

$$\frac{P}{N} = 2^{2R_{ges} \cdot R(D)} - 1, \qquad \text{wobei} \qquad R(D) = 1 - h(P_b). \tag{4.14}$$

Diese fundamentale Beziehung, aufgelöst nach P_b, ist in Bild 4.6 aufgetragen, wobei ein Matched-Filter-Empfänger angenommen wurde (d. h., $P/N = 2E_s/N_0 = 2R_{ges}E_b/N_0$). Man kann dieses Ergebnis als *Shannon-Grenze für eine fehlerbehaftete Übertragung* bezeichnen. Man beachte, dass R_{ges} die Übertragungsrate des „verlustbehafteten“ Kanalcodierers (einschließlich Mapping) ist. Je mehr Übertragungsfehler zugelassen werden und je kleiner R_{ges} ist, umso geringer ist das benötigte E_b/N_0. Im Grenzübergang für $P_b = 0$ (d. h. $R(D) = 1$) ergibt sich die bekannte *Shannon-Grenze für eine fehlerfreie Übertragung*,

$$\frac{E_b}{N_0} = \frac{2^{2R_{ges}} - 1}{2R_{ges}}. \tag{4.15}$$

Dieses Ergebnis ist erwartungsgemäß mit (3.103) identisch, und entspricht den Einträgen in Tabelle 3.2.

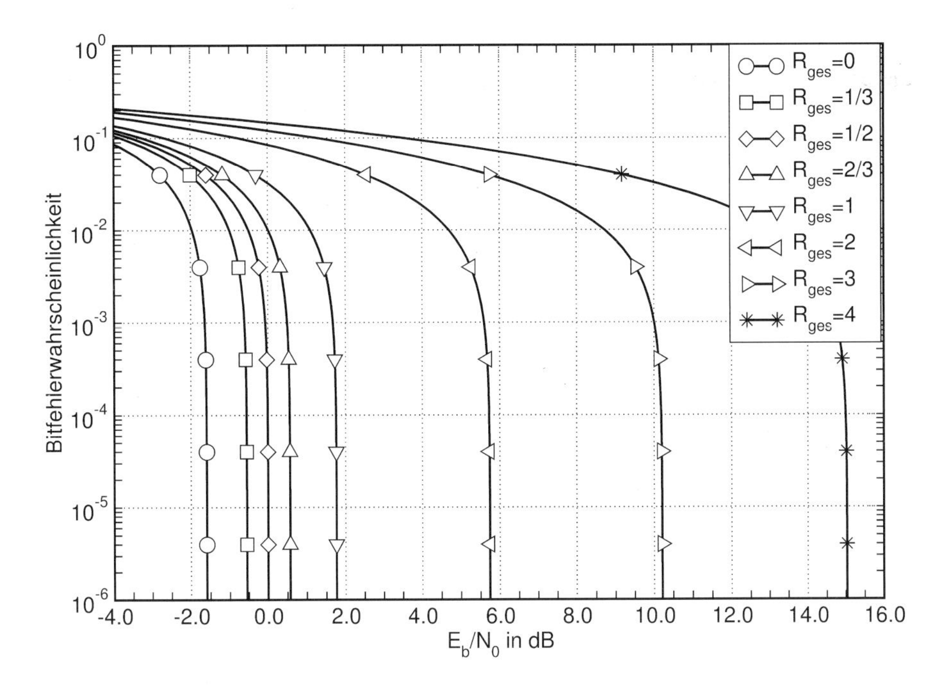

Bild 4.6: Shannon-Grenze für eine fehlerbehaftete Übertragung über den zeitdiskreten Gauß-Kanal mit gaußverteilten Eingangswerten als Funktion der Übertragungsrate R_{ges}

4.2.3 Praktische Aspekte der gemeinsamen Quellen- und Kanalcodierung

Gemäß Shannons Separierungstheorem *können* Quellen- und Kanalcodierung unter gewissen Voraussetzungen ohne Informationsverlust getrennt werden. Zu den Voraussetzungen zählen insbesondere eine Vermeidung von Restredundanz („perfekte Quellencodierung") und eine quasi-fehlerfreie Datenübertragung („perfekte Kanalcodierung"). Dies ist nur für sehr große Blocklängen möglich. Eine getrennte Quellen- und Kanalcodierung ist dennoch unter dem Aspekt interessant, dass beim Entwurf des Quellencodierers/-decodierers keine Eigenschaften des Übertragungskanals berücksichtigt werden müssen. Umgekehrt müssen beim Entwurf des Kanalcodierers/-decodierers keine Eigenschaften der Quelle berücksichtigt werden. Dieser Gesichtspunkt führte zu der Tatsache, dass sich die Disziplinen der Quellen- und Kanalcodierung (sowie der Kryptologie) lange Zeit relativ unabhängig voneinander entwickelten.

Führt man hingegen eine gemeinsame Quellen- und Kanalcodierung durch, eventuell auch in Verbindung mit Chiffrierverfahren, so können Synergieeffekte erzielt werden, speziell bei praktischen Blocklängen. Insbesondere kann bei einer gemeinsamen Betrachtung vorhandene *Restredundanz* zur Fehlerkorrektur genutzt werden.

5 Mehrnutzer-Informationstheorie

Bislang sind wir davon ausgegangen, dass *ein* Sender Nachrichten im Sinne einer *Punkt-zu-Punkt-Kommunikation* (d. h. einer Simplex-Übertragung) über einen gestörten Kanal an *einen* Empfänger überträgt. In der Praxis ist es jedoch häufig der Fall, dass viele Kommunikationsteilnehmer die gleichen Ressourcen (Frequenz, Zeit, Raum) teilen müssen. Wenn mehr als ein Sender und/oder mehr als ein Empfänger beteiligt sind, spricht man von einer *Mehrnutzer-Kommunikation* oder Mehrbenutzer-Kommunikation. Die *Mehrnutzer-Informationstheorie*, auch Netzwerkinformationstheorie genannt, stellt fundamentale Schranken für Mehrnutzer-Kommunikationsszenarien bereit. Wir werden zwei Spezialfälle, den *Vielfachzugriffskanal* und den *Rundfunkkanal* vorstellen. Diese ausgewählten Beispiele sind sowohl von didaktischem als auch von praktischem Interesse. Für andere interessante Kanalmodelle wie den *Duplexkanal* oder den *Relaykanal* sind derzeit noch keine allgemeingültigen Lösungen bekannt.

5.1 Vielfachzugriffskanal

Beim Vielfachzugriff haben $J > 1$ Sender Zugriff auf einen gemeinsamen Kanal, den sog. *Vielfachzugriffskanal* („Multiple Access Channel (MAC)"), siehe Bild 5.1. Ein wichtiges Beispiel ist die Aufwärtsstrecke in einem zellularen Mobilfunksystem, d. h. die Übertragungsstrecke von den sich in einer Zelle befindlichen Mobilfunkgeräten zur zugehörigen Basisstation. Auch in Sensornetzen und Ad-Hoc Netzen ergeben sich typischerweise Vielfachzugriffsszenarien.

Die Hauptschwierigkeit beim Vielfachzugriff besteht in der Interferenz durch die anderen Sender. Möchte man beispielsweise X_1 decodieren, so wirken $X_2, \ldots, X_J$ als Störer. Man kann Interferenzen (d. h. gegenseitige Störungen der Sendesignale) vermeiden, indem die Sender (i) zeitlich nacheinander im gleichen Frequenzbereich senden, oder (ii) gleichzeitig in benachbarten Teilbändern übertragen, oder (iii) orthogonale Codes verwenden, oder (iv) räumlich getrennt werden (beispielsweise durch Richtantennen). Das erste Verfahren nennt man *Zeitvielfachzugriff* („Time-Division Multiple Access (TDMA)"), das zweite Verfahren *Frequenzvielfachzugriff* („Frequency-Division Multiple Access (FDMA)"), das dritte Verfahren *orthogonalen Codevielfachzugriff* („Orthogonal Code-Division Multiple Access (OCDMA)"), und das vierte Verfahren *Raumvielfachzugriff* („Space-Division Multiple Access (SDMA)"). Man spricht von orthogonalen Signalen, wenn die Interferenz vollständig beseitigt wird. Das Mehrnutzerszenario wird dann in mehrere Punkt-zu-Punkt-Übertragungsstrecken transformiert. Wir werden in Kürze feststellen, dass die Kanalkapazität beim Vielfachzugriffskanal (bis auf triviale Arbeitspunkte) interessanterweise *nicht* durch orthogonale Signale erreicht werden kann. Durch geeignete Strategien kann vielmehr eine höhere Kanalkapazität erreicht werden. Dies motiviert die Bedeutung der Mehrnutzer-Informationstheorie.

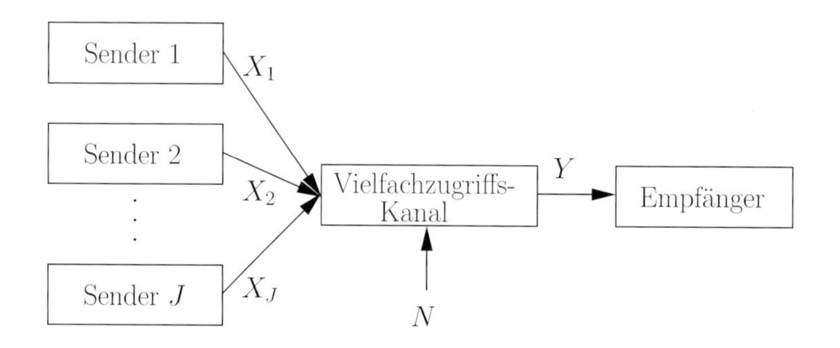

Bild 5.1: Blockschaltbild eines Vielfachzugriffskanals

Definition 5.1.1 (Vielfachzugriffskanal) *Ein* diskreter gedächtnisfreier Vielfachzugriffskanal *(MAC) mit J Sendern wird durch die bedingte Wahrscheinlichkeitsfunktion*

$$p_{Y|X_1,X_2,\ldots,X_J}(y|x_1,x_2,\ldots,x_J) \tag{5.1}$$

definiert. Die mittleren Signalleistungen seien $P_1, P_2, \ldots, P_J$, wobei $P_j := E\{X_j^2\}$. Die mittlere Gesamtleistung der Sendesymbole sei auf den Wert P begrenzt, d. h. $\sum_{j=1}^{J} P_j \leq P$.

Bei einem Gauß'schen Vielfachzugriffskanal gilt zusätzlich

$$Y = X_1 + X_2 + \cdots + X_J + Z, \tag{5.2}$$

wobei $X_1, X_2, \ldots, X_J$ und Z (und somit auch Y) gaußverteilte Zufallsvariablen sind. Z sei mittelwertfrei. Die mittlere Rauschleistung sei $N := E\{Z^2\}$. Wenn mindestens zwei Sendesymbole X_i, X_j statistisch abhängig sind, spricht man von kooperierenden Sendern (oder Nutzern), sonst von unkoordinierten Sendern. Bei unkoordinierten Sendern gilt $p_{X_1,X_2,\ldots,X_J}(x_1,x_2,\ldots,x_J) = p_{X_1}(x_1) \cdot p_{X_2}(x_2) \cdot \ \ldots \ \cdot p_{X_J}(x_J)$.

Man beachte, dass der Gauß'sche Vielfachzugriffskanal als *Superpositionscodierung* interpretiert werden kann, weil sich alle J Codewörter linear überlagern.

Es sei $R_j := k_j/n_j$ die Übertragungsrate des j-ten Senders. Hierbei ist k_j die Länge des j-ten Infoworts und n_j die Länge des j-ten Codeworts. In der Mehrnutzer-Informationstheorie versteht man unter dem Begriff *Kanalkapazität* die Menge aller simultan erreichbaren Raten $(R_1, R_2, \ldots, R_J)$. Die Kanalkapazität kann besonders einfach für zwei Sender ($J = 2$) formuliert werden. Wir wollen uns vorerst auf diesen Fall beschränken.

Satz 5.1.1 (Kanalkapazität des MAC mit zwei unkoordinierten Sendern) *(ohne Beweis) Die Kanalkapazität des Vielfachzugriffskanals mit zwei unkoordinierten Sendern lautet*

$$\begin{aligned} C = \text{Konvexe Hülle}\big\{(R_1,R_2) : \quad & R_1 \geq 0, R_2 \geq 0, \quad \text{so dass} \\ & R_1 \leq I(X_1;Y|X_2) \\ & R_2 \leq I(X_2;Y|X_1) \\ & R_1 + R_2 \leq I(X_1X_2;Y)\big\}. \end{aligned} \tag{5.3}$$

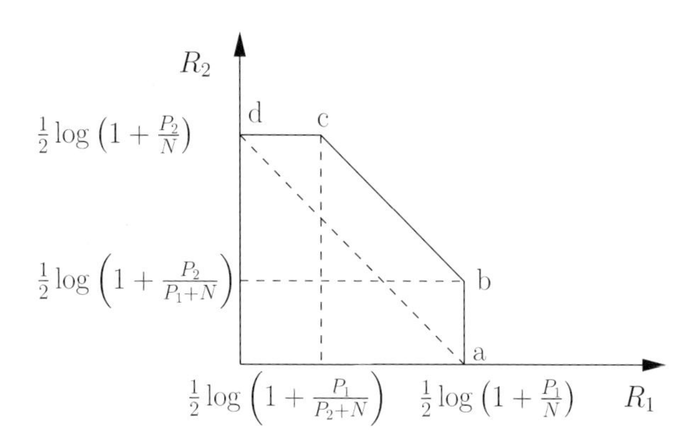

Bild 5.2: Kapazitätsregion für den gaußschen Vielfachzugriffskanal mit zwei unkoordinierten Sendern

Die zugehörige Kanalkapazität ist in Bild 5.2 dargestellt. Die Menge aller simultan erreichbaren Raten innerhalb der konvexen Hülle wird *Kapazitätsregion* genannt.

Statt eines Beweises wollen wir Satz 5.1.1 für den Spezialfall des Gauß'schen Vielfachzugriffskanals interpretieren. Ist nur der Sender 1 aktiv (d. h. $P_2 = 0$), so kann der Empfänger X_1 bekanntlich quasi-fehlerfrei decodieren, falls

$$R_1 \leq \max_{p_{X_1}(x_1)} I(X_1;Y|X_2=0) = \frac{1}{2}\log\left(1+\frac{P_1}{N}\right). \tag{5.4}$$

Bei Gleichheit entspricht (5.4) in Verbindung mit $R_2 = 0$ dem Arbeitspunkt a in Bild 5.2. Interpretiert der Empfänger $X_1 + Z$ als Gauß'sches Rauschen, so kann dieser X_2 quasi-fehlerfrei decodieren, falls

$$R_2 \leq \frac{1}{2}\log\left(1+\frac{P_2}{P_1+N}\right). \tag{5.5}$$

Gelingt es dem Empfänger, X_2 quasi-fehlerfrei zu decodieren, dann kann X_2 vom Empfangssignal Y subtrahiert werden: $Y - X_2 = X_1 + Z$. Folglich kann zusätzlich auch X_1 quasi-fehlerfrei decodiert werden, falls

$$R_1 \leq \max_{p_{X_1}(x_1)} I(X_1;Y|X_2) = \frac{1}{2}\log\left(1+\frac{P_1}{N}\right). \tag{5.6}$$

Bei Gleichheit bestimmen (5.5) und (5.6) den Arbeitspunkt b in Bild 5.2. Die Arbeitspunkte c und d ergeben sich durch eine Vertauschung der Raten von Nutzer 1 und Nutzer 2. Sämtliche Arbeitspunkte zwischen b und c können durch eine zeitliche Aufteilung („time sharing") erreicht werden. In diesem Bereich gilt $R_1 + R_2 \leq I(X_1X_2;Y)$ mit Gleichheit.

Die Kanalkapazität für TDMA ist durch die gestrichelte Linie zwischen den Arbeitspunkten a und d gegeben. Folglich ist TDMA bis auf die trivialen Arbeitspunkte a und d nicht kapazitätserreichend.

Im Falle kooperierender Sender kann die Sendeleistung konstruktiv addiert werden:

Satz 5.1.2 (Kanalkapazität des MAC mit zwei kooperierenden Sendern) *(ohne Beweis) Die Kanalkapazität des Vielfachzugriffskanals mit zwei vollständig kooperierenden Sendern lautet*

$$\begin{aligned} C = \text{Konvexe Hülle}\big\{(R_1,R_2): \quad & R_1 \geq 0, R_2 \geq 0, \quad \text{so dass} \\ & R_1 + R_2 \leq I(X_1X_2;Y)\big\}. \end{aligned} \tag{5.7}$$

Die zugehörige Kanalkapazität ist in Bild 5.3 dargestellt. Die konvexe Hülle ist durch die Verbindungslinie zwischen den Arbeitspunkten e und f gegeben.

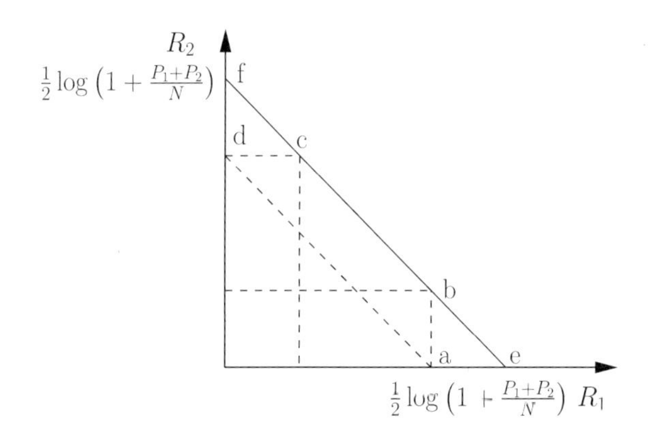

Bild 5.3: Kapazitätsregion für den gaußschen Vielfachzugriffskanal mit zwei kooperierenden Sendern

Im allgemeinen Fall mit mehr als $J = 2$ Sendern kann die Interferenz sukzessive gelöscht werden. Ohne Beschränkung der Allgemeinheit sei $P_1 \geq P_2 \geq \cdots \geq P_J$. Bei einer anderen Leistungsverteilung („power allocation“) können die Indizes entsprechend vertauscht werden. Bei der angenommenen Leistungsverteilung decodiert der Empfänger zunächst X_1. Dies ist quasi-fehlerfrei möglich, falls

$$R_1 \leq \frac{1}{2}\log\left(1+\frac{P_1}{P_2+P_3+\cdots+P_J+N}\right). \tag{5.8}$$

Zieht man X_1 von Y ab, so kann X_2 decodiert werden. Dies ist quasi-fehlerfrei möglich, falls

$$R_2 \leq \frac{1}{2}\log\left(1+\frac{P_2}{P_3+P_4+\cdots+P_J+N}\right). \tag{5.9}$$

Zieht man $X_1 + X_2$ von Y ab, so kann X_3 decodiert werden. Dies ist quasi-fehlerfrei möglich, falls

$$R_3 \leq \frac{1}{2}\log\left(1+\frac{P_3}{P_4+P_5+\cdots+P_J+N}\right). \tag{5.10}$$

Im letzten Schritt wird X_J decodiert. Dies ist quasi-fehlerfrei möglich, falls

$$R_J \leq \frac{1}{2}\log\left(1+\frac{P_J}{N}\right). \tag{5.11}$$

Dieses Verfahren nennt man *sukzessive Interferenzunterdrückung* und ist unter den genannten Voraussetzungen kapazitätserreichend.

5.2 Rundfunkkanal

Ein *Rundfunkkanal* („Broadcast Channel (BC)") besteht aus einem Sender und $J > 1$ Empfängern, siehe Bild 5.4. Ein klassisches Beispiel sind terrestrische oder satellitengestützte Rundfunk- und Fernsehsysteme. Ein weiteres Beispiel ist die Abwärtsstrecke in einem zellularen Mobilfunksystem, d. h. die Übertragungsstrecke von der Basisstation zu den sich in der Zelle befindlichen Mobilfunkgeräten.

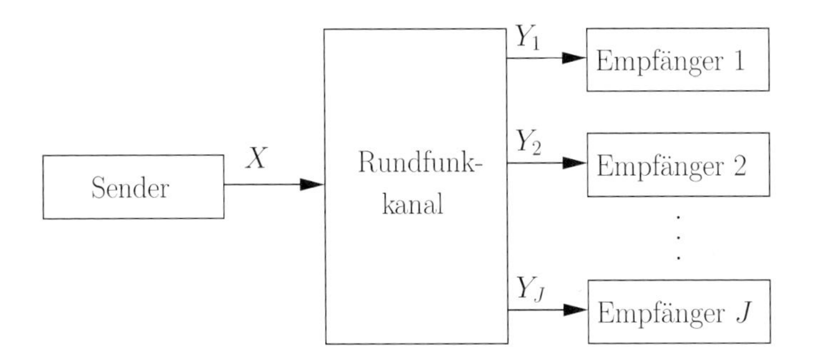

Bild 5.4: Blockschaltbild eines Rundfunkkanals

Definition 5.2.1 (Rundfunkkanal) *Ein* diskreter gedächtnisfreier Rundfunkkanal *(BC) mit J Empfängern wird durch die bedingte Wahrscheinlichkeitsfunktion*

$$p_{Y_1,Y_2,\ldots,Y_J|X}(y_1,y_2,\ldots,y_J|x) \tag{5.12}$$

definiert. Die mittlere Signalleistung sei auf P begrenzt: $E\{X^2\} \leq P$.

Bei einem Gauß'schen Rundfunkkanal gilt zusätzlich

$$Y_j = X + Z_j, \qquad 1 \leq j \leq J, \tag{5.13}$$

wobei $Z_1, Z_2, \ldots, Z_J$ *und* X *(und somit auch* $Y_1, Y_2, \ldots, Y_J$*) gaußverteilte Zufallsvariablen sind.* $Z_1, Z_2, \ldots, Z_J$ *seien mittelwertfrei. Die mittleren Rauschleistungen seien* $N_1, N_2, \ldots, N_J$*, wobei* $N_j := E\{Z_j^2\}$.

Bei einem sog. degradierten Rundfunkkanal *kann die bedingte Wahrscheinlichkeitsfunktion definitionsgemäß wie folgt faktorisiert werden:*

$$p_{Y_1,Y_2,\ldots,Y_J|X}(y_1,y_2,\ldots,y_J|X) = p_{Y_1|X}(y_1|x) \cdot p_{Y_2|X}(y_2|x) \cdot \cdots \cdot p_{Y_J|X}(y_J|x). \tag{5.14}$$

Es sei R_j die Übertragungsrate zum j-ten Empfänger. Unter dem Begriff *Kanalkapazität* versteht man erneut die Menge aller simultan erreichbaren Raten $(R_1, R_2, \ldots, R_J)$. Die Kanalkapazität kann besonders einfach für zwei Empfänger ($J = 2$) formuliert werden. Wir beschränken uns auf diesen Fall und erhalten

$$\begin{aligned} Y_1 &= X + Z_1 \\ Y_2 &= X + Z_2 \overset{X=Y_1-Z_1}{=} Y_1 + Z_2 - Z_1 \overset{Z_3:=Z_2-Z_1}{:=} Y_1 + Z_3, \end{aligned} \tag{5.15}$$

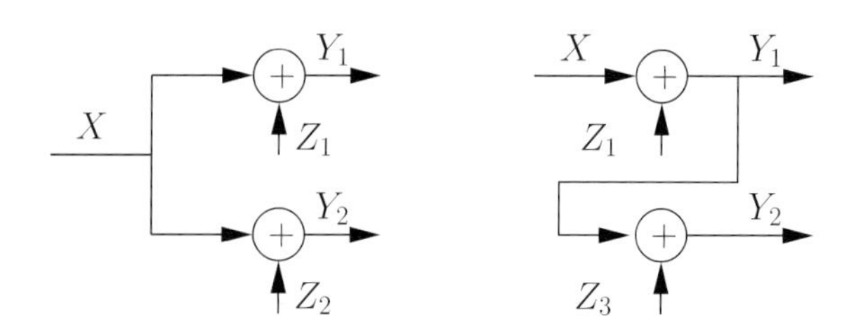

Bild 5.5: Darstellung eines Rundfunkkanals (links) und eines degradierten Rundfunkkanals (rechts), jeweils für $J = 2$ Empfänger

siehe Bild 5.5. Z_1 hat mittlere Rauschleistung N_1, Z_2 hat mittlere Rauschleistung N_2 und Z_3 hat mittlere Rauschleistung $N_1 + N_2$.

Aus der linken Seite von (5.15) ergeben sich die individuellen Kapazitäten

$$\begin{aligned} C_1 &= \frac{1}{2}\log\left(1+\frac{P}{N_1}\right) \\ C_2 &= \frac{1}{2}\log\left(1+\frac{P}{N_2}\right). \end{aligned} \tag{5.16}$$

Ohne Beschränkung der Allgemeinheit sei $N_1 \le N_2$, d. h. $C_1 \ge C_2$. Im umgekehrten Fall werden die Indizes vertauscht. Geht man davon aus, dass beide Empfänger die gleiche Information erhalten sollen, so ergibt sich

$$C = \min(C_1, C_2) \overset{N_1 \le N_2}{=} C_2. \tag{5.17}$$

Die zugehörige Kapazitätsregion für diesen ungünstigen Fall entspricht dem Rechteck in Bild 5.6.

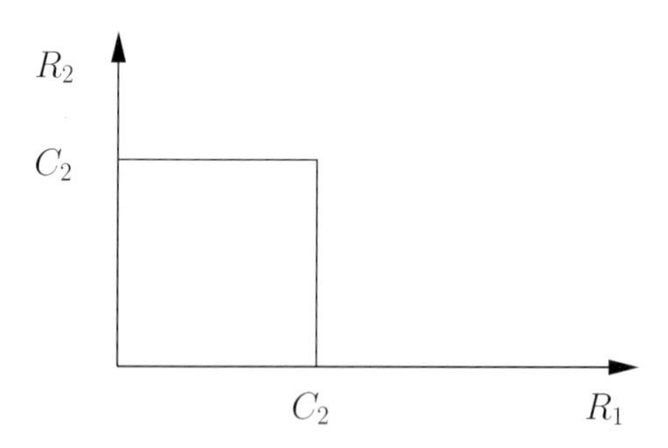

Bild 5.6: Kapazitätsregion für den Gauß'schen Rundfunkkanal im Falle einer „worst case" Betrachtung ($J = 2$)

Berücksichtigt man, dass über Kanal 1 mehr Information als über Kanal 2 gesendet werden kann, so erhält man mit dem „time-sharing" Argument die in Bild 5.7 gezeigte Kapazitätsregion.

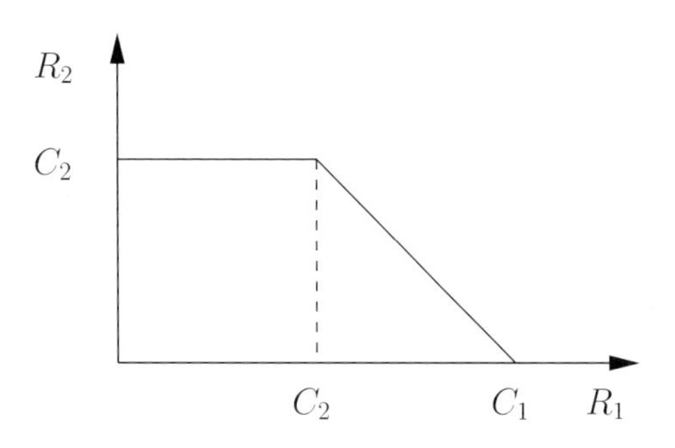

Bild 5.7: Kapazitätsregion für den Gauß'schen Rundfunkkanal im Falle von „time sharing" ($J = 2$)

Durch Superpositionscodierung in Verbindung mit einer sukzessiven Interferenzunterdrückung kann die Kapazitätsregion nochmals erweitert werden. Es sei

$$X := X_1 + X_2, \tag{5.18}$$

wobei X_1 und X_2 gaußverteilt mit den mittleren Sendeleistungen $P_1 := \alpha E\{X^2\} \leq \alpha P$ und folglich $P_2 = (1-\alpha)E\{X^2\} \leq (1-\alpha)P$ sind. Der Parameter α ist im Intervall $0 \leq \alpha \leq 1$ frei wählbar. Einsetzen in (5.15) ergibt

$$\begin{aligned} Y_1 &= X_1 + X_2 + Z_1 \\ Y_2 &= X_1 + X_2 + Z_2. \end{aligned} \tag{5.19}$$

Empfänger 2 versucht X_2 zu decodieren, betrachtet $X_1 + Z_2$ als Gauß'sches Rauschen mit Varianz $N_2 + \alpha P$ und kann X_2 quasi-fehlerfrei decodieren, falls

$$R_2 \leq \frac{1}{2} \log\left(1 + \frac{(1-\alpha)P}{N_2 + \alpha P}\right). \tag{5.20}$$

Weil $N_1 \leq N_2$ kann auch Empfänger 1 X_2 quasi-fehlerfrei decodieren. Empfänger 1 kann deshalb X_2 von Y_1 abziehen und man erhält

$$Y_1 - X_2 = X_1 + Z_1. \tag{5.21}$$

Empfänger 1 kann X_1 somit quasi-fehlerfrei decodieren, falls

$$R_1 \leq \frac{1}{2} \log\left(1 + \frac{\alpha P}{N_1}\right). \tag{5.22}$$

Empfänger 1 kann X_1 *und* X_2 decodieren:

$$R_1 + R_2 \leq \frac{1}{2} \log\left(1 + \frac{\alpha P}{N_1}\right) + \frac{1}{2} \log\left(1 + \frac{(1-\alpha)P}{N_2 + \alpha P}\right), \tag{5.23}$$

Empfänger 2 nur X_2:

$$R_2 \leq \frac{1}{2} \log\left(1 + \frac{(1-\alpha)P}{N_2 + \alpha P}\right). \tag{5.24}$$

Im Spezialfall $\alpha = 0$ ergibt sich

$$C_2 = \frac{1}{2} \log \left(1 + \frac{P}{N_2} \right). \tag{5.25}$$

Im Spezialfall $\alpha = 1$ folgt

$$C_1 = \frac{1}{2} \log \left(1 + \frac{P}{N_1} \right), \tag{5.26}$$

siehe Bild 5.8. Für $0 < \alpha < 1$ stellt sich ein Kapazitätsgewinn gegenüber „time-sharing" ein.

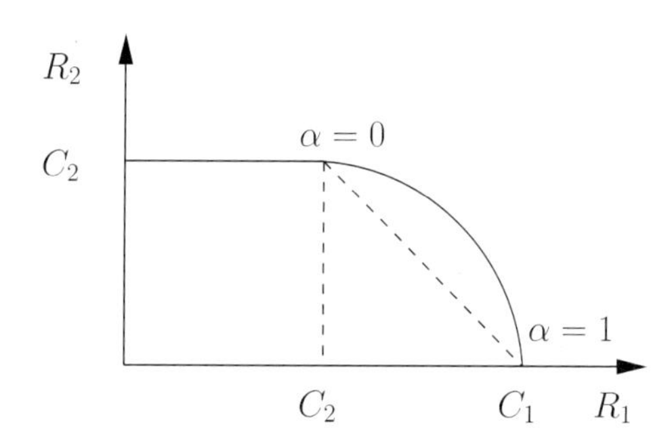

Bild 5.8: Erreichbare Kapazitätsregion für den Gauß'schen Rundfunkkanal mit Superpositionscodierung ($J = 2$)

Eine praktische Bedeutung der Superpositionscodierung besteht in einer *hierarchischen Quellencodierung*. Speziell bei hochauflösenden Fernsehsystemen generiert man zwei (oder mehr) Signale: Ein Signal mit niedriger Auflösung (im Beispiel X_2) und ein Signal mit Zusatzinformation (im Beispiel X_1). Durch Kombination von X_1 und X_2 erhält man eine hohe Auflösung. Das Fernsehsystem wird so ausgelegt, dass jeder Empfänger in der Lage ist, (mindestens) die niedrige Auflösung anzubieten. Empfänger, die auch die Zusatzinformation decodieren können, bieten eine hohe Auflösung und damit beste Bildqualität. Andere Beispiele finden sich in der Audio-, Festbild- und Videocodierung.

Informationstheoretisch betrachtet weisen MAC und BC fundamentale Gemeinsamkeiten auf, insbesondere die Optimalität der Superpositionscodierung in Verbindung mit sukzessiver Interferenzunterdrückung. Man beachte, dass die sukzessive Interferenzunterdrückung ein fehlerfreies Auslöschen voraussetzt, sonst kommt es zu Folgefehlern. Beim MAC-Szenario tritt die Superpositionscodierung in natürlicher Form auf. Beim BC-Szenario hingegen wurden *virtuelle Nutzer* (oder *virtuelle Datenströme*) definiert, um die Kapazitätsregion zu erweitern.

Das Prinzip der Superpositionscodierung kann auf verwandte Themen verallgemeinert werden, wie Superposition Coded Modulation oder Mehrantennenkommunikation (MIMO-Systeme), jeweils in Ein- oder Mehrnutzeranwendungen. Diese Themen sind gerade von aktuellem Interesse in der Forschung.

6 Kryptologie

6.1 Grundbegriffe der Kryptologie

Die *Kryptologie* ist die Kunst oder Wissenschaft der Konstruktion und des Angreifens von Verfahren zur Geheimhaltung. Teilgebiete umfassen die

- *Kryptographie* (Kunst oder Wissenschaft der Verschlüsselung)
- *Kryptoanalyse* (Kunst oder Wissenschaft des Angreifens)
- *Authentifizierung* (Sicherstellung der Echtheit der Nachricht).

Als *Kunst* wird die Kryptologie seit ein paar tausend Jahren vom Militär, von Diplomaten und Spionen benutzt. Als bedeutendes Beispiel sei die Entwicklung der Rotor-Schlüsselmaschine ENIGMA genannt [A. Scherbius, 1930], sowie deren Entschlüsselung [A. Turing, 1943]. Als *Wissenschaft* wurde die Kryptologie 1949 von C. E. Shannon etabliert. Der Bedarf an kryptologischen Verfahren ist in den letzten Jahren durch Mobilfunk, Internet, Online-Banking, elektronischen Handel, Abonnementfernsehen, usw. stark gestiegen.

Ziele der Kryptologie sind, je nach Bedarf, die Geheimhaltung, die Überprüfung der Authentizität, oder die Wahrung der Anonymität. Bei der *Geheimhaltung* steht die Frage im Vordergrund, wie man mit jemandem vertraulich kommunizieren kann. Neben organisatorischen Maßnahmen (wie z. B. Geheimtreffen) und physikalischen Maßnahmen (wie z. B. Geheimtinte) gewinnen kryptographische Maßnahmen in Form von Verschlüsselungsverfahren immer mehr an Bedeutung. Wir werden in diesem Kapitel Chiffrierverfahren mit privaten bzw. mit öffentlichen Schlüsseln kennenlernen.

Bei der Überprüfung der *Authentizität* geht es um die Bezeugung von Echtheit: Wie kann man sich oder eine Nachricht zweifelsfrei ausweisen? Man unterscheidet zwischen der Teilnehmerauthentifizierung (z. B. Zugangsberechtigung durch PIN- und TAN-Nummern) und der Nachrichtenauthentifizierung (z. B. durch Unterschriften oder andere Echtheitsmerkmale). In der deutschsprachigen Literatur wird, wenn auch nicht immer, zwischen Authentifizierung und Authentisierung unterschieden. In einer Benutzer-Server-Beziehung gilt: Der Benutzer authentisiert sich am Server, während der Server den Benutzer authentifiziert.

Die Wahrung der *Anonymität* ist ebenfalls eine wichtige Aufgabe: Kann man, auch wenn man elektronisch kommuniziert, seine Privatsphäre schützen? Beim Bezahlen mit Bargeld beispielsweise wird die Privatsphäre geschützt, bei „electronic cash" ist eine Wahrung der Anonymität weitaus schwieriger.

Die Informationstheorie stellt fundamentale Schranken für Verfahren zur Geheimhaltung bereit. Interessanterweise werden dabei die gleichen Werkzeuge wie zur Quellen- und Kanalcodierung verwendet. Der Entropiebegriff spielt erneut eine zentrale Rolle. Um die wichtigsten Grundbegriffe verständlich zu machen, betrachten wir zunächst das in Bild 6.1 dargestellte klassische Chiffriersystem.

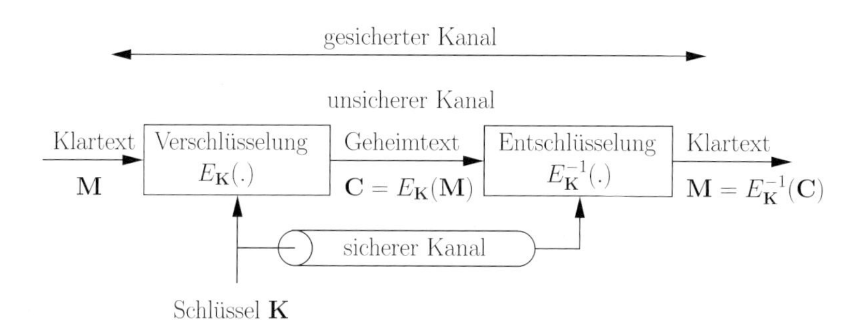

Bild 6.1: Blockschaltbild eines Chiffriersystems mit einem privaten Schlüssel

Die Aufgabe besteht darin, einen *Klartext* **M** („message") über einen *unsicheren Kanal* an einen autorisierten Empfänger zu übertragen. Unsicher bedeutet, dass unbefugte Personen Zugang zum gesendeten Signal haben. Im zellularen Mobilfunk beispielsweise können alle Nutzer einer Zelle die Sendesignale der anderen Nutzer empfangen. Der Lösungsansatz besteht darin, den Klartext **M** verschlüsselt zu übertragen. Wir bezeichnen den *Geheimtext* („ciphertext") mit **C**. Die Verschlüsselung geschieht durch einen Codierer. Wir bezeichnen das *Verschlüsselungsverfahren* mit $E_{\mathbf{K}}(.)$ („encryption") und schreiben:

$$\mathbf{C} := E_{\mathbf{K}}(\mathbf{M}) := f_{\mathbf{K}}(\mathbf{M}) := f(\mathbf{K}, \mathbf{M}). \tag{6.1}$$

Bei dem klassischen Chiffriersystem gemäß Bild 6.1 wird ein *privater Schlüssel* **K** („key") verwendet, auch geheimer Schlüssel genannt. Der private Schlüssel **K** darf neben dem Sender nur autorisierten Empfängern bekannt sein, nicht jedoch möglichen Angreifern. Empfängerseitig wird das Verschlüsselungsverfahren durch einen Decodierer $E_{\mathbf{K}}^{-1}(.)$ rückgängig gemacht („decryption"), um den Klartext **M** zu rekonstruieren:

$$\mathbf{M} := E_{\mathbf{K}}^{-1}(\mathbf{C}) := D_{\mathbf{K}}(\mathbf{C}) := f_{\mathbf{K}}^{-1}(\mathbf{C}) := f^{-1}(\mathbf{K}, \mathbf{C}). \tag{6.2}$$

Hierzu wird der identische Schlüssel **K** verwendet. Folglich muss der Schlüssel über einen sog. *sicheren Kanal* übertragen werden. Der sichere Kanal ist in Bild 6.1 durch ein abgeschirmtes Kabel abstrahiert. Die Erfordernis eines sicheren Kanals ist ein wesentlicher Nachteil des klassischen Chiffriersystems. Für jedes Paar von Kommunikationsteilnehmern muss (mindestens) ein individueller geheimer Schlüssel vereinbart werden. Der Verschlüsselungsbedarf muss somit a priori bekannt sein.

Man unterscheidet zwischen *blockweisen Verfahren* und *zeichenweisen Verfahren* zur Ver- und Entschlüsselung. Die blockweise Verarbeitung ist im Bereich der Kanalcodierung mit einem Blockcode vergleichbar. Der „Data Encryption Standard (DES)" ist ein prominentes Beispiel. Die zeichenweise (d. h. kontinuierliche) Verarbeitung ist im Bereich der Kanalcodierung mit einem Faltungscode vergleichbar. Ein „one-time pad" ist hierfür ein Ausführungsbeispiel.

Gemäß dem *Prinzip von Kerckhoffs* (1883) darf die Sicherheit eines Chiffrierverfahrens nicht von der Geheimhaltung des Algorithmus abhängen. Die Sicherheit gründet sich nur auf der Geheimhaltung des Schlüssels. Die Sicherheit eines Chiffrierverfahrens basiert auf dem Aufwand, der zum Brechen nötig ist. Man muss davon ausgehen, dass der Angreifer (der Kryptoanalytiker) die Natur des Klartextes (wie Sprache und Alphabet) sowie Systemkenntnisse besitzt. Dann kann der Schlüssel durch systematisches Ausprobieren eindeutig bestimmt werden, falls ausreichende Ressourcen zum Testen aller Kombinationen vorhanden sind.

In der Kryptoanalyse unterscheidet man unterschiedliches Vorwissen: *„Ciphertext-only attack"* bedeutet, dass dem Angreifer, neben der Systemkenntnis, nur der Geheimtext bekannt ist. Bei der *„known-plaintext attack"* sind dem Angreifer zusätzlich Klartext/Geheimtextpaare bekannt. Die anspruchsvollste Variante ist die *„chosen-plaintext attack"*. Hierbei kann der Angreifer den Klartext frei wählen und erhält als Antwort den mit dem geheimen Schlüssel erstellten Geheimtext. Heutige Chiffrierverfahren sind meist „chosen-plaintext attack" resistent.

6.2 Shannons Theorie zur Geheimhaltung

C. E. Shannon hat 1949 erstmalig informationstheoretische Grundlagen zur Kryptologie manifestiert. Er analysierte folgendes Modell eines Chiffriersystems, im Folgenden *Shannons Modell zur Geheimhaltung* genannt: Gegeben sei ein klassisches Chiffrierverfahren $\mathbf{C} = E_{\mathbf{K}}(\mathbf{M})$. Klartext $\mathbf{M} = [M_1, M_2, \dots, M_n]$ und Geheimtext $\mathbf{C} = [C_1, C_2, \dots, C_n]$ haben jeweils die Länge n. Klartextalphabet und Geheimtextalphabet bestehen aus L Symbolen. Der Klartext habe die Redundanz D pro Klartextsymbol. Der Schlüssel $\mathbf{K}$ wird nach jeder Nachricht $\mathbf{M}$ ausgetauscht. Gemäß Kerckhoffs' Prinzip sind nur die Schlüssel geheim. Der Angreifer kennt $E_{\mathbf{K}}(.)$ für jeden Schlüssel $\mathbf{K}$. Er kennt nur den Geheimtext $\mathbf{C}$ („ciphertext-only attack") und hat Zugang zu unbegrenzter Rechenleistung.

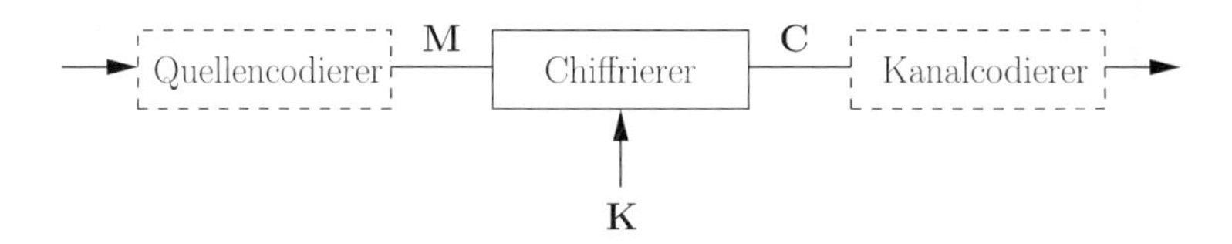

Bild 6.2: Blockschaltbild von Shannons Modell zur Geheimhaltung. Klartext $\mathbf{M}$ und Geheimtext $\mathbf{C}$ haben die Länge n, der Klartext hat die Redundanz D

Definition 6.2.1 *Man definiert die* Schlüsselentropie

$$H(\mathbf{K}) := -\sum_{\mathbf{k}} p_{\mathbf{K}}(\mathbf{k}) \log p_{\mathbf{K}}(\mathbf{k}), \tag{6.3}$$

die Klartextentropie

$$H(\mathbf{M}) := -\sum_{\mathbf{m}} p_{\mathbf{M}}(\mathbf{m}) \log p_{\mathbf{M}}(\mathbf{m}), \tag{6.4}$$

die bedingte Schlüsselentropie *(Schlüsseläquivokation)*

$$H(\mathbf{K}|\mathbf{C}) := -\sum_{\mathbf{k}} \sum_{\mathbf{c}} p_{\mathbf{KC}}(\mathbf{k},\mathbf{c}) \log p_{\mathbf{K}|\mathbf{C}}(\mathbf{k}|\mathbf{c}) \tag{6.5}$$

und die bedingte Klartextentropie *(Klartextäquivokation)*

$$H(\mathbf{M}|\mathbf{C}) := -\sum_{\mathbf{m}}\sum_{\mathbf{c}} p_{\mathbf{MC}}(\mathbf{m},\mathbf{c}) \log p_{\mathbf{M}|\mathbf{C}}(\mathbf{m}|\mathbf{c}). \tag{6.6}$$

Die Schlüsseläquivokation (bzw. die Klartextäquivokation) ist die Unsicherheit, vor die der Angreifer gestellt wird, wenn er den aktuellen Schlüssel (bzw. den aktuellen Klartext) bei gegebenem Geheimtext $\mathbf{C}$ bestimmen möchte („ciphertext-only attack"). Bekanntlich gilt

$$0 \overset{(1.40)}{\leq} H(\mathbf{K}|\mathbf{C}) \overset{(1.44)}{\leq} H(\mathbf{K}) \quad \text{und} \quad 0 \overset{(1.40)}{\leq} H(\mathbf{M}|\mathbf{C}) \overset{(1.44)}{\leq} H(\mathbf{M}), \tag{6.7}$$

d. h. die Kenntnis des Geheimtextes kann (im Mittel) nie die Unsicherheit über den Schlüssel oder den Klartext erhöhen.

Bemerkung 6.2.1 Sind dem Angreifer Klartext/Geheimtextpaare bekannt („known-plaintext attack"), so ist $H(\mathbf{K}|\mathbf{M},\mathbf{C})$ anstelle von $H(\mathbf{K}|\mathbf{C})$ von großem Interesse.

Definition 6.2.2 (Nichttriviales Chiffrierverfahren, sicheres Chiffrierverfahren) *Ein Chiffrierverfahren wird* nichttrivial *genannt, falls*

$$H(\mathbf{M}|\mathbf{K},\mathbf{C}) = 0 \tag{6.8}$$

und (im Sinne der Informationstheorie) sicher *genannt, falls*

$$H(\mathbf{M}|\mathbf{C}) = H(\mathbf{M}). \tag{6.9}$$

In nichttrivialen Chiffrierverfahren ist bei Kenntnis von Schlüssel und Geheimtext die Unsicherheit über den Klartext gleich null. In sicheren Chiffrierverfahren sind Klartext und Geheimtext statistisch unabhängig, d. h. $I(\mathbf{M};\mathbf{C}) = H(\mathbf{M}) - H(\mathbf{M}|\mathbf{C}) = 0$.

Satz 6.2.1 *In nichttrivialen Chiffrierverfahren ist die Klartextäquivokation kleiner gleich der Schlüsseläquivokation, d. h.*

$$H(\mathbf{M}|\mathbf{C}) \leq H(\mathbf{K}|\mathbf{C}). \tag{6.10}$$

Beweis 6.2.1 $H(\mathbf{M}|\mathbf{C}) \overset{(1.48)}{\leq} H(\mathbf{K},\mathbf{M}|\mathbf{C}) = H(\mathbf{K}|\mathbf{C}) + H(\mathbf{M}|\mathbf{K},\mathbf{C})$, wobei die rechte Seite aus der Kettenregel der Entropie folgt. Für nichttriviale Chiffrierverfahren gilt $H(\mathbf{M}|\mathbf{K},\mathbf{C}) \overset{(6.8)}{=} 0$, womit der Satz bewiesen ist. □

Satz 6.2.2 *In sicheren Chiffrierverfahren ist die Klartextentropie kleiner gleich der Schlüsselentropie, d. h.*

$$H(\mathbf{M}) \leq H(\mathbf{K}). \tag{6.11}$$

Erzeugt man die Schlüssel durch einen gleichverteilten Zufallsgenerator über einem Alphabet der Mächtigkeit L, so gilt $H(\mathbf{K}) = n \log L$.

Beweis 6.2.2

$$H(\mathbf{M}) \overset{(6.9)}{=} H(\mathbf{M}|\mathbf{C}) \overset{(6.10)}{\leq} H(\mathbf{K}|\mathbf{C}) \overset{(6.7)}{\leq} H(\mathbf{K}). \tag{6.12}$$

□

Auf Basis dieser Grundlagen kann nun der zentrale Satz zur Geheimhaltung formuliert werden:

Satz 6.2.3 (Shannons Chiffriertheorem) *Für Shannons Modell zur Geheimhaltung gilt bei gegebener Redundanz D*

$$H(\mathbf{K}|\mathbf{C}) \geq H(\mathbf{K}) - nD. \tag{6.13}$$

Beweis 6.2.3 Es sei $H_0 := H_0(\mathbf{M}) = H_0(\mathbf{C}) = \log L$. Für alle Chiffrierverfahren gilt:

$$H(\mathbf{M},\mathbf{K}) = H(\mathbf{C},\mathbf{K}). \tag{6.14}$$

Weil $\mathbf{M}$ und $\mathbf{K}$ als statistisch unabhängig angenommen wurden, erhält man für die linke Seite

$$H(\mathbf{M},\mathbf{K}) = H(\mathbf{M}) + H(\mathbf{K}). \tag{6.15}$$

Mit der Kettenregel der Entropie kann die rechte Seite wie folgt umgeformt werden:

$$H(\mathbf{C},\mathbf{K}) = H(\mathbf{C}) + H(\mathbf{K}|\mathbf{C}). \tag{6.16}$$

Wegen $H(\mathbf{C}) \leq nH_0$ kann die rechte Seite wie folgt abgeschätzt werden:

$$H(\mathbf{C},\mathbf{K}) \leq nH_0 + H(\mathbf{K}|\mathbf{C}). \tag{6.17}$$

Wir setzen (6.15) und (6.17) in (6.14) ein und erhalten

$$H(\mathbf{K}|\mathbf{C}) \geq H(\mathbf{M}) + H(\mathbf{K}) - nH_0 = H(\mathbf{K}) - n(H_0 - H(\mathbf{M})/n), \tag{6.18}$$

womit der Satz bewiesen ist, da $D := H_0 - H(\mathbf{M})/n$ gemäß (2.33). □

Fasst man Shannons Chiffriertheorem $H(\mathbf{K}|\mathbf{C}) \overset{(6.13)}{\geq} H(\mathbf{K}) - nD$ mit $H(\mathbf{K}) \overset{(6.7)}{\geq} H(\mathbf{K}|\mathbf{C}) \geq 0$ zusammen, so folgt

$$H(\mathbf{K}) \geq H(\mathbf{K}|\mathbf{C}) \geq \max\{H(\mathbf{K}) - nD, 0\}. \tag{6.19}$$

Aus dieser Ungleichung lassen sich folgende fundamentale Aussagen herleiten:

(i) Weist der Klartext keine Redundanz auf ($D = 0$), dann ist die Schlüsseläquivokation $H(\mathbf{K}|\mathbf{C})$ gleich der Schlüsselentropie $H(\mathbf{K})$, d. h.

$$H(\mathbf{K}|\mathbf{C}) = H(\mathbf{K}). \tag{6.20}$$

Gleichung (6.20) besagt, dass die Unsicherheit über den Schlüssel bei vollständiger Kenntnis des Geheimtextes $\mathbf{C}$ („ciphertext-only attack") genauso groß ist wie bei vollständiger Unkenntnis des Geheimtextes – ein ideales Szenario für einen Systemadministrator. Den Fall $D = 0$ kann man (theoretisch, aber nicht praktisch) durch eine *perfekte Quellencodierung* erzielen. Datenkompression ist folglich wichtig, um die Sicherheit eines Chiffrierverfahrens zu erhöhen: Eine perfekte Quellencodierung in Verbindung mit einem nichttrivialen Chiffrierverfahren ergibt ein sicheres System, wenn der Schlüssel nach jeder Nachricht ausgetauscht wird.

(ii) Nun betrachten wir den praktischen Fall, dass der Klartext redundanzbehaftet ist ($D > 0$). Falls $n \geq H(\mathbf{K})/D$ (d. h. für $H(\mathbf{K}) - nD \leq 0$) ist die untere Schranke für die Schlüsseläquivokation gleich null, d. h.

$$H(\mathbf{K}|\mathbf{C}) = 0. \tag{6.21}$$

Wir riskieren, dass dem Angreifer die Bestimmung des aktuellen Schlüssels glückt – ein ideales Szenario für einen Angreifer. Die Sicherheit des Systems kann nicht garantiert werden.

Ist der Klartext redundanzbehaftet, so ist gemäß (6.19) eine große Klartextlänge (bzw. Geheimtextlänge) n hilfreich für einen erfolgreichen Angriff. Umgekehrt ist intuitiv einleuchtend, dass bei einer kleinen Klartextlänge (bzw. Geheimtextlänge) n dem Angreifer keine eindeutige Entschlüsselung möglich ist. Die kleinstmögliche Länge des Geheimtextes die nötig ist, um den Schlüssel zu finden (d. h. $H(\mathbf{K}|\mathbf{C}) = 0$ und somit $H(\mathbf{M}|\mathbf{C}) = 0$), wird *Eindeutigkeitslänge* genannt und mit n_{min} bezeichnet.

Satz 6.2.4 (Eindeutigkeitslänge) *Die Eindeutigkeitslänge berechnet sich für Shannons Modell zur Geheimhaltung zu*

$$n_{min} = H(\mathbf{K})/D. \tag{6.22}$$

Um einen erfolgreichen Angriff selbst für einen Angreifer mit unbegrenzter Rechenkapazität auszuschließen, sollte die Geheimtextlänge n immer kleiner als die Eindeutigkeitslänge n_{min} sein. Je größer die Schlüsselentropie $H(\mathbf{K})$ und je kleiner die Redundanz D ist, umso größer ist die Eindeutigkeitslänge.

Beweis 6.2.4 Der Beweis folgt unmittelbar aus Ungleichung (6.19) für $D > 0$. □

Satz 6.2.5 *Erzeugt man die Schlüssel durch einen gleichverteilten Zufallsgenerator über einem Alphabet der Mächtigkeit L, so ist die Eindeutigkeitslänge n_{min} immer größer als die Geheimtextlänge n, d. h.*

$$n_{min} > n. \tag{6.23}$$

Folglich ist es vorteilhaft, die Schlüssel durch einen Zufallsgenerator zu generieren.

Beweis 6.2.5

$$n_{min} \stackrel{(6.22)}{=} \frac{H(\mathbf{K})}{D} \stackrel{(2.33)}{=} \frac{H(\mathbf{K})}{H_0 - H(\mathbf{M})/n} > \frac{H(\mathbf{K})}{H_0} = \frac{nH_0}{H_0} = n. \tag{6.24}$$

□

Den vorteilhaften Effekt der Quellencodierung auf die Sicherheit eines Chiffriersystems nutzt man durch die Reihenfolge (i) Quellencodierung (Datenkompression) vor der (ii) Chiffrierung (Datenverschlüsselung) vor der (iii) Kanalcodierung (Fehlerkorrektur). Weil die Kanalcodierung Redundanz hinzufügt, darf sie auf keinen Fall vor der Verschlüsselung erfolgen. Ein im Sinne der Informationstheorie sicheres Chiffrierverfahren kann somit wie folgt aufgebaut werden:

- *Quellencodierung* der (möglichst langen) Nachricht
- *Segmentierung* der quellencodierten Sequenz in Teilblöcke **M**, wobei die Länge n eines jeden Teilblocks die Eindeutigkeitslänge n_{min} nicht überschreiten darf
- *Schlüsselgenerierung*
  - der Schlüssel **K** muss nach jedem Teilblock **M** ausgetauscht werden
  - die Schlüssel müssen zufällig generiert („ausgewürfelt") werden.
  - die Schlüssellängen müssen so groß sein wie die Längen n der Teilblöcke
  - die Schlüssel müssen über einen „sicheren Kanal" übertragen werden
- *Verschlüsselung* z. B. durch modulo-2 Addition von Teilsequenz **M** und den Schlüsselwörtern **K** (jeweils in binärer Darstellung)
- Zusammenfügen von Teilblöcken (Desegmentisierung)
- *Kanalcodierung* der (möglichst langen) desegmentierten Sequenz zum Schutz vor Übertragungsfehlern

6.3 Chiffriersysteme mit öffentlichem Schlüssel

Bislang wurde vorausgesetzt, dass die Kommunikationspartner einen geheimgehaltenen Schlüssel verwenden. Dies setzt voraus, dass (i) der Verschlüsselungsbedarf im voraus bekannt ist (bei k Kommunikationspartnern werden mindestens $k(k-1)/2$ Schlüssel benötigt) und (ii) die Schlüssel über einen sicheren Kanal übertragen werden (d. h. nur autorisierten Kommunikationspartnern zur Verfügung steht).

Die genannten Probleme können durch ein Chiffrierverfahren mit zwei Schlüsseln vollständig vermieden werden, wie Diffie und Hellman 1976 erkannten:

- ein *öffentlicher Schlüssel* wird zum Verschlüsseln verwendet
- ein *geheimgehaltener (privater) Schlüssel* wird zum Entschlüsseln verwendet.

Das erste und meist beschriebene Chiffrierverfahren mit zwei Schlüsseln ist das 1978 von Rivest, Shamir und Adleman publizierte *RSA-Verfahren*. Das RSA-Verfahren ist im Sinne der Informationstheorie nicht sicher, soll aber aufgrund seiner großen praktischen Bedeutung hier gewürdigt werden.

Chiffrierverfahren mit öffentlichem Schlüssel basieren auf dem Konzept der sog. Falltür-Einwegfunktion:

- Eine *Einwegfunktion* ist eine invertierbare Funktion $f(x)$, bei der für alle x des Definitionsbereichs $y = f(x)$ leicht zu berechnen ist. Jedoch ist es für alle y des Wertebereichs „praktisch unmöglich", $x = f^{-1}(y)$ zu berechnen.

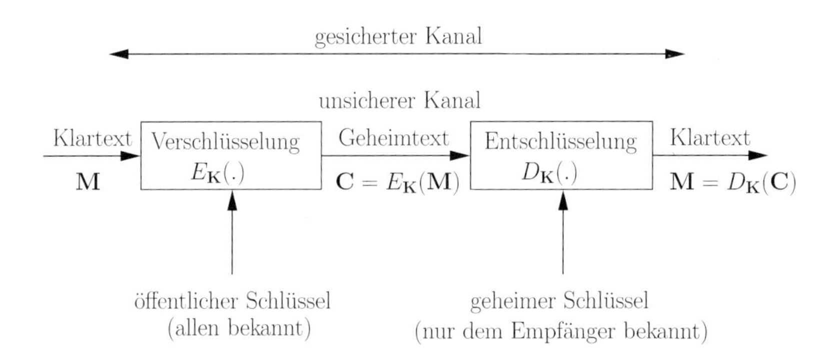

Bild 6.3: Blockschaltbild eines Chiffrierverfahrens mit öffentlichem Schlüssel

- Eine *Falltür-Einwegfunktion* ist eine Familie von invertierbaren Funktionen $f_{\mathbf{K}}(x)$. Für einen gegebenen *Falltür-Parameter* **K** sind für alle x des Definitionsbereichs $y = f_{\mathbf{K}}(x)$ und für alle y des Wertebereichs $x = f_{\mathbf{K}}^{-1}(y)$ leicht zu berechnen. Für alle anderen **K** ist die Berechnung von $x = f_{\mathbf{K}}^{-1}(y)$ jedoch „praktisch unmöglich“, selbst wenn $f_{\mathbf{K}}(x)$ bekannt ist. Ohne die Kenntnis des geheimgehaltenen Falltür-Parameters **K** ist ein Entschlüsseln „praktisch unmöglich“.

Das Konzept der Einwegfunktion ist mit dem gedruckten Telefonbuch einer Großstadt vergleichbar: Bei gegebenem Namen kann die zugehörige Telefonnummer leicht identifiziert werden. Umgekehrt ist es (ohne Software) bedeutend aufwendiger, zu einer Telefonnummer den zugehörigen Namen zu finden.

In Blockdiagramm 6.3 entspricht die Falltür-Einwegfunktion $f_{\mathbf{K}}(x)$ dem öffentlichen Schlüssel $E_{\mathbf{K}}(.)$, während $f_{\mathbf{K}}^{-1}(y)$ dem geheimen Schlüssel $D_{\mathbf{K}}(.)$ entspricht. Derjenige, der die verschlüsselte Information *empfangen* will, wählt und veröffentlicht die Falltür-Einwegfunktion $E_{\mathbf{K}}(.)$, hält jedoch den Falltür-Parameter **K** geheim.

6.3.1 Zwei Ergebnisse aus der Zahlentheorie

Zum weiteren Verständnis sind zwei Ergebnisse aus der Zahlentheorie erforderlich.

Definition 6.3.1 (Eulers Φ-Funktion) *Es sei n eine ganze Zahl. $\Phi(n)$ ist gleich der Anzahl ganzer Zahlen i im Intervall $[1, n-1]$, die teilerfremd (d. h. relativ prim) zu n sind, d. h. für die der größte gemeinsame Teiler gleich eins ist ($ggT(i,n) = 1$). Per Definition sei $\Phi(1) = 1$.*

Beispiel 6.3.1 Es sei $n = p \cdot q$, wobei p und q Primzahlen sind. Somit gilt $\Phi(p) = p - 1$ und $\Phi(q) = q - 1$. Da $\underbrace{p, 2p, \ldots, (q-1)p}_{q-1 \text{ Terme}}, \underbrace{q, 2q, \ldots, (p-1)q}_{p-1 \text{ Terme}}$ nicht relativ prim zu n sind, folgt

$$\Phi(n) = n - 1 - (q-1) - (p-1) = (p-1)(q-1) = \Phi(p) \cdot \Phi(q). \tag{6.25}$$

Satz 6.3.1 (Eulers Satz) *Es seien m und n ganze Zahlen. Falls $ggT(m,n) = 1$, dann gilt*

$$m^{\Phi(n)} = 1 \quad (mod\, n). \tag{6.26}$$

Die Abkürzung mod n steht für eine Berechnung modulo n. Zwecks Beweis von Eulers Satz sei auf Standardwerke der Zahlentheorie verwiesen.

6.3.2 RSA-Chiffrierverfahren

Das *RSA-Chiffrierverfahren* basiert auf dem Faktorisierungsproblem großer Zahlen und auf der Schwierigkeit der Lösung des diskreten Logarithmus. Man wählt eine große Zahl $n = p \cdot q$, wobei p und q große Primzahlen sind, und man wählt eine zufällige ganze Zahl e mit $1 < e < \Phi(n)$ so, dass

$$\text{ggT}(e, \Phi(n)) = 1 \tag{6.27}$$

und berechnet die Inverse zu e (mod $\Phi(n)$):

$$e \cdot d = 1 \quad (\text{mod } \Phi(n)). \tag{6.28}$$

Die sog. *Bezout-Identität* garantiert, dass d existiert und eindeutig ist. Der öffentliche Schlüssel ist das Paar (n, e), der private Schlüssel lautet (n, d). Der Falltür-Parameter $\mathbf{K}$ ist gleich $(p, q, \Phi(n))$ bzw. d.

Bemerkung 6.3.1 Es darf Angreifern nicht gelingen, n zu faktorisieren. Falls dies dennoch möglich ist, d. h. falls p und q bekannt sind, kann $\Phi(n) = \Phi(p) \cdot \Phi(q) = (p-1)(q-1)$ leicht berechnet werden. Bei bekanntem e gelingt es folglich auch, $d = e^{-1}$ (mod $\Phi(n)$) zu berechnen.

Beim RSA-Chiffrierverfahren wird der zu verschlüsselnde Klartext erst auf Zahlen abgebildet und in ganzzahlige Blöcke M („messages") eingeteilt, wobei $\text{ggT}(M, n) = 1$ und $0 < M < n$ (z. B. $0 < M < \min(p, q)$).

Definition 6.3.2 (RSA-Verschlüsselungsalgorithmus) *Der* RSA-Verschlüsselungsalgorithmus *lautet*

$$C = E_{\mathbf{K}}(M) = M^e \quad (mod\, n). \tag{6.29}$$

Satz 6.3.2 (RSA-Entschlüsselungsalgorithmus) *Der zugehörige* Entschlüsselungsalgorithmus *ergibt sich zu*

$$M = D_{\mathbf{K}}(C) = C^d \quad (mod\, n). \tag{6.30}$$

Beweis 6.3.1 $D_{\mathbf{K}}(C) = C^d = (M^e)^d = M^{e \cdot d} \overset{(\star)}{=} M^{1+k\Phi(n)} = (M^{\Phi(n)})^k M \overset{(\star\star)}{=} M \quad (\text{mod } n)$, wobei $e \cdot d = 1$ (mod $\Phi(n)$) in $(\star)$ und Eulers Satz in $(\star\star)$ verwendet werden. □

Bemerkung 6.3.2 Wer (n, e) kennt, kann verschlüsseln, aber nur wer zusätzlich $(p, q, \Phi(n))$ oder d kennt, kann entschlüsseln. Dem Angreifer darf es nicht gelingen, $C = M^e$ (mod n) mit Hilfe des diskreten Logarithmus zu lösen, wobei e und C bekannt sind.

Beispiel 6.3.2 Wir wählen die Primzahlen $p = 41$ und $q = 73$. (Dieses Beispiel ist auch ohne Hilfsmittel nachvollziehbar.) Hieraus ergibt sich $n = p \cdot q = 2993$ und $\Phi(n) = 2880$. Ferner wählen wir den öffentlichen Exponenten zu $e = 17$. Weil 17 eine Primzahl ist, ist e auf jeden Fall teilerfremd zu $\Phi(n)$. (Für Exponenten e der Form $2^i + 1$, $i \in \mathbf{N}$, lässt sich der Verschlüsselungsalgorithmus besonders effizient berechnen.) Durch Ausprobieren oder z. B. mit Hilfe des Euklid'schen Algorithmus erhält man den privaten Exponenten zu $d = 2033$. Der öffentliche Schlüssel lautet somit $(n,e) = (2993, 17)$ und der private Schlüssel lautet $(n,d) = (2993, 2033)$. Die Hilfsvariablen p, q und $\Phi(n)$ sollten nach der Schlüsselgenerierung vernichtet werden.

Die Buchstaben des Klartextes seinen gemäß $A = 01$, $B = 02$, $C = 03$, ..., $Z = 26$, Leerzeichen $= 27$ codiert. Jeweils zwei Buchstaben werden zu einer „message" M zusammengefasst. Auf diese Weise erhält man aus dem Klartext

```
RSA ALGORITH...
```

die 4-ziffrigen Blöcke

```
1819 0127 0112 0715 1809 2008 ... .
```

Der Geheimtext ergibt sich mit (6.29) zu

```
1375 1583 0259 0980 1866 1024 ... .
```

Mit Hilfe von (6.30) erfolgt die Entschlüsselung. ◊

6.3.3 RSA-Authentifizierungsverfahren

Vertauscht man die Schlüssel eines RSA-Chiffrierverfahrens, so erhält man ein RSA-Authentifizierungsverfahren (bzw. ein RSA-Authentisierungsverfahren), siehe Bild 6.4. Der Sender verwendet seinen privaten Schlüssel $D_{\mathbf{K}}(.)$, während der oder die Empfänger den zugehörigen öffentlichen Schlüssel $E_{\mathbf{K}}(.)$ verwenden. Passt der öffentliche Schlüssel zum privaten Schlüssel, so gilt die Echtheit der Nachricht (bei der Nachrichtenauthentifizierung) oder des Teilnehmers (bei der Teilnehmerauthentifizierung) als bewiesen.

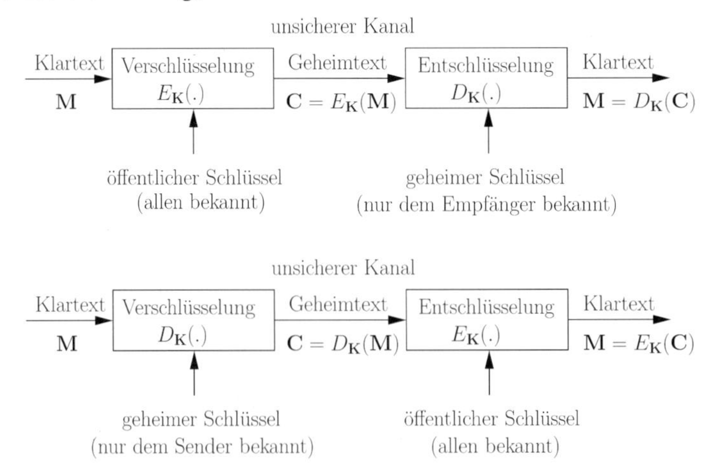

Bild 6.4: RSA-Chiffrierverfahren (oben) und RSA-Authentifizierungsverfahren (unten)

Literaturverzeichnis

Bücher

[Abr63] N. Abramson, *Information Theory and Coding*. New York, NY: McGraw-Hill Book Company, 1963.

[Acz75] J. Aczel, Z. Daroczy, *On Measures of Information and their Characterization*. New York, NY: Academic Press, 1975.

[Arn01] C. Arndt, *Information Measures: Information and its Description in Science and Engineering*. Berlin: Springer-Verlag, 2001.

[Ash65] R. B. Ash, *Information Theory*. New York, NY: Dover Publications, 1990.

[Bel68] D. A. Bell, *Information Theory and its Engineering Applications*. London, UK: Pitman Ltd, 4. Auflage, 1968.

[Ber71] T. Berger, *Rate Distortion Theory: A Mathematical Basis for Data Compression*. Englewood Cliffs, NJ: Prentice Hall, 1971.

[Beu09] A. Beutelspacher, *Kryptologie*. Braunschweig/Wiesbaden: Vieweg, 9. Auflage, 2009.

[Beu10] A. Beutelspacher, J. Schwenk, K.-D. Wolfenstetter, *Moderne Verfahren der Kryptographie*. Braunschweig/Wiesbaden: Vieweg, 7. Auflage, 2010.

[Bla87] R. E. Blahut, *Principles and Practice of Information Theory*. Reading, MA: Addison-Wesley, 1987.

[Bla90] R. E. Blahut, *Digital Transmission of Information*. Reading, MA: Addison-Wesley, 1990.

[Cha04] G. J. Chaitin, *Algorithmic Information Theory*. Cambridge, UK: Cambridge University Press, 2004.

[Cov06] T. M. Cover, J. A. Thomas, *Elements of Information Theory*. New York, NY: John Wiley & Sons, 2. Auflage, 2006.

[Csi97] I. Csiszár, J. Körner, *Information Theory: Coding Theorems for Discrete Memoryless Systems*. New York, NY: Academic Press, 3. Auflage, 1997.

[Fan66] R. M. Fano, *Transmission of Information: A Statistical Theory of Communications*. Textbook Publishers, 2003.

[Fan66] R. M. Fano, *Informationsübertragung*. München: Oldenbourg, 1966.

[Fei58] A. Feinstein, *Foundations of Information Theory*. New York, NY: McGraw-Hill, 1958.

[Gal68] R. G. Gallager, *Information Theory and Reliable Communication*. New York, NY: John Wiley & Sons, 1968.

[Gol53] S. Goldman, *Information Theory*. Englewood Cliffs, NJ: Prentice Hall, 1953.

[Gol94] S. W. Golomb, R. E. Peile, R. A. Scholtz, *Basic Concepts in Information Theory and Coding: The Adventures of Secret Agent 00111*. Berlin: Springer-Verlag, 1994.

[Gop95] V. D. Goppa, *Algebraic Information Theory*. World Scientific Publishing Company, 1995.

[Gra90] R. M. Gray, *Entropy and Information Theory*. Berlin: Springer-Verlag, 1990.

[Gui77] S. Guiasu, *Information Theory with Applications*. New York, NY: McGraw-Hill, 1977.

[Han03] D. R. Hankerson, G. A. Harris, P. D. Johnson, *Introduction to Information Theory and Data Compression*. Boca Raton, FL: CRC Press, 2. Auflage, 2003.

[Huf07] M. Hufschmid, *Information und Kommunikation*. Wiesbaden: Vieweg+Teubner, 2007.

[Jel68] F. Jelinek, *Probabilistic Information Theory*. New York, NY: McGraw-Hill, 1968.

[Joh92] R. Johannesson, *Informationstheorie: Grundlagen der (Tele-)Kommunikation*. Lund, SE: Addison-Wesley, 1992.

[Jon00] G. A. Jones, J. M. Jones, *Information and Coding Theory*. Berlin: Springer-Verlag, 2000.

[Jon96] M. C. Jones, *Elementary Information Theory*. Oxford, UK: Oxford University Press, 1996.

[Khi57] A. Ya. Khinchin, *Mathematical Foundations of Information Theory*. New York, NY: Dover Publications, 1957.

[Kli06] H. Klimant, R. Piotraschke, D. Schönfeld, *Informations- und Kodierungstheorie*. Stuttgart: Teubner, 3. Auflage, 2006.

[Kul97] S. Kullback, *Information Theory and Statistics*. New York, NY: Dover Publications, 1997.

[Lon75] G. Longo (Ed.), *Information Theory: New Trends and Open Problems*. Wien: Springer-Verlag, 1975.

[Lon77] G. Longo (Ed.), *The Information Theory Approach to Communications*. Berlin: Springer-Verlag, 1977.

[Lub97] J. C. A. van der Lubbe, *Information Theory*. Cambridge, UK: Cambridge University Press, 1997.

[Mac03] D. J. C. MacKay, *Information Theory, Inference, and Learning Algorithms*. Cambridge, UK: Cambridge University Press, 2003.

[Man87] M. Mansuripur, *Introduction to Information Theory*. Englewood Cliffs, NJ: Prentice Hall, 1987.

[Mat03] R. Matthes, *Algebra, Kryptologie und Kodierungstheorie*. München, Wien: Fachbuchverlag Leipzig im Carl Hanser Verlag, 2003.

[Mce04] R. J. McEliece, *The Theory of Information and Coding*. Cambridge, UK: Cambridge University Press, 2004.

[Mid96] D. Middleton, *An Introduction to Statistical Communication Theory*. Piscataway, NJ: IEEE Press, 1996.

[Mil92] O. Mildenberger, *Informationstheorie und Codierung*. Braunschweig/Wiesbaden: Vieweg, 2. Auflage, 1992.

[Pie80] J. R. Pierce, *An Introduction to Information Theory: Symbols, Signals and Noise*. New York, NY: Dover Publications, 2. Auflage, 1980.

[Rez94] F. M. Reza, *An Introduction to Information Theory*. New York, NY: Dover Publications, 1994.

[Roh95] H. Rohling, *Einführung in die Informations- und Codierungstheorie*, Stuttgart: Teubner, 1995.

[Rom92] S. Roman, *Coding and Information Theory*. Berlin: Springer-Verlag, 1992.

[Rom97] S. Roman, *Introduction to Coding and Information Theory*. Berlin: Springer-Verlag, 1997.

[Sei06] P. Seibt, *Algorithmic Information Theory: Mathematics of Digital Information Processing*. Berlin: Springer-Verlag, 2006.

[Sha49] C. E. Shannon, W. Weaver, *The Mathematical Theory of Communication*. Urbana, IL: University of Illinois Press, 1949 (Neuauflage 1998).

[Sle74] D. Slepian (Ed.), *Key Papers in the Development of Information Theory*. Piscataway, NJ: IEEE Press, 1974.

[Slo93] N. J. A. Sloane, A. D. Wyner (Eds.), *Claude E. Shannon: Collected Papers*. Piscataway, NJ: IEEE Press, 1993.

[Ver99] S. Verdu, S. W. McLaughlin (Eds.), *Information Theory: 50 Years of Discovery*. Piscataway, NY: IEEE Press, 1999.

[Vit09] A. J. Viterbi, J. K. Omura, *Principles of Digital Communication and Coding*. New York, NY: Dover Publications, 2009.

[Wel05] R. B. Wells, *Applied Coding and Information Theory for Engineers*. Singapore: Pearson Education, 2005.

[Woz65] J. M. Wozencraft, I. M. Jacobs, *Principles of Communication Engineering*. New York, NY: John Wiley & Sons, 1965.

[Yeu02] R. W. Yeung, *A First Course in Information Theory*. Berlin: Springer-Verlag, 2002.

[Yeu08] R. W. Yeung, *Information Theory and Network Coding*. Berlin: Springer-Verlag, 2008.

Ausgewählte klassische Publikationen

[Har28] R. V. L. Hartley, "Transmission of information," Bell Syst. Tech. J., Band 7, S. 535-563, 1928.

[Nyq24] H. Nyquist, "Certainty factors affecting telegraph speed," Bell Syst. Tech. J., Band 3, S. 324-346, 1924.

[Sha48] C. E. Shannon, "A mathematical theory of communication," Bell Syst. Tech. J., Band 27, S. 379-423 und S. 623-656, Juli und Okt. 1948.

[Sha49a] C. E. Shannon, "Communication theory of secrecy systems," Bell Syst. Tech. J., Band 28, S. 656-715, Oct. 1949.

[Sha51] C. E. Shannon, "Prediction and entropy of printed English," Bell Syst. Tech. J., Band 30, S. 50-64, 1951.

Teil II

Grundlagen der Kanalcodierung

7 Einführung und Grundbegriffe

Als Kanalcodierung bezeichnet man Verfahren, um Daten vor Übertragungsfehlern oder Aufzeichnungsfehlern zu schützen. Eine Kanalcodierung ist nur in digitalen Übertragungssystemen und Speichersystemen möglich und nur bei gestörten Kanälen nötig. Den Daten wird senderseitig kontrolliert *Redundanz* hinzugefügt, sodass bei der Übertragung bzw. Aufzeichnung entstandene Fehler empfängerseitig erkannt und/oder korrigiert werden können. Die wichtigsten Aufgaben der Kanalcodierung umfassen:

- *Fehlererkennung* und *Fehlerkorrektur*
  Durch Fehlererkennung und insbesondere Fehlerkorrektur kann die Fehlerwahrscheinlichkeit verringert und/oder die Sendeleistung verringert respektive die Reichweite vergrößert werden. Eine Verbesserung der Fehlerwahrscheinlichkeit hat – je nach System – Auswirkungen auf die subjektive Qualität, Ausfallrate, Reichweite usw. Eine Verringerung der Sendeleistung bedeutet eine Verbesserung der *Leistungseffizienz*. Konsequenzen sind – je nach System – eine höhere Batterielebensdauer, eine Verringerung der Umweltbelastung, preiswertere Endstufen, usw.

- *Fehlerverschleierung* („error concealment")
  Die Anzahl der Übertragungsfehler kann in manchen Datenpaketen so groß sein, dass zwar ein Vorhandensein von Fehlern erkannt wird, aber nicht sämtliche Fehler sicher korrigiert werden können. In Verbindung mit der Quellendecodierung ist dann oftmals eine Fehlerverschleierung möglich. Eine Fehlerverschleierung bewirkt eine Verbesserung des subjektiven Eindrucks. Beispielsweise kann ein Audiosignal interpoliert werden, wenn Übertragungsfehler empfängerseitig erkannt, aber nicht sicher korrigiert werden können.

- *Ungleicher Fehlerschutz* („unequal error protection")
  Beim ungleichen Fehlerschutz werden die Daten innerhalb eines Datenpakets unterschiedlich stark geschützt. Diese Maßnahme ist insbesondere in Verbindung mit der Quellen(de)codierung möglich. Beispielsweise können wichtige Daten (wie „most significant bits" bei der Analog-Digital-Wandlung) mit mehr Redundanz versehen werden als weniger wichtige Daten. Ungleicher Fehlerschutz führt zu einer Reduktion der mittleren Anzahl an benötigten Prüfsymbolen.

Ohne Kanalcodierung wäre eine robuste Datenübertragung/-speicherung kaum denkbar. Die Kanalcodierung findet deshalb in vielen Gebieten Anwendung, insbesondere in der *digitalen Übertragungstechnik* (wie z. B. im Mobilfunk, bei Datenmodems, im Internet, bei der Satellitenkommunikation, bei Weltraumsonden, in der Unterwasserkommunikation, bei der digitalen Fernseh- und Rundfunkübertragung und in optischen Übertragungssystemen) und in der *digitalen Speichertechnik* (wie z. B. bei der Compact Disc (CD), der Digital Versatile Disc (DVD), der Blu-ray, dem Digital Audio Tape (DAT), bei Festplattenspeichern und bei der Magnetbandaufzeichnung).

Die grundlegenden Prinzipien der Kanalcodierung umfassen *Vorwärtsfehlerkorrekturverfahren* („Forward Error Correction (FEC)“) und *Wiederholverfahren* („Automatic Repeat Request (ARQ)“), vgl. Bild 7.1. Bei FEC-Verfahren findet keine Rückkopplung vom Kanaldecodierer auf den Kanalcodierer statt. Bei ARQ-Verfahren hingegen wird ein Rückkanal zwischen Kanaldecodierer und Kanalcodierer genutzt. Beispielsweise kann ein Codewort solange wiederholt werden, bis der Kanaldecodierer keinen Fehler erkennen kann. Alternativ können zusätzliche Prüfbits übertragen werden („inkrementale Redundanz“). Die zusätzliche Decodierverzögerung ist allerdings nicht in allen Übertragungssystemen (wie z. B. bei der Echtzeit-Sprachübertragung) tolerierbar.

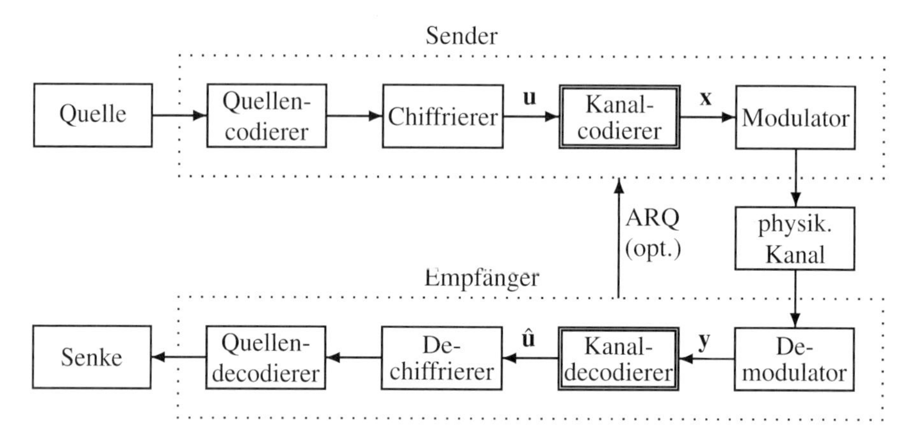

Bild 7.1: Blockschaltbild eines digitalen Übertragungssystems

Während in Teil I „Grundlagen der angewandten Informationstheorie“ hinsichtlich der Kanalcodierung Shannons Kanalcodiertheorem in Verbindung mit Zufallscodes im Vordergrund stand, werden in diesem Teil II „Grundlagen der Kanalcodierung“ praktische Codier- und Decodierverfahren vorgestellt. Nach dieser Einführung werden drei wichtige Klassen von Kanalcodes, nämlich *Blockcodes*, *Faltungscodes* und *verkettete Codes*, sowie zugehörige Decodierverfahren behandelt. Es werden ausschließlich FEC-Verfahren behandelt, da bei ARQ-Verfahren oft zusätzlich systemspezifische Kenntnisse vorausgesetzt werden müssen. *Kombinierte Modulations- und Kanalcodierverfahren* werden in Teil III vorgestellt, *Raum-Zeit-Codes* in Teil IV. Neben den klassischen Aufgaben wie Fehlererkennung und Fehlerkorrektur können Kanalcodes auch zur spektralen Formung (*Leitungscodierung*) und zur Mehrnutzerkommunikation (*Netzwerkcodierung*) verwendet werden.

8 Blockcodes

8.1 Grundlegende Eigenschaften von Blockcodes

8.1.1 Definition von Blockcodes

Man bezeichnet eine Sequenz $\mathbf{u} := [u_0, u_1, \ldots, u_{k-1}]$ von k Infosymbolen als *Infowort*. Die Infosymbole u_i, $i \in \{0, 1, \ldots k-1\}$, seien über dem Alphabet $\{0, 1, \ldots, q-1\}$ definiert, wobei q die Anzahl der Elemente (d. h. die Mächtigkeit) des Symbolalphabets ist. Somit besteht jedes Symbol aus $\log_2(q)$ Bits.

Definition 8.1.1 (Blockcode) *Ein $(n,k)_q$-Blockcodierer ordnet einem Infowort $\mathbf{u} = [u_0, u_1, \ldots, u_{k-1}]$ der Länge k ein Codewort $\mathbf{x} := [x_0, x_1, \ldots, x_{n-1}]$ der Länge n umkehrbar eindeutig zu, wobei $n > k$. Die Menge aller Codewörter $\mathbf{x}$ wird dabei als Code bezeichnet.*

Die Codesymbole x_i, $i \in \{0, 1, \ldots, n-1\}$, seien über dem gleichen Alphabet $\{0, 1, \ldots, q-1\}$ definiert. Für $q = 2$ spricht man von einem binären Blockcode, für $q > 2$ von einem nichtbinären Blockcode. Bei binären Blockcodes entspricht jedes Codesymbol einem Bit.

Die Zuordnung der Codeworte zu den Infoworten ist (i) *umkehrbar eindeutig* (eineindeutig, bijektiv), d. h. zu jedem Infowort gehört genau ein Codewort und umgekehrt, (ii) *zeitinvariant*, d. h. die Abbildungsvorschrift bleibt immer gleich und (iii) *gedächtnisfrei*, d. h. jedes Infowort wirkt nur auf ein Codewort, vgl. Bild 8.1. Das *Codewort* $\mathbf{x}$ kann erst dann berechnet werden, wenn alle k Infosymbole dem Codierer bekannt sind.

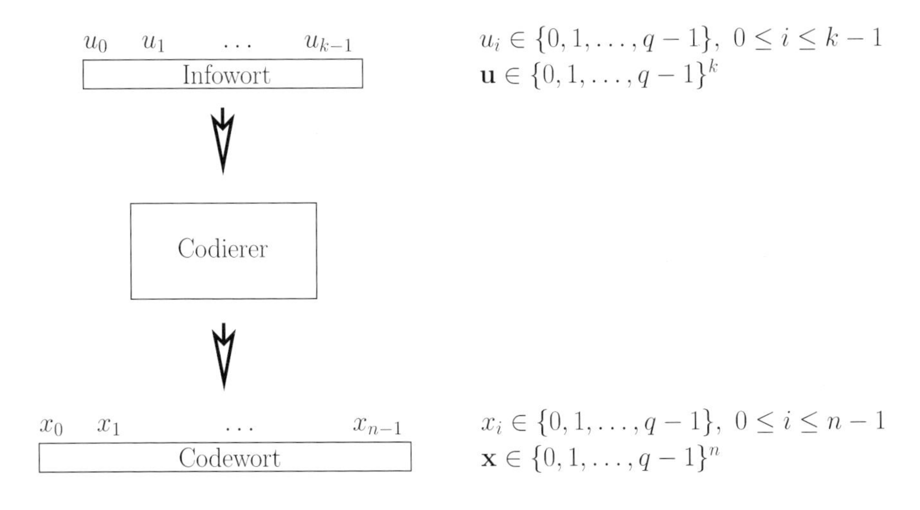

Bild 8.1: Vom Infowort zum Codewort

Bemerkung 8.1.1 Bei Blockcodes werden alle Infosymbole eines Codeworts gleich geschützt. Insofern ist es unbedeutend, in welcher Reihenfolge die Infosymbole angeordnet werden.

Oft werden Daten paketweise übertragen. Die Codewortlänge n muss nicht notwendigerweise mit der Länge eines Datenpakets übereinstimmen. Sie kann auch kleiner als die Länge eines Datenpakets sein (z. B. könnten nur die wichtigsten Daten geschützt werden) oder größer als die Länge eines Datenpakets sein (z. B. könnte die Codewortlänge mehrere Datenpakete umfassen).

Es wird im Folgenden davon ausgegangen, dass bei der Übertragung keine Symbole verloren gehen oder hinzugefügt werden. Ein übertragenes (oft fehlerhaftes oder verrauschtes) Codewort bezeichnet man als *Empfangswort* $\mathbf{y}$. Die Empfangsworte haben gemäß unserer Annahme somit ebenfalls die Länge n.

8.1.2 Redundanz, Fehlererkennung, Fehlerkorrektur, Coderate

Ein *Code* $\mathscr{C}$ ist die Menge aller q^k Codewörter. Da n Symbole benötigt werden um k Infosymbole zu übertragen, wobei $n > k$, enthält der Code *Redundanz*, denn nur q^k der q^n möglichen Kombinationen sind aufgrund der umkehrbar eindeutigen Codierungsvorschrift erlaubt. Diese Redundanz wird empfängerseitig zur *Fehlererkennung* oder *Fehlerkorrektur* genutzt.

Beispiel 8.1.1 (Fehlererkennung, Fehlerkorrektur) Bild 8.2 zeigt ein illustratives Beispiel zur Fehlererkennung und Fehlerkorrektur. Das binäre Infowort $\mathbf{u}$ der Länge $k = 2$ wird auf die Codeworte $\mathbf{x}_1$ bzw. $\mathbf{x}_2$ abgebildet ($q = 2$). Codewort $\mathbf{x}_1$ der Länge $n = 3$ entsteht aus dem Infowort durch Anfügen eines Prüfbits. Das Prüfbit wird so gewählt, dass das Codewort eine gerade Parität aufweist, d. h. die in Kürze eingeführte Prüfsumme ist gleich null. Die Codekonstruktion gehört zur Klasse der „parity check codes". Codewort $\mathbf{x}_2$ der Länge $n = 6$ entsteht, indem alle Infobits dreifach wiederholt werden. Die Codekonstruktion gehört zur Klasse der Wiederholungscodes. In beiden Fällen sei ein Übertragungsfehler im ersten Codebit aufgetreten.

Im ersten Fall kann ein einzelner Übertragungsfehler empfängerseitig eindeutig *erkannt* (man sagt auch detektiert) werden, weil die Prüfsumme verletzt ist. Mögliche Codewörter sind [000], [011], [101] und [110], welche allesamt ungleich dem Empfangswort $\mathbf{y} = [111]$ sind. Der Decodierer ist jedoch nicht in der Lage zu entscheiden, an welcher Bitposition der Übertragungsfehler aufgetreten ist, da bei einem Übertragungsfehler sowohl [011], [101] und [110] als mögliche gesendete Codewörter in Frage kommen. Eine Fehlerkorrektur ist hier somit nicht möglich.

Im zweiten Fall kann aufgrund der größeren Redundanz ein einzelner Übertragungsfehler empfängerseitig sogar eindeutig *korrigiert* werden, unabhängig von der Bitposition. Mögliche Codewörter sind [000000], [000111], [111000] und [111111]. Bei einem einzigen Übertragungsfehler kann aufgrund der Codevorschrift durch Mehrheitsentscheidung vom Empfangswort $\mathbf{y} = [100111]$ eindeutig auf das Infowort geschlossen werden. Alternativ zur Fehlerkorrektur ist im zweiten Fall eine verbesserte Fehlerdetektion möglich, denn es können auch zwei Übertragungsfehler sicher detektiert werden. ◊

Obwohl dieses einführende Beispiel aus didaktischen Gründen auf einfache Codekonstruktionen zurückgreift, sei bereits an dieser Stelle erwähnt, dass selbst komplizierteste Codekonstruktionen immer Bestandteile von Prüfbits und Wiederholungscodes aufweisen.

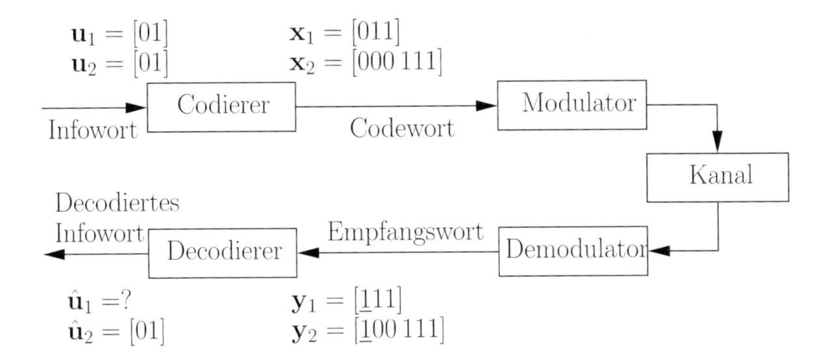

Bild 8.2: Einführendes Beispiel zur Fehlererkennung und Fehlerkorrektur

Das Verhältnis

$$R_c := \frac{k}{n} < 1 \tag{8.1}$$

wird als *Coderate* bezeichnet. Man beachte, dass (8.1) mit der in Teil I, Gleichung (3.1) definierten Coderate übereinstimmt: $R = R_c \cdot R_m$, wobei R die Übertragungsrate und R_m die Rate des Mappers ist. In Teil I wurden allerdings ausschließlich binäre Kanalcodes (d. h. $q = 2$) betrachtet. Da vereinbarungsgemäß Infosymbole und Codesymbole über dem gleichen Alphabet definiert sind, hat die Mächtigkeit q keinen Einfluss auf die Coderate R_c.

Da das in Teil I definierte Mapping Bestandteil des Modulators und somit hinsichtlich der Kanalcodierung von sekundärem Interesse ist, nehmen wir in diesem Teil II $R_m = 1$ an und erhalten vereinfachend $R = R_c$. Im Folgenden wird, in Anlehnung an die Literatur, der Index „c" nicht weiter verwendet, d. h. wir sprechen von einer Coderate R.

Codes mit einer Coderate von etwa $R = 3/4$ und größer werden als hochratig bezeichnet. Codes mit einer Coderate von etwa $R = 1/3$ und geringer werden niederratig genannt. Wenn man die Codesymbole in der gleichen Zeiteinheit übertragen möchte wie im uncodierten Fall ($R = 1$) die Infosymbole, so benötigt man eine größere Bandbreite. Man beachte, dass die Bandbreitenerweiterung gleich dem Kehrwert der Coderate ist. Je größer die Coderate, desto geringer ist die Redundanz bei gleicher Codewortlänge n. Je niedriger die Coderate, umso mehr Fehler können typischerweise erkannt und/oder korrigiert werden. Folglich kommt es zu einem *Abtausch zwischen Bandbreiteneffizienz und Leistungseffizienz*.

8.1.3 Systematische Codes

Definition 8.1.2 (Systematischer Code) *Bei einem systematischen Code erfolgt die Zuordnung zwischen den Infosymbolen und Codesymbolen derart, dass jedes Infosymbol explizit im zugehörigen Codewort enthalten ist.*

Die restlichen $n-k$ Codesymbole nennt man *Prüfstellen* oder *Prüfsymbole*, bei binären Blockcodes ($q = 2$) auch *Prüfbits*. Es ist bei systematischen Blockcodes unbedeutend, an welcher Position sich die Prüfstellen befinden. Oft (aber nicht notwendigerweise) hängt man sie an das Infowort an. Ohne Beschränkung der Allgemeinheit wollen wir bei systematischen Codes im Folgenden die Prüfstellen an die Infosymbole anfügen.

Beispiel 8.1.2 Man erhält den sog. $(3,2)_2$-„*Single Parity Check (SPC)“-Code*, indem man das Infowort durch Anfügen eines Prüfbits auf gerade Parität ergänzt. Diese Codierungsvorschrift entspricht der Paritätsgleichung $x_0 \oplus x_1 \oplus x_2 = 0$, auch *Prüfsumme* genannt, wobei $\oplus$ die modulo-q Addition darstellt. Die Paritätsgleichung kann auch in der Form $u_0 \oplus u_1 \oplus x_2 = 0$ geschrieben werden, hieraus folgt das Prüfbit zu $x_2 = u_0 \oplus u_1$. Der entsprechende Code lautet $\mathscr{C} = \{[000],[011],[101],[110]\}$, vgl. Tabelle 8.1. ◊

Tabelle 8.1: Binärer „Single Parity Check“-Code

Infowort $\mathbf{u} = [u_0, u_1]$	Codewort $\mathbf{x} = [x_0, x_1, x_2]$
[00]	[000]
[01]	[011]
[10]	[101]
[11]	[110]

Beispiel 8.1.3 Der entsprechende $(3,2)_{256}$-„Single Parity Check“-Code genügt der Paritätsgleichung $x_0 \oplus x_1 \oplus x_2 = 0$ und erzeugt den Code $\mathscr{C} = \{[0,0,0],[0,1,255],\ldots,[255,255,2]\}$, vgl. Tabelle 8.2. Da $q = 2^8 = 256$, entspricht ein Symbol einem Byte. Man beachte, dass bei diesem einfachen Blockcode bereits $q^k = 256^2 = 65536$ Codewörter existieren. ◊

Tabelle 8.2: Nichtbinärer „Single Parity Check“-Code

Infowort $\mathbf{u} = [u_0, u_1]$	Codewort $\mathbf{x} = [x_0, x_1, x_2]$
[0,0]	[0,0,0]
[0,1]	[0,1,255]
[0,2]	[0,2,254]
...	...
[0,255]	[0,255,1]
[1,0]	[1,0,255]
...	...
[255,255]	[255,255,2]

Beispiel 8.1.4 Hadamard-Matrizen der Ordnung r sind $(2^r \times 2^r)$-Matrizen mit der Konstruktionseigenschaft

$$\mathbf{H}_n = \begin{bmatrix} +\mathbf{H}_{n/2} & +\mathbf{H}_{n/2} \\ +\mathbf{H}_{n/2} & -\mathbf{H}_{n/2} \end{bmatrix}, \tag{8.2}$$

wobei $n = 2^r$ (J. Hadamard, 1893). Für Hadamard-Matrizen vom Sylvester-Typ gilt $\mathbf{H}_1 = [+1]$ (J. J. Sylvester, 1867). Die Matrizen lassen sich somit wie folgt rekursiv berechnen:

$$\mathbf{H}_2 = \begin{bmatrix} +1 & +1 \\ +1 & -1 \end{bmatrix}, \quad \mathbf{H}_4 = \begin{bmatrix} +1 & +1 & +1 & +1 \\ +1 & -1 & +1 & -1 \\ +1 & +1 & -1 & -1 \\ +1 & -1 & -1 & +1 \end{bmatrix}, \quad \text{usw.} \tag{8.3}$$

Die Codewörter eines sog. $(2^r, r+1)_2$-*Hadamard-Codes* vom Sylvester-Typ sind die Zeilen der Hadamard-Matrizen $\mathbf{H}_n$ oder $-\mathbf{H}_n$ (in Verbindung mit dem Mapping $+1 \to 0$, $-1 \to 1$), wobei $n = 2^r$ und $r \geq 2$. Die zugehörigen Infobits stehen in den Spalten $\{0, 1, 2, 4, \ldots, 2^{r-1}\}$. Folglich sind Hadamard-Codes dieses Typs systematisch. In Tabelle 8.3 wird dieses Konstruktionsprinzip anhand eines $(8,4)_2$-Hadamard-Codes vorgeführt. Man beachte, dass für Hadamard-Codes beliebiger Ordnung r alle Codewörter zueinander orthogonal sind. ◊

Tabelle 8.3: $(8,4)_2$-Hadamard-Code vom Sylvester-Typ ($r = 3$)

Infowort $\mathbf{u} = [u_0, u_1, u_2, u_3]$	Codewort $\mathbf{x} = [x_0, x_1, x_2, x_3, x_4, x_5, x_6, x_7]$
$[0,0,0,0]$	$[0,0,0,0,0,0,0,0]$
$[0,1,0,0]$	$[0,1,0,1,0,1,0,1]$
$[0,0,1,0]$	$[0,0,1,1,0,0,1,1]$
$[0,1,1,0]$	$[0,1,1,0,0,1,1,0]$
$[0,0,0,1]$	$[0,0,0,0,1,1,1,1]$
$[0,1,0,1]$	$[0,1,0,1,1,0,1,0]$
$[0,0,1,1]$	$[0,0,1,1,1,1,0,0]$
$[0,1,1,1]$	$[0,1,1,0,1,0,0,1]$
...	...
$[1,0,0,0]$	$[1,0,0,1,0,1,1,0]$

Beim Codeentwurf ist darauf zu achten, dass die q^k Codewörter „möglichst unterschiedlich" sind. Je unterschiedlicher die Codewörter untereinander sind, umso mehr Übertragungsfehler können erkannt und/oder korrigiert werden. Dies ist im täglichen Leben vergleichbar mit Zwillingen, die oft verwechselt werden. Ein geeignetes mathematisches Abstandsmaß für Codeworte und Empfangsworte ist die sog. *Hamming-Distanz*.

8.1.4 Hamming-Distanz und Hamming-Gewicht

Definition 8.1.3 (Hamming-Distanz) *Die Hamming-Distanz $d_H(\mathbf{x}_i, \mathbf{x}_j)$ ist die Anzahl der Abweichungen zwischen den Komponenten von $\mathbf{x}_i$ und $\mathbf{x}_j$, wobei $\mathbf{x}_i \in \{0, 1, \ldots, q-1\}^n$ und $\mathbf{x}_j \in \{0, 1, \ldots, q-1\}^n$ Worte der Länge n sind. $\mathbf{x}_i$ und $\mathbf{x}_j$ können Codeworte oder Empfangsworte sein.*

Beispiel 8.1.5 ($q = 2$) Die Hamming-Distanz zwischen den SPC-Codewörtern
$\mathbf{x}_1 = [000]$ und $\mathbf{x}_4 = [110]$ ist $d_H(\mathbf{x}_1, \mathbf{x}_4) = 2$
$\mathbf{x}_2 = [011]$ und $\mathbf{x}_3 = [101]$ ist $d_H(\mathbf{x}_2, \mathbf{x}_4) = 2$. ◊

Beispiel 8.1.6 ($q = 4$) Die Hamming-Distanz zwischen Codewort und Empfangswort
$\mathbf{x} = [012]$ und $\mathbf{y} = [032]$ ist $d_H(\mathbf{x}, \mathbf{y}) = 1$
$\mathbf{x} = [013]$ und $\mathbf{y} = [130]$ ist $d_H(\mathbf{x}, \mathbf{y}) = 3$. ◊

Definition 8.1.4 (Hamming-Gewicht) *Als Hamming-Gewicht $w_H(\mathbf{x})$ wird die Anzahl der Komponenten von $\mathbf{x}$ bezeichnet, die ungleich null sind. Falls das Codewort $\mathbf{x} = \mathbf{0}$ existiert, dann gilt*

$$w_H(\mathbf{x}) = d_H(\mathbf{x}, \mathbf{0}), \tag{8.4}$$

wobei $\mathbf{0} := [0, \ldots, 0]$ (Länge n).

Beispiel 8.1.7 ($q = 2$) Für die Codewörter aus Beispiel 8.1.5 lauten die zugehörigen Hamming-Gewichte $w_H(\mathbf{x}_1) = 0$, $w_H(\mathbf{x}_2) = w_H(\mathbf{x}_3) = w_H(\mathbf{x}_4) = 2$. ◊

8.1.5 Minimaldistanz

Ein wichtiges Maß zur Beurteilung der Leistungsfähigkeit von Blockcodes stellt die sog. *Minimaldistanz* (auch Mindestdistanz genannt) dar:

Definition 8.1.5 (Minimaldistanz) *Die Minimaldistanz d_{min} eines $(n,k)_q$-Blockcodes $\mathscr{C}$ ist die minimale Hamming-Distanz zwischen allen Paaren von Codeworten:*

$$d_{min} := \min_{\substack{\mathbf{x}_i, \mathbf{x}_j \in \mathscr{C} \\ \mathbf{x}_i \neq \mathbf{x}_j}} d_H(\mathbf{x}_i, \mathbf{x}_j). \tag{8.5}$$

In ausführlicherer Schreibweise wird ein Blockcode $\mathscr{C}$ im Folgenden als $(n, k, d_{min})_q$-Code bezeichnet, wobei n die Länge der q^k Codewörter, k die Länge der q^k Infowörter, d_{min} die Minimaldistanz und q die Mächtigkeit des Symbolalphabets ist.

Beispiel 8.1.8 Es seien $\mathbf{x}_1 = [00000]$, $\mathbf{x}_2 = [01010]$, und $\mathbf{x}_3 = [11111]$ Codeworte eines $(5, k, d_{min})_2$-Blockcodes. Man erkennt, dass $d_H(\mathbf{x}_1, \mathbf{x}_2) = 2$, $d_H(\mathbf{x}_1, \mathbf{x}_3) = 5$ und $d_H(\mathbf{x}_2, \mathbf{x}_3) = 3$. Somit ist $d_{min} = 2$. ◊

Beispiel 8.1.9 Eine *uncodierte Übertragung* kann man als $(n, n, 1)_q$-Blockcode auffassen. Ein *SPC-Code* ist ein $(n, n-1, 2)_q$-Blockcode. Ein *Wiederholungscode* ist ein $(n, 1, n)_q$-Blockcode. ◊

Beispiel 8.1.10 Die Codeworte sowie Hamming-Distanzen können bei uncodierter Übertragung, beim SPC-Code und beim Wiederholungscode für den Spezialfall $q = 2$ und $n = 3$ durch Bild 8.3 visualisiert werden. Jede Kante entspricht der Hamming-Distanz $d_H = 1$. ◊

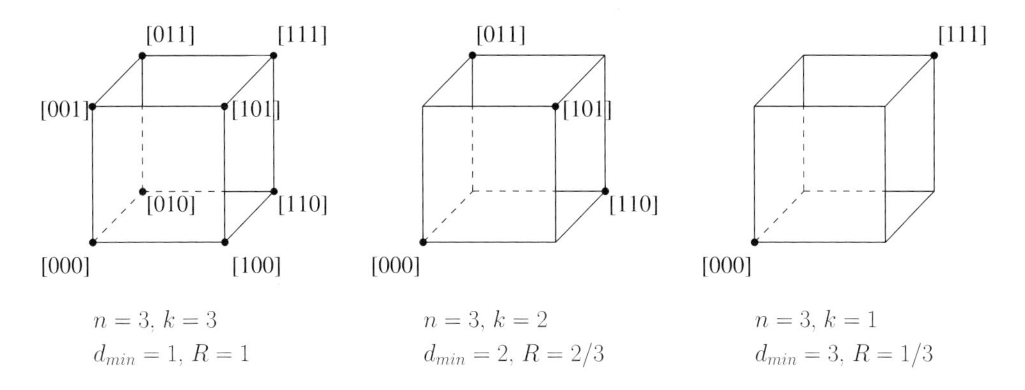

Bild 8.3: Codewörter bei uncodierter Übertragung (links), beim SPC-Code (mittig) und beim Wiederholungscode (rechts)

8.1.6 Eigenschaften von Hamming-Distanz und Hamming-Gewicht

Die Hamming-Distanz ist eine *Metrik* im mathematischen Sinn, d. h. es gelten folgende Eigenschaften:

$$d_H(\mathbf{x}_i, \mathbf{x}_j) = d_H(\mathbf{x}_j, \mathbf{x}_i) \tag{8.6}$$

$$d_H(\mathbf{x}_i, \mathbf{x}_j) = 0 \Leftrightarrow \mathbf{x}_i = \mathbf{x}_j \tag{8.7}$$

$$d_H(\mathbf{x}_i, \mathbf{x}_j) \leq d_H(\mathbf{x}_i, \mathbf{x}_k) + d_H(\mathbf{x}_k, \mathbf{x}_j) \quad \text{(Dreiecksungleichung).} \tag{8.8}$$

Aus den letzten beiden Gleichungen ergibt sich, dass $0 \leq d_H(\mathbf{x}_i, \mathbf{x}_j) \leq n$.

Falls Addition $\oplus$ und Subtraktion $\ominus$ im Wertebereich der Symbole definiert sind, gelten für das Hamming-Gewicht folgende Eigenschaften:

$$w_H(\mathbf{x}) = w_H(-\mathbf{x}) \tag{8.9}$$

$$w_H(\mathbf{x}) = 0 \Leftrightarrow \mathbf{x} = [0, \ldots, 0] := \mathbf{0} \tag{8.10}$$

$$w_H(\mathbf{x}_i \oplus \mathbf{x}_j) \leq w_H(\mathbf{x}_i) + w_H(\mathbf{x}_j) \quad \text{(Dreiecksungleichung).} \tag{8.11}$$

Als Konsequenz folgt, dass $0 \leq w_H(\mathbf{x}) \leq n$.

8.1.7 Längenänderungen

In der Praxis ist oft ein Blockcode mit einer bestimmten Anzahl an Infosymbolen und/oder Codesymbolen gesucht. Wenn in der Literatur kein Standard-Code der entsprechenden Länge gefunden werden kann, ist das Konzept der Längenänderung ein hilfreiches Konstrukt. Wir gehen von einem systematischen $(n, k, d_{min})_q$-Blockcode („Originalcode") aus und unterscheiden zwischen folgenden Varianten der Längenänderung, siehe Bild 8.4:

Definition 8.1.6 *Ein systematischer $(n, k, d_{min})_q$-Blockcode $\mathscr{C}$ kann wie folgt in einen systematischen $(n', k', d'_{min})_q$-Blockcode $\mathscr{C}'$ verändert werden:*

1. Beim *Expandieren* wird mindestens eine zusätzliche Prüfstelle angehängt, wobei die Codewortlänge vergrößert wird:
$n' > n, k' = k, n' - k' > n - k, R' < R, d'_{min} \geq d_{min}$.

2. Beim *Punktieren* wird mindestens eine Prüfstelle unterdrückt, wobei die Codewortlänge verkleinert wird:
$n' < n, k' = k, n' - k' < n - k, R' > R, d'_{min} \leq d_{min}$.

3. Beim *Verlängern* wird mindestens ein zusätzliches Infosymbol angehängt, wobei die Codewortlänge vergrößert wird:
$n' > n, k' > k, n' - k' = n - k, R' > R, d'_{min} \leq d_{min}$.

4. Beim *Verkürzen* wird mindestens ein Infosymbol unterdrückt, wobei die Codewortlänge verkleinert wird:
$n' < n, k' < k, n' - k' = n - k, R' < R, d'_{min} \geq d_{min}$.

5. Beim *Expurgieren* wird mindestens ein Infosymbol unterdrückt, wobei die Codewortlänge erhalten bleibt:
$n' = n, k' < k, n' - k' > n - k, R' < R, d'_{min} \geq d_{min}$.

6. Beim *Augmentieren* wird mindestens ein zusätzliches Infosymbol angehängt, wobei die Codewortlänge erhalten bleibt:
$n' = n, k' > k, n' - k' < n - k, R' > R, d'_{min} \leq d_{min}$.

   Beim Verkürzen und Expurgieren müssen mehrfache Infowörter durch eine Randbedingung vermieden werden. Bei binären Codes ($q = 2$) kann das Verkürzen beispielsweise so erfolgen, dass alle Codeworte, bei denen ein Infobit 0 unterdrückt wird, gestrichen werden.

Man kann die dargestellten Längenänderungen dahingehend verallgemeinern, dass weder der Originalcode $\mathscr{C}$ noch der modifizierte Code $\mathscr{C}'$ notwendigerweise systematisch sein muss. Längenänderungen sind theoretisch wenig fundiert, besitzen aber eine große praktische Bedeutung. Durch Längenänderungen können beispielsweise variable Coderaten erzielt werden, aber es können auch Infowortlängen und/oder Codewortlängen erzeugt werden, wie sie sonst nirgendwo zu finden sind.

8.2 Lineare Blockcodes

Lineare Blockcodes bilden eine wichtige Teilmenge von Blockcodes. Alle praktisch wichtigen Blockcodes (wie Wiederholungscodes, Hamming-Codes, LDPC-Codes, Reed-Solomon-Codes) sind lineare Codes.

8.2.1 Definition von linearen Blockcodes

Definition 8.2.1 (Linearer Blockcode) *Ein $(n,k,d_{min})_q$-Blockcode $\mathscr{C}$ wird linear genannt, wenn für alle möglichen Kombinationen von zwei Codewörtern die modulo-q Summe zwischen*

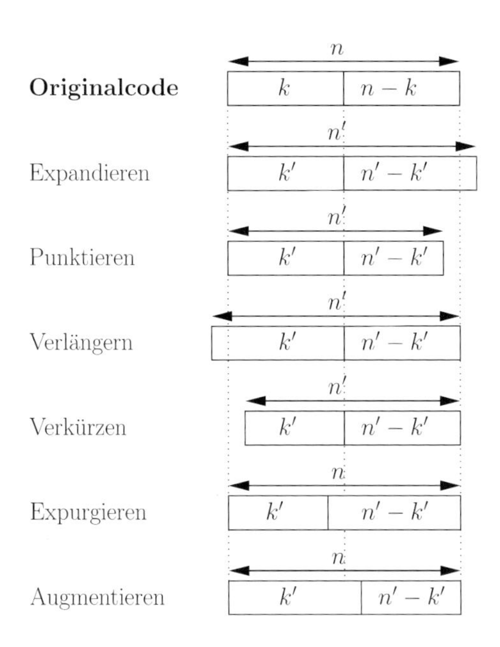

Bild 8.4: Methoden zur Längenänderung eines Blockcodes

deren Komponenten wieder ein gültiges Codewort ergibt:

$$\mathbf{x}_i, \mathbf{x}_j \in \mathscr{C} \ \Rightarrow\ \mathbf{x}_i \oplus \mathbf{x}_j \in \mathscr{C}. \tag{8.12}$$

$\mathscr{C}$ ist somit ein Vektorraum bzgl. der modulo-q Addition. Lineare Codes enthalten immer das Nullwort $\mathbf{x} = \mathbf{0}$.

Beispiel 8.2.1 Der „Single Parity Check (SPC)"-Code mit gerader Parität $\mathscr{C} = \{[000], [011], [101], [110]\}$ ist linear, während der SPC-Code mit ungerader Parität $\mathscr{C} = \{[001], [010], [100], [111]\}$ nichtlinear ist. Beide Codes weisen die gleiche Minimaldistanz $d_{min} = 2$ auf. ◊

8.2.2 Minimaldistanz bei linearen Codes

Satz 8.2.1 (Minimaldistanz) *Die Minimaldistanz eines linearen $(n, k, d_{min})_q$-Blockcodes $\mathscr{C}$ kann wie folgt berechnet werden:*

$$d_{min} = \min_{\mathbf{x} \in \mathscr{C} \setminus \{\mathbf{0}\}} w_H(\mathbf{x}). \tag{8.13}$$

Beweis 8.2.1 Gemäß der Definition des Hamming-Gewichts gilt

$$d_H(\mathbf{x}, \mathbf{0}) = w_H(\mathbf{x}), \qquad \text{wobei } \mathbf{0} := [0, \ldots, 0] \quad (\text{Länge } n). \tag{8.14}$$

Falls im Wertebereich der Symbole eine „Subtraktion“ definiert ist, gilt ferner

$$d_H(\mathbf{x}_i, \mathbf{x}_j) = w_H(\mathbf{x}_i \ominus \mathbf{x}_j). \tag{8.15}$$

Wegen $d_{min} = \min_{\substack{\mathbf{x}_i, \mathbf{x}_j \in \mathscr{C} \\ \mathbf{x}_i \neq \mathbf{x}_j}} d_H(\mathbf{x}_i, \mathbf{x}_j)$ folgt

$$d_{min} = \min_{\substack{\mathbf{x}_i \ominus \mathbf{x}_j \\ \mathbf{x}_i \neq \mathbf{x}_j}} w_H(\mathbf{x}_i \ominus \mathbf{x}_j). \tag{8.16}$$

Durch Substitution von $\mathbf{x} := \mathbf{x}_i \ominus \mathbf{x}_j$ ergibt sich

$$d_{min} = \min_{\substack{\mathbf{x} \\ \mathbf{x} \neq \mathbf{0}}} w_H(\mathbf{x}) \tag{8.17}$$

und somit die Behauptung. □

Zur Bestimmung der Minimaldistanz d_{min} von linearen Blockcodes sind somit nicht notwendigerweise alle $q^k(q^k - 1)$ möglichen Paare von Codewörtern zu betrachten, sondern nur die $q^k - 1$ Codewörter $\mathbf{x} \in \mathscr{C} \setminus \{\mathbf{0}\}$. Neben der Analyse von Blockcodes kann die Linearitätseigenschaft auch bei der Codierung und Decodierung zur Aufwandsreduzierung genutzt werden.

Man beachte, dass (8.13) im Unterschied zu (8.5) bei nichtlinearen Codes nicht anwendbar ist, wie man am Beispiel des SPC-Codes mit ungerader Parität leicht feststellen kann, siehe Beispiel 8.2.1.

8.2.3 Hamming-Codes

Definition 8.2.2 (Hamming-Codes) $(n, k, d_{min})_q = (n, n-r, 3)_q$*-Hamming-Codes der Ordnung* r *sind wie folgt definiert [R. W. Hamming, 1950]:*

$$\begin{aligned} n &:= \frac{q^r - 1}{q - 1} = 1 + q + q^2 + \cdots + q^{r-1} \\ k &:= n - r \end{aligned} \tag{8.18}$$

Hamming-Codes existieren für alle Ordnungen $r \geq 2$. Sie sind linear und besitzen immer eine Minimaldistanz von $d_{min} = 3$. Hamming-Codes können systematisch oder nichtsystematisch sein. Tabelle 8.4 zeigt exemplarisch die wichtigsten Parameter für binäre Hamming-Codes der Ordnungen $r = 2, \ldots, 6$.

Wie aus der Tabelle ersichtlich ist, sind längere Hamming-Codes bei gleicher Minimaldistanz höherratig. Längere Hamming-Codes weisen bei gleicher Fehlerkorrekturmöglichkeit folglich eine geringere Redundanz auf. Dies ist in Einklang mit der informationstheoretischen Erkenntnis, dass Codewörter möglichst lang sein sollten.

Beispiel 8.2.2 ($(7,4,3)_2$-Hamming-Code) Ein $(7,4,3)_2$-Hamming-Code besteht aus $q^k = 2^4 = 16$ Codewörtern der Länge $n = 7$. Tabelle 8.5 zeigt das Beispiel eines systematischen Hamming-Codes. Dieses Beispiel demonstriert, wie unhandlich bereits einfache Codes sind. Für praktische Blockcodes ($n \approx 10^2 \ldots 10^3 \ldots 10^6$) ist eine algebraische Struktur zur Codierung und Decodierung wünschenswert. ◊

Tabelle 8.4: Parameter von binären Hamming-Codes

r	n	k	R	d_{min}
2	3	1	1/3	3
3	7	4	4/7	3
4	15	11	11/15	3
5	31	26	26/31	3
6	63	57	57/63	3
r	2^r-1	2^r-r-1	k/n	3

Tabelle 8.5: Info- und Codewörter eines systematischen $(7,4,3)_2$-Hamming-Codes

u	**x**
[0000]	[0000 000]
[0001]	[0001 111]
[0010]	[0010 110]
[0011]	[0011 001]
[0100]	[0100 101]
[0101]	[0101 010]
[0110]	[0110 011]
[0111]	[0111 100]

u	**x**
[1000]	[1000 011]
[1001]	[1001 100]
[1010]	[1010 101]
[1011]	[1011 010]
[1100]	[1100 110]
[1101]	[1101 001]
[1110]	[1110 000]
[1111]	[1111 111]

8.2.4 Schranken für die Minimaldistanz

Wir haben gesehen, dass Blockcodes maßgeblich durch vier Parameter bestimmt werden: n, k, d_{min} und q. Interessanterweise gibt es fundamentale Beziehungen zwischen diesen Parametern. Wir werden im Folgenden exemplarisch vier obere und eine untere *Schranke für die Coderate* $R = k/n$ als Funktion der sog. *Distanzrate* d_{min}/n angeben. Dies gelingt bei einigen Schranken am einfachsten für binäre lineare Blockcodes im Grenzübergang $n \to \infty$.

Satz 8.2.2 (Singleton-Schranke) *Für lineare $(n,k,d_{min})_q$-Blockcodes gilt*

$$d_{min} \leq n-k+1. \tag{8.19}$$

Durch Umformung folgt

$$R \leq 1 - \frac{d_{min}}{n} + \frac{1}{n} \overset{\lim_{n\to\infty}}{=} 1 - \frac{d_{min}}{n}. \tag{8.20}$$

Beweis 8.2.2 Alle q^k Codewörter unterscheiden sich an mindestens d_{min} Stellen. Wenn bei sämtlichen Codewörtern die ersten $d_{min}-1$ Stellen gestrichen werden, so sind die gekürzten Codewörter der Länge $n-d_{min}+1$ immer noch alle verschieden. Von den insgesamt $q^{n-d_{min}+1}$ möglichen Wörtern der Länge $n-d_{min}+1$ sind aber nur q^k Wörter gekürzte Codewörter. Folglich muss gelten, dass $q^{n-d_{min}+1} \geq q^k$. Somit gilt $n-d_{min}+1 \geq k$ für alle $q > 1$. □

Definition 8.2.3 (MDS-Codes) *Ein Code wird „Maximum Distance Separable (MDS)" genannt, wenn die Singleton-Schranke mit Gleichheit erfüllt ist.*

Man kann zeigen, dass ein verkürzter MDS-Code weiterhin ein MDS-Code ist, und dass auch der duale Code (siehe Abschnitt 8.4.3) eines MDS-Codes MDS ist. Beispielsweise gehören Reed-Solomon-Codes (siehe Abschnitt 8.7) zur Klasse der MDS-Codes.

Satz 8.2.3 (Plotkin-Schranke) *(ohne Beweis) Für binäre lineare $(n,k,d_{min})_2$-Blockcodes gilt für große k*

$$R \leq 1 - 2\frac{d_{min}}{n}. \tag{8.21}$$

Die Plotkin-Schranke stellt eine Verschärfung der Singleton-Schranke dar.

Satz 8.2.4 (Hamming-Schranke) *Für lineare $(n,k,d_{min})_q$-Blockcodes, die bis zu $t = \lfloor \frac{d_{min}-1}{2} \rfloor$ Symbolfehler sicher korrigieren können (siehe Satz 8.3.5), gilt*

$$q^{n-k} \geq \sum_{i=0}^{t} \binom{n}{i} (q-1)^i. \tag{8.22}$$

Für binäre Codes vereinfacht sich die Hamming-Schranke wie folgt:

$$2^{n-k} \geq \sum_{i=0}^{t} \binom{n}{i} \overset{\lim_{n\to\infty}}{=} 2^{n\,h(t/n)}, \tag{8.23}$$

wobei $h(.)$ die binäre Entropiefunktion ist. Durch Umformung folgt für binäre Codes

$$R \leq 1 - h(t/n) \overset{\lim_{n\to\infty}}{\approx} 1 - h(d_{min}/(2n)). \tag{8.24}$$

Beweis 8.2.4 Aus didaktischen Gründen wollen wir die Hamming-Schranke erst in Abschnitt 8.3.3 beweisen. Details zur Korrekturfähigkeit von Blockcodes folgen in Abschnitt 8.3.6. □

Definition 8.2.4 (Perfekte Codes) *Ein Code wird perfekt genannt, wenn die Hamming-Schranke mit Gleichheit erfüllt ist.*

Beispielsweise gehören binäre Hamming-Codes und binäre Wiederholungscodes mit ungerader Codewortlänge zur Klasse der perfekten Codes.

Satz 8.2.5 (Elias-Schranke) *(ohne Beweis) Für lineare $(n,k,d_{min})_2$-Codes gilt*

$$R \leq 1 - h\left(\frac{1-\sqrt{1-2d_{min}/n}}{2}\right). \tag{8.25}$$

Die Elias-Schranke stellt eine Verschärfung der Hamming-Schranke dar.

Satz 8.2.6 (Varshamov-Schranke) *(ohne Beweis) Es existieren lineare $(n,k,d_{min})_q$-Blockcodes, für die gilt*

$$q^k \geq \frac{q^{n-1}}{\sum_{i=0}^{d_{min}-2} \binom{n-1}{i}(q-1)^i}. \tag{8.26}$$

Für binäre Codes vereinfacht sich die Varshamov-Schranke wie folgt:

$$2^k \geq \frac{2^{n-1}}{\sum_{i=0}^{d_{min}-2} \binom{n-1}{i}}. \tag{8.27}$$

Durch Umformung folgt für binäre Codes

$$R \geq 1 - \frac{1}{n} - \frac{1}{n}\log_2\left(\sum_{i=0}^{d_{min}-2}\binom{n-1}{i}\right) \overset{\lim_{n\to\infty}}{\approx} 1 - h\left(\frac{d_{min}-2}{n-1}\right) \approx 1 - h(d_{min}/n). \tag{8.28}$$

Die fünf vorgestellten Schranken sind für lange ($n \to \infty$), binäre ($q = 2$), lineare Blockcodes in Bild 8.5 darstellt. Man beachte, dass die Singleton-Schranke, die Plotkin-Schranke, die Hamming-Schranke und die Elias-Schranke obere Schranken sind. Da die Elias-Schranke die schärfste Schranke ist, müssen alle Coderaten insbesondere unterhalb oder auf dieser Kurve liegen. Die Varshamov-Schranke ist hingegen eine untere Schranke. Sie besagt, dass „gute" Codes mit Coderaten oberhalb der Varshamov-Schranke existieren. Dies schließt nicht aus, dass auch Codes mit Coderaten unterhalb der Varshamov-Schranke existieren. Diese werden als „schlecht" bezeichnet. Gute Codes liegen somit im Bereich zwischen der Elias-Schranke und der Varshamov-Schranke.

Diese Erkenntnis steht offenbar im Widerspruch zur Aussage, dass Codes bekannt sind, die die Singleton-Schranke (MDS-Codes) bzw. die Hamming-Schranke (perfekte Codes) erreichen. Gemäß Bild 8.5 liegen diese beiden Schranken für $d_{min}/n > 0$ oberhalb der Elias-Schranke, die nachweisbar eine obere Schranke ist. Der Widerspruch erklärt sich durch die Tatsache, dass für $n \to \infty$ bei allen bekannten Codes entweder die Coderate R oder die Distanzrate d_{min}/n gegen null konvergiert.

8.3 Decodierung von Blockcodes

Bevor wir uns der Decodierung von Blockcodes widmen, sollten wir das Konzept der *Decodierkugeln* verstehen.

8.3.1 Decodierkugeln

Definition 8.3.1 (Decodierkugel) *Als Decodierkugel $K_r(\mathbf{x}_i)$ vom Radius r um ein Wort $\mathbf{x}_i$ wird die Menge aller Worte $\mathbf{x}_j$ verstanden, die bezüglich $\mathbf{x}_i$ eine Hamming-Distanz $d_H(\mathbf{x}_i,\mathbf{x}_j) \leq r$ haben:*

$$K_r(\mathbf{x}_i) := \{\mathbf{x}_j \mid d_H(\mathbf{x}_i,\mathbf{x}_j) \leq r\}.$$

$\mathbf{x}_i$ und $\mathbf{x}_j$ können Codeworte oder Empfangsworte sein.

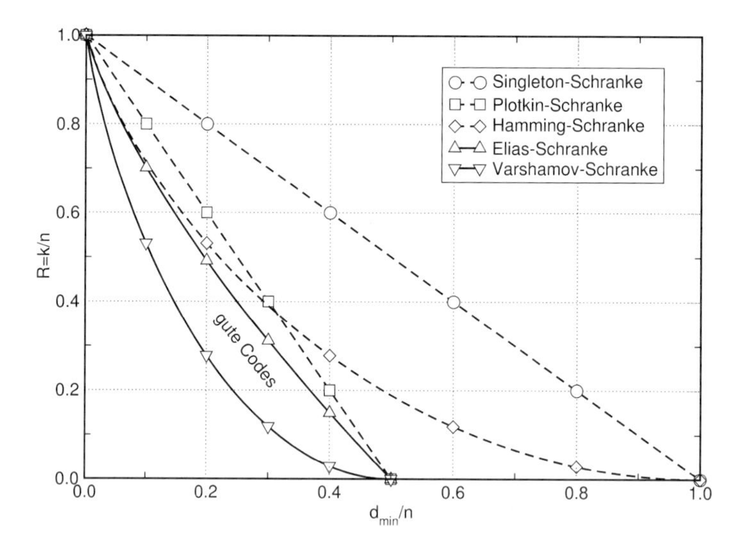

Bild 8.5: Schranken für lange, binäre, lineare Blockcodes

Die Decodierkugeln spannen einen n-dimensionalen Teilraum auf, wobei n die Codewortlänge ist.

Beispiel 8.3.1 Mögliche Decodierkugeln für den $(3,1,3)_2$-Wiederholungscode $\mathscr{C} = \{[000],[111]\}$ sind:

$K_1([000]) = \{[000],[100],[010],[001]\}$
$K_1([111]) = \{[111],[110],[101],[011]\}$

$K_2([000]) = \{[000],[100],[010],[001],[110],[101],[011]\}$
$K_2([111]) = \{[111],[110],[101],[011],[001],[010],[100]\}$

$K_3([000]) = K_3([111]) = \{0,1\}^3$ $\diamond$

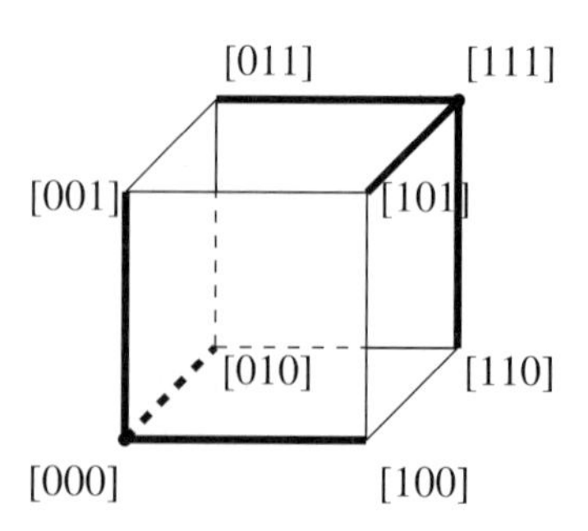

Bild 8.6: Decodierkugeln am Beispiel des $(3,1,3)_2$-Wiederholungscodes

Decodierkugeln können für $n \leq 3$ graphisch illustriert werden, wie am Beispiel des $(3,1,3)_2$-Wiederholungscodes in Bild 8.6 dargestellt ist. Jede Kante entspricht dem Radius $r = 1$. Die möglichen Empfangswörter, welche eine Hamming-Distanz von eins zu den Codewörtern $[000]$ und $[111]$ aufweisen, liegen exakt auf einer Kugeloberfläche mit Radius $r = 1$ um das jeweilige Codewort. Die entsprechenden Kanten sind fett gezeichnet. Man erkennt, dass der gesamte n-dimensionale Teilraum lückenlos mit Decodierkugeln gefüllt ist.

Je größer die Hamming-Distanz ist, desto mehr Fehler können erkannt bzw. korrigiert werden. Bild 8.7 veranschaulicht den Zusammenhang von d_{min} mit der Anzahl korrigierbarer Fehler, t, wobei $r = t$ der Radius der Decodierkugeln ist. Die Decodierkugeln sind hier vereinfachend nur zweidimensional dargestellt. Für weitere Details zur Fehlerkorrektur sei auf Satz 8.3.5 verwiesen.

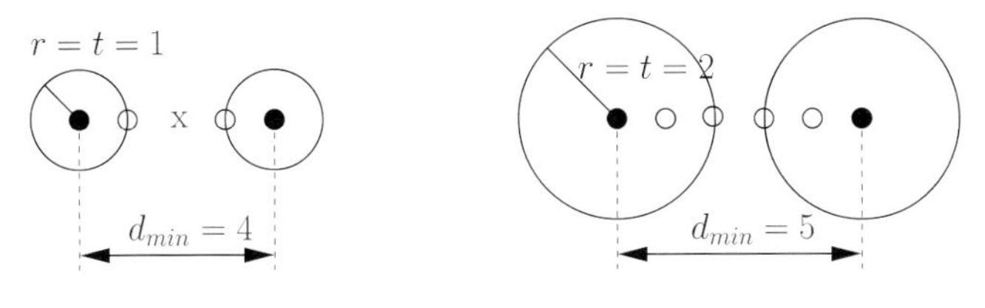

● gültige Codeworte
○ korrigierbare Empfangsworte
x nicht korrigierbar

Bild 8.7: Veranschaulichung der Korrekturfähigkeit von Blockcodes am Beispiel von $d_{min} = 4$ und $d_{min} = 5$

8.3.2 Fehlerwahrscheinlichkeiten

Es existieren verschiedene Definitionen der Fehlerwahrscheinlichkeit. Die wichtigsten sind die *Wortfehlerwahrscheinlichkeit* (aus analytischer Sicht) und die *Bitfehlerwahrscheinlichkeit* bzw. *Symbolfehlerwahrscheinlichkeit* (aus praktischer Sicht).

Definition 8.3.2 (Wortfehlerwahrscheinlichkeit) *Als Wortfehlerwahrscheinlichkeit P_w bezeichnet man die Wahrscheinlichkeit, dass das decodierte Infowort/Codewort in mindestens einem Infosymbol/Codesymbol vom gesendeten Infowort/Codewort abweicht:*

$$P_w := P(\hat{\mathbf{u}} \neq \mathbf{u}) = P(\hat{\mathbf{x}} \neq \mathbf{x}). \tag{8.29}$$

Nicht berücksichtigt wird dabei, wie viele Symbolfehler (bei nichtbinären Codes) oder Bitfehler (bei binären Codes) auftreten. Die rechte Seite in (8.29) resultiert aus der umkehrbar eindeutigen Codierungsvorschrift.

Definition 8.3.3 (Symbolfehlerwahrscheinlichkeit) *Als Symbolfehlerwahrscheinlichkeit P_s bezeichnet man die mittlere Wahrscheinlichkeit für einen Symbolfehler:*

$$P_s := \frac{1}{k} \sum_{i=0}^{k-1} P(\hat{u}_i \neq u_i). \tag{8.30}$$

Bei binären Codes ($q = 2$) entspricht ein Symbolfehler einem Bitfehler, d. h. die Symbolfehlerwahrscheinlichkeit, P_s, ist dann gleich der Bitfehlerwahrscheinlichkeit, P_b.

Es ist oft einfacher, die Wortfehlerwahrscheinlichkeit P_w analytisch zu berechnen. Ist man an der Symbolfehlerwahrscheinlichkeit P_s interessiert, so ist folgende Abschätzung hilfreich: Weil die Anzahl der Symbolfehler pro Wortfehler zwischen 1 und k liegt, gilt $P_w/k \leq P_s \leq P_w$. Bild 8.8 veranschaulicht, dass die Symbolfehlerwahrscheinlichkeit symbolweise und die Wortfehlerwahrscheinlichkeit wortweise zu berechnen ist.

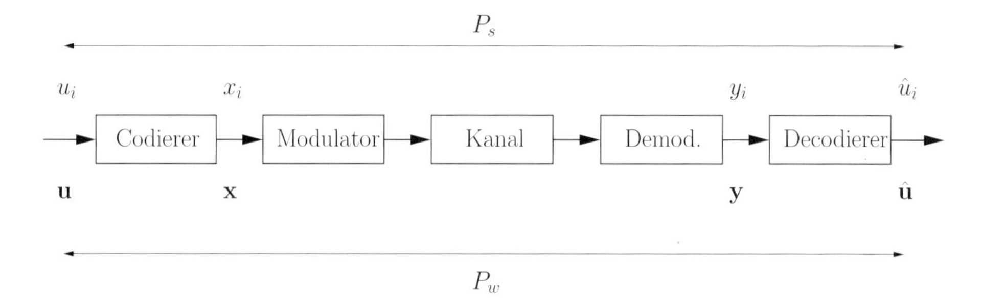

Bild 8.8: Blockschaltbild eines codierten Übertragungssystems zur Veranschaulichung von Symbolfehlerwahrscheinlichkeit (oben) und Wortfehlerwahrscheinlichkeit (unten)

8.3.3 Decodierprinzipien

Man unterscheidet zwischen *„hard-input"-Decodierung* und *„soft-input"-Decodierung* (früher meist *„hard-decision"-Decodierung* bzw. *„soft-decision"-Decodierung* genannt), je nachdem ob die Empfangswerte (d. h. die Komponenten der Empfangsworte) aus dem Wertevorrat der gesendeten Codesymbole stammen oder nicht:

- Bei der „hard-input"-Decodierung führt der dem Kanaldecodierer vorgeschaltete Demodulator eine *harte Entscheidung* durch, d. h. die Empfangswerte stammen aus dem Wertevorrat der gesendeten Codesymbole.
- Bei der „soft-input"-Decodierung gibt der dem Kanaldecodierer vorgeschaltete Demodulator typischerweise reelle Werte aus, man spricht von *weichen Entscheidungen*.

Für die folgenden Betrachtungen seien $\tilde{\mathbf{x}}$ Hypothesen der q^k Codewörter eines Blockcodes $\mathscr{C}$, $\mathbf{x}$ das gesendete Codewort und $\mathbf{y}$ sei das Empfangswort. Ferner bezeichne $P_{\mathbf{X}}(\mathbf{x})$ die a priori Wahrscheinlichkeit von Codewort $\mathbf{x}$ und $P_{\mathbf{X}|\mathbf{Y}}(\mathbf{x}|\mathbf{y})$ die a posteriori Wahrscheinlichkeit von Codewort $\mathbf{x}$. Wenn die Empfangswerte y_i wertdiskret sind (wie im Falle der „hard-input"-Decodierung), $i \in \{1, 2, \ldots, n\}$, so bezeichnen wir die bedingte Wahrscheinlichkeit von $\mathbf{y}$ gegeben $\mathbf{x}$ mit $P_{\mathbf{Y}|\mathbf{X}}(\mathbf{y}|\mathbf{x})$. Im Falle der „soft-input"-Decodierung verwenden wir die entsprechende bedingte Wahrscheinlichkeitsdichtefunktion $p_{\mathbf{Y}|\mathbf{X}}(\mathbf{y}|\mathbf{x})$.

Definition 8.3.4 („Maximum-A-Posteriori (MAP)"-Decodierung) *Bei der MAP-Decodierung wird das wahrscheinlichste Codewort* $\hat{\mathbf{x}}$ *bei gegebenem Empfangswort* $\mathbf{y}$ *ausgewählt:*

$$\hat{\mathbf{x}}_{MAP} := \arg\max_{\tilde{\mathbf{x}} \in \mathscr{C}} P_{\mathbf{X}|\mathbf{Y}}(\tilde{\mathbf{x}}|\mathbf{y}). \tag{8.31}$$

Dies bedeutet: Wähle das Codewort $\hat{\mathbf{x}}$*, für das bei gegebenem Empfangswort* $\mathbf{y}$ *gilt:*

$$P_{\mathbf{X}|\mathbf{Y}}(\hat{\mathbf{x}}|\mathbf{y}) \geq P_{\mathbf{X}|\mathbf{Y}}(\tilde{\mathbf{x}}|\mathbf{y}) \quad \forall \quad \tilde{\mathbf{x}} \in \mathscr{C}. \tag{8.32}$$

Die MAP-Decodierregel minimiert konstruktionsbedingt die Wortfehlerwahrscheinlichkeit P_w bei gegebenem Empfangswort $\mathbf{y}$. Gleichung (8.31) gilt gleichermaßen für „hard-input" und „soft-input"-Decodierung.

Definition 8.3.5 („Maximum-Likelihood (ML)"-Decodierung) *Bei der ML-Decodierung wird das Codewort* $\hat{\mathbf{x}}$ *ausgewählt, welches den kleinsten Abstand zum Empfangswort* $\mathbf{y}$ *aufweist. Im Falle der „hard-input"-Decodierung definiert man:*

$$\hat{\mathbf{x}}_{ML} := \arg\max_{\tilde{\mathbf{x}} \in \mathscr{C}} P_{\mathbf{Y}|\mathbf{X}}(\mathbf{y}|\tilde{\mathbf{x}}). \tag{8.33}$$

Dies bedeutet: Wähle das Codewort $\hat{\mathbf{x}}$*, für das bei gegebenem Empfangswort* $\mathbf{y}$ *gilt:*

$$P_{\mathbf{Y}|\mathbf{X}}(\mathbf{y}|\hat{\mathbf{x}}) \geq P_{\mathbf{Y}|\mathbf{X}}(\mathbf{y}|\tilde{\mathbf{x}}) \quad \forall \quad \tilde{\mathbf{x}} \in \mathscr{C}. \tag{8.34}$$

Im Falle der „soft-input"-Decodierung wird $P_{\mathbf{Y}|\mathbf{X}}(\mathbf{y}|\mathbf{x})$ *durch* $p_{\mathbf{Y}|\mathbf{X}}(\mathbf{y}|\mathbf{x})$ *ersetzt.*

Bei beiden Decodierprinzipien werden (zumindest konzeptionell) alle q^k möglichen Codewörter $\tilde{\mathbf{x}}$ mit dem gegebenen Empfangswort $\mathbf{y}$ verglichen. Das wahrscheinlichste Codewort (*MAP-Decodierung*) beziehungsweise das Codewort mit dem kleinsten Abstand zum Empfangswort (*ML-Decodierung*) wird schließlich ausgewählt. In Teil I wurde in Satz 3.1.1 bewiesen, dass MAP- und ML-Decodierung identisch sind, falls alle q^k Codewörter $\mathbf{x}$ gleich wahrscheinlich sind.

Fazit: Bei der MAP-Decodierung werden unterschiedliche a priori Wahrscheinlichkeiten berücksichtigt, bei der ML-Decodierung nicht. Sind die a priori Wahrscheinlichkeiten unterschiedlich und dem Empfänger bekannt, so sollte eine MAP-Decodierung durchgeführt werden. Die praktische Bedeutung des MAP-Decodierers ist die Minimierung der Symbolfehlerwahrscheinlichkeit. Der ML-Decodierer gewinnt seine praktische Bedeutung aus der Eigenschaft, dass bei gleichen oder unbekannten a priori Wahrscheinlichkeiten die gleiche Leistungsfähigkeit wie beim MAP-Decodierer erzielt wird.

Eine Alternative zur ML-Decodierung bietet der *Begrenzte-Minimaldistanz-Decodierer*.

Definition 8.3.6 (Begrenzte-Minimaldistanz (BMD)-Decodierung) *Gegeben seien Decodierkugeln vom Radius* $r = \lfloor (d_{min} - 1)/2 \rfloor$*. Bei der Begrenzten-Minimaldistanz (BMD)-Decodierung werden diejenigen Empfangsworte* $\mathbf{y}$ *zum Kugelmittelpunkt decodiert, die innerhalb oder auf einer Decodierkugel liegen. Für Empfangsworte* $\mathbf{y}$*, die außerhalb der Decodierkugeln liegen, erfolgt keine Decodierung:*

$$\hat{\mathbf{x}}_{BMD} = \begin{cases} \arg\min_{\tilde{\mathbf{x}}} d_H(\tilde{\mathbf{x}}, \mathbf{y}) & \textit{falls } d_H(\tilde{\mathbf{x}}, \mathbf{y}) \leq r \\ \textit{keine Decodierung} & \textit{sonst.} \end{cases} \tag{8.35}$$

Bemerkung 8.3.1 Der BMD-Decodierer berücksichtigt keine a priori Wahrscheinlichkeiten über die Codeworte. Die Bedingung $r = \lfloor (d_{min} - 1)/2 \rfloor$ garantiert, dass die Decodierkugeln disjunkt sind. Man spricht von einer Decodierung bis zur *halben Minimaldistanz* (oder halben Mindestdistanz). Wenn keine Decodierung erfolgt, so könnte man beispielsweise eine Wiederholung (ARQ) initiieren.

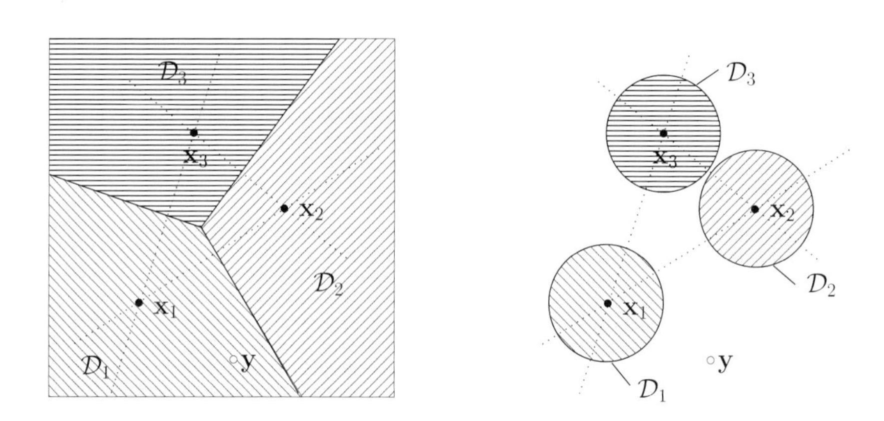

Bild 8.9: Graphische Veranschaulichung des ML-Decodierprinzips (links) und des BMD-Decodierprinzips (rechts)

Bild 8.9 verdeutlicht das ML- und das BMD-Decodierprinzip am Beispiel eines Codes bestehend aus drei Codewörtern. Bei der ML-Decodierung gilt in diesem Beispiel $\hat{\mathbf{x}} = \mathbf{x}_1$ da $\mathbf{y} \subset \mathscr{D}_1$, während bei der BMD-Decodierung keine Entscheidung getroffen wird. Da bei beiden Decodierprinzipien keine a priori Information verwendet wird, ist die Lage der Entscheidungsschwellen unabhängig von $P_{\mathbf{X}}(\mathbf{x})$.

Mit Hilfe der Decodierkugeln gelingt es uns nun, die Hamming-Schranke (vgl. Satz 8.2.4) zu beweisen. Der Vollständigkeit halber sei die Hamming-Schranke in allgemeiner Form kurz wiederholt:

Satz 8.3.1 (Hamming-Schranke, „sphere-packing bound") *Für lineare $(n,k,d_{min})_q$-Blockcodes, die bis zu $t = \lfloor \frac{d_{min}-1}{2} \rfloor$ Symbolfehler sicher korrigieren können, gilt*

$$q^{n-k} \geq \sum_{i=0}^{t} \binom{n}{i} (q-1)^i. \tag{8.36}$$

Beweis 8.3.1 Gegeben sei ein $(n,k,d_{min})_q$-Blockcode. $\mathbf{x}$ sei eines der q^k Codewörter und $\mathbf{y}$ das zugehörige Empfangswort. Ein Ergebnis aus der Kombinatorik besagt, dass es $\binom{n}{i}(q-1)^i$ Wörter mit der Hamming-Distanz $d_H(\mathbf{x},\mathbf{y}) = i$ gibt. Folglich existieren $\sum_{i=0}^{t}\binom{n}{i}(q-1)^i$ Wörter mit $d_H(\mathbf{x},\mathbf{y}) \leq t$, d. h. es liegen $\sum_{i=0}^{t}\binom{n}{i}(q-1)^i$ mögliche Empfangswörter innerhalb einer Decodierkugel mit Radius t um das betrachtete Codewort $\mathbf{x}$. Somit gibt es insgesamt $q^k\sum_{i=0}^{t}\binom{n}{i}(q-1)^i$ Wörter innerhalb von Decodierkugeln mit Radius t. Diese Zahl muss kleiner gleich der Gesamtzahl aller möglichen Empfangswörter sein: $q^n \geq q^k\sum_{i=0}^{t}\binom{n}{i}(q-1)^i$. □

Der Beweis zeigt eindrucksvoll, warum die Hamming-Schranke auch „sphere-packing bound“ genannt wird: Für Codes, welche die Hamming-Schranke mit Gleichheit erfüllen, wird der gesamte n-dimensionale Teilraum lückenlos mit Decodierkugeln gefüllt. Mit dieser Erkenntnis können wir eine alternative Definition für perfekte Codes formulieren, vgl. Definition 8.2.4:

Definition 8.3.7 (Perfekte Codes, alternative Definition) *Ein Code wird perfekt genannt, wenn ML- und BMD-Decodierung identisch sind.*

Bei perfekten Codes ist der gesamte n-dimensionale Teilraum lückenlos mit Decodierkugeln gefüllt. In Bild 8.6 ist dieser Sachverhalt für den $(3,1,3)_2$-Wiederholungscode illustriert.

8.3.4 „Hard-input“-Decodierung

Bei der *„hard-input“-Decodierung* führt der dem Kanaldecodierer vorgeschaltete Demodulator eine *harte Entscheidung* durch, d. h. die Empfangswerte stammen aus dem Wertevorrat der gesendeten Codesymbole. In diesem Fall gibt es q^n mögliche Empfangswörter $\mathbf{y}$. Diese Situation kann durch das Kanalmodell

$$\mathbf{y} := \mathbf{x} \oplus \mathbf{e} \tag{8.37}$$

modelliert werden. Die Komponenten e_i, $i \in \{0,1,\ldots,n-1\}$, des *Fehlerworts* $\mathbf{e}$ stammen aus dem Alphabet $\{0,1,\ldots,q-1\}$. Die Addition ist modulo-q durchzuführen. Die Fehlerwerte e_i sind typischerweise zufallsverteilt. Ein Beispiel für $q=2$ ist das in Teil I, Abschnitt 3.1.5 eingeführte binäre symmetrische Kanalmodell („Binary Symmetric Channel (BSC)“).

Satz 8.3.2 *Die „hard-input“ Maximum-Likelihood-Decodierregel lautet:*

$$\hat{\mathbf{x}}_{ML} = \arg\min_{\tilde{\mathbf{x}} \in \mathscr{C}} d_H(\tilde{\mathbf{x}}, \mathbf{y}), \tag{8.38}$$

oder äquivalent

$$d_H(\hat{\mathbf{x}}, \mathbf{y}) \le d_H(\tilde{\mathbf{x}}, \mathbf{y}) \quad \text{für alle } \tilde{\mathbf{x}} \in \mathscr{C}. \tag{8.39}$$

Man spricht auch von einer „nearest-neighbor“ -Decodierung.

Beweis 8.3.2 Die Behauptung folgt unmittelbar aus $P_{\mathbf{Y}|\mathbf{X}}(\mathbf{y}|\hat{\mathbf{x}}) \ge P_{\mathbf{Y}|\mathbf{X}}(\mathbf{y}|\tilde{\mathbf{x}}) \; \forall \, \tilde{\mathbf{x}} \in \mathscr{C}$. □

Beispiel 8.3.2 (ML-Decodierung für einen $(7,4,3)_2$-Hamming-Code) Wir betrachten den systematischen Hamming-Code gemäß Tabelle 8.5. Gesendet werde das Codewort $\mathbf{x} = [0010110]$, das Fehlermuster sei $\mathbf{e} = [0010000]$. Damit ergeben sich die in der folgenden Tabelle genannten Zahlenwerte.

Infowort	$\mathbf{u} = [0010]$
Codewort	$\mathbf{x} = [0010110]$
Fehlerwort	$\mathbf{e} = [0010000]$
Empfangswort	$\mathbf{y} = [0000110]$
decodiertes Codewort	$\hat{\mathbf{x}} = [0010110]$
decodiertes Infowort	$\hat{\mathbf{u}} = [0010]$

Das Codewort $\hat{\mathbf{x}} = [0010110]$ weist von allen q^k möglichen Codewörtern $\mathbf{x} \in \mathscr{C}$ die kleinste Hamming-Distanz zum Empfangswort $\mathbf{y} = [0000110]$ auf: $d_H(\mathbf{y}, \hat{\mathbf{x}}) = 1$, $d_H(\mathbf{y}, \tilde{\mathbf{x}}) > 1 \ \forall \ \tilde{\mathbf{x}} \neq \hat{\mathbf{x}}$, vgl. Tabelle 8.5. Man erkennt an diesem Beispiel, dass man bei systematischen Codes die Prüfstellen nicht vor der Decodierung eliminieren darf. $\diamondsuit$

8.3.5 „Soft-input"-Decodierung

Bei der *„soft-input"-Decodierung* gibt der dem Kanaldecodierer vorgeschaltete Demodulator typischerweise reelle Werte aus. Das *äquivalente zeitdiskrete Kanalmodell* zwischen Codewort $\mathbf{x}$ (am Eingang des Modulators) und zugehörigem Empfangswort $\mathbf{y}$ (am Ausgang des Demodulators) kann oft in der Form

$$\mathbf{y} := \mathbf{x} + \mathbf{n} \tag{8.40}$$

dargestellt werden, wobei $y_i, x_i, n_i \in \mathbb{R}$, $i \in \{0, 1, \ldots, n-1\}$, und die Addition in $\mathbb{R}$ auszuführen ist. Im Gegensatz zu den Fehlerwerten e_i bei der „hard-input" -Decodierung können die Werte n_i als Rauschwerte interpretiert werden. Ein Beispiel ist das in Teil I, Abschnitt 3.2.3 eingeführte zeitdiskrete AWGN-Kanalmodell („Additive White Gaussian Noise").

Satz 8.3.3 *Beim AWGN-Kanalmodell lautet die „soft-input" Maximum-Likelihood-Decodierregel*

$$\hat{\mathbf{x}}_{ML} = \arg\min_{\tilde{\mathbf{x}}} \parallel \mathbf{y} - \tilde{\mathbf{x}} \parallel_2 \tag{8.41}$$

oder äquivalent

$$\parallel \mathbf{y} - \hat{\mathbf{x}} \parallel_2 \leq \parallel \mathbf{y} - \tilde{\mathbf{x}} \parallel_2 \quad \textit{für alle } \tilde{\mathbf{x}} \in \mathscr{C}, \tag{8.42}$$

d. h.

$$\sum_{i=0}^{n-1} (y_i - \hat{x}_i)^2 \leq \sum_{i=0}^{n-1} (y_i - \tilde{x}_i)^2. \tag{8.43}$$

Man beachte, dass beim AWGN-Kanalmodell die ML-Decodierung einer Minimierung der quadratischen *Euklid'schen Distanz* zwischen dem Empfangswort $\mathbf{y}$ und allen q^k möglichen Codewörtern entspricht.

Beweis 8.3.3 Die Behauptung folgt durch einsetzen von $p_{Y|X}(y_i|x_i) = \frac{1}{\sqrt{2\pi\sigma^2}} e^{-\frac{(y_i - x_i)^2}{2\sigma^2}}$ in $p_{\mathbf{Y}|\mathbf{X}}(\mathbf{y}|\hat{\mathbf{x}}) \geq p_{\mathbf{Y}|\mathbf{X}}(\mathbf{y}|\tilde{\mathbf{x}}) \ \forall \ \tilde{\mathbf{x}} \in \mathscr{C}$. $\square$

Beispiel 8.3.3 (ML-Decodierung für einen $(7, 4, 3)_2$-Hamming-Code) Beispiel 8.3.2 kann für eine bipolare Modulation („0" $\rightarrow +1$, „1" $\rightarrow -1$) wie folgt ergänzt werden:

Infowort	$\mathbf{u} = [0010]$
Sendesequenz	$\mathbf{x} = [+1.0, +1.0, -1.0, +1.0, -1.0, -1.0, +1.0]$
Rauschsequenz	$\mathbf{n} = [+0.2, -0.3, +1.1, +0.2, -0.1, -0.2, +0.3]$
Empfangssequenz	$\mathbf{y} = [+1.2, +0.7, +0.1, +1.2, -1.1, -1.2, +1.3]$
decodiertes Codewort	$\hat{\mathbf{x}} = [+1.0, +1.0, -1.0, +1.0, -1.0, -1.0, +1.0]$
decodiertes Infowort	$\hat{\mathbf{u}} = [0010]$

Das modulierte Codewort $\hat{\mathbf{x}} = [+1.0, +1.0, -1.0, +1.0, -1.0, -1.0, +1.0]$ weist von allen q^k möglichen Codewörtern $\mathbf{x} \in \mathscr{C}$ die kleinste quadratische Euklid'sche Distanz zur Empfangssequenz $\mathbf{y} = [+1.2, +0.7, +0.1, +1.2, -1.1, -1.2, +1.3]$ auf. ◊

Neben optimalen Decodierverfahren (wie MAP- und ML-Decodierung) gibt es eine Vielzahl aufwandsgünstiger „soft-input" Decodierverfahren. Ein Beispiel ist die sog. *Wagner-Decodierung*.

Beispiel 8.3.4 (Wagner-Decodierung für den $(3,2,2)_2$-SPC-Code) Die *Wagner-Decodierung* ist eine aufwandsreduzierte Decodierregel für binäre SPC-Codes, bei welcher eine vollständige Suche über den gesamten Coderaum (wie bei der ML-Decodierung) vermieden wird. Bei der Wagner-Decodierung erfolgt zunächst eine Vorzeichenuntersuchung, bei der geprüft wird, ob die Paritätsgleichung erfüllt ist. Falls ja, so erfolgt eine „hard-input"-Decodierung. Falls nein, so erfolgt eine „hard-input"-Decodierung nach Inversion des unzuverlässigsten Empfangssymbols:

Infowort	$\mathbf{u} = [0, 1]$
Sendesequenz	$\mathbf{x} = [+1.0, -1.0, -1.0]$
Rauschsequenz	$\mathbf{n} = [+0.2, -0.3, +1.1]$
Empfangssequenz	$\mathbf{y} = [+1.2, -1.3, +0.1]$
Empfangssequenz nach Inversion	$\mathbf{y} = [+1.2, -1.3, -0.1]$
decodiertes Infowort	$\hat{\mathbf{u}} = [0, 1]$

Der Einzelfehler konnte in diesem Beispiel korrigiert werden, obwohl die Wagner-Decodierung im Sinne des ML-Kriteriums nicht optimal ist. ◊

8.3.6 Fehlererkennung und Fehlerkorrektur

Je größer die Minimaldistanz d_{min} ist, desto besser ist die Korrekturfähigkeit von Blockcodes, wie beispielsweise Bild 8.7 nahelegt. Wir beweisen diese wichtige Aussage nun für die „hard-input"-Decodierung. Die folgenden Sätze 8.3.4 bis 8.3.6 sind von großer praktischer Bedeutung. Beweisen wollen wir die Sätze mit Hilfe des Konzepts der Decodierkugeln.

Satz 8.3.4 (Fehlererkennung) *Bei einem beliebigen $(n,k,d_{min})_q$-Blockcode $\mathscr{C}$ können im Fall einer „hard-input"-Decodierung*

$$t' \leq d_{min} - 1 \tag{8.44}$$

Symbolfehler sicher erkannt werden.

Beweis 8.3.4 Jede Decodierkugel vom Radius $r = d_{min} - 1$ um ein Codewort $\mathbf{x}_i$ enthält kein anderes Codewort $\mathbf{x}_j$, vgl. Bild 8.10. Bei höchstens $d_{min} - 1$ Symbolfehlern liegt das Empfangswort $\mathbf{y}$ innerhalb oder auf der Decodierkugel um das gesendete Codewort. Da innerhalb oder auf dieser Decodierkugel kein weiteres Codewort liegt, gibt es keine Verwechselungsmöglichkeit mit einem erlaubten Codewort. Bei einem $(n,k,d_{min})_q$-Blockcode werden also $t' = d_{min} - 1$ Symbolfehler sicher erkannt. □

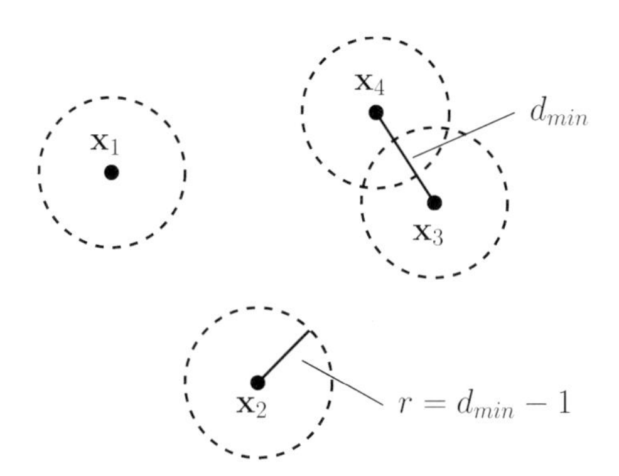

Bild 8.10: Graphischer Beweis zur Fehlererkennung für $q = 2$ und $k = 2$. Die $q^k = 4$ Codewörter haben unterschiedliche Hamming-Distanzen. Die Hamming-Distanz zwischen den Codewörtern $\mathbf{x}_3$ und $\mathbf{x}_4$ ist im gezeigten Beispiel am kleinsten und beträgt folglich d_{min}

Bemerkung 8.3.2 Wir verwenden den Begriff „sicher“ im Sinne von „eindeutig“ und „auf jeden Fall“. Weist das aktuell gesendete Codewort eine Distanz $d > d_{min}$ zu allen anderen Codewörtern auf, so können mehr Symbolfehler eindeutig erkannt werden, siehe Bild 8.10 am Beispiel von Codewort $\mathbf{x}_1$.

Bemerkung 8.3.3 Der Kanaldecodierer gibt Codesymbole aus, die jeweils aus $\log_2(q)$ Bits bestehen. Es entstehen also Symbolfehler, die Bitfehler bewirken. Dies bedeutet für $q > 2$ nicht, dass $(d_{min} - 1) \cdot \log_2(q)$ Bitfehler sicher erkannt werden. Vielmehr können ebenfalls nur $d_{min} - 1$ Bitfehler sicher erkannt werden, da bereits ein Bitfehler einen Symbolfehler bewirkt.

Bemerkung 8.3.4 Bei einer „soft-input“ -Decodierung können oft mehr Fehler erkannt werden. Obwohl die Wagner-Decodierung im Sinne des ML-Kriteriums nicht optimal ist, konnte in Beispiel 8.3.4 durch Verwendung von „soft-inputs“ ein Einzelfehler korrigiert werden. Durch eine „hard-input“-Decodierung wäre das beim SPC-Code selbst bei der ML-Decodierstrategie nicht möglich.

Beispiel 8.3.5 („Single Parity Check“-Code) Jeder SPC-Code erkennt bei „hard-input“ -Decodierung einen Symbolfehler sicher. $\diamondsuit$

Satz 8.3.5 (Fehlerkorrektur) *Bei einem beliebigen $(n, k, d_{min})_q$-Blockcode $\mathscr{C}$ können im Fall einer „hard-input“-Decodierung*

$$t \leq \lfloor (d_{min} - 1)/2 \rfloor \tag{8.45}$$

Symbolfehler sicher korrigiert werden, d. h. es können t Symbolfehler sicher korrigiert werden falls $2t + 1 \leq d_{min}$.

Die Schreibweise $\lfloor . \rfloor$ steht für die nächst kleinere ganze Zahl, z. B. gilt $\lfloor 3/2 \rfloor = 1$ und $\lfloor 4/2 \rfloor = 2$. $\lfloor (d_{min} - 1)/2 \rfloor$ bezeichnet man als *halbe Minimaldistanz* (oder halbe Mindestdistanz). Oft wird d_{min} als ungerade vorgegeben. Dann gilt $t \leq (d_{min} - 1)/2$. Ein Vergleich mit Satz 8.3.4 zeigt, dass halb so viele Symbolfehler sicher korrigiert wie erkannt werden können.

Beweis 8.3.5 Wir betrachten nun Decodierkugeln vom Radius $r = t$. Decodierkugeln mit einem Mindestabstand von $2t + 1$ sind also disjunkt, vgl. Bild 8.11. Bei einem $(n, k, d_{min})_q$-Blockcode können somit t Symbolfehler sicher korrigiert werden, sofern $2t + 1 \leq d_{min}$. □

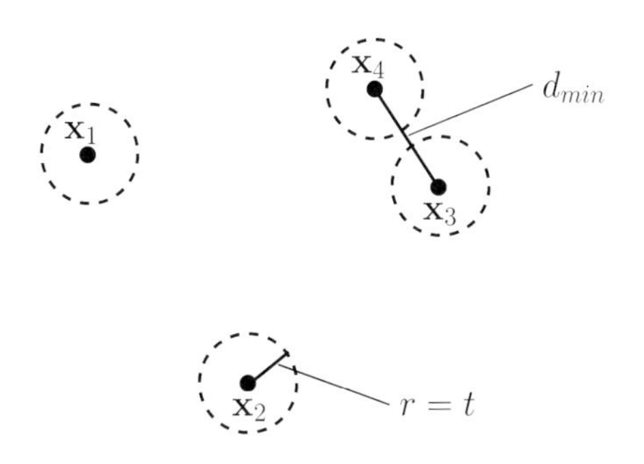

Bild 8.11: Graphischer Beweis zur Fehlerkorrektur für $q = 2$ und $k = 2$. Die Anordnung der Codewörter ist Bild 8.10 entnommen

Beispiel 8.3.6 (Wiederholungscode) Ein $(3, 1, 3)_2$-Code korrigiert bei „hard-input" -Decodierung einen Symbolfehler sicher. ◇

Bemerkung 8.3.5 Bei einer „soft-input" -Decodierung können oft mehr Fehler korrigiert werden. Beispielsweise konnte durch die Wagner-Decodierung in Beispiel 8.3.4 ein Fehler korrigiert werden, obwohl $t = 0$.

Fehlererkennung und Fehlerkorrektur müssen nicht notwendigerweise wahlweise durchgeführt werden, sondern können auch kombiniert werden:

Satz 8.3.6 (Kombinierte Fehlererkennung und Fehlerkorrektur) *Bei einem beliebigen $(n, k, d_{min})_q$-Blockcode $\mathscr{C}$ können bei einer „hard-input"-Decodierung t' Symbolfehler sicher erkannt und gleichzeitig t Symbolfehler sicher korrigiert werden, falls*

$$t + t' + 1 \leq d_{min} \tag{8.46}$$

und $t' \geq t$ gilt. Im Spezialfall $t = 0$ erhält man Satz 8.3.4, für $t = t'$ Satz 8.3.5.

Beweis 8.3.6 Der Beweis kombiniert die Beweise 8.3.4 und 8.3.5. Wie in Bild 8.12 dargestellt, zeichnen wir Decodierkugeln vom Radius $r = t$ und $r = d_{min} - 1$ um jedes Codewort. Die Decodierkugeln vom Radius $r = t$ sind disjunkt, man kann somit t Symbolfehler sicher korrigieren. Innerhalb oder auf den Decodierkugeln vom Radius $r = d_{min} - 1$ ist kein anderes Codewort enthalten. Die Differenz zwischen den Radien beträgt $d_{min} - 1 - t$. Man kann somit zusätzlich zu den t korrigierbaren Symbolfehlern weitere $t' \leq d_{min} - 1 - t$ Symbolfehler sicher erkennen. □

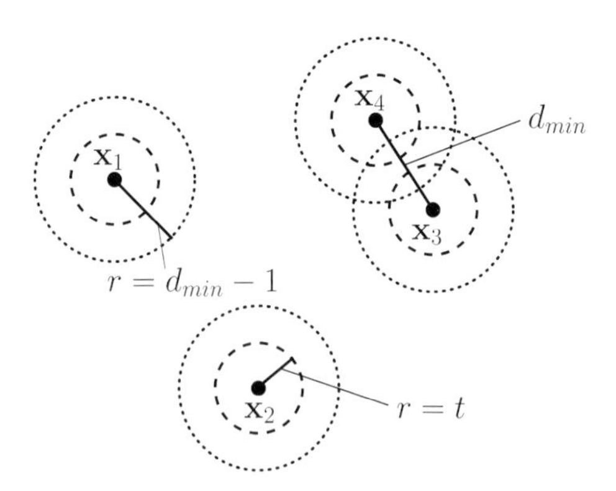

Bild 8.12: Beweis zur kombinierten Fehlererkennung und Fehlerkorrektur für $q = 2$ und $k = 2$

8.3.7 Wortfehlerwahrscheinlichkeit für „hard-input"-Decodierung

Wir betrachten nun ein codiertes Übertragungssystem mit „hard-input"-Decodierung am Beispiel eines q-nären symmetrischen Kanalmodells

$$y_i = x_i \oplus e_i, \qquad y_i, x_i, e_i \in \{0, 1, \ldots, q-1\}, \qquad i \in \{0, 1, \ldots, n-1\}, \tag{8.47}$$

mit der Symbolfehlerwahrscheinlichkeit P_S:

$$P_{Y|X}(y|x) := \begin{cases} 1 - P_S & \text{für } y = x \\ \frac{P_S}{q-1} & \text{sonst.} \end{cases} \tag{8.48}$$

Per Definition sind beim q-nären symmetrischen Kanalmodell die Symbolfehler e_i untereinander und von den Codesymbolen x_i statistisch unabhängig. Im Spezialfall $q = 2$ entspricht das q-näre symmetrische Kanalmodell dem BSC-Kanalmodell.

Satz 8.3.7 (Wortfehlerwahrscheinlichkeit für das q-näre symmetrische Kanalmodell) *Für lineare $(n, k, d_{min})_q$-Blockcodes kann die Wortfehlerwahrscheinlichkeit bei ML-Decodierung durch die obere Schranke*

$$P_w \leq 1 - \sum_{d=0}^{t} \binom{n}{d} P_{BSC}^d (1 - P_{BSC})^{n-d} \tag{8.49}$$

abgeschätzt werden, wobei $t = \lfloor (d_{min} - 1)/2 \rfloor$. Für perfekte Codes (z. B. binäre Hamming-Codes) gilt die Schranke mit Gleichheit. Dann sind ML-Decodierung und BMD-Decodierung identisch.

Beweis 8.3.7 Es gilt

$$P_w = 1 - P(\text{korrekte Decodierung}). \tag{8.50}$$

Eine korrekte Decodierung erfolgt genau dann, wenn maximal t Fehler auftreten. Folglich ist

$$P_w = 1 - P(w_H(\mathbf{e}) \leq t). \tag{8.51}$$

Dieses entspricht dem Begrenzten-Minimaldistanz (BMD)-Decodierer. Somit gilt

$$P_w = 1 - \sum_{d=0}^{t} P(w_H(\mathbf{e}) = d). \tag{8.52}$$

Da die Wortfehlerwahrscheinlichkeit bei der ML-Decodierung geringer sein kann als bei der BMD-Decodierung folgt

$$P_w \leq 1 - \sum_{d=0}^{t} P(w_H(\mathbf{e}) = d). \tag{8.53}$$

Die Anzahl der Fehler in einem Wort der Länge n ist binomialverteilt:

$$P(w_H(\mathbf{e}) = d) = \binom{n}{d} P_{BSC}^d (1 - P_{BSC})^{n-d}. \tag{8.54}$$

Durch Einsetzen in (8.53) folgt die Behauptung. □

Bild 8.13 zeigt exemplarisch die Wortfehlerwahrscheinlichkeit binärer Hamming-Codes auf dem BSC-Kanal als Funktion von P_{BSC}. Dieses Bild verdeutlicht den Abtausch zwischen Coderate und Fehlerwahrscheinlichkeit.

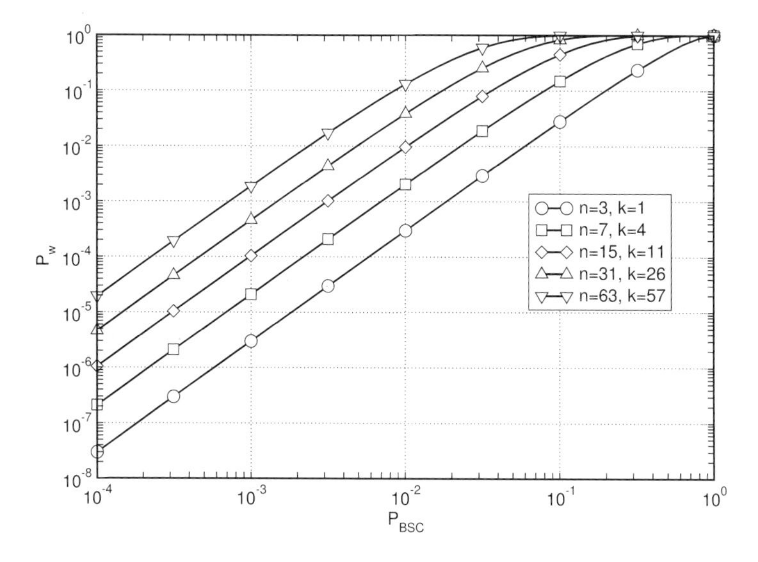

Bild 8.13: Wortfehlerwahrscheinlichkeit für binäre Hamming-Codes auf dem BSC-Kanal

8.3.8 Bitfehlerwahrscheinlichkeit für uncodierte bipolare Übertragung auf dem AWGN-Kanal

Beim zeitdiskreten AWGN-Kanalmodell werden den Kanalsymbolen x_i mittelwertfreie, weiße, gaußsche Rauschwerte n_i additiv überlagert:

$$y_i = x_i + n_i, \qquad y_i, x_i, n_i \in \mathbb{R}, \qquad i \in \{0, 1, \ldots, n-1\}, \tag{8.55}$$

wobei

$$p_{Y|X}(y_i|x_i) := \frac{1}{\sqrt{2\pi\sigma^2}} e^{-\frac{(y_i-x_i)^2}{2\sigma^2}} \qquad \text{mit } \sigma^2 := E\{n_i^2\}. \tag{8.56}$$

Weiße gaußsche Rauschwerte n_i sind statistisch unabhängig. Per Definition sind beim AWGN-Kanalmodell die Rauschwerte n_i und die Kanalsymbole x_i statistisch unabhängig.

Im Gegensatz zum q-nären symmetrischen Kanalmodell wird beim AWGN-Kanalmodell eine lineare Addition durchgeführt. Die Codesymbole müssen vor der Übertragung auf reellwertige Kanalsymbole x_i abgebildet werden. (Es wird hier nur eine Signalraumdimension betrachtet. Bei komplexwertigen Signalräumen gelten die folgenden Angaben pro Quadraturkomponente.) Beispielsweise kann man ein Codebit „0“ auf ein Kanalsymbol $+1$ und ein Codebit „1“ auf ein Kanalsymbol -1 abbilden. In diesem Fall spricht man von einer bipolaren Übertragung. Unabhängig von der Mächtigkeit M des Symbolalphabets der Kanalsymbole x_i nehmen wir im Folgenden die Leistungsnormierung $E\{x_i^2\} = 1$ an. In diesem Fall ist die Rauschvarianz σ^2 umgekehrt proportional zum *Signal/Rauschleistungsverhältnis pro Kanalsymbol*, E_s/N_0: $\sigma^2 = \frac{1}{2E_s/N_0}$. Hierbei ist E_s die Energie pro Kanalsymbol und N_0 die einseitige Rauschleistungsdichte. Die Energie pro Kanalsymbol, E_s, ist physikalisch messbar, und ergibt sich durch Multiplikation der Signalleistung mit der Dauer eines Datensymbols.

Für einen fairen Vergleich von Codes mit unterschiedlichen Coderaten R und Modulationsverfahren mit unterschiedlichen Symbolalphabeten M ist es oft sinnvoll, das *Signal/Rauschleistungsverhältnis pro Infobit* zu betrachten. Die Beziehung zwischen dem Signal/Rauschleistungsverhältnis pro Kanalsymbol und dem Signal/Rauschleistungsverhältnis pro Infobit lautet

$$E_s/N_0 = R \log_2 M \cdot E_b/N_0. \tag{8.57}$$

Diese Beziehung ist unabhängig von der Mächtigkeit q des Codealphabets gültig. Die Energie pro Infobit ist theoretischer Natur und (bis auf den Spezialfall $R \log_2 M = 1$) physikalisch nicht direkt messbar. Gemäß einem Ergebnis der Informationstheorie darf E_b/N_0 nicht kleiner als -1.59 dB bei einer quasi-fehlerfreien Übertragung auf dem AWGN-Kanal sein. Aus (8.57) ergibt sich somit folgende wichtige Erkenntnis: Für ein festes E_b/N_0 kann E_s/N_0 (und somit die Sendeleistung pro Kanalsymbol) beliebig klein gemacht werden, indem die Coderate R beliebig verringert wird. Diese Erkenntnis bildet die theoretische Basis für Spreizbandverfahren, die mit Signalleistungen unterhalb der Rauschleistung operieren können.

Für ein uncodiertes Übertragungssystem ($R = 1$) mit binären, gleich wahrscheinlichen Symbolen $x_i \in \{+1, -1\}$ kann die Bitfehlerwahrscheinlichkeit P_b des AWGN-Kanals wie folgt berechnet werden:

$$P_b = \frac{1}{2} \int_{-\infty}^{0} p_{Y|X}(y_i|x_i = +1)\, dy_i + \frac{1}{2} \int_{0}^{\infty} p_{Y|X}(y_i|x_i = -1)\, dy_i = \int_{-\infty}^{0} p_{Y|X}(y_i|x_i = +1)\, dy_i. \tag{8.58}$$

Durch Einsetzen von

$$p_{Y|X}(y_i|x_i) = \frac{1}{\sqrt{2\pi\sigma^2}} e^{-\frac{(y_i-x_i)^2}{2\sigma^2}}, \qquad \sigma^2 = \frac{N_0}{2E_s}, \tag{8.59}$$

folgt das Ergebnis

$$P_b = \frac{1}{\sqrt{2\pi\sigma^2}} \int_{-\infty}^{0} e^{-\frac{(y_i-1)^2}{2\sigma^2}} \, dy_i := \frac{1}{2} \operatorname{erfc}\sqrt{\frac{E_s}{N_0}}, \tag{8.60}$$

wobei $E_s = E_b$ im uncodierten Fall. Die Funktion erfc$(.)$ wird als *komplementäre Fehlerfunktion* bezeichnet. Sie kann durch eine Potenzreihe dargestellt werden:

$$\operatorname{erfc}(x) := 1 - \operatorname{erf}(x) = 1 - \frac{2}{\sqrt{\pi}} \sum_{n=0}^{\infty} \frac{(-1)^n x^{2n+1}}{n!\,(2n+1)}. \tag{8.61}$$

Die Funktion erf(x) wird als *Fehlerfunktion* bezeichnet. Wegen des alternierenden Vorzeichens ist eine gute Fehlerabschätzung möglich. Bild 8.14 zeigt den graphischen Verlauf der Bitfehlerwahrscheinlichkeit über dem Signal/Rauschleistungsverhältnis in einer doppellogarithmischen Darstellung. Man erkennt, dass die Bitfehlerwahrscheinlichkeit für kleine Signal/Rauschleistungsverhältnisse gegen 1/2 strebt und für große Signal/Rauschleistungsverhältnisse näherungsweise exponentiell abfällt.

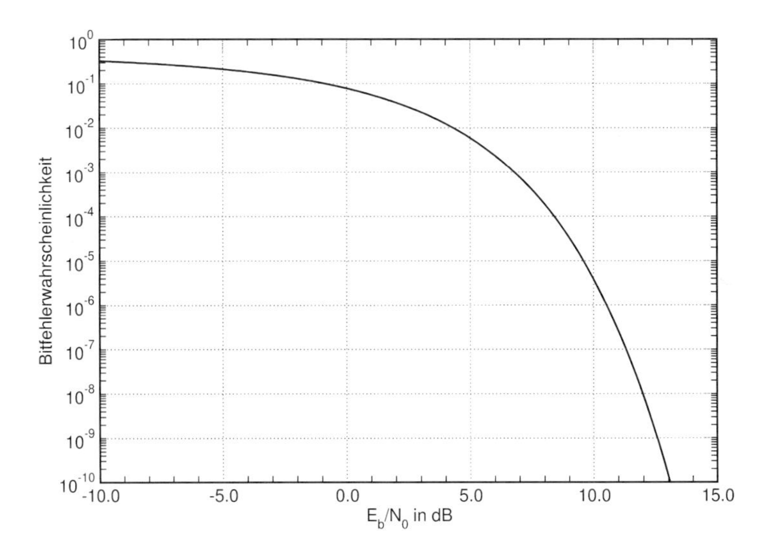

Bild 8.14: Bitfehlerwahrscheinlichkeit für den AWGN-Kanal bei uncodierter bipolarer Übertragung

Neben der komplementären Fehlerfunktion erfc(x) verwendet man manchmal auch die sog. *Q-Funktion* $Q(x) := \frac{1}{2}\operatorname{erfc}(x/\sqrt{2})$ zur Darstellung der Fehlerwahrscheinlichkeit.

8.3.9 Wortfehlerwahrscheinlichkeit für den AWGN-Kanal bei „soft-input"-Decodierung

Wir betrachten nun ein codiertes Übertragungssystem mit „soft-input"-Decodierung am Beispiel eines AWGN-Kanals mit Signal/Rauschleistungsverhältnis E_s/N_0.

Satz 8.3.8 (Wortfehlerwahrscheinlichkeit für den AWGN-Kanal) *Die Wortfehlerwahrscheinlichkeit kann für $(n,k,d_{min})_2$-Blockcodes bei bipolarer Übertragung ($x_i \in \{+1,-1\}$) und ML-Decodierung durch eine untere und eine obere Schranke*

$$\frac{1}{2}\, erfc \sqrt{d_{min}\frac{E_s}{N_0}} \leq P_w \leq \frac{1}{2} \sum_{d=d_{min}}^{n} a_d \; erfc \sqrt{d\frac{E_s}{N_0}} \tag{8.62}$$

abgeschätzt werden, wobei a_d die Anzahl der Codeworte mit Hamming-Distanz d bezogen auf das gesendete Codewort ist. Die Schranken nähern sich für große E_s/N_0 asymptotisch an.

Bei linearen Codes ist a_d gleich der Anzahl der Codeworte mit dem Hamming-Gewicht d. Zum Beispiel gilt $a_3 = a_{d_{min}} = 7$, $a_4 = 7$, $a_5 = a_6 = 0$ und $a_7 = 1$ beim $(7,4,3)_2$-Hamming-Code gemäß Tabelle 8.5. Bei linearen Codes gilt die Ungleichung (8.62) für alle q^k Codewörter.

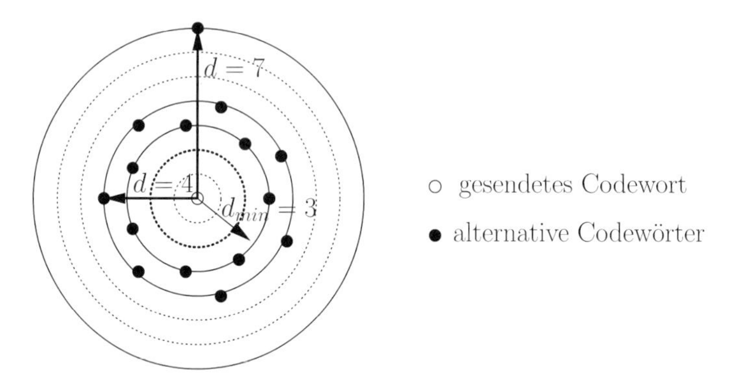

Bild 8.15: Zum Beweis der Wortfehlerwahrscheinlichkeit. Die Graphik skizziert die Gewichtsverteilung a_d vs. d für den $(7,4,3)_2$-Hamming-Code. Der Abstand zwischen den alternativen Codewörtern ist nicht maßstabsgetreu

Beweis 8.3.8 Bei bipolarer Übertragung lautet die Wahrscheinlichkeit, dass ein Codewort der Hamming-Distanz d fälschlicherweise ausgewählt wird,

$$P_d = \frac{1}{2}\, \mathrm{erfc} \sqrt{d\frac{E_s}{N_0}} \tag{8.63}$$

(„two-word error probability“), siehe Bild 8.15. Die untere Schranke ist zu optimistisch und berücksichtigt nur ein Codewort der Hamming-Distanz d_{min}. Die obere Schranke berücksichtigt alle fehlerhaften Codeworte und ist folglich zu pessimistisch. □

Man beachte, dass sich die Fehlerwahrscheinlichkeit bei uncodierter Übertragung, $P_w = P_b = \frac{1}{2}\mathrm{erfc}\sqrt{E_b/N_0}$, bei großen Signal/Rauschleistungsverhältnissen von der Fehlerwahrscheinlichkeit bei codierter Übertragung, $P_w \approx \frac{1}{2}\mathrm{erfc}\sqrt{d_{min} R \cdot E_b/N_0}$, nur bezüglich des Faktors $d_{min} R$ unterscheidet. Der Anteil d_{min} berücksichtigt den Distanzgewinn, R den Ratenverlust. Somit kann man in codierten Systemen das Signal/Rauschleistungsverhältnis bei gleicher Fehlerwahrscheinlichkeit um den Faktor $d_{min} R$ reduzieren. Diese Beobachtung führt zu folgender Definition des Codiergewinns.

8.3.10 Codiergewinn

Definition 8.3.8 (Codiergewinn) *Der Codiergewinn G ist die Differenz zwischen dem benötigten Signal/Rauschleistungsverhältnis in Dezibel bei uncodierter Übertragung und dem benötigten Signal/Rauschleistungsverhältnis in Dezibel bei codierter Übertragung, um die gleiche vorgegebene Fehlerwahrscheinlichkeit (z. B.* 10^{-5}*) zu erhalten.*

Der Codiergewinn wird typischerweise mit wachsendem Signal/Rauschleistungsverhältnis größer und nähert sich einem maximalen Wert an. Der *asymptotische Codiergewinn* (asymptotisch heißt: für große Signal/Rauschleistungsverhältnisse) kann oft besonders einfach berechnet werden:

Satz 8.3.9 (Asymptotischer Codiergewinn) *Bei bipolarer Übertragung über den AWGN-Kanal mit „soft-input" ML-Decodierung beträgt der asymptotische Codiergewinn*

$$G_{asy} := 10\ \log_{10}(d_{min} R)\ dB. \tag{8.64}$$

Beweis 8.3.9 Im codierten Fall beträgt die asymptotische Wortfehlerwahrscheinlichkeit $P_w \approx \frac{1}{2}\mathrm{erfc}\sqrt{d_{min} R \frac{E_b}{N_0}}$. Die uncodierte Fehlerwahrscheinlichkeit ist gleich $P_w \overset{n=k=1}{=} P_b = \frac{1}{2}\mathrm{erfc}\sqrt{\frac{E_b}{N_0}}$. Der asymptotische Codiergewinn (in linearer Skala) ist somit gleich $d_{min}R$. □

Bild 8.16 zeigt die Bitfehlerwahrscheinlichkeit für (systematische oder nichtsystematische) $(7,4,3)_2$-Hamming-Codes bei bipolarer Übertragung über den AWGN-Kanal bei empfängerseitiger ML-Decodierung. Bei einer „soft-input" -Decodierung beträgt der asymptotische Codiergewinn 2.3 dB. Bei einer „hard-input" -Decodierung ist der asymptotische Codiergewinn etwa 2 dB kleiner. Bei $(7,4,3)_2$-Hamming-Codes ist der Codiergewinn sehr klein, weil der Distanzgewinn ($d_{min} = 3$) zum großen Teil durch den Ratenverlust ($R = 4/7$) kompensiert wird.

Interessanterweise kann mit $(n,1,n)_q$-Wiederholungscodes auf dem AWGN-Kanal kein Codiergewinn erzielt werden, denn $d_{min} \cdot R = n \cdot 1/n = 1$ und $a_{d_{min}} = 1$.

Bezüglich des Codeentwurfs erstrebenswert ist eine große Minimaldistanz d_{min} bei möglichst hoher Coderate R, sowie eine kleine Anzahl von Codeworten mit Hamming-Gewicht d_{min}.

8.3.11 Block-Produktcodes

Block-Produktcodes bilden eine leistungsfähige Klasse von fehlerkorrigierenden Codes mit geringer Komplexität [P. Elias, 1954]. Block-Produktcodes sind systematische Codes. Bei zweidimensionalen Block-Produktcodes werden die Infobits in eine Matrix geschrieben. Anschließend werden Prüfbits in horizontaler Richtung und in vertikaler Richtung angehängt. Optional können auch Prüfbits der Prüfbits berechnet werden, wenn die Komponentencodes linear sind.

Beispiel 8.3.7 (Block-Produktcode basierend auf Hamming-Code) Bild 8.17 zeigt einen Block-Produktcode basierend auf einem $(7,4,3)_2$-Hamming-Code. Dieser wird als Komponentencode bezeichnet. ◇

Die Leistungsfähigkeit von Block-Produktcodes basiert unter anderem auf der Eigenschaft, dass Bündelfehler inhärent in Einzelfehler umgewandelt werden. Ist beispielsweise eine einzige Zeile durch einen Bündelfehler gestört, so versagt eine horizontale Decodierung bei dieser Zeile. Da aber in den Spalten höchstens Einzelfehler auftreten, können diese durch eine vertikale

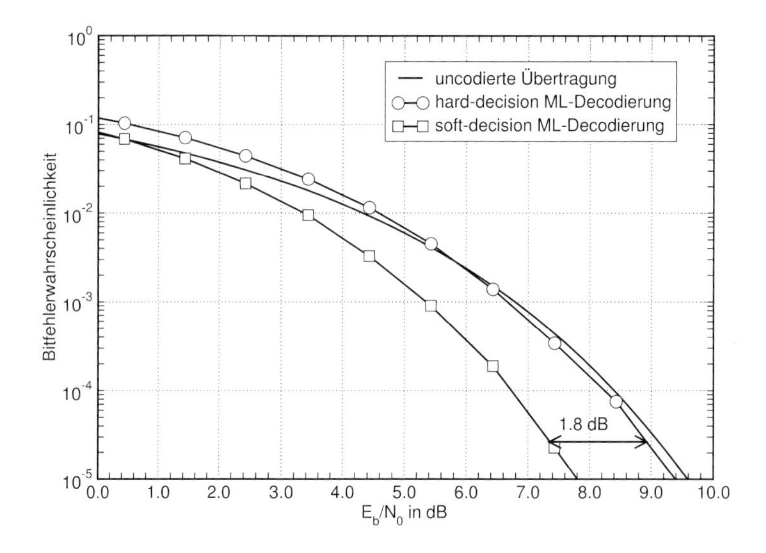

Bild 8.16: Bitfehlerwahrscheinlichkeit für $(7,4,3)_2$-Hamming-Codes

0	1	0	0	1	0	1
1	1	1	1	1	1	1
1	1	0	0	1	1	0
0	0	0	1	1	1	1
0	0	1	0	1	1	0
1	0	0	1	1	0	0
1	0	1	0	1	0	1

Bild 8.17: Block-Produktcode basierend auf einem $(7,4,3)_2$-Hamming-Code

Decodierung leicht korrigiert werden. Auch können horizontale und vertikale Decodierung alternierend durchgeführt werden. In diesem Fall spricht man von einer *iterativen Decodierung* („Turbo-Decodierung"), siehe Abschnitt 11.3. Eine Erweiterung auf weitere Dimensionen ist naheliegend.

8.4 Matrixbeschreibung von linearen Blockcodes

Wie wir am Beispiel des systematischen $(7,4,3)_2$-Hamming-Codes gesehen haben, ist eine Codierung und Decodierung mit Hilfe einer vollständigen Tabelle, die alle Codewörter umfasst, selbst bei einfachen Blockcodes sehr aufwändig. Bei linearen Blockcodes lassen sich die erwähnten Probleme mit Hilfe einer Matrixbeschreibung zumindest mildern.

8.4.1 Generatormatrix

Satz 8.4.1 (Generatormatrix) *(ohne Beweis) Die q^k Codewörter eines jeden linearen $(n,k,d_{min})_q$-Blockcodes $\mathscr{C}$ können durch eine Vektor-Matrix-Multiplikation*

$$\mathbf{x} := \mathbf{u} \cdot \mathbf{G} \tag{8.65}$$

erzeugt werden, wobei der $(1 \times k)$-Vektor $\mathbf{u} = [u_0, u_1, \ldots, u_{k-1}]$ ein Infowort und der $(1 \times n)$-Vektor $\mathbf{x} = [x_0, x_1, \ldots, x_{n-1}]$ das zugehörige Codewort bezeichnen. Die $(k \times n)$-Matrix $\mathbf{G}$ nennt man Generatormatrix. Die Generatormatrix beschreibt den Blockcode vollständig. Bei systematischen linearen Blockcodes kann die Generatormatrix auf die Form

$$\mathbf{G} = [\mathbf{E}_k | \mathbf{P}] \tag{8.66}$$

gebracht werden, wobei $\mathbf{E}_k$ die $(k \times k)$-Einheitsmatrix und $\mathbf{P}$ eine $(k \times (n-k))$- Matrix ist, welche die Prüfstellen repräsentiert.

Nur lineare Codes können vollständig durch eine Generatormatrix beschrieben werden.

Beispiel 8.4.1 ($(\mathbf{7,4,3})_2$-Hamming-Code) Der $(7,4,3)_2$-Hamming-Code gemäß Tabelle 8.5 besitzt die Generatormatrix

$$\mathbf{G} = \begin{bmatrix} 1 & 0 & 0 & 0 & 0 & 1 & 1 \\ 0 & 1 & 0 & 0 & 1 & 0 & 1 \\ 0 & 0 & 1 & 0 & 1 & 1 & 0 \\ 0 & 0 & 0 & 1 & 1 & 1 & 1 \end{bmatrix}. \tag{8.67}$$

Im Vergleich zu einer vollständigen Auflistung aller Codewörter, siehe Tabelle 8.5, stellt die Generatormatrix eine wesentlich kompaktere Beschreibung dar. ◇

8.4.2 Prüfmatrix

Satz 8.4.2 (Prüfmatrix) *(ohne Beweis) Für jeden linearen $(n,k,d_{min})_q$-Blockcode $\mathscr{C}$ existiert eine $((n-k) \times n)$-Matrix $\mathbf{H}$ derart, dass*

$$\mathbf{x} \cdot \mathbf{H}^T \equiv \mathbf{0}, \tag{8.68}$$

genau dann, wenn $\mathbf{x}$ ein Codewort von $\mathscr{C}$ ist. Das Nullwort auf der rechten Seite besteht aus $n-k$ Elementen. Die Matrix $\mathbf{H}$ bezeichnet man als Prüfmatrix, die den Blockcode vollständig beschreibt. Bei systematischen linearen Blockcodes kann die Prüfmatrix auf die Form

$$\mathbf{H} = [-\mathbf{P}^T | \mathbf{E}_{n-k}] \tag{8.69}$$

gebracht werden, wobei $\mathbf{E}_{n-k}$ die $((n-k) \times (n-k))$-Einheitsmatrix und $\mathbf{P}^T$ eine $((n-k) \times k)$-Matrix ist, welche die Prüfstellen repräsentiert. $\mathbf{P}$ ist dabei identisch mit der in (8.66) definierten gleichnamigen Matrix.

Nur lineare Codes können vollständig durch eine Prüfmatrix beschrieben werden. Bei binären Codes reduziert sich (8.69) auf $\mathbf{H} = [\mathbf{P}^T | \mathbf{E}_{n-k}]$.

Beispiel 8.4.2 ($(7,4,3)_2$-Hamming-Code) Der $(7,4,3)_2$-Hamming-Code gemäß Tabelle 8.5 besitzt die Prüfmatrix

$$\mathbf{H} = \begin{bmatrix} 0 & 1 & 1 & 1 & 1 & 0 & 0 \\ 1 & 0 & 1 & 1 & 0 & 1 & 0 \\ 1 & 1 & 0 & 1 & 0 & 0 & 1 \end{bmatrix}. \tag{8.70}$$

Gleichung (8.70) entspricht folglich dem singulären Gleichungssystem

$$\begin{aligned} x_1 \oplus x_2 \oplus x_3 \oplus x_4 &= 0 \\ x_0 \oplus x_2 \oplus x_3 \oplus x_5 &= 0 \\ x_0 \oplus x_1 \oplus x_3 \oplus x_6 &= 0. \end{aligned} \tag{8.71}$$

Dieses Gleichungssystem kann auch in der Form

$$\begin{aligned} x_1 \oplus x_2 \oplus x_3 &= x_4 \\ x_0 \oplus x_2 \oplus x_3 &= x_5 \\ x_0 \oplus x_1 \oplus x_3 &= x_6. \end{aligned} \tag{8.72}$$

dargestellt werden: Die Infobits stehen auf der linken Seite (denn der betrachtete Code ist systematisch), die Prüfbits auf der rechten. Gleichungssystem (8.72) kann interessanterweise durch das in Bild 8.18 dargestellte Venn-Diagramm visualisiert werden.

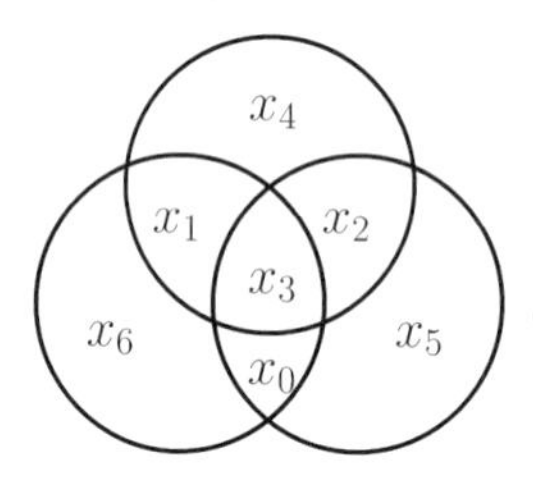

Bild 8.18: Venn-Diagramm für den $(7,4,3)_2$-Hamming-Code

Wenn man die $k = 4$ Infobits kennt, z. B. $x_0 = 1$, $x_1 = 0$, $x_2 = 0$, $x_3 = 1$, so kann man mit Hilfe des Venn-Diagramms die $n-k$ Prüfbits $x_4 = 1$, $x_5 = 0$ und $x_6 = 0$ eindeutig entnehmen und erhält somit das vollständige Codewort $\mathbf{x} = [1001100]$. Diese Vorgehensweise ist in Bild 8.19 schrittweise dargestellt.

Man kann mit Hilfe des Venn-Diagramms auch decodieren, wenn die Codebits über einen binären Auslöschungskanal (BEC) übertragen werden. Bis zu drei Codebits können dabei ausgelöscht sein, wenn alle Auslöschungen mehrdeutungsfrei rekonstruiert werden sollen. Bild 8.20 zeigt das Beispiel $\mathbf{y} = [1??1?00]$. Der interessierte Leser möge eine geeignete Decodierstrategie entwickeln die in der Lage ist, alle drei Auslöschungen mehrdeutungsfrei zu rekonstruieren. Der interessierte Leser möge auch bestätigen, dass drei ausgelöschte Codebits nicht immer mehrdeutungsfrei rekonstruierbar sind. Als Beispiel sei $\mathbf{y} = [??0?100]$ genannt. $\Diamond$

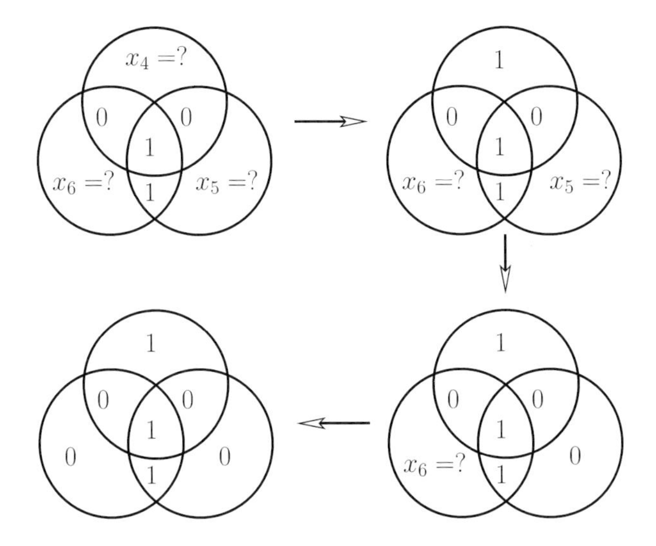

Bild 8.19: Codierung mit Hilfe des Venn-Diagramms am Beispiel des $(7,4,3)_2$-Hamming-Codes

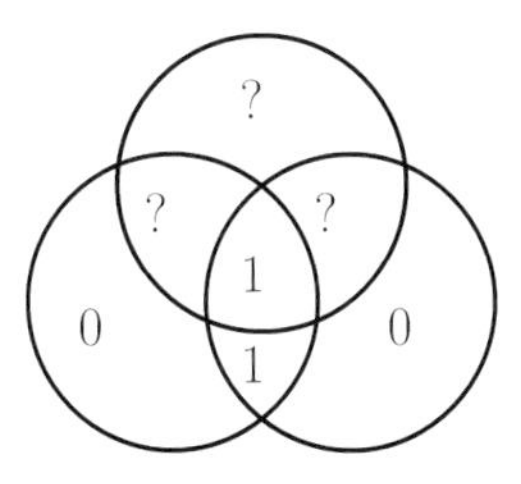

Bild 8.20: Decodierung mit Hilfe des Venn-Diagramms am Beispiel des $(7,4,3)_2$-Hamming-Codes

Satz 8.4.3 *Bei linearen $(n,k,d_{min})_q$-Blockcodes $\mathscr{C}$ besteht ein Zusammenhang zwischen Generatormatrix* **G** *und Prüfmatrix* **H** *gemäß*

$$\mathbf{G}\cdot\mathbf{H}^T=\mathbf{0}. \tag{8.73}$$

Beweis 8.4.3 Durch Substitution von $\mathbf{x}=\mathbf{u}\cdot\mathbf{G}$ in $\mathbf{x}\cdot\mathbf{H}^T=\mathbf{0}$ folgt $\mathbf{u}\cdot\mathbf{G}\cdot\mathbf{H}^T=\mathbf{0}$. Für beliebige Infowörter **u** kann das Gleichungssystem nur null ergeben, falls $\mathbf{G}\cdot\mathbf{H}^T=\mathbf{0}$. □

8.4.3 Duale Codes

Definition 8.4.1 (Dualer Code) *Der Code $\mathscr{C}^\perp$, dessen Generatormatrix $\mathbf{G}^\perp$ die Prüfmatrix* **H** *eines Codes $\mathscr{C}$ ist, wird als dualer Code $\mathscr{C}^\perp$ des Codes $\mathscr{C}$ bezeichnet.*

Duale Codes sind per Konstruktion immer lineare Codes.

Beispiel 8.4.3 (**$(7,4,3)_2$-Hamming-Code**)

$$\mathbf{G}^{\perp} = \mathbf{H} = \begin{bmatrix} 0 & 1 & 1 & 1 & 1 & 0 & 0 \\ 1 & 0 & 1 & 1 & 0 & 1 & 0 \\ 1 & 1 & 0 & 1 & 0 & 0 & 1 \end{bmatrix}, \quad \mathbf{H}^{\perp} = \mathbf{G} = \begin{bmatrix} 1 & 0 & 0 & 0 & 0 & 1 & 1 \\ 0 & 1 & 0 & 0 & 1 & 0 & 1 \\ 0 & 0 & 1 & 0 & 1 & 1 & 0 \\ 0 & 0 & 0 & 1 & 1 & 1 & 1 \end{bmatrix} \tag{8.74}$$

◊

8.4.4 Syndrom und Syndromdecodierung

Die Prüfmatrix **H** kann verwendet werden, um zu erkennen, ob ein Wort ein Codewort ist oder nicht. Eine Verallgemeinerung der Prüfgleichung $0 = \mathbf{x} \cdot \mathbf{H}^T$ führt auf den Begriff des Syndroms:

Definition 8.4.2 (Syndrom) *Das Syndrom* **s** *eines linearen $(n,k,d_{min})_q$-Blockcodes ist wie folgt definiert:*

$$\mathbf{s} := \mathbf{y} \cdot \mathbf{H}^T, \tag{8.75}$$

wobei $\mathbf{y} = \mathbf{x} \oplus \mathbf{e} \in \{0,1,\ldots,q-1\}^n$ *das Empfangswort und* $\mathbf{e} \in \{0,1,\ldots,q-1\}^n$ *ein Fehlerwort ist.*

Wendet man die Prüfmatrix **H** auf ein Empfangswort **y** an, so kann ermittelt werden, ob **y** einem gültigen Codewort entspricht oder nicht: Die $n-k$ Komponenten von **s** sind gemäß (8.68) gleich null, falls **y** ein Codewort ist. Es gilt somit

$$\mathbf{s} = \mathbf{y} \cdot \mathbf{H}^T = (\mathbf{x} \oplus \mathbf{e}) \cdot \mathbf{H}^T = \mathbf{x} \cdot \mathbf{H}^T \oplus \mathbf{e} \cdot \mathbf{H}^T = \mathbf{e} \cdot \mathbf{H}^T. \tag{8.76}$$

Durch einen Vergleich von linker und rechter Seite erkennt man, dass das Syndrom **s** bei einem gegebenen Code $\mathscr{C}$ (und somit bei einer gegebenen Prüfmatrix **H**) nur vom Fehlermuster **e** abhängt. Hierbei ergeben sich allerdings Mehrdeutigkeiten, wie an folgenden Zahlenwerten erkennbar ist: Die Anzahl der erkennbaren Fehlermuster beträgt $q^n - q^k$, weil es bei der „hard-input"-Decodierung q^n mögliche Empfangswörter gibt, von denen q^k mögliche Codewörter sind. Durch ein Syndrom der Länge $n-k$ können hingegen nur q^{n-k} Fehlermuster adressiert werden ($q^{n-k} \ll q^n - q^k$). Zwei Beispiele mögen die dadurch entstehenden Mehrdeutigkeiten illustrieren.

Beispiel 8.4.4 (**$(7,4,3)_2$-Hamming-Code**) Beim $(7,4,3)_2$-Hamming-Code gemäß Tabelle 8.5 entspricht $\mathbf{s} = \mathbf{e} \cdot \mathbf{H}^T$ dem Gleichungssystem

$$\begin{aligned} s_0 &= e_1 \oplus e_2 \oplus e_3 \oplus e_4 \\ s_1 &= e_0 \oplus e_2 \oplus e_3 \oplus e_5 \\ s_2 &= e_0 \oplus e_1 \oplus e_3 \oplus e_6, \end{aligned}$$

vgl. (8.70). Das Syndrom $\mathbf{s} := [s_0, s_1, s_2] = [1,0,1]$ wird beispielsweise durch die Fehlermuster $\mathbf{e} := [e_0, e_1, \ldots, e_6] = [0,1,0,0,0,0,0]$ und $\mathbf{e} = [0,1,0,1,1,1,1]$ (sowie weitere mögliche Fehlermuster) erzeugt. ◊

Beispiel 8.4.5 (Beliebiger linearer Code) Das Syndrom $\mathbf{s} = \mathbf{0}$ wird durch alle q^k Fehlermuster $\mathbf{e} = \mathbf{x}$ erzeugt, denn bei linearen Codes führt die Addition zweier Codewörter zu einem erlaubten Codewort. ◊

Diese beiden Beispiele motivieren, pro Syndrom $\mathbf{s}$ nur das wahrscheinlichste Fehlermuster $\mathbf{e}$, d. h. das Fehlermuster mit dem kleinsten Hamming-Gewicht $w_H(\mathbf{e})$, zu betrachten. Diese Überlegung, zusammen mit Gleichung (8.76), motiviert die sog. *Syndromdecodierung*. Die Syndromdecodierung ist immer eine „hard-input"-Decodierung und nur für lineare Codes anwendbar. Deren wesentliche Schritte sind wie folgt:

- Zunächst wird eine Syndromtabelle mit q^{n-k} Zeilen angelegt, wobei zu jedem Syndrom $\mathbf{s}$ das wahrscheinlichste Fehlerwort $\mathbf{e}$ gemäß

$$\mathbf{e} = \arg \min_{\tilde{\mathbf{e}}:\ \mathbf{s}=\tilde{\mathbf{e}}\cdot\mathbf{H}^T} w_H(\tilde{\mathbf{e}}) \tag{8.77}$$

  berechnet wird. Man beachte, dass dieser Schritt offline (d. h. ohne Kenntnis des aktuellen Empfangswortes $\mathbf{y}$) erfolgen kann.

- Zum aktuellen Empfangswort $\mathbf{y}$ wird das Syndrom $\mathbf{s} = \mathbf{y} \cdot \mathbf{H}^T$ berechnet.

- In der Syndromtabelle wird das zum Syndrom $\mathbf{s}$ zugehörige Fehlermuster $\hat{\mathbf{e}}$ abgelesen.

- Schließlich wird $\hat{\mathbf{x}} = \mathbf{y} \ominus \hat{\mathbf{e}}$ berechnet.

Beispiel 8.4.6 ($(7,4,3)_2$-Hamming-Code) Beim $(7,4,3)_2$-Hamming-Code gemäß Tabelle 8.5 kann die Syndromdecodierung wie folgt erfolgen:

Zunächst wird die aus $q^{n-k} = 8$ Zeilen bestehende Syndromtabelle angelegt, siehe Tabelle 8.6. Hierzu werden in der linken Spalte alle q^{n-k} Kombinationsmöglichkeiten eingetragen, die durch ein Syndrom der Länge $n-k$ adressiert werden können. In die rechte Spalte werden die zugehörigen Fehlermuster mit minimalem Hamming-Gewicht eingetragen.

Tabelle 8.6: Syndromtabelle für den $(7,4,3)_2$-Hamming-Code

s	**e**
0 0 0	0 0 0 0 0 0 0
0 0 1	0 0 0 0 0 0 1
0 1 0	0 0 0 0 0 1 0
0 1 1	1 0 0 0 0 0 0
1 0 0	0 0 0 0 1 0 0
1 0 1	0 1 0 0 0 0 0
1 1 0	0 0 1 0 0 0 0
1 1 1	0 0 0 1 0 0 0

Beispielsweise sei $\mathbf{x} = [1101001]$ das gesendete Codewort und $\mathbf{y} = [1001001]$ ein fehlerhaftes Empfangswort. Das zugehörige Syndrom lautet $\mathbf{s} = \mathbf{y} \cdot \mathbf{H}^T = [101]$. Es ist nur vom Fehlermuster abhängig. Gemäß der Syndromtabelle ergibt sich für $\mathbf{s} = [101]$ ein Schätzwert für das Fehlerwort zu $\hat{\mathbf{e}} = [0100000]$. Das geschätzte Codewort ergibt sich zu $\hat{\mathbf{x}} = \mathbf{y} \ominus \hat{\mathbf{e}} \overset{q=2}{=} \mathbf{y} \oplus \hat{\mathbf{e}} = \mathbf{x}$. Folglich konnte der Einfachfehler korrigiert werden. ◇

Es sei an dieser Stelle darauf hingewiesen, dass die Syndromtabelle im Allgemeinen *nicht* alle korrigierbaren Fehlermuster enthält, auch wenn obiges Beispiel diesen Eindruck vermitteln mag. Bei binären Hamming-Codes der Ordnung r gemäß Tabelle 8.4 können $n = 2^r - 1$ Einzelfehler auftreten. Dem stehen immer genauso viele korrigierbare Einzelfehler gegenüber, denn $2^{n-k} - 1 = 2^r - 1$.

8.4.5 Low-Density Parity-Check-Codes (LDPC-Codes)

Low-Density Parity-Check (LDPC)-Codes stellen eine Klasse von linearen Blockcodes dar. LDPC-Codes werden durch die Prüfmatrix $\mathbf{H}$ beschrieben. Sie erhielten ihren Namen daher, dass die Prüfmatrix dünn besetzt ist, d. h. das Hamming-Gewicht der Zeilen und Spalten der Prüfmatrix relativ klein ist. Bei binären LDPC-Codes enthält die Prüfmatrix somit wesentlich mehr Nullen als Einsen. Von größter praktischer Bedeutung sind binäre LDPC-Codes, deshalb werden wir im Folgenden ausschließlich diese betrachten. Mit ihnen können für eine Vielzahl von Kanalmodellen Arbeitspunkte nahe der Kanalkapazität erreicht werden. Codierung und Decodierung können hochgradig parallel erfolgen. LDPC-Codes wurden bereits 1962 von R. G. Gallager in Verbindung mit einem iterativen Decodierverfahren publiziert [R. G. Gallager, 1962], gerieten dann aber in Vergessenheit. Seit Mitte der neunziger Jahre erleben LDPC-Codes, inzwischen auch Gallager-Codes genannt, einen wahren Boom.

LDPC-Codes können durch unterschiedliche Darstellungsformen repräsentiert werden. Die beiden am häufigsten anzutreffenden Darstellungsformen sind die Prüfmatrix und eine graphische Darstellung mit Hilfe eines sog. Faktor-Graphen [Loeliger et al., 2007]. Variationen von Faktor-Graphen sind Tanner-Graphen [R. M. Tanner, 1981], Wiberg-Graphen [N. Wiberg, 1995] und Forney-Graphen [G. D. Forney, 2001]. Eine Beschreibung beispielsweise mit Hilfe der Generatormatrix, des Venn-Diagramms oder eines Trellisdiagramms ist möglich aber unüblich.

8.4.5.1 Beschreibung von LDPC-Codes mit Hilfe der Prüfmatrix

Gegeben sei eine $(m \times n)$-Prüfmatrix $\mathbf{H}$, wobei $m := n - k$. Man unterscheidet zwischen regulären und irregulären LDPC-Codes:

Definition 8.4.3 (Regulärer (w_n, w_m)-LDPC-Code) *Bei einem regulären LDPC-Code ist das Hamming-Gewicht der Spalten der Prüfmatrix, w_m, für alle n Spalten gleich. Ebenso ist das Hamming-Gewicht der Zeilen der Prüfmatrix für alle m Zeilen gleich $w_n = n\,w_m/m$. Zusätzlich wird bei einem regulären LDPC-Code gefordert, dass $w_n \ll n$ und $w_m \ll m$.*

Die Bedingung $n\,w_m = m\,w_n$ besagt, dass der prozentuale Anteil an Einsen in den Zeilen der Prüfmatrix gleich dem prozentualen Anteil an Einsen in den Spalten der Prüfmatrix ist. Die letzte Bedingung charakterisiert eine dünn besetzte Prüfmatrix.

Beispiel 8.4.7 (Regulärer (8,4)-LDPC-Code) Gegeben sei die Prüfmatrix

$$\mathbf{H} = \begin{bmatrix} 0 & 1 & 0 & 1 & 1 & 0 & 0 & 1 \\ 1 & 1 & 1 & 0 & 0 & 1 & 0 & 0 \\ 0 & 0 & 1 & 0 & 0 & 1 & 1 & 1 \\ 1 & 0 & 0 & 1 & 1 & 0 & 1 & 0 \end{bmatrix}. \tag{8.78}$$

Die Prüfmatrix besteht aus $m = 4$ Zeilen und $n = 8$ Spalten. Offenbar gilt $w_n = 4$ für jede Zeile und $w_m = 2$ für jede Spalte. Somit ist die Forderung $n w_m = m w_n$ erfüllt. Zwar kann man in diesem Beispiel nicht wirklich von einer dünn besetzten Matrix sprechen, dies soll uns aber nicht weiter stören. Dünn besetzte Matrizen existieren typischerweise nur für große Dimensionen $m \times n$. ◊

Definition 8.4.4 (Irregulärer LDPC-Code) *Ein LDPC-Code wird irregulär genannt, wenn die Hamming-Gewichte nicht für alle Zeilen und/oder alle Spalten übereinstimmen, oder wenn* $n w_m \neq m w_n$.

Irreguläre Codes können durch Zufallsgeneratoren erzeugt werden. Die leistungsfähigsten LDPC-Codes sind irregulär. Man kann mit geeigneten Decodierverfahren nahe an die Shannon-Grenze herankommen, beim binären Auslöschungskanal (BEC) sogar beliebig nahe.

Irreguläre LDPC-Codes finden u. a. in relativ neuen Klassen von *Auslöschungscodes* Anwendung. Auslöschungscodes sind fehlererkennende Codes, die speziell für den binären Auslöschungskanal entwickelt wurden. Zu den neueren Entwicklungen zählen *Tornado-Codes* [M. Luby et al. 2001] und *Fountain-Codes* [D. J. C. MacKay, 2005]. Tornado-Codes und Fountain-Codes ermöglichen eine effiziente Codierung und Decodierung und sind für große Datenmengen geeignet. Sie bilden eine Alternative zum klassischen ARQ-Konzept. Fountain-Codes haben keine feste Coderate, man spricht deshalb von *ratenlosen Auslöschungscodes*. Spezielle Ausführungsformen von Fountain Codes sind *Luby-Transform-Codes* (LT-Codes) [M. Luby, 2002], *Online-Codes* [P. Maymounkov, 2002] und *Raptor-Codes* [A. Shokrollahi, 2004].

8.4.5.2 Beschreibung von LDPC-Codes mit Hilfe des Tanner-Graphen

Eine sehr populäre Beschreibung von LDPC-Codes geschieht mit Hilfe des sog. *Tanner-Graphen*. Ein Tanner-Graph ist ein Spezialfall eines Faktor-Graphen. Tanner-Graphen ermöglichen eine eindeutige graphische Beschreibung des Codes. Ihre wesentliche Stärke liegt aber in der Beschreibung effizienter iterativer Decodierverfahren, wie nachfolgend erläutert wird.

Graphen bestehen aus Knoten und Kanten. Bei Tanner-Graphen gibt es genau zwei Klassen von Knoten: *Variablenknoten* („variable nodes“) und *Prüfknoten* („check nodes“). Es gibt genau n Variablenknoten, für jedes Codebit einen. Die Anzahl der Prüfknoten ist gleich $m = n - k$, d. h. gleich der Anzahl der Prüfbits. Die Variablenknoten werden mit x_j bezeichnet, $j \in \{0, 1, \ldots, n-1\}$, die Prüfknoten mit f_i, $i \in \{0, 1, \ldots, m-1\}$. Die Kanten verbinden ausschließlich Knoten unterschiedlicher Klasse, also keine Variablenknoten untereinander und keine Prüfknoten untereinander. Tanner-Graphen sind somit zweiseitige („bipartite“) Graphen. Eine Kante existiert, falls das Element $h_{i,j}$ der Prüfmatrix $\mathbf{H}$ gleich eins ist, d. h. $h_{i,j} = 1$. Für jeden Prüfknoten muss die Modulo-Summe der Werte der benachbarten Variablenknoten gleich null sein.

Beispiel 8.4.8 (Tanner-Graph des regulären (8,4)-LDPC-Codes) Der Tanner-Graph des regulären (8,4)-LDPC-Codes gemäß (8.78) ist in Bild 8.21 dargestellt. Vereinbarungsgemäß werden Variablenknoten meist rund und Prüfknoten meist rechteckig gezeichnet. Die Regularität des Codes erkennt man im Graphen daran, dass die Anzahl der Kanten pro Knoten gleicher Klasse konstant ist. ◇

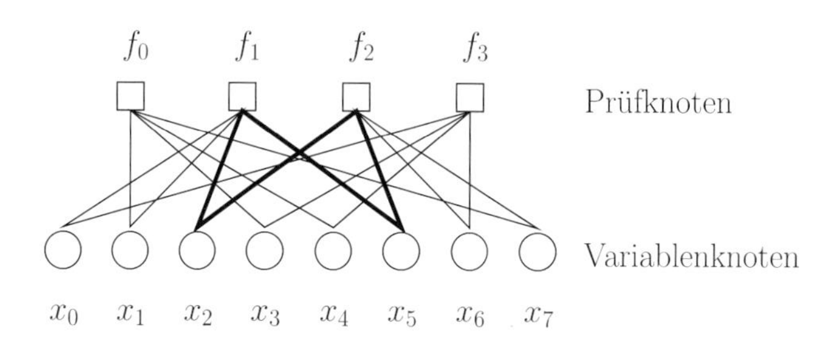

Bild 8.21: Tanner-Graph des regulären $(8,4)$-LDPC-Codes. Ein kurzer Zyklus ist fett hervorgehoben

Per Konstruktion besitzt der Tanner-Graph bei dünn besetzten Prüfmatrizen nur relativ wenige Kanten. Dies bedeutet zum einen einen geringen Decodieraufwand, wie wir in Abschnitt 11.3.2 sehen werden. Gleichzeitig steigt aber auch die Leistungsfähigkeit des Decodierers, weil die Anzahl der Zyklen sinkt. Als Zyklus versteht man einen geschlossenen Pfad im Graphen, siehe Bild 8.21. Insbesondere *kurze Zyklen* wirken sich negativ auf die Leistungsfähigkeit aus. Ideal sind zyklenfreie Graphen. Für diesem Spezialfall kann man zeigen, dass eine iterative Decodierung die Leistungsfähigkeit der ML-Decodierung erreichen kann.

8.4.6 Repeat-Accumulate-Codes (RA-Codes)

Repeat-Accumulate-Codes [D. Divsalar et al., 1998] gehören zur Klasse der nichtsystematischen linearen Blockcodes, können aber auch als Faltungscodes interpretiert werden. RA-Codes lassen sich extrem einfach erzeugen und ermöglichen (in Verbindung mit iterativer Decodierung) eine Leistungsfähigkeit nahe der Shannon-Grenze.

RA-Codes der Rate $R = 1/J$ werden wie folgt generiert: Das Infowort $\mathbf{u} = [u_0, u_1, \ldots, u_{k-1}]$ der Länge k wird zunächst J mal wiederholt, anschließend durch einen Interleaver der Länge $n := J \cdot k$ verwürfelt (siehe Abschnitt 10) und schließlich durch einen sog. *Akkumulator* codiert. Ein Akkumulator wandelt eine Sequenz $\mathbf{c} = [c_0, c_1, \ldots, c_{n-1}]$ in eine andere Sequenz $\mathbf{x} = [x_0, x_1, \ldots, x_{n-1}]$ gleicher Länge n um, wobei $x_0 = c_0$ und $x_i = x_{i-1} \oplus c_i$ für $i > 1$. Bei RA-Codes entspricht $\mathbf{c}$ der Ausgangssequenz des Interleavers und $\mathbf{x}$ dem RA-Codewort. Besonders populär sind binäre RA-Codes ($u_i \in \{0,1\}$ und somit $x_i \in \{0,1\}$). Einen Akkumulator kann man als Codierer der Rate $R = 1$ mit Generatorpolynom $g(D) = 1/(1+D)$ beschreiben, siehe Abschnitt 8.5.3. Alternativ zur Interpretation als Block- oder Faltungscodierer kann der Akkumulator auch als differentieller Vorcodierer (siehe Abschnitt 13.4.2) gesehen werden.

8.5 Zyklische Blockcodes

Mit Hilfe der Generatormatrix und der Prüfmatrix kann man lineare Blockcodes relativ effizient codieren und decodieren, falls q^{n-k} hinreichend klein ist. Bei langen Blockcodes ist dieses Vorgehen allerdings praktisch unmöglich. Deshalb betrachten wir im Folgenden sog. *zyklische Blockcodes* [E. Prange, 1957], die eine Teilmenge der linearen Codes bilden. Bei zyklischen Blockcodes ist eine effiziente Codierung und Decodierung auch bei großen Codewortlängen möglich.

8.5.1 Definition von zyklischen Blockcodes

Definition 8.5.1 (Zyklischer Blockcode) *Ein zyklischer Blockcode ist ein linearer $(n,k,d_{min})_q$-Blockcode $\mathscr{C}$, der zusätzlich noch die Bedingung erfüllt, dass jede zyklische Verschiebung eines beliebigen Codewortes wieder ein gültiges Codewort ergibt:*

$$[x_0, x_1, \ldots, x_{n-1}] \in \mathscr{C} \quad \Rightarrow \quad [x_{n-1}, x_0, \ldots, x_{n-2}] \in \mathscr{C}. \tag{8.79}$$

Man erkennt, dass eine zyklische Verschiebung um i Stellen nach rechts mit einer zyklischen Verschiebung um $n-i$ Positionen nach links identisch ist. Es ist somit unbedeutend, ob die Verschiebung nach rechts oder links erfolgt.

Um zu zeigen, dass ein gegebener linearer Code nicht zyklisch ist, ist ein einziges Gegenbeispiel hinreichend.

Gegenbeispiel 8.5.1 ($(7,4,3)_2$-Hamming-Code) Beim $(7,4,3)_2$-Hamming-Code gemäß Tabelle 8.5 ist [0001111] ein Codewort, [1111000] ist kein Codewort. Folglich ist dieser spezielle Hamming-Code nicht zyklisch. ◊

Durch eine geschickte Vertauschung und Addition von Zeilen und Spalten der Generatormatrix können jedoch immer zyklische Hamming-Codes gefunden werden.

Beispiel 8.5.2 ($(7,4,3)_2$-Hamming-Code) Ausgehend vom systematischen, aber nicht zyklischen Hamming-Code mit Generatormatrix

$$\mathbf{G} = \begin{bmatrix} 1 & 0 & 0 & 0 & 0 & 1 & 1 \\ 0 & 1 & 0 & 0 & 1 & 0 & 1 \\ 0 & 0 & 1 & 0 & 1 & 1 & 0 \\ 0 & 0 & 0 & 1 & 1 & 1 & 1 \end{bmatrix} \tag{8.80}$$

erhält man durch eine Vertauschung von Spalten die Generatormatrix

$$\mathbf{G}_1 = \begin{bmatrix} 1 & 1 & 0 & 1 & 0 & 0 & 0 \\ 0 & 1 & 1 & 0 & 1 & 0 & 0 \\ 0 & 0 & 1 & 1 & 0 & 1 & 0 \\ 0 & 1 & 1 & 1 & 0 & 0 & 1 \end{bmatrix} \tag{8.81}$$

und durch eine Addition von Zeile 2 zu Zeile 4 die Generatormatrix

$$\mathbf{G}_2 = \begin{bmatrix} 1 & 1 & 0 & 1 & 0 & 0 & 0 \\ 0 & 1 & 1 & 0 & 1 & 0 & 0 \\ 0 & 0 & 1 & 1 & 0 & 1 & 0 \\ 0 & 0 & 0 & 1 & 1 & 0 & 1 \end{bmatrix}. \tag{8.82}$$

Dieser Hamming-Code ist zyklisch, aber nicht mehr systematisch, weil keine Einheitsmatrix gefunden werden kann. Man beachte, dass die Generatormatrix $\mathbf{G}_2$ eine Bandstruktur aufweist. ◊

Alle zyklischen Blockcodes besitzen eine Generatormatrix mit Bandstruktur. Die Umkehrung gilt jedoch nicht: Aus der Generatormatrix ist nicht direkt ablesbar, ob ein Code zyklisch ist.

Aufgrund der Eigenschaft, dass zyklische Blockcodes eine Generatormatrix mit Bandstruktur besitzen, reicht eine Zeile der Generatormatrix aus, um den Code vollständig zu beschreiben. Zyklische Blockcodes können somit vollständig durch einen Vektor anstelle einer Matrix beschrieben werden. Ein Vektor wiederum kann alternativ durch ein Polynom repräsentiert werden. Dies motiviert das folgende Vorgehen.

8.5.2 Polynomdarstellung

Die sog. *Polynomdarstellung* ist ein wichtiges Hilfsmittel zur Darstellung und Erzeugung von zyklischen Codes, aber auch im Hinblick auf Decodieralgorithmen.

Definition 8.5.2 (Infopolynom) *Jedes Infowort kann durch ein Infopolynom vom Grad $\leq k-1$ beschrieben werden:*

$$u(D) := u_0 + u_1 D + \cdots + u_{k-2} D^{k-2} + u_{k-1} D^{k-1}, \tag{8.83}$$

wobei die Komponenten des Polynoms, $u_i \in \{0, \ldots, q-1\}$, den k Infosymbolen entsprechen, $i \in \{0, \ldots, k-1\}$.

Hierbei repräsentiert D eine Verzögerung („delay") um einen Symboltakt. D wird deshalb Verzögerungsoperator genannt. D entspricht z^{-1} bei der z-Transformation.

Definition 8.5.3 (Codepolynom) *Entsprechend kann jedes Codewort eines beliebigen Blockcodes $\mathscr{C}$ durch ein Codepolynom vom Grad $\leq n-1$ beschrieben werden:*

$$x(D) := x_0 + x_1 D + \cdots + x_{n-2} D^{n-2} + x_{n-1} D^{n-1}, \tag{8.84}$$

wobei $x_i \in \{0, \ldots, q-1\}$ die n Codesymbole repräsentieren, $i \in \{0, \ldots, n-1\}$.

Alternativ könnte man auch schreiben: Das Infopolynom hat den Grad $< k$ und das Codepolynom den Grad $< n$.

Beispiel 8.5.3 ($(7,4,3)_2$-Hamming-Code) Das Infowort [1011] kann durch das Infopolynom $u(D) = 1 + D^2 + D^3$ vom Grad 3, und das zugehörige Codewort [1011010] kann durch das Codepolynom $x(D) = 1 + D^2 + D^3 + D^5$ vom Grad 5 dargestellt werden. ◊

8.5.3 Generatorpolynom und Prüfpolynom

Zyklische Blockcodes lassen sich mit Hilfe des sog. *Generatorpolynoms* $g(D)$ wesentlich kompakter beschreiben als mit der Generatormatrix $\mathbf{G}$ oder Prüfmatrix $\mathbf{H}$.

Satz 8.5.1 (Generatorpolynom) *Gegeben sei ein Infopolynom $u(D)$ vom Grad $\leq k-1$ sowie ein Generatorpolynom $g(D)$ vom Grad $n-k$:*

$$g(D) := 1 + g_1 D + \cdots + g_{n-k-1} D^{n-k-1} + D^{n-k}, \tag{8.85}$$

wobei $g_i \in \{0, \ldots, q-1\}$, $i \in \{1, \ldots, n-k-1\}$. Das Produkt $u(D) \cdot g(D)$ ist ein Polynom vom Grad $\leq n-1$ und bildet ein Codewort eines linearen (nicht notwendigerweise systematischen) $(n, k, d_{min})_q$-Blockcodes $\mathscr{C}$:

$$x(D) = u(D) \cdot g(D). \tag{8.86}$$

Beweis 8.5.1 Wir müssen beweisen, dass das Produkt $u(D) \cdot g(D) = [u_0 + u_1 D + u_2 D^2 + \cdots + u_{k-1} D^{k-1}] \cdot [1 + g_1 D + g_2 D^2 + \cdots + g_{n-k-1} D^{n-k-1} + D^{n-k}]$ vom Grad $\leq n-1$ ist und sich dessen Koeffizienten eineindeutig aus dem Infowort ergeben. Durch ausmultiplizieren erhält man $x(D) = u_0 + (u_1 + g_1 u_0) D + (u_2 + g_1 u_1 + g_2 u_0) D^2 + \cdots + u_{k-1} D^{n-1}$. □

Ein Polynom, dessen Koeffizient mit größter Potenz gleich eins ist, wird als *normiertes Polynom* bezeichnet. Oft wählt man für das Generatorpolynom $g(D)$ ein normiertes Polynom. Der Beweis zeigt, dass man dies ohne Einschränkung auch bei nichtbinären Codes tun kann.

Bemerkung 8.5.1 Gleichung (8.86) ist das Äquivalent zur Generatorgleichung (8.65). Gleichung (8.86) wird üblicherweise jedoch nicht zur Codierung von zyklischen Blockcodes verwendet.

Bei gegebenem Generatorpolynom $g(D)$ kann die zugehörige Generatormatrix $\mathbf{G}$ wie folgt angegeben werden:

$$\mathbf{G} = \begin{bmatrix} g_0 & g_1 & \cdots & g_{n-k} & & & \\ & g_0 & g_1 & \cdots & g_{n-k} & & \\ & & & \ddots & & & \\ & & & g_0 & g_1 & \cdots & g_{n-k} \end{bmatrix} = \begin{bmatrix} g(D) \\ D g(D) \\ \vdots \\ D^{k-1} g(D) \end{bmatrix}. \tag{8.87}$$

Umgekehrt kann bei zyklischen Codes aus der ersten Zeile der Generatormatrix das Generatorpolynom abgelesen werden.

Beispiel 8.5.4 ($(7,4,3)_2$-Hamming-Code) Der zyklische (aber nichtsystematische) $(7,4,3)_2$-Hamming-Code gemäß (8.82) besitzt das Generatorpolynom $g(D) = 1 + D + D^3$. ◊

Satz 8.5.2 (Prüfpolynom) *Es sei $g(D)$ ein Generatorpolynom vom Grad $n-k$ eines linearen $(n, k, d_{min})_q$-Blockcodes $\mathscr{C}$. Dann gilt:*

$$\mathscr{C} \text{ ist zyklisch} \quad \Leftrightarrow \quad g(D) \text{ ist ein Teiler von } D^n - 1. \tag{8.88}$$

Folglich existiert ein Polynom $h(D) := h_0 + h_1 D + \cdots + h_{k-1} D^{k-1} + D^k$ *vom Grad k so, dass*

$$g(D) \cdot h(D) = D^n - 1 \tag{8.89}$$

oder äquivalent

$$x(D) \cdot h(D) = 0 \; mod \; (D^n - 1) \; \text{für alle} \; x(D) \in \mathcal{C}, \tag{8.90}$$

wobei $h_i \in \{0, \ldots, q-1\}$, $i \in \{0, \ldots, k-1\}$. *Das Polynom* $h(D)$ *nennt man Prüfpolynom.*

Beweis 8.5.2 Zum Beweis von (8.88) siehe beispielsweise [B. Friedrichs, 1995]. Gleichung (8.89) folgt unmittelbar aus (8.88). Gleichung (8.90) ergibt sich, indem man (8.89) auf beiden Seiten von links mit $u(D)$ multipliziert. □

Bemerkung 8.5.2 Gleichung (8.89) ist das Äquivalent zu $\mathbf{G} \cdot \mathbf{H}^T \overset{(8.73)}{=} \mathbf{0}$ und (8.90) ist das Äquivalent zur Prüfgleichung $\mathbf{x} \cdot \mathbf{H}^T \overset{(8.68)}{=} \mathbf{0}$. Bei binären Codes ($q = 2$) gilt $D^n - 1 = D^n + 1$.

Beispiel 8.5.5 ($(\mathbf{n}, \mathbf{1}, \mathbf{n})_2$-Wiederholungscode) Das Generatorpolynom des $(n, 1, n)_2$-Wiederholungscodes lautet

$$g(D) = 1 + D + \cdots + D^{n-1} = \frac{D^n - 1}{D - 1} \overset{q=2}{=} \frac{D^n + 1}{D + 1}. \tag{8.91}$$

Aus

$$g(D) \cdot h(D) = D^n - 1 \overset{q=2}{=} D^n + 1 \tag{8.92}$$

folgt

$$\frac{D^n + 1}{D + 1} \cdot h(D) \overset{!}{=} D^n + 1. \tag{8.93}$$

Somit lautet das Prüfpolynom des $(n, 1, n)_2$-Wiederholungscodes

$$h(D) = D + 1. \tag{8.94}$$

◊

Bei gegebenem Prüfpolynom $h(D)$ kann die zugehörige Prüfmatrix $\mathbf{H}$ wie folgt angegeben werden:

$$\mathbf{H} = \begin{bmatrix} h_k & h_{k-1} & \ldots & h_0 & & & \\ & h_k & h_{k-1} & \ldots & h_0 & & \\ & & & \ddots & & & \\ & & & h_k & h_{k-1} & \ldots & h_0 \end{bmatrix} = \begin{bmatrix} \overline{h}(D) \\ D\overline{h}(D) \\ \vdots \\ D^{n-k-1}\overline{h}(D) \end{bmatrix}, \tag{8.95}$$

wobei $\overline{h}(D) = h_k + h_{k-1} D + \cdots + h_0 D^k$ das reziproke Polynom zu $h(D)$ ist. Die Prüfmatrix eines zyklischen Codes weist somit ebenfalls eine Bandstruktur auf.

Beispiel 8.5.6 ($(\mathbf{7}, \mathbf{4}, \mathbf{3})_2$-Hamming-Code) Zum Generatorpolynom $g(D) = 1 + D + D^3$ aus Beispiel 8.5.4 gehört das Prüfpolynom $h(D) = \frac{D^7 \pm 1}{D^3 + D + 1} = 1 + D + D^2 + D^4$ und die Prüfmatrix

$$\mathbf{H} = \begin{bmatrix} 1 & 0 & 1 & 1 & 1 & 0 & 0 \\ 0 & 1 & 0 & 1 & 1 & 1 & 0 \\ 0 & 0 & 1 & 0 & 1 & 1 & 1 \end{bmatrix}.$$

◊

Umgekehrt kann bei zyklischen Codes aus der ersten Zeile der Prüfmatrix das Prüfpolynom (in umgekehrter Reihenfolge) abgelesen werden.

Bei gegebenem Generatorpolynom $g(D)$ können systematische, zyklische Blockcodes gemäß der in Bild 8.22 gezeigten Schaltung generiert werden. Zu Beginn der Codierung werden alle Speicherelemente gelöscht, d. h. auf null gesetzt. Während der ersten k Symboltakte sind die beiden Schalter in der gezeigten Stellung und während der letzten $n-k$ Symboltakte werden die beiden Schalter umgelegt.

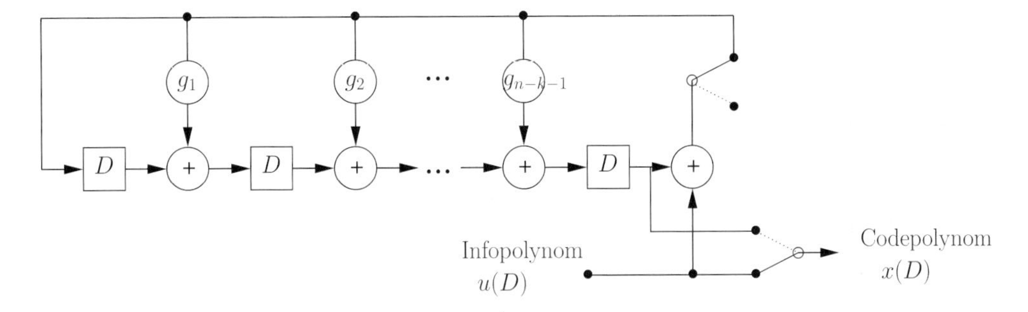

Bild 8.22: Rückgekoppeltes Schieberegister zur Generierung eines systematischen, zyklischen Blockcodes mit Generatorpolynom $g(D)$

Neben der gezeigten Schaltung gibt es eine Vielzahl weiterer Schieberegisterschaltungen, die auf dem Generatorpolynom oder dem Prüfpolynom basieren.

Beispiel 8.5.7 Mit dem in Bild 8.23 gezeigten Schieberegister kann ein nichtsystematischer zyklischer Blockcode erzeugt werden. Zerlegt man das Infopolynom $u(D) = u_0 + u_1 D + u_2 D^2 + u_3 D^3$ in die einzelnen Komponenten, so erhält man die zugehörigen Ausgänge des Schieberegisters zu

$$\begin{aligned} u_0 &\rightarrow u_0 + u_0 g_1 D + u_0 g_2 D^2 + u_0 D^3 \\ u_1 D &\rightarrow u_1 D + u_1 g_1 D^2 + u_1 g_2 D^3 + u_1 D^4 \\ u_2 D^2 &\rightarrow u_2 D^2 + u_2 g_1 D^3 + u_2 g_2 D^4 + u_2 D^5 \\ u_3 D^3 &\rightarrow u_3 D^3 + u_3 g_1 D^4 + u_3 g_2 D^5 + u_3 D^6 \end{aligned} \tag{8.96}$$

Durch Umsortieren folgt das Codepolynom zu

$$\begin{aligned} x(D) = \; & u_0 + (u_0 g_1 + u_1)D + (u_0 g_2 + u_1 g_1 + u_2)D^2 + (u_0 + u_1 g_2 + u_2 g_1 + u_3)D^3 \\ & + (u_1 + u_2 g_2 + u_3 g_1)D^4 + (u_2 + u_3 g_2)D^5 + u_3 D^6. \end{aligned} \tag{8.97}$$

◊

8.5.4 Golay-Code

Ein Beispiel für einen linearen, zyklischen Blockcode ist der $(23, 12, 7)_2$-*Golay-Code* [M. J. E. Golay, 1949]. Dessen Generatorpolynom hat die Form

$$g(D) := D^{11} + D^9 + D^7 + D^6 + D^5 + D + 1. \tag{8.98}$$

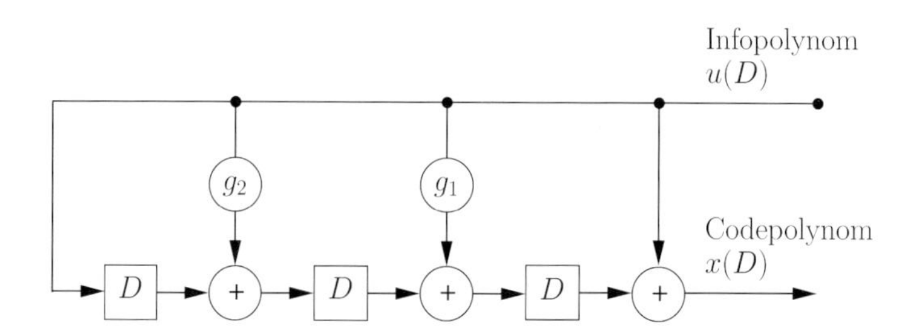

Bild 8.23: Schieberegister zur Generierung eines nichtsystematischen, zyklischen Blockcodes mit Generatorpolynom $g(D)$

Das zugehörige Prüfpolynom lautet

$$h(D) = D^{12} + D^{10} + D^7 + D^4 + D^3 + D^2 + D + 1, \tag{8.99}$$

denn

$$(D^{23} + 1) : (D^{11} + D^9 + D^7 + D^6 + D^5 + D + 1) = D^{12} + D^{10} + D^7 + D^4 + D^3 + D^2 + D + 1. \tag{8.100}$$

Der $(23, 12, 7)_2$-Golay-Code ist ein perfekter Code, d. h. er erfüllt die Hamming-Schranke (8.23) mit Gleichheit.

8.5.5 CRC-Codes

Definition 8.5.4 (CRC-Code) *Ein zyklischer $(2^\alpha - 1, 2^\alpha - \alpha - 2, 4)_2$-Code wird als „Cyclic Redundancy Check"-Code bezeichnet, wenn das Generatorpolynom von der Form*

$$g(D) := (1 + D) \cdot p(D) \tag{8.101}$$

ist, wobei $p(D)$ ein primitives Polynom vom Grad $\alpha \geq 3$ sein muss. CRC-Codes besitzen $\alpha + 1$ Prüfbits.

Ein *primitives Polynom* ist dabei wie folgt definiert:

Definition 8.5.5 (Primitives Polynom) *Ein primitives Polynom besitzt als Wurzel α ein primitives Element.*

Zur Definition eines primitiven Elements siehe Definition 8.6.3. In Tabelle 8.7 sind beispielhaft primitive Polynome bis zum Grad $\alpha = 16$ aufgelistet. Für $\alpha \geq 3$ gibt es mehrere primitive Polynome.

Vom CCITT wurden beispielsweise folgende CRC-Codes zum Einsatz in der OSI-Sicherungsschicht (OSI: „Open Systems Interconnection") genormt:

$$\begin{aligned}
&D^8 + D^2 + D + 1 = (D + 1)(D^7 + D^6 + D^5 + D^4 + D^3 + D^2 + 1)\\
&D^{12} + D^{11} + D^3 + D^2 + D + 1 = (D + 1)(D^{11} + D^2 + 1)\\
&D^{16} + D^{12} + D^5 + 1 = (D + 1)(D^{15} + D^{14} + D^{13} + D^{12} + D^4 + D^3 + D^2 + D + 1).
\end{aligned}$$

Tabelle 8.7: Beispiele für primitive Polynome

Grad α	primitives Polynom $p(D)$	Grad α	primitives Polynom $p(D)$
1	$D+1$	9	D^9+D^4+1
2	D^2+D+1	10	$D^{10}+D^3+1$
3	D^3+D+1	11	$D^{11}+D^2+1$
4	D^4+D+1	12	$D^{12}+D^7+D^4+D^3+1$
5	D^5+D^2+1	13	$D^{13}+D^4+D^3+D+1$
6	D^6+D+1	14	$D^{14}+D^8+D^6+D+1$
7	D^7+D+1	15	$D^{15}+D+1$
8	$D^8+D^6+D^5+D^4+1$	16	$D^{16}+D^{12}+D^3+D+1$

8.6 Primkörper und Erweiterungskörper

Bislang wurden anhand von einfachen Blockcodes wichtige Grundlagen der Kanalcodierung und Kanaldecodierung erarbeitet. Um auch Blockcodes mit großen Codewortlängen entwerfen und decodieren zu können, sind einige mathematische Grundlagen erforderlich, die im Folgenden vorgestellt werden.

8.6.1 Primkörper

Definition 8.6.1 (Gruppe) *Eine Gruppe ist eine Menge $\mathscr{A}$ von Elementen mit einer Verknüpfung $*$, wenn folgende Axiome erfüllt sind:*

1. *Abgeschlossenheit:* $\forall\, a,b \in \mathscr{A}: \quad a*b \in \mathscr{A}$
2. *Assoziativität:* $\forall\, a,b,c \in \mathscr{A}: \quad a*(b*c) = (a*b)*c$
3. *Existenz eines neutralen Elementes e:* $\exists\, e \in \mathscr{A} \quad \forall\, a \in \mathscr{A}: \quad a*e = e*a = a$
4. *Existenz von inversen Elementen:* $\forall\, a \in \mathscr{A} \quad \exists\, b \in \mathscr{A}: \quad a*b = e$
   (man schreibt auch $b = a^{-1}$).

Gilt in einer Gruppe zusätzlich Kommutativität, d. h.

5. $\forall\, a,b \in \mathscr{A}: \quad a*b = b*a,$

dann heißt sie kommutative Gruppe *oder auch* abelsche Gruppe.

Beispiel 8.6.1 (Gruppe) Die Menge der Zahlen $\{0,1,2,3,4\}$ ist bzgl. der modulo-5 Addition $\oplus$ eine kommutative Gruppe, denn es gilt:

1. $(a \oplus b) \bmod 5 \in \{0,1,2,3,4\}$
2. $a \oplus (b \oplus c \bmod 5) \bmod 5 = (a \oplus b \bmod 5) \oplus c \bmod 5$

3. $a \oplus 0 = 0 \oplus a = a$

4. $0 \oplus 0 = 0$, $1 \oplus 4 = 0$, $2 \oplus 3 = 0$, $3 \oplus 2 = 0$, $4 \oplus 1 = 0 \bmod 5$

5. $a \oplus b \bmod 5 = b \oplus a \bmod 5$. ◊

Definition 8.6.2 (Zahlenkörper, Galois-Körper, Primkörper) *Eine Menge $\mathscr{A}$ mit zwei Verknüpfungen (der Addition $\oplus$ und der Multiplikation $\odot$) heißt ein Körper, wenn folgende Axiome gelten:*

1. *$\mathscr{A}$ ist eine abelsche Gruppe bezüglich der Addition $\oplus$*
2. *$\mathscr{A}\backslash\{0\}$ (lies: $\mathscr{A}$ ohne Nullelement) ist eine abelsche Gruppe bezüglich der Multiplikation $\odot$*
3. *Distributivität: $\forall\, a,b,c \in \mathscr{A}:\ a \odot (b \oplus c) = a \odot b \oplus a \odot c$*

Ein Zahlenkörper mit endlich vielen Elementen heißt Galois-Körper *und wird in Anlehnung an den englischen Sprachgebrauch auch als Galois-Feld (GF) bezeichnet. Die Menge der Elemente $\{0,1,\ldots,p-1\}$ mit den Verknüpfungen $(\oplus,\odot)$ mod p wird Primkörper genannt und mit GF(p) bezeichnet, wenn $p \in \mathbf{N}$ eine Primzahl ist.*

Beispiel 8.6.2 (GF(5)) Die Ergebnisse von Addition $\oplus$ und Multiplikation $\odot$ können in Ergebnistafeln dargestellt werden:

$\oplus$	0	1	2	3	4
0	0	1	2	3	4
1	1	2	3	4	0
2	2	3	4	0	1
3	3	4	0	1	2
4	4	0	1	2	3

$\odot$	0	1	2	3	4
0	0	0	0	0	0
1	0	1	2	3	4
2	0	2	4	1	3
3	0	3	1	4	2
4	0	4	3	2	1

◊

Definition 8.6.3 (Primitives Element, Ordnung eines Elements) *Ein Element $\alpha \in GF(p)$, dessen $p-1$ Potenzen α^j, $j \in \{1,\ldots,p-1\}$, genau alle Elemente $a \neq 0$ eines Galois-Körpers erzeugen, heißt primitives Element. Die Ordnung eines Elements $a \in GF(p)$, $a \neq 0$, ist der kleinste Exponent $r > 0$, so dass $a^r = 1 \bmod p$ gilt.*

Jeder Galois-Körper besitzt mindestens ein primitives Element. Das inverse Element eines primitiven Elements ist ebenfalls ein primitives Element. Für $r = p-1$ ist a ein primitives Element.

Beispiel 8.6.3 (GF(5)) Das Element $\alpha = 2$ ist ein primitives Element, denn $2^1 = 2$, $2^2 = 4$, $2^3 = 3$, $2^4 = 1 \bmod 5$. Ebenso ist $\alpha = 3$ ein primitives Element, $3^1 = 3$, $3^2 = 4$, $3^3 = 2$, $3^4 = 1 \bmod 5$, denn $\alpha = 3$ ist das inverse Element von $\alpha = 2$. Die Elemente $\alpha = 2$ und $\alpha = 3$ haben die Ordnung $r = p-1 = 4$. Das Element $a = 4$ hat die Ordnung $r = 2$, weil $4^1 = 4$, $4^2 = 1$. Folglich ist $a = 4$ kein primitives Element. ◊

Zu jedem Element $a \in \mathrm{GF}(p)\backslash\{0\}$ existiert ein eindeutiges inverses Element a^{-1}.

8.6.2 Erweiterungskörper

Mit Primkörpern GF(p) kann nur eine sehr begrenzte Anzahl von Galois-Körpern konstruiert werden. In der Praxis werden fast immer Erweiterungen von GF(2) der Form GF(2^m) verwendet, wobei $m > 1$ eine ganze Zahl ist, um die Dualdarstellung von Elementen eines Galois-Körpers besser auszunutzen. Zu Details siehe beispielsweise [M. Bossert, 1998].

8.6.3 Diskrete Fourier-Transformation

Wir definieren zwei Polynome $x(D) := x_0 + x_1 D + x_2 D^2 + \cdots + x_{n-1} D^{n-1}$ und $X(D) := X_0 + X_1 D + X_2 D^2 + \cdots + X_{k-1} D^{k-1}$ vom Grad kleiner n und vom Grad kleiner k.

Definition 8.6.4 (Diskrete Fourier-Transformation) *Sei $\alpha \in GF(p)$ ein Element der Ordnung n und seien $x(D)$ und $X(D)$ Polynome vom Grad kleiner n bzw. kleiner k mit Koeffizienten aus $GF(p)$, so ist die Diskrete Fourier-Transformation (DFT) wie folgt definiert:*

$$X_j := n^{-1} \cdot x(\alpha^{-j}), \qquad j \in \{0, 1, \ldots, k-1\}, \quad n^{-1} \neq 0. \tag{8.102}$$

Die zugehörige Inverse DFT (IDFT) ergibt sich zu

$$x_i = X(\alpha^i), \qquad i \in \{0, 1, \ldots, n-1\}. \tag{8.103}$$

In der deutschsprachigen Literatur ist folgende Korrespondenzschreibweise üblich:

$$\begin{array}{cccc} x(D) & \circ\!\!-\!\!\bullet & X(D) & \text{DFT} \\ X(D) & \bullet\!\!-\!\!\circ & x(D) & \text{IDFT}. \end{array} \tag{8.104}$$

In Anlehnung an die Systemtheorie werden für den *Zeitbereich* kleine und für den *Frequenzbereich* große Buchstaben verwendet. IDFT und DFT sind für die Codierung und Decodierung insbesondere von Reed-Solomon-Codes hilfreich.

Bemerkung 8.6.1 Im Falle von Erweiterungskörpern GF(2^m) ist $n^{-1} = 1$.

8.7 Reed-Solomon-Codes

Reed-Solomon-Codes (RS-Codes) wurden 1960 von I.S. Reed und G. Solomon entwickelt [I.S. Reed & G. Solomon, 1960] und zählen auch heute noch zu den leistungsfähigsten und populärsten Blockcodes [S. B. Wicker et al., 1994]. RS-Codes können analytisch geschlossen konstruiert werden. Bei RS-Codes wird die Minimaldistanz als Entwurfsparameter vorgegeben. RS-Codes werden in der Praxis häufig zur Korrektur von Bündelfehlern eingesetzt.

8.7.1 Definition I von Reed-Solomon-Codes

Wir werden im Folgenden RS-Codes über dem Primkörper GF(p) definieren. Bei RS-Codes sind alle Algorithmen unverändert auch für Erweiterungskörper GF(q) = GF(p^m) gültig. In der Praxis verwendet man meist Erweiterungskörper zur Basis $p = 2$. RS-Codes sind folglich nichtbinäre Codes.

Es existieren verschiedene Definitionen von RS-Codes, von denen wir aus didaktischen Gründen zwei intensiver kennenlernen wollen.

Definition 8.7.1 (Definition I von RS-Codes) *Sei $\alpha \in GF(p)$ ein Element der Ordnung n und*

$$X(D) = X_0 + X_1 D + X_2 D^2 + \cdots + X_{k-1} D^{k-1},\ X_j \in GF(p),\ k < n$$

ein gegebenes Infopolynom vom Grad kleiner k, d. h. die k Infosymbole sind die Koeffizienten des Polynoms $X(D)$. Die p^k Codepolynome

$$x(D) = x_0 + x_1 D + x_2 D^2 + \cdots + x_{n-1} D^{n-1},\ x_i \in GF(p)$$

(vom Grad kleiner n) eines $(n,k,d_{min})_p$ RS-Code $\mathscr{C}$ werden durch die Inverse Diskrete Fourier-Transformation (IDFT) $x_i = X(\alpha^i) \in GF(p)$ gebildet:

$$\mathscr{C} := \left\{ \mathbf{x} = [x_0, x_1, \ldots, x_{n-1}] \;\middle|\; x_i = X(\alpha^i),\ i \in \{0,1,\ldots,n-1\},\ \text{grad}\, X(D) < k \right\}. \tag{8.105}$$

Bemerkung 8.7.1 $n = p-1$ heißt *primitive Codewortlänge.*

Bemerkung 8.7.2 Die Minimaldistanz ist gleich $d_{min} = n - k + 1$. Wegen $d_{min} = n - k + 1$ liegt Gleichheit in der Singleton-Schranke vor, vgl. Satz 8.2.2. Reed-Solomon-Codes sind somit „Maximum Distance Separable"-Codes (MDS-Codes) .

Bemerkung 8.7.3 Bei gegebenem Codepolynom $x(D)$ erhält man das Infopolynom $X(D)$ durch die Diskrete Fourier-Transformation (DFT):

$$X_j := n^{-1} \cdot x(\alpha^{-j}), \qquad j \in \{0,1,\ldots,k-1\}, \quad n^{-1} \neq 0. \tag{8.106}$$

Die entsprechende Korrespondenzschreibweise lautet:

$$\begin{array}{cccl} x(D) & \circ\!\!-\!\!\bullet & X(D) & \text{DFT (Decodierung)} \\ X(D) & \bullet\!\!-\!\!\circ & x(D) & \text{IDFT (Codierung)} \end{array} \tag{8.107}$$

Das Codewort ist somit im Zeitbereich und das Infowort im Frequenzbereich definiert.

Beispiel 8.7.1 (Codierung eines RS-Codes) Wir wollen einen RS-Code über GF(5) mit primitiver Codewortlänge n konstruieren, der $t = 1$ Symbolfehler sicher korrigieren kann. Wir wissen aus Bemerkung 8.7.1, dass

$$n = p - 1 = 5 - 1 = 4 \tag{8.108}$$

für $p = 5$ die primitive Codewortlänge ist. Somit steht bereits die Form des Codepolynoms fest, es ist vom Grad kleiner $n = 4$ und lautet $x(D) = x_0 + x_1 D + x_2 D^2 + x_3 D^3$. Aus Bemerkung 8.7.2 wissen wir, dass

$$d_{min} = n - k + 1. \tag{8.109}$$

Da wir einen Symbolfehler sicher korrigieren wollen, folgt aus (8.45)

$$t = \lfloor (d_{min} - 1)/2 \rfloor = 1. \tag{8.110}$$

Ferner wissen wir aus Beispiel 8.6.3, dass GF(5) die primitiven Elemente $\alpha = 2$ und $\alpha = 3$ besitzt. Ohne Beschränkung der Allgemeinheit wählen wir $\alpha = 2$. Diese Wahl muss dem Decodierer bekannt sein. Aus (8.110) ergibt sich $d_{min} = 3$. (Die Option $d_{min} = 4$ würde zu einem niederratigeren Code führen, der auch nur $t = 1$ Symbolfehler sicher korrigieren kann.) Setzt man die Ergebnisse von (8.108) und (8.110) in (8.109) ein, so ergibt sich $k = n - d_{min} + 1 = 4 - 3 + 1 = 2$. Somit steht die Coderate unseres Codes bereits fest, sie beträgt $R = k/n = 1/2$. Ebenso steht das Infopolynom fest, es ist vom Grad kleiner $k = 2$ und hat die Form $X(D) = X_0 + X_1 D$. Die Koeffizienten X_0 und X_1 sind die Infosymbole. Es gibt $p^k = 5^2 = 25$ verschiedene Infowörter. Aus diesen 25 Infowörtern wählen wir exemplarisch das Infopolynom $X(D) = 1 + 4D$, d. h. $X_0 = 1$ und $X_1 = 4$. Für dieses Zahlenbeispiel erhält man die zugehörigen Elemente des Codeworts zu

$$x_i = X(\alpha^i), \quad i \in \{0, 1, \ldots, 3\}. \tag{8.111}$$

Somit

$$\begin{aligned}
x_0 &= X(2^0) = X(1) = 1 + 4 \cdot 1 = 0 \bmod 5 \\
x_1 &= X(2^1) = X(2) = 1 + 4 \cdot 2 = 4 \bmod 5 \\
x_2 &= X(2^2) = X(4) = 1 + 4 \cdot 4 = 2 \bmod 5 \\
x_3 &= X(2^3) = X(3) = 1 + 4 \cdot 3 = 3 \bmod 5.
\end{aligned} \tag{8.112}$$

Das zum Infopolynom $X(D) = 1 + 4D$ gehörende Codepolynom lautet $x(D) = 0 + 4D + 2D^2 + 3D^3$. Das zum Infowort $\mathbf{X} = [1, 4]$ gehörende Codewort lautet folglich $\mathbf{x} = [0, 4, 2, 3]$. ◊

Beispiel 8.7.2 (Fortsetzung) Für ein gegebenes Codepolynom $x(D) = 0 + 4D + 2D^2 + 3D^3$ kann das zugehörige Infopolynom $X(D)$ für das letztgenannte Beispiel ($p = 5$, $\alpha = 2$, $n = 4$, $k = 2$) gemäß

$$X_j = n^{-1} x(\alpha^{-j}), \qquad j \in \{0, 1\} \tag{8.113}$$

rekonstruiert werden. Das inverse Element von $n = 4$ ist gleich $n^{-1} = 4^{-1} = 4 \bmod 5$. Somit

$$\begin{aligned}
X_0 &= 4x(2^0) = 4x(1) = 4(4 + 2 + 3) = 1 \bmod 5 \qquad (8.114)\\
X_1 &= 4x(2^{-1}) = 4x(3) = 4(4 \cdot 3 + 2 \cdot 3^2 + 3 \cdot 3^3) = 4(2 + 3 + 1) = 4 \cdot 1 = 4 \bmod 5.
\end{aligned}$$

Dieses Ergebnis stimmt, wie zu erwarten war, mit dem obigen Zahlenbeispiel überein. ◊

8.7.2 Definition II von Reed-Solomon-Codes und Generatorpolynom

Bislang haben wir $(n, k, d_{min})_p$ RS-Codes gemäß (8.105) durch die IDFT $x_i = X(\alpha^i) \in \mathrm{GF}(p)$ gebildet, wobei $i \in \{0, 1, \ldots, n-1\}$. Andererseits kann ein Codepolynom $x(D)$ gemäß (8.86) durch Multiplikation eines Infopolynoms $u(D) = u_0 + u_1 D + \cdots + u_{k-1} D^{k-1}$ mit dem Generatorpolynom $g(D)$ berechnet werden:

$$x(D) = u(D) \cdot g(D), \quad \text{grad } g(D) = n - k. \tag{8.115}$$

Jedes Codepolynom $x(D)$ ist somit durch $g(D)$ teilbar. Das *Generatorpolynom* $g(D)$ kann wie folgt berechnet werden: Da

$$X_j = n^{-1} \cdot x(\alpha^{-j}) = 0 \qquad \text{für alle} \quad j \in \{k, k+1, \ldots, n-1\} \tag{8.116}$$

(das Infopolynom ist vom Grad kleiner k) und $n^{-1} \neq 0$, muss das Codepolynom $x(D)$ an den Stellen α^{-j} für alle $j \in \{k, k+1, \ldots, n-1\}$ Nullstellen besitzen, d. h. die Linearfaktoren $(D - \alpha^{-j})$ enthalten. Somit lässt sich das Codepolynom in der Form

$$x(D) = \underbrace{x'(D)}_{u(D)} \cdot \underbrace{\prod_{j=k}^{n-1} (D - \alpha^{-j})}_{g(D)} \tag{8.117}$$

darstellen. Durch einen Vergleich erkennt man, dass das Produkt der Linearfaktoren $(D - \alpha^{-j})$ das Generatorpolynom $g(D)$ vom Grad $n - k$ bildet:

$$g(D) = \prod_{j=k}^{n-1} (D - \alpha^{-j}). \tag{8.118}$$

Folglich gehören RS-Codes zur Klasse der linearen Codes. Diese Herleitung motiviert folgende Definition.

Definition 8.7.2 (Definition II von RS-Codes) *Sei $\alpha \in GF(p)$ ein Element der Ordnung n,*

$$u(D) = u_0 + u_1 D + u_2 D^2 + \cdots + u_{k-1} D^{k-1}, \; u_j \in GF(p), \; k < n$$

ein gegebenes Infopolynom vom Grad kleiner k, d. h. die k Infosymbole sind die Koeffizienten des Polynoms $u(D)$, und

$$g(D) = \prod_{j=k}^{n-1} (D - \alpha^{-j})$$

ein Generatorpolynom vom Grad $n - k$. Die p^k Codepolynome

$$x(D) = x_0 + x_1 D + x_2 D^2 + \cdots + x_{n-1} D^{n-1}, \; x_i \in GF(p)$$

(vom Grad kleiner n) eines $(n, k, d_{min})_p$ RS-Codes $\mathscr{C}$ werden durch Multiplikation des Infopolynoms $u(D)$ mit dem Generatorpolynom $g(D)$ gebildet:

$$\mathscr{C} := \left\{ \mathbf{x} = [x_0, x_1, \ldots, x_{n-1}] \;\middle|\; x(D) = u(D) \cdot g(D), \text{ grad } u(D) < k, \text{ grad } g(D) = n - k \right\}. \tag{8.119}$$

Satz 8.7.1 *RS-Codes sind zyklische MDS-Codes.*

Beweis 8.7.1 Für jedes Codepolynom $x(D) \in \mathscr{C}$ gilt

$$D \cdot x(D) = \underbrace{D \cdot u(D)}_{u'(D)} \cdot g(D) = \underbrace{u'(D)}_{\text{neues Infopolynom}} \cdot g(D) \mod (D^n - 1) \in \mathscr{C}. \tag{8.120}$$

RS-Codes sind somit zyklisch. Die MDS-Eigenschaft gilt wegen $d_{min} = n - k + 1$. □

Beispiel 8.7.3 (Fortsetzung) Für das letztgenannte Beispiel ($p = 5$, $\alpha = 2$, $n = 4$, $k = 2$) berechnet sich das Generatorpolynom zu

$$g(D) = \prod_{j=2}^{3}(D - 2^{-j}) = (D - 2^{-2})(D - 2^{-3}) = (D - 4)(D - 2) = 3 + 4D + D^2. \qquad (8.121)$$

Koeffizienten werden mod p und Exponenten mod $(p - 1)$ gerechnet. Das Codepolynom $x(D)$ muss durch $g(D)$ teilbar sein:

$$x(D) : g(D) = u(D). \qquad (8.122)$$

In unserem Zahlenbeispiel ergibt sich für das Codepolynom $x(D) = 0 + 4D + 2D^2 + 3D^3$ das Infopolynom $u(D) = 0 + 3D$. Man beachte, dass für ein gegebenes Codepolynom $x(D)$ gemäß Definition I und Definition II von RS-Codes die Infopolynome $X(D)$ und $u(D)$ normalerweise unterschiedlich sind. Bei gleichem Infopolynom erhält man im Allgemeinen unterschiedliche Codepolynome. ◊

8.7.3 Prüfpolynom

Das *Prüfpolynom* $h(D)$ ist bekanntlich durch

$$x(D) \cdot h(D) = 0 \mod (D^n - 1) \text{ für alle } x(D) \in \mathscr{C} \qquad (8.123)$$

definiert, siehe (8.90). Durch Transformation in den Frequenzbereich ergibt sich

$$X_i \cdot H_i = 0, \qquad i \in \{0, 1, \ldots, n-1\}, \quad x(D) \circ\!\!-\!\!\bullet\, X(D), \quad h(D) \circ\!\!-\!\!\bullet\, H(D). \qquad (8.124)$$

H_i muss genau an den Stellen den Wert null annehmen, an denen X_i ungleich null ist oder ungleich null sein kann. Folglich kann das Prüfpolynom wie folgt dargestellt werden:

$$h(D) = \prod_{i=0}^{k-1}(D - \alpha^{-i}), \qquad \text{grad}\, h(D) = k. \qquad (8.125)$$

Somit sind die Nullstellen von $g(D)$ und $h(D)$ disjunkt und umfassen, für $n = p - 1$, alle Potenzen α^{-i}:

$$g(D) \cdot h(D) = \prod_{i=0}^{n-1}(D - \alpha^{-i}) \overset{(8.89)}{=} D^n - 1. \qquad (8.126)$$

Beispiel 8.7.4 (Fortsetzung) Für das letztgenannte Beispiel ($p = 5$, $\alpha = 2$, $n = 4$, $k = 2$) berechnet sich das Prüfpolynom zu

$$h(D) = \prod_{i=0}^{1}(D - 2^{-i}) = (D - 2^{0})(D - 2^{-1}) = (D - 1)(D - 3) = 3 + D + D^2. \qquad (8.127)$$

Koeffizienten werden mod p und Exponenten mod $(p - 1)$ gerechnet. In unserem Zahlenbeispiel ergibt sich $x(D) \cdot h(D) = (0 + 4D + 2D^2 + 3D^3)(3 + D + D^2) = 2D + 3D^5 = 2D + 3D = 0$. ◊

8.7.4 Methoden zur Codierung von Reed-Solomon-Codes

Die folgenden vier Methoden liefern ein und denselben Code, aber es werden denselben k Infosymbolen unterschiedliche Codeworte zugeordnet. Die Methoden 1 und 2 führen zu einer nichtsystematischen Codierung:

1. Die k Infosymbole sind die Koeffizienten des Polynoms $X(D) = X_0 + X_1 D + \cdots + X_{k-1} D^{k-1}$.
   Das Codepolynom $x(D)$ ergibt sich durch Rücktransformation:
   $x_i = X(\alpha^i),\ i \in \{0, \ldots, n-1\}$.

2. Die k Infosymbole sind die Koeffizienten des Polynoms $u(D) = u_0 + u_1 D + \cdots + u_{k-1} D^{k-1}$.
   Das Codepolynom $x(D)$ ergibt sich durch Multiplikation mit dem Generatorpolynom: $x(D) = u(D) \cdot g(D)$.

Die Methoden 3 und 4 führen zu einer systematischen Codierung:

3. Die k Infosymbole sind die Koeffizienten $x_{n-k}, x_{n-k+1}, \ldots, x_{n-1}$.
   Die $n-k$ Prüfstellen werden wie folgt berechnet:
   $$(x_{n-1} D^{n-1} + \cdots + x_{n-k} D^{n-k}) : g(D) = u(D) + \mathrm{rest}(D)$$
   $$x(D) = x_{n-1} D^{n-1} + \cdots + x_{n-k} D^{n-k} - \mathrm{rest}(D).$$

4. Die k Infosymbole sind die Koeffizienten $x_{n-k}, x_{n-k+1}, \ldots, x_{n-1}$.
   Die $n-k$ Prüfstellen werden wie folgt berechnet:
   $$x_j = -\frac{1}{h_0} \cdot \sum_{i=1}^{k} x_{n-i+j} \cdot h_i, \qquad j \in \{0, 1, \ldots, n-k-1\}.$$
   Der Index $n-i+j$ ist dabei mod n zu rechnen, und $h(D)$ ist das Prüfpolynom.

Die Korrektureigenschaften sind von der verwendeten Methode unabhängig. Es ist intuitiv klar, dass die Information nur unter Kenntnis der Methode aus einem Empfangswort rekonstruiert werden kann.

8.7.5 Paritätsfrequenzen und deren Verschiebung

Gemäß Definition I ist das Infopolynom $X(D)$ vom Grad kleiner k im Frequenzbereich definiert. Die k Infosymbole entsprechen den Koeffizienten $X_0, X_1, \ldots, X_{k-1}$ dieses Polynoms. Rein formal kann man das Infopolynom $X(D)$ mit $n-k = d_{min} - 1$ aufeinanderfolgenden Koeffizienten $X_k = 0$, $X_{k+1} = 0$, …, $X_{n-1} = 0$ auffüllen. Man sagt in Anlehnung an die Systemtheorie das Infowort zeige *Tiefpass-Verhalten*. Die Indizes $i \in \{k, k+1, \ldots, n-1\}$ bezeichnet man als *Paritätsfrequenzen*.

Nun verschieben wir die Koeffizienten X_i (und damit die Paritätsfrequenzen $i \in \{k, \ldots, n-1\}$) um $n-k$ Stellen zyklisch nach rechts:

$$\begin{aligned} X'(D) &:= X(D) \cdot D^{n-k} \\ &= X_0 D^{n-k} + X_1 D^{n-k+1} + \cdots + X_{k-1} D^{n-1} \\ &= X'_{n-k} D^{n-k} + X'_{n-k+1} D^{n-k+1} + \cdots + X'_{n-1} D^{n-1}. \end{aligned} \tag{8.128}$$

Somit ist $X'_0 = X'_1 = \cdots = X'_{n-k-1} = 0$. Man nennt dies entsprechend *Hochpass-Verhalten*.

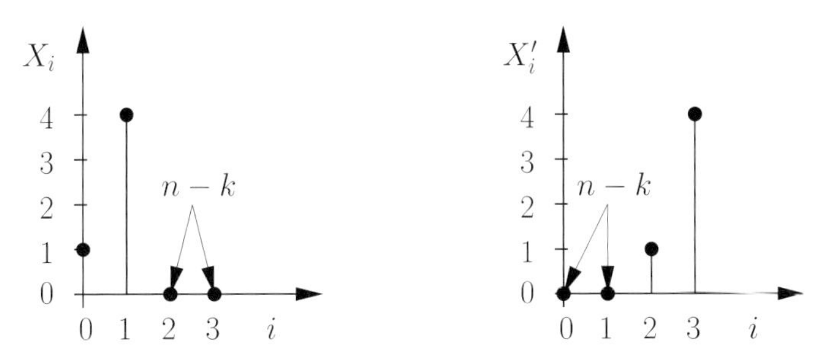

Bild 8.24: Paritätsfrequenzen für Tiefpass-Verhalten (links) und Hochpass-Verhalten (rechts)

Beispiel 8.7.5 (Fortsetzung) Für das letztgenannte Beispiel ($n = 4$, $k = 2$, $d_{min} = 3$) illustriert Bild 8.24 die Infosymbole für einen RS-Code mit Tiefpass-/Hochpass-Verhalten. ◇

Das Prinzip der Paritätsfrequenzen motiviert die sog. *algebraische Decodierung*. Transformiert man das Empfangswort in den Frequenzbereich und stellt fest, dass von $n-k = d_{min}-1$ aufeinanderfolgender Koeffizienten mindestens einer ungleich null ist, so muss mindestens ein Übertragungsfehler aufgetreten sein.

8.7.6 Algebraische Decodierung von Reed-Solomon-Codes

Gegeben sei ein $(n,k,d_{min})_p$ RS-Code, für dessen p^k Codewörter $\mathbf{x} = [x_0, x_1, \ldots, x_{n-1}]$ gilt:

$$x(D) \circ\!\!-\!\!\bullet\, X(D), \qquad \begin{array}{ll} X_0 = X_1 = \cdots = X_{n-k-1} = 0 & \text{„Hochpass-Verhalten"} \\ X_k = X_{k+1} = \cdots = X_{n-1} = 0 & \text{„Tiefpass-Verhalten".} \end{array} \tag{8.129}$$

Wir definieren ein *Codepolynom* $x(D)$, $x_i \in \mathrm{GF}(p)$, grad $x(D) < n$, ein *Fehlerpolynom* $e(D)$, $e_i \in \mathrm{GF}(p)$, grad $e(D) < n$ und ein *Empfangspolynom* $y(D)$, $y_i \in \mathrm{GF}(p)$, grad $y(D) < n$. Betrachtet wird eine „hard-input" -Decodierung:

$$y(D) = x(D) + e(D) \circ\!\!-\!\!\bullet\, Y(D) = X(D) + E(D). \tag{8.130}$$

A priori Information über die Codewörter sei im Decodierer nicht verfügbar, somit lautet die ML-Decodierregel

$$\hat{\mathbf{x}}_{ML} \overset{(8.131)}{=} \arg\min_{\tilde{\mathbf{x}} \in \mathscr{C}} d_H(\tilde{\mathbf{x}}, \mathbf{y}). \tag{8.131}$$

Ein ML-Decodierer ist für praktische RS-Codes jedoch viel zu aufwändig.

Zwecks Herleitung eines algebraischen Decodierers wollen wir annehmen, dass nicht mehr als $\lfloor (d_{min}-1)/2 \rfloor$ Symbolfehler aufgetreten seien. Falls kein Fehler aufgetreten ist ($e(D) = 0$), gilt

$$Y(D) = X(D) \qquad \Rightarrow \qquad \begin{array}{ll} Y_0 = Y_1 = \cdots = Y_{n-k-1} = 0 & \text{„Hochpass-Verhalten"} \\ Y_k = Y_{k+1} = \cdots = Y_{n-1} = 0 & \text{„Tiefpass-Verhalten".} \end{array} \tag{8.132}$$

Falls Fehler aufgetreten sind ($e(D) \neq 0$), gilt

$$\begin{aligned} Y_i = E_i &:= S_i \quad \text{für } i \in \{0,1,\ldots,n-k-1\} \quad \text{„Hochpass-Verhalten"} \\ Y_{k+i} = E_{k+i} &:= S_i \quad \text{für } i \in \{0,1,\ldots,n-k-1\} \quad \text{„Tiefpass-Verhalten".} \end{aligned} \tag{8.133}$$

Die Werte S_i sind die Koeffizienten des sog. *Syndrompolynoms*:

Definition 8.7.3 (Syndrompolynom) $S(D) := S_0 + S_1 D + \cdots + S_{n-k-1} D^{n-k-1}$ *heißt Syndrompolynom.*

Das Syndrompolynom ist nur von der Fehlerstruktur abhängig.

Definition 8.7.4 (Fehlerstellen) *Die Menge der Indizes i, für die $e_i \neq 0$ gilt, werden als Fehlerstellen bezeichnet, $i \in \{0,1,\ldots,n-1\}$.*

Beispiel 8.7.6 In Bild 8.25 sind die Fehlerstellen gleich 1 und 4. ◇

Bei einer ML-Decodierung sollte das *Fehlerpolynom* $e(D)$ möglichst wenig Koeffizienten ungleich null aufweisen, denn es sollten möglichst wenig Symbolfehler zwischen $\hat{\mathbf{x}}$ und $\mathbf{y}$ liegen. Die Anzahl der Koeffizienten $e_i = 0$ im Fehlerpolynom $e(D)$ sollte folglich möglichst groß sein. Somit sollte $E(D)$ möglichst viele Nullstellen aufweisen, da $e_i = E(\alpha^i)$. Die Eigenschaft „möglichst viele Nullstellen" kann algebraisch nicht einfach verwertet werden, deshalb wählt man den Umweg über das sog. *Fehlerstellenpolynom*:

Definition 8.7.5 (Fehlerstellenpolynom) *Ein Fehlerstellenpolynom $f(D)$ hat die Eigenschaft*

$$e_i \neq 0 \quad \Leftrightarrow \quad f_i = 0 \tag{8.134}$$

$$e_i = 0 \quad \Leftrightarrow \quad f_i \neq 0. \tag{8.135}$$

Die Koeffizienten von $f(D)$ sind per Definition an den Fehlerstellen gleich null und an den Nichtfehlerstellen ungleich null, siehe Bild 8.25, somit

$$f_i \cdot e_i = 0 \qquad \forall\, i \in \{0,\ldots,n-1\}. \tag{8.136}$$

Das Fehlerstellenpolynom $f(D)$ sollte möglichst wenig Koeffizienten gleich null aufweisen und die Anzahl der Koeffizienten $f_i = 0$ im Fehlerstellenpolynom $f(D)$ sollte folglich möglichst klein sein. Somit sollte $F(D)$ (wobei $f(D) \circ\!\!-\!\!\bullet\, F(D)$) möglichst wenig Nullstellen aufweisen, da $f_i = F(\alpha^i)$. Man beachte, dass die Anzahl der Koeffizienten $f_i = 0$ gleich dem grad $F(D)$ ist. Gelingt es, ein transformiertes Fehlerstellenpolynom $F(D)$ mit möglichst kleinem Grad zu finden, dann entsprechen die Fehlerstellen i den Nullstellen α^i von $F(D)$. Da $E(D)$ genau disjunkte Nullstellen zu $F(D)$ hat und $(D^n - 1) = \prod_{j=0}^{n-1}(D - \alpha^j)$, gilt die Randbedingung

$$f_i \cdot e_i = 0 \qquad \circ\!\!-\!\!\bullet \qquad F(D) \cdot E(D) = 0 \quad \mathrm{mod}(D^n - 1) \tag{8.137}$$

bzgl. der Wahl von $F(D)$. Man wählt

$$F(D) := \prod_{\text{Fehlerstellen } i} (D - \alpha^i) \tag{8.138}$$

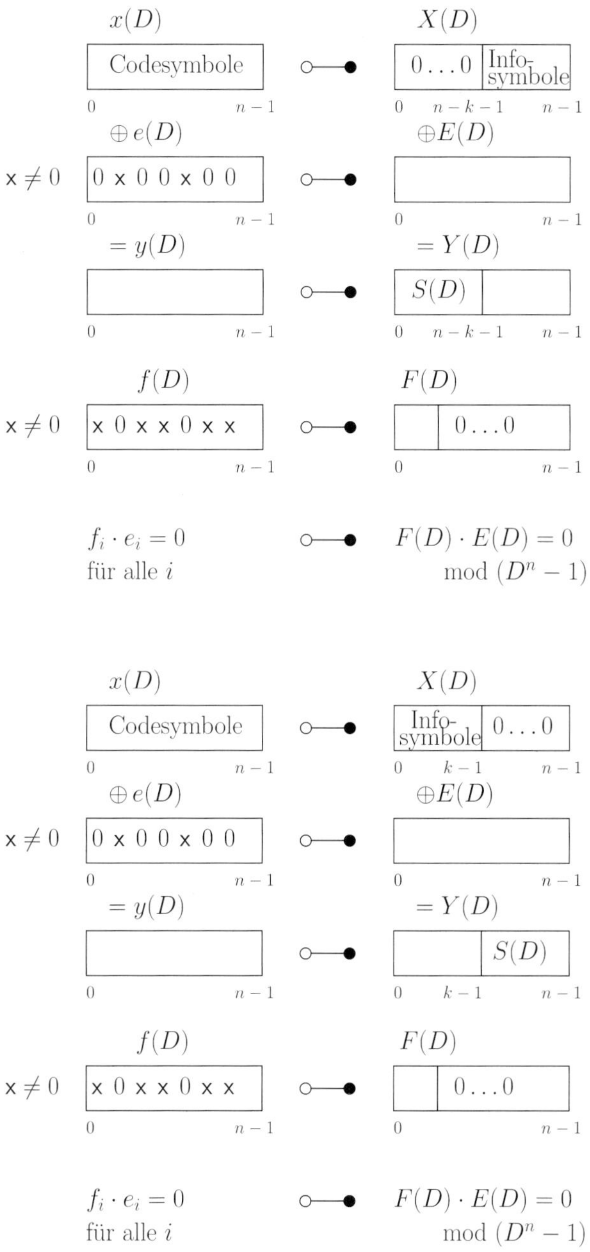

$x(D)$ Codesymbole (0 … $n-1$) ○—● $X(D)$ $0\ldots0$ | Info-symbole (0, $n-k-1$, $n-1$)

$\oplus e(D)$: x ≠ 0: 0 x 0 0 x 0 0 (0 … $n-1$) ○—● $\oplus E(D)$ (0 … $n-1$)

$= y(D)$ (0 … $n-1$) ○—● $= Y(D)$: $S(D)$ | (0, $n-k-1$, $n-1$)

$f(D)$: x ≠ 0: x 0 x x 0 x x (0 … $n-1$) ○—● $F(D)$: | $0\ldots0$ (0 … $n-1$)

$f_i \cdot e_i = 0$ für alle i ○—● $F(D) \cdot E(D) = 0 \mod (D^n - 1)$

$x(D)$ Codesymbole (0 … $n-1$) ○—● $X(D)$ Info-symbole | $0\ldots0$ (0, $k-1$, $n-1$)

$\oplus e(D)$: x ≠ 0: 0 x 0 0 x 0 0 (0 … $n-1$) ○—● $\oplus E(D)$ (0 … $n-1$)

$= y(D)$ (0 … $n-1$) ○—● $= Y(D)$: | $S(D)$ (0, $k-1$, $n-1$)

$f(D)$: x ≠ 0: x 0 x x 0 x x (0 … $n-1$) ○—● $F(D)$: | $0\ldots0$ (0 … $n-1$)

$f_i \cdot e_i = 0$ für alle i ○—● $F(D) \cdot E(D) = 0 \mod (D^n - 1)$

Bild 8.25: Grundprinzip der algebraischen Decodierung für RS-Codes mit Hochpass-Verhalten (oben) und Tiefpass-Verhalten (unten). Das Polynom $F(D)$ mit möglichst kleinem Grad kann aus dem Syndrompolynom $S(D)$ berechnet werden

und stellt fest, dass (8.138) genau über die gewünschten Eigenschaften verfügt. Die zugehörige Decodierregel lautet

$$\hat{\mathbf{x}}_{alg} = \arg\min_{\tilde{\mathbf{x}} \in \mathscr{C}} \operatorname{grad} \tilde{F}(D). \tag{8.139}$$

Die Eigenschaft „möglichst wenig Nullstellen" (oder äquivalent: „möglichst kleiner Grad") kann algebraisch einfach verwertet werden.

Das Grundprinzip der algebraischen Decodierung ist in Bild 8.25 dargestellt. Es sind mehrere unterschiedliche Vorgehensweisen bekannt. Die im Weiteren vorgestellte Variante basiert auf folgenden grundlegenden Schritten:

1. *Syndromberechnung*: Zunächst wird das Syndrompolynom $S(D)$ im Frequenzbereich berechnet. Falls $S(D) = 0$, so liest man die Infosymbole im Frequenzbereich direkt ab. Sonst vollzieht man die nächsten Schritte.

2. *Fehler<u>stellen</u>berechnung*: Die Aufgabe besteht darin, aus dem Syndrompolynom $S(D)$ ein Fehlerstellenpolynom $\hat{F}(D)$ im Frequenzbereich mit möglichst geringem Grad zu berechnen. Man nimmt zunächst nur einen Symbolfehler an. Bei einem Widerspruch werden dann zwei Symbolfehler angenommen. Führt auch diese Annahme zu einem Widerspruch, werden drei Symbolfehler angenommen, usw. Dieses Prinzip kann bis zu $t = \left\lfloor \frac{d_{min}-1}{2} \right\rfloor$ Symbolfehler fortgeführt werden, ohne dass es zu einem Decodierversagen kommt.

3. *Fehler<u>wert</u>berechnung*: Es wird $\hat{E}(D)$ aus $\hat{F}(D) \cdot \hat{E}(D) = 0 \bmod (D^n - 1)$ berechnet, anschließend erfolgt die Rücktransformation $\hat{e}_i = \hat{E}(\alpha^i)$.

4. *Fehlerkorrektur*: $\hat{x}(D) = y(D) \ominus \hat{e}(D)$. Abschließend erfolgt eine Transformation in den Frequenzbereich, und man erhält das decodierte Infopolynom $\hat{X}(D)$.

Falls $t \leq \left\lfloor \frac{d_{min}-1}{2} \right\rfloor$, so gilt $\hat{F}(D) = F(D)$, $\hat{E}(D) = E(D)$ und $\hat{X}(D) = X(D)$ (und entsprechend im Zeitbereich), d. h. das decodierte Infowort stimmt mit dem gesendeten Infowort überein. Bei einem Decodierversuch über die halbe Minimaldistanz, $t > \left\lfloor \frac{d_{min}-1}{2} \right\rfloor$, kommt es beim vorgestellten Verfahren zu einem Decodierversagen, d. h. das Infowort kann nicht fehlerfrei rekonstruiert werden.

Beispiel 8.7.7 (Fortsetzung) Wir betrachten erneut den RS-Code aus Beispiel 8.7.1 mit den Parametern $p = 5$, $\alpha = 2$, $n = 4$, $k = 2$, $d_{min} = 3$ und $n^{-1} = 4$. Wegen $X(D) = 1 + 4D + 0D^2 + 0D^3$ weist dieser Code Tiefpass-Verhalten auf. Das Codepolynom lautet bekanntermaßen $x(D) = 0 + 4D + 2D^2 + 3D^3$. Als Fehlerpolynom wählen wir in unserem Zahlenbeispiel $e(D) = 4D^2$, somit ergibt sich das Empfangspolynom zu $y(D) = x(D) + e(D) = 0 + 4D + 1D^2 + 3D^3$.

1. *Syndromberechnung*: Zu berechnen ist $S_0 = Y_k = Y_2$ und $S_1 = Y_{k+1} = Y_3$, vgl. (8.133). Die Rechnung ergibt:

$$\begin{aligned} S_0 &= Y_2 = n^{-1} y(\alpha^{-2}) = 4y(4) = 4(0 + 4 \cdot 4 + 1 \cdot 4^2 + 3 \cdot 4^3) = 1 \bmod 5 \\ S_1 &= Y_3 = n^{-1} y(\alpha^{-3}) = 4y(2) = 4(0 + 4 \cdot 2 + 1 \cdot 2^2 + 3 \cdot 2^3) = 4 \bmod 5. \end{aligned} \tag{8.140}$$

Das Syndrompolynom lautet $S(D) = 1 + 4D$. Da $S(D) \neq 0$ muss mindestens ein Symbolfehler aufgetreten sein. Folglich sind die nächsten Schritte zu vollziehen.

Aus (8.133) weiß man, dass $E_{k+i} = Y_{k+1} = S_i$ für $i \in \{0, 1, \ldots, n-k-1\}$, falls $t \leq \left\lfloor \frac{d_{min}-1}{2} \right\rfloor$. Somit ist in unserem Zahlenbeispiel das Fehlerpolynom an $n - k = 2$ Stellen bekannt, es gilt $E_2 = 1$ und $E_3 = 4$.

Da der Decodierer aber nicht wissen kann ob $t \leq \left\lfloor \frac{d_{min}-1}{2} \right\rfloor$ erfüllt ist, schreiben wir im Folgenden $\hat{E}_2 = 1$ und $\hat{E}_3 = 4$.

2. *Fehlerstellenberechnung*: Wir nehmen an, dass genau ein Symbolfehler aufgetreten ist, mehr Fehler könnte unser Code auch nicht korrigieren. Das transformierte Fehlerstellenpolynom hat dann die Form

$$\hat{F}(D) \overset{(8.138)}{=} D - \alpha^{\hat{i}}, \tag{8.141}$$

wobei $\hat{i} \in \{0, 1, 2, 3\}$ die geschätzte Fehlerstelle ist. Randbedingungen sind

$$\hat{E}_{k+i} \overset{(8.133)}{=} S_i \quad \text{für } i \in \{0, 1\} \tag{8.142}$$

und

$$\hat{F}(D) \cdot \hat{E}(D) \overset{(8.137)}{=} 0 \bmod (D^n - 1). \tag{8.143}$$

Aus (8.142) folgt

$$\hat{E}(D) = \hat{E}_0 + \hat{E}_1 D + 1D^2 + 4D^3, \tag{8.144}$$

wobei $\hat{E}_0$ und $\hat{E}_1$ unbekannt sind. $\hat{E}_2 = 1$ und $\hat{E}_3 = 4$ konnten bereits aus dem Syndrom entnommen werden. Einsetzen in (8.143) ergibt

$$(D - \alpha^{\hat{i}})(\hat{E}_0 + \hat{E}_1 D + 1D^2 + 4D^3) \overset{!}{=} 0. \tag{8.145}$$

Durch ausmultiplizieren erhält man

$$-\alpha^{\hat{i}}\hat{E}_0 + (\hat{E}_0 - \alpha^{\hat{i}}\hat{E}_1)D + (\hat{E}_1 - \alpha^{\hat{i}})D^2 + (1 - 4\alpha^{\hat{i}})D^3 + 4D^4 \overset{!}{=} 0. \tag{8.146}$$

Umformen ergibt unter Berücksichtigung von $D^4 = D^0 = 1$ (denn Exponenten werden mod $(p-1)$ gerechnet)

$$\underbrace{(4 - \alpha^{\hat{i}}\hat{E}_0)}_{=0} + \underbrace{(\hat{E}_0 - \alpha^{\hat{i}}\hat{E}_1)}_{=0} D + \underbrace{(\hat{E}_1 - \alpha^{\hat{i}})}_{=0} D^2 + \underbrace{(1 - 4\alpha^{\hat{i}})}_{=0} D^3 \overset{!}{=} 0. \tag{8.147}$$

Jeder Summand des linearen Gleichungssystems muss den Wert null ergeben, somit gilt insbesondere

$$4\alpha^{\hat{i}} = 1. \tag{8.148}$$

Ein vollständiges Probieren aller Elemente $\hat{i} \in \{0, 1, \ldots, n-1\}$, *Chien-Suche* genannt, ergibt beim vorliegenden Zahlenbeispiel Widersprüche für $\hat{i} = 0$, $\hat{i} = 1$ und $\hat{i} = 3$, jedoch keinen Widerspruch für $\hat{i} = 2$. Folglich lautet der Schätzwert für die gesuchte Fehlerstelle

$\hat{i} = 2$, und $\hat{F}(D) = D - 2^2 = D - 4 = D + 1$. Hätte man bei allen vier Möglichkeiten einen Widerspruch erhalten, so würde man ein Decodierversagen erklären.

Eine Alternative zur Lösung eines Gleichungssystems zwecks Bestimmung von $\hat{F}(D)$ besteht im sog. *Berlekamp-Massey-Algorithmus*.

3. *Fehlerwertberechnung*: Bei der Fehlerwertberechnung ist $\hat{E}(D)$ aus $\hat{F}(D) \cdot \hat{E}(D) = 0 \bmod (D^n - 1)$ zu berechnen. Wir substituieren $\alpha^{\hat{i}} = 4$ in (8.147) und erhalten

$$\hat{F}(D) \cdot \hat{E}(D) = \underbrace{(4 - 4\hat{E}_0)}_{=0} + \underbrace{(\hat{E}_0 - 4\hat{E}_1)}_{=0} D + \underbrace{(\hat{E}_1 - 4)}_{=0} D^2 + \underbrace{(1 - 4 \cdot 4)}_{=0} D^3 \overset{!}{=} 0. \quad (8.149)$$

Aus dem ersten Summanden folgt $\hat{E}_0 = 1$. Substituiert man dieses Ergebnis in den zweiten Summanden, so ergibt sich $\hat{E}_1 = 4$. Der dritte Summand verifiziert dieses Ergebnis, während der vierte Summand bereits zur Fehlerstellenberechnung genutzt wurde. $\hat{E}_2 = 1$ und $\hat{E}_3 = 4$ komplettieren das Fehlerpolynom im Frequenzbereich: $\hat{E}(D) = 1 + 4D + D^2 + 4D^3$. Die Rücktransformation $\hat{e}_i = \hat{E}(\alpha^i)$, $i \in \{0, 1, 2, 3\}$, ergibt $\hat{e}(D) = 4D^2$. Damit ist neben der geschätzten Fehlerstelle nun auch ein Schätzwert für den Fehlerwert bekannt.

4. *Fehlerkorrektur*: Nun zieht man das geschätzte Fehlerpolynom $\hat{e}(D)$ vom Empfangspolynom $y(D)$ ab:

$$\hat{x}(D) = y(D) \ominus \hat{e}(D). \quad (8.150)$$

Im Zahlenbeispiel gilt $\hat{x}(D) = (0 + 4D + 1D^2 + 3D^3) - 4D^2 = 0 + 4D + 2D^2 + 3D^3$. Die abschließende Transformation

$$\hat{X}_j = n^{-1} \cdot \hat{x}(\alpha^{-j}) = 4x(2^{-j}), \qquad j \in \{0, 1\} \quad (8.151)$$

in den Frequenzbereich liefert das tatsächlich gesendete Infopolynom $\hat{X}(D) = X(D) = 1 + 4D$.

◇

Wenn man weiß, welche Stellen des Codewortes falsch sind, so muss man nur noch die Fehlerwertberechnung durchführen. Die betreffenden Stellen bezeichnet man als *Auslöschungen* („erasures“). In RS-Decodierern können Auslöschungen folglich leicht berücksichtigt werden.

9 Faltungscodes

9.1 Definition von Faltungscodes

Faltungscodes [P. Elias, 1955] haben im Gegensatz zu Blockcodes die Eigenschaft einer *fortlaufenden Codierung*. Wir betrachten im Rahmen dieser Abhandlung nur *binäre Faltungscodes* und sprechen somit von *Infobits* und *Codebits*, statt von Infosymbolen und Codesymbolen. Das Verhältnis aus der Anzahl der Infobits dividiert durch die Anzahl der Codebits bezeichnet man wie bei Blockcodes als *Coderate R*.

In der Praxis überträgt man jedoch selten kontinuierlich Information, sondern Datenpakete (Blöcke). Die Anzahl der Infobits u_k pro Block bezeichnen wir mit K, d. h. der Laufindex vor dem Codierer (und nach dem Decodierer) ist $0 \leq k \leq K-1$. Die Anzahl der Codebits x_n pro Block bezeichnen wir mit N, d. h. der Laufindex nach dem Codierer (und vor dem Decodierer) ist $0 \leq n \leq N-1$. Die Coderate lautet somit $R = K/N$. Bei einer fortlaufenden Codierung geht $K \rightarrow \infty$. Die Vektoren $\mathbf{u} = [u_0, u_1, \ldots, u_{K-1}]$ und $\mathbf{x} = [x_0, x_1, \ldots, x_{N-1}]$ werden *Informationssequenz* bzw. *Codesequenz* genannt. Informationssequenz und Codesequenz seien kausal.

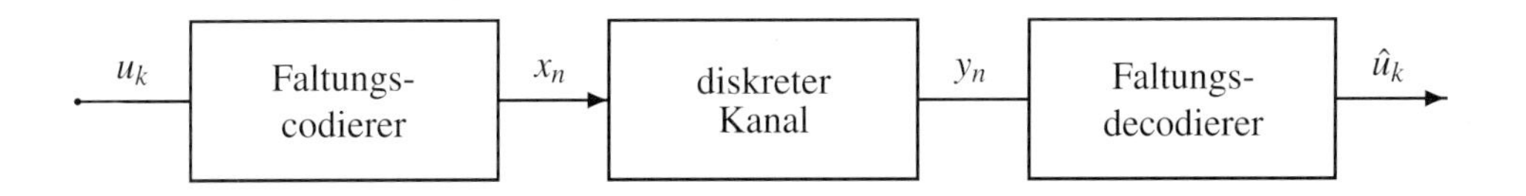

Bild 9.1: Blockdiagramm eines faltungscodierten Übertragungssystems

Faltungscodes werden üblicherweise durch ein *Schieberegister*, ein *Zustandsdiagramm*, ein *Trellisdiagramm*, einen *Codebaum*, einen *Faktor-Graph* (z. B. Tanner-Graph), *Generatorpolynome* oder eine *Generatormatrix* dargestellt. Alle genannten Darstellungsformen sind äquivalent und ineinander überführbar.

9.1.1 Schieberegister-Darstellung

Jeder Faltungscode kann durch ein Schieberegister erzeugt werden. Bild 9.2 zeigt exemplarisch das Schieberegister eines nichtrekursiven Faltungscodierers, im Folgenden *Beispielcode* genannt. Das Schieberegister des Beispielcodes besteht aus zwei Speicherelementen sowie drei modulo-2 Addierern. Die Anzahl der Speicherelemente wird oft *Gedächtnislänge* genannt und mit ν bezeichnet. Mit $\nu + 1$ wird oft die *Einflusslänge* bezeichnet, weil neben den ν gespeicherten Bits auch das aktuelle Infobit u_k einen Einfluss auf die aktuellen Codebits $[x_{1,k}, x_{2,k}]$ hat. Die Inhalte der Speicherelemente bezeichnet man als *Zustand*. Es gibt folglich $Z = 2^\nu$ mögliche Zustände

$[u_{k-1}, u_{k-2}]$. Die Infobits werden bitweise in das Schieberegister geschoben. Pro Infobit u_k werden zwei Codebits $[x_{1,k}, x_{2,k}]$ generiert. Die Coderate des Beispielcodes beträgt somit $R = 1/2$. Jedes Codebit hängt von den ν gespeicherten Infobits und dem aktuellen Infobit u_k ab. Die Codebits werden alternierend übertragen. Die Schieberegister-Darstellung eignet sich speziell für Hardware-Realisierungen.

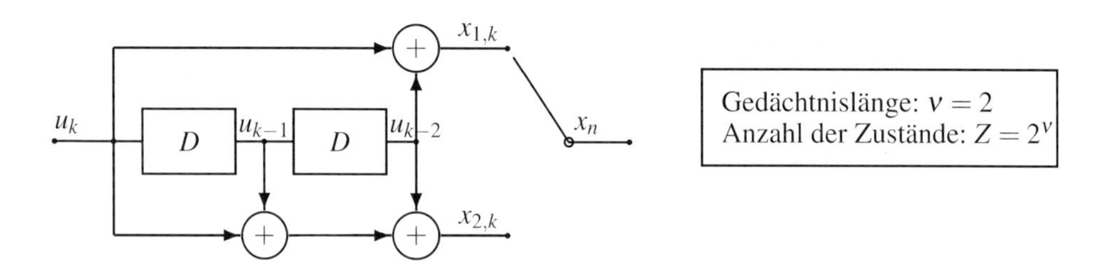

Bild 9.2: Schieberegister-Darstellung eines binären, nichtrekursiven $R = 1/2$-Faltungscodierers mit 4 Zuständen („Beispielcode")

9.1.2 Zustandsdiagramm

Eine abstraktere Darstellung ist das Zustandsdiagramm. Es eignet sich besser für Software-Realisierungen, dient aber hauptsächlich zur Analyse der Codeeigenschaften. Das Zustandsdiagramm besteht aus den $Z = 2^\nu$ Zuständen sowie allen möglichen Übergängen, siehe Bild 9.3 für unseren Beispielcode. Bei binären Faltungscodes verlassen jeden Zustand zwei Übergänge. Wir kennzeichnen im Weiteren die $u_k = 0$ zugeordneten Übergänge durch eine durchgezogene Linie und die $u_k = 1$ zugeordneten Übergänge durch eine gepunktete Linie. Die den Übergängen zugeordneten Codebits $[x_{1,k}, x_{2,k}]$ werden der Vollständigkeit halber ebenfalls im Zustandsdiagramm berücksichtigt.

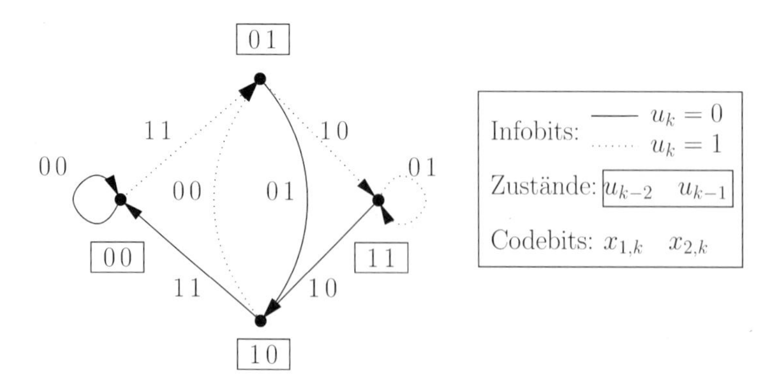

Bild 9.3: Zustandsdiagramm des Beispielcodes

9.1.3 Trellisdiagramm

Ein gewisser Nachteil des Zustandsdiagramms ist das Fehlen einer Zeitachse. Dieser Nachteil wird durch das Trellisdiagramm vermieden. Das Trellisdiagramm stellt eine zeitliche Abwicklung des Zustandsdiagramms dar. Jedem Infobit entspricht ein *Trellissegment*. Die Hauptidee besteht darin, den aktuellen Zustand und den nachfolgenden Zustand zeichnerisch zu trennen, siehe Bild 9.4 für unseren Beispielcode. Alle anderen Angaben werden dem Zustandsdiagramm entnommen.

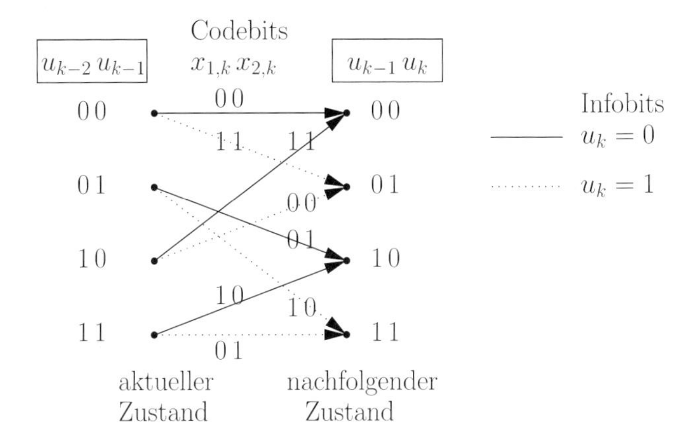

Bild 9.4: Trellissegment des Beispielcodes

Die zeitliche Aneinanderreihung („copy/paste") von Trellissegmenten führt zum Trellisdiagramm, siehe Bild 9.5. Das Trellisdiagramm ist ein *bewerteter und gerichteter Graph*. Die Übergänge werden als *Zweige* oder *Kanten* bezeichnet, eine Aneinanderreihung von Zweigen wird *Pfad* genannt. Die *Knoten* (man sagt auch *Ecken*) des Graphen entsprechen den Zuständen. In Bild 9.5 wurde angenommen, dass das Schieberegister vor der Codierung (wie in der Schaltungstechnik üblich) mit ν Nullen initialisiert wird. Alle Pfade entspringen somit dem Nullzustand. In Bild 9.5 und allen nachfolgenden Darstellungen von Trellisdiagrammen wird der Übersichtlichkeit halber auf die Pfeile verzichtet. Der zeitliche Verlauf erstreckt sich von links (Startzustand) nach rechts (Endzustand bzw. Endzustände). Das Trellisdiagramm kann prinzipiell beliebig lang sein, die Anzahl der Zustände sei nach obiger Annahme jedoch endlich. Das Trellisdiagramm bildet ein Gerüst für trellisbasierte Decodierverfahren.

Nimmt man eine endlich lange Informationssequenz an (K endlich) und fügt ν Nullen an die Informationssequenz an, so wird erreicht, dass der Endzustand gleich dem Nullzustand ist. Man spricht dann von einem *terminierten Faltungscode*. Durch die Terminierung verringert sich die Coderate, siehe Abschnitt 9.2.8. Bild 9.6 zeigt einen terminierten Faltungscode der Rate $R_{zero\ tailing} = K/N = 7/18$ basierend auf unserem Beispielcode der Rate $R = 1/2$.

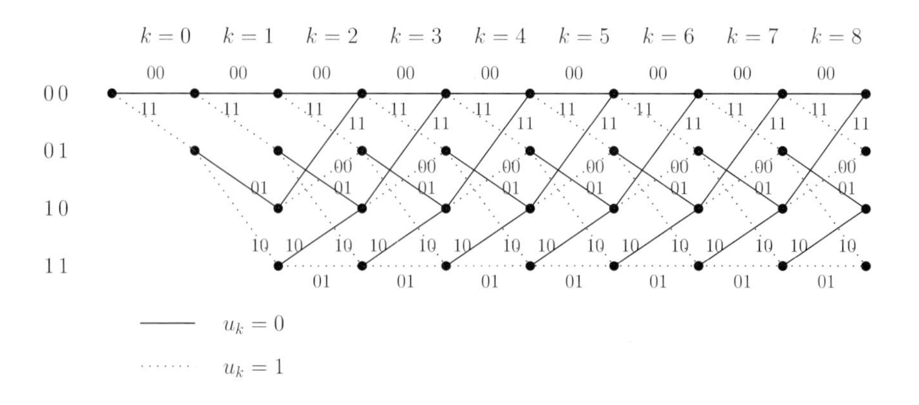

Bild 9.5: Trellisdiagramm des Beispielcodes

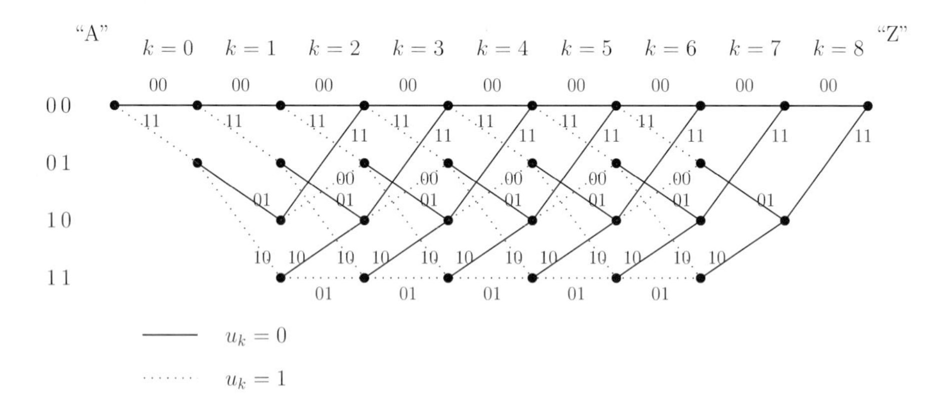

Bild 9.6: Terminiertes Trellisdiagramm des Beispielcodes

9.1.4 Codebaum

Eine Alternative zum Trellisdiagramm stellt ein *Codebaum* (kurz: Baum) dar. Der Anfangszustand wird in diesem Zusammenhang als *Wurzel* bezeichnet. Bei binären Faltungscodes ist die Wurzel mit zwei Knoten (Ecken) verbunden. Jeder dieser beiden Knoten ist wiederum mit zwei weiteren Knoten verbunden, siehe Bild 9.7. Die Knoten werden durch Zweige (Kanten) verbunden. Jeder Zweig entspricht einem Infobit, d. h. die Tiefe des Baums entspricht bei einem Faltungscode der Länge K der Informationssequenz. Ohne Beschränkung der Allgemeinheit ordnen wir die nach oben abgehenden Zweige dem Infobit Null und die nach unten abgehenden Zweige dem Infobit Eins zu. Im Gegensatz zum Trellisdiagramm sei die Anzahl der Zustände nicht notwendigerweise begrenzt. Sinnvollerweise habe der Baum aber eine endliche Tiefe. Der Codebaum bildet ein Gerüst für baumorientierte Decodierverfahren.

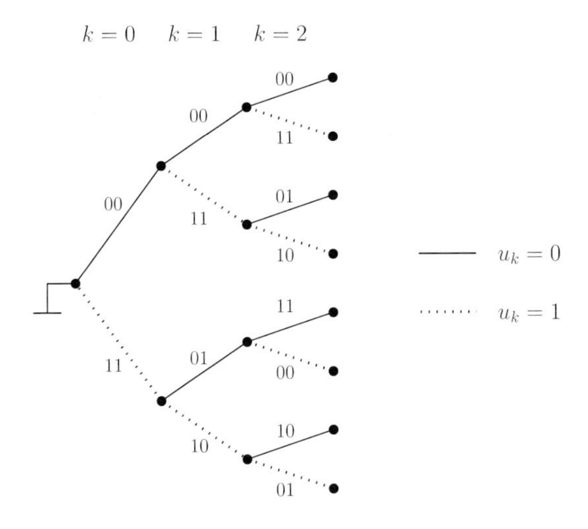

Bild 9.7: Codebaum des Beispielcodes

9.1.5 Polynomdarstellung

Zyklische Blockcodes konnten wir mit Hilfe von *Generatorpolynomen* kompakt beschreiben. Dieses Konzept ist auch auf Faltungscodes anwendbar. Um die Notation so einfach wie möglich zu gestalten, betrachten wir zunächst ausschließlich rückkopplungsfreie (sog. nichtrekursive) Faltungscodierer der Rate $R = 1/J$, wobei $J \geq 2$ ganzzahlig ist. Rekursive Faltungscodierer und Faltungscodes der Rate $R = I/J$ (I ist ebenfalls ganzzahlig mit $I < J$) werden in Abschnitt 9.2.7 behandelt.

Definition 9.1.1 (Generatorpolynome) *Nichtrekursive Faltungscodierer der Rate $R = 1/J$ können durch die Generatorpolynome $g_j(D) = \sum_{i=0}^{\nu} g_{j,i} D^i$ beschrieben werden, $j \in \{1, \ldots, J\}$, wobei $g_{j,i} = 1$ falls die entsprechende modulo-2 Addition im Schieberegister vorhanden ist bzw. $g_{j,i} = 0$ sonst.*

Die *Gedächtnislänge* lautet folglich

$$\nu = \max_{1 \leq j \leq J} \operatorname{grad} g_j(D). \tag{9.1}$$

Beispiel 9.1.1 (Generatorpolynome) Unser Beispielcode mit Gedächtnislänge $\nu = 2$ besitzt die Generatorpolynome $g_1(D) = [1 + D^2]$ und $g_2(D) = [1 + D + D^2]$, wie man aus Bild 9.2 ablesen kann. ◊

Definition 9.1.2 (Infopolynom, Codepolynome) *Wie bei den Blockcodes definieren wir ein (nun möglicherweise unendlich langes) Infopolynom $u(D) = \sum_{k=0}^{\infty} u_k D^k$, $u_k \in \{0, 1\}$, wobei $u_0, u_1, \ldots$ die Infobits repräsentieren. Die zugehörigen Codepolynome lauten $x_j(D) = \sum_{n=0}^{\infty} x_{j,n} D^n$, $x_{j,n} \in \{0, 1\}$, wobei $x_{j,0}, x_{j,1}, \ldots$ die Codebits sind, $j \in \{1, \ldots, J\}$.*

Dem Faltungscodierer entspricht die Polynom-Multiplikation

$$x_j(D) = u(D) \cdot g_j(D) \qquad \text{für } j \in \{1,\dots,J\}, \tag{9.2}$$

oder äquivalent

$$[x_1(D),\dots,x_J(D)] = u(D) \cdot [g_1(D),\dots,g_J(D)]. \tag{9.3}$$

Beispiel 9.1.2 (Infopolynom, Codepolynome) Für das Infopolynom $u(D) = 1 + D$ (d. h. die Informationssequenz $\mathbf{u} = [1,1,0,0,\dots]$) ergibt sich für unseren Beispielcode $x_1(D) = 1 + D + D^2 + D^3$ (d. h. $\mathbf{x}_1 = [1,1,1,1,0,0,\dots]$) und $x_2(D) = 1 + D^3$ (d. h. $\mathbf{x}_2 = [1,0,0,1,0,0,\dots]$). ◊

Die Menge aller Codesequenzen, d. h. der Code, kann nun formal gemäß

$$\mathscr{C} = \left\{ u(D) \cdot [g_1(D),\dots,g_J(D)] \;\middle|\; u(D) = \sum_{k=0}^{\infty} u_k D^k,\; u_k \in \{0,1\} \right\} \tag{9.4}$$

geschrieben werden. Es folgt unmittelbar, dass Faltungscodes (im Gegensatz zu Blockcodes) immer *linear* sind.

9.2 Optimierung von Faltungscodes

Faltungscodes können im Gegensatz zu Blockcodes bislang nicht analytisch geschlossen konstruiert werden. Meist werden gute Faltungscodes mit Hilfe von Computern gesucht. Wir leiten im Folgenden das sog. *Distanzspektrum* her und zeigen, wie man aus dem *Distanzspektrum* Schranken für die Fehlerwahrscheinlichkeit gewinnen kann.

9.2.1 Fehlerpfad

Aufgrund der Linearität von Faltungscodes wollen wir für die folgende Analyse ohne Beschränkung der Allgemeinheit annehmen, dass die 00...0-Sequenz (d. h. der Nullpfad) gesendet wurde.

Definition 9.2.1 (Fehlerpfad) *Ein Fehlerpfad ist ein Pfad, der im k'-ten Trellissegment zum ersten Mal vom Nullpfad abweicht und im k''-ten Trellissegment wieder auf den Nullpfad trifft und dort bleibt, wobei $k'' > k'$. Die Distanz des Fehlerpfades ist gleich dessen Hamming-Gewicht. Bei zeitinvarianten Faltungscodes nehmen wir ohne Beschränkung der Allgemeinheit an, dass der Fehlerpfad für $k' = 0$ zum ersten Mal vom Nullpfad abweicht.*

Beispiel 9.2.1 (Fehlerpfad) In Bild 9.8 sind für unseren terminierten Beispielcode zwei Fehlerpfade der Distanz $d = 6$ eingetragen. ◊

Ausschlaggebend für die Korrekturfähigkeit von Faltungscodes ist nicht die Länge der Fehlerpfade, sondern das Hamming-Gewicht der Fehlerpfade. Je größer das Hamming-Gewicht, umso unterschiedlicher sind die Codesequenzen, und umso seltener sind Übertragungsfehler.

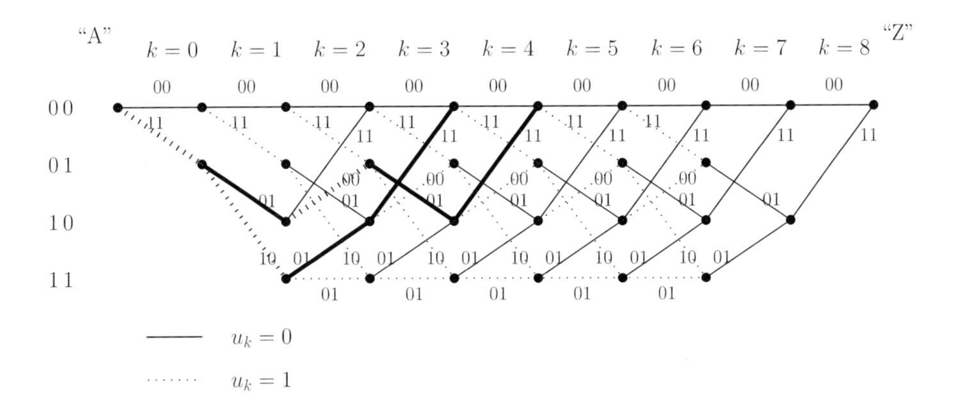

Bild 9.8: Fehlerpfade der Distanz $d = 6$

9.2.2 Freie Distanz

Definition 9.2.2 (Freie Distanz) *Die freie Distanz, d_{free}, ist die Mindestzahl unterschiedlicher Symbole zweier Codesequenzen, d. h. gleich dem minimalen Hamming-Gewicht aller möglichen Fehlerpfade.*

Beispiel 9.2.2 (Freie Distanz) Die freie Distanz unseres Rate-1/2 Faltungscodes mit Gedächtnislänge $\nu = 2$ beträgt $d_{free} = 5$. Die zugehörige Codesequenz lautet $[11\,01\,11\,00\,00\ldots]$, vgl. Bild 9.8. ◊

Die freie Distanz, d_{free}, ist mit der Minimaldistanz, d_{min}, identisch. Bei Faltungscodes ist die erstere Bezeichnung gebräuchlich, bei Blockcodes letztere. Während bei einigen Familien von Blockcodes (wie Reed-Solomon-Codes) „maximum-distance separable" Codes analytisch konstruiert werden können, erfordert die Optimierung von Faltungscodes eine Computersuche. Ergebnisse einer solchen Computersuche finden sich in Tabelle 9.1 und Tabelle 9.2. Die genannten Codes weisen bei gegebener Gedächtnislänge ν eine maximale freie Distanz auf.

Tabelle 9.1: Rate-1/2 Faltungscodes mit maximaler freier Distanz

ν	Abgriffe (oktal)	d_{free}
2	5, 7	5
3	15, 17	6
4	23, 35	7
5	53, 75	8
6	133, 171	10

Tabelle 9.2: Rate-1/3 Faltungscodes mit maximaler freier Distanz

ν	Abgriffe (oktal)	d_{free}
2	5, 7, 7	8
3	13, 15, 17	10
4	25, 33, 37	12
5	47, 53, 75	13
6	133, 145, 171	14

9.2.3 Distanzspektrum

Die Anzahl der Fehlerpfade mit Hamming-Gewicht d bezeichnet man mit a_d und die zugehörige Summe der fehlerhaften Infobits mit c_d, wobei $d \geq d_{free}$.

Definition 9.2.3 (Distanzspektrum) *Die Größen a_d und c_d aufgetragen über d bezeichnet man als Distanzspektrum.*

Beispiel 9.2.3 (Distanzspektrum) Das Distanzspektrum für unseren Rate-1/2 Faltungscode mit Gedächtnislänge $\nu = 2$ ist in Tabelle 9.3 dargestellt. ◊

Tabelle 9.3: Distanzspektrum für einen Rate-1/2 Faltungscode mit $\nu = 2$

d	a_d	c_d
5	1	1
6	2	4
7	4	12
8	8	32
9	16	80
d	$2^{d-d_{free}}$	$a_d \cdot (d - d_{free} + 1)$

Ein leistungsfähiger Faltungscode zeichnet sich durch einen großen Codiergewinn $d_{free}R$ und eine möglichst kleine Anzahl von Fehlerpfaden a_d mit kleinem Wert für c_d aus.

Das Distanzspektrum eignet sich zur Berechnung von Schranken der Bitfehlerwahrscheinlichkeit (faltungs-)codierter Übertragungssysteme, wie im Abschnitt 9.2.5 gezeigt wird. Vorab wollen wir jedoch demonstrieren, wie man das Distanzspektrum (bei gegebener Codestruktur) analytisch berechnen kann.

9.2.4 Berechnung des Distanzspektrums mit Hilfe des modifizierten Zustandsdiagramms

Selbst bei einfachen Faltungscodes erweist sich eine manuelle Berechnung des Distanzspektrums als sehr zeitaufwändig. Hinzu kommt die Tatsache, dass bei einer Codeoptimierung alle sinnvollen Generatorpolynome „durchprobiert" werden müssen. Dies erhöht den Aufwand nochmals. In diesem Abschnitt wird gezeigt, dass das Distanzspektrum auch numerisch berechnet werden kann, und zwar auf Basis des sog. *modifizierten Zustandsdiagramms*. Man erhält das modifizierte Zustandsdiagramm, indem man den Nullzustand in zwei Teilzustände auftrennt: Der erste Teilzustand berücksichtigt nur Pfade, die den Nullzustand verlassen, während der zweite Teilzustand nur Pfade berücksichtigt, die in den Nullzustand laufen. Das modifizierte Zustandsdiagramm besitzt somit $2^\nu + 1$ Zustände.

Beispiel 9.2.4 (Modifiziertes Zustandsdiagramm) Bild 9.9 zeigt das originale Zustandsdiagramm (links) und das modifizierte Zustandsdiagramm (rechts) für unseren Beispielcode. ◊

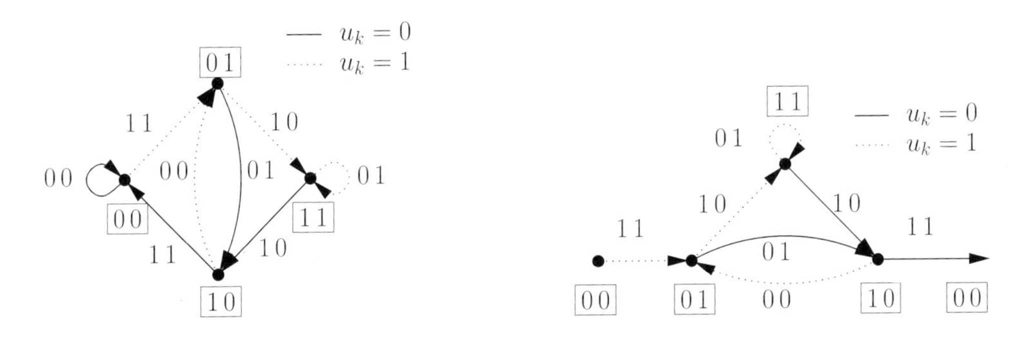

Bild 9.9: Zustandsdiagramm (links), modifiziertes Zustandsdiagramm (rechts)

Um das Distanzspektrum numerisch berechnen zu können, benutzt man eine aus der Signalflusstheorie bekannte Symbolik. Man ordnet jedem Übergang des modifizierten Zustandsdiagramms den Term $w_c^{e_c}$ zu, wobei der Exponent e_c gleich dem *Hamming-Gewicht der dem Übergang zugeordneten Codebits* entspricht. In gleicher Weise ordnet man jedem Übergang den Term $w_i^{e_i}$ zu, wobei der Exponent e_i gleich dem *Hamming-Gewicht der dem Übergang zugeordneten Infobits* entspricht.

Beispielsweise gehören gemäß Bild 9.9 (rechts) zum Übergang von Zustand 00 nach Zustand 01 zwei Codebits 11 und ein Infobit $u_k = 1$. Somit ordnet man in Bild 9.10 diesem Übergang den Term $w_c^2 w_i^1$ (kurz: $w_c^2 w_i$) zu.

Man bezeichnet die $2^\nu + 1$ Zustände des modifizierten Zustandsdiagramms mit $\mu_0, \mu_1, \ldots, \mu_{2^\nu}$, wobei per Definition μ_0 der erste Teilzustand des Nullzustands 00 und μ_{2^ν} der zweite Teilzustand des Nullzustands ist, siehe ebenfalls Bild 9.10. Ferner definiert man die sog. *Gewichtsfunktion*:

Definition 9.2.4 (Gewichtsfunktion) *Die Gewichtsfunktion ist gemäß* $T(w_c, w_i) := \frac{\mu_{2^\nu}}{\mu_0}$ *definiert.*

Das folgende Zahlenbeispiel verdeutlicht die Berechnung der Gewichtsfunktion:

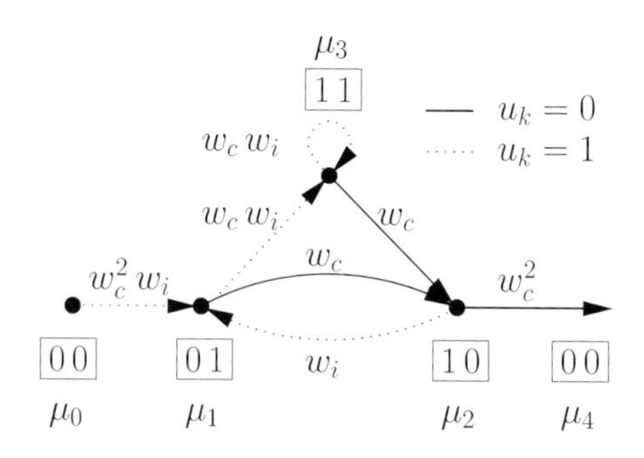

Bild 9.10: Modifiziertes Zustandsdiagramm

Beispiel 9.2.5 (Gewichtsfunktion) Man entnimmt Bild 9.10, dass die Gewichtsfunktion für unseren Beispielcode durch Lösung des folgenden Gleichungssystems bestimmt werden kann:

$$\begin{aligned} \mu_1 &= w_c^2 w_i \mu_0 + w_i \mu_2 \\ \mu_2 &= w_c \mu_1 + w_c \mu_3 \\ \mu_3 &= w_c w_i \mu_1 + w_c w_i \mu_3 \\ \mu_4 &= w_c^2 \mu_2 \end{aligned} \tag{9.5}$$

Nach Substitution der Zwischenzustände μ_1, μ_2 und μ_3 lautet das Ergebnis

$$T(w_c, w_i) = \frac{\mu_4}{\mu_0} = \frac{w_c^5 w_i}{1 - 2 w_c w_i}. \tag{9.6}$$

Durch eine Reihenentwicklung kann die Gewichtsfunktion auch in Polynomform dargestellt werden. ◇

Satz 9.2.1 (Berechnung des Distanzspektrums) *Bei gegebener Gewichtsfunktion berechnet sich das Distanzspektrum wie folgt:*

$$T(w_c, 1) = \sum_{d=d_{free}}^{\infty} a_d w_c^d \tag{9.7}$$

$$\left.\frac{\partial T(w_c, w_i)}{\partial w_i}\right|_{w_i=1} = \sum_{d=d_{free}}^{\infty} c_d w_c^d. \tag{9.8}$$

Die gesuchten Parameter des Distanzspektrums, a_d und c_d, sind somit Koeffizienten zweier Polynome.

Beweis 9.2.1 Durch Substitution von $w_i = 1$ wird der Einfluss irrelevanter Information ausgeblendet. Dies beweist Gleichung (9.7).

Die partielle Ableitung nach w_i bewirkt, dass der Exponent von w_i, also das Hamming-Gewicht der Infobits, nach vorne kommt. Anschließend wird durch Substitution von $w_i = 1$ der Einfluss irrelevanter Information ausgeblendet. Dies beweist Gleichung (9.8). □

Beispiel 9.2.6 (Berechnung des Distanzspektrums) Für unseren Beispielcode erhalten wir die Anzahl der Fehlerpfade mit Hamming-Gewicht d, a_d, durch eine Reihenentwicklung der Gewichtsfunktion $T(w_c, w_i)$ an der Stelle $w_i = 1$:

$$T(w_c, 1) = \frac{w_c^5}{1 - 2w_c} = 1\,w_c^5 + 2\,w_c^6 + 4\,w_c^7 + \ldots \tag{9.9}$$

Die gesuchten Werte a_d entsprechen den Koeffizienten der Reihe. Somit ist $a_5 = 1, a_6 = 2, a_7 = 4$, usw.

Die Summe der fehlerhaften Infobits für Fehlerpfade mit Hamming-Gewicht d, c_d, ergibt sich durch eine partielle Ableitung der Gewichtsfunktion $T(w_c, w_i)$ nach w_i an der Stelle $w_i = 1$ und anschließender Reihenentwicklung:

$$\left.\frac{\partial T(w_c, 1)}{\partial w_i}\right|_{w_i=1} = \frac{w_c^5}{1 - 4w_c(1 - w_c)} = 1\,w_c^5 + 4\,w_c^6 + 12\,w_c^7 + \ldots \tag{9.10}$$

Die gesuchten Werte c_d entsprechen den Koeffizienten der Reihe. Somit ist $c_5 = 1, c_6 = 4, c_7 = 12$, usw. Wie erwartet stimmen die Ergebnisse für a_d und c_d mit Tabelle 9.3 überein. ◊

9.2.5 Schranken der Bitfehlerwahrscheinlichkeit

Die Bitfehlerwahrscheinlichkeit eines faltungscodierten Übertragungssystems mit bipolarer Übertragung über einen AWGN-Kanal und empfängerseitiger „soft-input" ML-Decodierung kann analytisch nicht exakt angegeben werden. Es sind jedoch eine Vielzahl an Schranken bekannt.

Man erhält eine einfache untere Schranke, indem nur das Fehlerereignis mit der kleinsten Hamming-Distanz berücksichtigt wird:

$$P_b \geq \frac{1}{2}\,\mathrm{erfc}\sqrt{d_{free} R \frac{E_b}{N_0}}, \qquad \text{wobei } RE_b = E_s. \tag{9.11}$$

Da nur der wahrscheinlichste Fehlerpfad berücksichtigt wird, ist die Abschätzung zu optimistisch.

Man erhält eine obere Schranke, indem man annimmt, dass alle möglichen Fehlerereignisse unabhängig voneinander auftreten („*union bound*"):

$$P_b \leq \frac{1}{2} \sum_{d=d_{free}}^{\infty} c_d\,\mathrm{erfc}\sqrt{dR\frac{E_b}{N_0}}. \tag{9.12}$$

Da alle Fehlerpfade unabhängig voneinander berücksichtigt werden, ist die Abschätzung zu pessimistisch. In der Praxis bricht man die Summe nach wenigen Termen ab.

Beide Schranken fallen für große E_b/N_0 zusammen, da in diesem Fall das Fehlerereignis mit freier Distanz dominiert. Bild 9.11 zeigt entsprechende Ergebnisse für den Rate-1/2 Faltungscode mit Gedächtnislänge $\nu = 6$ gemäß Tabelle 9.1.

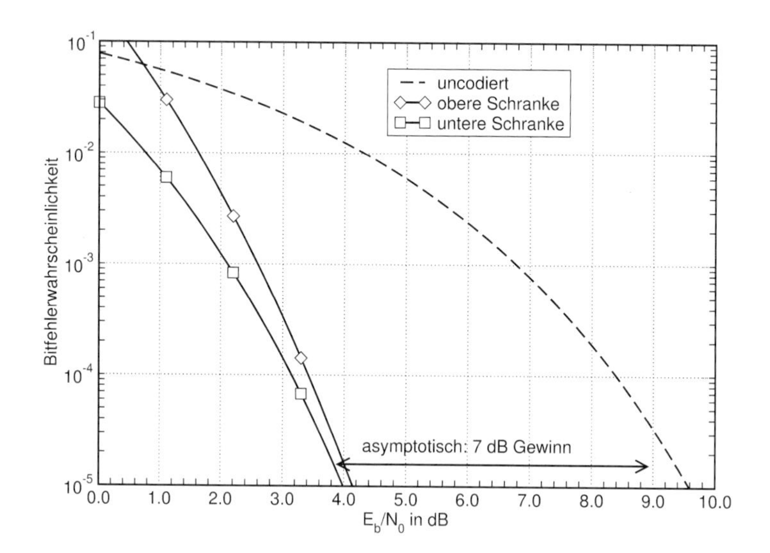

Bild 9.11: Obere und untere Schranke der Bitfehlerwahrscheinlichkeit (Rate-1/2 Faltungscode mit $\nu = 6$, bipolare Übertragung über AWGN-Kanal, ML-Decodierung)

9.2.6 Codiergewinn

Analog zu Blockcodes definiert man:

Definition 9.2.5 (Codiergewinn) *Der Codiergewinn ist die Differenz (in Dezibel) zwischen dem benötigten E_b/N_0 bei uncodierter Übertragung und dem benötigten E_b/N_0 bei codierter Übertragung, um jeweils die gleiche Fehlerwahrscheinlichkeit zu erreichen.*

Wie in Bild 9.11 erkennbar ist, hängt der Codiergewinn vom Arbeitspunkt ab. Typischerweise wächst der Codiergewinn mit zunehmendem Signal/Rauschleistungsverhältnis an und erreicht für ein hinreichend großes Signal/Rauschleistungsverhältnis den sog. *asymptotischen Codiergewinn*. Der asymptotische Codiergewinn kann in Spezialfällen besonders einfach berechnet werden. Bei bipolarer Übertragung über den AWGN-Kanal und empfängerseitiger „soft-input" ML-Decodierung beträgt der asymptotische Codiergewinn (d. h. für $E_b/N_0 \to \infty$)

$$G_{asy} = 10 \log_{10} (d_{free} \cdot R) \text{ dB}. \tag{9.13}$$

Beispiel 9.2.7 (Asymptotischer Codiergewinn) Der asymptotische Codiergewinn für nichtrekursive $R = 1/2$-Faltungscodes mit maximaler freier Distanz beträgt $G_{asy} = 4$ dB bei Gedächtnislänge $\nu = 2$, $G_{asy} = 5.44$ dB bei $\nu = 4$ und $G_{asy} = 7$ dB bei $\nu = 6$. ◇

Die Bilder 9.12 und 9.13 zeigen die im vorherigen Abschnitt hergeleiteten Schranken der Bitfehlerwahrscheinlichkeit für Rate-1/2 und Rate-1/3 Faltungscodes mit Gedächtnislänge $\nu = 2 \ldots 6$ gemäß den Tabellen 9.1 und 9.2. Der asymptotische Codiergewinn ist gut ablesbar.

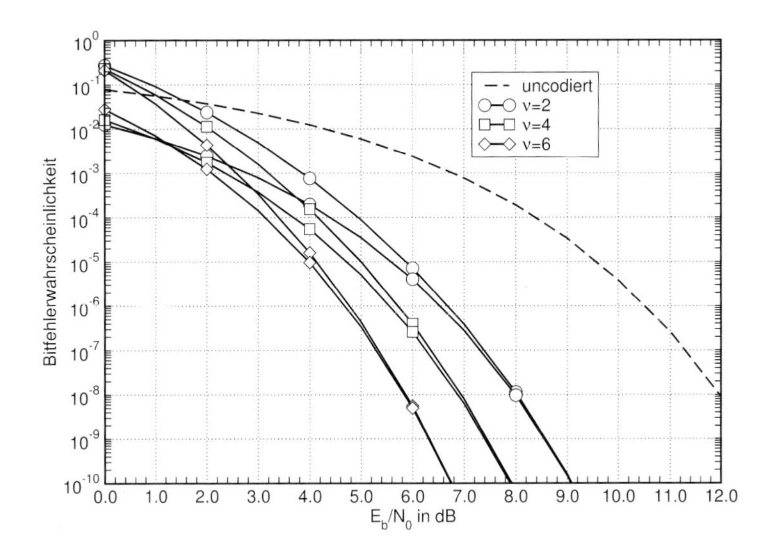

Bild 9.12: Obere und untere Schranken der Bitfehlerwahrscheinlichkeit für Rate-1/2 Faltungscodes mit Gedächtnislänge $\nu = 2, \ldots, 6$

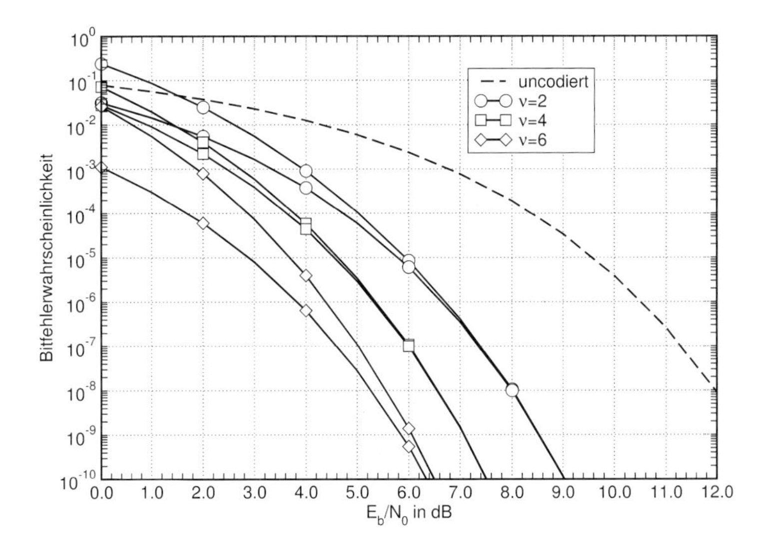

Bild 9.13: Obere und untere Schranken der Bitfehlerwahrscheinlichkeit für Rate-1/3 Faltungscodes mit Gedächtnislänge $\nu = 2, \ldots, 6$

9.2.7 Rekursive Faltungscodierer

Zu jedem nichtrekursiven Faltungscodierer kann ein rekursiver Faltungscodierer gleicher Coderate R gefunden werden, der einen Code mit gleicher freier Distanz d_{free} (und somit gleichem asymptotischen Codiergewinn) erzeugt.

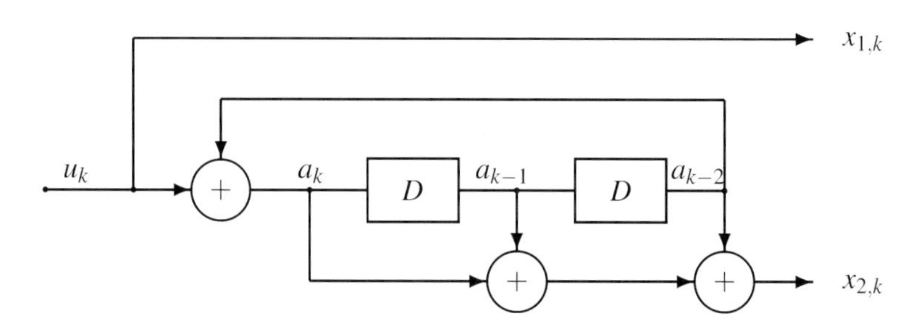

Bild 9.14: Rekursiver, systematischer $R = 1/2$ Faltungscodierer mit 4 Zuständen

Beispiel 9.2.8 (Rekursiver, systematischer $R = 1/2$ Faltungscodierer) Wir betrachten exemplarisch den in Bild 9.14 gegebenen rekursiven, systematischen Codierer und wollen dessen Generatorpolynome berechnen. In Signaldarstellung erhält man das Gleichungssystem

$$\begin{aligned} x_{1,k} &= u_k \\ a_k &= u_k \oplus a_{k-2} \\ x_{2,k} &= a_k \oplus a_{k-1} \oplus a_{k-2}. \end{aligned} \tag{9.14}$$

In Polynomdarstellung folgt hieraus

$$\begin{aligned} x_1(D) &= u(D) \\ a(D) &= u(D) + D^2 a(D) \\ x_2(D) &= a(D) + Da(D) + D^2 a(D). \end{aligned} \tag{9.15}$$

Aus der ersten Gleichung folgt unmittelbar, dass $g_1(D) = 1$. Aus der zweiten Gleichung folgt das Zwischenergebnis $a(D) = \frac{1}{1+D^2}\, u(D)$. Aufgrund der modulo-2 Arithmetik wurde hier berücksichtigt, dass $1 - D^2 = 1 + D^2$. Einsetzen in die dritte Gleichung ergibt $x_2(D) = \frac{1+D+D^2}{1+D^2}\, u(D)$. Somit ist $g_2(D) = \frac{1+D+D^2}{1+D^2}$. Die gesuchten Generatorpolynome lauten also $[g_1(D), g_2(D)] = [1, \frac{1+D+D^2}{1+D^2}]$. ◊

Für systematische Faltungscodes ist ein Generatorpolynom immer gleich eins (hier: $g_1(D)$). Rekursive Faltungscodes erkennt man daran, dass ein Generatorpolynom rational ist (hier: $g_2(D)$). Rekursive systematische Codes werden bevorzugt in Turbo-Codes verwendet, siehe Kapitel 11. Ein Trellissegment des rekursiven, systematischen $R = 1/2$ Codes aus Beispiel 9.2.8 ist in Bild 9.15 dargestellt. Man beachte die Unterschiede zum Trellissegment des zugehörigen nichtrekursiven, nichtsystematischen $R = 1/2$ Faltungscode mit 4 Zuständen, vgl. Bild 9.4.

9.2.8 Zero-Tailing und Tail-Biting

Wie einführend erwähnt, haben Faltungscodes die Eigenschaft, die Infobits fortlaufend zu codieren. Bei einer fortlaufenden Codierung beträgt die Coderate definitionsgemäß $R = K/N$, wobei pro K Infobits N Codebits generiert werden.

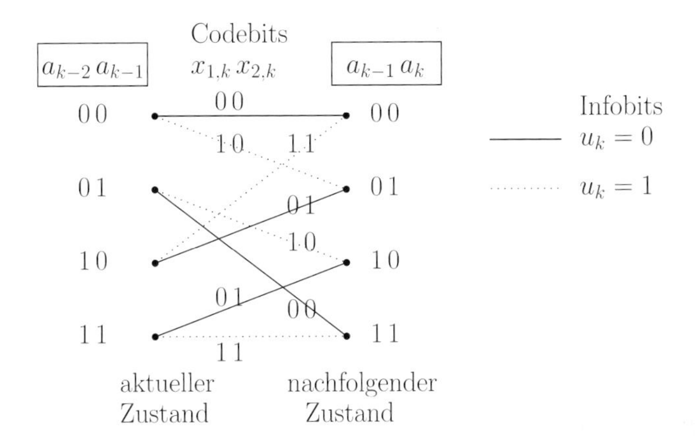

Bild 9.15: Trellissegment eines rekursiven, systematischen $R = 1/2$ Faltungscodes mit 4 Zuständen

In der Praxis ist eine fortlaufende Codierung jedoch eher selten; selbst in digitalen Rundfunksystemen verwendet man *Datenpakete endlicher Länge*. Deshalb stellt sich die Frage, ob und wie man Faltungscodes auf Datenpakete endlicher, eventuell sogar sehr kurzer Länge effizient anwenden kann.

Die bei nichtrekursiven Faltungscodes einfachste Möglichkeit der Längenbegrenzung besteht darin, an die Informationssequenz $\mathbf{u} = [u_0, u_1, \ldots, u_{K-1}]$ der Länge K genau ν Nullen $[u_K, \ldots, u_{K+\nu-1}]$ anzuhängen, wobei ν die Gedächtnislänge ist. Die ν Nullen werden *Tailbits* genannt. Man spricht von einem *terminierten Faltungscode* („zero tailing“): Durch die ν Tailbits wird das Trellisdiagramm im Nullzustand terminiert, siehe Bild 9.6. Die Infowortlänge, K, ist beliebig. Die Terminierung führt nicht zu einer Veränderung des Distanzspektrums gegenüber einer fortlaufenden Codierung. Durch die Terminierung entsteht ein linearer Blockcode. Der Nachteil terminierter Faltungscodes besteht im Ratenverlust gegenüber einer fortlaufenden Codierung, da die Tailbits keine Information tragen. Die Coderate terminierter Faltungscodes beträgt

$$R_{zero\ tailing} = \frac{K}{(K+\nu)/R} = R\,\frac{K}{K+\nu} < R. \tag{9.16}$$

Der Ratenverlust ist bei langen Datenpaketen vernachlässigbar. Deshalb ist „zero tailing“ für lange Datenpakete geeignet.

Bei rekursiven Faltungscodes erreicht man eine Terminierung nicht durch „zero tailing“, sondern durch eine datenabhängige Terminierung. Beispielsweise können die $\nu = 2$ Tailbits des rekursiven, systematischen $R = 1/2$ Codes aus Beispiel 9.2.8 wie folgt berechnet werden:

$$\begin{aligned} u_K &= a_{K-2} \\ u_{K+1} &= a_{K-1}, \end{aligned} \tag{9.17}$$

vgl. Bild 9.14 bzw. Bild 9.16. Schaltungstechnisch erreicht man dies gemäß Bild 9.16 durch Schließen eines Schalters für ν Takte am Ende der Übertragung. Dadurch wird erreicht, dass

$a_k = 0$ für $k = K, \ldots, K + \nu - 1$, unabhängig von der Informationssequenz. Bezüglich Ratenverlust und Distanzspektrum gelten die gleichen Aussagen wie bei nichtrekursiven „tailbiting" Faltungscodes, die nachfolgend beschrieben werden.

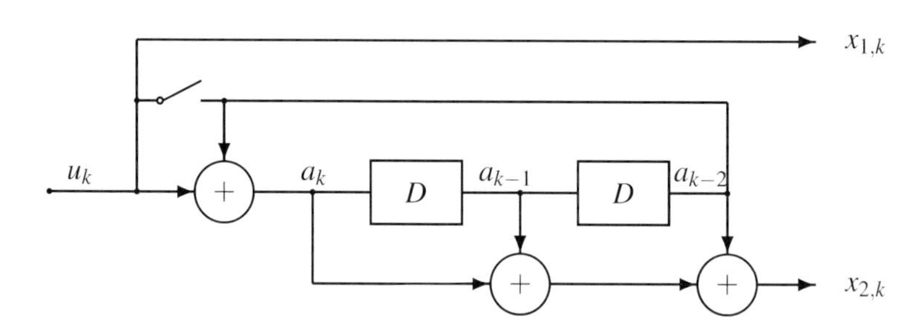

Bild 9.16: Rekursiver, systematischer $R = 1/2$ Faltungscodierer mit 4 Zuständen. Während der Codierung ist der Schalter für K Takte offen. Zwecks Terminierung wird der Schalter für ν Takte geschlossen

Sowohl bei terminierten nichtrekursiven als auch bei terminierten rekursiven Faltungscodes initialisiert man das Schieberegister vor der Codierung bevorzugt mit ν Nullen. Sämtliche Pfade starten und enden dann im Nullzustand. Diese Eigenschaft kann bei der Decodierung ausgenutzt werden.

Der bei „zero tailing" auftretende Ratenverlust kann durch ein Verfahren namens „*tail biting*" vermieden werden. Der Trick besteht darin, die 2^ν Anfangszustände mit den 2^ν Endzuständen zu verbinden. Die minimale Infowortlänge beträgt $K = 2\nu$. Am einfachsten versteht man „tail biting", wenn man ein Trellisdiagramm bestehend aus $K \geq 2\nu$ Trellissegmenten mit 2^ν Anfangszuständen und 2^ν Endzuständen auf ein Blatt Papier zeichnet. Anschließend faltet man das Blatt zu einem Zylinder, so dass Anfangs- und Endzustände zusammenfallen. Die Coderate bleibt gegenüber einer fortlaufenden Codierung unverändert:

$$R_{tail\ biting} = \frac{K}{N}. \tag{9.18}$$

Damit Anfangs- und Endzustände zusammenfallen, darf das Schieberegister nicht, wie üblich, mit Nullen initialisiert werden. Vielmehr müssen vor der Codierung die ν Schieberegister mit den letzten ν Infobits initialisiert werden, siehe Bild 9.17. Die letzten ν Infobits müssen somit vor der Codierung bekannt sein. Deshalb ist „tail biting" nicht für lange Datenpakete geeignet.

Es sind verschiedene Verfahren zur Decodierung von „tail biting" Codes denkbar. Einen ML-Decodierer erhält man, indem 2^ν parallele „bedingte" ML-Decodierer realisiert werden. In jedem „bedingten" ML-Decodierer wird ein anderer Anfangszustand (= Endzustand) angenommen, siehe Bild 9.18. Die „bedingten" ML-Decodierer können beispielsweise mit Hilfe des Viterbi-Algorithmus (siehe Abschnitt 9.3.1) implementiert werden. Aus den 2^ν „bedingten" ML-Entscheidungen wird der beste Pfad ausgewählt. Aus Aufwandsgründen ist für „tail biting" Codes eine ML-Decodierung nur für kurze Datenpakete geeignet.

Ein aufwandsgünstiges Decodierverfahren besteht darin, das gefaltete Trellisdiagramm mehrfach (z. B. zweifach) zyklisch zu durchlaufen, beispielsweise mit Hilfe eines einzelnen Viterbi-

1. Schritt: Infofolge der Länge K empfangen

z.B. $\mathbf{u} = [0\,1\,0\,0\,\underbrace{1\,1}_{\nu=2}]$

2. Schritt: Schieberegister mit den letzten ν Infobits initialisieren

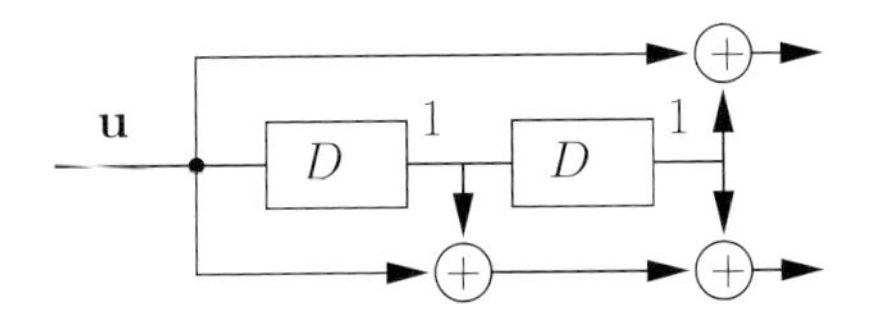

3. Schritt: K Infobits in Schieberegister schieben ($u_0 = 0$, $u_1 = 1$, $\ldots$, $u_4 = 1$, $u_5 = 1$)

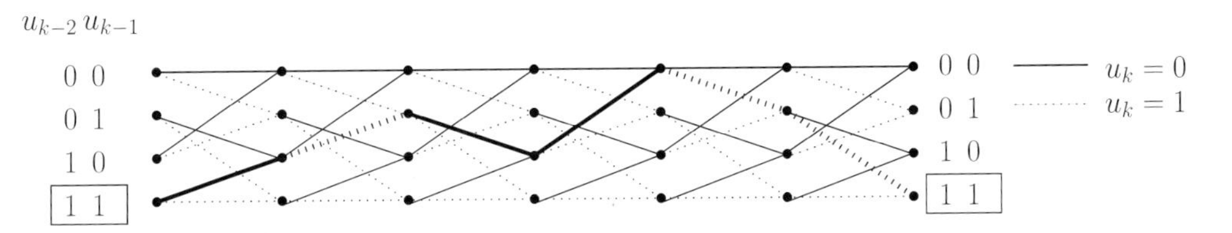

Bild 9.17: Zur Codierung von „tail biting" Codes ($K = 6$, $\nu = 2$)

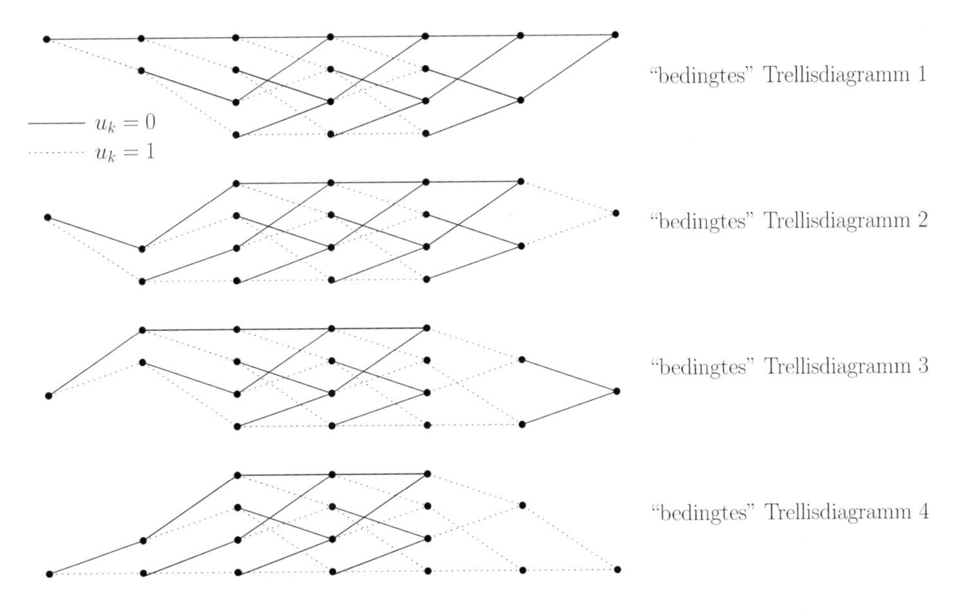

Bild 9.18: Zur ML-Decodierung von „tail biting" Codes ($K = 6$, $\nu = 2$)

Algorithmus, wobei alle Zustände mit dem gleichen Wert initialisiert werden. Dieses näherungsweise optimale Decodierverfahren beruht auf der Eigenschaft der *Selbstsynchronisation* (siehe Abschnitt 9.3.1).

9.2.9 Punktierte Faltungscodes und Wiederholungscodes

Bislang sind wir nur in der Lage, Faltungscodes der Form $R = 1/J$ (d. h. *niederratige Faltungscodes*) zu erzeugen, wobei alle Infobits die gleiche Empfindlichkeit gegen Übertragungsfehler aufweisen. In vielen Anwendungen benötigt man auch *hochratige Faltungscodes* sowie Faltungscodes, die einen *ungleichen Fehlerschutz* („unequal error protection") bieten. Ungleicher Fehlerschutz wird immer im Zusammenhang mit der Quellencodierung betrachtet und bedeutet, dass wichtige Bits (wie Header-Information) besser geschützt werden als weniger wichtige Bits.

Ein in der drahtlosen Übertragungstechnik populäres, flexibles und gleichzeitig bzgl. Codierung und Decodierung aufwandsgünstiges Verfahren zur Erzeugung hochratiger Faltungscodes mit der Möglichkeit eines ungleichen Fehlerschutzes bieten *punktierte Faltungscodes*. Die Informationssequenz wird typischerweise durch einen binären, zeitinvarianten, niederratigen Faltungscode der Form $R = 1/J$ codiert („Originalcode"oder „Muttercode" genannt). Es werden aber nicht (wie bislang angenommen) alle Codebits übertragen, sondern ausgewählte Codebits werden unterdrückt („punktiert"). Je mehr Codebits unterdrückt werden, umso hochratiger wird der Code und umso kleiner wird dessen freie Distanz. Durch die Punktierung wird der Code zeitvariant. Diese Eigenschaft ist bei der Berechnung des Distanzspektrums zu beachten, d. h. verschiedene Startpunkte für Fehlerpfade sind zu berücksichtigen. Die Punktierung kann periodisch oder aperiodisch erfolgen. Empfängerseitig kann der auf den Originalcode angepasste Decodierer verwendet werden, wobei die punktierten Bits als Auslöschungen („erasures") betrachtet werden.

Bild 9.19 zeigt das Trellisdiagramm eines periodisch punktierten Faltungscodes. Bei fortlaufender Codierung ergibt sich eine Coderate von $R' = 3/4$.

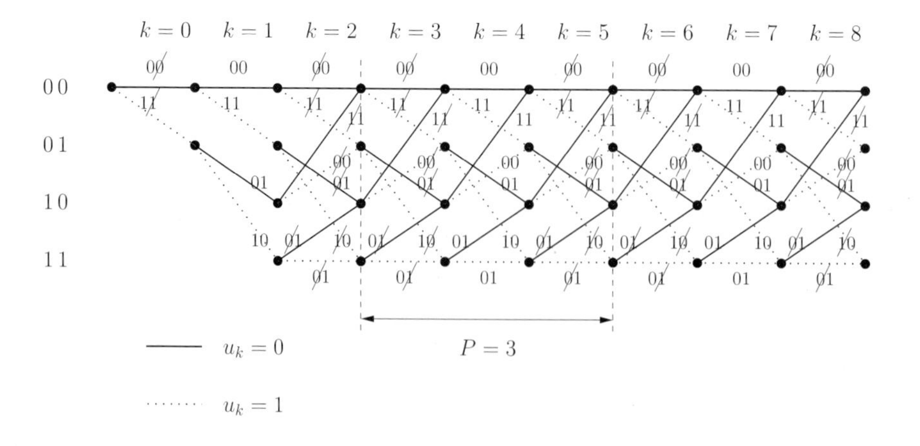

Bild 9.19: Periodisch punktiertes Trellisdiagramm des Beispielcodes mit Punktierungsperiode $P = 3$

Bei periodisch punktierten Faltungscodes kann die Punktierung durch eine $J \times P$-*Punktierungsmatrix* $\mathbf{P}$ repräsentiert werden, wobei P die *Punktierungsperiode* ist. Für den punktierten Beispielcode gemäß Bild 9.19 ($J = 2$, $P = 3$) lautet die Punktierungsmatrix

$$\mathbf{P} = \begin{bmatrix} 1 & 1 & 0 \\ 0 & 1 & 1 \end{bmatrix}. \tag{9.19}$$

Eine null bedeutet Punktierung, eine eins bedeutet einfache Übertragung. Die obere Zeile der Punktierungsmatrix repräsentiert die Codebits $x_{1,k}$, die untere Zeile $x_{2,k}$.

Das Konzept der Punktierungsmatrix kann sehr einfach auf Wiederholungen ausgewählter Codebits ausgeweitet werden. Beispielsweise ergibt sich für die Punktierungsmatrix

$$\mathbf{P} = \begin{bmatrix} 1 & 1 & 0 \\ 0 & 2 & 1 \end{bmatrix} \tag{9.20}$$

das in Bild 9.20 gezeigte Trellisdiagramm. Eine 2 (3, 4, ...) bedeutet eine zweifache (dreifache, vierfache, ...) Übertragung. Bei fortlaufender Codierung ergibt sich im gezeigten Beispiel eine Coderate von $R' = 3/5$.

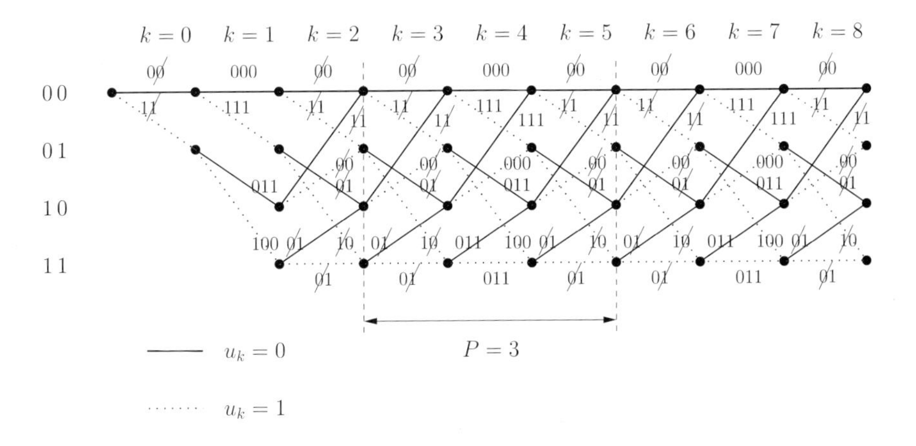

Bild 9.20: Periodisch punktiertes Trellisdiagramm des Beispielcodes mit Punktierungsperiode $P = 3$

Ein weiteres Beispiel ist der $R' = 1/3$ Faltungscode mit Gedächtnislänge $\nu = 2$ gemäß Tabelle 9.2. Er entsteht aus dem $R = 1/2$ Beispielcode durch die Punktierungsmatrix

$$\mathbf{P} = \begin{bmatrix} 1 \\ 2 \end{bmatrix} \tag{9.21}$$

der Periode $P = 1$. Allgemein beträgt die Coderate von Faltungscode mit periodischer Punktierung und/oder Wiederholung ausgewählter Codebits

$$R' = \frac{P}{P/R + N_w - N_p}, \tag{9.22}$$

wobei von den P/R Codebits pro Periode N_w wiederholt und N_p punktiert werden. In [J. Hagenauer, 1988] sind für selektierte Originalcodes und Coderaten R' die optimalen Punktierungsmatrizen zu finden.

Zusammenfassend bieten punktierte Faltungs- und Wiederholungscodes folgende Vorteile:

- Die Coderate kann flexibel angepasst und somit beispielsweise für ungleichen Fehlerschutz genutzt werden,
- der gleiche Originalcodierer kann für alle Coderaten genutzt werden,
- das Trellisdiagramm ist binär (während konventionelle hochratige Faltungscodes ein nichtbinäres Trellisdiagramm besitzen),
- der gleiche Decodierer kann für alle Coderaten genutzt werden und
- punktierte Faltungscodes und Wiederholungscodes bieten ähnliche Korrektureigenschaften wie optimierte Faltungscodes gleicher Rate. *Ratenkompatibel-punktierte Faltungscodes* [J. Hagenauer, 1988] bieten zusätzlich die Möglichkeit eines sanften Umschaltens verschiedener Coderaten innerhalb eines Datenpakets.

9.2.10 Katastrophale Faltungscodierer

Definition 9.2.6 (Katastrophale Faltungscodierer) *Faltungscodierer werden katastrophal genannt, wenn zwei Informationssequenzen mit unendlichem Hamming-Abstand existieren, deren zugehörige Codesequenzen einen endlichen Hamming-Abstand besitzen.*

Im modifizierten Zustandsdiagramm erkennt man katastrophale Codierer an *Schleifen ohne Distanzgewinn*, d. h. geschlossene Wege mit Gesamtgewicht w_c^0. Katastrophale Codierer sind für praktische Anwendungen ungeeignet.

Beispiel 9.2.9 Der $R = 1/2$ Faltungscode mit den Generatorpolynomen $[g_1(D), g_2(D)] = [1 + D, 1 + D^2]$, d. h. den Abgriffen $(6,5)|_8$, ist katastrophal. $\diamondsuit$

Beweis 9.2.2 Für die Informationssequenz $\mathbf{u}_0 = [0,0,\ldots,0]$ ergibt sich die Codesequenz $\mathbf{x}_0 = [0,0,0,0,0,\ldots,0]$ und für die Informationssequenz $\mathbf{u}_1 = [1,1,\ldots,1]$ ergibt sich die Codesequenz $\mathbf{x}_1 = [1,1,0,1,0,\ldots,0]$. Es existieren also zwei Informationssequenzen mit unendlichem Hamming-Abstand, deren zugehörige Codesequenzen sich an nur endlich vielen (hier 3) Stellen unterscheiden. $\square$

9.3 Decodierung von Faltungscodes

Verfahren zur Decodierung von Faltungscodes kann man grob in trellis-, baum-, und (Faktor-) graphenbasierte Verfahren klassifizieren. Im Folgenden werden der *Viterbi-Algorithmus*, der *List-Viterbi-Algorithmus*, der *Soft-Output Viterbi-Algorithmus* und der *Bahl-Cocke-Jelinek-Raviv-Algorithmus* als Vertreter von trellisbasierten Verfahren, sowie der *Stack-Algorithmus*, *Sphere-Decodierung* und der *Dijkstra-Algorithmus* als Vertreter von baumorientierten Verfahren (sequentiellen Verfahren) beschrieben. Eine Darstellung des *„Belief-Propagation-Algorithmus“* als

Vertreter von graphenbasierten Verfahren folgt in Abschnitt 11.3.2, da dieser Algorithmus iterativ arbeitet.

Alle genannten Verfahren bieten die Möglichkeit der „*soft-input*“-Decodierung (früher meist „soft-decision“ -Decodierung genannt). Diese Eigenschaft ist insbesondere in Übertragungskanälen wichtig, bei denen die Störung nicht in Form von (harten) Fehlern, sondern in Form von Rauschen, Interferenz oder Signalschwund auftritt. Die Eigenschaft der besseren Decodierbarkeit macht Faltungscodes speziell im Bereich der drahtlosen Kommunikation so populär. Soft-Output Viterbi-Algorithmus, Bahl-Cocke-Jelinek-Raviv-Algorithmus und „Belief-Propagation-Algorithmus“ bieten zusätzlich die Möglichkeit der symbolweisen „*soft-output*“-Decodierung, d. h. sie stellen für jedes Infosymbol Zuverlässigkeitsinformation am Ausgang bereit. Der List-Viterbi-Algorithmus gibt Zuverlässigkeitsinformation in Form einer geordneten Liste der zuverlässigsten Pfade aus.

Wir beschränken uns im Folgenden weiterhin auf binäre Faltungscodes. Trellisdiagramm und Codebaum weisen somit genau zwei Übergänge pro Knoten (Zustand) auf. Eine Verallgemeinerung ist möglich. Wenn nicht anders gesagt, wird eine endliche Zahl an Infobits, K, und Codebits, N, angenommen. Auch diesbezüglich ist eine Verallgemeinerung möglich.

9.3.1 Viterbi-Algorithmus

Der *optimale Decodierer im Sinne einer Maximum-Likelihood-Sequenzschätzung* (MLSE) sucht unter allen möglichen Pfaden des Trellisdiagramms die *wahrscheinlichste Informationssequenz* bzw. die *wahrscheinlichste Codesequenz*:

$$\hat{\mathbf{x}}_{MLSE} = \arg\max_{\tilde{\mathbf{x}}} p_{\mathbf{Y}|\tilde{\mathbf{X}}}(\mathbf{y}|\tilde{\mathbf{x}}). \tag{9.23}$$

Der Viterbi-Algorithmus führt typischerweise eine „soft-input“-Decodierung durch. Bei einer „hard-input“-Decodierung ist $p_{\mathbf{Y}|\mathbf{X}}(\mathbf{y}|\mathbf{x})$ durch $P_{\mathbf{Y}|\mathbf{X}}(\mathbf{y}|\mathbf{x})$ zu ersetzen. Gleichung (9.23) impliziert, dass der Viterbi-Algorithmus (VA) die Sequenzfehlerwahrscheinlichkeit (bei Faltungscodes) bzw. die Wortfehlerwahrscheinlichkeit (bei Blockcodes) minimiert. Da die Logarithmusfunktion streng monoton steigend ist, kann man auch schreiben

$$\hat{\mathbf{x}}_{MLSE} = \arg\max_{\tilde{\mathbf{x}}} \log p_{\mathbf{Y}|\tilde{\mathbf{X}}}(\mathbf{y}|\tilde{\mathbf{x}}). \tag{9.24}$$

Für gedächtnisfreie Kanalmodelle gilt definitionsgemäß

$$p_{\mathbf{Y}|\mathbf{X}}(\mathbf{y}|\mathbf{x}) = \prod_{n=0}^{N-1} p_{Y|X}(y_n|x_n) \tag{9.25}$$

und somit

$$\log p_{\mathbf{Y}|\mathbf{X}}(\mathbf{y}|\mathbf{x}) = \sum_{n=0}^{N-1} \log p_{Y|X}(y_n|x_n). \tag{9.26}$$

Setzt man diese Nebenrechnung in (9.24) ein, so folgt

$$\begin{aligned}
\hat{\mathbf{x}}_{MLSE} &= \arg\max_{\tilde{\mathbf{x}}} \sum_{n=0}^{N-1} \log p_{Y|\tilde{X}}(y_n|\tilde{x}_n) \\
&= \arg\min_{\tilde{\mathbf{x}}} \sum_{n=0}^{N-1} \underbrace{\Big(-\log p_{Y|\tilde{X}}(y_n|\tilde{x}_n)\Big)}_{:=\lambda_n} = \arg\min_{\tilde{\mathbf{x}}} \sum_{n=0}^{N-1} \lambda_n \\
&= \arg\min_{\tilde{\mathbf{x}}} \sum_{k=0}^{K-1} \underbrace{\left(-\sum_{j=1}^{J} \log p_{Y|\tilde{X}}(y_{j,k}|\tilde{x}_{j,k})\right)}_{:=\lambda_k} = \arg\min_{\tilde{\mathbf{x}}} \sum_{k=0}^{K-1} \lambda_k. \qquad (9.27)
\end{aligned}$$

Man beachte, dass $\lambda_k \geq 0\ \forall k$ eine Metrik ist. Aus praktischen Gesichtspunkten sei erwähnt, dass man die Metrik mit beliebigen Konstanten $a \in \mathbb{R}$, $b \in \mathbb{R}^+$ gemäß

$$\hat{\mathbf{x}}_{MLSE} = \arg\min_{\tilde{\mathbf{x}}} \left(a + b \sum_{k=0}^{K-1} \lambda_k \right) \qquad (9.28)$$

skalieren kann, weil Konstanten irrelevant bezüglich der Minimierung sind.

Gleichung (9.27) kann man beispielsweise dadurch lösen, dass man alle möglichen Hypothesen testet. Diese vollständige Suche ist aber speziell bei langen Codesequenzen äußerst ineffizient, da sich mit jedem weiteren Trellissegment die Anzahl der Hypothesen verdoppelt.

Der Viterbi-Algorithmus [A. J. Viterbi, 1967] ist ein effizientes Lösungsverfahren zur Durchführung einer Maximum-Likelihood-Sequenzschätzung für gedächtnisfreie Kanalmodelle. Der numerische Aufwand wächst nur linear mit der Anzahl der Trellissegmente, d. h. der Aufwand pro Infobit ist unabhängig von der Codewortlänge. Der Viterbi-Algorithmus berechnet den wahrscheinlichsten Pfad in einem Trellisdiagramm. Dieses Problem entspricht folgender Optimierungsaufgabe:

> Wie kommt man in einem Trellisdiagramm (also einem bewerteten und gerichteten Graphen) am günstigsten von „A“ nach „Z“ (vgl. Bild 9.6)?

Dabei werden den Übergängen des Trellisdiagramms *Zweigmetriken* (Zweigkosten) λ_k zugeordnet. Der Laufindex k bezeichnet das k-te Trellissegment, $k \in \{0, 1, \ldots, K-1\}$. Die Summe der Zweigkosten entspricht gemäß (9.27) den *Pfadmetriken* (Pfadkosten) Λ_k:

$$\Lambda_k := \sum_{\kappa=0}^{k} \lambda_\kappa, \qquad k \in \{0, 1, \ldots, K-1\}. \qquad (9.29)$$

Der vollständige Pfad mit den kleinsten Pfadkosten wird letztlich selektiert:

$$\hat{\mathbf{x}}_{MLSE} = \arg\min_{\tilde{\mathbf{x}}} \Lambda_{K-1}(\tilde{\mathbf{x}}). \qquad (9.30)$$

Der Viterbi-Algorithmus besteht aus folgenden prinzipiellen Schritten:

1. *Initialisierung*:
   a) Berechne für die gegebene Empfangssequenz die Zweigmetriken λ_k sämtlicher Übergänge im Trellisdiagramm.

   b) Initialisiere die 2^ν Pfadmetriken Λ_{-1}, wobei $\Lambda_{-1} = 0$ für den Nullzustand und $\Lambda_{-1} = \infty$ für alle anderen $2^\nu - 1$ Zustände gesetzt wird.

2. *Add-compare-select-Operation* (ρ' und ρ'' kennzeichnen konkurrierende Pfade):

   - addiere Zweigmetriken: $\Lambda_k^{(\rho')} = \Lambda_{k-1}^{(\rho')} + \lambda_k^{(\rho')}$ und $\Lambda_k^{(\rho'')} = \Lambda_{k-1}^{(\rho'')} + \lambda_k^{(\rho'')}$
   - vergleiche die Pfadmetriken: $\Lambda_k^{(\rho')} \gtreqless \Lambda_k^{(\rho'')}$?
   - selektiere den besseren Pfad: $\min\{\Lambda_k^{(\rho')}, \Lambda_k^{(\rho'')}\}$ bleibt übrig

   Die Addition der Zweigmetriken entspricht der Summation in (9.29). Hintergrund der Addition ist die Annahme der Gedächtnisfreiheit des Kanalmodells. Ist das zugrundeliegende Kanalmodell nicht gedächtnisfrei, so ist der Viterbi-Algorithmus nicht optimal im Sinne der Maximum-Likelihood-Sequenzschätzung.

   Der Vergleich der Pfadmetriken und die Selektion entspricht der min-Operation in (9.30). Es wird pro Zustand immer nur der Pfad mit den geringsten Kosten weiterverfolgt. Dieser Pfad wird *überlebender Pfad* („survivor") genannt. Der jeweils konkurrierende Pfad (im binären Trellisdiagramm) wird weggestrichen. Man kann dies deshalb tun, weil der konkurrierende Pfad auch in Zukunft niemals eine kleinere Metrik erreichen kann.

   Sind beim Pfadvergleich die Metriken beider Alternativen identisch, so entscheidet man sich gemäß dem Zufallsprinzip für eine der beiden Alternativen.

3. *Rückwärtssuche*: Wenn das bei terminierten Faltungscodes das Blockende erreicht ist, bleibt nur der Maximum-Likelihood-Pfad (ML-Pfad) übrig, weil für jeden Zustand nur ein überlebender Pfad weiterverfolgt wurde. Diesen Pfad verfolgt man rückwärts, um die geschätzten Infobits $\hat{u}_k\ \forall k$ abzulesen.

Bei langen Informationssequenzen ist die dargestellte Vorgehensweise wegen des Speicherbedarfs und aufgrund der Latenzzeit nicht praktikabel, eine fortlaufende Decodierung ist gar unmöglich. Man kann die Rückwärtssuche ohne Qualitätsverlust jedoch dahingehend abändern, dass eine endgültige Entscheidung für jene Infobits getroffen wird, bei denen die 2^ν überlebenden Pfade zusammengelaufen sind. Da dieses Verfahren eine variable Latenzzeit verursacht, sieht man in der Praxis eine feste Entscheidungsverzögerung vor: Man gibt das Infobit entlang des ML-Pfades aus, welches eine vorgegebene Entscheidungsverzögerung aufweist. Man kann zeigen, dass bei einer Entscheidungsverzögerung von etwa $5(\nu+1)$ sämtliche überlebenden Pfade mit großer Wahrscheinlichkeit zusammengelaufen sind. Somit ist eine fortlaufende Decodierung mit konstanter Komplexität möglich. Entsprechend kann man auch die Zweigmetriken fortlaufend berechnen, und nicht notwendigerweise einmal für das gesamte Trellisdiagramm, wie Schritt 1. impliziert.

Der Viterbi-Algorithmus unterstützt sowohl die Möglichkeit der „hard-input"-Decodierung als auch der „soft-input"-Decodierung. Für beide Fälle wollen wir jeweils ein Beispiel durchrechnen. In beiden Beispielen sei das in Bild 9.21 gezeigte terminierte Trellisdiagramm zugrunde gelegt. Die Informationssequenz sei $\mathbf{u} = [1,0,1,1,0,0]$, dies entspricht der Codesequenz $\mathbf{x} = [11,01,00,10,10,11]$.

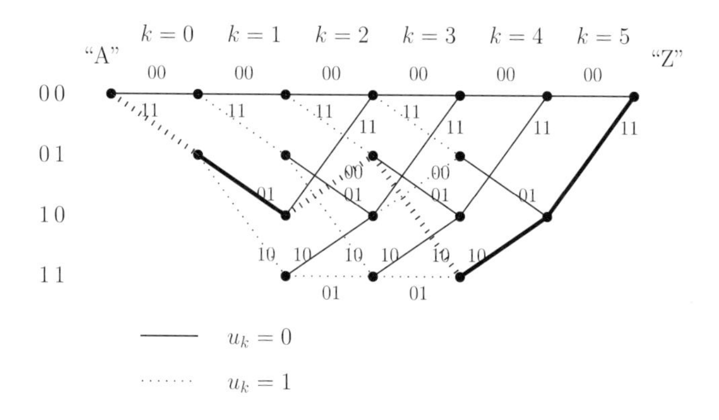

Bild 9.21: Terminiertes Trellisdiagramm des Beispielcodes

Beispiel 9.3.1 („Hard-input"-Decodierung mit Hilfe des Viterbi-Algorithmus) Bei dieser Form der Decodierung wird im Trellisdiagramm der Pfad mit der geringsten Hamming-Distanz zur Empfangssequenz berechnet. In diesem Fall lautet die Zweigmetrik

$$\lambda_k = \sum_{j=1}^{J} d_H(\tilde{x}_{j,k}, y_{j,k}). \tag{9.31}$$

Gegeben sei die Empfangssequenz $\mathbf{y} = [1\underline{0}, 01, \underline{1}0, 10, 10, 1\underline{0}]$. An den drei markierten Stellen ist die Empfangssequenz durch Störungen fehlerbehaftet. Der Viterbi-Algorithmus (VA) führt folgende Schritte durch:

1. *Initialisierung*: Es werden für sämtliche Übergänge des gesamten Trellisdiagramms die Zweigmetriken λ_k berechnet. Das Ergebnis ist in Bild 9.22 dargestellt. Die Pfadkosten des Nullzustandes werden ohne Beschränkung der Allgemeinheit mit null initialisiert, die der anderen Zustände mit ∞ (oder sie werden einfach weggelassen).

2. *Add-compare-select-Operation*: Es werden Zweigmetriken addiert, verglichen, und pro Zielzustand im aktuellen Trellissegment wird der beste Pfad selektiert. Das Ergebnis ist in Bild 9.23 dargestellt. Pro Zustand überlebt genau ein Pfad. Die Pfadkosten der überlebenden Pfade sind fett über dem zugehörigen Zustand eingetragen. Die konkurrierenden Pfade werden weggestrichen, markiert durch ein Kreuz.

3. *Rückwärtssuche*: Wenn das Blockende erreicht ist, bleibt nur der ML-Pfad übrig. Diesen Pfad verfolgt man rückwärts („*back-search*" oder „*trace-back*"), um die geschätzten Infobits $\hat{u}_k$ abzulesen. Dieser Schritt wird in Bild 9.24 gezeigt. Der ML-Pfad ist zeichnerisch

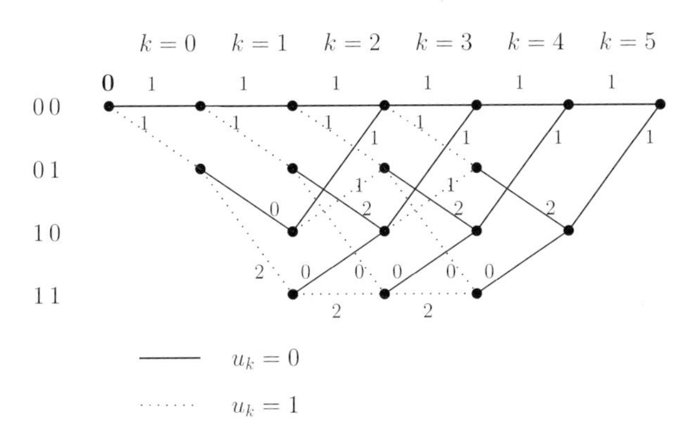

Bild 9.22: Der VA berechnet im ersten Schritt die Zweigmetriken und initialisiert die Pfadmetriken

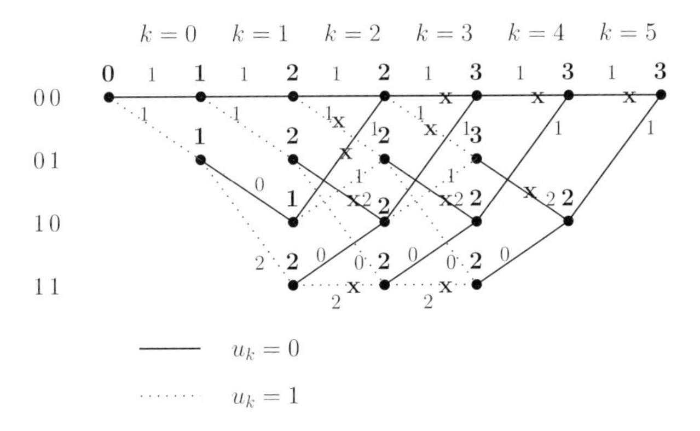

Bild 9.23: Im zweiten Schritt wird die „add-compare-select"-Operation durchgeführt

hervorgehoben. Die decodierte Informationssequenz lautet $\hat{\mathbf{u}} = [1,0,1,1,0,0]$ und stimmt mit der gesendeten Informationssequenz überein. Der Viterbi-Algorithmus konnte die drei Übertragungsfehler somit korrigieren. ◊

Bei der Faltungsdecodierung ist es wichtig, dass die Übertragungsfehler möglichst weit voneinander entfernt sind. Wie das Beispiel zeigt, können Einzelfehler oft korrigiert werden, im schlimmsten Fall kommt es zu kurzen Fehlerpfaden. Bündelfehler hingegen führen oft zu langen Fehlerpfaden. Zwischen den Bündel- oder Einzelfehlern wird korrekt decodiert, der Viterbi-Algorithmus „fängt" sich also immer wieder in dem Sinne, dass alle 2^{ν} überlebende Pfade nach einigen Trellissegmenten zusammenlaufen. Diesen Effekt bezeichnet man als *Selbstsynchronisation*.

Beispiel 9.3.2 („Soft-input" -Decodierung mit Hilfe des Viterbi-Algorithmus) Während bei der „hard-input"-Decodierung die Hamming-Metrik immer optimal ist, hängt die Metrik bei

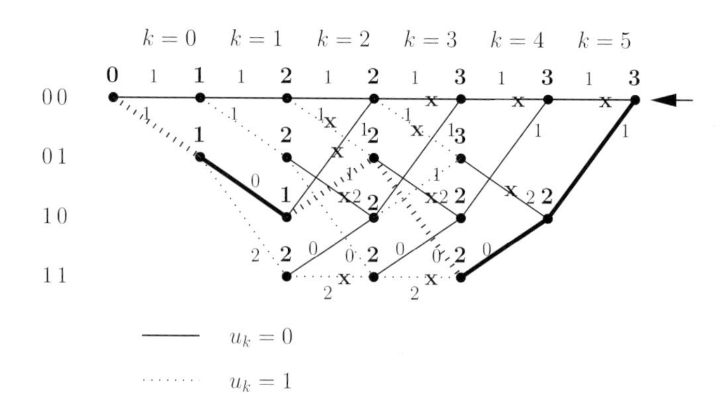

Bild 9.24: Im dritten Schritt wird die Rückwärtssuche vollzogen. Der ML-Pfad ist hervorgehoben

der „soft-input"-Decodierung vom Kanalmodell ab. Für das AWGN-Kanalmodell beispielsweise gilt:

Satz 9.3.1 *Für das AWGN-Kanalmodell $y_n = x_n + n_n$ ist die quadratische Euklid'sche Zweigmetrik*

$$\lambda_k = \sum_{j=1}^{J} (y_{j,k} - \tilde{x}_{j,k})^2 \tag{9.32}$$

optimal, wobei $x_{j,k}, y_{j,k} \in \mathbb{R}$. Eine alternative Zweigmetrik lautet

$$\lambda_k = -\sum_{j=1}^{J} \tilde{x}_{j,k} \cdot y_{j,k}. \tag{9.33}$$

Beweis 9.3.1 Beim reellwertigen AWGN-Kanalmodell gilt

$$p_{Y|X}(y_n|x_n) = \frac{1}{\sqrt{2\pi\sigma_n^2}} e^{-\frac{(y_n - x_n)^2}{2\sigma_n^2}}, \quad \sigma_n^2 := E\{n_n^2\} = \frac{1}{2E_s/N_0}, \quad n \in \{0, 1, \ldots, N-1\}. \tag{9.34}$$

Somit

$$p_{\mathbf{Y}|\mathbf{X}}(\mathbf{y}|\mathbf{x}) = \frac{1}{(2\pi\sigma_n^2)^{N/2}} \prod_{n=0}^{N-1} e^{-\frac{(y_n - x_n)^2}{2\sigma_n^2}}. \tag{9.35}$$

Hieraus folgt

$$\begin{aligned} -\log_e p_{\mathbf{Y}|\mathbf{X}}(\mathbf{y}|\mathbf{x}) &= \frac{N}{2}\log_e(2\pi\sigma_n^2) + \sum_{n=0}^{N-1} \frac{(y_n - x_n)^2}{2\sigma_n^2} \\ &= a + b\sum_{n=0}^{N-1} (y_n - x_n)^2, \end{aligned} \tag{9.36}$$

wobei a und $b > 0$ Konstanten sind. Durch einen Vergleich mit (9.28) folgt, dass

$$\lambda_k = \sum_{j=1}^{J} \left(y_{j,k} - \tilde{x}_{j,k}\right)^2 \tag{9.37}$$

die gesuchte Zweigmetrik ist. Die alternative Zweigmetrik ergibt sich durch Ausquadrieren und Vernachlässigung der irrelevanten Terme. □

Entsprechend gilt für multiplikative Schwundkanäle der Form $y_n = h_n x_n + n_n$ der folgende Satz:

Satz 9.3.2 *Für multiplikative Schwundkanäle ist die quadratische Euklid'sche Zweigmetrik*

$$\lambda_k = \sum_{j=1}^{J} |y_{j,k} - h_k x_{j,k}|^2 \tag{9.38}$$

optimal, wobei $h_k, x_{j,k}, y_{j,k} \in \mathbb{C}$. *Eine alternative Zweigmetrik lautet*

$$\lambda_k = -\sum_{j=1}^{J} Re\{h_k \cdot \tilde{x}_{j,k} \cdot y_{j,k}^*\}. \tag{9.39}$$

Beispiele für multiplikative Schwundkanäle sind das Rayleigh-Kanalmodell und das Rice-Kanalmodell, siehe Teil III. Den Term h_k nennt man *Kanalkoeffizient*, $|h_k|$ bezeichnet man oft als *Kanalzustandsinformation*. Ein betragsmäßig kleiner Kanalkoeffizient bewirkt Signalschwund. Je kleiner $|h_k|$, umso geringer wird die Zweigmetrik gewichtet. Da die Kanalkoeffizienten in Schwundkanälen typischerweise korreliert sind, sollte man bei Schwundkanälen eine Faltungscodierung nur in Verbindung mit Interleaving betreiben, um Bündelfehler möglichst zu vermeiden.

Beweis 9.3.2 Bei komplexwertigen multiplikativen Schwundkanälen gilt

$$p_{Y|X}(y_n|x_n) = \frac{1}{\pi\sigma_n^2} e^{-\frac{|y_n - h_n x_n|^2}{\sigma_n^2}}, \quad E\{|h_n|^2\} = 1, \quad \sigma_n^2 := E\{|n_n|^2\} = 2 \cdot \frac{1}{2E_s/N_0} = \frac{1}{E_s/N_0}. \tag{9.40}$$

Durch beidseitiges Logarithmieren erhält man erneut die Form (9.28). Die alternative Zweigmetrik ergibt sich durch Ausquadrieren und Vernachlässigung der irrelevanten Terme. □

Zur „soft-input“ ML-Decodierung mit Hilfe des Viterbi-Algorithmus betrachten wir erneut das Trellisdiagramm gemäß Bild 9.21. Die Codesequenz lautet weiterhin (inkl. Mapping $0 \to +1$, $1 \to -1$)

$$\mathbf{x} = [-1 - 1, +1 - 1, +1 + 1, -1 + 1, -1 + 1, -1 - 1].$$

Die Empfangssequenz sei durch additives weißes Rauschen gestört und lautet

$$\mathbf{y} = [-1.5\ \underline{+0.5}, +0.5\ -1.0, \underline{-1.0}\ +0.5, -2.0\ +1.0, -1.0\ +1.5, -1.0\ \underline{+0.5}].$$

An den drei markierten Stellen sind die Rauschwerte so groß, dass das Vorzeichen invertiert ist. Würde man eine „hard-input“ -Decodierung durchführen, so würde man exakt die gleiche Empfangssequenz wie in Beispiel 9.3.1 erhalten.

Der Viterbi-Algorithmus führt erneut *Initialisierung*, *„add-compare-select"-Operation* und *Rückwärtssuche* durch. Als Metrik wird die quadratische Euklid'sche Metrik verwendet. Die einzelnen Schritte sind in den Bildern 9.25, 9.26 und 9.27 dargestellt. Der Viterbi-Algorithmus ist wiederum in der Lage, die drei Fehler zu korrigieren. ◊

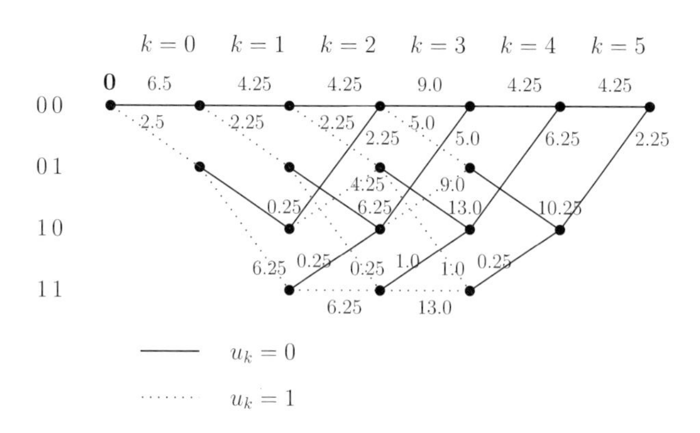

Bild 9.25: Der VA berechnet im ersten Schritt die Zweigmetriken und initialisiert die Pfadmetriken

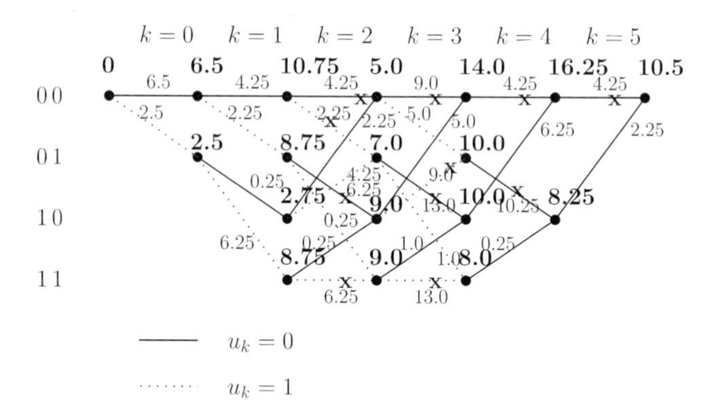

Bild 9.26: Im zweiten Schritt wird die „add-compare-select"-Operation durchgeführt

Der Viterbi-Algorithmus ist auch auf einfache Blockcodes anwendbar, vgl. Abschnitt 9.4.2. Des Weiteren wird der Viterbi-Algorithmus häufig zur Entzerrung, Demodulation und Detektion eingesetzt, aber auch in nichttechnischen Anwendungen wie zum Beispiel zur Minimierung von Fahrzeit oder Fahrtkosten. Es sind einige Modifikationen des Viterbi-Algorithmus bekannt, bei denen nicht alle Übergänge des Trellisdiagramms zwecks Verringerung der Komplexität berücksichtigt werden. Bekannte Vertreter sind der *M-Algorithmus* und der *T-Algorithmus*. Beim M-Algorithmus [J. B. Anderson & S. Mohan, 1984] wird nur für die M wahrscheinlichsten Zustände ($M < 2^{\nu}$) jeweils ein überlebender Pfad berücksichtigt, wobei M vorgegeben wird. Die Komple-

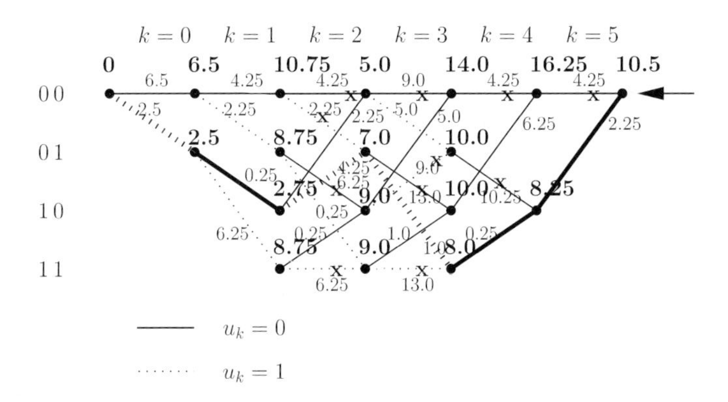

Bild 9.27: Im dritten Schritt wird die Rückwärtssuche vollzogen. Der ML-Pfad ist hervorgehoben

xität ist somit konstant und proportional zu M anstatt zu 2^{ν}. Beim T-Algorithmus werden nur Pfade berücksichtigt, deren Pfadmetrik unterhalb einer vorgegebenen Schwelle („threshold") T liegt. Die Komplexität ist dynamisch und hängt von den instantanen Kanaleigenschaften ab. M-Algorithmus und T-Algorithmus sind im Sinne des Maximum-Likelihood-Kriteriums nicht optimal, da es aufgrund der Pfadverwerfung keine Garantie gibt, dass insbesondere nicht auch der ML-Pfad verworfen wird. Insbesondere bei hohem Signal/Rauschleistungsverhältnis kann mit M-Algorithmus und T-Algorithmus allerdings eine Leistungsfähigkeit nahe der ML-Performanz erreicht werden.

Beim Maximum-Likelihood-Kriterium wird definitionsgemäß keine a priori Information verwendet. Dies schließt allerdings nicht aus, dass der Viterbi-Algorithmus derart modifiziert werden kann, dass a priori Information berücksichtigt wird. Gleiches gilt für die erwähnten Modifikationen und den nachfolgend beschriebenen List-Viterbi-Algorithmus. Zur Berücksichtigung von a priori Information ersetzt man die Zweigmetrik $\lambda_k = -\sum_{j=1}^{J} \log p_{Y|\tilde{X}}(y_{j,k}|\tilde{x}_{j,k})$ (vgl. (9.27)) durch die Zweigmetrik

$$\lambda_k = -\sum_{j=1}^{J} \log p_{\tilde{X}|Y}(\tilde{x}_{j,k}|y_{j,k}) = -\sum_{j=1}^{J} \log \frac{P_{\tilde{X}}(\tilde{x}_{j,k}) \cdot p_{Y|\tilde{X}}(y_{j,k}|\tilde{x}_{j,k})}{p_Y(y_{j,k})}. \tag{9.41}$$

Der erste Zählerterm bildet die a priori Information, der zweite Zählerterm ist Bestandteil der ursprünglichen Zweigmetrik. Der Nennerterm ist hinsichtlich der Maximierung irrelevant. Gleichung (9.41) kann dahingehend interpretiert wird, dass die ursprüngliche Zweigmetrik (9.27) mit $-\sum_{j=1}^{J} \log P_{\tilde{X}}(\tilde{x}_{j,k})$ gewichtet wird. Im Falle nichtiterativer Decodierverfahren ist dieser Term nur für unterschiedliche a priori Werte interessant. Bei iterativen Verfahren wird die a priori Information durch extrinsische Information aufgefrischt.

9.3.2 List-Viterbi-Algorithmus und Soft-Output Viterbi-Algorithmus

Da der Viterbi-Algorithmus, wie beschrieben, nur die wahrscheinlichste Informationssequenz berechnet, stellt er keine Zuverlässigkeitsinformation am Ausgang zur Verfügung. Es existieren mehrere Varianten zur Berechnung von Zuverlässigkeitsinformation. Hierzu zählt der *List-Viterbi-Algorithmus (LVA)*, der eine geordnete Liste der L wahrscheinlichsten Informationssequenzen bzw. Codesequenzen berechnet [N. Seshadri & C.-E. W. Sundberg, 1989]. Der Trick besteht darin, dass pro Zustand nicht nur ein überlebender Pfad, sondern L überlebende Pfade berücksichtigt werden. Im Spezialfall $L = 1$ stimmt der LVA mit dem VA überein. Wir wollen den LVA an folgendem illustrativen Beispiel erläutern:

Beispiel 9.3.3 (List-Viterbi-Algorithmus) Gegeben sei ein $(3,2,2)_2$-„Single Parity Check"-Code, den wir durch ein Trellisdiagramm darstellen können. Mit Hilfe des LVA wollen wir eine „soft-input" -Decodierung durchführen. Von den $q^k = 4$ möglichen Codewörtern soll eine geordnete Liste der $L = 3$ besten Codewörter erstellt werden.

Bild 9.28 zeigt das terminierte Trellisdiagramm des $(3,2,2)_2$-SPC-Codes. Während bei Faltungscodes jedem Infosymbol einem Trellissegment entspricht, wird bei Blockcodes jedem Codesymbol ein Trellissegment zugeordnet, siehe Abschnitt 9.4.2. Wir betrachten eine bipolare Übertragung, gekennzeichnet durch das Mapping $0 \longrightarrow +1$ und $1 \longrightarrow -1$ vom Codebit auf des entsprechende Codesymbol. Man erkennt in Bild 9.28, dass jedes der vier möglichen Codewörter eine gerade Parität aufweist: Die Prüfgleichung $x_1 \oplus x_2 \oplus x_3 = 0$ wird durch das Mapping in $x_1 \cdot x_2 \cdot x_3 = +1$ transformiert. Das gesendete Codewort sei $\mathbf{x} = [-1, +1, -1]$, es ist zeichnerisch hervorgehoben.

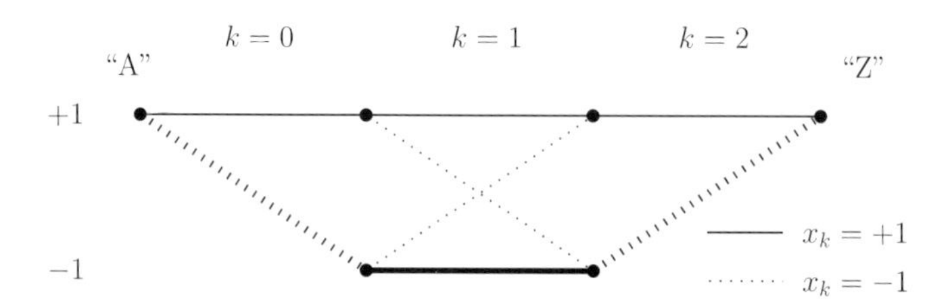

Bild 9.28: Trellisdiagramm des $(3,2,2)_2$-SPC-Codes. Das gesendete Codewort ist zeichnerisch hervorgehoben

Der LVA besteht aus folgenden prinzipiellen Schritten:

1. Für die gegebene Empfangssequenz bzw. das gegebene Empfangswort, hier $\mathbf{y} = [+0.5, +1.5, -2.0]$, berechnet der LVA im ersten Schritt die Zweigmetriken für sämtliche Übergänge im Trellisdiagramm. Diesbezüglich unterscheidet sich der LVA nicht vom VA, insbesondere sind die gleichen Optimierungskriterien zu verwenden. Im Folgenden verwenden wir die quadratische Euklid'sche Distanz. Die Initialisierung der Pfadmetriken unterscheidet sich vom VA dadurch, dass nun $L \cdot 2^\nu$ Pfadmetriken zu initialisieren sind, denn der LVA berücksichtigt L überlebende Pfade für jeden der 2^ν Zustände. Für eine Implementierung ist es vorteilhaft, wenn der Nullzustand mit $\Gamma_{-1}(l) = 0 + (l-1)\beta$ und alle anderen Zustände mit $\Gamma_{-1}(l) = \infty + (l-1)\beta$ initialisiert werden, wobei $l \in \{1, 2, \ldots, L\}$ der Survivorindex ist ($l = 1$ entspricht dem ML-Pfad), $\beta > 0$ einen frei wählbaren Ausgleichsterm darstellt und ∞ eine große Zahl ist. Die Wahl von β ist unkritisch, wir wählen im Folgenden $\beta = 100$. Das Ergebnis nach erfolgter Initialisierung ist in Bild 9.29 dargestellt.

Von den $L = 3$ gezeichneten Übergängen ist der oberste jeweils der wahrscheinlichste, der unterste der unwahrscheinlichste.

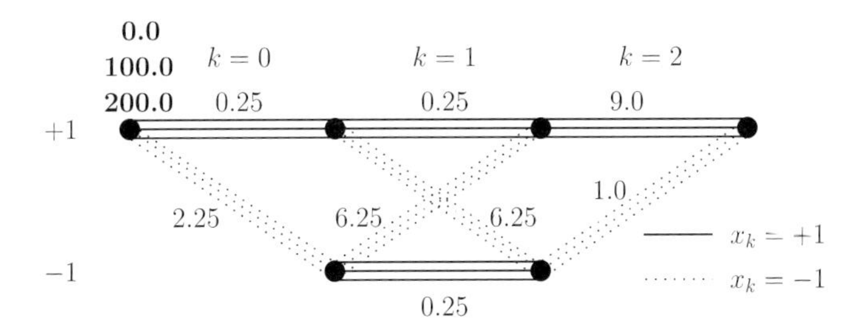

Bild 9.29: Der LVA berechnet im ersten Schritt die Zweigmetriken und initialisiert die Pfadmetriken

2. *„Add-compare-select"-Operation*: Die „add-compare-select"-Operation ist wie beim VA durchzuführen, allerdings getrennt für jeden überlebenden Pfad. Bild 9.30 zeigt das Ergebnis.

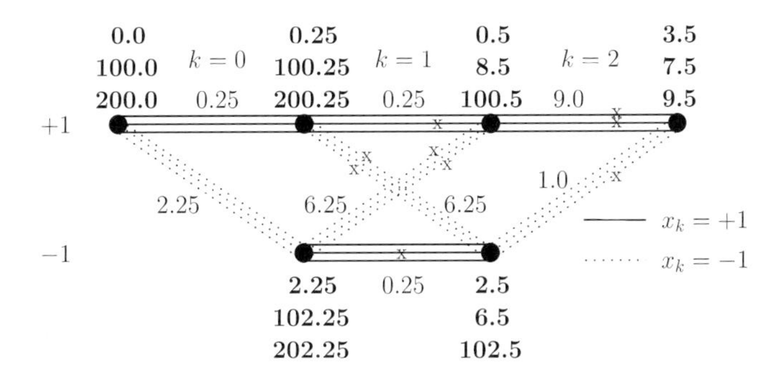

Bild 9.30: Im zweiten Schritt wird die „add-compare-select"-Operation durchgeführt

3. *Rückwärtssuche*: Die Rückwärtssuche ist wie beim VA durchzuführen, allerdings getrennt für jeden überlebenden Pfad. Bild 9.31 zeigt das Ergebnis. Der ML-Pfad lautet $\hat{\mathbf{x}} = [-1, +1, -1]$, der zweitbeste Pfad ist $\hat{\mathbf{x}} = [+1, -1, -1]$ und der drittbeste Pfad $\hat{\mathbf{x}} = [+1, +1, +1]$. ◊

Die Zuverlässigkeitsinformation besteht in der Bereitstellung der L wahrscheinlichsten Informationssequenzen (ohne weitere Gewichtung) an die nächste Verarbeitungsstufe.

Eine andere Alternative ist der *Soft-Output Viterbi-Algorithmus (SOVA)* [J. Hagenauer & P. Höher, 1989], [J. Huber, 1990]. Der SOVA berechnet pro Infobit einen Zuverlässigkeitswert. Er stellt eine Vereinfachung des Bahl-Cocke-Jelinek-Raviv-Algorithmus dar.

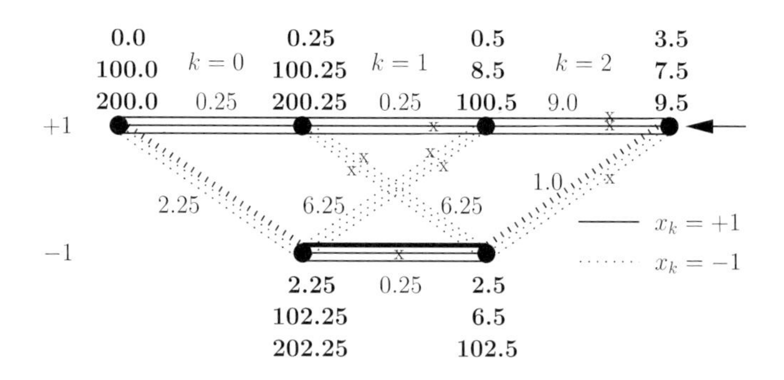

Bild 9.31: Im dritten Schritt wird die Rückwärtssuche für $L = 3$ überlebende Pfade vollzogen. Der ML-Pfad ist hervorgehoben

9.3.3 Bahl-Cocke-Jelinek-Raviv-Algorithmus

Der *optimale Decodierer im Sinne einer Maximum-A-Posteriori Symbolschätzung* („symbol-by-symbol MAP Decodierer") berechnet bei gegebener Empfangssequenz $\mathbf{y}$ die a posteriori Wahrscheinlichkeiten $P(\tilde{u}_k|\mathbf{y})$ für alle Laufindizes $k \in \{0, 1, \ldots, K-1\}$, wobei $\tilde{u}_k$ die möglichen Hypothesen des k-ten Infosymbols bezeichnen. Der k-te Maximum-A-Posteriori Schätzwert lautet

$$\hat{u}_k = \arg\max_{\tilde{u}_k} P(\tilde{u}_k|\mathbf{y}). \tag{9.42}$$

Der BCJR-Algorithmus [L. R. Bahl et al., 1974] stellt ein effizientes Lösungsverfahren zur Durchführung einer Maximum A Posteriori Symbolschätzung für gedächtnisfreie Kanalmodelle dar. Der numerische Aufwand wächst nur linear mit der Anzahl der Trellissegmente, d. h. der Aufwand pro Infosymbol ist unabhängig von der Codewortlänge. Gleichung (9.42) impliziert, dass der BCJR-Algorithmus die Symbolfehlerwahrscheinlichkeit minimiert. Asymptotisch führen BCJR-Algorithmus und Viterbi-Algorithmus zur gleichen Symbolfehlerwahrscheinlichkeit. Bei niedrigem Signal/Rauschleistungsverhältnis ist der BCJR-Algorithmus geringfügig überlegen.

Die Zustände werden im Folgenden mit $\mu_k \in \{0, 1, \ldots, 2^\nu - 1\}$ bezeichnet, $k \in \{0, 1, \ldots, K\}$. Dies impliziert, dass der Laufindex k den Zuständen und nicht wie bisher den Übergängen zugeordnet ist. Erneut wird der binäre Fall betrachtet. Die Anzahl der Infobits, K, und die Anzahl der Zustände, 2^ν, sei endlich. Da der BCJR-Algorithmus ebenso wie der Viterbi-Algorithmus über das Prinzip der Selbstsynchronisation verfügt, könnte die Decodierung auch fortlaufend erfolgen, wenn der BCJR-Algorithmus geringfügig modifiziert wird. Das zugrunde gelegte Kanalmodell muss gedächtnisfrei sein. Dies ist beispielsweise durch weißes (nicht notwendigerweise Gauß'sches) Rauschen gewährleistet. Die Empfangssequenz sei $\mathbf{y} = [y_0, y_1, \ldots, y_{N-1}]$.

Bevor wir den BCJR-Algorithmus formal herleiten, betrachten wir folgendes Beispiel:

Beispiel 9.3.4 Gegeben seien zwei Trellissegmente gemäß Bild 9.32 als Ausschnitt aus einem beliebig langen Trellisdiagramms mit $2^\nu = 4$ Zuständen. Ist der Faltungscodierer nichtrekursiv, wie im gewählten Beispiel, dann entsprechen die geraden Zustände $\mu_k = 0$ und 2 dem Infobit $u_{k-1} = 0$ und die ungeraden Zustände $\mu_k = 1$ und 3 dem Infobit $u_{k-1} = 1$, $k \in \{1, \ldots, K\}$, vergleiche Bild 9.32. Der BCJR-Algorithmus berechnet zunächst die *a posteriori Zustandswahrscheinlichkeiten* $P(\mu_k = 0|\mathbf{y})$, $P(\mu_k = 1|\mathbf{y})$, $P(\mu_k = 2|\mathbf{y})$ und $P(\mu_k = 3|\mathbf{y})$ für alle Laufindizes k. Bild 9.32 motiviert, dass beispielsweise gilt:

$$\begin{aligned} P(\mu_k = 1|\mathbf{y}) = & \\ & \left[P(\mu_{k-1} = 0|\mathbf{y}) \cdot P(\mu_{k-1} = 0 \rightarrow \mu_k = 1) + P(\mu_{k-1} = 2|\mathbf{y}) \cdot P(\mu_{k-1} = 2 \rightarrow \mu_k = 1)\right] \\ \cdot & \left[P(\mu_{k+1} = 2|\mathbf{y}) \cdot P(\mu_k = 1 \rightarrow \mu_{k+1} = 2) + P(\mu_{k+1} = 3|\mathbf{y}) \cdot P(\mu_k = 1 \rightarrow \mu_{k+1} = 3)\right]. \end{aligned} \tag{9.43}$$

$P(\mu_{k-1} = i \rightarrow \mu_k = j)$ symbolisiert die Übergangswahrscheinlichkeit von Zustand $\mu_{k-1} = i$ nach Zustand $\mu_k = j$. Die erste Klammer auf der rechten Seite repräsentiert das Trellissegment von $k-1$ nach k, die zweite Klammer das darauf folgende Trellissegment von k nach $k+1$. Entsprechende Beziehungen lassen sich für $P(\mu_k = 0|\mathbf{y})$, $P(\mu_k = 2|\mathbf{y})$ und $P(\mu_k = 3|\mathbf{y})$ finden.

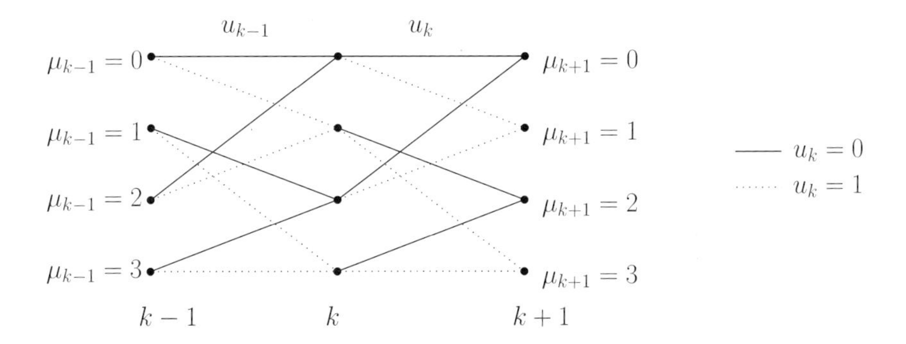

Bild 9.32: Zur Motivation des BCJR-Algorithmus

Anschließend werden die *a posteriori Symbolwahrscheinlichkeiten* $P(u_k = 0|\mathbf{y})$ und $P(u_k = 1|\mathbf{y}) = 1 - P(u_k = 0|\mathbf{y})$ für alle Laufindizes k berechnet. Man entnimmt Bild 9.32, dass

$$\begin{aligned} P(u_{k-1} = 0|\mathbf{y}) &= P(\mu_k = 0|\mathbf{y}) + P(\mu_k = 2|\mathbf{y}) \\ P(u_{k-1} = 1|\mathbf{y}) &= P(\mu_k = 1|\mathbf{y}) + P(\mu_k = 3|\mathbf{y}). \end{aligned} \tag{9.44}$$

Der BCJR-Algorithmus ist in der Lage, (9.43) rekursiv zu berechnen. Die erste eckige Klammer in (9.43) entspricht (wie beim Viterbi-Algorithmus) einer Vorwärtsrekursion, die zweite einer Rückwärtsrekursion. Die Rückwärtsrekursion ersetzt eine Rückwärtssuche. ◇

In der folgenden formalen Herleitung des BCJR-Algorithmus bezeichnet $\mathbf{y}_i^j$ die Teilsequenz von Element y_i bis y_j, d. h. $\mathbf{y}_i^j := [y_i, y_{i+1}, \ldots, y_{j-1}, y_j]$. Insbesondere gilt somit $\mathbf{y} = \mathbf{y}_0^{N-1}$. Mit dieser Schreibweise kann (9.42) gemäß

$$\hat{u}_{k-1} = \arg\max_{\tilde{u}_{k-1}} P(\tilde{u}_{k-1}|\mathbf{y}_0^{N-1}) \tag{9.45}$$

dargestellt werden. Der BCJR-Algorithmus führt typischerweise eine „soft-input"-Decodierung durch. Bei einer „hard-input"-Decodierung sind $p_{\mathbf{Y}|\mathbf{X}}(\mathbf{y}|\mathbf{x})$ durch $P_{\mathbf{Y}|\mathbf{X}}(\mathbf{y}|\mathbf{x})$ und $p_{\mathbf{Y}}(\mathbf{y})$ durch

$P_{\mathbf{Y}}(\mathbf{y})$ zu ersetzen. Um die Herleitung so einfach wie möglich zu gestalten, wird ein binärer, nichtrekursiver Faltungscode der Coderate $R = 1/J$ angenommen. Es bezeichne $\mathscr{Z}(\tilde{u}_{k-1})$ die Menge aller Zustände die zur Hypothese $\tilde{u}_{k-1} \in \{0,1\}$ gehören, bei binären nichtrekursiven Faltungscodes also alle geraden oder ungeraden Zustände. Dann folgt

$$P(\tilde{u}_{k-1}|\mathbf{y}_0^{N-1}) = \sum_{\mu_k \in \mathscr{Z}(\tilde{u}_{k-1})} P(\mu_k|\mathbf{y}_0^{N-1}). \tag{9.46}$$

Auf der rechten Seite stehen die Zustandswahrscheinlichkeiten, vgl. Beispiel 9.3.4. Durch Anwendung des Satzes von Bayes erhält man

$$\begin{aligned} P(\tilde{u}_{k-1}|\mathbf{y}_0^{N-1}) &= \sum_{\mu_k \in \mathscr{Z}(\tilde{u}_{k-1})} \frac{p(\mu_k, \mathbf{y}_0^{N-1})}{p(\mathbf{y}_0^{N-1})} \\ &= \frac{\sum\limits_{\mu_k \in \mathscr{Z}(\tilde{u}_{k-1})} p(\mu_k, \mathbf{y}_0^{N-1})}{p(\mathbf{y}_0^{N-1})} \\ &= \frac{\sum\limits_{\mu_k \in \mathscr{Z}(\tilde{u}_{k-1})} p(\mu_k, \mathbf{y}_0^{N-1})}{\sum\limits_{\mu_k} p(\mu_k, \mathbf{y}_0^{N-1})} \\ &= \frac{\sum\limits_{\mu_k \in \mathscr{Z}(\tilde{u}_{k-1})} p(\mu_k, \mathbf{y}_0^{Jk-1}, \mathbf{y}_{Jk}^{N-1})}{\sum\limits_{\mu_k} p(\mu_k, \mathbf{y}_0^{Jk-1}, \mathbf{y}_{Jk}^{N-1})}. \end{aligned} \tag{9.47}$$

Durch Anwendung der Kettenregel der Wahrscheinlichkeitsrechnung und für gedächtnisfreie Kanalmodelle folgt

$$P(\tilde{u}_{k-1}|\mathbf{y}_0^{N-1}) = \frac{\sum\limits_{\mu_k \in \mathscr{Z}(\tilde{u}_{k-1})} p(\mu_k, \mathbf{y}_0^{Jk-1}) \cdot p(\mathbf{y}_{Jk}^{N-1}|\mu_k)}{\sum\limits_{\mu_k} p(\mu_k, \mathbf{y}_0^{Jk-1}) \cdot p(\mathbf{y}_{Jk}^{N-1}|\mu_k)}. \tag{9.48}$$

Beide Faktoren lassen sich rekursiv berechnen. Nach Erweiterung, Anwendung der Kettenregel der Wahrscheinlichkeitsrechnung und für gedächtnisfreie Kanäle kann der erste Term gemäß

$$\begin{aligned} p(\mu_k, \mathbf{y}_0^{Jk-1}) &= \sum_{\mu_{k-1}} p(\mu_k, \mathbf{y}_0^{Jk-1}, \mu_{k-1}) = \sum_{\mu_{k-1}} p(\mu_{k-1}, \mathbf{y}_0^{Jk-1-J}, y_{Jk-J}, \dots, y_{Jk-1}, \mu_k) \\ &= \sum_{\mu_{k-1}} p(\mu_{k-1}, \mathbf{y}_0^{Jk-1-J}) \cdot p(\mu_k, y_{Jk-J}, \dots, y_{Jk-1}|\mu_{k-1}, \mathbf{y}_0^{Jk-1-J}) \\ &= \sum_{\mu_{k-1}} p(\mu_{k-1}, \mathbf{y}_0^{Jk-1-J}) \cdot p(\mu_k, y_{Jk-J}, \dots, y_{Jk-1}|\mu_{k-1}) \\ &= \sum_{\mu_{k-1}} p(\mu_{k-1}, \mathbf{y}_0^{Jk-1-J}) \cdot \underbrace{P(\mu_k|\mu_{k-1}) \cdot p(y_{Jk-J}, \dots, y_{Jk-1}|\mu_{k-1}, \mu_k)}_{:=P(\mu_{k-1} \to \mu_k)} \\ &= \sum_{\mu_{k-1}} p(\mu_{k-1}, \mathbf{y}_0^{Jk-1-J}) \cdot P(\mu_{k-1} \to \mu_k) \end{aligned} \tag{9.49}$$

dargestellt werden. Aufgrund von Symmetrieüberlegungen folgt der zweite Term zu

$$p(\mathbf{y}_{Jk}^{N-1}|\mu_k) = \sum_{\mu_{k+1}} p(\mathbf{y}_{Jk}^{N-1}, \mu_{k+1}|\mu_k) = \sum_{\mu_{k+1}} p(\mathbf{y}_{Jk+J}^{N-1}|\mu_{k+1}) \cdot P(\mu_{k+1} \rightarrow \mu_k). \tag{9.50}$$

Zusammenfassend erhält man

$$\begin{aligned} \hat{u}_{k-1} = \arg\max_{\tilde{u}_{k-1}} P(\tilde{u}_{k-1}|\mathbf{y}_0^{N-1}) &= \arg\max_{\tilde{u}_{k-1}} \frac{\sum\limits_{\mu_k \in \mathscr{L}(\tilde{u}_{k-1})} p(\mu_k, \mathbf{y}_0^{Jk-1}) \cdot p(\mathbf{y}_{Jk}^{N-1}|\mu_k)}{\sum\limits_{\mu_k} p(\mu_k, \mathbf{y}_0^{Jk-1}) \cdot p(\mathbf{y}_{Jk}^{N-1}|\mu_k)} \\ &:= \arg\max_{\tilde{u}_{k-1}} \frac{\sum\limits_{\mu_k \in \mathscr{L}(\tilde{u}_{k-1})} \alpha_k \cdot \beta_k}{\sum\limits_{\mu_k} \alpha_k \cdot \beta_k}. \end{aligned} \tag{9.51}$$

Die Faktoren lassen sich effizient durch eine Vorwärtsrekursion

$$\underbrace{p(\mu_k, \mathbf{y}_0^{Jk-1})}_{:=\alpha_k} = \sum_{\mu_{k-1}} \underbrace{p(\mu_{k-1}, \mathbf{y}_0^{Jk-1-J})}_{:=\alpha_{k-1}} \cdot \underbrace{P(\mu_{k-1} \rightarrow \mu_k)}_{:=\gamma_k}, \qquad k \in \{1, 2, \ldots, K\}, \tag{9.52}$$

beziehungsweise eine Rückwärtsrekursion

$$\underbrace{p(\mathbf{y}_{Jk}^{N-1}|\mu_k)}_{:=\beta_k} = \sum_{\mu_{k+1}} \underbrace{p(\mathbf{y}_{Jk+J}^{N-1}|\mu_{k+1})}_{:=\beta_{k+1}} \cdot \underbrace{P(\mu_k \rightarrow \mu_{k+1})}_{:=\gamma_{k+1}}, \qquad k \in \{0, 1, \ldots, K-1\}, \tag{9.53}$$

berechnen. Die Übergangswahrscheinlichkeiten $\gamma_k = P(\mu_{k-1} \rightarrow \mu_k)$ müssen an das Kanalmodell angepasst werden. Beim AWGN-Kanalmodell gilt beispielsweise

$$P(\mu_{k-1} \rightarrow \mu_k) = \frac{E_s}{\pi N_0} \cdot \underbrace{P(\mu_k|\mu_{k-1})}_{\text{a priori-Information}} \cdot \underbrace{e^{-\frac{E_s}{N_0}\sum\limits_{j=1}^{J}(y_{Jk-j} - \tilde{x}_{Jk-j})^2}}_{\text{„Kanal"-Information}}, \qquad k \in \{1, 2, \ldots, K\}. \tag{9.54}$$

In einem terminierten Trellisdiagramm wird der BCJR-Algorithmus gemäß

$$P(\mu_0 = i) = P(\mu_K = i) = \begin{cases} 1 & \text{für } i = 0 \\ 0 & \text{sonst} \end{cases} \tag{9.55}$$

initialisiert.

Verzichtet man auf die Maximierung in (9.42), d. h. gibt der Decodierer $P(\tilde{u}_k|\mathbf{y})$ für alle möglichen Hypothesen $\tilde{u}_k$ aus, so spricht man von einer *A-Posteriori-Probability (APP) Decodierung*. Der APP-Decodierer akzeptiert weiche Eingangswerte („soft-inputs") und gibt weiche Ausgangswerte aus („soft outputs"). Diese Eigenschaft ist insbesondere für iterative Decodierverfahren wichtig.

Man beachte ferner, dass ein APP-Decodierer nicht nur die a posteriori Symbolwahrscheinlichkeiten der Infosymbole, $P(u_k = 0|\mathbf{y})$, sondern auch die a posteriori Symbol*fehler*wahrscheinlichkeiten der Infosymbole, $P(u_k \neq 0|\mathbf{y}) = 1 - P(u_k = 0|\mathbf{y})$, berechnen kann. Durch eine geringfügige Modifikation können diese Wahrscheinlichkeiten auch für Codesymbole berechnet werden.

Enthält die Übergangswahrscheinlichkeit $\gamma_k = P(\mu_{k-1} \rightarrow \mu_k)$ Exponentialterme der Form (9.54), so empfiehlt sich, in (9.52), (9.53) und (9.54) auf beiden Seiten die natürliche Logarithmusfunktion anzuwenden:

$$\begin{aligned}
\alpha'_k &:= \log_e \alpha_k = \log_e \left(\sum_{\mu_{k-1}} \alpha_{k-1} \cdot \gamma_k \right) \\
\beta'_k &:= \log_e \beta_k = \log_e \left(\sum_{\mu_{k+1}} \beta_{k+1} \cdot \gamma_{k+1} \right) \\
\gamma'_k &:= \log_e \gamma_k = \log_e \left(\frac{E_s}{\pi N_0} P(\mu_k | \mu_{k-1}) \exp \left(-\frac{E_s}{N_0} \sum_{j=1}^{J} (y_{Jk-j} - \tilde{x}_{Jk-j})^2 \right) \right) \\
&= \log_e \frac{E_s}{\pi N_0} + \log_e P(\mu_k | \mu_{k-1}) - \frac{E_s}{N_0} \sum_{j=1}^{J} (y_{Jk-j} - \tilde{x}_{Jk-j})^2. \qquad (9.56)
\end{aligned}$$

Man erkennt, dass die Übergangswahrscheinlichkeit γ_k in eine quadratische Euklid'sche Distanz γ'_k (plus a priori Information plus einen irrelevanten konstanten Term) übergeht. Um eine kompakte Darstellung zu ermöglichen, definieren wir

$$\log_e(e^a + e^b) = \max(a,b) + \log_e(1 + e^{-|a-b|}) := \max{}^*(a,b), \qquad (9.57)$$

wobei $a,b \in \mathbb{R}$. Die Funktion $\max^*(a,b)$ ist seriell und parallel kaskadierbar, und somit auf beliebig viele Argumente erweiterbar. Beispielsweise gilt für vier Argumente $a,b,c,d \in \mathbb{R}$:

$$\begin{aligned}
\log_e(e^a + e^b + e^c + e^d) &:= \max{}^*(a,b,c,d) \\
&= \max{}^*(a, \max{}^*(b, \max{}^*(c, \max{}^*(d,0)))) \\
&= \max{}^*(\max{}^*(a,b), \max{}^*(c,d)). \qquad (9.58)
\end{aligned}$$

Für beliebig viele Argumente verwenden wir im Folgenden die Kurzschreibweise $\max^*(.)$. Der Vorteil durch den Übergang in die logarithmische Ebene ist, dass Produkte in Summationen übergehen. Aus (9.51) folgt

$$\log_e \left(\sum_{\mu_k} \alpha_k \cdot \beta_k \right) = \log_e \left(\sum_{\mu_k} e^{\log_e(\alpha_k \cdot \beta_k)} \right) = \log_e \left(\sum_{\mu_k} e^{\alpha'_k + \beta'_k} \right) = \max_{\mu_k}{}^* \left(\alpha'_k, \beta'_k \right). \qquad (9.59)$$

Gemäß dieser Gleichung werden die Beiträge der Vorwärtsrekursion und der Rückwärtsrekursion addiert. Die Vorwärtsrekursion kann wie folgt effizient berechnet werden:

$$\begin{aligned}
\alpha'_k &= \log_e \left(\sum_{\mu_{k-1}} \alpha_{k-1} \cdot \gamma_k \right) = \log_e \left(\sum_{\mu_{k-1}} e^{\log_e(\alpha_{k-1} \cdot \gamma_k)} \right) = \log_e \left(\sum_{\mu_{k-1}} e^{\alpha'_{k-1} + \gamma'_k} \right) \\
&= \max_{\mu_{k-1}}{}^* (\alpha'_{k-1}, \gamma'_k). \qquad (9.60)
\end{aligned}$$

Entsprechend erhält man für die Rückwärtsrekursion

$$\begin{aligned}\beta_k' &= \log_e\left(\sum_{\mu_{k+1}} \beta_{k+1}\cdot\gamma_{k+1}\right) = \log_e\left(\sum_{\mu_{k+1}} e^{\log_e(\beta_{k+1}\cdot\gamma_{k+1})}\right) = \log_e\left(\sum_{\mu_{k-1}} e^{\beta_{k+1}'+\gamma_{k+1}'}\right)\\ &= \max_{\mu_{k+1}}{}^{*}(\beta_{k+1}',\gamma_{k+1}'). \end{aligned} \tag{9.61}$$

Implementiert man den BCJR-Algorithmus in der logarithmischen Ebene gemäß (9.59), (9.60) und (9.61), so spricht man oft von einem Log-MAP-Algorithmus [P. Robertson et al., 1997] bzw. einem Log-APP-Algorithmus, wenn auf die Maximierung verzichtet wird. Die Leistungsfähigkeit dieser Varianten ist mit der des BCJR-Algorithmus identisch, jedoch werden numerische Probleme reduziert.

Approximiert man $\max^*(a,b)$ durch $\max(a,b)$, so erhält man den sog. *„Max-Log-MAP"-Algorithmus* bzw. den *„Max-Log-APP"-Algorithmus*. Die Entscheidungen des „Max-Log-MAP"-Algorithmus bzw. die harten Entscheidungen des „Max-Log-APP"-Algorithmus stimmen mit den Entscheidungen des Viterbi-Algorithmus überein. Der „Max-Log-MAP"-Algorithmus weist eine höhere Parallelität als der Viterbi-Algorithmus auf. Folglich ist der „Max-Log-MAP"-Algorithmus bei einer VLSI-Implementierung eine aufwandsgünstige Alternative zum Viterbi-Algorithmus. Der „Max-Log-APP"-Algorithmus kann in den Soft-Output Viterbi-Algorithmus überführt werden.

Der BCJR-Algorithmus und dessen Varianten sind, wie der Viterbi-Algorithmus und dessen Varianten, auf Trellisdiagramme endlicher und unendlicher Länge anwendbar. In letzterem Fall startet man die Rückwärtsrekursion nicht am Ende des Trellisdiagramms, sondern an beliebiger Stelle, wobei alle Zustände identisch initialisiert werden. Aufgrund der Eigenschaft der Selbstsynchronisation sind die Werte der Rückwärtsrekursion (bei beliebiger Initialisierung) nach etwa $5(\nu+1)$ Trellissegmenten eingeschwungen, und können dann mit den Werten der Vorwärtsrekursion kombiniert werden. Der BCJR-Algorithmus ist somit auf Faltungscodes und einfache Blockcodes anwendbar. Des Weiteren wird der BCJR-Algorithmus häufig zur Entzerrung, Demodulation und Detektion eingesetzt. Voraussetzung allerdings ist eine praktikable Anzahl an Zuständen. Für Trellisdiagramme mit mehr als etwa 256 Zuständen sind VA und BCJR-Algorithmus derzeit zu aufwändig. In diesem Fall bieten sich baumorientierte Algorithmen an, man spricht auch von sequentiellen Algorithmen.

9.3.4 Stack-Algorithmus

Bei sequentiellen Algorithmen findet die Decodierung in einem (Code-)Baum statt in einem Trellisdiagramm statt. Die Anzahl der Zustände ist nicht notwendigerweise limitiert. Während Viterbi-Algorithmus und BCJR-Algorithmus alle Pfade des Trellisdiagramms berücksichtigen, wird bei baumorientierten Algorithmen nur eine Teilmenge aller Pfade in Betracht gezogen. Die betrachteten Pfade weisen unterschiedliche Längen auf. Dadurch ist der Aufwand variabel und es können im Mittel beträchtliche Komplexitätseinsparungen erreicht werden. Viele baumorientierte Verfahren sind suboptimal (wie Fano-Algorithmus und Stack-Algorithmus), es gibt aber auch optimale baumorientierte Verfahren im Sinne des Maximum-Likelihood-Kriteriums (wie Dijkstra-Algorithmus und Sphere-Decodierung). Sequentielle Algorithmen sind hinsichtlich der

Kanalcodierung interessant, weil man auch Codes mit einer extrem großen Zustandszahl (z. B. Faltungscodes mit 2^{41} Zuständen) decodieren kann. Komplexe Codes in Verbindung mit suboptimalen Decodierverfahren sind eine Alternative zu relativ einfachen Codes in Verbindung mit optimalen Decodierverfahren. Neben der Kanalcodierung finden sequentielle Algorithmen auch bei der Entzerrung, Demodulation und Detektion Anwendung, beispielsweise in Mehrantennen-Systemen (MIMO-Systemen).

Man klassifiziert sequentielle Verfahren dahingehend, ob der Baum bevorzugt in die Tiefe („depth-first"), entlang der besten Metrik („best-first", „metric-first") oder in die Breite („breadth-first") abgesucht wird. Die „depth-first"-Suchstrategie ist bestrebt, rasch einen möglichst langen Suchpfad aufzubauen. Ein Vertreter dieser Kategorie ist der *Fano-Algorithmus* [R. M. Fano, 1963] nach Vorarbeit von [J. M. Wozencraft & B. Reiffen, 1961]. Bei der „metric-first"-Suchstrategie wird der Pfad mit der besten Metrik verlängert. Ein prominentes Beispiel ist der *Stack-Algorithmus*, welcher unabhängig in [K. Sh. Zigangirov, 1966] und [F. Jelinek, 1969] veröffentlicht wurde. Die „breadth-first"-Suchstrategie ist bestrebt, alle im letzten Suchabschnitt selektierten Pfade weiterzuverfolgen. Diese Suchstrategie wird beispielsweise beim M-Algorithmus und beim T-Algorithmus angewandt. Obwohl in Abschnitt 9.3.1 als suboptimale Varianten der Viterbi-Algorithmus klassifiziert, können M-Algorithmus und T-Algorithmus auch als sequentielle Algorithmen interpretiert werden.

Der Stack-Algorithmus (SA) baut eine geordnete Liste („stack") der besten überlebenden Pfade auf. Jeder Listeneintrag enthält einen Pfad und die zugehörige Pfadmetrik. Um einen Speicherüberlauf zu vermeiden, kann die Anzahl der Listeneinträge pro Schritt, Stack-Tiefe genannt, begrenzt werden. Es wird immer der überlebende Pfad erweitert, der an erster Position steht. Die Suche wird beendet, wenn ein Pfad das Baumende erreicht und dieser Pfad die kleinste Pfadmetrik aller Listeneinträge aufweist. Da die Listeneinträge verschiedenen Tiefen k des Baums entsprechen, muss gewährleistet sein, dass die Pfadmetriken verschiedenen Tiefen auch fair vergleichbar sind. Würde man beispielsweise (beim AWGN-Kanal) die quadratische Euklid'sche Distanz als Zweigmetrik verwenden, so würden längere Pfade gegenüber kürzeren Pfaden benachteiligt. Dies führt zu einem großen Aufwand, weil unnötig viele Pfade im Bereich der Wurzel berücksichtigt würden. Abhilfe schafft ein Korrekturterm:

Definition 9.3.1 (Fano-Metrik) *Die sog. Fano-Metrik ist gemäß*

$$\lambda_k := \underbrace{-\sum_{j=1}^{J} \log p_{y|\tilde{x}}(y_{j,k}|\tilde{x}_{j,k})}_{\geq 0} - \beta \tag{9.62}$$

definiert, wobei der Korrekturterm („bias") $\beta \geq 0$ für den vollständigen ML-Pfad die Randbedingung

$$E\{\Lambda_{K-1}\} = \sum_{k=0}^{K-1} E\{\lambda_k\} \stackrel{!}{=} 0 \tag{9.63}$$

erfüllt, vgl. (9.29). Dies ist gleichbedeutend mit $E\{\lambda_k\} = 0$ für Hypothesen $\tilde{x}_{j,k}$ entlang des ML-Pfades.

Der Korrekturterm

$$\beta = \sum_{j=1}^{J} E\{-\log p_{y|\tilde{x}}(y_{j,k}|\tilde{x}_{j,k})\} = J E\{-\log p_{y|\tilde{x}}(y_{j,k}|\tilde{x}_{j,k})\} \tag{9.64}$$

wird also so gewählt, dass sich entlang des ML-Pfades im Mittel kein Metrik-Zuwachs ergibt. Entlang aller anderen Pfade wird die Metrik im Mittel anwachsen. Die Fano-Metrik ist somit tiefenneutral in dem Sinne, dass beliebig lange Pfade fair miteinander verglichen werden können. Da die sog. Fano-Metrik auch negativ sein kann, handelt es sich im engeren Sinn nicht um eine Metrik. Der Begriff ist dennoch üblich und wird deshalb im Weiteren verwendet.

Beispiel 9.3.5 (Fano-Metrik für das BSC-Kanalmodell) Für das BSC-Kanalmodell mit Fehlerwahrscheinlichkeit p ergibt eine Auswertung von (9.64) das Ergebnis

$$\beta/J = -(1-p)\log(1-p) - p\log p = h(p), \tag{9.65}$$

weil in $(1-p)$ aller Fälle die Metrik gleich $-\log(1-p)$ und in p aller Fälle die Metrik gleich $-\log p$ ist. Die Fehlerwahrscheinlichkeit p sollte somit exakt oder zumindest ungefähr bekannt sein. ◊

Beispiel 9.3.6 (Fano-Metrik für das AWGN-Kanalmodell) Für das AWGN-Kanalmodell mit Varianz σ_n^2 ergibt eine Auswertung von (9.64) für die Euklid'sche Zweigmetrik $\left(\sum_{j=1}^{J}(y_{j,k}-\tilde{x}_{j,k})^2\right) - \beta$ das Ergebnis

$$\beta/J = E\{(y_{j,k}-\tilde{x}_{j,k})^2\} = \sigma_n^2. \tag{9.66}$$

Die Varianz σ_n^2 sollte somit exakt oder zumindest ungefähr bekannt sein. ◊

Nach diesen Vorbereitungen sind wir nun in der Lage, den Stack-Algorithmus vorzustellen. Wir machen dies anhand eines Beispiels und verwenden die gleichen Zahlenwerte wie in Beispiel 9.3.3.

Beispiel 9.3.7 Das in Bild 9.28 gegebene Trellisdiagramm des $(3,2,2)_2$-SPC-Codes kann gleichwertig durch den in Bild 9.33 gezeigten Baum repräsentiert werden. Das gesendete Codewort sei $\mathbf{x} = [-1,+1,-1]$, es ist zeichnerisch hervorgehoben. Das Empfangswort sei $\mathbf{y} = [+0.5,+1.5,-2.0]$. Der Stack-Algorithmus besteht aus folgenden Schritten:

1. Im ersten Schritt werden die Zweigmetriken für die beiden von der Wurzel ausgehenden Zweige berechnet. Im konkreten Zahlenbeispiel verwenden wir die quadratische Euklid'sche Zweigmetrik mit Korrekturterm $\beta = 1$. Das Zwischenergebnis ist in Bild 9.34 dargestellt, die Listeneinträge in der ersten Spalte in Tabelle 9.4.

2. Im zweiten Schritt wird der zum obersten Listeneintrag zugeordnete Knoten erweitert. Das Zwischenergebnis ist in Bild 9.35 dargestellt, die sortierten Listeneinträge in der zweiten Spalte in Tabelle 9.4.

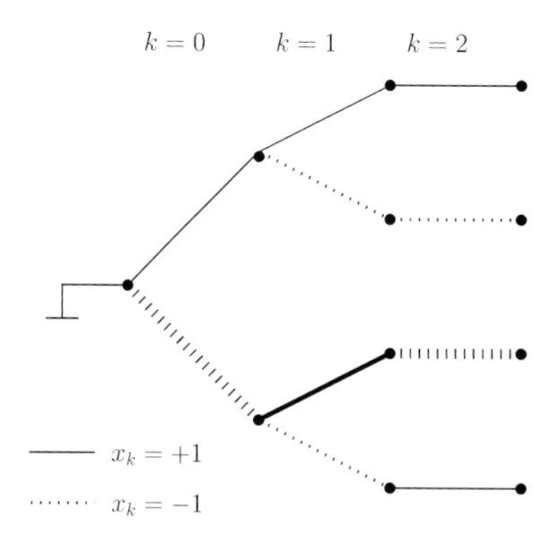

Bild 9.33: Codebaum des $(3,2,2)_2$-SPC-Codes. Das gesendete Codewort ist zeichnerisch hervorgehoben

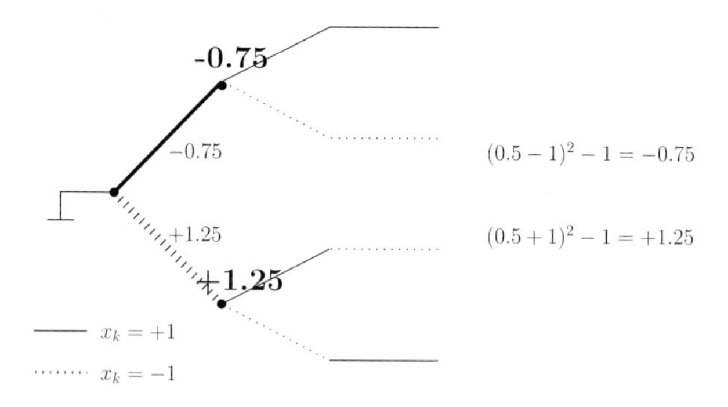

Bild 9.34: Zwischenergebnis des Stack-Algorithmus nach dem ersten Schritt

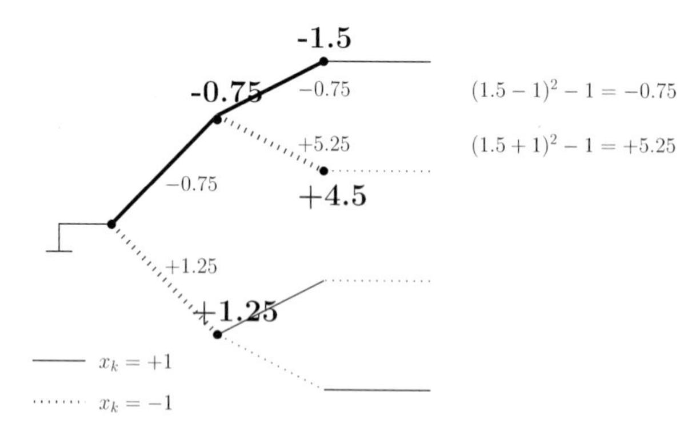

Bild 9.35: Zwischenergebnis des Stack-Algorithmus nach dem zweiten Schritt

3. Im dritten Schritt wird erneut der zum obersten Listeneintrag zugeordnete Knoten erweitert. Das Zwischenergebnis ist in Bild 9.36 dargestellt, die sortierten Listeneinträge in der dritten Spalte in Tabelle 9.4. Eigentlich wäre man jetzt mit der Decodierung fertig, weil ein kompletter Pfad von der Wurzel bis zum Baumende gefunden wurde. Da der zugehörige Listeneintrag jedoch nicht an oberster Position steht, setzt man die Suche fort.

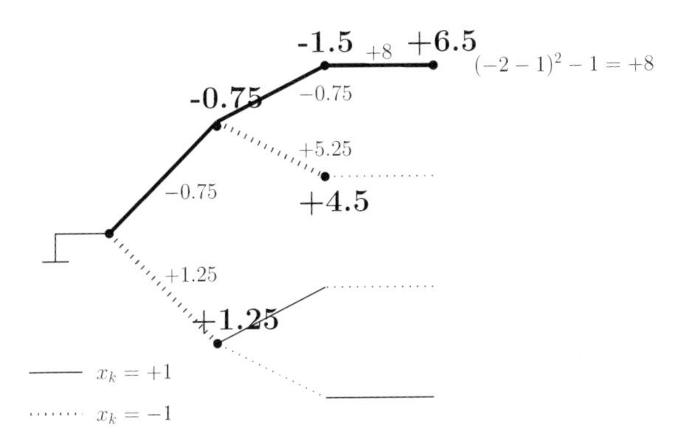

Bild 9.36: Zwischenergebnis des Stack-Algorithmus nach dem dritten Schritt

4. Im vierten und fünften Schritt wird erneut der zum obersten Listeneintrag zugeordnete Knoten erweitert. Die sortierten Listeneinträge sind in der vierten und fünften Spalte in Tabelle 9.4 aufgeführt. Im fünften Schritt wird das Baumende erreicht und die Decodierung beendet, weil der vollständige Pfad zum obersten Listeneintrag gehört. Der decodierte Pfad ist fett hervorgehoben und stimmt im gewählten Zahlenbeispiel mit dem gesendeten Pfad überein. Die dünn gezeichneten Zweige werden nicht berücksichtigt. ◊

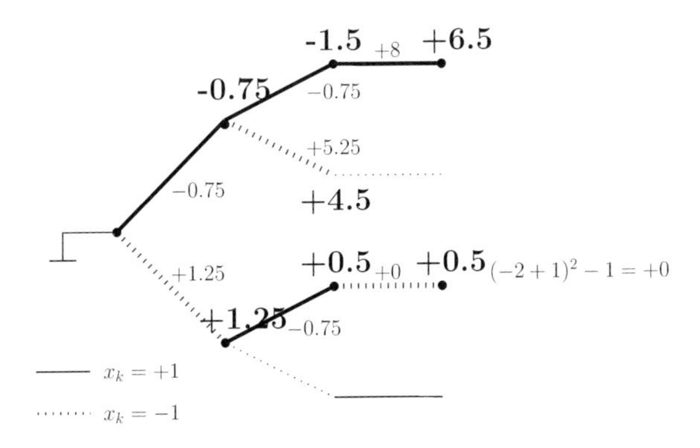

Bild 9.37: Endergebnis des Stack-Algorithmus nach dem fünften Schritt

Man beachte, dass beim Viterbi-Algorithmus gemäß der Argumentation in (9.28) jeder beliebige Wert für β verwendet werden kann. Beim Stack-Algorithmus hat die Wahl von β jedoch einen

Tabelle 9.4: Listeneinträge (Pfadmetriken) des Stack-Algorithmus

Schritt 1	Schritt 2	Schritt 3	Schritt 4	Schritt 5
−0.75	−1.50	+1.25	+0.50	+0.50
+1.25	+1.25	+4.50	+4.50	+4.50
	+4.50	+6.50	+6.50	+6.50

Einfluss auf die Leistungsfähigkeit, da nicht sämtliche Pfade berücksichtigt werden. Der Parameter β ermöglicht einen Abtausch zwischen Leistungsfähigkeit und Aufwand: Je kleiner β, umso besser ist die Leistungsfähigkeit, aber umso größer ist der Aufwand, weil viele Pfade berücksichtigt werden. Im Grenzübergang $\beta \rightarrow \infty$ ist die Leistungsfähigkeit am schlechtesten, dafür aber der Aufwand am geringsten, weil nur ein einziger Pfad Berücksichtigung findet. Neben dem Parameter β kann beim Stack-Algorithmus die Stacktiefe eingestellt werden.

Neuere Arbeiten zum Stack-Algorithmus befassen sich mit Modifikationen dahingehend, dass a priori Information akzeptiert und Zuverlässigkeitsinformation ausgegeben werden kann („*soft-input soft-output Stack-Algorithmus*"). Eine weitere Modifikation ist ein *bidirektionaler Stack-Algorithmus*, der die Pfadsuche von beiden Baumenden startet.

9.3.5 Sphere-Decodierung

Ein *Sphere-Decodierer* [E. Viterbo & J. Boutros, 1999] kann als Erweiterung des Stack-Algorithmus interpretiert werden. Der Trick besteht darin, dass nur Pfade weiterverfolgt werden, die ausgehend von der Baumwurzel einen „Radius" kleiner gleich R aufweisen. Auf Decodierkugeln übertragen bedeutet dies, dass nur Wörter mit einem Radius R um das Empfangswort Berücksichtigung finden. Diesen Radius R kann man schrittweise verkleinern, indem die Pfadmetrik eines jeden Pfades, der das Baumende erreicht, als neuer Radius verwendet wird. Mit jeder Verkleinerung des Radius dünnt sich die Anzahl der Listeneinträge aus, bis nur noch ein Pfad übrig bleibt – der ML-Pfad. Der Sphere-Decodierer (SD) ist somit optimal im Sinne des Maximum-Likelihood-Kriteriums. Ein Sphere-Decodierer könnte demnach auch als *Maximum-Likelihood Stack-Decodierer* klassifiziert werden.

Problematisch beim Sphere-Decodierer ist insbesondere die Initialisierung des ersten Radius R. Wird R zu groß gewählt, so kann der Aufwand explodieren, weil zu viele Pfade abgesucht werden. Wird R zu klein gewählt, so kann die Decodierung unter Umständen nicht erfolgreich abgeschlossen werden und muss mit einem größeren Radius wiederholt werden. Zur Initialisierung von R werden üblicherweise zahlentheoretische Ansätze verfolgt. Alternativ kann man hierzu beispielsweise auch den Stack-Algorithmus mit Stacktiefe 1 verwenden.

Sphere-Decodierer werden typischerweise weniger zur Decodierung von Blockcodes oder Faltungscodes eingesetzt, als vielmehr zur Detektion in MIMO-Systemen. Es existiert eine Vielzahl von Varianten, auch mit kontrollierbarer Komplexität, oft auf Kosten der Leistungsfähigkeit.

9.3.6 Dijkstra-Algorithmus

Der *Dijkstra-Algorithmus* [E. W. Dijkstra, 1959] sucht, ähnlich wie der Viterbi-Algorithmus, den besten Pfad mit den geringsten Kosten in einem bewerteten Graphen von einem Ausgangsknoten „A“ zu einem Zielknoten „Z“. Anders als beim Viterbi-Algorithmus muss der Graph nicht notwendigerweise gerichtet sein. Es wird ein Baum aufgebaut, dessen Pfade unterschiedliche Längen aufweisen. Der Dijkstra-Algorithmus (DA) besitzt ähnliche technische und nichttechnische Anwendungsgebiete wie der Viterbi-Algorithmus.

Aus didaktischen Gründen wollen wir den Dijkstra-Algorithmus ebenfalls anhand von Beispiel 9.3.3 erklären:

Beispiel 9.3.8 (Dijkstra-Algorithmus) Gegeben ist das Trellisdiagramm des $(3,2,2)_2$-SPC-Codes gemäß Bild 9.38. Das gesendete Codewort sei $\mathbf{x} = [-1,+1,-1]$, das Empfangswort $\mathbf{y} = [+0.5,+1.5,-2]$. Zweigkosten entsprechen wieder Euklid'sche Distanzen und Pfadkosten ergeben sich durch eine Addition von Zweigkosten. Die Knoten werden mit „A“, „B“, „C“, „D“, „E“ und „Z“ bezeichnet. Der Nullzustand entspricht Knoten „A“ und wird mit den Kosten null initialisiert, weil die Kosten von „A“ nach „A“ gleich null sind. „A“ ist die Wurzel des aufzubauenden Baums.

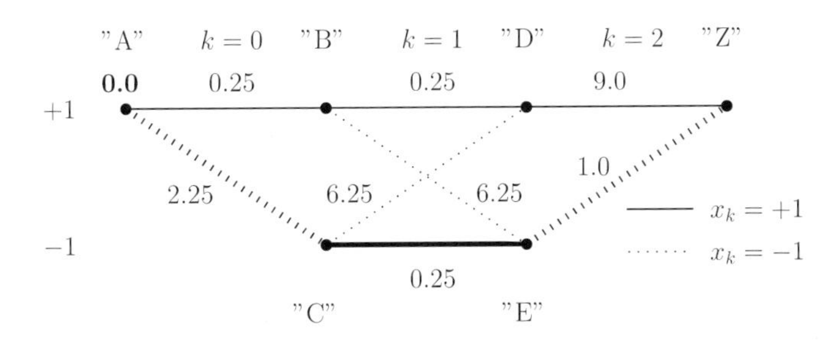

Bild 9.38: Trellisdiagramm des $(3,2,2)_2$-SPC-Codes. Das gesendete Codewort ist zeichnerisch hervorgehoben

1. Im ersten Schritt suchen wir die zu „A“ unmittelbar benachbarten Knoten und stellen die Pfadkosten ausgehend von der Wurzel fest. In unserem Beispiel sind die benachbarten Knoten „B“ und „C“, und die zugehörigen Pfadkosten (= Initialkosten null + Zweigkosten) sind 0.25 und 2.25:

Pfad	„AB“	„AC“
Distanz	0.25	2.25

„B“ weist die geringste Distanz zu „A“ auf und wird honoriert, indem wir den Wert 0.25 neben „B“ schreiben und den Pfad „AB“ hervorheben, siehe Bild 9.39. Die Liste wird, anders als beim Stack-Algorithmus, nicht sortiert.

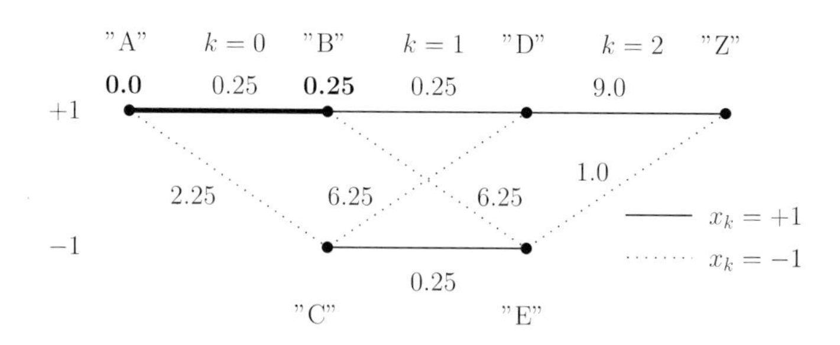

Bild 9.39: Erster Schritt des Dijkstra-Algorithmus auf der Suche nach dem kürzesten Pfad zwischen „A“ und „Z“

2. Im zweiten Schritt suchen wir die zu „A“ und „B“ unmittelbar benachbarten Knoten und stellen die Pfadkosten ausgehend von der Wurzel fest. In unserem Beispiel sind die benachbarten Knoten „C“, „D“ und „E“. Die entsprechenden Pfadkosten lauten:

Pfad	„AC“	„ABD“	„ABE“
Distanz	2.25	0.5	6.5

„D“ weist die geringste Distanz zu „A“ auf und wird honoriert, indem wir den Wert 0.5 neben „D“ schreiben und den Pfad „ABD“ hervorheben, siehe Bild 9.40. Man beachte, dass einige Pfadmetriken wiederverwendet werden können. Diese Eigenschaft trägt zur Effizienz des Dijkstra-Algorithmus bei.

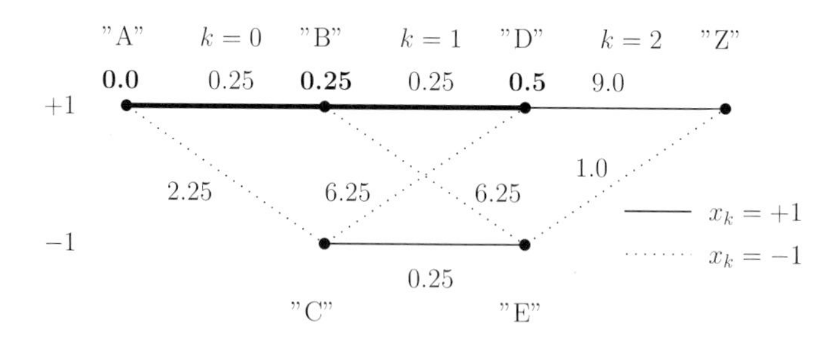

Bild 9.40: Zweiter Schritt des Dijkstra-Algorithmus: Der Zweig „BD“ wird hinzugefügt

3. Im dritten Schritt suchen wir die zu „A“, „B“ und „D“ unmittelbar benachbarten Knoten und stellen die Pfadkosten ausgehend von der Wurzel fest. In unserem Beispiel sind die benachbarten Knoten „C“, „E“ und „Z“. Die entsprechenden Pfadkosten lauten:

Pfad	„AC“	„ABE“	„ABDZ“
Distanz	2.25	6.5	9.5

„C“ weist die geringste Distanz zu „A“ auf und wird honoriert, indem wir den Wert 2.25 neben „C“ schreiben und den Pfad „AC“ hervorheben, siehe Bild 9.41. Man beachte, dass mit dem Pfad „ABDZ“ erstmals ein kompletter Pfad von der Wurzel bis zum Baumende gefunden wurde. Aufgrund der schlechteren Metrik wird dieser Pfad jedoch (zumindest vorerst) verworfen.

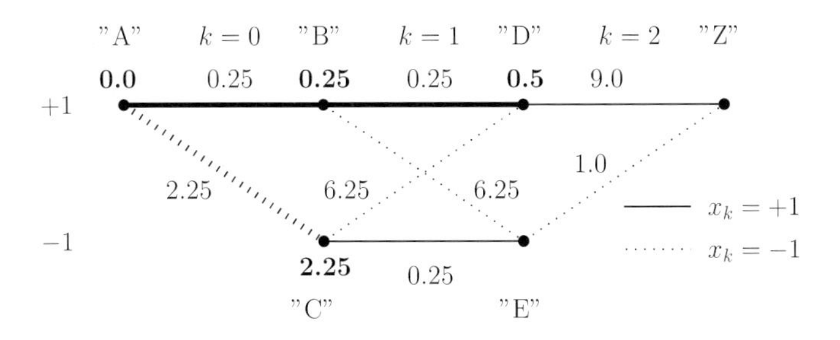

Bild 9.41: Dritter Schritt des Dijkstra-Algorithmus: Der Zweig „AC“ wird hinzugefügt

4. Im vierten Schritt suchen wir die zu „A“, „B“, „C“ und „D“ unmittelbar benachbarten Knoten und stellen die Pfadkosten ausgehend von der Wurzel fest. In unserem Beispiel sind die benachbarten Knoten „D“, „E“ und „Z“. Die entsprechenden Pfadkosten lauten:

Pfad	„ACD“	„ACE“	„ABE“	„ABDZ“
Distanz	8.5	2.5	6.5	9.5

„ACE“ hat die kürzeste Distanz zu „A“. Neben „E“ schreiben wir den Wert 2.5 und heben den Pfad „ACE“ hervor, siehe Bild 9.42. Man beachte, dass sich der Pfad „ACE“ gegenüber dem alternativen Pfad „ABE“ durchsetzt. Dies entspricht der Selektion beim Viterbi-Algorithmus. Die gleiche Argumentation gilt für die Alternativen „ABD“ und „ACD“.

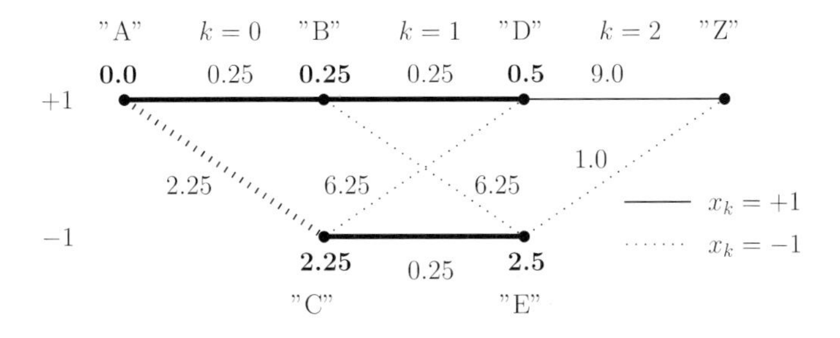

Bild 9.42: Vierter Schritt des Dijkstra-Algorithmus: Der Zweig „CE“ wird hinzugefügt

5. Im fünften und letzten Schritt stellen wir fest, dass „Z“ der einzig verbleibende Nachbar von „A“, „B“, „C“, „D“ und „E“ ist. Die entsprechenden Pfadkosten lauten:

Pfad	„ABDZ“	„ACEZ“
Distanz	9.5	3.5

Der Pfad „ACEZ“ weist von allen vollständigen Pfaden die kleinste Distanz auf. Das Endergebnis ist in Bild 9.43 dargestellt. ◊

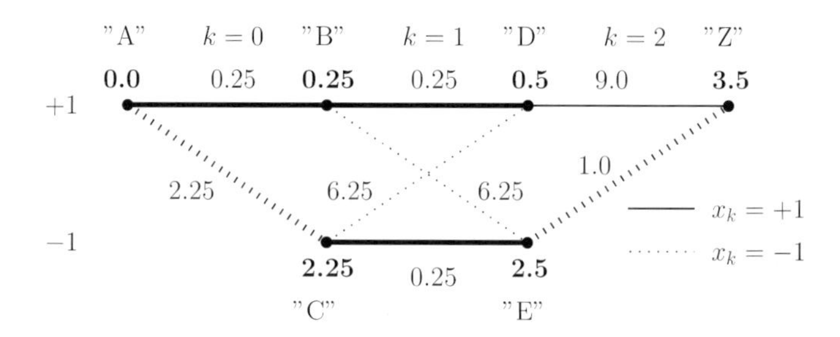

Bild 9.43: Letzter Schritt des Dijkstra-Algorithmus auf der Suche nach dem kürzesten Pfad zwischen „A“ und „Z“

Der Dijkstra-Algorithmus ist somit ein rekursives, sequentielles Verfahren zur Berechnung des ML-Pfades. Der Dijkstra-Algorithmus ist optimal und garantiert, dass jeder Knoten nur einmal erreicht wird (und somit ein Baum aufgespannt wird). Der Aufwand ist variabel.

9.4 Zusammenhang zwischen Faltungscodes und linearen Blockcodes

Zu den Unterscheiden von Blockcodes und Faltungscodes zählt die Verarbeitung: Blockcodes werden blockweise codiert und decodiert, bei Faltungscodes findet eine kontinuierliche Verarbeitung statt. Blockcodes basieren oft auf mathematisch anspruchsvollen Entwurfskriterien, während bei Faltungscodes die Codesuche typischerweise durch Ausprobieren erfolgt. Bei Blockcodes erfolgt die Decodierung klassischerweise über Tabellen oder algebraisch, bei Faltungscodes durch trellis-, baum-, oder (Faktor-) graphenbasierte Verfahren. Bei Blockcodes wird zwischen Fehlererkennung und Korrektur unterschieden, bei Faltungscodes findet üblicherweise eine Fehlerkorrektur statt. Bei Blockcodes ist die Fehlerstruktur im Empfangswort beliebig, während bei Faltungscodes Fehlerbündel möglichst vermeiden werden sollten. Es werden oft hochratige Blockcodes eingesetzt, während Faltungscodes nur unterhalb einer moderaten Coderate (etwa $R = 2/3$) als leistungsfähig anzusehen sind. Mit algebraischen Decodierverfahren ist zur Zeit eine „soft-input“ Decodierung schwierig, mit trellis-, baum-, oder graphenbasierten Verfahren ist dies einfach. Blockcodes werden deshalb üblicherweise in Anwendungen mit niedriger bis moderater

Kanalfehlerrate eingesetzt. Durch die Codierung wird die Kanalfehlerrate auf eine sehr niedrige Restfehlerwahrscheinlichkeit reduziert. Faltungscodes hingegen werden oft dort angewendet, wo eine „soft-input"-Decodierung besonders effektiv ist.

Neben den genannten Unterschieden gibt es eine Reihe von Gemeinsamkeiten zwischen Faltungscodes und linearen Blockcodes. Beispielsweise kann, wie bereits beschrieben, durch „zero tailing" ein Faltungscode in einen Blockcode umgewandelt werden. In den folgenden Ausführungen werden weitere Zusammenhänge bzgl. der Codierung und der Decodierung aufgezeigt.

9.4.1 Generatormatrix von Faltungscodes

Bislang wurden ausschließlich binäre Faltungscodes der Rate $R = 1/J$ behandelt, mit Ausnahme von punktierten Faltungscodes. Aber auch bei punktierten Faltungscodes wurde ein Originalcode der Rate $R = 1/J$ angenommen. In diesem Abschnitt zeigen wir, dass nichtrekursive Faltungscodes (genau wie lineare Blockcodes) mit Hilfe einer *Generatormatrix* generiert werden können. Dabei betrachten wir Raten $R = I/J$, $I \leq J$, wobei I auch größer als eins sein kann.

Beispiel 9.4.1 (Faltungscode der Rate $R = 2/3$) Bild 9.44 zeigt die Schieberegisterdarstellung eines binären Faltungscodes der Rate $R = 2/3$. Das Schieberegister besteht aus zwei Teilregistern. Das obere Teilregister besteht aus einem Speicherelement, das untere Teilregister aus zwei Speicherelementen. Mit jedem Takt k wird ein Infobit $u_{1,k}$ in das obere Teilregister und ein Infobit $u_{2,k}$ in das untere Teilregister geschoben. Am Ausgang werden mit jedem Takt k drei Codebits $x_{1,k}$, $x_{2,k}$ und $x_{3,k}$ generiert. Wir definieren $\mathbf{u}_k := [u_{1,k}, u_{2,k}]$ und $\mathbf{x}_k := [x_{1,k}, x_{2,k}, x_{3,k}]$. Die Codebits $\mathbf{x}_k$ werden von den aktuellen Infobits $\mathbf{u}_k$ sowie den gespeicherten Infobits $\mathbf{u}_{k-1}$ und $\mathbf{u}_{k-2}$ beeinflusst. Die Gedächtnislänge ist somit $\nu = 2$, die Einflusslänge $\nu + 1 = 3$. ◊

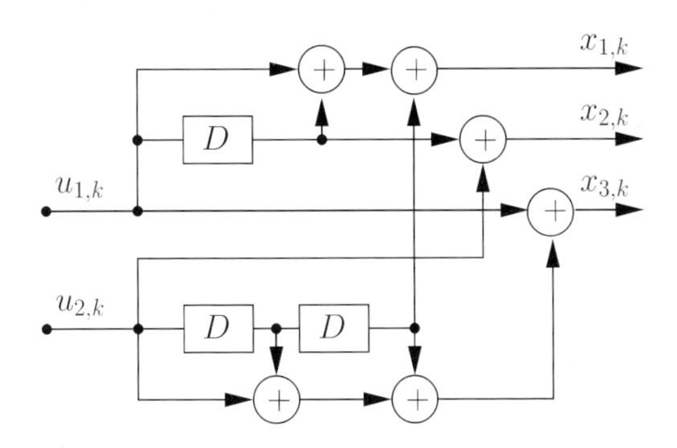

Bild 9.44: Schieberegisterdarstellung eines binären Faltungscodes der Rate $R = 2/3$

Gegeben sei ein binärer, nichtrekursiver Faltungscode der Rate $R = I/J$. Wir organisieren die beliebig lange, kausale Informationssequenz $\mathbf{u}$ in Bitgruppen $\mathbf{u} = [\mathbf{u}_0, \mathbf{u}_1, \ldots]$, wobei $\mathbf{u}_k := [u_{1,k}, u_{2,k}, \ldots, u_{I,k}]$, $k \in \{0, 1, \ldots, K-1\}$. Entsprechend teilen wir die Codesequenz $\mathbf{x}$ in Bitgruppen $\mathbf{x} = [\mathbf{x}_0, \mathbf{x}_1, \ldots]$ auf, wobei $\mathbf{x}_k := [x_{1,k}, x_{2,k}, \ldots, x_{J,k}]$. Jedes J-Tupel $\mathbf{x}_k$ ist eine lineare Funktion von $\mathbf{u}_k$, $\mathbf{u}_{k-1}$, …, $\mathbf{u}_{k-\nu}$:

$$\mathbf{x}_k = f(\mathbf{u}_k, \mathbf{u}_{k-1}, \ldots, \mathbf{u}_{k-\nu}). \tag{9.67}$$

Diese Funktion kann in der Form

$$\mathbf{x}_k = \mathbf{u}_k \cdot \mathbf{G}_0 + \mathbf{u}_{k-1} \cdot \mathbf{G}_1 + \cdots + \mathbf{u}_{k-\nu} \cdot \mathbf{G}_\nu \tag{9.68}$$

dargestellt werden. Die Matrizen $\mathbf{G}_i$ haben die Dimension $I \times J$ und bestehen aus den Elementen 0 und 1, $i \in \{0, 1, \ldots, \nu\}$. Aus (9.68) folgt unmittelbar

$$[\mathbf{x}_0, \mathbf{x}_1, \ldots] = [\mathbf{u}_0, \mathbf{u}_1, \ldots] \cdot \mathbf{G}, \tag{9.69}$$

wobei

$$\mathbf{G} = \begin{bmatrix} \mathbf{G}_0 & \mathbf{G}_1 & \ldots & \mathbf{G}_\nu & & \\ & \mathbf{G}_0 & \mathbf{G}_1 & \ldots & \mathbf{G}_\nu & \\ & & \ddots & & & \ddots \end{bmatrix} \tag{9.70}$$

die sog. *Generatormatrix* ist. Somit kann die Codesequenz durch eine Vektor-Matrix-Multiplikation aus der Informationssequenz generiert werden:

$$\mathbf{x} = \mathbf{u} \cdot \mathbf{G}. \tag{9.71}$$

Man beachte, dass (9.71) die gleiche Form wie bei linearen Blockcodes besitzt, vgl. (8.65). Im Unterschied zu Blockcodes hängt die Dimension der Generatormatrix $\mathbf{G}$ jedoch von der Länge der Informationssequenz ab. Die binären Elemente der Matrizen $\mathbf{G}_0$, $\mathbf{G}_1$, …, $\mathbf{G}_\nu$ entsprechen den Koeffizienten der Generatorpolynome.

Beispiel 9.4.2 (Faltungscode der Rate $R = 1/2$) Für unseren Rate-1/2 Beispielcode mit den Generatorpolynomen $g_1(D) = [1 + 0D + 1D^2]$ und $g_2(D) = [1 + 1D + 1D^2]$ ergibt sich $\mathbf{G}_0 = [11]$, $\mathbf{G}_1 = [01]$ und $\mathbf{G}_2 = [11]$. Die Generatormatrix lautet somit

$$\mathbf{G} = \begin{bmatrix} 11 & 01 & 11 & & \\ & 11 & 01 & 11 & \\ & & \ddots & & \ddots \end{bmatrix}. \tag{9.72}$$

◊

Beispiel 9.4.3 (Faltungscode der Rate $R = 2/3$) Der in Bild 9.44 eingeführte Rate-2/3 Faltungscode besitzt die Generatorpolynome $g_{11}(D) = [1 + 1D + 0D^2]$, $g_{12}(D) = [0 + 1D + 0D^2]$, $g_{13}(D) = [1 + 0D + 0D^2]$ (oberes Teilregister) und $g_{21}(D) = [0 + 0D + 1D^2]$, $g_{22}(D) = [1 + 0D + 0D^2]$, $g_{23}(D) = [1 + 1D + 1D^2]$ (unteres Teilregister). Folglich gilt $\mathbf{G}_0 = \begin{bmatrix} 1 & 0 & 1 \\ 0 & 1 & 1 \end{bmatrix}$, $\mathbf{G}_1 = \begin{bmatrix} 1 & 1 & 0 \\ 0 & 0 & 1 \end{bmatrix}$ und $\mathbf{G}_2 = \begin{bmatrix} 0 & 0 & 0 \\ 1 & 0 & 1 \end{bmatrix}$. Die gesuchte Generatormatrix lautet

$$\mathbf{G} = \begin{bmatrix} 101 & 110 & 000 & & \\ 011 & 001 & 101 & & \\ & 101 & 110 & 000 & \\ & 011 & 001 & 101 & \\ & & \ddots & \ddots & \ddots \end{bmatrix}. \tag{9.73}$$

◊

9.4.2 Trellisdarstellung von binären linearen Blockcodes

Interessanterweise kann für jeden linearen $(n,k,d_{min})_q$-Blockcode ein Trellisdiagramm hergeleitet werden. Mit Hilfe des Trellisdiagramms ist es deshalb auch möglich, lineare Blockcodes mit den bekannten trellisbasierten Verfahren zu decodieren. Somit ist prinzipiell insbesondere auch eine „soft-input soft-output" Decodierung für lineare Blockcodes möglich. Jeder Pfad im Trellisdiagramm entspricht einem Codewort, jeder Übergang einem Codesymbol. Das Trellisdiagramm besitzt folglich die Länge n. Man findet schnell ein *triviales Trellis*, wenn man jedem Codewort einen separaten Pfad zuordnet. Ein triviales Trellis umfasst somit q^k Zustände pro Trellissegment. Der zugehörige Decodierer führt eine vollständige Suche durch. Es ist aber auch möglich, aufwandsgünstigere Trellisdiagramme zu finden (und somit aufwandsgünstigere Decodierer zu erhalten).

Definition 9.4.1 (Minimales Trellis) *Ein Trellisdiagramm wird minimal genannt, wenn es die kleinst mögliche Anzahl an Zuständen und Übergängen aufweist.*

Da die Decodierkomplexität proportional zur Anzahl der Zustände ist, ist sie für das minimale Trellis kleinst möglich. Für Blockcodes mit $n-k \leq k$ weist das minimale Trellis q^{n-k} Zustände auf. Obwohl q^{n-k} wesentlich kleiner als q^k sein kann, ist die Trellisdarstellung nur für relativ einfache, insbesondere binäre Blockcodes praxisrelevant.

Man kann die Trellisdarstellung linearer Blockcodes sowohl mit Hilfe der Generatormatrix, als auch auf Basis der Prüfmatrix herleiten. Beide Methoden führen zu einem minimalen Trellis. Wir wollen dies im Folgenden für binäre lineare Blockcodes demonstrieren, wobei wir von der Prüfmatrix ausgehen. Wir nehmen dabei an, dass $n-k \leq k$. Das minimale Trellis eines binären Codes umfasst in diesem Fall 2^{n-k} Zustände und zwei Übergänge pro Zustand. Jeder Übergang im Trellisdiagramm entspricht einem Codebit.

Bekanntlich kann jeder lineare Blockcode vollständig durch eine Prüfmatrix $\mathbf{H} = [\mathbf{h}_1, \mathbf{h}_2, \ldots, \mathbf{h}_i, \ldots, \mathbf{h}_n]$ repräsentiert werden, wobei $\mathbf{h}_i$ die i-te Spalte der Prüfmatrix ist, $i \in \{1,2,\ldots,n\}$. Wir bezeichnen die 2^{n-k} Zustände des minimalen Trellis mit $z_i \in \{0,1,\ldots,2^{n-k}-1\}$, wobei $i \in \{0,1,\ldots,n\}$. In der Tiefe $i=0$ besitzt das Trellis nur einen Zustand $z_0 = 0$, den Startzustand. Mit den Gleichungen (9.74) und (9.75) erhält man rekursiv für jedes $i \in \{1,2,\ldots,n\}$ alle Zustände z_i der Tiefe i aus den Zuständen z_{i-1} der Tiefe $i-1$:

$$z_i = z_{i-1} \tag{9.74}$$

$$\text{bin}\{z_i\} = \text{bin}\{z_{i-1}\} \oplus \mathbf{h}_i \tag{9.75}$$

Gleichung (9.74) repräsentiert den Übergang für das Codebit $x_{i-1} = 0$ und Gleichung (9.75) für das Codebit $x_{i-1} = 1$. Der Operator bin$\{.\}$ bezeichnet die Umwandlung einer ganzen Zahl in die entsprechende Dualzahl.

Jedes Codewort $\mathbf{x} = [x_0, x_1, \ldots, x_{n-1}]$ im Trellisdiagramm stellt einen Pfad von $z_0 = 0$ nach $z_n = 0$ dar, dem Endzustand. Um das minimale Trellis zu erhalten muss jeder Übergang, der zu keinem Pfad nach $z_n = 0$ gehört, entfernt werden. Es ergeben sich damit insgesamt 2^k Pfade.

Beispiel 9.4.4 ($(7,4,3)_2$-Hamming-Code) Bild 9.45 zeigt das minimale Trellis für den $(7,4,3)_2$-Hamming-Code mit der Prüfmatrix gemäß (8.70) nach Entfernung der irrelevanten

Übergänge. Ein Vergleich mit Tabelle 8.5 verifiziert die Richtigkeit der Lösung. Da der ausgewählte Hamming-Code systematisch ist, stimmen die Infobits mit den ersten k Codebits überein.

◊

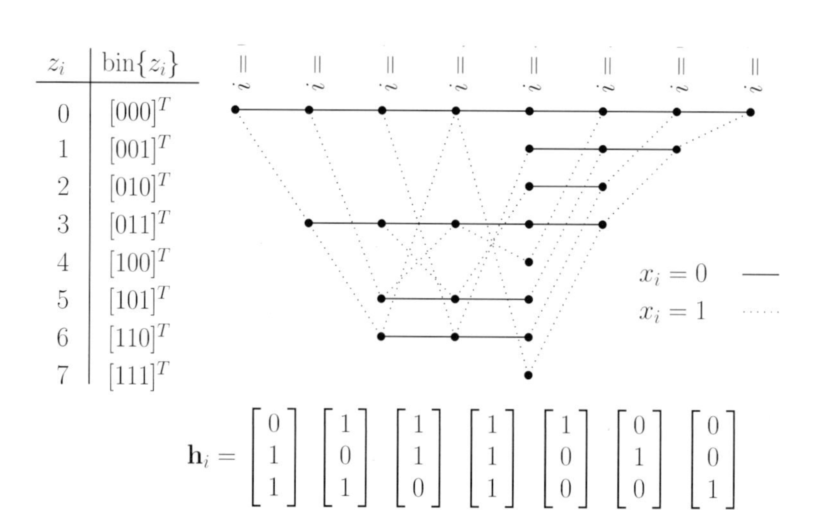

Bild 9.45: Minimales Trellis für den $(7,4,3)_2$-Hamming-Code

10 Interleaver

Interleaver werden üblicherweise verwendet, um Bündelfehler in Einzelfehler umzuwandeln, siehe Bild 10.1, oder um verkette Codes zu trennen, siehe Kapitel 11. Bündelfehler treten z. B. in Mobilfunkkanälen auf („Signalschwund") oder entstehen durch Kratzer auf optischen Speichermedien wie CD, DVD und Blu-ray. Interleaver haben dabei die Aufgabe, die zeitliche Reihenfolge einer Datensequenz zu verändern. Benachbarte Symbole am Interleavereingang sollten am Interleaverausgang (also auf dem Kanal) möglichst weit separiert sein. Der zugehörige *Deinterleaver* stellt die ursprüngliche Reihenfolge wieder her. Die Verkettung eines Interleavers/Deinterleavers entspricht einer Verzögerungseinrichtung. Je nach Ausführungsform unterscheidet man zwischen Bitinterleavern oder Symbolinterleavern: Bei Bitinterleavern wird die Reihenfolge einzelner Bits (in der Regel Codebits) verändert, während bei Symbolinterleavern die Reihenfolge einzelner Symbole (in der Regel Codesymbole) verändert wird, wobei Bitgruppen nicht getrennt werden. Bitinterleaving wird meist in Verbindung mit Faltungscodes angewendet, während Symbolinterleaving typischerweise in Verbindung mit Blockcodes angewendet wird, um deren Bündelfehlerkorrektureigenschaften optimal auszunutzen.

Bild 10.1: Kanalcodierung in Verbindung mit Interleaving zur Kompensation von Bündelfehlern

Interleaver/Deinterleaver sind letztlich Speicher, die in deterministischer oder pseudo-zufälliger Weise beschrieben und wieder ausgelesen werden. Interleaving verändert die Coderate nicht.

Die Wirkungsweise von Interleaving/Deinterleaving wird zunächst an einer einfachen Ausführungsform, dem sog. *Blockinterleaver* dargestellt. Im Weiteren werden dann effizientere Verfahren wie der *Faltungsinterleaver* und der *Pseudo-Zufallsinterleaver* vorgestellt.

10.1 Blockinterleaver

Ein Blockinterleaver ist ein zweidimensionaler Speicher, der gemäß Bild 10.2 horizontal beschrieben und vertikal ausgelesen wird. Der zugehörige Deinterleaver wird vertikal beschrieben und horizontal ausgelesen. Interleaver und Deinterleaver können als $(n_1 \times n_2)$-Matrix modelliert werden, wobei n_1 die Anzahl der Zeilen und n_2 die Anzahl der Spalten darstellt. In jedem Speicherelement wird ein Codesymbol gespeichert. Der Speicherbedarf des Blockinterleavers beträgt folglich $n_1 n_2$ Speicherelemente und die Verzögerung (einschließlich Deinterleaving) beträgt $2n_1 n_2$ Symboltakte, wenn die Codesymbole mit der gleichen Rate übertragen werden wie sie in den Interleaver eingeschrieben und vom Deinterleaver ausgelesen werden.

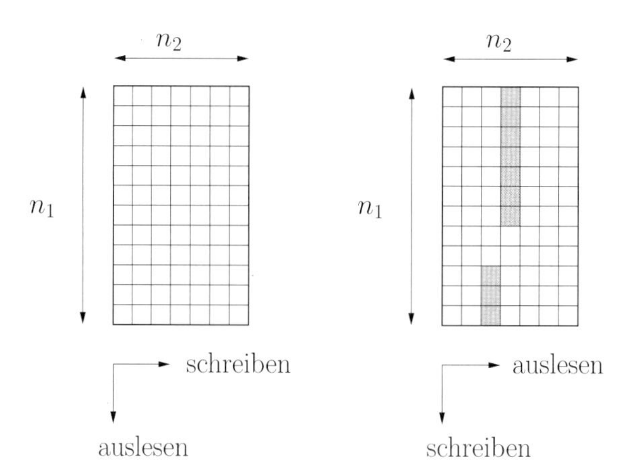

Bild 10.2: Blockinterleaver (links) und zugehöriger Blockdeinterleaver (rechts). Der im Deinterleaver skizzierte Bündelfehler hat eine Länge von $L_{Bündel} < n_1$ und wird somit nach dem Auslesen ein Einzelfehler umgewandelt

Wird ein Blockinterleaver in Verbindung mit einem Faltungscode betrieben um Bündelfehler in Einzelfehler umzuwandeln, so sollte die Anzahl der Zeilen, n_1, mindestens der maximal zu erwartenden Bündelfehlerlänge entsprechen ($n_1 \geq L_{Bündel}$). In diesem Fall wird, wie in Bild 10.2 skizziert, ein Bündelfehler der Länge $L_{Bündel}$ nach dem Auslesen aus dem Deinterleaver in $L_{Bündel}$ Einzelfehler umgewandelt. Die Anzahl der Spalten, n_2, sollte erfahrungsgemäß etwa der sechsfachen Einflusslänge entsprechen ($n_2 \approx 6(\nu + 1)$). Wenn nämlich $n_1 \geq L_{Bündel}$, so ist der Mindestabstand zwischen zwei Einzelfehlern nach dem Deinterleaving gleich n_2. Dieser Abstand sollte mindestens so groß sein, dass sich der Faltungsdecodierer nach einem Fehlerereignis wieder selbst synchronisiert.

Beispiel 10.1.1 Gegeben sei ein Blockinterleaver mit $n_1 = 3$ Zeilen und $n_2 = 6$ Spalten. Die Symbolsequenz $1, 2, 3, \ldots$ am Eingang des Interleavers wird in der Reihenfolge $1, 7, 13, 2, 8, 14, 3, \ldots$ ausgelesen. ◇

Mögliche Modifikationen des konventionellen Blockinterleavers bestehen darin, dass Zeilen oder Spalten permutiert werden, oder dass der Interleaver horizontal beschrieben und diagonal ausgelesen wird. Letzteres führt auf den sog. Faltungsinterleaver.

10.2 Faltungsinterleaver

Die Funktionsweise eines Faltungsinterleavers und des zugehörigen Faltungsdeinterleavers ist in Bild 10.3 dargestellt. Faltungsinterleaver und Faltungsdeinterleaver bestehen jeweils aus n_1 Speicherbänken unterschiedlicher Größe mit $0, n_3, 2n_3, \ldots, (n_1 - 1)n_3$ Speicherelementen, wobei $n_3 := n_2/n_1$ und n_2 ein ganzzahliges Vielfaches von n_1 sei. In jedem Speicherelement wird ein Codesymbol gespeichert. Interleaving und Deinterleaving geschehen fortlaufend. Die Codesymbole werden im Symboltakt in den Interleaver geschoben. Zu Beginn der Übertragung stehen die

Abgriffe aller Multiplexer/Demultiplexer in der oberen Position. Das erste Codesymbol wird senderseitig somit nicht verzögert, empfängerseitig aber in der ersten Speicherbank um $(n_1 - 1)n_3$ Symboltakte verzögert. Nach jedem Codesymbol werden alle Multiplexer/Demultiplexer zyklisch um eine Position inkrementiert. Das zweite Codesymbol wird senderseitig in der zweiten Speicherbank um n_3 Symboltakte verzögert, empfängerseitig in der zweiten Speicherbank um $(n_1 - 2)n_3$ Symboltakte. Man beachte, dass (wie beim Blockinterleaver) eine zeitliche Synchronisation zwischen Interleaver und Deinterleaver erforderlich ist.

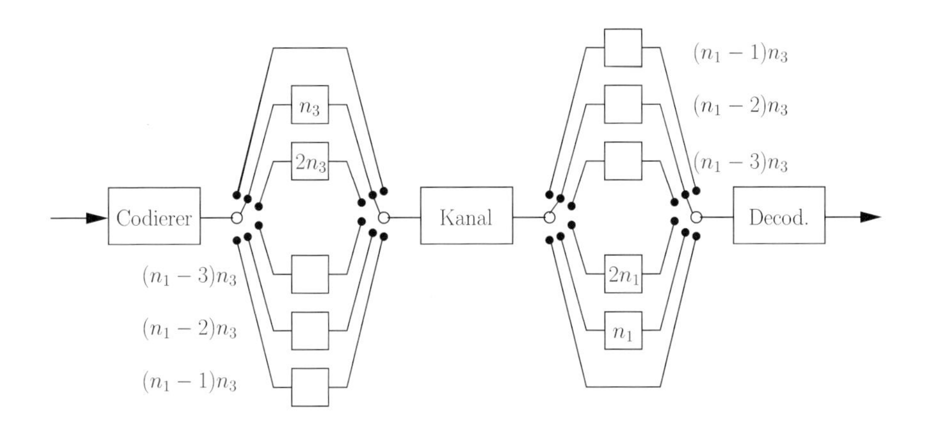

Bild 10.3: Faltungsinterleaver (links) und zugehöriger Faltungsdeinterleaver (rechts)

Der Speicherbedarf des Faltungsinterleavers beträgt $0 + n_3 + 2n_3 + \cdots + (n_1 - 1)n_3 = (n_1 - 1)n_2/2$ Speicherelemente und die Verzögerung (einschließlich Deinterleaving) ist gleich $(n_1 - 1)n_3 \cdot n_1 = (n_1 - 1)n_2$ Symboltakte, wenn die Codesymbole mit der gleichen Rate übertragen werden wie sie in den Interleaver eingeschrieben werden. Folglich sind Speicherbedarf und Verzögerungszeit nur etwa halb so groß wie beim Blockinterleaving. Dennoch werden die Kanalsymbole fast identisch weit separiert.

Beispiel 10.2.1 (Faltungsinterleaver) Gegeben sei ein Faltungsinterleaver mit den Parametern $n_1 = 3$ und $n_2 = 6$, folglich $n_3 = n_2/n_1 = 2$. Die Speicherelemente von Interleaver und Deinterleaver seien willkürlich initialisiert. Die beliebig lange Symbolsequenz $1, 2, 3, \ldots$ am Eingang des Interleavers wird in die Symbolsequenz $1, -, -, 4, -, -, 7, 2, -, 10, 5, -, 13, 8, 3, \ldots$ am Ausgang des Interleavers (und somit am Eingang des Deinterleavers) abgebildet, wobei „–" vom initialen Inhalt der Speicherelemente abhängt. Die Symbolsequenz am Ausgang des Deinterleavers lautet $-, -, -, -, -, -, -, -, -, -, -, -, 1, 2, 3, \ldots$. Die Verzögerung beträgt $(n_1 - 1)n_2 = 12$ Symboltakte; Interleaver und Deinterleaver bestehen aus jeweils 6 Speicherelementen. $\diamond$

Eine mögliche Modifikation des konventionellen Faltungsinterleavers besteht in einer Permutation der Speicherbänke derart, dass die Summe der Speicherelemente auf gleicher Ebene in Interleaver und Deinterleaver jeweils $(n_1 - 1)n_3$ Symboltakte beträgt.

10.3 Pseudo-Zufallsinterleaver

Ein Pseudo-Zufallsinterleaver besitzt nur eine Dimension, kann also durch einen Vektor beschrieben werden. Die Reihenfolge der Eingangssymbole wird pseudo-zufällig, d. h. ohne erkennbares Muster, verwürfelt, siehe Bild 10.4. Da der Decodierer die ursprüngliche Reihenfolge rekonstruieren muss, kann kein idealer Zufallsgenerator verwendet werden, um die Interleaver-Vorschrift zu erzeugen. Zur Abgrenzung von Interleavern mit einer regelmäßigen Struktur sprechen wir von Pseudo-Zufälligkeit, auch wenn diese Familie von Interleavern streng genommen deterministisch ist. Speicherbedarf und Verzögerungszeit eines Pseudo-Zufallsinterleavers der Länge $n_1 \, n_2$ ist mit einem Blockinterleaver der Dimension $n_1 \times n_2$ vergleichbar. Im Vergleich zum konventionellen Blockinterleaver erzeugt der Pseudo-Zufallsinterleaver größere Zufälligkeiten.

6	3	8	10	12	1	5	11	7	4	2	9

Bild 10.4: Pseudo-Zufallsinterleaver der Länge 12

Die Statistik von Pseudo-Zufallsinterleavern kann verbessert werden, wenn ungünstige Interleavermuster verworfen werden. Ein ungünstiges Interleavermuster zeichnet sich dadurch aus, dass benachbarte Eingangssymbole auf dem Kanal nicht hinreichend weit voneinander getrennt sind. Eine andere Möglichkeit zur Verbesserung der Statistik besteht darin, von Zeit zu Zeit (z. B. für jedes neue Codewort) ein neues Interleaver-/Deinterleaverpaar zu generieren.

11 Verkettete Codes („Turbo-Codes“) und iterative Decodierung („Turbo-Prinzip“)

Bei der „soft-input“-Decodierung profitiert der Decodierer von wertkontinuierlichen Empfangswerten. Beispielsweise ist der Viterbi-Algorithmus in der Lage, eine „soft-input“-Decodierung durchzuführen [A. J. Viterbi 1967, G. D. Forney 1973]. Allerdings stellt der Viterbi-Algorithmus am Ausgang des Decodierers keine Zuverlässigkeitsinformation zur Verfügung. Man spricht von einer *„soft-input hard-output“*-Decodierung. In der dem Viterbi-Decodierer nachfolgenden Verarbeitungsstufe stehen somit nur Binärwerte zur Verfügung.

Zahlreiche Arbeiten zur Herleitung von sog. *„soft-input soft-output (SISO)“-Decodierverfahren* waren vom Wunsch geprägt, wertkontinuierliche Werte an die nächste Verarbeitungsstufe weiter zureichen („never make hard decisions“). Zum Beispiel könnte ein Equalizer „soft outputs“ an einen Kanaldecodierer weiterreichen, der wiederum „soft outputs“ an einen Quellendecodierer weiter gibt. Beispiele für SISO-Decodierer umfassen den Bahl-Cocke-Jelinek-Raviv (BCJR)-Algorithmus [L. R. Bahl et al., 1974], SISO-Algorithmen von G. Battail [G. Battail, 1997] und J. Huber [J. Huber, 1990], sowie den *Soft-Output Viterbi Algorithmus (SOVA)* [J. Hagenauer & P. Höher, 1989]. Letzterer Algorithmus kann als aufwandsgünstige Approximation des BCJR-Algorithmus interpretiert werden [P. Robertson et al., 1997]. Diese Familie von Algorithmen stellt für jedes Infosymbol die a posteriori Wahrscheinlichkeit bzw. einen Näherungswert der a posteriori Wahrscheinlichkeit bereit. Eine Alternative bildet der *List Viterbi-Algorithmus (LVA)*, welcher eine geordnete Liste der wahrscheinlichsten Entscheidungen bereitstellt [N. Seshadri & C.-E. W. Sundberg, 1994].

Der zweite Schritt in der Evolution war die *Kombination von „soft outputs“* von verschiedenen Prozessoren. Basierend auf der Interpretation des SOVA als nichtlineares Digitalfilter, welches das Signal/Rauschleistungsverhältnis verbessern kann [J. Hagenauer & P. Höher, 1989], wurden zuverlässigkeitsbasierte iterative Decodierverfahren gleichzeitig für parallel verkettete Codes [C. Berrou et al., 1993], *Turbo-Codes* genannt, und *(Block- und Faltungs-)Produktcodes* [J. Lodge et al., 1993] entwickelt, welche als seriell verkettete Codes aufgefasst werden können. Neben der Weiterentwicklung von parallel und seriell verketteten Codes [S. Benedetto et al., 1996] wurde die Bedeutung von LDPC-Codes [R. G. Gallager, 1962] wieder entdeckt. In Verbindung mit geeigneten Decodierverfahren kann die Kanalkapazität fast beliebig genau erreicht werden.

Der Hauptbeitrag der iterativen SISO-Decodierverfahren war der Schritt von „soft“ zu „iterativ“. Bei der iterativen Decodierung ist die Informationsverknüpfung (*„information combining“*) [I. Land et al., 2005] von grundlegender Bedeutung. Unter Informationsverknüpfung versteht man die Kombination von verschiedenen Zuverlässigkeitswerten unter Berücksichtigung von a priori Information. Die Kernidee der Informationsverknüpfung geht auf Hagenauers *Wetterproblem* zurück, welches im nächsten Abschnitt vorgestellt wird. Ein weiteres Kernkonzept ist die Nutzung von *extrinsischer Information* [C. Berrou et al. 1993, J. Lodge et al. 1993] um sicherzustellen, dass Information bei der Informationsverknüpfung nur einmal verwendet wird. Insbesondere der *„Message-Passing-Algorithmus“* macht von diesen Prinzipien Gebrauch [N. Wiberg et al. 1995, H. A. Loeliger et al. 2007].

Der dritte und derzeit aktuelle Schritt besteht in einer Codeoptimierung und fundierten Analyse über das Verhalten von iterativen Decodierverfahren. Als wohl wichtigster Beitrag diesbezüglich sei die *„Extrinsic Information Transfer (EXIT)-Chart“* Technik von S. ten Brink genannt [S. ten Brink, 2001].

Das vorliegende Kapitel ist wie folgt gegliedert: Nach einer Einführung in Grundlagen wie Wetterproblem und Log-Likelihood-Verhältnis werden verkettete Codes vorgestellt. Anschließend werden iterative Decodierverfahren und die EXIT-Chart Technik besprochen.

11.1 Grundlagen

11.1.1 Wetterproblem

Das im Folgenden diskutierte *Wetterproblem* bildet den Schlüssel zur Verknüpfung von Information (und ist somit der Kerngedanke der iterativen Decodierung/Detektion), auch wenn es auf den ersten Blick nichts mit Codierungstheorie gemeinsam haben mag.

Nehmen wir an, dass das Wetter eine binäre, gleichverteilte Zufallsvariable ist, die die Werte „sonnig“ und „regnerisch“ annehmen kann. Des Weiteren nehmen wir zwei erwartungstreue und ehrliche Wetterstationen an, die auf Basis von Beobachtungen das Wetter für einen bestimmten Ort vorhersagen. Es wird angenommen, dass die Wetterstationen unterschiedliche Messprinzipien anwenden, und deshalb die Messfehler statistisch unabhängig sind. Die Annahme statistisch unabhängiger Messfehler ist von großer Bedeutung. (Man beachte, dass die Beobachtungen nicht statistisch unabhängig sind. Für den gleichen Ort sollten die Beobachtungen sogar stark korreliert sein.) Beispielsweise könnte die erste Wetterstation die Farbe des Sonnenuntergangs als Messprinzip nutzen, während die zweite Wetterstation Informationen aus einem Wettersatelliten der neuesten Generation bezieht. Nehmen wir konkret an, dass Wetterstation 1 eine Wahrscheinlichkeit für sonniges Wetter von 60 % prognostiziert, während Wetterstation 2 eine Wahrscheinlichkeit für sonniges Wetter von 70 % vorhersagt. Die ultimative Frage lautet: Wie groß ist die Wahrscheinlichkeit für sonniges Wetter basierend auf obigen Annahmen und den konkreten Zahlenwerten? Diese Frage wird Wetterproblem genannt. Wir wollen an dieser Stelle das korrekte Ergebnis noch nicht verraten, sondern vielmehr den Leser aufmuntern, über die Lösung des Wetterproblems nachzudenken.

11.1.2 Log-Likelihood Verhältnis

Definition 11.1.1 (A Posteriori Log-Likelihood Verhältnis) *Das* a posteriori Log-Likelihood Verhältnis *(„Log-Likelihood Ratio (LLR)“) einer binären Zufallsvariable X mit den Werten $x \in \{+1, -1\}$ gegeben einer Empfangssequenz $\mathbf{y}$ ist gemäß*

$$L(x|\mathbf{y}) := \log_b \frac{P_{X|\mathbf{Y}}(x=+1|\mathbf{y})}{P_{X|\mathbf{Y}}(x=-1|\mathbf{y})} = \log_b \frac{P_{X|\mathbf{Y}}(x=+1|\mathbf{y})}{1-P_{X|\mathbf{Y}}(x=+1|\mathbf{y})} = \log_b \frac{1-P_{X|\mathbf{Y}}(x=-1|\mathbf{y})}{P_{X|\mathbf{Y}}(x=-1|\mathbf{y})} \quad (11.1)$$

definiert. Hierbei ist $P_{X|\mathbf{Y}}(x|\mathbf{y})$ die Wahrscheinlichkeit, dass die binäre Zufallsvariable X den Wert x gegeben $\mathbf{y}$ *annimmt. Die Basis b des Logarithmus ist beliebig ($b > 1$).*

Das a posteriori Log-Likelihood Verhältnis $L(x|\mathbf{y}) \in \mathbb{R}$ wird im Folgenden als *L-Wert* der Zufallsvariable X gegeben $\mathbf{y}$ bezeichnet. Das Vorzeichen von $L(x|\mathbf{y})$ entspricht der harten Entscheidung

$$\hat{x} = \begin{cases} +1 & \text{falls } L(x|\mathbf{y}) \geq 0 \\ -1 & \text{sonst} \end{cases} \tag{11.2}$$

Der Betrag $|L(x|\mathbf{y})|$ repräsentiert die Zuverlässigkeit dieser Entscheidung.

Beispiel 11.1.1 (Log-APP-Decodierer) Ein APP-Decodierer (beispielsweise implementiert mit Hilfe des BCJR-Algorithmus) möge den Zahlenwert $P_{X|\mathbf{Y}}(x_k = +1|\mathbf{y}) = 10^{-4}$ berechnen, dies entspricht $P_{X|\mathbf{Y}}(x_k = -1|\mathbf{y}) = 0.9999$. Wir betrachten nun den zugehörigen Log-APP-Decodierer. Zu Demonstrationszwecken wählen wir die Basis $b = 10$ und erhalten $L(x_k|\mathbf{y}) = -4$ in guter Approximation für dieses Zahlenbeispiel. Das Vorzeichen ist negativ, somit lautet die harte Entscheidung $\hat{x}_k = -1$. Der Betrag ist gleich $|L(x_k|\mathbf{y})| = 4$ in guter Approximation. Dies entspricht einer Fehlerwahrscheinlichkeit von 10^{-4} (für $b = 10$).

Der APP-Decodierer berechnet für jeden Index k eine andere Wahrscheinlichkeit $P_{X|\mathbf{Y}}(x_k|\mathbf{y})$ im Sinne einer symbolweisen Schätzung („symbol-by-symbol APP-Decodierung"). Somit gibt der Log-APP-Decodierer für jeden Index k einen anderen L-Wert aus.

Um den zeitlichen Verlauf der L-Werte darzustellen, wurde in Bild 11.1 folgendes Experiment durchgeführt: Es wurde ein Log-APP-Decodierer für einen Rate-1/2 Faltungscode mit 4 Zuständen („Beispielcode") entworfen. Als Informationssequenz wurde die $[+1, +1, \ldots, +1]$-Sequenz der Länge $K = 100$ gewählt. Auf die zugehörige Codesequenz $[+1, +1, \ldots, +1]$ der Länge $N = 200$ wurde weißes Gauß'sches Rauschen addiert ($E_s/N_0 = 0$ dB). Die verrauschte Codesequenz ist auf der linken Seite in Bild 11.1 dargestellt. Die mittlere Fehlerwahrscheinlichkeit beträgt etwa $P_b = 0.08$ vor dem Decodierer. Auf der rechten Seite sind die $K = 100$ L-Werte am Ausgang des Log-APP-Decodierers dargestellt. Bei dem gewählten Arbeitspunkt von $E_b/N_0 = 2E_s/N_0 = 3$ dB beträgt die mittlere Fehlerwahrscheinlichkeit nach dem Decodierer etwa $P_b = 5 \cdot 10^{-3}$ (auch wenn bei der dargestellten Musterfunktion kein Fehler zu sehen ist). Man erkennt, dass die L-Werte korreliert sind, weil der Codierer (und somit auch der Decodierer) gedächtnisbehaftet ist. Das wahrscheinlichste Infobit an der Stelle $k = 39$ besitzt eine Fehlerwahrscheinlichkeit von etwa 10^{-4}. Die unwahrscheinlichsten Infobits (um $k = 10$ und um $k = 95$) haben eine Fehlerwahrscheinlichkeit von etwa 10^{-1}.

Bild 11.1 motiviert, den Log-APP-Decodierer als *nichtlineares LLR-Filter* zu interpretieren. Diesbezüglich ergeben sich Analogien zwischen der Codierungstheorie und der digitalen Signalverarbeitung. ◇

Gleichung (11.1) ist für jede Basis b ($b > 1$) eindeutig umkehrbar. Löst man nach $P_{X|\mathbf{Y}}(x|\mathbf{y})$ auf, so folgt

$$P_{X|\mathbf{Y}}(x = +1|\mathbf{y}) = \frac{b^{L(x|\mathbf{y})}}{1 + b^{L(x|\mathbf{y})}}. \tag{11.3}$$

Aus Symmetriegründen folgt unmittelbar

$$P_{X|\mathbf{Y}}(x = -1|\mathbf{y}) = \frac{1}{1 + b^{L(x|\mathbf{y})}} = \frac{b^{-L(x|\mathbf{y})}}{1 + b^{-L(x|\mathbf{y})}}. \tag{11.4}$$

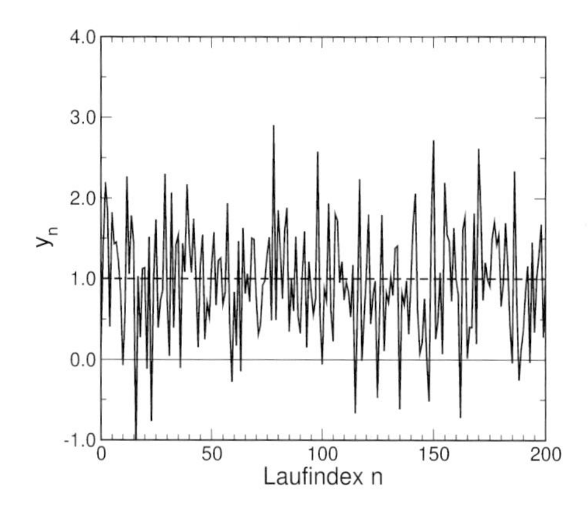

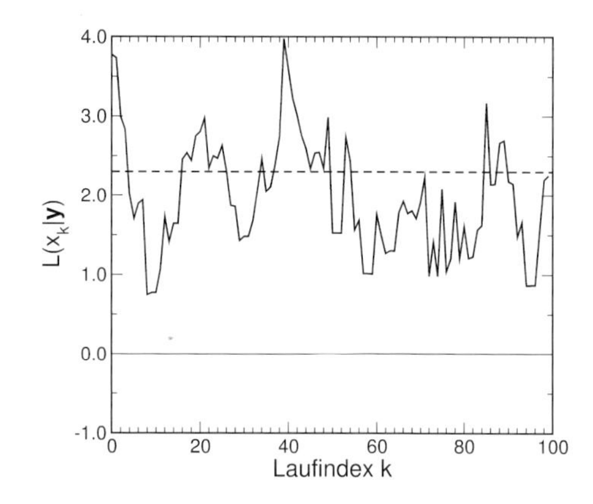

Bild 11.1: Musterfunktion der Eingangswerte y_n (links) und der Ausgangswerte $L(x_k|\mathbf{y})$ des Decodierers (rechts). Die Mittelwerte sind gestrichelt gezeichnet

Die Gleichungen (11.3) und (11.4) können gemäß

$$P_{X|\mathbf{Y}}(x=\pm 1|\mathbf{y}) = \frac{b^{\pm L(x|\mathbf{y})}}{1+b^{\pm L(x|\mathbf{y})}} = \frac{b^{\pm L(x|\mathbf{y})/2}}{b^{+L(x|\mathbf{y})/2}+b^{-L(x|\mathbf{y})/2}}. \tag{11.5}$$

zusammengefasst werden.

Analog zum a posteriori Log-Likelihood-Verhältnis definiert man das *a priori Log-Likelihood-Verhältnis*:

Definition 11.1.2 (A Priori Log-Likelihood Verhältnis) *Das* a priori Log-Likelihood Verhältnis *einer binären Zufallsvariable X mit den Werten* $x \in \{+1,-1\}$ *ist gemäß*

$$L(x) := \log_b \frac{P_X(x=+1)}{P_X(x=-1)} \tag{11.6}$$

definiert. $L(x) = 0$ *bedeutet, dass keine a priori Information vorliegt.*

Wendet man den Satz von Bayes auf (11.1) an, so folgt

$$\begin{aligned} L(x|\mathbf{y}) &= \log_b \frac{P_X(x=+1)}{P_X(x=-1)} + \log_b \frac{P_{\mathbf{Y}|X}(\mathbf{y}|x=+1)}{P_{\mathbf{Y}|X}(\mathbf{y}|x=-1)} \\ &:= L(x) + L(\mathbf{y}|x), \end{aligned} \tag{11.7}$$

falls die Elemente von **y** wertdiskret sind. Wenn die Elemente von **y** wertkontinuierlich sind, so ist $P_{\mathbf{Y}|X}(\mathbf{y}|x)$ durch die Wahrscheinlichkeitsdichte $p_{\mathbf{Y}|X}(\mathbf{y}|x)$ zu ersetzen. An den L-Werten ändert sich dadurch nichts.

Beispiel 11.1.2 (LLR für den AWGN-Kanal) Wir wollen nun das a posteriori Log-Likelihood-Verhältnis für das AWGN-Kanalmodell $y_k = x_k + n_k$ berechnen, $x_k \in \{+1,-1\}$. Hierzu verwenden wir den natürlichen Logarithmus ($b = e$) und erhalten:

$$\begin{aligned} L(x_k|y_k) &= \log_e \frac{P_{X|Y}(x_k = +1|y_k)}{P_{X|Y}(x_k = -1|y_k)} \\ &= \log_e \frac{P_X(x_k = +1) \cdot p_{Y|X}(y_k|x_k = +1)}{P_X(x_k = -1) \cdot p_{Y|X}(y_k|x_k = -1)} \\ &= \log_e \frac{P_X(x_k = +1)}{P_X(x_k = -1)} + \log_e \frac{\exp(-\frac{E_s}{N_0}(y_k - 1)^2)}{\exp(-\frac{E_s}{N_0}(y_k + 1)^2)} \\ &= \log_e \frac{P(x_k = +1)}{P(x_k = -1)} + 4\frac{E_s}{N_0} y_k \\ &= L(x_k) + L(y_k|x_k) \\ &= L(x_k) + L(y_k). \end{aligned} \tag{11.8}$$

Den Term $L_c := L(y_k) = 4\frac{E_s}{N_0} y_k$ nennt man *Kanalinformation*. Interessanterweise muss ein Matched-Filter-Ausgangswert y_k nur mit der Konstante $4\frac{E_s}{N_0}$ skaliert werden, um einen Log-Likelihood-Wert zu ergeben. Näheres zur Matched-Filterung folgt in Teil III.

Erweitert man das Kanalmodell gemäß $y_k = ax_k + n_k$, so erhält man

$$L_c = 4a\frac{E_s}{N_0} y_k \tag{11.9}$$

für die Kanalinformation. ◊

Neben dem a priori Log-Likelihood-Verhältnis und dem a posteriori Log-Likelihood-Verhältnis ist der Begriff des *extrinsischen Log-Likelihood-Verhältnis* wichtig:

Definition 11.1.3 *Das extrinsische Log-Likelihood-Verhältnis einer binären Zufallsvariable X mit den Werten* $x \in \{+1, -1\}$ *gegeben einer Empfangssequenz* $\mathbf{y}$ *ist gemäß*

$$L(\mathbf{y}|x) := \log_b \frac{P_{\mathbf{Y}|X}(\mathbf{y}|x = +1)}{P_{\mathbf{Y}|X}(\mathbf{y}|x = -1)} \tag{11.10}$$

definiert.

Stellt man (11.7) um, so folgt unmittelbar

$$L(\mathbf{y}|x) = L(x|\mathbf{y}) - L(x). \tag{11.11}$$

Das extrinsische Log-Likelihood-Verhältnis ist somit gleich dem a posteriori Log-Likelihood-Verhältnis abzüglich dem a priori Log-Likelihood-Verhältnis. Das extrinsische Log-Likelihood-Verhältnis ist folglich ein Maß für den Neuigkeitsgrad.

Man kann, wie in Abschnitt 11.1.5 ausgeführt, einen Zusammenhang zwischen dem Log-Likelihood-Verhältnis und der wechselseitigen Information aufstellen. Je größer das Log-Likelihood-Verhältnis, umso größer ist der Informationsgewinn. Gerade im Zusammenhang mit einem Informationsaustausch werden die Begriffe „L-Wert" und „Information" oft gleichermaßen verwendet. Ein Beispiel ist wie folgt:

Beispiel 11.1.3 (Log-APP-Decodierer) Einen Log-APP-Decodierer kann man als Viertor gemäß Bild 11.2 darstellen. Die beiden Eingangswerte sind die *Kanalinformation*, L_c, und die *a priori Information*, L_a. Die beiden Ausgangswerte sind die *a posteriori Information*, L_p, und die *extrinsische Information*, L_e. Das Viertor kann kaskadiert werden. ◊

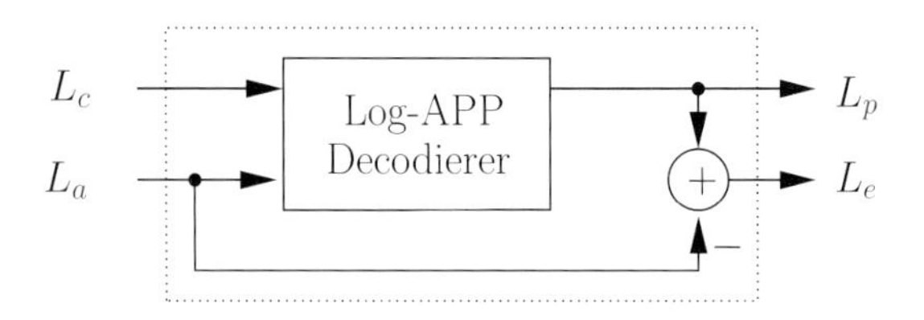

Bild 11.2: Log-APP-Decodierer als Viertor

Weitere interessante Rechenregeln für Log-Likelihood-Werte erhält man, wenn mehrere Beobachtungen vorliegen. Es seien $\mathbf{y}_1$ und $\mathbf{y}_2$ Beobachtungen der gleichen Zufallsvariable X. Die Messfehler seien statistisch unabhängig. Man kann mit Hilfe der Kettenregel der Wahrscheinlichkeitsrechnung zeigen, dass

$$\begin{aligned} L(x|\mathbf{y}_1,\mathbf{y}_2) &:= \log_b \frac{P_{X|\mathbf{Y}_1,\mathbf{Y}_2}(x=+1|\mathbf{y}_1,\mathbf{y}_2)}{P_{X|\mathbf{Y}_1,\mathbf{Y}_2}(x=-1|\mathbf{y}_1,\mathbf{y}_2)} \\ &= L(\mathbf{y}_1|x)+L(\mathbf{y}_2|x)+L(x) \\ &= L(x|\mathbf{y}_1)+L(x|\mathbf{y}_2)-L(x). \end{aligned} \tag{11.12}$$

Gleichung (11.12) ist eine Verallgemeinerung von (11.7). Man beachte, dass $L(x|\mathbf{y}_1)$ und $L(x|\mathbf{y}_2)$ additiv sind.

Es sei betont, dass die Gleichungen (11.1)-(11.12) für gedächtnisbehaftete und gedächtnisfreie Decodierer (bzw. Detektoren) Gültigkeit besitzen. Für gedächtnisfreie Decodierer (bzw. Detektoren) kann man auch kürzer schreiben: $L(x|y)$ und $P_{X|Y}(x|y)$ (bzw. $L(x|y_1,y_2)$ und $P_{X|Y_1,Y_2}(x|y_1,y_2)$).

Ohne Beschränkung der Allgemeinheit wollen wir im Weiteren den natürlichen Logarithmus verwenden, d. h. $b=e$.

Beispiel 11.1.4 (Wetterproblem (Fortsetzung)) Gleichung (11.12) ist der Schlüssel zur Lösung des Wetterproblems: Für die eingangs genannten Zahlenwerte erhält man $L(x|y_1)=\log_e \frac{0.6}{0.4}$, $L(x|y_2)=\log_e \frac{0.7}{0.3}$ und $L(x)=0$. Somit gilt $L(x|y_1,y_2)=\log_e \frac{0.6}{0.4}+\log_e \frac{0.7}{0.3}$. Durch einsetzen in

$$P_{X|Y_1,Y_2}(x=+1|y_1,y_2)=\frac{e^{L(x|y_1,y_2)}}{1+e^{L(x|y_1,y_2)}} \tag{11.13}$$

erhält man das auf den ersten Blick vielleicht verblüffende Ergebnis, dass die Wahrscheinlichkeit für schönes Wetter 77.7 % beträgt und somit größer als die Einzelwahrscheinlichkeiten von 60 % bzw. 70 % ist, obwohl die a priori Wahrscheinlichkeit für sonniges Wetter gemäß Annahme gleich 50 % ist. Dies liegt daran, dass die Wetterstationen sich in ihrer Aussage unterstützen. Würde die

Wetterstation 1 (wie bislang) eine Wahrscheinlichkeit von 60 % vorhersagen, Wetterstation 2 aber eine Wahrscheinlichkeit von 50 % prädizieren („ich weiß nicht"), so wäre die Wahrscheinlichkeit für gutes Wetter 60 %. ◊

11.1.3 Symmetrieeigenschaften von Log-Likelihood-Werten

Log-Likelihood-Werte weisen interessante Symmetrieeigenschaften auf. Ein Verständnis dieser Symmetrieeigenschaften ist beispielsweise im Zusammenhang mit EXIT-Charts (siehe Abschnitt 11.4) nützlich.

Wir betrachten im Folgenden die a posteriori Log-Likelihood-Werte $L(y|x)$ einer binären Zufallsvariable X mit den Werten $x \in \{+1, -1\}$ gemäß (11.1). Die Empfangswerte y seien reellwertig. Jeder L-Wert kann wiederum als Zufallsvariable aufgefasst werden. Die Realisierungen der Zufallsvariable L werden mit l bezeichnet. Nimmt man an, dass $L(x) = 0$ (d. h. X ist gleichverteilt), so folgt

$$p_{Y|X}(y|+1) \quad = \quad e^l \, p_{Y|X}(y|-1) \tag{11.14}$$

aus der Definition des a posteriori Log-Likelihood Verhältnis, Gleichung (11.1). Eine Verallgemeinerung für andere Verteilungen von X ist möglich. Wir betrachten im Weiteren ausschließlich Kanalmodelle mit folgenden Symmetriebedingungen:

$$\begin{aligned} p_{L|X}(l|+1) &= p_{L|X}(-l|-1) \\ p_{L|X}(l|-1) &= p_{L|X}(-l|+1). \end{aligned} \tag{11.15}$$

Ferner nehmen wir an, dass bei codierten Übertragungssystemen der Kanalcode linear ist. Durch Kombination von (11.14) und (11.15) erhält man

$$\begin{aligned} p_{L|X}(l|+1) &= \int_{y:l} p_{Y|X}(y|+1)\, dy \\ &\overset{(11.14)}{=} \int_{y:l} e^l \, p_{Y|X}(y|-1)\, dy \\ &= e^l \, p_{L|X}(l|-1), \end{aligned} \tag{11.16}$$

wobei die Integration über alle y durchzuführen ist die zum L-Wert l gemäß (11.1) führen. Zusammenfassend erhält man

$$\begin{aligned} p_{L|X}(l|+1) &\overset{(11.16)}{=} e^l \, p_{L|X}(l|-1) \\ &\overset{(11.15)}{=} e^l \, p_{L|X}(-l|+1). \end{aligned} \tag{11.17}$$

Diese Eigenschaft wird *Exponentialsymmetrie* genannt. Die Gleichungen (11.15) und (11.17) repräsentieren zwei fundamentale Eigenschaften der bedingten Wahrscheinlichkeitsdichtefunktion einer binären Zufallsvariable X, die (codiert oder uncodiert) über einen symmetrischen Kanal übertragen wird.

Durch Anwendung dieser Erkenntnis kann der Zusammenhang zwischen der bedingten Wahrscheinlichkeitsdichtefunktion $p_{L|X}(l|+1)$ und der Wahrscheinlichkeitsdichtefunktion $p_\Lambda(\lambda)$ des Betrags $\Lambda := |L|$ hergeleitet werden.

Zunächst kann die Wahrscheinlichkeitsdichtefunktion $p_L(l)$ durch die bedingte Wahrscheinlichkeitsdichtefunktion $p_{L|X}(l|x)$ ausgedrückt werden:

$$\begin{aligned} p_L(l) &= P_X(+1)\,p_{L|X}(l|+1) + P_X(-1)\,p_{L|X}(l|-1) \\ &\overset{(11.17)}{=} P_X(+1)\,p_{L|X}(l|+1) + P_X(-1)\,e^{-l}\,p_{L|X}(l|+1) \\ &= \left[P_X(+1) + e^{-l}\,P_X(-1)\right] p_{L|X}(l|+1). \end{aligned} \tag{11.18}$$

Damit kann die Wahrscheinlichkeitsdichtefunktion $p_\Lambda(l)$ berechnet werden:

$$\begin{aligned} p_\Lambda(l) &= p_L(l) + p_L(-l) \\ &= \underbrace{[P_X(+1) + P_X(-1)]}_{1}\,[1+e^{-l}]\,p_{L|X}(l|+1) \quad \forall\, l \geq 0. \end{aligned} \tag{11.19}$$

Für $l < 0$ ist $p_\Lambda(l)$ gleich null. Somit sind $p_{L|X}(l|+1)$ und $p_\Lambda(l)$ gemäß

$$p_{L|X}(l|+1) = \frac{p_\Lambda(l)}{1+e^{-l}} \quad \forall\, l \geq 0 \tag{11.20}$$

verknüpft.

Beispiel 11.1.5 (AWGN-Kanal) Als Beispiel betrachten wir eine uncodierte bipolare Übertragung über einen AWGN-Kanal. Die Rauschvarianz sei $\sigma_n^2 = N_0/2E_s$. Für einen festen Eingangswert $x > 0$ sind die Ausgangswerte y gaußverteilt mit Mittelwert $\mu_Y = +x$ und Varianz $\sigma_Y^2 = \sigma_n^2$:

$$p_{Y|X}(y|+1) = \frac{1}{\sqrt{2\pi\,\sigma_Y^2}} \exp\Big(-\frac{(y-\mu_Y)^2}{2\,\sigma_Y^2}\Big). \tag{11.21}$$

Wegen $L \overset{(11.9)}{=} L_c = 4x\frac{E_s}{N_0}\cdot y = 2(\mu_Y/\sigma_Y^2)\cdot y$ kann zur Berechnung von $p_{L|X}(l|+1)$ die Variablentransformation $y = \sigma_Y^2/(2\mu_Y)\cdot l$ angewendet werden. Man erhält

$$\begin{aligned} p_{L|X}(l|+1) &= \frac{\sigma_Y^2}{2\mu_Y}\cdot p_Y\left(\frac{\sigma_Y^2}{2\mu_Y}\,l\right) \\ &= \frac{1}{\sqrt{2\pi\left(\frac{2\mu_Y}{\sigma_Y}\right)^2}} \exp\left(-\frac{(l-\frac{2\mu_Y^2}{\sigma_Y^2})^2}{2\left(\frac{2\mu_Y}{\sigma_Y}\right)^2}\right). \end{aligned} \tag{11.22}$$

Man beachte, dass $p_{L|X}(l|+1)$ gaußverteilt mit Mittelwert $\mu_L = 2\mu_Y^2/\sigma_Y^2$ und Varianz $\sigma_L^2 = 4\mu_Y^2/\sigma_Y^2$ ist. Weil es sich um eine bedingte Wahrscheinlichkeitsdichtefunktion eines L-Wertes handelt, muss diese Verteilung exponentialsymmetrisch sein. Jede Gaußverteilung mit der Randbedingung

$$\sigma^2 = 2\mu \tag{11.23}$$

weist die gewünschte Eigenschaft auf. Gleichung (11.23) wird in der Literatur *Konsistenzbedingung* genannt. ◇

11.1.4 Weiche Bits

Es sei X wie bislang eine binäre Zufallsvariable mit den Werten $x \in \{+1,-1\}$. Die Formeln $P_{X|\mathbf{Y}}(x=+1|\mathbf{y}) = \frac{e^{+L(x|\mathbf{y})}}{1+e^{+L(x|\mathbf{y})}}$ und $P_{X|\mathbf{Y}}(x=-1|\mathbf{y}) = \frac{e^{-L(x|\mathbf{y})}}{1+e^{-L(x|\mathbf{y})}}$ (vgl. (11.3) und (11.4)) motivieren die folgende Definition [J. Hagenauer et al., 1996]:

Definition 11.1.4 (Weiche Bits) *Ein weiches Bit („soft bit") ist gemäß*

$$\begin{aligned} \lambda(x|\mathbf{y}) &:= E\{x|\mathbf{y}\} = (+1)\frac{e^{+L(x|\mathbf{y})}}{1+e^{+L(x|\mathbf{y})}} + (-1)\frac{e^{-L(x|\mathbf{y})}}{1+e^{-L(x|\mathbf{y})}} \\ &= \tanh(L(x|\mathbf{y})/2) \end{aligned} \tag{11.24}$$

bzw. entsprechend gemäß

$$\begin{aligned} \lambda(x) &:= E\{x\} = (+1)\frac{e^{+L(x)}}{1+e^{+L(x)}} + (-1)\frac{e^{-L(x)}}{1+e^{-L(x)}} \\ &= \tanh(L(x)/2) \end{aligned} \tag{11.25}$$

definiert, wobei $E\{.\}$ für Erwartungswert steht. Ein weiches Bit kann alle reellen Zahlen zwischen -1 und $+1$ annehmen.

Die folgenden Ausführungen gelten gleichermaßen für $\lambda(x|\mathbf{y})$ und $\lambda(x)$.

Wir betrachten nun verschiedene Möglichkeiten, um zwei statistisch unabhängige Zufallsvariablen X_1 und X_2 zu addieren. Falls x_1 und $x_2 \in \{0,1\}$, so lautet die Modulo-Addition bekanntlich $x_3 = x_1 \oplus x_2$. Falls x_1 und $x_2 \in \{+1,-1\}$, dann entspricht die Modulo-Addition dem Produkt $x_3 = x_1 \cdot x_2$. Für die im Folgenden genannten Alternativen seien x_1 und $x_2 \in \{+1,-1\}$.

- Eine Alternative bietet die Addition von weichen Bits. Aus $E\{x_3\} = E\{x_1 \cdot x_2\}$ folgt bei statistischer Unabhängigkeit $E\{x_3\} = E\{x_1\} \cdot E\{x_2\}$, und somit per Definition

$$\lambda(x_3) = \lambda(x_1) \cdot \lambda(x_2). \tag{11.26}$$

- Eine zweite Alternative besteht in der Verwendung von L-Werten. Es gilt

$$\begin{aligned} L(x_3) &= L(x_1 \oplus x_2) \\ &= \log_e \frac{1+e^{L(x_1)}e^{L(x_2)}}{e^{L(x_1)}+e^{L(x_2)}} \\ &= 2\,\text{artanh}(\tanh(L(x_1)/2) \cdot \tanh(L(x_2)/2)), \\ &\approx \text{sign}(L(x_1)) \cdot \text{sign}(L(x_2)) \cdot \min(|L(x_1)|, |L(x_2)|). \end{aligned} \tag{11.27}$$

Man definiert

$$L(x_1 \oplus x_2) := L(x_1) \boxplus L(x_2) \tag{11.28}$$

und nennt $\boxplus$ das „box-plus"-Symbol. Die Zuverlässigkeit wird durch den kleinsten Term dominiert. Es gilt $L(x) \boxplus (\pm\infty) = \pm L(x)$ und $L(x) \boxplus 0 = 0$. Das Vorzeichen wird von den Vorzeichen der beiden Argumente bestimmt. Der Zusammenhang zu den weichen Bits lautet

$$L(x_1 \oplus x_2) = 2\text{artanh}(\lambda_1 \lambda_2). \tag{11.29}$$

- Eine dritte Alternative besteht in der Möglichkeit, die Beträge der weichen Bits in der logarithmischen Ebene zu addieren, anstatt sie zu multiplizieren. Wir definieren

$$\Lambda(x) := -\log_e(|\lambda(x)|) = -\log_e(|\tanh(L(x)/2)|). \tag{11.30}$$

  Die Umkehrfunktion lautet

$$|\lambda(x)| = e^{-\Lambda(x)}. \tag{11.31}$$

  Es folgt

$$\Lambda(x_3) = \Lambda(x_1) + \Lambda(x_2). \tag{11.32}$$

  Das Vorzeichen erhält man aus dem Produkt $x_1 \cdot x_2$.

In Bild 11.3 sind die vier genannten Verfahren zusammengefasst. Eine Erweiterung auf mehr als zwei Argumente ist naheliegend.

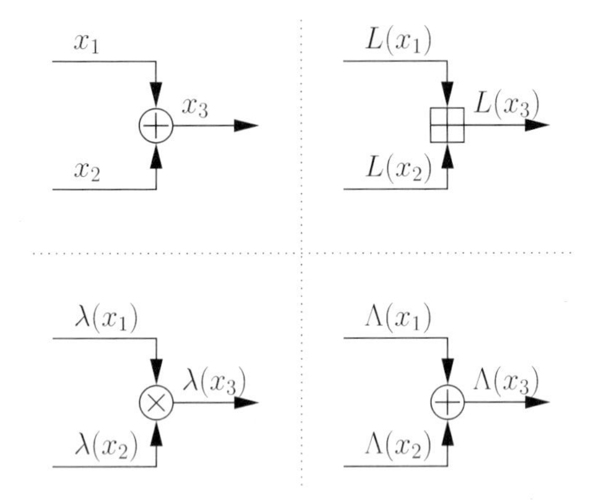

Bild 11.3: Modulo-Addition und alternative Operationen: λ (Multiplikation), L (box-plus) und Λ (Addition)

11.1.5 Zusammenhang zwischen Log-Likelihood-Werten und Kanalkapazität

Gegeben sei das in Bild 11.4 dargestellte binäre Übertragungssystem bestehend aus einem linearen Codierer (COD), einem diskreten Kanal (z. B. einem DMC) und einem Log-APP-Decodierer (DEC), der a posteriori Log-Likelihood-Werte (L-Werte) ausgibt. Die Infobits und die Codebits seien über dem Alphabet $u, x \in \{+1, -1\}$ zunächst gleichverteilt.

Bekanntlich kann die Kanalkapazität des AWGN-KanalsKanalkapazität!AWGN-Kanal mit binären Eingangswerten gemäß

$$C_{AWGN} = \max_{p_X(x)} I(X;Y) = 1 - \int_{-\infty}^{\infty} p_{Y|X}(y|x=+1) \cdot \log_2\left(1 + e^{-2y/\sigma_n^2}\right) dy \quad \left[\frac{\text{bit}}{\text{Kanalbenutzung}}\right] \tag{11.33}$$

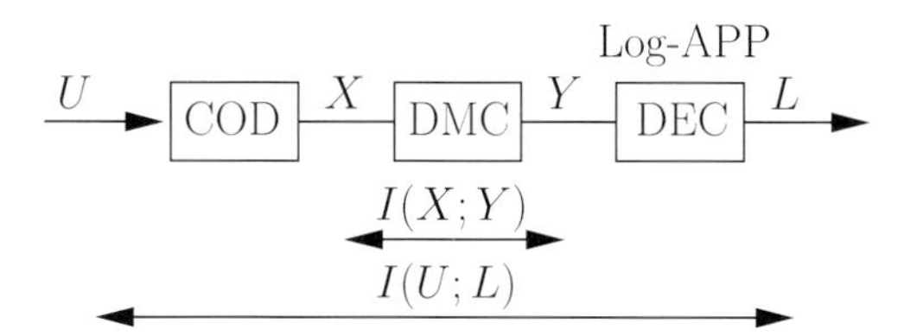

Bild 11.4: Szenario zur Berechnung der Kanalkapazität aus dem L-Werten

berechnet werden, siehe (3.85) in Teil I, wobei

$$p_{Y|X}(y|x=+1) = \frac{1}{\sqrt{2\pi\sigma_n^2}} e^{-\frac{(x-1)^2}{2\sigma_n^2}} \tag{11.34}$$

und σ_n^2 die Rauschvarianz des AWGN-Kanals ist. Da die L-Werte ebenfalls gaußverteilt sind, gilt entsprechend

$$C_{COD} = \max_{p_U(u)} I(U;L) = 1 - \int_{-\infty}^{\infty} p_{L|U}(l|u=+1) \cdot \log_2\left(1+e^{-l}\right) dl \quad \left[\frac{\text{bit}}{\text{Kanalbenutzung}}\right] \tag{11.35}$$

mit

$$p_{L|U}(l|u=+1) = \frac{1}{\sqrt{2\pi\sigma^2}} e^{-\frac{(l-\sigma^2/2)^2}{2\sigma^2}}. \tag{11.36}$$

Hierbei wurde berücksichtigt, dass $\sigma^2 \overset{(11.23)}{=} 2\mu \overset{\mu=1}{=} 2$ die Varianz der L-Werte gemäß der Konsistenzbedingung ist. Das Integral entspricht einem Erwartungswert, folglich

$$C_{COD} = \max_{p_U(u)} I(U;L) = 1 - E\{\log_2\left(1+e^{-l}\right)\}. \tag{11.37}$$

Wenn die Infobits nicht gleichverteilt sind, gilt allgemein

$$C_{COD} = \max_{p_U(u)} I(U;L) = h(P_U(u)) - E\{\log_2\left(1+e^{-l}\right)\}. \tag{11.38}$$

Alternativ kann die Kanalkapazität auch mit Hilfe der weichen Bits λ dargestellt werden:

$$\begin{aligned} C_{COD} = \max_{p_U(u)} I(U;L) &= h(P_U(u)) - E\{\log_2(1+\tanh(l/2))\} \\ &= h(P_U(u)) - E\{\log_2(1+\lambda)\}. \end{aligned} \tag{11.39}$$

11.1.6 Soft-Simulation

Eine elegante Anwendung von Log-Likelihood-Werten besteht in der Monte-Carlo-Simulation von Übertragungssystemen zur Schätzung der Bitfehlerwahrscheinlichkeit [H.-A. Loeliger 1994, P. Höher et al. 2000]. Gegeben sei das in Bild 11.5 gezeigte Szenario. Die uncodierte Sequenz der Infobits $U \in \{+1, -1\}$ wird codiert (COD), über einen zeitdiskreten Kanal übertragen (z. B. einen DMC), und decodiert (DEC). Es ist wichtig, dass es sich beim Decodierer um einen APP-Decodierer bzw. einen Log-APP-Decodierer handelt. Wir nehmen an, dass der Decodierer a posteriori L-Werte ausgibt. (Alternativ könnte der Decodierer auch a posteriori Wahrscheinlichkeiten ausgeben.)

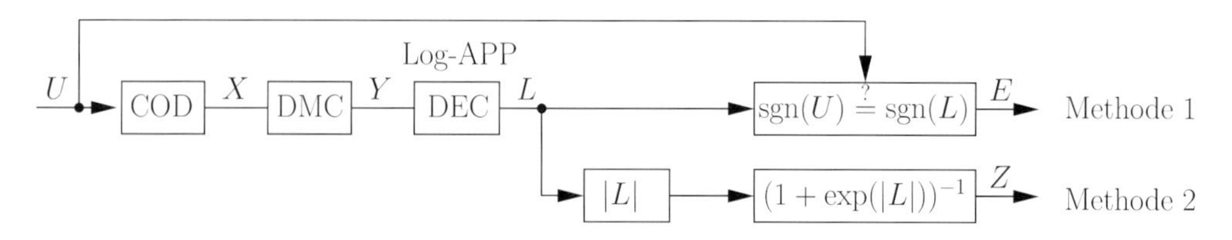

Bild 11.5: Szenario zur Schätzung der Bitfehlerwahrscheinlichkeit in einem codierten Übertragungssystem

Traditionell wird das Vorzeichen der Infobits mit dem Vorzeichen der L-Werte verglichen, siehe Methode 1 in Bild 11.5. Wenn die Vorzeichen übereinstimmen, so setzt man den Bitfehlerindikator E auf den Wert null, andernfalls auf den Wert eins:

$$E = \begin{cases} 0 & \text{falls } \mathrm{sgn}(U) = \mathrm{sgn}(L), \\ 1 & \text{sonst.} \end{cases} \tag{11.40}$$

Die Bitfehlerwahrscheinlichkeit ist gleich dem Erwartungswert der Zufallsvariable E:

$$P_b = E\{E\} = \sum_e P_E(e)\, e, \tag{11.41}$$

wobei $e \in \{0, 1\}$ Realisierungen von E sind. Wendet man die traditionelle Methode auf K Infobits an, so erhält man einen Schätzwert der Bitfehlerwahrscheinlichkeit zu

$$\hat{P}_b = \frac{1}{K} \sum_{k=1}^{K} E_k. \tag{11.42}$$

Wir nennen dieses Verfahren „*Monte-Carlo-Simulation basierend auf harten Entscheidungen*". Da man die Anzahl der Fehlerereignisse durch die Gesamtzahl aller Ereignisse dividiert, spricht man auch von einer Bitfehler*rate*, siehe Anhang D. Der Schätzer (11.42) ist mittelwertfrei. Im Grenzübergang für $K \to \infty$ geht der Mittelwert in (11.42) in den Erwartungswert in (11.41) über. Die vorgestellte Form der Monte-Carlo-Simulation wird fast ausschließlich zur simulativen Schätzung der Bitfehlerwahrscheinlichkeit verwendet. Ein Nachteil dieser Form der Monte-Carlo-Simulation ist, dass der Vergleicher die tatsächlich gesendeten Infobits kennen muss. In einer Computersimulation ist dies unproblematisch. In einem Empfänger kann die Bitfehlerwahrscheinlichkeit auf diese Weise nicht geschätzt werden, solange die Daten empfängerseitig unbekannt sind.

Eine Alternative besteht in der Anordnung, welche in Bild 11.5 Methode 2 genannt wird. Es wird der Betrag der L-Werte gebildet, $\Lambda := |L|$, und daraus eine Zufallsvariable Z gemäß

$$Z = \frac{1}{1 + e^{|L|}} = \frac{1}{1 + e^{\Lambda}}. \tag{11.43}$$

berechnet. Aufgrund der Eigenschaft

$$P_U(\pm 1|y) = \frac{1}{1+e^{\mp L}} = \frac{1}{1+e^{\mp \Lambda}} \tag{11.44}$$

ist Z gleich der Wahrscheinlichkeit für ein Fehlerereignis, und kann somit als weicher Bitfehlerindikator interpretiert werden. Die Bitfehlerwahrscheinlichkeit ist gleich dem Erwartungswert der Zufallsvariable Z:

$$P_b = E\{Z\} = \int_z p_Z(z)\, z\, dz, \tag{11.45}$$

wobei es sich bei $z \geq 0$ um eine Realisierung der Zufallsvariable Z handelt. Wendet man Methode 2 auf K Infobits an, so erhält man einen Schätzwert der Bitfehlerwahrscheinlichkeit zu

$$\hat{P}_b = \frac{1}{K} \sum_{k=1}^{K} Z_k. \tag{11.46}$$

Wir nennen dieses Verfahren *„Monte-Carlo-Simulation basierend auf weichen Entscheidungen“*. Der Schätzer (11.46) ist mittelwertfrei. Im Grenzübergang für $K \to \infty$ geht der Mittelwert in (11.46) in den Erwartungswert in (11.45) über. Methode 2 wird zur Zeit eher selten zur Schätzung der Bitfehlerwahrscheinlichkeit verwendet, obwohl die Schätzfehlerstreuung geringer als bei Methode 1 ist. Beachtenswerterweise ist empfängerseitig keine Kenntnis der tatsächlich gesendeten Infobits notwendig. Deshalb eignet sich dieses Verfahren auch zur Schätzung der Bitfehlerwahrscheinlichkeit in realen Empfängern, sowie als Auswahlkriterium für adaptive Modulations-/Codierverfahren. Man beachte allerdings, dass ein Log-APP-Decodierer vorausgesetzt wird. Diese Annahme kann man zwar dahingehend entschärfen, dass (nur) ein „soft-output“ -Decodierer mit mittelwertfreien L-Werten am Ausgang benötigt wird, dennoch ist Methode 1 diesbezüglich unproblematischer und allgemeiner.

Es sei der Vollständigkeit halber erwähnt, dass beide Methoden 1 und 2 auch auf eine Schätzung der Wortfehlerwahrscheinlichkeit angewendet werden können. Auch kann die Kanalkapazität des codierten Systems mit Hilfe der Monte-Carlo-Methode bestimmt werden:

$$\begin{aligned} \hat{C}_{COD} &= h(P_U(u)) - \frac{1}{K} \sum_{k=1}^{K} \log_2\left(1+e^{-L_k}\right) \\ &= h(P_U(u)) - \frac{1}{K} \sum_{k=1}^{K} \log_2\left(1+\tanh(L_k/2)\right) \\ &= h(P_U(u)) - \frac{1}{K} \sum_{k=1}^{K} \log_2\left(1+\lambda_k\right). \end{aligned} \tag{11.47}$$

Hierbei wird vorausgesetzt, dass $U = +1$ gesendet wird, der Kanal symmetrisch und der Kanalcode linear ist.

11.2 Verkettete Codes

Man kann Kanalcodierer seriell oder parallel verknüpfen, um besonders gute Codeeigenschaften zu erzielen. Man spricht dann von *seriell verketteten Codes* und *parallel verketteten Codes*.

Neben diesen grundlegenden Formen der Codeverkettung existieren Mischformen, die oft als *hybrid verkettete Codes* bezeichnet werden.

11.2.1 Seriell verkettete Codes

Seriell verkettete Codes wurden erstmals von D. G. Forney analysiert [D. G. Forney, 1960]. Bild 11.6 zeigt das Blockschaltbild seriell verketteter Codes am wichtigen Beispiel von zwei Codierern, die durch einen Interleaver getrennt sind. Der Interleaver wird in der Literatur zu verketteten Codes üblicherweise durch das Symbol „π“ dargestellt, der entsprechende Deinterleaver durch „π^{-1}“. Man spricht von einem äußeren Codierer (der Rate R_o) und einem inneren Codierer (der Rate R_i). Die Gesamtrate ist multiplikativ: $R = R_0 \cdot R_i$. Der Interleaver wird als *interner Interleaver* bezeichnet. Bei gedächtnisbehafteten Kanälen würde man bevorzugt nach dem inneren Codierer einen weiteren (Kanal-)Interleaver und somit vor dem inneren Decodierer einen weiteren (Kanal-)Deinterleaver schalten, um Bündelfehler, verursacht durch den Kanal, zu vermeiden.

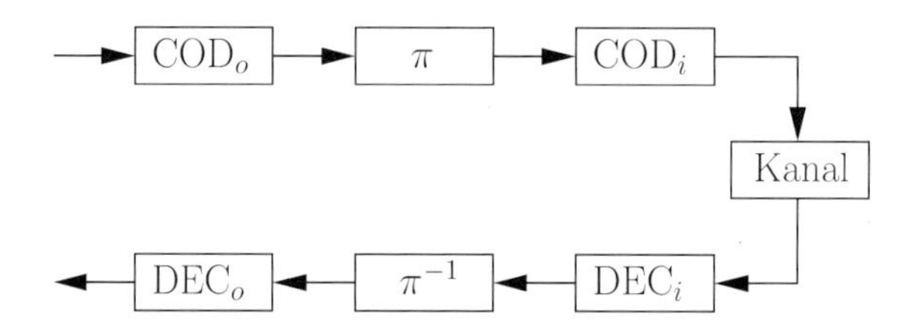

Bild 11.6: Seriell verkettete Codes mit klassischem Decodierer

Beispiel 11.2.1 (Repeat-Accumulate-Codes) RA-Codes (siehe Abschnitt 8.4.6) weisen inhärent eine serielle Codeverkettung auf. Der äußere Code ist ein Wiederholungscode der Rate $R_o = 1/m$, wobei m der Spreizfaktor ist. Der innere Code ist ein Akkumulator (differentieller Vorcodierer) der Rate $R_i = 1$. Äußerer und innerer Code werden durch einen Interleaver getrennt. ◊

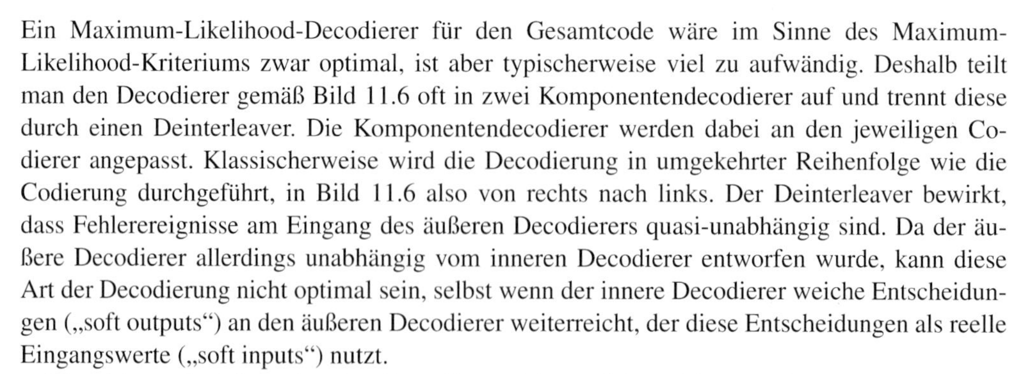

Ein Maximum-Likelihood-Decodierer für den Gesamtcode wäre im Sinne des Maximum-Likelihood-Kriteriums zwar optimal, ist aber typischerweise viel zu aufwändig. Deshalb teilt man den Decodierer gemäß Bild 11.6 oft in zwei Komponentendecodierer auf und trennt diese durch einen Deinterleaver. Die Komponentendecodierer werden dabei an den jeweiligen Codierer angepasst. Klassischerweise wird die Decodierung in umgekehrter Reihenfolge wie die Codierung durchgeführt, in Bild 11.6 also von rechts nach links. Der Deinterleaver bewirkt, dass Fehlerereignisse am Eingang des äußeren Decodierers quasi-unabhängig sind. Da der äußere Decodierer allerdings unabhängig vom inneren Decodierer entworfen wurde, kann diese Art der Decodierung nicht optimal sein, selbst wenn der innere Decodierer weiche Entscheidungen („soft outputs“) an den äußeren Decodierer weiterreicht, der diese Entscheidungen als reelle Eingangswerte („soft inputs“) nutzt.

Eine Alternative bieten iterative Decodierverfahren, siehe Bild 11.7. Die weichen Entscheidungen des äußeren Decodierers werden re-codiert und als a priori Information an den inneren

Decodierer gegeben. Dabei ist wichtig, dass nur die extrinsische Information vom äußeren Decodierer an den inneren Decodierer weitergeleitet wird. Details zur iterativen Decodierung folgen in Abschnitt 11.3.

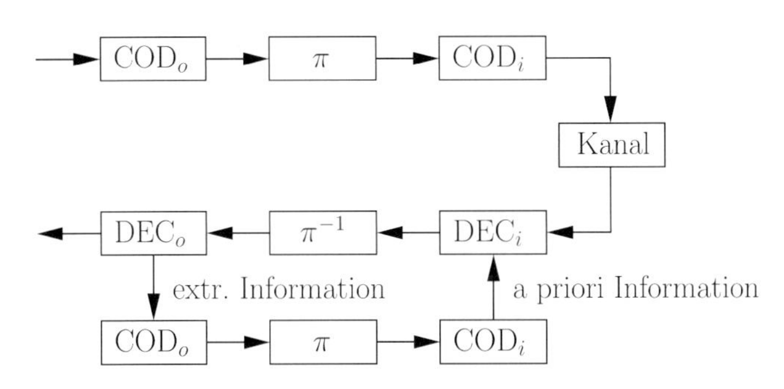

Bild 11.7: Seriell verkettete Codes mit iterativer Decodierung

Die Komponentencodierer können prinzipiell beliebigen Codefamilien angehören. Traditionell beliebt sind Blockcodes (z. B. RS-Codes) als äußerer Code und Faltungscodes als innerer Code. Der innere Decodierer wandelt eine hohe Fehlerwahrscheinlichkeit in eine moderate Fehlerwahrscheinlichkeit um, während der äußere Decodierer die moderate Fehlerwahrscheinlichkeit in eine kleine Restfehlerwahrscheinlichkeit umwandelt. Da eine „soft-input soft-output" Decodierung von RS-Codes schwierig ist, bieten sich alternativ z. B. Faltungscodes und LDPC-Codes als innerer und/oder äußerer Code an. Man erhält die besten Ergebnisse, wenn der innere Code rekursiv ist. Für den äußeren Code spielt es keine Rolle, ob dieser rekursiv oder nichtrekursiv ist.

Neben seriell verketteten Kanalcodes findet das Prinzip der iterativen Decodierung auch in zahlreichen anderen Konstellationen Anwendung, in denen eine natürliche serielle Verkettung vorliegt, z. B. bei der iterativen Quellen- und Kanaldecodierung, der iterativen Detektion und Kanaldecodierung, der iterativen Demodulation und Entzerrung, der iterativen Interferenzunterdrückung und Kanaldecodierung, um nur einige Möglichkeiten zu nennen.

11.2.2 Parallel verkette Codes („Turbo-Codes")

Parallel verkettete Codes in Verbindung mit iterativer Decodierung, von C. Berrou & A. Glavieux *Turbo-Codes* genannt [C. Berrou et al, 1993], revolutionierten das Gebiet der Kanalcodierung. Mit einfachen Komponentencodes kann eine Leistungsfähigkeit nahe der Shannon-Grenze erreicht werden. Turbo-Codes bestehen typischerweise aus zwei Komponentencodes, die durch einen internen Interleaver getrennt sind, vgl. Bild 11.8. Ursprünglich wurden rekursive systematische Faltungscodes als Komponentencodes verwendet, später auch LDPC-Codes und weitere Codefamilien.

Wie bei seriell verketteten Codes wäre ein ML-Decodierer für den Gesamtcode zu aufwändig. Deshalb führt man meist eine alternierende Decodierung, basierend auf zwei getrennten „soft-input soft-output" Komponentendecodierern durch, vgl. Bild 11.8, die an die entsprechenden Komponentencodierer angepasst sind. Dabei wird ohne Beschränkung der Allgemeinheit zuerst der erste Decodierer (DEC$_1$) aktiviert. Dessen extrinsische Ausgangswerte werden interleaved

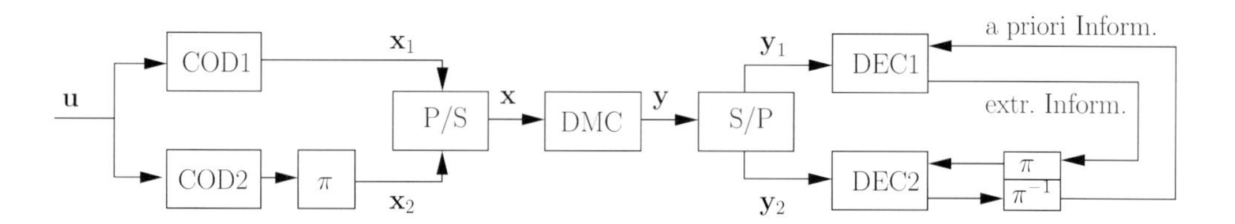

Bild 11.8: Parallel verkettete Codes mit iterativer Decodierung

und als a priori Information vom zweiten Decodierer (DEC_2) genutzt. Die Ausgangswerte des zweiten Decodierers werden deinterleaved und optional ausgegeben. Dieser Zyklus wird als eine (vollständige) Iteration bezeichnet. In der nächsten Iteration werden die extrinsischen Ausgangswerte des zweiten Decodierers als a priori Information vom ersten Decodierer genutzt. Mit jeder Iteration verbessert sich die mittlere Fehlerwahrscheinlichkeit. Empfängerseitiges Interleaving und Deinterleaving bewirkt quasi-unabhängige Fehlerereignisse. Somit ist das Wetterproblem unmittelbar auf die iterative Decodierung parallel verketteter Codes anwendbar. Üblicherweise (aber nicht notwendigerweise) konvergiert die Decodierung nach mehreren Iterationen. Das Konvergenzverhalten hängt von der Wahl der Komponentencodierer und den Kanaleigenschaften ab. Die Decodierstruktur gemäß Bild 11.8 erinnert an einen Abgasturboauflader und war Pate für die Namensgebung „Turbo-Codes".

Das folgende Beispiel illustriert die Leistungsfähigkeit eines einfachen Turbo-Codes:

Beispiel 11.2.2 (Leistungsfähigkeit eines Turbo-Codes) In diesem Beispiel werden zwei rekursive, systematische Rate-1/2 Komponentencodierer mit Gedächtnislänge $\nu = 2$ aus Beispiel 9.2.8 in Abschnitt 9.2.7 gemäß Bild 11.8 parallel verkettet. Insgesamt besitzt der Codierer folglich 2×4 Zustände. Als Interleaver wird ein Pseudo-Zufallsinterleaver variabler Länge K verwendet. Da es unsinnig ist, die systematischen Bits doppelt zu übertragen, werden ohne Beschränkung der Allgemeinheit alle systematischen Bits am Ausgang des zweiten Komponentencodierers punktiert. Dadurch erhält man eine Gesamtcoderate von 1/3. Punktiert man zusätzlich noch jedes zweite nichtsystematische Codebit, so erhält man eine Gesamtcoderate von 1/2. Diese Szenario wird im folgenden betrachtet. Die verbliebenen Codebits werden über einen AWGN-Kanal gesendet und es wird gemäß Bild 11.8 iterativ decodiert. Die Anzahl der Iterationen ist variabel.

In Bild 11.9 ist für den betrachteten Turbo-Code die Bitfehlerwahrscheinlichkeit über dem Signal/Rauschleistungsverhältnis für eine Schar von relativ langen Pseudo-Zufallsinterleavern der Länge $K = 10^5$ Infobits aufgetragen. Nach jedem Infowort wurde ein neues Interleavermuster ausgewürfelt. Die Kurven sind mit der Anzahl der Iterationen parametrisiert. Bereits für nur eine vollständige Iteration ergibt sich eine überraschend gute Leistungsfähigkeit im Vergleich zu konventionellen Faltungscodes. Mit jeder weiteren Iteration ergibt sich eine Verbesserung. Nach etwa 20 Iterationen konvergiert der iterative Decodierer. Der Abstand zur Shannon-Grenze (diese liegt bei Codes der Rate-1/2 bei 0 dB gemäß Bild 4.6 aus Teil I) beträgt nach 20 Iterationen etwa 0.8 dB. Dies ist für die einfache Codekonstruktion beachtlich. Den Bereich des starken Abfalls der Bitfehlerwahrscheinlichkeit (um $E_b/N_0 = 1$ dB) nennt man Wasserfallregion.

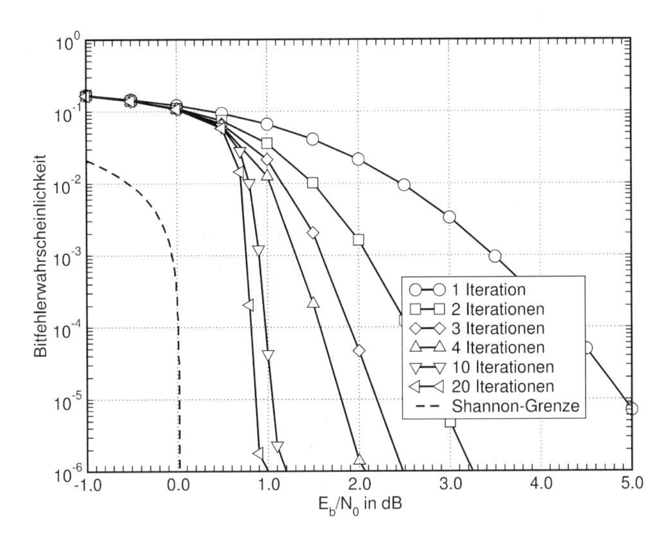

Bild 11.9: Bitfehlerwahrscheinlichkeit für einen $R = 1/2$ Turbo-Code als Funktion der Anzahl der Iterationen

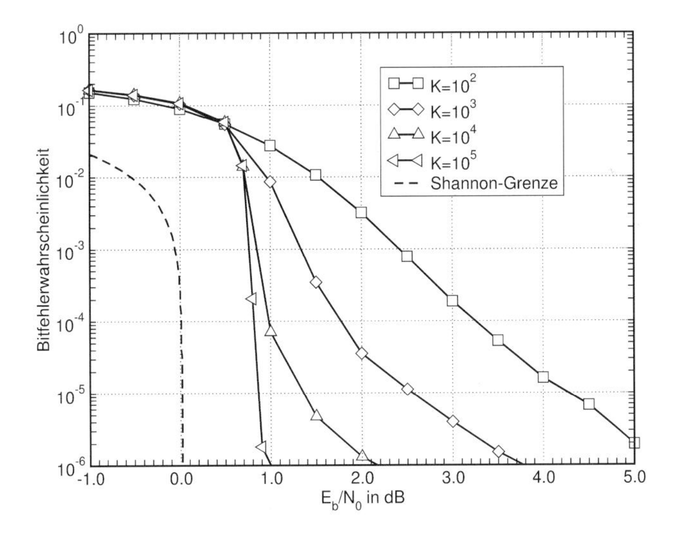

Bild 11.10: Bitfehlerwahrscheinlichkeit für einen $R = 1/2$ Turbo-Code als Funktion der Interleaverlänge

Für lange Interleaver ist die im Wetterproblem angenommene statistische Unabhängigkeit in guter Näherung erfüllt. Für kurze Interleaver (und somit praktikable) Infowortlängen K ist eine Degradation zu erwarten. Die Bitfehlerwahrscheinlichkeit als Funktion der Interleaverlänge K ist in Bild 11.10 für 20 Iterationen dargestellt. Ab etwa $K = 10^3$ kann eine zufriedenstellende Leistungsfähigkeit erreicht werden. Den Bereich des Abflachens der Bitfehlerwahrscheinlichkeit (um 10^{-6}) nennt man Konvergenzregion. ◊

11.3 Iterative Decodierung

Die wegweisende Idee der iterativen Decodierung wurde erstmals von R. G. Gallager in Verbindung mit LDPC-Codes publiziert [R. G. Gallager, 1962], blieb danach aber für mehrere Jahrzehnte weitgehend unbeachtet. Ohne Kenntnis der Arbeiten von Gallager wurde die iterative Decodierung Anfang der neunziger Jahre in Verbindung mit Block-Produktcodes und Faltungs-Produktcodes [J. Lodge et al., 1993] bzw. in Verbindung mit rekursiven systematischen Faltungscodes [C. Berrou et al., 1993] vorgestellt. Im Zusammenhang mit LDPC-Codes wurde die iterative Decodierung erst Ende der neunziger Jahre wiederentdeckt [N. Wiberg et al. 1995, D. J. C. MacKay at al., 1996].

Diese historische Entwicklung zeigt, dass eine iterative Decodierung sowohl bei einzelnen Codes als auch bei verketteten Codes eingesetzt werden kann. In ersterem Fall werden Nachrichten lokal zwischen Variablenknoten und Prüfknoten eines Faktor-Graphen ausgetauscht. Im zweiten Fall werden Nachrichten zwischen verschiedenen Komponentendecodieren ausgetauscht. Beide Fälle wollen wir anhand von einfachen Beispielen beleuchten. Aus didaktischen Gründen beginnen wir mit dem zweiten Fall, oft Turbo-Prinzip genannt.

11.3.1 Turbo-Prinzip

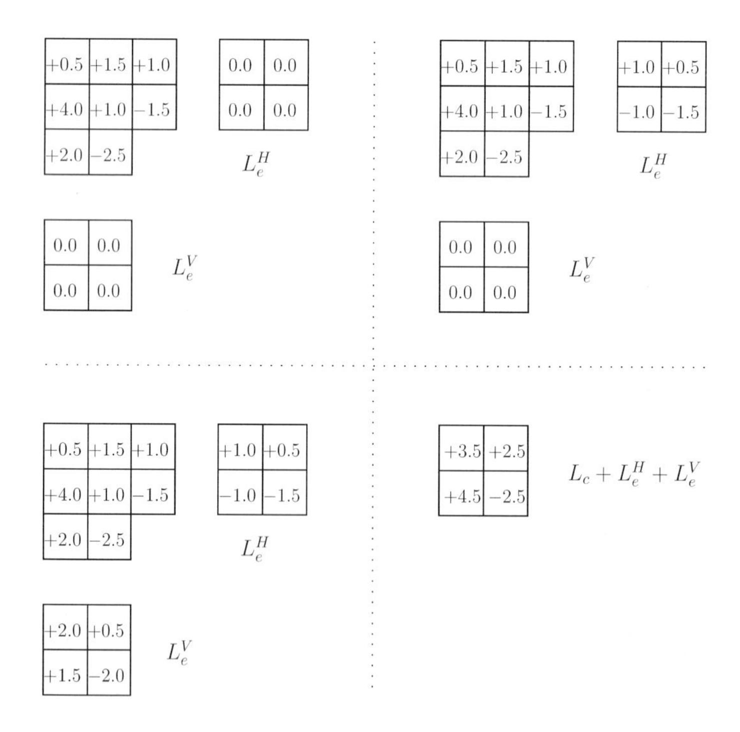

Bild 11.11: Iterative Decodierung am Beispiel eines Block-Produktcodes

Beispiel 11.3.1 (Iterative Decodierung für einen Block-Produktcode) Das Prinzip der Turbo-Decodierung lässt sich relativ einfach anhand eines Block-Produktcodes bestehend aus „Single Parity Check"-Komponentencodes erklären [J. Hagenauer, 1997]. Als Komponentencode wählen wir einen $(3,2,2)_2$-SPC-Code. Das Infowort sei $\mathbf{u} = [u_{11} = +1, u_{12} = +1, u_{21} = +1, u_{22} = -1]$. Der Kanal sei gedächtnisfrei. Gegeben seien die in Bild 11.11 links oben dargestellten Empfangswerte, die gemäß $L_c := L(y) = 4\frac{E_s}{N_0}y$ bereits in L-Werte umgerechnet sind („Kanalinformation"), vgl. (11.8). Die a priori Information sei zu Beginn der Decodierung gleich null.

Wir beginnen ohne Beschränkung der Allgemeinheit mit der horizontalen Decodierung und betrachten zunächst das Infobit u_{11}. Das Infobit u_{11} wird (ohne a priori Information) zweifach repräsentiert: Durch den Empfangswert und die Prüfgleichung. Der Empfangswert für u_{11} ist gleich $L_c(u_{11}) = +0.5$. Die Prüfgleichung für die erste Zeile lautet $x_{13} = u_{11} \oplus u_{12}$, somit $u_{11} = u_{12} \oplus x_{13}$. Weil u_{12} und x_{13} statistisch unabhängig sind, gilt $L(u_{12} \oplus x_{13}) = L_c(u_{12}) \boxplus L_c(x_{13})$. Um ein leichtes Nachvollziehen der Zahlenwerte zu ermöglichen, verwenden wir im Folgenden die in der letzten Zeile in (11.27) eingeführte Approximation. Man erhält $L(u_{12} \oplus x_{13}) = (+1.5) \boxplus (+1.0) \approx +1.0$. Der L-Wert $L_e^H(u_{11}) := L(u_{12} \oplus x_{13})$ wird extrinsische Information genannt, da dieser Wert unabhängig von der Kanalinformation ist. Die extrinsischen Werte L_e^H, die man aus der horizontalen Decodierung erhält, werden in die Tabelle rechts neben die Empfangswerten geschrieben. In Bild 11.11 ist dies rechts oben abgebildet. Dem Leser sei empfohlen, die drei anderen extrinsischen Werte nachzuvollziehen.

Wenn die Tabelle vollständig gefüllt ist, beginnt man mit der vertikalen Decodierung. Das Infobit u_{11} wird nach Beendigung der horizontalen Decodierung sogar dreifach repräsentiert: Durch den Empfangswert, die a priori Information und die Prüfgleichung. Der Empfangswert (d. h. die Kanalinformation) ändert sich von Iterationsschritt zu Iterationsschritt nicht. Die a priori Information für die vertikale Decodierung ist gleich der extrinsischen Information aus der horizontalen Decodierung. Kanalinformation und a priori Information werden (weil statistisch unabhängig) addiert und mit der Information aus der Prüfgleichung verknüpft. Die Prüfgleichung für die erste Spalte lautet $x_{31} = u_{11} \oplus u_{21}$, somit $u_{11} = u_{21} \oplus x_{31}$. Weil u_{21} und x_{31} statistisch unabhängig sind, gilt ohne Berücksichtigung von a priori Information $L_e^V(u_{11}) := L(u_{21} \oplus x_{31}) = L_c(u_{21}) \boxplus L_c(x_{31})$. Mit Berücksichtigung von a priori Information gilt $L_e^V(u_{11}) = (L_c(u_{21}) + L_e^H(u_{21})) \boxplus L_c(x_{31}) \approx (+4.0 + (-1.0)) \boxplus (+2.0) \approx +2.0$. Entsprechend gilt $L_e^V(u_{21}) = (L_c(u_{11}) + L_e^H(u_{11})) \boxplus L_c(x_{31}) \approx (+0.5 + 1.0) \boxplus (+2.0) \approx +1.5$, $L_e^V(u_{12}) = (L_c(u_{22}) + L_e^H(u_{22})) \boxplus L_c(x_{32}) \approx (+1.0 + (-1.5)) \boxplus (-2.5) \approx +0.5$ und $L_e^V(u_{22}) = (L_c(u_{12}) + L_e^H(u_{12})) \boxplus L_c(x_{32}) \approx (+1.5 + 0.5) \boxplus (-2.5) \approx -2.0$. Die entsprechenden Ergebnisse werden in Bild 11.11 unten links in die Tabelle unterhalb der Empfangswerte geschrieben.

Würde man die Decodierung nach der ersten vollständigen Iteration, also der horizontalen und vertikalen Decodierung, beenden, so ergäben sich die weichen Ausgangswerte gemäß

$$L(u) = L_c + L_e^H + L_e^V. \tag{11.48}$$

Die entsprechenden Zahlenwerte finden sich in Bild 11.11 unten rechts in der Tabelle. Man beachte, dass das Ergebnis nach der ersten Iteration exakt ist (sieht man von den gewollten Rundungsfehlern gemäß (11.27) ab), weil alle drei Terme in (11.48) statistisch unabhängig sind. Nach weiteren Iterationen ist dies nicht mehr der Fall.

In jeder weiteren Iteration würde man mit der horizontalen Decodierung beginnen, gefolgt von der vertikalen Decodierung. Im Unterschied zu ersten Iteration steht nun auch bei der horizontalen Decodierung a priori Information zur Verfügung. ◊

11.3.2 Belief-Propagation-Algorithmus

Bei der Decodierung von LDPC-Codes großer Dimension werden üblicherweise graphenbasierte Decodierverfahren eingesetzt, weil eine ML-Decodierung zu aufwändig wäre. Der Trick besteht darin, *lokale Berechnungen* durchzuführen. Sog. Nachrichten („messages") werden zwischen den Knoten des Graphen nach bestimmten Regeln ausgetauscht. Wichtige Prinzipien dabei sind, (i) jeweils *extrinsische Information* auszutauschen und (ii) die Verarbeitung *iterativ* durchzuführen.

Wir wollen die Idee der lokalen Berechnungen nun anhand des *„Belief-Propagation-Algorithmus (BPA)"* vorstellen. Dieser Algorithmus ist auch unter den Bezeichnungen *„Message-Passing-Algorithmus (MPA)"* und *„Sum-Produkt-Algorithmus (SPA)"* sowie weiteren Namen bekannt. Finden die Berechnungen in der logarithmischen Ebene statt, spricht man vom *„Min-Sum-Algorithmus (MSA)"*.

Beispiel 11.3.2 (Hard-Input Decodierung für einen regulären (8,4)-LDPC-Code) Wir betrachten nun erneut den regulären (8,4)-LDPC-Code gemäß der in Beispiel 8.4.7 definierten Prüfmatrix. Dieser Code kann durch den in Bild 8.21 dargestellten Tanner-Graphen repräsentiert werden. Um das wesentliche Prinzip des Informationsaustausches zwischen den Knoten darzustellen, fokussieren wir uns auf die „hard-input"-Decodierung. Das gesendete Codewort sei $\mathbf{x} = [0,1,0,0,1,1,1,0]$ und das Empfangswort sei $\mathbf{y} = [1,1,0,0,1,1,1,0]$, d. h. es tritt ein Übertragungsfehler in der ersten Position auf. Diese Ausgangssituation ist in Bild 11.12 illustriert.

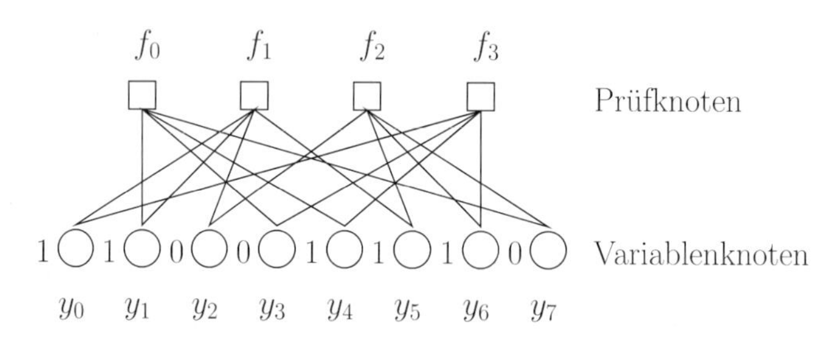

Bild 11.12: Tanner-Graph des regulären $(8,4)$-LDPC-Codes bei einem Übertragungsfehler

Der „Belief-Propagation-Algorithmus" besteht aus folgenden Schritten:

1. Im ersten Schritt fordern alle Prüfknoten nacheinander Nachrichten von den verbundenen Variablenknoten an. Wenn keine a priori Information verfügbar ist, was hier angenommen wird, senden die Variablenknoten die Empfangswerte. In unserem Beispiel ist jeder Prüfknoten mit vier Variablenknoten verknüpft. Beispielsweise empfängt Prüfknoten f_0 die Nachrichten 1 (von y_1), 0 (von y_3), 1 (von y_4) und 0 (von y_7), siehe Bild 11.13.

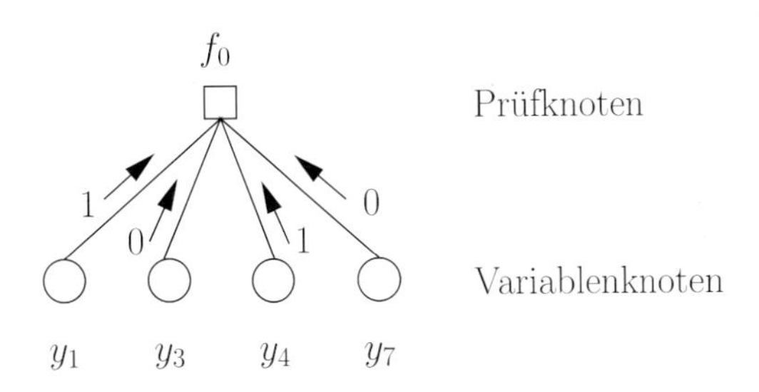

Bild 11.13: Eingehende Nachrichten für f_0

2. Im zweiten Schritt berechnen die Prüfknoten nacheinander die Prüfgleichung auf Basis der eingehenden Nachrichten. Für f_0 beispielsweise lautet die Prüfgleichung $x_1 \oplus x_3 \oplus x_4 \oplus x_7 = 0$. Wenn die Prüfgleichungen für alle Prüfknoten erfüllt sind, wird die Decodierung für beendet erklärt. Man spricht von einem *Abbruchkriterium*. In unserem Beispiel sind die Prüfgleichungen für f_0 und f_2 erfüllt, aber für f_1 und f_3 nicht, da diese Prüfknoten mit dem fehlerhaften Variablenknoten verbunden sind. Wenn mindestens eine Prüfgleichung nicht erfüllt ist, geht man zu Schritt 3.

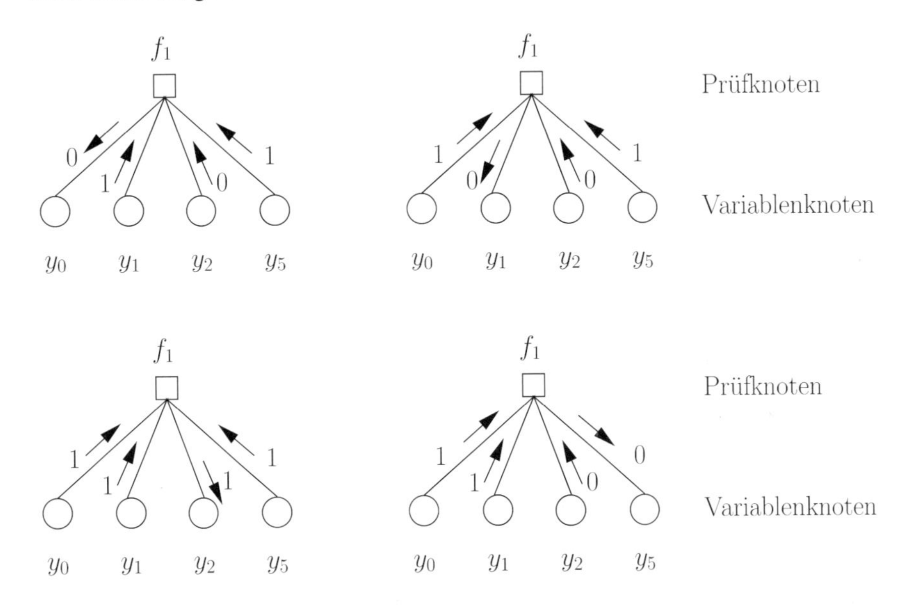

Bild 11.14: Ausgehende Nachrichten für f_1

3. Im dritten Schritt berechnet jeder Prüfknoten nacheinander für jeden verbundenen Variablenknoten eine ausgehende Nachricht auf Basis der eingehenden Nachrichten von den anderen verbundenen Variablenknoten und der jeweiligen Prüfgleichung (deshalb der Name „message passing"). Die ausgehende Nachricht ist gleich dem Bit, welches der Prüfknoten als korrekt annimmt (deshalb der Name „belief propagation") unter der Annahme, dass

die anderen mit dem Prüfknoten verbundenen Variablenknoten korrekt sind. Ist eine Prüfgleichung erfüllt, so sind die ausgehenden Nachrichten mit den eingehenden Nachrichten identisch. Dies ist in unserem Beispiel für f_0 und f_2 der Fall. Für f_1 werden die ausgehenden Nachrichten wie folgt berechnet:
Prüfknoten f_1 sendet die Nachricht 0 ($1 \oplus 0 \oplus 1 = 0$) zu Variablenknoten y_0, Prüfknoten f_1 sendet die Nachricht 0 ($1 \oplus 0 \oplus 1 = 0$) zu Variablenknoten y_1, Prüfknoten f_1 sendet die Nachricht 1 ($1 \oplus 1 \oplus 1 = 0$) zu Variablenknoten y_2 und Prüfknoten f_1 sendet die Nachricht 0 ($1 \oplus 1 \oplus 0 = 0$) zu Variablenknoten y_5, siehe Bild 11.14. Man beachte, dass jede ausgehende Nachricht einer extrinsischen Information entspricht, da die eingehende Nachricht der gleichen Kante keine Berücksichtigung findet. Für f_3 erfolgen die Berechnungen analog.

4. Im vierten Schritt kombinieren die Variablenknoten die eingehenden Nachrichten mit den Empfangswerten. Im Gegensatz zum ersten Schritt stellen die eingehenden Nachrichten eine a priori Information dar. Die Kombination kann im einfachsten Fall eine Mehrheitsentscheidung sein. In unserem Beispiel ist jeder Variablenknoten mit zwei Prüfknoten verbunden. Beispielsweise empfängt Variablenknoten y_0 die Nachrichten 0 (von f_1) und 0 (von f_3). Zusammen mit dem Empfangswert 1 ergibt sich durch Mehrheitsentscheidung das Symbol 0. Das Symbol 0 wird anschließend an die Prüfknoten f_1 und f_3 gesendet. Entsprechende Berechnungen werden in den anderen Variablenknoten durchgeführt.

5. Im fünften und letzten Schritt springt man zu Schritt 2. In unserem Beispiel würde man nach Überprüfung aller Prüfgleichung abbrechen, weil nach der ersten Iteration alle Prüfgleichungen erfüllt sind. Der Übertragungsfehler konnte aufwandsgünstig korrigiert werden. ◊

11.4 EXIT-Chart-Analyse verketteter Codes

Eine Bewertung und Optimierung verketteter Codes ist mit Hilfe von Monte-Carlo-Simulationen zwar möglich, aber aber nur mit hohem Rechenaufwand. Alternativ können die Distanzeigenschaften verketteter Codes bestimmt werden, um Aussagen über die Fehlerwahrscheinlichkeit zu erhalten. Dieses Verfahren liefert typischerweise jedoch nur für hohe Signal/Rauschleistungsverhältnisse präzise Ergebnisse. Aussagen über die Leistungsfähigkeit in der Wasserfallregion und das Konvergenzverhalten können bevorzugt mit Hilfe von ten Brinks *EXIT-Chart-Analyse* gewonnen werden [S. ten Brink, 2001]. Der Trick der EXIT-Chart-Analyse besteht in einer aufwandsgünstigen Beschreibung der Komponentencodes auf Basis der wechselseitigen Information. Somit gelingt es, nicht nur die Komponentencodes zu optimieren, sondern auch das Konvergenzverhalten des iterativen Decodierprozesses vorherzubestimmen.

Bild 11.15 erläutert die im Folgenden verwendete Notation am Beispiel eines seriell verketteten Codesystems. Die Zufallsvariable am Kanaleingang wird wie üblich mit X bezeichnet, die Zufallsvariable am Kanalausgang mit Y. Die Zufallsvariablen A und E am Eingang und Ausgang der SISO-Komponentendecodierer repräsentieren die a priori Information bzw. die extrinsische Information. $I_A := I(X;A)$ und $I_E := I(X;E)$ sind die zugehörigen wechselseitigen Informationen. Index I kennzeichnet den äußeren Komponentencodierer/-decodierer, Index II den inneren

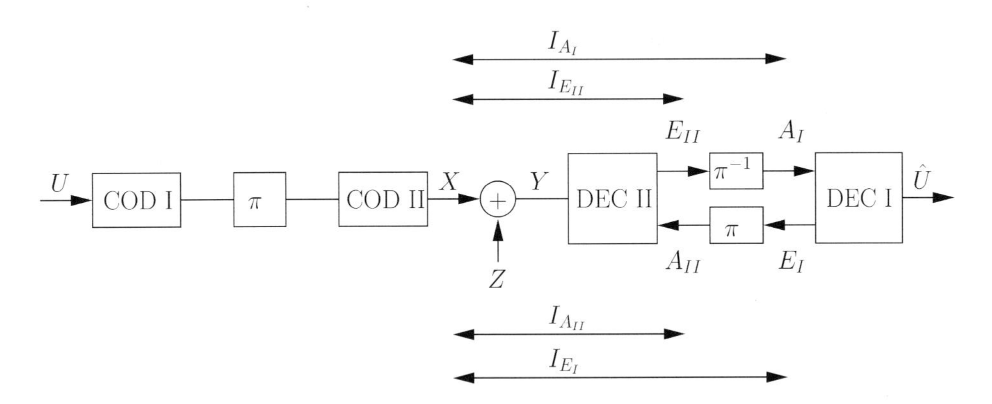

Bild 11.15: Bezeichnung der relevanten Größen beim EXIT-Chart am Beispiel eines seriell verketteten Codesystems

Komponentencodierer/-decodierer. Von den vier in Bild 11.15 definierten wechselseitigen Informationen sind jeweils zwei identisch, weil Interleaver und Deinterleaver keinen Informationsverlust bewirken:

$$\begin{aligned} I_{E_{II}} &= I_{A_I} \\ I_{A_{II}} &= I_{E_I}. \end{aligned} \tag{11.49}$$

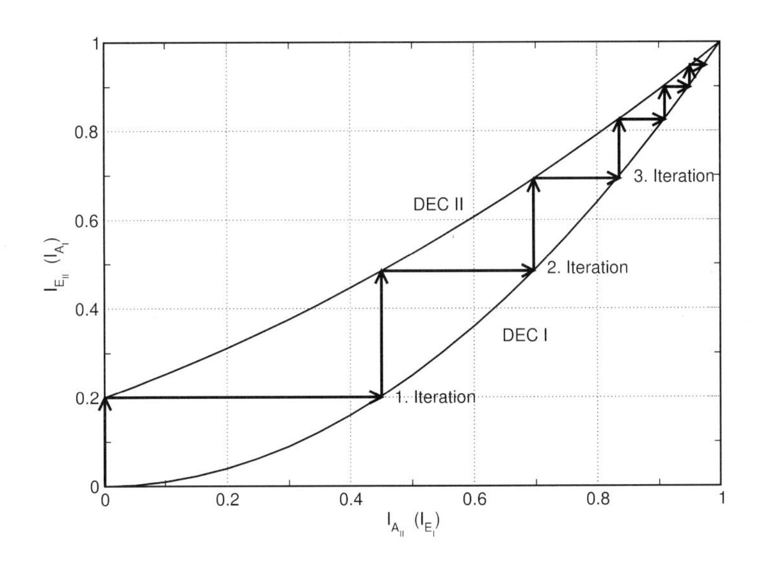

Bild 11.16: EXIT-Chart

Die prinzipielle Funktionsweise von EXIT-Charts ist in Bild 11.16 dargestellt. Zunächst wird für jeden Komponentendecodierer die sog. *EXIT-Funktion* $I_E = f(I_A)$ bestimmt, wie nachfolgend beschrieben. Für den Komponentendecodierer II wird die EXIT-Funktion im EXIT-Chart in Originallage dargestellt, d. h. es wird $I_{E_{II}}$ über $I_{A_{II}}$ aufgetragen. Für den Komponentendecodierer I wird die inverse EXIT-Funktion dargestellt, d. h. es wird I_{A_I} über I_{E_I} aufgetragen. Für binäre Codes sind die Achsen somit auf den Zahlenbereich $0 \leq I_A, I_E \leq 1$ beschränkt.

In der ersten Halbiteration ist die a priori Information A_{II} des inneren Decodierers gleich null, und es ergibt sich eine extrinsische wechselseitige Information von $I_{E_{II}} \approx 0.2$ im gezeigten Zahlenbeispiel. Somit ist die a priori wechselseitige Information für den äußeren Decodierer gleich $I_{A_I} \approx 0.2$. Durch Projektion auf die EXIT-Funktion von Decodierer I liest man eine extrinsische wechselseitige Information von $I_{E_I} \approx 0.45$ ab. Damit ist die erste Iteration beendet.

Zu Beginn der zweiten Iteration ist die a priori wechselseitige Information des inneren Decodierers somit $I_{A_{II}} \approx 0.45$. Durch Projektion auf die EXIT-Funktion von Decodierer II liest man eine extrinsische wechselseitige Information von $I_{E_{II}} \approx 0.48$ ab. Durch Projektion auf die EXIT-Funktion von Decodierer I ergibt sich $I_{E_I} \approx 0.7$. Damit ist die zweite Iteration beendet. Mit jeder weiteren Iteration vergrößert sich (zunächst) die wechselseitige Information. Damit verbessert sich (zunächst) die Fehlerwahrscheinlichkeit.

Die Fläche zwischen den EXIT-Funktionen von Decodierer II und Decodierer I wird als Tunnel bezeichnet. Die Decodier-Trajektorien setzen sich fort, bis sich der Tunnel schließt. Dann kann durch weitere Iterationen keine Verbesserung der Fehlerwahrscheinlichkeit erzielt werden. Somit kann das Konvergenzverhalten im EXIT-Chart unmittelbar abgelesen werden. Im günstigsten Fall schließt sich der Tunnel in der rechten oberen Ecke, wie dies in Bild 11.16 der Fall ist. Man kann zeigen, dass die Fläche des Tunnels möglichst klein sein sollte. Dies kann durch eine geschickte Wahl der Komponentencodierer erreicht werden. Wir lernen daraus, dass die Komponentencodierer zueinander „passen“ sollten, um eine gute Leistungsfähigkeit zu erzielen.

Literaturverzeichnis

Bücher

[Bay98] J. Baylis, *Error-Correcting Codes: A Mathematical Introduction*. Chapman & Hall, 1998.

[Ben87] S. Benedetto, E. Biglieri, V. Castellani, *Digital Transmission Theory*. Englewood Cliffs, NJ: Prentice Hall, 1987.

[Ben99] S. Benedetto, E. Biglieri, *Principles of Digital Transmission*. New York, NY: Kluwer Academic/Plenum Publishers, 1999.

[Ber68] E. R. Berlekamp, *Algebraic Coding Theory*. New York, NY: McGraw-Hill, 1968.

[Ber74] E. R. Berlekamp (Ed.), *Key Papers in the Development of Coding Theory*. Piscataway, NJ: IEEE Press, 1974.

[Big91] E. Biglieri, D. Divsalar, P. McLane, M. K. Simon, *Introduction to Trellis-Coded Modulation with Applications*. New York, NY: Macmillan Publishing Company, 1991.

[Big05] E. Biglieri, *Coding for Wireless Channels*. Berlin: Springer-Verlag, 2005.

[Bla83] R. E. Blahut, *Theory and Practice of Error Control Codes*. Reading, MA: Addison-Wesley, 1983.

[Bos98] M. Bossert, *Kanalcodierung*. Stuttgart: Teubner, 2. Auflage, 1998.

[Bos99] M. Bossert, *Channel Coding for Telecommunications*. New York, NY: John Wiley & Sons, 1999.

[Chu67] K. L. Chung, *Markov Chains with Stationary Transition Probabilities*. Berlin: Springer-Verlag, 1967.

[Cla81] G. C. Clark, J. B. Cain, *Error-Correcting Coding for Digital Communications*. New York, NY: Plenum Press, 1981.

[Con99] J. H. Conway, N. J. A. Sloane, *Sphere Packings, Lattices and Groups*. New York, NY: Springer, 3. Auflage, 1999.

[Fri95] B. Friedrichs, *Kanalcodierung*. Berlin: Springer-Verlag, 1995.

[For66] G. D. Forney, Jr., *Concatenated Codes*. Cambridge, MA: MIT Press, 1966.

[Fur81] F. J. Furrer, *Fehlerkorrigierende Block-Codierung für die Datenübertragung*. Basel, CH: Birkäuser Verlag, 1981.

[Gal68] R. G. Gallager, *Information Theory and Reliable Communication*. New York, NY: John Wiley & Sons, 1968.

[Hil86] R. Hill, *A First Course in Coding Theory*. Oxford, UK: Oxford University Press, 1986.

[Hub92] J. Huber, *Trelliscodierung*. Berlin: Springer-Verlag, 1992.

[Huf03] W. C. Huffman, V. Pless, *Fundamentals of Error-Correcting Codes*. Cambridge, UK: Cambridge University Press, 2003.

[Jay84] N. S. Jayant, P. Noll, *Digital Coding of Waveforms*. Englewood Cliffs, NJ: Prentice Hall, 1984.

[Joh99] R. Johannesson, K. Sh. Zigangirov, *Fundamentals of Convolutional Coding*. Piscataway, NJ: IEEE Press, 1999.

[Kli06] H. Klimant, R. Piotraschke, D. Schönfeld, *Informations- und Kodierungstheorie*. Stuttgart: Teubner, 3. Auflage, 2006.

[Lin70] S. Lin, *An Introduction to Error-Correcting Codes*. Englewood Cliffs, NJ: Prentice Hall, 1970.

[Lin04] S. Lin, D. J. Costello, *Error Control Coding: Fundamentals and Applications*. Englewood Cliffs, NJ: Prentice Hall, 2. Auflage, 2004.

[Lig04] S. Ling, C. Xing, *Coding Theory: A First Course*. Cambridge, UK: Cambridge University Press, 2004.

[Lin99] J. H. van Lint, *Introduction to Coding Theory*. Berlin: Springer-Verlag, 3. Auflage, 1999.

[Mac77] F. J. MacWilliams, N. J. A. Sloane, *The Theory of Error-Correcting Codes*. New York, NY: North-Holland, 1977.

[Mce04] R. J. McEliece, *The Theory of Information and Coding*. Cambridge, UK: Cambridge University Press, 2004.

[Mic85] A. M. Michelson, A. H. Levesque, *Error-Control Techniques for Digital Communication*. New York, NY: John Wiley & Sons, 1985.

[Mil92] O. Mildenberger, *Informationstheorie und Codierung*. Braunschweig/Wiesbaden: Vieweg, 2. Auflage, 1992.

[Moo05] T. K. Moon, *Error Correction Codes: Mathematical Methods and Algorithms*. Wiley-Interscience, 2005.

[Neu07] A. Neubauer, J. Freudenberger, V. Kühn, *Coding Theory: Algorithms, Architectures, and Applications*. Wiley-Interscience, 2007.

[Pet72] W. W. Peterson, E. J. Weldon, *Error-Correcting Codes*. Cambridge, MA: MIT Press, 2. Auflage, 1972.

[Ple98] V. Pless, *Introduction to the Theory of Error-Correcting Codes*. Wiley-Interscience, 3. Auflage, 1998.

[Pro08] J. G. Proakis, M. Salehi, *Digital Communications*. New York, NY: McGraw-Hill, 5. Auflage, 2008.

[Ric08] T. Richardson, R. Urbanke, *Modern Coding Theory*. Cambridge, UK: Cambridge University Press, 2008.

[Roh95] H. Rohling, *Einführung in die Informations- und Codierungstheorie*. Stuttgart: Teubner, 1995.

[Rom92] S. Roman, *Coding and Information Theory*. Berlin: Springer-Verlag, 1992.

[Rom97] S. Roman, *Introduction to Coding and Information Theory*. Berlin: Springer-Verlag, 1997.

[Rot06] R. M. Roth, *Introduction to Coding Theory*. Cambridge, UK: Cambridge University Press, 2006.

[Sch97] C. Schlegel, *Trellis Coding*. Piscataway, NJ: IEEE Press, 1997.

[Sch04] C. Schlegel, L. Perez, *Trellis and Turbo Coding*. Wiley-IEEE, 2004.

[Sch98] H. Schneider-Obermann, *Kanalcodierung*. Braunschweig/Wiesbaden: Vieweg, 1998.

[Vit09] A. J. Viterbi, J. K. Omura, *Principles of Digital Communication and Coding*. New York, NY: Dover Publications, 2009.

[Vuc00] B. Vucetic, J. Yuan, *Turbo Codes*. Dordrecht, NL: Kluwer Academic Publishers, 2000.

[Wer09] M. Werner, *Information und Codierung*. Wiesbaden: Vieweg+Teubner, 2. Auflage, 2009.

[Wic94] S. B. Wicker, V. K. Bhargava (Ed.), *Reed-Solomon Codes and their Applications*. Piscataway, NJ: IEEE Press, 1994.

[Wic95] S. B. Wicker, *Error Control Systems for Digital Communications and Storage*. Upper Saddle River, NJ: Prentice Hall, 1995.

[Wil96] S. G. Wilson, *Digital Modulation and Coding*. Upper Saddle River, NJ: Prentice Hall, 1996.

[Woz61] J. M. Wozencraft, B. Reiffen, *Sequential Decoding*. Cambridge, MA: MIT Press, 1961.

Ausgewählte Publikationen

[And84] J. Anderson, S. Mohan, "Sequential coding algorithms: A survey and cost analysis," *IEEE Trans. Commun.*, Band 32, S. 169-176, Feb. 1984.

[Bah74] L. R. Bahl, J. Cocke, F. Jelinek, J. Raviv, "Optimal decoding of linear codes for minimizing symbol error rate," *IEEE Trans. Inform. Theory*, Band 20, S. 284-287, März 1974.

[Bat87] G. Battail, "Pondération des symboles décodés par l'algorithme de Viterbi," *Ann. Télécommun.*, Band 42, Nr. 1-2, S. 31-38, Jan. 1987.

[Ben96] S. Benedetto, D. Divsalar, G. Montorsi, F. Pollara, "Serial concatenation of interleaved codes: Performance analysis, design, and iterative decoding," *IEEE Trans. Information Theory*, Band 44, S. 909-926, Mai 1996.

[Ber93] C. Berrou, A. Glavieux, P. Thitimajshima, "Near Shannon limit error-correcting coding and decoding: Turbo-codes," in *Proc. IEEE ICC '93*, Geneva, Switzerland, S. 1064-1070, Mai 1993.

[Cos07] D. J. Costello, G. D. Forney, Jr., "Channel coding: The road to channel capacity," *Proc. of the IEEE*, Band 95, S. 1150-1177, Juni 2007.

[Dij59] E. W. Dijkstra, "A note on two problems in connexion with graphs," *Numerische Mathematik 1*, S. 269-271, 1959.

[Div98] D. Divsalar, H. Jin, R. McEliece, "Coding theorems for Turbo-like codes," in *Proc. 1998 Allerton Conf.*, Monticello, IL, S. 201-210, Sept. 1998.

[Eli54] P. Elias, "Error-free coding," *IRE Trans. Inform. Theory*, Band 4, S. 29-37, Sept. 1954.

[Eli55] P. Elias, "Coding for noisy channels," *IRE Conv. Rec.*, pt. 4, S. 37-46, März 1955.

[Fan63] R. M. Fano, "A heuristic discussion of probabilistic decoding," *IEEE Trans. Inform. Theory*, Band 9, S. 64-74, Jan. 1963.

[For73] G. D. Forney, Jr., "The Viterbi algorithm," *Proc. of the IEEE*, Band 61, S. 268-278, März 1973.

[For01] G. D. Forney, Jr., "Codes on graphs: Normal realizations," *IEEE Trans. Inform. Theory*, Band 47, S. 520-548, Feb. 2001.

[Gal62] R. G. Gallager, "Low-density parity-check codes," *IRE Trans. Information Theory*, S. 21-28, Jan. 1962.

[Gol49] M. J. E. Golay, "Notes on digital coding," *Proc. IRE*, Band 37, S. 657, Juni 1949.

[Hag88] J. Hagenauer, "Rate-compatible punctured convolutional codes (RCPC codes) and their applications," *IEEE Trans. Commun.*, Band 36, S. 389-400, Apr. 1988.

[Hag89] J. Hagenauer, P. Hoeher, "A Viterbi algorithm with soft-decision outputs and its applications," in *Proc. IEEE GLOBECOM '89*, S. 1680-1686, Nov. 1989.

[Hag96] J. Hagenauer, E. Offer, L. Papke, "Iterative decoding of binary block and convolutional codes," *IEEE Trans. Inform. Theory*, Band 42, S. 429-445, März 1996.

[Hag97] J. Hagenauer, "The turbo principle – Tutorial introduction and state of the art," in *Proc. Int. Symp. Turbo Codes & Related Topics*, Brest, France, S. 1-11, Sept. 1997.

[Ham50] R. W. Hamming, "Error detecting and error correcting codes," *Bell Syst. Techn. J.*, Band 29, S. 147-160, 1950.

[Hoe00] P. Hoeher, U. Sorger, I. Land, "Log-likelihood values and Monte Carlo simulation – Some fundamental results," in *Proc. Int. Symp. on Turbo Codes & Related Topics*, Brest, France, S. 43-46, Sept. 2000.

[Hub90] J. Huber, A. Rüppel, "Zuverlässigkeitsschätzung für die Ausgangssymbole von Trellis-Decodern," *AEÜ*, Band 44, Nr. 1, S. 8-21, Jan./Feb. 1990.

[Jel69] F. Jelinek, "Fast sequential decoding algorithm using a stack," *IBM J. of Research and Development*, Band 13, Nr. 6, S. 675-685, Nov. 1969.

[Lan05] I. Land, S. Huettinger, P. A. Hoeher, J. Huber, "Bounds on information combining," *IEEE Trans. Inform. Theory*, Band 51, S. 612-619, Feb. 2005.

[Lod93] J. Lodge, R. Young, P. Hoeher, J. Hagenauer, "Separable MAP 'filters' for the decoding of product and concatenated codes," in *Proc. IEEE ICC '93*, Geneva, Switzerland, S. 1740-1745, Mai 1993.

[Loe94] H. A. Loeliger, "A posteriori probabilities and performance evaluation of trellis codes," in *Proc. IEEE Int. Symp. Inform. Theory*, Trondheim, Norway, p. 335, Juni-Juli 1994.

[Loe07] H. A. Loeliger, J. Dauwels, J. Hu, S. Korl, Li Ping, F. R. Kschischang, "The factor graph approach to model-based signal processing," *Proc. of the IEEE*, Band 95, S. 1295-1322, Juni 2007.

[Lub01] M. Luby, M. Mitzenmacher, A. Shokrollahi, D. Spielman, "Efficient erasure correcting codes," *IEEE Trans. Inf. Theory*, Band 47, S. 569-584, Feb. 2001.

[Lub02] M. Luby, "LT codes," in *Proc. 43rd Ann. IEEE Symp. on Foundations of Computer Science*, S. 271-282, Nov. 2002.

[Mac96] D. J. C. MacKay, R. M. Neal, "Near Shannon limit performance of low-density parity-check codes," *Elect. Letters*, Band 32, S. 1645-1646, Aug. 1996.

[Mac05] D. J. C. MacKay, "Fountain codes," *IEE Proc.*, Band 152, Nr. 6, S. 1062-1068, Dez. 2005.

[May02] P. Maymounkov, "Online codes," Techn. Report TR2002-833, New York University, 2002.

[Mul54] D. E. Muller, “Application of Boolean algebra to switching circuit design and to error detection,” *IRE Trans. Electron. Comput.*, Band EC-3, S. 6-12, Sept. 1954.

[Pra57] E. Prange, “Cyclic error-correcting codes in two symbols,” Air Force Cambridge Research Center, MA, Techn. Note AFCRC-TN-57-103, Sept. 1957.

[Ree60] I. S. Reed, G. Solomon, “Polynomial codes over certain finite fields,” *J. SIAM*, Band 8, S. 300-304, Juni 1960.

[Rob97] P. Robertson, P. Hoeher, E. Villebrun, “Optimal and sub-optimal maximum a posteriori algorithms suitable for turbo decoding,” *Europ. Trans. Telecommun.*, Band 8, S. 119-125, März/Apr. 1997.

[Sho04] A. Shokrollahi, “Raptor codes,” in *Proc. IEEE Int. Symp. on Inform. Theory*, Chicago, IL, S. 36, Juni/Juli 2004.

[Ses94] N. Seshadri, C.-E. W. Sundberg, “List Viterbi decoding algorithms with applications,” *IEEE Trans. Commun.*, Band 42, S. 313-323, Feb./März/Apr. 1994.

[Tan81] R. M. Tanner, “A recursive approach to low complexity codes,” *IEEE Trans. Inform. Theory*, Band 27, S. 533-547, Sept. 1981.

[tBr01] S. ten Brink, “Convergence behavior of iteratively decoded parallel concatenated codes,” *IEEE Trans. Communications*, Band 49, S. 1727-1737, Okt. 2001.

[Ung82] G. Ungerboeck, “Channel coding with multilevel/phase signals,” *IEEE Trans. Inform. Theory*, Band 28, S. 55-67, Jan. 1982.

[Vit67] A. J. Viterbi, “Error bounds for convolutional codes and an asymptotically optimum decoding algorithm,” *IEEE Trans. Inform. Theory*, Band 13, S. 260-269, Apr. 1967.

[Vit99] E. Viterbo, J. Boutros, “A universal lattice code decoder for fading channels,” *IEEE Trans. Inform. Theory*, Band 45, S. 1639-1642, Juli 1999.

[Wie95] N. Wiberg, H.-A. Loeliger, R. Kötter, “Codes and iterative decoding on general graphs,” *Europ. Trans. Telecomm.*, Band 6, S. 513-525, Sept./Okt. 1995.

[Zig66] K. Sh. Zigangirov, “Some sequential decoding procedures,” *Problemy Peredachi Informatsii*, Band 2, S. 13-25, Jan. 1966.

Teil III

Digitale Modulations- und Übertragungsverfahren

12 Einführung und Grundbegriffe

Digitale Modulationsverfahren unterscheiden sich von analogen Modulationsverfahren durch die Eigenschaft, dass Datensymbole (wie beispielsweise Binärzeichen) in eine für die Eigenschaften des physikalischen Übertragungskanals (wie Funkfeld, Lichtwellenleiter oder Kabel) geeignete analoge Signalform umgewandelt werden. Analoge Signale (wie beispielsweise Audio- oder Videosignale) müssen zunächst digitalisiert werden. Bei *analogen Modulationsverfahren* werden analoge Signale ohne Digitalisierung in eine für die Eigenschaften des physikalischen Übertragungskanals geeignete Signalform umgewandelt. Mit digitalen Modulationsverfahren ist, in Verbindung mit einer Kanalcodierung, unter gewissen Voraussetzungen eine (quasi-)fehlerfreie Rekonstruktion der gesendeten Datensymbole möglich. Es werden im Folgenden ausschließlich digitale Modulations- und Übertragungsverfahren behandelt.

12.1 Signale im Zeit- und Frequenzbereich

Ein zeit- und gleichzeitig wertkontinuierliches Signal wird als *analoges Signal* bezeichnet. Analoge Signale können *deterministisch* (d. h. reproduzierbar) oder *stochastisch* (d. h. zufälliger Natur) sein. Analoge Signale können im Zeit- und im Frequenzbereich beschrieben werden. Es sei $s(t) \in \mathbb{C}$ ein deterministisches Signal im Zeitbereich. Das zugehörige *Spektrum* $S(f) \in \mathbb{C}$ erhält man durch die sog. *Fourier-Transformation*:

$$S(f) = \int_{-\infty}^{\infty} s(t) \cdot e^{j2\pi ft} \, dt. \tag{12.1}$$

$S(f)$ wird auch Übertragungsfunktion oder Fourier-Transformierte genannt. Durch die entsprechende *Inverse Fourier-Transformation*

$$s(t) = \int_{-\infty}^{\infty} S(f) \cdot e^{-j2\pi ft} \, df \tag{12.2}$$

kann das Zeitsignal aus dem Frequenzbereich rücktransformiert werden. Es wird im Folgenden die Symbolik $s(t) \circ\!\!-\!\!\bullet\, S(f)$ bzw. $S(f) \bullet\!\!-\!\!\circ\, s(t)$ verwendet. Stochastische Signale können im Frequenzbereich durch ein *Leistungsdichtespektrum* $R_{ss}(f)$ beschrieben werden, siehe Anhang C. Ein *kausales Zeitsignal* hat für negative Zeiten ($t < 0$) den Wert null. Ein *analytisches Signal* ist dadurch definiert, dass sein Fourier-Spektrum für negative Frequenzen ($f < 0$) den Wert null aufweist.

12.2 Basisband- und Bandpasssignale

Ein *Tiefpasssignal* $s_{TP}(t) \in \mathbb{C}$ besitzt keine Spektralanteile oberhalb einer *Grenzfrequenz* W: $S_{TP}(f) = 0$ bzw. $R_{s_{TP}s_{TP}}(f) = 0$ für $|f| > W$. Die Grenzfrequenz W entspricht der *einseitigen*

Bandbreite, $2W$ wird *zweiseitige Bandbreite* genannt. Ein Tiefpasssignal nennt man in der Übertragungstechnik auch *Basisbandsignal*. Basisbandsignale eignen sich beispielsweise für eine kabelgebundene Übertragung, aber nicht für eine Funkkommunikation. In letzterem Fall verwendet man *trägermodulierte Signale*, d. h. *Bandpasssignale*. Ein Bandpasssignal $s_{BP}(t) \in \mathbb{R}$ erhält man aus einem gegebenen deterministischen oder stochastischen Basisbandsignal $s_{TP}(t) \in \mathbb{C}$ gemäß

$$s_{BP}(t) = \sqrt{2}\,\mathrm{Re}\left\{s_{TP}(t) \cdot e^{j2\pi f_0 t}\right\}, \tag{12.3}$$

wobei f_0 die sog. *Trägerfrequenz* ist ($f_0 > W$). Es gilt folglich $S_{BP}(f) = 0$ bzw. $R_{s_{BP}s_{BP}}(f) = 0$ für $|f \mp f_0| > W$, siehe Bild 12.1. Aufgrund des Normierungsfaktors $\sqrt{2}$ sind die Leistungen des Basisbandsignals $s_{TP}(t)$ und des Bandpasssignals $s_{BP}(t)$ identisch. Der Zusammenhang zwischen einem analytischen Signal und einem Bandpasssignal lautet im Zeitbereich

$$s_+(t) = s_{BP}(t) \cdot e^{j2\pi f_0 t}. \tag{12.4}$$

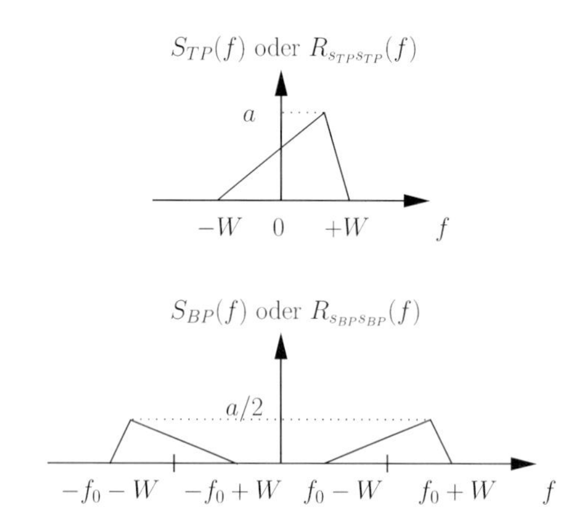

Bild 12.1: Vom Tiefpasssignal zum äquivalenten Bandpasssignal

In der Funkkommunikation unterteilt man den Frequenzbereich in sog. *Frequenzbänder*, siehe Bild 12.2. Meist gilt, mit Ausnahme der Ultrabreitband-Kommunikation, dass $f_0 \gg W$. Je größer die Trägerfrequenz f_0, umso mehr Bandbreite steht folglich zur Verfügung.

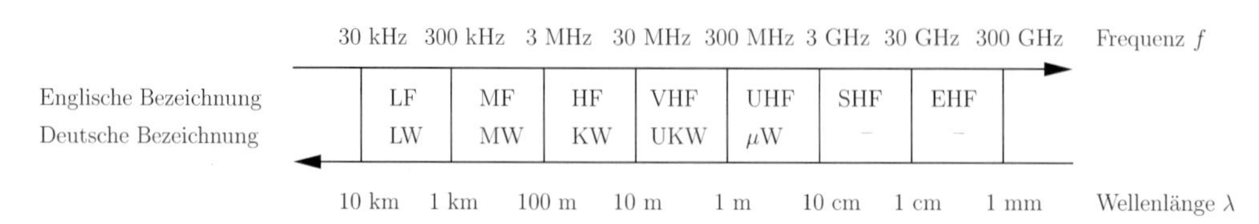

Bild 12.2: Frequenzbänder in der Funkkommunikation

12.3 Quadraturmodulation und -demodulation

Die Umwandlung eines im Allgemeinen komplexen Basisbandsignals $s_{TP}(t)$ in ein *äquivalentes reelles Bandpasssignal* $s_{BP}(t)$ kann mit Hilfe einer sog. *Quadraturmodulation* durchgeführt werden. Es seien $s_{Re}(t) \in \mathbb{R}$ und $s_{Im}(t) \in \mathbb{R}$ die *Quadraturkomponenten* (d. h. Real- und Imaginärteil) des Basisbandsignals $s_{TP}(t)$, d. h. $s_{TP}(t) = s_{Re}(t) + js_{Im}(t)$. Einsetzen in (12.3) ergibt mit $e^{j2\pi f_o t} := \cos(2\pi f_o t) + j\sin(2\pi f_0 t)$ und $j := \sqrt{-1}$

$$\begin{aligned} s_{BP}(t) &= \sqrt{2}\mathrm{Re}\{(s_{Re}(t) + js_{Im}(t)) \cdot (\cos(2\pi f_o t) + j\sin(2\pi f_0 t))\} \\ &= \sqrt{2}s_{Re}(t)\cos(2\pi f_o t) - \sqrt{2}s_{Im}(t)\sin(2\pi f_o t). \end{aligned} \tag{12.5}$$

Der zugehörige *Quadraturmodulator* ist in Bild 12.3 dargestellt. Man beachte, dass mit Hilfe des Quadraturmodulators zwei unabhängige reelle Signale über einen einzigen reellen Kanal übertragen werden können. Dies ist mit einem Stereosignal vergleichbar, welches über ein einziges abgeschirmtes Kabel übertragen wird.

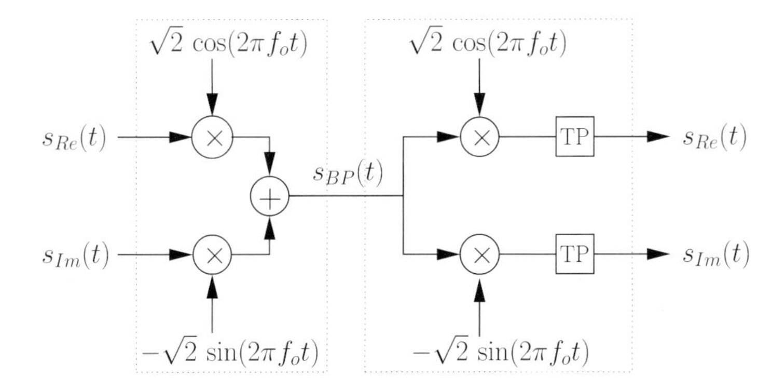

Bild 12.3: Quadraturmodulator (links) und Quadraturdemodulator (rechts)

Aus dem Bandpasssignal $s_{BP}(t)$ kann das zugehörige Basisbandsignal $s_{TP}(t)$ durch den in Bild 12.3 gezeigten *Quadraturdemodulator* exakt rückgewonnen werden, wie durch Anwendung der Additionstheoreme

$$\begin{aligned} \cos^2(2\pi f_0 t) &= \frac{1}{2}[1 + \cos(4\pi f_0 t)] \\ \sin^2(2\pi f_0 t) &= \frac{1}{2}[1 - \cos(4\pi f_0 t)] \\ \sin(2\pi f_0 t) \cdot \cos(2\pi f_0 t) &= \frac{1}{2}\sin(4\pi f_0 t) \end{aligned} \tag{12.6}$$

leicht bewiesen werden kann. Das dargestellte Tiefpassfilter (TP) muss mindestens die einseitige Bandbreite W besitzen. Es beseitigt die unerwünschten Signalanteile der doppelten Trägerfrequenz. Jedes Bandpasssignal kann somit durch ein *äquivalentes komplexes Tiefpasssignal* (Basisbandsignal) dargestellt werden und umgekehrt. Hieraus folgt, dass jedes trägermodulierte System durch ein äquivalentes Basisbandsystem repräsentiert werden kann. Es vereinfachen sich

Darstellung, Analyse, Simulation und Realisierung von deterministischen und stochastischen Signalen und Übertragungssystemen. Bild 12.4 zeigt das Blockschaltbild eines trägermodulierten Übertragungssystems bestehend aus Basisbandmodulator, Quadraturmodulator, physikalischem Kanal (beispielsweise Funkfeld inkl. Antennen), Quadraturdemodulator und Basisbanddemodulator. Im Folgenden werden wir ausschließlich mit äquivalenten komplexen Tiefpasssignalen arbeiten. Der Index $(.)_{TP}$ wird zur Vereinfachung weggelassen.

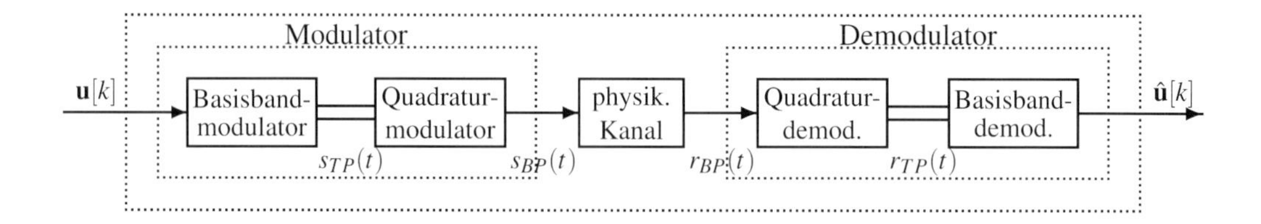

Bild 12.4: Blockschaltbild eines trägermodulierten Übertragungssystems

Eine Alternative zur Quadraturmodulation und -demodulation besteht in der *Hilbert-Transformation.*

12.4 Analog-Digital-Wandlung

12.4.1 Von analogen zu digitalen Signalen

Eine grundlegende Aufgabe der digitalen Signalverarbeitung und -übertragung besteht in der Umwandlung von *analogen* (d. h. zeit- und wertkontinuierlichen) Signalen in *digitale* (d. h. zeit- und wertdiskrete) Signale. Das übliche Vorgehen besteht in einer *Diskretisierung* und anschließender *Quantisierung*. Diese Reihenfolge kann gemäß Bild 12.5 prinzipiell jedoch auch umgekehrt werden. Da jedes digitale Signal durch eine Sequenz von Zahlenwerten repräsentiert werden kann, ist eine reproduzierbare Verarbeitung und Speicherung möglich.

12.4.2 Abtastsatz und Abtasttheorem (Diskretisierung)

Gegeben sei ein (zunächst deterministisches) *analoges Signal* $s(t) \circ\!\!-\!\!\bullet\ S(f)$ mit (zunächst) beliebiger Bandbreite. Tastet man $s(t)$ mit einem *idealen Abtaster* äquidistant ab, so erhält man

$$s_a(t) := s(t) \cdot \sum_k \delta(t - kT_{abt}), \tag{12.7}$$

wobei T_{abt} die *Abtastperiode*Abtastperiode und $R_{abt} := 1/T_{abt}$ die *Abtastrate* ist. Mit Berücksichtigung der sog. Siebeigenschaft der Faltung (siehe Anhang C) folgt

$$s_a(t) = \sum_k s(kT_{abt})\ \delta(t - kT_{abt}). \tag{12.8}$$

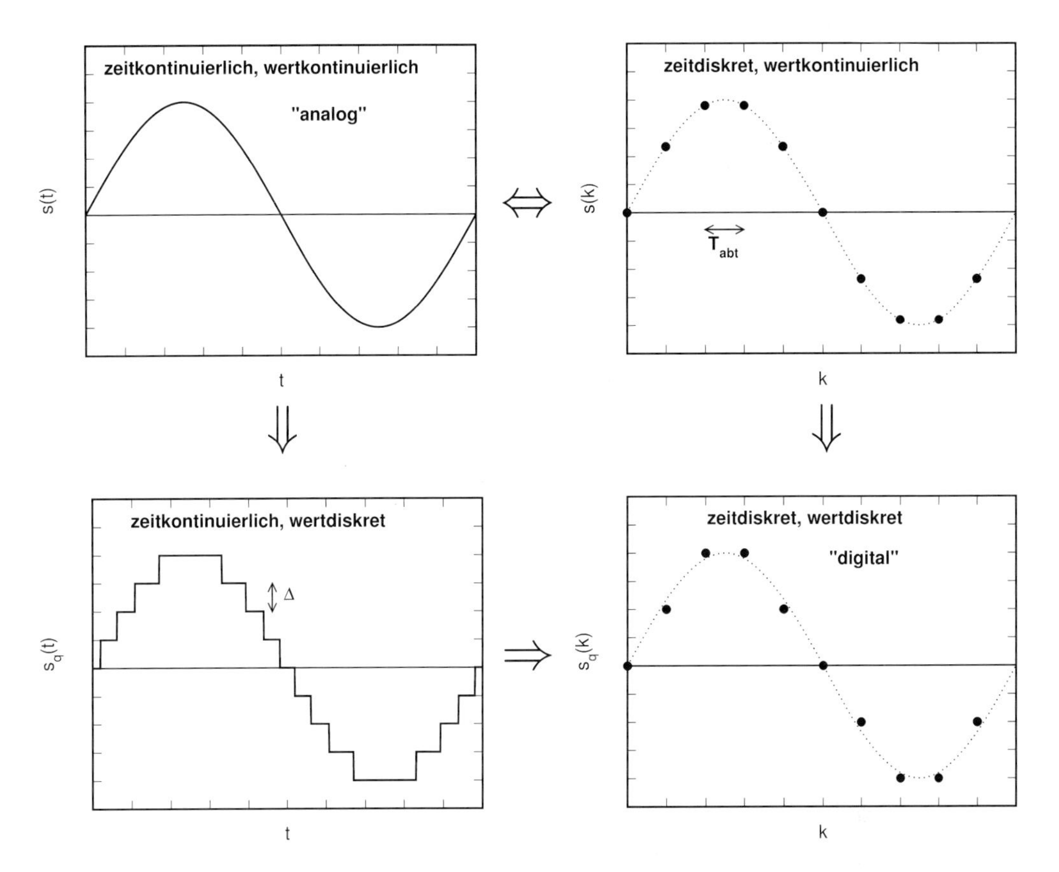

Bild 12.5: Von analogen zu digitalen Signalen

Der ideale Abtaster wandelt das analoge Signal $s(t)$ in eine zeitdiskrete Dirac-Impulsfolge um. Die einzelnen Dirac-Impulse sind mit den *Abtastwerten* $s[k] := s(kT_{abt})$ gewichtet.

Einen tieferen Einblick erhält man im Frequenzbereich:

$$s_a(t) \circ\!\!-\!\!\bullet\, S_a(f) = S(f) * \frac{1}{T_{abt}} \sum_k \delta\left(f - \frac{k}{T_{abt}}\right) = \frac{1}{T_{abt}} \sum_k S\left(f - \frac{k}{T_{abt}}\right). \qquad (12.9)$$

Diese Beziehung wird als *Abtastsatz* bezeichnet: Durch die Abtastung wird das Signalspektrum $S(f)$ periodisch wiederholt („*Periodifizierung*").

Das analoge Signal $s(t)$ kann aus den Abtastwerten perfekt rekonstruiert werden, wenn $s(t)$ *bandbegrenzt* ist und die Abtastrate hinreichend groß ist. Diesen Sachverhalt wollen wir nun für deterministische Tiefpasssignale herleiten, wobei wir annehmen, dass $S(f) = 0$ für $|f| \geq W$, siehe Bild 12.6 a). Für stochastische Tiefpasssignale gilt entsprechend $R_{ss}(f) = 0$ für $|f| \geq W$, wobei $R_{ss}(f)$ das Leistungsdichtespektrum von $s(t)$ ist. Für Bandpasssignale existiert ein verallgemeinertes Abtasttheorem, welches wir in Abschnitt 12.4.6 behandeln.

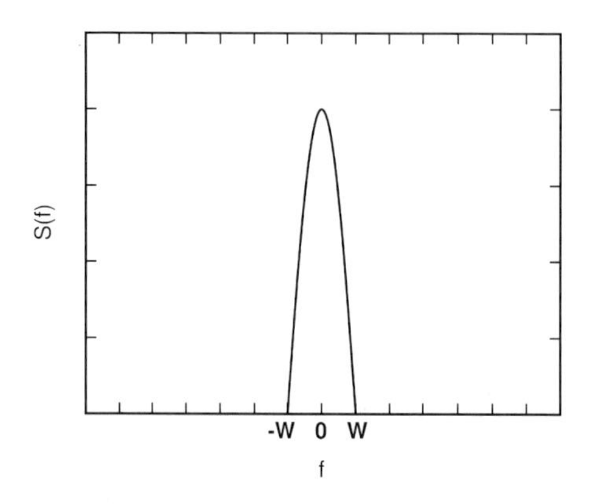

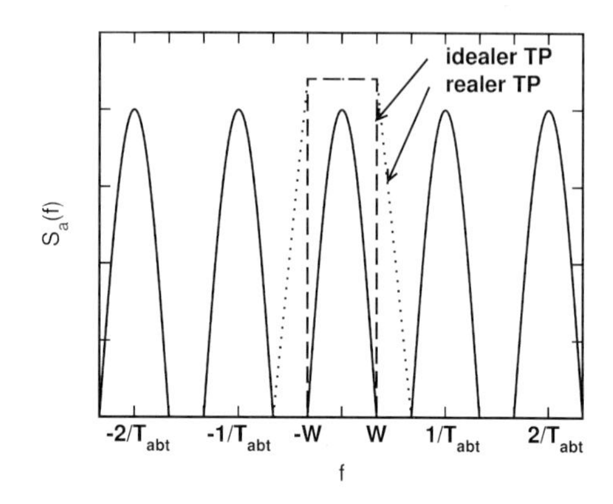

Bild 12.6: Zur Herleitung des Abtasttheorems für Tiefpasssignale. a) Spektrum $S(f)$ des Originalsignals $s(t)$; b) Spektrum $S_a(f)$ nach Abtastung

Aus dem Abtastsatz (12.9) folgt für Tiefpasssignale unmittelbar, dass sich für eine Abtastrate

$$R_{abt} = 1/T_{abt} \geq 2W \tag{12.10}$$

die periodisch wiederholten Spektralanteile in $S_a(f)$ nicht überlappen, siehe Bild 12.6 b). Da eine Periode des abgetasteten Signalspektrums $S_a(f)$ identisch mit dem Spektrum $S(f)$ des Originalsignals ist, kann $s(t)$ somit durch einen *idealen Tiefpass* der *Grenzfrequenz* W rekonstruiert werden. Diese Erkenntnis beweist das sog. *Abtasttheorem*:

Satz 12.4.1 (Abtasttheorem für Tiefpasssignale, 1. Fassung) *Jedes bandbegrenzte Signal $s(t)$ kann aus äquidistanten Abtastwerten $s[k] = s(kT_{abt})$ durch eine (ideale) Tiefpass-Filterung perfekt rekonstruiert werden, falls die Abtastrate, $R_{abt} = 1/T_{abt}$, mindestens doppelt so groß wie die einseitige Signalbandbreite, W, ist, d. h. falls $R_{abt} \geq 2W$.*

Somit sind die beiden in Bild 12.7 gezeigten Systeme äquivalent.

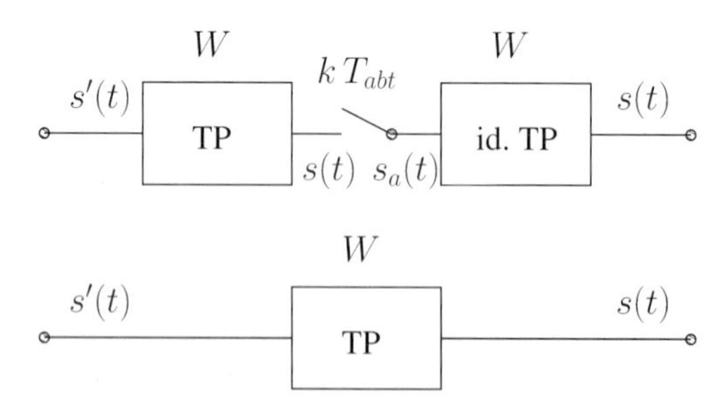

Bild 12.7: Beide Systeme sind äquivalent, falls $1/T_{abt} \geq 2W$

Der Grundgedanke des Abtasttheorems geht auf Lagrange zurück (1736-1813). In der bislang dargestellten Form wurde es erstmals in [E. T. Whittaker, 1915] publiziert.

Zum besseren Verständnis des Abtasttheorems führen wir nun die folgende Fallunterscheidung durch:

1. Falls das Abtasttheorem (12.10) mit Gleichheit erfüllt ist, d. h. für $R_{abt} = 1/T_{abt} = 2W$, so erhält man die minimal mögliche Abtastrate. Diese Abtastrate wird *Nyquist-Rate* genannt. Zur Signalrekonstruktion ist ein ideales Tiefpassfilter notwendig:

$$S(f) = S_a(f) \cdot \underbrace{T_{abt}\, \text{rect}\left(\frac{f}{2W}\right)}_{\text{idealer TP}} \quad (12.11)$$

$$\begin{aligned} s(t) &= s_a(t) * [2WT_{abt}\, \text{si}(2\pi Wt)] = s_a(t) * \text{si}(2\pi Wt) \\ &= \left[\sum_k s[k]\ \delta(t - kT_{abt})\right] * \text{si}(2\pi Wt) = \sum_k s[k]\ \text{si}\left(\pi \frac{t - kT_{abt}}{T_{abt}}\right). \end{aligned} \quad (12.12)$$

   Das ideale Tiefpassfilter kann somit als ideales *Interpolationsfilter* interpretiert werden.

2. Falls $R_{abt} = 1/T_{abt} > 2W$, d. h. bei einer *Überabtastung*, kann jedes Tiefpassfilter zur Rekonstruktion verwendet werden, welches für $|f| \leq W$ einen reellen, konstanten Amplitudengang aufweist und maximal eine Grenzfrequenz von $1/T_{abt} - W$ hat, vergleiche Bild 12.6.

3. Falls $R_{abt} = 1/T_{abt} < 2W$, d. h. bei einer *Unterabtastung*, kommt es zu *Aliasing* (Spektralübersprechen). Aliasing-Verluste sind irreversibel.

Ein Vergleich von linker und rechter Seite in Gleichung (12.12) beweist eine 2. Fassung des Abtasttheorems:

Satz 12.4.2 (Abtasttheorem für Tiefpasssignale, 2. Fassung) *Jedes Tiefpasssignal $s(t)$ der Grenzfrequenz W kann fehlerfrei durch eine Summe von äquidistant verschobenen si-Funktionen dargestellt werden, deren Gewichte den Abtastwerten $s[k]$ entsprechen [C. E. Shannon, 1948].*

Bild 12.8 veranschaulicht dieses wichtige Ergebnis.

Ein *realer Abtaster* verwendet typischerweise ein *Abtasthalteglied*. Die Abtastimpulse sind in der Praxis somit keine Dirac-Impulse, wie bislang angenommen, sondern können durch Rechteckimpulse der Dauer $T_0 \ll T_{abt}$ modelliert werden. Gleichung (12.7) geht folgedessen in

$$s_a(t) = s(t) \cdot \sum_k \text{rect}\left(\frac{t - kT_{abt}}{T_0}\right) \quad (12.13)$$

über. Durch Fourier-Transformation ergibt sich

$$\begin{aligned} S_a(f) &= S(f) * \left[\sum_k T_0\, \text{si}(\pi f T_0) \cdot e^{-j2\pi f k T_{abt}}\right] \\ &= S(f) * \left[T_0\, \text{si}(\pi f T_0) \cdot \sum_k e^{-j2\pi f k T_{abt}}\right]. \end{aligned} \quad (12.14)$$

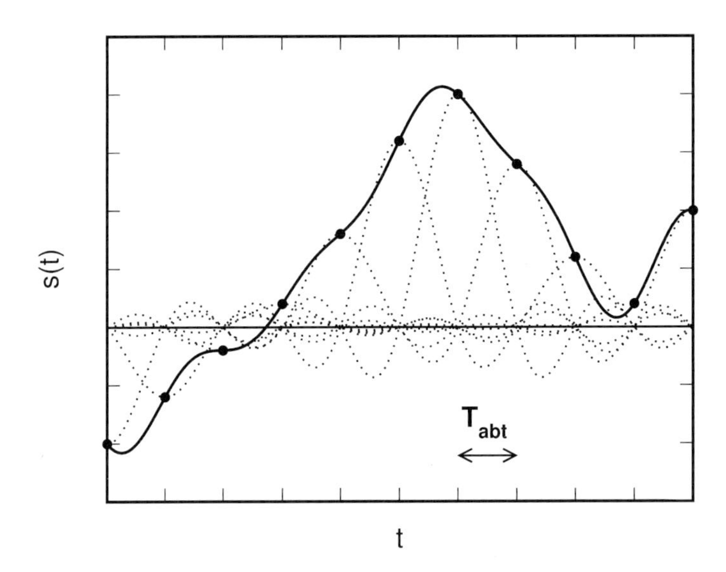

Bild 12.8: Zur Veranschaulichung des Abtasttheorems

Man erkennt, dass im Vergleich zum idealen Abtaster das Signalspektrum mit $\mathrm{si}(\pi f T_0)$ gewichtet wird. Diesen Effekt kann man kompensieren, indem man das Signalspektrum mit der Umkehrfunktion entzerrt.

Zusammenfassend kann festgestellt werden, dass das Abtasttheorem eine Darstellung von exakt bandbegrenzten Signalen durch äquidistante Abtastwerte erlaubt. Obwohl in der Praxis die abzutastenden Signale eine endliche Dauer aufweisen und somit keine exakte Frequenzbegrenzung besitzen, wird das Abtasttheorem in fast allen digitalen Übertragungssystemen sowohl senderseitig als auch empfängerseitig angewendet. Eine Alternative bieten Abtastverfahren mit nichtäquidistanter Abtastung.

12.4.3 Pulscodemodulation (Quantisierung)

Bei der *Pulscodemodulation* (PCM) wird ein wertkontinuierliches Abtastsignal $s[k]$ zunächst in ein wertdiskretes Abtastsignal $s_q[k]$ umgewandelt („*quantisiert*") und dann in eine Sequenz von Binärzeichen (Bits) umgesetzt („*codiert*"), wobei jeder Abtastwert durch Q Bits repräsentiert wird [B. M. Oliver et al., 1948].

Die Quantisierung ist mit einem irreversiblen *Quantisierungsfehler* („Quantisierungsrauschen") verbunden. Die Codierung ist jedoch reversibel, d. h. umkehrbar eindeutig. Bild 12.9 veranschaulicht das Prinzip der Pulscodemodulation an einem Beispiel mit einer Auflösung von $Q = 3$ Bits/Abtastwert, d. h. $2^Q = 8$ Quantisierungsstufen. Im gezeigten Beispiel wird die Bitsequenz $[101\ 111\ 110\ 110\ 011\ \ldots]$ erzeugt. Bei einer sog. *Gray-Codierung* unterscheiden sich die Werte benachbarter Abtastwerte in nur einem Bit. Dies minimiert bei einer fehlerhaften Übertragung die Verzerrung zwischen dem reproduzierten Signal und dem Originalsignal.

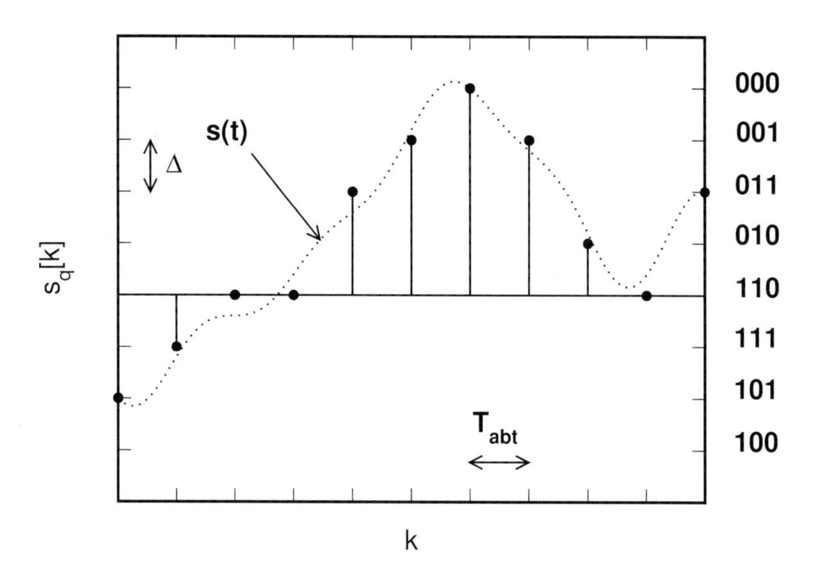

Bild 12.9: Zur Veranschaulichung der PCM am Beispiel der Gray-Codierung

Man unterscheidet zudem zwischen *skalaren Quantisierern* und sog. *Vektorquantisierern*. Bei skalaren Quantisierern erfolgt die Quantisierung auf Basis einzelner Abtastwerte, während bei Vektorquantisierern mehrere Abtastwerte gemeinsam quantisiert werden. Wir beschränken uns im Folgenden auf skalare Quantisierer.

12.4.4 A/D- und D/A-Wandlung

Die Kombination von Abtastung, Quantisierung und Codierung wird *A/D-Wandlung* und die Kombination von Decodierung und Tiefpassfilterung (Interpolation) wird *D/A-Wandlung* genannt, siehe Bild 12.10.

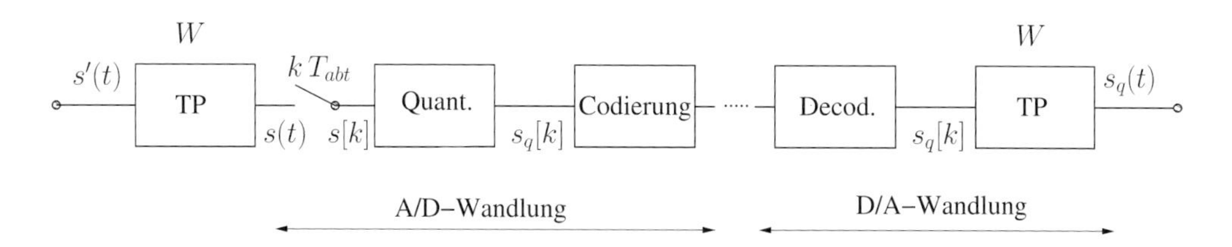

Bild 12.10: Schema eines PCM-Übertragungssystems mit A/D- und D/A-Wandlung

Die wichtigsten Parameter bei der A/D- und D/A-Wandlung sind die Anzahl der Bits/Abtastwert, Q, die maximale Abtastrate, R_{abt}, die Quantisierungskennlinie (z. B. linear, logarithmisch, usw.), der Aussteuerungsbereich sowie die Codierungsvorschrift (z. B. Gray-Mapping).

12.4.5 Quantisierungsfehler

Die Beziehung zwischen den unquantisierten Abtastwerten, $s[k]$, und den quantisierten Abtastwerten, $s_q[k]$, kann durch

$$s[k] := s_q[k] + q[k] \tag{12.15}$$

beschrieben werden, wobei $q[k]$ der *Quantisierungsfehler* ist. Der Quantisierungsfehler hängt vom Signal $s[k]$ und der Quantisierungskennlinie ab. Wir bezeichnen die *Quantisierungsstufenbreite* mit Δ. Beispielsweise ergibt sich bei einer äquidistanten Quantisierung mit Q Bit/Abtastwert eine Quantisierungsstufenbreite von $\Delta = s_{max}/2^Q$, wobei s_{max} der Aussteuerungsbereich ist.

Der Quantisierungsfehler, $q[k]$, ist naturgemäß zufallsverteilt. Nimmt man der Einfachheit halber an, dass $q[k]$ unabhängig von der Quantisierungskennlinie über dem Intervall $[-\Delta/2, \Delta/2)$ gleichverteilt ist, so ergibt sich der Mittelwert von $q[k]$ zu

$$\mu_Q := \int_{-\Delta/2}^{\Delta/2} q \cdot p_Q(q)\, dq = \int_{-\Delta/2}^{\Delta/2} q \cdot 1/\Delta\, dq = 0 \tag{12.16}$$

und die Varianz von $q[k]$ zu

$$\sigma_Q^2 := \int_{-\Delta/2}^{\Delta/2} (q - \mu_Q)^2 \cdot p_Q(q)\, dq = \int_{-\Delta/2}^{\Delta/2} q^2 \cdot 1/\Delta\, dq = \Delta^2/12. \tag{12.17}$$

Bei einer äquidistanten Quantisierung gilt (bei gleichverteiltem Quantisierungsfehler) folglich $\sigma_Q^2 \sim 2^{-2Q}$. Dies entspricht einem Gewinn von 6 dB pro Bit. Der irreversible Quantisierungsverlust kann somit (theoretisch) beliebig klein gemacht werden. Während beispielsweise in der Audiotechnik meist 16 Bits/Abtastwert und in der Sprachverarbeitung meist 8 Bits/Abtastwert verwendet werden, genügen in der digitalen Übertragungstechnik (mit Ausnahme von hochstufigen Modulationsverfahren) oft 4 Bits/Abtastwert.

Skalare Quantisierer können wie folgt optimiert werden: Es sei $p(s)$ die als bekannt angenommene Wahrscheinlichkeitsdichtefunktion der unquantisierten Abtastwerte (Eingangswerte) $s[k]$ und es sei $f(s_q - s) \geq 0$ eine vorgegebene Fehlerfunktion. Wird als Fehlerfunktion beispielsweise der quadratische Fehler betrachtet, so gilt $f(s_q - s) := |s_q - s|^2$. Mit diesen Definitionen erhält man die mittlere Verzerrung zu

$$D = \int_{-\infty}^{\infty} f(s_q - s)\, p(s)\, ds. \tag{12.18}$$

Der optimale Quantisierer, *Lloyd-Max-Quantisierer* genannt, minimiert die mittlere Verzerrung für den Fall, dass $p(s)$ und $f(.)$ vorgegeben sind. Der Lloyd-Max-Quantisierer optimiert die Quantisierungsstufen und die zugehörigen Bereiche der Eingangswerte für eine gegebene Stufenzahl.

12.4.6 Verallgemeinerungen, Bandpass-Abtasttheorem

Die bislang vorgestellte äquidistante Abtastung von Tiefpasssignalen im Zeitbereich kann auf beliebige, auch mehrere, Dimensionen verallgemeinert werden. Beispiele sind:

- 1-D Abtastung: Abtastung im Frequenzbereich, Abtastung im Raum.
- 2-D Abtastung: Abtastung im Zeit- und Frequenzbereich, Abtastung in Zeit und Raum.
- 3-D Abtastung: Abtastung in Zeit-, Frequenzbereich und Raum.

Weitere Verallgemeinerungen bestehen in der Abtastung von Bandpasssignalen sowie, wie bereits erwähnt, in einer nichtäquidistanten Abtastung.

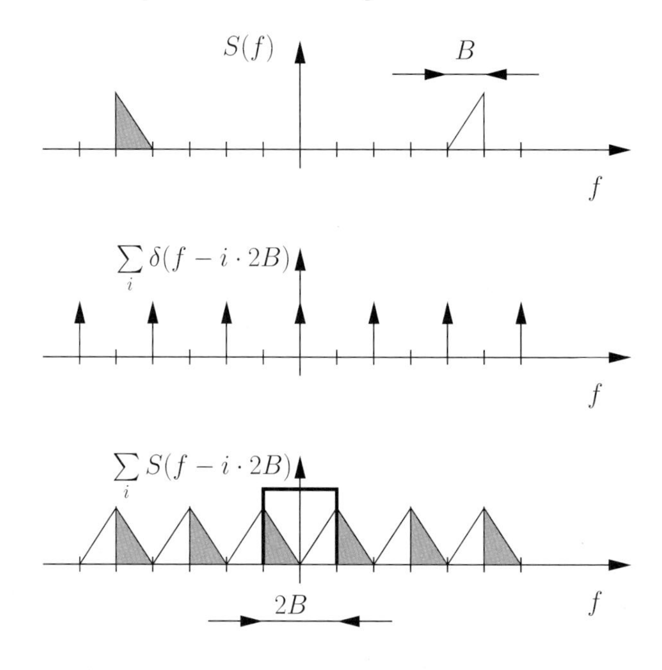

Bild 12.11: Zur Herleitung des Bandpass-Abtasttheorems

Zwecks Darstellung des Abtasttheorems für Bandpasssignale, kurz *Bandpass-Abtasttheorem* genannt, betrachten wir deterministische bzw. stochastische Bandpasssignale mit der Eigenschaft, dass $S(f) = 0$ bzw. $R_{ss}(f) = 0$ für $|f| \leq f_{min}$ und $|f| \geq f_{max}$. Die Bandbreite des Bandpasssignals beträgt folglich $B := f_{max} - f_{min}$, siehe Bild 12.11. Ein Vergleich mit Bild 12.1 ergibt, dass $B = 2W$. Man kann zeigen, dass für die Randbedingung

$$f_{min} = nB \qquad \text{bzw.} \qquad f_{max} = (n+1)B \tag{12.19}$$

eine äquidistante Abtastung mit der Abtastrate

$$R_{abt} = \frac{1}{T_{abt}} = 2B \tag{12.20}$$

eine überlappungsfreie periodische Fortsetzung des Signalspektrums bewirkt, wobei $n \in \mathbb{N}$. Dieser Sachverhalt ist in Bild 12.11 für den Fall $n = 4$ skizziert. Man erkennt, dass sich das Bandpassspektrum im Frequenzbereich $|f| \leq R_{abt}/2 = B$ wiederfindet, verschoben um die Trägerfrequenz $\pm B/2$. Bei ungeraden n gilt entsprechendes, allerdings finden sich die Spektren spiegelverkehrt wieder, d. h. in Kehrlage statt in Regellage. Folglich kann das Bandpasssignal aus den Abtastwerten perfekt rekonstruiert werden.

Die Kernaussage des Bandpass-Abtasttheorems ist, dass zur Abtastung eines Bandpasssignals (unter Beachtung der Randbedingung (12.19)) eine Abtastrate gleich der doppelten Signalbandbreite hinreichend ist ($R_{abt} = 2B$). Der Umkehrschluss bedeutet, dass man ein Bandpasssignal nicht als Tiefpasssignal interpretieren muss, um es dann gemäß dem (Tiefpass-)Abtasttheorem mit unnötig hoher Abtastrate zu verarbeiten. Das Bandpass-Abtasttheorem ist von großer praktischer Bedeutung, speziell im Bereich der Software-Defined Radios.

Eine andere interessante Anwendung des Abtasttheorems finden wir in der digitalen Übertragungstechnik am Beispiel einer *Kanalschätzung*. Zur Schätzung von unbekannten, stochastischen Übertragungskanälen können bekannte Datensymbole, sog. *Trainingssymbole*, periodisch in die Sequenz von unbekannten Datensymbolen gemultiplext werden. Der Empfänger kann aufgrund der ihm bekannten Trainingssymbole zunächst die Kanalimpulsantwort an den periodischen Stützstellen schätzen. Diese Abtastwerte können dann tiefpassgefiltert (interpoliert) werden, um den zeitlichen Verlauf der Kanalimpulsantwort zu rekonstruieren, vorausgesetzt das Abtasttheorem ist erfüllt. Je höher die erwartete Kanaldynamik ist, umso häufiger müssen Trainingssymbole gesendet werden.

12.5 Zeitkontinuierliche Kanalmodelle

Zeitkontinuierliche Kanalmodelle beschreiben das Eingangs-/Ausgangsverhalten zwischen dem Sendesignal $s(t)$ und dem Empfangssignal $r(t)$. In diesem Abschnitt werden einfache zeitkontinuierliche Basisband-Kanalmodelle vorgestellt, die für das Verständnis dieses Kapitels notwendig sind.

12.5.1 Zeitkontinuierliches AWGN-Kanalmodell

Das *zeitkontinuierliche AWGN-Kanalmodell* (AWGN: „additive white Gaussian noise") ist physikalisch motiviert und wird deshalb zunächst im Bandpassbereich formuliert, bevor das zugehörige Basisband-Kanalmodell hergeleitet wird. Der Zusammenhang zwischen dem Sendesignal $s_{BP}(t) \in \mathbb{R}$ und dem Empfangssignal $r_{BP}(t) \in \mathbb{R}$ lautet beim AWGN-Kanalmodell

$$r_{BP}(t) = s_{BP}(t) + n_{BP}(t), \tag{12.21}$$

wobei $n_{BP}(t) \in \mathbb{R}$ ein stationärer Rauschprozess ist, siehe Bild 12.12. Sendesignal $s_{BP}(t)$ und Rauschprozess $n_{BP}(t)$ werden als statistisch unabhängig angenommen. Der Rauschprozess $n_{BP}(t)$ ist (i) *gaußverteilt* mit Mittelwert $\mu_n := E\{n_{BP}(t)\} = 0$ und (ii) *weiß*, d. h. das Rauschleistungsdichtespektrum $R_{n_{BP}n_{BP}}(f)$ ist für alle Frequenzen konstant:

$$R_{n_{BP}n_{BP}}(f) = \frac{N_0}{2}, \tag{12.22}$$

wobei N_0 die *einseitige Rauschleistungsdichte* (definiert für positive Frequenzen f) und $N_0/2$ die *zweiseitige Rauschleistungsdichte* (definiert für alle Frequenzen f) ist. Zur Berechnung des Leistungsdichtespektrums sei auf Anhang C verwiesen. Gemäß einem Ergebnis der Thermodynamik gilt

$$N_0 = kT_{eff} \; [Ws], \tag{12.23}$$

wobei $k = 1.38 \cdot 10^{-23}$ Ws/K die Boltzmann-Konstante und T_{eff} die effektive Rauschtemperatur ist. In der Funkkommunikation modelliert man mit dem AWGN-Kanalmodell typischerweise *thermisches Rauschen*. In dieser Anwendung wird die effektive Rauschtemperatur T_{eff} durch die Rauschtemperaturen von Empfangsantenne, T_A, und Empfängereingangsstufe, T_R, bestimmt. Bei statistischer Unabhängigkeit gilt $T_{eff} = T_A + T_R$. In der Funkkommunikation kann die Rauschleistungsdichte N_0 in einem weiten Bereich als konstant angenommen werden, typischerweise bis etwa ± 300 GHz.

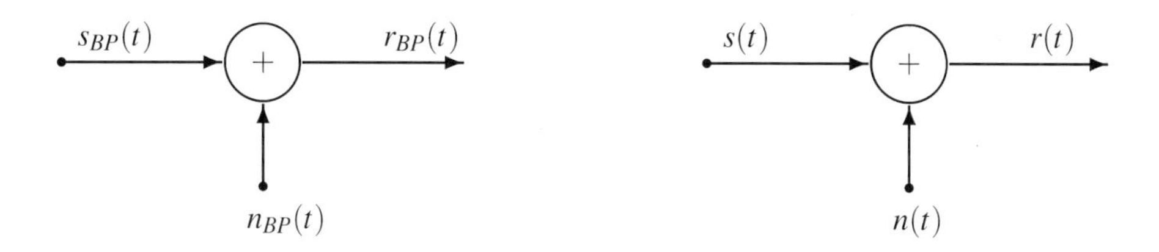

Bild 12.12: Zeitkontinuierliches AWGN-Kanalmodell im Bandpassbereich (links) und im komplexen Basisband (rechts)

Beispiel 12.5.1 (Rauschleistung nach Bandpassfilterung) Wenn man einen weißen Rauschprozess $n_{BP}(t)$ mit zweiseitiger Rauschleistungsdichte $N_0/2$ mit einem idealen Bandpassfilter $g_{BP}(t) \circ\!\!-\!\!\bullet \; G_{BP}(f)$ der Bandbreite B filtert, so lautet die Rauschleistung N am Ausgang des Bandpassfilters gemäß dem Parseval-Theorem (siehe Anhang C)

$$N = \frac{N_0}{2} \int_{-\infty}^{\infty} g_{BP}^2(t)\, dt = \frac{N_0}{2} \int_{-\infty}^{\infty} |G_{BP}(f)|^2\, df = \frac{N_0}{2}(B+B) = N_0 B, \tag{12.24}$$

siehe Bild 12.13. Diese Überlegung zeigt, dass das AWGN-Kanalmodell physikalisch nicht realisierbar ist, da für $B \to \infty$ die Rauschleistung unendlich groß wäre.

Man erhält per Definition exakt die gleiche Rauschleistung N, wenn man das ideale Bandpassfilter durch ein reales Bandpassfilter der gleichen effektiven Bandbreite ersetzt. ◊

Nach diesem Exkurs zu Bandpasssignalen kann nun das zugehörige AWGN-Kanalmodell im komplexen Basisband hergeleitet werden. In der komplexen Basisbanddarstellung lautet entsprechend zu (12.21)

$$r(t) = s(t) + n(t), \tag{12.25}$$

siehe Bild 12.12. Sendesignal, $s(t) \in \mathbb{C}$, und stationärer Rauschprozess, $n(t) \in \mathbb{C}$, werden erneut als statistisch unabhängig angenommen. Der Rauschprozess $n(t)$ ist gaußverteilt und weiß. Das

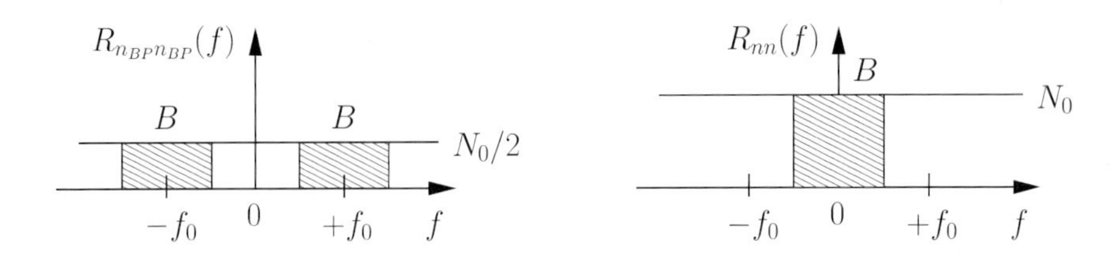

Bild 12.13: Zur Berechnung der Rauschleistung im Bandpassbereich (links) und im komplexen Basisband (rechts)

für alle Frequenzen konstante Rauschleistungsdichtespektrum $R_{nn}(f)$ ist allerdings doppelt so groß:

$$R_{nn}(f) = N_0. \tag{12.26}$$

Diese Tatsache kann wie folgt bewiesen werden:

Beispiel 12.5.2 (Rauschleistung nach Tiefpassfilterung) Wenn man einen weißen Rauschprozess $n(t)$ mit zweiseitiger Rauschleistungsdichte N_0 mit einem idealen Tiefpassfilter $g(t) \circ\!\!-\!\!\bullet\, G(f)$ der Bandbreite B filtert, so lautet die Rauschleistung N am Ausgang des Tiefpassfilters gemäß dem Parseval-Theorem

$$N = N_0 \int_{-\infty}^{\infty} |g(t)|^2 \, dt = N_0 \int_{-\infty}^{\infty} |G(f)|^2 \, df = N_0 B, \tag{12.27}$$

siehe Bild 12.13. Die Rauschleistung N stimmt somit mit Beispiel 12.5.1 überein, was zu beweisen war. ◊

Eine alternative Erklärung ist, dass das Rauschsignal $n_{BP}(t)$ bei der Quadraturdemodulation mit $\sqrt{2}$ multipliziert wird (vgl. Bild 12.3), die Rauschleistung im Basisband also verdoppelt wird.

12.5.2 Frequenzversatz und Phasenrauschen

Einen konstanten *Frequenzversatz* Δf modelliert man im Basisband gemäß

$$r(t) = s(t) \cdot e^{j2\pi\Delta f t}. \tag{12.28}$$

Ein Frequenzversatz bewirkt, dass das Empfangssignal Δf mal pro Sekunde in der komplexen Ebene gegen den Uhrzeigersinn rotiert. Der Term $e^{j(\cdot)}$ wird komplexer Drehzeiger genannt. Die *effektive Trägerfrequenz* beträgt $f_0 + \Delta f$, d. h. das gesamte Signalspektrum wird um Δf spektral verschoben. Ein Frequenzversatz kann mehrere Ursachen haben. In trägermodulierten Übertragungssystemen entsteht ein Frequenzversatz Δf, wenn die Trägerfrequenz des Quadraturdemodulators, f_0, von der Trägerfrequenz des Quadraturmodulators, $f_0 + \Delta f$, verschieden ist. In Mobilfunksystemen besteht zusätzlich die Möglichkeit einer *Doppler-Verschiebung*:

$$\Delta f := f_0 v \cos(\alpha)/c_0 := f_D, \tag{12.29}$$

wobei $v\cos(\alpha)$ die Relativgeschwindigkeit zwischen Sender und Empfänger und c_0 die Lichtgeschwindigkeit im Vakuum ist. Ist der Frequenzversatz nicht konstant, so substituiert man Δf durch $\Delta f(t)$.

Ein weiterer phasendrehender Effekt ist das sog. *Phasenrauschen* $\theta(t)$. Phasenrauschen modelliert man im Basisband gemäß

$$r(t) = s(t) \cdot e^{j\theta(t)}. \tag{12.30}$$

Phasenrauschen bewirkt, dass das Empfangssignal zum Zeitpunkt t um den Winkel $\theta(t)$ rad gedreht wird. Den Winkel $\theta(t)$ bezeichnet man als *Trägerphase*. Phasenrauschen entsteht in trägermodulierten Übertragungssystemen durch Ungenauigkeiten der Oszillatoren, beispielsweise hervorgerufen durch Temperaturschwankungen. In Funksystemen bewirken Laufzeitunterschiede eine Phasenverschiebung.

Fasst man (12.25), (12.28) und (12.30) zusammen, so erhält man folgendes Kanalmodell:

$$r(t) = s(t) \cdot e^{j(\theta(t)+2\pi\Delta f t)} + n(t). \tag{12.31}$$

Die *effektive Trägerphase* lautet $\theta(t) + 2\pi\Delta f t$.

12.5.3 Rayleigh-Kanalmodell

Das sog. *Rayleigh-Kanalmodell* modelliert multiplikativen Signalschwund („Fading"). Das Empfangssignal, $r(t) \in \mathbb{C}$, lautet folglich

$$r(t) = s(t) \cdot f(t) + n(t). \tag{12.32}$$

Im komplexen Basisband kann der Fadingprozess $f(t)$ durch zwei Quadraturkomponenten oder durch Amplitude $a(t) \in \mathbb{R}_0^+$ und Phase $\theta(t) \in [0, 2\pi)$ gemäß

$$f(t) = a(t) \cdot \exp\left(j\theta(t)\right) \tag{12.33}$$

beschrieben werden. Man kann sich vorstellen, dass der Fadingprozess $f(t)$ durch eine Überlagerung von unendlich vielen Mehrwegesignalen entsteht:

$$f(t) = \lim_{N\to\infty} \frac{1}{\sqrt{N}} \sum_{n=1}^{N} e^{j(\theta_n + 2\pi f_{D_n} t)}, \tag{12.34}$$

wobei die n-te Mehrwegekomponente zum Zeitpunkt $t = 0$ die Startphase θ_n besitzt und die Doppler-Verschiebung f_{D_n} aufweist. Die Normierung $1/\sqrt{N}$ bewirkt, dass $E\{|f(t)|^2\} = 1$.

Da die Quadraturkomponenten von $f(t)$ aufgrund der Superposition gaußverteilt mit Mittelwert $E\{f(t)\} = 0$ sind, ist die Amplitude $a(t)$ *rayleighverteilt*:

$$p(a) = 2a\exp\left(-a^2\right), \qquad a \geq 0. \tag{12.35}$$

Die Phase $\theta(t)$ ist im Intervall $[0, 2\pi)$ gleichverteilt.

12.5.4 Rice-Kanalmodell

Beim *Rice-Kanalmodell* gelten (12.32) und (12.33) entsprechend. Im Unterschied zum Rayleigh-Kanalmodell besitzt der Fadingprozesses $f(t)$ einen Gleichanteil $\sqrt{K/(K+1)}$:

$$f(t) = \underbrace{\sqrt{\frac{K}{K+1}}}_{\text{direkte Komponente}} + \underbrace{\lim_{N\to\infty} \frac{1}{\sqrt{K+1}} \frac{1}{\sqrt{N}} \sum_{n=1}^{N} e^{j(\theta_n + 2\pi f_{D_n} t)}}_{\text{Mehrwegekomponenten}} . \tag{12.36}$$

Der *Rice-Faktor* K ist das Verhältnis aus der Leistung der direkten Komponente („line-of-sight") zur mittleren Leistung der Mehrwegekomponenten. Im Spezialfall $K = 0$ ergibt sich Rayleigh-Fading, für $K \to \infty$ das AWGN-Kanalmodell. Da die Phase der direkten Komponente keinen Einfluss auf die Eigenschaften des Zufallsprozesses hat, wird sie hier und im Folgenden ohne Beschränkung der Allgemeinheit gleich null gesetzt.

Die Quadraturkomponenten von $f(t)$ sind gaußverteilt. Der Realteil hat gemäß (12.36) den Mittelwert $\sqrt{K/(K+1)}$, der Imaginärteil den Mittelwert null. Die Amplitude $a(t)$ ist somit *rice-verteilt*:

$$p(a) = 2a(1+K)\exp\left(-K - a^2(1+K)\right) \cdot \mathrm{I}_0\left(2a\sqrt{K(1+K)}\right), \qquad a \geq 0, \tag{12.37}$$

wobei $\mathrm{I}_0(.)$ die modifizierte Bessel-Funktion nullter Ordnung ist. Die Phase $\theta(t)$ ist für $K > 0$ nicht gleichverteilt. In Bild 12.14 ist die Wahrscheinlichkeitsdichtefunktion einer Rayleigh- und einer Rice-Verteilung aufgetragen.

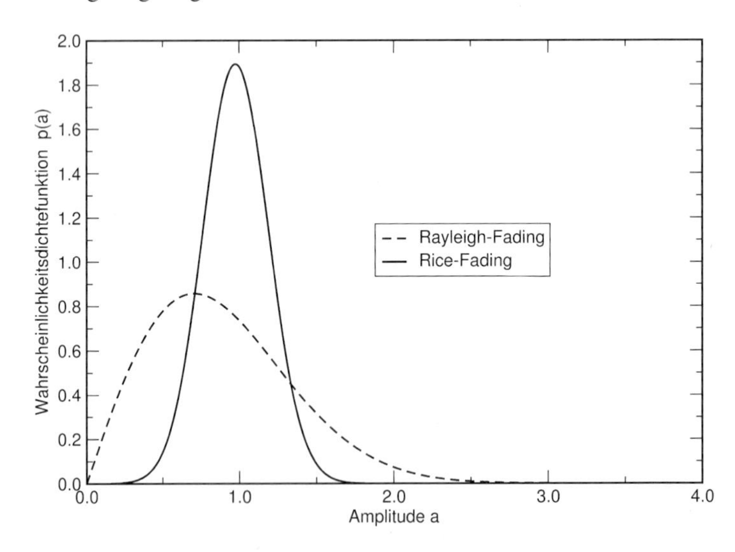

Bild 12.14: Wahrscheinlichkeitsdichtefunktion einer Rayleigh- und einer Rice-Verteilung ($K = 10$)

Weitere Details zur Kanalmodellierung unter besonderer Berücksichtigung des Rayleigh-Kanalmodells und des Rice-Kanalmodells folgen in Kapitel 21.

13 Lineare Modulationsverfahren

13.1 Definition von linearen Modulationsverfahren

Lineare Modulationsverfahren lassen sich im komplexen Basisband in der Form

$$s(t) = \sum_k a[k] \cdot g_{Tx}(t - kT) := \sum_k s_k(t) \tag{13.1}$$

darstellen [H. Nyquist, 1928], wobei $s(t)$ das komplexe *Sendesignal*, k der *Zeitindex*, $a[k]$ das k-te komplexe *Datensymbol* (nach Mapping der Datenbits auf die Signalkonstellation), $g_{Tx}(t)$ der komplexe *Sendeimpuls* (Grundimpuls), T die *Symbolperiode* (Kehrwert der Symbolrate) und $s_k(t)$ das k-te *Signalelement* ist.

Lineare Modulationsverfahren sind durch zwei Merkmale eindeutig charakterisiert: Dem (typischerweise aber nicht notwendigerweise) eineindeutigen *Mapping* der Datenbits auf die im allgemeinen komplexe Signalkonstellation und der *Impulsformung*.

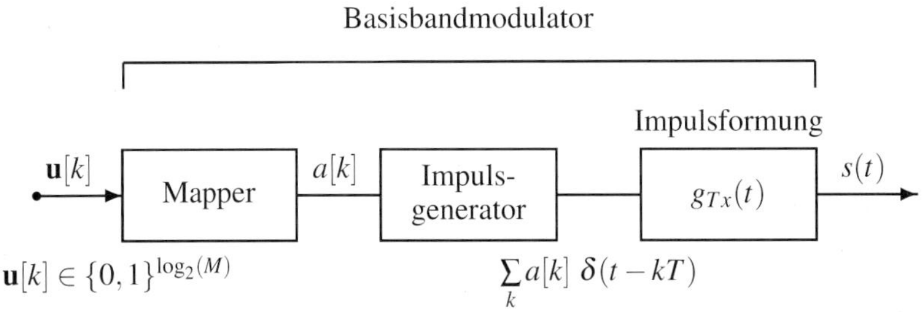

Basisbandmodulator

Impulsformung

$\mathbf{u}[k]$ → Mapper → $a[k]$ → Impuls-generator → $g_{Tx}(t)$ → $s(t)$

$\mathbf{u}[k] \in \{0,1\}^{\log_2(M)}$ $\quad$ $\sum_k a[k]\ \delta(t - kT)$

Bild 13.1: Basisbandmodulator für lineare Modulationsverfahren

Bild 13.1 zeigt das Blockschaltbild eines Basisbandmodulators für lineare Modulationsverfahren. Der Mapper erzeugt in Abhängigkeit der Datenbits $\mathbf{u}[k] := [u_1[k], u_2[k], \ldots, u_{\log_2(M)}[k]]$ ein im Allgemeinen komplexes Datensymbol $a[k]$. Ein *Impulsgenerator* wandelt die Sequenz der Datensymbole in eine Sequenz $\sum_k a[k]\, \delta(t - kT)$ von gewichteten Dirac-Impulsen um. Diese Sequenz von Dirac-Impulsen regt das Impulsformfilter $g_{Tx}(t)$ an. Der Impulsgenerator hat nur eine systemtheoretische Bewandtnis, ist für die Charakteristik des Modulationsverfahrens und die praktische Realisierung jedoch völlig bedeutungslos.

Beispiel 13.1.1 (4-QAM Mapping mit Rechteckimpulsen) Gegeben seien zwei statistisch unabhängige Datenbits $u_1[k] \in \{0,1\}$ und $u_2[k] \in \{0,1\}$ pro Zeitindex k. Bei der sog. 4-stufigen Quadraturamplitudenmodulation (4-QAM Modulation oder besser 4-QAM Mapping) werden die Datenbits gemäß der Vorschrift $a[k] = \frac{1}{\sqrt{2}}\big((1 - 2u_1[k]) + j(1 - 2u_2[k])\big)$ auf ein komplexes Datensymbol $a[k]$ abgebildet. Man beachte, dass bei dieser Vorschrift sich benachbarte Datensymbole nur in einem Datenbit unterscheiden (Gray-Mapping). Man erhält das k-te Signalelement $s_k(t)$, indem der senderseitige rechteckförmige Grundimpuls $g_{Tx}(t)$ der Dauer T um kT verzögert und mit dem komplexen Datensymbol $a[k]$ gewichtet wird: $s_k(t) = a[k] \cdot g_{Tx}(t - kT)$. Die Signalelemente werden aufsummiert und ergeben das komplexe Basisbandsignal $s(t) = s_{Re}(t) + js_{Im}(t)$, siehe Bild 13.2.

Das zugehörige Bandpasssignal $s_{BP}(t)$ kann, wie in Abschnitt 12.3 erläutert, durch einen Quadraturmodulator erzeugt werden. Hierzu werden die Quadraturkomponenten $s_{Re}(t)$ und $s_{Im}(t)$ mit $\sqrt{2}\cos(2\pi f_0 t)$ bzw. mit $-\sqrt{2}\sin(2\pi f_0 t)$ multipliziert und aufsummiert. Da jedes Signal und System (und somit insbesondere auch jedes digitale Modulationsverfahren) vollständig im Basisband beschrieben werden kann, wird auf die Quadraturmodulation im Folgenden ohne Beschränkung der Allgemeinheit verzichtet. ◊

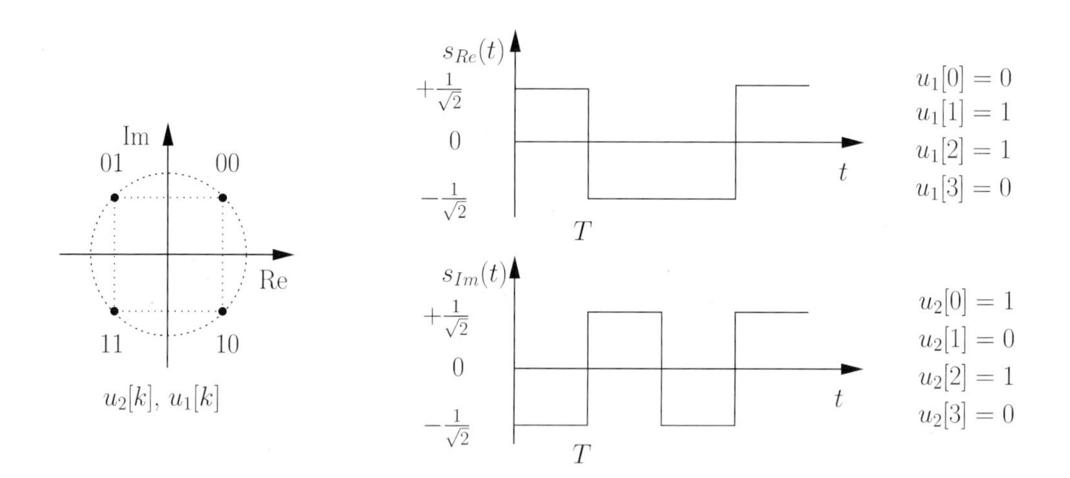

Bild 13.2: Signalkonstellation (links) und Musterfunktion (rechts) eines 4-QAM Sendesignals

Sowohl die Anordnung der Datensymbole im komplexen Signalraum als auch die Impulsformung kann flexibel in dem Sinne gestaltet werden, dass der Entwickler eines Übertragungssystems sich (fast) beliebige Signalkonstellationen und Impulsformen ausdenken kann. Einige klassische Beispiele sind in Bild 13.3 und Bild 13.4 dargestellt.

13.1.1 Mapping auf die Signalkonstellation

Gegeben seien $\log_2(M)$ Datenbits pro Zeitindex k, wobei M eine Zweierpotenz ist. Durch das Mapping werden die $\log_2(M)$ Datenbits $\mathbf{u}[k] := [u_1[k], u_2[k], \ldots, u_{\log_2(M)}[k]]$ (typischerweise) eineindeutig auf die (im allgemeinen komplexe) *Signalkonstellation der Mächtigkeit M* abgebildet, d. h. die Signalkonstellation besteht aus M unterschiedlichen Datensymbolen $a[k]$. Üblicherweise ist das Mapping zeitinvariant. Zwecks *Leistungsnormierung* wird im Folgenden angenommen, dass

$$\sigma_a^2 := E\{|a[k]|^2\} = 1 \qquad \text{und} \qquad \int_{-\infty}^{\infty} |g_{Tx}(t)|^2\, dt = 1. \tag{13.2}$$

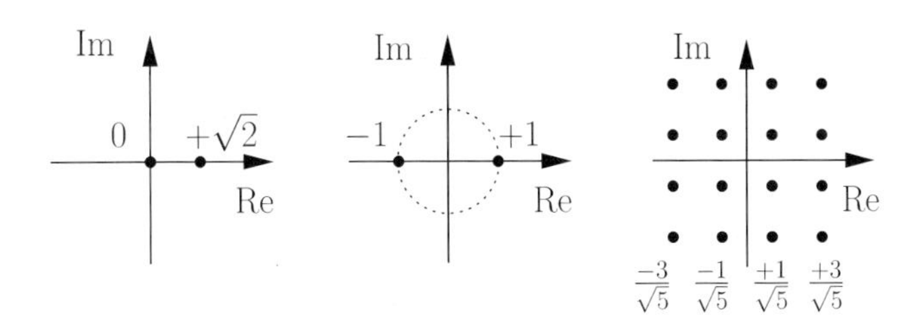

Bild 13.3: Beispiele für Signalkonstellationen: a) On-Off Keying (OOK), b) bipolare Phasensprungmodulation (2-PSK) und c) 16-stufige Quadraturamplitudenmodulation (16-QAM)

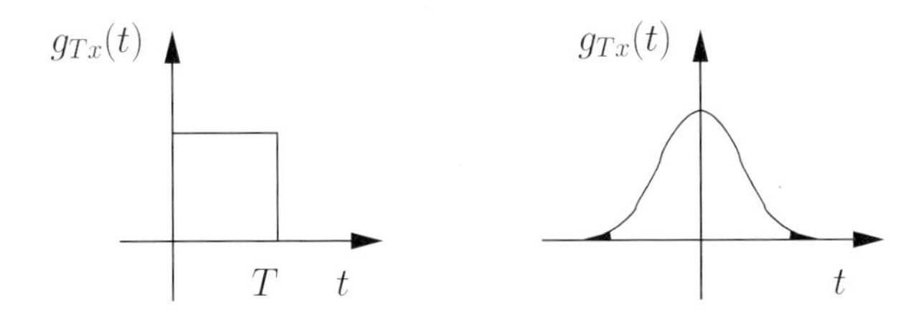

Bild 13.4: Beispiele für die Impulsformung: Rechteckimpuls und Gauß-Impuls

Diese Leistungsnormierung erlaubt einen fairen Vergleich von Modulationsverfahren unterschiedlicher Mächtigkeit, weil dann bei gleichem Sendeimpuls $g_{Tx}(t)$ die mittlere Sendeleistung gleich ist. Für $M = 2$ spricht man von einem *binären Modulationsverfahren*, für $M = 4$ von einem *quaternären Modulationsverfahren*, für $M = 8$ von einem *oktalen Modulationsverfahren*, usw. Je größer die Mächtigkeit M, umso höherstufig ist das Modulationsverfahren, d. h. umso mehr Datenbits können pro Datensymbol (d. h. pro Kanalbenutzung) übertragen werden. Wenn $a[k]$ reell ist, sprechen wir von einem eindimensionalen Symbolalphabet. Wenn $a[k]$ komplex ist, liegt ein zweidimensionales Symbolalphabet vor. Hochstufige zweidimensionale Symbolalphabete führen zu einer bandbreiteneffizienten Übertragung.

Der allgemeine Zusammenhang zwischen dem *Signal/Rauschleistungsverhältnis pro Datensymbol* (SNR), E_s/N_0, und dem *Signal/Rauschleistungsverhältnis pro Infobit*, E_b/N_0, lautet

$$E_s/N_0 = (R \log_2 M) E_b/N_0. \tag{13.3}$$

E_b/N_0 ermöglicht einen fairen Vergleich von Modulations- und Codierverfahren mit unterschiedlichen Alphabeten M bzw. Coderaten R. Gleichung (13.3) lehrt uns, dass bei festem E_b/N_0 das SNR am Empfängereingang mit niederratigen Kanalcodes und binären Modulationsverfahren sehr klein sein kann. Diese Eigenschaft wird in der Spreizbandkommunikation ausgenutzt. Umgekehrt wird bei moderaten Coderaten und hochstufigen Modulationsverfahren ein hohes SNR am Empfängereingang benötigt.

Im Folgenden werden einige klassische Signalkonstellationen (Symbolalphabete) vorgestellt. Die Zuordnung der Datenbits $\mathbf{u}[k] := [u_1[k], \ldots, u_{\log_2(M)}[k]]$ pro Zeitindex k zum entsprechenden Datensymbol $a[k]$ geschieht oft mittels Gray-Mapping, d. h. benachbarte Datensymbole unterscheiden sich jeweils in nur einem Datenbit.

13.1.1.1 On-Off Keying (OOK)

On-Off Keying besitzt ein eindimensionales binäres Symbolalphabet ($M = 2$) mit den Datensymbolen

$$a[k] \in \{0, +\sqrt{2}\}. \tag{13.4}$$

OOK wird beispielsweise bei der Infrarot-Fernbedienung angewendet (Leuchtdiode an bzw. aus). Die OOK-Signalkonstellation ist in Bild 13.3 dargestellt.

13.1.1.2 Unipolare Amplitudensprungmodulation (unipolare M-ASK)

Bei der *unipolaren Amplitudensprungmodulation* wird die Information auf M diskrete Amplitudenstufen

$$a[k] \in \{+1/\sqrt{\alpha_M},\ +3/\sqrt{\alpha_M},\ +5/\sqrt{\alpha_M}, \ldots,\ +(2M-1)/\sqrt{\alpha_M}\} \tag{13.5}$$

abgebildet, wobei $\alpha_M = M^2 + \alpha_{M/2}$ und $\alpha_1 = 1$ (d. h., $\alpha_2 = 5$, $\alpha_4 = 21$, $\alpha_8 = 85$, $\alpha_{16} = 341$, usw.). Die M-stufige unipolare Amplitudensprungmodulation besitzt ein eindimensionales Symbolalphabet. Bild 13.5 zeigt exemplarisch die unipolare 4-ASK-Signalkonstellation.

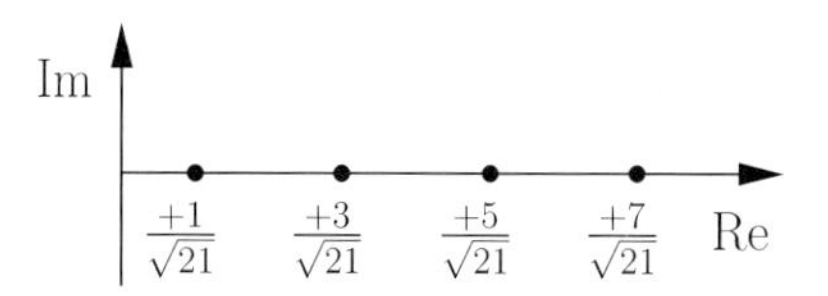

Bild 13.5: Unipolare 4-ASK-Signalkonstellation

13.1.1.3 Bipolare Amplitudensprungmodulation (bipolare M-ASK)

Bei der *bipolaren Amplitudensprungmodulation* wird die Information auf $M/2$ diskrete Amplitudenstufen und die beiden Phasen 0 rad und π rad abgebildet:

$$a[k] \in \{\pm 1/\sqrt{\alpha_M},\ \pm 3/\sqrt{\alpha_M},\ \pm 5/\sqrt{\alpha_M}, \ldots,\ \pm(M-1)/\sqrt{\alpha_M}\}, \tag{13.6}$$

wobei $\alpha_M = (M/2)^2 + \alpha_{M/2}$ und $\alpha_2 = 1$ (d. h., $\alpha_2 = 1$, $\alpha_4 = 5$, $\alpha_8 = 21$, $\alpha_{16} = 85$, usw.). Die M-stufige bipolare Amplitudensprungmodulation besitzt ein eindimensionales Symbolalphabet. Bild 13.6 zeigt exemplarisch die bipolare 8-ASK-Signalkonstellation.

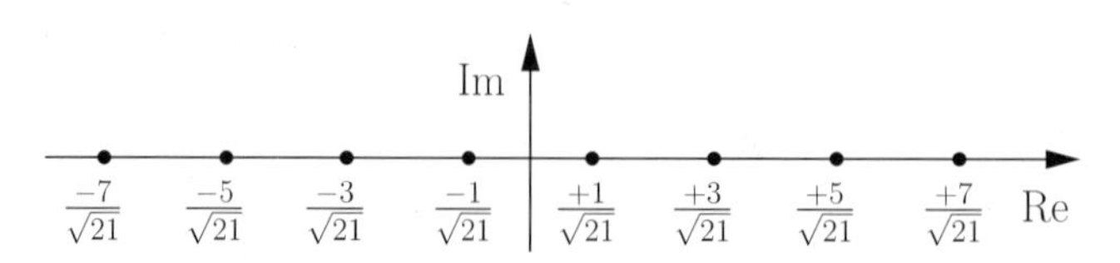

Bild 13.6: Bipolare 8-ASK-Signalkonstellation

13.1.1.4 Quadraturamplitudenmodulation (M-QAM)

Die M-stufige *rechteckförmige Quadraturamplitudenmodulation* ($M = 4, 16, 64, 256, \ldots$) entsteht aus jeweils einer $\sqrt{M}$-stufigen bipolaren Amplitudensprungmodulation pro Quadraturkomponente:

$$\begin{aligned} \mathrm{Re}\{a[k]\} &\in \{\pm 1/\sqrt{\alpha_{\sqrt{M}}}, \pm 3/\sqrt{\alpha_{\sqrt{M}}}, \pm 5/\sqrt{\alpha_{\sqrt{M}}}, \ldots, \pm(\sqrt{M}-1)/\sqrt{\alpha_{\sqrt{M}}}\} \\ \mathrm{Im}\{a[k]\} &\in \{\pm 1/\sqrt{\alpha_{\sqrt{M}}}, \pm 3/\sqrt{\alpha_{\sqrt{M}}}, \pm 5/\sqrt{\alpha_{\sqrt{M}}}, \ldots, \pm(\sqrt{M}-1)/\sqrt{\alpha_{\sqrt{M}}}\}, \end{aligned} \quad (13.7)$$

wobei α_M gemäß der bipolaren Amplitudensprungmodulation zu wählen ist. Bild 13.3 zeigt exemplarisch die 16-QAM-Signalkonstellation.

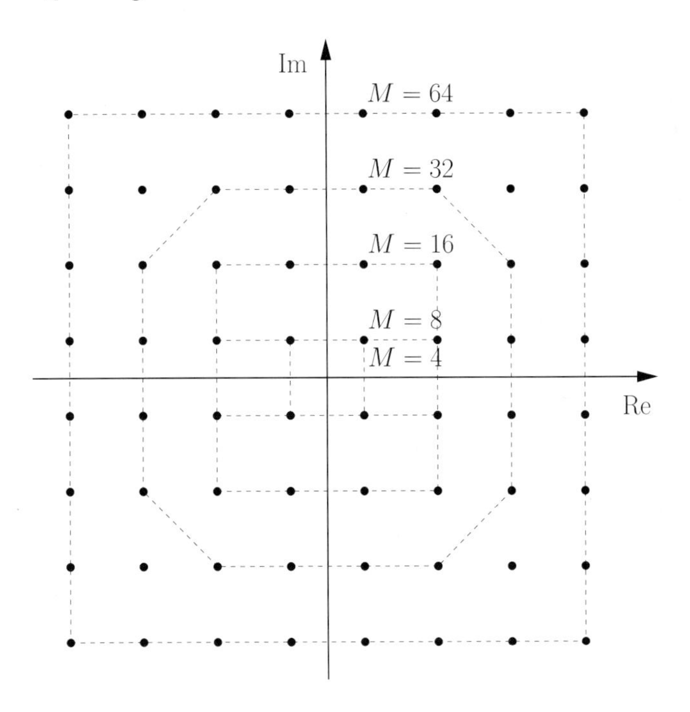

Bild 13.7: M-QAM-Signalkonstellationen für $M = 4 - 64$

Für $M = 8, 32, 128, 512, \ldots$ streicht man üblicherweise die äußeren Symbole, insbesondere die Eckpunkte, der nächst höheren Signalkonstellation. Dieses Vorgehen ist in Bild 13.7 dargestellt. Die Leistungsnormierung ist individuell anzupassen.

Neben der rechteckförmigen Anordnung der Datensymbole im komplexen Signalraum („square-QAM", „rectangular-QAM") sind viele Varianten von QAM denkbar. Eine wichtigste Variante ist die M-stufige *Amplituden-Phasensprungmodulation* (M-APSK). Das Konstruktionsprinzip von M-APSK ist in Bild 13.8 exemplarisch für 16-APSK illustriert. Der Vorteil gegenüber rechteckförmigem QAM ist das geringere Verhältnis zwischen der Signalspitzenleistung zur mittleren Signalleistung, somit reduzieren sich die Amplitudenschwankungen des Sendesignals.

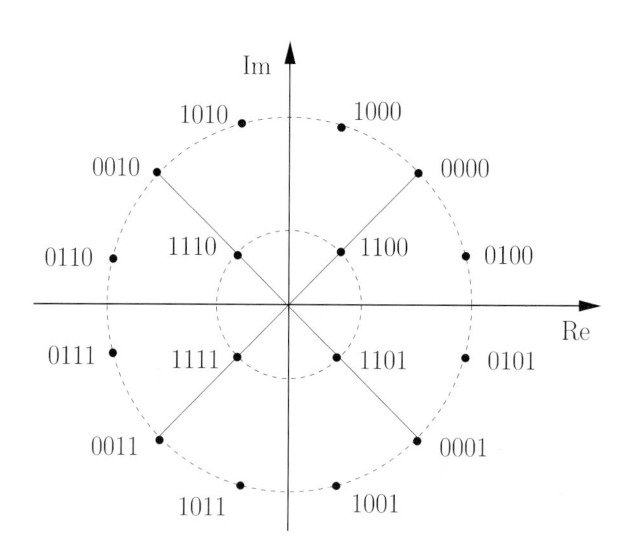

Bild 13.8: 16-APSK-Signalkonstellation

13.1.1.5 Phasensprungmodulation (M-PSK)

Bei der M-stufigen *Phasensprungmodulation* gilt definitionsgemäß

$$a[k] \in e^{j2\pi m/M}, \qquad m \in \{0,1,2,\ldots,M-1\}. \tag{13.8}$$

Die Phasensprungmodulation ist (bis auf den Spezialfall $M = 2$) ein zweidimensionales Modulationsverfahren. Die Datensymbole sind auf dem Einheitskreis angeordnet. Für $M = 2$ (2-PSK) spricht man von binärer Phasensprungmodulation (BPSK) und für $M = 4$ (4-PSK) von quaternärer Phasensprungmodulation (QPSK). Man beachte, dass 2-PSK mit bipolarer 2-ASK identisch ist. 4-PSK entspricht, bis auf eine irrelevante konstante Phasendrehung von $\pi/2$ rad, dem 4-QAM Mapping. Bild 13.3 zeigt exemplarisch die 2-PSK-Signalkonstellation.

13.1.1.6 $\pi/4$-QPSK

Von $\pi/4$-QPSK spricht man, wenn die QPSK-Signalkonstellation fortlaufend um $\pi/4$ rad pro Symbol rotiert. Diese Maßnahme dient (in Verbindung mit der Impulsformung) zur Reduktion der Amplitudenschwankungen des Sendesignals.

13.1.1.7 Offset-QPSK (O-QPSK)

Eine weitere Maßnahme zur Reduktion der Amplitudenschwankungen (in Verbindung mit der Impulsformung) besteht darin, Realteil und Imaginärteil einer QPSK-Signalkonstellation um eine halbe Symboldauer (also um $T/2$) gegeneinander zu versetzen. Diese Maßnahme bezeichnet man als *Offset-QPSK*. Offset-QPSK kann als binäres Modulationsverfahren mit der Symboldauer $T/2$ interpretiert werden.

13.1.1.8 Minimum Shift Keying (MSK)

Minimum Shift Keying entspricht einer Offset-QPSK mit sinusförmiger Impulsformung:

$$g_{Tx}(t) = \begin{cases} \sin(\pi t/T) & \text{für } 0 \leq t \leq T \\ 0 & \text{sonst.} \end{cases} \tag{13.9}$$

MSK ist das einzig bekannte lineare CPM-Verfahren, d. h. MSK weist eine konstante Amplitude und keine Phasensprünge auf, siehe Kapitel 16.

13.1.2 Impulsformung

Die Impulsformung bewirkt einen Übergang von zeitdiskreten Datensymbolen auf analoge Signale. Der Grundimpuls, $g_{Tx}(t)$, kann komplexwertig sein, ist in der Praxis aber (mit Ausnahme von Mehrträgerverfahren wie OFDM, siehe Abschnitt 13.8.2) meist reell. Die Impulsformung hat einen Einfluss auf Intersymbol-Interferenz (siehe Abschnitt 13.3.1 und Kapitel 17) und Leistungsdichtespektrum (siehe Abschnitt 13.6). Zunächst wollen wir exemplarisch einige charakteristische Impulsformen und deren Verhalten vorstellen. Die Impulse werden als antikausal angenommen, um komplexe Spektren zu vermeiden.

13.1.2.1 Rechteckimpuls

Ein zentrierter *Rechteckimpuls* der Dauer T hat die Impulsantwort

$$g(t) := \text{rect}(t/T) = \begin{cases} 1 & \text{für } |t| \leq T/2 \\ 0 & \text{sonst} \end{cases} \tag{13.10}$$

und das Spektrum

$$G(f) = T\,\frac{\sin(\pi f T)}{\pi f T} := T\,\text{si}(\pi f T), \tag{13.11}$$

siehe Bild 13.9. Der Rechteckimpuls erfüllt das 1. Nyquist-Kriterium (siehe Abschnitt 13.3.1). Aufgrund der unendlich steilen Flanken im Zeitbereich besitzt der Rechteckimpuls ein unendlich breites Spektrum, und ist somit für eine bandbreiteneffiziente Datenkommunikation ungeeignet.

Durch eine Verschmierung der Flanken im Zeitbereich kann das spektrale Verhalten verbessert werden, wie durch den nächsten Impuls gezeigt wird.

13.1.2.2 Gauß-Impuls

Ein *Gauß-Impuls* hat die Impulsantwort

$$g(t) = \exp(-\pi(t/(\alpha T))^2) \tag{13.12}$$

und das Spektrum

$$G(f) = \alpha T \cdot \exp(-\pi(\alpha f T)^2), \tag{13.13}$$

wobei α ein freier Parameter ist, mit dem die effektive Symboldauer (und somit auch die effektive Bandbreite) eingestellt werden kann. Beachtenswerterweise sind beim Gauß-Impuls sowohl die Zeitfunktion als auch das Spektrum gaußverteilt, siehe Bild 13.10. Der Gauß-Impuls besitzt unter allen Impulsen das kleinste Zeit-/Bandbreiteprodukt.

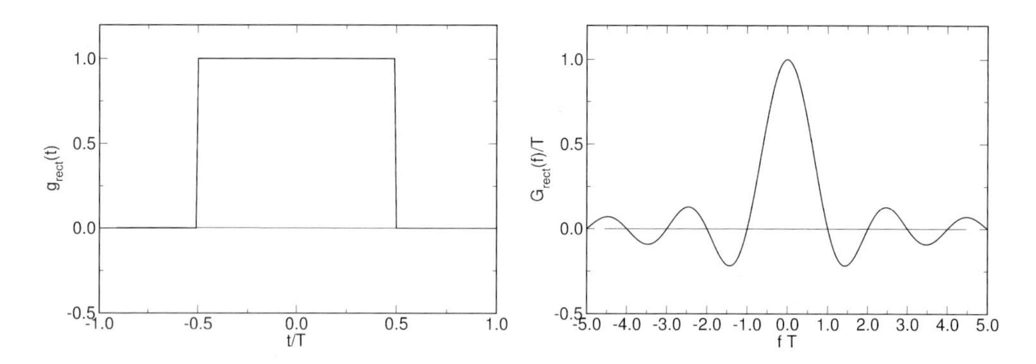

Bild 13.9: Zeitfunktion und Spektrum des Rechteckimpulses

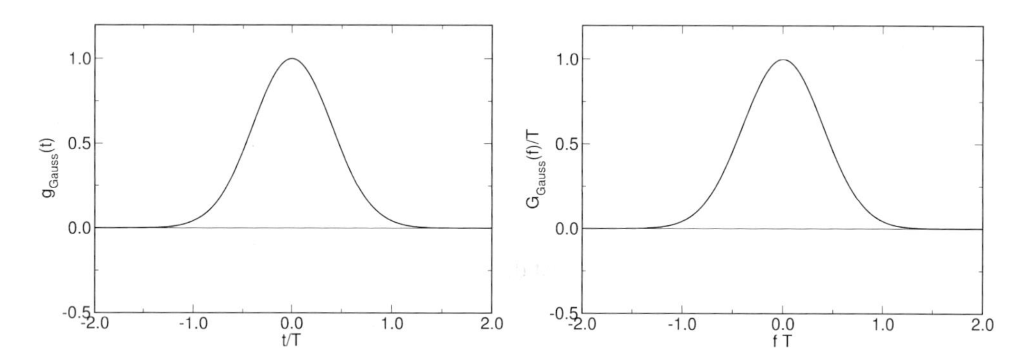

Bild 13.10: Zeitfunktion und Spektrum des Gauß-Impulses ($\alpha = 1$)

13.1.2.3 Si-Impuls

Ein *Si-Impuls* hat die Impulsantwort

$$g(t) = \frac{\sin(\pi t/T)}{\pi t/T} := \mathrm{si}(\pi t/T) \tag{13.14}$$

und das Spektrum

$$G(f) = \begin{cases} T & \text{für } |f| \leq 1/(2T) \\ 0 & \text{sonst,} \end{cases} \tag{13.15}$$

siehe Bild 13.11. Ein Si-Impuls im Zeitbereich entspricht somit einem Rechteckimpuls im Frequenzbereich. Im Zeitbereich weist der Si-Impuls Nullstellen in Vielfachen der Symbolperiode T auf, d. h. der Si-Impuls erfüllt das 1. Nyquist-Kriterium (siehe Abschnitt 13.3.1). Das Spektrum entspricht einem idealen Tiefpassfilter („Küpfmüller-Tiefpass“) und ermöglicht (allerdings nur theoretisch) eine bandbreiteneffiziente Datenübertragung. Die zweiseitige Signalbandbreite beträgt $B = 1/T$. Leider ist der Si-Impuls weder im Zeit- noch im Frequenzbereich realisierbar. Ein Si-Impuls kann jedoch als Referenz für realisierbare Impulsformen dienen.

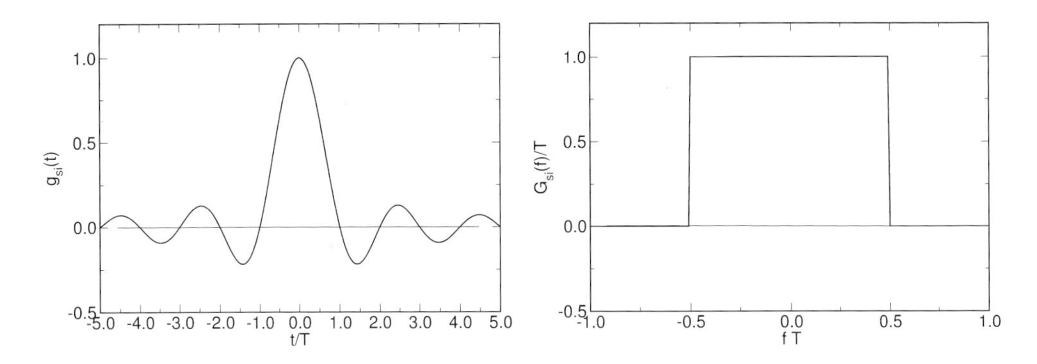

Bild 13.11: Zeitfunktion und Spektrum des Si-Impulses

13.1.2.4 Nyquist-Impuls mit Cosinus-Rolloff

Ein *Nyquist-Impuls mit Cosinus-Rolloff* („raised cosine"-Impuls) hat die Impulsantwort

$$g_{Nyq}(t) = \underbrace{\frac{\sin(\pi t/T)}{\pi t/T}}_{si(\pi t/T)} \underbrace{\frac{\cos(r\pi t/T)}{1-(2rt/T)^2}}_{w(t)} \tag{13.16}$$

und das Spektrum

$$G_{Nyq}(f) = \begin{cases} T & \text{für } |f| \le \frac{1-r}{2T} \\ \frac{T}{2}\left[1-\sin\left(\pi T(|f|-1/(2T))/r\right)\right] & \text{für } \frac{1-r}{2T} < |f| < \frac{1+r}{2T} \\ 0 & \text{sonst,} \end{cases} \tag{13.17}$$

siehe Bild 13.12. Der Nyquist-Impuls mit Cosinus-Rolloff besitzt einen im Intervall $0 \le r \le 1$ frei wählbaren Parameter r, den sog. *Rolloff-Faktor*. Der Rolloff-Faktor bestimmt die im Vergleich zu einem idealen Tiefpass zusätzlich benötigte Bandbreite („excess bandwidth"), denn gemäß (13.17) beträgt die zweiseitige Signalbandbreite $B = (1+r)/T$. Für $r = 0$ ergibt sich der Si-Impuls, für $r = 1$ verdoppelt sich die Signalbandbreite gegenüber einem Si-Impuls. Die Bezeichnung „Cosinus-Rolloff" bezieht sich auf die cosinus-förmige Flanke im Frequenzbereich.

Gemäß (13.16) kann ein Nyquist-Impuls mit Cosinus-Rolloff als ein gefensteter Si-Impuls interpretiert werden. Folglich besitzt auch der Nyquist-Impuls mit Cosinus-Rolloff im Zeitbereich Nullstellen im Vielfachen der Symbolperiode T und erfüllt somit das 1. Nyquist-Kriterium. Die Fensterfunktion $w(t) := \frac{\cos(r\pi t/T)}{1-(2rt/T)^2}$ wird durch den Rolloff-Faktor bestimmt. Für $r > 0$ ist der Nyquist-Impuls mit Cosinus-Rolloff aufgrund der schnell abfallenden Impulsflanken in guter Näherung realisierbar, vgl. Bild 13.11 mit Bild 13.12.

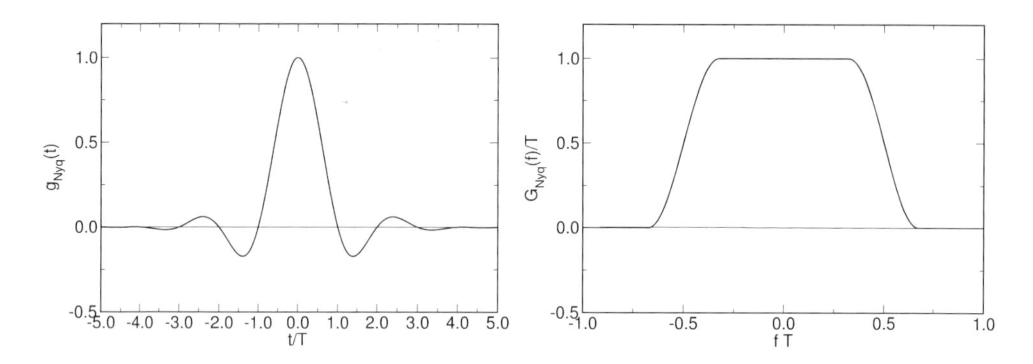

Bild 13.12: Zeitfunktion und Spektrum des Nyquist-Impulses mit Cosinus-Rolloff ($r = 0.3$)

13.1.2.5 Wurzel-Nyquist-Impuls mit Cosinus-Rolloff

Ein *Wurzel-Nyquist-Filter mit Cosinus-Rolloff* („root raised cosine"-Impuls) hat die Impulsantwort

$$g_{\sqrt{Nyq}}(t) = \frac{(4rt/T)\cos(\pi(1+r)t/T) + \sin(\pi(1-r)t/T)}{(\pi t/T)[1-(4rt/T)^2]} \tag{13.18}$$

und das Spektrum

$$G_{\sqrt{Nyq}}(f) = \begin{cases} \sqrt{T} & \text{für } |f| \leq \frac{1-r}{2T} \\ \sqrt{\frac{T}{2}\left[1-\sin\left(\pi T(|f|-1/(2T))/r\right)\right]} & \text{für } \frac{1-r}{2T} < |f| < \frac{1+r}{2T} \\ 0 & \text{sonst} \end{cases} \tag{13.19}$$

Sämtliche Wurzel-Nyquist-Filter, die die Symmetriebedingung $g_{\sqrt{Nyq}}(t) = g^*_{\sqrt{Nyq}}(-t)$ erfüllen, weisen folgende Eigenschaften auf:

- Wegen $g_{\sqrt{Nyq}}(t) = g^*_{\sqrt{Nyq}}(-t)$ ist $g_{\sqrt{Nyq}}(t)$ das auf $g_{\sqrt{Nyq}}(t)$ angepasste Matched-Filter, siehe Abschnitt 13.2.
- Wegen $G_{\sqrt{Nyq}}(f) = \sqrt{G_{Nyq}(f)}$ erfüllt $g_{\sqrt{Nyq}}(t) * g_{\sqrt{Nyq}}(t) = g_{Nyq}(t)$ das 1. Nyquist-Kriterium. $g_{\sqrt{Nyq}}(t)$ erfüllt jedoch nicht das 1. Nyquist-Kriterium.
- Ein mit einem Wurzel-Nyquist-Filter gefilterter weißer Rauschprozess ist auch nach der Filterung und symbolweiser Abtastung weiß. Der Beweis folgt aus dem Wiener-Khintchine-Theorem.

Konsequenzen dieser Beobachtungen werden an späterer Stelle diskutiert.

13.2 Signalangepasstes Filter (Matched-Filter)

In den bisherigen Ausführungen haben wir uns auf senderseitige Erzeugung linear modulierter Signale konzentriert. Ebenso wichtig ist eine Betrachtung geeigneter Empfängerstrukturen. Wie kann aus einem verrauschten Empfangssignal die Datensequenz möglichst fehlerarm rekonstruiert werden?

Offenbar sollte die Empfängerstruktur an die Charakteristik des physikalischen Übertragungskanals angepasst werden. Eine besonders einfache Empfängerstruktur ergibt sich, wenn als Störung ein *additiver, stationärer, mittelwertfreier, weißer Rauschprozess* $n(t)$ angenommen wird. Wir wollen mit diesem Spezialfall beginnen. Der Rauschprozess muss nicht notwendigerweise gaußverteilt sein. Das Empfangssignal im komplexen Basisband, $r(t)$, lautet somit

$$r(t) = s(t) + n(t). \tag{13.20}$$

Der Rauschprozess $n(t)$ besitzt das Rauschleistungsdichtespektrum $R_{nn}(f) = N_0/2$, wobei $N_0/2$ die zweiseitige Rauschleistungsdichte ist (Einheit Ws). Eventuell entstandene lineare Verzerrungen (Intersymbol-Interferenz) durch den Übertragungskanal können konzeptionell dem Sendeimpuls $g_{Tx}(t)$ zugeordnet werden. Farbiges Rauschen wird später betrachtet. Für lineare Modulationsverfahren lautet das Empfangssignal im komplexen Basisband folglich

$$r(t) = \sum_k a[k] \cdot g_{Tx}(t - kT) + n(t). \tag{13.21}$$

Um die Aufgabe des Empfängers zu visualisieren, betrachten wir die in Bild 13.13 dargestellte Musterfunktion eines Sendesignals $s(t)$ im komplexen Basisband für das Beispiel von bipolaren Datensymbolen ($a[k] \in \{\pm 1\}$) und einem Rechteckimpuls $g_{Tx}(t)$ der Dauer T, sowie das zugehörige verrauschte Empfangssignal $r(t)$. In diesem Beispiel ist der Rauschprozess weiß und gaußverteilt. Das Signal/Rauschleistungsverhältnis beträgt $E_s/N_0 = 10$ dB.

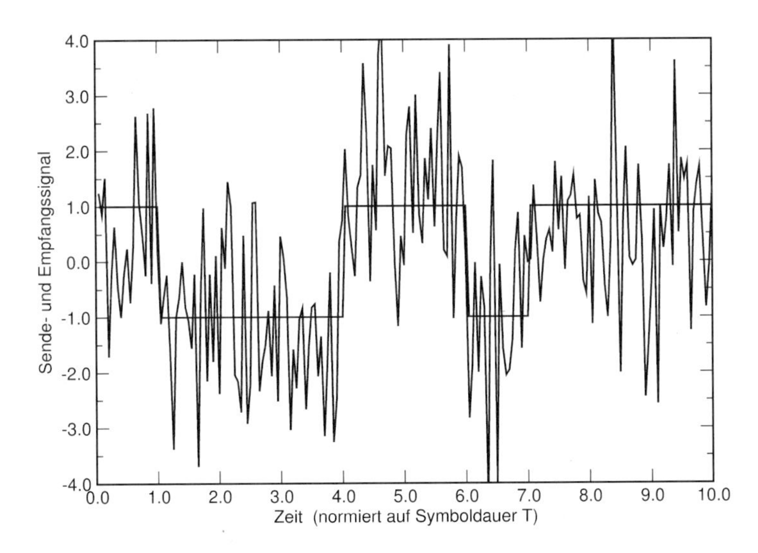

Bild 13.13: Musterfunktion eines linear modulierten Sendesignals und zugehöriges verrauschtes Empfangssignal

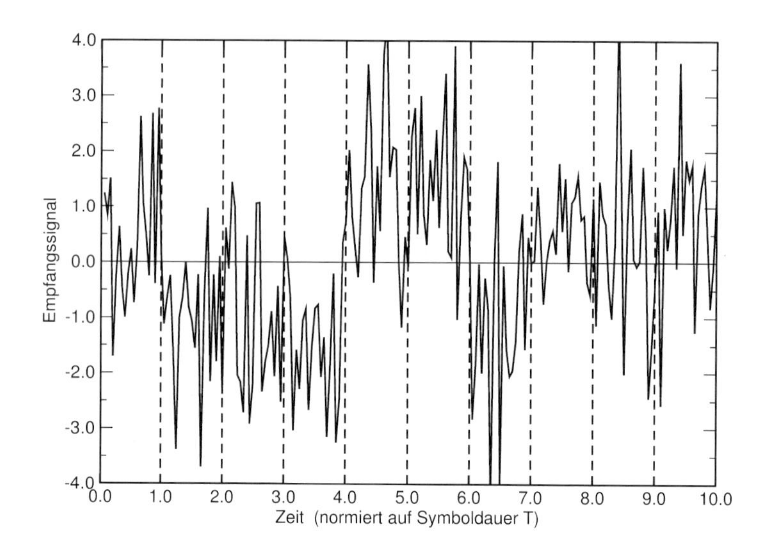

Bild 13.14: Musterfunktion des in Bild 13.13 eingeführten Empfangssignals einschließlich des optimalen Rasters der Taktsynchronisation

Der Empfänger kennt selbstverständlich nicht die gesendete Datensequenz. Nimmt man idealerweise eine perfekte Taktsynchronisation an, d. h. unterstellt man, dass der Empfänger den exakten Beginn aller Datensymbole kennt, so ergibt sich aus Bild 13.13 das in Bild 13.14 dargestellte Szenario. Der Empfänger muss in der Lage sein, durch Beobachtung der verrauschten Signalelemente die Datensequenz zu schätzen. Konzentriert man sich auf eines der zehn im Bild dargestellten Signalelemente und schließt die Augen ein wenig, so gelingt es einfacher zu entscheiden, ob das gesendete Datensymbol positiv oder negativ ist. Ein Schließen der Augen entspricht einer Tiefpassfilterung. Genau dies macht ein signalangepasster Empfänger.

Verwendet man ein lineares Empfangsfilter $g_{Rx}(t)$ mit nachfolgender Abtastung im Symboltakt, so ergibt sich das in Bild 13.15 gezeigte lineare Übertragungssystem im komplexen Basisband. Ein Quadraturmodulator ist nach der Impulsformung anzuordnen, der zugehörige Quadraturdemodulator vor dem Empfangsfilter.

Auf Basis des zu Grunde liegenden Szenarios ergeben sich folgende fundamentale Fragen:

- Wie lautet die Impulsantwort $g_{Rx}(t)$ des optimalen Empfangsfilters im Sinne einer Maximierung des Signal/Rauschleistungsverhältnis nach Abtastung im Symboltakt?
- Welches Signal/Rauschleistungsverhältnis ist maximal erreichbar?
- Führt eine symbolweise Abtastung zu einem Informationsverlust, und gegebenenfalls zu welchem?

Das im genannten Sinn optimale Empfangsfilter basiert auf folgenden Annahmen: Der Sendeimpuls $g_{Tx}(t)$ (inklusive möglicher linearer Verzerrungen) sei endlich, zeitinvariant, deterministisch (d. h. durch eine Formel oder Tabelle darstellbar) und dem Empfänger bekannt. Die Annahme einer endlichen Impulsantwort $g_{Tx}(t)$ ist aus praktischen Gründen wenig relevant, solange

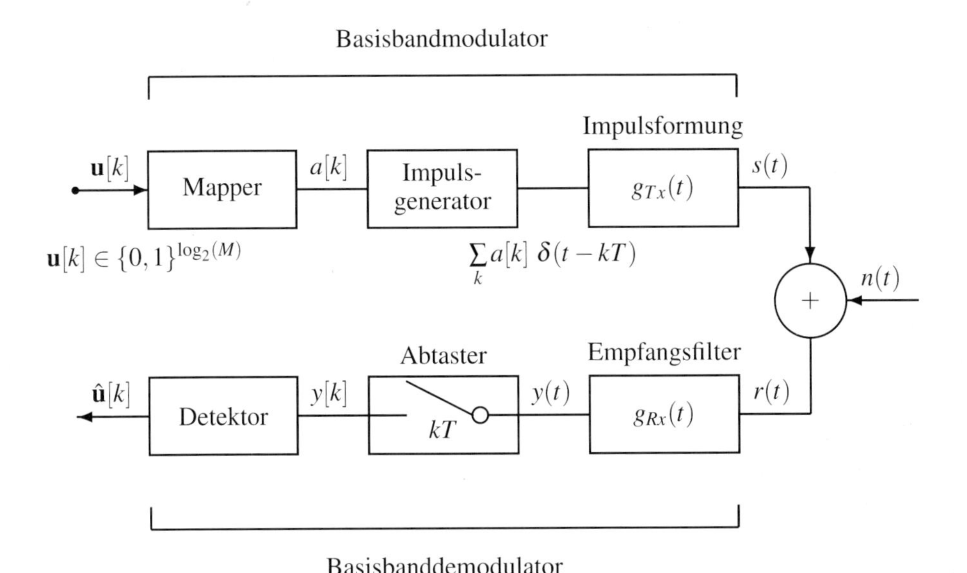

Bild 13.15: Lineares Übertragungssystem im komplexen Basisband

man die Impulsantwort mit hinreichend kleinem Fehler zeitlich begrenzen kann. Bei einer unendlich langen Impulsantwort wäre das optimale Empfangsfilter jedoch antikausal. Der Empfänger kenne auch die Symbolperiode T. Ferner wird eine perfekte Taktsynchronisation angenommen, d. h. der Empfänger kenne den genauen Beginn eines jeden Datensymbols. Es sei ausdrücklich erwähnt, dass die Faltung $g_{Tx}(t) * g_{Rx}(t)$ nicht notwendigerweise das 1. Nyquist-Kriterium erfüllen muss. Intersymbol-Interferenz kann zwecks Herleitung des optimalen Empfangsfilters $g_{Rx}(t)$ durch die Betrachtung eines einzelnen Signalelements (hervorgerufen durch ein einzelnes Datensymbol) vermieden werden.

Das optimale Empfangsfilter $g_{Rx}(t)$ für bekannte Sendeimpulse in additivem, weißen Rauschen wird im Folgenden hergeleitet. Ebenso werden die beiden anderen fundamentalen Fragen beantwortet. Es bezeichne

$$g(t) := g_{Tx}(t) * g_{Rx}(t) = \int_{-\infty}^{\infty} g_{Rx}(\tau) \cdot g_{Tx}(t-\tau)\, d\tau \tag{13.22}$$

den Gesamtimpuls aus senderseitiger Impulsformung und empfängerseitiger Filterung. Das Ausgangssignal des Empfangsfilters vor der Abtastung lautet

$$y(t) = r(t) * g_{Rx}(t) = s(t) * g_{Rx}(t) + n(t) * g_{Rx}(t). \tag{13.23}$$

Ohne Beschränkung der Allgemeinheit betrachten wir das nullte Signalelement $s_0(t) = a[0]\, g_{Tx}(t)$:

$$y(t) = a[0]\, \underbrace{g_{Tx}(t) * g_{Rx}(t)}_{g(t)} + \underbrace{n(t) * g_{Rx}(t)}_{n_{Rx}(t)}. \tag{13.24}$$

Man beachte, dass $y(t)$ per Definition nur durch ein Datensymbol (hier: $a[0]$) beeinflusst wird, weil alle anderen Signalelemente ignoriert werden. Wie im nächsten Abschnitt ausgeführt wird sagt man, dass $y(t)$ frei von Intersymbol-Interferenz ist. Der zugehörige Abtastwert am Ausgang des Empfangsfilters lautet folglich

$$y[0] := y(t = T_0) = \underbrace{a[0] \cdot g(T_0)}_{\text{Nutzanteil}} + \underbrace{n_{Rx}(T_0)}_{\text{Rauschanteil}} \ . \tag{13.25}$$

Die *Nutzleistung* beträgt (da Intersymbol-Interferenz ignoriert wird)

$$S := E\{|a[0] \cdot g(T_0)|^2\} = E\{|a[0]|^2\} \cdot |g(T_0)|^2 = |g(T_0)|^2 \quad [\mathrm{W}]. \tag{13.26}$$

Man beachte, dass die Nutzleistung nur im optimalen Abtastzeitpunkt T_0 maximiert wird. Formal hat $|a[k]|^2$ die Einheit Ws^2 und alle Impulsantworten haben die Einheit Hz. Die *Rauschleistung* beträgt

$$N := E\{|n_{Rx}(T_0)|^2\} = N_0 \int_{-\infty}^{\infty} |g_{Rx}(\tau)|^2 \, d\tau \quad [\mathrm{W}]. \tag{13.27}$$

Man beachte auch, dass die oben formulierte Annahme eines stationären Rauschprozesses in (13.27) Anwendung findet, denn nur für stationäre Rauschprozesse ist die Rauschleistung unabhängig vom Beobachtungszeitpunkt. Ferner sei beachtet, dass (13.27) nur für komplexe Basisbandsignale Gültigkeit besitzt. Dies ist allerdings der wichtigste Fall, da die Empfangsfilterung meist im komplexen Basisband geschieht. Für Bandpasssignale gilt entsprechend

$$N = \frac{N_0}{2} \int_{-\infty}^{\infty} |g_{Rx}(\tau)|^2 \, d\tau \quad [\mathrm{W}], \tag{13.28}$$

da die Rauschleistungsdichte im Bandpassbereich halb so groß ist, siehe Abschnitt 12.5.1. Im Folgenden werden ausschließlich Basisbandsignale angenommen, soweit nicht explizit anders gesagt. Somit lautet das *Signal/Rauschleistungsverhältnis*

$$\frac{S}{N} = \frac{|g(T_0)|^2}{N_0 \int_{-\infty}^{\infty} |g_{Rx}(\tau)|^2 \, d\tau}. \tag{13.29}$$

Erweitert man die rechte Seite im Zähler und Nenner mit

$$E_s = \int_{-\infty}^{\infty} |g_{Tx}(\tau)|^2 \, d\tau = \int_{-\infty}^{\infty} |g_{Tx}(T_0 - \tau)|^2 \, d\tau, \tag{13.30}$$

wobei E_s die *Energie pro Datensymbol* [Ws] ist, so ergibt sich

$$\frac{S}{N} = \frac{E_s}{N_0} \cdot \frac{|g(T_0)|^2}{E_s \int_{-\infty}^{\infty} |g_{Rx}(\tau)|^2 \, d\tau}. \tag{13.31}$$

Somit folgt

$$\frac{S}{N} = \frac{E_s}{N_0} \cdot \frac{\left| \int_{-\infty}^{\infty} g_{Rx}(\tau) \cdot g_{Tx}(T_0 - \tau) \, d\tau \right|^2}{\int_{-\infty}^{\infty} |g_{Tx}(T_0 - \tau)|^2 \, d\tau \cdot \int_{-\infty}^{\infty} |g_{Rx}(\tau)|^2 \, d\tau}. \tag{13.32}$$

Die Anwendung der Schwarz'schen Ungleichung ergibt für Basisbandsignale

$$\frac{S}{N} \leq \frac{E_s}{N_0} \cdot 1 \tag{13.33}$$

und für Bandpasssignale

$$\frac{S}{N} \leq \frac{2E_s}{N_0} \cdot 1 \tag{13.34}$$

Gleichheit, falls

$$g_{Rx}(t) = \xi \cdot g^*_{Tx}(T_0 - t), \tag{13.35}$$

wobei $\xi \neq 0$ eine beliebige komplexwertige Konstante ungleich null ist. Ein Empfangsfilter mit der Impulsantwort

$$g_{Rx}(t) = \xi \cdot g^*_{Tx}(T_0 - t) \tag{13.36}$$

wird *signalangepasstes Filter* (Matched-Filter) bzw. *Korrelationsfilter* genannt. Es wurde erstmals in der Radartechnik eingesetzt [D. O. North, 1943]. Das *maximale Signal/Rauschleistungsverhältnis* am abgetasteten Ausgang des Empfangsfilters ergibt sich unabhängig vom Sendeimpuls zu

$$\frac{S}{N} = \frac{E_s}{N_0} \quad \text{(Basisbandsignale)} \qquad \text{bzw.} \qquad \frac{S}{N} = \frac{2E_s}{N_0} \quad \text{(Bandpasssignale)} \tag{13.37}$$

falls das Matched-Filter Anwendung findet und zum optimalen Zeitpunkt T_0 abgetastet wird.

Beispiel 13.2.1 (Konstruktion des Matched-Filters) Man erhält das signalangepasste Filter, indem die konjugiert komplexe Impulsantwort des Sendeimpulses $g_{Tx}(t)$ (inklusive der Kanalimpulsantwort) zeitlich invertiert wird. Die mögliche Verzögerung um T_0 dient lediglich dazu, ein kausales Filter zu erhalten. Bild 13.16 zeigt exemplarisch das signalangepasste Filter für einen gegebenen Sendeimpuls $g_{Tx}(t)$. ◇

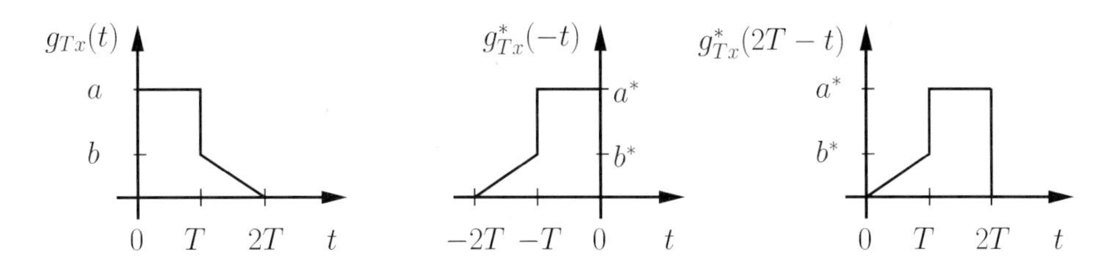

Bild 13.16: Sendeimpuls, antikausales Matched-Filter und kausales Matched-Filter für einen Impuls der Dauer $T_0 = 2T$

Beispiel 13.2.2 (Matched-Filter für einen Rechteckimpuls) Das Matched-Filter für einen Rechteckimpuls der Dauer T ist erneut ein Rechteckimpuls der Dauer T, siehe Bild 13.17. Der k-te Abtastwert am Matched-Filter-Ausgang lautet in diesem Fall

$$y(t = (k+1)T) := y[k] = \frac{1}{T} \int_{kT}^{(k+1)T} r(t)\, dt = a[k] + n[k], \tag{13.38}$$

wobei die Sequenz der Rauschwerte $n[k]$ ein weißer Rauschprozess ist. Die Integration über eine Symboldauer nennt man *Integrate & Dump-Empfang*. Das Matched-Filter mit nachfolgendem Abtaster entspricht bei Rechteckimpulsen somit einem Integrate & Dump-Empfänger. Bild 13.18 zeigt exemplarisch das Ausgangssignal eines Integrate & Dump-Empfängers. Für die gezeigte Musterfunktion wird richtig entschieden, vgl. Bild 13.13. ◊

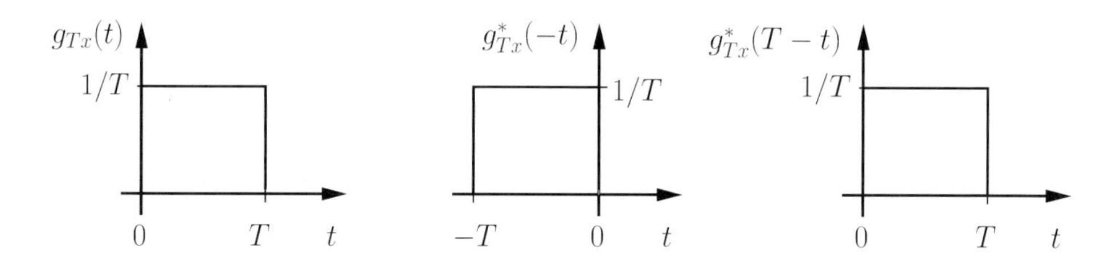

Bild 13.17: Sendeimpuls, antikausales Matched-Filter und kausales Matched-Filter für einen Rechteckimpuls der Dauer $T_0 = T$

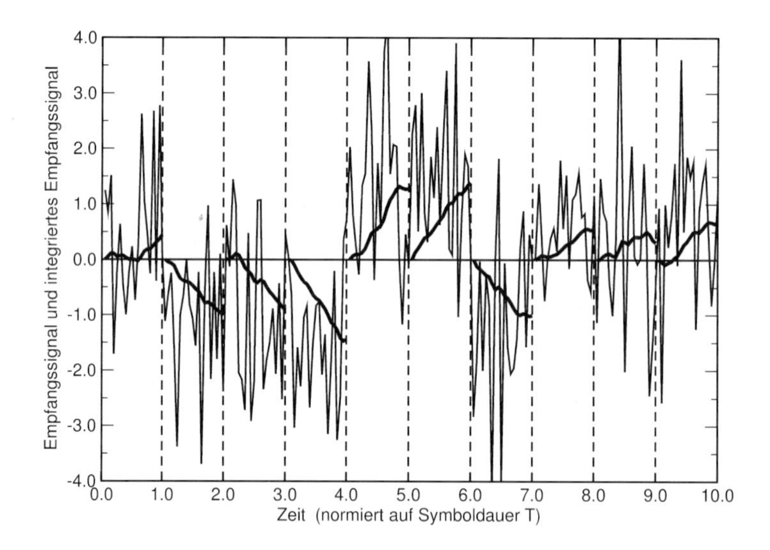

Bild 13.18: Musterfunktion des in Bild 13.13 eingeführten Empfangssignals und des Empfangssignals nach symbolweiser Integration

Beispiel 13.2.3 (Matched-Filter für DS-CDMA) Das Matched-Filter für einen modulierten Rechteckimpuls der Dauer T ist erneut ein modulierter Rechteckimpuls der Dauer T, siehe Bild 13.19. Diese Familie von Impulsen wird beispielsweise in sog. Direct-Sequence Code-Division Multiple Access Systemen (DS-CDMA-Systemen) und in der Radartechnik verwendet.

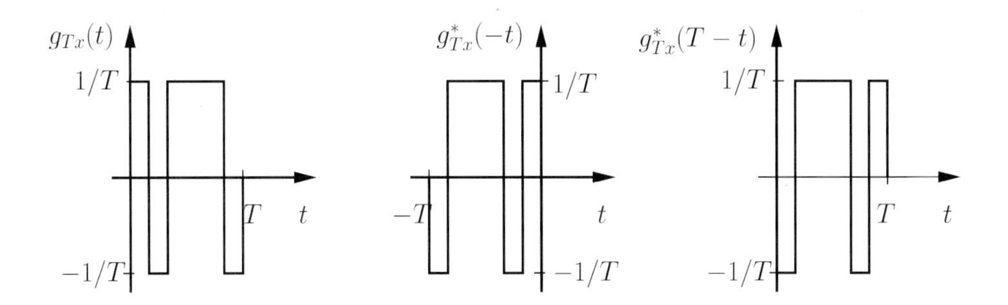

Bild 13.19: Sendeimpuls, antikausales Matched-Filter und kausales Matched-Filter für einen modulierten Rechteckimpuls der Dauer $T_0 = T$

Bemerkenswert ist die Tatsache, dass die Gesamtimpulsantwort $g(t) = g_{Tx}(t) * g_{Rx}(t)$ für einen Matched-Filter-Empfänger immer symmetrisch ist und einer Autokorrelation entspricht:

$$g(t) = \int_{-\infty}^{\infty} g_{Tx}(\tau) \cdot g^*_{Tx}(\tau + T_0 - t)\, d\tau. \tag{13.39}$$

Für den optimalen Abtastzeitpunkt $t = T_0$ wird die Gesamtimpulsantwort maximiert:

$$g(T_0) = \int_{-\infty}^{\infty} g_{Tx}(\tau) \cdot g^*_{Tx}(\tau)\, d\tau = \int_{-\infty}^{\infty} |g_{Tx}(\tau)|^2\, d\tau. \tag{13.40}$$

Mit anderen Worten: Die Gesamtimpulsantwort wird in ihrem Maximum abgetastet. Der interessierte Leser möge dies insbesondere für den Impuls aus Beispiel 13.2.3 zeigen.

Die *Übertragungsfunktion des Matched-Filters* für lineare Übertragungssysteme mit *weißem Rauschen* berechnet sich zu

$$g_{Rx}(t) = \xi \cdot g^*_{Tx}(T_0 - t) \circ\!\!-\!\!\bullet\; G_{Rx}(f) = \xi\, e^{-j2\pi f T_0} \cdot G^*_{Tx}(f) \overset{T_0=0}{\sim} G^*_{Tx}(f), \tag{13.41}$$

siehe Bild 13.20. Da die Übertragungsfunktion des antikausalen Matched-Filters ($T_0 = 0$) proportional zu $G^*_{Tx}(f)$ ist, wird das Matched-Filter auch als konjugiertes Filter bezeichnet.

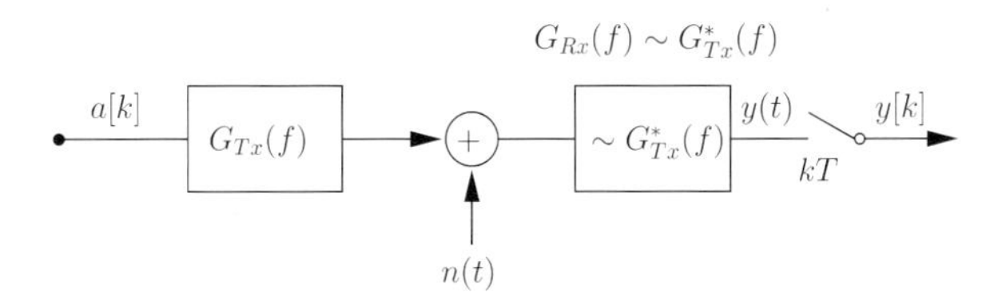

Bild 13.20: Lineares Übertragungssystem mit weißem Rauschen

Mit diesem Ergebnis kann die Übertragungsfunktion des Matched-Filters für lineare Übertragungssysteme mit *farbigem Rauschen* relativ einfach berechnet werden. Es bezeichne $R_{nn}(f) \sim |N(f)|^2$ das Leistungsdichtespektrum eines farbigen Rauschprozesses. Dieser Rauschprozess kann beispielsweise dadurch erzeugt werden, indem weißes Rauschen mit einem Filter der

Übertragungsfunktion $N(f)$ gefiltert wird. Empfängerseitig kann der Rauschprozess somit durch ein sog. *Whitening Filter* der Übertragungsfunktion $1/N(f)$ weiß gemacht werden. Aus Bild 13.21 erkennt man, dass die Übertragungsfunktion, die die Datensymbole durchlaufen, gleich $G_{Tx}(f) \cdot 1/N(f)$ ist. Gemäß (13.41) ist das zugehörige konjugierte Filter proportional zu $G^*_{Tx}(f) \cdot 1/N^*(f)$. Fasst man diese Übertragungsfunktion mit dem Whitening Filter $1/N(f)$ zusammen, so erhält man unmittelbar die Übertragungsfunktion des Matched-Filters für lineare Übertragungssysteme mit farbigem Rauschen zu

$$G_{Rx}(f) \sim \frac{G^*_{Tx}(f)}{|N(f)|^2}. \tag{13.42}$$

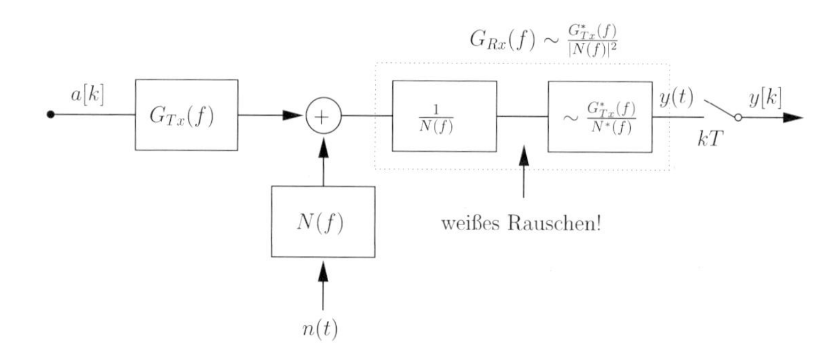

Bild 13.21: Lineares Übertragungssystem mit farbigem Rauschen

Aus den gezeigten Herleitungen sowie weiteren Untersuchungen lassen sich folgende wichtige Erkenntnisse extrahieren:

- Das Matched-Filter dient dem *Übergang vom Zeitkontinuierlichen zum Zeitdiskreten.*
- Dieser Übergang ist, auch für eine symbolweise Abtastung, *nicht* mit einem *Informationsverlust* verbunden wenn zum richtigen Zeitpunkt abgetastet wird.
- Eine Überabtastung ist nicht erforderlich.
- Die Abtastwerte beinhalten eine *hinreichende Statistik* („set of sufficient statistics").
- Das Matched-Filter *maximiert das Signal/Rauschleistungsverhältnis* nach dem Abtaster.
- Das Matched-Filter *hängt nur vom Sendeimpuls* $g_{Tx}(t)$ ab, nicht vom Symbolalphabet.
- Das maximale Signal/Rauschleistungsverhältnis *hängt nur von der Signalenergie* E_s *und der Rauschleistungsdichte* N_0 *ab*, nicht von der Form von $g_{Tx}(t)$.
- Das Matched-Filter für farbiges Rauschen folgt aus dem Matched-Filter für weißes Rauschen durch Vorschalten eines „*Whitening Filters*" $1/N(f)$.
- Für eine gaußverteilte Rauschstörung entspricht das Matched-Filter einem *Maximum-Likelihood Empfänger.*

- Für *nichtlineare Übertragungssysteme* (zum Beispiel in Anwesenheit eines nichtlinearen Leistungsverstärkers) ist das Matched-Filter mit symbolweiser Abtastung *nicht optimal*.

Das Matched-Filter findet neben der Kommunikationstechnik in vielen anderen Bereichen Anwendung. In der Schätztheorie fragt man sich beispielsweise, ob ein Signal anwesend ist oder nicht („hypothesis testing"). In der Navigation werden oft Signalverzögerungen geschätzt. Im Bereich der Radartechnik werden neben Signalverzögerungen auch Signalstärken gemessen. Auch im Bereich der Sprach- und Bildsignalerkennung („pattern recognition") werden Matched-Filter eingesetzt.

Die bisherigen Ausführungen bezogen sich auf zeitinvariante Impulsantworten und stationäre Rauschprozesse. Mögliche lineare Verzerrungen durch den Übertragungskanal wurden nicht berücksichtigt. Im Fall, dass der Übertragungskanal lineare Verzerrungen bewirkt, muss die Impulsantwort des Basisbandmodulators, $g_{Tx}(t)$, mit der Impulsantwort des Übertragungskanals gefaltet und das Matched-Filter auf die Gesamtimpulsantwort angepasst werden. Man spricht in diesem Fall oft von einem „channel matched filter". Hinsichtlich möglicher Erweiterungen auf zeitvariante Impulsantworten und nichtstationäre Rauschprozesse sei auf die Spezialliteratur verwiesen.

13.3 Äquivalente zeitdiskrete Kanalmodelle

Betrachtet man das lineare Übertragungssystem gemäß Bild 13.15 bezüglich der vertikalen Schnittstelle zwischen $a[k]$ und $y[k]$, so stellt man fest, dass sowohl die Datensymbole $a[k]$ als auch die Abtastwerte $y[k]$ zeitdiskret sind. Impulsgenerator, Impulsformer, Quadraturmodulator, physikalischer Kanal, Quadraturdemodulator, Empfangsfilter und Abtaster können zu einem sog. *äquivalenten zeitdiskreten Kanalmodell* zusammengefasst werden. Ziel der folgenden Untersuchungen ist es, für verschiedene physikalische Kanalmodelle jeweils ein möglichst einfaches äquivalentes zeitdiskretes Kanalmodell herzuleiten, welches das Eingangs-/Ausgangsverhalten zwischen $a[k]$ (Eingang) und $y[k]$ (Ausgang) exakt beschreibt.

13.3.1 Äquivalentes zeitdiskretes ISI-Kanalmodell

Wir betrachten zuerst eine Datenübertragung über einen *dispersiven, zeitinvarianten Kanal* mit der Impulsantwort $f(t)$, wobei $0 \leq t \leq \tau_{max}$. Als Störung nehmen wir additives weißes Gauß'sches Rauschen an. Das Signal am Empfängereingang lautet folglich

$$r(t) = s(t) * f(t) + n(t). \tag{13.43}$$

Führt man die Faltung durch, so erhält man

$$r(t) = \int_{0}^{\tau_{max}} s(t-\tau) f(\tau)\, d\tau + n(t). \tag{13.44}$$

Als Modulationsverfahren nehmen wir ein lineares Modulationsverfahren an, somit kann das Sendesignal $s(t)$ gemäß

$$s(t) = \sum_{k} a[k]\, g_{Tx}(t-kT) \tag{13.45}$$

dargestellt werden. Nimmt man an, dass das Empfangssignal $r(t)$ durch ein zeitinvariantes Empfangsfilter $g_{Rx}(t)$ gefiltert wird, so erhält man dessen Ausgangssignal zu

$$y(t) := r(t) * g_{Rx}(t) = \sum_k a[k]\, h(t-kT) + w(t), \tag{13.46}$$

wobei

$$h(t) := g_{Rx}(t) * f(t) * g_{Rx}(t) \tag{13.47}$$

das Faltungsprodukt aus Grundimpuls $g_{Tx}(t)$, Kanalimpulsantwort $f(t)$ und Empfangsfilter $g_{Rx}(t)$ ist, sowie

$$w(t) := n(t) * g_{Rx}(t) \tag{13.48}$$

ein Gauß'scher, im Allgemeinen farbiger Rauschprozess ist. Wird $y(t)$ zu den Zeitpunkten $t = kT + \varepsilon$ abgetastet, so folgt

$$y[k] := y(kT+\varepsilon) = \sum_n a[n]\, h(kT - nT + \varepsilon) + w(kT+\varepsilon) = \sum_n a[n]\, h_{k-n} + w[k], \tag{13.49}$$

wobei $\varepsilon \in [-T/2, +T/2)$ die *Taktphase* (Abtastphase) ist. Eine Aufspaltung der Summe ergibt

$$y[k] = a[k]\, h_0[k] + \sum_{n;\, n \neq k} a[n]\, h_{k-n} + w[k]. \tag{13.50}$$

Der erste Term ist der Nutzanteil, der zweite Term repräsentiert *Symbolübersprechen* („Intersymbol Interference (ISI)") und der dritte Term ist ein Rauschterm. Das Empfangsfilter $g_{Rx}(t)$ kann so konstruiert werden, dass $w[k]$ ein weißer Rauschprozess ist. Wir wollen diesen Fall später annehmen. Bild 13.22 zeigt ein Blockschaltbild mit den bislang definierten Größen.

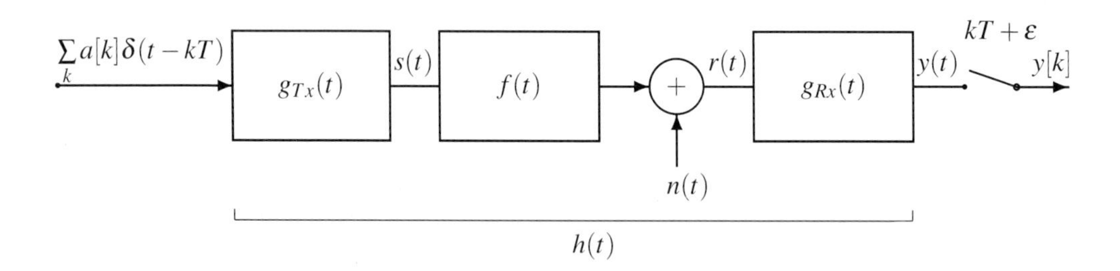

Bild 13.22: Lineares Übertragungssystem zur Herleitung des äquivalenten zeitdiskreten ISI-Kanalmodells

Das abgetastete Ausgangssignal des Empfangsfilters,

$$y[k] = a[k]\, h_0 + \sum_{n;\, n \neq k} a[n]\, h_{k-n} + w[k], \tag{13.51}$$

kann gemäß

$$y[k] = \sum_l a[k-l]\, h_l + w[k] \tag{13.52}$$

umformuliert werden, wobei n durch $k-l$ substituiert wurde. Mit den Annahmen, dass $h_l = 0$ für $l < 0$ (Kausalität) und $h_l = 0$ für $l > L$ (endliche Impulsantwort) folgt schließlich

$$y[k] = \sum_{l=0}^{L} h_l\, a[k-l] + w[k]. \tag{13.53}$$

Diese Formel nennen wir (zeitinvariantes) *äquivalentes zeitdiskretes ISI-Kanalmodell*. Die Koeffizienten $\mathbf{h} := [h_0, h_1, \ldots, h_L]$ werden *Kanalkoeffizienten* genannt, L ist die *effektive Gedächtnislänge* des Kanalmodells. Da ein bandbegrenztes Signal nicht gleichzeitig zeitbegrenzt sein kann, verstehen wir unter der effektiven Gedächtnislänge jenen Wert L, ab der alle weiteren Kanalkoeffizienten h_{L+1}, h_{L+2}, ... vernachlässigbar sind. Die Kanalkoeffizienten repräsentieren den Grundimpuls, den physikalischen Kanal, das Empfangsfilter sowie die Abtastung. Bild 13.23 zeigt ein Blockschaltbild des äquivalenten zeitdiskreten ISI-Kanalmodells. Die Verzögerungselemente des Kanalmodells entsprechen exakt der Abtastdauer, hier also der Symboldauer.

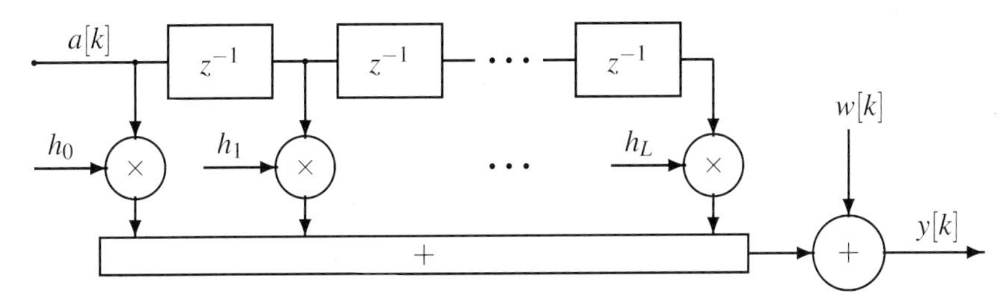

Bild 13.23: Äquivalentes zeitdiskretes ISI-Kanalmodell

Für $L = 0$ ergibt sich ein multiplikatives Kanalmodell: $y[k] = h_0\, a[k] + w[k]$. Dieser Fall tritt ein, wenn gleichzeitig

- der Übertragungskanal nichtdispersiv ist: $f(t) \sim \delta(t)$
- die Verkettung von Sendefilter und Empfangsfilter das 1. Nyquist-Kriterium erfüllt
- und die Taktphase ε korrekt gewählt wurde.

Nichtdispersive (d. h. nichtgedächtnisbehaftete) Kanäle werden als *nichtfrequenzselektiv* bezeichnet. Es muss dann kein Entzerrer verwendet werden.

Für $L > 0$ ist das Kanalmodell *frequenzselektiv*. In diesem Fall muss ein *Entzerrer* verwendet werden. Ein Entzerrer ist jede Maßnahme, um die Effekte von Symbolübersprechen zu beseitigen oder zumindest abzuschwächen.

Beispiel 13.3.1 (Äquivalentes zeitdiskretes Kanalmodell für Rechteckimpulse) In Beispiel 13.2.2 wurde für den AWGN-Kanal gezeigt, dass für lineare Modulationsverfahren mit Rechteckimpuls $g_{Tx}(t) = \mathrm{rect}(t/T)$ der optimale Empfänger ein Integrate & Dump-Empfänger ist. Ferner wurde gezeigt, dass $y[k] = a[k] + n[k]$, falls im richtigen Zeitpunkt abgetastet wird ($\varepsilon = 0$). $y[k] = a[k] + n[k]$ ist somit das äquivalente zeitdiskrete Kanalmodell für Rechteckimpulse, die über einen AWGN-Kanal übertragen werden. ◊

Beispiel 13.3.2 (Äquiv. zeitdiskr. Kanalmodell für Wurzel-Cosinus-Rolloff-Impulse) Für lineare Modulationsverfahren mit Wurzel-Cosinus-Rolloff-Impuls im Sender und Empfänger ergibt sich für den AWGN-Kanal ebenfalls $y[k] = a[k] + n[k]$, falls im richtigen Zeitpunkt abgetastet wird ($\varepsilon = 0$). ◇

Bislang wurde ein zeitinvarianter Kanal angenommen. Wenn der Übertragungskanal zeitvariant ist, sind auch die Koeffizienten des äquivalenten zeitdiskreten ISI-Kanalmodells zeitvariant. Die allgemeine Form des äquivalenten zeitdiskreten ISI-Kanalmodells mit zeitvarianten *Kanalkoeffizienten* $\mathbf{h}[k] := [h_0[k], h_1[k], \ldots, h_L[k]]$ lautet

$$y[k] = \sum_{l=0}^{L} h_l[k]\, a[k-l] + w[k]. \qquad (13.54)$$

L ist erneut die *effektive Gedächtnislänge*.

Das Kanalmodell ist *symbolinterferenzfrei*, falls

$$h_l[k] \begin{cases} \neq 0 & \text{für } l = 0 \\ = 0 & \text{für } l \neq 0 \end{cases}. \qquad (13.55)$$

Diese Bedingung wird 1. *Nyquist-Kriterium im Zeitbereich* genannt. Ist das 1. Nyquist-Kriterium erfüllt, so wird kein Entzerrer benötigt. Eine vertiefende Darstellung sowie eine Herleitung des 1. *Nyquist-Kriterium im Frequenzbereich* erfolgt an späterer Stelle.

13.3.2 Äquivalentes zeitdiskretes Kanalmodell für Frequenzversatz und Phasenrauschen

Nun nehmen wir an, dass die Datenübertragung durch einen Frequenzversatz Δf und/oder Phasenrauschen $\theta(t)$ gestört ist. Für lineare Modulationsverfahren mit Nyquist-Impulsformung (wie z. B. Rechteckimpuls oder Wurzel-Cosinus-Rolloff-Impuls im Sender und Empfänger) ergibt sich für das zeitkontinuierliche Kanalmodell

$$r(t) = s(t)\, e^{j(\theta(t) + 2\pi\Delta f t)} + n(t)$$

gemäß (12.31) das äquivalente zeitdiskrete Kanalmodell zu

$$y[k] = a[k]\, e^{j(\theta[k] + 2\pi\Delta f kT)} + n[k], \qquad (13.56)$$

falls im richtigen Zeitpunkt abgetastet wird ($\varepsilon = 0$), wobei $\theta[k] := \theta(t = kT)$. Man erkennt, dass die Signalkonstellation rotiert und jittert. Durch einen Vergleich mit (13.54) erhält man den einzigen Kanalkoeffizienten („Gewichtsfaktor“) zu

$$h_0[k] := h[k] = e^{j(\theta[k] + 2\pi\Delta f kT)}. \qquad (13.57)$$

13.4 Kohärente, differentiell-kohärente und inkohärente Detektion

Nach Empfangsfilterung und Abtastung ist der *Detektor* der letzte Bestandteil des Basisbanddemodulators, siehe Bild 13.15. Wenn die Übertragungsstrecke (einschließlich Impulsformung und Empfangsfilterung) symbolinterferenzfrei ist, d. h. wenn das äquivalente zeitdiskrete ISI-Kanalmodell auf einen Gewichtsfaktor reduziert ist, ist eine *gedächtnisfreie Detektion* optimal. Eine gedächtnisfreie Detektion bedeutet eine symbolweise Detektion, ohne Berücksichtigung benachbarter Datensymbole. Im Falle von ISI sollte ein *Entzerrer* verwendet werden, siehe Kapitel 17. Ein Entzerrer berücksichtigt den Einfluss benachbarter Datensymbole.

Traditionell gibt der Detektor *harte Entscheidungen* („hard decisions") $\hat{\mathbf{u}}[k]$ aus. Harte Entscheidungen enthalten keine Zuverlässigkeitsinformation. Eine Alternative sind *weiche Entscheidungen* („soft decisions") am Ausgang des gedächtnisfreien oder gedächtnisbehafteten Detektors. Beispielsweise kann zu jeder harten Entscheidung die zugehörige a posteriori Wahrscheinlichkeit oder das Log-Likelihood-Verhältnis berechnet werden.

Beispiel 13.4.1 (Harte und weiche Entscheidungen bei der Demodulation) Wie in Teil II *„Grundlagen der Kanalcodierung"* gezeigt, kann durch eine „soft-input"-Kanaldecodierung eine bessere Leistungsfähigkeit im Vergleich zu einer „hard-input"-Kanaldecodierung erzielt werden. Ersteres bedeutet eine „soft-output"-Detektion, letzteres eine „hard-output"-Detektion.

Bei einer gedächtnisfreien „hard-output"-Detektion vergleicht man konzeptionell den Empfangswert $y[k]$ mit allen M möglichen Datensymbolen $\tilde{a}[k]$. Die exakte Auswahlstrategie hängt vom Auswahlkriterium (z. B. MAP- oder ML-Detektion) und vom Kanalmodell ab. Bei gaußverteiltem Rauschen beispielsweise kann das ML-Kriterium in der Form

$$\hat{\mathbf{u}}[k] = \arg\min_{\tilde{a}[k]} |y[k] - \tilde{a}[k]|^2 \tag{13.58}$$

geschrieben werden, wobei $\mathbf{u}[k] = [u_1[k], \ldots, u_i[k], \ldots, u_{\log_2(M)}[k]]$ und $u_i[k] \in \{0, 1\}$. Dabei sind $\hat{\mathbf{u}}[k]$ die $\log_2(M)$ Datenbits, welche zum wahrscheinlichsten Datensymbol $\hat{a}[k]$ gehören.

Doch wie erzeugt „soft-outputs" am Ausgang des Demodulators? Oft berechnet man das a posteriori Log-Likelihood-Verhältnis. Bei einer gedächtnisfreien „soft-output"-Detektion kann bei gaußverteiltem Rauschen das Log-Likelihood-Verhältnis für jedes Datenbit $u_i[k]$ wie folgt berechnet werden:

$$L(u_i[k]|y[k]) = \log \frac{P(u_i[k] = 0|y[k])}{P(u_i[k] = 1|y[k])} = \log \frac{\sum\limits_{\tilde{a}[k]:\ u_i[k]=0} e^{-\frac{E_s}{N_0}|y[k]-\tilde{a}[k]|^2}}{\sum\limits_{\tilde{a}[k]:\ u_i[k]=1} e^{-\frac{E_s}{N_0}|y[k]-\tilde{a}[k]|^2}} \tag{13.59}$$

wobei die Kurzschreibweise „$\tilde{a}[k] : u_i[k] = 0$" zu lesen ist „für alle Datensymbole $\tilde{a}[k]$, für die $u_i[k] = 0$ gilt". Die Log-Likelihood-Verhältnisse werden an die nächste Verarbeitungsstufe, z. B. den Kanaldecodierer, weitergereicht. Für einfache Modulationsverfahren wie BPSK und QPSK sowie für hohe Signal/Rauschleistungsverhältnisse ergeben sich Vereinfachungsmöglichkeiten. ◊

Ein weiteres Klassifikationsmerkmal ist die Detektionsstrategie, um die Einflüsse von Frequenzversatz und Phasenrauschen zu kompensieren. Frequenzversatz und Phasenrauschen sind in der Praxis Bestandteil eines jeden trägermodulierten Übertragungssystems, können aber auch andere Ursachen wie Relativbewegung oder unterschiedliche Signallaufzeiten haben. Man unterscheidet zwischen *kohärenter, differentiell-kohärenter und inkohärenter Detektion*.

13.4.1 Kohärente Detektion

In *kohärenten Empfängern* wird die Trägerphase mit einer *Trägerphasensynchronisationseinrichtung* geschätzt und Phasendrehungen durch den Kanal werden möglichst exakt ausgeregelt. Eine Trägerphasensynchronisation schließt eine Frequenzsynchronisation mit ein. Eine kohärente Detektion ist bei Modulationsverfahren notwendig, in denen die Information auf die absolute Phase abgebildet ist. Beispiele umfassen die M-stufige Phasensprungmodulation (M-PSK), die M-stufige bipolare Amplitudensprungmodulation (M-ASK) und die M-stufige Quadraturamplitudenmodulation (M-QAM).

Beispiel 13.4.2 (4-QAM) Die vom Kanal hervorgerufene Trägerphase zum Zeitindex k sei $\theta[k]$ und werde durch die Trägerphasensynchronisationseinrichtung um $\hat{\theta}[k]$ zurückgedreht. Es verbleibt somit ein Trägerphasenfehler $\Delta\theta[k] := \theta[k] - \hat{\theta}[k]$. Der Trägerphasenfehler $\Delta\theta[k]$ bewirkt gemäß (13.56), dass die Signalkonstellation um $\Delta\theta[k]$ gedreht ist.

Bild 13.24 skizziert die kohärente Detektion am Beispiel von 4-QAM. Die Abbildung auf der linken Seite zeigt den Fall, dass der Trägerphasenfehler perfekt kompensiert wurde ($\Delta\theta[k] = 0$). Wenn die Datensymbole gleich wahrscheinlich sind, entsprechen die *Entscheidungsschwellen* der reellen Achse und der imaginären Achse. Ist der Realteil des Empfangswerts positiv, $\mathrm{Re}\{y[k]\} \geq 0$, so wird das rechte Datenbit zu $\hat{u}_1[k] = 0$ entschieden, sonst zu $\hat{u}_1[k] = 1$. Ist der Imaginärteil des Empfangswerts positiv, $\mathrm{Im}\{y[k]\} \geq 0$, so wird das linke Datenbit zu $\hat{u}_2[k] = 0$ entschieden, sonst zu $\hat{u}_2[k] = 1$.

In der Abbildung auf der rechten Seite beträgt der Trägerphasenfehler $\Delta\theta[k] = 30^0$. Entsprechend ist die Signalkonstellation um $\Delta\theta[k] = 30^0$ gedreht. Das gedrehte Koordinatensystem ist mit Re' und Im' bezeichnet, die gedrehten Signalpunkte sind fett gezeichnet. Da der kohärente Detektor weiterhin das ursprüngliche Koordinatensystem als Referenz benutzt, liegen die gedrehten Signalpunkte deutlich näher an der Entscheidungsschwelle. Dies bewirkt ein Anstieg der Bitfehlerwahrscheinlichkeit. Für $|\Delta\theta[k]| > 45^0$ versagt die kohärente Detektion. ◇

13.4.2 Differentiell-kohärente Detektion

In *differentiell-kohärenten Empfängern* werden Phasendifferenzen geschätzt. Dazu ist keine Trägerphasensynchronisation, aber eine Frequenzsynchronisation erforderlich. Eine differentiell-kohärente Detektion ist bei Modulationsverfahren anwendbar, in denen die Information auf Phasendifferenzen abgebildet ist. Ein Beispiel umfasst die M-stufige *differentielle Phasensprungmodulation* (M-DPSK).

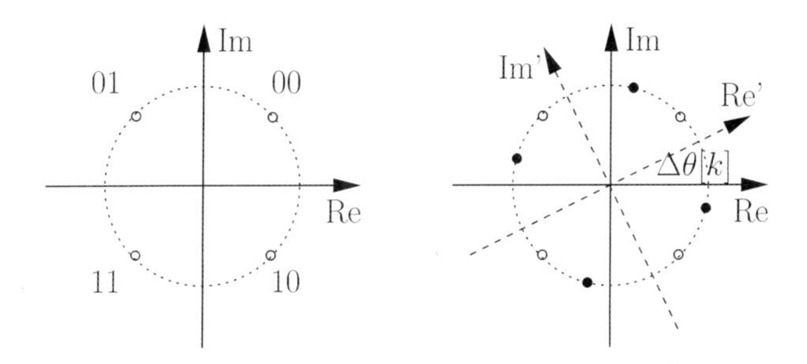

Bild 13.24: Kohärente Detektion am Beispiel von 4-QAM

Beispiel 13.4.3 (*M*-DPSK) Bild 13.25 zeigt das Blockschaltbild eines *M*-DPSK Modulators. Vor das konventionelle *M*-PSK Mapping wird eine *differentielle Vorcodierung* geschaltet:

$$u'[k] = u[k] \oplus u'[k-1], \tag{13.60}$$

wobei $u[k] \in \{0, 1, \ldots, M-1\}$. Dadurch wird die Information auf Phasendifferenzen abgebildet.

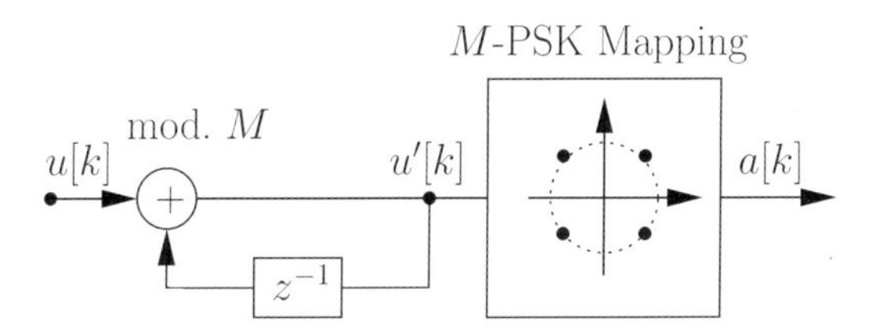

Bild 13.25: *M*-DPSK Modulator

Der zugehörige *M*-DPSK Demodulator ist in Bild 13.26 dargestellt. Die differentielle Vorcodierung wird kompensiert, indem der aktuelle Empfangswert $y[k]$ auf den vorherigen Empfangswert $y[k-1]$ projiziert wird. Durch die Projektion $y[k] \cdot y^*[k-1]$ wird die Trägerphase vollständig eliminiert, solange sie während mindestens zwei Symboldauern konstant ist. ◇

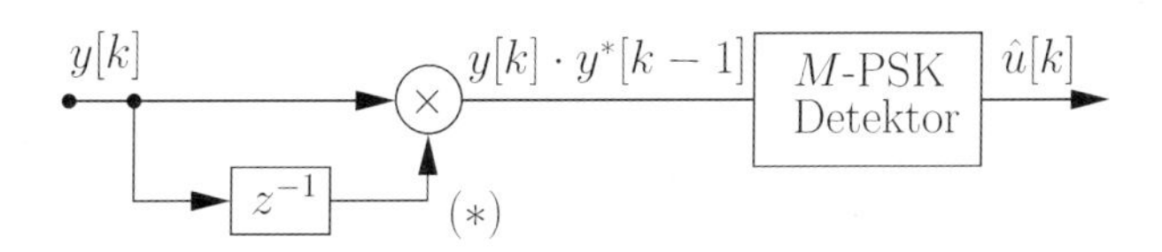

Bild 13.26: *M*-DPSK Demodulator (differentiell-kohärente Detektion)

13.4.3 Inkohärente Detektion

In *inkohärenten Empfängern* wird die Trägerphase nicht geschätzt. Diese Form der Detektion ist bei Modulationsverfahren hinreichend, in denen die Information nicht auf die absolute Phase oder auf Phasendifferenzen abgebildet ist, sondern beispielsweise auf die Amplitude. Beispiele umfassen On-Off-Keying (OOK) und unipolare Amplitudensprungmodulation (ASK).

Beispiel 13.4.4 (OOK) Bild 13.24 skizziert sowohl eine inkohärente als auch eine kohärente Detektion am Beispiel von OOK. Eine Entscheidungsschwelle für die inkohärente Detektion ist ein Kreis mit Radius $\sqrt{2}/2$ um das Symbol 0. Falls $|y[k]| \leq \sqrt{2}/2$, so wird auf das Symbol 0 entschieden, sonst auf das Symbol 1. Wegen der Betragsbildung ist keine Trägerphasensynchronisation notwendig.

Die gestrichelte Entscheidungsschwelle zwischen den Symbolen 0 und 1 gilt für eine kohärente Detektion. In diesem Fall muss die Trägerphase geschätzt und kompensiert werden. ◇

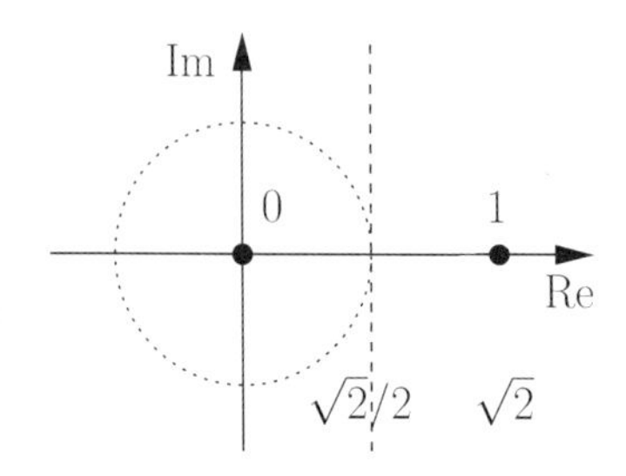

Bild 13.27: Inkohärente und kohärente Detektion am Beispiel von OOK

13.5 Fehlerwahrscheinlichkeit von linearen Modulationsverfahren

13.5.1 Bitfehlerwahrscheinlichkeit bei kohärenter binärer Übertragung

Wir berechnen zunächst die Bitfehlerwahrscheinlichkeit bei bipolarer Übertragung ($a[k] \in \{\pm 1\}$) auf dem AWGN-Kanal für den Fall einer idealen kohärenten Detektion. Es wird ein Matched-Filter-Empfänger mit bekannter Abtastphase angenommen. Die Datensymbole $a[k] = +1$ und $a[k] = -1$ seien gleich wahrscheinlich. Ohne Beschränkung der Allgemeinheit nehmen wir an, dass das Symbol $a[k] = +1$ übertragen wird. Die Bitfehlerwahrscheinlichkeit berechnet sich wie folgt:

$$\begin{aligned} P_b &= P(\mathrm{Re}\{y[k]\} < 0 \mid a[k] = +1) \\ &= \int_{-\infty}^{0} \frac{1}{\sqrt{2\pi\sigma^2}} \exp\left(-\frac{(y-1)^2}{2\sigma^2}\right) dy, \quad \sigma^2 = N_0/(2E_s) \text{ pro Quadraturkomponente} \\ &:= \frac{1}{2}\,\mathrm{erfc}\sqrt{E_s/N_0} = \frac{1}{2}\,\mathrm{erfc}\sqrt{E_b/N_0}, \end{aligned} \tag{13.61}$$

wobei $\mathrm{erfc}(x)$ die komplementäre Fehlerfunktion ist. Die Bitfehlerwahrscheinlichkeit fällt exponentiell mit dem Signal/Rauschleistungsverhältnis, siehe Bild 13.28.

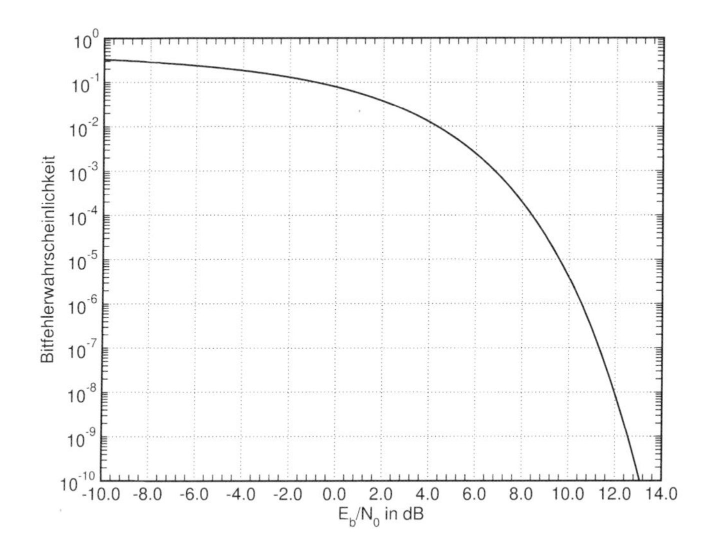

Bild 13.28: Bitfehlerwahrscheinlichkeit von 2-PSK auf dem AWGN-Kanal

Die folgenden Beispiele 13.5.1 bis 13.5.5 stellen interessante Erweiterungen von Gleichung (13.61) dar.

Beispiel 13.5.1 (Bitfehlerwahrscheinlichkeit von 2-PSK bei einem Phasenfehler) Da ein Phasenfehler $\Delta\theta[k] = \theta[k] - \hat{\theta}[k]$ eine Drehung der Signalkonstellation bewirkt, reduziert sich die Euklid'sche Distanz zwischen den Signalpunkten und den zugehörigen Entscheidungsschwellen. Beim 2-PSK-Modulationsverfahren beispielsweise reduziert sich die Euklid'sche Distanz von 1 auf $\cos(\Delta\theta[k])$, siehe Bild 13.29. Folglich lautet die Bitfehlerwahrscheinlichkeit

$$P_b(\Delta\theta[k]) = \frac{1}{2}\,\text{erfc}\sqrt{\cos^2(\Delta\theta[k])\,E_b/N_0}. \tag{13.62}$$

Bei mehrstufigen Modulationsverfahren wirkt sich ein Phasenfehler noch kritischer aus, da die Decodierbereiche kleiner sind. Dieses Beispiel zeigt, dass bei kohärenten Verfahren eine möglichst genaue Phasensynchronisation wichtig ist. ◊

Beispiel 13.5.2 (Bitfehlerwahrscheinlichkeit von 2-PSK für Signalschwund) Signalschwund bewirkt eine Streckung/Stauchung der Signalkonstellation um einen Faktor a. Ist die Amplitude a größer als 1, so vergrößert sich die Euklid'sche Distanz zwischen den Signalpunkten und den zugehörigen Entscheidungsschwellen, andernfalls verringert sie sich. Somit ergibt sich die Bitfehlerwahrscheinlichkeit für 2-PSK bei kohärenter Detektion als Funktion einer festen Amplitude a zu

$$P_b(a) = \frac{1}{2}\,\text{erfc}\sqrt{a^2\,E_b/N_0}. \tag{13.63}$$

Falls $a < 1$, so muss die Signalleistung um den Faktor E_b/a^2 angehoben werden, um die gleiche Bitfehlerwahrscheinlichkeit wie auf dem AWGN-Kanal zu erhalten. ◊

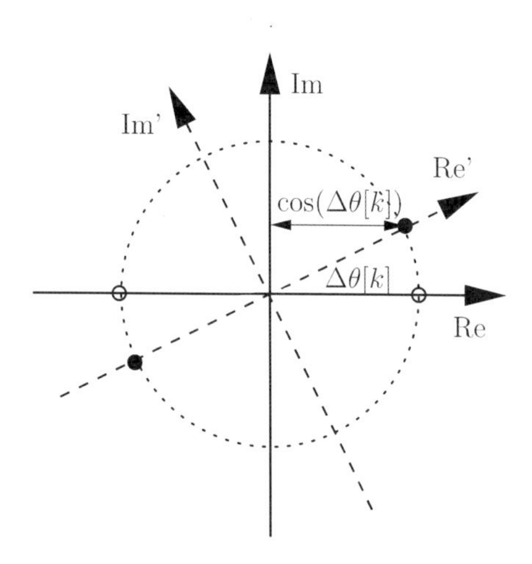

Bild 13.29: Zur Berechnung der Bitfehlerwahrscheinlichkeit von 2-PSK bei einem Phasenfehler $\Delta\theta[k]$

Beispiel 13.5.3 (Mittlere Bitfehlerwahrscheinlichkeit von 2-PSK für Signalschwund) Im letzten Beispiel wurde die Amplitude a als fest angenommen. Für eine gegebene Kanalamplitude a ist a^2E_s/N_0 das momentane SNR und die momentane Bitfehlerwahrscheinlichkeit durch (13.63) gegeben. Zur Berechnung der mittleren Bitfehlerwahrscheinlichkeit muss über alle Amplituden a gemittelt werden:

$$P_b = \int_0^\infty P_b(a) \cdot p(a)\, da. \tag{13.64}$$

Nimmt man beispielsweise eine rayleighverteilte Amplitude an,

$$p(a) = 2a\exp\left(-a^2\right), \qquad a \geq 0, \tag{13.65}$$

so erhält man das Ergebnis:

$$P_b = \frac{1}{2}\left[1 - \sqrt{\frac{E_s/N_0}{1+E_s/N_0}}\right] = \frac{1}{2}\left[1 - \sqrt{\frac{E_b/N_0}{1+E_b/N_0}}\right]. \tag{13.66}$$

Es ist wichtig zu erkennen, dass E_s/N_0 nun das mittlere SNR ist. Gleichung (13.66) ist in Bild 13.30 graphisch dargestellt. Asymptotisch fällt die mittlere Bitfehlerwahrscheinlichkeit nur linear um 10 dB pro Dekade. Möchte man beispielsweise eine mittlere Bitfehlerwahrscheinlichkeit von 10^{-5} erreichen, so ist ein Signal/Rauschleistungsverhältnis pro Infobit von 44 dB erforderlich, beim AWGN-Kanal nur rund 10 dB. Die Signalleistung muss somit um etwa 34 dB gegenüber dem AWGN-Kanal angehoben werden, dies entspricht etwa dem Faktor 2000. ◊

Beispiel 13.5.4 (Bitfehlerwahrscheinlichkeit von 4-PSK) Die Berechnung der Bitfehlerwahrscheinlichkeit von 4-PSK (QPSK) bei kohärenter Übertragung über den AWGN-Kanal kann im

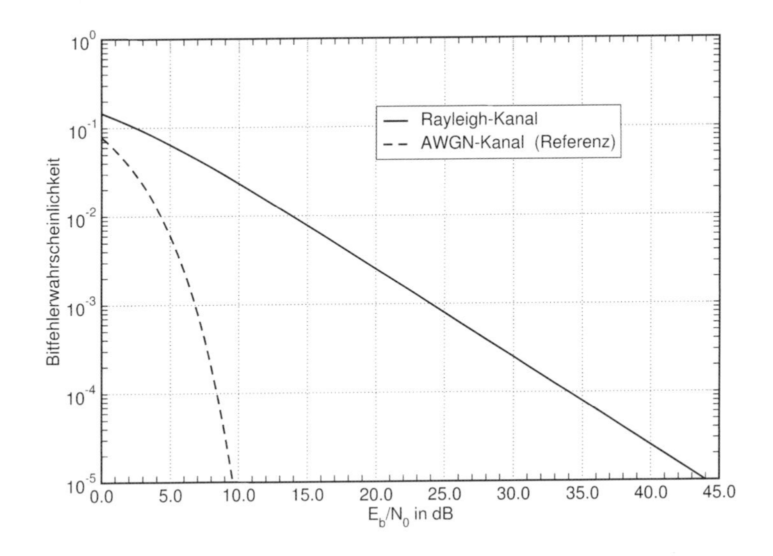

Bild 13.30: Mittlere Bitfehlerwahrscheinlichkeit von 2-PSK auf dem Rayleigh-Kanal

Falle von Gray-Mapping auf die Berechnung der Bitfehlerwahrscheinlichkeit von 2-PSK (BPSK) zurückgeführt werden. Es empfiehlt sich, die Signalkonstellation gemäß Bild 13.31 zu wählen (anstatt die Signalpunkte auf die reelle und imaginäre Achse zu legen), denn in diesem Fall entsprechen die Entscheidungsgebiete den vier Quadranten. Ist der Imaginärteil des Empfangswerts positiv, so ist das erste Infobit gleich null, sonst gleich eins. Ist der Realteil des Empfangswerts positiv, so ist das zweite Infobit gleich null, sonst gleich eins. Da die Quadraturkomponenten orthogonal sind, sind die beiden Entscheidungen unabhängig. Der Abstand zur Entscheidungsschwelle ist jeweils gleich $a = 1/\sqrt{2}$. Die Bitfehlerwahrscheinlichkeit lautet somit

$$P_b = \frac{1}{2}\operatorname{erfc}\sqrt{\frac{1}{2}E_s/N_0}. \tag{13.67}$$

Berücksichtigt man, dass $2E_b = E_s$, so folgt

$$P_b = \frac{1}{2}\operatorname{erfc}\sqrt{E_b/N_0}. \tag{13.68}$$

Trägt man die Bitfehlerwahrscheinlichkeit über E_s/N_0 auf, so ist für 4-PSK eine im Vergleich zu 2-PSK um 3 dB höhere Signalleistung notwendig. Trägt man die Bitfehlerwahrscheinlichkeit jedoch über E_b/N_0 auf, so ergibt sich exakt die gleiche Bitfehlerwahrscheinlichkeit wie für 2-PSK, vgl. (13.61). ◇

Beispiel 13.5.5 (Bitfehlerwahrscheinlichkeit von ASK) Auch M-ASK mit unipolarer oder bipolarer Signalkonstellation kann bei kohärenter Detektion zumindest näherungsweise auf 2-PSK zurückgeführt werden. Als Beispiel betrachten wir die in Bild 13.32 gezeigte bipolare 4-ASK-Signalkonstellation. Zwei der drei Entscheidungsschwellen sind gestrichelt gezeichnet, die dritte

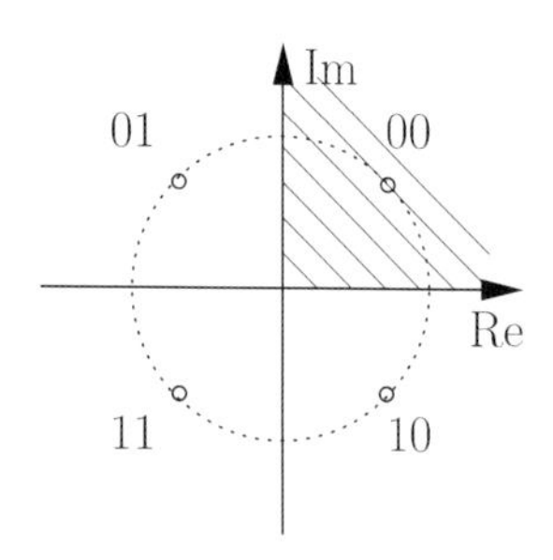

Bild 13.31: Zur Berechnung der Bitfehlerwahrscheinlichkeit von 4-PSK

Entscheidungsschwelle liegt auf der imaginären Achse. Die Euklid'sche Distanz von den Signalpunkten zur nächsten Entscheidungsschwelle beträgt jeweils $a = 1/\sqrt{5}$. Vernachlässigt man Randeffekte, so gilt für große Signal/Rauschleistungsverhältnisse näherungsweise

$$P_b \approx \frac{1}{2}\mathrm{erfc}\sqrt{\frac{1}{5}\frac{E_s}{N_0}} = \frac{1}{2}\mathrm{erfc}\sqrt{\frac{2}{5}\frac{E_b}{N_0}}. \tag{13.69}$$

Im Vergleich zu 2-PSK ist das asymptotische Signal/Rauschleistungsverhältnis um $10\log_{10}(5/2) = 4$ dB zu vergrößern. Bipolares 4-ASK besitzt somit die gleiche Bandbreiteneffizienz wie 4-PSK, aber eine um 4 dB schlechtere Leistungseffizienz. $\Diamond$

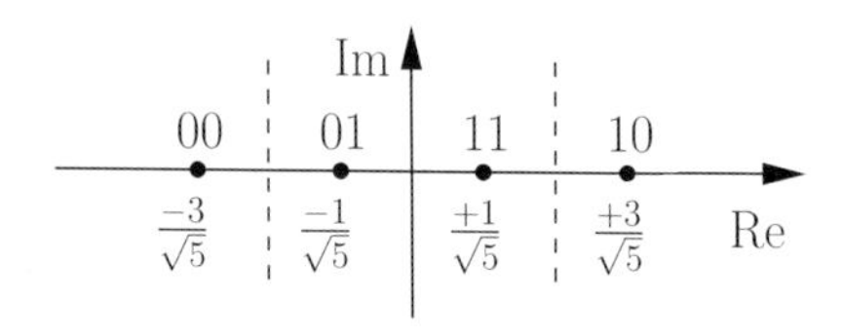

Bild 13.32: Zur Berechnung der Bitfehlerwahrscheinlichkeit von 4-ASK

13.5.2 Bit- und Symbolfehlerwahrscheinlichkeit bei kohärenter M-stufiger Übertragung

Bei M-stufigen Modulationsverfahren kann oft nur die *Symbolfehlerwahrscheinlichkeit* P_M exakt berechnet werden. Die *Bitfehlerwahrscheinlichkeit* lautet bei Gray-Mapping in guter Näherung

$$P_b \approx P_M/\log_2 M, \tag{13.70}$$

weil bei Gray-Mapping genau ein Bitfehler auftritt, wenn ein zum gesendeten Datensymbol benachbartes Symbol detektiert wird.

Beispiel 13.5.6 (*M*-ASK, bipolar) Bipolares *M*-ASK besitzt bei kohärenter Übertragung über den AWGN-Kanal die Symbolfehlerwahrscheinlichkeit

$$P_M = \frac{M-1}{M} \operatorname{erfc} \sqrt{\frac{3 \log_2 M}{M^2-1} \cdot \frac{E_b}{N_0}}, \tag{13.71}$$

siehe Bild 13.33. Man erkennt bei *M*-ASK (sowie den nachfolgend untersuchten Verfahren *M*-QAM und *M*-PSK), dass mit steigender Mächtigkeit M des Symbolalphabets ein größeres SNR benötigt wird, um eine bestimmte Symbolfehlerwahrscheinlichkeit zu erreichen. Dies liegt daran, dass bei steigendem M die Euklid'sche Distanz zwischen den Datensymbolen $a[k]$ kleiner wird. Somit reichen kleinere Rauschwerte aus, um Fehler zu erzeugen.

Der asymptotische Abstand zwischen den Fehlerkurven wird durch den Faktor $3 \log_2 M/(M^2-1)$ bestimmt. Die Fehlerkurve von bipolarem 2-ASK entspricht exakt der von 2-PSK (BPSK), denn es gilt $3 \log_2 M/(M^2-1) = 1$ für $M = 2$. Für $M = 4$ folgt $3 \log_2 M/(M^2-1) = 6/15$, dies entspricht einer Differenz von 4 dB im Vergleich zu 2-ASK. Für $M = 4$ folgt $3 \log_2 M/(M^2-1) = 9/63$, dies entspricht einer Differenz von 8.45 dB im Vergleich zu 2-ASK. Die weiteren Kurven ergeben sich entsprechend. ◇

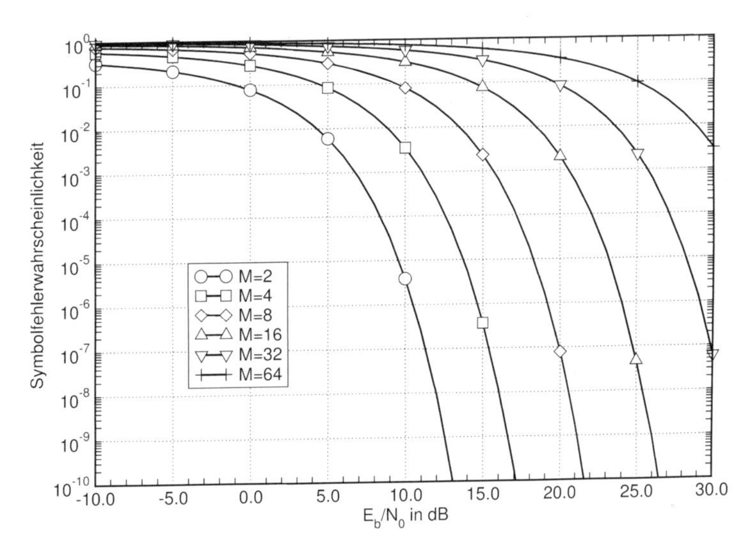

Bild 13.33: Symbolfehlerwahrscheinlichkeit von *M*-ASK (bipolar) auf dem AWGN-Kanal

Beispiel 13.5.7 (*M*-QAM) *M*-QAM besitzt bei kohärenter Übertragung über den AWGN-Kanal die Symbolfehlerwahrscheinlichkeit

$$P_M = 1 - (1 - P_{\sqrt{M}})^2, \tag{13.72}$$

wobei $P_{\sqrt{M}}$ die Symbolfehlerwahrscheinlichkeit des zugehörigen bipolaren $\sqrt{M}$-ASK-Verfahrens ist. (*M*-QAM setzt sich bekanntlich aus $\sqrt{M}$-ASK in Realteil und Imaginärteil zusammen.) Die zugehörige Symbolfehlerwahrscheinlichkeit ist in Bild 13.34 dargestellt. Weil der

Symbolraum bei gleicher Mächtigkeit M im Vergleich zu M-ASK gleichmäßiger ausgefüllt ist, ist die Symbolfehlerwahrscheinlichkeit bei gleichem SNR geringer. Aus diesem Grund ist M-QAM bipolarem M-ASK vorzuziehen. ◊

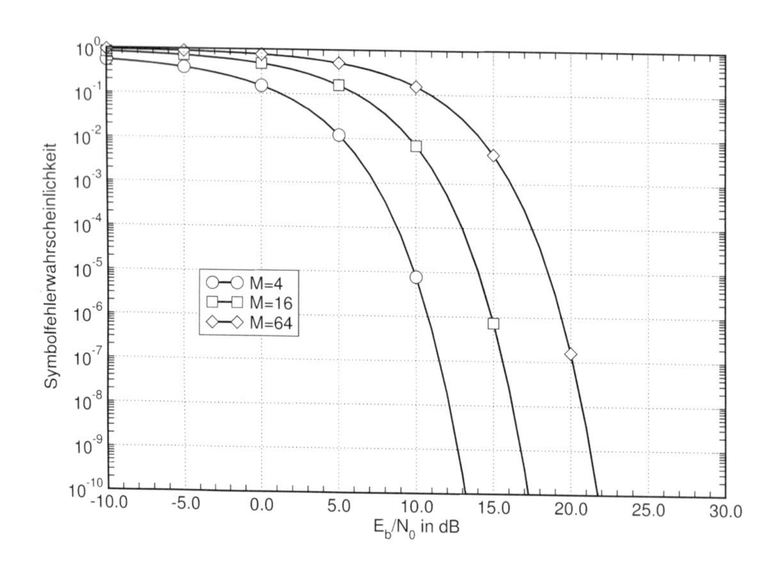

Bild 13.34: Symbolfehlerwahrscheinlichkeit von M-QAM auf dem AWGN-Kanal

Beispiel 13.5.8 (M-PSK) M-PSK besitzt bei kohärenter Übertragung über den AWGN-Kanal die Symbolfehlerwahrscheinlichkeit

$$P_M \approx \operatorname{erfc}\sqrt{(\log_2 M)\sin^2\left(\frac{\pi}{M}\right)\cdot\frac{E_b}{N_0}} \quad \text{für } M \geq 8, \tag{13.73}$$

siehe Bild 13.35. Der Symbolraum wird bei M-PSK besser ausgenutzt als bei M-ASK, aber schlechter als bei M-QAM. Folglich liegen die Fehlerkurven zwischen denen von M-ASK und M-QAM.

Ein wichtiger Spezialfall von M-PSK ist 4-PSK. Während die Symbolfehlerwahrscheinlichkeit von 4-PSK gemäß Bild 13.35 in guter Näherung um den Faktor 2 schlechter als die von 2-PSK ist, wie aufgrund von (13.70) zu erwarten war, sind die Bitfehlerwahrscheinlichkeiten von 2-PSK und 4-PSK identisch, wie in Beispiel 13.5.4 gezeigt wurde. ◊

13.6 Leistungsdichtespektrum von linearen Modulationsverfahren

Die Datensymbole $a[k]$ entstammen einem (wert- und zeitdiskreten) Zufallsprozess. Das modulierte Basisbandsignal $s(t)$ ist somit ebenfalls ein (wert- und zeitkontinuierlicher) Zufallsprozess, und kann durch ein *Leistungsdichtespektrum* beschrieben werden. Falls die Datensymbole

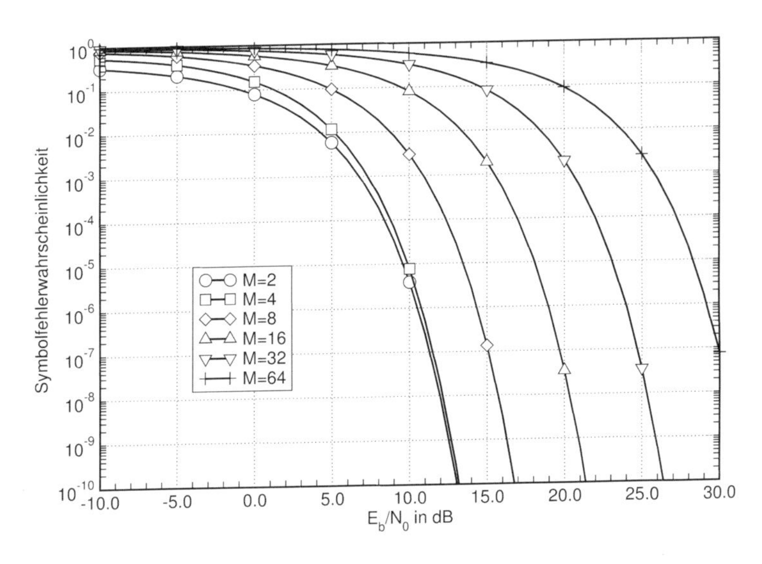

Bild 13.35: Symbolfehlerwahrscheinlichkeit von M-PSK auf dem AWGN-Kanal

(i) mittelwertfrei ($E\{a[k]\} = 0$), (ii) statistisch unabhängig ($E\{a[k] \cdot a[k']\} = 0$ für $k \neq k'$) und (iii) gleich wahrscheinlich ($P(a[k]) = 1/M$) sind, so ist das *Leistungsdichtespektrum* des Zufallsprozesses $s(t)$ proportional zum Betragsquadrat des Spektrums $G_{Tx}(f)$:

$$R_{ss}(f) \sim |G_{Tx}(f)|^2, \qquad \text{wobei } g_{Tx}(t) \circ\!\!-\!\!\bullet\, G_{Tx}(f). \tag{13.74}$$

Interessanterweise hängt das Leistungsdichtespektrum nur vom Grundimpuls $g_{Tx}(t)$ und der Symbolperiode T ab, nicht aber vom Mapping.

Bild 13.36 illustriert Leistungsdichtespektren für ausgewählte lineare Modulationsverfahren. Bei einem Cosinus-Rolloff-Impuls beträgt die zweiseitige Bandbreite $W = (1+r)/T$. Auch ein Gauß-Impuls weist (selbst in logarithmischer Darstellung) ein sehr kompaktes Spektrum auf, dessen Bandbreite einstellbar ist. Das Leistungsdichtespektrum eines Rechteckimpulses weist signifikante Nebenzipfel der Periode $1/T$ auf.

13.7 Leistungs-/Bandbreitediagramm

Zur Beurteilung der Leistungsfähigkeit verschiedener digitaler Modulations- und Codierverfahren dient das sog. *Leistungs-/Bandbreitediagramm*. Beim Leistungs-/Bandbreitediagramm wird die Bandbreiteneffizienz über der Leistungseffizienz für ein festes Gütekriterium aufgetragen.

- Die *Bandbreiteneffizienz* ist gleich der Datenrate, die in einer Bandbreite von einem Hz übertragen werden kann (d. h. gleich der Anzahl der Binärzeichen, die pro Sekunde in einer Bandbreite von einem Hz übertragen werden können). Die Bandbreiteneffizienz wird auf der Ordinate aufgetragen.

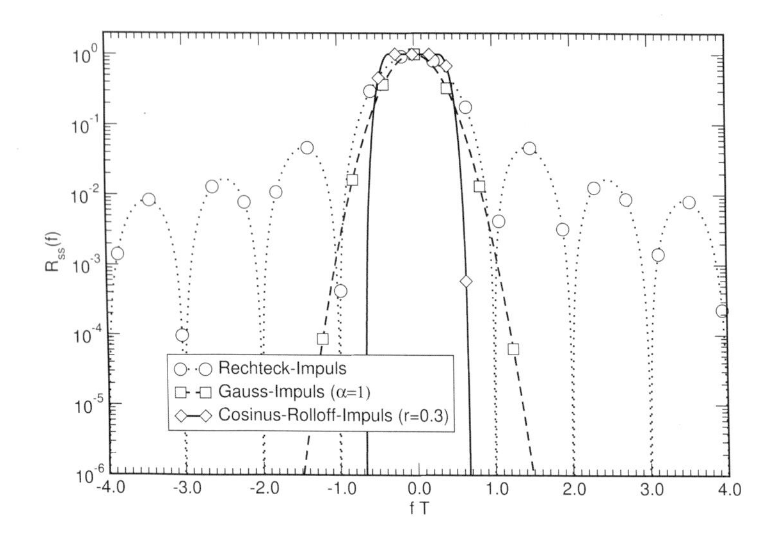

Bild 13.36: Leistungsdichtespektren für ausgewählte lineare Modulationsverfahren

- Die *Leistungseffizienz* ist gleich dem minimalen Signal/Rauschleistungsverhältnis pro Infobit, bei dem das vorgegebene Gütekriterium erreicht wird. Die Leistungseffizienz wird auf der Abszisse aufgetragen.
- Das *Gütekriterium* ist beispielsweise eine vorgegebene Fehlerwahrscheinlichkeit.

In Bild 13.37 ist ein Leistungs-/Bandbreitediagramm für ausgewählte lineare Modulationsverfahren dargestellt. Als Gütekriterium wurde eine Symbolfehlerwahrscheinlichkeit von 10^{-5} auf dem AWGN-Kanal gewählt. Die Impulsformung entspricht einem Si-Impuls, d. h. der Rolloff-Faktor beträgt $r = 0$. Neben ausgewählten linearen Modulationsverfahren ist die Kapazitätsschranke aufgetragen. Arbeitspunkte oberhalb der Kapazitätsschranke sind mit keinen Modulations- und Codierverfahren erreichbar.

Beispiel 13.7.1 (4-PSK) Bei der vierstufigen Phasensprungmodulation können für $r = 0$ zwei Datenbits pro Sekunde in einer Bandbreite von einem Hz übertragen werden. Das hierfür benötigte SNR pro Datenbit beträgt etwa 10 dB, um eine Symbolfehlerwahrscheinlichkeit von 10^{-5} zu erreichen. ◇

Man erkennt, dass die Leistungs-/Bandbreiteneffizienz bei uncodierten linearen Modulationsverfahren umso besser ist, je effizienter der zweidimensionale Signalraum genutzt wird. Eindimensionale Signalalphabete sind unterlegen. Ferner sind kohärente Verfahren differentiell-kohärenten (und inkohärenten) Verfahren überlegen, solange die Trägerphasensynchronisation funktioniert.

Bei Verwendung eines anderen Rolloff-Faktors und/oder Modulationsverfahren mit Kanalcodierung verschieben sich die Punkte. Falls $r > 0$, so verschieben sich die Punkte um den Faktor $1 + r$ nach unten. Im Falle eines Kanalcodes mit Coderate R und Codiergewinn G dB (hier: bei 10^{-5}) verschieben sich die Punkte um den Faktor $1/R$ nach unten und um G dB nach links.

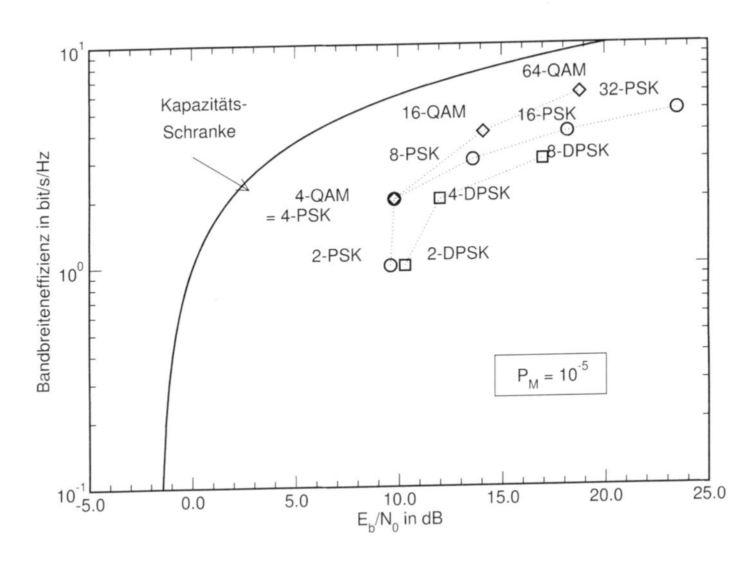

Bild 13.37: Leistungs-/Bandbreitediagramm für ausgewählte lineare Modulationsverfahren

13.8 Lineare Mehrträger-Modulationsverfahren

Ausgehend von allgemeinen linearen Mehrträger-Modulationsverfahren liegt der Schwerpunkt dieses Abschnitts auf dem populären OFDM-Modulationsverfahren.

13.8.1 Allgemeine lineare Mehrträger-Modulationsverfahren

Bei Mehrträger-Modulationsverfahren werden die Datensymbole auf N parallele Teilträger aufgeteilt. Die Aufteilung kann durch eine seriell/parallel Wandlung erfolgen. Bei linearen Mehrträger-Modulationsverfahren wird jeder Teilträger mit einem linearen Modulationsverfahren moduliert, vgl. (13.1). Jeder Teilträger kann optional ein anderes Mapping erhalten. Vor der Übertragung werden die Teilträgersignale linear überlagert. Im komplexen Basisband kann das Sendesignal beispielsweise gemäß

$$s(t) = \frac{1}{\sqrt{N}} \sum_{\kappa} \sum_{n=-N/2}^{N/2} a_n[\kappa] \cdot g_n(t - \kappa T_u) := \frac{1}{\sqrt{N}} \sum_{\kappa} \sum_{n=-N/2}^{N/2} s_{\kappa,n}(t) \tag{13.75}$$

dargestellt werden, wobei κ der Zeitindex, N die Anzahl der aktiven Teilträger, $a_n[\kappa]$ das κ-te Datensymbol des n-ten Teilträgers ($n \in \{-N/2, \ldots, N/2\}$),

$$g_n(t) := g_{Tx}(t) \exp(j2\pi f_n t) \quad \overset{\text{Modulationssatz}}{\circ\!\!-\!\!\bullet} \quad G_n(f) = G_{Tx}(f - f_n) \tag{13.76}$$

der Grundimpuls des n-ten Teilträgers der Frequenz f_n, $T_u := N \cdot T$ die durch die seriell/parallel Wandlung gestreckte Symboldauer und $s_{\kappa,n}(t)$ das κ-te Signalelement des n-ten Teilträgers ist. Die Teilträger sind im Frequenzbereich meist äquidistant, ihr Abstand aber zunächst beliebig.

Die Taktrate des Zeitindizes κ ist um den Faktor N kleiner als die Taktrate des Zeitindizes k vor dem seriell/parallel Wandler. Die Teilträgeranzahl N wird als gerade angenommen. Der mittlere Teilträger ($n = 0$) wird oft nicht belegt, um einen Gleichanteil zu vermeiden und so eine gleichanteilfreie Ankoppelung zu ermöglichen. Die Leistungsnormierung (13.2) gelte nun für jeden Teilträger. Der Normierungsfaktor $1/\sqrt{N}$ bewirkt, dass die mittlere Sendeleistung unabhängig von der Anzahl der Teilträger gleich eins ist. Wird der mittlere Teilträger genutzt, so ist $1/\sqrt{N}$ durch $1/\sqrt{N+1}$ zu ersetzen, weil sich die Anzahl der Teilträger auf $N+1$ erhöht. In trägermodulierten Systemen erfolgt anschließend eine Quadraturmodulation.

In anderen (oft systemtheoretisch orientierten) Darstellungen findet man auch die Definition

$$s(t) = \frac{1}{N} \sum_{\kappa} \sum_{n=0}^{N-1} a_n[\kappa] \cdot g_n(t - \kappa T_u) := \frac{1}{N} \sum_{\kappa} \sum_{n=0}^{N-1} s_{\kappa,n}(t) \tag{13.77}$$

Bei dieser Definition ergibt sich für einen Teilträgerabstand von $1/T_u$ ein präziserer Zusammenhang zur Diskreten Fourier-Transformation, wie in Kürze verdeutlicht wird, allerdings hängt nun die mittlere Signalleistung von N ab und das Spektrum ist nicht zentriert.

In konventionellen Mehrträger-Modulationsverfahren können die Signalelemente $s_{\kappa,n}(t)$ sowohl im Zeit- als auch im Frequenzbereich überlappen. Ersteres führt zu Intersymbol-Interferenz (ISI), letzteres zu Nachbarträger-Interferenz (Intercarrier Interference, ICI). Liegt sowohl ISI als auch ICI vor, wird ein zweidimensionaler Entzerrer (im Zeit- und Frequenzbereich) benötigt. Durch eine spezielle Wahl der N Grundimpulse $g_n(t)$ kann die sender- und empfängerseitige Komplexität reduziert werden.

13.8.2 Orthogonal Frequency-Division Multiplexing (OFDM)

Orthogonal Frequency-Division Multiplexing ist ein spezielles lineares Mehrträgersystem. Im komplexen Basisband kann das Sendesignal gemäß (13.75) dargestellt werden. Dabei besteht die Besonderheit von OFDM in der speziellen Wahl der N Grundimpulse gemäß

$$g_n(t) = \exp\big(j2\pi(n/T_u)t\big) \cdot \operatorname{rect}(t/T_u - 0.5). \tag{13.78}$$

Der erste Faktor ist ein komplexer Drehzeiger (Teilträger) der Frequenz $f_n = n/T_u$, $n \in \{-N/2, \ldots, N/2\}$. Die Multiplikation mit einem komplexen Drehzeiger im Zeitbereich entspricht aufgrund der Fourier-Transformation einer Verschiebung um $f_n = n/T_u$ im Frequenzbereich. Der Abstand zwischen benachbarten Teilträgern beträgt somit $1/T_u = 1/(NT)$. Der zweite Faktor ist ein kausaler Rechteckimpuls der Dauer $T_u = NT$, d. h. $g_{Tx}(t) = \operatorname{rect}(t/T_u - 0.5)$. Der Parameter T_u wird OFDM-Symboldauer genannt. Folglich werden bei OFDM modulierte Rechteckimpulse der Dauer T_u verwendet.

Beispiel 13.8.1 (OFDM mit $N = 2$ Teilträgern) Bild 13.38 zeigt den Übergang von BPSK auf das zugehörige OFDM-System mit $N = 2$ Teilträgern, wobei $f_0 = 0$ und $f_1 = 1/T_u$ sei. Im OFDM-System werden zwei Datensymbole in der doppelten Zeit übertragen. Die zwei Teilträgersignale sind zu addieren, was aus didaktischem Grund hier nicht geschehen ist, um den Beitrag eines jeden Teilträgers zu erkennen. Wir ahnen, dass sich bei OFDM große Signalspitzenleistungen ergeben können. ◊

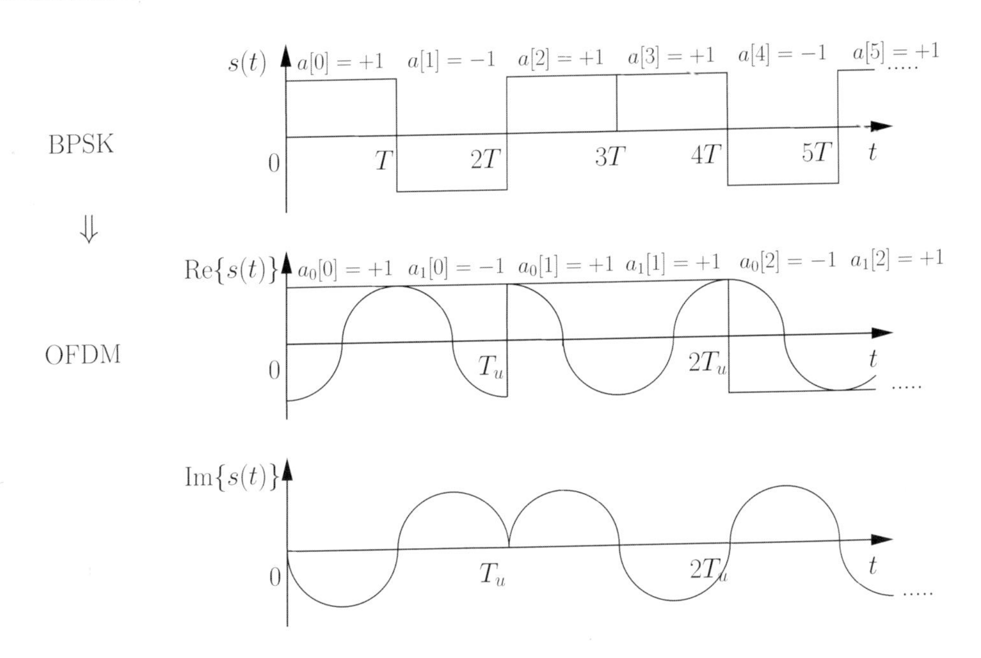

Bild 13.38: Übergang von BPSK auf OFDM für $N = 2$ Teilträger

Im Frequenzbereich ergeben sich überlappende Si-Impulse, die äquidistant um den Trägerabstand $1/T_u$ verschoben sind. Die Teilträgerimpulse sind im Frequenzbereich dennoch *orthogonal*, weil

$$\frac{1}{T_u}\int_0^{T_u} g_n(t)\cdot g_j^*(t)\,dt = \delta_{n-j}, \qquad n,j\in\{-N/2,\ldots,N/2\}. \tag{13.79}$$

Aufgrund dieser Orthogonalitätseigenschaft können die Daten durch einen *Matched-Filter-Empfänger* ohne Informationsverlust bezüglich eines Nyquist-Einträgersystems separiert werden, da gemäß der Theorie der Fourier-Reihen

$$a_n[\kappa] = \frac{1}{T_u}\int_{\kappa T_u}^{(\kappa+1)T_u} s(t)\cdot\exp(-j2\pi nt/T_u)\,dt \tag{13.80}$$

gilt. Der Matched-Filter-Empfänger entspricht einem *Integrate & Dump-Empfänger*, der auf „zurückgedrehte“ Teilträgersignale angewendet wird. Das analoge Matched-Filter-Ausgangssignal lautet

$$\begin{aligned} y_n(t) &= r(t)*\frac{1}{T_u}\,g_n^*(T_u-t) \stackrel{!}{=} r(t)*\frac{1}{T_u}\,g_n^*(t) \\ &= \frac{1}{T_u}\int_{-\infty}^{\infty} r(\tau)\cdot g_n^*(t-\tau)\,d\tau. \end{aligned} \tag{13.81}$$

Nach Abtastung im OFDM-Symboltakt ergibt sich

$$y_n(t)\Big|_{t=(\kappa+1)T_u} := y_n[\kappa] = \frac{1}{T_u} \int\limits_{\kappa T_u}^{(\kappa+1)T_u} r(\tau) \cdot \exp\big(-j2\pi(n/T_u)\,\tau\big)\, d\tau. \tag{13.82}$$

Bild 13.39 zeigt ein Blockdiagramm eines OFDM-Übertragungssystems mit Matched-Filter-Empfänger. Aufgrund der Orthogonalität im Frequenzbereich gibt es kein Übersprechen zwischen einem Eingang n und einem Ausgang j falls $n \neq j$, $n, j \in \{-N/2, \ldots, N/2\}$. Man kann sich ein OFDM-Übertragungssystem wie N parallele, unabhängige Übertragungssysteme vorstellen. Im Sinne der Filterbanktheorie entspricht der OFDM-Modulator einer *Synthesefilterbank*, der OFDM-Demodulator einer *Analysefilterbank*.

Im Zeitbereich ist aufgrund der Rechteckimpulse ebenfalls Orthogonalität vorhanden. Somit kann bei nichtdispersiven Kanälen auf einen aufwändigen Entzerrer verzichtet werden.

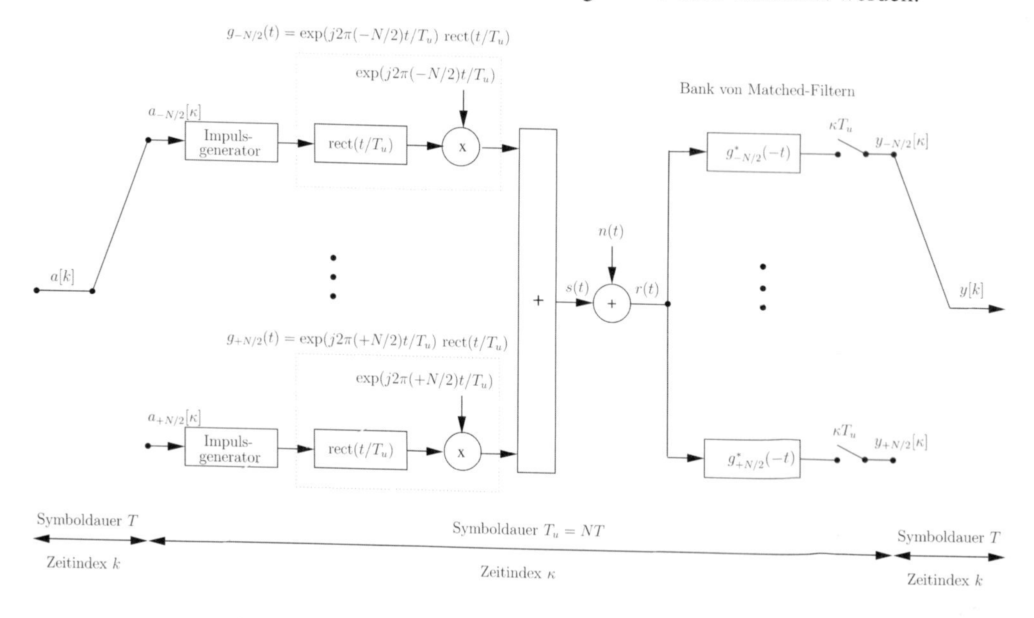

Bild 13.39: Blockdiagramm eines OFDM-Übertragungssystems

Das Leistungsdichtespektrum eines OFDM-Sendesignals hängt von der Anzahl der Teilträger ab. Es ist gleich der Summe der Leistungsdichtespektren der Teilträgersignale,

$$R_{ss}(f) \sim \sum_{n=-N/2}^{N/2} |G_{Tx}(f - f_n)|^2, \qquad \text{wobei } g_{Tx}(t) \circ\!\!-\!\!\bullet\, G_{Tx}(f), \tag{13.83}$$

und lautet bei gleicher mittlerer Leistung pro Teilträger und sonst gleichen Voraussetzungen wie in Abschnitt 13.6

$$R_{ss}(f) \sim \sum_{n=-N/2}^{N/2} \frac{\sin^2\big(\pi(f - f_n)T_u\big)}{\big(\pi(f - f_n)T_u\big)^2} = \sum_{n=-N/2}^{N/2} \frac{\sin^2\big(\pi N(fT - n/N)\big)}{\big(\pi N(fT - n/N)\big)^2}. \tag{13.84}$$

Bild 13.40 zeigt das normierte Leistungsdichtespektrum für $N = 16, 64, 256$ und 1024 Teilträger. Je größer N, umso besser wird das Leistungsdichtespektrum eines idealen Tiefpasses (Nyquist-Spektrum) mit zweiseitiger Bandbreite $1/T$ angenähert. Aus diesem Grund ist OFDM in Verbindung mit vielen Teilträgern ein bandbreiteneffizientes Modulationsverfahren. Die Nebenzipfel können (auf Kosten der Orthogonalität) durch eine senderseitige Filterung reduziert werden.

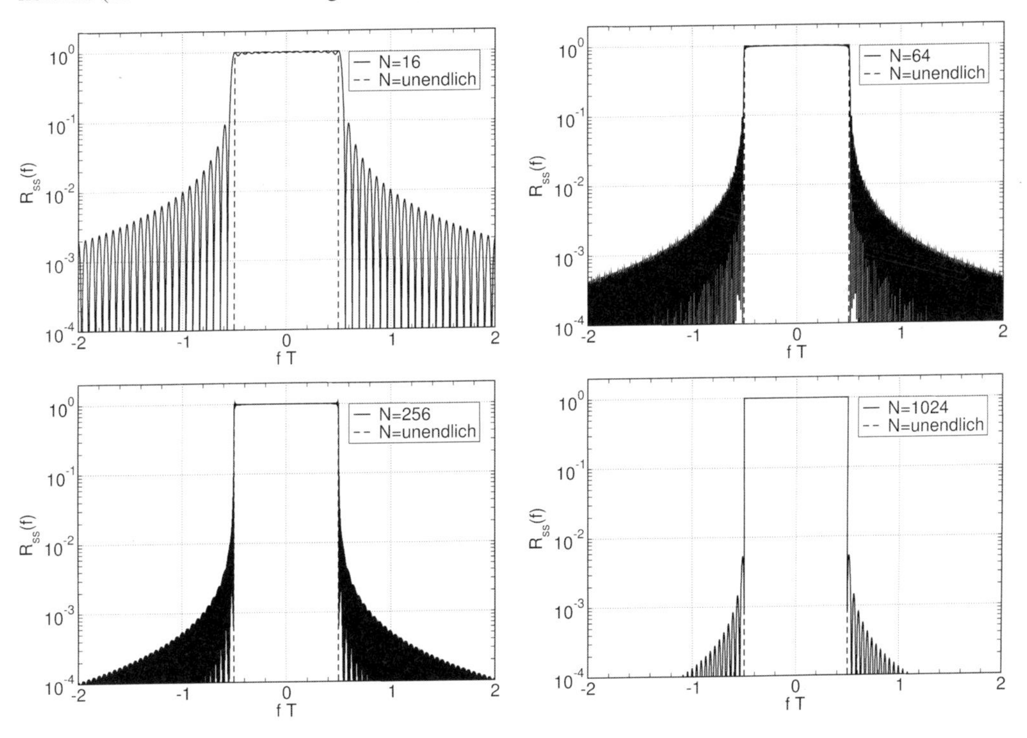

Bild 13.40: Leistungsdichtespektren von OFDM für verschiedene Teilträgeranzahlen N

Der Durchbruch von OFDM kam durch die Erkenntnis, dass ein OFDM-Signal

$$s(t) = \frac{1}{\sqrt{N}} \sum_{\kappa} \sum_{n=-N/2}^{N/2} a_n[\kappa] \exp(j2\pi nt/T_u) \operatorname{rect}\left(\frac{t-\kappa T_u}{T_u}\right) \tag{13.85}$$

durch eine Inverse Diskrete Fourier-Transformation (IDFT) erzeugt werden kann. Ohne Beschränkung der Allgemeinheit betrachten wir das Zeitintervall $0 \leq t < T_u$ (d. h. $\kappa = 0$) und erhalten

$$s(t) = \frac{1}{\sqrt{N}} \sum_{n=-N/2}^{N/2} a_n[0] \exp(j2\pi nt/T_u). \tag{13.86}$$

Substituiert man $t = mT_u/N$, so folgt die Behauptung:

$$s_m[0] = \frac{1}{\sqrt{N}} \sum_{n=-N/2}^{N/2} a_n[0] \exp(j2\pi nm/N), \qquad m \in \{0, 1, \ldots, N-1\}. \tag{13.87}$$

Gleichung (13.87) entspricht, bis auf den Vorfaktor und einer Verschiebung der Teilträger, einer IDFT, vgl. Anhang C. Empfängerseitig kann eine DFT angewendet werden, um die Datensymbole zu trennen.

In der Praxis belegt man eine gewisse Anzahl von Randträgern nicht mit Daten. Die Anzahl der aktiven Teilträger, N, wird somit kleiner als N_{FFT} gewählt. Diese Maßnahme entspricht einer Überabtastung. Dadurch vereinfacht sich die senderseitige Filterung. Entspricht N_{FFT} einer Zweierpotenz, so kann man die Signalgenerierung effizient durch eine Inverse Fast Fourier-Transformation (IFFT) realisieren. Aufgrund der symmetrischen Anordnung der Teilträger gemäß (13.75) ist die IFFT (und entsprechend die FFT) etwas trickreich. Vor der IFFT kopiert man jeden Datenvektor $\mathbf{a}[\kappa]$ der Länge $N+1$ auf einen Datenvektor $\mathbf{a}'[\kappa]$ der Länge N_{FFT} und Gestalt

$$a'_n[\kappa] := \begin{cases} a_{n+N/2}[\kappa] & \text{für } n \in \{0,\ldots,N/2\} \\ 0 & \text{für } n \in \{N/2+1,\ldots,N_{FFT}-K/2-1\} \\ a_{n-N_{FFT}+N/2}[\kappa] & \text{für } n \in \{N_{FFT}-N/2,\ldots,N_{FFT}-1\}. \end{cases}$$

Das κ-te leistungsnormierte OFDM-Symbol ergibt sich dann zu

$$s_n[\kappa] = \frac{N_{FFT}}{\sqrt{N}}\,\mathrm{IFFT}\{a'_n[\kappa]\}, \qquad n \in \{0,1,\ldots,N_{FFT}-1\}. \tag{13.88}$$

Empfängerseitig wird entsprechend eine FFT zur Demodulation verwendet,

$$y'_n[\kappa] = \frac{1}{\sqrt{N}}\,\mathrm{FFT}\{r_n[\kappa]\}, \qquad n \in \{0,1,\ldots,N_{FFT}-1\}, \tag{13.89}$$

anschließend sorgt man für die ursprüngliche Reihenfolge der Teilträger:

$$y_n[\kappa] := \begin{cases} y'_{n+N_{FFT}-N/2}[\kappa] & \text{für } n \in \{0,\ldots,N/2-1\} \\ y'_{n-N/2}[\kappa] & \text{für } n \in \{N/2,\ldots,N\}. \end{cases}$$

Die Leistungseffizienz von OFDM wird durch das Mapping und die Sendeleistung pro Teilträger bestimmt. Auf jedem Teilträger kann prinzipiell eine andere Zahl von Infobits pro Datensymbol übertragen werden. Wird ein bestimmter Teilträger auf dem Kanal gedämpft, so kann beispielsweise 2-PSK verwendet werden. Auf einem Teilträger mit empfängerseitig hoher Amplitude können viele Infobits pro Datensymbol übertragen werden, man kann beispielsweise 64-QAM verwenden. Diese Maßnahme bezeichnet man als Bitzuweisung („bit-loading"). Unabhängig davon kann auf jedem Teilträger eine andere Leistungszuweisung verwendet werden („power allocation"). Die Bit- und Leistungszuweisung kann adaptiv ausgeführt werden, vorzugsweise gemäß dem *Water-Filling-Prinzip*, wenn senderseitig Kanalzustandsinformation zur Verfügung steht.

Bislang wurde davon ausgegangen, dass der Kanal nichtdispersiv ist. Ein frequenzselektiver Kanal würde Intersymbol-Interferenz bewirken. Intersymbol-Interferenz zerstört die Orthogonalität. Aus diesem Grunde bedient man sich oft eines Tricks: Man verlängert die OFDM-Symboldauer künstlich um ein sog. *Schutzintervall* der Länge Δ. Die gesamte OFDM-Symboldauer beträgt somit $T_s := T_u + \Delta$. Der Trägerabstand ist weiterhin gleich $1/T_u$. Das Schutzintervall kann, wie in Bild 13.41 illustriert ist, auf zwei verschiedene Arten realisiert werden.

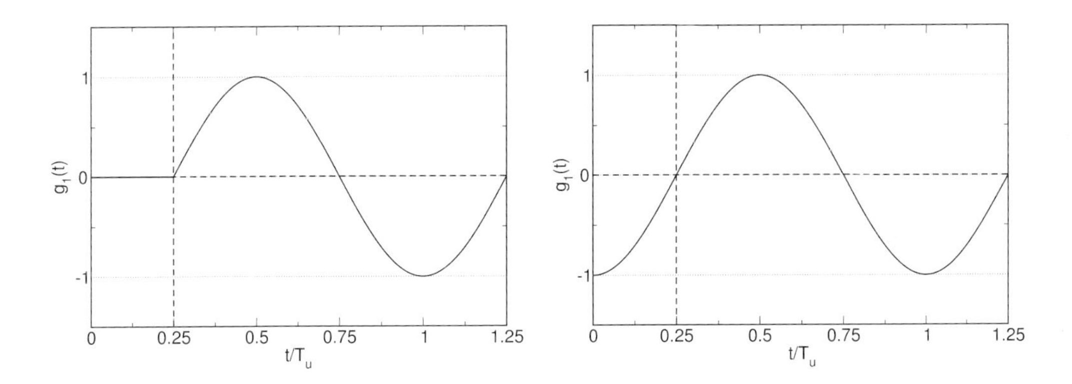

Bild 13.41: Schutzintervall mit „zero padding“ (links) bzw. zyklischer Ergänzung (rechts) für das Beispiel $\Delta = T_u/4$. Dargestellt ist nur der Teilträger f_1

Auf der linken Seite in Bild 13.41 werden die Grundimpulse $g_n(t)$, $n \in \{-N/2, N/2\}$, von vorne mit Nullen ergänzt („zero padding“). Ergänzt man die Grundimpulse $g_n(t)$, $n \in \{-N/2, N/2\}$, zyklisch nach vorne, so erhält man die Situation auf der rechten Seite in Bild 13.41 („cyclic extension“). Bei beiden Varianten verringert sich die Bandbreiteneffizienz um den Faktor Δ/T_u, weil das Schutzintervall nicht zur Informationsübertragung beiträgt. Der Faktor Δ/T_u ist mit dem Roll-Off-Faktor vergleichbar. Nimmt man an, dass die Impulsantwort des physikalischen Kanals nicht länger als das Schutzintervall Δ ist, d. h. $\tau_{max} \leq \Delta$, so klingt die Impulsantwort in beiden Fällen innerhalb des Schutzintervalls ab. Beschränkt man dann die empfängerseitige „Integrate & Dump“-Operation auf das Intervall $\Delta \leq t \leq T_s$ der Dauer T_u, so wird Intersymbol-Interferenz und Nachbarkanal-Interferenz vermieden. Die Orthogonalität bleibt vollständig erhalten.

Die systemtheoretische Bedeutung der zyklischen Ergänzung besteht darin, die lineare Faltung zwischen der Kanalimpulsantwort $h(t)$ und dem Sendesignal $s(t)$, $r(t) = s(t) * h(t) + n(t)$, in eine *zirkulare Faltung* zu transformieren. Bei zirkularer Faltung im Zeitbereich kann man den *Faltungssatz der DFT* anwenden. Dieser besagt, dass die DFTs multiplikativ sind:

$$\underbrace{\mathrm{DFT}\{s_n[\kappa] \overset{zirc}{*} h_n[\kappa] + w_n[\kappa]\}}_{y_n[\kappa]} = \underbrace{\mathrm{DFT}\{s_n[\kappa]\}}_{a_n[\kappa]} \cdot \underbrace{\mathrm{DFT}\{h_n[\kappa]\}}_{H_n[\kappa]} + \underbrace{\mathrm{DFT}\{w_n[\kappa]\}}_{W_n[\kappa]}. \tag{13.90}$$

Jeder Teilträger n besitzt folglich einen individuellen skalaren Gewichtsfaktor $H_n[\kappa] \in \mathbb{C}$, $n \in \{-N/2, N/2\}$, der empfängerseitig einfach zu kompensieren ist (oft "Entzerrung" genannt).

In Verbindung mit einem Schutzintervall stellt die „Integrate & Dump“-Operation eine sehr aufwandsgünstige Realisierung eines Entzerrers dar. Allerdings sollte man nicht mehr von einem Matched-Filter-Empfänger sprechen. Bei der Variante des zyklischen Ergänzung beträgt der Leistungsverlust $10\log_{10}(T_s/T_u)$ dB. Um die Leistungseffizienz zu maximieren, sollte das Schutzintervall nicht länger als die Impulsantwort des physikalischen Kanals sein. Verfahren zur Verkürzung der Impulsantwort, siehe Abschnitt 24.4, sind in diesem Zusammenhang sehr hilfreich.

OFDM bietet prinzipiell die Möglichkeit, dass auch sehr lange Impulsantworten kompensiert werden können, wie z. B. in Gleichwellennetzen. Man definiert zunächst Δ und gibt sich einen

Leistungsverlust $10\log_{10}(T_s/T_u)$ dB vor. Aus diesen beiden Vorgaben ergibt sich T_u und somit der Trägerabstand $1/T_u$. Bei gegebener Bandbreite folgt unmittelbar die Anzahl der benötigten aktiven Teilträger, N. Als FFT-Länge N_{FFT} wählt man die nächstgrößere Zweierpotenz. Problematisch in diesem Zusammenhang kann sich die Zeitvarianz des physikalischen Kanals auswirken. Je mehr Teilträger verwendet werden, umso länger ist die OFDM-Symboldauer, d. h. umso mehr verändert sich der Kanal innerhalb einer Symboldauer. Ein Orthogonalitätsverlust kann nur vermieden werden, wenn der Kanal während einer OFDM-Symboldauer konstant ist.

Zusammenfassend können die Vor- und Nachteile von OFDM im Vergleich zu Einträgerverfahren wie folgt formuliert werden:

- Vorteile von OFDM im Vergleich zu Einträgerverfahren:
  - Modulation und Demodulation können durch eine IFFT/FFT realisiert werden. Der Aufwand ist proportional zu $N_{FFT}\log(N_{FFT})$.
  - Durch ein Schutzintervall („zero padding“ oder zyklische Ergänzung) kann Symbolübersprechen vermieden werden, ohne dass (auch bei frequenzselektiven Kanälen) ein Entzerrer benötigt wird. Ein frequenzselektiver Kanal wird in N parallele nichtdispersive Kanäle transformiert.
  - Ohne Schutzintervall beträgt die zweiseitige Bandbreite $1/T$, d. h. OFDM ist ein realisierbares Nyquist-System, vgl. Abschnitt 13.1.2.3. Mit Schutzintervall verringert sich die Bandbreiteneffizienz jedoch, vergleichbar mit einem Rolloff-Faktor.
  - OFDM bietet die Möglichkeit einer adaptiven Bit- und Leistungszuweisung gemäß dem Water-Filling-Prinzip.
  - OFDM ist flexibel rekonfigurierbar. Man kann unterschiedlichen Nutzern unterschiedliche Teilträgermengen zur Verfügung stellen. Letzteres bezeichnet man als *Orthogonal Frequency-Division Multiple Access* (OFDMA), siehe Abschnitt 14.2.1.
- Nachteile von OFDM im Vergleich zu Einträgerverfahren:
  - Durch die lineare Überlagerung von N statistisch unabhängigen Teilträgern sind die Quadraturkomponenten des Basisband-Sendesignals $s(t)$ näherungsweise gaußverteilt. Dadurch ist das Verhältnis zwischen der Signalspitzenleistung und der mittleren Signalleistung („Peak to Average Power Ratio (PAPR)“) sehr groß. Folglich muss ein linearer Verstärker verwendet und mit großer Unteraussteuerung betrieben werden, um einen Verlust der Orthogonalität zu vermeiden.
  - Die Orthogonalität geht durch Phasenrauschen, Frequenzversatz, schnellveränderliche Kanäle, nichtlineare Verzerrungen und Impulsantworten, die das Schutzintervall überschreiten, verloren. Jeglicher Verlust der Orthogonalität bewirkt ein Übersprechen vieler Teilträger (ACI). ACI verringert die Leistungseffizienz.

OFDM wird z.Zt. in vielen drahtgebundenen Systemen (x-DSL) und drahtlosen Systemen (DAB, DRM, DVB-T, WLAN (IEEE 802.11a/g/n, HiperLAN 2), WPAN (IEEE 802.15), WMAN (IEEE 802.16), 3GPP LTE DL) eingesetzt und ist in der Entwicklungsphase zukünftiger Mobilfunksysteme (3GPP LTE-A) und optischer Übertragungssysteme, sowie anderen Anwendungen wie z. B. der Unterwasserkommunikation.

13.9 Kombinierte Modulation und Kanalcodierung

Binäre Modulationsverfahren weisen in Verbindung mit Kanalcodierung typischerweise eine hohe Leistungseffizienz auf, allerdings bei schlechter Bandbreiteneffizienz. Umgekehrt kann mit hochstufigen Modulationsverfahren eine hohe Bandbreiteneffizienz erreicht werden, allerdings (speziell im uncodierten Fall) auf Kosten der Leistungseffizienz. Möchte man gleichzeitig eine *hohe Leistungs- und Bandbreiteneffizienz* erreichen, so muss man ein hochstufiges Modulationsverfahren in geeigneter Weise mit einer Kanalcodierung kombinieren.

In diesem Abschnitt werden vier verschiedene Techniken präsentiert, bei denen lineare Modulationsverfahren mit einer Kanalcodierung kombiniert werden. Um eine Vergleichbarkeit zu ermöglichen, wird in allen vier Varianten ein 2^N-stufiges Modulationsverfahren verwendet.

13.9.1 Mehrstufencodierung

Bei der *Mehrstufencodierung* („Multilevel Coding (MLC)") handelt es sich um das historisch älteste Verfahren zur gemeinsamen Modulation und Kanalcodierung [H. Imai & S. Hirakawa, 1977]. Ein uncodierter Datenstrom $\mathbf{u}$ wird durch einen seriell/parallel (S/P) Wandler zunächst auf N parallele Datenströme $\mathbf{u}_n$ aufgeteilt, $n \in \{1, 2, \ldots, N\}$, vgl. Bild 13.42. Jeder Datenstrom wird durch einen anderen binären Kanalcode (z.B. Faltungs- oder Blockcode) der Rate R_n codiert. Die Längen der Infowörter $\mathbf{u}_n$ werden derart an die Coderaten R_n angepasst, dass die zugehörigen Codewörter $\mathbf{x}_n$ gleiche Längen besitzen. Jedem Codewort wird gleichzeitig ein Bit entnommen und zu einem N-Bittupel zusammengefasst. Dieses wird eineindeutig einem 2^N-stufigen Datensymbol zugeordnet. Der Modulator (MOD) besteht aus einem Mapper und einer Impulsformung und liefert das Basisbandsignal $s(t)$. Die Bandbreiteneffizienz in bit/s/Hz beträgt $(1+r)\sum_{n=1}^{N} R_n$.

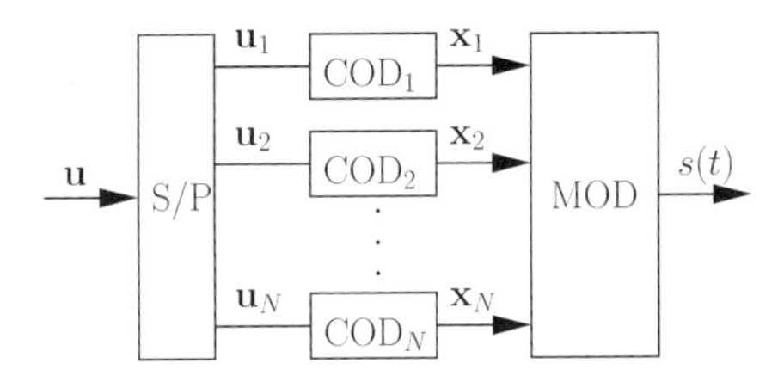

Bild 13.42: Mehrstufencodierung nach Imai & Hirakawa

Die Datensymbole können gemäß dem „*set-partitioning*" Prinzip (siehe Bild 13.43) so in Teilmengen aufgeteilt werden, dass die minimale Euklid'sche Distanz zwischen den Datensymbolen in jeder Partitionierungsstufe anwächst. Folglich ist eine Entscheidung zwischen benachbarten Datensymbolen innerhalb einer Teilmenge in der nullten Partitionierungsstufe am empfindlichen gegenüber Rauschen, während eine Entscheidung zwischen benachbarten Datensymbolen innerhalb einer Teilmenge der letzten Partitionierungsstufe um unempfindlichsten ist. Die Optimierung der N parallelen Codierer erfolgt konsequenterweise so, dass das Bit, welches den Übergang von der nullten auf die erste Partitionierungsstufe bestimmt (LSB in Bild 13.43), mit einem Code kleiner Rate besonders gut geschützt wird, während das Bit, welches den Übergang von der vorletzten auf die letzte Partitionierungsstufe bestimmt (MSB in Bild 13.43), am wenigsten geschützt wird. In den unteren Partitionierungsstufen kann die Coderate auch gleich eins sein. Das durch „set-partitioning“ erzeugte Mapping nennt man *„mapping by set-partitioning“*. Im gezeigten Beispiel stimmt „mapping by set-partitioning“ mit der dualen Zählweise („natural binary mapping“) überein.

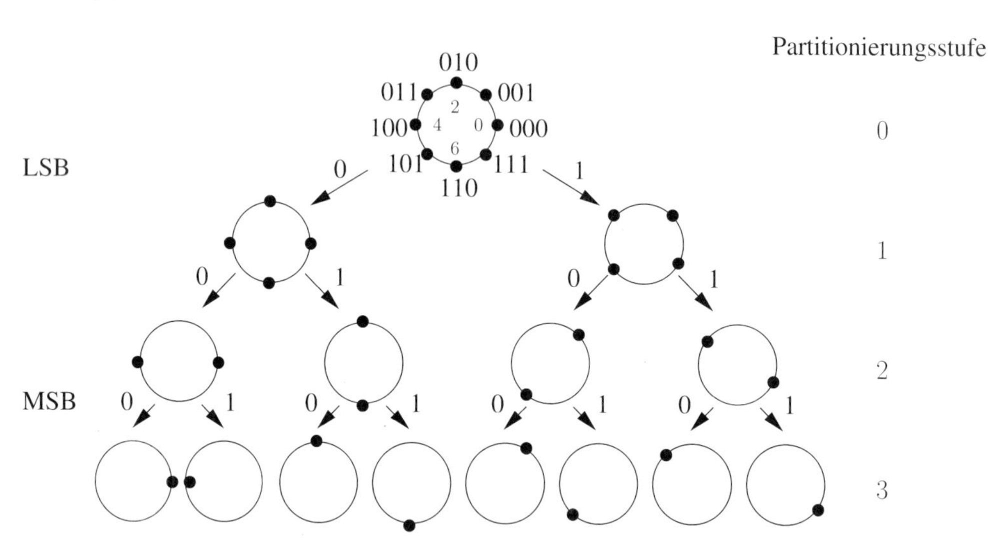

Bild 13.43: „Set-partitioning“ am Beispiel von 8-PSK. In der nullten Partitionierungsstufe beträgt die quadratische Euklid'sche Distanz benachbarter Datensymbole $\Delta_0^2 = 4\sin^2\pi/8 = 0.586$ (8-PSK), in der ersten Partitionierungsstufe $\Delta_1^2 = 2$ (4-PSK) und in der zweiten Partitionierungsstufe $\Delta_2^2 = 4$ (2-PSK).

Weil eine Maximum-Likelihood-Decodierung meist zu aufwändig ist, erfolgt die Decodierung klassischerweise so, dass die Stufen nacheinander decodiert werden [H. Imai & S. Hirakawa, 1977]. Eine *Stufendecodierung* birgt allerdings die Gefahr einer Fehlerfortpflanzung. Dadurch sinkt der praktisch erreichbare Codiergewinn.

13.9.2 Trelliscodierte Modulation

Die *Trelliscodierte Modulation* („Trellis Coded Modulation (TCM)“) beruht auf folgender Erkenntnis [G. Ungerboeck, 1982]: Es kann ein Codiergewinn erzielt werden, wenn man die Mächtigkeit eines Symbolalphabets von 2^K auf 2^N erhöht ($N > K$) und gleichzeitig einen Kanalcodierer derart verwendet, dass die Symbolrate konstant bleibt. Konkret wird ein TCM-Codierer gemäß Bild 13.44 realisiert. Gegeben seien K Infobits pro Symboltakt. k dieser Infobits werden codiert, $K-k$ Infobits bleiben uncodiert, wobei $K \geq k$. Durch eine Rate $R = k/n$ Codierung werden pro Symboltakt n Codebits erzeugt ($n > k$). Zusammen mit den $K-k$ uncodierten Bits stehen pro Symboltakt $N := n+K-k$ Bits zur Verfügung, die eineindeutig auf eine Signalkonstellation der Mächtigkeit 2^N abgebildet werden. Diese Abbildung geschieht wie bei der Mehrstufencodierung durch „mapping by set-partitioning“. Oft wählt man $R = k/n$ so, dass $N = K+1$, d. h. die Mächtigkeit des Symbolalphabets wird gegenüber dem uncodierten Referenzsystem der Mächtigkeit 2^K verdoppelt. Die Bandbreiteneffizienz in bit/s/Hz beträgt $(1+r)K$. Die Codeoptimierung erfolgt für den AWGN-Kanal derart, dass die quadratische Euklid'sche Distanz zwischen allen möglichen Codesequenzen maximiert wird. Eine Maximum-Likelihood-Decodierung ist mit Hilfe des Viterbi-Algorithmus möglich und üblich. Der Viterbi-Algorithmus sucht diejenige Codesequenz, welche die kleinste Euklid'sche Distanz zur Empfangssequenz aufweist.

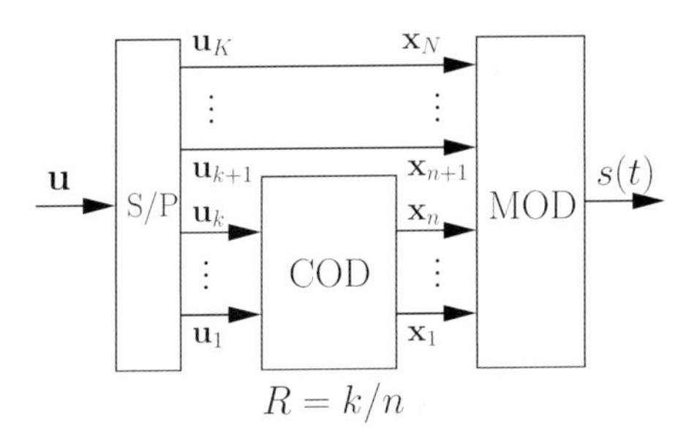

Bild 13.44: Trelliscodierte Modulation nach Ungerboeck

Beispiel 13.9.1 (QSPK vs. C8PSK) Gegeben seien $K = k = 2$ Infobits pro Symboltakt. Durch den in Bild 13.45 dargestellten Faltungscodierer der Rate $R = 2/3$ werden $N = n = 3$ codierte Bits pro Symboltakt generiert. Diese werden auf eine 8-PSK Signalkonstellation abgebildet. Dieses trelliscodierte 8-PSK System (C8PSK) besitzt exakt die gleiche Bandbreiteneffizienz wie ein uncodiertes QPSK-System, weist aber aufgrund der Kanalcodierung eine bessere Leistungseffizienz auf.

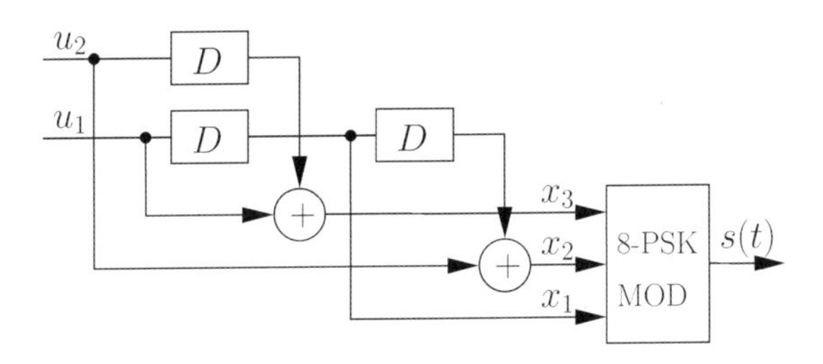

Bild 13.45: TCM-Codierer am Beispiel von C8PSK

Um die Wahrscheinlichkeit eines Fehler*ereignisses* und damit den Codiergewinn auszurechnen, kann man ohne Beschränkung der Allgemeinheit annehmen, dass der Nullpfad gesendet wurde, weil der Faltungscode linear ist. Der Pfad mit der Symbolsequenz $[6, 7, 6]$ weist eine quadratische Euklid'sche Distanz von $d_E^2 = \Delta_1^2 + \Delta_0^2 + \Delta_1^2 = 2 + 0.586 + 2 = 4.586$ zum Nullpfad auf, vgl. Bild 13.43. Dies ist der Fehlerpfad mit der kleinsten Distanz, folglich besitzt das codierte Modulationsverfahren einen asymptotischen Codiergewinn von $10 \log_{10}(4.586/2)$ dB$=$ 3.6 dB im Vergleich zu QPSK. (Der Faktor 2 im Nenner entspricht der quadratischen Euklid'schen Distanz des QPSK-Referenzsystems.) Der Fehlerpfad mit der kleinsten Euklid'schen Distanz ist im gezeigten Beispiel nicht mit dem kürzesten Fehlerpfad identisch, denn dieser besitzt die Länge zwei und tritt für die Symbolsequenz [2,4] auf. Die quadratische Euklid'sche Distanz des kürzesten Pfades ist gleich $d_E^2 = \Delta_1^2 + \Delta_2^2 = 2 + 4 = 6$, dies entspricht einem Gewinn von 4.77 dB.

Wenn (wie in diesem Beispiel) die Abbildung auf die Signalkonstellation nichtlinear ist, so ist das Trellisdiagramm nichtlinear bzgl. der Infobits. Deshalb kann zur Bestimmung der *Bit*fehlerwahrscheinlichkeit nicht davon ausgegangen werden, dass der Nullpfad gesendet wurde, sondern es muss über alle Infobits gemittelt werden. Eine Sonderstellung besitzt ein trelliscodiertes 4-PSK System (C4PSK). Da bei 4-PSK das Quadrat der Euklid'schen Distanz, d_E^2, proportional zur Hamming-Distanz d_H ist, $d_E^2 = 2d_H$, können die bekannten $R = 1/2$ Faltungscodes mit optimierter minimaler Hamming-Distanz verwendet werden, wobei jeweils ein Bitpaar auf die Signalkonstellation abgebildet wird. ◊

13.9.3 Bit-Interleaved Coded Modulation

Das in der Mobilfunktechnik zur Zeit übliche Verfahren wird *Bit-Interleaved Coded Modulation* (BICM) genannt [G. Caire & E. Biglieri, 1999]. Die Kernidee ist simpel und effizient: Man trenne einen Kanalcodierer der Rate R mit Hilfe eines Interleavers π von einem Modulator der Mächtigkeit 2^N, siehe Bild 13.46. Das Interleaving geschieht bitweise. Die Bandbreiteneffizienz ist gleich $(1+r)RN$. Adaptive Modulations- und Codierverfahren lassen sich auf einfache Weise realisieren.

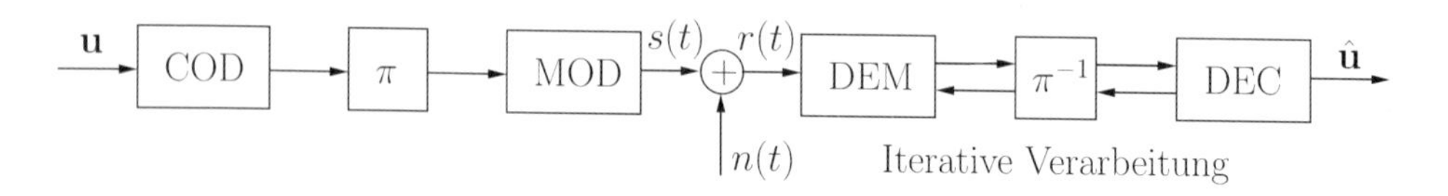

Bild 13.46: Bit-Interleaved Coded Modulation

Aufgrund des Interleavers ist eine Maximum-Likelihood-Decodierung zu aufwändig. Üblich ist eine iterative Decodierung gemäß dem in Abschnitt 11.3.1 vorgestellten Turbo-Prinzip. Dies bedeutet, dass der Demodulator (DEM) extrinsische Information an den Decodierer (DEC) gibt, und dieser wiederum extrinsische Information an den Demodulator zurückführt. Eine Konvergenz wird typischerweise nach wenigen Iterationen erreicht. Verzichtet man auf Iterationen, so wird die beste Leistungsfähigkeit bekanntlich mit *Gray-Mapping* erzielt. Im Falle einer iterativen Demodulation/Decodierung erzielt man interessanterweise durch sog. *Anti-Gray-Mapping* die besten Ergebnisse. Anti-Gray-Mapping bedeutet, dass sich benachbarte Datensymbole in möglichst vielen Bits unterscheiden.

Da bei ASK- und QAM-Modulationsverfahren die Quadraturkomponenten gleichverteilt sind, kann die Kanalkapazität des Gauß-Kanals nur in Verbindung mit aktivem *Shaping* erreicht werden. Shaping bewirkt näherungsweise Gauß'sche Quadraturkomponenten. Der ultimative Shaping-Gewinn beträgt, wie in Abschnitt 3.2.1 berechnet, 1.5329 dB. Nachteilig ist die blockweise Natur derzeitiger Shaping-Verfahren, wodurch eine iterative Verarbeitung unmöglich wird.

13.9.4 Superpositionsmodulation

Bei den meisten Modulationsverfahren erfolgt das Mapping bijektiv, d. h. jedes Bittupel adressiert eineindeutig ein Datensymbol. Das dies interessanterweise nicht so sein muss und das durch eine nichtbijektive Abbildung sogar Gewinne erzielt werden können zeigt das Beispiel der *Superpositionsmodulation* (SM) [X. Ma & Li Ping, 2004]. Am Eingang eines Superpositionsmodulators liegen N parallele, codierte Datenströme an. Jedes Codebit („chip") wird zunächst auf ein Symbol ± 1 abgebildet und dann mit einem komplexen Faktor $a_n := \alpha_n e^{j\phi_n}$ gewichtet. Die gewichteten Datenströme werden abschließend chipweise linear überlagert. Die Eigenschaften der Superpositionsmodulation werden durch die Anzahl der parallelen Datenströme, N, und durch die komplexen Gewichtsfaktoren a_n bestimmt, wie in Kürze weiter ausgeführt wird. Die Gewichtsfaktoren bestimmen, ob die Abbildung bijektiv ist oder nicht.

Die Superpositionsmodulation kann konventionelle Modulationsverfahren (wie QAM und PSK) ersetzen, und somit insbesondere auch in Verbindung mit Bit-Interleaved Coded Modulation angewendet werden, wie in Bild 13.47 dargestellt. Ein wichtiger Unterschied zu bijektiven Modulationsverfahren ist die Tatsache, dass bei nichtbijektiver Abbildung eine Kanalcodierung zwingend notwendig ist um die Codebits empfängerseitig separieren zu können. Aktives Shaping wird nicht benötigt, solange der Zentrale Grenzwertsatz erfüllt ist.

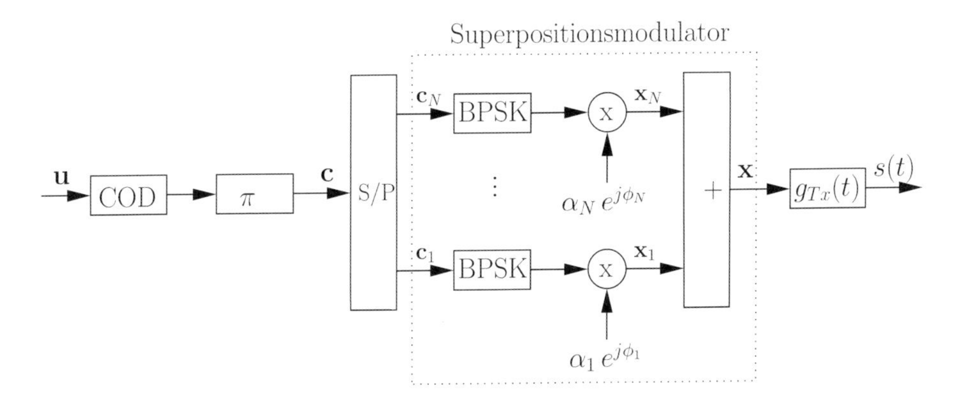

Bild 13.47: Superpositionsmodulation in Verbindung mit Bit-Interleaved Coded Modulation

Ein weiteres Anwendungsbeispiel der Superpositionsmodulation ist *Interleave-Division Multiplexing* (IDM). IDM ist ein spezielles Multiplexverfahren, vgl. 14.3. Bei IDM werden die parallelen Datenströme im Gegensatz zu BICM getrennt codiert, wie in Bild 13.48 illustriert ist. Um die N Datenströme trennen zu können, wird in jedem Datenstrom ein anderer Interleaver π_n verwendet, $n \in \{1, \ldots, N\}$. In jedem Datenstrom kann ein Kanalcodierer gleichen Typs verwendet werden. Bevorzugt sollten die Codewörter mittelwertfrei sein. Dies ermöglicht ein Scrambler, der in den Codierer integriert wird, siehe Abschnitt 14.2.3.3.

Wie angedeutet, werden die Eigenschaften der Superpositionsmodulation maßgeblich durch die komplexen Gewichtsfaktoren $a_n = \alpha_n e^{j\phi_n}$ bestimmt. In den folgenden Ausführungen werden die Quadraturkomponenten (wie bei QPSK) unabhängig moduliert. Ohne Beschränkung der Allgemeinheit wird nur der Realteil betrachtet ($\phi_n = 0$), gleiches gilt für den Imaginärteil. Eine

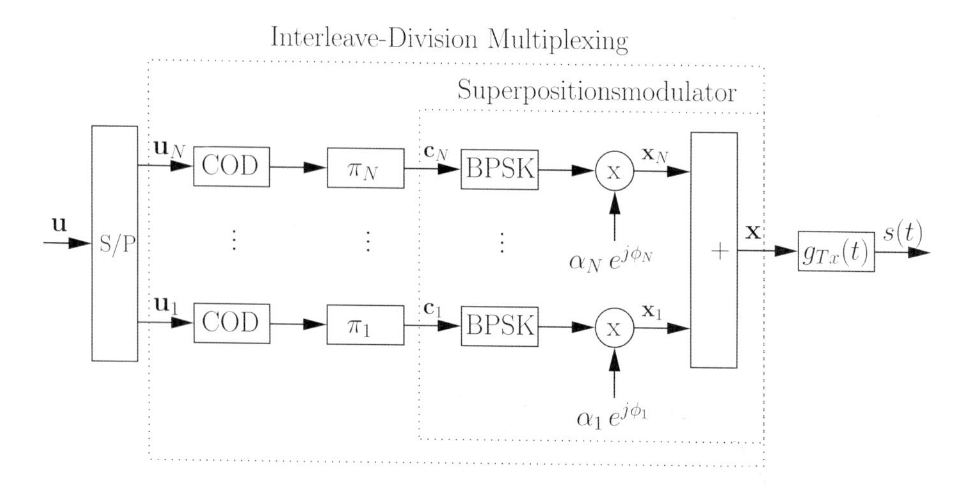

Bild 13.48: Superpositionsmodulation als Bestandteil von Interleave-Division Multiplexing (IDM)

Alternative, die hier nicht weiter betrachtet wird, sind gleichverteilte Phasen ($\phi_n = (n-1)\pi/N$). Die Optimierung der Amplituden α_n entspricht einer Leistungszuweisung. Im Sinne eines fairen Vergleichs sei $E\{x^2\} = 1$, wobei $x = \sum_{n=1}^{N} x_n = \sum_{n=1}^{N}(1-2c_n)\,\alpha_n$ mit $c_n \in \{0,1\}$ und $\alpha_n \in \mathbb{R}$. Unter dieser Randbedingung zeichnen sich insbesondere Varianten aus:

- Gleichförmige Leistungszuweisung („Equal Power Allocation (SM-EPA)“):

$$\alpha_n := \alpha = 1/\sqrt{N}. \tag{13.91}$$

  Die Datensymbole sind (pro Quadraturkomponente) binomialverteilt und somit ist das Mapping nicht bijektiv: $|\mathcal{X}| < N$. Für $N \to \infty$ geht die Binomialverteilung in eine Normalverteilung über. Somit kann die Kapazität des Gauß-Kanals ohne weitere Maßnahme erreicht werden. Problematisch ist allerdings, dass die Entropie pro Datensymbol, $H(X)$, nur logarithmisch mit N wächst: $H(X) = -\sum_{x\in\mathcal{X}} P(x)\log_2 P(x) \approx \frac{1}{2}\log(2\pi e N/4) < N$. Für den Kanalcode muss gelten: $R < H(X)/N$.

- Ungleichförmige Leistungszuweisung („Unequal Power Allocation (SM-UPA)“):

$$\alpha_n = \rho\,\alpha_{n-1}, \qquad \rho < 1. \tag{13.92}$$

  Das Mapping ist nun bijektiv, aber die Kanalkapazität des Gauß-Kanals kann niemals erreicht werden, weil die Quadraturkomponenten nicht gaußverteilt sind. Eine Kanalcodierung ist optional. Interessanterweise stellt sich für $\rho = 0.5$ exakt die bipolare ASK-Signalkonstellation ein, vgl. Abschnitt 13.1.1.3. Diese ist bekanntlich gleichverteilt.

- Gruppenweise Leistungszuweisung („Group-wise Power Allocation (SM-GPA)“):

$$x = \sum_{l=1}^{L} \alpha_l \sum_{g=1}^{G} (1-2c_{l,g}), \qquad N = L\cdot G, \tag{13.93}$$

wobei $\alpha_l = 0.5\,\alpha_{l-1}$. Diese Variante sieht L verschiedene Amplitudenstufen vor, somit umfasst eine Gruppe $G = N/L$ Bits. Die Entropie pro Datensymbol lautet in guter Näherung $H(X) \approx \frac{1}{2}\log\left(\frac{\pi}{6}eG\right) + L$ und wächst somit (wie gewünscht) linear in L. Die Quadraturkomponenten sind für $G > 2$ in guter Näherung gaußverteilt, somit löst SM-GPA die Probleme von SM-EPA und SM-UPA. Das Mapping ist nichtbijektiv, für den Kanalcode muss wie bei SM-EPA gelten, dass $R < H(X)/N$. Der Kanalcode muss (beispielsweise mit Hilfe der EXIT-Chart-Technik) an die Eigenschaften der Superpositionsmodulation (als Funktion von N, G, L) angepasst werden. Der Anteil an Prüfbits und Wiederholungen ist zu optimieren, ebenso der (bzw. bei IDM die) Interleaver.

Gemäß dem Stand der Technik sollte ein iterativer Empfänger verwendet werden, wie in Bild 13.46 auf der rechten Seite dargestellt ist. Interessanterweise kann die Komplexität eines APP-Demodulators im Falle der Superpositionsmodulation gegenüber der Komplexität eines APP-Demodulators, welcher für bijektive Modulationsverfahren entworfen wurde, durch eine baumbasierte Verarbeitung anstelle einer trellisbasierten Verarbeitung deutlich reduziert werden: Für SM-EPA kann eine Komplexität pro Infobit der Ordnung $\mathcal{O}(N)$ erreicht werden, für SM-UPA der Ordnung $\mathcal{O}(2^N/N)$, für SM-GPA der Ordnung $\mathcal{O}(G(2^L/L))$, und für konventionelle Modulationsverfahren der Ordnung $\mathcal{O}(2^N)$ [T. Wo et al., 2010].

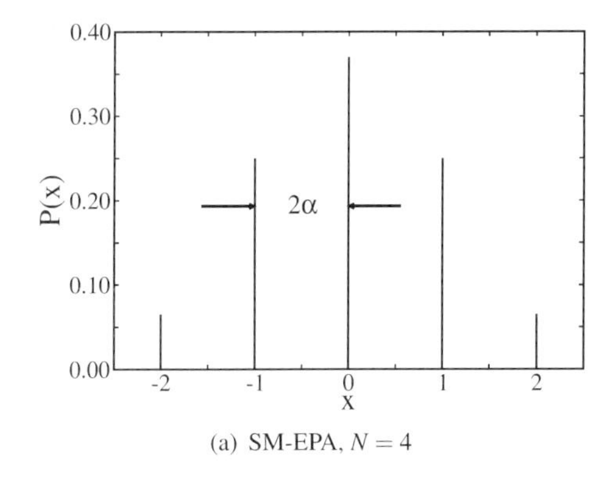

(a) SM-EPA, $N = 4$

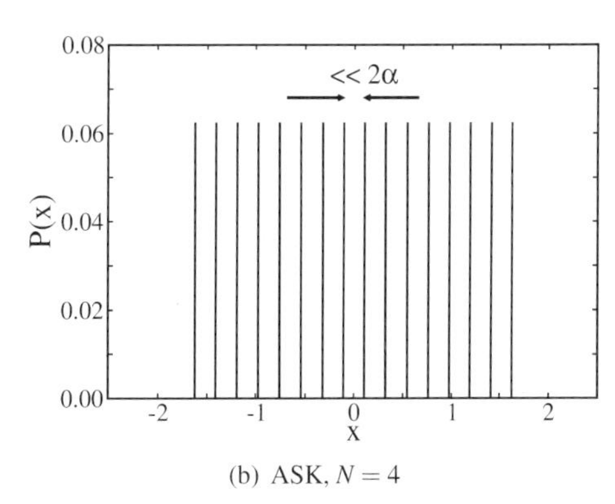

(b) ASK, $N = 4$

Bild 13.49: Wahrscheinlichkeitsfunktion von SM-EPA und bipolarem ASK, jeweils für $N = 4$

Die Superpositionsmodulation unterscheidet sich von ASK durch einen sog. *Kompressionsgewinn*. Diese wichtige Eigenschaft demonstriert Bild 13.49 durch einen Vergleich von SM-EPA und bipolarem ASK bei gleicher Bandbreiteneffizienz. Bei SM-EPA (mit beliebigem N) beträgt die Euklid'sche Distanz zwischen benachbarten Signalpunkten $2\alpha = 2/\sqrt{N}$, bei 4-ASK/8-ASK/16-ASK ($N = 2/3/4$) beträgt sie $2/\sqrt{5}$, $2/\sqrt{21}$, $2/\sqrt{85}$. Aus der quadratischen Euklid'schen Distanz errechnet sich ein Gewinn von 4 dB/8.45 dB/13.27 dB. Der Name *Kompressionsgewinn* rührt daher, dass das nicht-bijektive Mapping einer verlustbehaften Quellencodierung entspricht. Wegen $|\mathcal{X}| < N$ und $E\{x^2\} = 1$ rücken die Signalpunkte weiter auseinander. Die Kompressionsgewinne sind beachtlich, schrumpfen in der Praxis allerdings durch die Notwendigkeit einer niederratigen Kanalcodierung.

Bild 13.50 illustriert den Kompressionsgewinn. Die gestrichelten Kurven sind Referenzkurven und zeigen die Shannon-Grenze für 2 Bits/Symbol/Dimension auf dem AWGN-Kanal (siehe Abschnitt 4.2.2) sowie die uncodierte 2-PSK-Kurve. Die nächste Kurve zeigt die Bitfehlerwahrscheinlichkeit von bipolarem 4-ASK mit Gray-Mapping. Für große Signal/Rauschleistungsverhältnisse beträgt der Abstand zu 2-PSK bekanntlich 4 dB. Die letzte Kurve schließlich zeigt die Bitfehlerwahrscheinlichkeit von SM-EPA mit $N = 8$ parallelen Datenströmen. Um die gleiche Bandbreiteneffizienz wie die von 4-ASK zu erhalten, wurde ein $R = 1/4$ Codierer verwendet. Da hier der Kompressionsgewinn im Vordergrund steht und ein Codiergewinn ausgeschlossen werden soll, wurde ein $R = 1/4$ Wiederholungscode verwendet. Man erkennt, dass sich der vorausberechnete Kompressionsgewinn von 4 dB asymptotisch einstellt. Mit SM-EPA wird asymptotisch die gleiche Bitfehlerwahrscheinlichkeit wie von 2-PSK erreicht bei doppelter Bandbreiteneffizienz pro Dimension. Nutzt man beide Quadraturkomponenten, d. h. zwei Signaldimensionen, so bleiben die gezeigten Fehlerkurven erhalten. Der asymptotische Kompressionsgewinn im Vergleich zu 16-QAM bleibt bei 4 dB.

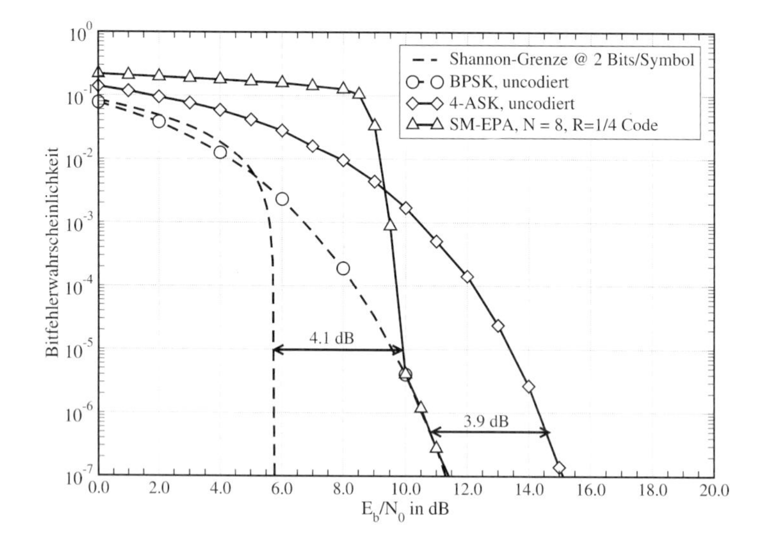

Bild 13.50: Bitfehlerrate der Superpositionsmodulation im Vergleich zu BPSK und ASK.

Der Kompressionsgewinn bewirkt eine höhere Minimaldistanz als bei ASK bzw. QAM und somit eine bessere Leistungseffizienz bei gleicher Bandbreiteneffizienz. Aufgrund der geringeren Empfindlichkeit gegenüber Rauschen werden bei der Codeoptimierung weniger Prüfbits benötigt, somit kann ein höherer Wiederholungsanteil verwendet werden.

Die Superpositionsmodulation ist für Ein- und Mehrträgersysteme anwendbar. Sie ist ein idealer Kandidat für Mehrantennensysteme, weil man mit einer Struktur alle Arbeitspunkte zwischen „spatial diversity“ und “spatial multiplexing“ erreichen kann. (Die Begriffe „spatial diversity“ und “spatial multiplexing“ werden in Kapitel 22 eingeführt.) Sie ist ferner ein idealer Kandidat für Mehrnutzersysteme. Mit Hilfe der Superpositionscodierung, welche mit der Superpositionsmodulation verwandt ist, kann die Kanalkapazität des Gauß’schen Rundfunkkanals und des Gauß’schen Vielfachzugriffskanals erreicht werden, wie in Kapitel 5 bewiesen wurde.

14 Duplex-, Mehrfachzugriffs- und Multiplexverfahren

14.1 Duplexverfahren

Als *Duplexverfahren* bezeichnet man Verfahren zur Trennung der Übertragungsrichtung bei der Duplexkommunikation. Im zellularen Mobilfunk bezeichnet das Duplexverfahren die Trennung der *Aufwärtsstrecke* (von der Mobilstation (MS) zur Basisstation (BS)) und der *Abwärtsstrecke* (von der Basisstation zur Mobilstation). Im Mobilfunk wird meist

- *Frequenzduplex* („Frequency-Division Duplexing (FDD)“) oder
- *Zeitduplex* („Time-Division Duplexing (TDD)“)

verwendet. Im GSM-System wird FDD genutzt, bei UMTS gibt es einen FDD- und einen TDD-Modus.

14.1.1 FDD

Im FDD-Modus wird beiden Übertragungsrichtungen ein eigenes Teilband zugeordnet, wobei beide Frequenzbereiche nichtüberlappend sind, siehe Bild 14.1 oben. Dadurch sind die Übertragungsrichtungen orthogonal. Der Hauptnachteil von FDD besteht in der starren, nicht verkehrsorientierten Zuteilung. Meist sind die reservierten Teilbänder in Auf- und Abwärtsstrecke gleich groß und voneinander getrennt, man spricht von gepaarten Teilbändern. Gepaarte Teilbänder können problematisch sein, weil oft in der Abwärtsstrecke temporär höhere Datenraten als in der Aufwärtsstrecke anfallen. In der Funkkommunikation wird es ferner immer problematischer, gepaarte Teilbänder zu erhalten.

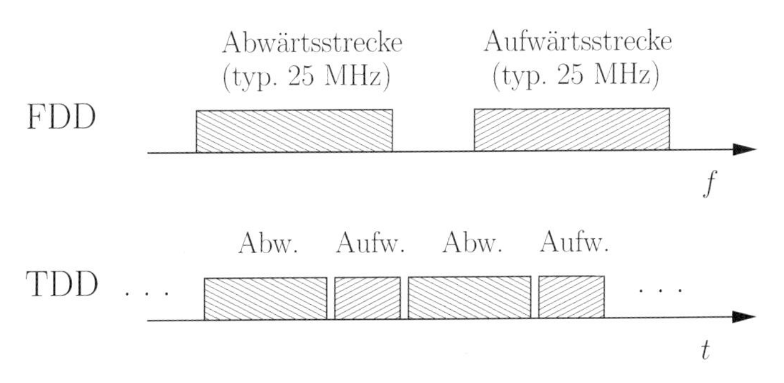

Bild 14.1: FDD (oben) und TDD (unten)

14.1.2 TDD

Im TDD-Modus werden beiden Übertragungsrichtungen getrennte Zeitschlitze zugeordnet, siehe Bild 14.1 unten. Jede Übertragungsrichtung erhält das gesamte Signalspektrum. Im Vergleich zum FDD-Modus ermöglicht der TDD-Modus eine flexiblere Zuteilung.

14.2 Mehrfachzugriffsverfahren

Als *Mehrfachzugriffsverfahren* oder *Vielfachzugriffsverfahren* (kurz: Zugriffsverfahren) werden Verfahren bezeichnet, mit denen mehrere Nutzer Ressourcen (Frequenz, Zeit, Codewörter, Raum) teilen können. Gängige Zugriffsverfahren sind (neben Kombinationen) *Frequenzvielfachzugriff* („Frequency-Division Multiple Access (FDMA)"), *Zeitvielfachzugriff* („Time-Division Multiple Access (TDMA)"), *Codevielfachzugriff* („Code-Division Multiple Access (CDMA)"), *Raumvielfachzugriff* („Space-Division Multiple Access (SDMA)") und *Leistungsvielfachzugriff* („Carrier-Sense Multiple Access (CSMA)").

Bei FDMA/TDMA/CDMA/SDMA erhält jeder Nutzer ein individuelles Teilband/einen Zeitschlitz/einen Spreizcode/oder einen Antennensektor.

14.2.1 Frequency-Division Multiple Access (FDMA)

Beim FDMA-Verfahren erhält jeder Nutzer ein individuelles Teilband, siehe Bild 14.2 links. FDMA ist ein klassisches Vielfachzugriffsverfahren und wird beispielsweise in Rundfunksystemen angewendet. Als Hauptnachteil ist die wenig flexible Anpassungsmöglichkeit an unterschiedliche Datenraten zu nennen, da die Bandbreite der Teilbänder meist fixiert ist. Die Anpassungsmöglichkeit an unterschiedliche Datenraten kann verbessert werden, indem jedem Nutzer dynamisch mehrere Teilbänder zugeordnet werden.

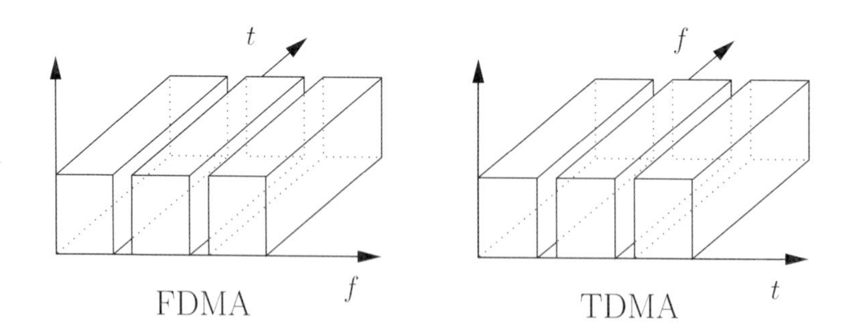

Bild 14.2: FDMA (links) und TDMA (rechts)

Üblicherweise werden die Teilbänder durch jeweils ein Schutzband getrennt. Eine Variante ist *Orthogonal Frequency-Division Multiple Access* (OFDMA). Bei OFDMA werden überlappende Teilbänder verwendet, somit entfallen die Schutzbänder zwischen den Teilbändern.

14.2.2 Time-Division Multiple Access (TDMA)

Beim TDMA-Verfahren erhält jeder Nutzer einen individuellen Zeitschlitz, wie in Bild 14.2 auf der rechten Seite dargestellt ist. Ein Vergleich von FDMA und TDMA zeigt, dass Zeit- und Frequenzbereich vertauscht werden.

Bei TDMA nutzt jeder Nutzer die gesamte Signalbandbreite. TDMA kann leicht an unterschiedliche Datenraten angepasst werden, indem Anzahl und/oder Länge der Zeitschlitze dynamisch variiert werden. Ein Hauptnachteil von TDMA ist die im Vergleich zu FDMA höhere Signalspitzenleistung aufgrund der Zeitschlitze. Dieses Problem kann gemildert werden, indem TDMA mit FDMA kombiniert wird, wie dies beispielsweise im GSM-System der Fall ist.

Klassischerweise werden die Zeitschlitze den Nutzern von einer zentralen Station (wie der Basisstation) periodisch zugeordnet. Bei *selbstorganisiertem TDMA* (S-TDMA) wird der Zugriff auf die Zeitschlitze nicht durch eine zentrale Station geregelt.

14.2.3 Code-Division Multiple Access (CDMA)

CDMA-Verfahren sind *Spreizbandverfahren*. Spreizbandverfahren sind dadurch gekennzeichnet, dass die Signalbandbreite eines zunächst schmalbandigen Nutzers, $W = (1+r)/T$, auf eine große Bandbreite $K \cdot W$ gespreizt wird, wobei der *Spreizfaktor* $K \gg 1$ ist. Spreizbandverfahren fanden über Jahrzehnte zumeist in militärischen Kommunikationssystemen Anwendung, denn Spreizbandverfahren weisen eine große Robustheit gegenüber schmal- und breitbandigen Störsendern auf und bieten aufgrund eines niedrigen Leistungsdichtespektrums die Möglichkeit einer verdeckten (d. h. abhörsicheren) Kommunikation. In den neunziger Jahren des letzten Jahrhunderts haben Spreizbandverfahren auch im Mobilfunk Einzug gehalten, denn die Spreizung kann auch genutzt werden, um mobile Teilnehmer oder Basisstationen zu trennen.

Es gibt verschiedene Möglichkeiten der Spreizung. Im Folgenden werden drei unterschiedliche Spreizbandverfahren vorgestellt: *Frequenzhüpfen*, *Direct-Sequence Code-Division Multiple Access* und *Interleave-Division Multiple Access*. Das Sendesignal dieser Verfahren kann im komplexen Basisband durch eine generische Formel beschrieben werden. In der *Abwärtsstrecke* kann das Sendesignal in der Form

$$s(t) = \sum_k \sum_{n=0}^{N-1} x_n[k]\, g_n(t - kT') \tag{14.1}$$

geschrieben werden, wobei N die Anzahl der aktiven Nutzer in der Basisstation ist. In der *Aufwärtsstrecke* kann das Sendesignal des n-ten Nutzers in der Form

$$s_n(t) = \sum_k x_n[k]\, g_n(t - kT') \tag{14.2}$$

dargestellt werden. Die Variable T' ist, je nach Verfahren, gleich der Symbolperiode oder gleich der Chipperiode. Die entsprechende Skalierung gilt für den Zeitindex k. Die Bedeutung der restlichen Variablen hängt vom Verfahren ab und wird im Weiteren erläutert. Für den AWGN-Kanal lautet das Empfangssignal unabhängig von Abwärts- und Aufwärtsstrecke

$$r(t) = \sum_k \sum_{n=0}^{N-1} x_n[k]\, g_n(t - kT') + n(t). \tag{14.3}$$

14.2.3.1 Frequency-Hopping Spread-Spectrum (FH-SS)

Das *Spreizbandverfahren mit Frequenzhüpfen* basiert auf dem Prinzip, dass die Trägerfrequenz eines schmalbandigen Nutzers deterministisch oder pseudo-zufällig über einen relativ großen Frequenzbereich verändert wird. Üblicherweise ist der zur Verfügung stehende Frequenzbereich größer als die Summe der aktiven Teilbänder. Bild 14.3 illustriert das Prinzip von Frequenzhüpfen am Beispiel von drei aktiven Nutzern, die sich sechs Teilbänder pseudo-zufällig teilen. Der Spreizfaktor beträgt in diesem Beispiel demnach $K = 6$. Beim FH-SS-Verfahren erhält jeder Nutzer ein individuelles Hüpfmuster $f_n(t)$ („hopping pattern"). Das Sendesignal kann in Abwärtsstrecke in der Form

$$s(t) = \sum_k \sum_{n=0}^{N-1} a_n[k]\, g_n(t - kT) \tag{14.4}$$

geschrieben werden, wobei k der Zeitindex (bezogen auf eine Symbolperiode), N die Anzahl der aktiven Nutzer in der Basisstation, $a_n[k]$ das k-te Datensymbol des n-ten Nutzers ($n = 0, \ldots, N-1$), $g_n(t)$ der Grundimpuls des n-ten Nutzers und T die Symbolperiode ist. In der Aufwärtsstrecke gilt entsprechend

$$s_n(t) = \sum_k a_n[k]\, g_n(t - kT). \tag{14.5}$$

Beim FH-SS-Verfahren verwendet man Grundimpulse der Form

$$g_n(t) = e^{j2\pi f_n(t)t}\, g_{Tx}(t), \tag{14.6}$$

wobei $g_{Tx}(t)$ der Grundimpuls des schmalbandigen Nutzers ist. Das Hüpfmuster $f_n(t)$ ist eine treppenförmige Funktion. Ein Vergleich mit dem generischen CDMA-Modell (14.1)-(14.2) ergibt $x_n[k] = a_n[k]$ und $T' = T$.

In Mobilfunkszenarien werden Spreizbandverfahren mit Frequenzhüpfen eingesetzt, um in Verbindung mit Kanalcodierung einen Diversitätsgewinn zu erzielen und Interferenzverluste zu reduzieren.

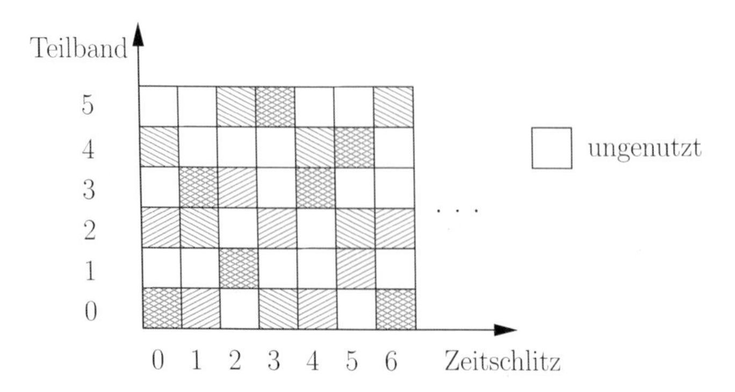

Bild 14.3: Frequency-Hopping Spread-Spectrum am Beispiel von drei aktiven Nutzern

14.2.3.2 Direct-Sequence Code-Division Multiple Access (DS-CDMA)

Das *DS-CDMA Verfahren* ist das zur Zeit populärste Spread-Spectrum-Verfahren. Beim DS-CDMA-Verfahren erhält jeder Nutzer einen individuellen Spreizcode. Im komplexen Basisband kann das Sendesignal wie beim FH-SS-Verfahren in der Abwärtsstrecke in der Form

$$s(t) = \sum_k \sum_{n=0}^{N-1} a_n[k] \cdot g_n(t - kT) \tag{14.7}$$

und in der Aufwärtsstrecke in der Form

$$s_n(t) = \sum_k a_n[k] \cdot g_n(t - kT) \tag{14.8}$$

dargestellt werden, wobei k der Zeitindex (bezogen auf eine Symbolperiode), N die Anzahl der aktiven Nutzer in der Basisstation, $a_n[k]$ das k-te Datensymbol des n-ten Nutzers $(n = 0, \ldots, N-1)$, $g_n(t)$ der Grundimpuls des n-ten Nutzers und T die Symbolperiode ist. Bei DS-CDMA wählt man Grundimpulse der Form

$$g_n(t) = \sum_{l=0}^{K-1} b_{n,l}\, g_{Tx}(t - lT_c), \tag{14.9}$$

wobei $K = T/T_c$ der *Spreizfaktor*, T_c die *Chipperiode* und $\mathbf{b}_n$ die *Spreizsequenz* (Signatursequenz) des n-ten Nutzers ist. Die Elemente $b_{n,l}$ der Spreizsequenz $\mathbf{b}_n$ $(l = 0, \ldots, K-1)$ werden als *Chips* bezeichnet. Der Spreizfaktor K bestimmt die Bandbreitenerweiterung. Die datenunabhängigen Spreizsequenzen $\mathbf{b}_n$ sind den Nutzern eineindeutig zugeordnet. Ein Vergleich mit dem generischen CDMA-Modell (14.1)-(14.2) ergibt erneut $x_n[k] = a_n[k]$ und $T' = T$.

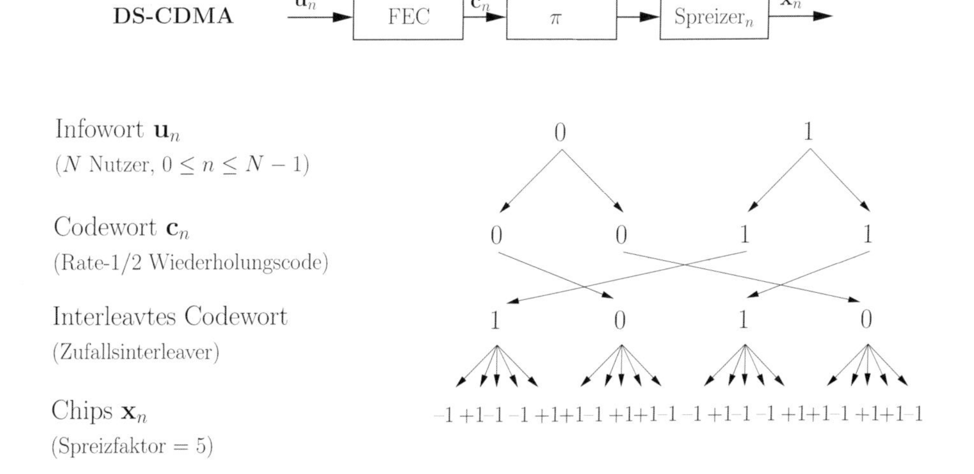

Bild 14.4: Beispiel zur Erzeugung einer DS-CDMA-Chipsequenz

Beispiel 14.2.1 (Erzeugung einer DS-CDMA-Chipsequenz) Bild 14.4 verdeutlicht die Generierung einer Chipsequenz anhand eines einfachen codierten DS-CDMA-Systems. Gegeben seien zwei uncodierte Infobits eines Nutzers n, $0 \leq n \leq N-1$. Diese bilden das Infowort $\mathbf{u}_n = [0,1]$. Durch einen Rate-1/2 Wiederholungscode entsteht das Codewort $\mathbf{c}_n = [0,0,1,1]$. Die Elemente des Codeworts werden pseudo-zufällig interleaved und anschließend gespreizt. Für den Spreizcode $\mathbf{b}_n = [+1,-1,+1,+1,-1]$ der Länge $K = 5$ ergibt sich die in Bild 14.4 gezeigte Chipsequenz $\mathbf{x}_n$ der Länge $2 \cdot 2 \cdot 5 = 20$. Traditionell verwendet jeder Nutzer den gleichen Codierer und Interleaver, jedoch unterschiedliche Spreizcodes um die Datenströme empfängerseitig trennen zu können. ◊

Wenn die Grundimpulse orthogonal sind,

$$\frac{1}{T}\int_0^T g_n(t) \cdot g_j^*(t)\, dt = \delta_{n-j} \quad \text{für } 0 \leq n, j \leq N-1, \tag{14.10}$$

dann können die Daten durch N parallele Matched-Filter (den sog. *Einnutzer-Detektor*) ohne Informationsverlust bezüglich eines Einnutzersystems geschätzt werden.

Beispiel 14.2.2 (Orthogonale Spreizsequenzen) Wenn K eine Zweierpotenz ist, so können K binäre, orthogonale Sequenzen gefunden werden. Tabelle 14.1 zeigt ein Beispiel für $K = N = 4$. ◊

Tabelle 14.1: Orthogonale Sequenzen der Länge $K = 4$

Nutzer n	$b_{n,0}$	$b_{n,1}$	$b_{n,2}$	$b_{n,3}$
0	+1	+1	+1	−1
1	+1	+1	−1	+1
2	+1	−1	+1	+1
3	+1	−1	−1	−1

Wenn die Grundimpulse jedoch nicht orthogonal sind, dann ist der Einnutzer-Detektor nicht mehr optimal und es kommt zu einem Verlust im Vergleich zu einem Einnutzersystem. Ein populäres Beispiel stellen m-Sequenzen dar:

Beispiel 14.2.3 (m-Sequenzen) Durch ein rückgekoppeltes Schieberegister kann eine periodische Sequenz erzeugt werden. Die maximal mögliche Periodenlänge beträgt $K = 2^\nu - 1$, wobei ν die Anzahl der Speicherelemente des Schieberegisters ist. Sequenzen dieser maximalen Länge werden als *m-Sequenzen* bezeichnet. Tabelle 14.2 zeigt ein Beispiel für $K = 7$ und Bild 14.5 das zugehörige Schieberegister. Unterschiedlichen Nutzern werden unterschiedliche Phasen (oft in Verbindung mit Teilfolgen einer sehr langen m-Sequenz) zugeordnet. ◊

Tabelle 14.2: m-Sequenzen der Periodenlänge $K = 7$

Nutzer n	$b_{n,0}$	$b_{n,1}$	$b_{n,2}$	$b_{n,3}$	$b_{n,4}$	$b_{n,5}$	$b_{n,6}$
0	$+1$	-1	-1	-1	$+1$	$+1$	-1
1	-1	-1	-1	$+1$	$+1$	-1	$+1$
2	-1	-1	$+1$	$+1$	-1	$+1$	-1
3	-1	$+1$	$+1$	-1	$+1$	-1	-1
4	$+1$	$+1$	-1	$+1$	-1	-1	-1
5	$+1$	-1	$+1$	-1	-1	-1	$+1$
6	-1	$+1$	-1	-1	-1	$+1$	$+1$
0	$+1$	-1	-1	-1	$+1$	$+1$	-1

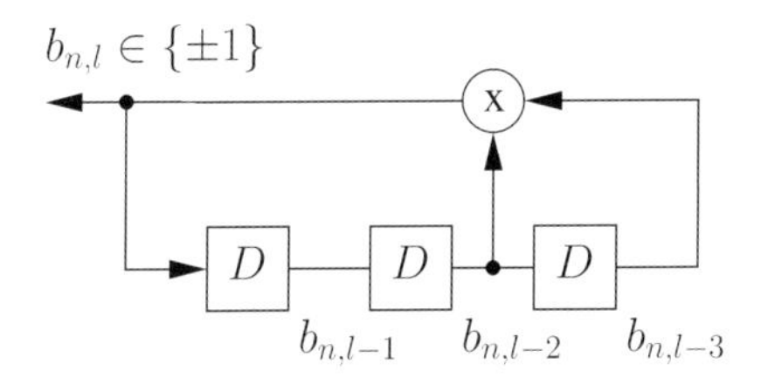

Bild 14.5: Schieberegister zur Erzeugung von m-Sequenzen der Periodenlänge $K = 7$

In Funksystemen geht die Orthogonalität typischerweise aufgrund von Mehrwegeausbreitung und/oder durch unkoordinierte Nutzer („asynchrones DS-CDMA") verloren. Mit einem konventionellen Matched-Filter-Empfänger, auch *Einnutzer-Detektor* genannt, können nur bis zu etwa $N \approx K/10$ aktive Nutzer gleichzeitig versorgt werden. Durch einen *Mehrnutzer-Detektor* können Leistungsfähigkeit und Netzkapazität erheblich gesteigert werden, wie in Kapitel 23 gezeigt wird. Weil die Nutzer durch individuelle Spreizsequenzen getrennt sind, können alle aktiven Nutzer simultan den gleichen Frequenzbereich nutzen, unabhängig von der Größe des Versorgungsgebiets. Details zu leistungsfähigen DS-CDMA-Empfängern werden in Kapitel 23 vorgestellt.

14.2.3.3 Interleave-Division Multiple Access (IDMA)

Das IDMA-Verfahren ist ein relativ neues Mehrfachzugriffsverfahren und wurde von Li Ping erstmals im Jahre 2002 veröffentlicht. In der Abwärtsstrecke kann das Sendesignal in der Form

$$s(t) = \sum_k \sum_{n=0}^{N-1} x_n[k]\, g_{Tx}(t - kT_c) \tag{14.11}$$

und in der Aufwärtsstrecke in der Form

$$s_n(t) = \sum_k x_n[k]\, g_{Tx}(t - kT_c) \tag{14.12}$$

geschrieben werden, wobei k der Zeitindex (bezogen auf eine Chipperiode), N die Anzahl der aktiven Nutzer in der Basisstation, $x_n[k]$ das k-te Chip des n-ten Nutzers ($n = 0,\ldots,N-1$), $g_{Tx}(t)$ der Grundimpuls aller Nutzer und T_c die Chipperiode ist. Ein Vergleich mit dem generischen CDMA-Modell (14.1)-(14.2) ergibt $T' = T$. Beim IDMA-Verfahren werden, wie beim DS-CDMA-Verfahren, die Nutzer durch individuelle Spreizcodes getrennt. Man beachte jedoch den wichtigen Unterschied, dass beim DS-CDMA-Verfahren die Nutzer durch unterschiedliche (orthogonale oder quasi-orthogonale) Grundimpulse getrennt werden (zweiter Term im generischen Produkt $x_n[k]\,g_n(t-kT')$), beim IDMA-Verfahren durch nichtorthogonale Chipsequenzen (erster Term im generischen Produkt $x_n[k]\,g_n(t-kT')$). Der Grundimpuls ist beim IDMA-Verfahren für alle Nutzer gleich. Die Hauptidee von IDMA besteht darin, jedem Nutzer einen anderen Interleaver zuzuordnen. Traditionell verwendet jeder Nutzer den gleichen (typischerweise niederratigen) Codierer, jedoch einen anderen Interleaver um die Datenströme empfängerseitig trennen zu können.

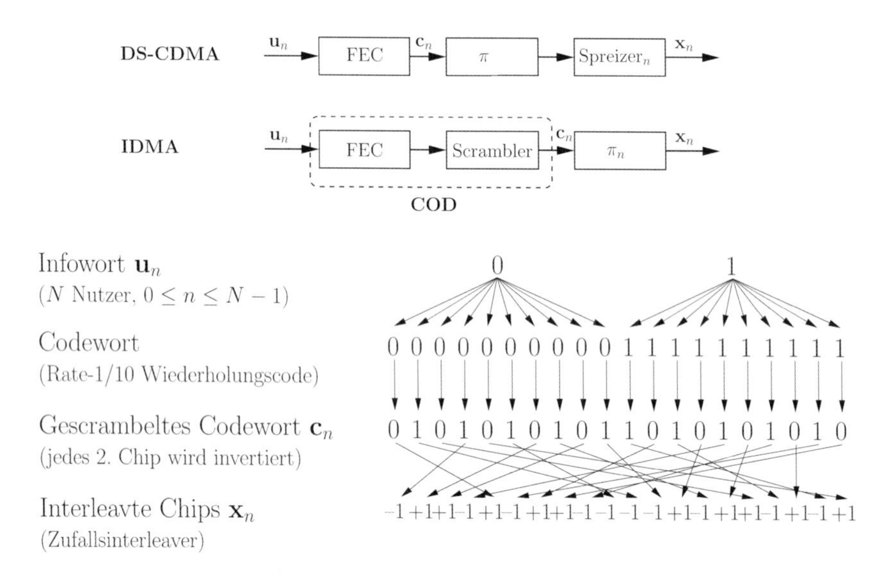

Bild 14.6: Beispiel zur Erzeugung einer IDMA-Chipsequenz

Beispiel 14.2.4 (Erzeugung einer IDMA-Chipsequenz) Bild 14.6 verdeutlicht die Generierung einer Chipsequenz anhand eines einfachen codierten IDMA-Systems. Gegeben seien die gleichen uncodierten Infobits des Nutzers n, $0 \leq n \leq N-1$, wie in Bild 14.4. Diese bilden das Infowort $\mathbf{u}_n = [0,1]$. Im betrachteten Beispiel werden die Infobits zunächst zehnfach wiederholt, um die gleiche Codewortlänge wie in Bild 14.4 zu erhalten. Um für beliebige Infobits immer ein mittelwertfreies Codewort zu erhalten, durchlaufen die Chips einen Scrambler. Es genügt, jedes zweite Chip zu invertieren. Nach dem Scrambling erhält man das Codewort $\mathbf{c}_n = [0,1,0,1,\ldots,1,0,1,0]$. Die Elemente dieses Codeworts werden abschließend pseudozufällig interleaved. Es ergibt sich die in Bild 14.6 gezeigte Chipsequenz $\mathbf{x}_n$ der Länge $2 \cdot 10 = 20$. Durch einen Vergleich mit Bild 14.4 erkennt man eine deutlich größere Zufälligkeit. Diese Konstruktion ist im Sinne der Shannon'schen Informationstheorie, denn mit zufälligen Codes kann die Kanalkapazität erreicht werden. ◊

14.2.4 Space-Division Multiple Access (SDMA)

Bei „*Space-Division Multiple Access* (SDMA)" erhält jede Gruppe von Nutzern einen individuellen Antennensektor. SDMA ist in der Satellitentechnik und im zellularen Mobilfunk populär. In der Satellitenkommunikation werden mit Spotbeams verschiedene Ausleuchtzonen realisiert. In disjunkten Ausleuchtzonen können die gleichen Frequenzen wiederverwendet werden. Dadurch kann die Anzahl der Übertragungskanäle gesteigert werden.

Im zellularen Mobilfunk wird die Basisstation bei SDMA mit einer (Sende- und Empfangs-) Antenne mit Richtcharakteristik versehen. Im einfachsten Fall ist Antennencharakteristik nichtadativ. Ein wichtiges Beispiel sind Sektorantennen, mit denen definierte Ausleuchtzonen realisiert werden können. Sektorantennen dienen zur Kapazitätssteigerung.

Mit einer adaptiven Antenne kann neben einer Kapazitätssteigerung auch das Signal/Interferenz-plus-Rauschleistungsverhältnis (SINR) verbessert werden. Adaptiv bedeutet hier, dass die Antennencharakteristik an die momentane Position der Nutzer und Störer angepasst wird. In zellularen Mobilfunknetzen besonders dominant ist Gleichkanalinterferenz, siehe Kapitel 26. Durch eine „smart antenna" kann die Hauptkeule in Richtung des gewünschten Nutzers und die Nullstellen im Antennendiagramm in Richtung der stärksten Gleichkanalstörer gelenkt werden. Verfahren zur Strahlformung werden in Abschnitt 27.3 behandelt.

14.2.5 Carrier-Sense Multiple Access (CSMA)

Der Begriff „*Carrier Sense Multiple Access* (CSMA)" (Mehrfachzugriff mit Trägerprüfung) bezeichnet im Bereich der Telekommunikation und Rechnernetze ein Familie von dezentralen, asynchronen Verfahren zum Erlangen des Zugriffsrechts auf Übertragungsmedien wie Funkkanälen oder Busleitungen.

Trägerprüfung bzw. „Carrier Sense" bedeutet, dass alle Teilnehmer den Status des Kanals beobachten. Datenpakete dürfen (im Idealfall) nur gesendet werden, wenn gerade kein anderer Teilnehmer aktiv ist, der Kanal also frei ist. Ist das Medium für eine bestimmte Zeitspanne nicht belegt, wird es als frei betrachtet. Dennoch kann es zu Kollisionen kommen, nämlich dann, wenn zwei oder mehr Teilnehmer zufällig gleichzeitig anfangen zu senden.

CSMA ist ein aufwandsgünstiges Verfahren. Man unterscheidet verschiedene Verfahren zur Behandlung oder Vermeidung von Kollisionen auf dem Kanal.

- *CSMA/CA*: „Carrier Sense Multiple Access/Collision Avoidance" vermeidet Kollisionen durch eine zufällige Wartezeit nach der Erkennung, dass der Kanal frei ist. Hauptanwendungsgebiet von CSMA/CA sind Funknetzwerke.
- *CSMA/CD*: „Carrier Sense Multiple Access/Collision Detection" erkennt Kollisionen und versucht die Konkurrenzsituation durch Abbruch der aktuellen Sendung und anschließende unterschiedliche Sendeverzögerung zu vermeiden. CSMA/CD ist die gebräuchliche Zugangstechnologie in lokalen Computernetzwerken und wird häufig mit dem Begriff Ethernet gleichgesetzt.

- *CSMA/CR*: „Carrier Sense Multiple Access/Collision Resolution“ erkennt Kollisionen und löst die Konkurrenzsituation durch eine Prioritätsanalyse beim gleichzeitigen Start von Übertragungen.

14.3 Multiplexverfahren: FDM, TDM, CDM

Multiplexverfahren haben die Aufgabe, Daten eines einzelnen Nutzers vor dem Modulator zu bündeln. Klassische Multiplexverfahren umfassen *Frequenzmultiplex* (FDM), *Zeitmultiplex* (TDM) und *Codemultiplex* (CDM). Diese Multiplexverfahren sind mit den entsprechenden Zugriffsverfahren FDMA, TDMA und CDMA vergleichbar, jedoch fehlt der Kanalzugriff. Ein spezielles Codemultiplexverfahren ist *Interleave-Division Multiplexing* (IDM), welches mit IDMA verwandt ist. IDM wurde bereits in Abschnitt 13.9.4 vorgestellt.

Werden Multiplexverfahren mit Zugriffsverfahren kombiniert, so verwendet man die Notation •DM/•DMA. Beispielsweise steht TDM/FDMA für eine nutzerweise TDM-Datenbündelung, während der Kanalzugriff per FDMA erfolgt.

15 Nichtlineare Verzerrungen

In den bisherigen Ausführungen wurde ein linearer Übertragungskanal vorausgesetzt, d. h. die Prinzipien der Überlagerung und der Verstärkung wurden als erfüllt angenommen. Oftmals ist bei Modulationsverfahren mit nichtkonstanter Einhüllenden (wie z. B. bei linearen Modulationsverfahren mit Ausnahme von MSK) das Empfangssignal jedoch nichtlinear verzerrt, z. B. aufgrund des senderseitigen Leistungsverstärkers, da man häufig Begrenzungs- und Sättigungseffekte in Kauf nimmt um eine hohe *Leistungseffizienz* zu erzielen. Es ergibt sich folglich ein Abtausch zwischen dem Leistungsverlust durch eine kleine Aussteuerung des Verstärkers und dem Leistungsverlust durch *nichtlineare Verzerrungen*. Das Optimum hängt vom Modulationsverfahren ab. Zudem führen nichtlineare Verzerrungen, abhängig vom Modulationsverfahren, im Allgemeinen zu einer Verringerung der *Bandbreiteneffizienz* durch eine Aufweitung des Signalspektrums. Hierdurch können weitere Verluste hervorgerufen werden, insbesondere durch Nachbarkanal-Interferenz. Neben dem Leistungsverstärker führen auch Quantisierungseffekte zu nichtlinearen Verzerrungen.

In diesem Kapitel werden zunächst systemtheoretische Grundlagen zur Behandlung nichtlinearer Verzerrungen vermittelt und es werden Modelle zur mathematischen Beschreibung von nichtlinearen Leistungsverstärkern vorgestellt. Es folgt eine Analyse nichtlinearer Verzerrungen in Bezug auf die Bandbreiteneffizienz (in Form des Leistungsdichtespektrums) und in Bezug auf die Leistungseffizienz (in Form der Bitfehlerwahrscheinlichkeit bei gegebenem Signal/Rauschleistungsverhältnis).

15.1 Systemtheoretische Grundlagen und Modellierung von Leistungsverstärkern

Aufbauend auf den folgenden systemtheoretischen Grundlagen werden Modelle von nichtlinearen Leistungsverstärkern vorgestellt. Die Darstellung erfolgt konsequent im äquivalenten komplexen Basisband.

15.1.1 Klassifizierung und analytische Beschreibung

Die Beziehung zwischen einem Eingangssignal $x(t)$ und einem Ausgangssignal $y(t)$ eines *nachrichtentechnischen Systems*, wie beispielsweise eines Leistungsverstärkers, kann mit Hilfe eines mathematischen Operators $\Psi\{.\}$ durch die Abbildung

$$y(t) = \Psi\{x(t)\} \tag{15.1}$$

vollständig beschrieben werden. Im Allgemeinen hängt $y(t)$ zu jedem Zeitpunkt t von mehreren Eingangswerten $x(t)$ ab. Bei einem *nichtlinearen System* gilt definitionsgemäß

$$\Psi\{a_1 x_1(t) + a_2 x_2(t)\} \neq a_1 \Psi\{x_1(t)\} + a_2 \Psi\{x_2(t)\}, \tag{15.2}$$

d. h. die Prinzipien der Überlagerung und der Verstärkung sind nicht gleichzeitig erfüllt. Wir beschränken uns im Folgenden auf *quellenlose* und *zeitinvariante Systeme* und unterscheiden zwischen

- *nichtlinearen Systemen ohne Gedächtnis,*
- *nichtlinearen trennbaren Systemen mit Gedächtnis* und
- *nichtlinearen untrennbaren Systemen mit Gedächtnis.*

Gedächtnis bedeutet, dass $y(t)$ zu jedem Zeitpunkt t von verschiedenen Zeitpunkten t von $x(t)$ abhängt. Systeme mit Gedächtnis sind also *dispersive Systeme*, d. h. *frequenzabhängige Systeme.*

Bei *nichtlinearen Systemen ohne Gedächtnis* hängt das Ausgangssignal $y(t)$ zu jedem Zeitpunkt t nur von einem Wert $x(t)$ ab. Folglich vereinfacht sich (15.1) zur funktionellen Abbildung

$$y(t) = \Psi\{x(t)\} = f(x(t)). \tag{15.3}$$

Die Funktion $f(.)$, *Kennlinie* genannt, beschreibt das Eingangs-/Ausgangsverhalten des nichtlinearen Systems. Sie kann durch eine geschlossene Formel, eine Tabelle oder eine unendliche Taylor-Reihe

$$f(x) = \sum_{k=1}^{\infty} a_k x^k \tag{15.4}$$

repräsentiert werden. Aufgrund der angenommenen Quellenfreiheit beginnt die Taylor-Reihe mit dem Index $k = 1$.

Bei *nichtlinearen trennbaren Systemen mit Gedächtnis* ist eine Trennung in ein lineares Eingangssystem, ein nichtlineares System ohne Gedächtnis und ein lineares Ausgangssystem möglich. Die Nichtlinearität kann dabei gemäß (15.3) durch eine Kennlinie $f(x)$ beschrieben werden, Eingangssystem und Ausgangssystem durch Filter.

Nichtlineare untrennbare Systeme mit Gedächtnis stellen den allgemeinsten Fall dar und können durch eine Volterra-Reihe der Form

$$\begin{aligned} y(t) &= \int_{-\infty}^{+\infty} h^{(1)}(\tau_1)\, x(t-\tau_1)\, d\tau_1 \\ &+ \int_{-\infty}^{+\infty}\int_{-\infty}^{+\infty} h^{(2)}(\tau_1,\tau_2)\, x(t-\tau_1)\, x(t-\tau_2)\, d\tau_1 d\tau_2 \\ &+ \ \ldots \end{aligned} \tag{15.5}$$

beschrieben werden. Wie aus (15.5) ersichtlich, ist $y(t)$ das Summensignal der Ausgänge sog. *Potenzsysteme* mit den Volterra-Kernen k-ter Ordnung, $h^{(k)}(\tau_1, \tau_2, \ldots, \tau_k)$. Diese Gewichtsfunktionen können als mehrdimensionale Impulsantworten interpretiert werden, die Mehrfachintegrale folglich als mehrdimensionale Faltungsintegrale. Zu erwähnen ist, dass normalerweise die Ermittelung der Volterra-Kerne ein großes messtechnisches Problem darstellt, dass die Konvergenz von (15.5) unter Umständen nur für hohe Ordnungen zu erreichen ist und dass sich eine weitere analytische Behandlung oft als schwierig erweist.

Wenn sich die Volterra-Kerne jedoch als Produkt

$$h^{(k)}(\tau_1, \tau_2, \ldots, \tau_k) = h^{(k)}(\tau_1) \cdot h^{(k)}(\tau_2) \cdot \ldots \cdot h^{(k)}(\tau_k) \tag{15.6}$$

darstellen lassen, so liegt ein *nichtlineares trennbares System mit Gedächtnis* vor. Die folgenden Ausführungen nehmen diesen Fall an.

15.1.2 Modelle von nichtlinearen Leistungsverstärkern

Wir wollen annehmen, dass die Nichtlinearität durch ein trennbares System bestehend aus einer zeitinvarianten gedächtnisfreien Nichtlinearität und einem linearen Eingangs-/Ausgangssystem gemäß Bild 15.1 dargestellt werden kann:

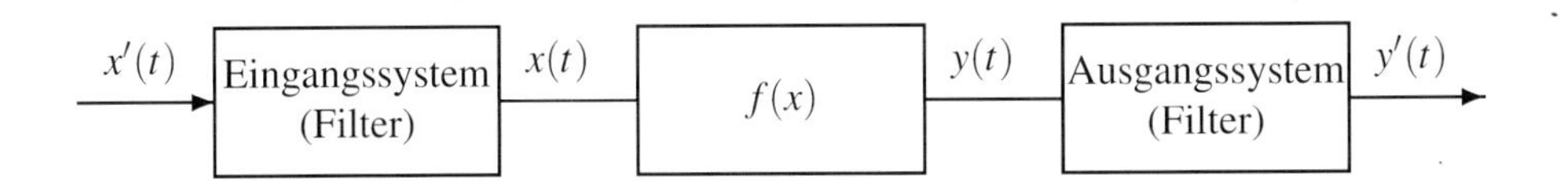

Bild 15.1: Nichtlineares trennbares System mit Gedächtnis

Die Kennlinie $f(x)$ repräsentiert die nichtlinearen Verzerrungen, während die Filter die Frequenzabhängigkeit modellieren. Wir nehmen an, dass kein Nachbarkanalübersprechen vorliegt und nur Signalanteile bei der Trägerfrequenz das Ausgangsfilter passieren können.

Die Filter können (konzeptionell) mit dem Modulator beziehungsweise mit dem Kanal zusammengefasst werden. Es verbleibt somit die Modellierung der Nichtlinearität. Hierbei findet oft das sog. *Hüllkurvenmodell*

$$y(t) = g(A(t)) \cdot e^{j[\phi(t) + \Phi(A(t))]} \tag{15.7}$$

Anwendung, wobei $x(t) = A(t)\,e^{j\phi(t)}$ das Eingangssignal ist. Die Amplitude $A(t)$ ist definitionsgemäß positiv, somit sind dies auch die Funktionswerte $g(A)$. Man bezeichnet $g(A)$ als *AM/AM-Konversion* und $\Phi(A)$ als *AM/PM-Konversion*, wobei die Begriffe AM und PM nicht mit Amplituden- und Phasenmodulation verwechselt werden dürfen.

Die folgenden Modelle approximieren bestimmte Verstärkertypen. Diese Modelle sind durch eine kleine Anzahl von Parametern ausgezeichnet und erlauben, im Gegensatz zu Potenzreihen, auch die Approximation von nichtstetigen Nichtlinearitäten, wie z. B. Knickkennlinien.

15.1.2.1 Approximation einer Wanderfeldröhre

Das nichtlineare Verhalten eines Wanderfeldröhrenverstärkers („Traveling Wave Tube Amplifier (TWTA)") kann durch die AM/AM-Konversion

$$g(A) = \frac{\alpha_A A}{1 + \beta_A A^2} \tag{15.8}$$

und die AM/PM-Konversion

$$\Phi(A) = \frac{\alpha_\Phi A^2}{1+\beta_\Phi A^2} \tag{15.9}$$

hinreichend gut approximiert werden („Saleh-Modell"). Mit den im Folgenden verwendeten Parametern $\alpha_A = 1$ und $\beta_A = 0.25$ sind die Kleinsignalverstärkung $v := \alpha_A > 0$ und die Sättigungsausgangsamplitude $A_{max} := \max_A g(A)$ jeweils gleich eins, siehe Bild 15.2 links. Ein typischer Verlauf der AM/PM-Konversion ist in Bild 15.2 rechts für $\alpha_\Phi = 0.26$ und $\beta_\Phi = 0.25$ aufgetragen. (Die Zahlenwerte für α_Φ und β_Φ sind in rad angegeben.)

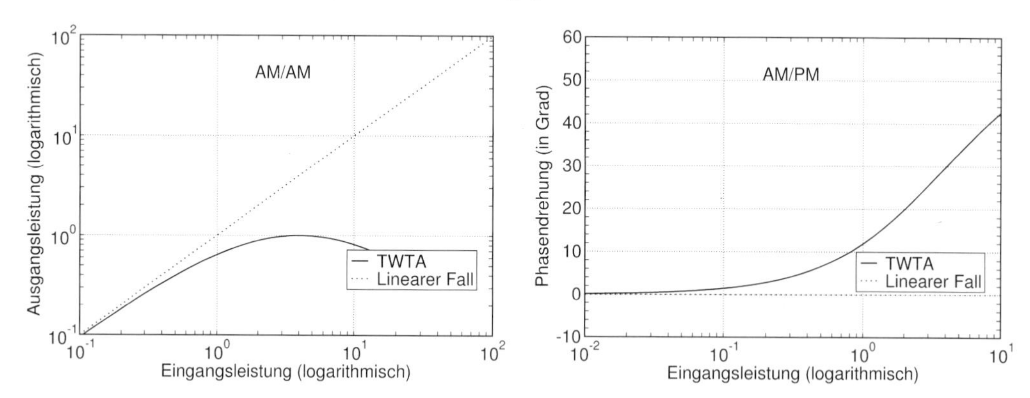

Bild 15.2: Typischer Verlauf der AM/AM-Konversion (links) und der AM/PM-Konversion (rechts) eines Wanderfeldröhrenverstärkers

15.1.2.2 Approximation eines Halbleiterverstärkers

Das AM/AM-Verhalten eines Halbleiterverstärkers mit Kleinsignalverstärkung v und Sättigungsausgangsamplitude A_{max} kann durch

$$g(A) = \frac{vA}{\left(1+\left[\left(\frac{vA}{A_{max}}\right)^2\right]^p\right)^{1/2p}} \tag{15.10}$$

approximiert werden („Rapp-Modell"). Der Parameter $p > 0$ ist ein Maß für die Sättigungscharakteristik, siehe Bild 15.3 links. In diesem Bild wurden Kleinsignalverstärkung und Sättigungsausgangsamplitude gleich eins gewählt. Die AM/PM-Konversion wird durch das Rapp-Modell nicht abgedeckt.

Im Spezialfall $p \to \infty$ ergibt sich die als *idealer Hüllkurvenbegrenzer* bezeichnete Knickkennlinie:

$$\lim_{p\to\infty} g(A) = \begin{cases} vA_{max} & \text{für } A > A_{max} \\ vA & \text{für } |A| \le A_{max} \\ -vA_{max} & \text{für } A < -A_{max} \end{cases}, \tag{15.11}$$

siehe Bild 15.3 rechts. Diese Charakteristik wird als die beste durch externe Linearisierungsmaßnahmen erreichbare Kennlinie angesehen und dient als Referenz.

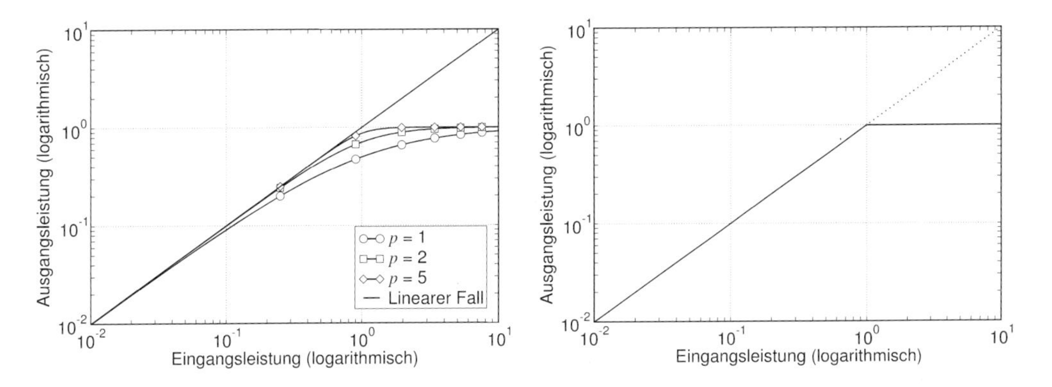

Bild 15.3: Typischer Verlauf der AM/AM-Konversion eines Halbleiterverstärkers (links) und eines Hüllkurvenbegrenzers (rechts)

15.1.3 Definition von Signalleistungen, Aussteuerung und Crestfaktor

Ein wichtiger Parameter ist die *Aussteuerung* des Verstärkers. Je geringer der Verstärker ausgesteuert wird, umso geringer sind die nichtlinearen Verzerrungen. Auf der anderen Seite wird durch eine kleine Aussteuerung die Ausgangsleistung begrenzt. Um den Begriff der Aussteuerung und verwandter Größen zur Beschreibung nichtlinearer Systeme formal definieren zu können, benötigt man folgende Definitionen:

- Mit $P_{in,avg}$ bezeichnet man die *mittlere Eingangsleistung*.
- Mit $P_{in,max}$ bezeichnet man die *maximale Eingangsleistung*, auch *Signalspitzenleistung* genannt.
- Mit $P_{out,avg}$ bezeichnet man die *mittlere Ausgangsleistung*.
- Mit $P_{out,max}$ bezeichnet man die *maximale Ausgangsleistung*, auch *Sättigungsausgangsleistung* genannt.

Hinsichtlich der Aussteuerung unterscheidet man zwischen der Aussteuerung am Ein- und Ausgang des Verstärkers: Die *Eingangsaussteuerung* ist gemäß

$$\Delta_{P_{in,avg}/P_{out,max}} := 10 \log_{10} \frac{P_{in,avg}}{P_{out,max}} \text{ dB} \tag{15.12}$$

und die *Unteraussteuerung* („Ausgangs-Backoff“) ist gemäß

$$\Delta_{P_{out,max}/P_{out,avg}} := 10 \log_{10} \frac{P_{out,max}}{P_{out,avg}} \text{ dB} \tag{15.13}$$

definiert. Die Unteraussteuerung ist meist aussagekräftiger. Eine kleine Unteraussteuerung entspricht einem Arbeitspunkt nahe der Sättigung, d. h. es muss unter Umständen mit starken nichtlinearen Verzerrungen gerechnet werden.

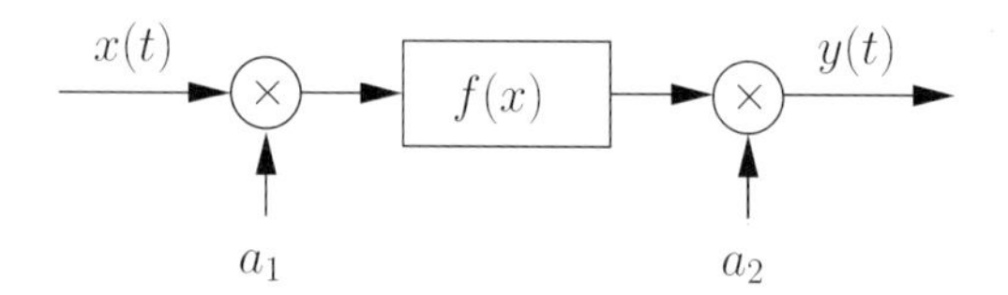

Bild 15.4: Zur Modellierung der Unteraussteuerung

In einer Computersimulation kann die Unteraussteuerung mit Hilfe des in Bild 15.4 gezeigten Parameters a_1 eingestellt werden. Der Parameter a_2 dient zur Anpassung der Ausgangsleistung.

Ein erster Anhaltspunkt für die benötigte Unteraussteuerung ist der *Crestfaktor*. Er gibt das Verhältnis der *Signalspitzenleistung* $P_{in,max}$ zur *mittleren Eingangsleistung* $P_{in,avg}$ an:

$$\Delta_{P_{in,max}/P_{in,avg}} := 10\log_{10}\frac{P_{in,max}}{P_{in,avg}}\ \text{dB}. \tag{15.14}$$

Man beachte, dass der Crestfaktor nur vom unverzerrten Sendesignal abhängt. Diese Größe ist ein Maß für die Hüllkurvenschwankungen des unverzerrten Sendesignals. Der Crestfaktor ist für wichtige Modulationsverfahren in Tabelle 15.1 tabelliert. Die letzte Spalte zeigt die auf die Symbolperiode normierte 99 %-Bandbreite.

Tabelle 15.1: Crestfaktoren gefilterter und ungefilterter M-PSK und M-QAM Verfahren in dB

	M-PSK	4-QAM	16-QAM	$B_{99\%}T$
ungefiltert	0.00	0.00	2.55	
$r = 0.1$	7.70	7.70	10.25	1.02
$r = 0.2$	5.97	5.97	8.52	1.08
$r = 0.3$	4.73	4.73	7.28	1.14
$r = 0.4$	3.75	3.75	6.30	1.20
$r = 0.5$	3.77	3.77	6.04	1.27
$r = 1.0$	3.79	3.79	6.34	1.63

15.1.4 Auswirkungen nichtlinearer Verzerrungen beim 4-PSK-Modulationsverfahren

Die folgenden Bilder 15.5 bis 15.7 zeigen anschaulich einige Auswirkungen aufgrund nichtlinearer Verzerrungen. Wurzel-Nyquist Sende- und Empfangsfilter wurden zur Impulsformung verwendet, der Rolloff-Faktor beträgt $r = 0.2$. Als Nichtlinearität wurde der Wanderfeldröhrenverstärker nach Abschnitt 15.1.2.1 eingesetzt. Die Unteraussteuerung wurde zu $\Delta_{P_{out,max}/P_{out,avg}} =$ 1 dB gewählt. Da der Crestfaktor $\Delta_{P_{in,max}/P_{in,avg}} = 3.75$ dB beträgt, treten starke Verzerrungen auf.

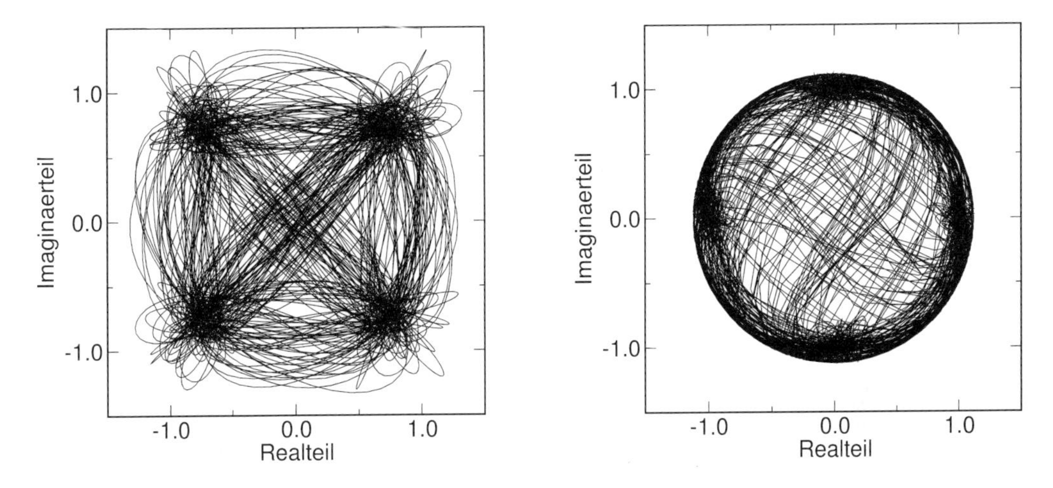

Bild 15.5: Verlauf eines 4-PSK-Signals in der komplexen Signalebene; a) nach linearer Impulsformung und b) nach nichtlinearer Verzerrung mit Wanderfeldröhrenverstärker

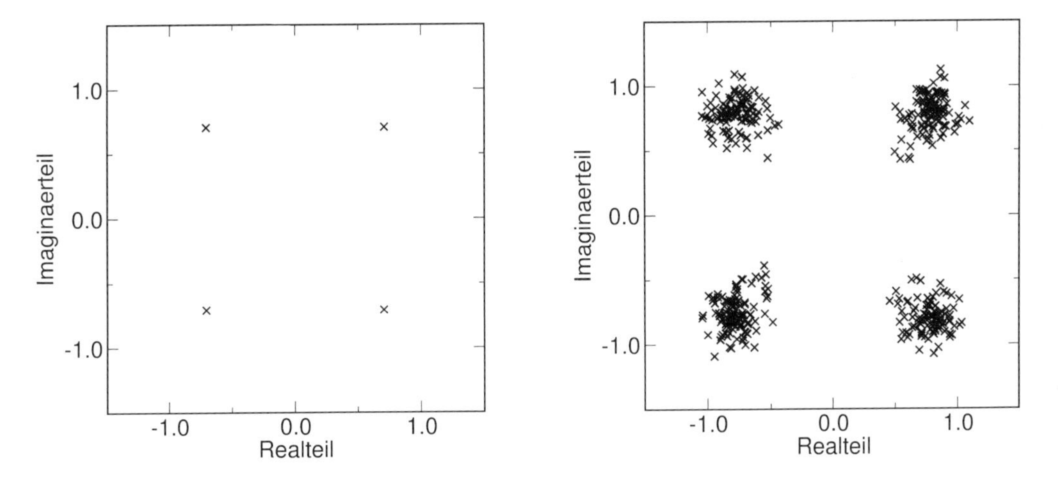

Bild 15.6: Empfangssignal-Konstellation eines 4-PSK-Signals nach Empfangsfilter; a) im linearen Fall und b) nach nichtlinearer Verzerrung mit Wanderfeldröhrenverstärker (wobei die mittlere Phasendrehung aufgrund der AM/PM-Konversion kompensiert ist)

15.2 Analytische Berechnung von Leistungsdichtespektrum und Bitfehlerwahrscheinlichkeit

Dieser Abschnitt stellt Verfahren zur Analyse nichtlinearer Verzerrungen bei linearen Modulationsverfahren vor. Es wird angenommen, dass jedes modulierte Signal durch einen eigenen Leistungsverstärker verstärkt wird („single carrier per transponder“). Dies ist bei digitalen Richtfunksystemen und Satellitensystemen oft der Fall. Intermodulationsstörungen brauchen also nicht

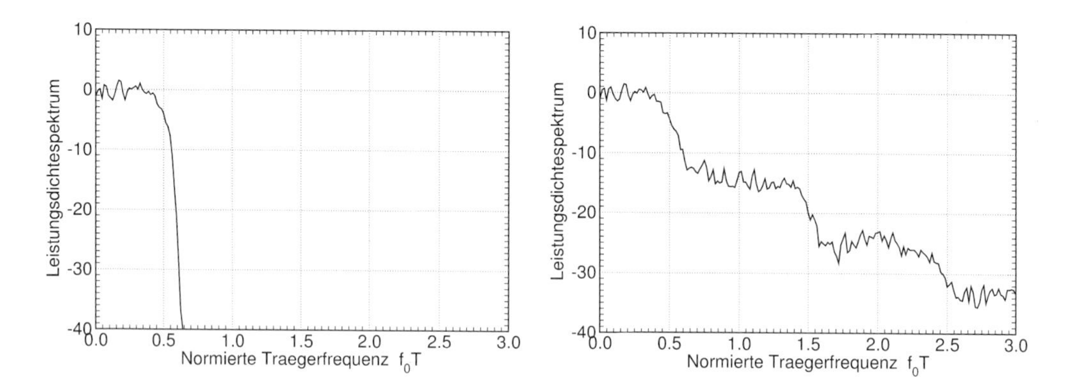

Bild 15.7: Leistungsdichtespektrum eines 4-PSK-Signals; a) nach linearer Impulsformung und b) nach nichtlinearer Verzerrung mit Wanderfeldröhrenverstärker

berücksichtigt zu werden. Als Kanalstörung wird additives weißes Gauß'sches Rauschen angenommen. Takt- und Trägerphasensynchronisation seien ideal.

15.2.1 Signaldarstellung

Das zugrunde gelegte Sendermodell ist in Bild 15.8 dargestellt.

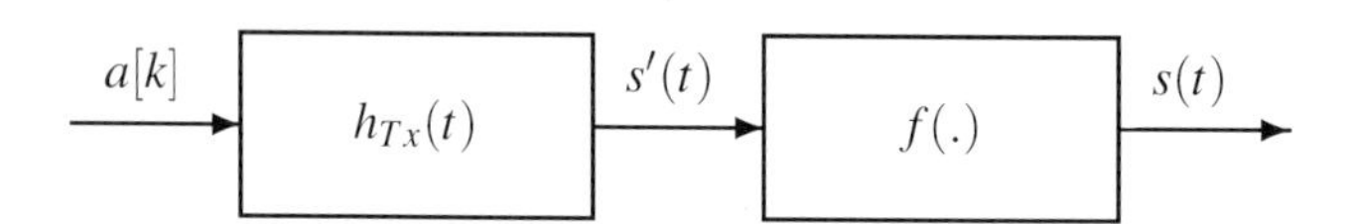

Bild 15.8: Senderseitiges Modell für lineare Modulationsverfahren mit nachgeschalteter Nichtlinearität

Es werden statistisch unabhängige, gleichwahrscheinliche Informationssymbole $\mathbf{u}[k] \in \{0,1\}^m$ angenommen, wobei $m := \log_2(M)$. Nach Mapping und linearer Impulsformung ergibt sich das unverzerrte Sendesignal zu

$$s'(t) = \sum_{k=-\infty}^{\infty} a[k]\, h_{Tx}(t-kT), \tag{15.15}$$

wobei $a[k]$ das k-te (im Allgemeinen komplexwertige) Datensymbol der Mächtigkeit M und $h_{Tx}(t)$ die (meist reelle) Impulsantwort des linearen Sendefilters einschließlich des linearen Eingangssystems der Nichtlinearität ist. Die Impulsantwort wird als kausal und auf die Dauer L_sT zeitbegrenzt angenommen, d. h.

$$h_{Tx}(t) = 0 \quad \text{für} \quad t < 0 \quad \text{und für} \quad t \geq L_sT. \tag{15.16}$$

Aufgrund dieser Zeitbegrenzung und der Linearität kann (15.15) auch in der Form

$$s'(t) = \sum_{k=-\infty}^{\infty} g'(t - kT; \mathbf{a}[k]) \tag{15.17}$$

dargestellt werden, wobei $g'(t - kT; \mathbf{a}[k])$ ein unverzerrtes, zum Zeitpunkt kT gesendetes Signalelement der Dauer T ist. Hierbei ist $\mathbf{a}[k]$ ein die gesendete Informationssequenz repräsentierender Vektor der Länge L_s, besitzt also folglich einen Signalvorrat von M^{L_s} Möglichkeiten. Durch Vergleich von (15.15) und (15.17) erhält man die transformierten Signalelemente zu

$$g'(t; \mathbf{a}[k]) = \sum_{l=0}^{L_s-1} a[k-l]\, h_{Tx}(t - kT + lT) \quad \text{für} \quad 0 \leq t < T. \tag{15.18}$$

Da diese auf die Symbolperiode T zeitbegrenzten Signalelemente *überlappungsfrei* sind, kann jedes Signalelement *einzeln* verzerrt werden (denn die Nichtlinearität wurde als dispersionsfrei angenommen). Somit ergibt sich mit

$$s(t) = f(s'(t)) = f\left(\sum_{k=-\infty}^{\infty} a[k]\, h_{Tx}(t - kT) \right) \tag{15.19}$$

und der Definition

$$g(t; \mathbf{a}[k]) := f(g'(t; \mathbf{a}[k])) \tag{15.20}$$

das nichtlinear verzerrte Sendesignal schließlich zu

$$s(t) = \sum_{k=-\infty}^{\infty} g(t - kT; \mathbf{a}[k]). \tag{15.21}$$

15.2.2 Berechnung des Leistungsdichtespektrums

Die Herleitung des Leistungsdichtespektrums von nichtlinear verzerrten Signalen $s(t)$ gedächtnisbehafteter Signalquellen gestaltet sich im Rahmen dieser Darstellung als zu umfangreich. Wir beschränken uns deshalb auf die Angabe der Lösung, sowie einiger Beispiele.

Die allgemeine Formel zur Berechnung des Leistungsdichtespektrums lautet

$$R_{ss}(f) = \frac{1}{T} \sum_{l=-\infty}^{\infty} E\{G(f; \mathbf{a}[k])\, G^*(f; \mathbf{a}[k+l])\}\, e^{-j2\pi f l T}, \tag{15.22}$$

wobei $G(f; \mathbf{a}[k])$ die Fourier-Transformierte des Signalelements $g(t; \mathbf{a}[k])$ ist. Für (rotations-) symmetrische Signalkonstellationen sind Vereinfachungen möglich. Berücksichtigt man sämtliche Vereinfachungen, so ist eine analytische Berechnung des Leistungsdichtespektrums von nichtlinear verzerrten PSK-Signalen und QAM-Signalen nicht nur in geschlossener Form darstellbar, sondern auch für längere Impulsantworten praktikabel auszuwerten.

15.2.3 Berechnung der Bitfehlerwahrscheinlichkeit

Das vollständige Übertragungsmodell zur Berechnung der Bitfehlerwahrscheinlichkeit ist in Bild 15.9 dargestellt. Das nichtlinear verzerrte Sendesignal $s(t)$ (siehe Bild 15.8) wird durch einen weißen Gauß'schen Rauschprozess $n(t)$ mit einseitiger Rauschleistungsdichte N_0 gestört. Als weitere Störungen überlagern sich die Signale $s_{ob}(t)$ des oberen Nachbarkanals und $s_{unt}(t)$ des unteren Nachbarkanals. Diese Signale bewirken aufgrund der Verbreiterung des Spektrums durch die Nichtlinearität eine Nachbarkanal-Interferenz („Adjacent Channel Interference (ACI)"). Diese kann ebenfalls in guter Näherung als weißer Gauß'scher Rauschprozess approximiert werden. Folglich können die Nachbarkanal-Interferenz und der thermische Rauschprozess $n(t)$ zu einem effektiven Rauschprozess $n'(t)$ zusammengefasst werden. Das Empfangssignal

$$r(t) = s(t) + n'(t) \tag{15.23}$$

wird zunächst gefiltert

$$y(t) = \int_{-\infty}^{\infty} h_{Rx}(\tau)\, r(t-\tau)\, d\tau, \tag{15.24}$$

dann abgetastet

$$y[k] := y(kT+\varepsilon) \qquad \text{mit} \quad \varepsilon \in [-T/2, +T/2), \tag{15.25}$$

und schließlich detektiert.

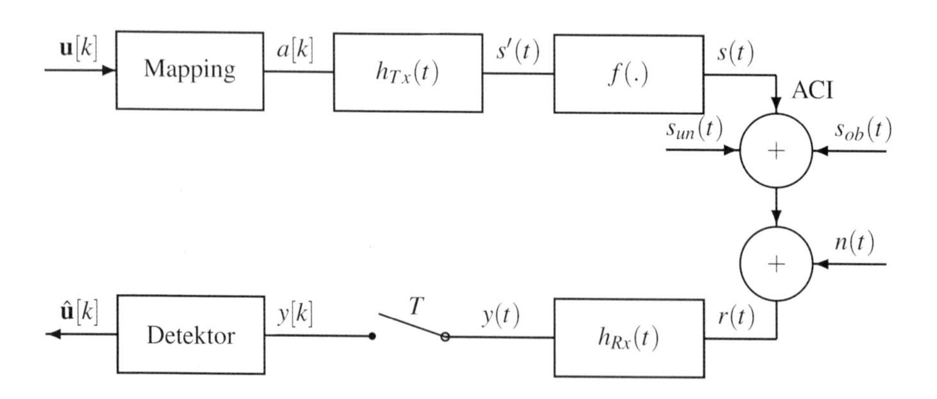

Bild 15.9: Übertragungsmodell zur Berechnung der Bitfehlerwahrscheinlichkeit

Zur Berechnung der Bit- oder Symbolfehlerwahrscheinlichkeit nach dem Detektor wird zunächst das unverrauschte, mit $y'(t)$ bezeichnete Detektionssignal berechnet. Nimmt man (analog zur Impulsformung im Sender) eine auf $L_{Rx}T$ zeitbegrenzte kausale Impulsantwort

$$h_{Rx}(t) = 0 \quad \text{für} \quad t < 0 \quad \text{und für} \quad t \geq L_{Rx}T \tag{15.26}$$

an (vergleiche (15.16)), so folgt mit (15.24)

$$\begin{aligned} y'(t) &= \int_{-\infty}^{\infty} s(\tau)\, h_{Rx}(t-\tau)\, d\tau \\ &= \int_{t-L_{Rx}T}^{t} s(\tau)\, h_{Rx}(t-\tau)\, d\tau. \end{aligned} \tag{15.27}$$

Zum Abtastzeitpunkt $t = kT + \varepsilon$ (siehe (15.25)) erhält man den Abtastwert

$$y'(kT+\varepsilon) = \int_{(k-L_{Rx})T+\varepsilon}^{kT+\varepsilon} s(\tau)\, h_{Rx}(kT+\varepsilon-\tau)\, d\tau. \tag{15.28}$$

Einsetzen des Sendesignals

$$s(t) = \sum_{k=-\infty}^{\infty} g(t-kT;\mathbf{a}[k]) \tag{15.29}$$

ergibt

$$y'(kT+\varepsilon) = \sum_{\nu=-\infty}^{\infty} \int_{(k-L_{Rx})T+\varepsilon}^{kT+\varepsilon} g(\tau-\nu T;\mathbf{a}[\nu])\, h_{Rx}(kT+\varepsilon-\tau)\, d\tau. \tag{15.30}$$

Weitere Vereinfachungen ergeben sich erneut für Signalquellen mit Schieberegisterstruktur und für (rotations-) symmetrische Signalkonstellationen.

Beispiel 15.2.1 (Bitfehlerwahrscheinlichkeit für 2-PSK und 4-PSK) Zur Berechnung der Bitfehlerwahrscheinlichkeit für 2-PSK und 4-PSK-Modulationsverfahren nehmen wir ohne Beschränkung der Allgemeinheit an, dass die Datensymbole

$$a[k] = 1 + j0 \qquad \text{bei 2-PSK} \tag{15.31}$$

bzw.

$$a[k] = (1+j1)/\sqrt{2} \qquad \text{bei 4-PSK} \tag{15.32}$$

gesendet werden. Ferner wird von einer Gray-Codierung ausgegangen. Folglich tritt ein Bitfehler auf, wenn das verrauschte Detektionssignal $y(t)$, projiziert auf die imaginäre Achse, zum Abtastzeitpunkt negativ ist, d. h. falls $y[k] < 0$. Als Sendefilter $h_{Tx}(t)$ und Empfangsfilter $h_{Rx}(t)$ wird jeweils ein Wurzel-Nyquist-Filter angenommen. Da das Detektionssignal vom gesendeten Datenvektor $\mathbf{a}[k]$ abhängt, ist folglich auch die Bitfehlerwahrscheinlichkeit datenabhängig. Zur Berechnung der mittleren Bitfehlerwahrscheinlichkeit P_b muss also über alle Kombinationsmöglichkeiten gemittelt werden:

$$P_b = E\{P_b(\mathbf{a}[k])\}, \tag{15.33}$$

wobei

$$P_b(\mathbf{a}[k]) = P\big(\mathrm{Re}\{y[k]\} < 0\big) = P\big(\mathrm{Re}\{y'[k] + n'[k]\} < 0\big). \tag{15.34}$$

Hierbei ist $y'[k] := y'(kT+\varepsilon)$ der datenabhängige und von der Abtastphase ε abhängige unverrauschte Detektionswert und $n'[k]$ ist der gefilterte Abtastwert des effektiven Rauschprozesses

$n'(t)$. Da ein Wurzel-Nyquist-Empfangsfilter angenommen wurde, ist der mit Symbolrate abgetastete effektive Rauschprozess weiß und gaußverteilt. Die Rauschvarianz werde mit σ^2 bezeichnet. Bekanntermaßen gilt dann bei optimaler Abtastphase

$$P_b(\mathbf{a}[k]) = \frac{1}{2}\text{erfc}\sqrt{\frac{(\text{Re}\{y'[k]\})^2}{2\sigma^2}}. \tag{15.35}$$

Bild 15.10 zeigt als Beispiel die Bitfehlerwahrscheinlichkeit für 4-PSK über den AWGN-Kanal bei Verzerrung durch einen Wanderfeldröhrenverstärker. Für den Wanderfeldröhrenverstärker und die Unteraussteuerung wurden die oben genannten Parameter verwendet. Es wurde eine perfekte Taktsynchronisation und eine Kompensation der mittleren Phasendrehung durch die AM/PM-Konversion angenommen. Deutlich ist der Verlust aufgrund von nichtlinearen Verzerrungen erkennbar. Berücksichtigt man zusätzlich Nachbarkanal-Interferenz, so werden die Verluste noch größer. ◊

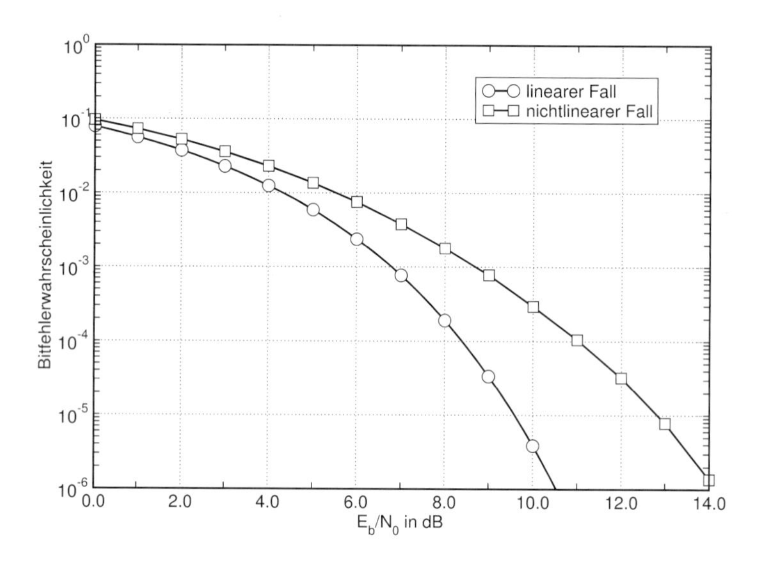

Bild 15.10: Bitfehlerwahrscheinlichkeit von 4-PSK bei nichtlinearer Verzerrung durch einen Wanderfeldröhrenverstärker

16 CPM-Modulationsverfahren

16.1 Definition von CPM-Modulationsverfahren

In vielen Lehrbüchern und Fachartikeln wird die M-stufige Phasensprungmodulation als Modulationsverfahren mit konstanter Amplitude im Basisband (d. h. konstanter komplexer Einhüllenden) bezeichnet. Die komplexe Einhüllende ist jedoch nur in Verbindung mit einem rechteckförmigen Grundimpuls $g_{Tx}(t) = \text{rect}(t/T)$ konstant. Ein rechteckförmiger Grundimpuls bewirkt aufgrund der Phasensprünge und der zeitbegrenzten Impulsform jedoch ein Leistungsdichtespektrum mit einem erheblichen Anteil in den Nebenkeulen. Werden beispielsweise Cosinus-Rolloff-Impulse verwendet, so ist das Leistungsdichtespektrum bandbegrenzt, nun schwankt aber die komplexe Einhüllende. Dies bedeutet Probleme beim Einsatz nichtlinearer Sendeverstärker aufgrund von nichtlinearen Verzerrungen.

Beide Nachteile können durch *Continuous-Phase Modulationsverfahren* (CPM) vermieden werden: CPM-Verfahren weisen einen *stetigen Phasenverlauf* und gleichzeitig eine *konstante Amplitude* im Basisband auf. Um den stetigen (d. h. sprungfreien) Phasenverlauf zu gewährleisten, entstehen an den Symbolgrenzen Bedingungen/Einschränkungen an den Signalverlauf. Dadurch entsteht auf natürliche Weise ein Gedächtnis, d. h. eine Codierung. CPM-Verfahren sind, bis auf den Spezialfall *Minimum Shift Keying* (MSK), nichtlineare Modulationsverfahren.

CPM-Signale können im komplexen Basisband wie folgt generiert werden: Zunächst werden die Infobits wie bei der bipolaren Amplitudensprungmodulation auf die Datensymbole $a[k] \in \{\pm 1, \dots, \pm(M-1)\}$ abgebildet, wobei M gerade (und bevorzugt eine Zweierpotenz) ist. Jedes CPM-Signal lässt sich gemäß

$$s(t) := A \exp(j(\phi(t, \mathbf{a}) + \phi_0)), \qquad t \geq 0, \tag{16.1}$$

beschreiben, wobei A die Amplitude,

$$\phi(t, \mathbf{a}) = 2\pi h \sum_{k=0}^{\infty} a[k]\, q_{CPM}(t - kT) \tag{16.2}$$

die *informationstragende Phase* und ϕ_0 eine beliebige Startphase ist, z. B. $\phi_0 = 0$. Die Amplitude A ist zu jedem Zeitpunkt konstant. Im Sinne einer Leistungsnormierung wird im Folgenden $A = 1$ gewählt. Die informationstragende Phase ist eine Funktion der Datensequenz $\mathbf{a} := [a[0], a[1], \dots]$. Der meist rationale Parameter $h = i/j$ wird als *Modulationsindex* bezeichnet und die reelle Funktion $q_{CPM}(t)$ wird *Phasenimpuls* genannt. Der Modulationsindex h bestimmt die maximale Phasenänderung pro Symbolperiode T. Je kleiner der Modulationsindex, umso bandbreiteneffizienter ist das CPM-Verfahren. Der Modulationsindex ist normalerweise konstant, kann aber auch variabel sein (multi-h Verfahren). Im Folgenden wird ein fester Modulationsindex angenommen.

Um einen stetigen Phasenverlauf zu erhalten, muss der Phasenimpuls folgender Bedingung genügen:

$$q_{CPM}(t) = \begin{cases} 0 & \text{für} \quad t \leq 0 \\ 1/2 & \text{für} \quad t \geq L_{CPM}T. \end{cases} \tag{16.3}$$

Der Phasenimpuls ist als Integral über den *Frequenzimpuls* $g_{CPM}(t)$ definiert:

$$q_{CPM}(t) = \int_{\tau=-\infty}^{t} g_{CPM}(\tau)\, d\tau. \tag{16.4}$$

Der Frequenzimpuls $g_{CPM}(t)$ erstreckt sich über das Intervall $0 \leq t \leq L_{CPM}T$ und ist gleich null sonst. Für $L_{CPM} = 1$ spricht man von einem *„full-response" Verfahren*, für $L_{CPM} > 1$ von einem *„partial-response" Verfahren*. Bei „partial-response" Verfahren erstreckt sich die Impulsdauer über mehrere Datensymbole. Aufgrund der Intersymbol-Interferenz muss die Detektion über mehrere Datensymbole erfolgen.

Man kann CPM als lineares Modulationsverfahren bezüglich der informationstragenden Phase interpretieren, vgl. (13.1):

$$\phi(t, \mathbf{a}) = \sum_{k=0}^{\infty} a'[k]\, q_{CPM}(t - kT), \tag{16.5}$$

wobei $a'[k] := 2\pi h a[k]$. Der Phasenimpuls, $q_{CPM}(t)$, wird um kT verzögert und mit dem Datensymbol $a'[k]$ gewichtet. Die so generierten Phasenelemente $a'[k]\, q_{CPM}(t - kT)$ werden linear überlagert. Da die informationstragende Phase im Argument des komplexen Drehzeigers steht, ist CPM im Allgemeinen ein nichtlineares Modulationsverfahren.

CPM-Verfahren unterscheiden sich nur in der Wahl der Parameter M, h, L_{CPM} und $g_{CPM}(t)$. Im Folgenden werden die Parameter einiger klassischer CPM-Verfahren aufgelistet.

16.1.1 Minimum Shift Keying (MSK)

Bei *Minimum Shift Keying* handelt es sich um ein „full-response" Verfahren, d. h. $L_{CPM} = 1$. MSK besitzt ein binäres Symbolalphabet ($M = 2$) mit den Symbolen $a[k] \in \{+1, -1\}$. Der Modulationsindex ist gleich $h = 1/2$ und der Frequenzimpuls lautet $g_{CPM}(t) = 0.5/T$ für $0 \leq t \leq T$ und null sonst. In Bild 16.1 ist der auf eine Symboldauer T begrenzte Frequenzimpuls (links) und der zugehörige Phasenimpuls (rechts) dargestellt. Die Phase verändert sich linear über der Zeit. Die Phasendifferenz beträgt $\pm\pi/2$ rad pro Symboldauer. Ist das k-te Datensymbol gleich $a[k] = +1$, so dreht sich die Phase um $+\pi/2$ rad pro Symboldauer. Für $a[k] = -1$ dreht sich die Phase um $-\pi/2$ rad pro Symboldauer. Bild 16.2 zeigt das sog. *Phasendiagramm* von MSK für $\phi_0 = 0$. Im Phasendiagramm sind alle möglichen Phasenübergänge dargestellt. Man erkennt einen stetigen Phasenverlauf für alle möglichen informationstragenden Phasen.

MSK kann als Offset-QPSK (O-QPSK) Modulationsverfahren mit Grundimpuls $g_{Tx}(t) = \sin(\pi/2 \cdot t/T)$ für $0 \leq t \leq 2T$ interpretiert werden und ist somit linear.

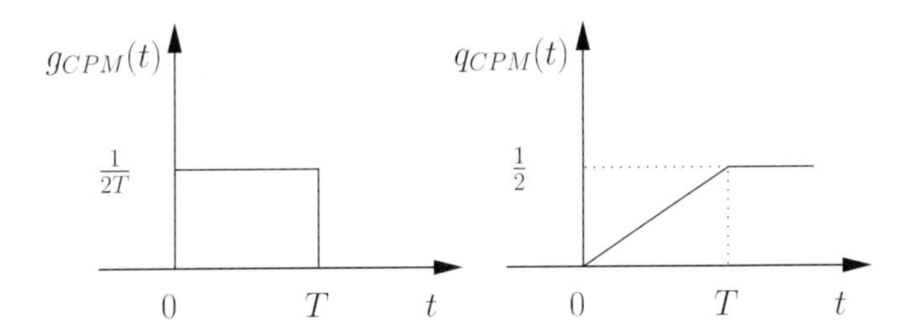

Bild 16.1: Frequenzimpuls $g_{CPM}(t)$ und Phasenimpuls $q_{CPM}(t)$ von MSK

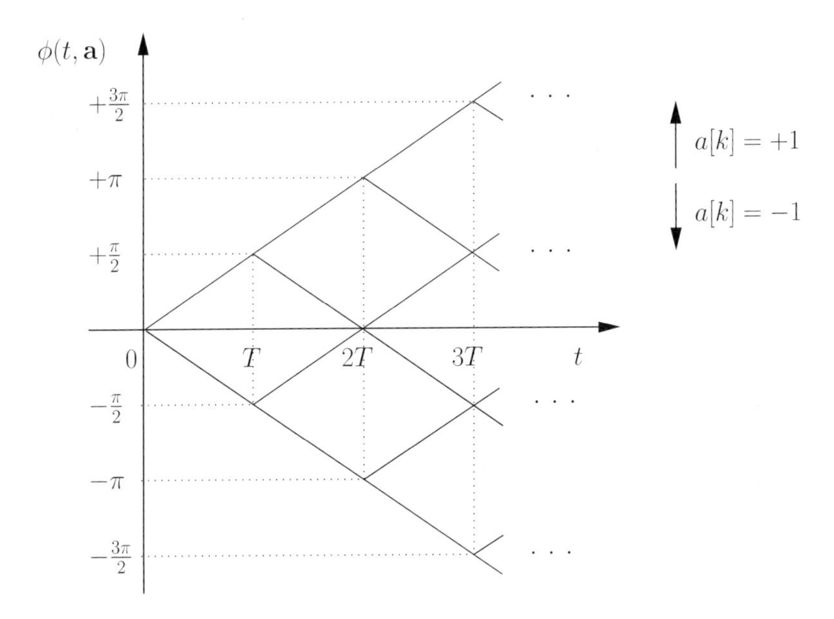

Bild 16.2: Phasendiagramm von MSK

16.1.2 Continuous Phase Frequency Shift Keying (CPFSK)

Continuous Phase Frequency Shift Keying ist eine Verallgemeinerung von MSK in dem Sinne, dass die Mächtigkeit des Symbolalphabets beliebige Zweierpotenzen annehmen kann ($M = 2, 4, 8, \dots$) und der Modulationsindex h eine beliebige rationale Zahl sein kann. Ansonsten handelt es sich wie bei MSK um ein „full-response" Verfahren ($L_{CPM} = 1$) mit Frequenzimpuls $g_{CPM}(t) = 0.5/T$ für $0 \leq t \leq T$ und null sonst. Die Phasendifferenz beträgt $\pm\pi h, \pm 3\pi h, \dots$ rad pro Symboldauer.

CPFSK gehört zur Familie der *Frequenzsprung-Verfahren* (FSK). Man verwendet aber nicht M getrennte Oszillatoren, die hart umgetastet werden, sondern nur einen Oszillator, und moduliert dessen Trägerfrequenz mit der Datensequenz. Dadurch entstehen stetige Phasenübergänge.

16.1.3 Gaussian Minimum Shift Keying (GMSK)

Gaussian Minimum Shift Keying besitzt wie MSK ein binäres Symbolalphabet $a[k] \in \{+1, -1\}$ und den Modulationsindex $h = 1/2$. Um weichere Übergänge im Phasendiagramm zu erzielen, wird bei GMSK der Frequenzimpuls

$$g_{CPM}(t) = \frac{1}{2T}\left[Q\left(2\pi B_b \frac{t - 5T/2}{\sqrt{\log_e 2}}\right) - Q\left(2\pi B_b \frac{t - 3T/2}{\sqrt{\log_e 2}}\right)\right] \tag{16.6}$$

verwendet, wobei $Q(t) := \frac{1}{\sqrt{2\pi}} \int_t^\infty \exp(-\tau^2/2)\, d\tau$, $t \geq 0$, die Q-Funktion ist: $Q(t) = \frac{1}{2}\mathrm{erfc}(t/\sqrt{2})$. GMSK ist somit ein „partial-response" Verfahren ($L_{CPM} > 1$).

GMSK kann als MSK mit verallgemeinertem Frequenzimpuls interpretiert werden. Der bei GMSK verwendete Frequenzimpuls entsteht durch Filterung eines Rechteckimpulses der Dauer T mit einem Gauß-Filter der Bandbreite B_b, d. h. durch die Faltung eines Rechteckimpulses mit einem Gauß-Impuls. Durch die Faltung entsteht ein Frequenzimpuls mit sanften Flanken. Je sanfter die Flanken, umso kompakter ist das Leistungsdichtespektrum von $s(t)$, aber umso größer ist die Intersymbol-Interferenz. Das Produkt B_bT bezeichnet man als normierte Bandbreite. Für $B_bT \approx 0.25 \ldots 0.3$ ist $L_{CPM} \approx 4$. Die maximale Phasendifferenz beträgt wie bei MSK $\pi/2$ rad pro Symbolperiode. GMSK wird im GSM-Mobilfunk verwendet, wobei $B_bT = 0.3$ und der Frequenzimpuls im Intervall $0 \leq t \leq 4T$ definiert ist.

16.2 Zerlegung und Linearisierung von CPM-Modulationsverfahren

Per Definition kann jedes lineare Modulationsverfahren im komplexen Basisband in der Form

$$s(t) = \sum_k a[k] \cdot g_{Tx}(t - kT) \tag{16.7}$$

dargestellt werden. Ein Vorteil von linearen Modulationsverfahren ist deren Adaptionsmöglichkeit: Die Leistungs-/Bandbreiteneffizienz kann durch das Mapping verändert werden, ohne dass das Leistungsdichtespektrum (und somit die spektrale Maske) verändert wird. *Adaptive Modulationsverfahren* sind bei zeitveränderlichen Kanälen und/oder zeitveränderlichen Diensten (wie Sprach- und Datendienste) hilfreich, aber auch zum Wechsel des Übertragungsstandards (wie GSM/UMTS) im Sinne von Software-Defined Radio. Nichtlineare Modulationsverfahren (und somit CPM) bieten diese Möglichkeit nicht. Auch bei „partial-response" Verfahren ist die Detektion oft sehr aufwändig.

CPM-Modulationsverfahren können allerdings in eine Reihe von Summanden *zerlegt* werden. Bricht man die Reihe nach dem ersten Term ab, so erhält man ein Sendesignal der Form (16.7). Man sagt, man hat das nichtlineare Modulationsverfahren *linearisiert*.

Das *Prinzip der CPM-Zerlegung* besagt, dass sich jedes binäre CPM-Modulationsverfahren ($a[k] \in \{+1, -1\}$)

$$s(t, \mathbf{a}) = e^{j2\pi h \sum_{k=0}^{\infty} a[k]\, q_{CPM}(t-kT)} \tag{16.8}$$

mit konstantem Modulationsindex h ohne jegliche Näherung in Q Summanden der Form

$$s(t,\mathbf{a}) = \sum_{k=0}^{\infty} \sum_{q=0}^{Q-1} b_q[k]\, g_q(t-kT) \tag{16.9}$$

zerlegen lässt [P. A. Laurent, 1986], wobei $Q := 2^{L_{CPM}-1}$ die Anzahl der Summanden ist. Der q-te Summand besteht aus einem Grundimpuls

$$g_q(t) = \prod_{l=0}^{L_{CPM}-1} p(t + lT + \beta_{q,l} L_{CPM} T), \qquad 0 \le q \le Q-1, \tag{16.10}$$

der um Vielfache der Symbolperiode T verschoben und mit einem sog. *Pseudosymbol* $b_q[k]$ gewichtet ist. Der erste Grundimpuls, $g_0(t)$, weist die größte Leistung auf und besitzt die längste Impulsantwort. Zur Berechnung der Grundimpulse $g_q(t)$, $0 \le q \le Q-1$, wird die vom Phasenimpuls $q_{CPM}(t)$ abhängige Hilfsfunktion

$$p(t) := \begin{cases} \sin(2\pi h q_{CPM}(t))/\sin(\pi h) & 0 \le t \le L_{CPM}T \\ p(2L_{CPM}T - t) & L_{CPM}T < t \le 2L_{CPM}T \\ 0 & \text{sonst} \end{cases} \tag{16.11}$$

benötigt, sowie die zweistufigen Werte $\beta_{q,l} \in \{0,1\}$, die der dualen Schreibweise von q entsprechen:

$$q := \sum_{l=1}^{L_{CPM}-1} 2^{l-1} \beta_{q,l}, \qquad 0 \le q \le Q-1. \tag{16.12}$$

Die Pseudosymbole $b_q[k]$ berechnen sich bei gegebenen Datensymbolen $a[k]$ gemäß

$$b_q[k] = e^{j\pi h \left[\sum_{l=0}^{k} a[l] - \sum_{l=1}^{L_{CPM}-1} a[k-l]\, \beta_{q,l} \right]}. \tag{16.13}$$

Die Pseudosymbole für die ersten vier Summanden lauten

$$\begin{aligned} b_0[k] &= e^{j\pi h \sum_{l=0}^{k} a[l]} \\ b_1[k] &= e^{j\pi h \left(\sum_{l=0}^{k} a[l] - a[k-1] \right)} \\ b_2[k] &= e^{j\pi h \left(\sum_{l=0}^{k} a[l] - a[k-2] \right)} \\ b_3[k] &= e^{j\pi h \left(\sum_{l=0}^{k} a[l] - a[k-1] - a[k-2] \right)}. \end{aligned} \tag{16.14}$$

In späteren Arbeiten wurde das Prinzip der CPM-Zerlegung auf mehrstufige CPM-Verfahren und multi-h Verfahren verallgemeinert.

Gleichung (16.9) motiviert, dass ein optimaler CPM-Empfänger als eine Bank von Matched-Filtern gefolgt von einem Maximum-Likelihood-Prozessor aufgebaut werden kann, siehe

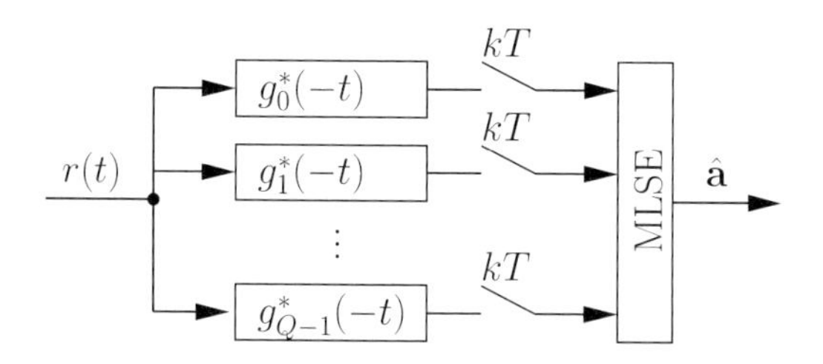

Bild 16.3: Optimale Struktur eines CPM-Empfängers

Bild 16.3. Da $g_o(t)$ länger als alle anderen Grundimpulse $g_q(t)$ ist und die Pseudosymbole durch die Datensymbole $a[k]$ eindeutig bestimmt werden, besitzt der Maximum-Likelihood-Prozessor die gleiche Zustandszahl wie im linearen Fall, wo nur $g_o(t)$ berücksichtigt wird.

Das *Prinzip der CPM-Linearisierung* besagt, dass die CPM-Zerlegung gemäß (16.9) nach dem ersten Term abgebrochen wird. In diesem Fall erhält man ein lineares Modulationsverfahren der Form (16.7):

$$s(t,\mathbf{a}) \approx \sum_{k=0}^{\infty} b_0[k]\, g_0(t-kT) = \sum_{k=0}^{\infty} b_0[k]\, g_{Tx}(t-kT). \tag{16.15}$$

Der Grundimpuls $g_0(t)$ lautet im allgemeinen Fall

$$g_0(t) = \sum_{l=0}^{L_{CPM}-1} p(t+lT). \tag{16.16}$$

Die Güte der Linearisierung hängt davon ab, wie viel Prozent der Gesamtleistung auf den ersten Term entfällt. Durch die Linearisierung ist die komplexe Einhüllende zwar nur noch näherungsweise konstant, es vereinfacht sich insbesondere aber der empfängerseitige Aufwand. Im Vergleich zu Bild 16.3 wird nur noch ein Matched-Filter benötigt.

Beispiel 16.2.1 (Linearisierung von MSK) Da MSK ein „full-response“ Verfahren ist ($L_{CPM} = 1$), folgt unmittelbar, dass die Anzahl der Summanden gleich $Q = 1$ ist. Hilfsfunktion $p(t)$ und Grundimpuls $g_0(t)$ sind in diesem Fall identisch und lauten unter Berücksichtigung von $h = 1/2$

$$g_0(t) = p(t) = \sin\left(\frac{\pi}{2} \cdot \frac{t}{T}\right), \qquad 0 \le t \le 2T. \tag{16.17}$$

Man beachte, dass (16.15) in diesem Fall mit Gleichheit erfüllt ist. Die Pseudosymbole ergeben sich aus den Datensymbolen zu

$$b_0[k] = e^{j\frac{\pi}{2}\sum_{l=0}^{k} a[l]}. \tag{16.18}$$

Man erkennt, dass die Pseudosymbole die Werte $b_0[k] \in \{+1,+j,-1,-j\}$ annehmen. Die Pseudosymbole $b_0[k]$ entstehen aus den Datensymbolen $a[k]$, indem diese fortlaufend um $\pi/2$ rad pro Symbolperiode T rotiert werden. ◊

Beispiel 16.2.2 (Linearisierung von GMSK) Im GSM-Mobilfunksystem wird senderseitig ein GMSK-Signal mit normierter Bandbreite $B_bT = 0.3$ verwendet. Der zugehörige Frequenzimpuls

$$g_{CPM}(\tau) = \frac{1}{2T}\left(\mathrm{Q}\left(2\pi \cdot B_b \frac{\tau - 5T/2}{\sqrt{\log_e 2}}\right) - \mathrm{Q}\left(2\pi \cdot B_b \frac{\tau - 3T/2}{\sqrt{\log_e 2}}\right)\right) \tag{16.19}$$

erstreckt sich über $L_{CPM} = 4$ Symbolperioden T. Folglich sind für eine exakte Darstellung gemäß (16.9) $Q = 2^{L_{CPM}-1} = 8$ Grundimpulse $g_q(t)$ zu berücksichtigen. Diese Grundimpulse sind in Bild 16.4 illustriert. Der dominante Grundimpuls

$$g_0(t) = \begin{cases} \prod_{i=0}^{3} p(t+iT) & \text{für } 0 \leq t \leq 5T \\ 0 & \text{sonst} \end{cases} \tag{16.20}$$

mit

$$p(t) = \begin{cases} \sin\left(\pi \int_0^t g_{CPM}(\tau)\, d\tau\right) & \text{für } 0 \leq t \leq 4T \\ \sin\left(\frac{\pi}{2} - \pi \int_0^{t-4T} g_{CPM}(\tau)\, d\tau\right) & \text{für } 4T < t \leq 8T \\ 0 & \text{sonst} \end{cases} \tag{16.21}$$

repräsentiert etwa 95 % der Gesamtleistung, die restliche Signalleistung teilt sich auf die anderen Grundimpulse $g_1(t), \ldots, g_7(t)$ auf. Aus diesem Grund wurde in Bild 16.4 eine logarithmische Darstellung der Ordinate gewählt. Bild 16.5 zeigt die komplexe Einhüllende des Sendesignals $s(t)$ im stationären Betrieb mit Abbruch nach dem ersten Term bzw. Abbruch nach dem zweiten Term. Bricht man die CPM-Zerlegung für das dargestellte Beispiel nach dem zweiten Term ab, so ist die komplexe Einhüllende in hervorragender Näherung konstant.

Im GSM-System wird die Linearisierung empfängerseitig zur Aufwandsreduzierung verwendet. Man verwendet meist nur ein Matched-Filter. In GSM-Erweiterungen wird die Linearisierung auch senderseitig verwendet. Im Zusammenhang mit 8-PSK (EDGE) wird die Signalkonstellation fortlaufend um $3\pi/8$ rad pro Symbol rotiert. Bei 16-QAM und 32-QAM wird die Signalkonstellation fortlaufend um $\pi/4$ rad bzw. um $-\pi/4$ rad pro Symbol rotiert. Die fortlaufende Rotation dient zur Verbesserung des Crest-Faktors. ◊

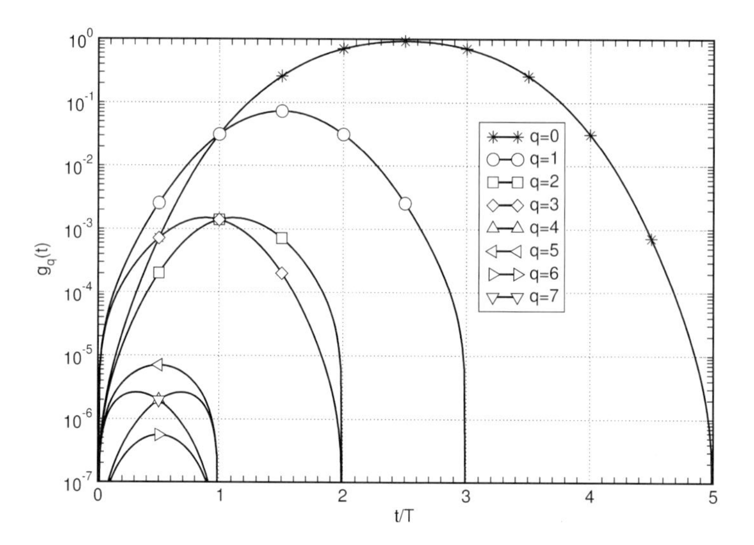

Bild 16.4: Grundimpulse $g_0(t)$ bis $g_7(t)$ für GMSK mit $B_bT = 0.3$

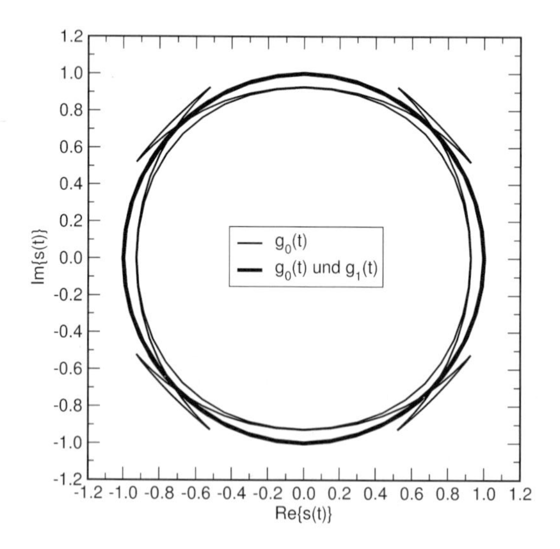

Bild 16.5: Komplexe Einhüllende für linearisiertes GMSK ($B_bT = 0.3$) mit Abbruch nach dem ersten bzw. nach dem zweiten Term

17 Entzerrung

17.1 Augendiagramm, lineare Verzerrung, äquivalentes zeitdiskretes ISI-Kanalmodell

Bislang lag der Schwerpunkt auf der Übertragung digitaler Daten über ein *nichtdispersives* Kanalmodell wie dem AWGN-Kanalmodell, dem Rayleigh-Kanalmodell oder dem Rice-Kanalmodell. Hierbei erfährt das Sendesignal eine additive weiße Rauschstörung und gegebenenfalls auch eine Verstärkung sowie eine Phasendrehung, die Signalform bleibt jedoch für alle Signalfrequenzen erhalten. Man bezeichnet diese Klasse von Kanälen deshalb auch als *nichtfrequenzselektiv*.

Eine Aussage über Frequenzselektivität ist nur in Verbindung mit der Signalbandbreite möglich. Bei nichtfrequenzselektiven Kanälen erfahren alle Signalfrequenzen etwa die gleiche Verstärkung und Phasendrehung. Die Signalbandbreiten und Datenraten sind typischerweise vergleichsweise klein, man spricht von *Schmalbandsystemen*.

Bei zunehmend vielen Anwendungen der digitalen Übertragungstechnik ist man jedoch an hochratigen Datendiensten interessiert. Wenn die Signalfrequenzen unterschiedliche Verstärkungen und Phasendrehungen erfahren, so spricht man von *frequenzselektiven* Übertragungskanälen. Bei frequenzselektiven Übertragungskanälen muss empfängerseitig ein sog. *Entzerrer* verwendet werden. Die Frequenzselektivität kann durch bandbegrenzende Filter oder durch Mehrwegeausbreitung verursacht werden. Bandbegrenzende Filter werden beispielsweise im Bereich der Fernmeldeübertragung eingesetzt. Mehrwegeausbreitung tritt bei der Funkkommunikation (Mobilfunk, Satellitenkommunikation, Rundfunk) sowie der akustischen Datenübertragung auf.

Wesentliche Gründe für das Interesse an *Breitbandsystemen* sind die bessere Ausnutzung der zur Verfügung stehenden Kanalbandbreite und der steigende Bedarf an Datenrate. Technologische Fortschritte der letzten Jahrzehnte führten zu einer rasch wachsenden Integrationsdichte in der digitalen Mikroelektronik und einer damit verbundenen Leistungssteigerung digitaler Schaltungen.

Dieses Kapitel befasst sich mit der Beschreibung dispersiver Kanäle sowie der Darstellung und Herleitung von Entzerrern, die eine zuverlässige Datenübertragung auf frequenzselektiven Kanälen ermöglichen. Der folgende Abschnitt behandelt eine Charakterisierung linearer, dispersiver Kanäle. Es schließt sich die Darstellung systemtheoretischer Grundlagen an, die zum Signalentwurf zur Übertragung auf diesen Kanälen führen. Das 1. *Nyquist-Kriterium* wird hergeleitet. Ist dieses nicht erfüllt, so wird die Übertragung durch *Symbolübersprechen* („Intersymbol Interference (ISI)") beeinträchtigt. Ein *äquivalentes zeitdiskretes Kanalmodell* zur Beschreibung von ISI-Kanälen wird hergeleitet. Ferner werden das *signalangepasste Filter* und das *Dekorrelationsfilter* beschrieben. Den Schwerpunkt dieses Kapitels bildet schließlich die Darstellung und Herleitung von *adaptiven Entzerrern* sowie Algorithmen zu deren Adaption. Behandelt werden der *lineare Entzerrer*, der *entscheidungsrückgekoppelte Entzerrer*, sowie der mit dem Viterbi-Algorithmus realisierbare *Maximum-Likelihood-Detektor*.

17.1.1 Charakterisierung dispersiver Kanäle

Jeder lineare, zeitinvariante Übertragungskanal kann als lineares, zeitinvariantes Filter modelliert werden. Dessen *Impulsantwort* wird im Folgenden im komplexen Basisband mit $f(t)$ bezeichnet. Eine Verallgemeinerung auf zeitvariante Kanäle ist redlich, solange die Veränderungen bezogen auf die Symbolperiode T des Sendesignals langsam ablaufen.

Durch Fourier-Transformation erhält man die *Übertragungsfunktion* des Kanals innerhalb eines im Folgenden genauer zu definierenden Übertragungsbandes zu

$$\begin{aligned} F(f) &:= \int_{-\infty}^{\infty} f(t)\, e^{-j2\pi f t}\, dt \\ &= |F(f)|\, e^{j\varphi(f)}. \end{aligned} \tag{17.1}$$

$|F(f)|$ wird als *Amplitudengang* und $\varphi(f)$ als *Phasengang* bezeichnet. Als *Gruppenlaufzeit* definiert man die Ableitung des Phasengangs nach der Frequenz:

$$\tau_g(f) := -\frac{1}{2\pi}\frac{d\varphi(f)}{df}. \tag{17.2}$$

Ein Kanal wird als *nichtverzerrend* bezeichnet, wenn Amplitudengang und Gruppenlaufzeit für alle Frequenzen innerhalb des Übertragungsbandes konstant sind. Ist dies nicht der Fall, so liegen *lineare Verzerrungen* vor. Sie bewirken *Intersymbol-Interferenz* (ISI), d. h. mehrere benachbarte Datensymbole „verschmieren" miteinander.

Beispiel 17.1.1 (Zweiwegekanal) Gesucht ist der zur Kanalimpulsantwort

$$f(t) = \delta(t) + a\,\delta(t - T_v), \qquad a \in \mathbb{C}, \qquad 0 < |a| \le 1 \tag{17.3}$$

gehörende Amplitudengang. Der Parameter a wird Dämpfungsfaktor genannt. Eine Anwendung der Fourier-Transformation ergibt

$$\begin{aligned} F(f) &= \int_{-\infty}^{\infty} f(t)e^{-j2\pi f t}\, dt \\ &= \int_{-\infty}^{\infty} \delta(t)e^{-j2\pi f t}\, dt + a\int_{-\infty}^{\infty} \delta(t - T_v)e^{-j2\pi f t}\, dt \end{aligned} \tag{17.4}$$

Mit der Siebeigenschaft der Faltung

$$\int_{-\infty}^{\infty} \delta(t - t_0) \cdot f(t)\, dt = f(t_0) \tag{17.5}$$

und der Beziehung

$$e^{j\theta} = \cos\theta + j\sin\theta \tag{17.6}$$

folgt

$$\begin{aligned} F(f) &= 1 + ae^{-j2\pi f T_v} \\ &= 1 + (a_{Re} + ja_{Im})(\cos(2\pi f T_v) - j\sin(2\pi f T_v)), \end{aligned} \tag{17.7}$$

somit

$$\begin{aligned} |F(f)|^2 &= F_{Re}^2(f) + F_{Im}^2(f) \\ &= (1 + a_{Re}\cos(2\pi f T_v) + a_{Im}\sin(2\pi f T_v))^2 \\ &\quad + (a_{Im}\cos(2\pi f T_v) - a_{Re}\sin(2\pi f T_v))^2, \end{aligned} \tag{17.8}$$

wobei $F(f) := F_{Re}(f) + jF_{Im}(f)$ und $a := a_{Re} + ja_{Im}$. Der Amplitudengang des Zweiwegekanals ist in Bild 17.1 für verschiedene Dämpfungsfaktoren a dargestellt. Man erkennt, dass der Amplitudengang für $a \neq 0$ nicht konstant ist. Für $|a| = 1$ weist der Amplitudengang eine Nullstelle auf.

Der Phasengang berechnet sich, indem

$$\varphi(f) = \arctan \frac{F_{Im}(f)}{F_{Re}(f)} = \arctan \frac{a_{Im}\cos(2\pi f T_v) - a_{Re}\sin(2\pi f T_v)}{1 + a_{Re}\cos(2\pi f T_v) + a_{Im}\sin(2\pi f T_v)} \tag{17.9}$$

nach f abgeleitet wird. Der Phasengang ist ebenfalls für $a \neq 0$ nicht konstant. ◊

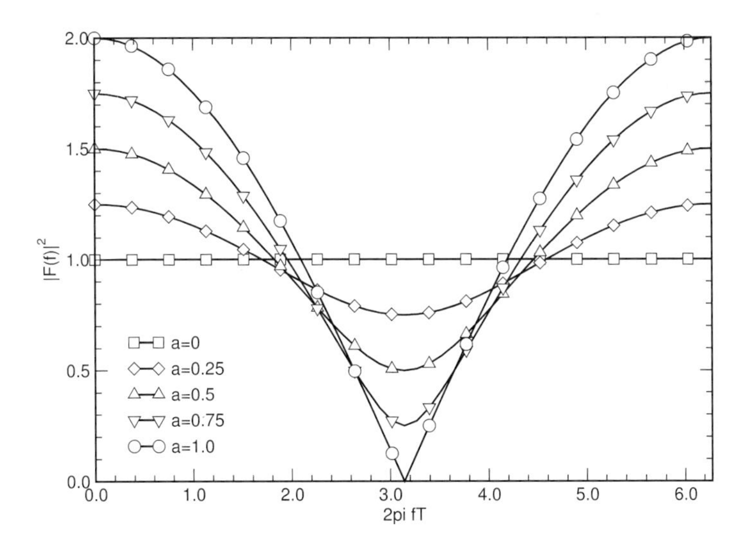

Bild 17.1: Amplitudengang des Zweiwegekanals für verschiedene Dämpfungsfaktoren a

Die in Abschnitt 17.2.1 vorgestellte Klasse der linearen Entzerrer versucht, den Amplitudengang zu begradigen, d. h. abgeschwächte Frequenzanteile werden angehoben und starke abgesenkt. Ersteres ist nur möglich, solange der Amplitudengang keine Nullstellen aufweist.

Beispiel 17.1.2 (Zweiwegekanal) Um die Auswirkung einer linearen Verzerrung zu visualisieren, wurde das in Bild 17.2 auf der linken Seite dargestellte bandbegrenzte Testsignal

$$s(t) = \frac{\sin(\pi t/T)}{\pi t/T} \tag{17.10}$$

über einen Zweiwegekanal mit der Impulsantwort

$$f(t) = \delta(t) + 0.5\,\delta(t - T/2) \tag{17.11}$$

gesendet (d. h. $a = 0.5$ und $T_v = T/2$). Das Testsignal hat die einseitige Bandbreite $W = 1/(2T)$. Das unverrauschte Empfangssignal

$$r(t) = s(t) * f(t) = s(t) + 0.5\,s(t - T/2) \tag{17.12}$$

ist in Bild 17.2 auf der rechten Seite dargestellt. Man beachte, dass das Testsignal $s(t)$ im Zeitbereich Nulldurchgänge bei $\pm T$, $\pm 2T$, ... aufweist, während beim Empfangssignal die Nulldurchgänge nicht mehr äquidistant auftreten. Deshalb „verschmieren" benachbarte Datensymbole empfängerseitig, wenn (wie üblich) die Symbolrate $1/T$ beträgt. Es wird ein Entzerrer benötigt.

Dieses Beispiel macht deutlich, dass Nyquist-Impulse (bzw. Wurzel-Nyquist-Impulse) in Einträgersystemen nur sinnvoll sind, falls der physikalische Kanal nichtfrequenzselektiv ist. Dann ist kein Entzerrer notwendig, wenn zu den richtigen Zeitpunkten abgetastet wird. Dies erklärt die Popularität von Wurzel-Nyquist-Impulsen in der (nichtmobilen) Satellitenkommunikation, weil dann der Satellitenkanal weitgehend nichtdispersiv ist. Ist hingegen ein dispersiver Übertragungskanal zu erwarten, so ist ein zeitlich kompakter Impuls (wie der Gauß-Impuls) in Verbindung mit einem Entzerrer oft die bessere Wahl.

In Mehrträgersystemen vermeidet man die Problematik üblicherweise durch ein Schutzintervall. ◊

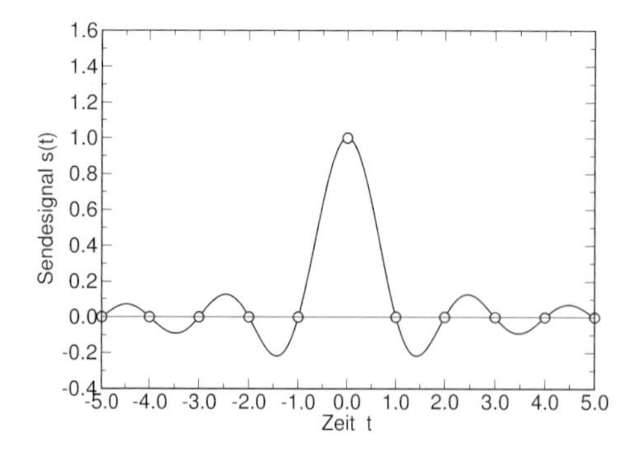

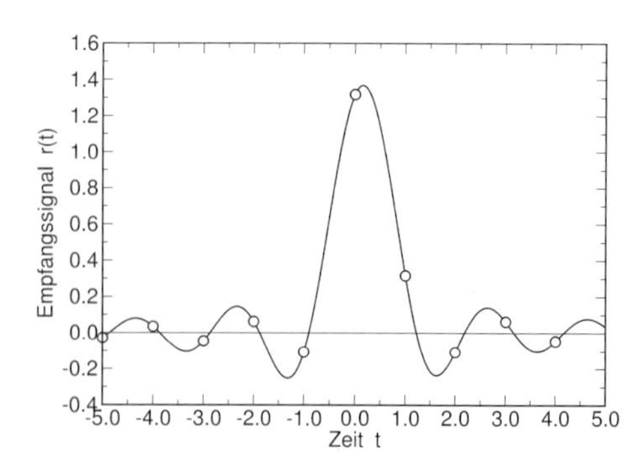

Bild 17.2: a) Sendesignal $s(t)$, b) Empfangssignal $r(t)$ nach linearer Verzerrung durch einen Zweiwegekanal

17.1.2 Systemtheoretische Grundlagen und Signalentwurf

Neben der linearen Verzerrung kann das Signal anderen Störungen wie nichtlinearen Verzerrungen, Frequenzversatz, Phasenrauschen, Signalschwund, Impulsrauschen und thermischem Rauschen unterworfen sein.

- *Nichtlineare Verzerrungen* werden z. B. durch nichtlineare Verstärker verursacht.
- Ein *Frequenzversatz* wird durch den Fehlabgleich der Oszillatoren in trägermodulierten Systemen verursacht.
- *Phasenrauschen* entsteht durch durch Oszillatorschwankungen oder durch Veränderungen der Übertragungsstrecke.
- *Signaleinbrüche* treten speziell im Mobilfunkkanal durch Mehrwegeausbreitung und Abschattung auf. Signalschwund ist oft mit Frequenz- und Phasenrauschen verknüpft.
- *Impulsrauschen* kann bei Telefonleitungen durch Schaltimpulse und im Mobilfunk durch Fremdstörungen (z. B. durch Motoren) verursacht werden.
- *Thermisches Rauschen* tritt in analogen Bauteilen sowie auf der Übertragungsstrecke auf.

Trotz (oder wegen) dieser Vielfalt von Störungen wollen wir uns in diesem Kapitel auf Störungen durch thermisches Rauschen beschränken, die wir durch *additives weißes Gauß'sches Rauschen* modellieren. Dadurch bleiben Modellierung und Analyse überschaubar.

Es sei $s(t)$ das Sendesignal, $f(t)$ die Impulsantwort des Kanals und $n(t)$ ein additiver weißer Rauschprozess der einseitigen Rauschleistungsdichte N_0. Hiermit ergibt sich das Empfangssignal zu

$$\begin{aligned} r(t) &= s(t) * f(t) + n(t) \\ &= \int_{-\infty}^{\infty} f(\tau)\, s(t-\tau)\, d\tau + n(t). \end{aligned} \tag{17.13}$$

Aufgrund der Signaldarstellung im komplexen Basisband sind die Signale $s(t)$, $f(t)$, $n(t)$ und $r(t)$ im Allgemeinen komplexwertig. Für jedes lineare Modulationsverfahren kann das Sendesignal in der Form

$$s(t) = \sum_{k=-\infty}^{\infty} a[k]\, g_{Tx}(t-kT) \tag{17.14}$$

dargestellt werden, wobei $a[k]$ das k-te Datensymbol und $g_{Tx}(t)$ der Sendeimpuls (auch Grundimpuls genannt) ist. Einsetzen in (17.13) ergibt das Empfangssignal

$$r(t) = \sum_{k=-\infty}^{\infty} a[k]\, h_{Tx}(t-kT) + n(t), \tag{17.15}$$

wobei

$$\begin{aligned} h_{Tx}(t) &:= g_{Tx}(t) * f(t) \\ &= \int_{-\infty}^{\infty} g_{Tx}(\tau)\, f(t-\tau)\, d\tau \end{aligned} \tag{17.16}$$

das Faltungsprodukt aus Sendeimpuls $g_{Tx}(t)$ und Kanalimpulsantwort $f(t)$ ist, siehe Bild 17.3. Die Übertragungsfunktion von $h_{Tx}(t)$, $H_{Tx}(f)$, habe die einseitige Bandbreite W, d. h. $H_{Tx}(f) = 0$ für $|f| > W$.

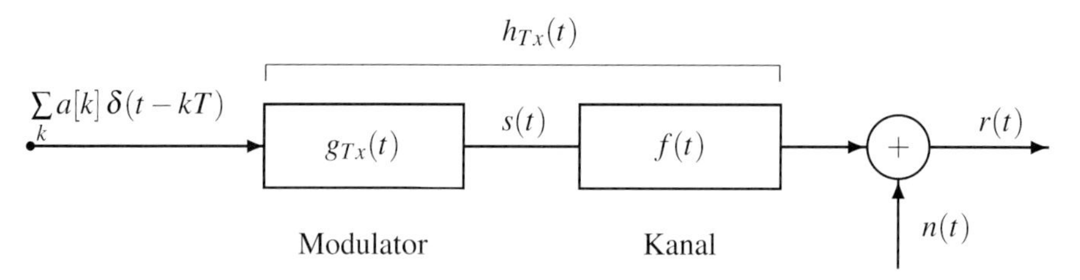

Bild 17.3: Lineares Übertragungssystem

Wir nehmen nun an, dass das Empfangssignal $r(t)$ durch ein Empfangsfilter $g_{Rx}(t)$ gefiltert wird und erhalten dessen Ausgangssignal zu

$$\begin{aligned} y(t) &:= r(t) * g_{Rx}(t) \\ &= \sum_{k=-\infty}^{\infty} a[k]\, g(t-kT) + n'(t), \end{aligned} \tag{17.17}$$

wobei

$$\begin{aligned} g(t) &:= h_{Tx}(t) * g_{Rx}(t) = g_{Tx}(t) * f(t) * g_{Rx}(t) \\ &= \int_{-\infty}^{\infty} h_{Tx}(\tau)\, g_{Rx}(t-\tau)\, d\tau \end{aligned} \tag{17.18}$$

die Gesamtimpulsantwort und

$$\begin{aligned} n'(t) &:= n(t) * g_{Rx}(t) \\ &= \int_{-\infty}^{\infty} n(\tau)\, g_{Rx}(t-\tau)\, d\tau \end{aligned} \tag{17.19}$$

ein im Allgemeinen farbiger Rauschprozess ist. Wird $y(t)$ zu den Zeitpunkten $t = kT + \varepsilon$, $k = 0, \pm 1, \pm 2, \ldots$, abgetastet, so folgt

$$\begin{aligned} y[k] := y(kT+\varepsilon) &= \sum_{n=-\infty}^{\infty} a[n]\, g(kT - nT + \varepsilon) + n'(kT+\varepsilon) \\ &= \sum_{n=-\infty}^{\infty} a[n]\, g_{k-n} + n'[k], \qquad k = 0, \pm 1, \pm 2, \ldots, \end{aligned} \tag{17.20}$$

wobei $\varepsilon \in [-T/2, +T/2)$ die sog. Taktphase (Abtastphase) ist und $g_k := g(kT+\varepsilon)$. Eine Aufspaltung der Summe ergibt

$$y[k] = a[k]\, g_0 + \sum_{n=-\infty,\; n \neq k}^{\infty} a[n]\, g_{k-n} + n'[k]. \tag{17.21}$$

Der nullte Summand, $a[k]g_0$, kann als Nutzterm identifiziert werden, die restlichen Terme der Summe repräsentieren das Symbolübersprechen. Bild 17.4 zeigt das komplette Übertragungssystem mit Empfangsfilter und Abtaster.

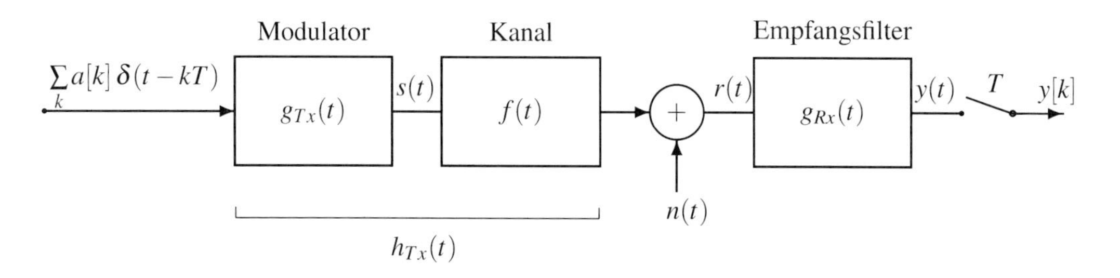

Bild 17.4: Lineares Übertragungssystem mit Empfangsfilter und Abtaster

Die Auswirkungen der Symbolinterferenz können durch ein *Augendiagramm* veranschaulicht werden, siehe Bild 17.5. Das Augendiagramm kann am Oszilloskop dargestellt werden, indem man $y(t)$ (möglichst unverrauscht) auf den vertikalen Eingang schaltet und die Zeitablenkrate zu $1/T$ wählt. Die vertikale Augenöffnung ist ein Maß für die Immunität gegen Rauschen. Die horizontale Augenöffnung ist ein Maß für die Empfindlichkeit bezüglich der Abtastphase. Die optimale Abtastphase ist jene Abtastphase ε, für die die Augenöffnung maximal ist.

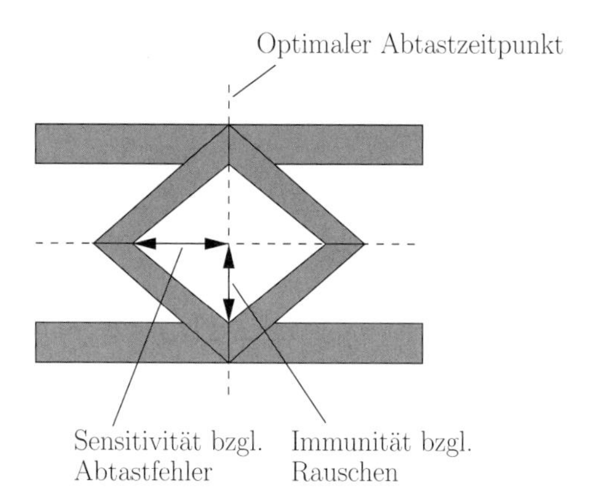

Bild 17.5: Augendiagramm für ein binäres Übertragungssystem und Auswirkungen von Symbolübersprechen auf die Augenöffnung

Ebenfalls in Bild 17.5 sind schematisch die Auswirkungen von ISI auf die Augenöffnung illustriert. ISI verringert die Immunität gegen Rauschen und macht das Übertragungssystem empfindlicher gegen Taktphasenfehler.

Bild 17.6 zeigt die Signalkonstellation eines 8-PSK Signals ohne und mit ISI bei Abtastung in Augenmitte. Deutlich ist die verringerte Immunität gegen Rauschen erkennbar, wenn ISI präsent ist.

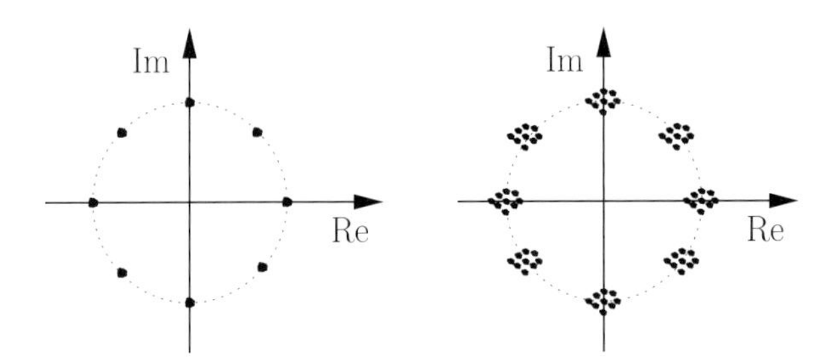

Bild 17.6: Signalkonstellation eines 8-PSK Signals: a) ohne Störungen, b) mit ISI

17.1.3 Nyquist-Kriterium im Zeit- und Frequenzbereich

Aus (17.21) folgt die hinreichende Bedingung für ein symbolinterferenzfreies Übertragungssystem zu

$$g_k \begin{cases} \neq 0 & \text{für } k = 0 \\ = 0 & \text{für } k \neq 0. \end{cases} \tag{17.22}$$

Diese Bedingung wird 1. *Nyquist-Kriterium* (im Zeitbereich) genannt. Da $H_{Tx}(f)$ als bandbegrenzt angenommen wurde, ist auch $G(f)$ bandbegrenzt und es folgt

$$g(t) = \int_{-W}^{W} G(f)\, e^{j2\pi f t}\, df, \tag{17.23}$$

sowie mit $t = kT$

$$g_k = \int_{-W}^{W} G(f)\, e^{j2\pi f kT}\, df, \qquad k = 0, \pm 1, \pm 2, \dots . \tag{17.24}$$

Die Aufspaltung des Integrals in Teilbänder der Breite $1/T$ ergibt

$$g_k = \sum_n \int_{(2n-1)/(2T)}^{(2n+1)/(2T)} G(f)\, e^{j2\pi f kT}\, df. \tag{17.25}$$

Nach Variablentransformation

$$g_k = \sum_n \int_{-1/(2T)}^{1/(2T)} G\left(f + \frac{n}{T}\right) e^{j2\pi f kT}\, df \tag{17.26}$$

und Vertauschung der Reihenfolge folgt

$$g_k = \int_{-1/(2T)}^{1/(2T)} \sum_n G\left(f + \frac{n}{T}\right) e^{j2\pi f kT}\, df, \qquad |f| \leq \frac{1}{2T}. \tag{17.27}$$

Bei symbolinterferenzfreien Übertragungssystemen muss dieses Integral gemäß (17.22) für $k \neq 0$ verschwinden. Folglich kann das 1. Nyquist-Kriterium (im Frequenzbereich) auch in der Form

$$\sum_n G\left(f + \frac{n}{T}\right) = T = \text{konstant}, \qquad |f| \leq \frac{1}{2T} \tag{17.28}$$

dargestellt werden. Das 1. Nyquist-Kriterium wird von allen Signalformen $g(t)$ erfüllt, deren Spcktrum $G(f)$ periodisch wiederholt und aufsummiert eine Konstante ergibt. Die maximal zu übertragende Symbolrate folgt aus (17.28) zu $1/T = 2W$. Diese Rate wird als *Nyquist-Rate* bezeichnet. $W = 1/(2T)$ wird *Nyquist-Bandbreite* genannt. Falls

$$W \leq \frac{1}{T} \leq 2W, \tag{17.29}$$

so können eine Vielzahl von Impulsformen mit guten spektralen Eigenschaften gefunden werden. Bild 17.7 zeigt zwei illustrative Beispiele.

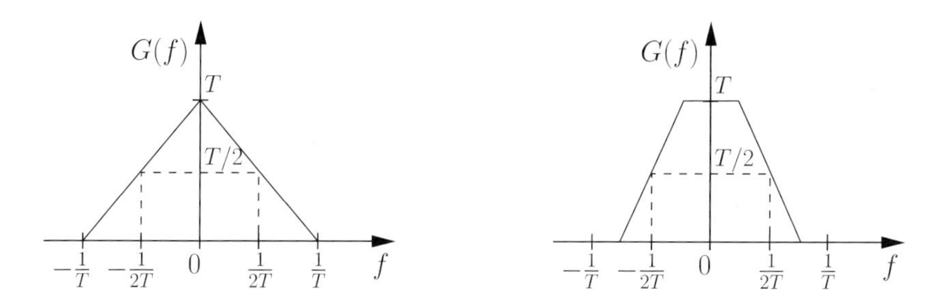

Bild 17.7: Beispiele von bandbegrenzten Impulsen, die das 1. Nyquist-Kriterium erfüllen

Wird ein System mit der Nyquist-Rate betrieben, so muss dessen Spektrum laut (17.28) eine ideale Tiefpass-Charakteristik aufweisen:

$$G(f) = \begin{cases} T & \text{für } |f| \leq 1/(2T) \\ 0 & \text{sonst.} \end{cases} \tag{17.30}$$

Dieses Filter wird *Küpfmüller-Tiefpass* oder *idealer Tiefpass* genannt. Dessen Impulsantwort lautet

$$g(t) = \frac{\sin \pi t/T}{\pi t/T} \tag{17.31}$$

(siehe Abschnitt 13.1.2.3). Dieses Filter ist jedoch wegen unendlich steiler Filterflanken nicht realisierbar. Für die Praxis wichtige Impulsformen sind beispielsweise der *Nyquist-Impuls mit Cosinus-Rolloff* (siehe Abschnitt 13.1.2.4) und der *Wurzel-Nyquist-Impuls mit Cosinus-Rolloff* (siehe Abschnitt 13.1.2.5).

Beispiel 17.1.3 (1. Nyquist-Kriterium, Matched-Filter) Es sei

$$g_{Tx}(t) := \begin{cases} 1 & \text{für } 0 \leq t < T \\ 0 & \text{sonst} \end{cases} \tag{17.32}$$

und

$$f(t) = \delta(t) + a\,\delta(t-T). \tag{17.33}$$

Erfüllt der Sendepuls $g_{Tx}(t)$ das 1. Nyquist-Kriterium? Wie lautet das (antikausale) Matched-Filter?

Die erste Frage ist schnell beantwortet: Jeder auf T zeitbegrenzte Puls erfüllt das 1. Nyquist-Kriterium, insbesondere also $g_{Tx}(t)$. Zur Beantwortung der zweiten Frage wird zunächst die senderseitige Gesamtimpulsantwort berechnet:

$$h_{Tx}(t) := g_{Tx}(t) * f(t) = \begin{cases} 1 & \text{für } 0 \leq t < T \\ a & \text{für } T \leq t < 2T \\ 0 & \text{sonst.} \end{cases} \tag{17.34}$$

Das zugehörige antikausale Matched-Filter lautet folglich

$$g_{Rx}(t) = h_{Tx}^*(-t) = \begin{cases} a^* & \text{für } -2T < t \leq -T \\ 1 & \text{für } -T < t \leq 0 \\ 0 & \text{sonst.} \end{cases} \tag{17.35}$$

Durch eine Verschiebung um zwei Symbolperioden erhält man ein kausales Matched-Filter. ◊

17.1.4 Signalangepasstes Filter

(„Matched-Filter“) Bild 17.8 zeigt zusammenfassend nochmals das Gesamtsystem bestehend aus dem linearen Modulator mit Grundimpuls $g_{Tx}(t)$, dem linearen Kanal mit Impulsantwort $f(t)$ und dem analogen Empfangsfilter $g_{Rx}(t)$.

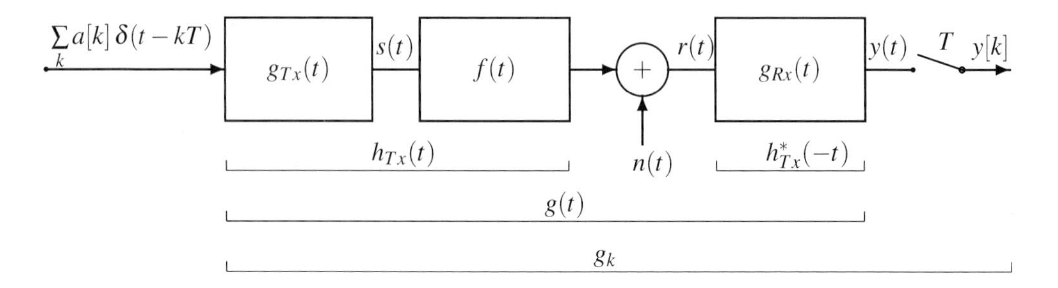

Bild 17.8: Lineares Übertragungssystem

Wie in Abschnitt 13.2 bewiesen, ist ein an die Impulsantwort $h_{Tx}(t)$ angepasstes analoges Empfangsfilter $g_{Rx}(t) = \xi \cdot h_{Tx}^*(T_0 - t)$ in Verbindung mit einer symbolweisen Abtastung optimal im Sinne der Maximierung des Signal/Rauschleistungsverhältnisses zum optimalen Abtastzeitpunkt T_0. Dieses Optimalfilter wird meist als *signalangepasstes Filter* („Matched-Filter (MF)“) bezeichnet. Bei Verwendung eines Matched-Filters lautet die Gesamtimpulsantwort

$$g(t) = h_{Tx}(t) * g_{Rx}(t) = h_{Tx}(t) * h_{Tx}^*(-t) = \int_{-\infty}^{\infty} h_{Tx}^*(\tau)\, h_{Tx}(t+\tau)\, d\tau \tag{17.36}$$

Diese Darstellung motiviert, das signalangepasste Filter auch als *Korrelationsfilter* zu bezeichnen, denn die am Ausgang des Empfangsfilters gebildete Autokorrelationsfunktion wird in ihrem Maximum abgetastet.

Aufgrund der Eigenschaft

$$g(t) = h_{Tx}(t) * h_{Tx}^*(-t) \circ\!\!-\!\!\bullet\; G(f) = H_{Tx}(f) \cdot H_{Tx}^*(f) = |H_{Tx}(f)|^2 \tag{17.37}$$

sollten Sende- und Empfangsfilterung zu gleichen Teilen aufgespalten werden. Außerdem sollte $|H_{Tx}(f)|^2$ nach Abschnitt 17.1.3 das 1. Nyquist-Kriterium erfüllen. Ein Filter, welches beiden Bedingungen genügt, nennt man *Wurzel-Nyquist-Filter*. Ein spezielles Wurzel-Nyquist-Filter, nämlich mit Cosinus-Rolloff, haben wir bereits in Abschnitt 13.1.2.5 kennengelernt. Wurzel-Nyquist-Filter haben die nützliche Eigenschaft, dass der Rauschprozess nach Empfangsfilterung und symbolweiser Abtastung weiß ist, wenn er auf dem Kanal weiß war.

17.1.5 Äquivalentes zeitdiskretes ISI-Kanalmodell mit farbigem Rauschen

Aufgrund der Abtastung nach dem Matched-Filter liegt ein zeitdiskretes System der Form

$$y[k] = \sum_{n=-\infty}^{\infty} a[n]\, g_{k-n} + n'[k] \tag{17.38}$$

vor. Hierbei ist

$$g_k = \int_{-\infty}^{\infty} h_{Tx}^*(\tau)\, h_{Tx}(\tau + kT)\, d\tau \stackrel{!}{=} g_{-k}^* \tag{17.39}$$

die abgetastete Impulsantwort des Gesamtsystems bestehend aus Sender, Kanal und signalangepasstem Filter. Die abgetastete Impulsantwort des Gesamtsystems ist mit der abgetasteten Autokorrelationsfunktion von $h_{Tx}(t)$ identisch, vgl. (17.36).

$$n'[k] = \int_{-\infty}^{\infty} n(\tau)\, h_{Tx}^*(\tau - kT)\, d\tau \tag{17.40}$$

ist die im Allgemeinen farbige Rauschsequenz am MF-Ausgang, siehe (17.17) bis (17.20). Dieses in Bild 17.9 illustrierte System wird als *äquivalentes zeitdiskretes ISI-Kanalmodell mit farbigem Rauschen* bezeichnet.

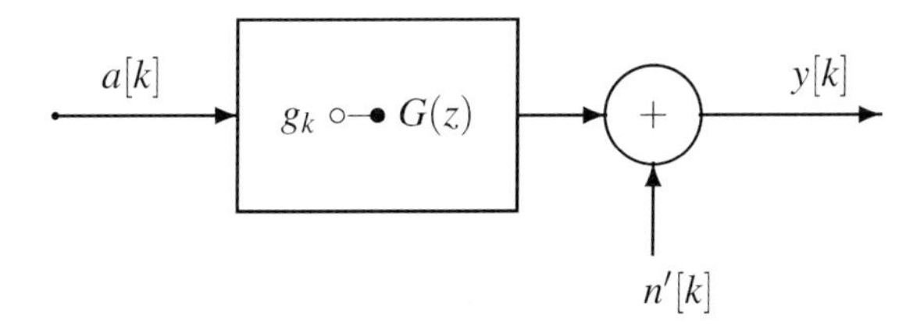

Bild 17.9: Blockdiagramm des äquivalenten zeitdiskreten ISI-Kanalmodells mit farbigem Rauschen

17.1.6 Dekorrelationsfilter („Whitening-Filter")

Nachteilig im Sinne einer einheitlichen Beschreibung ist die Korrelation des Rauschens. Deshalb wird im Folgenden ein zeitdiskretes *Dekorrelationsfilter* („Whitening-Filter (WF)") nachgeschaltet. Solange dieses Filter umkehrbar ist (ein umkehrbares Filter besitzt keine Nullstellen im Übertragungsband), ist die Filterung nach dem Theorem der Umkehrbarkeit nicht mit einem Informationsverlust verbunden. Die Ausgangssequenz jedes umkehrbaren Filters, insbesondere auch des WF, bleibt eine hinreichende Statistik wenn die Eingangssequenz hinreichend ist. Bild 17.10 zeigt den vollständigen Empfänger mit MF und WF. MF und WF können zu einem sog. „*Whitened-Matched-Filter* (WMF)" zusammengefasst werden.

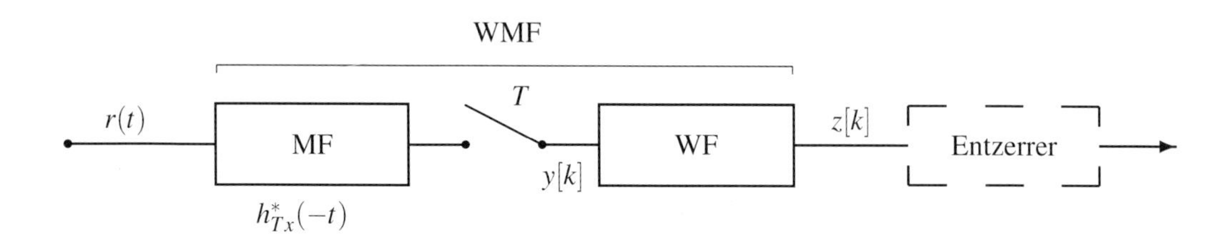

Bild 17.10: Optimalempfänger bei linearen Übertragungssystemen

Wir berechnen nun die Z-Transformierte des Dekorrelationsfilters. Es wird eine positive Zahl L so gewählt, dass die Ausläufer der Autokorrelationsfunktion g_l für $|l| > L$ keinen nennenswerten Beitrag liefern. L ist somit die effektive Gedächtnislänge des Kanalmodells. Dann lautet die zweiseitige Z-Transformierte von g_l

$$G(z) = \sum_{l=-L}^{L} g_l z^{-l}. \tag{17.41}$$

Gemäß dem Fundamentalsatz der Algebra kann dieses Polynom in ein Produkt aus $2L$ Linearfaktoren zerlegt werden. Aufgrund der Symmetrie $g_l = g^*_{-l}$, siehe (17.39), lassen sich die $2L$ Nullstellen von $G(z)$ in L Paare aufteilen, wobei jeweils eine Nullstelle innerhalb des Einheitskreises liegt und die andere Nullstelle unter gleichem Winkel außerhalb. Somit lässt sich $G(z)$ wie folgt faktorisieren:

$$G(z) = H(z) \cdot H^*(z^{-1}), \tag{17.42}$$

wobei

$$H(z) := \sum_{l=0}^{L} h_l z^{-l} \tag{17.43}$$

ein Polynom vom Grad L ist. Die zugehörige diskrete Zeitfunktion ist h_l mit $0 \le l \le L$. Die Koeffizienten h_l werden im Folgenden als *Kanalkoeffizienten* bezeichnet. Die Beziehung zwischen h_l und g_l lautet

$$g_l = \sum_{j=0}^{L-l} h_j^* h_{j+l}, \qquad 0 \le l \le L. \tag{17.44}$$

Wählt man die z-Transformierte des Dekorrelationsfilters (WF) zu $1/H^*(z^{-1})$, dann ist der Rauschprozess am Ausgang des Whitening-Filters per Konstruktion weiß. Die Koeffizienten des Whitening-Filters erhält man durch Anwendung der inversen Z-Transformation.

Bemerkung 17.1.1 Wenn das Spektrum $H_{Tx}(f)$ im Nyquist-Band $|f| \leq 1/(2T)$ Nullstellen aufweist, so liegen $2K$ der $2L$ Nullstellen von $G(z)$ *auf* dem Einheitskreis. In diesem Fall ist eine Kaskadierung in ein nullstellenfreies Filter möglich und einen Anteil, der die Nullstellen einfügt. Der Entwurf des Whitening-Filters ist dann für das nullstellenfreie Filter, d. h. für die verbleibenden $2(L-K)$ Nullstellen von $G(z)$ gemäß (17.42) durchzuführen.

17.1.7 Äquivalentes zeitdiskretes ISI-Kanalmodell mit weißem Rauschen

Die Ausgangswerte $z[k]$ des Whitening-Filters können in der Form

$$z[k] = \sum_{l=0}^{L} h_l\, a[k-l] + w[k] \tag{17.45}$$

dargestellt werden, wobei die Rauschwerte $w[k]$ unkorreliert sind. Gleichung (17.45) wird im Folgenden als *äquivalentes zeitdiskretes ISI-Kanalmodell mit weißem Rauschen* bezeichnet, siehe Bild 17.11. Wenn im Folgenden vom äquivalenten zeitdiskreten ISI-Kanalmodell gesprochen wird, ist immer die Variante mit weißem Rauschen gemeint; der Zusatz „mit weißem Rauschen" wird dabei weggelassen.

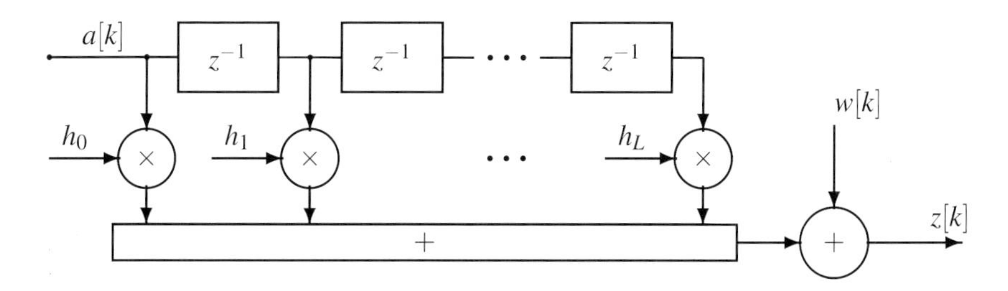

Bild 17.11: Äquivalentes zeitdiskretes ISI-Kanalmodell mit weißem Rauschen

Es ist wichtig zu betonen, dass das äquivalente zeitdiskrete ISI-Kanalmodell das Eingangs-/Ausgangsverhalten (von $a[k]$ bis $z[k]$) des Übertragungssystems *ohne jegliche Näherung* beschreibt. Obwohl die eigentliche Übertragung analog geschieht, kann das Gesamtsystem in einfacher Weiser auf einem Digitalrechner emuliert werden. Diese Aussage gilt nicht nur für einen Whitened-Matched-Filter-Empfänger, sondern jedes lineare Empfangsfilter.

Es gibt 2^L mögliche Lösungen für h_l. Eine eindeutige, realisierbare Lösung erhält man, indem das Dekorrelationsfilter $1/H^*(z^{-1})$ alle Nullstellen *innerhalb* des Einheitskreises durch entsprechende Pole kompensiert. Dann ist das Dekorrelationsfilter durch ein stabiles, rekursives Digitalfilter realisierbar. Das äquivalente zeitdiskrete ISI-Kanalmodell ist dann allerdings maximalphasig.

Bei Optimaldetektoren, wie dem Maximum-Likelihood-Entzerrer, spielt die Lage der Nullstellen des ISI-Kanalmodells keine Rolle. Suboptimale Lösungen, wie linearer Entzerrer und entscheidungsrückgekoppelter Entzerrer, degradieren bei Minimalphasigkeit des ISI-Kanalmodells typischerweise am geringsten. Bei einem maximalphasigen Kanalmodell sollten suboptimale Entzerrer deshalb entgegen der Zeitrichtung arbeiten.

Der Übergang vom physikalischen Übertragungssystem zum äquivalenten zeitdiskreten ISI-Kanalmodell ist in Bild 17.12 nochmals verdeutlicht.

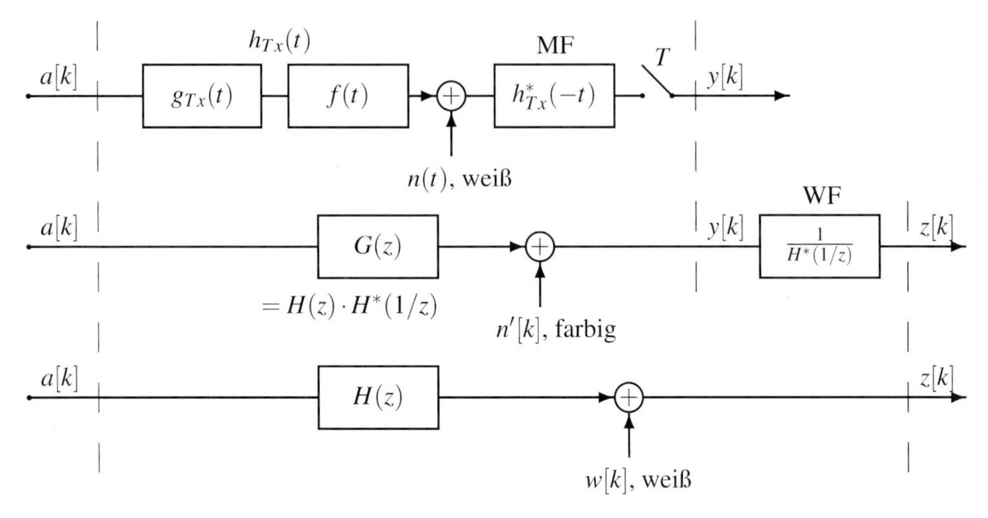

Bild 17.12: Vom Übertragungssystem zum äquivalenten zeitdiskreten ISI-Kanalmodell

Beispiel 17.1.4 (Äquivalentes zeitdiskretes ISI-Kanalmodell) Gesucht ist das äquivalente zeitdiskrete ISI-Kanalmodell für den Zweiwegekanal aus Beispiel 17.1.1 und das Sendefilter aus Beispiel 17.1.3. Zu unterscheiden ist dabei zwischen den Fällen $|a| < 1$ und $|a| > 1$.

Zur Lösung dieser Aufgabe wird zunächst die senderseitige Gesamtimpulsantwort berechnet:

$$h_{Tx}(t) = g_{Tx}(t) * f(t) = \begin{cases} 1 & \text{für } 0 \le t < T \\ a & \text{für } T \le t < 2T \\ 0 & \text{sonst} \end{cases} \tag{17.46}$$

Wählt man als Empfangsfilter ein antikausales Matched-Filter,

$$g_{Rx}(t) = h^*_{Tx}(-t), \tag{17.47}$$

so erhält man die Autokorrelationsfunktion (AKF)

$$g(t) = \frac{1}{T} h_{Tx}(t) * g_{Rx}(t) = \frac{1}{T} h_{Tx}(t) * h^*_{Tx}(-t). \tag{17.48}$$

Die z-Transformierte der im Symboltakt abgetasteten AKF lautet

$$\begin{aligned} G(z) &= \sum_{l=-L}^{L} g_l z^{-l}, \qquad L = 1 \\ &= a^* z^{+1} + (1 + |a|^2) z^0 + a z^{-1} \\ &= (a z^{-1} + 1) \cdot (a^* z + 1) \\ &= H(z) \cdot H^*(z^{-1}) \end{aligned} \tag{17.49}$$

und besitzt die Wurzeln (Nullstellen)

$$\rho_1 = -a \text{ und } \rho_2 = -1/a^*. \tag{17.50}$$

Im 1. Fall, d. h. für $|a| < 1$, wählt man

$$\begin{aligned} H(z) &= a^* z + 1 \\ H^*(z^{-1}) &= a z^{-1} + 1. \end{aligned} \tag{17.51}$$

Das Dekorrelationsfilter lautet somit

$$1/H^*(z^{-1}) = (a z^{-1} + 1)^{-1} = 1 - a z^{-1} + a^2 z^{-2} \mp \ldots \tag{17.52}$$

und man erhält die Koeffizienten des kausalen äquivalenten zeitdiskreten ISI-Kanalmodells $H(z) = \sum_{l=0}^{L} h_l z^{-l}$ zu

$$h_0 = a^* \text{ und } h_1 = 1. \tag{17.53}$$

Im 2. Fall, d. h. für $|a| > 1$, wählt man

$$\begin{aligned} H(z) &= a z^{-1} + 1 \\ H^*(z^{-1}) &= a^* z + 1 \end{aligned} \tag{17.54}$$

Das Dekorrelationsfilter lautet somit

$$1/H^*(z^{-1}) = (a^* z + 1)^{-1} \tag{17.55}$$

und man erhält die Koeffizienten des kausalen äquivalenten zeitdiskreten ISI-Kanalmodells $H(z) = \sum_{l=0}^{L} h_l z^{-l}$ zu

$$h_0 = 1 \text{ und } h_1 = a. \tag{17.56}$$

◊

17.2 Entzerrung linearer Systeme

Wie hergeleitet wurde, kann ein Übertragungskanal einschließlich der Sendefilterung, Empfangsfilterung und Abtastung durch ein mathematisches Modell, das äquivalente zeitdiskrete ISI-Kanalmodell, exakt beschrieben werden. Dieses Modell repräsentiert das Symbolübersprechen. Es wurde ferner anhand des Augendiagramms und der Signalkonstellation motiviert, dass (unter Umständen erhebliche) Verluste zu erwarten sind, wenn keine Gegenmaßnahmen bezüglich der linearen Verzerrungen getroffen würden.

Eine Vorrichtung oder ein Algorithmus zur Minderung der Verluste aufgrund des Symbolübersprechens bezeichnet man als einen *Entzerrer* („equalizer"). Früher wurde das Wort „Entzerrer" nur für ein lineares Filter benutzt, welches den Amplituden- und Phasengang eines verzerrten Übertragungskanals kompensiert (entzerrt). Inzwischen hat das Wort „Entzerrer" eine breitere Bedeutung. Es beschreibt jede Vorrichtung oder jeden Algorithmus, welche(r) das Symbolübersprechen verringert. Dies gilt insbesondere auch für den Maximum-Likelihood-Entzerrer und vergleichbare Algorithmen, obwohl diese Verfahren korrekterweise auch als Detektoren bezeichnet werden. Der Entzerrer „sieht" den physikalischen Kanal, das Sendefilter und das Empfangsfilter.

Ein sich dem Kanal anpassender Entzerrer nennt man einen *adaptiven Entzerrer*. Adaptive Entzerrer werden bei zeitveränderlichen Kanälen und Kanälen mit unbekannten Parametern benötigt. Es werden im Folgenden die drei wichtigsten Verfahren sowie Methoden zu deren Adaption vorgestellt.

17.2.1 Lineare Entzerrung

Vernachlässigt man den Rauschterm, so ist das zeitdiskrete ISI-Kanalmodell mit einem Digitalfilter identisch. Somit ist klar, dass manche Frequenzbereiche abgeschwächt und andere angehoben werden. Die Grundidee der linearen Entzerrung besteht darin, empfängerseitig ein Transversalfilter zu verwenden, welches die Übertragungsfunktion des Kanals mehr oder weniger kompensiert. Ein solches Transversalfilter mit inverser Übertragungsfunktion wird *linearer Entzerrer* (LE) genannt. Der lineare Entzerrer ist vollständig durch seine Filterkoeffizienten charakterisiert. Man kann einen linearen Entzerrer ohne oder mit Überabtastung betreiben. Im ersten Fall entspricht jedes Verzögerungselement des Transversalfilters einer Symbolperiode T, man spricht von einem „symbol-spaced" Entzerrer. Sind die Verzögerungselemente kürzer als die Symbolperiode, z. B. gleich $T/2$, so spricht man von einem „fractionally-spaced" Entzerrer. Ein „fractionally-spaced" Entzerrer ist unempfindlich gegenüber der Abtastphase ε. Wir beschränken uns im Folgenden auf den ersten Fall.

Ein linearer „symbol-spaced" Entzerrer kann formelmäßig durch

$$\tilde{a}[k] = \sum_{j=-K}^{K} c_j z[k-j] \tag{17.57}$$

beschrieben werden, wobei $z[k]$ der k-te Eingangswert gemäß (17.45) ist, $\tilde{a}[k]$ der k-te Ausgangswert ist und c_j, $-K \leq j \leq K$, die $2K+1$ im Allgemeinen komplexwertigen Filterkoeffizienten sind. Die Ausgangswerte $\tilde{a}[k]$ sind unquantisierte Schätzwerte der Datensymbole $a[k]$. Üblicherweise erhält man durch einen nachgeschalteten gedächtnisfreien Detektor harte Entscheidungen $\hat{a}[k]$. Die Gesamtimpulsantwort von ISI-Kanalmodell und Entzerrer lautet

$$\begin{aligned} q_l &:= c_l * h_l \\ &= \sum_{j=-\infty}^{\infty} c_j h_{l-j}, \end{aligned} \tag{17.58}$$

falls $K \to \infty$. Mit (17.45) und (17.57) folgt

$$\tilde{a}[k] = q_0 a[k] + \sum_{j=-\infty,\ j\neq k}^{\infty} a[j]\, q_{k-j} + \sum_{j=-\infty}^{\infty} c_j w[k-j]. \tag{17.59}$$

Der erste Term repräsentiert das Nutzsignal, der zweite Term das verbliebene Symbolübersprechen nach der Entzerrung und der dritte Term den Rauschanteil.

Bild 17.13 zeigt einen adaptiven linearen Entzerrer, d. h. die Filterkoeffizienten $c_j[k]$ sind zeitvariant, $-K \leq j \leq K$. Die Einstellung der Filterkoeffizienten erfolgt nach einem vorgegebenen Gütekriterium. Die folgenden zwei Kriterien sind von besonderer Bedeutung.

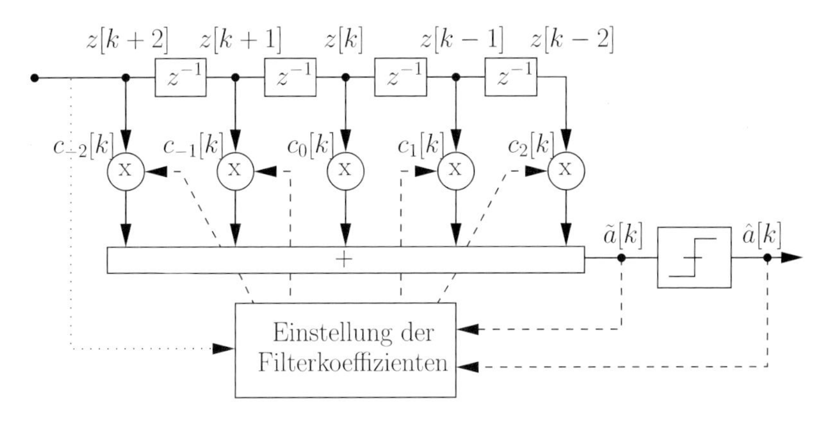

Bild 17.13: Adaptiver linearer Entzerrer ($K = 2$) in antikausaler Darstellung

17.2.1.1 „Zero-Forcing"-Algorithmus

Der sog. „Zero-Forcing (ZF)"-Algorithmus beseitigt das verbliebene Symbolübersprechen. Die Bedingung für die vollständige Beseitigung des Symbolübersprechens lautet

$$q_l = c_l * h_l = \delta_l := \begin{cases} 1 & \text{für } l = 0 \\ 0 & \text{sonst.} \end{cases} \tag{17.60}$$

Durch Z-Transformation folgt

$$Q(z) = C(z) \cdot H(z) = 1, \tag{17.61}$$

folglich

$$C(z) = \frac{1}{H(z)}. \tag{17.62}$$

Der ZF-Algorithmus invertiert das ISI-Kanalmodell vollständig, siehe Bild 17.14. Dies ist nur möglich, wenn die Anzahl der Koeffizienten des Entzerrers gegen unendlich geht und das ISI-Kanalmodell umkehrbar ist. Für endliche Entzerrerlängen verbleibt ein Rest-Symbolübersprechen.

Beispiel 17.2.1 (Linearer ZF-Entzerrer) Gesucht sind die Koeffizienten des linearen ZF-Entzerrers für das in Beispiel 17.1.4 betrachtete ISI-Kanalmodell $H(z) = 1 + az^{-1}$ des Zweiwegekanals, wobei $|a| < 1$.

Zur Lösung dieser Aufgabe wird die Z-Transformierte der Filterkoeffizienten berechnet:

$$C(z) = \frac{1}{H(z)} = \frac{1}{1 + az^{-1}}. \tag{17.63}$$

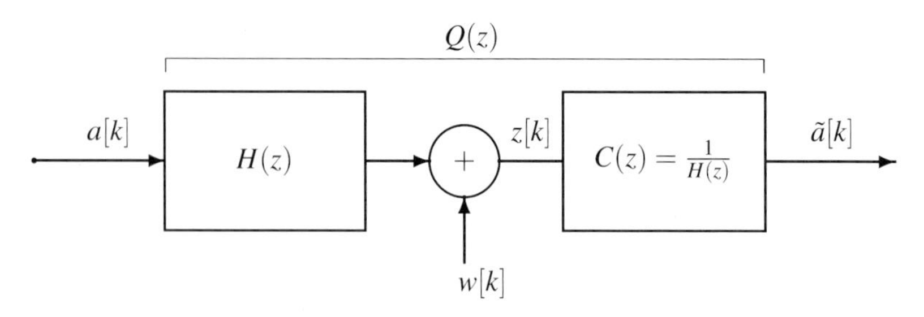

Bild 17.14: Blockdiagramm des ISI-Kanalmodells mit linearem ZF-Entzerrer

Eine Taylor-Reihenentwicklung ergibt

$$C(z) = 1 - az^{-1} + a^2 z^{-2} - a^3 z^{-3} \pm \ldots \qquad \text{für } |az^{-1}| < 1. \tag{17.64}$$

Die gesuchten Filterkoeffizienten lauten somit

$$c_l = (-a)^l, \qquad l = 0, 1, 2, 3, \ldots \tag{17.65}$$

Die Impulsantwort des linearen Filters ist kausal und (für $|a| < 1$) stabil. Eine Realisierungsmöglichkeit in Form eines Transversalfilters ist in Bild 17.15 illustriert. Eine vollständige Entzerrung ist nur möglich, falls die Anzahl der Filterkoeffizienten gegen unendlich geht.

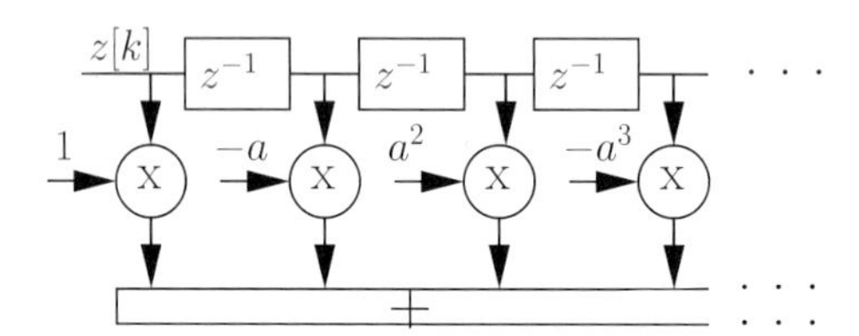

Bild 17.15: Linearer ZF-Entzerrer für den Zweiwegekanal

Kennt man beim Zweiwegekanal den Dämpfungsfaktor a, so können alle Filterkoeffizienten geschlossen berechnet werden. In der Praxis ist eine *Kanalschätzung* notwendig, um die Koeffizienten des ISI-Kanalmodells zu ermitteln. Auf Basis der Kanalkoeffizienten können dann die Entzerrerkoeffizienten berechnet werden. Ein Alternative hierzu bieten *Gradientenalgorithmen* zur Adaption des Entzerrers, wie nachfolgend berichtet wird. Eine Schätzung der Kanalkoeffizienten ist Gradientenalgorithmen zur Adaption des Entzerrers meist überlegen, insbesondere bei kurzen Datenpaketen. ◊

Ein Nachteil durch die vollständige Beseitigung des Symbolübersprechens ist eine Verringerung des Signal/Rauschleistungsverhältnis am Entzerrerausgang. Das Signal/Rauschleistungsverhältnis am Ausgang eines linearen ZF-Entzerrers mit unendlich vielen Filterkoeffizienten lautet

$$\left.\frac{E_s}{N_0}\right|_{\text{ZF-LE}} = \left(T^2 \frac{N_0}{E_s} \int_{-1/(2T)}^{1/(2T)} \frac{df}{\sum_{n=-\infty}^{\infty} |H_{Tx}(f+\frac{n}{T})|^2} \right)^{-1} \le \frac{E_s}{N_0}, \qquad (17.66)$$

wobei E_s/N_0 das Signal/Rauschleistungsverhältnis des AWGN-Kanals ist. Das Maximum, $(E_s/N_0)\big|_{\text{ZF-LE}} = E_s/N_0$, wird für ein Nyquist-System angenommen, d. h. für

$$\sum_{n=-\infty}^{\infty} \left| H_{Tx}(f+\frac{n}{T}) \right|^2 = T, \qquad |f| \le \frac{1}{2T}. \qquad (17.67)$$

Wir erkennen, dass bis auf diesen pathologischen Fall, bei dem keine Entzerrung notwendig ist, der lineare ZF-Entzerrer das Rauschen verstärkt. Wir erkennen ferner, dass der Rauschprozess am Ausgang des Entzerrers im Allgemeinen farbig ist.

Eine alternative Beschreibung des ZF-Algorithmus ist wie folgt: Es bezeichne

$$\varepsilon[k] := a[k] - \tilde{a}[k] \qquad (17.68)$$

das Fehlersignal zum Zeitindex k gegeben $a[k]$. Wie durch Einsetzen bewiesen werden kann, sind die Filterkoeffizienten optimal eingestellt, wenn die *Fehlersequenz orthogonal zu der gesendeten Datensequenz* ist, d. h. wenn

$$E\{\varepsilon[k]\, a^*[k-j]\} = 0, \qquad j = -K, \ldots, K. \qquad (17.69)$$

Hierbei werden die Datensymbole als statistisch unabhängig angenommen.

Die Einstellung der Filterkoeffizienten gemäß dem ZF-Kriterium kann rekursiv erfolgen:

$$c_j[k+1] = c_j[k] + \Delta e[k]\, \hat{a}^*[k-j], \qquad j = -K, \ldots, K, \qquad (17.70)$$

wobei $c_j[k]$ der Wert des j-ten Filterkoeffizienten zum Zeitindex k, $e[k] := \hat{a}[k] - \tilde{a}[k]$ das Fehlersignal zum Zeitindex k gegeben $\hat{a}[k]$, und Δ ein positiver, die Adaptionsgeschwindigkeit steuernder Skalierungsfaktor ist, vgl. (17.69). Eine Faustregel lautet $\Delta \le 1/(2K+1)$. Gleichung (17.70) bezeichnet man als *stochastisches Gradientenverfahren.* Bild 17.16 zeigt eine adaptive Ausführung des linearen ZF-Entzerrers. Das vorgestellte Gradientenverfahren ist einfach zu implementieren aber für kurze Datenpakete ungeeignet, da der Adaptionsprozess mehrere hundert Symbole dauert.

17.2.1.2 „Least Mean Squares"-Algorithmus

Der sog. „*Least Mean Squares* (LMS)"-Algorithmus beseitigt das verbliebene Symbolübersprechen nicht vollständig, sondern minimiert das mittlere Betragsquadrat $\sigma_\varepsilon^2 := E\{|\varepsilon[k]|^2\}$ des Fehlersignals

$$\varepsilon[k] = a[k] - \tilde{a}[k]. \qquad (17.71)$$

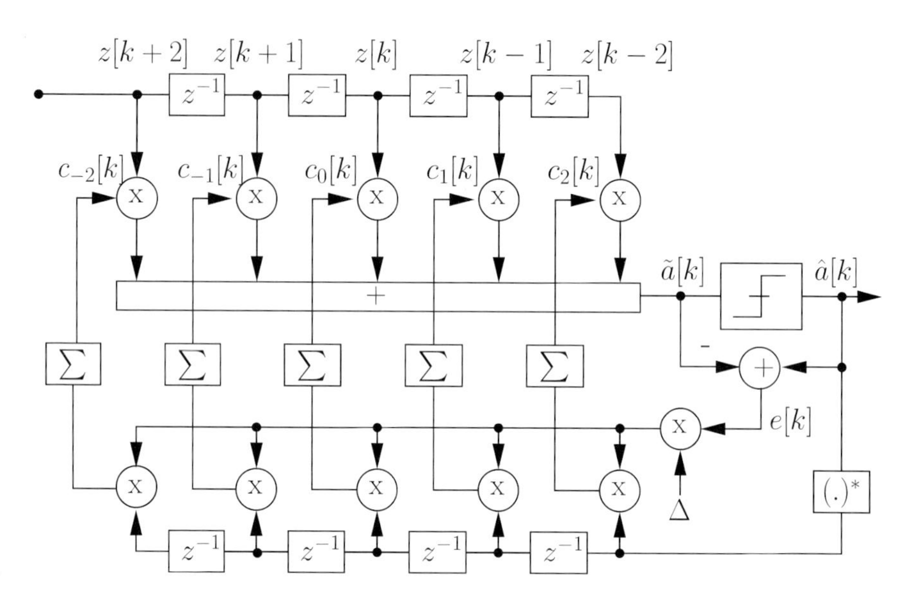

Bild 17.16: Adaptiver linearer ZF-Entzerrer ($K = 2$)

Dies bedeutet, dass alle $2K+1$ Filterkoeffizienten c_j so einstellt werden, dass σ_ε^2 minimal wird. Dieses Minimum wird im Folgenden mit σ_{min}^2 bezeichnet. Der LMS-Algorithmus bewirkt folglich eine Minimierung des mittleren quadratischen Fehlers („*Minimum Mean Squared Error* (MMSE)"). Das Orthogonalitätsprinzip der MMSE-Schätzung besagt, dass die *Fehlersequenz orthogonal zur Eingangssequenz* sein muss, d. h.

$$E\{\varepsilon[k]z^*[k-l]\} = 0, \qquad -\infty < l < \infty. \tag{17.72}$$

Folglich gilt mit (17.57), (17.71) und für $K \to \infty$

$$E\left\{\left(a[k] - \sum_{j=-\infty}^{\infty} c_j z[k-j]\right) z^*[k-l]\right\} = 0, \qquad -\infty < l < \infty, \tag{17.73}$$

sowie nach Umformung

$$\sum_{j=-\infty}^{\infty} c_j E\{z[k-j]z^*[k-l]\} = E\{a[k]z^*[k-l]\}. \tag{17.74}$$

Mit (17.45) und (17.44) folgt

$$\begin{aligned} E\{z[k-j]z^*[k-l]\} &= \sum_{n=0}^{L} h_n^* h_{n+l-j} + \frac{N_0}{E_s}\,\delta_{l-j} \\ &= \begin{cases} g_{l-j} + \frac{N_0}{E_s}\,\delta_{l-j} & |l-j| \le L \\ 0 & \text{sonst} \end{cases} \end{aligned} \tag{17.75}$$

und

$$E\{a[k]z^*[k-l]\} = \begin{cases} h^*_{-l} & -L \leq l \leq 0 \\ 0 & \text{sonst.} \end{cases} \tag{17.76}$$

Nach Einsetzen und Z-Transformation folgt

$$C(z)\left(G(z) + \frac{N_0}{E_s}\right) = H^*(z^{-1}), \tag{17.77}$$

folglich

$$C(z) = \frac{H^*(z^{-1})}{H(z)H^*(z^{-1}) + \frac{N_0}{E_s}}. \tag{17.78}$$

Ein wesentlicher Unterschied im Vergleich zum linearen ZF-Entzerrer (17.62) besteht darin, dass die Filterkoeffizienten vom Signal/Rauschleistungsverhältnis E_s/N_0 abhängig sind. Wenn das thermische Rauschen verschwindend klein ist, so führt das MMSE-Kriterium zum gleichen Ergebnis wie das ZF-Kriterium. Im Allgemeinen wird jedoch (auch für $K \to \infty$) ein Rest-Symbolübersprechen akzeptiert. Bild 17.17 zeigt ein Blockdiagramm des ISI-Kanalmodells mit linearem MMSE-Entzerrer.

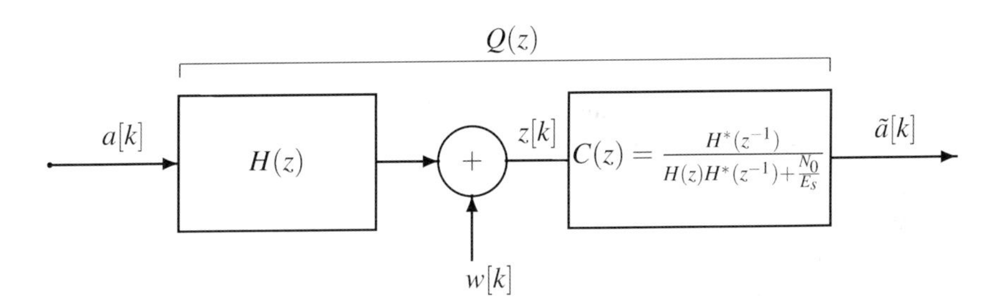

Bild 17.17: Blockdiagramm des ISI-Kanalmodells mit linearem MMSE-Entzerrer

Das Signal/Rauschleistungsverhältnis am Ausgang eines linearen MMSE-Entzerrers mit unendlich vielen Filterkoeffizienten lautet

$$\left.\frac{E_s}{N_0}\right|_{\text{MMSE-LE}} = \frac{1-\sigma^2_{\min}}{\sigma^2_{\min}} \leq \frac{E_s}{N_0}, \tag{17.79}$$

wobei

$$\sigma^2_{\min} = T\,\frac{N_0}{E_s} \int_{-1/(2T)}^{1/(2T)} \frac{df}{\frac{1}{T}\sum_{n=-\infty}^{\infty} |H_{Tx}(f+\frac{n}{T})|^2 + \frac{N_0}{E_s}} \tag{17.80}$$

das minimale Fehlerquadrat ist. Das Maximum, $(E_s/N_0)|_{\text{MMSE-LE}} = E_s/N_0$, wird erneut für ein Nyquist-System angenommen. In diesem Fall gilt $\sigma^2_{min} = (1+E_s/N_0)^{-1}$. Es gilt immer

$$(E_s/N_0)|_{\text{ZF-LE}} \leq (E_s/N_0)|_{\text{MMSE-LE}}. \tag{17.81}$$

Der MMSE-LE verstärkt das Rauschen somit weniger stark wie der ZF-LE.

Die Einstellung der Filterkoeffizienten kann beim MMSE-Kriterium mit Hilfe des LMS-Algorithmus rekursiv erfolgen:

$$c_j[k+1] = c_j[k] + \Delta e[k] z^*[k-j], \qquad j = -K, \ldots, K, \tag{17.82}$$

wobei $c_j[k]$ der Wert des j-ten Filterkoeffizienten zum Zeitindex k, $e[k] = \hat{a}[k] - \tilde{a}[k]$ das Fehlersignal zum Zeitindex k gegeben $\hat{a}[k]$, und Δ ein positiver, die Adaptionsgeschwindigkeit steuernder Skalierungsfaktor ist, vgl. (17.72). Bild 17.18 zeigt eine adaptive Ausführung des linearen MMSE-Entzerrers. Während man beim ZF-Entzerrer hart entschiedene Datensymbole zur Adaption verwendet, greift man beim MMSE-Entzerrer auf die verrauschten Eingangswerte zurück.

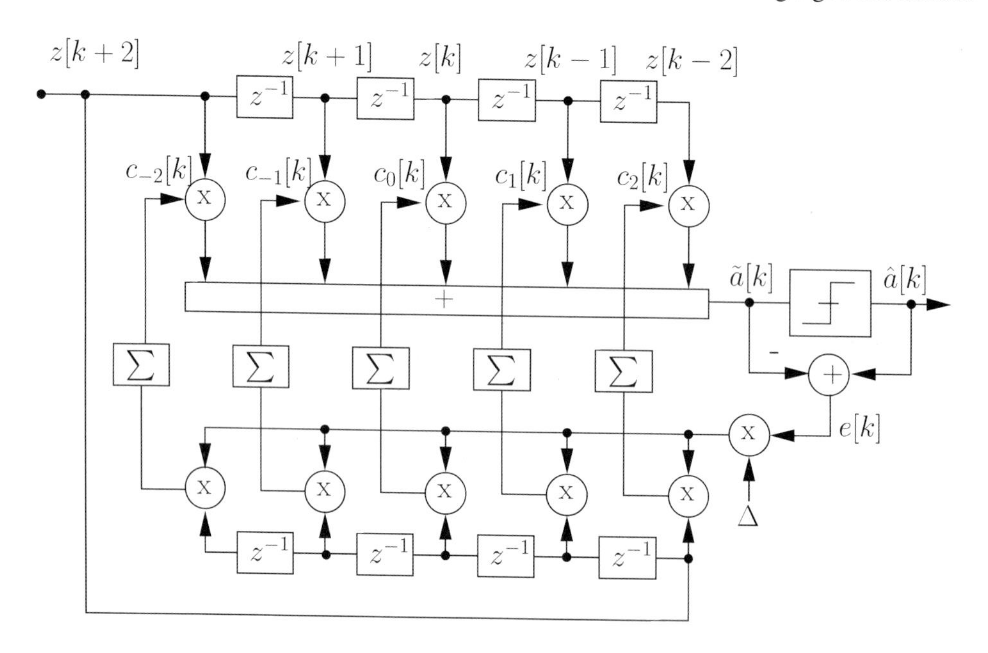

Bild 17.18: Adaptiver linearer MMSE-Entzerrer ($K = 2$)

Die Adaptionsgeschwindigkeit ist weitgehend unabhängig vom gewählten Kriterium (ZF-Entzerrer bzw. MMSE-Entzerrer) und beträgt typischerweise mehrere hundert Symbole. Somit ist diese Form der Adaption für kurze Datenpakete ungeeignet. Mit aufwändigeren Algorithmen wie dem Kalman-Algorithmus kann das Adaptionsverhalten signifikant verbessert werden. Für sehr kurze Datenpakete kann es dennoch erforderlich sein, die Koeffizienten des Entzerrers (wie in Beispiel 17.2.1) explizit zu berechnen. Eine explizite Berechnung der Entzerrerkoeffizienten erfordert allerdings typischerweise einen höheren Rechenaufwand, weil zusätzlich eine Kanalschätzung notwendig ist. Zudem ist eine präzise Kanalschätzung bei kurzen Datenpaketen nur in Zusammenhang mit einer Trainingssequenz möglich. Verfahren zur Kanalschätzung werden in Kapitel 18 besprochen.

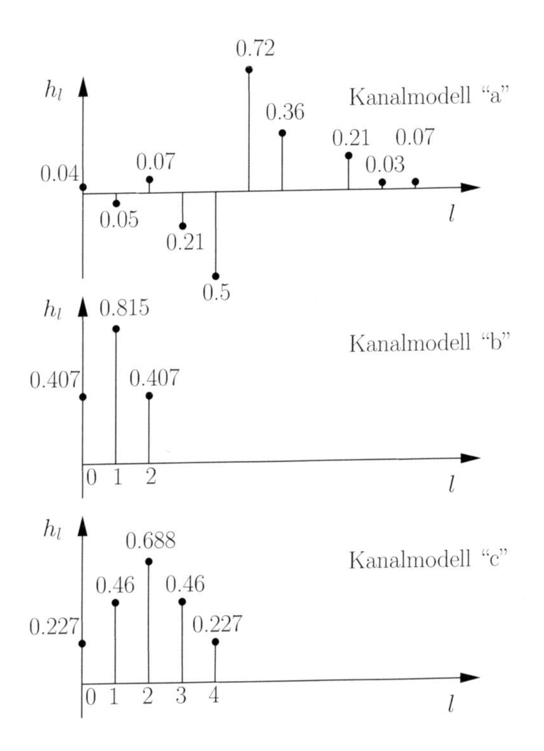

Bild 17.19: ISI-Kanalmodelle „a", „b" und „c" zur Beurteilung der Leistungsfähigkeit verschiedener Entzerrer

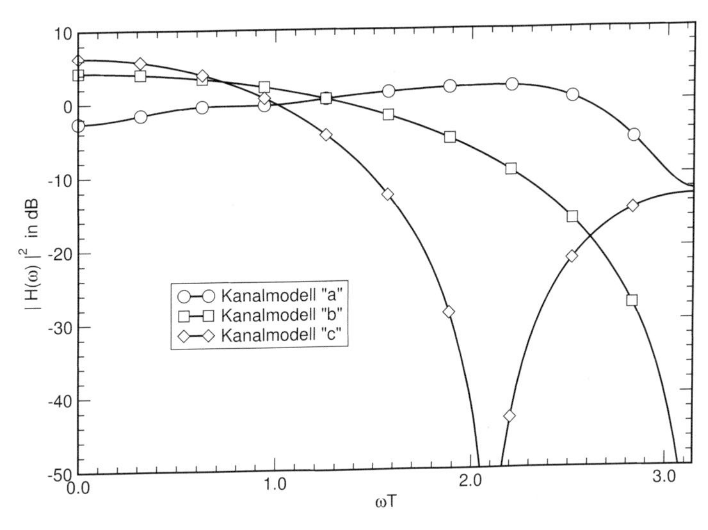

Bild 17.20: Quadrierte Amplitudengänge der drei ISI-Kanalmodelle „a", „b" und „c"

Zur Beurteilung der Leistungsfähigkeit des linearen MMSE-Entzerrers sowie weiterer Entzerrer wählen wir die drei in Bild 17.19 gezeigten ISI-Kanalmodelle, deren Amplitudengänge

$$|H(\omega)| = \left| \sum_{l=0}^{L} h_l \, e^{-jl\omega T} \right| \tag{17.83}$$

in Bild 17.20 gezeigt sind. (Der Amplitudengang ergibt sich aus der Z-Transformierten $H(z) = \sum_{l=0}^{L} h_l \, z^{-l}$ durch Substitution von $z = e^{j\omega T}$ und anschließender Betragsbildung.) Alle drei Kanalmodelle sind gemäß $\sum_{l=0}^{L} |h_l|^2 = 1$ normiert. Das Kanalmodell „a" hat keine Nullstellen im Spektrum, Kanalmodell „b" weist eine Tiefpass-Charakteristik mit einer Nullstelle am Rand des Übertragungsbandes auf, während Kanalmodell „c" eine Nullstelle im Übertragungsband aufweist. Folglich kann nur Kanalmodell „a" zufriedenstellend linear entzerrt werden, siehe Bild 17.21, obwohl die Gedächtnislänge L bei diesem Kanalmodell am größten ist.

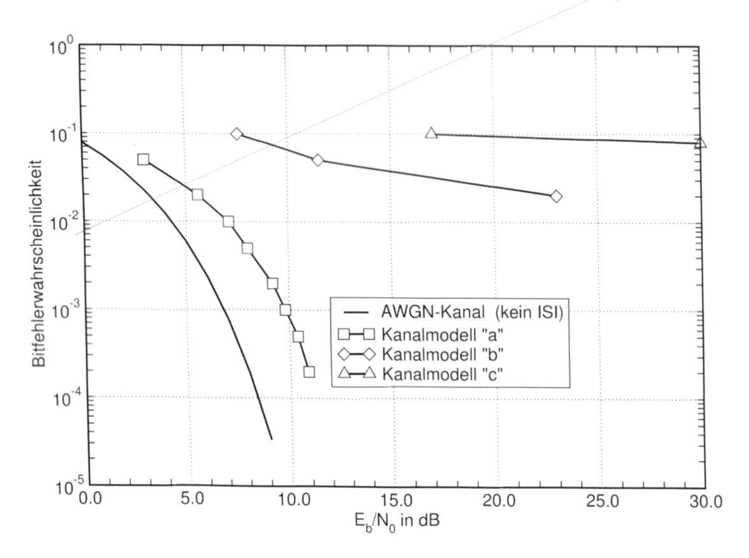

Bild 17.21: Bitfehlerwahrscheinlichkeit bei linearer MMSE-Entzerrung der Kanalmodelle „a", „b" und „c" (MMSE-LE, $K = 15$)

17.2.2 Entscheidungsrückgekoppelte Entzerrung

Der *entscheidungsrückgekoppelte Entzerrer* („Decision-Feedback Equalizer (DFE)") ist ein nichtlinearer Entzerrer. Er besteht in seiner Grundkonfiguration aus zwei Filtern (einem Vorwärtsfilter $C(z)$ und einem Rückwärtsfilter $B(z)$) sowie einem Entscheider, siehe Bild 17.22.

Die Eingangssequenz des Vorwärtsfilters $C(z)$ ist gleich der Empfangssequenz. Das Vorwärtsfilter entspricht einem linearen Entzerrer und hat die Aufgabe, die Impulsantwort zu verkürzen. (Für Details zur Impulsverkürzung siehe Abschnitt 24.4.) Man kann das Vorwärtsfilter als „symbol-spaced" oder als „fractionally-spaced" Filter ausführen. Es kann gezeigt werden, dass

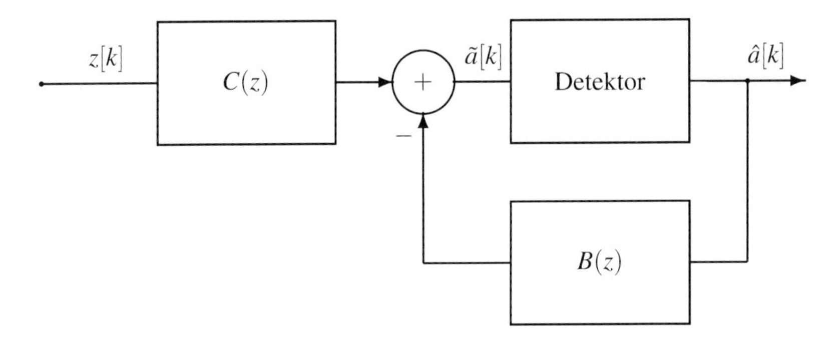

Bild 17.22: Blockdiagramm des entscheidungsrückgekoppelten Entzerrers

ein hinreichend langes „fractionally-spaced" Vorwärtsfilter, bei dem die Koeffizienten gemäß dem ZF-Kriterium eingestellt sind, gleich einem Whitened-Matched-Filter (WMF) ist.

Die Eingangssequenz des Rückwärtsfilters $B(z)$ ist gleich der entschiedenen Datensequenz. Das Rückwärtsfilter wird somit immer im Symboltakt betrieben. Es hat die Aufgabe, das nach der Vorwärtsfilterung verbliebene Symbolübersprechen auszulöschen. Die Leistungsfähigkeit des DFE basiert auf dieser Auslöschung, denn diese führt (bei korrekt entschiedenen Datensymbolen) nicht zu einer Erhöhung der Rauschleistung. Entscheidungsfehler führen hingegen im Allgemeinen zu einer Fehlerfortpflanzung und sollten deshalb möglichst vermieden werden.

Der entscheidungsrückgekoppelte Entzerrer kann formelmäßig durch

$$\tilde{a}[k] = \sum_{j=-K_1}^{0} c_j z[k-j] - \sum_{j=1}^{K_2} b_j \hat{a}[k-j] \qquad (17.84)$$

beschrieben werden, wobei c_j, $-K_1 \leq j \leq 0$, die $K_1 + 1$ Koeffizienten des Vorwärtsfilters und b_j, $1 \leq j \leq K_2$, die K_2 Koeffizienten des Rückwärtsfilters sind.

Die Einstellung der Koeffizienten des Vorwärtsfilters kann (neben anderen Gütekriterien) gemäß dem ZF-Kriterium oder dem MMSE-Kriterium erfolgen. Beide Möglichkeiten führen zu geschlossenen Lösungen. Die Einstellung der Koeffizienten des Rückwärtsfilters ist von der Optimierung des Vorwärtsfilters unabhängig und erfolgt vorzugsweise gemäß dem ZF-Kriterium, da das Ziel eine vollständige Auslöschung des Symbolübersprechens ist. Beim ZF-DFE können die Koeffizienten des Vorwärtsfilters wie folgt adaptiert werden:

$$c_j[k+1] = c_j[k] + \Delta e[k]\, \hat{a}^*[k-j], \qquad j = -K_1, \ldots, 0, \qquad (17.85)$$

vergleiche (17.70). Dieses Filter approximiert ein WMF. Beim MMSE-DFE können die Koeffizienten des Vorwärtsfilters gemäß

$$c_j[k+1] = c_j[k] + \Delta e[k]\, z^*[k-j], \qquad j = -K_1, \ldots, 0 \qquad (17.86)$$

eingestellt werden, vergleiche (17.82). Das MMSE-Kriterium ist praxisrelevanter und wird deshalb im Folgenden betrachtet. In beiden Fällen können die Koeffizienten des Rückwärtsfilters durch

$$b_j[k+1] = b_j[k] + \Delta e[k]\,\hat{a}^*[k-j], \qquad j = 1,\dots,K_2 \tag{17.87}$$

eingestellt werden, vergleiche (17.70), wobei jeweils $e[k] := \hat{a}[k] - \tilde{a}[k]$ und $\Delta > 0$.

Das Signal/Rauschleistungsverhältnis am Ausgang eines entscheidungsrückgekoppelten MMSE-Entzerrers, dessen Vorwärtsfilter unendlich viele Koeffizienten und dessen Rückwärtsfilter hinreichend viele Koeffizienten aufweist, lautet bei Abwesenheit von Entscheidungsfehlern

$$\left.\frac{E_s}{N_0}\right|_{\text{MMSE-DFE}} = \exp\left(T \int_{-1/(2T)}^{1/(2T)} \log_e \left(\frac{\frac{N_0}{E_s} + G(e^{j2\pi fT})}{\frac{N_0}{E_s}} \right) df \right) - 1 \le \frac{E_s}{N_0}. \tag{17.88}$$

Gleichheit wird erneut für ein Nyquist-System, d. h. für $G(e^{j2\pi fT}) = 1$, angenommen. Bei Vernachlässigung von Entscheidungsfehlern gilt

$$\left.\frac{E_s}{N_0}\right|_{\text{MMSE-LE}} \le \left.\frac{E_s}{N_0}\right|_{\text{MMSE-DFE}}. \tag{17.89}$$

Zur Beurteilung der tatsächlichen Leistungsfähigkeit müssen Entscheidungsfehler jedoch mit berücksichtigt werden. Bild 17.23 zeigt Ergebnisse für die Kanalmodelle „b“ und „c“, welche linear nur unzufriedenstellend zu entzerren sind, vergleiche Bild 17.21. Diese Grafik veranschaulicht die Überlegenheit des DFE auch bei Berücksichtigung der Fehlerfortpflanzung.

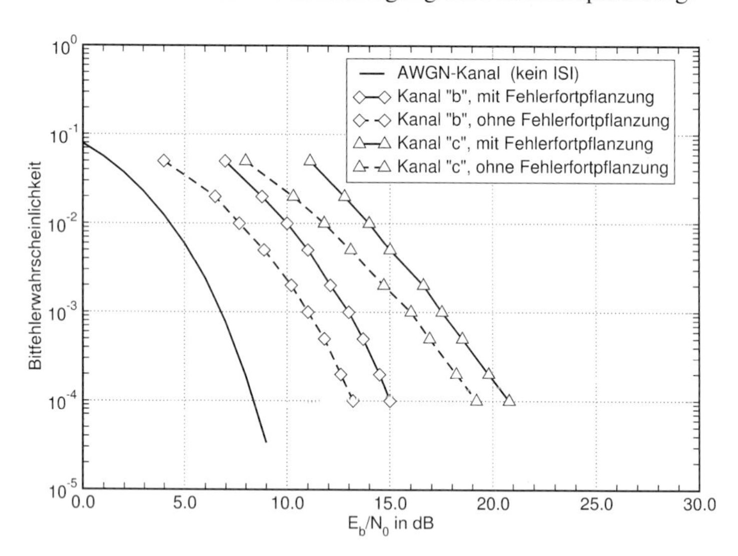

Bild 17.23: Bitfehlerwahrscheinlichkeit bei entscheidungsrückgekoppelter MMSE-Entzerrung der Kanalmodelle „b“ und „c“ (MMSE-DFE, $K_1 = 15$, $K_2 = 15$)

Beispiel 17.2.2 (Entscheidungsrückgekoppelter Entzerrer) Einen DFE ohne Vorwärtsfilter bezeichnet man als *quantisierte Rückkopplung*. Diesen speziellen Empfänger wollen wir nun für das in Beispiel 17.1.4 berechnete ISI-Kanalmodell angeben. Ferner wollen wir den *Leistungsverlust aufgrund der Auslöschung* ausrechnen, wobei das ISI-Kanalmodell erst als minimalphasig (d. h. $|a| < 1$) und dann als maximalphasig (d. h. $|a| > 1$) angenommen wird.

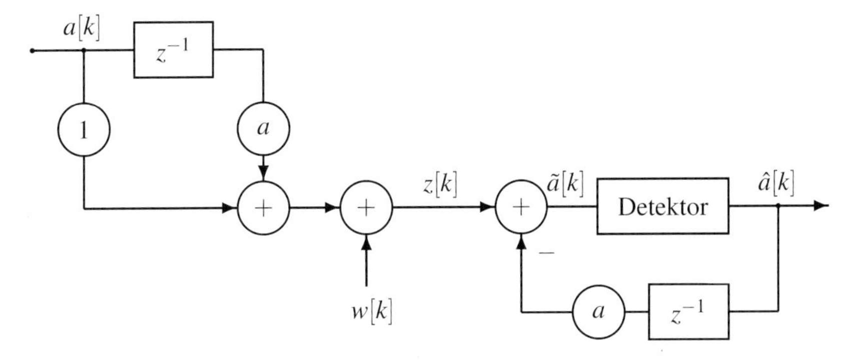

Bild 17.24: Zweiwegekanal mit entscheidungsrückgekoppeltem Entzerrer

In Bild 17.24 ist der gesuchte Entzerrer dargestellt. Man erkennt, dass bei fehlerfreier Detektion (d. h. $\hat{a}[k] = a[k]$) das Datensymbol $a[k-1]$ ausgelöscht wird. Folglich wird das Symbolübersprechen vollständig und ohne Rauschverstärkung eliminiert.

Um den Leistungsverlust zu berechnen, wird zunächst die Gesamtleistung der Kanalparameter benötigt, sie lautet $1 + |a|^2$. Wenn das ISI-Kanalmodell minimalphasig ist, beträgt die Leistung nach der Auslöschung eins. Der Leistungsverlust ist somit gleich

$$V = 10\log\frac{1+|a|^2}{1}\ \text{dB} = 10\log\left(1+|a|^2\right)\ \text{dB}. \tag{17.90}$$

Für $a = 0.5$ beträgt der Verlust $V = 1$ dB, für $a = 1$ beträgt er $V = 3$ dB.

Wenn das ISI-Kanalmodell maximalphasig ist, beträgt die Leistung nach der Auslöschung $|a|^2$. Der Leistungsverlust ist somit gleich

$$V = 10\log\frac{1+|a|^2}{|a|^2}\ \text{dB} = 10\log\left(1+1/|a|^2\right)\ \text{dB}. \tag{17.91}$$

Für $a = 0.5$ beträgt der Verlust $V = 7$ dB, für $a = 1$ beträgt er weiterhin $V = 3$ dB. Dieses Beispiel illustriert wie wichtig es ist, dass die Impulsantwort nach dem Vorwärtsfilter (d. h. vor der quantisierten Rückkopplung) minimalphasig ist. ◊

17.2.3 Maximum-Likelihood-Detektion

Das (rauschfreie) ISI-Kanalmodell (17.45) kann als ein verallgemeinerter Faltungscode mit komplexwertigen Generatorpolynomen interpretiert werden. Da das ISI-Kanalmodell L Speicherzellen besitzt, existieren M^L Zustände mit je M Übergängen, wobei M die Mächtigkeit des Symbolalphabets ist. Bei Verwendung eines Whitening-Matched-Filters ist der Rauschprozess am

Eingang des Entzerrers weiß. Die Maximum-Likelihood-Sequenz kann somit, wie bei konventionellen Faltungscodes, mit Hilfe des Viterbi-Algorithmus rekursiv berechnet werden.

Wir wollen nun die Berechnungsvorschrift für die Zweigmetriken für den Fall von gaußverteiltem Rauschen herleiten. Sind diese bekannt, so kann der Viterbi-Algorithmus in bekannter Weise ausgeführt werden. Die Maximum-Likelihood-Sequenz lautet definitionsgemäß

$$\hat{\mathbf{a}} = \arg\max_{\tilde{\mathbf{a}}} p(\mathbf{z} \,|\, \tilde{\mathbf{a}}). \tag{17.92}$$

Diese Optimierungsaufgabe ist gleichbedeutend mit

$$\hat{\mathbf{a}} = \arg\max_{\tilde{\mathbf{a}}} \log p(\mathbf{z} \,|\, \tilde{\mathbf{a}}), \tag{17.93}$$

da die Logarithmusfunktion streng monoton steigend ist. Die Datensequenz habe die Länge K. Weil nach Voraussetzung die Rauschwerte $w[k]$ und damit die Empfangswerte $z[k]$ bei angenommener Datensequenz statistisch unabhängig sind, kann die Verbundwahrscheinlichkeitsdichte in (17.92) als Produkt von Wahrscheinlichkeitsdichten geschrieben werden:

$$p(\mathbf{z} \,|\, \tilde{\mathbf{a}}) = \prod_{k=0}^{K-1} p(z[k] \,|\, \tilde{a}[k-L], \ldots, \tilde{a}[k]), \tag{17.94}$$

und somit

$$\log p(\mathbf{z} \,|\, \tilde{\mathbf{a}}) = \sum_{k=0}^{K-1} \log p(z[k] \,|\, \tilde{a}[k-L], \ldots, \tilde{a}[k]). \tag{17.95}$$

Da $p(z[k] \,|\, \tilde{a}[k-L], \ldots, \tilde{a}[k])$ eine komplexe Normalverteilung mit Varianz $\sigma_n^2 = N_0/(2E_s)$ pro Quadraturkomponente ist,

$$p(z[k] \,|\, \tilde{a}[k-L], \ldots, \tilde{a}[k]) = \frac{E_s}{\pi N_0} \exp\left(-\frac{E_s}{N_0} \left| z[k] - \sum_{l=0}^{L} h_l\, \tilde{a}[k-l] \right|^2 \right), \tag{17.96}$$

folgt nach Einsetzen

$$\log p(\mathbf{z} \,|\, \tilde{\mathbf{a}}) \sim -\sum_{k=0}^{K-1} \left| z[k] - \sum_{l=0}^{L} h_l\, \tilde{a}[k-l] \right|^2. \tag{17.97}$$

Für eine Datensequenz der Länge K mit M-wertigen Symbolen müssten bei einer vollständigen Suche M^K verschiedene Sequenzen berücksichtigt werden.

Der Trick des Viterbi-Algorithmus besteht darin, die Suche rekursiv durchzuführen. Deshalb wächst die Anzahl der Operationen gemäß dem Prinzip der dynamischen Programmierung nach Bellmann nur linear mit der Sequenzlänge K. Die Rekursion folgt aus (17.97) und lautet

$$\Gamma(\mu[k]) = \min_{\tilde{\mathbf{a}}} \left(\Gamma(\mu[k-1]) + \underbrace{\left| z[k] - \sum_{l=0}^{L} h_l\, \tilde{a}[k-l] \right|^2}_{\gamma(\mu[k-1], \tilde{a}[k])} \right), \tag{17.98}$$

wobei $\gamma(\mu[k-1],\tilde{a}[k])$ die Zweigmetriken des k-ten Trellissegments und $\Gamma(\mu[k])$ die akkumulierten Zweigmetriken (d. h. die Pfadmetriken) bis zum Zeitindex k sind. Die Zweigmetriken müssen für jeden der M^L Zustände $\mu[k-1] := [\tilde{a}[k-1],\tilde{a}[k-2],\ldots,\tilde{a}[k-L]]$ sowie für alle M möglichen Übergänge $\tilde{a}[k]$ berechnet werden. Entscheidend für die Funktionsweise des Viterbi-Algorithmus ist, dass für jeden Zustand nur der beste der M eintreffenden Pfade auch letztendlich ein Kandidat für den Maximum-Likelihood-Pfad ist, d. h. für jeden Zustand überlebt nur genau ein Pfad. Eine endgültige Entscheidung über die Informationssymbole kann dann getroffen werden, wenn die überlebenden Pfade aller Zustände zu einem gemeinsamen Pfad zusammengelaufen sind.

Eine Alternative zur *Zweigmetrik nach Forney*,

$$\gamma(\mu[k-1],\tilde{a}[k]) = \left| z[k] - \sum_{l=0}^{L} h_l\, \tilde{a}[k-l] \right|^2, \tag{17.99}$$

wobei $z[k]$ das Whitened-Matched-Filter-Ausgangssignal ist, ist die *Zweigmetrik nach Ungerboeck*:

$$\gamma(\mu[k-1],\tilde{a}[k]) = \mathrm{Re}\left\{ \tilde{a}^*[k] \left(2y[k] - g_0\,\tilde{a}[k] - 2\sum_{l=1}^{L} g_l\,\tilde{a}[k-l] \right) \right\}. \tag{17.100}$$

Dabei ist $y[k]$ das MF-Ausgangssignal und $g_l = \sum_{j=0}^{L-l} h_j^* h_{j+l}$, $0 \le l \le L$, gemäß (17.44). Bei der letztgenannten Zweigmetrik muss somit kein Dekorrelationsfilter realisiert werden. Beide Metriken führen zu einer identischen Leistungsfähigkeit.

Der Viterbi-Algorithmus erfordert die Kenntnis der Kanalkoeffizienten, h_l, für alle l in Amplitude und Phase. Es werden deshalb Schätzwerte $\hat{h}_l$ für alle Koeffizienten benötigt. Dies ist Gegenstand der nächsten Kapitels. Nicht benötigt wird hingegen eine Schätzung des Signal/Rauschleistungsverhältnisses, weil die Zweigmetrik mit jeder positiven Zahl gewichtet werden kann.

Die Taktsynchronisation ist bei frequenzselektiven Kanälen in Verbindung mit einem Maximum-Likelihood-Entzerrer unkritisch, da eine Verschiebung des Abtastzeitpunktes (nur) zu einem ISI-Kanalmodell mit anderen Koeffizienten führt.

Die Bilder 17.25 und 17.26 zeigen die Bitfehlerwahrscheinlichkeit für eine Maximum-Likelihood-Entzerrung der Kanalmodelle „b" beziehungsweise „c", sowie als Referenz die Bitfehlerwahrscheinlichkeit für die entscheidungsrückgekoppelte Entzerrung. Der Optimalentzerrer erweist sich als überlegen, weil weder eine Rauschverstärkung noch eine Fehlerfortpflanzung auftritt.

Beispiel 17.2.3 (Trellisdiagramm, Viterbi-Algorithmus) Für das in Beispiel 17.1.4 berechnete zeitdiskrete ISI-Kanalmodell mit Gedächtnislänge $L = 1$,

$$z[k] = h_0\, a[k] + h_1\, a[k-1] + w[k], \qquad h_0 = 1, h_1 = a, \qquad a \in \mathbb{C}, \tag{17.101}$$

kann ein Segment des Trellisdiagramms gemäß Bild 17.27 gezeichnet werden, wenn wir den binären Fall $a[k] \in \pm 1$ annehmen. Ein Trellissegment besteht aus $M^L = 2$ Zuständen und $M = 2$ Übergängen pro Zustand. Die vier Zweigmetriken lauten $|z[k]-(h_0+h_1)|^2$, $|z[k]-(h_0-h_1)|^2$, $|z[k]-(-h_0+h_1)|^2$ und $|z[k]-(-h_0-h_1)|^2$. Die prinzipielle Funktionsweise des Viterbi-Algorithmus ist mit der bei Faltungscodes identisch, deshalb sind diesbezüglich keine weiteren Ausführungen notwendig.

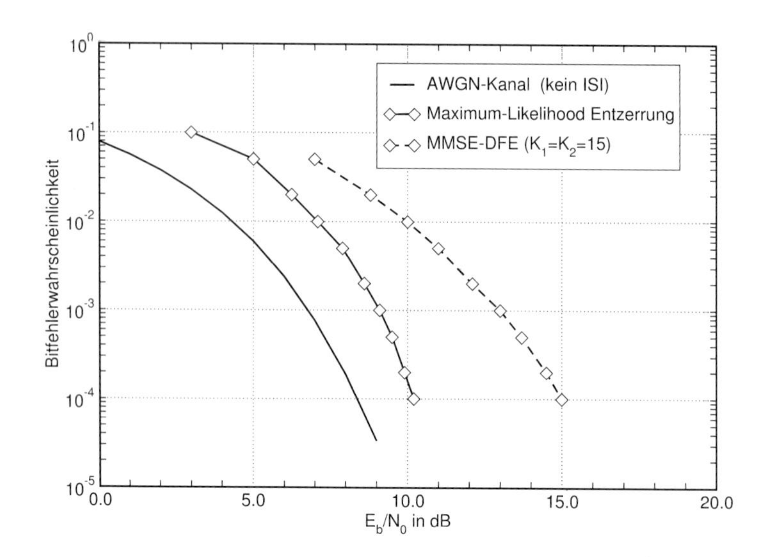

Bild 17.25: Vergleich der Bitfehlerwahrscheinlichkeiten bei Maximum-Likelihood-Entzerrung und Entscheidungsrückgekoppelter Entzerrung für Kanalmodell „b"

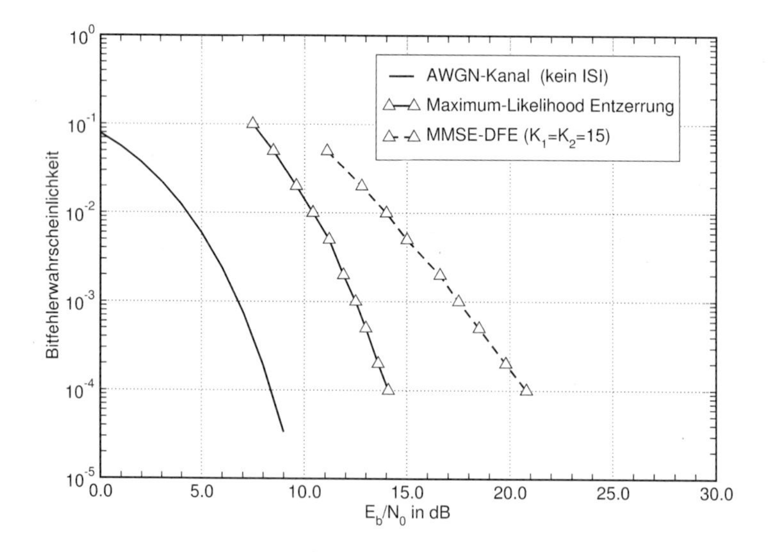

Bild 17.26: Vergleich der Bitfehlerwahrscheinlichkeiten bei Maximum-Likelihood-Entzerrung und Entscheidungsrückgekoppelter Entzerrung für Kanalmodell „c"

Im Zusammenhang mit Faltungscodes wurde berichtet, dass der Fehlerpfad mit der geringsten Distanz zum gesendeten Pfad die Fehlerwahrscheinlichkeit bei großen Signal/Rauschleistungsverhältnissen dominiert. Diese Eigenschaft gilt auch für ISI-Kanalmodelle in Zusammenhang mit einem Maximum-Likelihood-Entzerrer. Eine wichtige Frage ist, wie groß

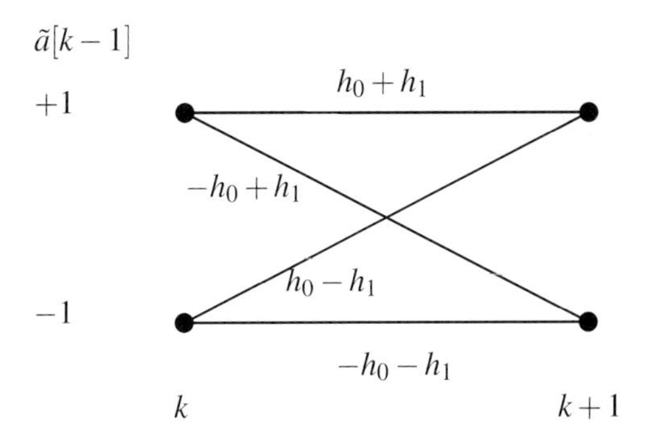

Bild 17.27: Trellissegment für $M = 2$ und $L = 1$

die freie Distanz für unser einfaches ISI-Kanalmodell ist. Als Distanzmaß kommt bei gaußverteiltem Rauschen nur die quadratische Euklid'sche Distanz in Frage. Ohne Beschränkung der Allgemeinheit werde die Datensequenz $+1, +1, \ldots$ gesendet. Die quadratische Euklid'sche Distanz lautet für den Fehlerpfad der Länge zwei

$$\begin{aligned} d_{ISI}^2 &= |(h_0+h_1)-(-h_0+h_1)|^2 + |(h_0+h_1)-(h_0-h_1)|^2 \\ &= |2h_0|^2 + |2h_1|^2 = 4(|h_0|^2 + |h_1|^2), \end{aligned} \quad (17.102)$$

vgl. Bild 17.27. Man kann zeigen, dass jeder längere Fehlerpfad eine größere Distanz aufweist, somit ist die Minimaldistanz gefunden.

Durch einen Vergleich mit der quadratischen Euklid'schen Distanz für den interferenzfreien Kanal gleicher Leistung,

$$d_0^2 = 4(|h_0|^2 + |h_1|^2), \quad (17.103)$$

erkennt man, dass bei der Maximum-Likelihood-Entzerrung von ISI-Kanälen der Gedächtnislänge $L = 1$ und beliebigem Parameter a asymptotisch (d. h. für große Signal/Rauschleistungsverhältnisse) interessanterweise kein Leistungsverlust gegenüber einem AWGN-Kanal auftritt. Dieses Ergebnis demonstriert die Leistungsfähigkeit eines Maximum-Likelihood-Entzerrers. Für $L > 1$ tritt zwar immer ein Verlust gegenüber einem ISI-freien Kanal auf, per Konstruktion kann aber kein besserer Entzerrer mit kleinerer Sequenzfehlerwahrscheinlichkeit gefunden werden.

18 Kanalschätzung

Viele Entzerrer, wie beispielsweise der Maximum-Likelihood-Detektor, benötigen eine explizite Kenntnis der Koeffizienten des äquivalenten zeitdiskreten ISI-Kanalmodells. Wenn der Übertragungskanal empfängerseitig unbekannt oder zeitvariant ist, benötigt man einen *Kanalschätzer*. Kanalschätzer gehören zur Klasse der Identifikationsverfahren. Kanalschätzverfahren kann man in drei Kategorien klassifizieren:

- *Trainingsbasierte Kanalschätzverfahren*,
- *entscheidungsgestützte Kanalschätzverfahren* (semi-blinde Kanalschätzverfahren) und
- *blinde Kanalschätzverfahren*.

Man unterscheidet zwischen Schätzverfahren *ohne* bzw. *mit Nachführung*. Es werden im Folgenden ausschließlich Kanalschätzverfahren betrachtet, bei denen die Koeffizienten des äquivalenten zeitdiskreten ISI-Kanalmodells (13.54)

$$y[k] = \sum_{l=0}^{L} h_l[k]\, a[k-l] + w[k], \qquad 0 \leq k \leq K-1, \tag{18.1}$$

explizit geschätzt werden, wobei K die Anzahl der (Daten- und Trainings-) Symbole eines Datenpakets ist. Die Kanalschätzung erfolgt nach Empfangsfilterung und symbolweiser Abtastung (oder Überabtastung). Die Schätzwerte der Kanalkoeffizienten werden mit $\hat{h}_l[k]$ bezeichnet, $0 \leq l \leq L$. Manche Schätzer verwenden *a priori Information* über die Kanalkoeffizienten (z. B. aus vorherigen Datenpaketen), andere nicht.

18.1 Trainingsbasierte Kanalschätzung

Bei *trainingsbasierten* Kanalschätzverfahren werden *Trainingssymbole* (man sagt auch Pilotsymbole) zur (Trägerphasen-, Takt-, Frequenz-, Rahmen-) Synchronisation und Kanalschätzung, eventuell auch zur Kanalnachführung, genutzt. Die dem Empfänger bekannten Trainingssymbole liegen meist in Form einer *Präambel* oder *Midambel* vor (Beispiel: GSM/GPRS/EDGE/EGPRS-2), können aber auch periodisch in die Datensequenz eingefügt sein (Beispiel: UMTS). Eine zusammenhängende Sequenz von Trainingssymbolen wird als *Trainingssequenz* bezeichnet.

Trainingsbasierte Verfahren, die auf einer Präambel oder Midambel basieren, sind ohne zusätzliche Maßnahmen zur Kanalnachführung nur geeignet, wenn der Kanal während eines Datenpakets quasi zeitinvariant ist. Bei zeitvarianten Kanälen werden entweder Maßnahmen zur Kanalnachführung angewandt oder die Trainingssymbole werden im Zeitbereich verteilt. Bei Mehrträger-Modulationsverfahren können die Trainingssymbole im Zeit- und Frequenzbereich verteilt werden. Nachteile trainingsbasierter Kanalschätzverfahren bestehen in einer Reduktion der Leistungs- und Bandbreiteneffizienz sowie in einer geringen Robustheit bei zeitvarianten Kanälen.

18.1.1 „Least Squares“ Kanalschätzung

Der sog. „*least squares*“ (LS) Kanalschätzer gehört zur Klasse der nichtnachführenden Kanalschätzer. Es wird eine Trainingssequenz angenommen. Die Kanalkoeffizienten werden auf Basis der Trainingssequenz geschätzt. Der Kanal sei während der Zeitdauer der Trainingssequenz konstant. Deshalb wird bei den Kanalkoeffizienten der Zeitindex k weggelassen. A priori Information über die Kanalkoeffizienten sei nicht bekannt.

Wir definieren eine *Beobachtungslänge* von $N+L$ Symboldauern und eine *Fensterlänge* von N Symboldauern, wobei die Randbedingungen $L+1 \leq N$ und $N+2L \leq K$ gelten.

Gemäß (18.1) erhält man für $N+L$ zusammenhängende Empfangswerte $y[k]$ ein *lineares Gleichungssystem* als Funktion der Trainingssymbole und der Kanalkoeffizienten. Dieses Gleichungssystem lautet in Matrix/Vektorform

$$\mathbf{y} = \mathbf{A} \cdot \mathbf{h} + w, \tag{18.2}$$

wobei die $((N+L) \times (L+1))$-Datenmatrix (bzw. Trainingsmatrix) $\mathbf{A}$ durch

$$\mathbf{A} := \begin{bmatrix} a[\kappa_0] & a[\kappa_0 - 1] & \cdots & a[\kappa_0 - L] \\ a[\kappa_0 + 1] & a[\kappa_0] & \cdots & a[\kappa_0 - L + 1] \\ \vdots & \vdots & \ddots & \vdots \\ a[\kappa_0 + N + L - 1] & a[\kappa_0 + N + L - 2] & \cdots & a[\kappa_0 + N - 1] \end{bmatrix} \tag{18.3}$$

gegeben ist (es gelte $a[i] = 0$ für $i < 0$ und $i \geq K$). Der Empfangsvektor $\mathbf{y}$, der Kanalkoeffizientenvektor $\mathbf{h}$ und der Rauschvektor w sind dabei wie folgt definiert:

$$\begin{aligned} \mathbf{y} &:= [y[\kappa_0], y[\kappa_0 + 1], \ldots, y[\kappa_0 + N + L - 1]]^T \\ \mathbf{h} &:= [h_0, h_1, \ldots, h_L]^T \\ w &:= [w[\kappa_0], w[\kappa_0 + 1], \ldots, w[\kappa_0 + N + L - 1]]^T. \end{aligned} \tag{18.4}$$

Hierbei ist $\kappa_0 \geq 0$ der Zeitindex des ersten Symbols der Beobachtungslänge. Der Zeitpunkt Null entspricht dem ersten Symbol des Bursts.

Die im Sinne der LS-Schätzung optimalen Schätzwerte folgen aus

$$\hat{\mathbf{h}} := \arg\min_{\tilde{\mathbf{h}}} \sum_k \Big| \underbrace{y[k] - \tilde{y}[k, \tilde{\mathbf{h}}]}_{e[k]} \Big|^2 = \arg\min_{\tilde{\mathbf{h}}} \sum_k \Big| y[k] - \sum_{l=0}^{L} \tilde{h}_l \, a[k-l] \Big|^2. \tag{18.5}$$

Das Minimum erhält man durch Nullsetzen der auf dem *Wirtinger-Kalkül* basierenden partiellen Ableitung:

$$\begin{aligned} \frac{\partial}{\partial \hat{\mathbf{h}}} E\left\{ \| \mathbf{y} - \mathbf{A}\hat{\mathbf{h}} \|_2^2 \; | \mathbf{y} \right\} &= 0 \\ \frac{\partial}{\partial \hat{\mathbf{h}}} E\left\{ (\mathbf{y} - \mathbf{A}\hat{\mathbf{h}})^H \, (\mathbf{y} - \mathbf{A}\hat{\mathbf{h}}) \; | \mathbf{y} \right\} &= 0 \\ E\left\{ -\mathbf{A}^H \, \mathbf{y} + \mathbf{A}^H \mathbf{A}\hat{\mathbf{h}} \; | \mathbf{y} \right\} &= 0. \end{aligned} \tag{18.6}$$

Bei bekannter Matrix $\mathbf{A}$ erhält man die sog. *Normalform des Least-Squares-Problems*:

$$\mathbf{A}^H\mathbf{A}\hat{\mathbf{h}} = \mathbf{A}^H\mathbf{y}. \tag{18.7}$$

Falls die Inverse $(\mathbf{A}^H\mathbf{A})^{-1}$ existiert, so erhält man eindeutige *LS-Schätzwerte* der Kanalkoeffizienten zu

$$\hat{\mathbf{h}} = (\mathbf{A}^H\mathbf{A})^{-1}\mathbf{A}^H \cdot \mathbf{y} \tag{18.8}$$

oder äquivalent zu

$$\hat{\mathbf{h}} = \mathbf{R}_{aa}^{-1} \cdot \mathbf{r}_{ay}, \tag{18.9}$$

wobei $\mathbf{R}_{aa} = \mathbf{A}^H\mathbf{A}$ eine $((L+1)\times(L+1))$-*Autokorrelationsmatrix*

$$\mathbf{R}_{aa} = \begin{bmatrix} r_{aa}(0) & r_{aa}(-1) & \cdots & r_{aa}(-L) \\ r_{aa}(1) & r_{aa}(0) & \cdots & r_{aa}(1-L) \\ \vdots & & r_{aa}(i) & \vdots \\ r_{aa}(L) & r_{aa}(L-1) & \cdots & r_{aa}(0) \end{bmatrix} \tag{18.10}$$

mit den Elementen

$$r_{aa}(i) = \sum_{\kappa=\kappa_0}^{\kappa_0+N+L-1} a^*[\kappa]\cdot a[\kappa+i], \qquad i \in \{-L,\ldots,0,\ldots,L\} \tag{18.11}$$

ist. Ferner ist $\mathbf{r}_{ay} = \mathbf{A}^H\mathbf{y}$ ein *Kreuzkorrelationsvektor*

$$\mathbf{r}_{ay} = [r_{ay}(0), r_{ay}(1), \ldots, r_{ay}(L)]^T \tag{18.12}$$

der Länge $L+1$ mit den Elementen

$$r_{ay}(i) = \sum_{\kappa=\kappa_0}^{\kappa_0+N+L-1} a^*[\kappa-i]\cdot y[\kappa], \qquad i \in \{0,\ldots,L\}. \tag{18.13}$$

Falls die Inverse $(\mathbf{A}^H\mathbf{A})^{-1}$ existiert und die Matrix $\mathbf{A}$ bekannt ist, so kann $(\mathbf{A}^H\mathbf{A})^{-1}\mathbf{A}^H$ für jede mögliche Trainingssequenz vorab berechnet und gespeichert werden.

Falls die Matrix $\mathbf{A}^H\mathbf{A}$ singulär ist, kann man beispielsweise die *Moore-Penrose-Pseudoinverse* bilden, siehe Anhang B.

Falls $\mathbf{A}$ quadratisch und invertierbar ist, so folgt $(\mathbf{A}^H\mathbf{A})^{-1} = \mathbf{A}^{-1}(\mathbf{A}^H)^{-1}$. In diesem Fall vereinfacht sich die LS-Kanalschätzung zu $\hat{\mathbf{h}} = \mathbf{A}^{-1}\mathbf{y}$.

Die Schätzfehlervarianz

$$\sigma_{\mathbf{h}}^2 := E\{\| \mathbf{h} - \hat{\mathbf{h}} \|_2^2\} \tag{18.14}$$

hängt von der verwendeten Trainingssequenz ab. Für Trainingssequenzen, die (18.16) erfüllen, gilt für den AWGN-Kanal

$$\sigma_{\mathbf{h}}^2 = \frac{L+1}{N\cdot E_s/N_0}. \tag{18.15}$$

Dies ist die kleinst mögliche Schätzfehlervarianz bei gaußschem Rauschen. Jeder Kanalkoeffizient bewirkt die gleiche Schätzfehlervarianz $1/(N\cdot E_s/N_0)$, unabhängig von der Amplitude des Koeffizienten.

18.1.2 Korrelative Kanalschätzung

Die Annahmen seien die gleichen wie bei der LS-Kanalschätzung. Verwendet man Trainingssequenzen mit einer Autokorrelationseigenschaft derart, dass

$$\mathbf{R}_{aa} = N\sigma_a^2 \mathbf{E} \quad \Leftrightarrow \quad r_{aa}(i) = \begin{cases} N\sigma_a^2 & \text{für } i = 0 \\ 0 & \text{für } 0 < |i| \leq L \end{cases} \quad \text{wobei } \sigma_a^2 := E\{|a[k]|^2\} \tag{18.16}$$

gilt und führt man die LS-Schätzung nicht über die Beobachtungslänge $N + L$, sondern nur über die Fensterlänge N durch (wobei der Beobachtungsbeginn gleich $\kappa_0 + l$ ist, $0 \leq l \leq L$), so reduziert sich die LS-Schätzung gemäß (18.9) auf eine *Kreuzkorrelation* zwischen der empfangenen Sequenz und der empfängerseitig bekannten Trainingssequenz. Die Kreuzkorrelation lautet

$$\hat{h}_l = \frac{1}{N\sigma_a^2} \sum_{\kappa=\kappa_0}^{\kappa_0+N-1} a^*[\kappa]\, y[\kappa + l], \qquad l \in \{0, \ldots, L\}. \tag{18.17}$$

Durch Einsetzen des Kanalmodells (18.1) und nach Umformungen erhält man

$$\begin{aligned} \hat{h}_l &= \frac{1}{N\sigma_a^2} \sum_{\kappa=\kappa_0}^{\kappa_0+N-1} a^*[\kappa] \left[\sum_{j=0}^{L} h_j\, a[\kappa + l - j] + w[\kappa + l] \right] \\ &= \sum_{j=0}^{L} h_j \underbrace{\left[\frac{1}{N\sigma_a^2} \sum_{\kappa=\kappa_0}^{\kappa_0+N-1} a^*[\kappa]\, a[\kappa + l - j] \right]}_{\delta_{l-j}} + \frac{1}{N\sigma_a^2} \sum_{\kappa=\kappa_0}^{\kappa_0+N-1} a^*[\kappa]\, w[\kappa + l] \\ &= h_l + \frac{1}{N\sigma_a^2} \sum_{\kappa=\kappa_0}^{\kappa_0+N-1} a^*[\kappa]\, w[\kappa + l]. \end{aligned} \tag{18.18}$$

Somit gilt $E\{\hat{h}_l|\mathbf{y}\} = h_l$, d. h. dieser sog. *korrelative Kanalschätzer* ist *erwartungstreu*. Es sind $L + 1$ Korrelationsschritte notwendig. Der korrelative Schätzer liefert einen Schätzwert $\hat{h}_l$ pro Korrelationsschritt, während der LS-Schätzer $L + 1$ Schätzwerte $\hat{\mathbf{h}}$ in einem Schritt ausgibt.

Beispiel 18.1.1 (Kanalschätzung im GSM-System) Für das GSM-System und Erweiterungen wie GPRS, EDGE und EGPRS-2 wurden *acht Trainingssequenzen* mit perfekter Autokorrelationseigenschaft derart entworfen, dass bis zu $L + 1 = 6$ Kanalkoeffizienten mit einer Fensterlänge $N = 16$ gemäß der Korrelationsmethode (18.17) geschätzt werden können. Dabei ist $\kappa_0 = 61 + L = 66$ der optimale Startindex. Bild 18.1 zeigt das Prinzip der korrelativen Kanalschätzung am Beispiel des GSM-Systems. Die ersten $L = 5$ Empfangswerte aus dem Bereich der Midambel bleiben unberücksichtigt, weil sie durch ISI (hervorgerufen durch die letzten L Datensymbole vor der Midambel) gestört sind. ◇

Der LS-Kanalschätzer zeichnet sich im Vergleich zum korrelativen Kanalschätzer durch eine größere effektive Beobachtungslänge (und damit geringere Schätzfehlervarianz) aus. Auch ist der LS-Kanalschätzer flexibler hinsichtlich des Entwurfs der Trainingssequenz: Eine perfekte Autokorrelationsfunktion gemäß (18.16) ist nicht erforderlich. Dies eröffnet die Möglichkeit, die Trainingssequenz durch *Pseudo-Trainingssymbole* zu verlängern, siehe Abschnitt 18.2.

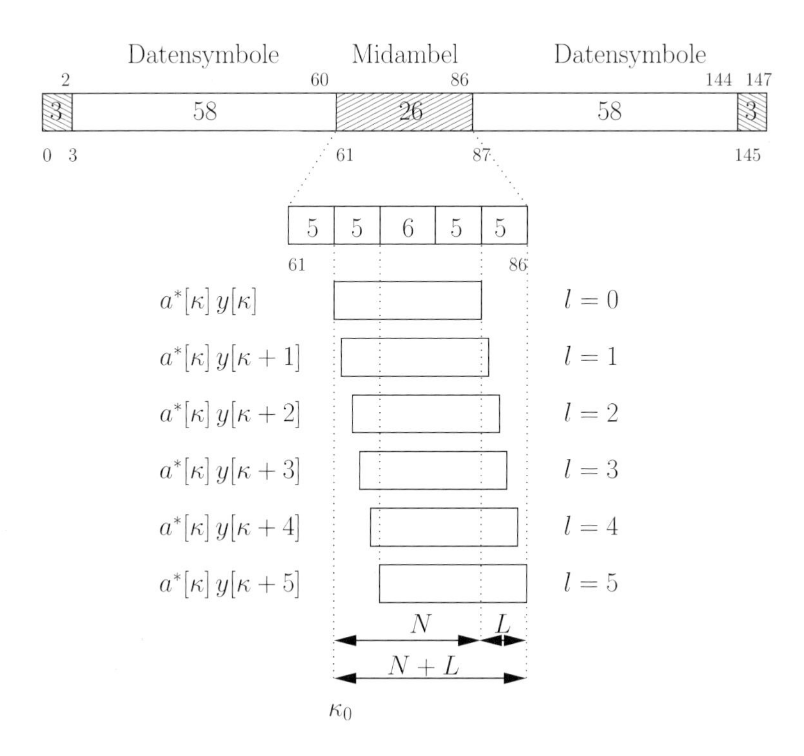

Bild 18.1: Korrelative Kanalschätzung gemäß (18.17) am Beispiel des GSM-Systems (Gedächtnislänge $L = 5$, Fensterlänge $N = 16$, Beobachtungslänge $N + L = 21$, Startindex $\kappa_0 = 61 + L = 66$)

18.1.3 Interpolative Kanalschätzung

Bei der LS-Kanalschätzung und der korrelativen Kanalschätzung wurde der Kanal während der Dauer der Trainingssequenz als zeitinvariant angenommen. Beide Verfahren sind nichtnachführend. Dies ist hinreichend, wenn der Kanal während der Dauer eines Datenpakets zeitinvariant ist. Bei zeitvarianten Kanälen sollten entweder Maßnahmen zur Kanalnachführung angewandt, oder die Trainingssymbole im Zeitbereich verteilt werden. Wir betrachten zunächst die letztere Variante.

Das Verfahren der *interpolativen Kanalschätzung* basiert auf periodisch verteilten Trainingssymbolen bei nichtfrequenzselektiven Kanälen bzw. periodisch verteilten Trainingssequenzen bei frequenzselektiven Kanälen. Auf Basis der Trainingssymbole bzw. Trainingssequenzen können die Kanalkoeffizienten zunächst zu den Zeitpunkten geschätzt werden, an denen Trainingssymbole vorliegen. Hierzu wird z. B. eine LS-Kanalschätzung oder eine korrelativen Kanalschätzung verwendet. Man kann davon ausgehen, dass die Kanalkoeffizienten bandbegrenzt sind. In Mobilfunkszenarien beispielsweise wird die einseitige Bandbreite W durch die maximale Doppler-Verschiebung, $f_{D_{max}}$, bestimmt (Fahrzeug-Fahrzeug-Kommunikation: $2f_{D_{max}}$). Gemäß dem Abtasttheorem lassen sich deshalb die restlichen Kanalkoeffizienten durch eine Interpolation zwischen den trainingsbasierten Stützstellen bestimmen, wenn die Stützstellen das Abtasttheorem erfüllen, d. h. wenn der zeitliche Abstand T_{abt} zwischen den Trainingssymbolen bzw. Trainingssequenzen kleiner als $1/(2W)$ ist. Berücksichtigt man in codierten Systemen die Redundanz der Kanalcodierung zur Kanalschätzung, so kann der Abstand verringert werden.

Bild 18.2 illustriert die interpolative Kanalschätzung am Beispiel eines nichtfrequenzselektiven Kanalmodells $y[k] = h[k]\,a[k] + w[k]$, wobei $h[k] := h_{Re}[k] + jh_{Im}[k]$. Aufgetragen sind die Quadraturkomponenten $h_{Re}[k]$ und $h_{Im}[k]$ über dem Zeitindex k. Die Länge eines Datenpakets beträgt $K := K_T + K_D = 101$ Symbole. In dieses Datenpaket sind $K_T = 6$ Trainingssymbole, markiert durch Punkte, periodisch eingefügt. Es verbleiben $K_D = 95$ Datensymbole. Der Leistungsverlust beträgt $10\log_{10}(K/K_D)$ dB, die Bandbreitenerweiterung K/K_D. Initiale LS-Schätzwerte erhält man per Remodulation:

$$\hat{h}[k] = y[k]/a[k] = h[k] + w[k]/a[k], \qquad k \in \{0, 20, 40, 60, 80, 100\}. \tag{18.19}$$

Diese K_T initialen Schätzwerte können als Stützstellen für einen Interpolator verwendet werden. Der Interpolator bestimmt Schätzwerte $\hat{h}[k]$ für die verbliebenen K_D Datensymbole. Alternativ kann der Interpolator durch ein (z. B. Wiener- oder Kalman-) Tiefpassfilter ersetzt werden. Die Unterschiede zur Interpolation bestehen darin, dass bei der Filterung auch die Stützstellen verbessert werden und a priori Information über die Kanalstatistik einfließen kann.

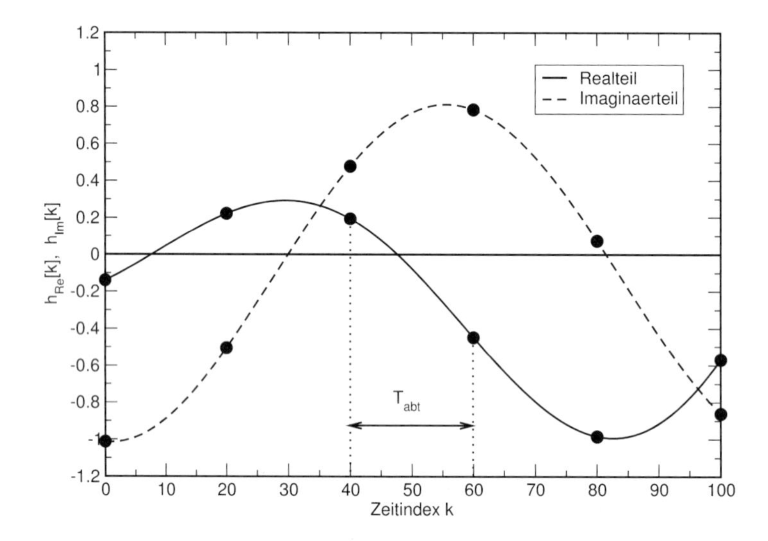

Bild 18.2: Interpolative Kanalschätzung (Rayleigh-Kanalmodell, $f_{D_{max}}T = 0.01$)

Bei frequenzselektiven Kanälen besteht alternativ die Möglichkeit einer Transformation in nichtfrequenzselektive Kanäle. Beim OFDM-Mehrträgerverfahren verwendet man dazu ein Schutzintervall oder eine zyklische Ergänzung, bei CDMA-Verfahren einen Rake-Empfänger.

Beispiel 18.1.2 (Kanalschätzung im UMTS-System) Das Konzept der interpolativen Kanalschätzung wird beispielsweise in der UMTS-Aufwärtsstrecke angewandt, siehe Bild 18.3. In der UMTS-Aufwärtsstrecke wird 4-QAM-Mapping verwendet. Im Realteil werden die Nutzdaten (DPDCH), im Imaginärteil Trainingssymbole und Steuerungsdaten (DPCCH) übertragen.

In den Quadraturkomponenten werden verschiedene Spreizcodes verwendet. Für die Nutzdaten verwendet man Codelängen zwischen 4 und 256 Chips, für die Steuerungsdaten eine feste Codelänge von 256 Chips. Da die Codes unabhängig von der Codelänge orthogonal sind, können die Quadraturkomponenten perfekt getrennt werden. Die Trainingssymbole werden am Anfang eines Zeitschlitzes gesendet. 15 aufeinanderfolgende Zeitschlitze bilden einen Rahmen. Somit treten die Trainingssymbole in einem Rahmen periodisch auf. Dies ermöglicht eine interpolative Kanalschätzung. ◊

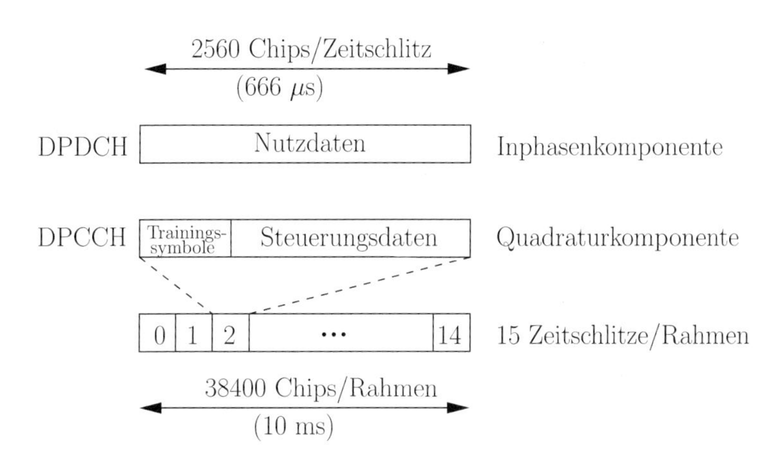

Bild 18.3: Interpolative Kanalschätzung am Beispiel der UMTS-Aufwärtsstrecke

18.1.4 Gradientenverfahren und stochastisches Gradientenverfahren

Der LS-Kanalschätzer und der korrelative Kanalschätzer sind *adaptiv* nur in dem Sinn, dass die Kanalkoeffizienten einmal pro Beobachtungsdauer (Präambel/Midambel: einmal pro Datenpaket) geschätzt werden. Eine Alternative zu interpolativen Kanalschätzverfahren besteht in *nachführenden Kanalschätzverfahren*, die im Folgenden betrachtet werden. Die Kanalkoeffizienten können zeitinvariant (aber empfängerseitig unbekannt) oder zeitvariant sein.
Beim sog. *Gradientenverfahren* („steepest descent" Kanalschätzer) werden die geschätzten Kanalkoeffizienten in Richtung des Gradienten korrigiert:

$$\hat{h}_l[k+1] = \hat{h}_l[k] - \Delta \, \frac{\partial \sigma^2[k]}{\partial \hat{h}_l[k]}, \qquad 0 \le l \le L, \qquad k \ge \kappa_0, \tag{18.20}$$

wobei $\Delta > 0$ die Schrittweite des Adaptionsverfahrens, $\sigma^2[k] := E\{\| \mathbf{h}[k] - \hat{\mathbf{h}}[k] \|_2^2\}$ die *Schätzfehlervarianz* zum Zeitpunkt k, $\frac{\partial \sigma^2[k]}{\partial \hat{h}_l[k]} = -E\{e[k]\, a^*[k-l]\}$ der Gradient des l-ten Kanalkoeffizienten und $e[k] := y[k] - \sum_{l=0}^{L} \hat{h}_l[k]\, a[k-l]$ das Fehlersignal ist. Das Gradientenverfahren ist ein *rekursives Verfahren*. Ein Problem besteht darin, dass der Gradient einen Erwartungswert enthält und somit wenig praktikabel ist. Als Abhilfe bietet sich das sog. *stochastische Gradientenverfahren* an.

Beim *stochastischen Gradientenverfahren* („Least Mean Squares (LMS)“ Kanalschätzer) wird der Gradient durch einen Momentanwert ersetzt:

$$\hat{h}_l[k+1] = \hat{h}_l[k] + \Delta\, e[k]\, a^*[k-l], \qquad 0 \leq l \leq L, \qquad k \geq \kappa_0, \tag{18.21}$$

wobei $\Delta > 0$ die Schrittweite des Adaptionsverfahrens,

$$e[k] = y[k] - \sum_{l=0}^{L} \hat{h}_l[k]\, a[k-l] \tag{18.22}$$

das Fehlersignal und $e[k]\, a^*[k-l]$ ein Momentanwert der l-ten Komponente des Gradienten ist.

Die *optimale Schrittweite* ergibt sich durch einen Abtausch zwischen dem Akquisitions- und Nachführverhalten (Δ möglichst groß) und der Immunität gegenüber dem Rauschen (Δ möglichst klein). Um das Akquisitionsverhalten zu verbessern, kann der Startvektor $\hat{\mathbf{h}}[\kappa_0]$ durch einen LS-Kanalschätzer oder einen korrelativen Kanalschätzer bereitgestellt werden. Auch kann man eine zeitvariante Schrittweite verwenden.

18.2 Entscheidungsgestützte Kanalschätzung

Bei *entscheidungsgestützten Kanalschätzverfahren*, man sagt auch *semi-blinden* Kanalschätzverfahren, werden bereits *entschiedene Datensymbole* zur Kanalschätzung und -nachführung genutzt. Entscheidungsgestützte Kanalschätzverfahren werden meist mit trainingsbasierten Verfahren kombiniert, um auch relativ schnell zeitveränderliche Kanäle nachführen zu können. Sicher entschiedene Datensymbole bewirken als *Pseudo-Trainingssymbole* eine effektive Verlängerung der Trainingssequenz. Pseudo-Symbole können hart oder weich entschieden sein. Typische Ausführungsformen sind:

- Entzerrer mit *parallelgeschaltetem adaptivem Kanalschätzer*, wobei vorläufige Entscheidungen aus dem Entzerrer an den Kanalschätzer gegeben werden, siehe Bild 18.4.
- „*Per-survivor processing*“: Jeder überlebende Pfad („survivor“) eines trellisbasierten Entzerrers erhält einen eigenen Kanalschätzer.

Ein Nachteil entscheidungsgestützter Kanalschätzverfahren ist die Möglichkeit einer Fehlerfortpflanzung.

18.2.1 Stochastisches Gradientenverfahren mit vorläufigen Entscheidungen

Beim LMS-Kanalschätzer (sowie vergleichbaren Verfahren) wird eine Kenntnis der Datensymbole $a[k]$ vorausgesetzt. Wenn die Datensymbole $a[k]$ unbekannt sind (d. h. außerhalb der Trainingssequenz liegen), so sind diese durch Schätzwerte $\hat{a}[k]$ zu ersetzen. Dies geschieht klassischerweise dadurch, dass dem Kanalschätzer ein Entzerrer parallelgeschaltet wird, wobei vom Entzerrer *vorläufige Entscheidungen* („tentative decisions“) an den Kanalschätzer übergeben werden. Die Entscheidungsverzögerung δ_T der vorläufigen Entscheidungen ist hinsichtlich der

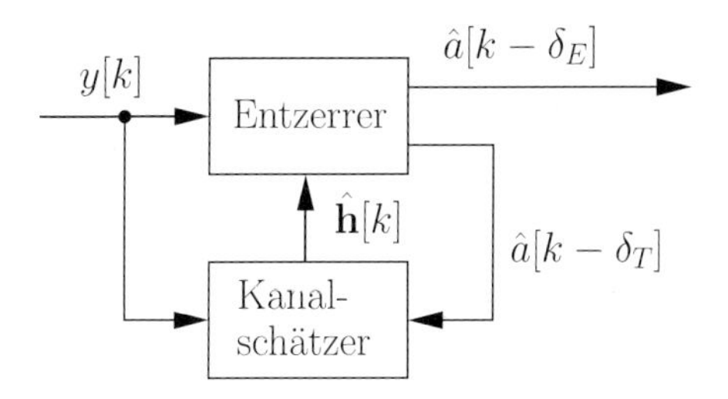

Bild 18.4: Parallele Entzerrung/Kanalschätzung

Zeitvarianz (δ_T möglichst klein) und der Güte der Entscheidungen (δ_T möglichst groß) zu optimieren.

Die durch die Entscheidungsverzögerung modifizierte LMS-Rekursion lautet:

$$\hat{h}_l[k+1] = \hat{h}_l[k] + \Delta\, e[k-\delta_T]\, \hat{a}^*[k-l-\delta_T], \qquad 0 \leq l \leq L, \qquad k \geq \kappa_0, \tag{18.23}$$

wobei

$$e[k-\delta_T] = y[k-\delta_T] - \sum_{l=0}^{L} \hat{h}_l[k]\, \hat{a}[k-l-\delta_T]. \tag{18.24}$$

Neben den vorläufigen Entscheidungen stellt der Entzerrer zuverlässige *endgültige Entscheidungen* mit Verzögerung $\delta_E > \delta_T$ bereit, siehe Bild 18.4.

18.2.2 Per-survivor Processing

Die Idee von „*per-survivor processing*“ besteht darin, einen (z. B. LMS-) Kanalschätzer für *jeden überlebenden* Pfad („survivor“) eines trellisbasierten Entzerrers zu realisieren. Hierdurch kann auf die Entscheidungsverzögerung δ_T verzichtet werden. Ferner wird die Möglichkeit einer Fehlerfortpflanzung minimiert, solange die tatsächlich gesendete Datensequenz unter den überlebenden Pfaden ist. Man kann zeigen, dass ein Optimalempfänger für *jede mögliche* Datensequenz einen getrennten Kanalschätzer verwenden muss.

18.3 Blinde Kanalschätzung

Bei *blinden Kanalschätzverfahren* werden keine Trainingssymbole und keine entschiedenen Datensymbole verwendet. Blinde Kanalschätzverfahren maximieren die Bandbreiteneffizienz und bieten keine Möglichkeit einer Fehlerfortpflanzung aufgrund von fehlerhaften Entscheidungen. Ein wesentlicher Nachteil blinder Kanalschätzverfahren ist die typischerweise große Akquisitionszeit. Oft sind blinde Kanalschätzverfahren sehr aufwändig. Da blinde Kanalschätzverfahren zur Zeit keine große Bedeutung in der Mobilfunkkommunikation besitzen, sei für Details auf die Spezialliteratur verwiesen.

19 Digitale Synchronisationsverfahren

Eine wichtige Aufgabe in jedem digitalen Empfänger ist die Synchronisation, d. h. die Schätzung von *Trägerphase*, *Taktphase*, *Frequenzfehler*, usw. Wir beschränken uns im Folgenden auf *digitale Synchronisationstechniken*, da Synchronisationsverfahren immer häufiger digital realisiert werden. Verschiedene Prinzipien werden anhand einer typischen Empfängerkonfiguration erklärt.

Im Vordergrund steht die Darstellung von *Synchronisationsalgorithmen*. Ausgehend vom Prinzip der *Maximum-Likelihood Schätzung* werden Algorithmen zur Schätzung und Kompensation von *Trägerphasenfehlern*, *Taktphasenfehlern*, und *Frequenzfehlern* für den AWGN-Kanal hergeleitet und vereinfacht. Die behandelten Methoden lassen sich auch für andere Kanäle und andere Synchronisationsarten (z. B. Rahmensynchronisation) verallgemeinern.

19.1 Struktur eines digitalen Empfängers

Bild 19.1 zeigt die wichtigsten Bestandteile eines digitalen Empfängers für nichtdispersive Kanäle unter besonderer Beachtung der Synchronisationseinrichtungen; viele Variationen sind denkbar.

- Das von der Antenne empfangene RF-Signal (RF: Radiofrequenz) wird zunächst bandpassgefiltert und verstärkt („Low Noise Amplifier (LNA)").
- Dann wird das Eingangssignal mit Hilfe eines *Mischers* auf eine Zwischenfrequenz (ZF) transformiert; dieser Prozess kann auch in mehreren Stufen erfolgen (Heterodyn-Prinzip). Der den Mischer ansteuernde *Oszillator* kann freilaufend sein oder bereits eine grobe *Frequenzkorrektur* („Automatic Frequency Control (AFC)") vornehmen. Da keine Rückkopplung auf die nachfolgende Signalverarbeitung vorliegt, bezeichnet man diese Anordnung als einen offenen Regelkreis („*open loop*").
- Ein weiteres Bandpassfilter filtert die durch die Mischung entstehenden unerwünschten Signalanteile (Intermodulationsprodukte) weg. Nur der gewünschte Frequenzbereich wird durchgelassen. Dieses Filter fungiert auch als *Anti-Aliasing Filter* für die nachfolgende *Analog-Digital-Wandlung* (A/D-Wandlung).
- Eine grobe *Leistungsregelung* („Automatic Gain Control (AGC)") sorgt für den optimalen Aussteuerungsbereich des A/D-Wandlers. Die Abtastrate muss das Abtasttheorem erfüllen.
- Die Komponenten vom Empfängereingang bis (einschließlich) zur A/D-Wandlung bezeichnet man als *Eingangsstufe*. Die Eingangsstufe besteht aus analogen (d. h. zeit- und

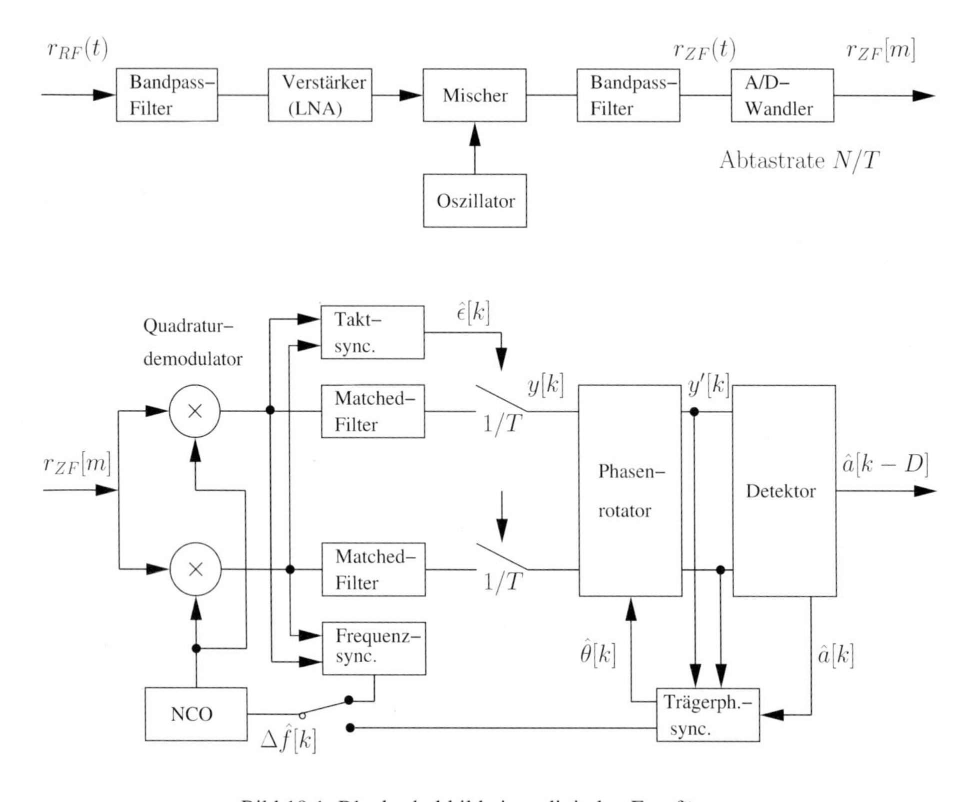

Bild 19.1: Blockschaltbild eines digitalen Empfängers

wertkontinuierlichen) Schaltungselementen. Die Verarbeitung digitalisierter (d. h. zeit und wertdiskreter) Signale bezeichnet man als *digitale Signalverarbeitung*.

- Das abgetastete (digitalisierte) ZF-Signal wird anschließend mit Hilfe eines *Quadraturdemodulators* in das komplexe Basisband transformiert. Der den Mischer ansteuernde Oszillator („Numerically Controlled Oscillator (NCO)") ist Teil eines geschlossenen Regelkreises („*closed loop*"), um eine feine Frequenzkorrektur zu gewährleisten. Eine Aufteilung der Regelkreise bezeichnet man als „*split-loop Technik*". Sie bietet Vorteile bezüglich des Einschwingverhaltens („*Akquisition*") und des Nachführverhaltens („*tracking*"). Die nachfolgende Signalverarbeitung geschieht im komplexen Basisband.

- Die Mischprodukte werden erneut mit Anti-Aliasing Filtern beseitigt, die gleichzeitig die Aufgabe des *Matched-Filters* übernehmen. Diese Filter sind hier durch zwei reelle, entkoppelte Filter realisiert, man könnte aber auch einen (z. B. linearen) Entzerrer vorsehen.

- Hieran erfolgt eine *Abtastung*. Bei linearen Modulationsverfahren bewirkt bereits ein Abtastwert pro Symbol am Ausgang eines Matched-Filters eine hinreichende Statistik („*sufficient statistics*"), d. h. es tritt kein Informationsverlust auf. Bei nichtlinearen Modulationsverfahren ist eventuell eine Überabtastung erforderlich.

- Die *Taktphasensynchronisationseinrichtung* schätzt den günstigsten Abtastzeitpunkt. Sie besteht typischerweise aus einem *Taktphasendetektor*, einem *digitalen Phasenregelkeis* („Phase-Locked Loop (PLL)"), sowie einem Abtaster. Die Taktsynchronisation, hier als offener Regelkreis implementiert, sollte in digitalen Modems bevorzugt vor der Trägerphasensynchronisation erfolgen.

- Die *Frequenzsynchronisationseinrichtung* schätzt die Abweichung von der nominalen Trägerfrequenz und korrigiert Frequenzfehler. Sie besteht aus einem *Frequenzfehlerdetektor*, einem PLL, einem NCO und einem Quadraturdemodulator.

- Die *Trägerphasensynchronisationseinrichtung* schätzt die Trägerphase und korrigiert Phasenfehler. Sie besteht in der gezeigten Ausführungsform aus einem *Trägerphasenfehlerdetektor*, einem PLL sowie einem *Phasenrotator*. Eine Trägerphasensynchronisation ist bei kohärenter Detektion notwendig, da der Frequenzregelkreis die Trägerphase nicht korrigiert.

- Während der Akquisition werden Frequenzfehler im Frequenzfehlerdetektor geschätzt. Er ist Bestandteil eines kurzen Regelkreises („*short loop*"). Nach erfolgter Akquisition wird der Frequenzfehler im Trägerphasenregelkreis geschätzt. Diese Anordnung bezeichnet man als einen langen Regelkreis („*long loop*").

- Das frequenz-, träger- und taktphasenkorrigierte Signal wird schließlich dem *Detektor* zugeführt.

Der in Bild 19.1 gezeigte Empfängertyp wird beispielsweise in der Satellitenkommunikation eingesetzt. Bei der Übertragung über dispersive Kanäle benötigt man zusätzlich einen Entzerrer.

19.2 Maximum-Likelihood-Synchronisation

Es sind eine Vielzahl von Synchronisationsalgorithmen bekannt. Viele dieser Verfahren wurden heuristisch hergeleitet, ohne Bezug und ohne a priori Beweis ihrer Leistungsfähigkeit. Nur die Einführung eines *Optimalitätskriteriums* ermöglicht eine gewisse Systematik.

Beliebig viele Optimalitätskriterien sind denkbar. Das wohl am häufigsten verwendete Kriterium ist die *Maximum-Likelihood (ML)-Schätzung*. Das ML-Prinzip

- ermöglicht die formale Herleitung von leistungsfähigen Algorithmen und

- kann auf beliebige (eventuell neue) Signalformate oder Kanäle angewandt werden.

Erweist sich die ML-Lösung als zu komplex, so lassen sich oft aufwandsgünstige Vereinfachungen in strukturierter Weise finden. Ein weiteres gebräuchliches Optimalitätskriterium ist das kleinste mittlere Fehlerquadrat.

Synchronisationsalgorithmen sind *Parameterschätzverfahren*. Als Parameterschätzverfahren bezeichnet man die Zuordnung von Werten zu einem unbekannten Satz von Parametern $\underline{\alpha}$ gegeben ein verrauschtes Empfangssignal. Den Wert dieser Zuordnung bezeichnet man als *Schätzung* bzw. als *Schätzwert*, den Algorithmus (also das Verfahren) als *Schätzer*. Zum Beispiel möge der

Parametersatz $\underline{\alpha}$ die unbekannte Trägerphase $\theta(t)$, die Taktphase $\varepsilon(t)$ und den Frequenzversatz $\Delta f(t)$ (bezogen auf die nominale Trägerfrequenz f_0) umfassen. Die optimale Abtastphase sei $\varepsilon(t) = 0$. Für $\varepsilon(t) < 0$ wird zu früh, für $\varepsilon(t) > 0$ zu spät abgetastet. Systembestimmende Größen wie nominale Trägerfrequenz f_0, Symbolrate $1/T$, Modulationsart, Symbolalphabet, Pulsformung usw. werden als bekannt angenommen.

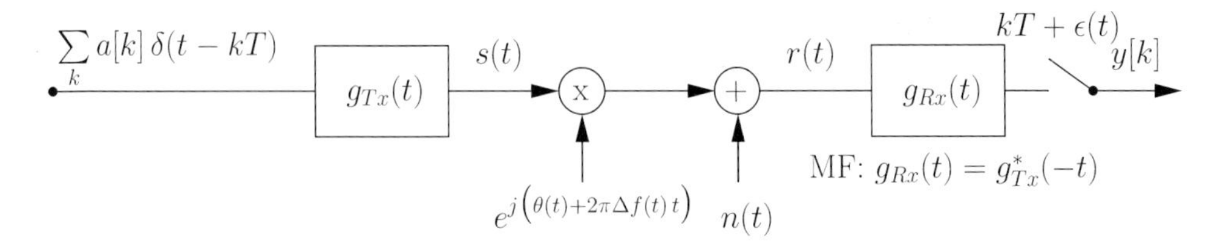

Bild 19.2: Lineares Übertragungssystem mit unbekannter Trägerphase $\theta(t)$, Taktphase $\varepsilon(t)$ und Frequenzversatz $\Delta f(t)$

Bild 19.2 zeigt ein lineares Übertragungssystem mit Parametersatz $\underline{\alpha} = [\theta(t), \varepsilon(t), \Delta f(t)]$. Durch Umformung erhält man die äquivalente Darstellung in Bild 19.3, in der alle unbekannten Parameter dem Sendesignal zugeordnet sind.

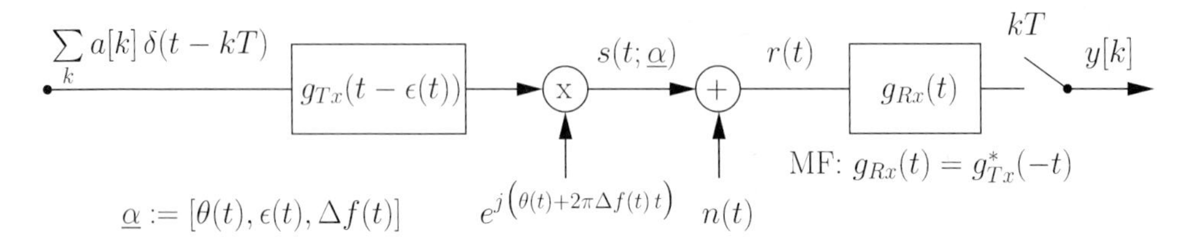

Bild 19.3: Äquivalente Darstellung von Bild 19.2

Folglich kann das (vom unbekannten Parametersatz $\underline{\alpha}$ abhängige) äquivalente Sendesignal in der Form $s(t;\underline{\alpha})$ dargestellt werden. Konzeptionell werden die unbekannten Parameter dem Sender zugeordnet. Dieses Konzept führt im Weiteren zu einer kompakten Darstellung der Synchronisationsverfahren. Bei Störung durch additives weißes Gauß'sches Rauschen $n(t)$ mit einseitiger Rauschleistungsdichte N_0 lautet das komplexwertige Empfangssignal

$$r(t) = s(t;\underline{\alpha}) + n(t). \tag{19.1}$$

Das Empfangssignal sei für ein *Beobachtungsintervall* T_0 gegeben. Die Energie pro Datensymbol wird mit E_s und das Signal/Rauschleistungsverhältnis mit E_s/N_0 bezeichnet. *Maximum-Likelihood-Schätzung* bedeutet die Maximierung der *Likelihood-Funktion*

$$L(\underline{\tilde{\alpha}}) := K \exp\left(-\frac{E_s}{N_0}\int_{T_0} |r(t) - s(t;\underline{\tilde{\alpha}})|^2\, dt\right) \tag{19.2}$$

bezüglich des Parametersatzes $\underline{\alpha}$; dabei ist K eine beliebige positive Konstante. Die Tilde kennzeichnet, dass die Elemente von $\underline{\alpha}$ zu variieren sind (Hypothesen). Die *ML-Schätzwerte* sind jene

Werte $\underline{\tilde{\alpha}}$, die (19.2) maximieren; sie werden mit $\underline{\hat{\alpha}}$ bezeichnet:

$$\underline{\hat{\alpha}} := \arg\max_{\underline{\tilde{\alpha}}} L(\underline{\tilde{\alpha}}). \tag{19.3}$$

Äquivalent zur Maximierung der Likelihood-Funktion (19.2) ist die Maximierung der Log-Likelihood-Funktion

$$\lambda(\underline{\tilde{\alpha}}) := \log L(\underline{\tilde{\alpha}}) = -K' \int_{T_0} |r(t) - s(t;\underline{\tilde{\alpha}})|^2 \, dt. \tag{19.4}$$

Weitere Vereinfachungen können sich aus einer Umformung des Integranden

$$|r(t) - s(t;\underline{\tilde{\alpha}})|^2 = |r(t)|^2 + |s(t;\underline{\tilde{\alpha}})|^2 - 2\,\mathrm{Re}\{r(t)\,s^*(t;\underline{\tilde{\alpha}})\} \tag{19.5}$$

ergeben, denn für eine bestimmte Klasse von Signalen, einschließlich aller phasenmodulierten Signale und PSK-Signale, ist die Maximierung unabhängig von $|s(t;\underline{\tilde{\alpha}})|^2$. Für diese Klasse von Signalen vereinfacht sich (19.4) folglich weiter zu

$$\lambda(\underline{\tilde{\alpha}}) = \log L(\underline{\tilde{\alpha}}) = K'' \int_{T_0} \mathrm{Re}\{r(t)\,s^*(t;\underline{\tilde{\alpha}})\} \, dt. \tag{19.6}$$

Wie aus (19.4) bzw. (19.6) ersichtlich, minimieren die ML-Schätzwerte $\underline{\hat{\alpha}}$ die *Euklid'sche Distanz* zwischen $r(t)$ und allen möglichen Nachbildungen $s(t;\underline{\tilde{\alpha}})$, bzw. maximieren die *Korrelation* zwischen $r(t)$ und allen konjugiert komplexen Nachbildungen $s^*(t;\underline{\tilde{\alpha}})$.

Verschiedene Lösungsmöglichkeiten sind denkbar, wie

- Parametersuche,
- Nachführung oder
- explizite Berechnung.

Bei der *Parametersuche* werden zur Maximierung sämtliche Parameter des Parameterraums $\underline{\tilde{\alpha}}$ „probiert". Diese Lösung ist auf den ersten Blick, insbesondere bei Vielparameterproblemen, unattraktiv („brute-force", „exhaustive search"). Wie im folgenden Abschnitt gezeigt wird, können manchmal jedoch einzelne Parameter entkoppelt werden, so dass nur noch über eine Dimension (z. B. die Taktphase) optimiert werden muss. Diese Lösung kann dann, insbesondere in Hinblick auf ihre Parallelisierbarkeit, durchaus für eine VLSI-Realisierung attraktiv sein.

Bei der *Nachführmethode* wird ein Fehlersignal mittels einer geschlossenen Regelschleife („closed loop") zu null erzwungen. Oftmals ist dieses Verfahren bei kleinen Fehlersignalen, also nach erfolgter Akquisition optimal. Problematisch kann allerdings das Einschwingverhalten sein. Dieses Verfahren ist aufwandsgünstig und daher sehr verbreitet.

Bei der *expliziten Berechnung* schließlich kann der Parametersatz direkt analytisch angegeben werden. Dieses Verfahren ist speziell für open-loop („feedforward") Anwendungen geeignet. Beispiele zu allen drei Lösungsmöglichkeiten finden sich in den nächsten Abschnitten.

19.3 Trägerphasen- und Taktphasensynchronisation für CPM-Modulationsverfahren

Dieser Abschnitt behandelt die kombinierte Trägerphasen- und Taktsynchronisation eines phasenmodulierten Signals (z. B. eines CPM-Signals), sowie dessen Detektion. Es wird gezeigt, wie dieses mehrdimensionale Schätzproblem auf ein eindimensionales Schätzproblem reduziert werden kann. Obwohl diese Klasse von Modulationsverfahren weniger häufig anzutreffen ist wie lineare Modulationsverfahren, wollen wir aus didaktischen Gründen mit phasenmodulierten Signalen beginnen.

Jedes phasenmodulierte Signal lässt sich gemäß

$$s(t;\mathbf{a},\varepsilon(t),\theta(t)) = A\, e^{j[\phi(t-\varepsilon(t),\mathbf{a})+\theta(t)]} \tag{19.7}$$

darstellen, wobei A dessen Amplitude, $\mathbf{a}$ die Datensequenz, $\phi(t,\mathbf{a})$ die informationstragende Phase, $\varepsilon(t)$ die Taktphase und $\theta(t)$ die Trägerphase ist. Es sei $-T/2 \le \varepsilon(t) < T/2$ und $0 \le \theta(t) < 2\pi$. Der Frequenzversatz sei gleich null. Durch Vergleich mit (19.1) identifiziert man den Parametersatz als $\underline{\alpha} = \{\mathbf{a},\varepsilon,\theta\}$.

Das Empfangssignal lautet für den AWGN-Kanal

$$r(t) = s(t;\mathbf{a},\varepsilon(t),\theta(t)) + n(t). \tag{19.8}$$

Um dieses dreidimensionale Schätzproblem zu vereinfachen nehmen wir an, dass $\varepsilon(t)$ und $\theta(t)$ über das Beobachtungsintervall $T_0 = L_0 T$, also über L_0 Symbolperioden der Dauer T, konstant seien. Eine Log-Likelihood-Funktion lautet folglich

$$\lambda(\tilde{\mathbf{a}},\tilde{\varepsilon}[k],\tilde{\theta}[k]) = \int_{kL_0T}^{(k+1)L_0T} \mathrm{Re}\left\{r(t)\, s^*(t;\tilde{\mathbf{a}},\tilde{\varepsilon}[k],\tilde{\theta}[k])\right\}\, dt, \tag{19.9}$$

siehe (19.6). Ohne Beschränkung der Allgemeinheit beginnen wir die Mittelung bei $k = 0$ und erhalten somit

$$\lambda(\tilde{\mathbf{a}},\tilde{\varepsilon},\tilde{\theta}) = \int_{0}^{L_0T} \mathrm{Re}\left\{r(t)\, s^*(t;\tilde{\mathbf{a}},\tilde{\varepsilon},\tilde{\theta})\right\}\, dt, \tag{19.10}$$

wobei der Zeitindex k zwecks Übersichtlichkeit in den Synchronisationsparametern fortgelassen wird. Nun tasten wir einmal pro Symbolperiode T ab. Dies ist für einen hinreichend kleinen Modulationsindex ohne Informationsverlust verbunden. Eine Verallgemeinerung auf mehr als einen Abtastwert pro Symbol ist möglich. Das Integral geht durch die Diskretisierung in eine Summe über und wir erhalten durch Substitution von $t = kT + \varepsilon$ den Ausdruck

$$\lambda(\tilde{\mathbf{a}},\tilde{\varepsilon},\tilde{\theta}) = \sum_{k=0}^{L_0-1} \mathrm{Re}\left\{r[k]\, s^*[k;\tilde{\mathbf{a}},\tilde{\varepsilon},\tilde{\theta}]\right\}. \tag{19.11}$$

Die Log-Likelihood-Funktion (19.11) ist über die Datensequenz $\mathbf{a}$ und über die Synchronisationsparameter $\tilde{\varepsilon}$ und $\tilde{\theta}$ zu maximieren. Dies bedeutet für die Praxis einen im Allgemeinen unvertretbar hohen Aufwand. Da die Synchronisationsparameter gemäß (19.9) aber als langsam

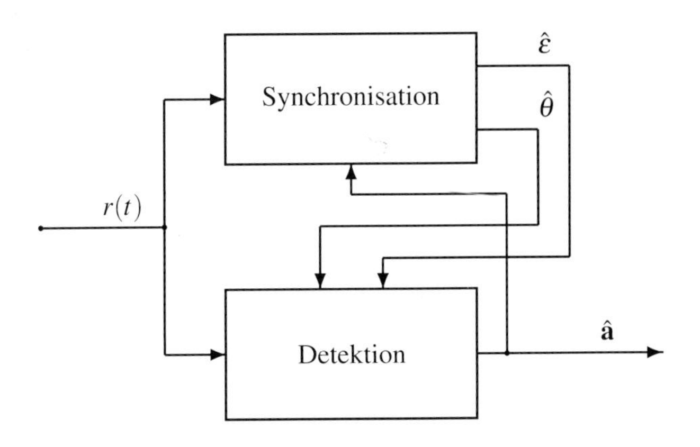

Bild 19.4: Entscheidungsgesteuerte Synchronisation

zeitveränderlich angenommen wurden, bieten sich die als *Datensteuerung* bzw. *Entscheidungssteuerung* bezeichneten suboptimalen Lösungen an, siehe Bild 19.4. Bei diesen Verfahren werden die Aufgaben der Detektion und der Synchronisation separiert. Zur Detektion nimmt man die Kenntnis der Synchronisationsparameter an, und zur Synchronisation nimmt man die Kenntnis der Datensequenz an. Oftmals sendet man zunächst eine bekannte *Trainingssequenz* vor der unbekannten Datensequenz um den Kanal zu vermessen, d. h. um die Synchronisationsparameter zu bestimmen („data-aided (DA) synchronization"). Nach erfolgter Akquisition verwendet man dann Schätzwerte $\hat{\mathbf{a}}$ der Datensequenz („decision-directed (DD) synchronization"). So reduziert sich das Schätzproblem auf ein zweidimensionales Parameterschätzproblem

$$\lambda_{DD}(\tilde{\varepsilon}, \tilde{\theta}) = \sum_{k=0}^{L_0-1} \mathrm{Re}\left\{r[k]\, s^*[k; \hat{\mathbf{a}}, \tilde{\varepsilon}, \tilde{\theta}]\right\}. \tag{19.12}$$

Diese Lösung ist optimal im Sinne des ML-Kriteriums falls $\hat{\mathbf{a}} = \mathbf{a}$. Bei Detektionsfehlern verschlechtert sich naturgemäß die Schätzung.

Eine weitere Vereinfachung ist wie folgt möglich: Da gemäß (19.7)

$$s^*[k; \hat{\mathbf{a}}, \varepsilon, \theta] = s^*[k; \hat{\mathbf{a}}, \varepsilon, \theta = 0]\, e^{-j\theta} \tag{19.13}$$

gilt, folgt

$$\lambda_{DD}(\tilde{\varepsilon}, \tilde{\theta}) = \mathrm{Re}\left\{ e^{-j\tilde{\theta}} \sum_{k=0}^{L_0-1} r[k]\, s^*[k; \hat{\mathbf{a}}, \tilde{\varepsilon}, \tilde{\theta} = 0] \right\}. \tag{19.14}$$

Bezeichnet man mit $z(\tilde{\varepsilon}) := |z(\tilde{\varepsilon})|\, e^{j\tilde{\theta}_{z(\tilde{\varepsilon})}}$ die nur von $\tilde{\varepsilon}$ abhängige Summe, so folgt

$$\begin{aligned} \lambda_{DD}(\tilde{\varepsilon}, \tilde{\theta}) &= \mathrm{Re}\left\{ e^{-j\tilde{\theta}} \cdot z(\tilde{\varepsilon}) \right\} \\ &= \mathrm{Re}\left\{ e^{-j\tilde{\theta}} \cdot |z(\tilde{\varepsilon})| e^{j\tilde{\theta}_{z(\tilde{\varepsilon})}} \right\} \\ &= |z(\tilde{\varepsilon})|\, \mathrm{Re}\left\{ e^{j(\tilde{\theta}_{z(\tilde{\varepsilon})} - \tilde{\theta})} \right\}. \end{aligned} \tag{19.15}$$

Offensichtlich wird das Maximum der Log-Likelihood-Funktion für $\tilde{\theta} = \tilde{\theta}_{z(\tilde{\varepsilon})}$ angenommen. Folglich reduziert sich das ML-Schätzproblem auf die zwei Schritte

1. suche
$$\hat{\varepsilon} = \arg\max_{\tilde{\varepsilon}} |z(\tilde{\varepsilon})| \tag{19.16}$$
2. setze
$$\hat{\theta} = \tilde{\theta}_{z(\hat{\varepsilon})}. \tag{19.17}$$

Letztlich liegt also ein eindimensionales Schätzproblem vor.

Interessanterweise sollte *erst die Taktphase* und *dann die Trägerphase* geschätzt werden. Konventionelle Realisierungen sehen bisher meist die vertauschte Reihenfolge vor. Beachtenswert ist ferner, dass (19.16) als Schätzung für die Taktphase eine *Parametersuche* nahelegt, während hiermit die Trägerphase gemäß (19.17) *explizit* berechnet werden kann.

19.4 Trägerphasensynchronisation für PSK-Modulationsverfahren

Dieser Abschnitt behandelt die Trägerphasensynchronisation für M-PSK-Modulationsverfahren. Im Vordergrund steht die Darstellung von entscheidungsgesteuerten Algorithmen, aber es werden auch zwei datenunabhängige Verfahren vorgestellt. Alle drei Lösungsmöglichkeiten, d. h. Parametersuche, Nachführung und explizite Berechnung, werden behandelt.

Lineare Modulationsverfahren (und somit M-PSK-Modulationsverfahren) lassen sich gemäß

$$s(t;\mathbf{a},\varepsilon(t),\theta(t)) = \sum_{k=-\infty}^{\infty} a[k]\, e^{j\theta(t)} \cdot g_{Tx}(t-kT-\varepsilon(t)) \tag{19.18}$$

darstellen, wobei $a[k]$ das k-te komplexwertige Datensymbol, $g_{Tx}(t)$ der Grundimpuls, $\varepsilon(t)$ die Taktphase und $\theta(t)$ die Trägerphase ist. Es sei $-T/2 \leq \varepsilon(t) < T/2$ und $0 \leq \theta(t) < 2\pi$. Der Frequenzversatz Δf sei gleich null.

Das Empfangssignal lautet für den AWGN-Kanal

$$r(t) = s(t;\mathbf{a},\varepsilon(t),\theta(t)) + n(t). \tag{19.19}$$

Wir nehmen zunächst an, dass Schätzwerte $\hat{\mathbf{a}}$ der Datensequenz $\mathbf{a}$ vorliegen. Ferner nehmen wir eine perfekte Kenntnis der Taktphase an (da wir das Problem der Taktsynchronisation im nächsten Abschnitt separat behandeln werden) und setzen $\varepsilon(t) = 0$. Schließlich sei $\theta(t)$ über das Beobachtungsintervall $T_0 = L_0 T$, also über L_0 Symbolperioden T, konstant. Eine Log-Likelihood-Funktion lautet folglich

$$\lambda_{DD}(\tilde{\theta}[k]) = \int_{kL_0T}^{(k+1)L_0T} \mathrm{Re}\left\{r(t)\, s^*(t;\hat{\mathbf{a}},\tilde{\theta}[k])\right\}\, dt, \tag{19.20}$$

siehe (19.6). Ohne Beschränkung der Allgemeinheit setzen wir $k = 0$ und erhalten somit

$$\lambda_{DD}(\tilde{\theta}) = \int_{0}^{L_0T} \mathrm{Re}\left\{r(t)\, s^*(t;\hat{\mathbf{a}},\tilde{\theta})\right\}\, dt, \tag{19.21}$$

wobei der Zeitindex fortgelassen wird. Einsetzen von (19.18) ergibt

$$\lambda_{DD}(\tilde{\theta}) = \int_0^{L_0 T} \mathrm{Re}\left\{ r(t) \sum_{k=-\infty}^{\infty} \hat{a}^*[k]\, e^{-j\tilde{\theta}}\, g_{Tx}^*(t-kT) \right\} dt. \tag{19.22}$$

Nach Umformung erhält man

$$\lambda_{DD}(\tilde{\theta}) = \mathrm{Re}\left\{ \sum_{k=-\infty}^{\infty} \hat{a}^*[k]\, e^{-j\tilde{\theta}} \int_0^{L_0 T} r(t)\, g_{Tx}^*(t-kT)\, dt \right\}. \tag{19.23}$$

Das Integral kann als das zum Zeitpunkt $t = kT$ abgetastete Ausgangssignal $y[k]$ des signalangepassten („matched") Filters mit der Impulsantwort $g_{Tx}^*(-t)$ identifiziert werden:

$$\begin{aligned} y(t) &= r(t) * g_{Tx}^*(-t) \\ &= \int_{-\infty}^{\infty} r(\tau)\, g_{Tx}^*(\tau - t)\, d\tau. \end{aligned} \tag{19.24}$$

Eventuelle Randeffekte aufgrund des endlichen Integrationsintervalls seien vernachlässigt. Nimmt man Nyquist-Filterung und eine perfekte Abtastung im Symboltakt an, so ist das Ausgangssignal $y[k]$ frei von Symbolübersprechen (ISI) und es folgt

$$\lambda_{DD}(\tilde{\theta}) = \mathrm{Re}\left\{ \sum_{k=0}^{L_0-1} \hat{a}^*[k]\, e^{-j\tilde{\theta}} \cdot y[k] \right\}. \tag{19.25}$$

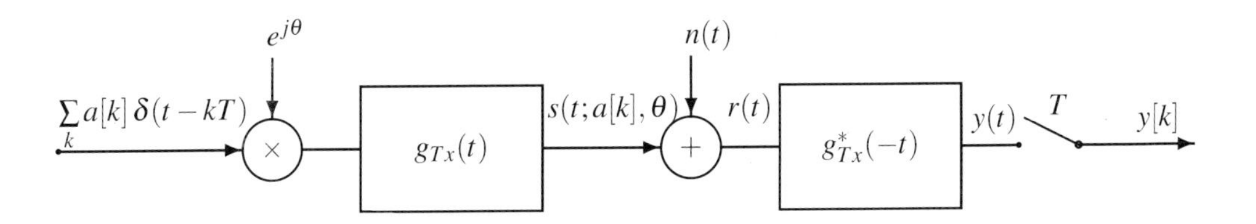

Bild 19.5: Übertragungsmodell mit signalangepasstem Filter

Das zugehörige Übertragungsmodell bestehend aus dem linearen Modulator, dem AWGN-Kanal und dem Matched-Filter-Empfänger ist in Bild 19.5 illustriert. Beachtenswerterweise kann die nachfolgende Signalverarbeitung, insbesondere also auch die Trägerphasensynchronisation, mit nur *einem* Abtastwert pro Symbol ohne Verlust an hinreichender Statistik arbeiten. Dazu bieten sich eine Vielzahl von Verfahren an.

19.4.1 Entscheidungsgesteuerte Parametersuche

Gleichung (19.25) ist bereits die Lösung für eine entscheidungsgesteuerte, open-loop Parametersuche:

$$\begin{aligned}\hat{\theta} &= \arg\max_{\tilde{\theta}} \lambda_{DD}(\tilde{\theta}) \\ &= \arg\max_{\tilde{\theta}} \operatorname{Re}\left\{ \sum_{k=0}^{L_0-1} \hat{a}^*[k]\, e^{-j\tilde{\theta}} \cdot y[k] \right\}. \end{aligned} \tag{19.26}$$

Dieses Verfahren sowie dessen Variante

$$\hat{\theta} = \arg\max_{\tilde{\theta}} \sum_{k=0}^{L_0-1} \operatorname{Re}\left\{ \hat{a}^*[k]\, e^{-j\tilde{\theta}} \cdot y[k] \right\} \tag{19.27}$$

sind in Bild 19.6 skizziert.

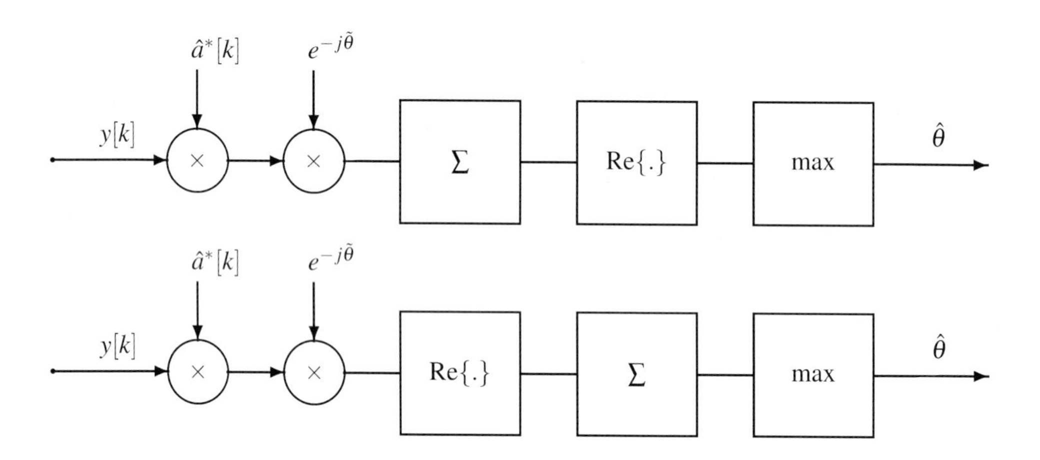

Bild 19.6: Entscheidungsgesteuerte Parametersuche der Trägerphase

Gleichung (19.26) kann wie folgt interpretiert werden: Durch die Multiplikation mit $\hat{a}^*[k]$ wird zunächst die Modulationsphase rückgängig gemacht. Anschließend wird durch die Operation $e^{-j\tilde{\theta}}$ die Phasenlage gedreht. Diese Einrichtung ist der *Phasenrotator*. Das phasengedrehte Signal wird gemittelt. Die folgende Realteilbildung bewirkt eine Projektion auf die reelle Achse. Schließlich wird jene Hypothese $\tilde{\theta}$ bestimmt, für die die Projektion maximal wird. Für diesen Wert $\hat{\theta}$ bedeutet die Phasendrehung eine Phasenkorrektur. Der Unterschied zwischen (19.26) und (19.27) besteht darin, dass im ersten Fall die Quadraturkomponenten gemittelt werden, während im zweiten Fall die projektierten Werte gemittelt werden.

19.4.2 Entscheidungsgesteuerte explizite Lösung

Eine notwendige Bedingung zur Maximierung einer Log-Likelihood-Funktion ist das Verschwinden der ersten Ableitung beim Optimum. Auf diesem Ansatz basieren die explizite Lösung sowie das Nachführverfahren.

Zur Herleitung beider Verfahren formen wir (19.21) zunächst um

$$\lambda_{DD}(\tilde{\theta}) = \int_0^{L_0T} \mathrm{Re}\left\{e^{-j\tilde{\theta}} r(t)\, s^*(t;\hat{a},\tilde{\theta}=0)\right\} dt, \tag{19.28}$$

bilden die erste Ableitung und setzen diese zu null:

$$\frac{d\lambda_{DD}(\tilde{\theta})}{d\tilde{\theta}} = 0. \tag{19.29}$$

Hieraus folgt

$$\int_0^{L_0T} \mathrm{Im}\left\{e^{-j\tilde{\theta}} r(t)\, s^*(t;\hat{a},\tilde{\theta}=0)\right\} dt = 0. \tag{19.30}$$

Einsetzen des Sendesignals (19.18) und Umsortierung ergibt

$$\mathrm{Im}\left\{\sum_{k=-\infty}^{\infty} \hat{a}^*[k]\, e^{-j\tilde{\theta}} \int r(t)\, g_{Tx}^*(t-kT)\, dt\right\} = 0. \tag{19.31}$$

Erneut kann das Integral als abgetastetes Matched-Filter-Ausgangssignal identifiziert werden, somit

$$\mathrm{Im}\left\{\sum_{k=0}^{L_0-1} \hat{a}^*[k]\, e^{-j\tilde{\theta}}\, y[k]\right\} = 0. \tag{19.32}$$

Eine Vertauschung der Reihenfolge ergibt schließlich

$$\sum_{n=0}^{L_0-1} \mathrm{Im}\left\{\hat{a}^*[k]\, y[k]\, e^{-j\tilde{\theta}}\right\} = 0. \tag{19.33}$$

Um die Trägerphase zu substituieren, spalten wir das Argument in (19.33) in seine Quadraturkomponenten auf, wobei wir abkürzend $z[k] := z_I[k] + jz_Q[k] := \hat{a}^*[k]\, y[k]$ schreiben:

$$\sum_{k=0}^{L_0-1} \mathrm{Im}\left\{(z_I[k] + jz_Q[k])(\cos\tilde{\theta} - j\sin\tilde{\theta})\right\} = 0. \tag{19.34}$$

Somit

$$\sum_{k=0}^{L_0-1} z_Q[k]\cos\tilde{\theta} = \sum_{k=0}^{L_0-1} z_I[k]\sin\tilde{\theta}, \tag{19.35}$$

d. h.

$$\cos\tilde{\theta}\sum_{k=0}^{L_0-1} \mathrm{Im}\{\hat{a}^*[k]\, y[k]\} = \sin\tilde{\theta}\sum_{n=0}^{L_0-1} \mathrm{Re}\{\hat{a}^*[k]\, y[k]\}. \tag{19.36}$$

Mit $\tan\tilde{\theta} = \sin\tilde{\theta}/\cos\tilde{\theta}$ folgt nach Umformung die mit $\hat{\theta}$ bezeichnete Lösung

$$\hat{\theta} = \arctan \frac{\sum_{k=0}^{L_0-1} \operatorname{Im}\{\hat{a}^*[k]\,y[k]\}}{\sum_{k=0}^{L_0-1} \operatorname{Re}\{\hat{a}^*[k]\,y[k]\}}, \tag{19.37}$$

sowie dessen Variante

$$\hat{\theta} = \arctan \frac{\operatorname{Im}\left\{\sum_{k=0}^{L_0-1} \hat{a}^*[k]\,y[k]\right\}}{\operatorname{Re}\left\{\sum_{k=0}^{L_0-1} \hat{a}^*[k]\,y[k]\right\}}. \tag{19.38}$$

Mit (19.37) und (19.38) lassen sich Schätzwerte für die Trägerphase direkt berechnen. Die Struktur ist „open-loop". Der Unterschied zwischen (19.37) und (19.38) besteht erneut darin, dass im einen Fall die Quadraturkomponenten gefiltert werden, im anderen das Argument. Beide Lösungen sind gleichwertig.

19.4.3 Entscheidungsgesteuertes Nachführverfahren

Das (vielleicht aus historischen Gründen) am häufigsten realisierte Verfahren ist das Nachführverfahren. Dessen Prinzip besteht darin, den Phasenfehler durch einen geschlossenen Regelkreis zu null zu erzwingen.

Der Ansatz folgt erneut aus (19.33):

$$\sum_{k=0}^{L_0-1} \operatorname{Im}\left\{\hat{a}^*[k]\,y[k]\,e^{-j\tilde{\theta}}\right\} = 0.$$

Gemäß der Argumentation in Abschnitt 19.4.1 können die Summanden

$$\Delta\tilde{\theta}[k] := \operatorname{Im}\left\{\hat{a}^*[k]\,y[k]\,e^{-j\tilde{\theta}}\right\} \tag{19.39}$$

im eingeschwungenen Zustand als *Phasenänderung pro Symboldauer T*, d. h. als Ausgangssignale eines *Phasendetektors* identifiziert werden. Nach erfolgter Akquisition gilt $\Delta\tilde{\theta}[k] \ll 1$. Gleichung (19.33) sieht eine Mittelung dieser Phasenänderung vor. Eine Alternative ist ein *digitalen Phasenregelkeis* („Phase-Locked Loop (PLL)"), der Phasenschwankungen besser ausregeln kann.

Ein digitaler PLL 1. Ordnung lautet

$$\tilde{\theta}[k] = \tilde{\theta}[k-1] + K_1 \cdot \Delta\tilde{\theta}[k], \tag{19.40}$$

wobei $K_1 > 0$ als Schleifengewinn bezeichnet wird. K_1 ist hinsichtlich gutem Akquisitionsverhalten und gutem Nachführverhalten zu optimieren. Der PLL akkumuliert die Ausgangssignale $\Delta\tilde{\theta}[k]$ des Phasendetektors, was der Summation in (19.33) entspricht. Ein digitaler PLL 1. Ordnung ist hinreichend, falls der Frequenzversatz hinreichend gut ausgeregelt ist. Sonst ist ein digitaler PLL 2. Ordnung sinnvoll.

Ein digitaler PLL 2. Ordnung lautet

$$\tilde{v}[k] = \tilde{v}[k-1] + K_2 \cdot \Delta\tilde{\theta}[k] \tag{19.41}$$

$$\tilde{\theta}[k] = \tilde{\theta}[k-1] + \tilde{v}[k] + K_1 \cdot \Delta\tilde{\theta}[k], \tag{19.42}$$

wobei $\tilde{v}[k] := 2\pi\Delta\tilde{f}T$ ein Schätzwert für den *normierten Frequenzversatz* ist, sowie $K_1 > 0$ und $K_2 > 0$ zu optimierende Schleifenparameter sind. Unter dem normierten Frequenzversatz versteht man die durch den Frequenzversatz hervorgerufene Phasenänderung pro Symboldauer T. Der wesentliche Unterschied zum PLL 1. Ordnung besteht in der Berücksichtigung des in (19.41) geschätzten Frequenzversatzes in (19.42).

Bild 19.7 illustriert die entscheidungsgesteuerte Nachführung der Trägerphase. Das untere Bild zeigt eine Variante mit Filterung der Quadraturkomponenten.

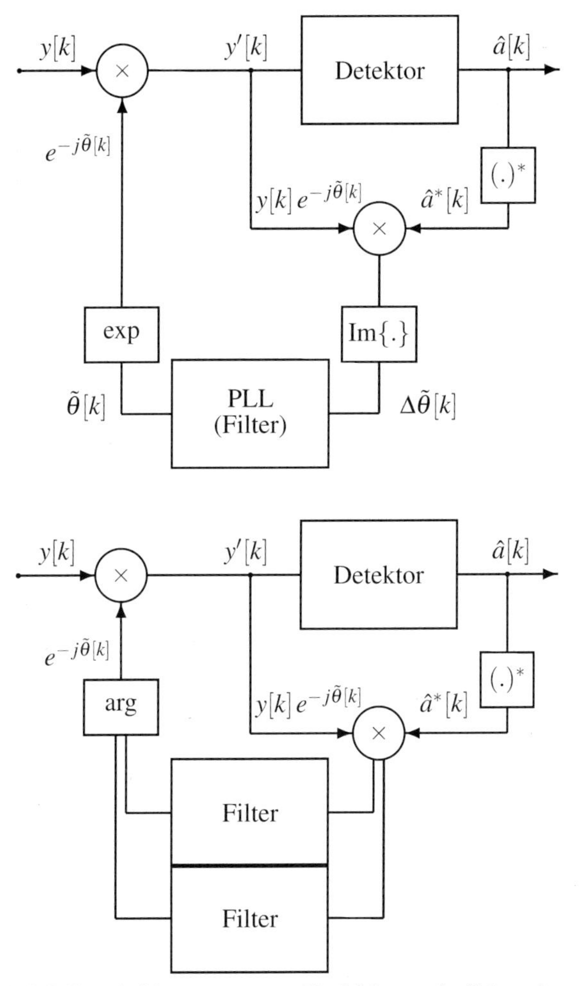

Bild 19.7: Entscheidungsgesteuerte Nachführung der Trägerphase

Wie erwähnt, arbeitet die Nachführmethode nur bei kleinen Phasenfehlern zufriedenstellend. Die entscheidungsgesteuerte Nachführmethode hat den weiteren Nachteil, dass Phasenfehler gleich dem I-fachen des Symmetriewinkels nicht aufgelöst werden können, wobei $I = 1, 2, \ldots$. Zum Beispiel kann ein 180^0 Phasenfehler bei einer 2-PSK Signalkonstellation nicht aufgelöst werden, denn die Detektion würde im rauschfreien Fall ständig das falsche Symbol schätzen.

Bild 19.8 zeigt den prinzipiellen Verlauf des Erwartungswertes des Phasendetektorausgangssignals über dem tatsächlichen Phasenfehler $\Delta\theta = \theta - \tilde{\theta}$ für die Anordnung nach Bild 19.7. Diese Kurve wird wegen ihres Aussehens als *„S-Kurve"* des Phasendetektors bezeichnet. Man erkennt stabile Phasenpunkte für Phasenfehler von $\Delta\theta = 0^0$ und $\Delta\theta = \pm 180^0$. Aufgrund von thermischem Rauschen und Phasenrauschen sind Übergänge zwischen diesen stabilen Phasenpunkten möglich. Dieser Prozess wird als *„cycle slip"* bezeichnet.

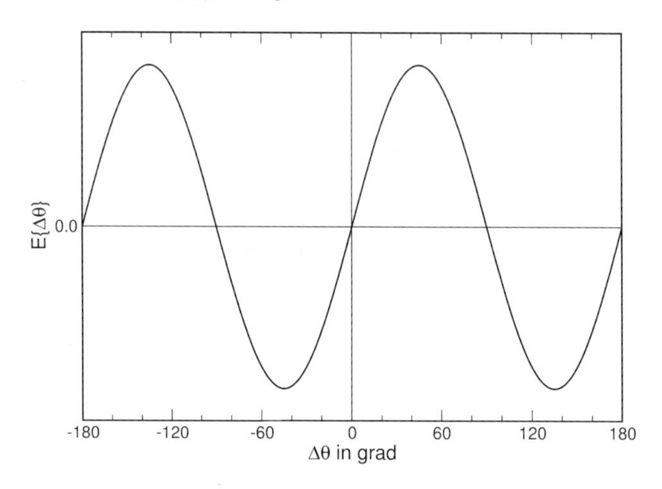

Bild 19.8: Prinzipieller Verlauf der S-Kurve eines Phasendetektors für 2-PSK

19.4.4 Nichtentscheidungsgesteuerte explizite Lösung

Eine Schaltung zur expliziten Bestimmung der Trägerphase ist in Bild 19.9 illustriert. Die im Ausgangssignal des signalangepassten Filters, $y[k]$, enthaltene Modulationsphase wird durch eine Nichtlinearität beseitigt. Im Falle von M-PSK Signalen kann dies z. B. eine M-fache Potenzbildung sein. Anzumerken ist, dass das dargestellte Verfahren eine Vorwärtstruktur erlaubt, da Detektion und Synchronisationseinrichtung entkoppelt sind. Dies hat Vorteile bezüglich des Akquisitionsverhaltens, z. B. ist ein Einrasten im falschen Phasenpunkt (*„hang-up"*) nicht möglich.

19.4.5 Nichtentscheidungsgesteuertes Nachführverfahren

Bild 19.10 schließt diesen Abschnitt zur Trägerphasensynchronisation mit der Skizzierung eines nichtentscheidungsgesteuerten Nachführverfahren ab. Erneut wird die Modulationsphase mit einer Nichtlinearität beseitigt. Bei M-PSK Signalen bietet sich eine sägezahnförmige Nichtlinearität der Periode $2\pi/M$ an.

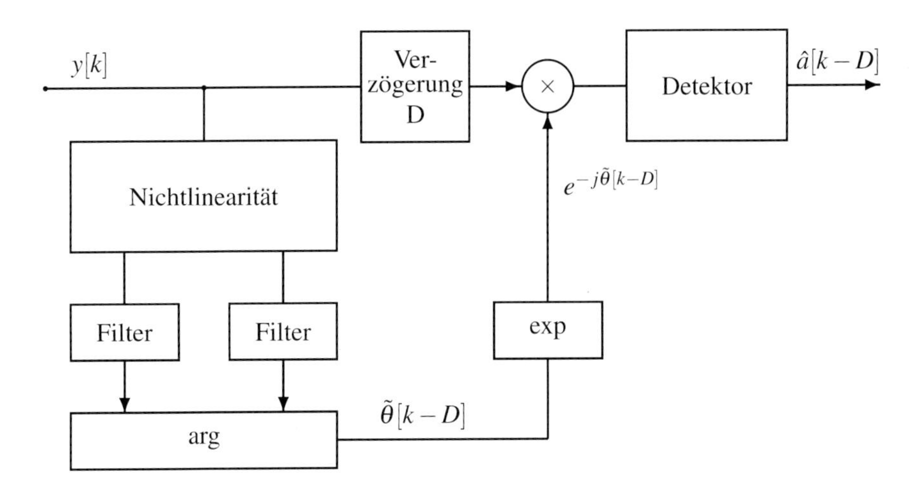

Bild 19.9: Nichtentscheidungsgesteuerte explizite Berechnung der Trägerphase

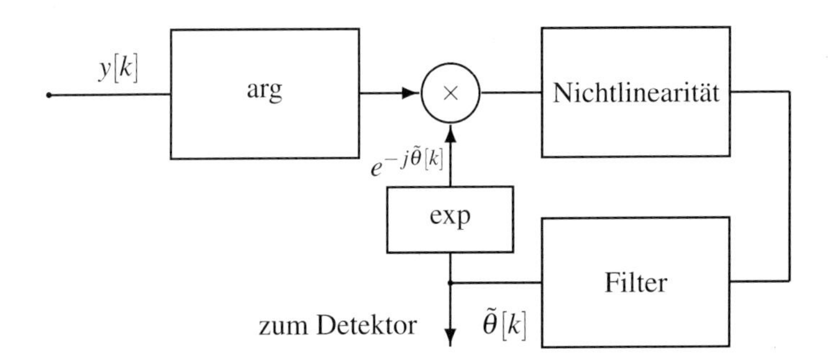

Bild 19.10: Nichtentscheidungsgesteuerte Nachführung der Trägerphase

19.5 Taktsynchronisation für PSK-Modulationsverfahren

Im Rahmen der digitalen Taktsynchronisation unterscheiden wir die beiden in Bild 19.11 dargestellten Methoden.

Die im oberen Bild skizzierte Methode ist eine *hybride, synchrone* Lösung. Die *Taktphase* wird durch einen digitalen Prozessor aus den Abtastwerten bestimmt und dazu benutzt, den *Taktgenerator* zu synchronisieren.

Die im unteren Bild gezeigte Methode ist eine rein *digitale, asynchrone* Lösung. Erneut wird die Taktphase durch einen digitalen Prozessor aus den Abtastwerten bestimmt, jedoch erfolgt keine Rückführung auf den Taktgenerator: dieser arbeitet freilaufend, d. h. asynchron. Dadurch vereinfacht sich die Empfängereingangsstufe. Die Taktphasenkorrektur erfolgt im digitalen Prozessor.

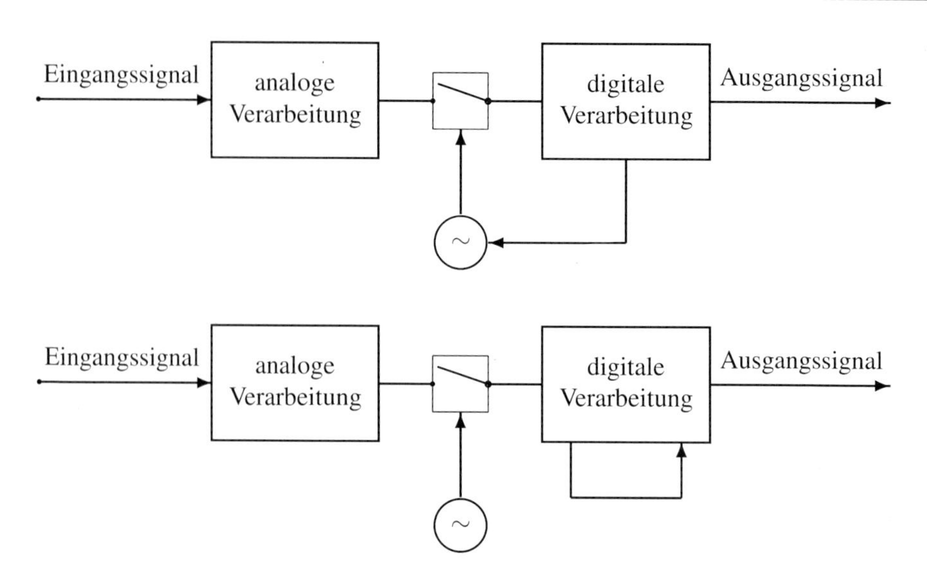

Bild 19.11: Methoden der Taktsynchronisation

Im Folgenden werden zwei mögliche, für die Praxis sehr relevante Ausführungsformen des *Taktphasendetektors* vorgestellt. Im abschließenden Abschnitt zur Taktsynchronisation werden dann Methoden zur *Taktphasenkorrektur* vorgeschlagen. Die *Taktphasenfilterung* kann mit Standartmethoden, z. B. mit Hilfe eines PLLs (erster) Ordnung, erfolgen.

19.5.1 Taktphasendetektion

19.5.1.1 Taktphasendetektor nach Gardner

Der Taktphasendetektor nach Gardner kann aus dem Maximum-Likelihood-Ansatz abgeleitet werden. Der Algorithmus lautet

$$\Delta\hat{\varepsilon}[k] \sim \operatorname{Re}\left\{y^*\left[k-\frac{1}{2}\right]\cdot(y[k]-y[k-1])\right\}, \tag{19.43}$$

wobei $\Delta\hat{\varepsilon}[k]$ das Ausgangssignal des Taktphasendetektors (also ein Schätzwert des Taktphasenfehlers) und $y[k]$ das komplexwertige abgetastete Ausgangssignal des signalangepassten („matched") Filters ist. Es werden zwei Abtastwerte pro Symbol benötigt. Der Algorithmus ist unabhängig von den Datensignalen und von einer konstanten Trägerphase: Man erkennt, dass phasengedrehte Empfangswerte $y'[k] := y[k]\,e^{j\theta}$ den gleichen Schätzwert $\Delta\hat{\varepsilon}[k]$ bewirken. Der Taktphasendetektor nach Gardner ist somit besonders für offene („feedforward") Regelschleifen geeignet. Eine Trägerphasensynchronisation muss nicht erfolgt sein.

Beispiel 19.5.1 (Taktphasendetektor nach Gardner) Bei der Taktphasensynchronisation ist es vorteilhaft, wenn das Vorzeichen des Sendesignals hinreichend oft wechselt. Um den gewünschten Effekt zu demonstrieren sind zwei BPSK-modulierte Datensymbole mit unterschiedlichem Vorzeichen ausreichend. Es sei beispielsweise $a[k-1]=+1$ und $a[k]=-1$. Im Sender werden Rechteckimpulse der Symboldauer T angenommen, folglich ergeben sich am Matched-Filter-Ausgang im rauschfreien Fall und für $\theta = 0$ die beiden in Bild 19.12 dargestellten Dreieckimpulse, die sich überlagern. Bei perfekter Synchronisation wird im gepunkteten Raster abgetastet, sowie beim Gardner-Algorithmus auch mittig.

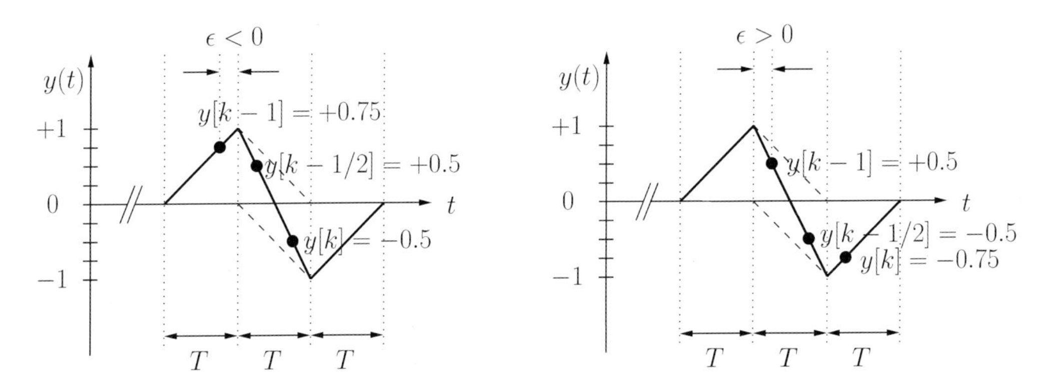

Bild 19.12: Zur Funktionsweise des Gardner-Algorithmus a) bei zu früher und b) bei zu später Abtastung

Bei zu früher Abtastung ergeben sich exemplarisch die Zahlenwerte $\Delta\hat{\varepsilon}[k] = 0.5(-0.5-0.75) = -0.625$, bei zu später Abtastung die Zahlenwerte $\Delta\hat{\varepsilon}[k] = -0.5(-0.75-0.5) = +0.625$. Entscheidend ist die Tatsache, dass das Vorzeichen von $\Delta\hat{\varepsilon}[k]$ ein Maß für die Richtung und der Betrag ein Maß für die Zeitdifferenz vom korrekten Abtastzeitpunkt ($\varepsilon = 0$) ist. ◊

19.5.1.2 Taktphasendetektor nach Mueller & Müller

Der Taktphasendetektor nach Mueller & Müller ist der einzige im Rahmen dieses Lehrbuchs dargestellte Synchronisationsalgorithmus, der nicht aus dem ML-Ansatz abgeleitet wurde. Der Algorithmus lautet

$$\Delta\hat{\varepsilon}[k] \sim \mathrm{Re}\{y[k-1]\,\hat{a}^*[k] - y[k]\,\hat{a}^*[k-1]\}. \tag{19.44}$$

Gemäß (19.44) ist dieser Algorithmus entscheidungsgesteuert. Es kann gezeigt werden, dass die Trägerphase korrigiert sein muss. Seine praktische Bedeutung gewinnt der Mueller & Müller-Algorithmus aus der Tatsache, dass nur ein Abtastwert pro Symbol benötigt wird. Dieser Algorithmus kann demzufolge in aufwandsgünstigen Realisierungen und nach erfolgter Akquisition sinnvoll eingesetzt werden.

Beispiel 19.5.2 (Taktphasendetektor nach Mueller & Müller) Für den Taktphasendetektor nach Mueller & Müller ergibt sich bei sonst gleichen Parametern die in Bild 19.13 gezeigte Darstellung. Die prinzipiellen Aussagen entsprechen denen des Gardner-Algorithmus. Für die angenommenen Zahlenwerte ergibt sich $\Delta\hat{\varepsilon}[k] = -0.25$ bei zu früher und $\Delta\hat{\varepsilon}[k] = +0.25$ bei zu später Abtastung. ◊

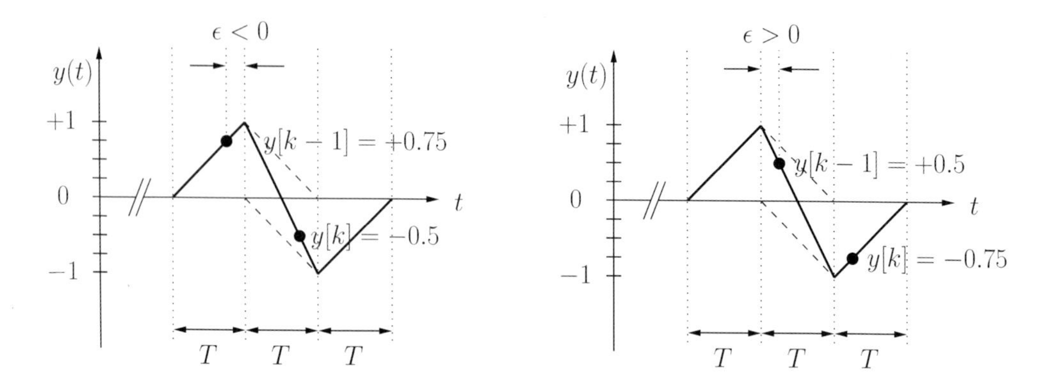

Bild 19.13: Zur Funktionsweise des Mueller & Müller-Algorithmus a) bei zu früher und b) bei zu später Abtastung

19.5.2 Taktphasenkorrektur

Die Taktphasenkorrektur erfolgt im synchronen Fall (Bild 19.11 oben) durch Rückführung auf den Taktgenerator. Eine mögliche Ausführungsform besteht aus einem rückwärts laufenden Zähler, der beim Zählerstand null eine Abtastung auslöst. Initialisiert man den Zähler mit einem vorausberechneten Nominalwert, so erfolgt die Abtastung im Symboltakt. Vergrößert man den nominalen Anfangswert des Zählers, so wird im nächsten Symbolintervall später abgetastet. Verkleinert man den nominalen Anfangswert des Zählers, so wird im nächsten Symbolintervall früher abgetastet, weil der Zählerstand null schneller erreicht wird. Subtrahiert man vom vorausberechneten Nominalwert den Korrekturwert $\xi \cdot \Delta\hat{\varepsilon}[k]$, wobei $\xi > 0$ ein geeigneter Skalierungsfaktor ist, so erhält man den gewünschten Effekt.

Im asynchronen Fall (Bild 19.11 unten) kann man ein *Interpolationsfilter* vorsehen. Durch ein Interpolationsfilter gelingt es, das digitalisierte Empfangssignal zeitlich zu verschieben.

19.6 Frequenzsynchronisation für PSK-Modulationsverfahren

Eine Einrichtung zur Frequenzsynchronisation wird in jedem trägermodulierten Übertragungssystem benötigt: In kohärenten Systemen unterstützt die Frequenzsynchronisation die Trägerphasensynchronisation, während in differentiell kohärenten Systemen Doppler-Verschiebungen und Oszillatorschwankungen ausgeregelt werden müssen. Bild 19.14 skizziert die wichtigsten Merkmale einer *Frequenzregelschleife* („Automatic Frequency Control (AFC)“).
Ein *Frequenzfehlerdetektor* vergleicht das Eingangssignal mit einem *Referenzsignal*. Das Referenzsignal wird mit einem Numerically Controlled Oscillator generiert. (Die Ausgangsfrequenz des NCO ist proportional zum aktuellen Eingangswert des NCO.) Das vom Frequenzfehlerdetektor berechnete Fehlersignal wird zunächst gefiltert und schließlich auf den NCO zurückgeführt. Dadurch wird das Fehlersignal zu null erzwungen. Die Filterung kann mit den Standartmethoden erfolgen. Das Ausgangssignal ergibt sich durch eine *Frequenzrotation* des Eingangssignals.

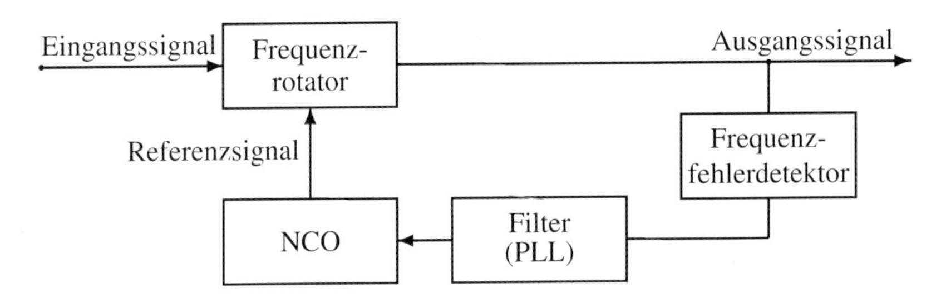

Bild 19.14: Frequenzregelschleife (AFC)

Ausführungsformen der Teilsysteme „Frequenzfehlerdetektor“ und „Frequenzrotator“ werden in den folgenden Abschnitten vorgestellt.

19.6.1 Frequenzfehlerdetektion

Bekannte Frequenzfehlerdetektoren (wie der Quadrikorrelator oder der Zwei-Filter Diskriminator) wurden ad-hoc hergeleitet. Um eine gewisse Systematik zu erhalten, konzentrieren wir uns im Folgenden auf die Herleitung und Vereinfachung des ML-Frequenzschätzers. Die vollständige Frequenzregelschleife für den ML-Schätzer ist in Bild 19.15 illustriert.

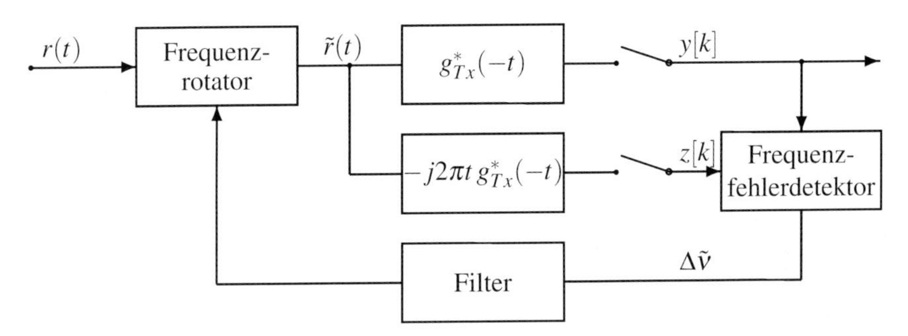

Bild 19.15: Frequenzregelschleife für den ML-Frequenzschätzer

Lineare Modulationsverfahren mit einem Frequenzversatz $\Delta f(t)$ lassen sich gemäß

$$s(t;\mathbf{a},\varepsilon(t),\theta(t),\Delta f(t)) = \sum_{k=-\infty}^{\infty} a[k]\, e^{j[\theta(t)+2\pi\Delta f(t)t]} \cdot g_{Tx}(t-kT-\varepsilon(t)) \qquad (19.45)$$

darstellen, vergleiche (19.18), wobei $a[k]$ das k-te komplexwertige Datensymbol, $g_{Tx}(t)$ der Grundimpuls, $\varepsilon(t)$ die Taktphase, $\theta(t)$ die Trägerphase und $\Delta f(t)$ der Frequenzversatz ist. Es sei $-T/2 \leq \varepsilon(t) < T/2$ und $0 \leq \theta(t) < 2\pi$. Das Empfangssignal lautet für den AWGN-Kanal

$$r(t) = s(t;\underline{\alpha}) + n(t), \qquad (19.46)$$

wobei $\underline{\alpha} = \{\mathbf{a},\varepsilon(t),\theta(t),\Delta f(t)\}$. Wie gehabt nehmen wir an, dass die Schätzparameter $\underline{\alpha}$ über das Beobachtungsintervall T_0 zeitkonstant seien. Die Maximum-Likelihood-Funktion für dieses

Schätzproblem lautet

$$L(\underline{\tilde{\alpha}}) = K \exp\left(-\frac{E_s}{N_0}\int_{T_0} |r(t) - s(t;\underline{\tilde{\alpha}})|^2 \, dt\right),$$

siehe (19.2). Eine zugehörige Log-Likelihood-Funktion ist

$$\lambda(\underline{\tilde{\alpha}}) = \int_{T_0} \mathrm{Re}\{r(t)\, s^*(t;\underline{\tilde{\alpha}})\} \, dt,$$

siehe (19.6). Einsetzen von (19.45) in (19.6) ergibt

$$\lambda(\underline{\tilde{\alpha}}) = \int_0^{L_0 T} \mathrm{Re}\left\{ r(t) \sum_{k=-\infty}^{\infty} \tilde{a}^*[k]\, g_{Tx}^*(t - kT - \tilde{\varepsilon}) \cdot e^{-j(\tilde{\theta}+2\pi\Delta\tilde{f}\, t)} \right\} dt. \tag{19.47}$$

Die Maximierung von (19.47) unterscheidet (und erschwert) sich dadurch, dass Datensequenz, Taktphase und Trägerphase nicht bekannt sind. Sie wären ohne Frequenzschätzung nicht oder nur schwer erhältlich. Mittelt man die Modulations- und die Trägerphase aus, so erhält man nach hier nicht nachvollzogener Rechnung die zwei Näherungslösungen

$$\hat{v} = \arg\max_{\tilde{v}} \sum_{k=0}^{L_0 - 1} |y[k]|^2 \tag{19.48}$$

und

$$\Delta\tilde{v} = \mathrm{Re}\{y[k]\, z^*[k]\}, \tag{19.49}$$

wobei $\hat{v} := 2\pi\Delta\hat{f}\, T$ ein Schätzwert für den normierten Frequenzversatz, $\Delta\tilde{v}$ die Änderung des geschätzten Frequenzversatzes, $y[k]$ das abgetastete Ausgangssignal des signalangepassten („matched") Filters und $z[k]$ das abgetastete Ausgangssignal des sog. *Frequenz-Matched-Filters* ist, siehe Bild 19.15. Wie bereits ausgeführt, entspricht der normierte Frequenzversatz der durch den Frequenzversatz hervorgerufenen Phasenänderung pro Symboldauer. Die Übertragungsfunktion des Frequenz-Matched-Filters ist per Definition die Ableitung der Übertragungsfunktion des Matched-Filters nach der Frequenz. Dessen Impulsantwort lautet folglich $-j2\pi t\, g_{Tx}^*(-t)$, wobei $g_{Tx}^*(-t)$ die Impulsantwort des MF ist. Die Taktphase verbleibt als unbestimmter Parameter und beeinflusst infolgedessen die Schätzung.

Die erste Lösung, (19.48), ist ein Parametersuchverfahren und findet bevorzugt in offenen Regelkreisen Anwendung. Die Signalenergien der MF-Ausgangswerte $y[k]$ werden inkohärent addiert. Phasenfehler bleiben ohne Einfluss. Es ist intuitiv einleuchtend, dass das Argument in (19.48) maximiert wird, wenn die Signalfrequenz im Übertragungsband zentriert ist, zumindest bei symmetrischem Signalspektrum. Interessant ist auch, dass (19.48) gleichzeitig zur *Leistungsregelung* („Automatic Gain Control (AGC)") herangezogen werden kann.

Die zweite Lösung, (19.49), muss in einem geschlossenen Regelkreis angewendet werden.

19.6.2 Frequenzkorrektur

Das Ausgangssignal des Frequenzrotators lautet

$$r'(t) = r(t) \cdot e^{-j2\pi\Delta\tilde{f}\, t}. \tag{19.50}$$

Folglich können der Frequenzrotator und der Phasenrotator zusammengefasst werden.

Literaturverzeichnis

Bücher

[And86] J. B. Anderson, T. Aulin, C.-E. W. Sundberg, *Digital Phase Modulation*. New York, NY: Plenum Press, 1986.

[And05] J. B. Anderson, *Digital Transmission Engineering*. Piscataway, NJ: IEEE Press, 2. Auflage, 2005.

[Bar04] J. R. Barry, E. A. Lee, D. G. Messerschmitt, *Digital Communication*. Berlin: Springer-Verlag, 3. Auflage, 2004.

[Ben87] S. Benedetto, E. Biglieri, V. Castellani, *Digital Transmission Theory*. Englewood Cliffs, NJ: Prentice Hall, 1987.

[Ben99] S. Benedetto, E. Biglieri, *Principles of Digital Transmission*. New York, NY: Kluwer Academic/Plenum Publishers, 1999.

[Ben03] N. Benvenuto, G. Cherubini, *Algorithms for Communications Systems and their Applications*. Chichester, UK: John Wiley & Sons, 2003.

[Bha05] A. Bhattacharya, *Digital Communication*. New York, NY: McGraw-Hill, 2005.

[Boc77] P. Bocker, *Datenübertragung*. Berlin: Springer-Verlag, Bände I und II, 1976, 1977.

[Bos99] M. Bossert, M. Breitbach, *Digitale Netze*. Stuttgart: Teubner, 1999.

[Bur01] A. Burr, *Modulation and Coding*. Harlow, UK: Pearson Education Limited, 2001.

[Coo88] G. R. Cooper, C. D. McGillem, *Modern Communications and Spread Spectrum*. New York, NY: McGraw-Hill, 2. Auflage, 1988.

[Feh95] K. Feher, *Wireless Digital Communications: Modulation and Spread Spectrum Applications*. Upper Saddle River, NJ: Prentice Hall, 1995.

[Gio85] A. A. Giordano, F. M. Hsu, *Least Square Estimation with Application to Digital Signal Processing*. New York, NY: John Wiley & Sons, 1985.

[Git92] R. D. Gitlin, J. F. Hayes, S. B. Weinstein, *Data Communications Principles*. New York, NY: Plenum Press, 1992.

[Glo09] I. A. Glover, P. M. Grant, *Digital Communications*. Harlow, UK: Pearson Education Limited, 3. Auflage, 2009.

[Hay09] S. Haykin, M. Moher, *Communication Systems*. New York, NY: John Wiley & Sons, 5. Auflage, 2009.

[Hay88] S. Haykin, *Digital Communications*. New York, NY: John Wiley & Sons, 1988.

[Hay02] S. Haykin, *Adaptive Filter Theory*. Upper Saddle River, NJ: Prentice Hall, 4. Auflage, 2002.

[Hon84] M. L. Honig, D. G. Messerschmidt, *Adaptive Filters: Structures, Algorithms and Applications*. Boston, MA: Kluwer Academic Publishers, 1984.

[Kam08] K. D. Kammeyer, *Nachrichtenübertragung*. Wiesbaden: Vieweg+Teubner, 4. Auflage, 2008.

[Kam01] K. D. Kammeyer, V. Kühn, *MATLAB in der Nachrichtentechnik*. Weil der Stadt: J. Schlembach Fachverlag, 2001.

[Kor85] I. Korn, *Digital Communications*. Amsterdam, NL: North-Holland, 1985.

[Kro91] K. Kroschel, *Datenübertragung*. Berlin: Springer-Verlag, 1991.

[Lat09] B. P. Lathi, Z. Ding, *Modern Digital and Analog Communication Systems*. Oxford, UK: Oxford University Press, 4. Auflage, 2009.

[Lee60] Y. W. Lee, *Statistical Theory of Communication*. New York, NY: John Wiley & Sons, 1960.

[Lin05] J. Lindner, *Informationsübertragung: Grundlagen der Kommunikationstechnik*. Berlin: Springer-Verlag, 2005.

[Lin91] W. C. Lindsey, M. K. Simon, *Telecommunication Systems Engineering*. New York, NY: Dover Publications, 1991.

[Lof90] O. Loffeld, *Estimationstheorie I und II*. München: Oldenbourg Verlag, 1990.

[Luc68] R. W. Lucky, J. Salz, E. J. Weldon, *Principles of Data Communication*. New York, NY: McGraw-Hill, 1968.

[Lue92] H.D. Lüke, *Korrelationssignale*. Berlin: Springer-Verlag, 1992.

[Mad08] U. Madhow, *Fundamentals of Digital Communication*. Cambridge, UK: Cambridge University Press, 2008.

[Mey08] M. Meyer, *Kommunikationstechnik: Konzepte der modernen Nachrichtenübertragung*. Wiesbaden: Vieweg+Teubner, 3. Auflage, 2008.

[Mey90] H. Meyr, G. Ascheid, *Synchronization in Digital Communications, Volume I*. New York, NY: John Wiley & Sons, 1990.

[Mey98] H. Meyr, M. Moeneclaey, S. A. Fechtel, *Digital Communication Receivers*. New York, NY: John Wiley & Sons, 2. Auflage, 1998.

[Mil97] O. Mildenberger, *Übertragungstechnik*. Braunschweig/Wiesbaden: Vieweg-Verlag, 1997.

[Ohm10] J.-R. Ohm, H. D. Lüke, *Signalübertragung*. Berlin: Springer-Verlag, 11. Auflage, 2010.

[Poo94] H. V. Poor, *An Introduction to Signal Detection and Estimation*. Berlin: Springer-Verlag, 1994.

[Pro08] J. G. Proakis, M. Salehi, *Digital Communications*. New York, NY: McGraw-Hill, 5. Auflage, 2008.

[Rap02] T. S. Rappaport, *Wireless Communications: Principles & Practice*. Upper Saddle River, NJ: Prentice Hall, 2. Auflage, 2002.

[Rod88] M. S. Roden, *Digital Communication System Design*. Englewood Cliffs, NJ: Prentice Hall, 1988.

[Rup93] W. Rupprecht, *Signale und Übertragungssysteme: Modelle und Verfahren für die Informationstechnik*. Berlin: Springer-Verlag, 1993.

[Sch05] H. Schulze, Chr. Lüders, *Theory and Applications of OFDM and CDMA: Wideband Wireless Communications*. New York, NY: John Wiley & Sons, 2005.

[Sim05] M. K. Simon, M. S. Alouini, *Digital Communications over Fading Channels*. New York, NY: John Wiley & Sons, 2. Auflage, 2005.

[Skl01] B. Sklar, *Digital Communications: Fundamentals and Applications*. Upper Saddle River, NJ: Prentice Hall, 2. Auflage, 2001.

[Smi04] D. R. Smith, *Digital Transmission Systems*. Berlin: Springer, 3. Auflage, 2004.

[Söd86] G. Söder, K. Tröndle, *Digitale Übertragungssysteme*. Berlin: Springer-Verlag, 1986.

[Stü01] G. L. Stüber, *Principles of Mobile Communication*. Boston, MA: Kluwer Academic Publishers, 2. Auflage, 2001.

[Tau86] H. Taub, D.L. Schilling, *Principles of Communication Systems*. Tokyo, JP: McGraw-Hill, 2. Auflage, 1986.

[Tse05] D. Tse, P. Viswanath, *Fundamentals of Wireless Communication*. Cambridge, UK: Cambridge University Press, 2005.

[Tre01] H. L. van Trees, *Detection, Estimation, and Modulation Theory, Part I-III*. New York, NY: John Wiley & Sons, 2001, 2002, 2004.

[Vit66] A. J. Viterbi, *Principles of Coherent Communication*. New York, NY: McGraw-Hill, 1966.

[Vit09] A. J. Viterbi, J. K. Omura, *Principles of Digital Communication and Coding*. New York, NY: Dover Publications, 2009.

[Web94] W. T. Webb, L. Hanzo, *Modern Quadrature Amplitude Modulation*. Chichester, UK: John Wiley & Sons, 1994.

[Wer06a] M. Werner, *Nachrichtentechnik: Eine Einführung für alle Studiengänge*. Braunschweig/Wiesbaden: Vieweg, 5. Auflage, 2006.

[Wer06b] M. Werner, *Nachrichten-Übertragungstechnik: Analoge und digitale Verfahren mit modernen Anwendungen*. Wiesbaden: Vieweg, 2006.

[Wha95] A. D. Whalen, R. N. McDonough, *Detection of Signals in Noise*. New York, NY: Academic Press, 2. Auflage, 1995.

[Wid85] B. Widrow, S. D. Stearns, *Adaptive Signal Processing*. Englewood Cliffs, NJ: Prentice Hall, 1985.

[Wil96] S. G. Wilson, *Digital Modulation and Coding*. Upper Saddle River, NJ: Prentice Hall, 1996.

[Zie95b] R. E. Ziemer, W. H. Tranter, *Principles of Communication: Systems, Modulation and Noise*. New York, NY: John Wiley & Sons, 5. Auflage, 1995.

[Zie01] R. E. Ziemer, R. L. Peterson, *Introduction to Digital Communication*. Upper Saddle River, NJ: Prentice Hall, 2. Auf lage, 2001.

Ausgewählte klassische Publikationen

[Har28] R. V. L. Hartley, "Transmission of information," Bell Syst. Techn. J., Band 7, S. 535-563, 1928.

[Nor43] D. O. North, "An analysis of the factors which determine signal/noise discrimination in pulsed-carrier systems," *Proc. IRE*, Band 51, S. 1016-1027, 1963. (Nachdruck des Originalberichts aus dem Jahre 1943.)

[Nyq28] H. Nyquist, "Certain topics in telegraph transmission theory," *AIEE Trans.*, Band 47, S. 617-644, 1928.

[Oli48] B.M. Oliver, J.R. Pierce, C.E. Shannon, "The philosophy of PCM," *Proc. IRE*, Band 36, S. 1324-1332, 1948.

[Sha48] C.E. Shannon, "A Mathematical Theory of Communication," Bell Syst. Tech. J., Band 27, S. 379-423 und S. 623-656, Juli und Okt. 1948.

[Whi15] E. T. Whittaker, "On the functions which are represented by the expansions of the interpolation theory," *Proc. R. Soc. Edinburgh*, Band 35, S. 181-194, 1915.

[Wie49] N. Wiener, *Extrapolation, Interpolation and Smoothing of Stationary Time Series*. New York, NY: Wiley, 1949.

Teil IV

Konzepte der Mobilfunkkommunikation

20 Grundlagen der Mobilfunkkommunikation

20.1 Was ist Mobilfunkkommunikation?

Unter *Mobilfunkkommunikation* versteht man die Nachrichtenübermittelung zwischen zwei oder mehreren Teilnehmern, von denen mindestens einer mobil (d. h. nicht ortsfest) ist. Die Übertragung zum/vom mobilen Teilnehmer erfolgt mindestens abschnittsweise über Funk. Deshalb spricht man auch von *Mobilfunksystemen*. Alternativen zur Funkübertragung sind die *optische Freiraumkommunikation*, Infrarot und Akustik. Die optische Freiraumkommunikation wird in Intersatelliten-Verbindungen und zunehmend zur hochratigen Datenübertragung zwischen Gebäuden eingesetzt. Infrarot wird beispielsweise in drahtlosen Kopfhörern verwendet und Schallwellen werden in der Unterwasserkommunikation genutzt.

Folgende Systeme erfüllen die beiden genannten Kriterien (Mobilität plus Funkübertragung) einer Mobilfunkkommunikation: Rundfunksysteme, Funkrufsysteme (Paging-Systeme), Betriebsfunk- und Bündelfunksysteme, Flugfunksysteme, schnurlose Telefone, drahtlose Personal Area Netze, drahtlose Local Area Netze, drahtlose Metropolitan Area Netze und zellulare Mobilfunksysteme. Nach einer groben Klassifizierung von Mobilfunksystemen sowie einer Darstellung der wichtigsten Netztopologien wird auf diese Systeme näher eingegangen.

20.2 Klassifizierung von Mobilfunksystemen

Mobilfunksysteme können unter anderem in analoge/digitale, öffentliche/nichtöffentliche, terrestrische/satellitengestützte, Simplex-/Halbduplex-/Duplex, nahräumige/weiträumige und Punkt-zu-Punkt/Punkt-zu-Mehrpunkt Systeme klassifiziert werden.

In *analogen Mobilfunksystemen* wird ein analoges Modulationsverfahren verwendet, in *digitalen Mobilfunksystemen* ein digitales Modulationsverfahren. Zu den analogen Systemen zählt der UKW-Hörfunk. Zellulare Mobilfunksysteme der ersten Generation waren analog, während seit den neunziger Jahren alle Neuentwicklungen digitale Modulationsverfahren verwenden. Zu den Vorteilen dieser Verfahren zählen unter anderem Leistungs- und Bandbreiteneffizienz, hochratige Datendienste, Sicherheitsaspekte und niedrige Kosten.

Öffentliche Mobilfunksysteme umfassen z. B. Rundfunksysteme, Funkrufsysteme, schnurlose Telefone und zellulare Mobilfunksysteme, also alle Systeme, deren Zugriff nicht beschränkt ist. Zu den *nichtöffentlichen Mobilfunksystemen* zählen Betriebsfunk und Bündelfunk.

Satellitengestützte Mobilfunksysteme können terrestrische, d. h. *erdgebundene Mobilfunksysteme*, insbesondere in unbesiedelten Gebieten (Weltmeere) oder dünn besiedelten Gebieten (Polarregionen, Wüsten, Gebirge) ergänzen. Zu den satellitengestützten Mobilfunksystemen gehört beispielsweise das Iridium-System. Eine Alternative sind unbemannte *Höhenplattformen*, wie z. B. Ballons, die über Ballungszentren platziert werden können.

In *Simplexsystemen* erfolgt die Übertragung nur in eine Richtung. Es existiert kein Rückkanal. Beispiele sind Rundfunk und Funkrufsysteme. In *Halbduplexsystemen* existiert ein Rückkanal. Die Übertragung erfolgt wechselseitig in die eine, dann in die andere Richtung. Beim Handfunkgerät (Walkie-Talkie) muss beispielsweise ein Knopf gedrückt werden, um sprechen zu können. In *Duplexsystemen* kann gleichzeitig in beide Richtungen kommuniziert werden, wie wir es von schnurlosen Telefonen und zellularen Mobilfunksystemen kennen. In Duplexsystemen werden die Übertragungsrichtungen durch Frequenz- oder Zeitduplex getrennt.

Die *Reichweite* von Mobilfunksystemen kann sehr unterschiedlich sein. In *Personal Area Netzen* (PAN) beträgt die Reichweite unter 10 m. Hierzu zählen beispielsweise BlueTooth und Ultrabreitband-Systeme. In *Local Area Netzen* (LAN) beträgt die Reichweite typischerweise unter 100 m. Ein Beispiel ist der IEEE 802.11 (WiFi) Standard. Mit *Metropolitan Area Netzen* (MAN) wie beispielsweise dem IEEE 802.16 (WiMax) Standard können Dörfer oder Stadtteile im Sinne der Letzten Meile mit Internet versorgt werden. Auch der *Grad der Mobilität* ist sehr unterschiedlich. In zellularen Systemen erfolgt ein automatisches Weiterreichen von einem Versorgungsgebiet zum benachbarten Versorgungsgebiet ohne erneuten Verbindungsaufbau, während bei schnurlosen Telefonen oder Bündelfunksystemen diese Funktionalität nicht angeboten wird, d. h. die Verbindung reißt am Rand des Versorgungsgebiets ab.

Bei einer *Punkt-zu-Punkt* Kommunikation handelt es sich beispielsweise um einen Selektivruf. *Punkt-zu-Mehrpunkt* Systeme versorgen hingegen mehrere Teilnehmer gleichzeitig, wie beispielsweise Rundfunksysteme.

20.3 Netztopologien

Im Mobilfunk finden häufig die im Folgenden diskutierten Netztopologien Anwendung.

20.3.1 Das zellulare Konzept

Funksignale werden mit zunehmender Entfernung stark gedämpft, d. h. eine Funkkommunikation ist nur bis zu einer maximalen Entfernung möglich. Große Gebiete sind deshalb mit nur einer Funkfeststation nicht versorgbar. Mit einem Mobilfunksystem soll ferner eine zu erwartende örtliche Teilnehmerverteilung bedient werden. Jedem Teilnehmer soll abhängig vom gewählten Dienst eine bestimmte Datenrate zur Verfügung gestellt werden, wobei nur ein begrenztes Frequenzband zur Verfügung steht. Die Problematik besteht darin, dass mit nur einer Funkfeststation eine flächendeckende Versorgung bei hoher örtlicher Teilnehmerdichte nicht möglich ist. Zusätzlich darf wegen der *elektromagnetischen Verträglichkeit* (EMV) eine bestimmte Sendeleistung nicht überschritten werden. Im terrestrischen Mobilfunk wendet man zur Problemlösung oft zwei Prinzipien an:

- *Zellularisierung*: Das zu versorgende Gebiet wird in Funkzonen (Zellen) eingeteilt. Jede Zelle wird durch eine Funkfeststation (die sog. Basisstation) bedient. Zur Vermeidung gegenseitiger Störungen werden in benachbarten Zellen unterschiedliche Kanäle (z. B. andere Trägerfrequenzen oder Spreizcodes) verwendet.
- *Kanalwiederholung*: In entfernten Zellen wird derselbe Kanal (z. B. dieselbe Trägerfrequenz oder derselbe Spreizcode) wiederverwendet.

Zellularisierung und Kanalwiederholung bezeichnet man als *zellulares Konzept*. In FDMA/TDMA-Systemen wird die Trägerfrequenz in entfernten Zellen wiederverwendet. In DS-CDMA-Systemen wird flächendeckend oft nur eine einzige Trägerfrequenz verwendet. Die Teilnehmer werden durch unterschiedliche Spreizsequenzen getrennt. In entfernten Zellen können die Spreizsequenzen wiederverwendet werden. In klassischen zellularen Mobilfunksystemen findet keine direkte Kommunikation zwischen den Mobilstationen statt. Jede Verbindung geschieht über die zugehörige Basisstation, auch wenn sich zwei Mobilstationen nebeneinander befinden.

Ein wichtiger Parameter ist der sog. *Kanalwiederholungsfaktor* („re-use" Faktor). Ein Kanalwiederholungsfaktor gleich vier bedeutet beispielsweise in einem FDMA/TDMA-System, dass in einer Zelle nur jede vierte Trägerfrequenz verwendet wird. Bild 20.1 zeigt ein zellulares FDMA/TDMA-Mobilfunksystem mit Kanalwiederholungsfaktor gleich drei (links) und vier (rechts). Man erkennt, dass mit abnehmendem Kanalwiederholungsfaktor mehr Trägerfrequenzen pro Zelle verwendet werden, gleichzeitig aber der mittlere Abstand zweier Zellen mit den gleichen Trägerfrequenzen sinkt. Die Interferenz aus anderen Zellen gleicher Trägerfrequenz bezeichnet man als *Gleichkanalinterferenz* („Co-Channel Interference (CCI)"). Je kleiner der Kanalwiederholungsfaktor, umso größer ist die mögliche Netzkapazität, umso größer ist aber auch die Gleichkanalinterferenz. Wenn der Kanalwiederholungsfaktor gleich eins ist, so werden in allen Zellen sämtliche Trägerfrequenzen verwendet.

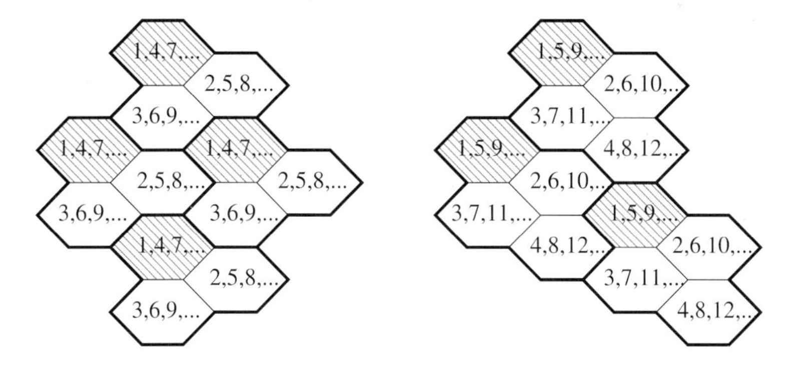

Bild 20.1: Zellulares FDMA/TDMA-Mobilfunksystem mit Kanalwiederholungsfaktor gleich drei (links) und vier (rechts). Die Zahlen geben die Trägerfrequenzen an. Jede Zelle wird durch eine Basisstation versorgt

In einem zellularen Mobilfunksystem bezeichnet man die Verbindung von der Basisstation (BS) zur Mobilstation (MS) als *Abwärtsstrecke* („Downlink (DL)") und die Verbindung von der Mobilstation zur Basisstation als *Aufwärtsstrecke* („Uplink (UL)"), siehe Bild 20.2.

Der Wechsel einer Zelle wird als *Handover* bezeichnet, der internationale Grenzübergang als *Roaming*.

20.3.2 Gleichwellennetz

In einem *Gleichwellennetz* („Single Frequency Network (SFN)") wird eine Nachricht simultan von mehreren Sendern auf der gleichen Trägerfrequenz abgestrahlt. Dies erhöht die Ausfallsi-

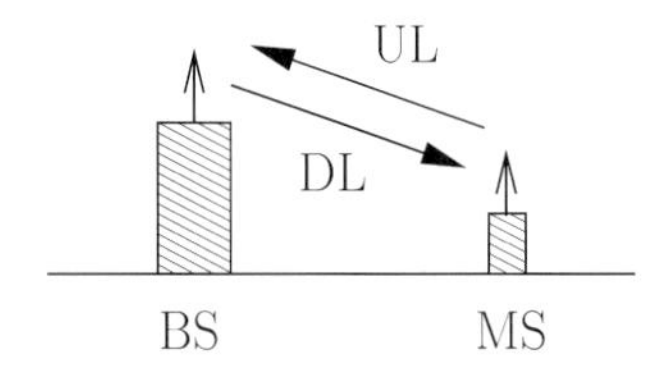

Bild 20.2: Abwärtsstrecke (DL) und Aufwärtsstrecke (UL) in einem zellularen Mobilfunksystem

cherheit. Jeder Sender kann als (aktiver) Streuer interpretiert werden. Die durch die unterschiedlichen Entfernungen zum Teil signifikanten Laufzeitunterschiede müssen durch geeignete Übertragungsverfahren kompensiert werden. Gleichwellennetze finden oft in Simplexsystemen wie Funkrufsystemen oder digitalen Rundfunksystemen Anwendung.

20.3.3 Ad-hoc- und Sensornetze

Ein *Ad-hoc-Netz* ist ein Funknetz, das mindestens zwei Endgeräte zu einem vermaschten Netz verbindet, wobei sich die Netzstruktur selbständig aufbaut. Ad-Hoc-Netze mit mobilen Endgeräten nennt man *mobile Ad-hoc-Netze*. Der Verbindungsaufbau geschieht durch die Netzknoten ohne Nutzung einer festen Infrastruktur wie Basisstationen oder Access Points. Dezentrale Netzstrukturen sind beispielsweise für Sensornetze und die Fahrzeug-Fahrzeug-Kommunikation geeignet, aber auch für Mobiltelefone, Personal Digital Assistants (PDAs) und Notebooks. Ein wesentlicher Vorteil von Ad-hoc-Netzen besteht in der typischerweise geringen Distanz zwischen den Netzknoten und der Vielzahl an Netzknoten. Geringe Distanzen bedeuten kleine Pfaddämpfungen und somit eine hohe Energieeffizienz. Bei geringen Distanzen sind hohe Datenraten möglich. Eine Vielzahl an Netzknoten bedeutet eine hohe Ausfallsicherheit und einen Diversitätsgewinn. Spezielle Wegevermittlungsverfahren (Routingverfahren) tragen dazu bei, dass sich das Netz kontinuierlich anpasst wenn sich Netzknoten bewegen, hinzukommen oder ausfallen.

20.4 Beispiele für Mobilfunksysteme

20.4.1 Rundfunksysteme

Rundfunksysteme sind definitionsgemäß Simplexsysteme. Die bestehenden analogen Hörfunk- und Fernsehprogramme werden in den nächsten Jahrzehnten schrittweise durch digitale terrestrische Systeme ersetzt. Der LW/MW/KW-Hörfunk soll durch das *Digital Radio Mondial* (DRM) System ersetzt werden. Als möglicher Ersatz für den UKW-Hörfunk wurde das *Digital Audio Broadcasting* (DAB) System entwickelt. Die VHF/UHF-Fernsehprogramme werden zur Zeit durch *Digital Video Broadcasting* (DVB) ersetzt, wobei es jeweils einen Standard für Kabelzugang (DVB-C), satellitengestützte Funkübertragung (DVB-S) und die terrestrische Funkübertragung (DVB-T) gibt. DRM, DAB und DVB bieten eine wesentlich bessere Qualität bei deutlich geringerer Sendeleistung. DRM, DAB und DVB sind *gleichwellenfähig*. Die Laufzeitunterschiede werden bei DRM, DAB und DVB durch OFDM in Verbindung mit einer zyklischen Ergänzung kompensiert.

20.4.2 Funkrufsysteme

In Funkrufsystemen können Meldungen begrenzter Länge vom öffentlichen Telefonfestnetz zu einem Pager gesendet werden. Hierbei handelt es sich um eine Simplexverbindung, da keine Bestätigung erfolgt. Eine Sprachübertragung wird nicht unterstützt. Die mit dem Telefonfestnetz verbundene Funkrufvermittlungseinrichtung versorgt mehrere Sender, die innerhalb einer Rufzone im Gleichwellenbetrieb arbeiten. Der Gleichwellenbetrieb ermöglicht ein großes Versorgungsgebiet mit kleiner Ausfallwahrscheinlichkeit. In Bild 20.3 ist das Prinzip von Funkrufsystemen skizziert. Funkrufsysteme werden im Gesundheitswesen und von Sicherheitsdiensten genutzt. Es werden zahlreiche kommerzielle Systeme angeboten.

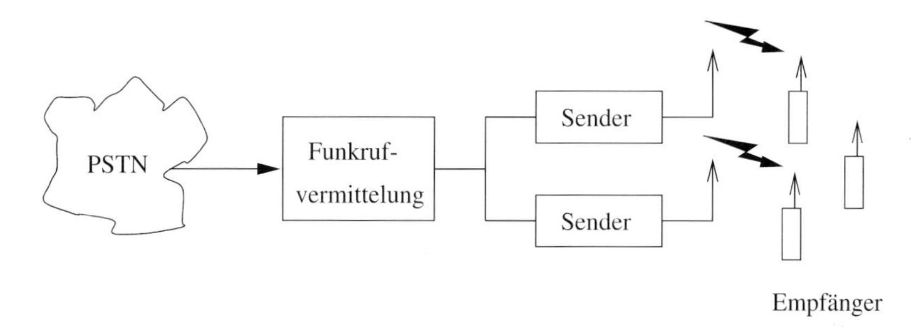

Bild 20.3: Prinzip von Funkrufsystemen (PSTN: Öffentliches Telefonfestnetz)

20.4.3 Betriebsfunk- und Bündelfunksysteme

Betriebsfunk bedeutet, dass eine Nutzergruppe (wie Sicherheitsdienste, Flughafenpersonal und Transportunternehmen) ihr eigenes Netz betreibt. Der *Bündelfunk* ist eine Weiterentwicklung des Betriebsfunks in dem Sinn, dass ein Netzbetreiber einer Nutzergruppe ein „Bündel" von Kanälen (Frequenzzuteilung) sowie die Mobilfunkgeräte gegen Gebühr zur Verfügung stellt. Betriebsfunk- und Bündelfunksysteme ermöglichen meist eine Halbduplex Sprach- und Datenübertragung. Selektiv- und Gruppenrufe sind möglich. Gespräche zwischen Mobilstationen sind oft ohne Transcodierung in der Funkfeststation möglich. Ein Beispiel ist das Terrestrial Trunked Radio (TETRA) System.

20.4.4 Flugfunksysteme

Im *Flugfunk* zeichnet sich eine ähnliche Entwicklung wie im Rundfunk ab. Die bestehende analoge Kommunikation ist gebietsweise überlastet und von schlechter Qualität. Der bestehende analoge VHF-Standard wird schrittweise durch VHF-Datenfunk (den sog. VDL-Standard) abgelöst.

20.4.5 Schnurlose Telefone

Schnurlose Telefone ermöglichen eine eingeschränkte Mobilität. Eine *Heimstation* wird an das öffentliche Telefonfestnetz angeschlossen und versorgt eine oder mehrere *Mobilstationen*. Schnurlose Telefone bieten die gleiche Funktionalität wie ein Festnetztelefon. Bild 20.4 zeigt das Prinzip schnurloser Telefone. Ein Beispiel ist der DECT-Standard.

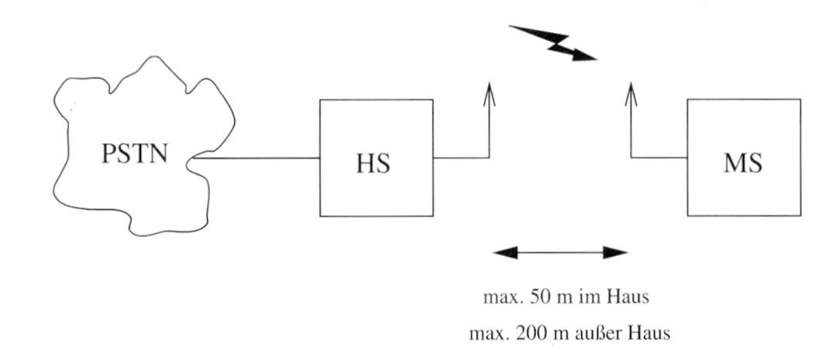

Bild 20.4: Prinzip schnurloser Telefone (PSTN: Öffentliches Telefonfestnetz, HS: Heimstation, MS: Mobilstation)

20.4.6 Wireless PAN, Wireless LAN und Wireless MAN

In drahtlosen *Personal Area Netzen* (WPAN) beträgt die Reichweite unter 10 m. Eine mögliche Anwendung ist die drahtlose Verbindung von Computer und Peripheriegeräten (Drucker, Scanner, PDA, Audio- und Videogeräten). BlueTooth und der Ultrabreitband-Standard IEEE 802.15 sind typische Vertreter.

In drahtlosen *Local Area Netzen* (WLAN) beträgt die Reichweite unter 100 m. Eine typische Anwendung ist der Internetzugang zu Hause, im Büro, am Flughafen, in Zügen, etc. Der IEEE 802.11a/b/g/n Standard (bekannt als WiFi) und der europäische HiperLAN 2 Standard sind Beispiele.

Mit drahtlosen *Metropolitan Area Netzen* (WMAN) können Dörfer oder Stadtteile versorgt werden. WMAN ist eine Alternative zu Breitbandkabeln, Glasfasern, ISDN/DSL, Stromleitungen (PLC) und satellitengestützten Zugängen im Sinne der Letzten Meile. Ein Vertreter ist der IEEE 802.16 Standard, bekannt als WiMax.

20.4.7 Zellulare Mobilfunksysteme

Zellulare Mobilfunksysteme sind öffentliche terrestrische Duplexsysteme mit weiträumiger Mobilität. Man unterscheidet zwischen verschiedenen Generationen.

Die *erste Generation* (1G) wurde von ca. 1970 bis 2000 angeboten. Systeme der ersten Generation waren ausschließlich analog. In verschiedenen Ländern Europas wurden verschiedene Standards angeboten (A/B/C-Netz, NMT450/900, TACS, RC-2000, Natel C). Roaming war aufgrund der Systemvielfalt nicht möglich. Auch wurden ausschließlich Sprachdienste offeriert.

Etwa im Jahre 1990 wurde die *zweite Generation* (2G) eingeführt. 2G-Systeme entsprechen der ersten digitalen Generation und unterstützen, neben Sprachdiensten und SMS, Datendienste bis ca. 10-20 kbit/s. Systeme der zweiten Generation umfassen GSM (D/E-Netz, DCS1800/1900), US-TDMA (IS-54, IS-136), US-CDMA (IS-95) und den japanischen PDC-Standard.

Systeme der zweiten Generation wurden im Sinne einer Evolution systematisch verbessert. Beispielsweise werden höhere Datenraten und neue Datendienste angeboten. Zu den GSM-Erweiterungen gehören GPRS, HSCSD und EDGE (EGPRS und ECSD) sowie EGPRS-2, zur US-TDMA-Erweiterung gehört EDGE, und zur US-CDMA-Erweiterung zählt cdma2000.

Ab dem Jahre 2000 wurden die ersten Systeme der *dritten Generation* (3G) eingeführt. 3G-Systeme unterstützen mindestens 384 kbit/s außerhalb von Gebäuden und ca. 10 Mbits/s innerhalb von Gebäuden und sind deshalb multimediafähig. Zu den 3G-Standards zählen UMTS (auch bekannt als UTRA-FDD, UTRA-TDD, W-CDMA) mit den Erweiterungen HSDPA und HSUPA, sowie der chinesische TD-SCDMA Standard. Formal werden auch DECT, EDGE und cdma2000 als 3G-Systeme klassifiziert.

Mobilfunksysteme der *vierten Generation* (4G oder auch B3G) versprechen Datenraten, die mindestens 10-fach höher als bei reinen 3G-Systemen sind. Diese Revolution ist nur durch Mehrantennenkonzepte möglich. Das 3GPP Long Term Evolution (LTE)-System steht im Jahre 2010 kurz vor der Einführung, Erweiterungen (wie LTE-A) sind in Vorbereitung.

Diese historische Entwicklung verdeutlicht, dass etwa alle zehn Jahre eine neue digitale Mobilfunkgeneration auf dem Markt eingeführt wird. Aktuelle Tendenzen bestehen unter anderem in der möglichen Integration von zellularen Netzen und Ad-hoc-Komponenten wie Relais und verteilten Antennen, in intelligenten Antennen, in neuen Konzepten zur Interferenzunterdrückung und Netzwerkcodierung, sowie in anspruchsvollen Optimierungsalgorithmen zur Verteilung der Ressourcen.

20.5 OSI-Schichtenmodell

Die Komplexität digitaler Übertragungssysteme rührt vor allem aus der Vielzahl an unterschiedlichen Aufgaben, die zu bewältigen sind. Ein modernes Mobilfunkgerät („Handy") ist ein gutes Beispiel. Um den Aufwand zu beherrschen, werden Übertragungssysteme üblicherweise in vertikalen Schichten organisiert. Jede Schicht beinhaltet nur wenige, klar definierte Schnittstellen zu benachbarten Schichten. Als Referenzmodell für die Beschreibung von Schichten hat sich das „*Open Systems Interconnection* (OSI)"-Modell durchgesetzt. Es sieht sieben Schichten vor:

1. *Physikalische Schicht* („physical layer"): Die Datenübertragungsschicht ist die unterste Schicht. Sie stellt Funktionalitäten wie Modulation, FEC-Codierung, Duplexing und Multiplexing bereit um auf den physikalischen Kanal (d. h. das Medium) zugreifen zu können.

2. *Sicherungsschicht* („datalink layer"): Die Datensicherungsschicht sorgt für eine zuverlässige Übertragung. Eine Datenflusskontrolle (z. B. in Form eines ARQ-Protokolls) sowie Kanalzugriffsverfahren („Media Access Control (MAC)") bilden die wichtigsten Bestandteile der Sicherungsschicht.

3. *Netzwerkschicht* („network layer"): Die Vermittlungsschicht sorgt für den Verbindungsaufbau und die Vermittlung von Datenpaketen. Routing ist ebenfalls Bestandteil dieser Schicht.

4. *Transportschicht* („transport layer"): Die Transportschicht erfüllt ähnliche Aufgaben (wie Segmentierung des Datenstroms und Stauvermeidung) wie die Sicherungsschicht, allerdings auf Netzebene. Dadurch müssen die anwendungsorientierten Schichten 5 bis 7 die Eigenschaften des Kommunikationsnetzes nicht berücksichtigen.

5. *Sitzungsschicht* („session layer"): Die Kommunikationssteuerungsschicht vereinheitlich die Kommunikation. Es wird ein organisierter und synchronisierter Datenaustausch angestrebt.

6. *Präsentationsschicht* („presentation layer"): Die Darstellungsschicht ist für Syntax und Semantik verantwortlich. Hierzu gehören auch Datenkompression und Verschlüsselung.

7. *Anwendungsschicht* („application layer"): Die Anwendungsschicht verschafft als oberste Schicht den Anwendungen Zugriff auf das Netz.

Die in den *OSI-Schichten* 2 bis 7 generierten Daten werden durch sog. *Transportkanäle* übermittelt. Die Transportkanäle werden vor der Übertragung auf *physikalische Kanäle* (wie ausgewählte Teilträger in einem OFDM-System) abgebildet. Das OSI-Modell stellt keine Implementierungsanleitung dar; in der Praxis werden nicht immer alle Schichten realisiert. Bild 20.5 verdeutlicht die prinzipielle Funktionsweise der untersten drei Schichten anhand eines Beispiels.

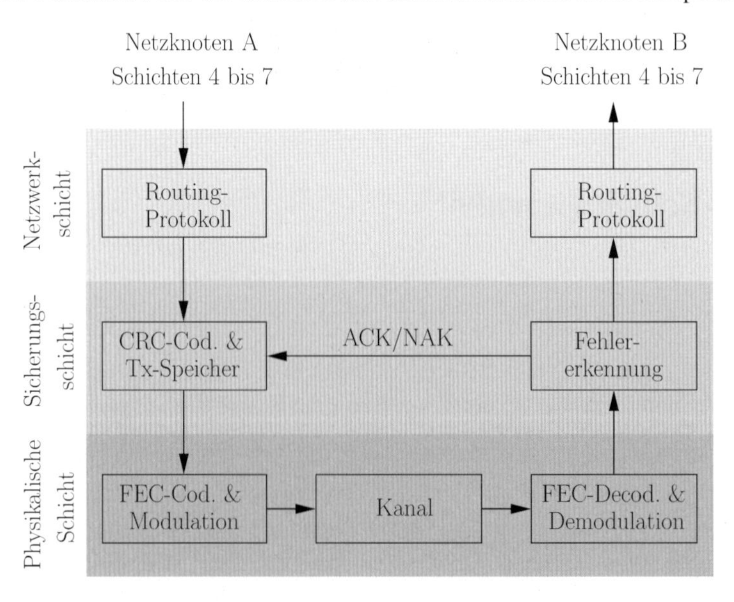

Bild 20.5: OSI-Schichtenmodell am Beispiel der Schichten 1 bis 3

Traditionell werden die OSI-Schichten getrennt optimiert. Ein *schichtenübergreifender Entwurf* („cross-layer design") ist Gegenstand aktueller Forschungsarbeiten.

21 Beschreibung und Modellierung von Mobilfunkkanälen

21.1 Übertragungskanal und Mobilfunkszenario

Der *Übertragungskanal*, d. h. die Übertragungsstrecke, umfasst definitionsgemäß neben dem *Funkfeld* die *Sende- und Empfangsantennen*, wie auch die analoge *Endstufe* im Sender und die analoge *Eingangsstufe* im Empfänger. Die Gründe, neben dem Funkfeld auch die Antennen sowie End- und Eingangsstufen einzubeziehen, sind wie folgt: Die Antennencharakteristika haben unter anderem Einfluss auf den Antennengewinn, auf Mehrwegeausbreitung sowie auf Interferenzen und tragen somit wesentlich zur Übertragungsqualität bei. Die Oszillatoren in Sender und Empfänger bewirken Amplituden- und Phasenrauschen sowie einen Frequenzversatz. Zum Rauschen trägt neben jedem analogen Bauelement insbesondere auch die Empfangsantenne und der Empfangsverstärker („Low-Noise Amplifier (LNA)") bei. D/A- und A/D-Wandler sowie der senderseitige Leistungsverstärker sind mögliche Ursachen für nichtlineare Verzerrungen. D/A- und A/D-Wandler bilden die Schnittstelle zur digitalen Signalverarbeitung in Sender (Tx) und Empfänger (Rx). Die digitale Signalverarbeitung ist reproduzierbar und wird dem Übertragungskanal nicht hinzugerechnet. In Bild 21.1 ist ein Blockschaltbild des Übertragungskanals dargestellt.

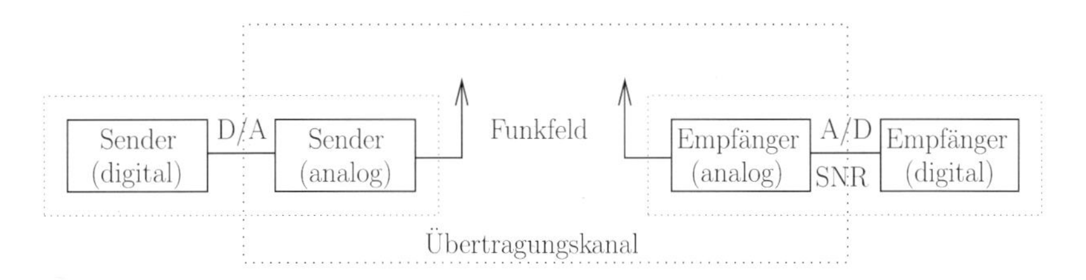

Bild 21.1: Blockschaltbild des Übertragungskanals

Zumindest für einfache Mobilfunkszenarien gelingt es im Folgenden, das *Signal/Rauschleistungsverhältnis* (SNR) nach der Empfängereingangsstufe in Abhängigkeit von den Eigenschaften des Übertragungskanals analytisch zu berechnen. Für realistische Mobilfunkszenarien bedient man sich meist *stochastischer Kanalmodelle*. Das SNR nach der Empfängereingangsstufe ist maßgeblich verantwortlich für die *Dienstgüte* („Quality of Service (QoS)"). Kriterien für die Dienstgüte sind beispielsweise Bit- und Blockfehlerwahrscheinlichkeit. Die Qualitätsanforderungen legen einen Mindestwert SNR_{QoS} fest. Übertragungs*strecke* (Sendeleistung, Distanz, Anzahl der Antennen in Sender und Empfänger, Antennenhöhe und -charakteristik, Frequenzband, Symbolrate, Rauschtemperatur, usw.) und Übertragungs*system* (Modulation, Codierung, Zugriffsverfahren, usw.) sind dementsprechend auszulegen.

Die Differenz (in Dezibel) zwischen dem Signal/Rauschleistungsverhältnis, welches durch die Übertragungsstrecke bereitgestellt wird, SNR_{Link}, und dem benötigten Signal/Rauschleistungsverhältnis zur Erfüllung einer bestimmten Dienstgüte, SNR_{QoS}, bezeichnet man als *Leistungsreserve*.

Beispiel 21.1.1 (Leistungsreserve) Die Übertragungs*strecke* stellt (in Abhängigkeit von Sendeleistung, Distanz, Antennenhöhe und -charakteristik, Frequenzband, Symbolrate, Rauschtemperatur, usw.) ein $\mathrm{SNR}_{Link} = 20$ dB bereit.

Das Übertragungs*system* fordert (in Abhängigkeit von Modulation, Codierung, Zugriffsverfahren, usw.) ein $\mathrm{SNR}_{QoS} \geq 6$ dB, um den geforderten Qualitätsanforderungen zu genügen.

Die Leistungsreserve beträgt in diesem Beispiel somit 14 dB, d. h. es können Verluste bis zu 14 dB kompensiert werden. Hierbei handelt es sich um die Gesamtheit aller Verluste, wie Implementierungsverluste, Signalabschattungen, usw. $\diamondsuit$

In der Mobilfunkkommunikation unterscheidet man grob zwischen Szenarien innerhalb von Gebäuden („indoor") und Szenarien außerhalb von Gebäuden („outdoor"). Ein typisches Mobilfunkszenario außerhalb von Gebäuden ist in Bild 21.2 illustriert. Man erkennt neben dem direkten Ausbreitungspfad („Line-of-Sight (LOS)") reflektierte und gebeugte Signalanteile. Die Reflexion und Beugung geschieht an Streuobjekten. Mehrfachreflexionen sind möglich. Häufig ist der LOS-Pfad gänzlich abgeschattet, speziell innerhalb von Gebäuden. Woran liegt es, dass wir dennoch auch innerhalb von Gebäuden mobil telefonieren können? Diese Frage soll im Weiteren geklärt werden.

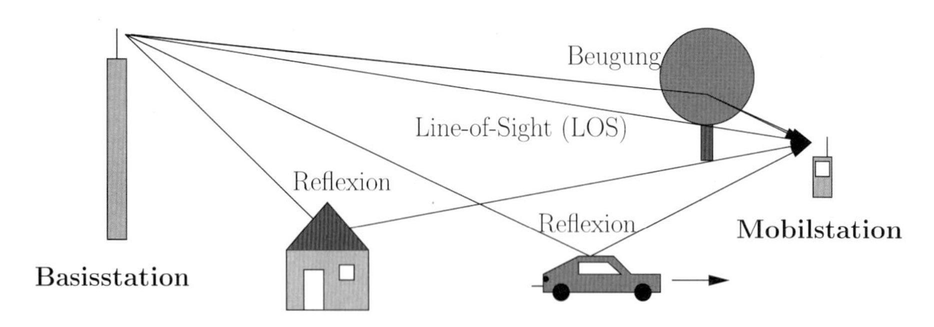

Bild 21.2: Typisches „outdoor" Mobilfunkszenario

Zur Vereinfachung der Darstellung wird im Folgenden angenommen, dass nur der Sender *oder* der Empfänger mobil ist. Eine Fahrzeug-Fahrzeug-Kommunikation wird aus didaktischen Gründen ausgeschlossen. Falls nicht explizit anders angegeben, sei ohne Beschränkung der Allgemeinheit der Empfänger mobil. Zunächst wird nur eine Antenne pro Sender und Empfänger angenommen. Der Schwerpunkt der Abhandlungen liegt auf terrestrischen „outdoor"-Szenarien.

Terrestrische Mobilfunkkanäle sind durch (i) Mehrwegeausbreitung, (ii) Signalabschattung und (iii) eine entfernungsabhängige Funkfelddämpfung charakterisiert. Diese drei Effekte werden nun näher erläutert:

(i) Die *Mehrwegeausbreitung* entsteht durch Reflexion und Beugung an Streuobjekten, vgl. Bild 21.2. Mobilfunkantennen nehmen wegen ihres breiten Antennendiagramms besonders viele Mehrwegesignale auf. Mehrwegeausbreitung bewirkt eine inkohärente Überlagerung von Signalanteilen mit unterschiedlichen Signallaufzeiten, Amplituden und Phasen („Wellengemisch"). Dies führt zu einem *kurzzeitigen Signalschwund* („fading"). Ein unmoduliertes Trägersignal der Frequenz $f_0 = 2$ GHz (UMTS) beispielsweise hat eine Wellenlänge von etwa $\lambda = 15$ cm. Überlagern sich zwei Wellen, von denen eine Welle einen Umweg von nur $\lambda/2 = 7.5$ cm erfährt, so kommt es zur Auslöschung, wenn die Amplituden beider Wellen ähnlich groß sind. Eine Gegenmaßnahme zur Mehrwegeausbreitung ist in Schmalbandsystemen Kanalcodierung in Verbindung mit Interleaving und in Breitbandsystem zusätzlich Entzerrung (bei TDMA), Rake-Empfang (bei CDMA) bzw. Schutzintervall (bei OFDM).

(ii) *Signalabschattungen* werden durch Gebäude, Bäume, Brücken, usw. verursacht und bewirken große Dämpfungen. Signalabschattungen führen zu einem *langzeitigen Signalschwund.* Mögliche Gegenmaßnahmen gegen Signalabschattungen sind Leistungsregelung, Kanalcodierung mit sehr langem Interleaving, Antennen-Diversität und Wiederholverfahren (ARQ).

(iii) Die *entfernungsabhängige Funkfelddämpfung* wird durch den Abstand zwischen der Basisstation und der Mobilstation bestimmt. Eine Versorgung der Randgebiete einer Zelle ist besonders schwierig, weil elektromagnetische Wellen mit zunehmender Entfernung gedämpft werden.

Aufgrund der Mobilität sind Mehrwegeausbreitung, Signalabschattung und entfernungsabhängige Funkfelddämpfung *zeitvariant.*

21.2 Phänomenologische Kanalbeschreibung

Um die wichtigsten Effekte (wie Signalverzögerung und Doppler-Verschiebung) zu studieren, wird der Übertragungskanal nun zunächst phänomenologisch beschrieben. Dies gelingt am Beispiel von einfachen, aber dennoch aussagefähigen Szenarien.

21.2.1 Weltraumszenario

Das wohl einfachst denkbare mobile Szenario ist das sog. Weltraumszenario gemäß Bild 21.3. Im Weltraumszenario wird eine Freiraumausbreitung ohne Hindernisse und Streuobjekte angenommen. Der Sender (Tx) sei ortsfest. Der Empfänger (Rx) bewege sich mit Geschwindigkeit v in Richtung α, d. h. die Relativgeschwindigkeit ist $v \cos \alpha$. Der Einfallswinkel α ist normalerweise zeitvariant. Die momentane Distanz zwischen Tx und Rx sei d. Im Mobilfunk ist ausschließlich das Fernfeld relevant, d. h. $d \gg \lambda$, da zumeist ein gewisser Mindestabstand zu den Basisstationen eingehalten wird (wer möchte sich direkt neben der Basisstation befinden?).

Man beobachtet, dass das Empfangssignal (i) *gedämpft*, (ii) *zeitverschoben* und (iii) *frequenzverschoben* ist:

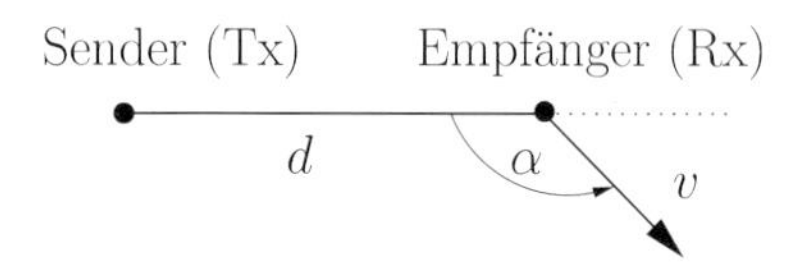

Bild 21.3: Weltraumszenario

(i) Zunächst wird jeweils ein *verlustfreier Kugelstrahler* in Sender und Empfänger angenommen. Ein Kugelstrahler hat keine Vorzugsrichtung. Die Sendeleistung wird gleichmäßig in alle drei Raumdimensionen abgestrahlt. Die *Empfangsleistung* lautet

$$P_R = P_T \left(\frac{\lambda}{4\pi d} \right)^2 \qquad \text{für } d \gg \lambda, \tag{21.1}$$

wobei P_T die eingespeiste Sendeleistung, $\lambda = c_0/f_0$ die Wellenlänge, c_0 die Lichtgeschwindigkeit im Vakuum und f_0 die Trägerfrequenz ist. Der quadratische Abfall der Empfangsleistung bzgl. d erklärt sich durch die Tatsache, dass die Flächenleistungsdichte auf einer Kugeloberfläche mit Radius d konstant ist. Die Kugeloberfläche ist proportional zu d^2.

Interessant ist die Tatsache, dass die Empfangsleistung proportional zu f_0^2 fällt. Somit ist eine flächendeckende Versorgung im D-Netz ($f_0 = 900$ MHz) bei gleicher Technologie leichter als im E-Netz ($f_0 = 1800$ MHz).

Der Faktor

$$L_0 := \frac{P_T}{P_R} = \left(\frac{4\pi d}{\lambda} \right)^2 \tag{21.2}$$

wird *Freiraumdämpfung* und der Exponent p (hier $p = 2$) wird *Dämpfungsexponent* genannt. Ersetzt man die beiden Kugelstrahler durch *Richtantennen*, so folgt

$$P_R = P_T\, G_T G_R \left(\frac{\lambda}{4\pi d} \right)^2 = P_T\, G_T G_R / L_0 \qquad \text{für } d \gg \lambda, \tag{21.3}$$

wobei G_T und G_R die *Antennengewinne* von Sender und Empfänger sind. Gleichung (21.3) ist als *Friis'sche Transmissionsgleichung* bekannt [H. T. Friis, 1946]. Der Antennengewinn ist meist frequenzabhängig und wird auf den verlustfreien Kugelstrahler bezogen. Ein verlustloser Kugelstrahler hat per Definition keinen Gewinn, d. h. $G_{Kugel} = 1$ bzw. $G_{Kugel} = 0$ dBi. Der Zusatz „i" in dBi steht für isotrop und bedeutet „bezogen auf einen verlustfreien Kugelstrahler". Ein verlustfreier Kugelstrahler kann nicht implementiert werden, sondern dient als lediglich Referenz.

Der Antennengewinn kann auch ohne vertiefte Kenntnisse der Hochfrequenztechnik durch eine Leistungsmessung bestimmt werden, wenn eine Referenzantenne mit bekanntem Antennengewinn G_{Ref} zur Verfügung steht. Beispielsweise hat ein verlustfreier $\lambda/2$-Dipol einen Antennengewinn von etwa 2.2 dBi in Hauptstrahlrichtung. Misst man mit der Referenzantenne eine Empfangsleistung P_{Ref} und mit der zu vermessenden Antenne eine Empfangsleistung P_R, so beträgt der Antennengewinn der zu vermessenden Antenne

$G_R = G_{Ref} P_R / P_{Ref}$. Aufgrund der Reziprozität gilt gleiches für den Einsatz als Sendeantenne. Richtantennen haben den größten Gewinn in einer Vorzugsrichtung, auf die der Antennengewinn zumeist bezogen ist.

Aufgrund der Direktivität sollten Antennen ausgerichtet werden. Da dies in der Mobilstation unerwünscht ist, verwendet man dort zur Zeit Antennen mit einem breiten Antennendiagramm. *Adaptive Antennen* („smart antennas") sind Gegenstand zahlreicher Untersuchungen, da mit ihrer Hilfe Störer ausgeblendet werden können.

Ein senderseitiger Antennengewinnn G_T kann gemäß (21.3) nicht von einer höheren Sendeleistung P_T unterschieden werden. Das Produkt $P_T G_T$ wird deshalb als *äquivalente isotrope Strahlungsleistung* („Equivalent Isotropically Radiated Power (EIRP)") bezeichnet: Für einen Kugelstrahler mit Sendeleistung $P_T G_T$ und eine Richtantenne mit Sendeleistung P_T ist die Empfangsleistung P_R identisch.

Für das Weltraumszenario kann das *Signal/Rauschleistungsverhältnis* (SNR_{Link}) pro übertragenem Datensymbol wie folgt berechnet werden:

$$\left.\frac{E_s}{N_0}\right|_{Link} = \frac{P_R T}{k T_{eff}} = \frac{P_T G_T G_R T}{k T_{eff} L_0} = \underbrace{P_T G_T}_{EIRP} \cdot \underbrace{\frac{G_R}{T_{eff}}}_{Güte} \cdot \underbrace{\frac{1}{R_s}}_{Rate} \cdot \frac{1}{L_0} \cdot \frac{1}{k}, \tag{21.4}$$

wobei E_s die Energie pro Datensymbol, $N_0 = kT_{eff}$ die einseitige Rauschleistungsdichte, $k = 1.38 \cdot 10^{-23}$ Ws/K die Boltzmann-Konstante, $T_{eff} = T_A + T_R$ die effektive Rauschtemperatur, T_A und T_R die Rauschtemperaturen von Empfangsantenne und Empfängereingangsstufe und $T = 1/R_s$ die Symbolperiode (d. h. der Kehrwert der Symbolrate R_s) ist. Die sog. *Güte* G_R/T_{eff} ist eine empfängerseitige Eigenschaft.

Interessant ist die Feststellung, dass das SNR_{Link} umgekehrt proportional zur Datenrate ist. Folglich ist in Breitbandsystemen eine hohe Sendeleistung notwendig.

(ii) Die Eigenschaft, dass das Empfangssignal zeitverschoben ist, beruht auf der *Signallaufzeit*

$$\Delta t_{LOS} = \frac{d}{c_0} \qquad \text{mit } c_0 \approx 3 \cdot 10^8 \text{ m/s}. \tag{21.5}$$

Die Signallaufzeit beschreibt die Zeit, die ein Signal benötigt, um vom Sender zum Empfänger zu gelangen.

Beispiel 21.2.1 Ein Abstand von $d = 6$ km zwischen Sender und Empfänger bewirkt eine Signallaufzeit von $\Delta t_{LOS} = 20\ \mu$s. ◇

(iii) Aufgrund der Relativbewegung zwischen Sender und Empfänger entsteht eine *Doppler-Verschiebung*

$$f_D = \frac{v}{\lambda} \cos\alpha = \frac{v f_0}{c_0} \cos\alpha, \tag{21.6}$$

wobei v die Fahrzeuggeschwindigkeit und $v\cos\alpha$ die Relativgeschwindigkeit ist. Die maximale Doppler-Verschiebung ist gleich $f_{D_{max}} = v/\lambda = v f_0/c_0$, das heißt, Bewegungs- und Ausbreitungsrichtung sind identisch. Die Doppler-Verschiebung bewirkt, dass das Empfangssignal spektral verschoben wird. Die Trägerfrequenz des Empfangssignals ist $f_0 + f_D$.

Beispiel 21.2.2 Die Fahrzeuggeschwindigkeit sei $v = 100$ km/h. Bei einer Trägerfrequenz von $f_0 = 900$ MHz (GSM900, $\lambda = 0.33$ m) ergibt sich $f_{D_{max}} = 83.3$ Hz, bei einer Trägerfrequenz von $f_0 = 1800$ MHz (DCS1800, $\lambda = 0.165$ m) ergibt sich $f_{D_{max}} = 166.6$ Hz. Im E-Netz halbiert sich bei gleicher Technologie gegenüber dem D-Netz die maximal mögliche Fahrzeuggeschwindigkeit. ◊

21.2.2 Zeitinvariantes 2-Pfad-Modell

Als zweites Szenario wird das in Bild 21.4 dargestellte 2-Pfad-Modell untersucht. Im Gegensatz zum Weltraumszenario ist das 2-Pfad-Modell *zeitinvariant*. Das 2-Pfad-Modell sieht neben der direkten Sichtverbindung (LOS) eine Bodenwelle vor. Es wird angenommen, dass die Bodenwelle ohne Energieverlust reflektiert wird. Das 2-Pfad-Modell kann als vereinfachtes Szenario für ein ländliches Gebiet interpretiert werden.

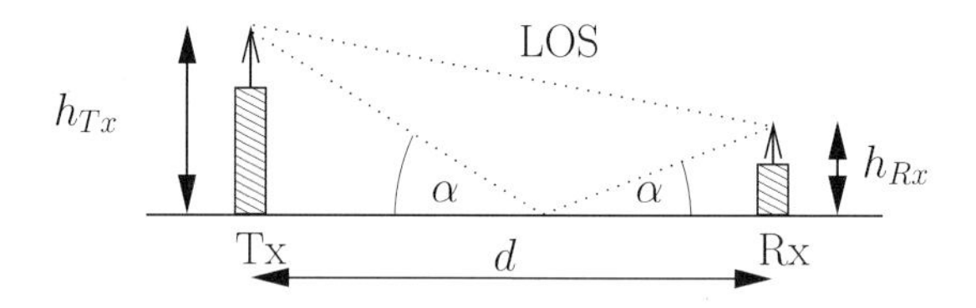

Bild 21.4: Zeitinvariantes 2-Pfad-Modell

Bild 21.5 zeigt den Dämpfungsverlauf P_R/P_T beim 2-Pfad-Modell als Funktion des horizontalen Abstandes d zwischen den Antennenfußpunkten für die in der Legende genannten Parameter. Für andere Antennengewinne verschiebt sich die Kurve vertikal. Auslöschungen treten bei ungeraden Vielfachen von $\lambda/2$ auf, also bei $\lambda/2$, $3\lambda/2$, $5\lambda/2$ usw. Der Signalschwund ist hier also nicht auf Doppler-Verschiebungen (d. h. Mobilität) zurückzuführen! Besonders interessant ist die Steigung des Dämpfungsverlaufs. Für einen horizontalen Abstand von etwa 100 m beträgt die Steigung -20 dB. Dies entspricht einem Dämpfungsexponenten $p = 2$, d. h. Freiraumausbreitung, vgl. 21.2. Für horizontale Abstände größer als 1000 m beträgt die Steigung -40 dB. Dies entspricht einem Dämpfungsexponenten $p = 4$.

21.2.3 Realistische Szenarien

In realistischen Szenarien sind die beobachteten Phänomene wie Signallaufzeit, Doppler-Verschiebung und entfernungsabhängige Funkfelddämpfung natürlich auch präsent, allerdings gibt es wesentlich mehr diskrete Ausbreitungspfade. Im Folgenden nehmen wir neben dem LOS-Pfad, der abgeschattet sein kann, N diskrete Mehrwegepfade an.

Man definiert als *Verzögerungslaufzeit* τ_n die Signallaufzeitdifferenz zwischen dem n-ten Mehrwegepfad und dem LOS-Pfad: $\tau_n := \Delta t_n - \Delta t_{LOS}$, $n = 1, \ldots, N$. Bei der Verzögerungslaufzeit („excess delay") ist die Grundlaufzeit des LOS-Pfades somit eliminiert. Die maximale Verzögerungslaufzeit hängt u. a. von der Umgebung und der Größe des Versorgungsgebiets ab und wird mit τ_{max} bezeichnet. Wenn man Mehrfachreflexionen ausschließt, so liegen Reflektoren, die die gleiche Verzögerungslaufzeit bewirken, auf einer Ellipse, in deren Brennpunkten Sender und Empfänger liegen.

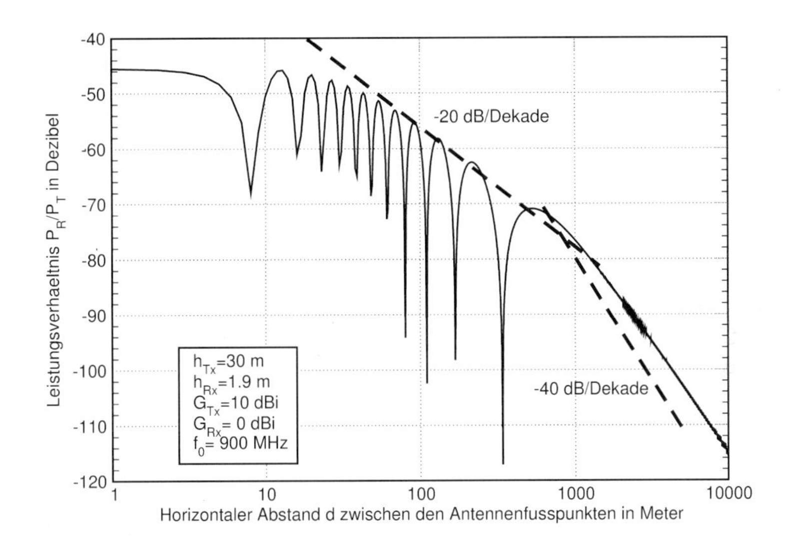

Bild 21.5: Dämpfungsverlauf beim 2-Pfad-Modell

Man definiert als *Doppler-Frequenz* f_{D_n} die Doppler-Verschiebung des n-ten Pfades bezogen auf eine ruhende Mobilstation. Die maximale Doppler-Frequenz ist gleich $f_{D_{max}} = v/\lambda = vf_0/c_0$. Es gilt $-f_{D_{max}} \leq f_{D_n} \leq f_{D_{max}}$.

Die *entfernungsabhängige Funkfelddämpfung* ist abhängig von diversen Einflussfaktoren wie Topographie (Höhenstruktur), Morphostruktur (Oberflächenbeschaffenheit), Antennenhöhe der Basisstation, Antennenhöhe der Mobilstation und Trägerfrequenz.

Eine phänomenologische Kanal*beschreibung* dient zur Vorhersage der räumlichen Feldstärkeverteilung. Sie ist insbesondere für quasi-statische Szenarien oder Momentaufnahmen geeignet. Eine hinreichend genaue Modellierung der Umgebung wird vorausgesetzt. Mit Methoden des *Ray-Tracing* und verwandter Verfahren gelingt es, auch für relativ komplexe Szenarien die Empfangsleistung für vorgegebene Ortskoordinaten zu berechnen. Die Problematik besteht in der Berücksichtigung einer Vielzahl möglicher Ausbreitungspfade, in der Zeitvarianz des Kanals und in der Modellierung des Szenarios selbst. Als Alternative bietet sich deshalb eine stochastische Kanal*modellierung* an. Methoden zur stochastischen Kanalmodellierung werden im Folgenden betrachtet.

21.3 Stochastische Kanalmodellierung

Eine *stochastische Kanalmodellierung* liefert nur Aussagen über Mittelwerte. Eine zeitliche (und meist auch räumliche) Zuordnung ist nicht möglich. Stochastische Kanalmodelle dienen zur Vorhersage der entfernungsabhängigen Funkfelddämpfung der Modellierung von Langzeitschwund und Kurzzeitschwund, sowie der Modellierung von thermischem Rauschen, Phasenrauschen und Interferenzen. Wir modellieren im Weiteren alle Größen im komplexen Basisband.

21.3.1 Zeitvariante Impulsantwort und Gewichtsfunktion

Es wird ein kausaler, dispersiver, linearer, zeitvarianter Kanal angenommen. Jeder lineare Übertragungskanal kann vollständig durch eine Impulsantwort repräsentiert werden. Ist der Übertragungskanal zeitveränderlich, so ist die Impulsantwort zeitvariant. Die *zeitvariante Impulsantwort* $f_0(t',t) \in \mathbb{C}$ beschreibt die Antwort zum (Beobachtungs-)Zeitpunkt t auf einen Dirac-Impuls, der den Kanal zum Zeitpunkt t' anregte. Der Zusammenhang zwischen einem Sendesignal $s(t)$ und dem Empfangssignal $r(t)$ zum (Beobachtungs-)Zeitpunkt t lautet

$$r(t) = \int_{-\infty}^{\infty} s(t')\, f_0(t',t)\, dt'. \tag{21.7}$$

Bei zeitinvarianten Kanälen ist eine Berücksichtigung der Anregungszeit t' nicht notwendig, weil die Impulsantworten für alle Anregungszeiten gleich ausfallen.

Aus praktischer Sicht ist es vorteilhafter, den Kanal nicht durch die zeitvariante Impulsantwort $f_0(t',t)$, sondern durch eine *zeitvariante Gewichtsfunktion* $f(\tau,t)$ darzustellen, wobei $\tau := t - t'$ die *Laufzeit* („propagation delay“) ist. Es ergibt sich der Zusammenhang

$$f(\tau,t) = f_0(t-\tau,t) \qquad \text{bzw.} \qquad f_0(t',t) = f(t-t',t) \tag{21.8}$$

zwischen zeitvarianter Impulsantwort und Gewichtsfunktion, siehe Anhang C. Bei der Gewichtsfunktion ist die Zeit bis zur Anregung eliminiert. Aufgrund der Kausalitätsannahme gilt $\tau \geq 0$. Der Zusammenhang zwischen zeitvarianter Impulsantwort und Gewichtsfunktion ist in Bild 21.6 illustriert.

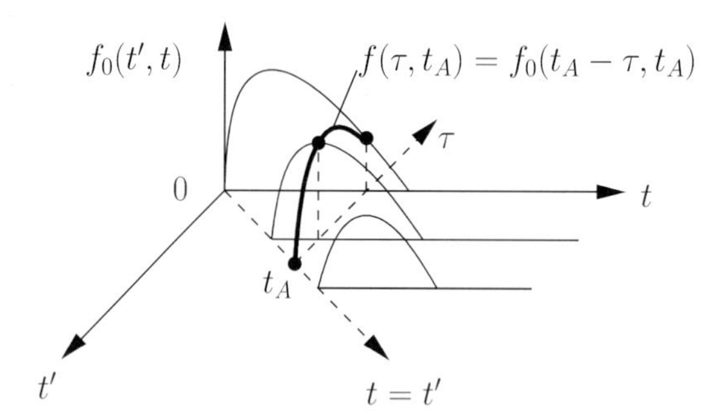

Bild 21.6: Zusammenhang zwischen zeitvarianter Impulsantwort $f_0(t',t)$ und Gewichtsfunktion $f(\tau,t)$

Bemerkung 21.3.1 In der Mobilfunkliteratur wird die zeitvariante Gewichtsfunktion meist mit der zeitvarianten Impulsantwort verwechselt. Nur für zeitinvariante Kanäle sind beide Funktionen identisch. Selbst für langsam zeitveränderliche Kanäle gibt es keine Möglichkeit, die eine Funktion durch die andere Funktion zu approximieren.

Bemerkung 21.3.2 Zusätzlich wird oft die Grundlaufzeit des LOS-Pfades eliminiert. Dies bewirkt eine Verschiebung der zeitvarianten Gewichtsfunktion um die Grundlaufzeit vom Zeitpunkt der Anregung, was systemtheoretisch unbedeutend ist und im Weiteren angenommen wird. Die *Laufzeiten* τ gehen dann in *Verzögerungslaufzeiten* über.

Wenn der Kanal zusätzlich zu den obigen Annahmen auch stabil ist und eine begrenzte Länge aufweist, dann kann die Gewichtsfunktion durch eine dicht angezapfte Verzögerungsleitung endlicher Länge mit den Gewichtskoeffizienten $f(0,t), f(\Delta\tau,t), f(2\Delta\tau,t), \ldots$ beschrieben werden, siehe Bild 21.7.

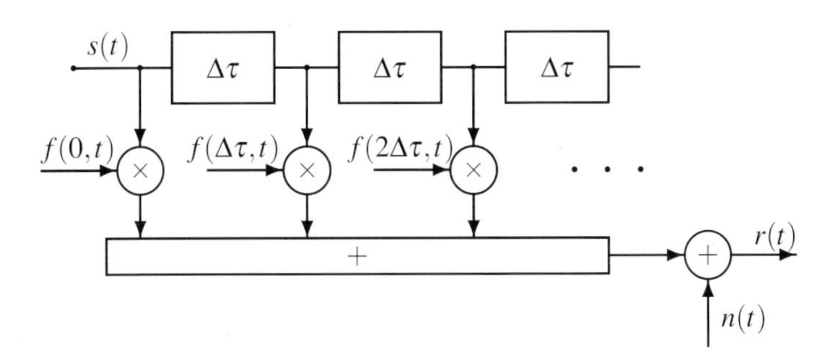

Bild 21.7: Kanalmodellierung mittels dicht angezapfter Verzögerungsleitung

Das Sendesignal $s(t)$ wird verzögert und gewichtet aufaddiert. Die Verzögerungselemente entsprechen beliebig kleinen Verzögerungslaufzeiten und die komplexen Gewichtskoeffizienten repräsentieren die zeitvariante Gewichtsfunktion. Das Ausgangssignal $r(t)$ kann folglich in der Form

$$r(t) = \lim_{\Delta\tau \to 0} \sum_i s(t - i\Delta\tau)\, f(i\Delta\tau, t) + n(t) \tag{21.9}$$

dargestellt werden, wobei zusätzlich ein Rauschprozess $n(t)$ berücksichtigt ist. Im Grenzübergang $\lim \Delta\tau \to 0$ geht die Summe in das bekannte Faltungsintegral über:

$$r(t) = \int_0^{\tau_{max}} s(t-\tau)\, f(\tau,t)\, d\tau + n(t). \tag{21.10}$$

Somit ergibt sich das rauschfreie Ausgangssignal ($n(t) = 0$) als Faltung von Eingangssignal und der zeitvarianten Gewichtsfunktion des Kanals.

Es ist wichtig, dass statistische Aussagen über den Kanal auf die Symbolperiode T bezogen werden: Man spricht von *langsamem Fading*, wenn sich die Gewichtsfunktion des Kanals nicht wesentlich während einer Symbolperiode ändert. Bei *schnellem Fading* ändert sich die Gewichtsfunktion während einer Symbolperiode. *Flaches Fading* (bzw. nichtfrequenzselektives Fading) bedeutet, dass die Gewichtsfunktion des Kanals (nach Eliminierung der Grundlaufzeit des LOS-Pfades) wesentlich kürzer als die Symbolperiode ist. Bei *frequenzselektivem Fading* ist die Gewichtsfunktion nicht wesentlich kürzer als die Symbolperiode.

21.3.2 Entfernungsabhängige Funkfelddämpfung

Eine Modellierung der entfernungsabhängigen Funkfelddämpfung basiert größtenteils auf der Basis von Erfahrungswerten. Hierzu sind umfangreiche *Feldmessungen* notwendig. Beschränkt man sich auf homogene „outdoor" Gelände, so lassen sich folgende Eigenschaften für Distanzen $1\ \text{km} \leq d \leq 30\ \text{km}$ zwischen der Basisstation und der Mobilstation erkennen:

- Die *Funkfelddämpfung* $L := P_T/P_R$ ist proportional zu $(d/\lambda)^p$.

- Der *Dämpfungsexponent* p hängt von der Topographie und der Morphostruktur des zu versorgenden Gebietes ab. Typische Werte liegen im Intervall $p \approx 2 \ldots 4$, wobei die untere Grenze $p = 2$ der Freiraumdämpfung entspricht. Basierend auf dieser Erkenntnis hat man verschiedene Morphostrukturklassen definiert: ländliches Gebiet, Vorstadtgebiet, Stadtgebiet, Bergland, Waldgebiet und Seengebiet.

- Eine Verdoppelung der Höhe der Basisstation bringt im Mittel 6 dB Gewinn, wenn die Antennenhöhe mehr als 10 m beträgt. Im Sinne der EMV sollten Netzbetreiber ihre Basisstationen folglich möglichst hoch, möglichst sichtbar und möglichst häufig anbringen.

- Eine Verdoppelung der Höhe der Mobilstation bringt im Mittel 3 dB Gewinn, wenn die Antennenhöhe weniger als 5 m beträgt.

Umfangreiche Messungen wurden unter anderem von Okumura durchgeführt. Ergebnisse wurden von Hata u. a. durch eine Formel approximiert, dem sog. *Okumura-Hata-Modell*. Bild 21.8 zeigt exemplarisch Ergebnisse für ausgewählte Gebiete. Man beachte, dass aus der Steigung der Kurven der Dämpfungsexponent bestimmt werden kann. Besonders eindrucksvoll ist die Tatsache, dass der Dämpfungsexponent in ländlichen Gebieten bei großen Distanzen etwa $p = 4$ beträgt. Dieses aus Feldmessungen erhaltene Ergebnis stimmt hervorragend mit dem analytischen Ergebnis des 2-Pfad-Modells überein. Offenbar resultieren die Bodenwellen in einer einzigen effektiven Bodenwelle.

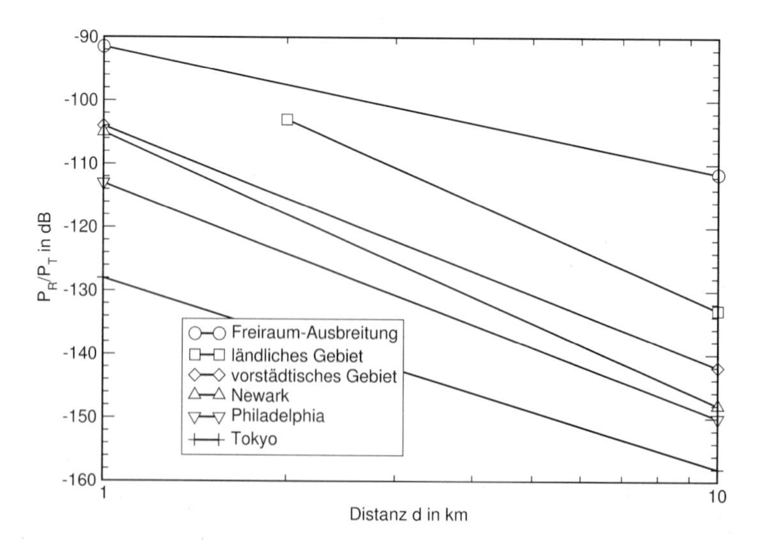

Bild 21.8: Kehrwert der entfernungsabhängigen Funkfelddämpfung für verschiedene Gebiete ($f_0 = 900$ MHz, $G_T = 1$, $G_R = 1$)

21.3.3 Langzeit-Schwundmodelle

Langzeit-Schwundmodelle modellieren durch Änderungen der Oberflächenbeschaffenheit (wie z. B. durch Abschattungen) verursachte langfristige und oft tiefe Signaleinbrüche. Langzeit-Schwundmodelle sind typischerweise einige 10-100 m um eine Ortskoordinate herum gültig. Bei noch größeren Distanzänderungen macht sich die entfernungsabhängige Funkfelddämpfung bemerkbar. Da Pegelschwankungen modelliert werden, wird *Langzeitschwund* üblicherweise innerhalb der Signalbandbreite als frequenzunabhängig angenommen.

Ein physikalisch gut begründbares Langzeit-Schwundmodell ist das sog. *Log-Normal-Fadingmodell*. Beim Log-Normal-Signalschwund wird angenommen, dass die Empfangsleistung P_R in Dezibel bei konstanter Sendeleitung P_T gaußverteilt ist. Dies ist äquivalent mit der Aussage, dass der Logarithmus der Funkfelddämpfung $L = P_T/P_R$,

$$\Lambda := 10\log_{10} L, \tag{21.11}$$

gaußverteilt ist. Diese Annahme kann durch den Zentralen Grenzwertsatz begründet werden, denn die Funkfelddämpfung L ergibt sich durch eine multiplikative Überlagerung von vielen unabhängigen Dämpfungseffekten. Damit ergibt sich Λ durch eine additive Überlagerung von vielen unabhängigen Zufallsprozessen, und ist somit normalverteilt:

$$p(\Lambda) = \frac{1}{\sqrt{2\pi\sigma_\Lambda^2}} e^{-\frac{(\Lambda-\mu_\Lambda)^2}{2\sigma_\Lambda^2}}. \tag{21.12}$$

Hierbei sind μ_Λ der Mittelwert und σ_Λ^2 die Varianz von Λ. Diese Parameter hängen von der Umgebung ab. Durch eine Zufallsvariablentransformation (siehe Anhang A) folgt

$$p(L) = \frac{10/\log_e 10}{L\sqrt{2\pi\sigma^2}} e^{-\frac{(\log_{10} L-\mu_\Lambda)^2}{2\sigma_\Lambda^2}}, \qquad L > 0. \tag{21.13}$$

Gleichung (21.13) ist als Log-Normalverteilung bekannt. Die nachfolgend beschriebenen Kurzzeit-Schwundmodelle werden dem Langzeit-Schwundmodell multiplikativ überlagert.

21.3.4 Kurzzeit-Schwundmodelle

Kurzzeit-Schwundmodelle modellieren die durch Mehrwegeausbreitung verursachten kurzzeitigen Signaleinbrüche. Kurzzeit-Schwundmodelle sind nur in einer kleinräumigen Umgebung, typischerweise einige zehn Wellenlängen um eine Ortskoordinate herum gültig. Bei größeren Distanzänderungen kann die mittlere Empfangsleistung nicht mehr als konstant angenommen werden.

21.3.4.1 Rayleigh- und Rice-Kanalmodell

Rayleigh-Kanalmodell und *Rice-Kanalmodell* wurden bereits in einem früheren Kapitel eingeführt, siehe die Abschnitte 12.5.3 und 12.5.4. In diesem Abschnitt werden Grundlagen ergänzt und vertieft. Beide Kanalmodelle sind nichtfrequenzselektive Kanalmodelle. Es gelten folgende Voraussetzungen:

- Die maximale Verzögerungslaufzeit, τ_{max}, ist gegenüber der Symbolperiode, T, vernachlässigbar: $\tau_{max} \ll T$. Folglich kann die zeitvariante Gewichtsfunktion des Kanals in der Form
$$f(\tau,t) = f(t) \cdot \delta(\tau) \in \mathbb{C} \tag{21.14}$$
dargestellt werden. Somit ist der Fadingprozess $f(t)$ multiplikativ, da
$$s(t) * f(\tau,t) = s(t) \cdot f(t). \tag{21.15}$$
Das Sendesignal, $s(t) \in \mathbb{C}$, wird innerhalb des gesamten Übertragungsbandes gleichmäßig vom Signalschwund betroffen (nichtfrequenzselektives Fading), falls die Doppler-Bandbreite $f_{D_{max}}$ wesentlich kleiner als die Signalbandbreite ist.

- Das Rayleigh-Kanalmodell modelliert ausschließlich Mehrwegekomponenten, während im Rice-Kanalmodell eine direkte Signalausbreitung plus Mehrwegekomponenten angenommen werden. Das Rice-Kanalmodell setzt sich folglich aus einer LOS-Komponente sowie aus Mehrwegekomponenten zusammen.

- Der Fadingprozess wird in beiden Kanalmodellen als schwach stationär angenommen. Die mittlere Empfangsleistung ist somit konstant. Der Fadingprozess innerhalb eines Zeitintervalls, in dem der Kanal als schwach stationär beschrieben werden kann, wird als *Kurzzeitschwund* bezeichnet.

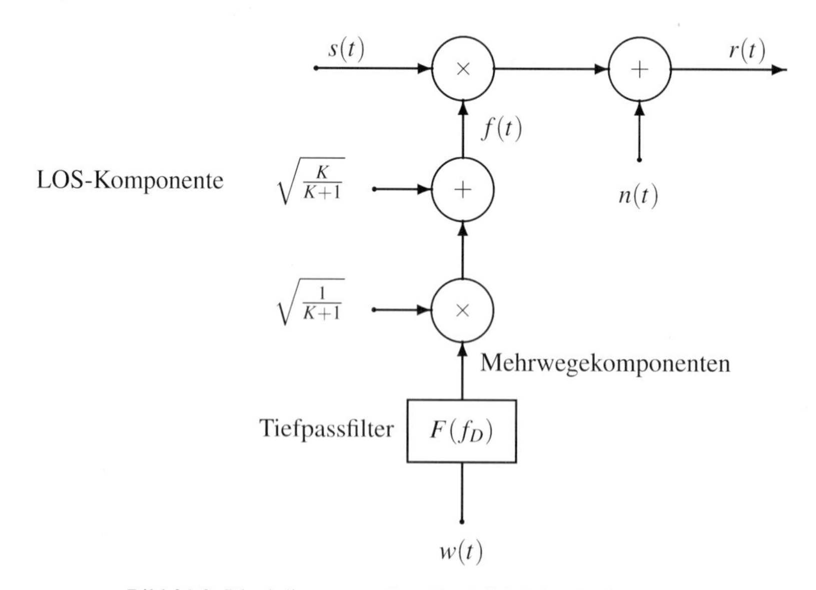

Bild 21.9: Blockdiagramm eines Rayleigh/Rice-Fading Emulators

Bild 21.9 zeigt ein Blockdiagramm eines Rayleigh/Rice-Fading Emulators. Das Verhältnis der Leistung der direkten Komponente zur mittleren Leistung der Mehrwegekomponenten wird durch den *Rice-Faktor* K bestimmt. Im Spezialfall $K = 0$ ergibt sich Rayleigh-Fading.

Neben dem multiplikativen Fadingprozess $f(t)$ wird thermisches Rauschen durch eine additive Rauschkomponente, $n(t) \in \mathbb{C}$, berücksichtigt. Das Empfangssignal, $r(t) \in \mathbb{C}$, lautet folglich

$$r(t) = s(t) \cdot f(t) + n(t) \tag{21.16}$$

mit

$$f(t) = a(t) \cdot \exp(j\theta(t)), \tag{21.17}$$

wobei $a(t) \in \mathbb{R}_0^+$ die Amplitude und $\theta(t) \in [0, 2\pi)$ die Phase des Fadingprozesses $f(t)$ ist. Die Quadraturkomponenten von $f(t)$ sind gaußverteilt. Der Realteil hat den Mittelwert $\sqrt{K/(K+1)}$, der Imaginärteil den Mittelwert null. Die Amplitude $a(t)$ ist somit *riceverteilt*:

$$p(a) = 2a(1+K)\exp\left(-K - a^2(1+K)\right) \cdot \mathrm{I}_0\left(2a\sqrt{K(1+K)}\right), \qquad a \geq 0, \tag{21.18}$$

wobei $\mathrm{I}_0(.)$ die modifizierte Bessel-Funktion nullter Ordnung ist. Für den Spezialfall $K = 0$ ist die Amplitude $a(t)$ *rayleighverteilt*:

$$p(a) = 2a\exp\left(-a^2\right), \qquad a \geq 0. \tag{21.19}$$

In Bild 21.10 ist die Wahrscheinlichkeitsdichtefunktion einer Rayleigh-Verteilung ($K = 0$) und einer Rice-Verteilung ($K = 10$) aufgetragen.

Die Phase $\theta(t)$ ist nur für $K = 0$ gleichverteilt. Die Phase muss in kohärenten Empfängern durch eine Trägerphasensynchronisation ausgeregelt werden. Dies kann insbesondere bei kleinen Amplituden problematisch sein, weil dann die Phasenänderung pro Zeiteinheit relativ groß ist.

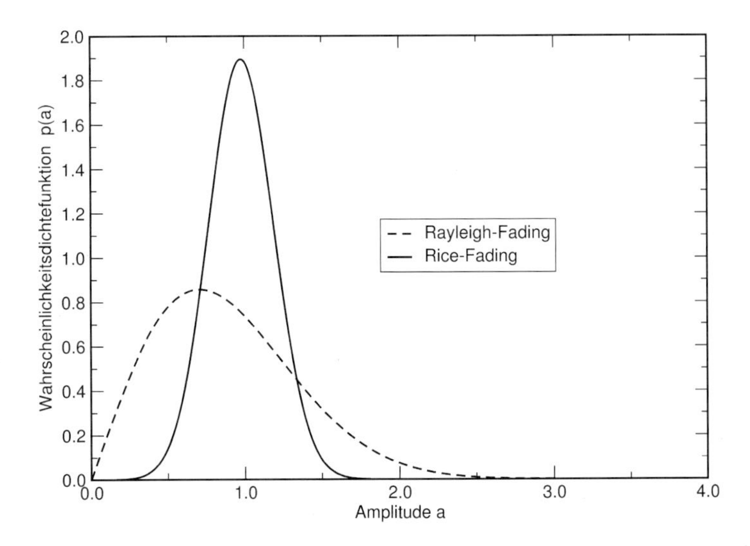

Bild 21.10: Wahrscheinlichkeitsdichtefunktion einer Rayleigh- und einer Rice-Verteilung ($K = 10$)

Es gibt verschiedene Methoden zur Emulation von Rayleigh/Rice-Fadingprozessen, von denen zwei nun vorgestellt werden. Ein *signaltheoretisch motivierter Emulator* ist in Bild 21.9 skizziert. Die Grundidee basiert auf der Annahme, dass der Fadingprozess $f(t)$ schwach stationär ist. Die Mehrwegekomponenten können somit vollständig durch die Übertragungsfunktion eines Tiefpassfilters, $F(f_D) \in \mathbb{C}$, beschrieben werden, welches durch einen weißen Gauß'schen Rauschprozess $w(t)$ angeregt wird. Das Tiefpassfilter hat eine einseitige Bandbreite $f_{D_{max}}$. Die Zufallsprozesse $n(t)$ und $w(t)$ sind statistisch unabhängige, komplexe, weiße, mittelwertfreie Gauß-Prozesse. Folglich lautet das Leistungsdichtespektrum $S(f_D) \sim |F(f_D)|^2 \in \mathbb{R}$. Dieses Leistungsdichtespektrum wird *Doppler-Leistungsdichtespektrum* genannt, siehe Abschnitt 21.3.4.2. Die Form des Doppler-Leistungsdichtespektrums wird durch die Verteilung der Streuobjekte bestimmt.

Beispiel 21.3.1 (2-D isotrope Streuung, 3-D isotrope Streuung) Wenn die Mehrwegekomponenten in einer Ebene gleichförmig verteilt über einen Einfallswinkel von 360^0 am Empfänger eintreffen, man spricht von 2-D isotroper Streuung, so lautet das Doppler-Leistungsdichtespektrum

$$S(f_D) = \begin{cases} \frac{1}{\pi f_{D_{max}} \sqrt{1-(f_D/f_{D_{max}})^2}} & \text{für } |f_D| < f_{D_{max}} \\ 0 & \text{sonst,} \end{cases} \tag{21.20}$$

oft „Jakes-Spektrum“ genannt. Das gleiche Doppler-Leistungsdichtespektrum ergibt sich, wenn der Einfallswinkel 180^0 beträgt. In einem Waldgebiet beispielsweise kann in guter Näherung von diesem Modell ausgegangen werden.

Wenn die Mehrwegekomponenten gleichförmig verteilt aus allen drei Raumdimensionen am Empfänger eintreffen, 3-D isotrope Streuung genannt, so ist das Leistungsdichtespektrum $S(f_D)$ rechteckförmig:

$$S(f_D) = \begin{cases} \frac{1}{2 f_{D_{max}}} & \text{für } |f_D| \le f_{D_{max}} \\ 0 & \text{sonst.} \end{cases} \tag{21.21}$$

Das gleiche Doppler-Leistungsdichtespektrum ergibt sich für Einfallsrichtungen aus einer Halbkugel.

Gibt es eine Vorzugsrichtung wie in Häuserschluchten, so wird das Doppler-Leistungsdichtespektrum schmalbandiger. ◊

Falls die normierte Doppler-Bandbreite $f_{D_{max}} T \ll 1$, so spricht man von *langsamem Fading*, sonst von *schnellem Fading*. Eine Realisierung auf dem Digitalrechner ist bei steilen Filterflanken im Frequenzbereich und bei sehr langsamem Fading schwierig. Auch muss für jedes Leistungsdichtespektrum ein neues Filter $F(f_D)$ entworfen werden. Diese Schwierigkeiten treten bei der folgenden Methode nicht auf.

Ein *physikalisch motivierter Emulator* für Rayleigh/Rice-Fadingprozesse basiert auf der Annahme, dass der Fadingprozess $f(t)$ durch eine Überlagerung von unendlich vielen Mehrwegesignalen an der Empfangsantenne entsteht. Das in Bild 21.3 dargestellte Weltraumszenario muss entsprechend verallgemeinert werden, siehe Bild 21.11. Die Einfallswinkel α_n, $1 \le n \le N$ mit $N \to \infty$, hängen von der Lage der Streuer ab. Unterschiedliche Einfallswinkel α_n führen zu unterschiedlichen Relativgeschwindigkeiten $v \cos \alpha_n$, und somit zu anderen Doppler-Verschiebungen

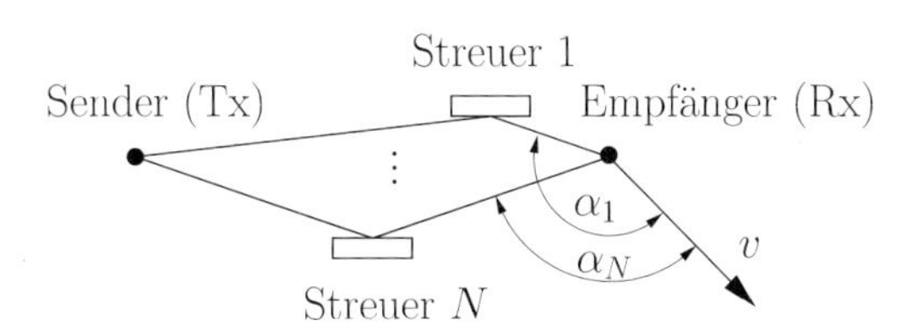

Bild 21.11: Mehrwegeszenario mit N Mehrwegekomponenten, charakterisiert durch unterschiedliche Einfallswinkel α_n, $1 \leq n \leq N$

$f_{D_n} := (v/\lambda)\cos\alpha_n$. An dieser Stelle wird angenommen, dass alle Mehrwegekomponenten die gleiche Wellenlänge λ besitzen; eine Verallgemeinerung ist trivial. Die Überlagerung aller N Mehrwegesignale (plus die Berücksichtigung der direkten Komponente beim Rice-Kanalmodell) kann in der Form

$$f(t) = \underbrace{\sqrt{\frac{K}{K+1}}}_{\text{direkte Komponente}} + \underbrace{\lim_{N\to\infty} \frac{1}{\sqrt{K+1}} \frac{1}{\sqrt{N}} \sum_{n=1}^{N} e^{j(\theta_n + 2\pi f_{D_n} t)}}_{\text{Mehrwegekomponenten}} \tag{21.22}$$

modelliert werden, wobei die n-te Mehrwegekomponente zum Zeitpunkt $t = 0$ die Startphase θ_n besitzt und die Doppler-Verschiebung f_{D_n} aufweist ($1 \leq n \leq N$). Die Normierung $1/\sqrt{N}$ bewirkt, dass $E\{|f(t)|^2\} = 1$. Die Startphasen θ_n und Doppler-Verschiebungen f_{D_n} sind Realisierungen eines Zufallsprozesses. Die Wahrscheinlichkeitsdichtefunktion $p(\theta)$ der Startphasen ist gleichverteilt und die Wahrscheinlichkeitsdichtefunktion der Doppler-Verschiebungen proportional zum Doppler-Leistungsdichtespektrum: $p(f_D) \sim S(f_D)$. Gemäß dem Zentralen Grenzwertsatz sind die Quadraturkomponenten von $f(t)$ gaußverteilt.

Beispiel 21.3.2 (2-D Streuung, 3-D Streuung) Bei 2-D isotroper Streuung (z. B. Waldgebiet) können die Doppler-Verschiebungen gemäß

$$f_{D_n} = f_{D_{max}} \cos(2\pi u_n) \tag{21.23}$$

pseudo-zufällig generiert werden, wobei u_n im Intervall $[0,1)$ gleichverteilt ist. Bei 3-D isotroper Streuung können die Doppler-Verschiebungen gemäß

$$f_{D_n} = f_{D_{max}} (1 - 2u_n) \tag{21.24}$$

pseudo-zufällig generiert werden. ◊

Die Startphasen θ_n und Doppler-Verschiebungen f_{D_n} ($1 \leq n \leq N$) sollten während einer langen Simulation von Zeit zu Zeit (bevorzugt in Vielfachen der Dauer eines Datenpakets) neu ausgewürfelt werden, um die Statistik zu verbessern. Gemäß dem Zentralen Grenzwertsatz sind in diesem Fall etwa $N \geq 10$ Mehrwegesignale hinreichend. Auf Digitalrechnern substituiert man $t = kT$, wobei k der Zeitindex ist.

Bild 21.12 zeigt rauschfreie Musterfunktionen der zeitvarianten Empfangsleistung $10\log_{10}|f[k]|^2$ bei Rayleigh-Fading ($K = 0$) und Rice-Fading ($K = 10$) für $f_{D_{max}}T = 0.01$ bei 2-D isotroper Streuung. Die Mehrwegekomponenten sind, bis auf den Skalierungsfaktor $1/\sqrt{K+1}$, gleich. Die mittlere Leistung ist gleich 0 dB. Nimmt man eine Leistungsreserve von 14 dB gemäß Beispiel 21.1.1 an, so kann bei Rayleigh-Fading die geforderte Dienstgüte in vielen Zeitschlitzen nicht erreicht werden. Man bezeichnet dies als „outage“. Bei Rice-Fading ist eine Leistungsreserve von 14 dB jedoch hinreichend.

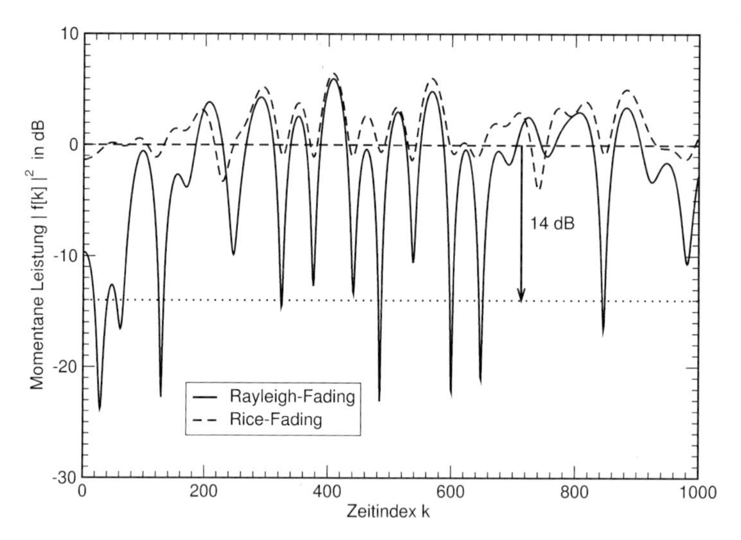

Bild 21.12: Musterfunktionen der zeitvarianten Empfangsleistung bei Rayleigh-Fading ($K = 0$) und Rice-Fading ($K = 10$) für $f_{D_{max}} T = 0.01$ bei 2-D isotroper Streuung

21.3.4.2 GWSSUS-Kanalmodell

Das „*Gaussian Wide-Sense-Stationary Uncorrelated-Scattering* (GWSSUS)“ -Kanalmodell ist ein populäres Modell zur Modellierung von Kurzzeitschwund [P. A. Bello, 1963].

Gegeben sei die zeitvariante Gewichtsfunktion des Kanals

$$f(\tau,t) \in \mathbb{C}. \tag{21.25}$$

Durch Fourier-Transformation bezüglich t erhält man das Spektrum

$$F(\tau, f_D) = \int_{-\infty}^{\infty} f(\tau,t)\, e^{-j2\pi f_D t}\, dt. \tag{21.26}$$

Die zugehörige Autokorrelationsfunktion lautet

$$R_{FF}(\tau,\tau';f_D,f_D') = E\{F(\tau,f_D)\cdot F^*(\tau',f_D')\}. \tag{21.27}$$

Bei einer wichtigen Klasse von Kanälen sind Ausbreitungspfade unterschiedlicher Laufzeit unkorreliert („*Uncorrelated Scattering* (US)“):

$$R_{FF}(\tau,\tau';f_D,f_D') = \delta(\tau-\tau')\cdot S(\tau;f_D,f_D'). \tag{21.28}$$

Eine zweite wichtige Klasse von Kanälen ist schwach stationär („*Wide-Sense Stationary* (WSS)“):

$$R_{FF}(\tau,\tau';f_D,f_D') = \delta(f_D - f_D') \cdot S(\tau,\tau';f_D). \tag{21.29}$$

Sind beide Bedingungen gleichzeitig erfüllt, so erhält man das GWSSUS-Kanalmodell:

$$R_{FF}(\tau,\tau';f_D,f_D') = \delta(f_D - f_D')\,\delta(\tau - \tau') \cdot S(\tau;f_D). \tag{21.30}$$

$S(\tau;f_D)$ ist das *Verzögerungs-Doppler-Leistungsdichtespektrum*, auch *Scatterfunktion* genannt.

Durch Integration über f_D erhält man das *Verzögerungs-Leistungsdichtespektrum* (auch *Verzögerungs-Leistungsprofil* genannt):

$$S(\tau) = \int_{-f_{D_{max}}}^{f_{D_{max}}} S(\tau,f_D)\,df_D. \tag{21.31}$$

Bei trennbaren Mehrwegepfaden ist das Verzögerungs-Leistungsdichtespektrum diskret, bei nichttrennbaren Mehrwegepfaden ist das Verzögerungs-Leistungsdichtespektrum kontinuierlich. Bei trennbaren Mehrwegepfaden entspricht das Verzögerungs-Leistungsdichtespektrum der mittleren Leistung pro Mehrwegepfad aufgetragen über τ. Die Zeitspanne, über die $S(\tau)$ einen signifikanten Beitrag liefert, nennt man „*delay spread*“. Die Inverse hiervon nennt man *Kohärenzbandbreite*. Bei nichtfrequenzselektivem Fading ist die Kohärenzbandbreite wesentlich größer als die Signalbandbreite.

Durch Integration über τ erhält man das *Doppler-Leistungsdichtespektrum*:

$$S(f_D) = \int_{0}^{\tau_{max}} S(\tau,f_D)\,d\tau. \tag{21.32}$$

Das Doppler-Leistungsdichtespektrum entspricht der mittleren Leistungsverteilung der Doppler-Verschiebungen aufgetragen über f_D. Die Bandbreite, über die $S(f_D)$ einen signifikanten Beitrag liefert, nennt man „*Doppler spread*“. Die Inverse hiervon nennt man *Kohärenzzeit*. Bei langsamem Fading ist die Kohärenzzeit wesentlich größer als die Symbolperiode T.

GWSSUS-Kanalmodelle, deren Scatterfunktion gemäß

$$S(\tau;f_D) = S(\tau) \cdot S(f_D) \tag{21.33}$$

faktorisiert werden kann, werden vollständig durch das Verzögerungs-Leistungsdichtespektrum $S(\tau)$ und das Doppler-Leistungsdichtespektrum $S(f_D)$ charakterisiert. Da das Rayleigh-Kanalmodell und das Rice-Kanalmodell nur von $S(f_D)$ abhängen, sind diese Kanalmodelle Spezialfälle des GWSSUS-Kanalmodells. Die Gültigkeit der Faktorisierung wird üblicherweise angenommen.

Beispiel 21.3.3 (Die COST-207 Kanalmodelle) Parallel zur Entwicklung des GSM-Standards wurden Verzögerungs-Leistungsdichtespektren für verschiedene Geländetypen spezifiziert, um Empfänger möglichst fair vergleichen zu können. Die EU CEPT-COST 207 Arbeitsgruppe hat vier verschiedene Verzögerungs-Leistungsdichtespektren für die Geländetypen „*Rural Area*

(RA)", „*Typical Urban Area* (TU)", „*Bad Urban Area* (BU)" und „*Hilly Terrain* (HT)" definiert. Je nach Geländetyp (Morphostruktur) wurden 6 oder 12 diskrete Mehrwegepfade angenommen. Jeder Mehrwegepfad wird durch ein stochastisches Modell (Rayleigh- oder Rice-Fading) nachgebildet. Die zeitliche Auflösung beträgt 0.1 μs. Zusätzlich wurden abgespeckte Versionen mit 4 oder 6 Mehrwegepfaden bei einer zeitlichen Auflösung von 0.2 μs spezifiziert. Die Mehrwegepfade werden als statistisch unabhängig angenommen. Die maximale Verzögerungslaufzeit beträgt $\tau_{max} = 0.5/5/10/20$ μs beim RA/TU/BU/HT-Kanalmodell. Die Verzögerungs-Leistungsdichtespektren der COST-207 Kanalmodelle sind in Bild 21.13 dargestellt. Aufgetragen ist die mittlere Leistung pro Mehrwegepfad, normiert auf den stärksten Pfad.

Als Doppler-Leistungsdichtespektrum wird bei den COST-207 Kanalmodellen 2-D isotrope Streuung gemäß (21.20) angenommen. Die zeitlichen Veränderungen sind proportional zur angenommenen Fahrzeuggeschwindigkeit (z. B. TU50, HT100, RA250 bei $f_0 = 900$ MHz). Für den ersten Pfad des RA-Kanalmodells wird Rice-Fading mit Rice-Faktor $K = 1$ angenommen. Für alle anderen Pfade wird Rayleigh-Fading angenommen. ◊

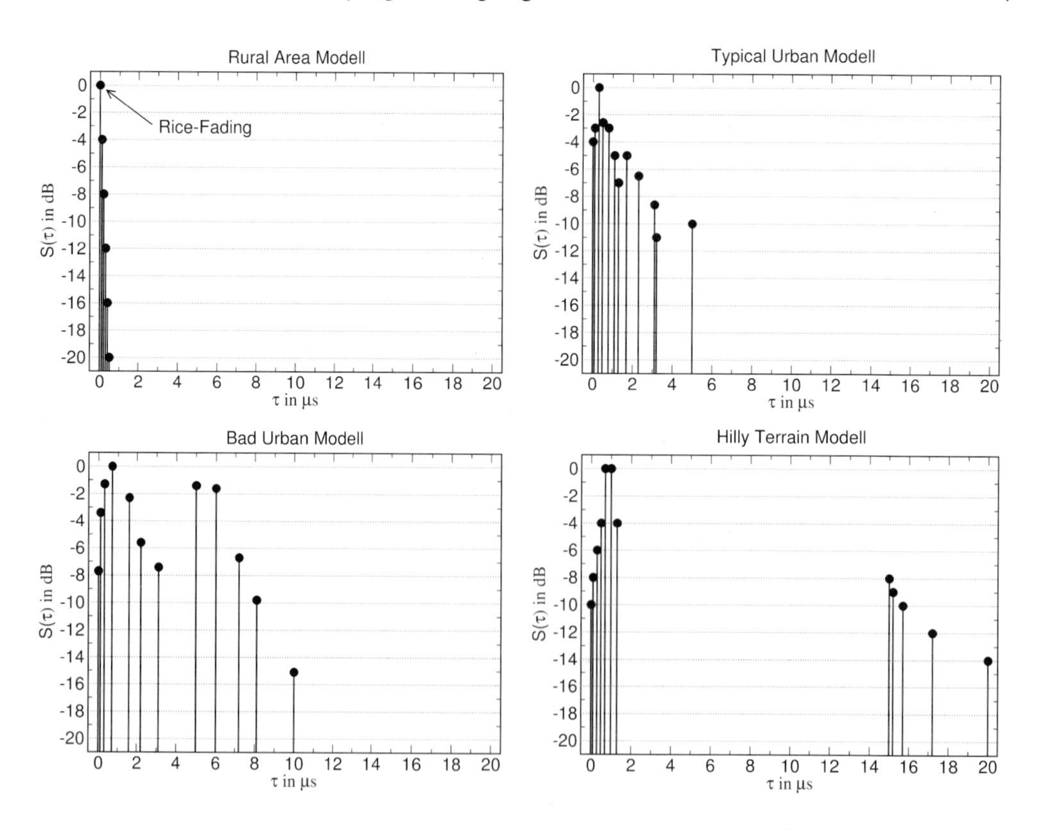

Bild 21.13: Verzögerungs-Leistungsdichtespektren der COST-207 Kanalmodelle

Es gibt verschiedene Möglichkeiten zur Emulation des GWSSUS-Kanalmodells. Wir unterscheiden zwischen (i) einer *Emulation des physikalischen Kanalmodells* und (ii) einer *Emulation des äquivalenten zeitdiskreten ISI-Kanalmodells*.

(i) Wenn (Sender- und/oder Empfänger-) Hardware verwendet wird, so muss das physikalische Kanalmodell nachgebildet werden. Bei trennbaren, statistisch unabhängigen Mehrwegepfaden (wie bei den COST-207 Kanalmodellen) kann pro Pfad p, $0 \leq p \leq P-1$, ein eigener nichtfrequenzselektiver Emulator realisiert werden. Beispielsweise können die beiden bereits eingeführten (signaltheoretisch bzw. physikalisch motivierten) Emulatoren verwendet werden, vgl. Bild 21.9 bzw. Gleichung (21.22). Das Empfangssignal ergibt sich dann zu

$$r(t) = \sum_{p=0}^{P-1} f_p(t)\, s(t-\tau_p) + n(t), \tag{21.34}$$

wobei $f_p(t)$ der Fadingprozess und τ_p die Verzögerungslaufzeit des p-ten Pfades ist.

(ii) In einer Software-Realisierung des Übertragungssystems kann alternativ auch das äquivalente zeitdiskrete ISI-Kanalmodell emuliert werden. Hierbei ist es unbedeutend, ob das Verzögerungs-Leistungsspektrum diskret oder kontinuierlich ist. Die Scatterfunktion muss nicht notwendigerweise faktorisierbar sein. Ausgangspunkt ist die zeitvariante Gewichtsfunktion $f(\tau,t)$, die in der Form

$$f(\tau,t) = \underbrace{\sqrt{\frac{K}{K+1}}\,\delta(\tau)}_{\text{direkte Komponente}} + \underbrace{\lim_{N\to\infty} \frac{1}{\sqrt{K+1}} \frac{1}{\sqrt{N}} \sum_{n=1}^{N} e^{j(\theta_n + 2\pi f_{D_n} t)}\, \delta(\tau-\tau_n)}_{\text{Mehrwegekomponenten}} \tag{21.35}$$

modelliert werden kann. Der erste Term repräsentiert den LOS-Pfad, die restlichen Terme die N Mehrwegekomponenten. Jede Mehrwegekomponente besitzt eine individuelle Startphase θ_n zum Zeitpunkt $t=0$, rotiert mit einer Doppler-Verschiebung f_{D_n} und erfährt eine Verzögerung τ_n, wobei $1 \leq n \leq N$. Die Startphasen θ_n, Doppler-Verschiebungen f_{D_n} und Verzögerungslaufzeiten τ_n sind Realisierungen von Zufallsprozessen, charakterisiert durch die Wahrscheinlichkeitsdichtefunktion $p(\theta)$ und die Verbundwahrscheinlichkeitsdichtefunktion $p(\tau,f_D)$. Die Wahrscheinlichkeitsdichtefunktion $p(\theta)$ ist üblicherweise gleichverteilt, während die Verbundwahrscheinlichkeitsdichtefunktion $p(\tau,f_D)$ proportional zur Scatterfunktion ist:

$$p(\tau,f_D) \sim S(\tau;f_D). \tag{21.36}$$

Somit sind die Realisierungen θ_n gemäß $p(\theta)$, und die Realisierungen τ_n und f_{D_n} gemäß $p(\tau,f_D)$ auszuwürfeln, vgl. (21.22). Wenn $S(\tau;f_D)$ faktorisiert werden kann, siehe (21.33), so kann auch $p(\tau,f_D)$ faktorisiert werden: $p(\tau,f_D) = p(\tau)\cdot p(f_D)$. Dadurch vereinfacht sich das auswürfeln. Die Statistik kann verbessert werden, indem der Parametersatz $\{\theta_n, f_{D_n}, \tau_n\}$, $1 \leq n \leq N$, zum Beispiel nach jedem Datenpaket neu ausgewürfelt wird. Dies entspricht perfektem Frequenzhüpfen („frequency hopping").

Wenn man die Gewichtsfunktion des Kanals $f(\tau,t)$ mit der Impulsantwort $g_{TxRx}(\tau) := g_{Tx}(\tau) * g_{Rx}(\tau)$ faltet, so erhält man die Gesamtgewichtsfunktion

$$h(\tau,t) = \sqrt{\frac{K}{K+1}}\, g_{TxRx}(\tau) + \lim_{N\to\infty} \frac{1}{\sqrt{K+1}} \frac{1}{\sqrt{N}} \sum_{n=1}^{N} e^{j(\theta_n + 2\pi f_{D_n} t)}\, g_{TxRx}(\tau-\tau_n). \tag{21.37}$$

Durch Substitution von $t = kT$ und $\tau = lT + \varepsilon$ folgen schließlich die $L+1$ Kanalkoeffizienten des äquivalenten zeitdiskreten ISI-Kanalmodells zu

$$h_l[k] = \sqrt{\frac{K}{K+1}}\, g_{TxRx}(lT+\varepsilon) + \lim_{N\to\infty} \frac{1}{\sqrt{K+1}} \frac{1}{\sqrt{N}} \sum_{n=1}^{N} e^{j(\theta_n + 2\pi f_{D_n} kT)}\, g_{TxRx}(lT+\varepsilon-\tau_n), \tag{21.38}$$

$0 \le l \le L$. Man beachte, dass das äquivalente zeitdiskrete ISI-Kanalmodell den Einfluss der senderseitigen Impulsformung $g_{Tx}(\tau)$, des physikalischen Kanalmodells $f(\tau,t)$, des Empfangsfilters $g_{Rx}(\tau)$, der Abtastrate $1/T$ und der Abtastphase ε enthält. Man beachte ferner, dass die Kanalkoeffizienten $h_l[k]$ aufgrund der Filterung $g_{TxRx}(\tau)$ (bis auf pathologische Fälle) statistisch abhängig sind, auch wenn die Mehrwegepfade statistisch unabhängig sind („Uncorrelated Scattering“).

In Mehrträgersystemen wie OFDM ist es ratsam, das äquivalente zeitdiskrete ISI-Kanalmodell als Funktion von Zeitindex k und Frequenzindex l darzustellen. Man erhält

$$h[k][l] = \sqrt{\frac{K}{K+1}} + \lim_{N\to\infty} \frac{1}{\sqrt{K+1}} \frac{1}{\sqrt{N}} \sum_{n=1}^{N} e^{j(\theta_n + 2\pi f_{D_n} kT - 2\pi \tau_n lF)}, \tag{21.39}$$

wobei $F := 1/T_u$ der Abstand benachbarter Teilträger ist. Das Argument der Exponentialfunktion veranschaulicht eindrucksvoll die *Dualität zwischen Zeit- und Frequenzbereich.*

Die vorgestellte Technik der überlagerten Sinusschwingungen kann nicht nur zur Kanalemulation verwendet werden, sondern auch um Phasenrauschen zu emulieren. Hierbei approximiert man das Leistungsdichtespektrum des Phasenrauschprozesses durch N überlagerte Sinusschwingungen. Es sind beliebig schmalbandige Phasenrauschprozesse emulierbar, was mit konventionellen Filtermethoden nur schwierig geht.

21.3.4.3 MIMO-Kanalmodellierung

Bislang wurde vereinbarungsgemäß nur eine Antenne pro Sender und Empfänger angenommen. Wie im nächsten Kapitel ausführlich behandelt wird, können durch mehrere Antennen in Sender und/oder Empfänger eine Reihe von Vorteilen wie größere Kanalkapazität und/oder größere Ausfallsicherheit erzielt werden. Mehrantennensysteme sind „*Multiple-Input Multiple-Output* (MIMO)“ Systeme. Dieser Abschnitt befasst sich mit der Kanalmodellierung für MIMO-Systeme.

Wie bislang angenommen, sei der Sender stationär und der Empfänger mobil. Jede Sendeantenne strahlt elektromagnetische Wellen ab, die sich an den Empfangsantennen linear überlagern. Aufgrund der Linearität kann der Einfluss einer jeden Sendeantenne zunächst getrennt betrachtet werden, solange die Sendeantennen hinreichend weit entfernt sind. Unter dieser Annahme ist es hinreichend, die Sendeantennen einzeln zu betrachten, um die Effekte anschließend zu addieren. Wir betrachten somit zunächst ein „*Single-Input Multiple-Output* (SIMO) System.

Durch Mehrwegeausbreitung entsteht ein zufälliges räumliches Interferenzmuster. Sind neben dem Sender auch die Streuer stationär, so ändert sich das Interferenzmuster zeitlich nicht. Die Zeitvarianz des Kanals entsteht dadurch, dass sich der Empfänger durch das *statische Interferenzmuster* bewegt. Dabei bewegen sich die Empfangsantennen mit der gleichen Geschwindigkeit durch das Interferenzmuster, solange sich der Abstand zwischen den Elementen der Empfangsantenne nicht verändert. Hierbei ist es unbedeutend, aus wie vielen Elementen die Empfangsantenne besteht und wie diese räumlich angeordnet sind. Entscheidend ist nur, die räumlich-zeitlichen Korrelationen gemeinsam in *einem gemeinsamen* Kanalmodell zu emulieren.

Wir nehmen im Folgenden die gleichen Annahmen wie beim Rayleigh-Kanalmodell an (multiplikatives Fading, keine LOS-Komponente, schwach stationärer Fadingprozess). Zusätzlich sei das Interferenzmuster eben, hervorgerufen durch eine Überlagerung ebener Wellen gleicher Wellenlänge λ. Alle Streuer und Antennenelemente seien in der gleichen Ebene angeordnet. Wir legen in die Ebene des Interferenzmusters ein kartesisches Koordinatensystem mit den Raumkoordinaten $\mathbf{z} := [x,y]^T$. Man kann zeigen, dass der Fadingprozess als Funktion der Raumkoordinaten gemäß

$$f(x,y) = \lim_{N\to\infty} \frac{1}{\sqrt{N}} \sum_{n=1}^{N} e^{j\left(\theta_n + j\frac{2\pi}{\lambda}(x\cos\alpha_n + y\sin\alpha_n)\right)} \tag{21.40}$$

modelliert werden kann (Schulze, 2010). Hierbei sind α_n die von der Anordnung der Streuer abhängigen Einfallswinkel („Angle of Arrival (AoA)“), vgl. Bild 21.11. Ohne Beschränkung der Allgemeinheit bewege sich der Empfänger mit konstanter Geschwindigkeit v entlang der x-Achse, d. h. $\mathbf{v} := [v,0]^T$. Empfängerseitig wird ein lineares Array angenommen. Die Empfangsantennenelemente seien äquidistant mit Abstand d gemäß Bild 21.14 angeordnet, somit gilt $\mathbf{d} := [d\cos\delta, d\sin\delta]^T$ (unabhängig von der Anzahl der Empfangsantennenelemente). Der Winkel δ ist typischerweise gleichverteilt. Zum Zeitpunkt $t=0$ befinde sich ohne Beschränkung der Allgemeinheit das erste Empfangsantennenelement im Ursprung des Koordinatensystems. Die folgenden Berechnungen können ohne Schwierigkeiten für jede andere (planare) Antennengeometrie durchgeführt werden.

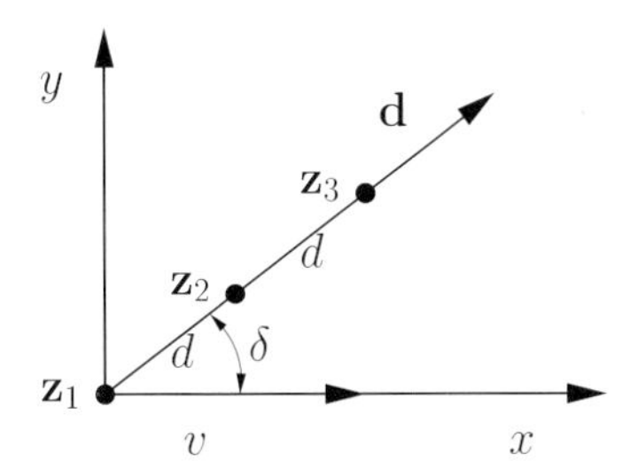

Bild 21.14: Angenommene Geometrie der Antennenelemente

Mit diesen Annahmen lauten die Raumkoordinaten aller Empfangsantennenelemente wie folgt:

$$\mathbf{z}_1 = \mathbf{v}t, \qquad \mathbf{z}_2 = \mathbf{v}t + \mathbf{d}, \qquad \mathbf{z}_3 = \mathbf{v}t + 2\mathbf{d}, \qquad \ldots \tag{21.41}$$

Folglich kann man die räumlich und zeitlich korrelierten Fadingprozesse an den Koordinaten der Empfangsantennenelemente durch das Gleichungssystem

$$f_1(t) = f(\mathbf{v}t), \qquad f_2(t) = f(\mathbf{v}t + \mathbf{d}), \qquad f_3(t) = f(\mathbf{v}t + 2\mathbf{d}), \qquad \ldots \tag{21.42}$$

beschreiben. Durch Einsetzen in (21.40) erhält man die Fadingprozesse für die ersten zwei (und entsprechend alle weiteren) Empfangsantennen als Funktion der Zeit schließlich zu

$$\begin{aligned} f_1(t) &= \lim_{N\to\infty} \frac{1}{\sqrt{N}} \sum_{n=1}^{N} e^{j(\theta_n + 2\pi f_{D_n} t)} \\ f_2(t) &= \lim_{N\to\infty} \frac{1}{\sqrt{N}} \sum_{n=1}^{N} e^{j\left(\theta_n + 2\pi \frac{d}{\lambda}\cos(\delta-\alpha_n) + 2\pi f_{D_n} t\right)}, \end{aligned} \quad (21.43)$$

wobei $f_{D_n} = (v/\lambda)\cos\alpha_n = f_{D_{max}}\cos\alpha_n$ und $\cos\delta\cos\alpha_n + \sin\delta\sin\alpha_n = \cos(\delta-\alpha_n)$ substituiert wurde. Man beachte, dass $f_1(t)$ mit (21.22) übereinstimmt. Es ist wichtig, die Doppler-Verschiebungen für alle Fadingprozesse nur einmal auszuwürfeln. Gemäß dem Zentralen Grenzwertsatz sind die Quadraturkomponenten aller Fadingprozesse gaußverteilt.

Bislang wurde der Kanal als multiplikativ angenommen. Berücksichtigt man Verzögerungslaufzeiten, so lauten die entsprechenden Empfangssignale

$$\begin{aligned} r_1(t) &= \lim_{N\to\infty} \frac{1}{\sqrt{N}} \sum_{n=1}^{N} e^{j(\theta_n + 2\pi f_{D_n} t)}\, s(t-\tau_n) \\ r_2(t) &= \lim_{N\to\infty} \frac{1}{\sqrt{N}} \sum_{n=1}^{N} e^{j\left(\theta_n + 2\pi \frac{d}{\lambda}\cos(\delta-\alpha_n) + 2\pi f_{D_n} t\right)}\, s(t-\tau_n). \end{aligned} \quad (21.44)$$

Alternativ können analog zu (21.38) und (21.39) die Koeffizienten des äquivalenten zeitdiskreten Kanalmodells emuliert werden.

Der Übergang vom hergeleiteten SIMO-Kanal zum MIMO-Kanal gestaltet sich als einfach, wenn die Elemente der Sendeantenne hinreichend weit entfernt sind. In diesem Fall realisiert man für jedes Sendeantennenelement ein unabhängiges SIMO-Kanalmodell und überlagert empfängerseitig die Signalanteile. Wenn die Elemente der Sendeantenne nicht hinreichend weit entfernt sind, so kommt es zu Korrelationen. Dann müssen nicht nur die empfängerseitigen Einfallswinkel (AoA), sondern auch die senderseitigen Ausfallswinkel („Angle of Departure (AoD)") Berücksichtigung finden.

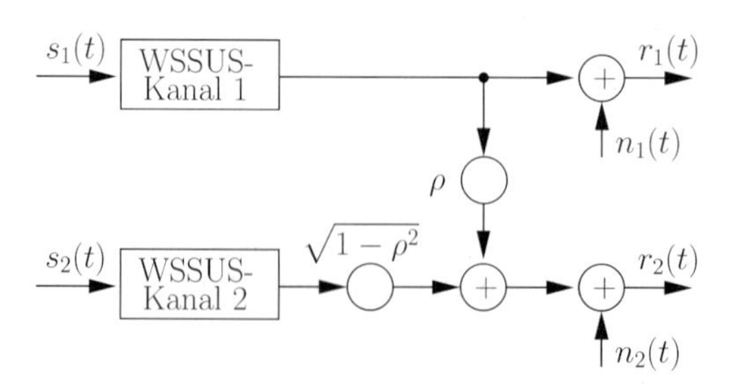

Bild 21.15: MIMO-Kanalmodell für zwei Empfangsantennen nach GSM-Standard

In der Literatur wie auch im GSM-Standard wird oft ein einfaches MIMO-Kanalmodell gemäß Bild 21.15 verwendet. Der freie Parameter $\rho \in \mathbb{R}$, $0 \le \rho \le 1$, bestimmt die Korrelation zwischen den Empfangsantennen. Es sei ausdrücklich darauf hingewiesen, dass diese Art der Kanalmodellierung physikalisch weniger begründbar ist.

22 Diversitätsempfang, MIMO-Systeme und Space-Time-Codes

22.1 Diversitätsempfang

Ein *Diversitätsempfänger* verarbeitet mehrere Versionen der gleichen Nachricht, wobei die Nachricht über $N > 1$ möglichst unabhängige Kanäle übertragen wird. Bild 22.1 zeigt das Prinzip eines Diversitätsempfängers am Beispiel von Raumdiversität. Die Hauptmotivation für Diversitätsempfang ist, dass die Wahrscheinlichkeit, dass alle N Kanäle gleichzeitig abgeschattet sind, geringer ist als ohne Diversitätsempfang ($N = 1$).

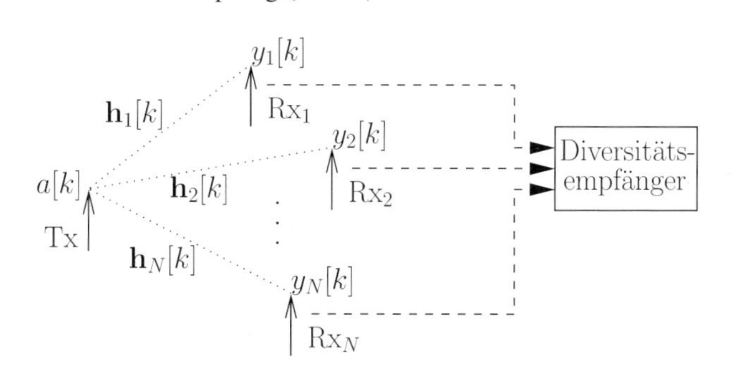

Bild 22.1: Übertragungssystem mit Diversitätsempfänger am Beispiel von Raumdiversität. $\mathbf{h}_n[k]$ sind die Koeffizienten des n-ten zeitdiskreten ISI-Kanalmodells ($1 \leq n \leq N$)

Es existieren unterschiedliche *Diversitätsarten*. Die bekanntesten sind (i) Raumdiversität, (ii) Zeitdiversität und (iii) Frequenzdiversität, aber auch (iv) Mehrnutzerdiversität und (v) Polarisationsdiversität gewinnen aktuell an Bedeutung.

(i) *Raumdiversität* wird durch mehrere Sende- und/oder Empfangsantennen oder Antennenelemente erreicht. Von *Antennendiversität* spricht man bei (horizontal) verteilten Antennen. Je weiter die Aperturen separiert sind und je mehr Streuobjekte sich in ihrer Nähe befinden, umso unabhängiger sind die Übertragungskanäle. In Basisstationen ist insbesondere die räumliche Separierung wichtig, in Mobilstationen sind es die Streuobjekte. *Winkeldiversität* gewinnt man durch benachbarte Strahlbündel.

(ii) *Zeitdiversität* erhält man, indem eine Nachricht mehrmals gesendet wird. Die Nachricht kann entweder in originaler Form oder in redundanter Form gesendet werden. Ein wichtiges Beispiel ist Kanalcodierung in Verbindung mit Interleaving. Zeitdiversität ist umso wirksamer, je zeitveränderlicher der Kanal ist. In einem zeitinvarianten Szenario kann keine Zeitdiversität erreicht werden.

(iii) *Frequenzdiversität* erhält man, indem die Nachricht auf mehreren Teilbändern gesendet wird. Frequenzdiversität ist umso wirksamer, je frequenzselektiver der Kanal ist. In einem nichtfrequenzselektiven Kanal kann keine Frequenzdiversität erreicht werden.

(iv) *Mehrnutzerdiversität* entsteht, indem die Basisstation nur denjenigen/diejenigen mobilen Teilnehmer versorgt, der/die aktuell über gute Kanalbedingungen verfügt/verfügen. Die Teilnehmer senden bzw. empfangen wie bei konventionellem TDMA folglich nicht in einem deterministischen Raster nacheinander, sondern auf Basis der Kanaleigenschaften. Dadurch wird eine Kommunikation während tiefer Signaleinbrüche weitgehend vermieden. Hierzu ist ein intelligenter Scheduler notwendig, der auch Fairness-Aspekte berücksichtigt.

(v) *Polarisationsdiversität* wird durch (typischerweise zwei) unterschiedliche Polarisationsebenen erzielt.

Es gibt unterschiedliche *Ausführungsformen* des Diversitätsempfängers. Eine aufwandsgünstige Variante ist *Selection-Diversity*. Selection-Diversity bedeutet, dass die instantane Empfangsleistung aller N Kanäle berechnet wird und der Zweig mit der größten instantanen Empfangsleistung wird selektiert. Alle anderen $N-1$ Kanäle werden zur Detektion nicht berücksichtigt. Bei *Equal-Gain-Combining* werden alle N Kanäle gleich gewichtet aufsummiert. Das Summensignal wird dem Detektor zugeführt. *Maximum-Ratio-Combining* (MRC) bedeutet, dass die N Kanäle unterschiedlich gewichtet aufsummiert werden. Ein Maximum-Ratio-Combiner ist ein Maximum-Likelihood Empfänger.

Um den Gewinn von Diversitätsempfang zu illustrieren, betrachten wir im Folgenden *Empfangsantennendiversität* am Beispiel nichtfrequenzselektiver Mobilfunkkanäle $f_n(\tau,t) = f_n(t)\cdot\delta(\tau)$. Für lineare Modulationsverfahren in Verbindung mit Wurzel-Nyquist-Impulsen in Sender und Empfänger können die N äquivalenten zeitdiskreten Kanalmodelle dann in der Form

$$y_n[k] = a[k]\,h_n[k] + w_n[k], \qquad n = 1,\ldots,N \tag{22.1}$$

geschrieben werden, wobei $y_n[k]$, $a[k]$, $h_n[k]$ und $w_n[k] \in \mathbb{C}$. Hierbei ist $a[k]$ das k-te Datensymbol. $y_n[k]$, $h_n[k]$ und $w_n[k]$ sind der Empfangswert, der Kanalkoeffizient und Rauschwert des n-ten Kanals zum Zeitpunkt k. Somit lässt sich insbesondere $h_n[k]$ gemäß

$$h_n[k] = \alpha_n[k]\cdot\exp(j\theta_n[k]), \qquad \alpha_n[k] \in \mathbb{R}_0^+,\ \theta_n[k] \in [0,2\pi) \tag{22.2}$$

darstellen.

Der Maximum-Ratio-Combiner führt eine gewichtete Überlagerung aller N Kanäle durch:

$$y_{MRC}[k] := \sum_{n=1}^{N} y_n[k]\cdot\hat{h}_n^*[k]. \tag{22.3}$$

Hierzu ist eine Kanalschätzung für alle N Kanäle in Betrag und Phase notwendig. Der Maximum-Ratio-Combiner ist somit ein aufwändiger, aber optimaler Empfänger im Sinne des Maximum-Likelihood-Kriteriums. Man beachte, dass leistungsschwache Kanäle abgeschwächt und leistungsstarke Kanäle verstärkt werden.

Um die *Fehlerwahrscheinlichkeit bei MRC* zu berechnen wird angenommen, dass $h_n[k]$ für alle Kanäle exakt geschätzt werden kann: $\hat{h}_n[k] = h_n[k]$. Folglich gilt

$$y_n[k] \cdot h_n^*[k] = a[k] \cdot \alpha_n^2[k] + w_n'[k], \tag{22.4}$$

wobei $w_n'[k] := w_n[k] \cdot \alpha_n[k] e^{-j\theta_n[k]}$ erneut weiße Rauschterme sind. Somit folgt

$$y_{MRC}[k] = \sum_{n=1}^{N} y_n[k] \cdot h_n^*[k] = \sum_{n=1}^{N} \left(a[k] \cdot \alpha_n^2[k] + w_n'[k] \right). \tag{22.5}$$

Man beachte, dass der Nutzanteil, $a[k] \cdot \alpha_n^2[k]$, quadratisch gewichtet ist. Durch Umformung erhalten wir

$$y_{MRC}[k] = a[k] \sum_{n=1}^{N} \alpha_n^2[k] + \sum_{n=1}^{N} w_n'[k]. \tag{22.6}$$

Die Fehlerwahrscheinlichkeit hängt vom Mapping und den Verteilungsdichtefunktionen $p(\alpha_n)$ ab.

Beispiel 22.1.1 (2-PSK Mapping) Für die Annahmen, dass (i) alle Amplituden $\alpha_n[k]$ rayleighverteilt sind, (ii) alle N Kanäle statistisch unabhängig sind und (iii) das gleiche mittlere Signal/Rauschleistungsverhältnis haben, lautet die Bitfehlerwahrscheinlichkeit bei 2-PSK Mapping

$$P_b = \frac{1}{2}\left[1 - \mu \sum_{n=0}^{N-1} \binom{2n}{n} \left(\frac{1-\mu^2}{4}\right)^n\right], \qquad \text{wobei} \quad \mu = \sqrt{\frac{(E_b/N_0)/N}{1+(E_b/N_0)/N}}. \tag{22.7}$$

Für große Signal/Rauschleistungsverhältnisse (> 10 dB) gilt näherungsweise

$$P_b \approx \left(\frac{1}{4(E_b/N_0)/N}\right)^N \binom{2N-1}{N}, \tag{22.8}$$

d. h. die Bitfehlerwahrscheinlichkeit P_b fällt mit der N-ten Potenz. Für $N = 1$ ergibt sich die Leistungsfähigkeit auf dem Rayleigh-Kanal ohne Diversitätsempfang, für $N \to \infty$ wird die Leistungsfähigkeit des AWGN-Kanals erreicht. Bild 22.2 zeigt die zugehörigen Bitfehlerkurven. ◇

Die Anzahl der statistisch unabhängigen Kanäle, N, wird als *Diversitätsgrad* bezeichnet. Der Diversitätsgrad bestimmt gemäß (22.8) die asymptotische Steigung der Bitfehlerkurve. Bei Faltungscodes (bzw. Blockcodes) in Verbindung mit perfektem Interleaving ist der Diversitätsgrad gleich d_{free} (bzw. d_{min}). Es ist wichtig festzustellen, dass sich der Diversitätsgrad aus verschiedenen Diversitätsarten zusammensetzen kann. Für vier Empfangsantennen, zwei statistisch unabhängige Zeitschlitze und zwei statistisch unabhängige Teilbänder ergibt sich beispielsweise ein Diversitätsgrad $N = 4 \cdot 2 \cdot 2 = 16$. Sind die Kanäle nicht statistisch unabhängig, so reduziert sich der Diversitätsgrad. Der *effektive Diversitätsgrad* wird immer durch die asymptotische Steigung der Bitfehlerkurve bestimmt.

Bei der differentiellen Phasensprungmodulation (DPSK) wählt man oft

$$y_{MRC}[k] = \sum_{n=1}^{N} y_n[k] \cdot y_n^*[k-1]. \tag{22.9}$$

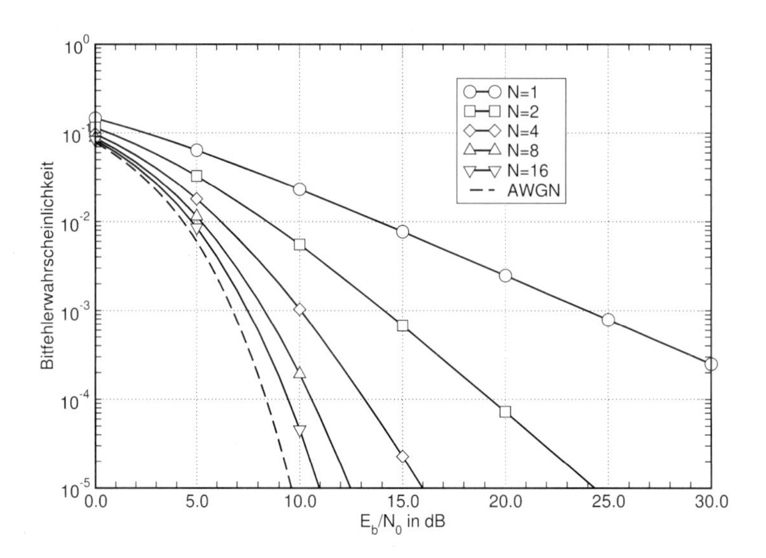

Bild 22.2: Bitfehlerwahrscheinlichkeit bei Diversitätsempfang (2-PSK Mapping, Rayleigh-Fading, N unabhängige Kanäle)

Bei dieser Metrik ergibt sich

$$y_{MRC}[k] = \sum_{n=1}^{N} \left(a[k] \cdot \alpha_n^2[k] + \text{ 3 Rauschterme} \right). \tag{22.10}$$

Obwohl diese Metrik nicht optimal ist, stimmt der Nutzanteil mit dem Nutzanteil bei MRC überein.

Beispiel 22.1.2 (2-DPSK Mapping) Für die Annahmen, dass (i) alle Amplituden $\alpha_n[k]$ rayleighverteilt sind, (ii) alle N Kanäle statistisch unabhängig sind und (iii) das gleiche mittlere Signal/Rauschleistungsverhältnis haben, lautet die Bitfehlerwahrscheinlichkeit bei 2-DPSK Mapping

$$P_b = \frac{1}{2}\left[1 - \mu \sum_{n=0}^{N-1} \binom{2n}{n} \left(\frac{1-\mu^2}{4}\right)^n\right], \qquad \text{wobei} \quad \mu = \frac{(E_b/N_0)/N}{1+(E_b/N_0)/N}. \tag{22.11}$$

Für große Signal/Rauschleistungsverhältnisse ($>$ 10 dB) gilt näherungsweise

$$P_b \approx \left(\frac{1}{2(E_b/N_0)/N}\right)^N \binom{2N-1}{N}, \tag{22.12}$$

d. h. die Bitfehlerwahrscheinlichkeit P_b fällt erneut mit der N-ten Potenz. Der Diversitätsgrad ist gegenüber 2-PSK somit nicht verändert. Der Verlust von 2-DPSK gegenüber 2-PSK beträgt etwa 3 dB für alle N. Bild 22.3 zeigt die zugehörigen Bitfehlerkurven. ◊

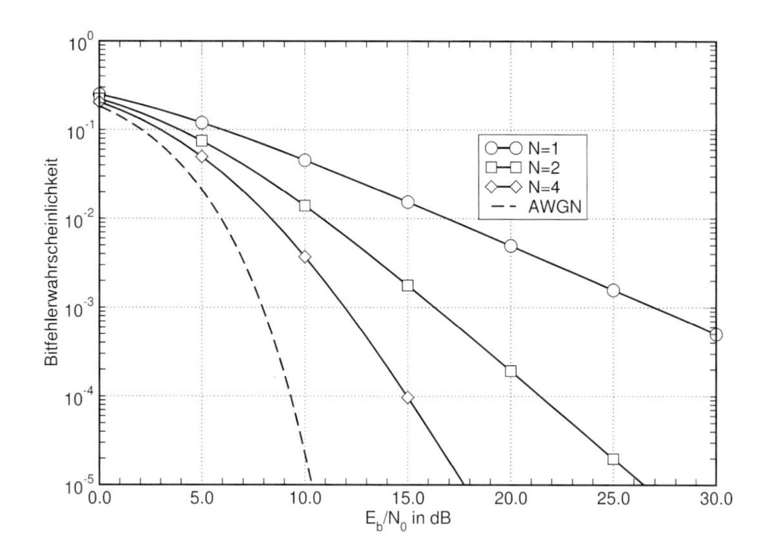

Bild 22.3: Bitfehlerwahrscheinlichkeit bei Diversitätsempfang (2-DPSK Mapping, Rayleigh-Fading, N unabhängige Kanäle)

22.2 MIMO-Systeme

„*Multiple-Input Multiple-Output* (MIMO)" Systeme sind Systeme mit mehreren Ein- und Ausgängen, beispielsweise Mehrantennensysteme. Die Anzahl der Sendeantennen wird im Folgenden mit N_T, die Anzahl der Empfangsantennen mit N_R bezeichnet. Bild 22.4 zeigt ein MIMO-Szenario mit $N_T = 2$ Sendeantennen und $N_R = 3$ Empfangsantennen. Ein System mit $N_T = N_R = 1$ wird als Einantennensystem bezeichnet und dient im Weiteren als Referenz.

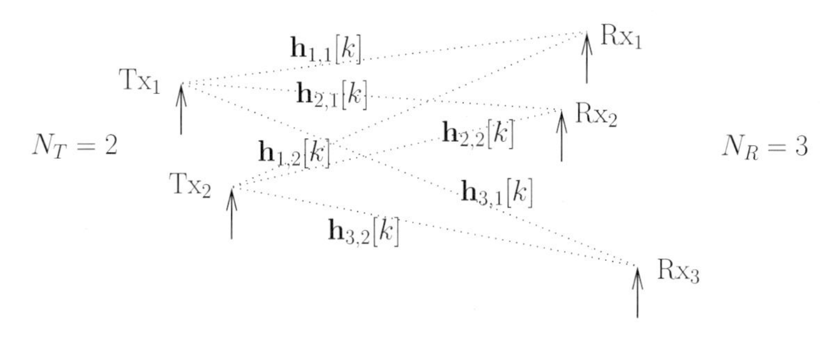

Bild 22.4: MIMO-Szenario. $\mathbf{h}_{j,i}[k]$ sind die Koeffizienten des zeitdiskreten ISI-Kanalmodells von Sendeantenne i zu Empfangsantenne j

Wenn die $N := N_T \cdot N_R$ Kanäle nichtdispersiv sind oder durch ein Schutzintervall (Abschnitt 13.8.2) bzw. einen Rake-Empfänger (Abschnitt 23.2) in nichtdispersive Kanäle transformiert werden, so kann jeder Kanal im komplexen Basisband durch einen Gewichtsfaktor $h_{j,i}[k]$ modelliert werden. Neben der zeitvarianten Pfaddämpfung beeinhaltet $h_{j,i}[k]$ optional die

Leistungszuweisung, die für jede Sendeantenne individuell verschieden sein kann. Ein MIMO-System kann unter der genannten Voraussetzung durch das generische Kanalmodell

$$\mathbf{y} = \mathbf{H} \cdot \mathbf{a} + \mathbf{w} \tag{22.13}$$

repräsentiert werden, wobei

$$\mathbf{y} := [y_1[k], \ldots, y_{N_R}[k]]^T \tag{22.14}$$

die N_R Empfangswerte,

$$\mathbf{H} := \begin{bmatrix} h_{1,1}[k] & \cdots & h_{1,N_T}[k] \\ \vdots & \ddots & \vdots \\ h_{N_R,1}[k] & \cdots & h_{N_R,N_T}[k] \end{bmatrix} \tag{22.15}$$

die $(N_R \times N_T)$-Kanalmatrix,

$$\mathbf{a} := [a_1[k], \ldots, a_{N_T}[k]]^T \tag{22.16}$$

die N_T Datensymbole und

$$\mathbf{w} := [w_1[k], \ldots, w_{N_R}[k]]^T \tag{22.17}$$

die N_R Rauschwerte jeweils eines Zeitschlitzes k sind. Im dispersiven Fall muss das Kanalmodell unter Berücksichtigung des Symbolübersprechens ergänzt werden.

MIMO-Systeme haben große Popularität gewonnen, weil sie im Vergleich zu Einantennensystemen (i) eine erheblich größere Kanalkapazität, (ii) Raumdiversität, (iii) Strahlbündelung und (iv) Ortung ermöglichen.

(i) Die *Kanalkapazität von MIMO-Kanälen* ist proportional zu $\min(N_T, N_R)$. Um die Datenrate zu vergrößern, wendet man klassischerweise hochstufige Modulationsverfahren an. Eine Alternative besteht darin, unterschiedliche Datenströme von unterschiedlichen Sendeantennen abzustrahlen. Man bezeichnet diese Variante als *„spatial multiplexing"*. Die Datenströme können empfängerseitig separiert werden, falls $N_R \geq N_T$.

(ii) Alternativ bieten MIMO-Systeme die Möglichkeit von *Raumdiversität*, indem die gleiche Information von allen Sendeantennen abgestrahlt wird. Die Variante wird *„spatial diversity"* genannt. Diversität führt zu einer Verbesserung des Signal/Rauschleistungsverhältnis und damit zu einer größeren Ausfallsicherheit, in adaptiven Systemen auch zu einer möglichen Vergrößerung der Nutzerzahl. Man beachte, dass „spatial multiplexing" und „spatial diversity" zwei extreme Spezialfälle sind. Zwischenstufen sind möglich.

(iii) *Strahlbündelung* („beamforming") ist ein Spezialfall eines senderseitigen Mehrantennensystems. Durch eine gezielte Ansteuerung der Elemente eines Antennenarrays kann die Antennencharakteristik geformt werden, beispielsweise um Störer zu unterdrücken.

(iv) Eine gemeinsame *Ortung/Positionierung/Lokalisierung/Navigation* und Kommunikation wird immer wichtiger. Wenn eine Mobilstation Signale von mindestens vier Basisstationen mit bekannten Ortskoordinaten empfängt, so kann die dreidimensionale Position der Mobilstation aus den Laufzeitunterschieden (neben anderen Methoden) bestimmt werden. Mehrantennensysteme mit verteilten Antennen können zu diesem Zweck genutzt werden.

22.3 Raum-Zeit-Codes

In klassischen Kanalcodierverfahren werden die Daten im Zeitbereich codiert. Verwendet man mehrere Sendeantennen, so stellt sich die Frage, wie die Daten auf die Sendeantennen aufgeteilt werden sollen. Eine Lösung bieten *Raum-Zeit-Codes* („Space-Time Codes (STC)"). Raum-Zeit-Codes sind Kanalcodierverfahren, bei denen die Daten eines Trägers räumlich und zeitlich codiert werden. Eine Erweiterung sind *Raum-Zeit-Frequenz-Codes* („Space-Time-Frequency Codes (STFC)"), bei denen die Daten in Raum-, Zeit- und Frequenzbereich codiert werden. Ein Ausnutzen mehrerer Empfangsantennen ist optional.

Die Leistungsfähigkeit von Raum-Zeit-Codes beruht auf einem *Diversitätsgewinn*. Die Wahrscheinlichkeit für eine gleichzeitige Abschattung aller Ausbreitungspfade ist geringer als in einem Einantennensystem.

Der erzielte Diversitätsgewinn äußert sich in einer Verbesserung der *Systemleistungsfähigkeit*, z. B. in einer geringeren Bitfehlerwahrscheinlichkeit bei gegebenem Signal/Rauschleistungsverhältnis oder in höheren Datenraten in Übertragungssystemen mit adaptiver Modulation/Kanalcodierung. Mobile Datendienste erfordern eine zuverlässige Übertragung hoher Datenraten. Diesbezüglich können die durch Raum-Zeit-Codes erzielbaren Diversitätsgewinne genutzt werden.

Zusätzlich unterstützen Raum-Zeit-Codes einen asymmetrischen Datenverkehr. In der Abwärtsstrecke werden in vielen Anwendungen im Mittel wesentlich höhere Datenraten benötigt als in der Aufwärtsstrecke, z. B. beim Herunterladen einer Videodatei. Eine Installation mehrfacher Antennen an der Basisstation in Verbindung mit Raum-Zeit-Codes ist mit relativ geringem Aufwand möglich. An der Mobilstation können mehrfache Antennen nicht ohne weiteres vorausgesetzt werden. Somit ist eine Leistungsverbesserung in der Abwärtsstrecke mit Hilfe von Raum-Zeit-Codes sehr attraktiv.

Im Folgenden werden exemplarisch einige wichtige Raum-Zeit-Codes vorgestellt.

22.3.1 „Delay-Diversity"

Delay-Diversity ist ein einfaches Beispiel für einen *Raum-Zeit-Faltungscode*. Die Anzahl der Sendeantennen ist beliebig. Über jede Sendeantenne i, $1 \leq i \leq N_T$, wird dieselbe Datensequenz gesendet, wobei das Sendesignal der i-ten Antenne um $(i-1)T$ gegenüber der ersten Antenne verzögert wird, siehe Bild 22.5. T ist oft aber nicht notwendigerweise gleich der Symbolperiode.

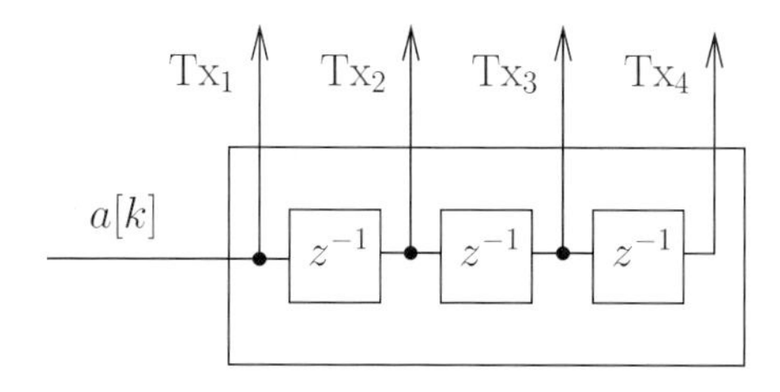

Bild 22.5: Delay-Diversity

Die Verzögerungselemente des Delay-Diversity-Schematas können als Teil des Kanalgedächtnisses aufgefasst werden. Somit werden N_T nichtfrequenzselektive Kanäle in einen Kanal mit Gedächtnislänge $(N_T - 1)$ transformiert. Der Diversitätsgewinn beruht daher auf künstlich eingebrachter Frequenzselektivität. Aufgrund der eingebrachten Signalverzögerungen ist (auch bei nichtfrequenzselektiven Kanälen) ein Entzerrer notwendig. Bei nichtaufwandsreduzierten trellisbasierten Entzerrern steigt die Anzahl der Zustände exponentiell mit $N_T - 1$. Delay-Diversity bietet Kompatibilität zu bestehenden Systemen mit einer Sendeantenne.

22.3.2 Raum-Zeit-Blockcodes

Ein komplexwertiger *Raum-Zeit-Blockcode* („Space-Time Block Code (STBC)") ist durch eine $(T \times N_T)$-Matrix $\mathbf{G}$ definiert. Hierbei ist T gleich der Anzahl der Zeitschlitze die benötigt werden, um alle Elemente aus $\mathbf{G}$ zu übertragen und N_T repräsentiert die Anzahl der Sendeantennen. Das Element $g_{t,m}$ von $\mathbf{G}$ wird in Zeitschlitz t, $1 \leq t \leq T$, von Sendeantenne m, $1 \leq m \leq N_T$ abgestrahlt. Dies bedeutet, dass im ersten Zeitschlitz die erste Zeile von $\mathbf{G}$, im zweiten Zeitschlitz die zweite Zeile von $\mathbf{G}$ usw. übertragen wird. Für einen Block von Kb Infobits berechnet der Codierer K Datensymbole $a[k], a[k+1], \ldots, a[k+K-1]$, wobei 2^b die Mächtigkeit der Datensymbole ist. Die Elemente $g_{t,m}$ der $(T \times N_T)$-Matrix $\mathbf{G}$ erhält man, indem Linearkombinationen dieser K Datensymbole sowie der komplex konjugierten Datensymbole $a^*[k], a^*[k+1], \ldots, a^*[k+K-1]$ berechnet werden. Reellwertige STBCs sind gleichermaßen definiert, nur sind die K Datensymbole reellwertig.

Die Rate von Raum-Zeit-Blockcodes ist gemäß

$$R_{STBC} := K/T \tag{22.18}$$

definiert, weil K Datensymbole in T Zeitschlitzen übertragen werden. Für Raum-Zeit-Blockcodes mit maximalem Diversitätsgrad N_T ist die Rate immer kleiner gleich eins ($R_{STBC} \leq 1$).

Bei *orthogonalen Raum-Zeit-Blockcodes* gilt definitionsgemäß

$$\mathbf{G}^H \cdot \mathbf{G} = (|a[k]|^2 + \cdots + |a[k+K-1]|^2)\, \mathbf{E}_{N_T}, \tag{22.19}$$

wobei $\mathbf{G}^H$ die Hermitesche von $\mathbf{G}$ und $\mathbf{E}_{N_T}$ die $(N_T \times N_T)$-Einheitsmatrix ist. Für reellwertige Datensymbols existieren orthogonale Designs nur für $N_T = 2, 4$ und 8. Für komplexwertige Datensymbole existieren orthogonale Designs sogar nur für $N_T = 2$.

Bemerkung 22.3.1 Formal wäre es besser, zwischen orthogonalen Raum-Zeit-Blockcodes (für reellwertige Datensymbole) und unitäre Raum-Zeit-Blockcodes (für komplexwertige Datensymbole) zu unterscheiden. Diese Unterscheidung hat sich in der Literatur aber nicht durchgesetzt.

22.3.2.1 $N_T = 2$ Antennen

Der wohl prominenteste Raum-Zeit-Blockcode ist der sog. *Alamouti-Code*. Der Alamouti-Code ist orthogonal und es gilt $N_T = T = K = 2$. Ein Paar $[a[k], a[k+1]]$ von (typischerweise komplexwertigen) Datensymbolen wird über $N_T = 2$ Antennen während zweier aufeinanderfolgender Zeitpunkte $t = kT$ und $t = (k+1)T$ gesendet. Das räumlich/zeitliche Mapping von $a[k]$ und

$a[k+1]$ geschieht gemäß der sog. *Alamouti-Matrix*

$$\mathbf{G}_{12} := \mathbf{A} := \begin{bmatrix} a[k] & -a^*[k+1] \\ a[k+1] & a^*[k] \end{bmatrix}, \tag{22.20}$$

siehe Bild 22.6.

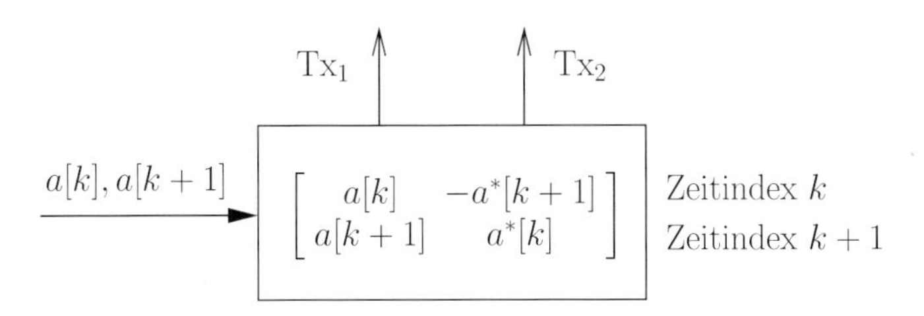

Bild 22.6: Alamouti-Code

Im ersten Zeitschlitz wird $a[k]$ von der ersten Sendeantenne und gleichzeitig $-a^*[k+1]$ von der zweiten Sendeantenne abgestrahlt. Im zweiten Zeitschlitz wird $a[k+1]$ von der ersten und gleichzeitig $a^*[k]$ von der zweiten Sendeantenne abgestrahlt. Folglich wird die Nachricht über beide Antennen gesendet, allerdings in unterschiedlicher Reihenfolge. Deshalb kann ein Diversitätsgewinn erzielt werden. Kompatibilität bzgl. eines Einantennensystems beruht auf der Eigenschaft, dass von Antenne 1 das Originalsignal abgestrahlt wird.

Man erkennt, dass die Alamouti-Matrix $\mathbf{A}$ (bis auf einen Faktor) *unitär* ist: $\mathbf{A}^H \cdot \mathbf{A} = 2\mathbf{E}_2$. Der Alamouti-Code ist der einzige orthogonale Raum-Zeit-Code für komplexe Datensymbole. Die Coderate ist gleich eins. Aufgrund der Orthogonalitäteigenschaft kann ein Maximum-Likelihood-Detektor sehr einfach realisiert werden, obwohl immer zwei Datensymbole interferieren, weil sie simultan im gleichen Frequenzbereich abgestrahlt werden.

Der Alamouti-Code wurde für nichtfrequenzselektive Kanäle konzipiert. Um die prinzipielle Empfängerstruktur herzuleiten und den Diversitätsgewinn aufzuzeigen, wird im Folgenden eine Empfangsantenne angenommen, eine Verallgemeinerung ist leicht möglich. Die Kanalkoeffizienten der beiden Kanäle werden mit h_1 und h_2 bezeichnet. Die Kanalkoeffizienten werden für zwei Symbolperioden als konstant angenommen und somit ohne Zeitindex geschrieben. Mit diesen Annahmen ergibt sich folgendes Gleichungssystem:

$$\begin{aligned} y[k] &= h_1\, a[k] - h_2\, a^*[k+1] + n[k] \\ y[k+1] &= h_1\, a[k+1] + h_2\, a^*[k] + n[k+1]. \end{aligned} \tag{22.21}$$

Durch Umformung der zweiten Gleichung folgt

$$\begin{aligned} y[k] &= h_1\, a[k] - h_2\, a^*[k+1] + n[k] \\ \underbrace{y^*[k+1]}_{\mathbf{y}} &= \underbrace{h_2^*\, a[k] + h_1^*\, a^*[k+1]}_{\mathbf{H}\cdot\mathbf{a}} + \underbrace{n^*[k+1]}_{\mathbf{n}}. \end{aligned} \tag{22.22}$$

Somit lautet das äquivalente zeitdiskrete Kanalmodell in Matrixform:

$$\mathbf{y} = \mathbf{H} \cdot \mathbf{a} + \mathbf{n}, \tag{22.23}$$

wobei $\mathbf{y} := [y[k], y^*[k+1]]^T$, $\mathbf{H} := \begin{bmatrix} h_1 & -h_2 \\ h_2^* & h_1^* \end{bmatrix}$, $\mathbf{a} := [a[k], a^*[k+1]]^T$ und $\mathbf{n} := [n[k], n^*[k+1]]^T$. Führt man empfängerseitig eine Matrixmultiplikation gemäß

$$\mathbf{z} := \mathbf{H}^H \cdot \mathbf{y} = \mathbf{H}^H \cdot \mathbf{H} \cdot \mathbf{a} + \mathbf{H}^H \cdot \mathbf{n} = \begin{bmatrix} |h_1|^2 + |h_2|^2 & 0 \\ 0 & |h_1|^2 + |h_2|^2 \end{bmatrix} \cdot \mathbf{a} + \mathbf{H}^H \cdot \mathbf{n} \qquad (22.24)$$

durch, so folgt

$$\begin{aligned} z[k] &= (|h_1|^2 + |h_2|^2)\, a[k] + n'[k] \\ z[k+1] &= (|h_1|^2 + |h_2|^2)\, a[k+1] + n'[k+1], \end{aligned} \qquad (22.25)$$

wobei $\mathbf{z} := [z[k], z^*[k+1]]^T$ und $\mathbf{n}' := \mathbf{H}^H \cdot \mathbf{n} := [n'[k], n'^*[k+1]]^T$. Die Datensymbole $a[k]$ und $a[k+1]$ sind in den Elementen von $\mathbf{z}$ enthalten und können somit einfach detektiert werden. Es ist wichtig zu erkennen, dass die Matrixmultiplikation einem *Maximum-Ratio-Combiner* entspricht. Man beachte die quadratische Gewichtung der Kanalkoeffizienten. Der Diversitätsgrad ist gleich $N = N_T = 2$, falls die beiden Kanäle statistisch unabhängig sind. Die unitäre Alamouti-Matrix bewirkt bei nichtfrequenzselektiven Kanälen (i) eine perfekte Trennung der Datensymbole, (ii) eine geringe Empfängerkomplexität und (iii) eine unveränderte Rauschstatistik nach der Matrixmultiplikation. Die Empfängerkomplexität ist gegenüber einem Einantennensystem praktisch unverändert.

Bei frequenzselektiven Kanälen gibt es zwei Optionen. Eine Möglichkeit besteht darin, den frequenzselektiven Kanal in mehrere nichtfrequenzselektive Kanäle zu transformieren. Dies kann in OFDM-Systemen durch ein Schutzintervall oder eine zyklische Ergänzung und in CDMA-Systemen durch einen Rake-Empfänger geschehen. Besteht keine Möglichkeit der Transformation in nichtfrequenzselektive Kanäle, so ist eine Detektion mit Hilfe eines geeigneten Entzerrers notwendig. Die Orthogonalität geht in diesem Fall und/oder bei schnellem Signalschwund verloren.

22.3.2.2 $N_T = 4$ Antennen

Ausgehend von $N_T = 2$ Sendeantennen ist durch Anwendung des sog. „Alamoutisierungs-Prinzips“ eine Verallgemeinerung auf jede Zweierpotenz möglich. Für das Beispiel von $N_T = 4$ Sendeantennen erhält man

$$\mathbf{G}_{1234} = \begin{bmatrix} \mathbf{G}_{12} & \mathbf{G}_{34} \\ -\mathbf{G}_{34}^* & \mathbf{G}_{12}^* \end{bmatrix} = \begin{bmatrix} a[k] & -a^*[k+1] & a[k+2] & -a^*[k+3] \\ a[k+1] & a^*[k] & a[k+3] & a^*[k+2] \\ -a^*[k+2] & a[k+3] & a^*[k] & -a[k+1] \\ -a^*[k+3] & -a[k+2] & a^*[k+1] & a[k] \end{bmatrix} \qquad (22.26)$$

Es wird volle Diversität bei einer Coderate von eins erreicht. Im Unterschied zum Alamouti-Code sind nun allerdings nur noch Paare von Datensymbolen ($a[k]$ und $a[k+1]$, $a[k+2]$ und $a[k+3]$) orthogonal zueinander, wenn die Datensymbole komplexwertig sind. Deshalb bezeichnet man diese Klasse von Raum-Zeit-Codes als *quasi-orthogonal*.

22.3.2.3 $N_T = 8$ Antennen

Durch eine erneute Anwendung des „Alamoutisierungs-Prinzips“ folgt für $N_T = 8$ Sendeantennen

$$\mathbf{G}_{12345678} = \begin{bmatrix} \mathbf{G}_{1234} & \mathbf{G}_{5678} \\ -\mathbf{G}^*_{5678} & \mathbf{G}^*_{1234} \end{bmatrix} \tag{22.27}$$

Erneut wird volle Diversität bei einer Coderate von eins erreicht. Wie für $N_T = 4$ ist der Code für komplexwertige Datensymbole nur *quasi-orthogonal*.

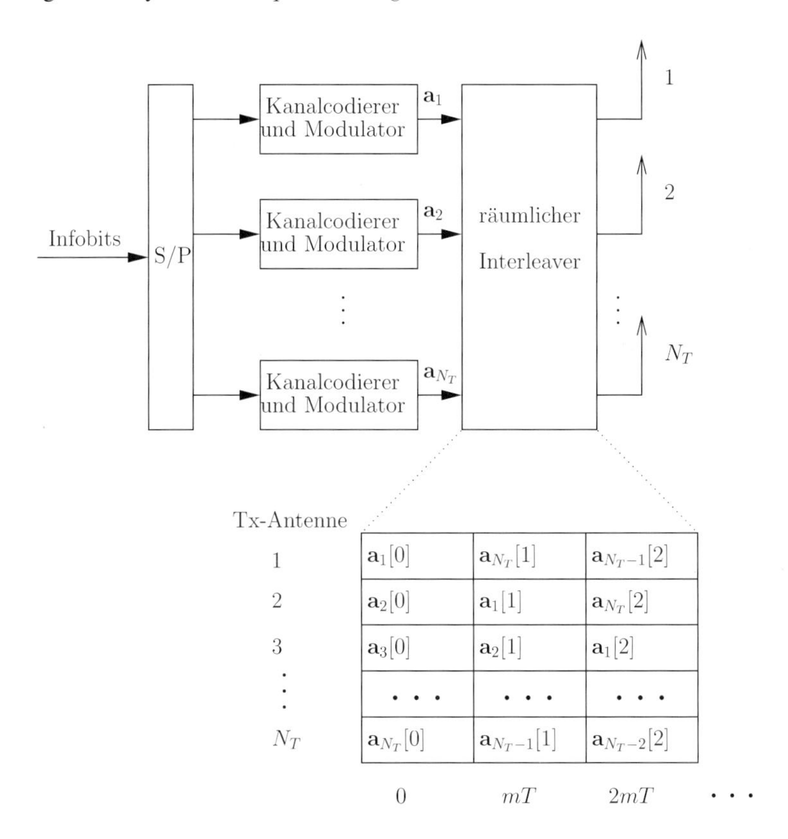

Bild 22.7: BLAST-Architektur. Der Parameter m ist eine beliebige ganze Zahl

22.3.3 „Bell Labs Layered Space-Time (BLAST)“-Architektur

Die sog. *BLAST-Architektur* ist ein „spatial multiplexing“ -Verfahren. Mit Hilfe der BLAST-Architektur kann die Bandbreiteneffizienz drahtloser Kommunikationssystemen drastisch vergrößert werden, denn die Datenrate wächst linear mit der Anzahl der Sendeantennen N_T. Die BLAST-Architektur wurde für nichtfrequenzselektive, blockweise quasi-zeitinvariante Kanäle entwickelt. N_T unabhängige Datensequenzen werden getrennt codiert, moduliert und (nach räumlichem Interleaving) von N_T Sendeantennen abgestrahlt, siehe Bild 22.7. Durch das räumliche Interleaving in Verbindung mit der Kanalcodierung wird ein Datenverlust durch Signalschwund verringert. Bezüglich der Detektion wirken sich $N_T - 1$ Signalanteile als Störer aus.

23 DS-CDMA-Empfängerkonzepte

In diesem Kapitel lernen wir zwei leistungsfähige Empfängerkonzepte für DS-CDMA-Systeme kennen: Die *Mehrnutzerdetektion* und der sog. *Rake-Empfänger*. Mit beiden Konzepten lässt sich die Systemkapazität deutlich steigern. Speziell die Mehrnutzerdetektion ist nicht auf DS-CDMA beschränkt, sondern kann auch auf andere Mehrnutzerszenarien angepasst werden.

23.1 Mehrnutzerdetektion für DS-CDMA-Systeme

Wie in Kapitel 14 erwähnt, eignet sich *Direct-Sequence Code-Division Multiple Access* (DS-CDMA) zum Einsatz in der Mehrnutzerkommunikation. DS-CDMA ist ein Spreizbandverfahren. Die Nutzer können jederzeit im gleichen Frequenzbereich senden. Um empfängerseitig eine Nutzertrennung durchführen zu können, ordnet man jedem Nutzer einen anderen Spreizcode zu. Sind die Spreizcodes nicht orthogonal oder geht die Orthogonalität bei der Übertragung verloren, z. B. in Mehrwegeszenarien und/oder in Netzen mit zeitlich nicht synchronisierten Nutzern (sog. asynchronen Netzen), so kommt es zu *Mehrnutzerinterferenz*. Kritisch ist insbesondere der Fall, dass die Empfangsleistung für unterschiedliche Nutzer sehr verschieden ist, z. B. wenn Mobilstationen unterschiedlich weit von der Basisstation entfernt sind („near-far"-Effekt) und keine oder keine perfekte Leistungskontrolle stattfindet.

Mehrnutzer-Detektoren haben die Aufgabe, die Verluste aufgrund von Mehrnutzerinterferenz zu minimieren. Insbesondere der „near-far"-Effekt erweist sich als weniger kritisch, wenn Mehrnutzer-Empfänger eingesetzt werden. In diesem Abschnitt werden zunächst Eigenschaften und Familien von Spreizcodes unter besonderer Berücksichtigung der Korrelationseigenschaften vorgestellt. Eine Berechnung der Bitfehlerwahrscheinlichkeit ohne Mehrnutzerdetektion verdeutlicht den negativen Einfluss der Mehrnutzerinterferenz. Auf Basis einer kompakten Kanalmodellierung gelingt es schließlich, verschiedene Klassen von Mehrnutzerdetektoren herzuleiten.

23.1.1 Spreizsequenzen: Eigenschaften und Familien

Spreizsequenzen werden in DS-CDMA-Systemen typischerweise periodisch gesendet. Eine Periode bezeichnet man auch als *Signatursequenz*. Die Anzahl der Chips pro Periode wird als *Codelänge* K bezeichnet. Wir bezeichnen das l-te Chip des n-ten Nutzers mit $b_{n,l}$, $0 \leq n \leq N-1$, $0 \leq l \leq K-1$, wobei N die Anzahl der Nutzer ist. In der folgenden Darstellung wird von reellen Codes ausgegangen. Die Codewörter seien deterministisch. Spreizsequenzen können wie folgt klassifiziert werden:

- *Kurze Spreizcodes:* Die Codelänge K entspricht einer Symboldauer.
- *Lange Spreizcodes:* Die Codelänge K ist wesentlich größer als die Symboldauer.

In DS-CDMA-Systemen erweisen sich die geraden/ungeraden periodischen *Autokorrelationsfunktionen* und die geraden/ungeraden periodischen *Kreuzkorrelationsfunktionen* von Spreizcodes von großer Bedeutung, vgl. Bild 23.1. Insbesondere bei kurzen Spreizcodes können deren Eigenschaften optimiert werden.

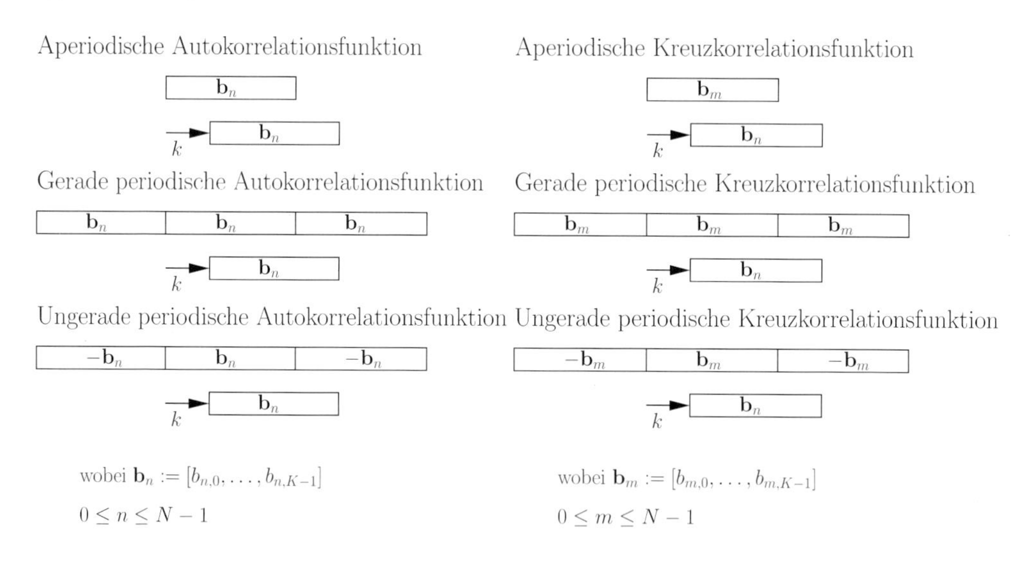

Bild 23.1: Definition von Auto- und Kreuzkorrelationsfunktionen

Die wichtigsten Definitionen für Autokorrelationsfunktionen sind:

- *Aperiodische Autokorrelationsfunktion:* Bei der aperiodischen Autokorrelationsfunktion wird die Sequenz $b_{n,l}$ mit Nullen nach vorne und hinten ergänzt:

$$R(k) := \sum_{l=0}^{K-k-1} b_{n,l} \cdot b_{n,l+k}, \qquad 0 \leq |k| \leq K-1. \tag{23.1}$$

- *Gerade periodische Autokorrelationsfunktion:* Bei der geraden periodischen Autokorrelationsfunktion wird die Sequenz $b_{n,l}$ periodisch wiederholt:

$$R_g(k) := \sum_{l=0}^{K-1} b_{n,l} \cdot b_{n,l+k} = R(k) + R(K-k), \quad 0 \leq |k| \leq K-1. \tag{23.2}$$

- *Ungerade periodische Autokorrelationsfunktion:* Bei der ungeraden periodischen Autokorrelationsfunktion wird die Sequenz $b_{n,l}$ periodisch mit sequenzweise alternierend invertierten Vorzeichen wiederholt:

$$R_u(k) := \sum_{l=0}^{K-1} b_{n,l} \cdot (\pm b_{n,l+k}) = R(k) - R(K-k), \quad 0 \leq |k| \leq K-1. \tag{23.3}$$

Entsprechend lauten die wichtigsten Definitionen für Kreuzkorrelationsfunktionen:

- *Aperiodische Kreuzkorrelationsfunktion:* Bei der aperiodischen Kreuzkorrelationsfunktion werden die Sequenzen $b_{n,l}$ und $b_{m,l}$ mit Nullen nach vorne und hinten ergänzt:

$$C(k) := \sum_{l=0}^{K-k-1} b_{n,l} \cdot b_{m,l+k}, \qquad 0 \leq |k| \leq K-1. \tag{23.4}$$

- *Gerade periodische Kreuzkorrelationsfunktion:* Bei der geraden periodischen Kreuzkorrelationsfunktion wird die Sequenz $b_{m,l}$ periodisch wiederholt:

$$C_g(k) := \sum_{l=0}^{K-1} b_{n,l} \cdot b_{m,l+k} = C(k) + C(-K+k) + C(K+k), \quad 0 \leq |k| \leq K-1. \tag{23.5}$$

- *Ungerade periodische Kreuzkorrelationsfunktion:* Bei der ungeraden periodischen Kreuzkorrelationsfunktion wird die Sequenz $b_{m,l}$ periodisch mit sequenzweise alternierend invertierten Vorzeichen wiederholt:

$$C_u(k) := \sum_{l=0}^{K-1} b_{n,l} \cdot (\pm b_{m,l+k}) = C(k) - C(-K+k) - C(K+k), \quad 0 \leq |k| \leq K-1. \tag{23.6}$$

In der Praxis wendet man of *zyklische Spreizsequenzen* oder *orthogonale Spreizsequenzen* an.

Definition 23.1.1 (Zyklische Codes) *Ein Code $\mathscr{C}$ wird zyklisch genannt, wenn jede zyklische Verschiebung eines Codewortes wieder ein Codewort ergibt:*

$$[b_{n,0}, b_{n,1}, b_{n,2}, \ldots, b_{n,K-1}] \in \mathscr{C} \quad \Rightarrow \quad [b_{n,K-1}, b_{n,0}, b_{n,1}, \ldots, b_{n,K-2}] \in \mathscr{C}. \tag{23.7}$$

Als Spreizsequenzen benutzt man oft zyklische Codes, die mit einem *rückgekoppelten Schieberegister* mit ν Speicherelementen erzeugt werden können:

$$b_{n,l} = a_1 b_{n,l-1} + a_2 b_{n,l-2} + \cdots + a_\nu b_{n,l-\nu}, \quad a_l \in \{0,1\}, \quad 1 \leq l \leq \nu, \quad a_\nu = +1. \tag{23.8}$$

Die Periodizität hängt von der Anzahl der Speicherelemente, ν, und von den Anzapfungen des rückgekoppelten Schieberegisters ab, siehe Bild 23.2. Die maximale Codelänge ist $K = 2^\nu - 1$. Sequenzen mit der Periode $K = 2^\nu - 1$ werden als *m-Sequenzen* bezeichnet. In Kapitel 14 wurde bereits das Beispiel einer m-Sequenz der Länge 7 vorgestellt.

Die Familie der m-Sequenzen weist interessante Eigenschaften auf:

- *Häufigkeits-Eigenschaft:* Das Symbol $+1$ tritt (nur) einmal seltener als das Chip -1 auf.

- *Lauflängen-Eigenschaft:* $1/2^k$ aller „runs" haben die Länge k. Als „run" bezeichnet man aufeinanderfolgende Symbole gleichen Vorzeichens.

- *Gerade periodische Autokorrelations-Eigenschaft:* Die gerade periodische Autokorrelationsfunktion lautet

$$R_g(k) = \begin{cases} K & \text{für } k = 0 \\ -1 & \text{sonst.} \end{cases} \tag{23.9}$$

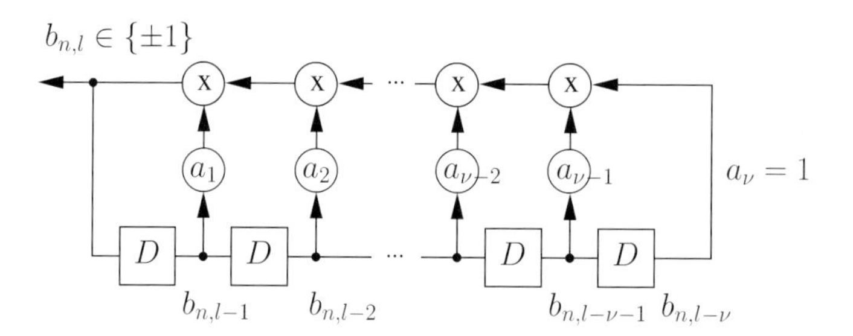

Bild 23.2: Lineares Schieberegister zur Erzeugung von zyklischen Codes ($a_l = 0$ bedeutet „keine Verbindung", $1 \leq l < \nu$)

Leider weisen die ungerade periodische Autokorrelationsfunktion und die gerade/ungerade periodische Kreuzkorrelationsfunktion keine günstigen Eigenschaften auf. Dieses Problem kann durch *Gold-Codes* verringert werden. Gold-Codes entstehen durch eine Verknüpfung von zwei m-Sequenzen unterschiedlicher Länge. Sie weisen gute gerade periodische Autokorrelations- und Kreuzkorrelationseigenschaften, jedoch keine guten ungeraden periodischen Autokorrelations- und Kreuzkorrelationseigenschaften auf.

Orthogonale Codes bilden, neben zyklischen Codes, eine weitere wichtige Klasse von Spreizsequenzen:

Definition 23.1.2 (Orthogonale Codes) *Ein Code wird orthogonal genannt, wenn das innere Produkt zwischen allen Paaren von Codewörtern Null ist:*

$$C_g(0) = \sum_{l=0}^{K-1} b_{n,l} \cdot b_{m,l} = \begin{cases} 0 & \textit{für } n \neq m \\ K & \textit{sonst} \end{cases} \tag{23.10}$$

Orthogonale Spreizcodes sind in der Aufwärtsstrecke nützlich, wenn einem mobilen Nutzer mehrere Codes im Sinne von Codemultiplex (CDM) zum Zwecke der Steigerung der Datenrate zugeordnet werden. Sie sind in der Abwärtsstrecke nützlich, wenn die Basisstation synchron Daten zu mehreren Mobilstationen sendet.

Beispiele für orthogonale Codes sind *Hadamard-Codes*, siehe Abschnitt 8.1.3, und *„Orthogonal Variable Spreading Factor (OVSF)"-Codes*. Die Familie der OVSF-Codes entstehen durch die Vorschrift

$$\mathbf{X}_{2n} := \begin{bmatrix} \mathbf{X}_n & \mathbf{X}_n \\ \mathbf{X}_n & -\mathbf{X}_n \end{bmatrix}, \qquad n \geq 1, \tag{23.11}$$

wobei $\mathbf{X}_1$ eine Menge von beliebigen orthogonalen Codes sein kann. Hadamard-Codes vom Sylvester-Typ bilden einen Spezialfall. Im Unterschied zu Hadamard-Codes müssen die Codewörter nicht die gleiche Länge besitzen. Dadurch sind unterschiedliche Spreizfaktoren realisierbar. Die Codes sind nicht zyklisch und für alle möglichen Spreizfaktoren orthogonal. Sie werden in der UMTS-Aufwärtsstrecke (UL) und der UMTS-Abwärtsstrecke (DL) als kurze Spreizcodes mit 4-256 Chips (UL) bzw. 4-512 Chips (DL) verwendet, wobei die Anzahl der Chips dem Spreizfaktor entspricht, und $\mathbf{X}_1 = [1]$ gewählt wurde. In Verbindung mit einer konstanten Chipdauer (und somit konstanter Signalbandbreite) wird durch Variation des Spreizfaktors die Datenrate verändert. Aufgrund der Orthogonalitätseigenschaft können die Nutzer unterschiedliche Datenraten verwenden, ohne das Mehrnutzerinterferenz auftritt.

23.1.2 Bitfehlerwahrscheinlichkeit ohne Mehrnutzerdetektion

In diesem Abschnitt wollen wir die Bitfehlerwahrscheinlichkeit eines DS-CDMA-Systems ohne Einsatz eines Mehrnutzerdetektors berechnen. Die Ergebnisse verdeutlichen den negativen Einfluss der Mehrnutzerinterferenz auf die Leistungsfähigkeit und Netzkapazität und motivieren somit anspruchsvollere Empfängerstrukturen.

In der Abwärtsstrecke kann ein DS-CDMA Sendesignal im komplexen Basisband in der Form

$$s(t) = \sum_k \sum_{n=0}^{N-1} a_n[k]\, g_n(t - kT), \qquad k = 0, 1, \ldots \tag{23.12}$$

dargestellt werden, wobei

$$g_n(t) = \sum_{l=0}^{K-1} b_{n,l} \operatorname{rect}\left(\frac{t - lT_c - T_c/2}{T_c}\right). \tag{23.13}$$

Hierbei ist N die Anzahl der aktiven Nutzer, K die Länge der (datenunabhängigen) Signatursequenzen, $a_n[k]$ das k-te Datensymbol des n-ten Nutzers ($0 \leq n \leq N-1$, $a_n[k] \in \mathbb{C}$), $g_n(t)$ der Grundimpuls des n-ten Nutzers ($g_n(t) \in \mathbb{C}$), $b_{n,l}$ die Signatursequenz des n-ten Nutzers ($0 \leq l \leq K-1$, $b_{n,l} \in \{+1, -1\}$), T die Symboldauer, T_c die Chipdauer ($T_c = T/K$) und k der Zeitindex. In diesem Beispiel werden rechteckförmige Grundimpulse der Dauer T_c angenommen. Nimmt man eine Übertragung über einen nichtdispersiven Kanal und als Störung additives weißes gaußsches Rauschen an, so lautet das Empfangssignal

$$r(t) = \sum_k \sum_{n=0}^{N-1} a_n[k]\, g_n(t - kT) + n(t). \tag{23.14}$$

Da sich für das AWGN-Kanalmodell auch in der Aufwärtsstrecke das gleiche Empfangssignal $r(t)$ ergibt, muss im zur weiteren Analyse nicht zwischen Auf- und Abwärtsstrecke unterschieden werden. Der konventionelle Empfänger, sieht eine *Bank von Matched-Filtern* vor. Da jedes Matched-Filter auf den zugehörigen Grundimpuls angepasst ist und Mehrnutzerinterferenz folglich ignoriert wird, spricht man von einem *Einnutzer-Detektor*. Man erhält das Matched-Filter-Ausgangssignal des n-ten Nutzers vor der Abtastung zu

$$\begin{aligned} y_n(t) &= r(t) * \left(\xi\, g_n^*(T - t)\right), \qquad \xi \neq 0 \\ &= \xi \int_{-\infty}^{\infty} r(\tau)\, g_n^*(\tau + T - t)\, d\tau \\ &= \xi \int_{t-T}^{t} r(\tau)\, g_n^*(\tau + T - t)\, d\tau. \end{aligned} \tag{23.15}$$

Nach symbolweiser Abtastung zum optimalen Zeitpunkt lautet das Matched-Filter-Ausgangssignal des n-ten Nutzers

$$y_n[k] := y_n(t = (k+1)T) = \xi \int_{kT}^{(k+1)T} r(\tau)\, g_n^*(\tau - kT)\, d\tau. \tag{23.16}$$

Ohne Beschränkung der Allgemeinheit betrachten wir das erste Sendesymbol ($k = 0$):

$$y_n[0] = \xi \int_0^T r(\tau)\, g_n^*(\tau)\, d\tau. \tag{23.17}$$

Mit $r(t) = s(t) + n(t)$ folgt

$$\begin{aligned}
y_n[0] &= \xi \int_0^T \sum_{j=0}^{N-1} a_j[0]\, g_j(\tau)\, g_n^*(\tau)\, d\tau + \xi \int_0^T n(\tau)\, g_n^*(\tau)\, d\tau \\
&= \xi T \sum_{j=0}^{N-1} a_j[0] \underbrace{\frac{1}{T}\int_0^T g_j(\tau)\, g_n^*(\tau)\, d\tau}_{:=\rho_{jn} \quad \text{(normierte KKF)}} + \xi \int_0^T n(\tau)\, g_n^*(\tau)\, d\tau \\
&= \xi T \sum_{j=0}^{N-1} a_j[0]\, \rho_{jn} + \xi \int_0^T n(\tau)\, g_n^*(\tau)\, d\tau \\
&= \sum_{j=0}^{N-1} a_j[0]\, \rho_{jn} + \underbrace{\frac{1}{T}\int_0^T n(\tau)\, g_n^*(\tau)\, d\tau}_{:=w[0] \quad \text{(Rauschterm)}} \qquad \text{für } \xi = 1/T \\
&= \underbrace{a_n[0]}_{\text{Nutzsymbol}} + \underbrace{\sum_{j=0;\ j\neq n}^{N-1} a_j[0]\, \rho_{jn}}_{\text{Mehrnutzerinterferenz}} + \underbrace{w[0]}_{\text{Rauschterm}}, \qquad \text{da } \rho_{nn} = 1.
\end{aligned} \tag{23.18}$$

Der mittlere Term stellt die *Mehrnutzerinterferenz* („Multiple Access Interference (MAI)") dar. Für synchrone m-Sequenzen lautet die normierte Kreuzkorrelationsfunktion (KKF)

$$\rho_{jn} = \frac{1}{T}\int_0^T g_j(\tau)\, g_n^*(\tau)\, d\tau = \begin{cases} 1 & \text{für } j = n \\ -1/K & \text{sonst} \end{cases} \tag{23.19}$$

Für synchrone m-Sequenzen folgt somit

$$y_n[0] = a_n[0] + \underbrace{\left(-\frac{1}{K}\right) \sum_{j=0;\ j\neq n}^{N-1} a_j[0] + w[0]}_{=:w'[0]}. \tag{23.20}$$

Für $N \gg 1$ ist $\sum_{j=0;\ j\neq n}^{N-1} a_j[0]$ gemäß dem zentralen Grenzwertsatz näherungsweise gaußverteilt. In diesem Fall ist der effektive Rauschterm $w'[0]$ ebenfalls näherungsweise gaußverteilt mit Mittelwert $E\{w'[0]\} = 0$ und Varianz $E\{|w'[0]|^2\}$:

$$\underbrace{E\{|w'[0]|^2\}}_{:=\frac{1}{(E_s/N_0)'}} = \underbrace{E\{|w[0]|^2\}}_{=\frac{1}{E_s/N_0}} + \frac{1}{K} E\left\{ \sum_{j=0,\ j\neq n}^{N-1} |a_j[0]|^2 \right\} \tag{23.21}$$

Mit $E\{|a_j[k]|^2\} = 1$ folgt für synchrone m-Sequenzen

$$\frac{1}{(E_s/N_0)'} = \frac{1}{E_s/N_0} + \frac{N-1}{K}. \tag{23.22}$$

Das *effektive Signal/Rauschleistungsverhältnis* lautet somit

$$(E_s/N_0)' = \frac{1}{\frac{N_0}{E_s} + \frac{N-1}{K}}. \tag{23.23}$$

Das effektive Signal/Rauschleistungsverhältnis ist aufgrund der Mehrnutzerinterferenz immer kleiner als das Signal/Rauschleistungsverhältnis auf dem Kanal, siehe Bild 23.3. Die Codewortlänge K wird in diesem Zusammenhang als *Prozessgewinn* bezeichnet.

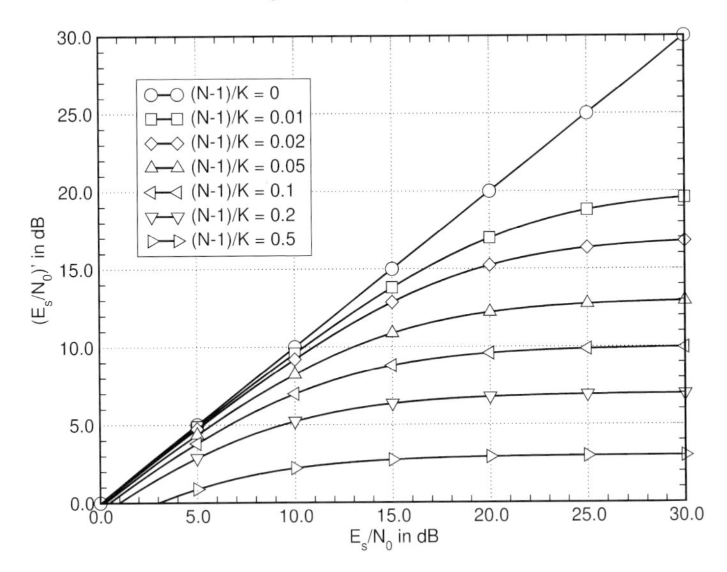

Bild 23.3: Effektives Signal/Rauschleistungsverhältnis als Funktion der normierten Nutzerzahl

Bei gegebenem effektiven Signal/Rauschleistungsverhältnis kann die Bitfehlerwahrscheinlichkeit für viele Modulationsverfahren als Funktion der *normierten Nutzerzahl* $(N-1)/K$ approximiert werden. Für 2-PSK beispielsweise ergibt sich die Bitfehlerwahrscheinlichkeit zu:

$$P_b \approx \frac{1}{2}\operatorname{erfc}\sqrt{\left(\frac{E_s}{N_0}\right)'} = \frac{1}{2}\operatorname{erfc}\sqrt{\frac{1}{\frac{N_0}{E_s} + \frac{N-1}{K}}} \qquad \text{für } N \gg 1 \tag{23.24}$$

Die Näherung folgt aus der Gauß'schen Approximation und gilt nur für sehr viele aktive Nutzer. Der Zusammenhang zwischen der Bitfehlerwahrscheinlichkeit und dem Signal/Rauschleistungsverhältnis auf dem Kanal, E_s/N_0, ist in Bild 23.4 als Funktion der normierten Nutzerzahl $(N-1)/K \approx N/K$ illustriert. Als Faustregel kann festgehalten werden, dass ohne Mehrnutzerdetektor bei einer Spreizlänge von K nur bis zu etwa $N = K/10$ aktive Nutzer versorgt werden können. Durch Maßnahmen zur Interferenzminimierung können wesentlich mehr Nutzer gleichzeitig kommunizieren, wie wir nachfolgend sehen werden.

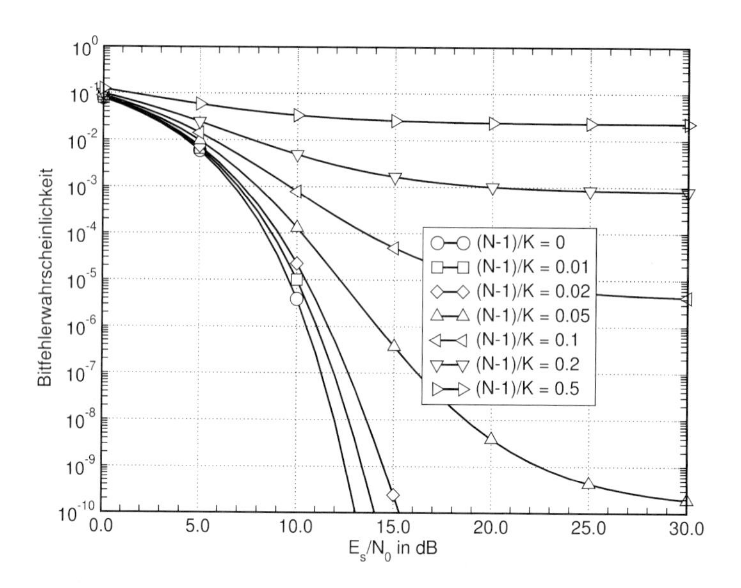

Bild 23.4: Bitfehlerwahrscheinlichkeit von 2-PSK als Funktion der normierten Nutzerzahl

23.1.3 Modellierung von Mehrnutzerinterferenz

Zwecks Herleitung von Mehrnutzerdetektoren ist eine kompakte Modellierung der Mehrnuzerinterferenz in Vektor-Matrix-Form hilfreich. Ein entsprechendes äquivalentes zeitdiskretes Kanalmodell wollen wir nun für die Aufwärtsstrecke herleiten. In der Aufwärtsstrecke ist eine Mehrnutzerdetektion praxisrelevanter als in der Abwärtsstrecke, weil die Basisband-Signalverarbeitung in der Basisstation geschieht. Diese kennt alle zur Detektion notwendigen Spreizcodes und verfügt typischerweise über eine größere Rechenleistung als die Mobilstationen. Bild 23.5 zeigt ein Blockdiagramm des betrachteten Kanalmodells.

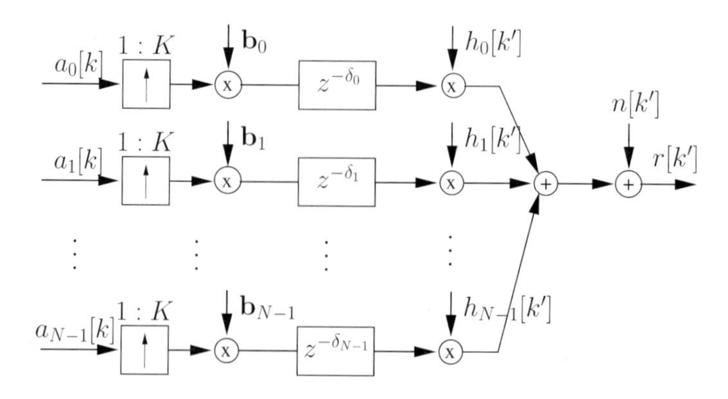

Bild 23.5: Äquivalentes zeitdiskretes Kanalmodell für die Aufwärtsstrecke

Erneut seien N die Anzahl der aktiven Nutzer, $a_n[k]$ das k-te Datensymbol des n-ten Nutzers ($0 \leq n \leq N-1$, $a_n[k] \in \mathbb{C}$), K der Spreizfaktor, $\mathbf{b}_n$ die Signatursequenz des n-ten Nutzers ($\mathbf{b}_n = [b_{n,0}, b_{n,1}, \ldots, b_{n,K-1}]$), δ_n die Signallaufzeit des n-ten Nutzsignals in Vielfachen der Chipdauer, $h_n[k']$ der Gewichtsfaktor des n-ten Nutzsignals bestimmt durch Sendeleistung und Kanaldämpfung ($h_n[k'] \in \mathbb{C}$), $n[k']$ ein additiver weißer Gauß'scher Rauschterm ($n[k'] \in \mathbb{C}$), $r[k']$ ein Abtastwert des Empfängereingangssignals vor dem Matched-Filter ($r[k'] \in \mathbb{C}$), k der Zeitindex der Datensequenz und k' der Zeitindex der Chipsequenz.

Das äquivalente zeitdiskrete Kanalmodell kann in der Vektor-Matrix-Form

$$\mathbf{r} = \mathbf{B} \cdot \mathbf{H} \cdot \mathbf{a} + \mathbf{n} \tag{23.25}$$

dargestellt werden. Hierbei ist $\mathbf{r}$ der Empfangsvektor vor Matched-Filterung, $\mathbf{a}$ der Datenvektor, $\mathbf{n}$ der Rauschvektor, $\mathbf{B}$ eine Matrix, die die Signatursequenzen und Signallaufzeiten repräsentiert, und $\mathbf{H}$ eine Diagonalmatrix, welche die (evtl. zeitvarianten) Gewichtsfaktoren repräsentiert. Man unterscheidet zwischen *synchroner Übertragung* („synchronuous DS-CDMA"):

$$\delta_n = \delta \quad \text{für alle } 0 \leq n \leq N-1 \qquad (\text{o.B.d.A.: } \delta = 0) \tag{23.26}$$

und *asynchroner Übertragung* („asynchronuous DS-CDMA"):

$$\delta_n \neq \delta_m \quad \text{für mindestens ein Paar } (n,m),\ 0 \leq n,m \leq N-1. \tag{23.27}$$

Beispiel 23.1.1 (Synchrone Übertragung) Wir betrachten $N = 2$ aktive Nutzer mit Spreizfaktor $K = 4$ und einem Datensymbol pro Nutzer. Die Annahme eines Datensymbols pro Nutzer (z. B. $k = 0$) geschieht ohne Beschränkung der Allgemeinheit. Die Datensymbole seien $a_0[0] = +1$ und $a_1[0] = -1$. Die Signatursequenzen lauten $\mathbf{b}_0 = [+1, -1, +1, -1]^T$ und $\mathbf{b}_1 = [+1, +1, +1, +1]^T$. Die Signallaufzeiten in Vielfachen der Chipdauer seien $\delta_0 = 0$ und $\delta_1 = 0$, ferner seien die zeitinvariante Gewichtsfaktoren durch $h_0 = 2.0$ und $h_1 = 0.5$ gegeben. Mit diesen Zahlenwerten folgt das gesuchte Kanalmodell zu

$$\mathbf{a} = \begin{bmatrix} a_0[0] \\ a_1[0] \end{bmatrix} = \begin{bmatrix} +1 \\ -1 \end{bmatrix}, \quad \mathbf{B} = [\mathbf{b}_0, \mathbf{b}_1] = \begin{bmatrix} +1 & +1 \\ -1 & +1 \\ +1 & +1 \\ -1 & +1 \end{bmatrix}, \quad \mathbf{H} = \begin{bmatrix} h_0 & 0 \\ 0 & h_1 \end{bmatrix} = \begin{bmatrix} 2.0 & 0 \\ 0 & 0.5 \end{bmatrix}. \tag{23.28}$$

Bei der synchronen Übertragung gestaltet sich die Kanalmodellierung somit als einfach. ◇

Beispiel 23.1.2 (Asynchrone Übertragung) Erneut betrachten wir $N = 2$ aktive Nutzer mit Spreizfaktor $K = 4$, nun aber zwei Datensymbole pro Nutzer. Die Datensymbole seien $a_0[0] = +1$, $a_0[1] = +1$ und $a_1[0] = -1$, $a_1[1] = -1$. Die Signatursequenzen seien unverändert $\mathbf{b}_0 = [+1, -1, +1, -1]^T$ und $\mathbf{b}_1 = [+1, +1, +1, +1]^T$. Die Signallaufzeiten in Vielfachen der Chipdauer seien nun $\delta_0 = 0$ und $\delta_1 = 1$, während die zeitinvarianten Gewichtsfaktoren mit $h_0 = 2.0$

und $h_1 = 0.5$ gleich geblieben seien. das gesuchte Kanalmodell kann in folgender Form dargestellt werden:

$$\mathbf{a} = \begin{bmatrix} a_0[0] \\ a_1[0] \\ a_0[1] \\ a_1[1] \end{bmatrix} = \begin{bmatrix} +1 \\ -1 \\ +1 \\ -1 \end{bmatrix}, \quad \mathbf{B} = \begin{bmatrix} +1 & 0 & 0 & 0 \\ -1 & +1 & 0 & 0 \\ +1 & +1 & 0 & 0 \\ -1 & +1 & 0 & 0 \\ 0 & +1 & +1 & 0 \\ 0 & 0 & -1 & +1 \\ 0 & 0 & +1 & +1 \\ 0 & 0 & -1 & +1 \\ 0 & 0 & 0 & +1 \end{bmatrix}, \quad \mathbf{H} = \begin{bmatrix} 2.0 & 0 & 0 & 0 \\ 0 & 0.5 & 0 & 0 \\ 0 & 0 & 2.0 & 0 \\ 0 & 0 & 0 & 0.5 \end{bmatrix}. \tag{23.29}$$

Wir erkennen, dass die Matrix **B** die Signallaufzeiten *und* die Signatursequenzen enthält, und somit eine besondere Bedeutung besitzt. Eine synchrone Übertragung ist als Spezialfall enthalten.

◊

23.1.4 Klassifizierung von Mehrnutzer-Empfängern

Mehrnutzer-Detektoren haben wie bereits erwähnt die Aufgabe, die Verluste aufgrund von Mehrnutzerinterferenz zu minimieren. Aus Aufwandsgründen empfiehlt sich der Einsatz von *kurzen Spreizcodes*. Im UMTS-System verwendet man in der Aufwärtsstrecke kurze Spreizcodes im Zusammenhang mit Mehrnutzer-Detektion, während in der Abwärtsstrecke lange Spreizcodes in Verbindung mit einem Rake-Empfänger (siehe Abschnitt 23.2) genommen werden. Man unterscheidet zwischen *linearen Mehrnutzer-Detektoren* und *nichtlinearen Mehrnutzer-Detektoren*.

23.1.4.1 „Single-User Matched-Filter"-Empfänger

Der *„Single-User Matched-Filter (MF)"-Empfänger* gehört zu der Klasse der linearen Empfänger. Er wird durch eine Bank von N parallelen Matched-Filtern realisiert, wobei das n-te Matched-Filter auf den Grundimpuls des n-ten Nutzers angepasst ist. Der „Single-User Matched-Filter"-Empfänger wird deshalb auch *konventioneller Detektor* genannt. Er ignoriert folglich Mehrnutzerinterferenz („Multiple Access Interference (MAI)"). Die Ausgangswerte des „Single-User Matched-Filter"-Empfängers lauten:

$$\begin{aligned} \mathbf{y}_{MF} &= \mathbf{B}^T \cdot \mathbf{r} = \mathbf{B}^T \cdot (\mathbf{B} \cdot \mathbf{H} \cdot \mathbf{a} + \mathbf{n}) \\ \hat{\mathbf{a}}_{MF} &= \operatorname{sign}(\mathbf{y}_{MF}). \end{aligned} \tag{23.30}$$

Die Funktion sign(.) besagt, dass für jedes Element des Arguments eine harte Entscheidung getroffen wird. Im Spezialfall einer synchronen Übertragung mit orthogonalen Spreizcodes gilt

$$\mathbf{B}^T \cdot \mathbf{B} = K\mathbf{E}, \tag{23.31}$$

wobei **E** die Einheitsmatrix mit gleicher Dimension wie $\mathbf{B}^T \cdot \mathbf{B}$ ist. In diesem Fall folgt:

$$\mathbf{y}_{MF} = K\mathbf{H} \cdot \mathbf{a} + \mathbf{B}^T \cdot \mathbf{n}, \tag{23.32}$$

d. h. wir erhalten die Leistungsfähigkeit eines Systems mit nur einem aktiven Nutzer, „single-user bound" genannt.

23.1.4.2 „Zero Forcing"-Empfänger

Der *„Zero Forcing (ZF)"-Empfänger* gehört zu der Klasse der linearen Empfänger. Er invertiert die Korrelationsmatrix und wird deshalb auch als *Dekorrelator* bezeichnet. Es bezeichne $\mathbf{R} := \mathbf{B}^T \cdot \mathbf{B}$ die sog. Korrelationsmatrix. Wir nehmen an, dass $\mathbf{R}^{-1}$ existiert. Mit dieser Substitution lauten die Ausgangswerte des „Zero Forcing"-Empfängers:

$$\begin{aligned} \mathbf{y}_{ZF} &= \mathbf{R}^{-1} \cdot \mathbf{y}_{MF} = \mathbf{R}^{-1} \cdot (\mathbf{B}^T \cdot \mathbf{B} \cdot \mathbf{H} \cdot \mathbf{a} + \mathbf{B}^T \mathbf{n}) = \mathbf{H} \cdot \mathbf{a} + \mathbf{R}^{-1} \cdot \mathbf{B}^T \cdot \mathbf{n} \\ \hat{\mathbf{a}}_{ZF} &= \mathrm{sign}(\mathbf{y}_{ZF}). \end{aligned} \tag{23.33}$$

Der „Zero Forcing"-Empfänger beseitigt die Mehrnutzerinterferenz vollständig, ohne das Orthogonalität vorausgesetzt wird. Er benötigt eine vollständige Kenntnis der Korrelationsmatrix $\mathbf{R}$ (d. h. alle Signatursequenzen und Signallaufzeiten müssen empfängerseitig bekannt sein), was in der Regel nur in der Basisstation möglich ist. Er werden keine Schätzwerte der Rauschleistung und der Gewichtsfaktoren benötigt. Nachteilig ist eine Färbung des Rauschens und Vergrößerung der mittleren Rauschleistung.

23.1.4.3 „Minimum Mean Square Error"-Empfänger

Der *„Minimum Mean Square Error"-Empfänger* gehört ebenfalls zu der Klasse der linearen Empfänger. Er minimiert den quadratischen Fehler $E\{\| \mathbf{y}_{MMSE} - \mathbf{a} \|_2^2\}$. Die Ausgangswerte des „Minimum Mean Square Error"-Empfängers lauten:

$$\begin{aligned} \mathbf{y}_{MMSE} &= (\mathbf{R} + \sigma_n^2 \mathbf{E})^{-1} \cdot \mathbf{y}_{MF} \\ \hat{\mathbf{a}}_{MMSE} &= \mathrm{sign}(\mathbf{y}_{MMSE}), \end{aligned} \tag{23.34}$$

wobei σ_n^2 die Varianz des additiven Rauschterms ist. Der „Minimum Mean Square Error"-Empfänger färbt das Rauschen, vergrößert die mittlere Rauschleistung aber weniger stark als der Dekorrelator. Er benötigt zusätzlich Kenntnis der Rauschvarianz.

23.1.4.4 Maximum-Likelihood-Empfänger

Der *Maximum-Likelihood (ML)-Empfänger* gehört zu der Klasse der nichtlinearen Empfänger. Er berechnet die wahrscheinlichsten Datensymbole. Das Maximum-Likelihood-Kriterium führt für additives weißes Gauß'sches Rauschen zu folgender Lösung, vgl. (23.25):

$$\hat{\mathbf{a}}_{ML} = \arg\min_{\tilde{\mathbf{a}}} \| \mathbf{r} - \mathbf{B} \cdot \mathbf{H} \cdot \tilde{\mathbf{a}} \|_2 . \tag{23.35}$$

Konzeptionell müssen die Empfangswerte $\mathbf{r}$ mit allen möglichen Hypothesen $\mathbf{B} \cdot \mathbf{H} \cdot \tilde{\mathbf{a}}$ verglichen werden. Da $\arg\min_{\tilde{\mathbf{a}}} \| \mathbf{r} - \mathbf{B} \cdot \mathbf{H} \cdot \tilde{\mathbf{a}} \|_2 = \arg\min_{\tilde{\mathbf{a}}} \| \mathbf{B}^T \cdot \mathbf{r} - \mathbf{B}^T \cdot \mathbf{B} \cdot \mathbf{H} \cdot \tilde{\mathbf{a}} \|_2$, kann der Algorithmus auch in der Form

$$\hat{\mathbf{a}}_{ML} = \arg\min_{\tilde{\mathbf{a}}} \| \mathbf{y}_{MF} - \mathbf{R} \cdot \mathbf{H} \cdot \tilde{\mathbf{a}} \|_2 \tag{23.36}$$

geschrieben werden. In dieser Ausführungsform wird zunächst eine Bank von N Matched-Filtern aufgebaut, dann (ohne Informationsverlust) symbolweise abgetastet und abschließend entschieden. Der Maximum-Likelihood-Empfänger erweist sich linearen Mehrnutzer-Empfängern bezüglich der Leistungsfähigkeit als überlegen. Er besitzt aber eine große Komplexität (synchrones DS-CDMA: M^N Möglichkeiten) und ist somit nur für Systeme mit wenigen Nutzern N realisierbar, typischerweise $N \leq 10$.

Für ein synchrones DS-CDMA-System mit $N = 2$ Nutzern, die beliebige m-Sequenzen mit Spreizfaktor $K = 7$ verwenden, ist in Bild 23.6 die Bitfehlerwahrscheinlichkeit für den Maximum-Likelihood-Empfänger als Funktion des Signal/Rauschleistungsverhältnis aufgetragen. Zum Vergleich wird die Leistungsfähigkeit des Einnutzerdetektors herangezogen. Der „near-far"-Effekt wird durch unterschiedliche Gewichtsfaktoren emuliert. Man erkennt die Überlegenheit des ML-Detektors, wenn der „near-far"-Effekt moderat oder stark ausgeprägt ist: Bei nur zwei Nutzern ist die Bitfehlerkurve beim ML-Detektor weitgehend unabhängig vom Gewichtsfaktor des Störers.

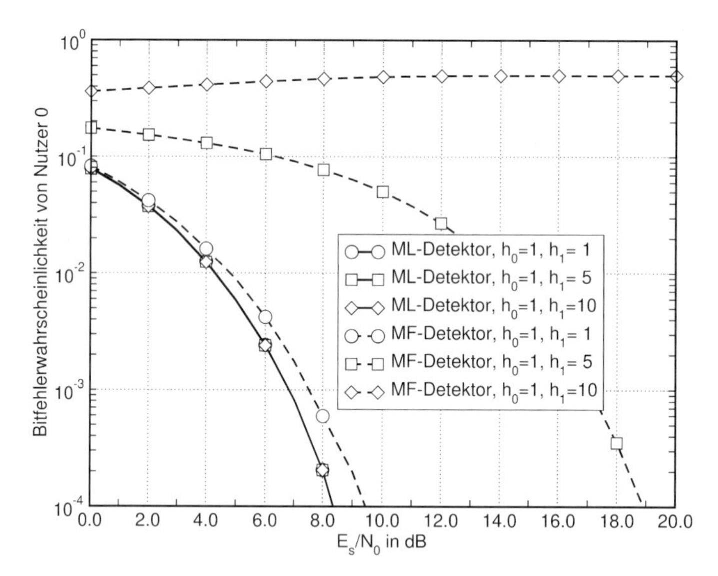

Bild 23.6: Bitfehlerwahrscheinlichkeit für den Maximum-Likelihood-Empfänger im Vergleich zum Einnutzerdetektor

Neben den vorgestellten Mehrnutzerdetektoren gibt es eine Vielzahl weiterer nichtlinearer Empfängerkonzepte. Zu erwähnen ist der „Decision Feedback"-Mehrnutzerdetektor, die parallele und serielle Interferenzunterdrückung, sowie der Mehrstufen-Empfänger. Der *„Decision Feedback"-Mehrnutzerdetektor* ergänzt den linearen Mehrnutzerdetektor um eine Rückkopplung entschiedener Symbole, ähnlich wie beim „Decision Feedback"-Entzerrer. Bei der *parallelen und seriellen Interferenzunterdrückung* wird bereits detektierte Interferenz vom Empfangssignal abgezogen, entweder gleichzeitig für alle Nutzer oder seriell hintereinander. Beim *Mehrstufen-Empfänger* schließlich werden mehrere aufwandsgünstige Mehrnutzerdetektoren kaskadiert. Nach jeder Verarbeitungsstufe wird im Mittel weniger Interferenz erwartet.

23.2 Rake-Empfänger für DS-CDMA-Systeme

Mobilfunkkanäle sind durch eine (zeitvariante) Mehrwegeausbreitung charakterisiert. Beispielsweise entspricht die im UMTS-System verwendete Chipdauer von $T_c = 0.26\ \mu$s ($1/T_c =$ 3.84 Mchip/s) einer Laufwegdifferenz von $\Delta d = c_0 \cdot T_c \approx 78$ m.

Mit Hilfe eines so genannten *Rake-Empfängers* gelingt es bei DS-CDMA-Systemen insbesondere für lange Spreizsequenzen, die Ausbreitungspfade des Funkkanals mit der Genauigkeit von einer Chipdauer aufzulösen, d. h. Ausbreitungspfade, die eine Laufwegdifferenz von etwa 78 m und mehr aufweisen, können im Empfänger separiert werden. Dies führt zu einem Diversitätsgewinn, wenn die Ausbreitungspfade statistisch unabhängig sind. Da die Chipdauer umgekehrt proportional zum Spreizfaktor ist, sind Rake-Empfänger insbesondere in Breitband-CDMA-Systemen effektiv. Bei einer Chipdauer von beispielsweise $T_c = 1\ \mu$s (IS-95) beträgt die erforderliche Laufwegdifferenz etwa $\Delta d \approx 300$ m. Bei Schmalband-CDMA-Systemen ist es deshalb schwierig, in kleinen Zellen einen Diversitätsgewinn zu erzielen.

Zwecks Herleitung des Rake-Empfängers fokussieren wir uns auf die Abwärtsstrecke eines DS-CDMA-Systems. Das Sendesignal lautet im komplexen Basisband

$$s(t) = \sum_k \sum_{n=0}^{N-1} a_n[k]\, g_n(t-kT), \qquad k = 0, 1, \ldots, \tag{23.37}$$

wobei der Grundimpuls des n-ten Nutzers gemäß

$$g_n(t) = \sum_{l=0}^{K-1} b_{n,l}\, g_{Tx}(t - lT_c) \tag{23.38}$$

definiert ist. Hierbei ist N die Anzahl der aktiven Nutzer, K die Länge der (datenunabhängigen) Signatursequenzen, $a_n[k]$ das k-te Datensymbol des n-ten Nutzers ($0 \le n \le N-1$, $a_n[k] \in \mathbb{C}$), $b_{n,l}$ die Signatursequenz des n-ten Nutzers ($0 \le l \le K-1$, $b_{n,l} \in \{+1, -1\}$), T die Symboldauer, T_c die Chipdauer ($T_c = T/K$) und k der Zeitindex. Für ein Mehrwege-Kanalmodell, charakterisiert durch P Streupfade mit Gewichtsfaktoren $f_p(t) \in \mathbb{C}$ und Verzögerungslaufzeiten τ_p, $0 \le p \le P-1$, lautet das Empfangssignal (siehe (21.34))

$$r(t) = \sum_{i=0}^{P-1} f_p(t)\, s(t-\tau_p) + n(t). \tag{23.39}$$

Das Matched-Filter-Ausgangssignal des n-ten Nutzers ergibt sich vor der Abtastung zu

$$\begin{aligned} y_n(t) &= r(t) * (\xi\, g_n^*(T-t)), \qquad \xi \neq 0 \\ &= \xi \int_{-\infty}^{\infty} r(\tau)\, g_n^*(\tau + T - t)\, d\tau \\ &= \xi \int_{t-T}^{t} r(\tau)\, g_n^*(\tau + T - t)\, d\tau, \qquad 0 \le \tau + T - t \le T \end{aligned} \tag{23.40}$$

und nach erfolgter Abtastung zu

$$y_n(t = (k+1)T) = \xi \int_{kT}^{(k+1)T} r(\tau)\, g_n^*(\tau - kT)\, d\tau. \tag{23.41}$$

Ohne Beschränkung der Allgemeinheit betrachten wir das erste Sendesymbol ($k = 0$):

$$y_n(t = T) = \xi \int_0^T r(\tau)\, g_n^*(\tau)\, d\tau. \tag{23.42}$$

Mit (23.39) folgt für $\xi = 1/T$

$$\begin{aligned} y_n(t = T) &= \frac{1}{T} \sum_{p=0}^{P-1} f_p(t = T) \int_0^T s(\tau - \tau_p)\, g_n^*(\tau)\, d\tau + \frac{1}{T} \int_0^T n(\tau)\, g_n^*(\tau)\, d\tau \\ &= \sum_{p=0}^{P-1} f_p(t = T) \left(\frac{1}{T} \int_0^T \sum_{j=0}^{N-1} a_j[0]\, g_j(\tau - \tau_p)\, g_n^*(\tau)\, d\tau \right) + \frac{1}{T} \int_0^T n(\tau)\, g_n^*(\tau)\, d\tau \\ &= \sum_{p=0}^{P-1} f_p(t = T) \left(\sum_{j=0}^{N-1} a_j[0]\, \underbrace{\frac{1}{T} \int_0^T g_j(\tau - \tau_p)\, g_n^*(\tau)\, d\tau}_{:=\rho_{jn}(\tau_p) \quad \text{(normierte KKF)}} \right) + \underbrace{\frac{1}{T} \int_0^T n(\tau)\, g_n^*(\tau)\, d\tau.}_{:=w[0] \quad \text{(Rauschterm)}} \end{aligned} \tag{23.43}$$

Nimmt man zwecks Vereinfachung der Darstellung an, dass die Verzögerungslaufzeiten Vielfache der Chipdauer Tc betragen, d. h. $\tau_p = pT_c$ für $0 \leq p \leq P-1$, so folgt für Spreizsequenzen mit guten Korrelationseigenschaften

$$y_n(t = T) \approx f_0(T)\, a_n[0] + w[0], \qquad y_n(t = T + T_c) \approx f_1(T + T_c)\, a_n[0] + w[1], \qquad \ldots \tag{23.44}$$

Allgemein gilt also

$$y_n(t = T + pT_c) \approx f_p(T + pT_c)\, a_n[0] + w[p], \qquad 0 \leq p \leq P-1. \tag{23.45}$$

Für Spreizsequenzen mit guten Korrelationseigenschaften und Mehrwegekanäle mit trennbaren Mehrwegepfaden wird der frequenzselektive Kanal somit in bis zu P parallele nichtfrequenzselektive Kanäle transformiert. Die Kernidee besteht darin, diese Trennung durchzuführen und anschließend die einzelnen Empfangssignale geeignet zu kombinieren. Diese Aufgaben erfüllt der sog. Rake-Empfänger.

Ein *Rake-Empfänger* („rake": Rechen, Harke) besteht (i) aus mindestens zwei parallelen, gegeneinander zeitversetzten Korrelatoren und (ii) einer Einrichtung, welche die Ausgangssignale der Korrelatoren (evt. gewichtet) kombiniert. Jeder Korrelator entspricht einem Matched-Filter. Die gegeneinander zeitversetzten Korrelatoren bezeichnet man als Rake-Finger. Ein Rake-Finger sammelt die Leistung jenes Mehrwegepfades ein, auf den das Matched-Filter angepasst ist. Bild 23.7 zeigt ein Blockschaltbild eines Rake-Empfängers. Die parallele Anordnung der Rake-Finger erinnert an eine Harke, ebenso die Tätigkeit des Einsammelns. Geeignete Optimierungskriterien für den Kombinierer sind „Selection Diversity" und „Maximum-Ratio-Combining".

Aus Aufwandsgründen reduziert man in der Praxis die Anzahl der Rake-Finger. Die Anzahl der Rake-Finger sei $Q \leq P$, typischerweise $Q \approx 3-4$. Die Rake-Finger sollten so platziert werden, dass die momentan leistungsstärksten Gewichtsfaktoren $f_p(t)$ berücksichtigt

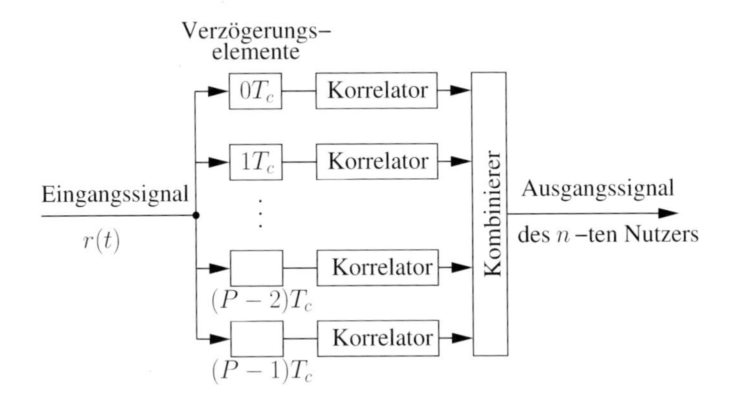

Bild 23.7: Rake-Empfänger mit P Fingern

werden, siehe Bild 23.8. Ein Rake-Empfänger, dessen Q Finger gemäß „Maximum-Ratio-Combining" kombiniert werden, erzeugt einen Diversitätsgewinn vom Grad Q, falls die Gewichtsfaktoren $f_p(t) \in \mathbb{C}$ statistisch unabhängig sind und in Betrag und Phase perfekt geschätzt werden können. Somit sind (mindestens) Q parallele Kanalschätzer pro Nutzkanal erforderlich. Oft verwendet man ein oder zwei zusätzliche Rake-Finger, die dynamisch unterschiedliche Verzögerungslaufzeiten absuchen, damit bei zeitvarianten Kanälen immer die Q leistungsstärksten Mehrwegepfade ausgewählt werden können.

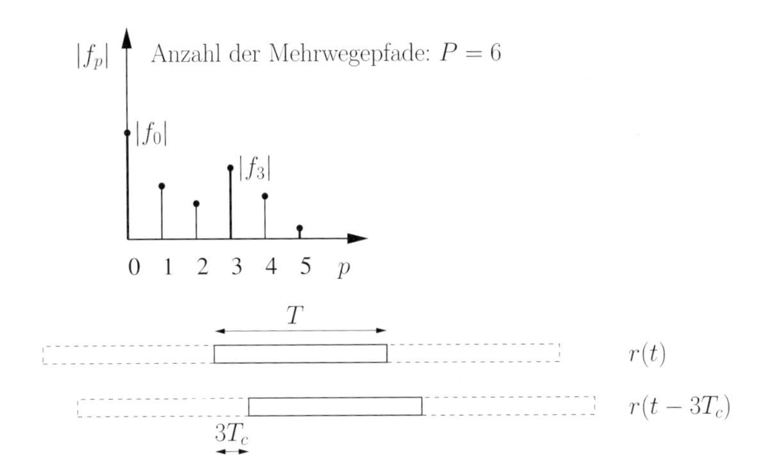

Bild 23.8: Prinzip des Rake-Empfängers mit $Q = 2$ Fingern

Die Leistungsfähigkeit eines Rake-Empfängers ist mit der eines Diversitätsempfängers vergleichbar. Beispielsweise gilt für 2-PSK-Modulation, rayleighverteilten Amplituden $|f_p(t)|$, statistisch unabhängigen Mehrwegepfaden mit gleichem mittleren Signal/Rauschleistungsverhältnis, „Maximum-Ratio-Combining" mit perfekter Kanalkenntnis und Vernachlässigung von Interferenztermen am Ausgang der Korrelatoren

$$P_b = \frac{1}{2}\left[1-\mu\sum_{l=0}^{Q-1}\binom{2l}{l}\left(\frac{1-\mu^2}{4}\right)^l\right], \qquad \text{wobei} \quad \mu = \sqrt{\frac{(E_b/N_0)/Q}{1+(E_b/N_0)/Q}}, \tag{23.46}$$

vgl. (22.7). Für große Signal/Rauschleistungsverhältnisse (> 10 dB) gilt näherungsweise

$$P_b \approx \left(\frac{1}{4(E_b/N_0)/Q}\right)^Q \binom{2Q-1}{Q}, \tag{23.47}$$

d. h. die Bitfehlerwahrscheinlichkeit P_b fällt mit der Q-ten Potenz. Für entsprechende Bitfehlerkurven siehe Bild 22.2. Im Falle von DPSK gilt entsprechend (22.11) und Bild 22.3.

24 Verfahren zur Verkürzung einer Kanalimpulsantwort

24.1 Empfängerstrukturen

Wir betrachten nun eine Datenübertragung über einen dispersiven Kanal. Das zugehörige äquivalente zeitdiskrete ISI-Kanalmodell sei durch

$$y[k] = \sum_{l=0}^{L_h} h_l\, a[k-l] + w[k], \qquad 0 \leq k \leq K-1, \tag{24.1}$$

gegeben, wobei K die Burstlänge ist. Die Kanalkoeffizienten werden innerhalb eines Bursts als zeitinvariant angenommen, um die nachfolgende Darstellung zu vereinfachen. Der *optimale Empfänger im Sinne des Maximum-Likelihood-Kriteriums* kann durch einen Viterbi-Algorithmus mit M^{L_h} Zuständen in Verbindung mit einem vorgeschalteten Matched-Filter (MF) oder Whitened-Matched-Filter (WMF) realisiert werden, vgl. Kapitel 17. Eine symbolweise Abtastung zum richtigen Zeitpunkt führt zu keinem Informationsverlust. Die Hauptproblematik des optimalen Empfängers besteht darin, dass für mehrstufige Modulationsverfahren ($M > 2$) und/oder moderate Gedächtnislängen L_h der Aufwand bei der Entzerrung sehr groß sein kann. Auch muss das MF bzw. WMF an die meist unbekannte Impulsantwort des Kanals angepasst werden. MF bzw. WMF müssen somit adaptiv sein, selbst wenn der Kanal zeitinvariant ist. Man spricht von einem kanalangepassten MF bzw. WMF. Eine Adaption ist im analogen Bereich schwer möglich.

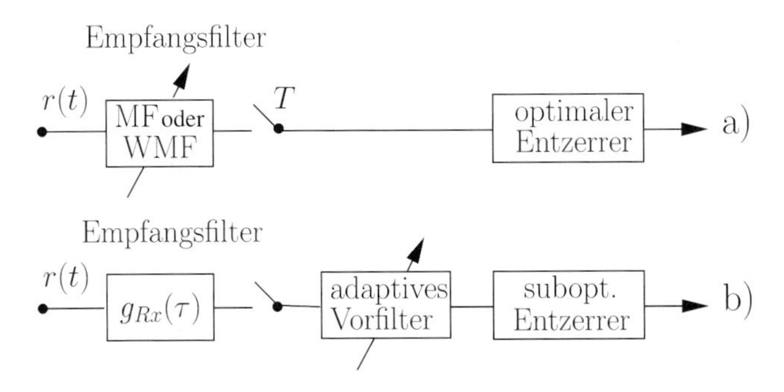

Bild 24.1: a) Optimaler Empfänger, b) suboptimaler Empfänger

Als *suboptimaler Empfänger* bietet sich ein aufwandsreduzierter Entzerrer in Verbindung mit einem *nichtadaptiven Empfangsfilter* und einem *adaptiven Vorfilter* an. Für das analoge Empfangsfilter wird oftmals eine Wurzel-Nyquist-Charakteristik verwendet, weil dann nach symbolweiser Abtastung der Rauschprozess weiß ist, wenn das Rauschen auf dem Kanal weiß ist. Das adaptive Vorfilter und der suboptimale Entzerrer würden in diesem Fall im Symboltakt arbeiten. Das analoge Empfangsfilter selbst bewirkt keinen Informationsverlust, solange keine Signalanteile im Frequenzbereich ausgelöscht werden, wohl aber eine symbolweise Abtastung. Dieser Informationsverlust kann in Mobilfunkanwendungen meist toleriert werden. Beide Alternativen sind in Bild 24.1 skizziert.

Bei trellisbasierten Entzerrern wie dem Viterbi-Algorithmus mit voller Zustandszahl ist es irrelevant, ob die Impulsantwort des äquivalenten zeitdiskreten ISI-Kanalmodells minimal-, gemischt- oder maximalphasig ist. Bei trellisbasierten Entzerrern mit reduzierter Zustandszahl wird hingegen die beste Leistungsfähigkeit erzielt, wenn die Impulsantwort des äquivalenten zeitdiskreten ISI-Kanalmodells minimalphasig oder zumindest verkürzt ist. Eine minimalphasige bzw. eine verkürzte Impulsantwort kann durch ein *adaptives Vorfilter* erzeugt werden.

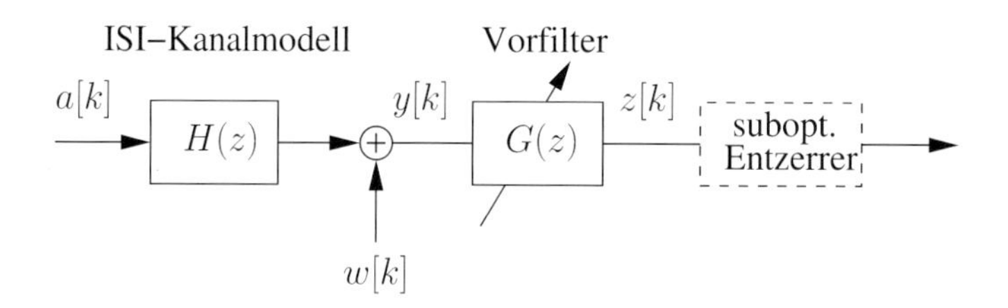

Bild 24.2: Gesamtsystem bestehend aus zeitdiskretem ISI-Kanalmodell, adaptivem Vorfilter und nachgeschaltetem aufwandsreduziertem Entzerrer, wobei $h_l \circ\!\!-\!\!\bullet\, H(z)$ und $g_l \circ\!\!-\!\!\bullet\, G(z)$

In diesem Kapitel werden zunächst die Begriffe Minimalphasigkeit, Maximalphasigkeit und Gemischtphasigkeit erläutert. Hierauf aufbauend wird ein Allpass entworfen, mit dem eine minimalphasige Gesamtimpulsantwort erzeugt werden kann. Anschließend wird ein Kalman-Filter-basierter Filterentwurf vorgestellt, mit dem ebenfalls eine minimalphasige Gesamtimpulsantwort approximiert werden kann. Zum Schluss wird ein Filterentwurf zur Erzeugung einer verkürzten Impulsantwort präsentiert. Verwendet man ein zeitinvariantes FIR-Vorfilter mit den Koeffizienten g_l, so erhält man für die betrachteten Szenarien ein Gesamtsystem gemäß Bild 24.2. Dieses dient im Folgenden als Referenz.

24.2 Minimalphasigkeit, Maximalphasigkeit, Gemischtphasigkeit

Wir definieren die Gesamtimpulsantwort einschließlich des Vorfilters zu

$$h_l^{ges} := h_l * g_l \circ\!\!-\!\!\bullet\, H^{ges}(z) := H(z) \cdot G(z) \tag{24.2}$$

und unterscheiden zwischen drei möglichen Fällen:

- *Minimalphasigkeit*: Eine Impulsantwort h_l^{ges} wird minimalphasig genannt, wenn die Energie auf die ersten Koeffizienten konzentriert ist, d. h. wenn

$$\sum_{l=0}^{i} |h_l^{ges}|^2 \geq \sum_{l=0}^{i} |f_l^{ges}|^2 \tag{24.3}$$

für beliebige $i \geq 0$ und für alle Impulsantworten f_l^{ges} ○—● $F^{ges}(z)$ mit der Eigenschaft $|F^{ges}(z)| = |H^{ges}(z)|$. Diese Aussage impliziert, dass alle Nullstellen des Polynoms $H^{ges}(z)$ im oder auf dem Einheitskreis liegen.

- *Maximalphasigkeit*: Von einer maximalphasigen Impulsantwort h_l^{ges} spricht man, wenn die Energie auf die letzten Koeffizienten konzentriert ist. Dies impliziert, dass alle Nullstellen von $H^{ges}(z)$ außerhalb oder auf dem Einheitskreis liegen. Eine maximalphasige Impulsantwort ergibt sich durch eine zeitliche Invertierung einer minimalphasigen Impulsantwort.

- *Gemischtphasigkeit*: Bei einer gemischtphasigen Impulsantwort liegen Nullstellen von $H^{ges}(z)$ im und außerhalb des Einheitskreises.

24.3 Vorfilter zur Erzeugung einer minimalphasigen Impulsantwort

Es sind unterschiedliche Verfahren zur Erzeugung minimalphasiger Impulsantworten bekannt. Didaktisch interessant sind insbesondere Verfahren zur *Wurzelsuche* des Polynoms $H(z)$ in Verbindung mit einem Allpass und Verfahren zur *spektralen Faktorisierung*. In den nächsten beiden Abschnitten wird für beide Varianten jeweils ein Lösungsansatz vorgestellt. Vorfilter zur Erzeugung einer minimalphasigen Kanalimpulsantwort sind insbesondere für suboptimale Entzerrer geeignet, wie im folgenden Kapitel 25 vertiefend erläutert wird.

24.3.1 Wurzelsuche

Um die Null- und Polstellen der Gesamtimpulsantwort berechnen zu können, beginnen wir zunächst mit dem ISI-Kanalmodell ohne Vorfilter. Gegeben seien die $L_h + 1$ Kanalkoeffizienten h_l, $0 \leq l \leq L_h$, dieses Kanalmodells. In einem realen Empfänger kann man diese Kanalkoeffizienten mit Hilfe eines Kanalschätzers schätzen. Wir bilden die *z-Transformierte*

$$H(z) = \sum_{l=0}^{L_h} h_l \cdot z^{-l} \tag{24.4}$$

und erhalten per Faktorisierung die L_h Nullstellen $z_{0,l}$ des Polynoms

$$H(z) = c \cdot (1 - z_{0,1}/z) \cdot (1 - z_{0,2}/z) \cdot \ \ldots \ \cdot (1 - z_{0,L_h}/z), \tag{24.5}$$

wobei $c \neq 0$ eine Konstante ist, die im Weiteren nicht relevant ist. Die L_h Nullstellen $z_{0,l}$ des Polynoms $H(z)$ sind somit durch die $L_h + 1$ Kanalkoeffizienten h_l eindeutig bestimmt. Die Wurzelsuche kann beispielsweise mit Hilfe des Laguerre-Verfahrens gelöst werden. Wie in Bild 24.3

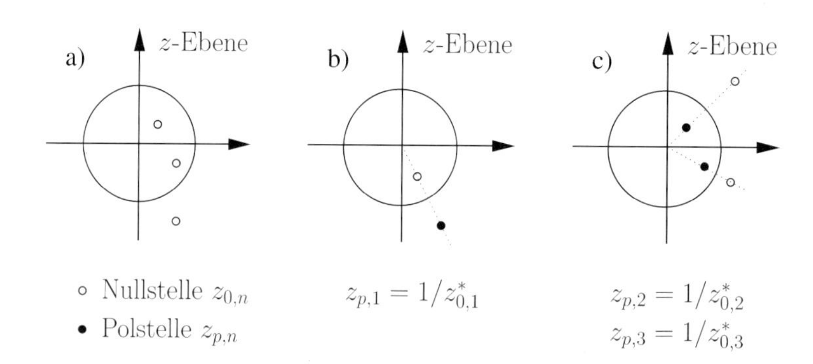

Bild 24.3: Pol-Nullstellenverteilung von a) zeitdiskretem Kanalmodell $H(z)$ ($L_h = 3$), b) (bei kausaler Realisierung) instabilem Allpass $G(z)$, c) stabilem Allpass $G(z)$

illustriert, kann ausgehend von $H(z)$ eine *minimalphasige Gesamtimpulsantwort* (genauso wie eine *maximalphasige Gesamtimpulsantwort*) durch einen *Allpass* $G(z)$ erzeugt werden.

Ein stabiler Allpass N-ter Ordnung besitzt genau N Pol- und Nullstellenpaare, wobei alle N Polstellen $z_{p,n}$ im Einheitskreis und die zugehörigen Nullstellen $z_{0,n}$ unter gleichem Winkel und mit invertiertem Betrag außerhalb des Einheitskreises liegen, d. h. $z_{p,n} = 1/z_{0,n}^*$ für alle $1 \leq n \leq N$, siehe beispielsweise [S. Haykin, 2002]. Dieser Fall ist in Bild 24.3 c) dargestellt. Durch einen Vergleich mit Bild 24.3 a) erkennt man, dass die beiden Polstellen des stabilen Allpasses die beiden im Einheitskreis liegenden Nullstellen von $H(z)$ kompensieren. Übrig bleiben drei Nullstellen außerhalb des Einheitskreises, zwei vom Allpass und eine von $H(z)$. Die Gesamtimpulsantwort ist folglich maximalphasig. Sie kann (wie gewünscht) minimalphasig gemacht werden, indem die Empfangssequenz vor der Kanalschätzung, Vorfilterung und Entzerrung zeitlich invertiert wird. Dies ist bei einer blockweisen Verarbeitung nicht problematisch.

Bei kausaler Realisierung tritt Instabilität auf, wenn mindestens ein Pol außerhalb des Einheitskreises liegt. Dieser Fall ist in Bild 24.3 b) dargestellt. Durch einen Vergleich mit Bild 24.3 a) erkennt man, dass die Polstelle des instabilen Allpasses die außerhalb des Einheitskreises liegende Nullstelle von $H(z)$ kompensiert. Übrig bleiben drei Nullstellen innerhalb des Einheitskreises, eine vom Allpass und zwei von $H(z)$. Die Gesamtimpulsantwort ist folglich minimalphasig.

24.3.2 Spektrale Faktorisierung

Hinsichtlich einer *spektralen Faktorisierung* sind viele Varianten bekannt. Ein Verfahren basierend auf einem Kalman-Filter-Ansatz wird nun genauer vorgestellt. Um die Kalman-Filter-Gleichungen aufstellen zu können, leiten wir zunächst ein *lineares Zustandsmodell* für das zeitinvariante diskrete ISI-Kanalmodell

$$y[k] = \sum_{l=0}^{L_h} h_l \, a[k-l] + w[k] \tag{24.6}$$

her. Das zeitdiskrete Zustandsmodell besteht aus der *Systemgleichung*

$$\mathbf{x}[k+1] = \mathbf{F}\,\mathbf{x}[k] + \mathbf{G}\,a[k+1] \tag{24.7}$$

und der *Beobachtungsgleichung*

$$y[k] = \mathbf{H}^T \mathbf{x}[k] + w[k], \tag{24.8}$$

wobei $\mathbf{x}[k]$ ein Zustandsvektor der Länge $\delta + 1 > L_h$ ist. Durch einen Vergleich folgt

$$\begin{aligned} \mathbf{F} &= \begin{bmatrix} 0 & 0 & \cdots & 0 & 0 \\ 1 & 0 & \cdots & 0 & 0 \\ 0 & 1 & \cdots & 0 & 0 \\ \vdots & & \ddots & & \vdots \\ 0 & 0 & \cdots & 1 & 0 \end{bmatrix} \\ \mathbf{G} &= \begin{bmatrix} 1, & 0, & \ldots, & 0 \end{bmatrix}^T \\ \mathbf{H} &= \begin{bmatrix} h_0, & h_1, & \ldots, & h_{L_h}, & 0, & \ldots, & 0 \end{bmatrix}^T. \end{aligned} \tag{24.9}$$

Wir erkennen, dass das hergeleitete lineare Zustandsmodell das äquivalente zeitdiskrete ISI-Kanalmodell näherungsfrei nachbildet [R. E. Lawrence & H. Kaufman, 1971]. Da das Kanalmodell als zeitinvariant angenommen wurde, ist entsprechend auch das Zustandsmodell zeitinvariant.

Bei gegebenem Zustandsmodell ist ein *Kalman-Filter* das *optimale lineare Filter* im Sinne einer Minimierung des mittleren quadratischen Fehlers (MMSE) zwischen den Elementen des Zustandsvektors $\mathbf{x}[k]$ und den Elementen des dazugehörigen prädizierten Schätzvektors $\hat{\mathbf{x}}[k|k-1]$ für jeden Zeitindex k:

$$E\left\{|x_l[k] - \hat{x}_l[k|k-1]|^2\right\} \rightarrow \min \qquad \forall\, 0 \leq l \leq \delta. \tag{24.10}$$

Wie in Bild 24.4 illustriert, stellt ein Kalman-Filter eine Kopie des zugrundeliegenden Zustandsmodells dar, nur wird die Eingangsmatrix $\mathbf{G}$ durch den sog. Kalman-Gain $\mathbf{K}[k]$ ersetzt. Der Kalman-Gain ist auch bei zeitinvariantem Zustandsmodell in der Akquisitionsphase zeitvariant. Die geschätzten Ausgangswerte $\hat{y}[k]$ werden von den Beobachtungen $y[k]$ subtrahiert, die Fehlerwerte $e[k] = y[k] - \hat{y}[k]$ bilden die Innovationssequenz für die Kalman-Filterung, siehe z. B. [B. D. O. Anderson & J. B. Moore, 2005].

Aufgrund der speziellen Vektoren und Matrizen $\mathbf{F}$, $\mathbf{G}$ und $\mathbf{H}$ kann das Kalman-Filter im stationären Fall, d. h. nach erfolgter Akquisition ($k \rightarrow \infty$), gemäß Bild 24.5 dargestellt werden, wobei $\mathbf{K} := \lim_{k\rightarrow\infty} \mathbf{K}[k] = [k_0, k_1, \ldots, k_\delta]^T$.

Das stationäre Kalman-Filter entspricht einem *linearen MMSE Entzerrer* (MMSE: Minimum Mean Squared Error). Wie in Bild 24.5 ersichtlich, kann das Kalman-Filter in ein *FIR-Filter* sowie ein *IIR-Filter* zerlegt werden. Dieser Sachverhalt ist in Bild 24.6 nochmals dargestellt.

Satz 24.3.1 *Das FIR-Filter erzeugt eine minimalphasige Gesamtimpulsantwort [B. Mulgrew, 1990/91].*

Beweis 24.3.1 Die z-Transformierte der Autokorrelationssequenz der Empfangswerte $y[k]$ lautet

$$R_{yy}(z) = H(z) \cdot H^*(1/z^*)\sigma_a^2 + \sigma_w^2, \quad E\{a[k]\,a^*[l]\} = \sigma_a^2\, \delta_{k-l}, \quad E\{w[k]\,w^*[l]\} = \sigma_w^2\, \delta_{k-l}. \tag{24.11}$$

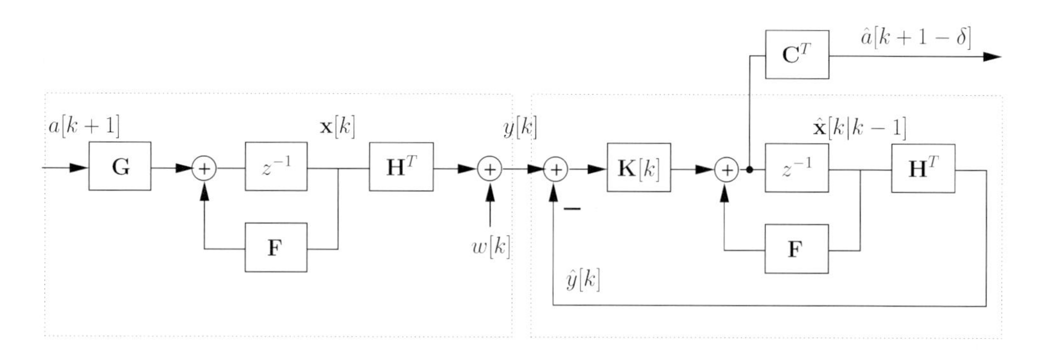

Bild 24.4: Zeitdiskretes Zustandsmodell und zugehöriges Kalman-Filter ($\mathbf{K}[k]$ ist der zeitvariante Kalman-Gain und $\mathbf{C} := [0, 0, \ldots, 0, 1]^T$)

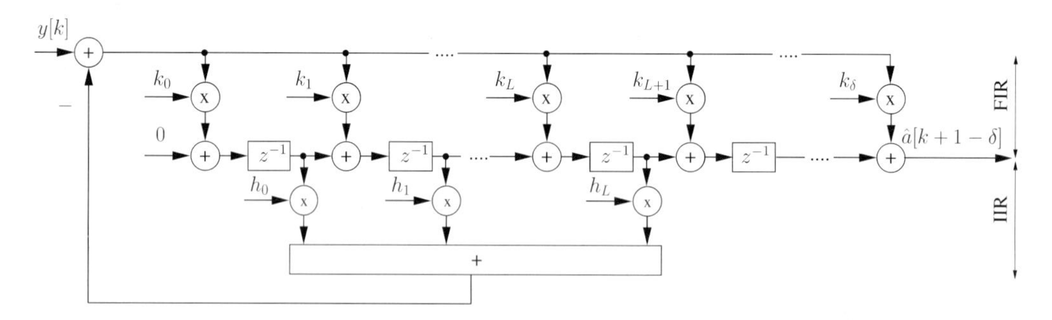

Bild 24.5: Das stationäre Kalman-Filter entspricht einem *linearen MMSE Entzerrer* und kann in ein *FIR-Filter* sowie ein *IIR-Filter* zerlegt werden

Eine *spektrale Faktorisierung* ergibt

$$R_{yy}(z) := R(z) \cdot R^*(1/z^*), \tag{24.12}$$

wobei $R(z)$ alle Nullstellen innerhalb des Einheitskreises zugeordnet werden und $R(z)$ somit einem minimalphasigen Filter entspricht. Die z-Transformierte des linearen MMSE Entzerrers

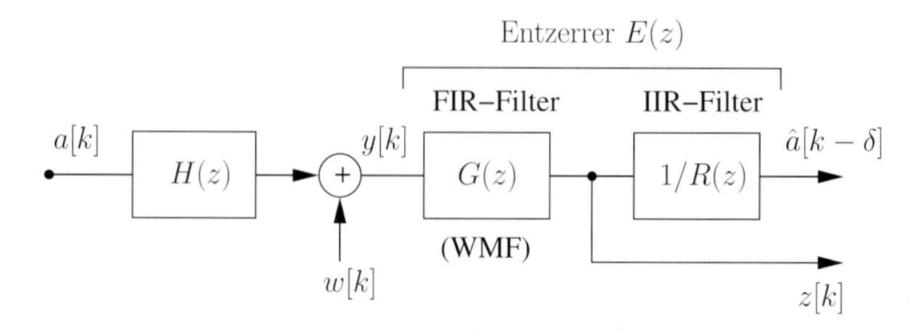

Bild 24.6: ISI-Kanalmodell und linearer Entzerrer

lautet

$$E(z) = \underbrace{\frac{1}{R(z)}}_{\text{IIR-Filter}} \cdot \underbrace{\left[z^{-\delta} H^*(1/z^*) \frac{1}{R^*(1/z^*)} \right]_+}_{\text{FIR-Filter}}, \tag{24.13}$$

wobei $[.]_+$ der kausale Anteil des Arguments (im Zeitbereich) ist. Somit gilt

$$H(z) \cdot E(z) = \underbrace{H(z)}_{\text{Kanalmodell}} \cdot \underbrace{\frac{1}{R(z)} \cdot \left[z^{-\delta} H^*(1/z^*) \frac{1}{R^*(1/z^*)} \right]_+}_{\text{linearer Entzerrer}} \approx z^{-\delta}. \tag{24.14}$$

Daraus folgt

$$\underbrace{H(z)}_{\text{Kanalmodell}} \cdot \underbrace{\left[z^{-\delta} H^*(1/z^*) \frac{1}{R^*(1/z^*)} \right]_+}_{\text{FIR-Filter}} \approx z^{-\delta} \cdot R(z). \tag{24.15}$$

Auf der rechten Seite steht, abgesehen von einer irrelevanten Verzögerung, eine minimalphasige Funktion. Folglich muss die linke Seite ebenfalls minimalphasig sein. Somit stellt das FIR-Filter

$$G(z) := z^{-\delta} K(1/z) := \left[z^{-\delta} H^*(1/z^*) \frac{1}{R^*(1/z^*)} \right]_+ \tag{24.16}$$

ein kausales Filter zur Approximation einer minimalphasigen Gesamtimpulsantwort dar. Es folgt als wichtiges Ergebnis, dass k_l ○—● $K(z)$ die gesuchte Impulsantwort des Vorfilters (in direkter Form I) ist. □

Hieraus können folgende Erkenntnisse abgeleitet werden:

- Das Vorfilter setzt sich aus einem kanalangepaßten *Matched-Filter* (MF) h^*_{-l} ○—● $H^*(1/z^*)$ und einem *Whitening-Filter* (WF) $1/R^*(1/z^*)$ sowie einem Verzögerungselement $z^{-\delta}$ zusammen und approximiert damit (für große δ) ein kausales *Whitened-Matched-Filter (WMF)*. Der Rauschprozess am Ausgang des Vorfilters ist somit weiß.
- Das WMF-Vorfilter ist ein *FIR-Filter* und somit immer stabil. Wir bezeichnen die Filterlänge mit $L_{WMF} := \delta + 1$.
- Die Koeffizienten des Vorfilters entsprechen den *stationären Kalman-Koeffizienten* k_l, $0 \leq l \leq L_{WMF} - 1$.
- Für $L_{WMF} \gg L_h$ und perfekte Kanalkenntnis ist die Gesamtimpulsantwort minimalphasig, für moderate Filterlängen wird eine minimalphasige Gesamtimpulsantwort approximiert.
- Eine zeitliche Invertierung der Empfangssequenz ist bei dieser Realisierung im Unterschied zum stabilen Allpass nicht notwendig.

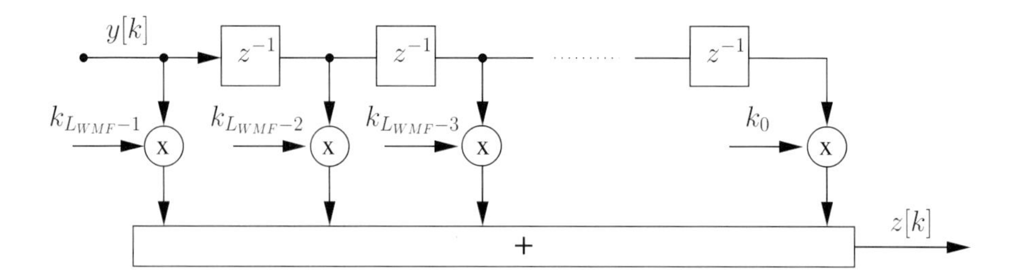

Bild 24.7: Blockschaltbild des Whitened-Matched-Filters nach dem Kalman-Ansatz

Bild 24.7 zeigt ein Blockschaltbild des Whitened-Matched-Filters nach dem Kalman-Ansatz. Man beachte die Anordnung der Filterkoeffizienten.

Ein klassischer Lösungsansatz zur Berechnung der Filterkoeffizienten beruht auf einer iterativen Berechnung der rekursiven *Kalman-Filtergleichungen* ($k \geq 0$):

$$\begin{aligned} \mathbf{K}[k] &= \Sigma[k|k-1]\mathbf{H}^* \left(\mathbf{H}^T\Sigma[k|k-1]\mathbf{H}^* + \sigma_w^2\right)^{-1} \\ \Sigma[k|k] &= \Sigma[k|k-1] - \mathbf{K}[k]\mathbf{H}^T\Sigma[k|k-1], \\ \Sigma[k+1|k] &= \mathbf{F}\Sigma[k|k]\mathbf{F}^T + \sigma_a^2\mathbf{G}\mathbf{G}^T \end{aligned} \tag{24.17}$$

wobei

$$\Sigma[k|k-1] := E\{[\mathbf{x}[k] - \hat{\mathbf{x}}[k|k-1]] \cdot [\mathbf{x}[k] - \hat{\mathbf{x}}[k|k-1]]^H\}. \tag{24.18}$$

die Fehlerkovarianzmatrix ist [B. D. O. Anderson & J. B. Moore, 2005]. Nach einigen Iterationen erhält man die stationäre Lösung

$$\mathbf{K} := \lim_{k\to\infty} \mathbf{K}[k] = [k_0, k_1, \ldots, k_{L_{WMF}-1}]^T. \tag{24.19}$$

Nutzt man die Eigenschaft aus, dass Eingangsmatrix $\mathbf{G}$, Systemmatrix $\mathbf{F}$ und möglicherweise auch Ausgangsmatrix $\mathbf{H}$ dünn besetzt sind, so kann ein effizienter Algorithmus zur Berechnung der Filterkoeffizienten gefunden werden [S. Badri-Höher, 2002].

Zusammenfassend können die Eigenschaften des adaptiven WMF-Vorfilters wie folgt charakterisiert werden:

- *Whitened-Matched-Filterung* und *Minimalphasigkeit* werden mit nur einem Filter realisiert.
- Eine *spektrale Faktorisierung* geschieht inhärent.
- Es ist *keine Matrixinversion* notwendig, somit ist der Filterentwurf sehr effizient.
- Das Filterentwurf führt immer auf eine *stabile Lösung* (FIR-Filter).
- Die benötigte *Filterlänge ist moderat* (Faustregel: $L_{WMF} \approx 2.5 \cdot L_h$).
- Der Algorithmus zur Berechnung der Filterkoeffizienten hängt nicht von der *Anzahl und Position der Nullstellen* von $H(z)$ ab. Der Aufwand ist somit konstant.

- Das WMF-Vorfilter ist, im Vergleich zu einer Wurzelsuche, *weniger sensitiv* gegenüber Schätzfehler bei der Kanalschätzung.

24.4 Vorfilter zur Verkürzung einer Impulsantwort

Eine Alternative zur Erzeugung einer minimalphasigen (oder maximalphasigen) Impulsantwort besteht in der Impulsverkürzung. Man kann ein Vorfilter so adaptieren, dass die Gesamtimpulsantwort eine Länge $L_T + 1$ aufweist, d. h. $h_l^{ges} \approx 0$ für $l < 0$ und $h_l^{ges} \approx 0$ für $l > L_T$, wobei $L_T < L$ ein einstellbarer Parameter ist („truncation length"). Die beiden wichtigsten Anwendungen sind wie folgt:

- Vorfilter zur Verkürzung der Kanalimpulsantwort eignen sich in Einträgersystemen insbesondere in Verbindung mit trellisbasierten Entzerrern voller Zustandszahl M^{L_T}. Aufgrund der Eigenschaft $L_T < L$ führt das Vorfilter zu einer Aufwandsreduktion.

- Vorfilter zur Verkürzung der Kanalimpulsantwort eignen sich in OFDM-Mehrträgersystemen insbesondere zur Verringerung der Länge des Schutzintervalls. Je kürzer die Gesamtimpulsantwort, umso kürzer kann das Schutzintervall ausgelegt werden.

Nachteilig ist die Eigenschaft, dass das Vorfilter im Allgemeinen den Rauschprozess färbt.

Wie in Abschnitt 17.2.2 ausgeführt, dient das Vorwärtsfilter eines entscheidungsrückgekoppelten Entzerrers (DFE) zur Impulsverkürzung, während das Rückwärtsfilter das verbliebene Symbolübersprechen auslöscht. Die Kernidee besteht nun darin, das Vorwärtsfilter eines DFEs als Vorfilter zur Impulsverkürzung zu verwenden. Das Vorwärtsfilter entspricht einem FIR-Filter und ist somit immer stabil. Das Rückwärtsfilter wird nicht weiter benötigt.

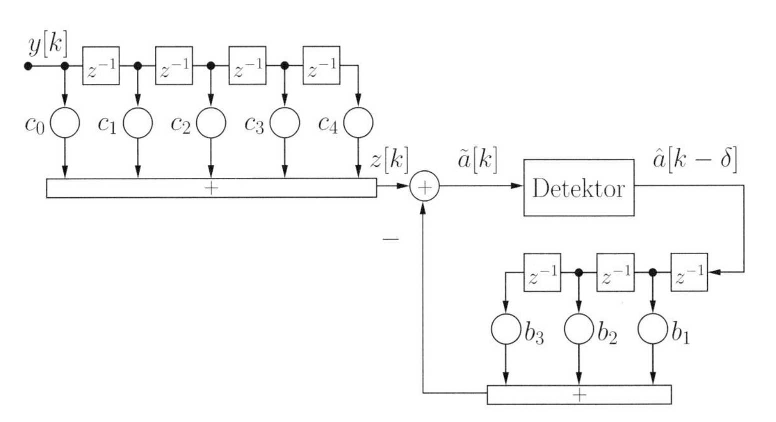

Bild 24.8: Entscheidungsrückgekoppelter Entzerrer ($K_1 + 1 = 5$, $K_2 = 3$)

Aus der Literatur sind verschiedene Kriterien zum Filterentwurf bekannt. Im folgenden wird ein MMSE-basierter Vorfilterentwurf vorgestellt [K.-D. Kammeyer, 1994]. Wir betrachten zunächst den in Bild 24.8 gezeigten entscheidungsrückgekoppelten Entzerrer mit $L_{FF} := K_1 + 1$

Vorwärtsfilterkoeffizienten

$$\mathbf{c} = [c_0, c_1, \ldots, c_{K_1}]^H = [c_0, c_1, \ldots, c_{L_{FF}-1}]^H \tag{24.20}$$

und $L_T := K_2$ Rückwärtsfilterkoeffizienten

$$\mathbf{b} = [b_1, b_2, \ldots, b_{K_2}]^H = [b_1, b_2, \ldots, b_{L_T}]^H. \tag{24.21}$$

Alle Koeffizienten werden als komplexwertig angenommen. Ferner bezeichnet der Vektor

$$\mathbf{y} = [y[k], y[k-1], \ldots, y[k-K_1]]^T = [y[k], y[k-1], \ldots, y[k-L_{FF}+1]]^T \tag{24.22}$$

der Länge $L_{K_1}+1$ die Abtastwerte am Ausgang des analogen Empfangsfilters und der Vektor

$$\mathbf{a} = [a[k-\delta-1], \ldots, a[k-\delta-K_2]]^T = [a[k-\delta-1], \ldots, a[k-\delta-L_T]]^T \tag{24.23}$$

der Länge K_2 den Datenvektor. Die Datensymbole seien bekannt und statistisch unabhängig und identisch verteilt (i.i.d.). Der Parameter $\delta \geq 0$ stellt eine zu optimierende Verzögerung dar. Die L_h+1 Koeffizienten des äquivalenten zeitdiskreten ISI-Kanalmodells seien ebenfalls bekannt.

Ein MMSE-DFE minimiert per Definition die Kostenfunktion

$$\begin{aligned} J(\mathbf{c}, \mathbf{b}) &:= E\{|\tilde{a}[k] - a[k-\delta]|^2\} \\ &= E\{|\mathbf{c}^H \cdot \mathbf{y} - \mathbf{b}^H \cdot \mathbf{a} - a[k-\delta]|^2\}. \end{aligned} \tag{24.24}$$

Das Minimum der Kostenfunktion $J(\mathbf{c}, \mathbf{b})$ wird erreicht, wenn folgende notwendigen Bedingungen erfüllt sind:

$$\frac{\partial J(\mathbf{c}, \mathbf{b})}{\partial \mathbf{c}} = \mathbf{0}^T \quad \text{und gleichzeitig} \quad \frac{\partial J(\mathbf{c}, \mathbf{b})}{\partial \mathbf{b}} = \mathbf{0}^T. \tag{24.25}$$

Mit Hilfe der auf dem *Wirtinger-Kalkül* basierenden Ableitung ergibt sich folgendes gekoppeltes Gleichungssystem:

$$\mathbf{c}^H \mathbf{R}_{yy} = \mathbf{b}^H \mathbf{R}_{ya} + \mathbf{r}_{ya}^H \tag{24.26}$$

$$\mathbf{b}^H = \mathbf{c}^H \mathbf{R}_{ya}^H. \tag{24.27}$$

Durch Einsetzen der zweiten Formel in die erste Formel erhält man die Berechnungsvorschrift für den Entwurf des Vorwärtsfilters zu

$$\mathbf{c}^H = \mathbf{r}_{ya}^H \left(\mathbf{R}_{yy} - \frac{1}{\sigma_a^2} \mathbf{R}_{ya}^H \cdot \mathbf{R}_{ya} \right)^{-1}. \tag{24.28}$$

Folglich sind die Korrelationsmatrizen $\mathbf{R}_{yy}$ und $\mathbf{R}_{ya}$ und der Korrelationsvektor $\mathbf{r}_{ya}$ zu bestimmen. Das Rückwärtsfilter wird in dieser Anwendung wie erwähnt nicht benötigt, könnte bei bekanntem Vorwärtsfilter aber mit (24.27) berechnet werden.

- Die $(L_{FF} \times L_{FF})$-Autokorrelationsmatrix

$$\mathbf{R}_{yy} = E\{\mathbf{y} \cdot \mathbf{y}^H\} = \begin{bmatrix} r_{yy}[0,0] & r_{yy}[0,1] & \cdots & r_{yy}[0, L_{FF}-1] \\ r_{yy}[1,0] & r_{yy}[1,1] & \cdots & r_{yy}[1, L_{FF}-1] \\ \vdots & & \ddots & \vdots \\ r_{yy}[L_{FF}-1, 0] & r_{yy}[L_{FF}-1, 1] & \cdots & r_{yy}[L_{FF}-1, L_{FF}-1] \end{bmatrix} \tag{24.29}$$

besitzt die Elemente

$$r_{yy}[i,j] = E\{y[k+j-i]\,y^*[k]\}, \qquad 0 \le i,j \le L_{FF}-1. \tag{24.30}$$

Durch Substitution des äquivalenten zeitdiskreten ISI-Kanalmodells

$$y[k] = \sum_{l=0}^{L_h} h_l\,a[k-l] + w[k] \tag{24.31}$$

können die Elemente wie folgt berechnet werden:

$$\begin{aligned} r_{yy}[i,j] &= \sum_{l=0}^{L_h}\sum_{l'=0}^{L_h} h_l\,h_{l'}^*\,E\{a[k+j-i-l]\,a^*[k-l']\} + \sigma_w^2\,\delta_{i-j} \\ &= \sum_{l=0}^{L_h} h_l\,h_{l+i-j}^* + \sigma_w^2\,\delta_{i-j}, \qquad 0 \le i,j \le L_{FF}-1. \end{aligned} \tag{24.32}$$

- Die $(L_T \times L_{FF})$-Kreuzkorrelationsmatrix

$$\mathbf{R}_{ya} = E\{\mathbf{a}\cdot\mathbf{y}^H\} = \begin{bmatrix} r_{ya}[1,0] & r_{ya}[1,1] & \cdots & r_{ya}[1,L_{FF}-1] \\ r_{ya}[2,0] & r_{ya}[2,1] & \cdots & r_{ya}[2,L_{FF}-1] \\ \vdots & & \ddots & \vdots \\ r_{ya}[L_T,0] & r_{ya}[L_T,1] & \cdots & r_{ya}[L_T,L_{FF}-1] \end{bmatrix} \tag{24.33}$$

besteht aus den Elementen

$$r_{ya}[i,j] = E\{a[k-\delta+j-i]\,y^*[k]\}. \tag{24.34}$$

Die Elemente können gemäß

$$\begin{aligned} r_{ya}[i,j] &= \sum_{l=0}^{L_h} h_l^*\,E\{a^*[k-l]\,a[k-\delta+j-i]\} \\ &= h_{\delta+i-j}^*, \quad 1 \le i \le L_T,\ 0 \le j \le L_{FF}-1,\ 0 \le \delta+i-j \le L \end{aligned} \tag{24.35}$$

berechnet werden.

- Der Kreuzkorrelationsvektor ist gemäß

$$\mathbf{r}_{ya} = E\{a^*[k-\delta]\cdot\mathbf{y}\} \tag{24.36}$$

definiert. Die Elemente

$$r_{ya}[i] = E\{a^*[k-\delta]\,y[k-i]\} \tag{24.37}$$

dieses Vektors der Länge L_{FF} können wie folgt berechnet werden:

$$\begin{aligned} r_{ya}[i] &= \sum_{l=0}^{L_h} h_l\,E\{a^*[k-\delta]\,a[k-i-l]\} \\ &= h_{\delta-i} \qquad 0 \le i \le L_{FF}-1, \quad 0 \le \delta-i \le L_h. \end{aligned} \tag{24.38}$$

Die Verzögerung δ ist zu optimieren. Für gemischtphasige Kanäle kann als Faustregel

$$\delta = L_{FF}/2 \cdots L_{FF} - 1 \tag{24.39}$$

angenommen werden.

25 Trellisbasierte Entzerrung mit Zustandsreduktion

25.1 Motivation

Trellisbasierte Entzerrer voller Zustandszahl, beispielsweise realisiert durch den Viterbi-Algorithmus oder den BCJR-Algorithmus, sind für stark dispersive Kanäle und/oder große Symbolalphabete extrem aufwändig. In diesem Kapitel wird beschrieben, wie die Komplexität dieser Klasse von Algorithmen durch eine Reduzierung der Zustandszahl verringert werden kann. Es wird ein einstellbarer Abtausch zwischen Aufwand und Leistungsfähigkeit ermöglicht.

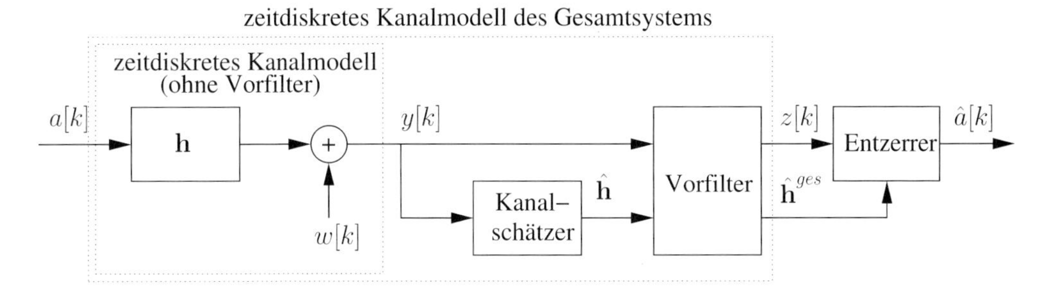

Bild 25.1: Blockdiagramm des Gesamtsystems einschließlich Kanalschätzer, Vorfilter und Entzerrer

Bild 25.1 zeigt ein Blockdiagramm des betrachteten Gesamtsystems einschließlich Kanalschätzer, Vorfilter und Entzerrer. Die Empfangsfilterung ist in den Koeffizienten des zeitdiskreten Kanalmodells ohne Vorfilter, $\mathbf{h} = [h_0, h_1, \ldots, h_{L_h}]^T$, enthalten. Die Rauschwerte vor dem Vorfilter werden wie bislang mit $w[k]$ bezeichnet, der Rauschprozess sei weiß. Das Vorfilter dient gemäß Kapitel 24 dazu, die Gesamtimpulsantwort möglichst minimalphasig zu machen. Es wird in diesem Kapitel gezeigt, dass durch diese Maßnahme die Möglichkeit einer Fehlerfortpflanzung minimiert wird. Im Folgenden wird angenommen, dass das Vorfilter durch ein *FIR-Filter* realisiert ist. Die als zeitinvariant angenommenen Koeffizienten des Vorfilters werden mit g_l und die Anzahl der Filterkoeffizienten wird mit L_{FIR} bezeichnet, $0 \leq l \leq L_{FIR} - 1$. Die Ausgangswerte des Vorfilters, die Rauschwerte nach dem Vorfilter und die Koeffizienten der (für große Filterlängen und perfekte Kanalkenntnis minimalphasigen) Gesamtimpulsantwort werden mit $z[k]$, $n[k]$

und h_l^{ges} bezeichnet:

$$\begin{aligned} z[k] &= \sum_{l'=0}^{L_{FIR}-1} g_{l'}\, y[k-l'] \\ n[k] &= \sum_{l'=0}^{L_{FIR}-1} g_{l'}\, w[k-l'] \\ h_l^{ges} &= \sum_{l'=0}^{L_{FIR}-1} g_{l'}\, h_{l-l'}. \end{aligned} \tag{25.1}$$

Die Koeffizienten des äquivalenten zeitdiskreten ISI-Kanalmodells mit Vorfilter können erneut in Vektorform dargestellt werden: $\mathbf{h}^{ges} = [h_0^{ges}, h_1^{ges}, \dots, h_L^{ges}]^T$.

25.2 Zweigmetrik ohne Zustandsreduktion

Der Entzerrer „sieht" das äquivalente zeitdiskrete Kanalmodell einschließlich des Vorfilters:

$$z[k] = \sum_{l=0}^{L} h_l^{ges}\, a[k-l] + n[k]. \tag{25.2}$$

Die effektive *Gedächtnislänge*, die der Entzerrer nutzt, wird mit L bezeichnet. Typischerweise ist $L < L_h$. Der Rauschprozess $n[k]$ am Ausgang des Vorfilters wird als weiß angenommen.

Die *quadratische Euklid'sche Zweigmetrik* eines trellisbasierten Entzerrers mit voller Zustandszahl (z. B. eines Maximum-Likelihood-Detektors) lautet somit:

$$\gamma(\tilde{a}[k], \dots, \tilde{a}[k-L]) = \left| z[k] - \sum_{l=0}^{L} \hat{h}_l^{ges}\, \tilde{a}[k-l] \right|^2. \tag{25.3}$$

Die Anzahl der Zustände beträgt M^L, wobei M die Mächtigkeit des Symbolalphabets ist. Für große M und/oder L ist die Komplexität sehr groß.

25.3 Zustandsreduktion durch Entscheidungsrückkopplung

Eine einfache Möglichkeit zur Komplexitätsreduktion besteht in einer Zustandsminimierung gemäß dem „*decision-feedback*" Prinzip, das im Weiteren vorgestellt wird.

Es sei $i[k] \in \{0, \dots, M-1\}$ der Index des k-ten Datensymbols $a[k]$, d. h. $a[k] = \mathcal{M}(i[k])$, wobei $\mathcal{M}$ das Mapping beschreibt (z. B. 8-PSK). Der Index $i[k]$ kann in die Bits $i^m[k], \dots, i^0[k]$ partitioniert werden, wobei $m+1 = \log_2(M)$ und wobei $i^m[k]$ das „Most Significant Bit (MSB)" und $i^0[k]$ das „Least Significant Bit (LSB)" sei:

$$i[k] = (i^m[k], \dots, i^0[k]) \in \{0, \dots, M-1\}. \tag{25.4}$$

Die $M^L = 2^{(m+1)L}$ Zustände des Trellisdiagramms mit voller Zustandszahl

$$\mu_{\text{MLSE}}[k] := (i[k-L], \dots, i[k-1]) \tag{25.5}$$

können auf $M^K = 2^{(m+1)K}$ *Zustände*, $0 \leq K \leq L$, reduziert werden, indem nur K der L Kanalkoeffizienten berücksichtigt werden:

$$\mu_{\mathrm{DDFSE}}[k] := (i[k-K], \ldots, i[k-1]). \tag{25.6}$$

K ist ein im Intervall $0 \leq K \leq L$ *frei wählbarer Parameter*. Die restlichen $L-K$ Symbole, die zu „residual ISI“ führen würden, können aus den Vorgängersymbolen geschätzt werden. Dies geschieht dadurch, dass das reduzierte Trellis für *jeden* Zustand zurückverfolgt wird, und die Symbole $\hat{a}[k-l]$, $K+1 \leq l \leq L$, der *überlebenden Pfade* zur Symbolschätzung verwendet werden:

$$\gamma(\tilde{a}[k], \ldots, \tilde{a}[k-K]) = \left| z[k] - \sum_{l=0}^{K} \hat{h}_l^{ges}\, \tilde{a}[k-l] - \sum_{l=K+1}^{L} \hat{h}_l^{ges}\, \hat{a}[k-l] \right|^2 . \tag{25.7}$$

Die Optimierung des freien Parameters K bedeutet einen *Abtausch zwischen Komplexität und Leistungsfähigkeit*:

- $K = L$ entspricht Entzerrung mit voller Zustandszahl (ML-Detektor)
- $K = 0$ entspricht entscheidungsrückgekoppelter („decision feedback“) Entzerrung.

Ein geeignetes *Entwurfskriterium* ist wie folgt: K ist so einzustellen, dass die leistungsstärksten Kanalkoeffizienten h_l^{ges} im Intervall $0 \leq l \leq K$ liegen. In der zweiten Summe in (25.7) kommen somit nur leistungsschwächere Kanalkoeffizienten vor, dadurch wird die Möglichkeit einer Fehlerfortpflanzung minimiert. Hieraus folgt, dass eine minimalphasige Gesamtimpulsantwort wünschenswert ist.

25.4 Zustandsreduktion durch „set-partitioning“

Durch Ausnutzung des *„set-partitioning“* Prinzips (siehe auch Abschnitt 13.9.4) lassen sich für $M > 2$ weitere Vereinfachungen durchführen. Dies führt zu einer Klasse von Algorithmen, deren Komplexität unabhängig von der Mächtigkeit M der Signalkonstellation ist. M bestimmt nur noch die Anzahl der parallelen Übergänge.

Eine Teilmenge („subset“) des Symbols $a[k-l]$ kann innerhalb der gekürzten Gedächtnislänge K, d. h. für $1 \leq l \leq K$, durch das m'_l Bit-Tupel

$$i_{m'_l}[k-l] := (i^{m'_l - 1}[k-l], \ldots, i^0[k-l]) \tag{25.8}$$

dargestellt werden, siehe Bild 25.2. Für $m'_l - 1 = m$ wird das Symbol vollständig beschrieben. Unter der Randbedingung

$$0 \leq m'_K \leq m'_{K-1} \leq \cdots \leq m'_1 \leq m+1 = \log_2(M) \tag{25.9}$$

ist das durch

$$\mu_{\mathrm{RSSE}}[k] := \left(i_{m'_K}[k-K], \ldots, i_{m'_1}[k-1]\right) \tag{25.10}$$

definierte reduzierte Trellisdiagramm ein erlaubtes Trellis, da dann alle Zustände und Übergänge eindeutig festgelegt sind.

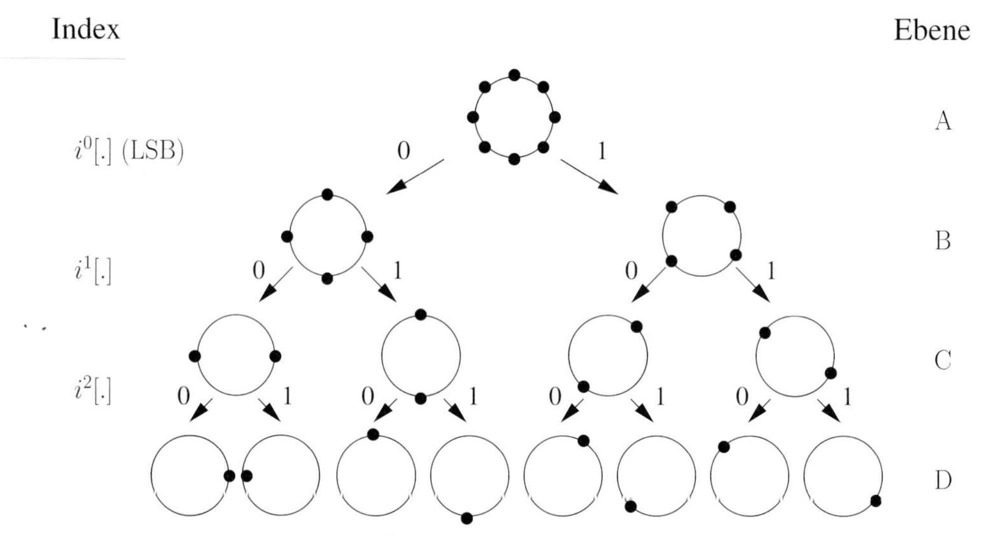

Bild 25.2: „Set-partitioning" am Beispiel von 8-PSK

Das reduzierte Trellis besitzt $2^{m'_1+\cdots+m'_K}$ Zustände mit $2^{m+1-m'_1}$ parallelen Übergängen. Das aufwändigste Trellis, mit $m'_l = m+1$ für alle l, besitzt $2^{K\cdot(m+1)} = M^K$ Zustände. Falls $m'_l = 0$ für alle l ist, so degradiert das Trellis zu einem einzigen Zustand.

Die zugehörige *Euklid'sche Zweigmetrik* lautet:

$$\gamma(\hat{\tilde{a}}[k],\ldots,\hat{\tilde{a}}[k-K]) = \left| z[k] - \sum_{l=0}^{K} \hat{h}_l^{ges}\,\hat{\tilde{a}}[k-l] - \sum_{l=K+1}^{L} \hat{h}_l^{ges}\,\hat{a}[k-l] \right|^2 , \qquad (25.11)$$

wobei $\hat{\tilde{a}}[k-l]$ im Intervall $0 \le l \le K$ durch das Bit-Tupel $(\hat{i}^m[k-l],\ldots,\hat{i}^{m'_l}[k-l],\tilde{i}^{m'_l-1}[k-l],\ldots,\tilde{i}^0[k-l])$ eindeutig bestimmt ist.

- Ein Entzerrer, welcher nur das „decision-feedback"-Prinzip zur Zustandsreduktion nutzt, wird als „*Delayed-Decision-Feedback Sequence Estimator* (DDFSE)" bezeichnet [A. Duel, 1989].

- Ein Entzerrer, welche beide Prinzipien der Zustandsreduzierung nutzt, wird als „*Reduced-State Sequence Estimator* (RSSE)" bezeichnet [M. V. Eyuboglu et al., 1988].

Die die $M^L = (2^{m+1})^L$ möglichen Zustände repräsentierenden Bits sind in Bild 25.3 durch Punkte einer zeitlich abgewickelten $(L \times (m+1))$-Matrix dargestellt, wobei die fett gezeichneten Punkte die tatsächlich berücksichtigten Bits kennzeichnen. Die Randbedingung (25.9) führt zu der treppenförmigen Anordnung. Für jedes Bit-Tupel $i[k-l]$ ist außerdem die zugehörige Teilmenge *A-D* des „set-partitioning" eingetragen.

Beispiel 25.4.1 Gegeben sei ein äquivalentes zeitdiskretes ISI-Kanalmodell mit $L = 5$ Kanalkoeffizienten und Mächtigkeit $M = 8$ (z. B. 8-PSK). Die $8^5 = 32768$ Zustände von trellisbasierten

A
B
C
C
D
$i^m[k-L]$
$i^m[k-1]$
MSB
$i^1[k-L]$
$i^{m'_l-1}[k-l]$
$i^1[k-1]$
$i^0[k-L]$
$i^0[k-1]$
LSB
$i[k-L]$
$i[k-K]$
$i[k-l]$
...
$i[k-1]$

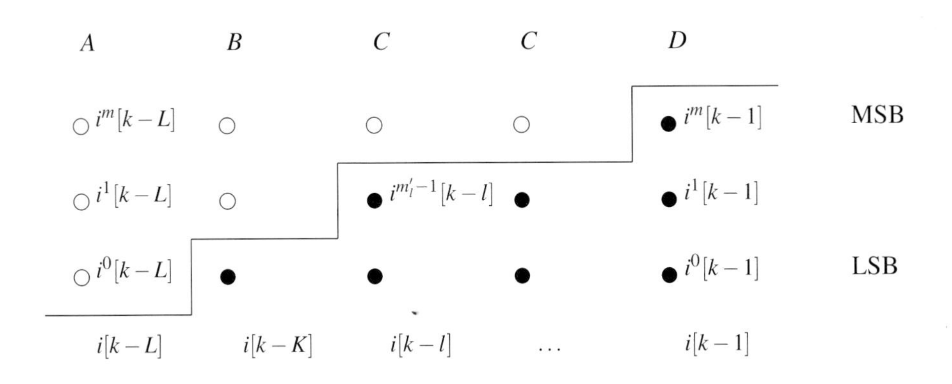

Bild 25.3: Matrixdarstellung der Bit-Tupel, welche die Zustände repräsentieren am Beispiel von $M = 2^{m+1} = 8$ (d. h. $m = 2$). In diesem Beispiel wird die Anzahl der Zustände von $(2^3)^5 = 2^{15}$ auf $2^{3+2+2+1} = 2^8$ Zustände reduziert

Entzerrern mit voller Zustandszahl sollen auf 8 Zustände reduziert werden. Die Parameter K und m'_l, $1 \leq l \leq K$, sind zu bestimmen.

Lösung: Die möglichen Varianten zur Zustandsreduktion bei gleicher Zustandszahl sind in Bild 25.4 (Matrixdarstellung) und in Bild 25.5 (Trellisdiagramm) dargestellt. ◊

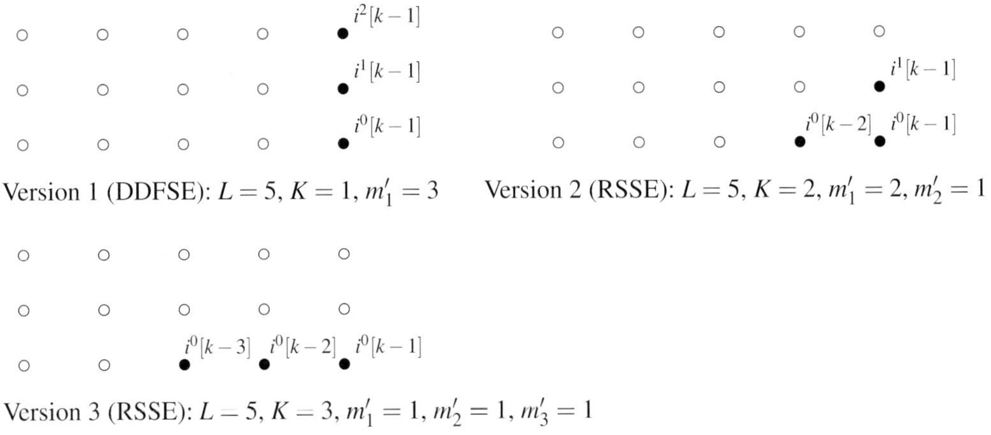

$i^2[k-1]$
$i^1[k-1]$
$i^0[k-1]$
Version 1 (DDFSE): $L = 5$, $K = 1$, $m'_1 = 3$
$i^1[k-1]$
$i^0[k-2]$
$i^0[k-1]$
Version 2 (RSSE): $L = 5$, $K = 2$, $m'_1 = 2$, $m'_2 = 1$
$i^0[k-3]$
$i^0[k-2]$
$i^0[k-1]$
Version 3 (RSSE): $L = 5$, $K = 3$, $m'_1 = 1$, $m'_2 = 1$, $m'_3 = 1$

Bild 25.4: Varianten zur Zustandsreduktion bei gleicher Zustandszahl (Matrixdarstellung)

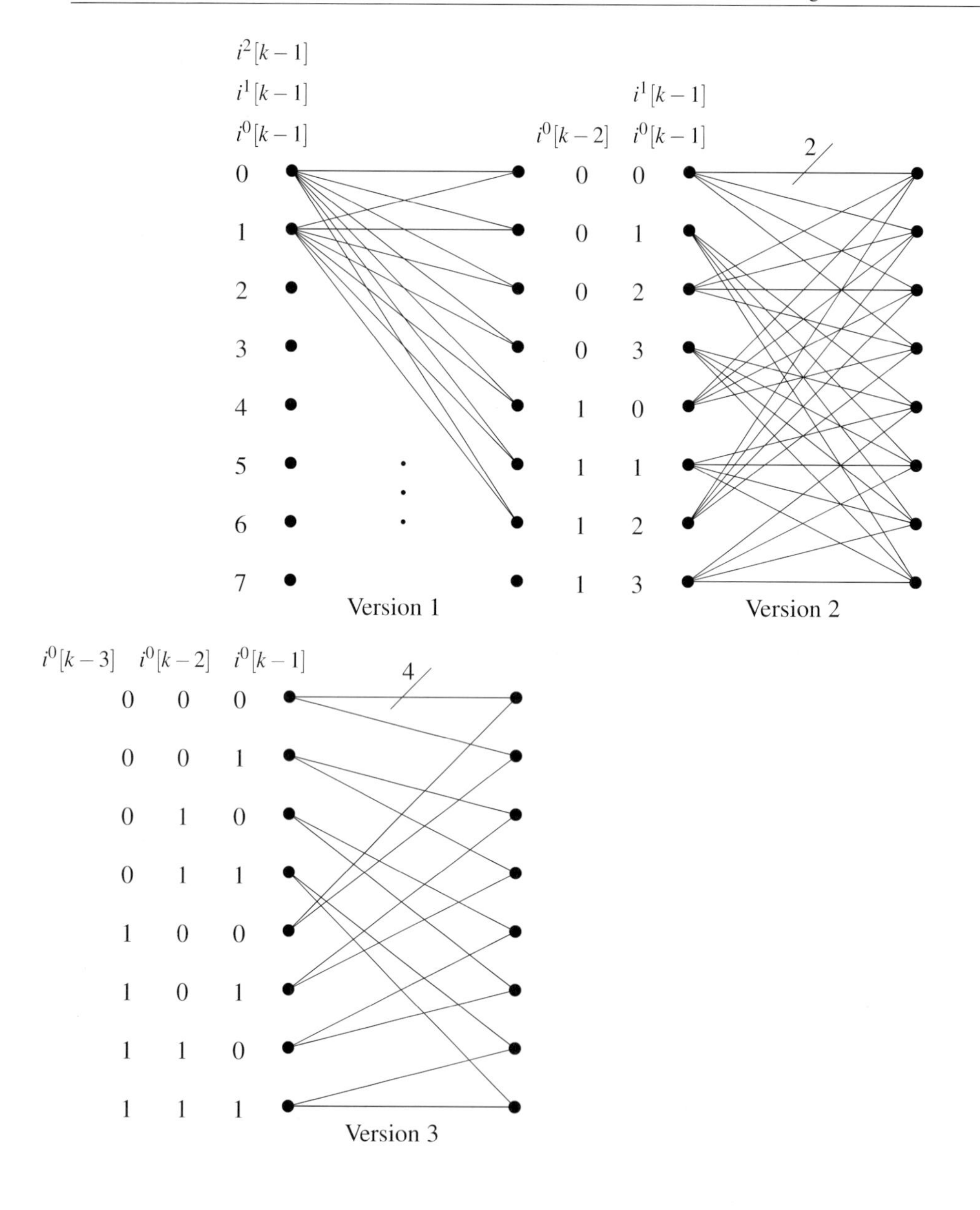

Bild 25.5: Varianten zur Zustandsreduktion bei gleicher Zustandszahl (Trellisdiagramm)

26 Gleichkanalinterferenzunterdrückung

26.1 Motivation

Terrestrische FDMA/TDMA-Mobilfunksysteme der heutigen Generation sind weniger rauschbegrenzt, sondern vielmehr interferenzbegrenzt, insbesondere in „hot-spots“wie Flughäfen, Bahnhöfen, Innenstädten, Messehallen und Bürogebäuden. Deshalb sind Maßnahmen zur Interferenzunterdrückung wichtig, um die Netzkapazität zu steigern.

Neben der Interferenz aus benachbarten Trägern, *Nachbarkanal-Interferenz* („Adjacent Channel Interference (ACI)“) genannt, wirkt sich die Interferenz aus anderen Zellen gleicher Trägerfrequenz als besonders störend aus. Die Interferenz aus anderen Zellen gleicher Trägerfrequenz bezeichnet man als *Gleichkanalinterferenz* („Co-Channel Interference (CCI)“. Je kleiner der Kanalwiederholungsfaktor, umso größer ist die mögliche Netzkapazität, umso größer ist aber auch die Gleichkanalinterferenz.

In diesem Kapitel wird zunächst die Gleichkanalinterferenz modelliert. Anschließend wird ein Verfahren zur *Gleichkanalinterferenzunterdrückung* vorgestellt, d. h. eine Maßnahme zur Minderung von Verlusten aufgrund von Gleichkanalinterferenz. Aus didaktischen Gründen steht der sog. *Joint-Maximum-Likelihood-Detektor* im Mittelpunkt der Darstellung. Es wird gezeigt, dass das Problem der Gleichkanalinterferenzunterdrückung ähnlich dem Problem der Entzerrung von Mehrwegekanälen ist. Dieses Verfahren ist nachträglich in Aufwärtsstrecke (MS $\rightarrow$ BS) und Abwärtsstrecke (BS $\rightarrow$ MS) einsetzbar. Es ist nur eine Empfangsantenne notwendig. Man spricht in diesem Fall von „*Single-Antenna Interference Cancellation* (SAIC)“ [P. A. Höher et al., 2005]. Die Leistungsfähigkeit des Joint-Maximum-Likelihood-Detektors wird mit einem konventionellen Maximum-Likelihood-Detektor verglichen, der die Gleichkanalinterferenz ignoriert. Als besondere Herausforderung erweist sich die Kanalschätzung, insbesondere in asynchronen Netzen.

26.2 Äquivalentes zeitdiskretes CCI-Kanalmodell

Für einen unendlich großen Kanalwiederholungsfaktor, d. h. ohne Gleichkanalinterferenz, kann das äquivalente zeitdiskrete ISI-Kanalmodell bekanntlich in der Form

$$y[k] = \sum_{l=0}^{L_h} h_l[k]\, a[k-l] + w[k] \tag{26.1}$$

dargestellt werden, wobei $a[k]$ das k-te Datensymbol des Nutzkanals und $h_l[k]$ der l-te Kanalkoeffizient ($0 \leq l \leq L_h$) des Nutzkanals zum Zeitindex k ist.

Im Fall von J aktiven Störern, d. h. mit Gleichkanalinterferenz, kann das zeitdiskrete Kanalmodell wie folgt verallgemeinert werden:

$$y[k] = \sum_{l=0}^{L_h} h_l[k]\, a[k-l] + \sum_{j=1}^{J} \sum_{l=0}^{L_g} g_{j,l}[k]\, b_j[k-l] + w[k], \tag{26.2}$$

wobei $b_j[k]$ das k-te Datensymbol des j-ten Störkanals ($1 \leq j \leq J$) und $g_{j,l}[k]$ der l-te Kanalkoeffizient ($0 \leq l \leq L_g$) des j-ten Störkanals zum Zeitindex k ist. (26.2) wird als *äquivalentes zeitdiskretes CCI-Kanalmodell* bezeichnet.

26.3 Maximum-Likelihood-Sequenzschätzung (MLSE-Detektor)

Wendet man das Maximum-Likelihood-Kriterium

$$\hat{\mathbf{a}} = \arg\max_{\tilde{\mathbf{a}}} p(\mathbf{y}|\tilde{\mathbf{a}}), \qquad \tilde{\mathbf{a}} := [\tilde{a}[0], \tilde{a}[1], \ldots, \tilde{a}[K-1]]^T \tag{26.3}$$

auf das äquivalente zeitdiskrete Kanalmodell ohne Gleichkanalinterferenz, Gleichung (26.1), an, so erhält man für weißes Gauß'sches Rauschen bekanntlich die Lösung

$$\hat{\mathbf{a}} = \arg\min_{\tilde{\mathbf{a}}} \underbrace{\sum_k \underbrace{\left| y[k] - \sum_{l=0}^{L_h} h_l[k]\, \tilde{a}[k-l] \right|^2}_{\text{Zweigmetrik}}}_{\text{Pfadmetrik}}. \tag{26.4}$$

Eine Realisierungsmöglichkeit ist der Viterbi-Algorithmus. Man beachte, dass der MLSE-Detektor die Gleichkanalinterferenz ignoriert.

Um die Auswirkung der Gleichkanalinterferenz auf den MLSE-Detektor zu illustrieren, betrachten wir in den folgenden numerischen Ergebnissen als Anwendungsbeispiel GSM. Als Kanalmodell wird das Typical Urban Kanalmodell ($L_h \approx 3$) verwendet, da in städtischen Gebieten die Gleichkanalinterferenzproblematik am größten ist. Es wird ein Nutzkanal und ein dominanter Störkanal angenommen ($J = 1$). Die Kanalkoeffizienten des Nutzkanals seien dem MLSE-Detektor perfekt bekannt. Der MLSE-Detektor berücksichtigt $2^{L_h} = 8$ Zustände. Mit *SNR* wird das *mittlere Signal/Rauschleistungsverhältnis* (E_s/N_0) und mit *SIR* das mittlere Signal/Interferenzleistungsverhältnis (C/I) bezeichnet, wobei

$$E_s/N_0 = 1/E\{|w[k]|^2\} \tag{26.5}$$

und

$$C/I = (E_s/T)/I = \sum_{l=0}^{L_h} E\{|h_l[k]|^2\} / \sum_{l=0}^{L_g} E\{|g_l[k]|^2\}. \tag{26.6}$$

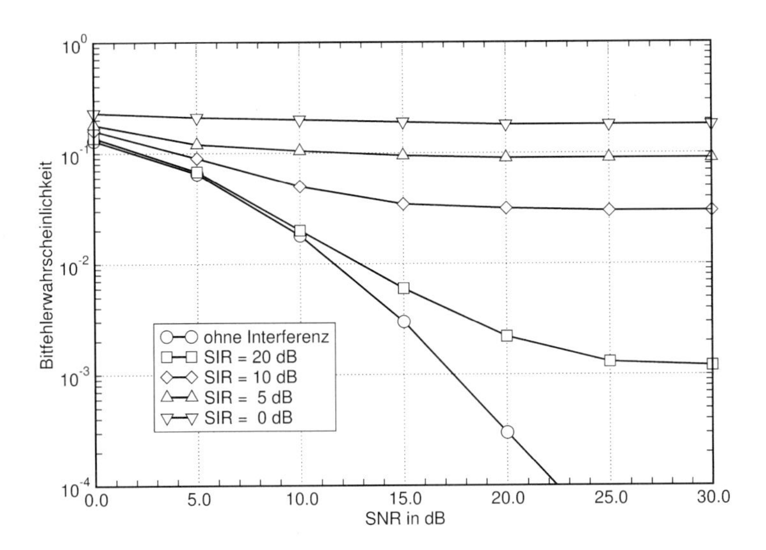

Bild 26.1: Bitfehlerwahrscheinlichkeit vs. SNR (TU Kanalmodell, $L_h = 3$, MLSE-Detektor, perfekte Kanalkenntnis)

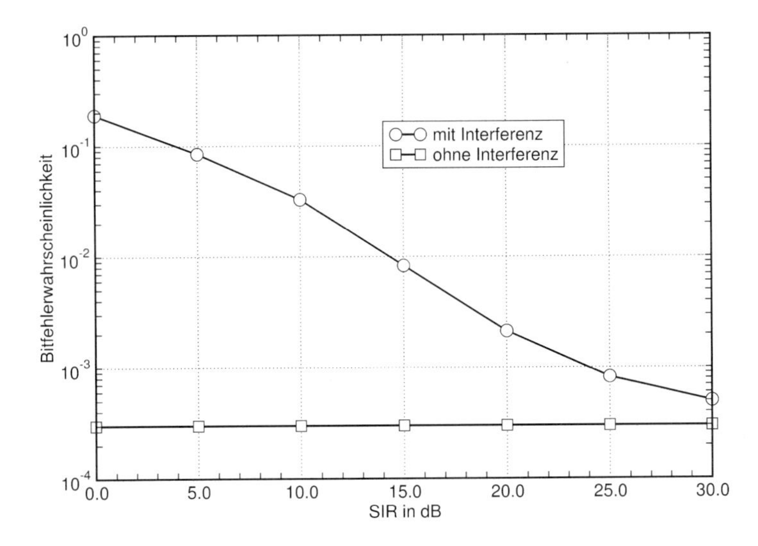

Bild 26.2: Bitfehlerwahrscheinlichkeit vs. SIR (TU Kanalmodell, $L_h = 3$, MLSE-Detektor, SNR=20 dB, perfekte Kanalkenntnis)

In Bild 26.1 ist die Bitfehlerwahrscheinlichkeit über dem SNR für verschiedene SIR-Werte aufgetragen. Man erkennt einen deutlichen Verlust, falls SIR $<$ 20 dB. In Bild 26.2 ist die Bitfehlerwahrscheinlichkeit über dem SIR für ein festes SNR=20 dB aufgetragen. Mit steigendem SIR wird asymptotisch die Leistungsfähigkeit ohne Gleichkanalinterferenz erreicht.

26.4 Joint-Maximum-Likelihood-Sequenzschätzung (JMLSE-Detektor)

Wendet man das Maximum-Likelihood-Kriterium für Nutz- und Störkanal auf das äquivalente zeitdiskrete CCI-Kanalmodell, Gleichung (26.2), für den Fall eines dominanten Störers ($J = 1$) an,

$$(\hat{\mathbf{a}}, \hat{\mathbf{b}}) = \arg\max_{\tilde{\mathbf{a}}, \tilde{\mathbf{b}}} p(\mathbf{y}|\tilde{\mathbf{a}}, \tilde{\mathbf{b}}), \quad \tilde{\mathbf{a}} := [\tilde{a}[0], \tilde{a}[1], \ldots, \tilde{a}[K-1]]^T, \quad \tilde{\mathbf{b}} := [\tilde{b}[0], \tilde{b}[1], \ldots, \tilde{b}[K-1]]^T, \tag{26.7}$$

so erhält man für weißes Gauß'sches Rauschen die Lösung

$$(\hat{\mathbf{a}}, \hat{\mathbf{b}}) = \arg\min_{\tilde{\mathbf{a}}, \tilde{\mathbf{b}}} \underbrace{\sum_k \underbrace{\left| y[k] - \sum_{l=0}^{L_h} h_l[k]\,\tilde{a}[k-l] - \sum_{l=0}^{L_g} g_l[k]\,\tilde{b}[k-l] \right|^2}_{\text{Zweigmetrik}}}_{\text{Pfadmetrik}}. \tag{26.8}$$

Dieser Algorithmus wird als *gemeinsamer Maximum-Likelihood Sequenzschätzer* (JMLSE-Detektor) bezeichnet. Eine Verallgemeinerung auf $J > 1$ Störer ist konzeptionell leicht möglich. Eine Realisierungsmöglichkeit stellt erneut der Viterbi-Algorithmus dar.

Man beachte, dass der JMLSE-Detektor die Gleichkanalinterferenz konstruktiv berücksichtigt. Der JMLSE-Detektor kann als *gemeinsamer Entzerrer* für den gewünschten Nutzer und die J Störer interpretiert werden. Die Anzahl der *Zustände* ist gleich M^{L_h} für den MLSE-Detektor, wobei M die Mächtigkeit des Symbolalphabets ist, und gleich $M^{L_h} \cdot M^{JL_g}$ für den JMLSE-Detektor, d. h. im Spezialfall $L_g = L_h$ besitzt der JMLSE-Detektor $M^{(J+1)L_h}$ Zustände. Die Anzahl der *Übergänge pro Zustand* ist gleich M für den MLSE-Detektor und gleich $M(J+1)$ für den JMLSE-Detektor, vergleiche Bild 26.3. Der JMLSE-Detektor ist somit selbst für eine moderate Anzahl an Störern J wesentlich aufwändiger als der MLSE-Detektor, der die Gleichkanalinterferenz ignoriert. Ferner benötigt der JMLSE-Detektor Schätzwerte der Koeffizienten des Nutzkanals und der J Störkanäle, d. h. es ist eine *gemeinsame Kanalschätzung* notwendig.

Entsprechende numerische Ergebnisse sind in den Bildern 26.4 und 26.5 dargestellt, wobei sich die Bitfehlerwahrscheinlichkeit auf den Nutzkanal bezieht. Man erkennt, dass der JMLSE-Detektor in der Lage ist, die Gleichkanalinterferenz fast vollständig zu beseitigen. Das lokale Maximum in Bild 26.5 bei etwa SIR=15-20 dB ist intuitiv dadurch zu erklären, dass die Leistungsfähigkeit des JMLSE-Detektors am schlechtesten ist, wenn am wenigsten zwischen Rauschen (SNR=20 dB) und Interferenz unterschieden werden kann. Im Extremfall SIR $\rightarrow 0$ kann die Interferenz abgezogen werden, d. h. es verbleibt nur das Rauschen wie im anderen Extremfall SIR $\rightarrow \infty$. Die intuitive Erklärung konnte durch eine vertiefende Analyse bestätigt werden.
Mögliche Verallgemeinerungen bestehen in einer zustandsreduzierten Interferenzunterdrückung (vgl. Kapitel 25) in Verbindung mit Verfahren zur gemeinsamen Verkürzung der Kanalimpulsantworten (vgl. Kapitel 24), in einer iterativen Interferenzunterdrückung und Kanaldecodierung gemäß dem Turbo-Prinzip, sowie dem Einsatz von mehr als einer Sende-/Empfangsantenne (vgl. Kapitel 22). Letzteres führt interessanterweise bei trellisbasierten Detektoren nicht zu einer Vergrößerung der Anzahl der Zustände.

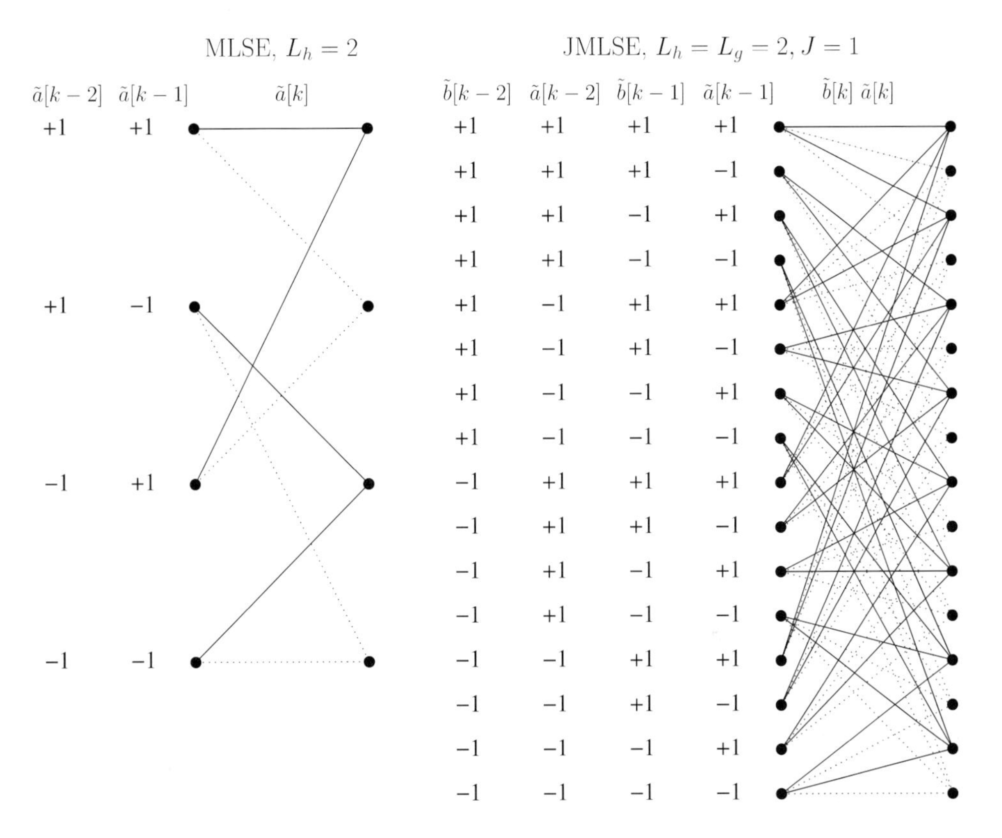

Bild 26.3: Trellissegment eines MLSE-Detektors (links) und eines JMLSE-Detektors (rechts)

26.5 Kanalschätzung zur Gleichkanalinterferenzunterdrückung

Um den JMLSE-Detektor anwenden zu können, wird die empfängerseitige Kenntnis der Kanalkoeffizienten des Nutzkanals und aller dominanten Störkanäle benötigt. Im Folgenden werden Verfahren zur gemeinsamen Kanalschätzung behandelt. Um die Darstellung möglichst verständlich zu gestalten wollen wir annehmen, dass neben dem Nutzkanal nur ein dominanter Störer ($J = 1$) aktiv sei. Die Trainingssequenz des gewünschten Nutzers sei bekannt. Es ergeben sich dann folgende Szenarien zur Kanalschätzung:

(i) die Trainingssequenz des Störers ist bekannt und synchron,

(ii) sie ist bekannt und asynchron mit bekannter Verschiebung,

(iii) sie ist bekannt und asynchron mit unbekannter Verschiebung,

(iv) oder sie ist unbekannt.

Im Folgenden werden aus didaktischen Gründen nur die Extremfälle (i) und (iv) untersucht.

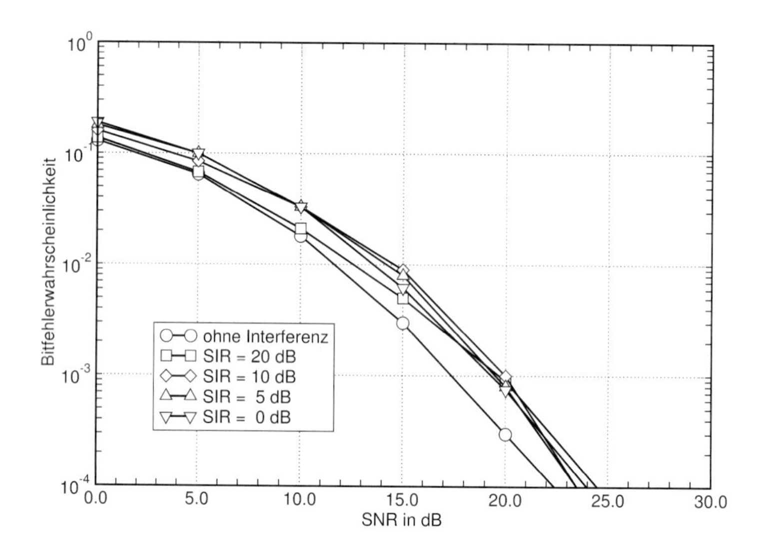

Bild 26.4: Bitfehlerwahrscheinlichkeit vs. SNR (TU Kanalmodell, $L_h = L_g = 3$, JMLSE-Detektor, perfekte Kanalkenntnis)

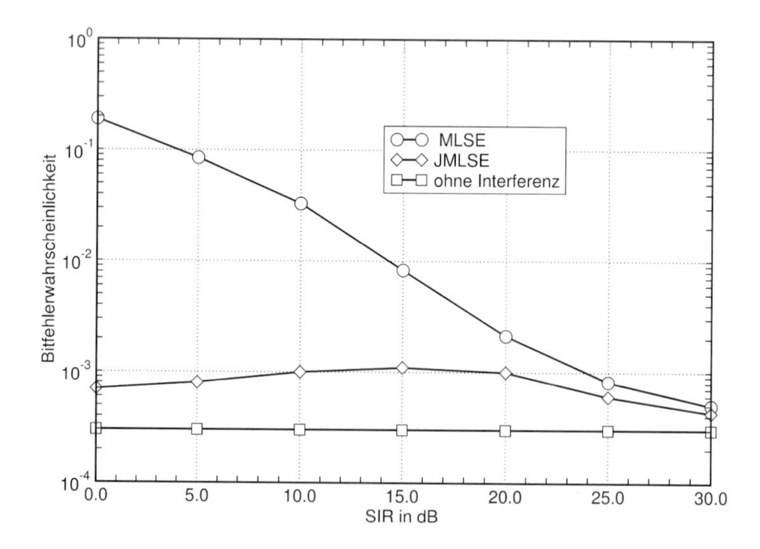

Bild 26.5: Bitfehlerwahrscheinlichkeit vs. SIR (TU Kanalmodell, $L_h = L_g = 3$, (J)MLSE-Detektor, SNR=20 dB, perfekte Kanalkenntnis)

26.5.1 Joint-Least-Squares Kanalschätzung

Bei bekannter, synchroner Trainingssequenz des Störers ergibt sich eine besonders elegante Möglichkeit der Kanalschätzung. Zur Herleitung des sog. *Joint-Least-Squares Kanalschätzers* (JLS-

Kanalschätzer) schreibt man das zeitdiskrete CCI-Kanalmodell am besten in Matrixform:

$$\mathbf{y} = \mathbf{A} \cdot \mathbf{h} + \mathbf{B} \cdot \mathbf{g} + \mathbf{n}. \tag{26.9}$$

Mit $\mathbf{X} := [\mathbf{A}, \mathbf{B}]$ und $\mathbf{f} := [\mathbf{h}^T, \mathbf{g}^T]^T$ erhält man das zeitdiskrete Kanalmodell in der bekannten Form

$$\mathbf{y} = \mathbf{X} \cdot \mathbf{f} + \mathbf{n}. \tag{26.10}$$

Der JLS-Kanalschätzer folgt unmittelbar zu

$$\hat{\mathbf{f}} = (\mathbf{X}^H \cdot \mathbf{X})^{-1} \cdot \mathbf{X}^H \cdot \mathbf{y}, \tag{26.11}$$

wobei $\hat{\mathbf{f}} := [\hat{\mathbf{h}}^T, \hat{\mathbf{g}}^T]^T$. Für $J = 0$ (d. h. $\mathbf{B} = 0$ und $\mathbf{g} = 0$) ergibt sich der konventionelle LS-Kanalschätzer. Eine Verallgemeinerung für den Fall $J > 1$ ist leicht möglich. Der JLS-Kanalschätzer ist wenig aufwändig, wenn die Matrix $(\mathbf{X}^H \cdot \mathbf{X})^{-1} \cdot \mathbf{X}^H$ für alle möglichen Trainingssequenzen vorausberechnet werden kann.

26.5.2 Semi-blinde Kanalschätzung

Bei bekannter Trainingssequenz des gewünschten Nutzers und unbekannter Trainingssequenz des Störers spricht man von einer *semi-blinden Kanalschätzung*. Ein möglicher Lösungsansatz ist eine gemeinsame rekursive Entzerrung und Kanalschätzung durch Kombination von JMLSE-Algorithmus und LMS-Algorithmus. Optional sind mehrere Iterationen möglich.

Zur Herleitung eines semi-blinden LMS-Kanalschätzers gehen wir vom zeitdiskreten CCI-Kanalmodell mit einem dominanten Störer in der ursprünglichen Form aus:

$$y[k] = \sum_{l=0}^{L_h} h_l[k]\, a[k-l] + \sum_{l=0}^{L_g} g_l[k]\, b[k-l] + w[k], \qquad 0 \le k \le K-1. \tag{26.12}$$

Die Länge eines Datenpakets (oder Zeitschlitzes) wird mit K bezeichnet. Zur vereinfachten Darstellung wird angenommen, dass die Trainingssequenz des Nutzkanals in Form einer Präambel vorliegt ($k = 0$). Ausgehend von trainingsbasierten initialen Kanalschätzwerten $\hat{h}_l[0]$ ($0 \le l \le L_h$) können die Kanalkoeffizienten des Nutzkanals rekursiv aufgefrischt werden:

$$\hat{h}_l[k+1] = \hat{h}_l[k] + \Delta_h\, e[k]\hat{a}^*[k-l], \quad 0 \le k \le K-2, \quad 0 \le l \le L_h, \tag{26.13}$$

wobei $\hat{h}_l[0]$ für alle $0 \le l \le L_h$ gegeben sei. Eine vollständige Rekursion von $k = 0$ bis $k = K-2$ wird als eine Iteration bezeichnet. Entsprechend können die Kanalkoeffizienten des Störkanals gemäß

$$\hat{g}_l[k+1] = \hat{g}_l[k] + \Delta_g\, e[k]\hat{b}^*[k-l], \quad 0 \le k \le K-2, \quad 0 \le l \le L_g, \tag{26.14}$$

aufgefrischt werden, wobei in der ersten Iteration oft keine a priori Kanalkenntnis vorliegt, d. h. $\hat{g}_l[0] = 0$ für alle $0 \le l \le L_g$. Die geschätzten Daten, $\hat{a}[k]$ und $\hat{b}[k]$, werden dem Trellisdiagramm entnommen. Beispielsweise kann pro Zustand („survivor") ein eigener LMS-Kanalschätzer im Sinne von „per-survivor processing" verwendet werden. In beiden Rekursionen (26.13) und (26.14) wird das gleiche Fehlersignal

$$e[k] := y[k] - \sum_{l=0}^{L_h} \hat{h}_l[k]\, \hat{a}[k-l] - \sum_{l=0}^{L_g} \hat{g}_l[k]\, \hat{b}[k-l] \tag{26.15}$$

verwendet. Die Schrittweiten $\Delta_h > 0$ und $\Delta_g > 0$ sind zu optimieren.

In Bild 26.6 sind numerische Ergebnisse dargestellt. Die obere Kurve gilt für einen MLSE-Detektor in Verbindung mit einer LS-Kanalschätzung für die Dauer der GSM-Trainingssequenz. Durch Verwendung eines JMLSE-Detektors in Verbindung mit einem semi-blinden LMS-Kanalschätzer sind deutliche Gewinne zu erzielen, insbesondere, wenn die LMS-Kanalschätzung iterativ durchgeführt wird, wobei die Kanalschätzwerte am Ende des Zeitschlitzes als Startwerte für die nächste Iteration verwendet wurden. Erwartungsgemäß erreicht man mit einem JMLSE-Detektor in Verbindung mit einer JLS-Kanalschätzung (untere Kurve) die beste Leistungsfähigkeit bezüglich der untersuchten Verfahren.

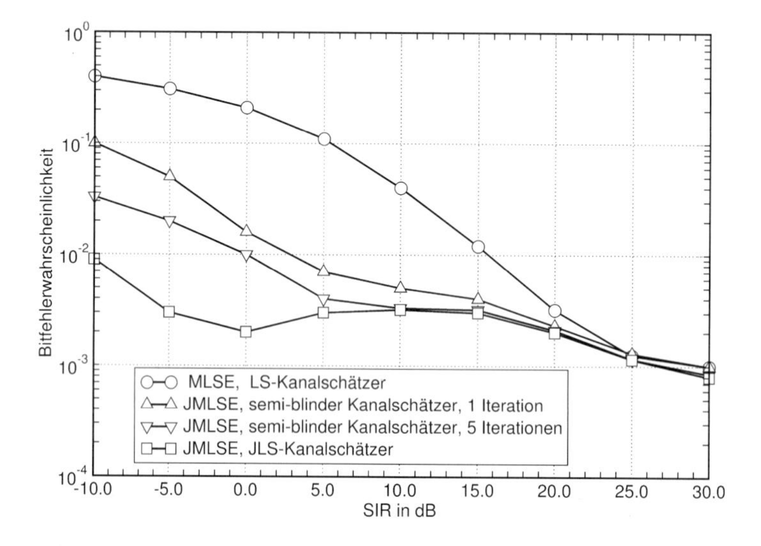

Bild 26.6: Bitfehlerwahrscheinlichkeit vs. SIR (TU Kanalmodell, $L_h = L_g = 3$, (J)MLSE-Detektor, SNR=20 dB, nichtperfekte Kanalkenntnis)

27 Senderseitige Signalverarbeitung: Vorcodierung und Strahlformung

Unter dem Begriff *Vorcodierung* („Precoding“) versteht man senderseitige Maßnahmen, die zu einer besseren Empfangsqualität und/oder einer Steigerung der Datenrate führen. Alternativ kann eine Vorcodierung in Form einer Vorentzerrung aber auch dazu genutzt werden, um einen einfachen Empfänger zu realisieren, bevorzugt in der Abwärtsstrecke. Dazu werden bereits am Sender Kenntnisse über den Übertragungskanal benötigt („Channel State Information at Transmitter (CSIT)“), typischerweise in Form der momentanen Kanalmatrix $\mathbf{H}$. Es muss entweder möglich sein, die Kanalzustandsinformation über einen Rückkanal vom Empfänger zum Sender zu übermitteln, oder direkt am Sender zu schätzen. In letzterem Fall eignet sich insbesondere Zeitduplex (TDD), weil dann Auf- und Abwärtsstrecke den gleichen Frequenzbereich nutzen und die Kanalkenntnis aus den empfangenen Daten für die nächste Übermittlung genutzt werden kann. Um einen Gewinn aus der Vorcodierung zu erzielen, darf der Kanal nur langsam zeitveränderlich sein, weil sonst die geschätzte Kanalzustandsinformation unbrauchbar ist.

Im Weiteren gehen wir davon aus, dass das äquivalente zeitdiskrete Kanalmodell in der Vektor-Matrix-Form

$$\mathbf{y} = \mathbf{H} \cdot \mathbf{v} + \mathbf{w} \tag{27.1}$$

dargestellt werden kann. Solange der Kanal linear ist, kann dieses *generische Kanalmodell* immer formuliert werden, sowohl für nichtdispersive als auch dispersive Kanäle, für Einträger- und Mehrträgersysteme, für Einnutzer- und Mehrnutzersysteme, sowie für Einantennen- und Mehrantennensysteme. Im Falle eines nichtdispersiven Mehrantennensystems handelt es sich bei $\mathbf{y}$ um den Empfangsvektor der Länge N_R, $\mathbf{H}$ ist die $(N_R \times N_T)$-Kanalmatrix, $\mathbf{v}$ umfasst die N_T Datensymbole und $\mathbf{w}$ ist der Rauschvektor der Länge N_R, siehe (22.13).

Man unterscheidet wie bei den Empfängerkonzepten zwischen *linearen Vorcodierverfahren* und *nichtlinearen Vorcodierverfahren*.

27.1 Lineare Vorcodierung

Von einer *linearen Vorcodierung* spricht man, wenn der Einfluss der Vorcodierung durch eine Matrix $\mathbf{W}$ modelliert werden kann, die dem generischen Kanalmodell vorgeschaltet wird, siehe Bild 27.1. Mit dem Faktor $\gamma \in \mathbb{R}$ kann die Sendeleistung angepasst werden, wie nachfolgend beschrieben.

Spezialfälle der linearen Vorcodierung sind die *SVD-basierte Vorcodierung*, die *ZF-Vorcodierung* und die *MMSE-Vorcodierung*. ZF-Vorcodierung und MMSE-Vorcodierung zählen zur Klasse der *Vorentzerrer*, sie führen zu einer sehr einfachen Empfängerstruktur. *Strahlformung* (Beamforming) zählt ebenfalls zu den linearen Vorcodierverfahren, wird aufgrund seiner Besonderheit aber getrennt in Abschnitt 27.3 behandelt.

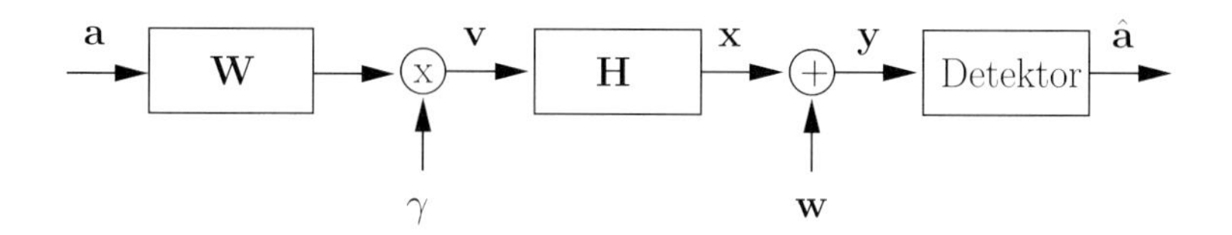

Bild 27.1: Prinzip der linearen Vorcodierung

27.1.1 SVD-basierte Vorcodierung

Wenn keine Kenntnis über bereits vorcodierte Daten vorliegt, so ist diese Art der Vorcodierung im informationstheoretischen Sinn optimal [D. Love & R. Heath, 2005]. Die Kanalmatrix **H** wird mittels einer *Singulärwertzerlegung* („Singular Value Decomposition (SVD)") in drei Matrizen zerlegt:

$$\mathbf{H} := \mathbf{U} \cdot \Sigma \cdot \mathbf{V}^H. \tag{27.2}$$

Die Matrizen **U** und **V** sind unitär, während Σ eine Diagonalmatrix der Form

$$\Sigma = \begin{bmatrix} \sigma_1 & & & \vdots & \\ & \ddots & & \dots\ 0 & \dots \\ & & \sigma_r & \vdots & \\ & \vdots & & \vdots & \\ \dots & 0 & \dots & \dots\ 0 & \dots \\ & \vdots & & \vdots & \end{bmatrix} \tag{27.3}$$

ist. Die Einträge σ_i heißen Singulärwerte, es gilt $\sigma_1 \geq \sigma_2 \geq \cdots \geq \sigma_r$. Die Zerlegung ist auch für Matrizen, die ein Rangdefizit aufweisen, möglich. Die Singulärwertmatrix Σ muss dann allerdings in eine quadratische Matrix umgeformt werden, indem die ausschließlich mit Nullen belegten Zeilen und Spalten entfernt werden.

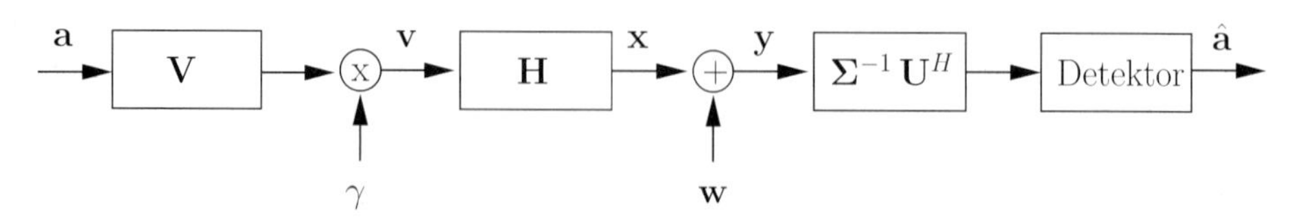

Bild 27.2: Prinzip der SVD-basierten Vorcodierung

Die einzelnen Matrizen werden sender- und empfängerseitig gemäß Bild 27.2 angeordnet, um einen bestmöglichen Empfang zu ermöglichen. Da die unitäre Matrix **V** die Sendeleistung nicht verstärkt, ist eine senderseitige Leistungsnormierung nicht notwendig. Die Matrix $\Sigma^{-1}\,\mathbf{U}^H$ verstärkt die Rauschleistung nicht. Der Schwachpunkt dieser Anordnung ist, dass die empfängerseitige Matrix $\Sigma\,\mathbf{U}^H$ in der Praxis nur für einen einzigen Nutzer berechnet werden kann. Somit ist dieses Verfahren für Mehrnutzersysteme ungeeignet.

27.1.2 ZF-Vorcodierung

Die *ZF-Vorcodierung* ist ein Spezialfall eines Vorentzerrers. Der Grundgedanke besteht darin, die Mehrnutzer- oder Mehrantenneninterferenz senderseitig zu kompensieren. Wenn $\mathbf{H}$ nicht quadratisch ist, wendet man normalerweise die *Moore-Penrose-Pseudoinverse* $\mathbf{H}^\dagger$ an und erhält

$$\mathbf{W} := \mathbf{H}^\dagger = \lim_{\varepsilon \to 0} (\mathbf{H}^H \mathbf{H} + \varepsilon \mathbf{E})^{-1} \mathbf{H}^H, \tag{27.4}$$

vgl. Bild 27.1. Der Faktor γ dient der Leistungsanpassung. Mit einem datenunabhängigen Normierungsfaktor kann beispielsweise die mittlere Signalleistung auf eins normiert werden, mit einem datenabhängigen Normierungsfaktor auch die instantane Signalleistung.

Der Empfänger besteht aus einem Matched-Filter mit nachgeschaltetem gedächtnisfreien Detektor. Aufgrund der senderseitigen Signalverarbeitung wird die Rauschleistung nicht verstärkt. Durch die Leistungsnormierung kann das Verhältnis zwischen Sende- und Empfangsleistung jedoch verschlechtert werden, was effektiv mit einer Rauschverstärkung vergleichbar ist.

27.1.3 MMSE-Vorcodierung

Für annähernd singuläre Kanalmatrizen $\mathbf{H}$ kann bei der ZF-Vorcodierung die Sendeleistung sehr klein werden. Dieses Problem kann durch eine *MMSE-Vorcodierung* gemildert werden:

$$\mathbf{W} := (\mathbf{H}^H \mathbf{H} + \sigma_w^2 \mathbf{E})^{-1} \mathbf{H}^H. \tag{27.5}$$

Hierbei ist σ_w^2 die Rauschvarianz auf dem Kanal. Der MMSE-Vorcodierer liefert etwas bessere Ergebnisse als der ZF-Vorcodierer, ist aber deutlich schlechter als das Verfahren der Singulärwertzerlegung.

27.2 Nichtlineare Vorcodierung

27.2.1 „Writing on Dirty-Paper"-Konzept

Gemäß Costas *„Writing on Dirty Paper"-Konzept* kann die theoretisch erreichbare Kanalkapazität des interferenzfreien Kanals bei geeigneter Codierung auch erreicht werden, wenn Interferenzen (beschrieben durch die Kanalmatrix $\mathbf{H}$) auftreten [M. H. M. Costa, 1983]. Die Interferenzen müssen jedoch dem Sender bekannt sein. Damit ist es theoretisch möglich den Vorcodierer so anzupassen, dass diese Interferenzen umgangen statt entzerrt werden. Das ist einer der wesentlichen Unterschiede zu linearen Vorcodierungsverfahren. Nichtlineare Verfahren können die auftretenden Interferenzen ausnutzen. Im günstigsten Fall wird die gleiche Kapazität wie im interferenzfreien Fall erreicht. Die Leistungsfähigkeit dieser Verfahren ist bei bekannter Kanalmatrix deutlich höher als die der linearen Verfahren zur Vorcodierung.

27.2.2 Tomlinson-Harashima-Vorcodierung

Die *Tomlinson-Harashima-Vorcodierung* eine suboptimale Realisierung von Costas „Writing on Dirty Paper"-Konzept. Diese Form der Vorcodierung ist an das Konzept des entscheidungsrückgekoppelten Entzerrers (DFE) angelehnt [H. Harashima & H. Miyakawa, 1972]. Der Feedback-Teil des Empfängers wird jedoch auf die Senderseite vorgezogen. Dabei wird eine QR-Zerlegung

$$\mathbf{H} := \mathbf{S} \cdot \mathbf{V}^H \tag{27.6}$$

verwendet, um die Rückführungsmatrix

$$\mathbf{B} := \mathbf{S} \cdot \Gamma = \mathbf{S} \cdot \mathrm{diag}(1/s_{1,1}, \ldots, 1/s_{\varsigma,\varsigma}) \tag{27.7}$$

zu erzeugen, siehe Bild 27.3. **S** ist eine untere Dreiecksmatrix mit den Hauptdiagonalkoeffizienten $s_{i,i}$. Die Matrix **V** ist unitär. Die Einheitsmatrix **E** in Bild 27.3 hat die Dimension von **B**. MOD bezeichnet eine symmetrische Modulo-Operation im Intervall $[-1/\sqrt{2}, 1/\sqrt{2})$.

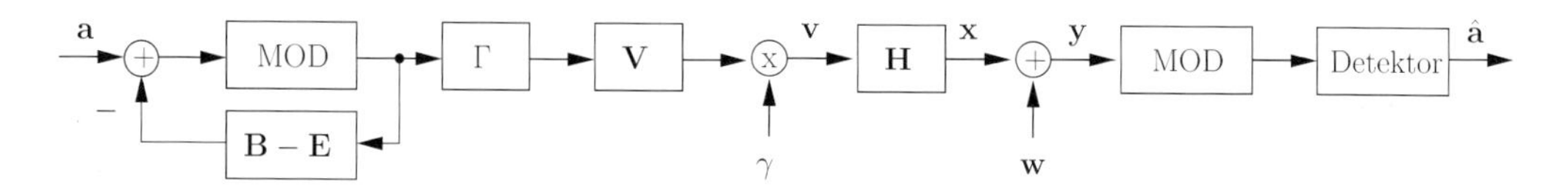

Bild 27.3: Prinzip der Tomlinson-Harashima-Vorcodierung

Die QR-Zerlegung der Kanalmatrix hat auch hier den Vorteil, dass der Rauschanteil nicht verstärkt und gefärbt wird. Unter Kenntnis perfekter CSI am Sender wird eine Fehlerfortpflanzung vermieden, die bei der DFE möglich ist. Das liegt daran, dass die Rückführung bei diesem Verfahren auf der Senderseite liegt, also vor dem Übertragungskanal. Ist senderseitig jedoch keine perfekte Kanalzustandsinformation bekannt, so degradiert das nichtlineare Verfahren schneller als lineare Verfahren zur Vorcodierung. Dies ist der wesentliche Nachteil der Tomlinson-Harashima-Vorcodierung.

27.3 Strahlformung (Beamforming)

Strahlformung ist ein Spezialfall der Vorcodierung für Mehrantennensysteme. Man verwendet *Gruppenantennen* (Antennenarrays) bestehend aus mehreren Antennenelementen mit definierten Abständen. Mit Hilfe der Strahlformung wird die Antennencharakteristik so geformt, dass der Antennengewinn in bestimmte Richtungen verstärkt, in andere Richtungen geschwächt wird.

Im Falle der *senderseitigen Strahlformung* wird das Sendesignal eines jeden Antennenelements mit einem bestimmten Faktor gewichtet. Damit wird ein Muster (Beampattern) konstruktiver und destruktiver Interferenz erzeugt, mit dem Ziel, in der gewünschten Richtung konstruktive Interferenz und für andere Winkel destruktive Interferenz zu erhalten, siehe Bild 27.4 links.

Im Falle der *empfängerseitigen Strahlformung* werden die Empfangssignale an den einzelnen Antennenelementen gewichtet kumuliert, so dass sich die gewünschte Antennencharakteristik einstellt.

Das Prinzip der Reziprozität besagt, dass die Sende- und Empfangseigenschaften einer Antenne in linearen Medien (d. h. insbesondere Medien ohne magnetische Hysterese) identisch sind. Aufgrund dieses Prinzips muss nicht zwischen Sende- und Empfangsantenne unterschieden werden. Ohne Beschränkung der Allgemeinheit nehmen wir im Folgenden eine Sendeantenne an.

Durch Strahlformung gelingt es, die Sendeleistung in bestimmte Richtungen zu lenken, in andere Richtungen zu unterdrücken („smart antenna").

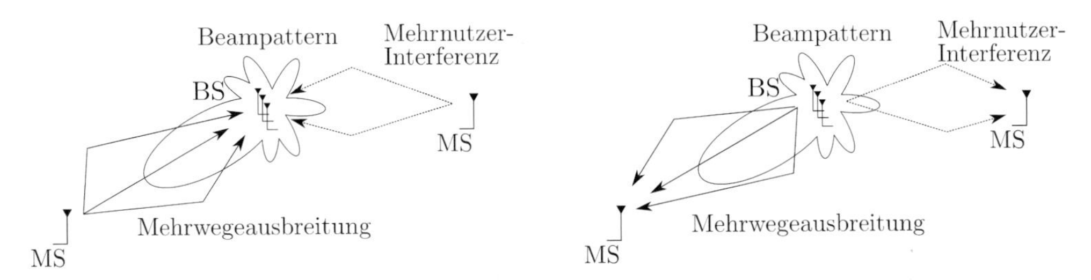

Bild 27.4: Mehrwegeausbreitung mit Strahlformung an der Basisstation in Aufwärtsstrecke (links) und Abwärtsstrecke (rechts)

Als *Richtcharakteristik der Gruppenantenne*, auch *Array-Faktor* (AF) genannt, wird die winkelabhängige normierte Leistung des Antennenarrays bezeichnet. Der AF spiegelt die Sende- und Empfangscharakteristik des Arrays wider. Er wird durch die Position der einzelnen Antennenelemente und ihrer Gewichte bestimmt. Berechnet wird der AF gemäß der Gleichung

$$AF = \frac{1}{|\mathbf{w}|} \sum_{a=0}^{N_T-1} w_a e^{-j\mathbf{k}\mathbf{d}_a}. \tag{27.8}$$

Hierbei wird ein Array mit N_T Elementen angenommen. $w_a \in \mathbb{C}$ ist der skalare Gewichtsfaktor des a-ten Antennenelements, $a \in \{0, 1, \ldots, N_T - 1\}$. Der Wellenvektor

$$\mathbf{k} := 2\pi/\lambda \cdot [\sin\theta\cos\phi, \sin\theta\sin\phi, \cos\theta] \tag{27.9}$$

beschreibt Ausbreitung und Phasenänderung einer Welle als Funktion von Azimutwinkel θ und Elevationswinkel ϕ. Der Ortsvektor $\mathbf{d}_a$ gibt die Position der Antennenelemente an. Die Abstrahlcharakteristik wird hier als radialsymmetrisch angenommen.

Der Zusammenhang zwischen Strahlformung und Vorentzerrung ergibt sich aus der Matrix

$$\mathbf{W} = \begin{bmatrix} w_0 & 0 & \ldots & 0 \\ 0 & w_1 & & \vdots \\ \vdots & & \ddots & 0 \\ 0 & \ldots & 0 & w_{N_T-1} \end{bmatrix}, \tag{27.10}$$

vgl. Bild 27.1. Die Hauptdiagonalelemente sind ungleich null. Die Matrixnotation verdeutlicht, dass Strahlformung ein Spezialfall der linearen Vorcodierung ist.

Strahlformung kann man in Verfahren unterteilen, die konstante Gewichtsfaktoren verwenden („*fixed beampattern*") und solche, die die Gewichte der letzten Übertragungen in die Gewichtsberechnung mit einbeziehen („*adaptive beampattern*"). Im Weiteren werden die in Tabelle 27.1 genannten Verfahren zur Bestimmung der Antennengewichte diskutiert, wobei konstante Gewichtsfaktoren angenommen werden.

Tabelle 27.1: Verfahren zur Bestimmung der Antennengewichte

Verfahren	Wahl der Gewichtsfaktoren
Phased Array	Setzen eines Winkels maximaler Leistung
Schelkunoff Polynomial	Setzen von Ausblendwinkeln
Dolph-Tschebyscheff	Setzen der Nebenkeulen auf ein konstantes Niveau
Codebuch	Auswahl der Gewichte aus einem Codebuch

Beim *Phased-Array-Verfahren* werden die Gewichtsfaktoren w_a so gewählt, dass bei einem vorgegebenen Winkel (Zielwinkel) die maximale Antennenleistung erreicht wird. Der Zielwinkel muss bekannt sein. Das *Schelkunoff-Polynomial-Verfahren* blendet bestimmte Winkel bewusst aus, da dort Störer vermutet werden. Deshalb müssen die Winkel der Störer bekannt sein. Beim dritten Verfahren, dem *Dolph-Tschebyscheff-Verfahren*, wird eine besonders gute Richtwirkung erzeugt. Bei diesem Verfahren werden zusätzlich die Nebenkeulen der Antennenleistung auf ein konstantes Niveau gesetzt. Bei den ersten drei Verfahren benötigt der Sender detailliertes Wissen über den Kanal. Im Gegensatz dazu benötigt der Sender beim *Codebuch-Verfahren* lediglich wenige Bits Feedback-Informationen, um den bestmöglichen Eintrag aus einem Codebuch zu wählen. Der Sender benötigt keine detaillierte CSI oder Zielwinkel, vielmehr benötigt der Empfänger Information zur Auswahl des Eintrags. In den nächsten Abschnitten werden diese Verfahren genauer untersucht und jeweils anhand eines Beispiels veranschaulicht.

27.3.1 Phased-Array-Verfahren

Dieses Verfahren bestimmt die Gewichtsfaktoren w_a so, dass die Leistung in einem bestimmten Winkel verstärkt wird. Die Gewichte bestehen aus N_T Phasen derart, dass der Gangunterschied zwischen den Antennenelementen für eine bestimmte Richtung aufgehoben wird. Die einzelnen Wellen überlagern sich konstruktiv und formen so eine winkelabhängige Wellenfront.

Ein lineares Array aus N_T Elementen mit einem Abstand von jeweils δ soll dazu genutzt werden, in eine Richtung θ_D zu senden. Die Gewichte sind von der Form

$$w_a = \exp(j\,\mathbf{k}_D\,\mathbf{d}_a) = \exp(j\,|\mathbf{k}_D|\,a\,\delta\,\cos(\theta_D)) \tag{27.11}$$

für $a \in \{0,\ldots,N_T-1\}$ und $\mathbf{d}_a = [0,0,a\,\delta]$. Der Wellenvektor $\mathbf{k}_D$ ist gleich $2\pi/\lambda \cdot [\sin\theta_D\cos\phi_D, \sin\theta_D\sin\phi_D, \cos\theta_D]$. Damit ergibt sich der Array-Faktor zu

$$AF = \frac{1}{|\mathbf{w}|}\sum_{a=0}^{N_T-1} e^{j\,|\mathbf{k}_D|\,a\,\delta\,\cos(\theta_D)} \cdot e^{-j\,\mathbf{k}\,\mathbf{d}_a}. \tag{27.12}$$

Beispiel 27.3.1 (Phased-Array-Verfahren) Beispielhaft wird nachfolgend ein Array aus fünf Elementen, angeordnet bei $\mathbf{d}_a = [0,0,a\,\lambda/2]$, betrachtet. Die Gewichte $w_a = e^{j\,\mathbf{k}_D\,\mathbf{d}_a} = e^{j\,a\,\pi\,\cos(\theta_D)}$ sollen so eingestellt werden, dass sich ein Sendewinkel von $\theta_D = 45°$ ergibt. Der zugehörige Array-Faktor lautet

$$AF = \frac{1}{5}\sum_{a=0}^{4} e^{j\,a\,\pi\,\cos(\theta_D)} \cdot e^{-j\,\mathbf{k}\,\mathbf{d}_a} = \frac{1}{5}\sum_{a=0}^{4} e^{j\,a\,\pi\,[\cos(\theta_D)-\cos(\theta)]}. \tag{27.13}$$

Bild 27.5 illustriert die normierte Antennenleistung als Funktion des Winkels. Wie gewünscht wird bei 45° die größte konstruktive Interferenz des Arrays erreicht, dort ist die Leistung am größten. Die Leistung der Nebenkeulen ist etwa 12 dB geringer. Man erkennt aber auch, dass wegen der symmetrischen Anordnung der Antennenelemente der Array-Faktor ebenfalls achsensymmetrisch ist und dass bei 315° eine ebenso starke Hauptkeule ausgebildet wird. ◊

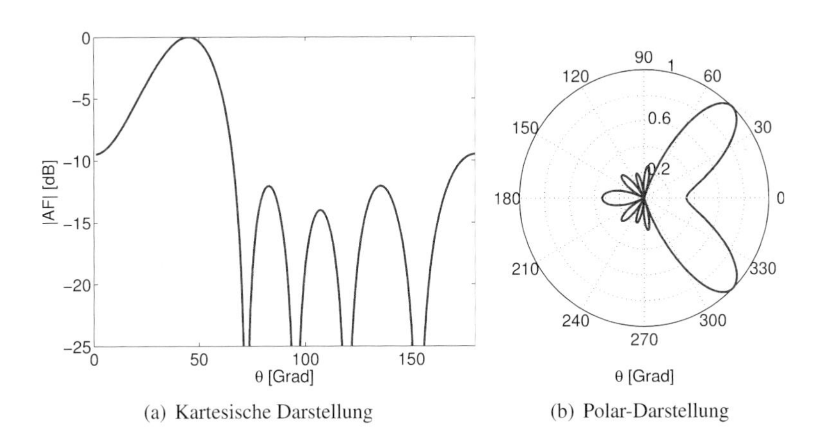

(a) Kartesische Darstellung (b) Polar-Darstellung

Bild 27.5: Phased-Array-Verfahren: AF für fünf Antennen unter der Randbedingung $\theta_D = 45°$.

27.3.2 Schelkunoff-Polynomial-Verfahren

Anstelle einer Fokussierung der Leistung in eine Richtung kann man die Gewichte w_a so wählen, dass in bestimmte Richtungen möglichst wenig gesendet wird. Dazu muss gewährleistet sein, dass der Array-Faktor für diese Winkel nahezu null ist. Für N_T Antennenelemente kann man $N_T - 1$ Nullstellen festlegen. Die Strahlrichtung maximaler Leistung kann mit diesem Verfahren allerdings nicht beeinflusst werden. Der Array-Faktor ist bei obiger Anordnung ($\mathbf{d}_a = [0, 0, a\lambda/2]$) und mit der Substitution $z := \exp(-j\pi\cos\theta)$ gleich

$$AF = \frac{1}{|\mathbf{w}|}\sum_{a=0}^{N_T-1} w_a \cdot e^{-ja\pi\cos(\theta)} := \frac{1}{|\mathbf{w}|}\sum_{a=0}^{N_T-1} w_a \cdot z^a. \tag{27.14}$$

Für einen anschließenden Koeffizientenvergleich wird das Polynom $AF(z)$ gebildet:

$$AF(z) = \frac{w_{N_T-1}}{|\mathbf{w}|}\prod_{a=0}^{N_T-2}(z - z_a). \tag{27.15}$$

Beispiel 27.3.2 (Schelkunoff-Polynomial-Verfahren) Für drei Antennenelemente führt ein Gleichsetzen von (27.14) und (27.15) mit anschließendem Koeffizientenvergleich zu dem Gewichtsvektor

$$\mathbf{w} := [w_0, w_1, w_2]^T = [w_2(z_0 \cdot z_1), w_2(-z_0 - z_1), w_2]^T. \tag{27.16}$$

Die Ausblendwinkel in den rücksubstituierten Koeffizienten $z_0 = -j\pi \cdot \cos(\theta_0)$ und $z_1 = -j\pi \cdot \cos(\theta_1)$ müssen gewählt werden. Für $w_2 = 1$ und für die Ausblendwinkel $\theta_0 = 45°$ und $\theta_1 = 100°$ ergeben sich die Gewichte $w_0 = -0.1 - 1j$ und $w_1 = -0.25 + 0.28j$. Der zugehörige Array-Faktor ist in Bild 27.6 dargestellt. Man erkennt, dass bei 45° und bei 100° die Sendeleistung vollständig unterdrückt wird. In diese Richtungen findet keine Übertragung statt. Die Hauptkeule und die Nebenkeulen können mit diesem Verfahren nicht beeinflusst werden. ◇

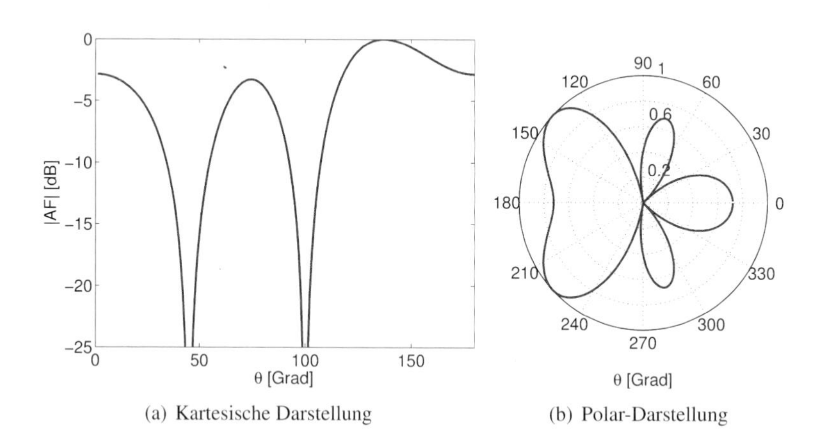

(a) Kartesische Darstellung (b) Polar-Darstellung

Bild 27.6: Schelkunoff-Polynomial-Verfahren: AF für drei Antennenelemente mit Ausblendwinkel unter den Randbedingungen $\theta_0 = 45°$ und $\theta_1 = 100°$

27.3.3 Dolph-Tschebyscheff-Verfahren

Mit den bereits behandelten Verfahren zur Bestimmung der Gewichtsfaktoren hat man Einfluss auf die maximale Antennenkeule bzw. die Nullwinkel, während die Nebenkeulen nur indirekt manipuliert werden konnten. Dolph fand mit Hilfe der Klasse der *Tschebyscheff-Funktionen erster Art* ein Verfahren, um die Leistung aller Nebenkeulen auf ein konstantes Niveau zu setzen [C. L. Dolph, 1946].

Definition 27.3.1 (Tschebyscheff-Funktionen erster Art) *Die Lösungen der Tschebyscheff-Differentialgleichung* $(1-x^2)\frac{d^2y}{dx^2} - x\frac{dy}{dx} + n^2y = 0$ *sind für ganzzahlige* n *die Tschebyscheff-Funktionen* $T_n(x)$*:*

$$T_0(x) = 1, \quad T_1(x) = x, \quad T_2(x) = 2x^2 - 1, \quad T_3(x) = 4x^3 - 3x, \quad T_4(x) = 8x^4 - 8x^2 + 1 \quad (27.17)$$

Die Antennenelemente seien symmetrisch mit dem Abstand δ voneinander um den Nullpunkt in einer Reihe angeordnet. Damit ergibt sich der Array-Faktor für eine *gerade Anzahl* an Antennenelementen unter der Randbedingung $\theta_D = 90°$ zu

$$
\begin{aligned}
AF_{Gerade} &= \frac{1}{|\mathbf{w}|}\left(\sum_{a=1}^{N_T/2} w_a \cdot e^{-j|\mathbf{k}|(2a-1)\,\delta/2\cos(\theta)} + \sum_{a=-N_T/2}^{-1} w_a \cdot e^{-j|\mathbf{k}|(2a+1)\,\delta/2\cos(\theta)}\right) \\
&= \frac{2}{|\mathbf{w}|}\sum_{a=1}^{N_T/2} w_a \cdot \cos((2a-1)\,|\mathbf{k}|\,\delta/2\cos(\theta)) \qquad (27.18)
\end{aligned}
$$

sowie für eine *ungerade Anzahl* an Antennenelementen zu

$$
\begin{aligned}
AF_{Ungerade} &= \frac{1}{|\mathbf{w}|}\cdot\sum_{a=-\lfloor N_T/2\rfloor}^{\lfloor N_T/2\rfloor} w_a \cdot e^{-j|\mathbf{k}|a\delta\cos(\theta)} \\
&= \frac{2}{|\mathbf{w}|}\sum_{a=0}^{\lfloor N_T/2\rfloor} w_a \cdot \cos(2a\,|\mathbf{k}|\,\delta/2\cos(\theta)) - \frac{w_0}{|\mathbf{w}|}. \qquad (27.19)
\end{aligned}
$$

Um einen Koeffizientenvergleich mit dem Tschebyscheff-Polynom nutzen zu können, werden die Terme $\cos(nx)$ in Polynome der Ordnung $\cos^n(x)$ umgewandelt. Das kann über die Tschebyscheff-Funktionen erster Art, $\cos(nx) = T_n(\cos x)$, erreicht werden. Über die Substitution $t = t_0\cos(|\mathbf{k}|\delta/2\cos\theta)$ wird der Array-Faktor zu einem Polynom $AF(t)$. Dabei bestimmt t_0 das Niveau S der Nebenkeulen gemäß $t_0 = \cosh\left(\frac{\cosh^{-1}S}{N_T-1}\right)$.

Beispiel 27.3.3 (Dolph-Tschebyscheff-Verfahren) Für fünf Antennen mit einem Abstand von $\delta = \lambda/2$ lautet der Array-Faktor mit der Abkürzung $\nu := \pi/2\cos\theta$

$$
\begin{aligned}
AF_{Ungerade} &= \frac{2}{|\mathbf{w}|}\cdot\left(\sum_{a=0}^{2} 2w_a \cdot \cos(2a\cdot\nu)\right) - \frac{w_0}{|\mathbf{w}|} \\
&= \frac{2}{|\mathbf{w}|}\cdot(w_0\cos(0) + w_1\cos(2\nu) + w_2\cos(4\nu)) - \frac{w_0}{|\mathbf{w}|} \\
&= \frac{2}{|\mathbf{w}|}\cdot(\frac{1}{2}w_0 + w_1\underbrace{(2\cos^2(\nu)-1)}_{T_2(\cos\nu)} + w_2\underbrace{(8\cos^4(\nu)-8\cos^2(\nu)+1)}_{T_4(\cos\nu)}) \\
&= \frac{2}{|\mathbf{w}|}\cdot\left(\frac{1}{2}w_0 - w_1 + w_2 + \cos^2(\nu)\cdot(2w_1 - 8w_2) + \cos^4(\nu)(8w_2)\right).
\end{aligned}
\qquad (27.20)
$$

Ein Koeffizientenvergleich mit der Tschebyscheff Funktion erster Art gleicher Ordnung ($T_4(t) = 8t^4 - 8t^2 + 1$) liefert nach der Substitution $\cos(|\mathbf{k}|\delta/2\cos\theta) = \cos(\nu) = t/t_0$ für $S = 10$ dB $\triangleq$ 3.1623 (entspricht $t_0 = 1.1051$) die Gewichte w_a, in diesem Fall $w_0 = 0.59$, $w_1 = 0.54$ und $w_2 = 0.75$. Für eine ungerade Anzahl an Antennenelementen folgt entsprechend

$$
AF_{Ungerade} = \frac{1}{|\mathbf{w}|}\cdot\left(\underbrace{w_0 - 2w_1 + 2w_2}_{=1} + t^2\underbrace{\frac{2}{t_0^2}(2w_1 - 8w_2)}_{=-8} + t^4\underbrace{\frac{2}{t_0^4}(8w_2)}_{=8}\right). \qquad (27.21)
$$

Damit ergibt sich die gewünschte Eigenschaft für den Array-Faktor, dargestellt in Bild 27.7. Wie festgesetzt, wurde die Leistung der Nebenkeulen auf ein Niveau gesetzt. Wenn man die Leistung weiter reduzieren würde, würde sich die Hauptkeule weiter verbreitern und so die Richteigenschaft des Arrays verschlechtern. ◊

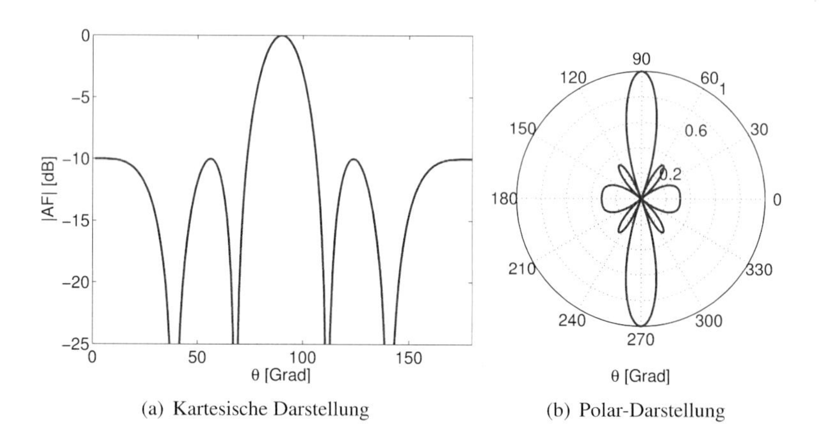

(a) Kartesische Darstellung (b) Polar-Darstellung

Bild 27.7: Dolph-Tschebyscheff-Verfahren: AF für fünf Antennen, dabei sind die Nebenkeulen auf -10 dB gesetzt

27.3.4 Codebuch-Verfahren

Dieses Verfahren beruht auf der Auswahl eines Gewichtsvektors aus einem gespeicherten Satz von Gewichtsvektoren, dem sog. Codebuch. Es wird auf Basis von Kanalzustandsinformation *empfängerseitig* derjenige Gewichtsvektor ausgewählt, der die beste Übertragung im Sinne eines gegebenen Gütekriteriums für den betrachteten Nutzer verspricht. Über einen Rückkanal vom Empfänger zum Sender wird lediglich ein Index übertragen, welcher den gewählten Gewichtsvektor adressiert. Bei zwei/vier/acht Sendeantennenelementen genügen zwei/vier/acht Bits auf dem Rückkanal, um einen Eintrag aus einem Codebuch der Mächtigkeit $2^2/2^4/2^8$ zu wählen. Für die Wahl dieses Strahlformungsverfahrens spricht außerdem, dass Sender und Empfänger die Ein- und Ausfallswinkel der Mehrwegepfade nicht kennen müssen, sondern ausschließlich anhand der empfängerseitigen Kenntnis der Kanalmatrix den Gewichtsvektor auswählen.

Codebuch-Verfahren kann man in zwei Gruppen klassifizieren. Einerseits sog. *„one-shot“ Codebuch-Verfahren*, die den Gewichtsvektor immer wieder neu bestimmen, unabhängig von vorherigen Werten. Andererseits sog. *differentielle Verfahren*, die die Kanalkorrelation derart ausnutzen, dass die aktuelle Vorcodierungsmatrix $\mathbf{W}$ mit der neuen Codebuchmatrix multipliziert wird. Dieses adaptive Strahlformungsverfahren hat den Vorteil, dass das effektive Codebuch vergrößert wird. Untersuchungen haben gezeigt, dass differentielle Codebücher „one-shot“ Codebücher übertreffen. Trotzdem werden zur besseren Veranschaulichung nun ausschließlich „one-shot“ Codebücher weiter betrachtet.

In Anlehnung an (27.8) kann der Array-Faktor in der Form

$$AF^{(i)} = \frac{1}{|\mathbf{w}|} \sum_{a=0}^{N_T-1} w_a^{(i)} e^{-j\mathbf{k}\mathbf{d}_a}, \qquad i \in \{0, 1, \ldots, N_c - 1\}, \tag{27.22}$$

dargestellt werden, wobei i der Codebuchindex und N_c die Anzahl der Codebücher ist.

Beispiel 27.3.4 (DFT-Codebuch) Gegeben seien $N_T = 2$ Antennenelemente. Für das in Tabelle 27.2 aufgelistete Codebuch ergeben sich die in Bild 27.8 gezeigten Array-Faktoren. Dieses Codebuch ist unter dem Namen *DFT-Codebuch* bekannt. ◊

Tabelle 27.2: DFT-Codebuch für zwei Antennen

i	$\mathbf{w}^{(i)}$
0	$1/\sqrt{2}[+1, +1]^T$
1	$1/\sqrt{2}[+1, -1]^T$
2	$1/\sqrt{2}[+1, +j]^T$
3	$1/\sqrt{2}[+1, -j]^T$

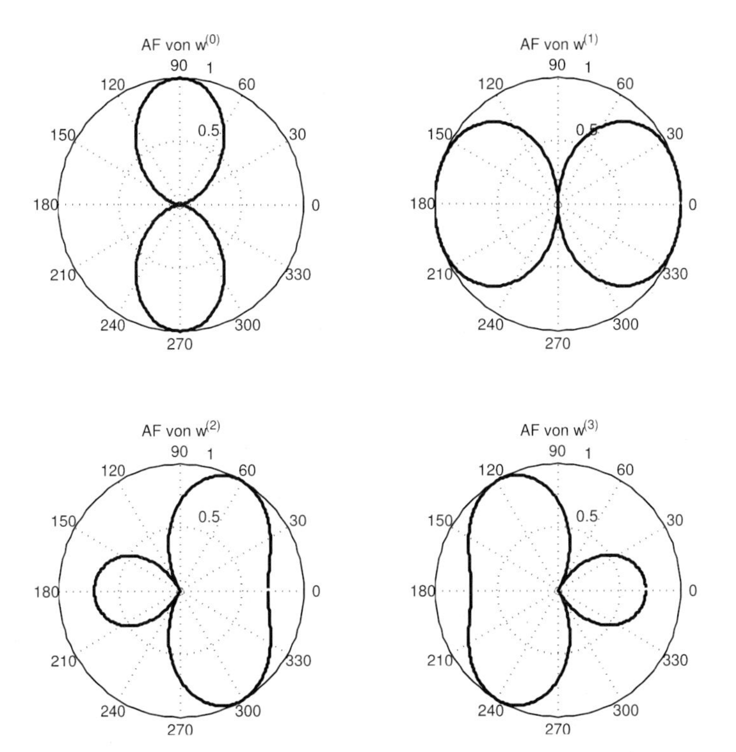

Bild 27.8: Codebuch-Verfahren: AF für DFT-Codebuch im Fall von zwei Antennen

Beispiel 27.3.5 (Graßmannsches Codebuch) Gegeben seien erneut $N_T = 2$ Antennenelemente. Für das in Tabelle 27.3 aufgelistete Codebuch ergeben sich die in Bild 27.9 gezeigten Array-Faktoren. Dieses Codebuch ist unter dem Namen *Graßmannsches Codebuch* bekannt. Die Codebücher sind so konstruiert, dass der *chordale Abstand*

$$d_{\text{chord}}(\mathbf{w}^{(i)}, \mathbf{w}^{(j)}) := \frac{1}{\sqrt{2}} \parallel \mathbf{w}^{(i)} \cdot \mathbf{w}^{(i)H} - \mathbf{w}^{(j)} \cdot \mathbf{w}^{(j)H} \parallel_2 \tag{27.23}$$

möglichst groß ist, d. h., die Gewichtsfaktoren unterscheiden sich größt möglich. ◊

Tabelle 27.3: Graßmannsches Codebuch für zwei Antennen

i	$\mathbf{w}^{(i)}$
0	$[-0.1612-0.7348j, -0.5135-0.4128j]^T$
1	$[-0.0787-0.3192j, -0.2506+0.9106j]^T$
2	$[-0.2399+0.5985j, -0.7641-0.0212j]^T$
3	$[-0.9541+0.0000j, +0.2996+0.0000j]^T$

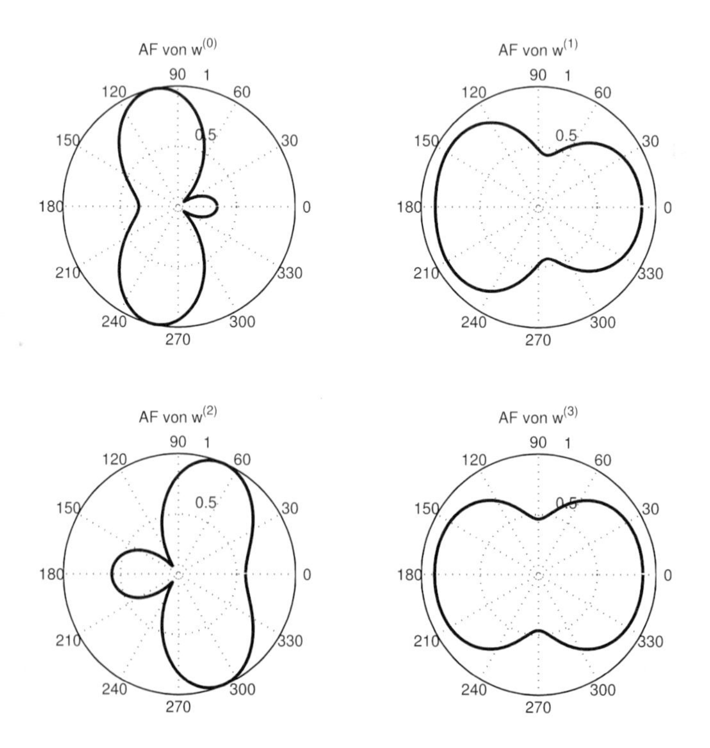

Bild 27.9: Codebuch-Verfahren: AF für Graßmannsches Codebuch im Fall von zwei Antennen

Literaturverzeichnis

Kapitel 20: Grundlagen

[Ben07] T. Benkner, *Grundlagen des Mobilfunks*. Weil der Stadt: J. Schlembach Fachverlag, 2007.

[Mol10] A. F. Molisch, *Wireless Communications*. New York, NY: John Wiley & Sons, 2. Auflage, 2010.

[Poo98] H. V. Poor, G. W. Wornell, *Wireless Communications: Signal Processing Perspectives*. Upper Saddle River, NJ: Prentice-Hall, 1998.

[Rap02] T. S. Rappaport, *Wireless Communications: Principles & Practice*. Upper Saddle River, NJ: Prentice Hall, 2. Auflage, 2002.

[Ste99] R. Steele, L. Hanzo, *Mobile Radio Communications*. New York, NY: John Wiley & Sons, 2. Auflage, 1999.

[Stü01] G. L. Stüber, *Principles of Mobile Communication*. Boston, MA: Kluwer Academic Publishers, 2. Auflage, 2001.

[Tse05] D. Tse, P. Viswanath, *Fundamentals of Wireless Communication*. Cambridge, UK: Cambridge University Press, 2005.

Kapitel 21: Beschreibung und Modellierung von Mobilfunkkanälen

[Bel63] P. A. Bello, "Characterization of randomly time variant linear channels," *IEEE Trans. Commun. Syst.*, Band CS-11, S. 360-393, Dez. 1963.

[Fle00] B. H. Fleury, "First and second-order characterization of direction dispersion and space selectivity in the radio channel," *IEEE Trans. Inform. Theory*, Band 46, S. 2027-2047, Sept. 2000.

[Hoe92] P. Hoeher, "A statistical discrete-time model for the WSSUS multipath channel," *IEEE Transactions on Vehicular Technology*, Band 41, S. 461-468, Nov. 1992.

[Jak94] W. C. Jakes, Ed.: *Microwave Mobile Communications*. Piscataway, NJ: IEEE Press, 2. Auflage, 1994.

[Pae99] M. Pätzold, *Mobilfunkkanäle*. Braunschweig/Wiesbaden: Vieweg-Verlag, 1999.

[Sch10] H. Schulze, "A simulation model for space-time-frequency variant fading channels," in *Proc. Int. ITG Workshop on Smart Antennas (WSA 2010)*, Bremen, Feb. 2010.

Kapitel 22: Diversitätsempfang, MIMO-Systeme und Space-Time-Codes

[Ala98] S. Alamouti, "A simple transmitter diversity technique for wireless communication," *IEEE J. Sel. Areas Commun.*, Band 16, Nr. 8, S. 1451-1458, 1998.

[Big07] E. Biglieri, R. Calderbank, A. Constantinides, A. Goldsmith, A. Paulraj, H. V. Poor, *MIMO Wireless Communications*. Cambridge, UK: Cambridge University Press, 2007.

[Dum07] T. M. Duman, A. Ghrayeb, *Coding for MIMO Communication Systems*. Chichester, UK: John Wiley & Sons, 2007.

[Fos96] G. J. Foschini, "Layered space-time architecture for wireless communication in a fading environment when using multi-element antennas," *Bell Labs Techn. Journal*, S. 41-59, Herbst 1996.

[Fos98] G. J. Foschini, M. J. Gans, "On limits of wireless communications in a fading environment when using multiple antennas," *Wireless Personal Communication*, Band 6, Nr. 3, S. 311-335, März 1998.

[Ger05] A. B. Gershman, N. D. Sidiropoulos, *Space-Time Processing for MIMO Communications*. New York, NY: John Wiley & Sons, 2005.

[Gol05] A. Goldsmith, *Wireless Communications*. Cambridge, UK: Cambridge University Press, 2005.

[Han02] L. Hanzo, T. H. Liew, B. L. Yeap, *Turbo Coding, Turbo Equalization and Space-Time Coding for Transmission over Fading Channels*. Chichester, UK: John Wiley & Sons, 2002.

[Kue06] V. Kühn, *Wireless Communications over MIMO Channels*. Chichester, UK: John Wiley & Sons, 2006.

[Pau03] A. Paulraj, R. Nabar, D. Gore, *Introduction to Space-Time Wireless Communications*. Cambridge, UK: Cambridge University Press, 2003.

[Pro08] J. G. Proakis, M. Salehi, *Digital Communications*. New York, NY: McGraw-Hill, 5. Auflage, 2008.

[Tar98] V. Tarokh, N. Seshadri, A. R. Calderbank, "Space-time codes for high data rate wireless communication: Performance criterion and code construction," *IEEE Trans. Inform. Theory*, Band 44, Nr. 2, S. 744-765, März 1998.

[Tar99] V. Tarokh, H. Jafarkhani, A. R. Calderbank, "Space-time block coding for wireless communications: Performance results," *IEEE J. Sel. Areas Commun.*, Band 17, Nr. 3, S. 451-460, März 1999.

[Tso06] G. V. Tsoulos, *MIMO System Technology for Wireless Communications*. CRC/Taylor & Francis, 2006.

Kapitel 23: DS-CDMA-Empfängerkonzepte

[Dix94] R. C. Dixon, *Spread Spectrum Systems with Commercial Applications*. New York, NY: John Wiley & Sons, 3. Auflage, 1994.

[Gli97] S. G. Glisic, B. Vucetic, *Spread Spectrum CDMA Systems for Wireless Communications*. Boston, MA: Artech House Publishers, 1997.

[Gli03] S. G. Glisic, *Adaptive WCDMA: Theory and Practice*. New York, NY: John Wiley & Sons, 2003.

[Sch05] H. Schulze, Chr. Lüders, *Theory and Applications of OFDM and CDMA: Wideband Wireless Communications*. John Wiley & Sons, 2005.

[Ver98] S. Verdu, *Multiuser Detection*. Cambridge, UK: Cambridge University Press, 1998.

[Vit95] A. J. Viterbi, *CDMA: Principles of Spread Spectrum Communications*. Reading, MA: Addison-Wesley, 1995.

[Zie95a] R. E. Ziemer, R. L. Peterson, D. E. Borth, *Introduction to Spread Spectrum Communications*. Upper Saddle River, NJ: Prentice Hall, 1995.

Kapitel 24: Verfahren zur Verkürzung einer Kanalimpulsantwort

[And05] B. D. O. Anderson, J. B. Moore, *Optimal Filtering*. New York, NY: Dover Publications, 2005.

[Bad02] S. Badri-Höher, *Digitale Empfängeralgorithmen für TDMA-Mobilfunksysteme mit besonderer Berücksichtigung des EDGE-Systems*. Dissertation Universität Erlangen-Nürnberg, Shaker Verlag, 2002.

[Hay02] S. Haykin, *Adaptive Filter Theory*. Upper Saddle River, NJ: Prentice Hall, 4. Auflage, 2002.

[Kam94] K.-D. Kammeyer, "Time truncation of channel impulse responses by linear filtering: A method to reduce the complexity of Viterbi equalization," *AEÜ*, Band 48, S. 237-243, 1994.

[Law71] R. E. Lawrence, H. Kaufman, "The Kalman filter for the equalization of a digital communications channel," *IEEE Trans. Commun. Techn.*, Band 19, Nr. 6, S. 1137-1141, Dez. 1971.

[Mul90] B. Mulgrew, "Adaptive prefilter for maximum likelihood sequence estimation," in *Proc. EUSIPCO* '90, Barcelona, Spanien, S. 245-248, Sept. 1990.

[Mul91] B. Mulgrew, "An adaptive whitened matched filter," in *Proc. IEEE ICASSP* '91, Toronto, Kanada, S. 1513-1516, Mai 1991.

Kapitel 25: Trellisbasierte Entzerrung mit Zustandsreduktion

[Due89] A. Duel, C. Heegard, "Delayed decision feedback sequence estimation," *IEEE Trans. Commun.*, Band 37, Nr. 5, S. 428-436, Mai 1989.

[Eyu88] M. V. Eyuboglu, S. U. Qureshi, "Reduced-state sequence estimation with set partitioning and decision feedback," *IEEE Trans. Commun.*, Band 36, Nr. 1, S. 13-20, Jan. 1988.

Kapitel 26: Gleichkanalinterferenzunterdrückung

[Adr05] J. G. Andrews, "Interference cancellation for cellular systems: A contemporary overview," *IEEE Wireless Communications*, Band 12, S. 19-29, Apr. 2005.

[Hoe05] P. A. Hoeher, S. Badri-Hoeher, W. Xu, C. Krakowski, "Single-antenna co-channel interference cancellation for TDMA cellular radio systems," *IEEE Wireless Communications*, Band 12, S. 30-37, Apr. 2005.

[Nic08] P.-F. Nickel, *Interference Cancellation for Single Carrier Transmission Systems*. Dissertation Universität Erlangen-Nürnberg, Shaker Verlag, 2008.

Kapitel 27: Senderseitige Signalverarbeitung – Vorcodierung und Strahlformung

[Cos83] M. H. M. Costa, "Writing on dirty paper," *IEEE Trans. Information Theory*, Band 29, S. 439-441, Mai 1983.

[Dol46] C. L. Dolph, "A current distribution for broadside arrays which optimize the relationship between beam width and side-lobe level," *Proc. of the IRE and Waves and Electrons*, S. 335-348, Juni 1946.

[Fis02] R. F. H. Fischer, *Precoding and Signal Shaping for Digital Transmission*. New York, NY: John Wiley & Sons, 2002.

[Har72] H. Harashima, H. Miyakawa, "Matched-transmission technique for channels with intersymbol interference," *IEEE Trans. Communications*, Band 20, S. 774-780, Aug. 1972.

[Kuo08] C.-C. J. Kuo, S.-H. Tsai, L. Tradjpour, Y. H. Chang, *Precoding Techniques for Digital Communication Systems*. New York, NY: Springer, 2008.

[Lov05] D. Love, R. Heath, "Limited feedback unitary precoding for spatial multiplexing systems," *IEEE Trans. Information Theory*, Band 51, S. 2967-2976, Aug. 2005.

Teil V

Anhang

A Grundlagen der Wahrscheinlichkeitsrechnung

Die *Wahrscheinlichkeitsrechnung*, auch Wahrscheinlichkeitstheorie genannt, ist ein Teilgebiet der Mathematik, welches von der Beschreibung zufälliger Ereignisse und ihrer Modellierung handelt. Wahrscheinlichkeitsrechnung und Statistik fasst man zum Oberbegriff *Stochastik* zusammen. Sie bildet die Grundlage der Informationstheorie und ist in vielen Bereichen der Übertragungstechnik wichtig, z. B. bei der Modellierung von Mobilfunkkanälen oder dem Entwurf komplexer Empfängeralgorithmen.

In diesem Anhang werden die notwendigen Grundlagen der Wahrscheinlichkeitsrechnung etabliert, soweit sie für das Verständnis der Inhalte dieses Lehrbuchs notwendig sind. Zunächst werden die wichtigsten Begriffe der diskreten und der kontinuierlichen Wahrscheinlichkeitsrechnung erarbeitet. Themen wie charakteristische Funktion, Transformation von Zufallsvariablen und das Gesetz der großen Zahlen runden diesen Anhang ab.

A.1 Begriffe aus der (wert-)diskreten Wahrscheinlichkeitsrechnung

Die Wahrscheinlichkeitsrechnung basiert auf Zufallsexperimenten:

Definition A.1.1 (Stichprobenraum, Elementarereignis, Ereignis) *Ein Stichprobenraum $\Omega := \{\omega^{(1)}, \omega^{(2)}, \ldots, \omega^{(l)}, \ldots, \omega^{(L_\Omega)}\}$ ist die Menge aller möglichen Ergebnisse $\omega^{(l)}$ eines Zufallsexperiments, wobei $l \in \{1, 2, \ldots, L_\Omega\}$. Die Elemente $\omega^{(l)}$ nennt man Elementarereignisse. Der Stichprobenraum sei endlich, d. h. $L_\Omega = |\Omega| < \infty$. Jede Teilmenge von Ω wird Ereignis genannt.*

Eine *Zufallsvariable* (oder Zufallsgröße) ist eine (nicht notwendigerweise reelle) Funktion, die den Ereignissen eines Zufallsexperiments Werte, sog. *Realisierungen* zuordnet:

Definition A.1.2 (Zufallsvariable) *Eine eindimensionale Zufallsvariable X mit Werten aus dem Alphabet $\mathcal{X} := \{x^{(1)}, x^{(2)}, \ldots, x^{(i)}, \ldots, x^{(L_x)}\}$ ist eine rechtseindeutige Abbildung vom Stichprobenraum Ω auf die Menge $\mathcal{X}$:*

$$X : \Omega \to \mathcal{X}. \tag{A.1}$$

Rechtseindeutig besagt, dass keinem Elementarereignis aus Ω mehr als einem Ereignis in $\mathcal{X}$ zugeordnet wird, siehe Bild A.1. Somit gilt $x^{(i)} = X(\omega^{(l)})$, wobei $l \in \{1, 2, \ldots, L_\Omega\}$ und $i \in \{1, 2, \ldots, L_x\}$.

Die Anzahl der möglichen Ereignisse in $\mathcal{X}$, $L_x = |\mathcal{X}|$, wird als *Mächtigkeit* bezeichnet. Wenn keine Verwechselungsmöglichkeit besteht, schreiben wir kurz L statt L_x. Das Ereignis, dass die Abbildung $X(\omega^{(l)})$ den Wert $x^{(i)}$ annimmt, wird mit $\{X = x^{(i)}\}$ bezeichnet. Jedem Ereignis $\{X = x^{(i)}\}$ ist eine *Wahrscheinlichkeit* $P(\{X = x^{(i)}\})$ zugeordnet. Wir schreiben vereinfachend $P(X = x^{(i)})$ für diese Wahrscheinlichkeit.

Definition A.1.3 (Wahrscheinlichkeitsfunktion) *Die Wahrscheinlichkeitsfunktion einer diskreten Zufallsvariable X ist wie folgt definiert:*

$$p_X(x^{(i)}) := P(X = x^{(i)}), \qquad i \in \{1, 2, \ldots, L\}, \tag{A.2}$$

wenn folgende Randbedingungen erfüllt sind:

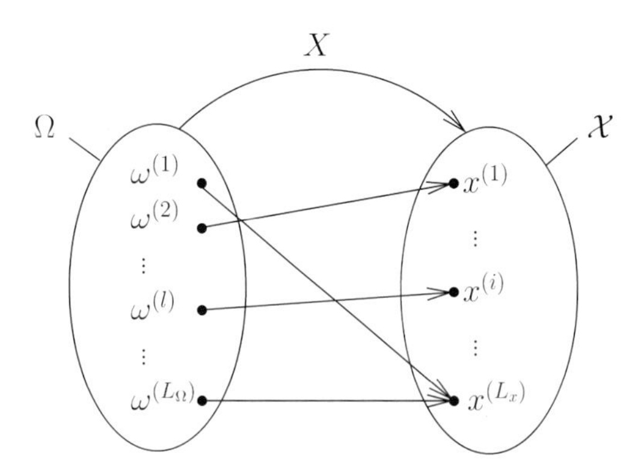

Bild A.1: Darstellung einer eindimensionalen Zufallsvariablen X als rechtseindeutige Abbildung vom Stichprobenraum Ω auf die Menge $\mathscr{X}$

- $0 \leq p_X(x^{(i)}) \leq 1 \;\; \forall\, i \in \{1,2,\ldots,L\}$,
- $\sum_{i=1}^{L} p_X(x^{(i)}) = 1$ *und*
- $P(\{X = x^{(i)}\} \cup \{X = x^{(j)}\}) = P(\{X = x^{(i)}\}) + P(\{X = x^{(j)}\}) - P(\{X = x^{(i)}\} \cap \{X = x^{(j)}\})$ $\forall\, i,j \in \{1,2,\ldots,L\},\ i \neq j$.

Wenn keine Verwechselungsmöglichkeit besteht, schreiben wir kurz $p_X(x^{(i)}) = p(x)$.

Definition A.1.4 (Gleichverteilte Zufallsvariable) *Eine diskrete Zufallsvariable X bezeichnet man als gleichverteilt, falls*

$$p_X(x^{(i)}) := 1/L \quad \forall\, i, \tag{A.3}$$

d. h. falls alle Ereignisse gleich wahrscheinlich sind.

Es sei $f(X)$ eine reelle Funktion einer Zufallsvariablen X. Somit ist $f(x^{(i)})$ (ebenso wie $x^{(i)}$) ein Ereignis mit der Wahrscheinlichkeit $p_X(x^{(i)})$ und der Mächtigkeit L.

Definition A.1.5 (Erwartungswert und Varianz) *Erwartungswert μ und Varianz σ^2 von $f(X)$ sind gemäß*

$$\mu := E\{f(X)\} = \sum_{i=1}^{L} f(x^{(i)})\, p_X(x^{(i)}) \tag{A.4}$$

und

$$\sigma^2 := E\left\{(f(X) - \mu)^2\right\} = \sum_{i=1}^{L} \left(f(x^{(i)}) - \mu\right)^2 p_X(x^{(i)}) \tag{A.5}$$

definiert.

Bei der Erwartungswertbildung wird über alle möglichen Ereignisse $f(x^{(i)})$, $i \in \{1,2,\ldots,L\}$, summiert, wobei die Ereignisse gemäß ihren Wahrscheinlichkeiten $p_X(x^{(i)})$ gewichtet werden. Die Erwartungswertbildung bezeichnet man als ein *Moment erster Ordnung*, während die Varianz ein *Moment zweiter Ordnung* ist. Die Varianz ist ein Maß für die mittleren Abweichungen vom Erwartungswert. Die Quadratwurzel der Varianz bezeichnet man als *Standardabweichung*.

Nun generieren wir (zum Beispiel durch Würfeln) n zufällige Realisierungen der Zufallsvariable X, die wir mit $x_1, x_2, \ldots, x_n$ bezeichnen.

Definition A.1.6 (Arithmetischer Mittelwert) *Der arithmetische Mittelwert ist gemäß*

$$\overline{f(X)} := \frac{1}{n}\sum_{i=1}^{n} f(x_i) \tag{A.6}$$

definiert. Der Ausdruck $\overline{f(X)}$ wird oft auch als relative Häufigkeit *bezeichnet.*

Entstammen die Realisierungen $x_1, x_2, \ldots, x_n$ verschiedenen Zeitpunkten einer einzigen Musterfunktion, so spricht man vom *Zeitmittelwert*. Mittelt man für einen festen Zeitpunkt über verschiedene Musterfunktionen, so spricht man vom *Scharmittelwert*.

Man beachte Gemeinsamkeiten und Unterschiede zwischen Mittelwertbildung und Erwartungswertbildung. Der Zentrale Grenzwertsatz (siehe Abschnitt A.5) stellt eine Beziehung zwischen diesen beiden Größen her.

Von besonderer Bedeutung sind Sequenzen von statistisch unabhängigen, identisch verteilten („independent identically distributed (i.i.d.)") Zufallsvariablen. Bei Sequenzen, die dieser Eigenschaft genügen, sind die Zufallsvariablen paarweise statistisch unabhängig und alle Zufallsvariablen besitzen die gleiche Wahrscheinlichkeitsfunktion. Letzteres bedeutet aber nicht, dass notwendigerweise alle Zufallsvariablen gleichverteilt sind.

Ist eine Zufallsvariable aus einzelnen Zufallsvariablen zusammengesetzt, so spricht man von einer *mehrdimensionalen Zufallsvariable*.

Beispiel A.1.1 $Z := (X, Y)$, wobei X und Y Zufallsvariablen sind, die Werte aus den Mengen $\{x^{(1)}, x^{(2)}, \ldots, x^{(L_x)}\}$ und $\{y^{(1)}, y^{(2)}, \ldots, y^{(L_y)}\}$ annehmen. Die zweidimensionale Zufallsvariable Z nimmt dann Werte aus der Menge $\{(x^{(1)}, y^{(1)}), (x^{(1)}, y^{(2)}), \ldots, (x^{(1)}, y^{(L_y)}), (x^{(2)}, y^{(1)}), \ldots, (x^{(L_x)}, y^{(L_y)})\}$ an. ◊

Definition A.1.7 (Verbundwahrscheinlichkeitsfunktion) *Die Verbundwahrscheinlichkeitsfunktion $p_{XY}(x^{(i)}, y^{(j)})$ (oder kurz $p(x,y)$) ist die Wahrscheinlichkeit dafür, dass die Ereignisse $\{X = x^{(i)}\}$ und $\{Y = y^{(j)}\}$ gleichzeitig eintreten:*

$$p_{XY}(x^{(i)}, y^{(j)}) := P(\{X = x^{(i)}\} \cap \{Y = y^{(j)}\}) = P(X = x^{(i)}, Y = y^{(j)}), \quad i \in \{1, 2, \ldots, L_x\},\ j \in \{1, 2, \ldots, L_y\}, \tag{A.7}$$

wenn folgende Randbedingungen erfüllt sind:

- $0 \le p_{XY}(x^{(i)}, y^{(j)}) \le 1 \ \forall\, i, j$,
- $\sum_{i=1}^{L_x}\sum_{j=1}^{L_y} p_{XY}(x^{(i)}, y^{(j)}) = 1$ *und*
- $p_{XY}(x^{(i)}, y^{(j)}) = p_{YX}(y^{(j)}, x^{(i)}) \ \forall\, i, j$.

Eine Verallgemeinerung lautet

$$p_{X_1 X_2 \ldots}(x_1, x_2, \ldots) = P(\{X_1 = x_1\} \cap \{X_2 = x_2\} \cap \ldots). \tag{A.8}$$

Definition A.1.8 (Statistische Unabhängigkeit) *Zufallsvariablen X und Y werden statistisch unabhängig genannt, wenn $\forall\, i, j$ gilt:*

$$p_{XY}(x^{(i)}, y^{(j)}) := p_X(x^{(i)}) \cdot p_Y(y^{(j)}). \tag{A.9}$$

Eine Verallgemeinerung lautet

$$p_{X_1 X_2 \ldots}(x_1, x_2, \ldots) = p_{X_1}(x_1) \cdot p_{X_2}(x_2) \cdot \ldots \tag{A.10}$$

Definition A.1.9 (Bedingte Wahrscheinlichkeitsfunktion) *Die bedingte Wahrscheinlichkeitsfunktion ist gemäß*

$$p_{X|Y}(x^{(i)}|y^{(j)}) := \frac{p_{XY}(x^{(i)},y^{(j)})}{p_Y(y^{(j)})} \tag{A.11}$$

definiert, wobei $p_Y(y^{(j)}) > 0 \ \forall\ j$. *(Der Ausdruck „*$x^{(i)}|y^{(j)}$*" wird gelesen als „*$x^{(i)}$ *gegeben* $y^{(j)}$*".)*

Aus der Definition der bedingten Wahrscheinlichkeitsfunktion folgt unmittelbar der *Satz von Bayes*, auch Bayes-Theorem genannt:

Satz A.1.1 (Satz von Bayes)

$$p_{X|Y}(x^{(i)}|y^{(j)}) = \frac{p_{Y|X}(y^{(j)}|x^{(i)}) \cdot p_X(x^{(i)})}{p_Y(y^{(j)})}. \tag{A.12}$$

Beweis A.1.1

$$p_{X|Y}(x^{(i)}|y^{(j)}) = \frac{p_{XY}(x^{(i)},y^{(j)})}{p_Y(y^{(j)})} = \frac{\frac{p_{XY}(x^{(i)},y^{(j)})}{p_X(x^{(i)})} \cdot p_X(x^{(i)})}{p_Y(y^{(j)})} = \frac{p_{Y|X}(y^{(j)}|x^{(i)}) \cdot p_X(x^{(i)})}{p_Y(y^{(j)})}. \tag{A.13}$$

□

Satz A.1.2 $p_{X|Y}(x^{(i)}|y^{(j)}) = p_X(x^{(i)})$, *falls X und Y statistisch unabhängig sind.*

Beweis A.1.2 $p_{X|Y}(x^{(i)}|y^{(j)}) = \frac{p_{XY}(x^{(i)},y^{(j)})}{p_Y(y^{(j)})} = \frac{p_X(x^{(i)}) \cdot p_Y(y^{(j)})}{p_Y(y^{(j)})} = p_X(x^{(i)})$. □

Aus der Definition der bedingten Wahrscheinlichkeitsfunktion folgt durch Umformung:

$$p_{XY}(x,y) = p_X(x) \cdot p_{Y|X}(y|x). \tag{A.14}$$

Durch eine Verallgemeinerung erhält man die *Kettenregel der Wahrscheinlichkeitsrechnung* :

$$\begin{aligned} & p_{X_1X_2X_3X_4\ldots}(x_1,x_2,x_3,x_4,\ldots) \\ &= p_{X_1}(x_1) \cdot p_{X_2X_3X_4\ldots|X_1}(x_2,x_3,x_4,\ldots|x_1) \\ &= p_{X_1}(x_1) \cdot p_{X_2|X_1}(x_2|x_1) \cdot p_{X_3X_4\ldots|X_1X_2}(x_3,x_4,\ldots|x_1,x_2) \\ &= \ldots \end{aligned} \tag{A.15}$$

Satz A.1.3 *Die Wahrscheinlichkeitsfunktion* $p_X(x^{(i)})$ *erhält man aus der Verbundwahrscheinlichkeitsfunktion* $p_{XY}(x^{(i)},y^{(j)})$ *durch eine Summation über alle möglichen Ereignisse* $y^{(j)}$*:*

$$p_X(x^{(i)}) = \sum_{j=1}^{L_y} p_{XY}(x^{(i)},y^{(j)}). \tag{A.16}$$

Entsprechend gilt

$$p_Y(y^{(j)}) = \sum_{i=1}^{L_x} p_{XY}(x^{(i)},y^{(j)}). \tag{A.17}$$

$p_X(x^{(i)})$ und $p_Y(y^{(j)})$ werden *Randverteilungen* genannt.

A.2 Begriffe aus der (wert-)kontinuierlichen Wahrscheinlichkeitsrechnung

Bislang haben wir (wert-)diskrete Zufallsvariablen mit Werten aus endlichen Alphabeten betrachtet. Nun behandeln wir *stetige Zufallsvariablen* (man sagt auch *kontinuierliche Zufallsvariablen*). Da die Wahrscheinlichkeit für ein bestimmtes Ereignis bei stetigen Zufallsvariablen exakt gleich null ist, verwendet man folgende Definition:

Definition A.2.1 (Kumulative Wahrscheinlichkeitsfunktion, Wahrscheinlichkeitsdichtefunktion) *Es sei X eine Zufallsvariable mit der kumulativen Wahrscheinlichkeitsfunktion*

$$P_X(x) := P(X \leq x), \tag{A.18}$$

auch Verteilungsfunktion genannt. Falls $P_X(x)$ *stetig ist, so wird X als eine stetige Zufallsvariable bezeichnet. Ferner sei* $p_X(x) = P'_X(x)$*, wenn die Ableitung existiert. Falls* $\int_{-\infty}^{\infty} p_X(x)\,dx = 1$*, dann wird* $p_X(x)$ *die Wahrscheinlichkeitsdichtefunktion (oder kurz: Dichte der Verteilung) von X genannt. Es folgt, dass* $p_X(x) \geq 0$ *für alle x und dass*

$$P(a \leq X \leq b) = P(X \leq b) - P(X \leq a) = P_X(b) - P_X(a) = \int_a^b p_X(x)\,dx. \tag{A.19}$$

Wahrscheinlichkeiten entsprechen somit Flächen unter der Wahrscheinlichkeitsdichtefunktion, siehe Bild A.2.

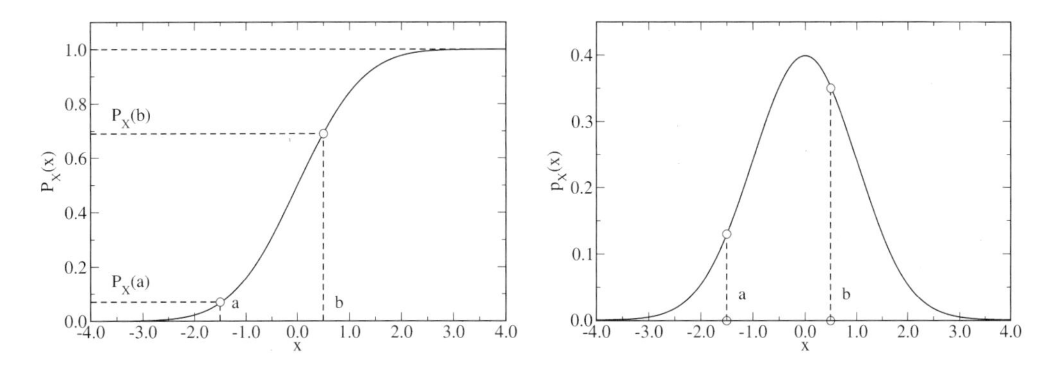

Bild A.2: Wahrscheinlichkeitsfunktion (links) und Wahrscheinlichkeitsdichtefunktion (rechts) am Beispiel der Standardnormalverteilung

Man kann mit der Wahrscheinlichkeitsdichtefunktion $p_X(x)$ einer wertkontinuierlichen Zufallsvariable X formal genauso rechnen wie mit der Wahrscheinlichkeitsfunktion $p_X(x)$ einer wertdiskreten Zufallsvariable X. Aus diesem Grund verwenden wir bewusst die gleiche Notation. Wenn keine Verwechselungsmöglichkeit besteht, so kann der Index X entfallen.

Definition A.2.2 (Statistische Unabhängigkeit) *Zwei stetige Zufallsvariablen X und Y werden statistisch unabhängig genannt, wenn sich die Verbundwahrscheinlichkeitsdichtefunktion* $p_{XY}(x,y)$ *faktorisieren lässt:*

$$p_{XY}(x,y) := p_X(x) \cdot p_Y(y). \tag{A.20}$$

Definition A.2.3 (Bedingte Wahrscheinlichkeitsdichtefunktion) *Die bedingte Wahrscheinlichkeitsdichtefunktion ist gemäß*

$$p_{X|Y}(x|y) := \frac{p_{XY}(x,y)}{p_Y(y)} \tag{A.21}$$

definiert, wobei $p_Y(y) > 0$.

Der *Satz von Bayes* kann entsprechend wie bei diskreten Zufallsvariablen formuliert und bewiesen werden, ebenso wie die *Kettenregel der Wahrscheinlichkeitsrechnung*.

Definition A.2.4 (Erwartungswert) *Der Erwartungswert einer stetigen Zufallsvariable ist gemäß*

$$\mu := E\{X\} = \int_{-\infty}^{\infty} x\, p_X(x)\, dx, \tag{A.22}$$

definiert.

Definition A.2.5 (Varianz) *Die Varianz einer stetigen Zufallsvariable ist gemäß*

$$\sigma^2 := E\{(X-\mu)^2\} = \int_{-\infty}^{\infty} (X-\mu)^2\, p_X(x)\, dx. \tag{A.23}$$

definiert. Die Quadratwurzel der Varianz bezeichnet man als Standardabweichung.

Exemplarisch werden nun einige in der Übertragungstechnik häufig vorkommende Wahrscheinlichkeitsdichtefunktionen vorgestellt.

Beispiel A.2.1 (Gleichverteilung) Die Wahrscheinlichkeitsdichtefunktion einer gleichverteilten reellen Zufallsvariable X ist wie folgt definiert:

$$p_X(x) := \begin{cases} \frac{1}{b-a} & \text{für } a \leq x < b \\ 0 & \text{sonst.} \end{cases} \tag{A.24}$$

◇

Beispiel A.2.2 (Gauß-Verteilung, Normalverteilung) Die Wahrscheinlichkeitsdichtefunktion einer gaußverteilten reellen Zufallsvariable X ist wie folgt definiert:

$$p_X(x) := \frac{1}{\sqrt{2\pi\sigma^2}}\, e^{-\frac{(x-\mu)^2}{2\sigma^2}}. \tag{A.25}$$

Dabei sind $\mu = E\{X\}$ bzw. $\sigma^2 = E\{(X-\mu)^2\}$ der Mittelwert bzw. die Varianz der Zufallsvariable X. Man schreibt $X \sim \mathcal{N}(\mu, \sigma^2)$. Eine Normalverteilung mit Mittelwert $\mu = 0$ und Varianz $\sigma^2 = 1$ wird *Standardnormalverteilung* genannt.

Eine komplexe Zufallsvariable X ist normalverteilt mit Erwartungswert $\mu = E\{X\}$ und Varianz $\sigma^2 = E\{|X-\mu|^2\}$, wenn sie eine Wahrscheinlichkeitsdichtefunktion der Form

$$p_X(x) := \frac{1}{\pi\sigma^2}\, e^{-\frac{|x-\mu|^2}{\sigma^2}} \tag{A.26}$$

besitzt. Man schreibt $X \sim \mathcal{C}(\mu, \sigma^2)$. ◇

Beispiel A.2.3 (Mehrdimensionale Normalverteilung) Eine N-dimensionale reelle Zufallsvariable $\mathbf{X} = [X_0, X_1, \ldots, X_{N-1}]^T$ ist normalverteilt mit Erwartungswertvektor $\mu_\mathbf{x}$ und Kovarianzmatrix $R_{\mathbf{xx}}$, wenn sie eine Wahrscheinlichkeitsdichtefunktion der Form

$$p_\mathbf{X}(\mathbf{x}) := \frac{1}{(2\pi)^{N/2} \det\{R_{\mathbf{xx}}\}^{1/2}} e^{-\frac{1}{2}(\mathbf{x}-\mu_\mathbf{x})^T R_{\mathbf{xx}}^{-1}(\mathbf{x}-\mu_\mathbf{x})}. \tag{A.27}$$

besitzt. Die positiv definite Kovarianzmatrix $R_{\mathbf{xx}}$ besteht aus den Elementen $r_{ij} = E\{(\mathbf{x}_i - \mu_{\mathbf{x}_i})(\mathbf{x}_j - \mu_{\mathbf{x}_j})\}$ und besitzt die Determinante $\det\{R_{\mathbf{xx}}\}$. Der Erwartungswertvektor lautet $\mu_\mathbf{x} = [E\{X_0\}, E\{X_1\}, \ldots, E\{X_{N-1}\}]^T$. Man schreibt $X \sim \mathscr{N}_N(\mu_\mathbf{x}, R_{\mathbf{xx}})$.

Eine N-dimensionale komplexe Zufallsvariable $\mathbf{X} = [X_0, X_1, \ldots, X_{N-1}]^T$ ist normalverteilt mit Erwartungswertvektor $\mu_\mathbf{x}$ und Kovarianzmatrix $R_{\mathbf{xx}}$, wenn sie eine Wahrscheinlichkeitsdichtefunktion der Form

$$p_\mathbf{X}(\mathbf{x}) := \frac{1}{\pi^N \det\{R_{\mathbf{xx}}\}} e^{-(\mathbf{x}-\mu_\mathbf{x})^T R_{\mathbf{xx}}^{-1}(\mathbf{x}-\mu_\mathbf{x})}. \tag{A.28}$$

besitzt. Die positiv definite Kovarianzmatrix $R_{\mathbf{xx}}$ besteht aus den Elementen $r_{ij} = E\{(\mathbf{x}_i - \mu_{\mathbf{x}_i})^*(\mathbf{x}_j - \mu_{\mathbf{x}_j})\}$ und besitzt die Determinante $\det\{R_{\mathbf{xx}}\}$. Der Erwartungswertvektor lautet $\mu_\mathbf{x} = [E\{X_0\}, E\{X_1\}, \ldots, E\{X_{N-1}\}]^T$. Man schreibt $X \sim \mathscr{C}_N(\mu_\mathbf{x}, R_{\mathbf{xx}})$. ◊

Beispiel A.2.4 (Rayleigh-Verteilung) Die Wahrscheinlichkeitsdichtefunktion einer rayleighverteilten Zufallsvariable X ist wie folgt definiert:

$$p_X(x) := \frac{x}{\sigma^2} e^{-\frac{x^2}{2\sigma^2}}, \quad x \geq 0. \tag{A.29}$$

Seien $X \sim \mathscr{N}(0, \sigma^2)$ und $Y \sim \mathscr{N}(0, \sigma^2)$ zwei statistisch unabhängige gaußverteilte Zufallsvariablen, so ist die Zufallsvariable $R := \sqrt{X^2 + Y^2}$ rayleighverteilt. ◊

Beispiel A.2.5 (Rice-Verteilung) Die Wahrscheinlichkeitsdichtefunktion einer riceverteilten Zufallsvariable X ist wie folgt definiert:

$$p_X(x) := \frac{x}{\sigma^2} e^{-\frac{(x^2+\mu^2)}{2\sigma^2}} \mathrm{I}_0\left(\frac{x\mu}{\sigma^2}\right), \quad x \geq 0, \tag{A.30}$$

wobei $\mathrm{I}_0(x)$ die modifizierte Besselsche Funktion erster Gattung nullter Ordnung ist. Seien $X \sim \mathscr{N}(\mu, \sigma^2)$ und $Y \sim \mathscr{N}(0, \sigma^2)$ zwei statistisch unabhängige gaußverteilte Zufallsvariablen, so ist die Zufallsvariable $R := \sqrt{X^2 + Y^2}$ riceverteilt. Für $\mu = 0$ geht die Rice-Verteilung in eine Rayleigh-Verteilung über. ◊

A.3 Charakteristische Funktion

Oft ist es schwierig, die Wahrscheinlichkeitsdichtefunktion einer stetigen Zufallsvariable analytisch zu berechnen. In diesem Fall kann das Konzept der *charakteristischen Funktion* hilfreich sein.

Definition A.3.1 (Charakteristische Funktion) *Die charakteristische Funktion zweier stetiger Zufallsvariablen X und Y mit Wahrscheinlichkeitsdichtefunktion $p(x, y)$ lautet definitionsgemäß*

$$\Phi(\omega_1, \omega_2) := \int_{-\infty}^{\infty} \int_{-\infty}^{\infty} p(x, y)\, e^{j(\omega_1 x + \omega_2 y)}\, dx\, dy. \tag{A.31}$$

Wendet man die zweidimensionale Fourier-Rücktransformation an, so erhält man aus der charakteristischen Funktion die Wahrscheinlichkeitsdichtefunktion

$$p(x,y) = \frac{1}{4\pi^2} \int_{-\infty}^{\infty} \int_{-\infty}^{\infty} \Phi(\omega_1, \omega_2)\, e^{-j(\omega_1 x + \omega_2 y)}\, d\omega_1\, d\omega_2. \tag{A.32}$$

Somit gilt die wichtige Beziehung

$$\Phi(\omega_1, \omega_2) = E\{e^{j(\omega_1 x + \omega_2 y)}\}. \tag{A.33}$$

Die charakteristischen Funktionen von X und Y lauten folglich

$$\Phi_x(\omega) = E\{e^{j\omega x}\} = \Phi(\omega, 0) \quad \text{und} \quad \Phi_y(\omega) = E\{e^{j\omega y}\} = \Phi(0, \omega). \tag{A.34}$$

Falls $z := ax + by$, so gilt

$$\Phi_z(\omega) = E\{e^{j(ax+by)\omega}\} = \Phi(a\,\omega, b\,\omega) \tag{A.35}$$

und somit

$$\Phi_z(1) = \Phi(a,b). \tag{A.36}$$

Kennt man die Wahrscheinlichkeitsdichtefunktionen von $ax+by$ für jedes a und b, so ist die Verbundwahrscheinlichkeitsdichtefunktion $p(x,y)$ eindeutig bestimmt.

Sind zwei stetige Zufallsvariablen X und Y statistisch unabhängig, so sind die charakteristischen Funktionen multiplikativ:

$$\begin{aligned} E\{e^{j(\omega_1 x + \omega_2 y)}\} &= E\{e^{j\omega_1 x}\} \cdot E\{e^{j\omega_2 y}\} \\ \Phi(\omega_1, \omega_2) &= \Phi_x(\omega_1) \cdot \Phi_y(\omega_2). \end{aligned} \tag{A.37}$$

Gilt zusätzlich $z = x + y$, so folgt

$$\begin{aligned} E\{e^{j\omega z}\} &= E\{e^{j\omega x}\} \cdot E\{e^{j\omega y}\} \\ \Phi(\omega) &= \Phi_x(\omega) \cdot \Phi_y(\omega). \end{aligned} \tag{A.38}$$

Man kann zeigen, dass die Wahrscheinlichkeitsdichtefunktion von Z, $p_Z(z)$, der Faltung von $p_X(x)$ mit $p_Y(y)$ entspricht. Faltet man zwei Wahrscheinlichkeitsdichtefunktionen, so multiplizieren sich folglich deren charakteristische Funktionen.

A.4 Transformation einer Zufallsvariable

Es seien X und Y zwei stetige Zufallsvariablen und $p_X(x)$ bzw. $p_Y(y)$ die zugehörigen Wahrscheinlichkeitsdichtefunktionen. Ferner sei

$$y = g(x), \tag{A.39}$$

wobei $g(\cdot)$ eine reelle Funktion ist. Kennt man die Wahrscheinlichkeitsdichtefunktion $p_X(x)$ für den Definitionsbereich von Interesse, so kann man $p_Y(y)$ als Funktion von $p_X(x)$ wie folgt berechnen:

Satz A.4.1 *Es seien $x_1, x_2, \ldots,$ die reellwertigen Wurzeln für ein bestimmtes y, d. h.*

$$y = g(x_1) = g(x_2) = \ldots. \tag{A.40}$$

Ferner sei $g'(x)$ die Ableitung von $g(x)$. Dann gilt:

$$p_Y(y) = \frac{p_X(x_1)}{|g'(x_1)|} + \frac{p_X(x_2)}{|g'(x_2)|} + \ldots. \tag{A.41}$$

Beispiel A.4.1 Es sei $y = g(x) = a\sin(x+\phi)$, $a > 0$, und x sei im Intervall $[-\pi, \pi)$ gleichverteilt. In diesem Fall hat die Gleichung $y = a\sin(x+\phi)$ für jedes $y \in (-a, +a)$ (und jedes beliebige feste ϕ) genau zwei Lösungen x_1 und x_2. Da $g'(x_i) = a\cos(x_i+\phi) = \sqrt{a^2-y^2}$, $i \in \{1,2\}$, folgt aus (A.41)

$$p_Y(y) = \frac{p_X(x_1)}{|g'(x_1)|} + \frac{p_X(x_2)}{|g'(x_2)|} = \frac{1/2\pi}{\sqrt{a^2-y^2}} + \frac{1/2\pi}{\sqrt{a^2-y^2}} = \frac{1}{\pi\sqrt{a^2-y^2}}, \quad y \in (-a, +a). \tag{A.42}$$

Dieses Beispiel zeigt, wie man aus einer gleichverteilten Zufallsvariable X eine Zufallsvariable Y mit „badewannenförmiger" Wahrscheinlichkeitsdichtefunktion („Jakes-Spektrum") erzeugen kann. ◊

A.5 Gesetz der großen Zahlen und Zentraler Grenzwertsatz

Das *Gesetz der großen Zahlen* ist eine Bezeichnung für Sätze aus dem Bereich der Stochastik, die (in ihrer einfachsten Form) besagen, dass die relative Häufigkeit eines Zufallsergebnisses im Sinne eines stochastischen Konvergenzbegriffs gegen die Wahrscheinlichkeit des Zufallsergebnisses konvergiert, wenn das Zufallsexperiment häufig durchgeführt wird.

Beispiel A.5.1 (Faire Münze) Bei einer fairen Münze beträgt die Wahrscheinlichkeit für Kopf definitionsgemäß 1/2. Je öfter gewürfelt wird, umso unwahrscheinlicher ist dass, dass die relative Häufigkeit für Kopf um mehr als eine beliebige positive Zahl ε vom Erwartungswert 1/2 abweicht.

Das Gesetz der großen Zahlen besagt nicht, dass ein Ereignis, welches bislang seltener eintrat als erwartet, in Zukunft häufiger auftreten muss um den Rückstand aufzuholen. ◊

Definition A.5.1 (Schwaches Gesetz der großen Zahlen) *Es sei $f(\cdot)$ eine reelle Funktion. Eine Sequenz $X_1, X_2, \ldots, X_n$ von diskreten Zufallsvariablen genügt dem schwachen Gesetz der großen Zahlen, wenn für eine beliebige positive Zahl ε gilt*

$$\lim_{n\to\infty} P\left(\left|\frac{1}{n}\sum_{i=1}^{n} f(x_i) - \frac{1}{n}\sum_{i=1}^{n} E\{f(X_i)\}\right| < \varepsilon\right) = 1. \tag{A.43}$$

Die Voraussetzungen für die Gültigkeit des schwachen Gesetzes der großen Zahlen sind unterschiedlich. Es kann beispielsweise angenommen werden, dass die Zufallsvariablen $X_1, X_2, \ldots, X_n$ endliche Varianzen besitzen und paarweise statistisch unabhängig sind. Das Gesetz gilt auch für den Fall, dass die Zufallsvariablen $X_1, X_2, \ldots, X_n$ statistisch unabhängig und identisch verteilt (i.i.d.) sind sowie einen endlichen Erwartungswert besitzen. Bezeichnet man in letzterem Fall den Erwartungswert mit $E\{X\} := E\{X_1\} = E\{X_2\} = \cdots = E\{X_n\} < \infty$, so folgt

$$\lim_{n\to\infty} P\left(\left|\frac{1}{n}\sum_{i=1}^{n} f(x_i) - E\{f(X)\}\right| < \varepsilon\right) = 1. \tag{A.44}$$

d. h. Erwartungswert $E\{f(X)\}$ und arithmetischer Mittelwert $\overline{f(x_i)} = \lim_{n\to\infty} \frac{1}{n}\sum_{i=1}^{n} f(x_i)$ stimmen für große n überein. Gleichung (A.44) bildet die theoretische Grundlage für die Bestimmung des arithmetischen Mittelwerts bei Messungen. Wenn im Messprozess kein systematischer Fehler enthalten ist, so gilt $E\{X_i\} = E\{X\}\ \forall i \in \{1, 2, \ldots, n\}$. Man wiederholt den Messvorgang n mal, summiert über die Ergebnisse der Einzelmessungen, und teilt durch die Anzahl der Ereignisse.

Das schwache Gesetz der großen Zahlen kann wie folgt verschärft werden:

Definition A.5.2 (Starkes Gesetz der großen Zahlen) *Es sei $f(\cdot)$ eine reelle Funktion. Eine Sequenz X_1, X_2, ..., X_n von diskreten Zufallsvariablen genügt dem starken Gesetz der großen Zahlen, wenn für eine beliebige positive Zahl ε gilt*

$$\lim_{n\to\infty} P\left(\left(\frac{1}{n}\sum_{i=1}^{n} f(x_i) - \frac{1}{n}\sum_{i=1}^{n} E\{f(X_i)\}\right) = 0\right) = 1. \tag{A.45}$$

Ist eine Sequenz X_1, X_2, ..., X_n von diskreten Zufallsvariablen dem starken Gesetz der großen Zahlen unterworfen, so genügt es auch dem schwachen Gesetz der großen Zahlen, aber nicht notwendigerweise umgekehrt.

Satz A.5.1 (Zentraler Grenzwertsatz) *Es sei $X_1, X_2, \ldots, X_n$ eine Sequenz von statistisch unabhängigen Zufallsvariablen,*

$$Z_n := \frac{\sum\limits_{i=1}^{n} (X_i - E\{X_i\})}{\sqrt{\sum\limits_{i=1}^{n} E\{X_i - E\{X_i\}\}}} \tag{A.46}$$

die sog. normierte und zentrierte Summe (d. h. $E\{Z_i - E\{Z_i\}\} = 1$ und $E\{Z_i\} = 0$), $P_{Z_n}(x)$ die Verteilungsfunktion von Z_n, $P_{X_i}(x)$ die Verteilungsfunktion von X_i und $C_n^2 := \sum_{i=1}^{n} E\{X_i - E\{X_i\}\}$. Notwendig und hinreichend dafür, dass die Verteilungsfunktion von Z_n im Grenzübergang $\lim\limits_{n\to\infty}$ identisch mit der Verteilungsfunktion einer Standardnormalverteilung ist, d. h.

$$\lim_{n\to\infty} P_{Z_n}(x) = \frac{1}{\sqrt{2\pi}} \int_{-\infty}^{x} e^{-\frac{t^2}{2}}\, dt, \tag{A.47}$$

ist die sog. Lindenbergsche Bedingung

$$\lim_{n\to\infty} \frac{1}{C_n^2} \sum_{i=1}^{n} \int_{|x-E\{X_i\}|>\varepsilon C_n} (x - E\{X_i\})^2\, dP_{X_i}(x) = 0. \tag{A.48}$$

Der Zentrale Grenzwertsatz kann wie folgt gedeutet werden: Kann eine Zufallsvariable als Summe einer großen Anzahl voneinander statistisch unabhängiger Summanden aufgefasst werden, von denen jeder Summand zur Summe nur einen unbedeutenden Beitrag liefert, so ist die Zufallsvariable annähernd gaußverteilt.

Literaturverzeichnis zu Anhang A

[Cra46] H. Cramer, *Mathematical Methods of Statistics*. Princeton, NJ: Princeton University Press, 1946 (Neuauflage 1999).

[Hen08] N. Henze, *Stochastik für Einsteiger*. Berlin: Springer-Verlag, 7. Auflage, 2008.

[Fel67] W. Feller, *An Introduction to Probability Theory and its Applications*. New York, NY: John Wiley & Sons, Band I, 1957, Band II, 1967.

[Pap02] A. Papoulis, S. U. Pillai, *Probability, Random Variables and Stochastic Processes*. New York, NY: McGraw-Hill, 4. Auflage, 2002.

[Par92] E. Parzen, *Modern Probability Theory and its Applications*. New York, NY: John Wiley & Sons, 1992.

[Geo09] H.-O. Georgii, *Stochastik: Einführung in die Wahrscheinlichkeitstheorie und Statistik*. de Gryter, 4. Auflage, 2009.

B Grundlagen der Matrizenrechnung

Die Matrizenrechnung ist ein Schlüsselkonzept der linearen Algebra. Sie erleichtert Rechen- und Gedankenvorgänge. In der digitalen Übertragungstechnik hat die Matrizenrechnung einen hohen Stellenwert erhalten, weil in modernen Übertragungsverfahren der Schritt von einer symbolweisen zu einer sequenzweisen (vektororientierten) Verarbeitung vollzogen wurde. Unterstützt wird dieser Trend durch matrixorientierte Simulationswerkzeuge (wie Matlab) und vektororientierte Rechnerstrukturen.

Inhalte dieses Anhangs umfassen grundlegende Definitionen und Begriffe, Matrixoperationen, die Lösung von linearen Gleichungssystemen und die Rechnung mit Eigenwerten. Der Umfang dieses Anhangs ist so gewählt, dass einem Ingenieur ein problemloser Zugang zum Hauptteil des Lehrbuchs möglich ist, soweit dies die lineare Algebra betrifft.

B.1 Grundlegende Definitionen und Begriffe

Unter einer Matrix versteht man eine rechteckförmige Anordnung von Elementen, mit denen man rechnen kann:

Definition B.1.1 (Matrix, Vektor und Skalar) *Eine* $(M \times N)$-Matrix $\mathbf{A}$ *ist wie folgt definiert:*

$$\mathbf{A} := \begin{bmatrix} a_{0,0} & a_{0,1} & \cdots & a_{0,N-1} \\ a_{1,0} & a_{1,1} & \cdots & a_{1,N-1} \\ \vdots & & a_{i,j} & \vdots \\ a_{M-1,0} & a_{M-1,1} & \cdots & a_{M-1,N-1} \end{bmatrix}, \tag{B.1}$$

wobei $a_{i,j}$ *die* Elemente *(Komponenten) der Matrix* $\mathbf{A}$ *sind* $(0 \leq i < M$ *und* $0 \leq j < N)$. *Die Anzahl der Zeilen ist gleich* M *und die Anzahl der Spalten ist gleich* N. *Im Spezialfall* $M = 1$ *geht die Matrix* $\mathbf{A}$ *in einen* Zeilenvektor $\mathbf{a} = [a_0, a_1, \ldots, a_{N-1}]$ *und für* $N = 1$ *in einen* Spaltenvektor $\mathbf{a} = [a_0, a_1, \ldots, a_{M-1}]^T$ *über. Eine* (1×1)*-Matrix nennt man ein* Skalar.

Eine Matrix $\mathbf{A}$ heißt

- *reellwertig*, wenn $a_{i,j} \in \mathbb{R}$, $0 \leq i < M$, $0 \leq j < N$, d. h. $\mathbf{A} \in \mathbb{R}^{M \times N}$.
- *komplexwertig*, wenn $a_{i,j} \in \mathbb{C}$, $0 \leq i < M$, $0 \leq j < N$, d. h. $\mathbf{A} \in \mathbb{C}^{M \times N}$.
- *M-reihige quadratische Matrix* oder *quadratische Matrix der Ordnung M*, wenn $M = N$ gilt.

Definition B.1.2 (Norm eines Vektors) *Unter der* Norm $\| \mathbf{a} \|$ *eines Vektors* $\mathbf{a} = [a_0, a_1, \ldots, a_{M-1}]^T \in \mathbb{R}^M$ *oder* $\in \mathbb{C}^M$ *versteht man eine nichtnegative reelle Zahl mit folgenden Eigenschaften:*

- $\| \mathbf{a} \| \geq 0$ *und* $\| \mathbf{a} \| = 0$ *genau dann wenn* $\mathbf{a}$ *ein Nullvektor ist* $(\mathbf{a} = \mathbf{0})$
- $\| \mathbf{a} + \mathbf{b} \| \leq \| \mathbf{a} \| + \| \mathbf{b} \|$, *wobei* $\mathbf{b} \in \mathbb{R}^M$ *oder* $\in \mathbb{C}^M$ *(Dreiecksungleichung)*
- $\| \alpha \mathbf{a} \| = |\alpha| \; \| \mathbf{a} \|$, *wobei* $\alpha \in \mathbb{R}$ *oder* $\in \mathbb{C}$.

Man nennt **a** einen *Einheitsvektor*, wenn $\| \mathbf{a} \| = 1$. In der Übertragungstechnik wird meist die *Euklidische Norm*

$$\| \mathbf{a} \|_2 := \sqrt{\sum_{i=0}^{M-1} |a_i|^2} \qquad \text{bzw.} \qquad \| \mathbf{a} \|_2^2 := \sum_{i=0}^{M-1} |a_i|^2 \tag{B.2}$$

verwendet. $\| \mathbf{a} - \mathbf{b} \|_2^2$ entspricht der quadratischen Euklid'schen Distanz zwischen den Vektoren **a** und **b**.

Definition B.1.3 (Untermatrix) *Jedes Teilschema, welches aus einer $(M \times N)$-Matrix $\mathbf{A}$ durch Streichen von Zeilen und/oder Spalten hervorgeht, heißt* Untermatrix *von $\mathbf{A}$.*

Definition B.1.4 (Transponierte einer Matrix) *Die zu einer reellen $(M \times N)$-Matrix $\mathbf{A}$* transponierte Matrix *$\mathbf{A}^T$ entsteht durch eine Vertauschung von Zeilenvektoren und Spaltenvektoren. $\mathbf{A}^T$ ist somit eine $(N \times M)$-Matrix mit den Elementen $a_{j,i}$.*

Definition B.1.5 (Hermitesche einer Matrix) *Die zu einer komplexen $(M \times N)$-Matrix $\mathbf{A}$* hermitesche Matrix *$\mathbf{A}^H$ entsteht durch eine Vertauschung von Zeilenvektoren und Spaltenvektoren sowie der Konjugation aller Elemente $a_{j,i}$, d. h. $\mathbf{A}^H := (\mathbf{A}^T)^* = (\mathbf{A}^*)^T$.*

Die Hermitesche einer Matrix, auch *Adjungierte* (oder adjungierte Matrix) genannt, sollte nicht mit einer *hermiteschen Matrix* gemäß Abschnitt B.2 verwechselt werden.

B.2 Spezielle Klassen von quadratischen Matrizen

Eine quadratische Matrix $\mathbf{A}$ der Ordnung M heißt

- *Diagonalmatrix*, wenn $a_{i,j} = 0$ für alle $i \neq j$ ist.
  Diagonalmatrizen werden mit $\mathrm{diag}\{a_{0,0}, \ldots, a_{M-1,M-1}\}$ bezeichnet.
- *obere Dreiecksmatrix*, wenn $a_{i,j} = 0$ für alle $i > j$ ist.
- *untere Dreiecksmatrix*, wenn $a_{i,j} = 0$ für alle $i < j$ ist.
- *symmetrisch*, wenn sie reellwertig und $a_{i,j} = a_{j,i}$ ist, d. h. $\mathbf{A} = \mathbf{A}^T$.
- *schiefsymmetrisch*, wenn sie reellwertig und $a_{i,j} = -a_{j,i}$ ist, d. h. $\mathbf{A} = -\mathbf{A}^T$.
- *hermitesch*, wenn sie komplexwertig und $a_{i,j} = a_{j,i}^*$ ist, d. h. $\mathbf{A} = (\mathbf{A}^T)^* = \mathbf{A}^H$.
- *schiefhermitesch*, wenn sie komplexwertig und $a_{i,j} = -a_{j,i}^*$ ist, d. h. $\mathbf{A} = -\mathbf{A}^H$.
- *normal*, wenn $\mathbf{A}\,\mathbf{A}^H = \mathbf{A}^H\,\mathbf{A}$ ist, wobei $\mathbf{A}$ reell oder komplexwertig sein kann.
- *positiv-definit* (bzw. *positiv-semidefinit*), wenn sie symmetrisch und $\mathbf{b}^T \mathbf{A}\,\mathbf{b} > 0$ (bzw. $\mathbf{b}^T \mathbf{A}\,\mathbf{b} \geq 0$) ist, wobei $\mathbf{b}$ ein beliebiger Spaltenvektor im Raum $\mathbb{R}^M$ ist, oder wenn sie hermitesch und $\mathbf{b}^H \mathbf{A}\,\mathbf{b} > 0$ (bzw. $\mathbf{b}^H \mathbf{A}\,\mathbf{b} \geq 0$) ist, wobei $\mathbf{b}$ ein beliebiger Spaltenvektor im Raum $\mathbb{C}^M$ ist.
- *negativ-definit* (bzw. *negativ-semidefinit*), wenn sie symmetrisch und $\mathbf{b}^T \mathbf{A}\,\mathbf{b} < 0$ (bzw. $\mathbf{b}^T \mathbf{A}\,\mathbf{b} \leq 0$) ist, wobei $\mathbf{b}$ ein beliebiger Spaltenvektor im Raum $\mathbb{R}^M$ ist, oder wenn sie hermitesch und $\mathbf{b}^H \mathbf{A}\,\mathbf{b} < 0$ (bzw. $\mathbf{b}^H \mathbf{A}\,\mathbf{b} \leq 0$) ist, wobei $\mathbf{b}$ ein beliebiger Spaltenvektor im Raum $\mathbb{C}^M$ ist.
- *indefinit*, wenn sie weder positiv noch negativ semidefinit ist.
- *Toeplitz-Matrix*, wenn alle Elemente der Hauptdiagonalen einer Matrix $\mathbf{A}$ sowie aller Nebendiagonalen parallel zur Hauptdiagonalen gleich sind, wobei $\mathbf{A}$ reell oder komplexwertig sein kann.
- *Einheitsmatrix*, wenn $a_{i,i} = 1$ für alle i und $a_{i,j} = 0$ für alle $i \neq j$ ist. Eine M-reihige Einheitsmatrix wird mit $\mathbf{E}_M$ bezeichnet.

B.3 Determinante einer quadratischen Matrix

Definition B.3.1 (Determinante) *Die* Determinante *einer quadratischen Matrix* $\mathbf{A} \in \mathbb{R}^{M\times M}$ *oder* $\in \mathbb{C}^{M\times M}$ *lautet*

$$\det\{\mathbf{A}\} := \begin{vmatrix} a_{0,0} & a_{0,1} & \cdots & a_{0,M-1} \\ a_{1,0} & a_{1,1} & \cdots & a_{1,M-1} \\ \vdots & & & \vdots \\ & & a_{i,j} & \\ a_{M-1,0} & a_{M-1,1} & \cdots & a_{M-1,M-1} \end{vmatrix} = \sum_{j=0}^{M-1} (-1)^{(i+j)} a_{i,j} \det\{\mathbf{A}_{k,l}\},\ 0 \le i,k,l < M, \quad \text{(B.3)}$$

wobei i eine beliebige Zahl aus $\{0,1,\ldots,M-1\}$ *und* $\mathbf{A}_{k,l}$ *eine Untermatrix von* $\mathbf{A}$ *mit der Eigenschaft* $k \neq i$ *und* $l \neq j$ *ist. Für* $\mathbf{A} \in \mathbb{R}^{M\times M}$ *ist die Determinante eine reelle Zahl, sonst im Allgemeinen eine komplexe Zahl.*

Beispiel B.3.1 Die Determinante einer (2×2)-Matrix $\mathbf{A}_{2\times 2}$ lautet:

$$\det\{\mathbf{A}_{2\times 2}\} = \begin{vmatrix} a_{0,0} & a_{0,1} \\ a_{1,0} & a_{1,1} \end{vmatrix} = a_{0,0}a_{1,1} - a_{1,0}a_{0,1}. \quad \text{(B.4)}$$

Die Determinante einer (3×3)-Matrix $\mathbf{A}_{3\times 3}$ lautet:

$$\det\{\mathbf{A}_{3\times 3}\} = \begin{vmatrix} a_{0,0} & a_{0,1} & a_{0,2} \\ a_{1,0} & a_{1,1} & a_{1,2} \\ a_{2,0} & a_{2,1} & a_{2,2} \end{vmatrix} = (-1)^{(0+0)} a_{0,0} \begin{vmatrix} a_{1,1} & a_{1,2} \\ a_{2,1} & a_{2,2} \end{vmatrix} + (-1)^{(0+1)} a_{0,1} \begin{vmatrix} a_{1,0} & a_{1,2} \\ a_{2,0} & a_{2,2} \end{vmatrix}$$

$$+ (-1)^{(0+2)} a_{0,2} \begin{vmatrix} a_{1,0} & a_{1,1} \\ a_{2,0} & a_{2,1} \end{vmatrix}. \quad \text{(B.5)}$$

◊

- Wenn die Determinante einer Matrix $\mathbf{A}$ ungleich null ist, dann bezeichnet man diese Matrix als *regulär*, ansonsten als *singulär*.
- Eine Matrix $\mathbf{A}$, deren Determinante den Wert eins hat, heißt *unimodular*.
- $\det\{\mathbf{A}\,\mathbf{B}\} = \det\{\mathbf{A}\} \cdot \det\{\mathbf{B}\}$.
- $\det\{\mathbf{A}^T\} = \det\{\mathbf{A}\}$.

Definition B.3.2 (Rang einer Matrix) *Eine* $(M\times N)$*-Matrix* $\mathbf{A} \neq \mathbf{0}$ *hat den* Rang $Rg\{\mathbf{A}\} = \rho \in \mathbf{N}$ *genau dann, wenn* $\mathbf{A}$ *mindestens eine reguläre* ρ*-reihige Untermatrix besitzt und alle höherreihigen Untermatrizen von* $\mathbf{A}$ *singulär sind.*

Eine Matrix hat genau dann einen *vollen Rang*, wenn ihre Determinante von null verschieden ist. Eine Matrix, die nicht vollen Rang hat, weist ein *Rangdefizit* auf.

B.4 Matrixoperationen

Definition B.4.1 (Addition zweier Matrizen) *Die Addition zweier* $(M\times N)$*-Matrizen* $\mathbf{A}$ *und* $\mathbf{B}$ *lautet:*

$$\mathbf{A}+\mathbf{B} := \begin{bmatrix} a_{0,0}+b_{0,0} & a_{0,1}+b_{0,1} & \cdots & a_{0,N-1}+b_{0,N-1} \\ a_{1,0}+b_{1,0} & a_{1,1}+b_{1,1} & \cdots & a_{1,N-1}+b_{1,N-1} \\ \vdots & & & \vdots \\ & & a_{i,j}+b_{i,j} & \\ a_{M-1,0}+b_{M-1,0} & a_{M-1,1}+b_{M-1,1} & \cdots & a_{M-1,N-1}+b_{M-1,N-1} \end{bmatrix}. \quad \text{(B.6)}$$

Wenn beide Matrizen **A** *und* **B** *reellwertig sind, dann ist deren Summe auch eine reellwertige Matrix. Falls mindestens eine von beiden Matrizen* **A** *und/oder* **B** *komplexwertig ist, dann ist deren Summe eine komplexwertige Matrix.*

Definition B.4.2 (Gewichtung) *Die Gewichtung einer* $(M \times N)$*-Matrix* **A** *mit einem Skalar* $\alpha \in \mathbb{C}$ *ergibt eine* $(M \times N)$*-Matrix der Form*

$$\alpha \mathbf{A} = \begin{bmatrix} \alpha a_{0,0} & \alpha a_{0,1} & \dots & \alpha a_{0,N-1} \\ \alpha a_{1,0} & \alpha a_{1,1} & \dots & \alpha a_{1,N-1} \\ \vdots & & \alpha a_{i,j} & \vdots \\ \alpha a_{M-1,0} & \alpha a_{M-1,1} & \dots & \alpha a_{M-1,N-1} \end{bmatrix}. \tag{B.7}$$

Definition B.4.3 (Multiplikation zweier Matrizen) *Die Multiplikation einer* $(M \times N)$*-Matrix* **A** *mit einer* $(N \times K)$*-Matrix* **B** *lautet:*

$$\mathbf{C} := \mathbf{A}\,\mathbf{B} = \begin{bmatrix} a_{0,0} & a_{0,1} & \dots & a_{0,N-1} \\ a_{1,0} & a_{1,1} & \dots & a_{1,N-1} \\ \vdots & & a_{i,j} & \vdots \\ a_{M-1,0} & a_{M-1,1} & \dots & a_{M-1,N-1} \end{bmatrix} \cdot \begin{bmatrix} b_{0,0} & b_{0,1} & \dots & b_{0,K-1} \\ b_{1,0} & b_{1,1} & \dots & b_{1,K-1} \\ \vdots & & b_{j,k} & \vdots \\ b_{N-1,0} & b_{N-1,1} & \dots & b_{N-1,K-1} \end{bmatrix}. \tag{B.8}$$

Die Elemente $c_{i,k}$ *der* $(M \times K)$*-Matrix* **C** *lauten somit*

$$c_{i,k} = \sum_{j=0}^{N-1} a_{i,j}\, b_{j,k}. \tag{B.9}$$

- Die Transponierte des Produkts zweier Matrizen lautet $(\mathbf{A}\,\mathbf{B})^T = \mathbf{B}^T \mathbf{A}^T$.
- Die Hermitesche des Produkts zweier Matrizen lautet $(\mathbf{A}\,\mathbf{B})^H = \mathbf{B}^H \mathbf{A}^H$.
- Das Produkt aus einem Zeilenvektor und einem Spaltenvektor gleicher Länge bezeichnet man als *Skalarprodukt*, während das Produkt aus einem Spaltenvektor und einem Zeilenvektor *dyadisches Produkt* heißt.

Definition B.4.4 (Matrixinversion) *Wenn eine quadratische Matrix* $\mathbf{A} \in \mathbb{R}^{M \times M}$ *oder* $\in \mathbb{C}^{M \times M}$ *regulär ist (d. h. wenn* $\det\{\mathbf{A}\} \neq 0$*), dann existiert die* inverse Matrix $\mathbf{A}^{-1}$ *von* **A** *mit der Eigenschaft*

$$\mathbf{A}\,\mathbf{A}^{-1} = \mathbf{A}^{-1}\,\mathbf{A} = \mathbf{E}_M, \tag{B.10}$$

wobei $\mathbf{E}_M$ *die* $(M \times M)$*-Einheitsmatrix ist.*

Die inverse Matrix kann z. B. wie folgt berechnet werden: Es sei **X** eine $(M \times M)$-Matrix. Der Ansatz $\mathbf{A} \cdot \mathbf{X} = \mathbf{E}_M$ führt auf M lineare Gleichungssysteme mit je M Variablen. Die Lösung jedes dieser M Gleichungssysteme liefert eine Spalte der gesuchten Matrix $\mathbf{X} = \mathbf{A}^{-1}$. Existiert die Inverse einer Matrix **A**, so ergeben sich spezielle Matrizen mit folgenden Eigenschaften:

- Eine reellwertige $(M \times M)$-Matrix **A** heißt *orthogonal*, wenn $\mathbf{A}^T = \mathbf{A}^{-1}$.
- Eine komplexwertige $(M \times M)$-Matrix **A** heißt *unitär*, wenn $\mathbf{A}^H = \mathbf{A}^{-1}$.

Die Inverse des Produkts zweier Matrizen lautet:

$$(\mathbf{A}\,\mathbf{B})^{-1} = \mathbf{B}^{-1}\,\mathbf{A}^{-1}, \tag{B.11}$$

wobei $\det\{\mathbf{A}\,\mathbf{B}\} \neq 0$ sein muss.

Die sog. *Pseudoinverse* ist eine Verallgemeinerung der inversen Matrix auf singuläre und nichtquadratische Matrizen. Die Pseudoinverse ist von praktischer Bedeutung bei der Lösung von linearen Gleichungssystemen und Optimierungsaufgaben der Form $\min_{\mathbf{x}} \| \mathbf{A} \cdot \mathbf{x} - \mathbf{b} \|_2$.

Es gibt verschiedene Möglichkeiten zur Bildung einer Pseudoinverse. Wir beschränken uns hier auf die *Moore-Penrose-Pseudoinverse* $\mathbf{A}^{\dagger}$. Sie ist für alle (reell- und komplexwertigen) $(M \times N)$-Matrizen $\mathbf{A}$ definiert, eindeutig und hat die Dimension $N \times M$.

Definition B.4.5 (Moore-Penrose-Pseudoinverse) *Die Moore-Penrose-Pseudoinverse einer Matrix* $\mathbf{A} \in \mathbb{C}^{M \times N}$ *ist wie folgt definiert:*

$$\mathbf{A}^{\dagger} := \lim_{\varepsilon \to 0} (\mathbf{A}^H\,\mathbf{A} + \varepsilon\,\mathbf{E}_N)^{-1}\,\mathbf{A}^H. \tag{B.12}$$

- Die Moore-Penrose-Pseudoinverse erfüllt die Eigenschaften $\mathbf{A}\,\mathbf{A}^{\dagger}\,\mathbf{A} = \mathbf{A}$, $\mathbf{A}^{\dagger}\,\mathbf{A}\,\mathbf{A}^{\dagger} = \mathbf{A}^{\dagger}$, $(\mathbf{A}\,\mathbf{A}^{\dagger})^H = \mathbf{A}\,\mathbf{A}^{\dagger}$ und $(\mathbf{A}^{\dagger}\,\mathbf{A})^H = \mathbf{A}^{\dagger}\,\mathbf{A}$.
- Bei reellwertigen Matrizen ist $\mathbf{A}^H$ durch $\mathbf{A}^T$ zu ersetzen.

B.5 Lineare Gleichungssysteme

Definition B.5.1 (Lineares Gleichungssystem) *Ein Gleichungssystem der Form*

$$\mathbf{A} \cdot \mathbf{x} = \mathbf{b} \tag{B.13}$$

wird als lineares Gleichungssystem *bezeichnet, wobei* $\mathbf{A} \in \mathbb{R}^{M \times N}$ *oder* $\in \mathbb{C}^{M \times N}$, $\mathbf{x} \in \mathbb{R}^{N \times 1}$ *oder* $\in \mathbb{C}^{N \times 1}$ *und* $\mathbf{b} \in \mathbb{R}^{M \times 1}$ *oder* $\in \mathbb{C}^{M \times 1}$, *wobei* $\mathbf{A}$ *und* $\mathbf{b}$ *gegeben seien und* $\mathbf{x}$ *gesucht sei. Die Anzahl der Gleichungen ist somit gleich M und die Anzahl der Unbekannten ist gleich N.*

- Falls $M = N$ und $\mathbf{A}$ regulär ist, so existiert eine *eindeutige Lösung* $\mathbf{x}$ (siehe Abschnitt B.4). Die Lösungen können beispielsweise mit Hilfe der *Gauß-Jordan-Elimination*, der *Dreieckszerlegung* oder der *Singulärwertzerlegung* gefunden werden. Für spezielle Matrizen wie positiv-definite Matrizen, Toeplitz-Matrizen, Matrizen mit einer Bandstruktur oder für schwach besetzte Matrizen existieren effiziente Lösungen.
- Falls $M < N$ oder $\mathbf{A}$ singulär ist, so ist das Gleichungssystem *unterbestimmt* und es gibt es entweder keine Lösung oder mehrere Lösungen $\mathbf{x}$.
- Falls $M > N$, so ist das Gleichungssystem *überbestimmt* und es gibt im Allgemeinen keine eindeutige Lösung $\mathbf{x}$. Eine Lösungsmöglichkeit besteht darin, beispielsweise die Summe der quadratischen Fehler zwischen den Elementen von linker und rechter Seite des Gleichungssystems $\mathbf{A} \cdot \mathbf{x} = \mathbf{b}$ zu minimieren. In diesem Fall erhält das sog. *lineare „least-squares" Problem*, für das im Allgemeinen eine eindeutige Lösung existiert. Durch Multiplikation mit $\mathbf{A}^H$ auf beiden Seiten erhält man die sog. *Normalgleichung* des linearen „least-squares" Problems:

$$(\mathbf{A}^H\,\mathbf{A}) \cdot \mathbf{x} = \mathbf{A}^H\,\mathbf{b}. \tag{B.14}$$

Die Lösung der Normalgleichung entspricht der Lösung eines $(N \times N)$-Gleichungssystems.

Ein lineares Gleichungssystem mit komplexen Matrizen und Vektoren

$$(\mathbf{A}_{Re} + j\mathbf{A}_{Im}) \cdot (\mathbf{x}_{Re} + j\mathbf{x}_{Im}) = \mathbf{b}_{Re} + j\mathbf{b}_{Im} \tag{B.15}$$

kann entweder direkt gelöst werden, oder gemäß

$$\begin{bmatrix} \mathbf{A}_{Re} & -\mathbf{A}_{Im} \\ \mathbf{A}_{Im} & \mathbf{A}_{Re} \end{bmatrix} \cdot \begin{bmatrix} \mathbf{x}_{Re} \\ \mathbf{x}_{Im} \end{bmatrix} = \begin{bmatrix} \mathbf{b}_{Re} \\ \mathbf{b}_{Im} \end{bmatrix}. \tag{B.16}$$

in ein reelles Gleichungssystem überführt werden. Letztere Lösungsmöglichkeit ist bezüglich des Speicherbedarfs und der benötigten Rechenleistung aufwändiger, aber es können reellwertige Algorithmen verwendet werden.

B.6 Eigenwerte, Eigenvektoren und Spur einer quadratischen Matrix

Definition B.6.1 (Eigenwerte und Eigenvektoren) *Es sei* $\mathbf{A} \in \mathbb{R}^{M\times M}$ *oder* $\in \mathbb{C}^{M\times M}$. *Jeder Vektor* $\mathbf{x}_i \neq \mathbf{0}$, *für den*

$$\mathbf{A}\,\mathbf{x}_i = \lambda_i\,\mathbf{x}_i \tag{B.17}$$

mit einer geeigneten Zahl λ_i *gilt, heißt* Eigenvektor *von* $\mathbf{A}$, *und* λ_i *heißt der zu diesem Eigenvektor gehörende* Eigenwert *von* $\mathbf{A}$, *wobei* $0 \leq i < M$. *Diese Gleichung hat nichttriviale Lösungen, wenn* $\det\{\mathbf{A} - \lambda_i\mathbf{E}_M\} = 0$ *ist, wobei* $\mathbf{E}_M$ *die* $(M \times M)$*-Einheitsmatrix ist. Die* charakteristische Gleichung $\det\{\mathbf{A} - \lambda_i\mathbf{E}_M\} = 0$ *kann als Polynom vom Grad* M *dargestellt werden, dessen* M *Nullstellen den Eigenwerten von* $\mathbf{A}$ *entsprechen. Die* M *Eigenwerte sind nicht notwendigerweise alle unterschiedlich, d. h. es können mehrfache Nullstellen auftreten. Wenn die Eigenwerte einfach sind, gehört zu jedem Eigenwert ein eindeutig bestimmter Eigenvektor.*

Definition B.6.2 (Verallgemeinerte Eigenvektoren) *Verallgemeinerte Eigenvektoren entstehen im Zusammenhang mit mehrfachen Eigenwerten. Es sei* $\mathbf{A} \in \mathbb{R}^{M\times M}$ *oder* $\in \mathbb{C}^{M\times M}$. *Jeder Vektor* $\mathbf{x}_{i,j} \neq \mathbf{0}$, *für den*

$$(\mathbf{A} - \lambda_i\mathbf{E}_M)^{\rho_i - 1}\,\mathbf{x}_{i,j} \neq \mathbf{0} \quad und \quad (\mathbf{A} - \lambda_i\mathbf{E}_M)^{\rho_i}\,\mathbf{x}_{i,j} = \mathbf{0}, \quad i \in \{0,1,\ldots,L-1\},\ j \in \{1,2,\ldots,\rho_i\}, \tag{B.18}$$

mit einer geeigneten Zahl λ_i *gilt, heißt* verallgemeinerter Eigenvektor *von* $\mathbf{A}$. *Hierbei ist* ρ_i *die Vielfachheit des i-ten Eigenwertes* λ_i *und* L *die Anzahl der (unterschiedlichen) Eigenwerte* λ_i. *Somit gilt* $\sum_{i=0}^{L-1}\rho_i = M$. *Verallgemeinerte Eigenvektoren besitzen die Eigenschaft*

$$\mathbf{A}\,\mathbf{x}_{i,j} = \mathbf{x}_{i,j-1} + \lambda_i\,\mathbf{x}_{i,j}, \qquad i \in \{0,1,\ldots,L-1\},\ j \in \{2,\ldots,\rho_i\}, \tag{B.19}$$

wobei $\mathbf{A}\,\mathbf{x}_{i,1} = \lambda_i\,\mathbf{x}_{i,1}$.

Definition B.6.3 (Spur einer Matrix) *Die* Spur *einer Matrix* $\mathbf{A} \in \mathbb{R}^{M\times M}$ *oder* $\in \mathbb{C}^{M\times M}$ *ist wie folgt definiert:*

$$Spur\{\mathbf{A}\} := \sum_{i=0}^{M-1} a_{ii} = \sum_{i=0}^{M-1} \lambda_i, \tag{B.20}$$

wobei λ_i *die Eigenwerte der Matrix* $\mathbf{A}$ *sind.*

- Die Spur des Produkts zweier Matrizen lautet $\mathrm{Spur}\{\mathbf{A}\,\mathbf{B}\} = \mathrm{Spur}\{\mathbf{A}\} \cdot \mathrm{Spur}\{\mathbf{B}\}$.
- Die Spur der Summe zweier Matrizen lautet $\mathrm{Spur}\{\mathbf{A} + \mathbf{B}\} = \mathrm{Spur}\{\mathbf{A}\} + \mathrm{Spur}\{\mathbf{B}\}$.
- Es gilt ferner $\det\{\mathbf{A}\} = \prod_{i=0}^{M-1} \lambda_i$.

Literaturverzeichnis zu Anhang B

[Bro08] I. N. Bronstein, K. A. Semendjajew, G. Musiol, H. Mühlig, *Taschenbuch der Mathematik*. Frankfurt/Main: Verlag Harri Deutsch, 7. Auflage, 2008.

[Fis05] G. Fischer, *Lineare Algebra*. Wiesbaden: Vieweg-Verlag, 2005.

[Gol96] G. H. Golub, C. F. Van Loan, *Matrix Computations*. Baltimore, MD: Johns Hopkins University Press, 3. Auflage, 1996.

[Pre07] W. H. Press, S. A. Teukolsky, W. T. Vetterling, B. P. Flannery, *Numerical Recipes in C*. Cambridge, UK: Cambridge University Press, 3. Auflage, 2007.

[Sch06] K. Schmidt, G. Trenkler, *Einführung in die Moderne Matrix-Algebra: Mit Anwendungen in der Statistik*. Berlin: Springer-Verlag, 2. Auflage, 2006.

[Str03] G. Strang, *Lineare Algebra*. Berlin: Springer-Verlag, 2003.

[Wat02] D. S. Watkins, *Fundamentals of Matrix Computations*. New York, NY: John Wiley & Sons, 2. Auflage, 2002.

[Zur97] R. Zurmühl, S. Falk, *Matrizen und ihre Anwendungen, Teil 1: Grundlagen*. Berlin: Springer-Verlag, 7. Auflage, 1997.

[Zur86] R. Zurmühl, S. Falk, *Matrizen und ihre Anwendungen, Teil 2: Numerische Methoden*. Berlin: Springer-Verlag, 5. Auflage, 1986.

C Grundlagen der Signal- und Systemtheorie

Dieser Anhang widmet sich den Themen Faltung, Fourier-Transformation, Z-Transformation, Diskrete Fourier-Transformation, lineare zeitinvariante und zeitvariante Systeme, sowie stochastische Prozesse.

C.1 Zeitkontinuierliche und zeitdiskrete Faltung

Definition C.1.1 (Faltung) *Die Faltung von zwei* zeitkontinuierlichen Signalen $x_1(t) \in \mathbb{C}$ *und* $x_2(t) \in \mathbb{C}$ *ist gemäß*

$$x_1(t) * x_2(t) := \int_{-\infty}^{\infty} x_1(\tau) x_2(t-\tau)\, d\tau \tag{C.1}$$

definiert. Entsprechend gilt für die Faltung von zwei zeitdiskreten Sequenzen $x_1[k] \in \mathbb{C}$ *und* $x_2[k] \in \mathbb{C}$*:*

$$x_1[k] * x_2[k] := \sum_{\kappa=-\infty}^{\infty} x_1[\kappa] x_2[k-\kappa]. \tag{C.2}$$

Von großer praktischer Bedeutung ist insbesondere die *Siebeigenschaft der Faltung*

$$\int_{-\infty}^{\infty} x(\tau)\, \delta(t-\tau)\, d\tau = x(t), \tag{C.3}$$

wobei $\delta(t)$ der sog. Dirac-Impuls (auch Delta-Funktion genannt) ist.

C.2 Zeitkontinuierliche Fourier-Transformation

Definition C.2.1 (Fourier-Transformation) *Die Fourier-Transformation bildet ein zeitkontinuierliches Signal* $x(t) \in \mathbb{C}$ *in den Frequenzbereich ab:*

$$x(t) \circ\!\!-\!\!\bullet\, X(f). \tag{C.4}$$

Die Fourier-Transformation ist gemäß

$$X(f) := F\{x(t)\} = \int_{-\infty}^{\infty} x(t)\, e^{-j2\pi f t}\, dt \tag{C.5}$$

definiert. (Man schreibt oft $X(j\omega)$*, wobei* $\omega := 2\pi f$ *als Kreisfrequenz bezeichnet wird.) Die* Inverse Fourier-Transformation *lautet somit*

$$x(t) := F^{-1}\{X(f)\} = \int_{-\infty}^{\infty} X(f)\, e^{j2\pi f t}\, df. \tag{C.6}$$

Das Spektrum $X(f) \in \mathbb{C}$ *(man sagt auch* Übertragungsfunktion *oder* Fourier-Transformierte*) ist durch die Zeitfunktion* $x(t)$ *umkehrbar eindeutig bestimmt.*

Die Fourier-Transformation ermöglicht eine Signaldarstellung, Signalanalyse und Signalmessung im Frequenzbereich. Tabelle C.1 zeigt wichtige Eigenschaften der Fourier-Transformation.

Eigenschaft	Zeitkontinuierliche Funktion	Spektrum
Konjugiert komplex	$x^*(t)$	$X^*(-f)$
Zeitinversion	$x(-t)$	$X(-f)$
Konj. komplexe Zeitinversion	$x^*(-t)$	$X^*(f)$
Zeitversatz	$x(t-t_0),\ t_0 \in \mathbb{R}$	$e^{-j2\pi f t_0} X(f)$
Frequenzversatz	$e^{j2\pi f_0 t} x(t),\ f_0 \in \mathbb{R}$	$X(f-f_0)$
Addition (Linearität)	$a_1 \cdot x_1(t) + a_2 \cdot x_2(t),\ a_1, a_2 \in \mathbb{C}$	$a_1 \cdot X_1(f) + a_2 \cdot X_2(f)$
Faltung im Zeitbereich	$x_1(t) * x_2(t)$ $= \int_{-\infty}^{\infty} x_1(t-t')x_2(t')\,dt'$ $= \int_{-\infty}^{\infty} x_1(t')x_2(t-t')\,dt'$	$X_1(f) \cdot X_2(f)$
Multiplikation im Zeitbereich	$x_1(t) \cdot x_2(t)$	$X_1(f) * X_2(f)$ $= \int_{-\infty}^{\infty} X_1(f-f')X_2(f')\,df'$ $= \int_{-\infty}^{\infty} X_1(f')X_2(f-f')\,df'$
Ähnlichkeit (Skalierung)	$x(at),\ a \in \mathbb{C}$	$\lvert a\rvert^{-1} X(f/a)$
Modulation	$e^{j2\pi f_0 t} x(t),\ f_0 \in \mathbb{R}$	$X(f-f_0)$
Integration	$\int_{-\infty}^{t} x(t')\,dt'$	$(j2\pi f)^{-1} X(f) + \frac{1}{2} X(0)\,\delta(f)$
Symmetrie im Frequenzbereich	$x(t) \in \mathbb{R}$	$\mathrm{Re}\{X(f)\} = \mathrm{Re}\{X(-f)\}$ $\mathrm{Im}\{X(f)\} = -\mathrm{Im}\{X(-f)\}$
Differentiation im Zeitbereich	$\frac{d^n x(t)}{dt^n}$	$(j2\pi f)^n X(f)$
Differentiation im Frequenzbereich	$t^n x(t)$	$-\frac{d^n X(f)}{df^n}$

Tabelle C.1: Eigenschaften der zeitkontinuierlichen Fourier-Transformation

Definition C.2.2 (Bandbegrenzung) *Ein zeitkontinuierliches Signal $x(t) \in \mathbb{C}$, dessen Spektrum für $|f| > B/2$ den Wert null annimmt, wird als* bandbegrenzt *bezeichnet. Der Parameter $B \in \mathbb{R}$ wird als* zweiseitige Bandbreite *bezeichnet.*

Satz C.2.1 (Abtasttheorem im Zeitbereich) *Ein bandbegrenztes (deterministisches oder stochastisches) Signal $x(t) \in \mathbb{C}$ mit zweiseitiger Bandbreite B ist aus den äquidistanten* Abtastwerten $x[k] := x(t = kT) \in \mathbb{C}$ *gemäß der* Nyquist-Shannon-Interpolationsformel

$$x(t) = \sum_{k=-\infty}^{\infty} x[k]\, \frac{\sin \pi(t - k/B)}{\pi(t - k/B)} \tag{C.7}$$

perfekt rekonstruierbar, falls die Abtastrate $f_{abt} := 1/T \geq 2f_{max} = B$ *ist. Die minimal mögliche Abtastrate, $f_{abt} = 2f_{max} = B$, wird als* Nyquist-Rate *bezeichnet. Das* Abtasttheorem *manifestiert den Zusammenhang zwischen kontinuierlichen Zeitsignalen und dessen Abtastwerten.*

C.3 Z-Transformation

Definition C.3.1 (Z-Transformation) *Die* Z-Transformation *ordnet einer Zahlensequenz $\{x[k] \in \mathbb{C}\}$ (d. h. einem zeitdiskreten Signal) eine Funktion $X(z) \in \mathbb{C}$ der komplexen Variablen $z := e^{j\Omega}$ zu:*

$$x[k] \circ\!\!-\!\!\bullet\, X(z). \tag{C.8}$$

Die zweiseitige Z-Transformation *einer Zahlensequenz* $\{x[k]\}$ *ist gemäß*

$$X(z) := Z\{x[k]\} = \sum_{k=-\infty}^{\infty} x[k]\, z^{-k} \tag{C.9}$$

definiert. Die inverse Z-Transformierte *lautet somit*

$$x[k] := \frac{1}{2\pi j} \oint_C X(z)\, z^{k-1}\, dz, \tag{C.10}$$

wobei der Integrationsweg C ein Kreis im mathematisch positiven Sinn um den Ursprung des Konvergenzgebietes von $X(z)$ *ist. Die* Z-Transformierte $X(z)$ *ist durch die Sequenz* $\{x[k]\}$ *umkehrbar eindeutig bestimmt.*

Für kausale zeitdiskrete Signale $\{x[k]\}$ ist die Z-Transformierte einseitig:

$$X(z) := Z\{x[k]\} = \sum_{k=0}^{\infty} x[k]\, z^{-k}. \tag{C.11}$$

In Tabelle C.2 sind wichtige Eigenschaften der Z-Transformation aufgelistet.

Eigenschaft	Zeitdiskrete Sequenz	Z-Transformierte
Konjugiert komplex	$x^*[k]$	$X^*(z^*)$
Zeitinversion	$x[-k]$	$X(1/z)$
Konj. komplexe Zeitinversion	$x^*[-k]$	$X^*(1/z^*)$
Zeitversatz	$x[k-k_0],\ k_0 \in \mathbb{Z}$	$z^{-k_0} X(z)$
Addition (Linearität)	$a_1 x_1[k] + a_2 x_2[k],\ a_1, a_2 \in \mathbb{C}$	$a_1 X_1(z) + a_2 X_2(z)$
Faltung im Zeitbereich	$x_1[k] * x_2[k]$ $= \sum_{\kappa=-\infty}^{k} x_1[k-\kappa] x_2[\kappa]$ $= \sum_{\kappa=-\infty}^{k} x_1[\kappa] x_2[k-\kappa]$	$X_1(z) \cdot X_2(z)$
Multiplikation im Zeitbereich	$x_1[k] \cdot x_2[k]$	$\frac{1}{2\pi j} \oint_C X_1(\zeta) X_2(\frac{z}{\zeta}) \zeta^{-1} d\zeta$
Ähnlichkeit (Skalierung)	$a^k x[k],\ a \in \mathbb{C}$	$X(z/a)$
Modulation	$e^{ak} x[k],\ a \in \mathbb{R}$	$X(e^{-a} z)$
Summation	$\sum_{\kappa=-\infty}^{k-1} x[\kappa]$	$X(z)/(z-1)$
Lineare Gewichtung	$k \cdot x[k]$	$-z \frac{dX(z)}{dz}$

Tabelle C.2: Eigenschaften der Z-Transformation

Bemerkung C.3.1 Die in Tabelle C.2 für den Zeitversatz angegebene Z-Transformierte gilt für $k_0 < 0$ nur für die zweiseitige Z-Transformation. Für die einseitige Z-Transformation gilt die Beziehung

$$x[k+k_0] \circ\!\!-\!\!\bullet\, z^{k_0} X(z) - \sum_{\kappa=0}^{k_0-1} z^{k_0-\kappa} x[\kappa] \tag{C.12}$$

für $k_0 > 0$.

C.4 Diskrete Fourier-Transformation

Definition C.4.1 (Diskrete Fourier-Transformation) *Die* Diskrete Fourier-Transformation *ordnet einer Zahlensequenz* $\{x[k] \in \mathbb{C}\}$ *(d. h. einem zeitdiskreten Signal) eine Zahlensequenz* $\{X[n] \in \mathbb{C}\}$, *zu:*

$$x[k] \circ\!\!-\!\!\bullet X[n]. \tag{C.13}$$

Die Diskrete Fourier-Transformation *(DFT) für eine Sequenz mit N Abtastwerten* $x[k]$, $0 \leq k \leq N-1$, *ist gemäß*

$$X[n] := DFT\{x[k]\} = \sum_{k=0}^{N-1} x[k]\, e^{-j2\pi kn/N}, \qquad n \in \{0,1,\ldots,N-1\} \tag{C.14}$$

definiert. Die Inverse Diskrete Fourier-Transformation *(IDFT) lautet somit*

$$x[k] := IDFT\{X[n]\} = \frac{1}{N} \sum_{n=0}^{N-1} X[n]\, e^{j2\pi kn/N}, \qquad k \in \{0,1,\ldots,N-1\}. \tag{C.15}$$

Die dargestellte Definition ist die am häufigsten verwendete Variante. Eine alternative Definition besteht darin, den Normierungsfaktor $1/N$ durch $1/\sqrt{N}$ zu ersetzen und diesen gleichmäßig auf DFT und IDFT aufzuteilen. Diese symmetrische Variante besitzt Realisierungvorteile.

DFT und IDFT können besonders effizient realisiert werden, wenn N eine Zweierpotenz ist. Entsprechende Lösungen bezeichnet man als „Fast Fourier-Transformation (FFT)". Die Komplexität reduziert sich durch FFT-Algorithmen von $\mathcal{O}(N^2)$ auf $\mathcal{O}(N \log_2(N))$.

Die meisten Eigenschaften der zeitkontinuierlichen Fourier-Transformation und der Z-Transformation gelten entsprechend für die DFT. Unterschiede ergeben sich nur aufgrund der Periodizität der endlichen Sequenzen $\{x[k]\}$ und $\{X[n]\}$. Wichtige Eigenschaften der Diskreten Fourier-Transformation sind in Tabelle C.3 dargestellt.

Die DFT ist eine lineare Transformation. Bei der Überlagerung von zwei Sequenzen unterschiedlicher Länge wird die maximale Länge der einzelnen Sequenzen als Länge der Überlagerungssequenz genommen.

C.5 Lineare zeitinvariante Systeme

Definition C.5.1 (LTI-System) *Ein* lineares zeitinvariantes (LTI) kausales stabiles System *mit dem Eingangssignal* $x(t) \in \mathbb{C}$ *und dem Ausgangssignal* $y(t) \in \mathbb{C}$, *definiert durch*

$$f : x(t) \rightarrow y(t), \tag{C.16}$$

erfüllt folgende Eigenschaften:

- Linearität: $f(a_1 x_1(t) + a_2 x_2(t)) = a_1 y_1(t) + a_2 y_2(t) \quad \forall a_1, a_2 \in \mathbb{C}$.
- Kausalität: $y(t) = f(x(t), x(t-\delta t), x(t-2\delta t), \ldots)$.
- Zeitinvarianz: $f(x(t-t_0)) = y(t-t_0) \quad \forall t_0 \in \mathbb{R}$.
- Stabilität: $|x(t)| < \infty \Rightarrow |y(t)| < \infty$.

Ist ein LTI-System dispersiv, *dann gilt:*

$$y(t) = f(\ldots, x(t-\delta t), x(t), x(t+\delta t), \ldots), \tag{C.17}$$

d. h., das LTI-System ist verzerrungsbehaftet.

Eigenschaft	Zeitdiskrete Sequenz der Länge N	Diskretes Spektrum der Länge N
Konjugiert komplex	$x^*[k]$	$X^*[N-n]$
Zeitinversion	$x[-k]$	$X[n]$
Konj. komplexe Zeitinversion	$x^*[-k]$	$X^*[n]$
Zeitversatz	$x[k+k_0],\ k_0 \in \mathbb{Z}$	$e^{j2\pi k_0 n/N} X[n]$
Frequenzversatz	$e^{-j2\pi k_0 k/N} x[k],\ k_0 \in \mathbb{Z}$	$X[n+k_0]$
Addition (Linearität)	$a_1 \cdot x_1[k] + a_2 \cdot x_2[k],\ a_1, a_2 \in \mathbb{C}$	$a_1 \cdot X_1[n] + a_2 \cdot X_2[n]$
Faltung im Zeitbereich	$x_1[k] * x_2[k] = \sum_{\kappa=0}^{N-1} x_1[k-\kappa] x_2[\kappa] = \sum_{\kappa=0}^{N-1} x_1[\kappa] x_2[k-\kappa]$	$X_1[n] \cdot X_2[n]$
Multiplikation im Zeitbereich	$x_1[k] \cdot x_2[k]$	$\frac{1}{N} \sum_{\eta=0}^{N-1} X_1[n-\eta] X_2[\eta] = \frac{1}{N} \sum_{\eta=0}^{N-1} X_1[\eta] X_2[n-\eta]$
Symmetrie im Frequenzbereich	$x[k] \in \mathbb{R}$	$\mathrm{Re}\{X[n]\} = \mathrm{Re}\{X[N-n]\}$ $\mathrm{Im}\{X[n]\} = -\mathrm{Im}\{X[N-n]\}$

Tabelle C.3: Eigenschaften der Diskreten Fourier-Transformation

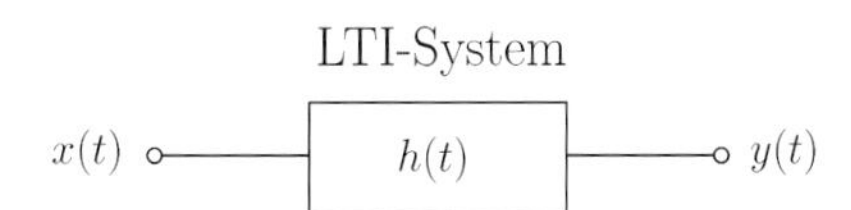

Bild C.1: Lineares zeitinvariantes System mit Impulsantwort $h(t)$

Ein LTI-System ist *invertierbar*, wenn von dem beobachteten Ausgangssignal $y(t)$ eindeutig auf das entsprechende Eingangssignal $x(t) = f^{-1}(y(t))$ geschlossen werden kann.

Definition C.5.2 (Impulsantwort) *Die Reaktion eines LTI-Systems auf einen Dirac-Impuls*

$$\delta(t) = \begin{cases} 1 & \text{für } t = 0 \\ 0 & \text{sonst} \end{cases} \tag{C.18}$$

wird Impulsantwort $h(t) := f(\delta(t)) \in \mathbb{C}$ *genannt. Man beachte, dass die Impulsantwort vom Anregungszeitpunkt unabhängig ist. Bei gegebener Impulsantwort lautet die Eingangs-/Ausgangsbeziehung eines LTI-Systems*

$$y(t) = \int_{-\infty}^{\infty} h(\tau) x(t-\tau)\, d\tau, \tag{C.19}$$

siehe Bild C.1.

Definition C.5.3 (Sprungantwort) *Die Reaktion eines LTI-Systems auf ein kausales sprungförmiges Eingangssignal*

$$x(t) = \begin{cases} 0 & \textit{für } t < 0 \\ 1 & \textit{sonst} \end{cases} \tag{C.20}$$

wird Sprungantwort $a(t) := f(x(t)) \in \mathbb{C}$ *genannt.*

Beispiel C.5.1 Ein *idealer Tiefpass* der zweiseitigen Bandbreite B und der Verstärkung eins hat die Impulsantwort bzw. das Spektrum

$$h(t) = B\,\mathrm{si}(\pi TB) \circ\!\!-\!\!\bullet\; H(f) = \mathrm{rect}\left(\frac{f}{B}\right), \tag{C.21}$$

wobei $\mathrm{si}(t) := \sin(t)/t$ und $\mathrm{rect}(f/B) := 1$ für $|f| < B/2$ und null sonst. ◊

C.6 Lineare zeitvariante Systeme

Definition C.6.1 (LTV-System) *Ein* lineares zeitvariantes (LTV) kausales stabiles System *mit dem Eingangssignal* $x(t) \in \mathbb{C}$ *und dem Ausgangssignal* $y(t) \in \mathbb{C}$ *definiert durch*

$$f : x(t) \rightarrow y(t) \tag{C.22}$$

erfüllt folgende Eigenschaften:

- Linearität*:* $f(a_1 x_1(t) + a_2 x_2(t)) = a_1 y_1(t) + a_2 y_2(t) \quad \forall a_1, a_2 \in \mathbb{C}$.
- Kausalität*:* $y(t) = f(x(t), x(t-\delta t), x(t-2\delta t), \ldots)$.
- Zeitvarianz*:* $f(x(t)) = y(t) \not\Rightarrow f(x(t-t_0)) = y(t-t_0) \quad \forall t_0 \in \mathbb{R}$.
- Stabilität*:* $|x(t)| < \infty \Rightarrow |y(t)| < \infty$.

Ist ein LTV-System dispersiv*, dann gilt:*

$$y(t) = f(\ldots, x(t-\delta t), x(t), x(t+\delta t), \ldots). \tag{C.23}$$

Ein LTV-System ist im Allgemeinen *nicht invertierbar*, d. h. durch die Beobachtung des Ausgangssignals $y(t)$ kann im Allgemeinen nicht auf das Systemverhalten zum Zeitpunkt der Übertragung zurückgeschlossen werden. Nur im Fall von *deterministischen* LTV-Systemen, deren Verhalten für alle Anregungszeitpunkte bekannt ist, besteht messtechnisch die Möglichkeit, auf das Eingangssignal zurückzuschließen.

Definition C.6.2 (Zeitvariante Impulsantwort) *Die Reaktion eines LTV-Systems auf einen Dirac-Impuls* $\delta(t-t')$ *wird* zeitvariante Impulsantwort $h_0(t',t) := f(\delta(t-t')) \in \mathbb{C}$ *genannt, wobei* t' *den Anregungszeitpunkt und* t *den Beobachtungszeitpunkt bezeichnet. Man beachte, dass eine zeitvariante Impulsantwort vom Anregungszeitpunkt abhängt. Die Eingangs-/Ausgangsbeziehung des LTV-Systems lautet wie folgt:*

$$y(t) = \int_{-\infty}^{\infty} x(t')\, h_0(t',t)\, dt'. \tag{C.24}$$

Definition C.6.3 (Zeitvariante Gewichtsfunktion) *Aus praktischer Sicht ist es vorteilhafter, das LTV-System nicht durch die zeitvariante Impulsantwort* $h_0(t',t)$*, sondern durch eine* zeitvariante Gewichtsfunktion $h(\tau,t) \in \mathbb{C}$ *darzustellen, wobei* $\tau := t - t' \geq 0$ *die Laufzeit ist. Mit der Substitution* $t' = t - \tau$ *ergibt sich der Zusammenhang*

$$h(\tau,t) = h_0(t-\tau,t) \qquad \textit{bzw.} \qquad h_0(t',t) = h(t-t',t). \tag{C.25}$$

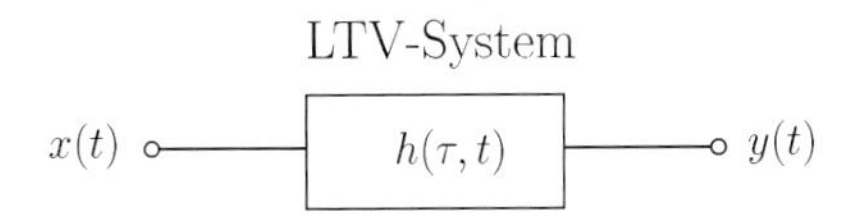

Bild C.2: Lineares zeitvariantes System mit zeitvarianter Gewichtsfunktion $h(\tau,t)$

Bei der Gewichtsfunktion $h(\tau,t)$ ist die Zeit bis zur Anregung eliminiert. Bei gegebener Gewichtsfunktion erhält man die Eingangs-/Ausgangsbeziehung eines LTV-Systems zu

$$y(t) = \int_{-\infty}^{\infty} h(\tau,t)\, x(t-\tau)\, d\tau, \tag{C.26}$$

siehe Bild C.2. Diese Darstellung ähnelt der Eingangs-/Ausgangsbeziehung bei LTI-Systemen.

Die zeitvariante Gewichtsfunktion wird oft mit der zeitvarianten Impulsantwort verwechselt. Nur für zeitinvariante Systeme (LTI-Systeme) sind beide Funktionen identisch. Selbst für langsam zeitveränderliche LTV-Systeme gibt es keine Möglichkeit, die eine Funktion durch die andere Funktion zu approximieren.

C.7 Eigenschaften deterministischer Signale

Definition C.7.1 (Energiebegrenzung) *Ein zeitkontinuierliches Signal $x(t) \in \mathbb{C}$ bzw. ein zeitdiskretes Signal $\{x[k] \in \mathbb{C}\}$ wird als* energiebegrenzt *bezeichnet, falls*

$$E_x := \int_{-\infty}^{\infty} |x(t)|^2\, dt < \infty \tag{C.27}$$

bzw.

$$E_x := \sum_{k=-\infty}^{\infty} |x[k]|^2 < \infty, \tag{C.28}$$

wobei E_x als Signalenergie *definiert ist.*

Wir betrachten im Folgenden ausschließlich Energiesignale.

Satz C.7.1 (Satz von Parseval) *Die Energie eines zeitkontinuierlichen Signals $x(t) \in \mathbb{C}$ bzw. eines zeitdiskreten Signals $\{x[k] \in \mathbb{C}\}$ kann gemäß dem* Satz von Parseval *auch im Frequenzbereich berechnet werden:*

$$E_x = \int_{-\infty}^{\infty} |x(t)|^2\, dt = \int_{-\infty}^{\infty} |X(f)|^2\, df \tag{C.29}$$

bzw.

$$E_x = \sum_{-\infty}^{\infty} |x[k]|^2 = T \int_{-\frac{1}{2T}}^{\frac{1}{2T}} |X(e^{j2\pi fT})|^2\, df, \tag{C.30}$$

wobei T die Symboldauer ist.

Definition C.7.2 (Autokorrelationsfunktion/-sequenz) *Die* Autokorrelationsfunktion *eines zeitkontinuierlichen Signals $x(t) \in \mathbb{C}$ bzw. die* Autokorrelationssequenz *eines zeitdiskreten Signals $\{x[k] \in \mathbb{C}\}$ ist wie folgt definiert:*

$$r_{xx}(\tau) := \int_{-\infty}^{\infty} x(t+\tau)\, x^*(t)\, dt \tag{C.31}$$

bzw.

$$r_{xx}[\kappa] := \lim_{N\to\infty} \frac{1}{2N+1} \sum_{k=-N}^{N} x[k+\kappa]x^*[k]. \tag{C.32}$$

Autokorrelationsfunktionen/-sequenzen besitzen folgende Eigenschaften:

- Signalenergie: $E_x = r_{xx}(\tau = 0)$ bzw. $E_x = r_{xx}[\kappa = 0]$.
- Faltung: $r_{xx}(\tau) = x(\tau) * x^*(-\tau)$ bzw. $r_{xx}[\kappa] = x[\kappa] * x^*[-\kappa]$.
- Symmetrie: $r_{xx}(\tau) = r_{xx}^*(-\tau)$ bzw. $r_{xx}[\kappa] = r_{xx}^*[-\kappa]$.
- Wiener-Khintchine-Theorem: $r_{xx}(\tau) \circ\!\!-\!\!\bullet\ |X(f)|^2$ bzw. $r_{xx}[\kappa] \circ\!\!-\!\!\bullet\ |X(e^{j2\pi fT})|^2$.

Definition C.7.3 (Kreuzkorrelationsfunktion/-sequenz) *Die* Kreuzkorrelationsfunktion *zwischen zwei zeitkontinuierlichen Signalen $x(t) \in \mathbb{C}$ und $y(t) \in \mathbb{C}$ bzw. die* Kreuzkorrelationssequenz *zwischen zwei zeitdiskreten Signalen $\{x[k] \in \mathbb{C}\}$ und $\{y[k] \in \mathbb{C}\}$ ist wie folgt definiert:*

$$r_{xy}(\tau) := \int_{-\infty}^{\infty} x(t+\tau)\, y^*(t)\, dt \tag{C.33}$$

bzw.

$$r_{xy}[\kappa] := \lim_{N\to\infty} \frac{1}{2N+1} \sum_{k=-N}^{N} x[k+\kappa]y^*[k]. \tag{C.34}$$

Kreuzkorrelationsfunktionen/-sequenzen besitzen folgende Eigenschaften:

- Faltung: $r_{xy}(\tau) = x(\tau) * y^*(-\tau)$ bzw. $r_{xy}[\kappa] = x[\kappa] * y^*[-\kappa]$.
- Symmetrie: $r_{xy}(\tau) = r_{xy}^*(-\tau)$ bzw. $r_{xy}[\kappa] = r_{xy}^*[-\kappa]$.
- Fourier-Transformation: $r_{xy}(\tau) \circ\!\!-\!\!\bullet\ X(f)Y^*(f)$ bzw. $r_{xy}[\kappa] \circ\!\!-\!\!\bullet\ X(e^{j2\pi fT})\,Y^*(e^{j2\pi fT})$.

C.8 Stochastische Prozesse

Definition C.8.1 (Stochastisches Signal, stochastischer Prozess) *Wenn ein Signal $x(t) \in \mathbb{C}$ nicht deterministisch ist, dann spricht man von einem* stochastischen Signal. *Ein* Ensemble *(d. h. eine Schar) von stochastischen Signalen $x_1(t), x_2(t), \ldots, x_n(t)$ bezeichnet man als einen* stochastischen Prozess $\mathbf{x}(t)$, *die Signale $x_i(t)$ als* Musterfunktionen. *Stochastische Prozesse sind nur durch mathematische Größen wie Erwartungswert, Autokorrelationsfunktion, usw. beschreibbar.*

Definition C.8.2 (Mittelwert) *Der* arithmetische Mittelwert *eines stochastischen Signals $x_i(t)$, $1 \le i \le n$, lautet*

$$\overline{x_i} := \lim_{T\to\infty} \frac{1}{2T} \int_{-T}^{T} x_i(t)\, dt. \tag{C.35}$$

Jede Musterfunktion $x_i(t)$ hat im Allgemeinen einen anderen Mittelwert $\overline{x_i}$.

Definition C.8.3 (Erwartungswerte 1. Ordnung) Erwartungswerte 1. Ordnung *eines stochastischen Prozesses $\mathbf{x}(t)$ sind gemäß*

$$E\left\{f\left(\mathbf{x}(t)\right)\right\} := \lim_{n\to\infty} \frac{1}{n} \sum_{i=1}^{n} f\left(x_i(t)\right) \tag{C.36}$$

definiert. Man beachte, dass Erwartungswerte Scharmittelwerte *sind und somit im Allgemeinen zeitvariant sind, d. h. im allgemeinen gilt $E\left\{f\left(\mathbf{x}(t_1)\right)\right\} \neq E\left\{f\left(\mathbf{x}(t_2)\right)\right\}$.*

Beispiel C.8.1 (Erwartungswerte 1. Ordnung)

- Für $f(\mathbf{x}(t)) = \mathbf{x}(t)$ erhält man den *linearen Erwartungswert* eines stochastischen Prozesses $\mathbf{x}(t)$:

$$\mu_x(t) := E\{\mathbf{x}(t)\} := \lim_{n\to\infty} \frac{1}{n} \sum_{i=1}^{n} x_i(t). \tag{C.37}$$

- Für $f(\mathbf{x}(t)) = |\mathbf{x}(t)|^2$ erhält man den *quadratischen Erwartungswert* eines stochastischen Prozesses $\mathbf{x}(t)$:

$$E\{|\mathbf{x}(t)|^2\} := \lim_{n\to\infty} \frac{1}{n} \sum_{i=1}^{n} |x_i(t)|^2. \tag{C.38}$$

- Für $f(\mathbf{x}(t)) = |\mathbf{x}(t) - \mu_x(t)|^2$ erhält man die *Varianz* eines stochastischen Prozesses $\mathbf{x}(t)$:

$$\sigma_x^2(t) := E\{|\mathbf{x}(t) - \mu_x(t)|^2\} := \lim_{n\to\infty} \frac{1}{n} \sum_{i=1}^{n} |x_i(t) - \mu_x(t)|^2. \tag{C.39}$$

Die Varianz $\sigma_x^2(t)$ entspricht der momentanen *Leistung* des stochastischen Prozesses $\mathbf{x}(t)$. ◊

Erwartungswerte 1. Ordnung besitzen folgende Eigenschaften:

- Linearität: $E\{a_1\mathbf{x}_1(t) + a_2\mathbf{x}_2(t)\} = a_1E\{\mathbf{x}_1(t)\} + a_2E\{\mathbf{x}_2(t)\}$.
- Für ein deterministische Signal $x(t)$ gilt $E\{x(t)\} = x(t)$.

Mit diesen Eigenschaften kann die Varianz gemäß

$$\sigma_x^2(t) = E\{|\mathbf{x}(t) - \mu_x(t)|^2\} = E\{|\mathbf{x}(t)|^2 - 2\mathrm{Re}\{\mathbf{x}(t)\mu_x^*(t)\} + |\mu_x(t)|^2\} = E\{|\mathbf{x}(t)|^2\} - |\mu_x(t)|^2$$

berechnet werden.

Definition C.8.4 (Erwartungswerte 2. Ordnung) Erwartungswerte 2. Ordnung *hängen von zwei Zeitpunkten ab und sind gemäß*

$$E\left\{f\big(\mathbf{x}(t_1), \mathbf{x}(t_2)\big)\right\} := \lim_{n\to\infty} \frac{1}{n} \sum_{i=1}^{n} f\big(x_i(t_1), x_i(t_2)\big) \tag{C.40}$$

definiert.

Beispiel C.8.2 (Erwartungswerte 2. Ordnung)

- Die *Autokorrelationsfunktion* eines stochastischen Prozesses $\mathbf{x}(t)$ lautet

$$r_{xx}(t_1, t_2) := E\{\mathbf{x}(t_1)\,\mathbf{x}^*(t_2)\}. \tag{C.41}$$

- Die *Kreuzkorrelationsfunktion* zwischen zwei stochastischen Prozessen $\mathbf{x}(t)$ und $\mathbf{y}(t)$ lautet

$$r_{xy}(t_1, t_2) := E\{\mathbf{x}(t_1)\,\mathbf{y}^*(t_2)\}. \tag{C.42}$$

Statistisch unabhängige Prozesse sind stets unkorreliert, die Umkehrung gilt im Allgemeinen (mit Ausnahme von gaußschen Prozessen) jedoch nicht. ◊

Definition C.8.5 (Stationarität und schwache Stationarität) *Ein stochastischer Prozess* $\mathbf{x}$ *wird* stationär *genannt, wenn dessen Erwartungswerte 2. Ordnung nur von der Differenz* $\tau := t_1 - t_2$ *abhängen.*

Zwei stochastische Prozesse $\mathbf{x}$ *und* $\mathbf{y}$ *werden* gemeinsam stationär *genannt, wenn ihre gemeinsamen Erwartungswerte 2. Ordnung nur von der Differenz* $\tau := t_1 - t_2$ *abhängen.*

Ein stochastischer Prozess wird stationär im weiten Sinn *(oder* schwach stationär*) genannt, wenn sich Erwartungswert und Autokorrelationsfunktion durch eine beliebige zeitliche Verschiebung des Prozesses nicht ändern.*

Für einen schwach stationären stochastischen Prozess $\mathbf{x}(t)$ vereinfacht sich die *Autokorrelationsfunktion* somit zu

$$r_{xx}(\tau) := E\{\mathbf{x}(t+\tau)\mathbf{x}^*(t)\} \tag{C.43}$$

und die *Kreuzkorrelationsfunktion* zwischen zwei gemeinsam stationären stochastischen Prozessen $\mathbf{x}(t)$ und $\mathbf{y}(t)$ zu

$$r_{xy}(\tau) := E\{\mathbf{x}(t+\tau)\mathbf{y}^*(t)\}. \tag{C.44}$$

Man beachte die Reihenfolge der Terme in den beiden letzten Gleichungen.

Definition C.8.6 (Ergodenhypothese) *Ein stochastischer Prozess* $\mathbf{x}(t)$ *wird* ergodisch *genannt, wenn die Scharmittelwerte mit den zeitlichen Mittelwerten der einzelnen Musterfunktionen übereinstimmen.*

Definition C.8.7 (Leistungsdichtespektrum) *Gegeben sei ein schwach stationärer stochastischer Prozess* $\mathbf{x}(t)$ *mit der Autokorrelationsfunktion* $r_{xx}(\tau)$*. Man definiert das* Leistungsdichtespektrum $R_{xx}(f)$ *als Fourier-Transformierte der Autokorrelationsfunktion* $r_{xx}(\tau)$*:*

$$R_{xx}(f) := F\{r_{xx}(\tau)\}. \tag{C.45}$$

Definition C.8.8 (Weißes Rauschen) *Ein stationärer zeitkontinuierlicher Rauschprozess* $\mathbf{x}(t) \in \mathbb{R}$ *mit der zweiseitigen Rauschleistungsdichte* $N_0/2$ *wird als* weiß *bezeichnet, falls*

$$r_{xx}(\tau) := \frac{N_0}{2}\,\delta(\tau) \circ\!\!-\!\!\bullet\, R_{xx}(f) = \frac{N_0}{2}. \tag{C.46}$$

Bei weißem Rauschen sind benachbarte Abtastwerte unkorreliert. Gemäß dem Wiener-Khintchine-Theorem (welches auch für stochastische Prozesse gilt) ergibt sich ein konstantes Leistungsdichtespektrum. Wegen $r_{xx}(0) \to \infty$ *besitzt weißes Rauschen eine unendlich große Leistung und kann somit nur als Modell angesehen werden.*

Definition C.8.9 (Ideal bandbegrenztes weißes Rauschen) *Filtert man einen reellwertigen, weißen Rauschprozess* $\mathbf{x}(t)$ *mit einem idealen Filter der zweiseitigen Bandbreite B, so folgt für den Ausgangsprozess* $\mathbf{y}(t)$

$$r_{yy}(\tau) = \frac{BN_0}{2}\, si(\pi B\tau) \circ\!\!-\!\!\bullet\, R_{yy}(f) = \frac{N_0}{2}\, rect\left(\frac{f}{B}\right). \tag{C.47}$$

Die Leistung des bandbegrenzten Rauschprozesses, $\sigma_y^2 = r_{yy}(0) = BN_0/2$*, ist endlich.*

C.9 Stochastische Prozesse und LTI-Systeme

Wenn das Eingangssignal $x(t) \in \mathbb{C}$ eines deterministischen LTI-Systems mit Impulsantwort $h(t) \in \mathbb{C}$ ein stochastisches Signal ist, dann ist das Ausgangssignal $y(t) \in \mathbb{C}$ des LTI-Systems ebenfalls ein stochastisches Signal. Wir nehmen im Folgenden an, dass der Eingangsprozess stationär ist. In diesem Fall ist der Ausgangsprozess ebenfalls stationär.

Der Erwartungswert des stochastischen Ausgangsprozesses $\mathbf{y}(t)$ eines LTI-Systems mit Impulsantwort $h(t)$ ergibt sich wie folgt:

$$E\{\mathbf{y}(t)\} = E\left\{\int_{-\infty}^{\infty} h(\tau)\,\mathbf{x}(t-\tau)\,d\tau\right\} = \int_{-\infty}^{\infty} h(\tau)\,E\{\mathbf{x}(t-\tau)\}\,d\tau. \tag{C.48}$$

Die Autokorrelationsfunktion des stochastischen Ausgangsprozesses $\mathbf{y}(t)$ berechnet sich gemäß

$$\begin{aligned} r_{yy}(t') &= E\left\{\left(\int_{-\infty}^{\infty} h(\tau)\,\mathbf{x}(t+t'-\tau)\,d\tau\right)\mathbf{y}^*(t)\right\} \\ &= \int_{-\infty}^{\infty} h(\tau)\,E\left\{\mathbf{x}(t+t'-\tau)\,\mathbf{y}^*(t)\right\}\,d\tau \\ &= \int_{-\infty}^{\infty} h(\tau)\,r_{xy}(t'-\tau)\,d\tau. \end{aligned} \tag{C.49}$$

Die Kreuzkorrelationsfunktion zwischen dem stochastischen Eingangsprozess $\mathbf{x}(t)$ und dem stochastischen Ausgangsprozess $\mathbf{y}(t)$ lautet schließlich

$$\begin{aligned} r_{xy}(t') &= E\left\{\mathbf{x}(t+t')\left(\int_{-\infty}^{\infty} h^*(\tau)\,\mathbf{x}^*(t-\tau)\,d\tau\right)\right\} \\ &= \int_{-\infty}^{\infty} h^*(\tau)\,E\{\mathbf{x}(t+t')\,\mathbf{x}^*(t-\tau)\}\,d\tau \\ &= \int_{-\infty}^{\infty} h^*(\tau)\,r_{xx}(t'+\tau)\,d\tau. \end{aligned} \tag{C.50}$$

Beispiel C.9.1 (Weißes Rauschen) Für einen weißen Rauschprozess $\mathbf{x}(t) \in \mathbb{R}$ mit zweiseitiger Rauschleistungsdichte $N_0/2$ ergibt sich die Autokorrelierte des Eingangsprozesses zu

$$r_{xx}(t') = \frac{N_0}{2}\,\delta(t'), \tag{C.51}$$

die Kreuzkorrelierte mit Hilfe der Siebeigenschaft der Faltung zu

$$r_{xy}(t') = \frac{N_0}{2}\int_{-\infty}^{\infty} h^*(\tau)\,\delta(t'+\tau)\,d\tau = \frac{N_0}{2}h^*(-t') \tag{C.52}$$

und die Autokorrelierte des Ausgangsprozesses zu

$$r_{yy}(t') = \frac{N_0}{2}\int_{-\infty}^{\infty} h(\tau)\,h^*(-(t'-\tau))\,d\tau = \frac{N_0}{2}\int_{-\infty}^{\infty} h(t'+\tau)\,h^*(\tau)\,d\tau = \frac{N_0}{2}\,r_{hh}(t'). \tag{C.53}$$

◇

Literaturverzeichnis zu Anhang C

[Bel00] M. Bellanger, *Digital Processing of Signals*. New York, NY: John Wiley & Sons, 3. Auflage, 2000.

[Böh98] J. F. Böhme, *Stochastische Signale*. Stuttgart: Teubner, 2. Auflage, 1998.

[Gir01] B. Girod, R. Rabenstein, A. Stenger, *Einführung in die Systemtheorie: Signale und Systeme in der Elektrotechnik und Informationstechnik*. Wiesbaden: Teubner-Verlag, 4. Auflage, 2007.

[Hän01] E. Hänsler, *Statistische Signale*. Berlin: Springer-Verlag, 3. Auflage, 2001.

[Hay89] S. Haykin, *Modern Filters*. New York, NY: Macmillan Publishing Company, 1989.

[Hay02] S. Haykin, *Adaptive Filter Theory*. Upper Saddle River, NJ: Prentice Hall, 4. Auflage, 2002.

[Hon84] M. L. Honig, D. G. Messerschmidt, *Adaptive Filters: Structures, Algorithms and Applications*. Boston, MA: Kluwer Academic Publishers, 1984.

[Kam09] K. D. Kammeyer, K. Kroschel, *Digitale Signalverarbeitung: Filterung und Spektralanalyse mit MATLAB-Übungen*. Wiesbaden: Vieweg+Teubner, 7. Auflage, 2009.

[Kre89] D. Kreß, R. Irmer, *Angewandte Systemtheorie*. Berlin: VEB Verlag, 1989.

[Kro99] K. Kroschel, *Statistische Nachrichtentheorie*. Berlin: Springer-Verlag, 3. Auflage, 1999.

[Küp73] K. Küpfmüller, *Die Systemtheorie der elektrischen Nachrichtenübertragung*. Stuttgart: S. Hirzel Verlag, 4. Auflage, 1974.

[Mer96] A. Mertins, *Signaltheorie*. Stuttgart: Teubner, 1996.

[Ohm10] J.-R. Ohm, H. D. Lüke, *Signalübertragung*. Berlin: Springer-Verlag, 11. Auflage, 2010.

[Opp04] A. V. Oppenheim, R. W. Schafer, *Zeitdiskrete Signalverarbeitung*. München: Oldenbourg Verlag, 2. Auflage, 2004.

[Pap77] A. Papoulis, *Signal Analysis*. New York, NY: McGraw-Hill, 1977.

[Pro07] J. G. Proakis, D. G. Manolakis, *Digital Signal Processing – Principles, Algorithms, and Applications*. Upper Saddle River, NJ: Prentice Hall, 4. Auflage, 2007.

[Rup93] W. Rupprecht, *Signale und Übertragungssysteme – Modelle und Verfahren für die Informationstechnik*. Berlin: Springer-Verlag, 1993.

[Say03] A. H. Sayed, *Fundamentals of Adaptive Filtering*. Wiley-IEEE, 2003.

[Sch73] H. W. Schüßler, *Digitale Systeme zur Signalverarbeitung*. Berlin: Springer-Verlag, 1973.

[Sch91] H. W. Schüßler, *Netzwerke, Signale und Systeme, Teil 2*. Berlin: Springer-Verlag, 3. Auflage, 1991.

[Sch08] H. W. Schüßler, *Digitale Signalverarbeitung: Analyse diskreter Signale und Systeme*. Berlin: Springer-Verlag, 5. Auflage, 2008.

[Unb02] R. Unbehauen, *Systemtheorie 1*. München: Oldenbourg Verlag, 8. Auflage, 2002.

[Unb98] R. Unbehauen, *Systemtheorie 2*. München: Oldenbourg Verlag, 7. Auflage, 1998.

[Wid85] B. Widrow, S. D. Stearns, *Adaptive Signal Processing*. Englewood Cliffs, NJ: Prentice Hall, 1985.

D Simulationswerkzeuge

Die digitale Übertragungstechnik ist in den letzten Jahrzehnten durch einen stetigen Anstieg des Einsatzes der Mikroelektronik geprägt. Aufgrund der wachsenden Rechenleistung und einer effizienteren Leistungsversorgung können immer leistungsfähigere und komplexere Verfahren der digitalen Signalverarbeitung und Signalübertragung realisiert werden. Ein Ende dieses Trends ist nicht abzusehen. Durch immer kürzer werdende Innovationszyklen und einen Preisverfall von Hardwarekomponenten beeinflussen Entwicklungskosten zunehmend die Konkurrenzfähigkeit von Unternehmen, die nachrichtentechnische Produkte entwickeln. Beispiele dafür sind der Mobilfunksektor und die Unterhaltungselektronik.

Eine Optimierung einzelner Systemkomponenten und ein Vergleich alternativer Systemkonzepte sind wichtige Aufgaben des Systementwurfs. Aufgrund der Komplexität moderner nachrichtentechnischer Systeme ist eine mathematische Analyse des Systemverhaltens entweder nur näherungsweise oder überhaupt nicht möglich. Zwar besteht die Möglichkeit der experimentellen Untersuchung des Systemverhaltens durch Messungen, doch ist diese Methode teuer, zeitaufwändig und unflexibel. Manchmal werden Hardwarekomponenten benötigt, die überhaupt nicht oder nur schwer erhältlich sind, z. B. wenn sie in geringen Stückzahlen vertrieben werden oder neu sind. Innerhalb der Entwicklungs- und Erprobungsphase sind häufige Änderungen des Systemkonzepts sehr kostspielig.

Als aufwandssparende Alternative bietet sich eine *Simulation des Systemverhaltens* auf einem Digitalrechner an [M. C. Jeruchim et al., 2000]. Dazu wird das zu untersuchende System in ein mathematisches Modell abgebildet, das auf dem Digitalrechner realisiert werden kann. Eine wichtige Eigenschaft des Modells besteht darin, dass die Eigenschaften des realen Systems ausreichend genau erfasst werden. Rechnergestützte Experimente, sog. *Simulationen*, führen dann zu Aussagen über das Verhalten des Modells unter definierten und reproduzierbaren Bedingungen.

Ein Beispiel ist die Bestimmung der Bitfehlerrate eines digitalen Übertragungssystems gemäß Bild D.1. Datenquelle, Sender, Kanal und Empfänger werden durch *mathematische Modelle* beschrieben. Die Datenquelle und der Kanal sind meist stochastische Modelle zur Erzeugung einer Pseudozufallssequenz bzw. eines Rauschprozesses (wie z. B. weißes Gauß'sches Rauschen). Durch ein Stichprobenexperiment wird die Bitfehlerrate approximativ bestimmt, indem die Anzahl der gemessenen Bitfehler durch die Anzahl der gesendeten Bits geteilt wird. Ist der Rauschprozess stochastisch, so spricht man von einer *Monte-Carlo Simulation*.

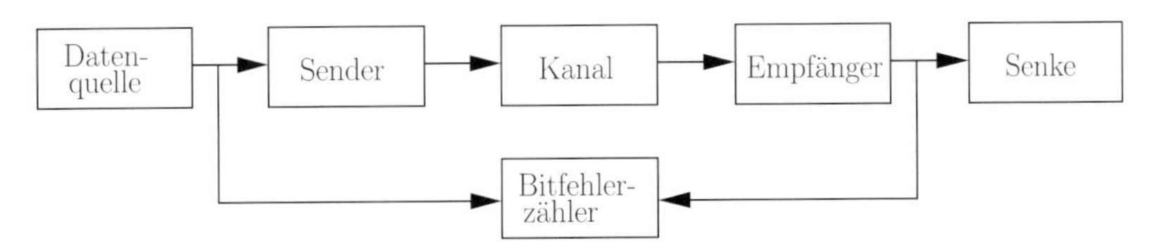

Bild D.1: Prinzipieller Aufbau zur rechnergestützten Simulation der Bitfehlerrate

Neben der Simulation des Systemverhaltens auf einem Digitalrechner wird der Bereich des *Software-Defined Radios* immer wichtiger [J. Mitola, Z. Zvonar, 2001]. Vereinfacht ausgedrückt besteht ein modernes Mobilfunkgerät („Handy") aus einem leistungsfähigen Rechner, einer hochfrequenten Eingangs- und Endstufe und einer Leistungsversorgung. Sämtliche Übertragungsverfahren und die empfängerseitige Rückgewinnung der Daten werden per Software realisiert. Die Hardware-Plattform ist bzgl. der Übertragungsverfahren transparent. Dadurch können verschiedene Standards auf nur einer Hardware-Plattform integriert werden. In diesem Zusammenhang ist nicht nur ein (beweisbar) fehlerfreier Softwareentwurf wichtig, sondern auch auf Modularität wird geachtet.

Die Umsetzung eines nachrichtentechnischen Systems in Form eines mathematischen Modells erfolgt mit Hilfe eines Computerprogramms. Prinzipiell werden folgende Schritte durchlaufen [Th. Wörz, 2002]:

- Erstellen eines Signalflussplans,
- Entwicklung von Algorithmen für alle Systemkomponenten (Module),
- Implementierung der Module durch Programme,
- Verbindung der Module durch eine Ablaufsteuerung,
- Ausführen des Simulationsprogramms,
- Auswertung der Simulationsergebnisse.

Bei neu zu erstellenden Modulen ist insbesondere auf eine Überprüfung auf Fehlerfreiheit zu achten. Bei selbst geschriebenen Programmen treten üblicherweise Schwierigkeiten bei der Entwicklung und Benutzung auf:

- Expertise zur Programmierung der Module und der Ablaufsteuerung muss vorhanden sein.
- Oft fehlt es an definierten Schnittstellen zwischen Programmteilen, und gänzlich an Schnittstellen zur Außenwelt.
- Die Programme sind meist nicht flexibel und können nur mit Aufwand an neue Systeme angepasst werden.
- Schlecht kommentierte und dokumentierte Programme sind typischerweise kaum nachvollziehbar. Dadurch wird einerseits die Zusammenarbeit von mehreren Programmierern und andererseits die Wiederverwendbarkeit von Programmen erschwert.

Insbesondere bei häufiger Nutzung und/oder teamorientierter Entwicklung sollte aufgrund der genannten Schwierigkeiten daher der Einsatz eines *Simulationswerkzeugs* in Erwägung gezogen werden.

D.1 Aufbau eines Simulationswerkzeugs

Bild D.2 zeigt den prinzipiellen Aufbau eines Simulationswerkzeugs [Th. Wörz, 2002]. Das Simulationswerkzeug besteht im Wesentlichen aus der graphischen Schnittstelle, dem Modellbildner, dem Modulbildner und der Ergebnisaufbereitung. Es stellt dem Nutzer eine Bibliothek von parametrisierten Modulen und einen universellen Simulator zur Verfügung. Die Ausführung einer Simulation beginnt mit dem Aufbau des Blockschaltbildes des zu untersuchenden Systems mit Hilfe eines graphischen Editors. Dazu werden hauptsächlich die vorliegenden Module aus der Modulbibliothek verwendet. Wenn gewünschte Module nicht zur Verfügung stehen, kann der Nutzer eigene Module in einer Hochsprache (heute zumeist C, C++ oder JAVA, früher FORTRAN) programmieren. Um die Einbindung in das Simulationswerkzeug zu gewährleisten, müssen dabei vorgeschriebene Schnittstellenvereinbarungen eingehalten werden. Zusammen mit einer Dokumentation wird das neue Modul dann in der Modulbibliothek abgelegt und steht in Zukunft für alle Nutzer zur Verfügung.

Die einzelnen Module werden entsprechend des Signalflussplans verbunden und ihre Parameter mit Werten belegt. Ist das Blockdiagramm komplett erstellt, wird es an den Modellbildner übergeben, der eine Netzliste erstellt. Anschließend verbindet der Programmbildner die Netzliste mit dem Simulator zu einem Simulationsprogramm, das dann auf einem Digitalrechner ablaufen kann. Die Ergebnisse eines Simulationslaufs werden mit Hilfe eines Ergebnisaufbereiters aufbereitet. Hierbei können z. B. Bitfehlerkurven erzeugt oder Signalverläufe nachbereitet werden.

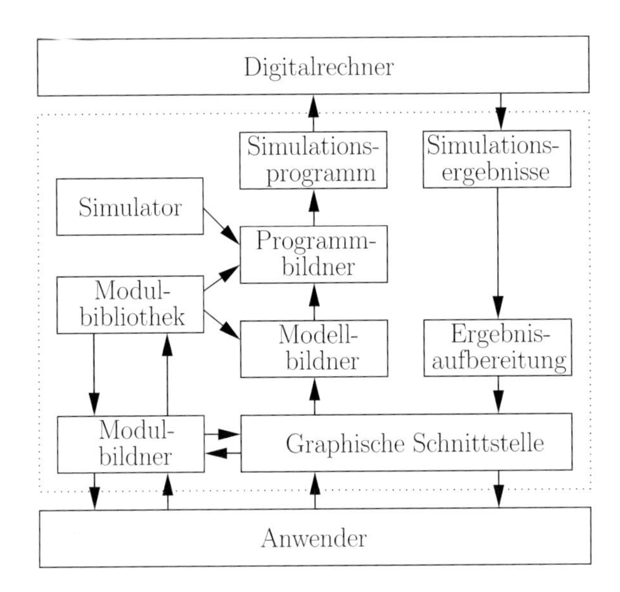

Bild D.2: Prinzipieller Aufbau eines Simulationswerkzeugs

D.2 Simulatorkonzepte

Grundsätzlich lassen sich verschiedene Simulatorkonzepte unterscheiden. Die zwei für die Übertragungstechnik wichtigsten Simulatorkonzepte sind das zeitgetriebene Simulatorkonzept und das signalgetriebene Simulatorkonzept.

Bei einem *zeitgetriebenen Simulatorkonzept* gemäß Bild D.3 werden die Module entsprechend dem Signalfluss sequentiell durchlaufen. Man geht davon aus, dass die Abtastraten der einzelnen Module derart aufeinander abgestimmt sind, dass die Anzahl der Ausgabewerte eines Moduls mit der Anzahl der Eingangswerte des nachfolgenden Moduls übereinstimmt. Dies impliziert eine äquidistante Abtastung mit a priori definierter Abtastrate. Eine nichtäquidistante Abtastung wird nicht unterstützt. Die Verarbeitung findet elementweise oder vektoriell (d. h. blockweise) statt.

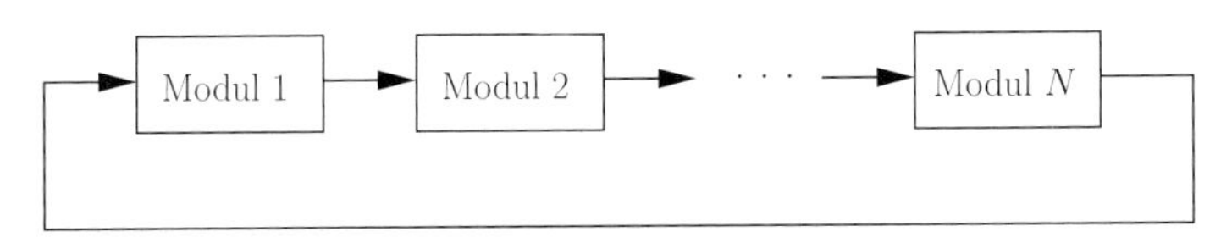

Bild D.3: Zeitgetriebenes Simulatorkonzept

Das zeitgetriebene Simulatorkonzept bietet den Vorteil einer leichten Realisierbarkeit der Ablaufsteuerung, da die Module in einer starren Folge aufgerufen werden. Der Speicherbedarf für Pufferspeicher zwischen den Modulen ist gering. Allerdings müssen Abtastraten a priori aufeinander abgestimmt sein, und es kommt zu häufigen Unterprogrammaufrufen, wenn keine blockweise Verarbeitung stattfindet.

Im Gegensatz dazu ist bei einem *signalgetriebenen Simulatorkonzept* eine blockweise Verarbeitung der Signale in den Modulen möglich, ohne dass die Abtastraten aufeinander abgestimmt sein müssen. Zwischen den Modulen werden Signalvektoren variabler Längen ausgetauscht, die entsprechend Pufferspeicher benötigen. Beim signalgetriebenen Simulatorkonzept ist eine komplexe Ablaufsteuerung notwendig, wie in Bild D.4 dargestellt. Zuerst muss überprüft werden, für welche Module im Pufferspeicher Eingangswerte vorhanden sind. Diese Module werden dann derart aktiviert, dass ein möglichst gleichmäßiger Signalfluss gewährleistet ist.

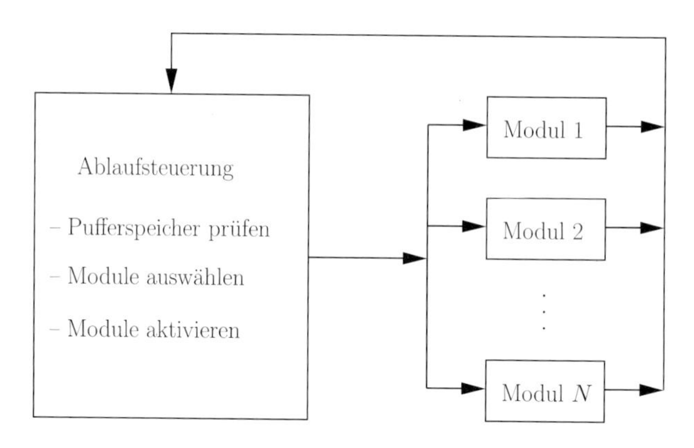

Bild D.4: Signalgetriebenes Simulatorkonzept

Das signalgetriebene Simulatorkonzept bietet die Vorteile, dass beliebig wählbare Abtastraten kombinierbar sind und vergleichsweise wenig Unterprogrammaufrufe durch blockweises Verarbeiten stattfinden. Nachteilig sind eine komplexe Ablaufsteuerung und ein hoher Speicherbedarf für Pufferspeicher.

D.3 Einbindung in eine Realisierungsumgebung

Neben der Optimierung und dem Vergleich von Systemkonzepten wird es immer wichtiger, auch die Realisierung von Systemen oder zumindest von Komponenten des Systems direkt aus dem Simulationswerkzeug zu unterstützen oder zumindest geeignete Schnittstellen zur Verfügung zu stellen. Ein weitgehend automatisierter Prozess der Realisierung schließt Fehlerquellen aus, die bei der Realisierung von Hand auftreten.

Ausgangspunkt einer integrierten Entwicklungsumgebung ist oft das mit Hilfe eines Simulationswerkzeugs erstellte Block- bzw. Signalflussdiagramm. Mit dem Simulationswerkzeug werden in einem ersten Schritt die in Frage kommenden Algorithmen überprüft und deren Parameter optimiert.

Soll die Realisierung mit Hilfe eines ASIC oder FPGA erfolgen, wird danach aus dem Blockdiagramm eine VHDL-Beschreibung generiert. Diese kann dann mit einem VHDL-Werkzeug weiter bearbeitet werden. Danach wird mit Hilfe eines weiteren Werkzeugs die Logik-Synthese vorgenommen, d. h. das Layout des ASIC bzw. des FPGA generiert. Durch Einschränkungen bei der Implementierung kann es notwendig werden, zurück zum Blockdiagramm zu gehen und Algorithmen anzupassen oder neue auszuwählen.

Im Falle einer Realisierung mit Hilfe eines DSP wird aus dem Blockdiagramm ein DSP-Code erzeugt. Dies ist entweder ein Programm in einer Hochsprache (meist C) allein oder einer Mischung aus Hochsprache und Assembler des verwendeten DSP.

Zur Überprüfung der Funktion sind geeignete Testhilfen unerlässlich. Dies kann auf verschiedenen Ebenen erfolgen. Durch Kopplung des Simulationswerkzeugs und der Simulationsfunktion des VHDL-Werkzeugs kann die Funktion von Modulen in der Beschreibung des Blockdiagramms mit der VHDL-Beschreibung verglichen und abgeglichen werden. In einem weiteren Test wird die realisierte Hardware des Moduls (ASIC, FPGA oder DSP) mit der Beschreibung im Blockdiagramm verglichen. Damit werden

Fehler, die beim Übergang von einer Realisierungsebene (z. B. Blockdiagramm) zur anderen (z. B. DSP-Programm) auftreten, schnell und sicher erkannt.

Insgesamt entsteht eine integrierte Entwicklungsumgebung, bei der das Simulationswerkzeug mit seinen Schnittstellen zur Generierung der Hardware und den Testhilfen eine zentrale Rolle spielt.

D.4 Kriterien zur Auswahl eines Simulationswerkzeugs

Die Entscheidung über die Einführung eines Simulationswerkzeugs muss auf Basis einer Abwägung zwischen Kosten und Nutzen in einer bestimmten Entwicklungsumgebung getroffen werden. Pauschale Empfehlungen sind kaum zu treffen. Der *potentielle Nutzen* eines Simulationswerkzeugs ergibt sich aus den folgenden Punkten [Th. Wörz, 2002]:

- Simulationswerkzeuge erlauben durch ihre Hilfsmittel (wie graphische Schnittstelle, Modulbibliothek, usw.) eine rasche und wenig fehleranfällige Systemmodellierung.
- Systemmodelle (Systemkomponenten und Systemkonzepte) können im Lauf der Untersuchung relativ einfach erweitert werden.
- Simulationswerkzeuge ermöglichen eine übersichtliche Darstellung der Systemmodelle und eine parallele Erstellung von Dokumentation. Dies erleichtert einerseits die Zusammenarbeit eines Teams in der Entwicklung eines Systemmodells und andererseits die Weiterverwendung der einmal erstellten Systeme und Systemkomponenten (Module) zu einem späteren Zeitpunkt.
- Der Hersteller von Simulationswerkzeugen bietet in der Regel über eine Hotline Unterstützung für sein Produkt an.
- Durch geeignete Schnittstellen zur Außenwelt wird die Entwicklung von Hardware in das Simulationswerkzeug integriert.

Die potentiellen *Kosten* ergeben sich aus den folgenden Punkten: Anschaffung des Simulationswerkzeugs und des dazu notwendigen Arbeitsplatzrechners, Gebühren für Updates der Software und Benutzung der Hotline, Einarbeitungszeit der Anwender (eventuell Schulung durch Hersteller), und Portierung von vorhandenen, selbst erstellten Programmen zur Verwendung im Simulationswerkzeug.

Bei der Anschaffung eines Simulationswerkzeugs sollten sowohl *technische Kriterien* wie Leistungsumfang, Simulationskonzept, Modulbibliothek, Anforderungen an den Arbeitsplatzrechner, Ergebnisauswertung und das Einbinden von Werkzeugen zur Realisierung (wie DSP-Code, VHDL-Simulator usw.) als auch *nichttechnische Kriterien* wie Bedienungsfreundlichkeit, Erstellung der Systemdokumentation, Service, einmalige und laufende Kosten Berücksichtigung finden. Soll das Simulationswerkzeug im Zusammenhang mit einem Software-Defined Radio genutzt werden, ist auf eine geeignete Hardware-Schnittstelle zu achten.

D.5 Professionelle Simulationswerkzeuge

Moderne Werkzeuge zeichnen sich durch folgende *Eigenschaften* aus: Gemischte/kombinierte Simulatorkonzepte, graphische Schnittstellen (Editoren und Ausgabetools), Integration von Hochsprachen (wie C, C++, Java, Matlab), Modul-Bibliotheken zu Kommunikations- und/oder Multimedia-Standards (z. B. GSM, UMTS, LTE, WLAN, DVB, DAB, ...), Möglichkeit der Co-Simulation mit anderen Tools (z. B. VHDL-Simulator) oder Hardware, und Codeerzeugung für DSPs, FPGAs und ASICs. Beispiele für professionelle Simulationswerkzeuge in alphabetischer Reihenfolge sind (ohne Gewähr):

- CoCentric System Studio (Nachfolger von COSSAP)
  - Hersteller: Synopsis (www.synopsis.com)
  - Plattform: Unix
- GNU Radio (Public Domain Software)
  - Entwicklungsgruppe: GNU-Projekt (www.gnuradio.org)
  - Plattform: Linux, Windows (Python, C++)
  - Besonderheit: USRP/USRP2 Schnittstelle
- LabView
  - Hersteller: National Instruments (www.ni.com/labview)
  - Plattform: Linux, Macintosh, Windows
- Ptolemy (Public Domain Software)
  - Entwicklungsgruppe: University of California at Berkeley (ptolemy.eecs.berkeley.edu)
  - Plattform: Linux (Ptolemy Classic: C++, Ptolemy II: Java)
- Simulink (als Erweiterung von MATLAB)
  - Hersteller: The Mathworks (www.mathworks.com)
  - Plattform: Linux, Macintosh, Unix, Windows
- SPW
  - Hersteller: Synopsis (www.synopsis.com)
  - Plattform: Unix
- SystemC (Public Domain Software)
  - Entwicklungsgruppe: www.systemc.org
  - Plattform: C++ Bibliothek

Neben dieser Auswahl existiert eine Vielzahl an weiteren Simulationswerkzeugen, die oft ihren Ursprung an Hochschulen und Forschungseinrichtungen haben. Eine eindeutige Empfehlung für eines der Produkte soll und kann hier nicht ausgesprochen werden, alle genannten Werkzeuge besitzen ein hohes Maß an Qualität. Dies ist auf die hohen Anforderungen, die komplexe Funktionalität, aber auch auf die Konkurrenzsituation am Markt zurückzuführen. Zur Entscheidungsfindung ist es nützlich, die Produkte im Rahmen einer Probeinstallation in der geplanten Einsatzumgebung auf die individuellen Anforderungen zu testen.

Literaturverzeichnis zu Anhang D

[Jer00] M. C. Jeruchim, P. Balaban, K. S. Shanmugan, *Simulation of Communication Systems: Modeling, Methodology and Techniques*. New York, NY: Kluwer Academic/Pleanum Publishers, 2. Auflage, 2000.

[Mit01] J. Mitola III, Z. Zvonar (Ed.), *Software Radio Technologies: Selected Readings*. Piscatawa, NJ: IEEE Press, 2001.

[Woe02] Th. Wörz, *Simulationswerkzeuge*. CCG-Seminar IT 11.11 “Digitale Modulationsverfahren,” Oberpfaffenhofen, März 2002.

Abkürzungsverzeichnis

3GPP Third-Generation Partnership Project
ACI Adjacent Channel Interference, Nachbarkanal-Interferenz
ACK Acknowledgement, Bestätigung einer erfolgreichen Übertragung
AEP Asymptotic Equipartition Property, asymptotische Äquipartitionseigenschaft
AF Array Factor, Richtcharakteristik einer Gruppenantenne
AFC Automatic Frequency Control, Frequenzkorrektur
AGC Automatic Gain Control, Leistungsregelung
AKF Autocorrelation Function, Autokorrelationsfunktion
APP A Posteriori Probability, a posteriori Wahrscheinlichkeit
ARQ Automatic Repeat Request, Wiederholverfahren
ASCII American Standard Code for Information Interchange
ASIC Application Specific Integrated Circuit, anwendungsspezifische Integrierte Schaltung
ASK Amplitude Shift Keying, Amplitudensprungmodulation
AWGN Additive White Gaussian Noise, additives weißes Gauß'sches Rauschen
BC Broadcast Channel, Rundfunkkanal
BCJR Bahl, Cocke, Jelinek, Raviv
BEC Binary Erasure Channel, binärer Auslöschungskanal
BICM Bit-Interleaved Coded Modulation
BLAST Bell Labs Layered Space-Time Architecture, Raum-Zeit Codierverfahren
Blu-ray Optisches Speichermedium
BPSK Binary Phase Shift Keying, binäre Phasensprungmodulation
BS Base Station, Basisstation
BSC Binary Symmetric Channel, binärer symmetrischer Kanal
BSEC Binary Symmetric Erasure Channel, binärer Auslöschungskanal
BU Bad Urban Area, Stadtgebiet
CCI Co-Channel Interference, Gleichkanalinterferenz
CCITT Comité Consultatif International Téléfonique et Télégraphique, Internationale Fernmeldeunion (nun ITU)
CD Compact Disc, optisches Speichermedium
CDM Code-Division Multiplexing, Codemultiplex
CDMA Code-Division Multiple-Access, Codevielfachzugriff
COD Encoder, Codierer
CPFSK Continuous-Phase Frequency Shift Keying, Frequenzsprungverfahren mit stetigem Phasenverlauf
CPM Continuous-Phase Modulation, Modulationsverfahren mit stetigem Phasenverlauf
CRC Cyclic Redundancy Check, fehlererkennender Code
CSI Channel State Information, empfängerseitige Kanalzustandsinformation
CSIT Channel State Information at Transmitter, senderseitige Kanalzustandsinformation
CSMA Carrier-Sense Multiple Access, Mehrfachzugriff mit Trägerprüfung
DA Data-Aided, datengestützt

DA	Dijkstra Algorithm, Dijkstra-Algorithmus
DAB	Digital Audio Broadcasting, digitaler Hörfunkstandard
DAT	Digital Audio Tape, magnetisches Speichermedium
DD	Decision-Directed, entscheidungsgestützt
DDFSE	Delayed-Decision-Feedback Sequence Estimator
DEC	Decoder, Decodierer
DECT	Digital Enhanced Cordless Telecommunications, schnurloses Telefonsystem
DES	Data Encryption Standard, Verschlüsselungsverfahren
DFE	Decision Feedback Equalizer, entscheidungsrückgekoppelter Entzerrer
DFT	Discrete Fourier Transformation, Diskrete Fourier-Transformation
DL	Downlink, Abwärtsstrecke
DMC	Discrete Memoryless Channel, diskreter gedächtnisfreier Kanal
DPSK	Differential Phase Shift Keying, differentielle Phasensprungmodulation
DRM	Digital Radio Mondial, digitaler Hörfunkstandard
DS-CDMA	Direct-Sequence Code-Division Multiple Access, Codevielfachzugriffsverfahren
DSL	Digital Subscriber Line, kabelgebundenes Übertragungsverfahren
DSP	Digital Signal Processing, Digitale Signalverarbeitung
DSP	Digital Signal Processor, Digitaler Signalprozessor
DVB-C	Digital Video Broadcasting - Cable, kabelgebundener digitaler Fernsehstandard
DVB-S	Digital Video Broadcasting - Satellite, satellitengestützter digitaler Fernsehstandard
DVB-T	Digital Video Broadcasting - Terrestrial, terrestrischer digitaler Fernsehstandard
DVD	Digital Versatile Disc, optisches Speichermedium
EIRP	Equivalent Isotropically Radiated Power, äquivalente isotrope Strahlungsleistung
EHF	Extremely High Frequency, Millimeterwellen
EMV	Elektromagnetische Verträglichkeit
FDD	Frequency-Division Duplexing, Frequenzduplex
FDM	Frequency-Division Multiplexing, Frequenzmultiplex
FDMA	Frequency-Division Multiple Access, Frequenzvielfachzugriff
FEC	Forward Error Correction, Vorwärtsfehlerkorrektur
FIR	Finite Impulse Response, endliche Impulsantwort
FFT	Fast Fourier Transform, Fast Fourier-Transformation
FH-SS	Frequency-Hopping Spread-Spectrum, Spreizbandverfahren mit Frequenzhüpfen
FPGA	Field Programmable Gate Array, programmierbare Anordnung von Logikgattern
FSK	Frequency Shift Keying, Frequenzsprungverfahren
GF	Galois Field, Galois-Feld
GMSK	Gaussian Minimum Shift Keying, Gauß'sches Minimum Shift Keying
GSM	Global System for Mobile Communications, zellularer Mobilfunkstandard
GWSSUS	Gaussian Wide-Sense-Stationary Uncorrelated-Scattering
HF, KW	High Frequency, Kurzwellen
HT	Hilly Terrain, Bergland
i.i.d.	independent identically distributed, unabhängig identisch verteilt
ICI	Intercarrier Interference, Nachbarträger-Interferenz
IDFT	Inverse Discrete Fourier Transform, Inverse Diskrete Fourier-Transformation
IDM	Interleave-Division Multiplexing, Interleaver-basiertes Codemultiplex
IIR	Infinite Impulse Response, unendliche Impulsantwort
IFFT	Inverse Fast Fourier Transform, Inverse Fast Fourier-Transformation

ISI	Intersymbol Interference, Intersymbol-Interferenz
ITU	International Telecommunications Union, Internationale Fernmeldeunion (vormals CCITT)
JLS	Joint Least Squares, gemeinsamer Least-Squares Ansatz
JMLSE	Joint Maximum-Likelihood Sequence Estimation, gemeinsame ML-Sequenzschätzung
JPEG	Joint Photographic Experts Group
LAN	Local Area Network, lokales Netzwerk
LDPC	Low-Density Parity-Check, Kanalcodierverfahren
LF, LW	Low Frequency, Langwellen
LLR	Log-Likelihood Ratio, Log-Likelihood Verhältnis
LMS	Least Mean Squares, kleinster mittlerer quadratischer Fehler
LNA	Low-Noise Amplifier, rauscharmer Verstärker
LOS	Line-of-Sight, direkte Sichtverbindung
LS	Least Squares, kleinstes Fehlerquadrat
LTE	Long Term Evolution, zellulares Mobilfunksystem
LTE-A	LTE-Advanced, zellulares Mobilfunksystem
LVA	List-Viterbi Algorithm, List-Viterbi-Algorithmus
MAC	Multiple Access Channel, Vielfachzugriffskanal
MAC	Media Access Control, Kanalzugriffsverfahren
MAI	Multiple Access Interference, Mehrnutzerinterferenz
MAN	Metropolitan Area Network, Netzwerk mittlerer Reichweite
MAP	Maximum-A-Posteriori
MDS	Maximum-Distance Separable
MF	Matched Filter, signalangepasstes Filter
MF, MW	Medium Frequency, Mittelwellen
MIMO	Multiple-Input Multiple-Output, Mehrantennensystem
ML	Maximum-Likelihood
MLSE	Maximum-Likelihood Sequence Estimation, Maximum-Likelihood Sequenzschätzung
MMSE	Minimum Mean Squared Error, kleinster mittlerer quadratischer Fehler
MPEG	Moving Pictures Expert Group
MRC	Maximum-Ratio-Combining, Maximum-Ratio Kombinierer
MS	Mobile Station, Mobilstation
MSE	Mean Squared Error, mittlerer quadratischer Fehler
MSK	Minimum Shift Keying, spezielles CPM-Modulationsverfahren
NAK	Negative Acknowledgement, negative Rückmeldung
NCO	Numerically Controlled Oscillator, numerisch gesteuerter Oszillator
OCDMA	Orthogonal Code-Division Multiple Access, orthogonaler Codevielfachzugriff
OFDM	Orthogonal Frequency-Division Multiplexing, orthogonaler Frequenzmultiplex
OFDMA	Orthogonal Frequency-Division Multiple Access, orthogonaler Frequenzvielfachzugriff
OOK	On-Off Keying
O-QPSK	Offset QPSK
OSI	Open Systems Interconnection
PAN	Personal Area Network, Heimnetzwerk
PAPR	Peak to Average Power Ratio, Signalspitzenleistung zu mittlerer Signalleistung
PCM	Pulse Code Modulation, Pulscodemodulation
PLL	Phase-Locked Loop, Phasenregelkreis
PSK	Phase Shift Keying, Phasensprungmodulation

QAM Quadrature Amplitude Modulation, Quadraturamplitudenmodulation
QoS Quality of Service, Dienstgüte
QPSK Quaternary Phase Shift Keying, quaternäre Phasensprungmodulation
RA Repeat-Accumulate, wiederholen und akkumulieren
RA Rural Area, ländliches Gebiet
RF Radio Frequency, Radiofrequenz
RS Reed, Solomon
RSA Rivest, Shamir, Adleman
RSSE Reduced-State Sequence Estimator, Sequenzschätzer mit reduzierter Zustandszahl
S-TDMA Self-Organized TDMA, selbstorganisiertes TDMA
SA Stack Algorithm, Stack-Algorithmus
SAIC Single-Antenna Interference Cancellation, Interferenzunterdrückung mit einer Antenne
SD Sphere Detector, Sphere-Detektor bzw. Sphere-Decodierer
SDMA Space-Division Multiple Access, Raumvielfachzugriff
SIR Signal-to-Interference Ratio, Signal/Interferenzleistungsverhältnis
SINR Signal-to-Interference-plus-Noise Ratio, Signal/Interferenz-plus-Rauschleistungsverhältnis
SFN Single Frequency Network, Gleichwellennetz
SHF Super High Frequency, Zentimeterwellen
SM Superposition Modulation, Superpositionsmodulation
SNR Signal-to-Noise Ratio, Signal/Rauschleistungsverhältnis
SOVA Soft-Output Viterbi Algorithm, Soft-Output Viterbi-Algorithmus
SPC Single Parity Check
STC Space-Time Code, Raum-Zeit-Code
STFC Space-Time-Frequency Code, Raum-Zeit-Frequenz-Code
SVD Singular Value Decomposition, Singulärwertzerlegung
TCM Trellis Coded Modulation, Trelliscodierte Modulation
TDD Time-Division Duplexing, Zeitduplex
TDM Time-Division Multiplexing, Zeitmultiplex
TDMA Time-Division Multiple Access, Zeitvielfachzugriff
TETRA Terrestrial Trunked Radio, nichtöffentlicher Mobilfunkstandard
TU Typical Urban Area, Vorstadtgebiet
UHF, μW Ultra High Frequency, Mikrowellen
UL Uplink, Aufwärtsstrecke
UMTS Universal Mobile Telecommunications System, zellulares Mobilfunksystem
VA Viterbi Algorithm, Viterbi-Algorithmus
VHDL Very High-Speed Integrated Circuit Hardware Description Language, Hardwarebeschreibungssprache
VHF, UKW Very High Frequency, Ultrakurzwellen
VLSI Very Large Scale Integration, hohe Integrationsdichte
WF Whitening Filter, Dekorrelationsfilter
WLAN Wireless Local Area Network, drahtloses lokales Netzwerk
WMAN Wireless Metropolitan Area Network, drahtloses Netzwerk mittlerer Reichweite
WMF Whitened-Matched-Filter, gemeinsames Dekorrelationsfilter und Matched-Filter
WPAN Wireless Personal Area Network, drahtloses Heimnetzwerk
WSSUS Wide-Sense-Stationary Uncorrelated-Scattering
ZF Zwischenfrequenz, Intermediate Frequency

Sachwortverzeichnis

E

N

O

T

U